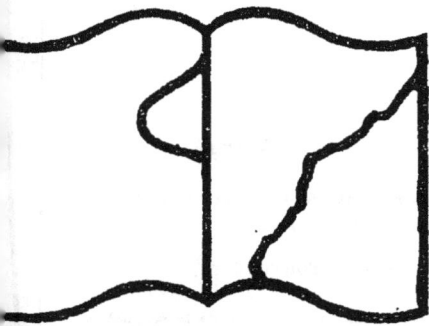

Couvertures supérieure et inférieure
détériorées

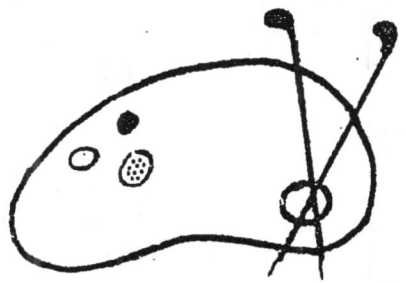

Couvertures supérieure et inférieure
en couleur

DICTIONNAIRE GÉNÉRAL

DE LA

CUISINE FRANÇAISE

ANCIENNE ET MODERNE,

de l'Office et de la Pharmacie domestique,

OUVRAGE OU L'ON TROUVE LES PRESCRIPTIONS NÉCESSAIRES A LA CONFECTION
DE TOUT CE QUI CONCERNE LA CUISINE ET L'OFFICE

A L'USAGE DES PLUS GRANDES ET DES PLUS PETITES FORTUNES ;

Enrichi de plusieurs menus, prescriptions culinaires, et autres opuscules inédits de M. de la Reynière,

Auteur de l'ALMANACH DES GOURMANDS ;

SUIVI D'UNE COLLECTION GÉNÉRALE DES MENUS FRANÇAIS DEPUIS LE DOUZIÈME SIÈCLE,

ET TERMINÉ PAR UNE PHARMACOPÉE

QUI CONTIENT LES PRÉPARATIONS MÉDICINALES DONT L'USAGE EST LE PLUS UTILE ET LE PLUS FAMILIER,

DÉDIÉ A L'AUTEUR DES MÉMOIRES DE LA MARQUISE DE CRÉQUY.

Héraclite avait dit que l'homme est un animal *pleurant;*
Démocrite avait dit que l'homme est un animal *riant;*
M. de la Reynière a dit que l'homme est un animal *cuisinier.*

DEUXIÈME ÉDITION.

PARIS,

PLON FRÈRES, ÉDITEURS,

RUE DE VAUGIRARD, 36.

1853

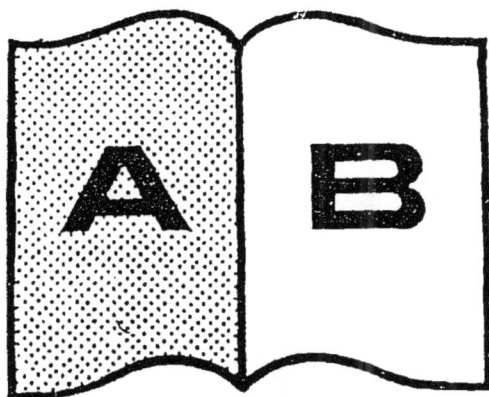

Contraste insuffisant
NF Z 43-120-14

PARIS. TYPOGRAPHIE PLON FRÈRES, RUE DE VAUGIRARD, 36.

NÉO-PHYSIOLOGIE DU GOUT

PAR ORDRE ALPHABÉTIQUE.

PARIS. TYPOGRAPHIE PLON FRÈRES, RUE DE VAUGIRARD, 36.

DICTIONNAIRE GÉNÉRAL

DE LA

CUISINE FRANÇAISE

ANCIENNE ET MODERNE,

ainsi que de l'Office et de la Pharmacie domestique,

OUVRAGE OU L'ON TROUVERA TOUTES LES PRESCRIPTIONS NÉCESSAIRES A LA CONFECTION
DES ALIMENTS NUTRITIFS OU D'AGRÉMENT

A L'USAGE DES PLUS GRANDES ET DES PLUS PETITES FORTUNES;

*Publication qui doit suppléer à tous les livres de Cuisine dont le public n'a que trop expérimenté
le charlatanisme, l'insuffisance et l'obscurité;*

Enrichi de plusieurs menus, prescriptions culinaires, et autres opuscules inédits de M. de la Reynière,
Auteur de l'ALMANACH DES GOURMANDS ;

SUIVI D'UNE COLLECTION GÉNÉRALE DES MENUS FRANÇAIS DEPUIS LE DOUZIÈME SIÈCLE,

ET TERMINÉ PAR UNE PHARMACOPÉE

QUI CONTIENT TOUTES LES PRÉPARATIONS MÉDICINALES DONT L'USAGE EST LE PLUS UTILE ET LE PLUS FAMILIER,

DÉDIÉ A L'AUTEUR DES MÉMOIRES DE LA MARQUISE DE CRÉQUY.

Héraclite avait dit que l'homme est un animal *pleurant;*
Démocrite avait dit que l'homme est un animal *riant;*
M. de la Reynière a dit que l'homme est un animal *cuisinier.*

PARIS.

PLON FRÈRES, ÉDITEURS,

RUE DE VAUGIRARD, 36.

1853

AVANT-PROPOS.

On reproche continuellement au temps où nous vivons d'être tombé dans le positif le plus matériel ; et pourtant il ne se trouve pas chez nous un seul ouvrage assez positivement clair et précis pour être utile à celle de toutes les sciences qui est la plus indispensable au bien-être le plus positif de la vie matérielle. La faute en est aux auteurs des livres de cuisine, qui sont de deux classes: savoir, des charlatans qui osent parler de ce qu'ils ne savent pas, et ces écrivains là sont de ceux qui spéculent sur la simplicité du public, afin de lui faire acheter un gros livre ; et puis la faute en est encore à d'autres praticiens qui ne veulent pas dire tout ce qu'ils savent, et qui se réservent le secret des prescriptions culinaires, afin de ne pas nuire à la corporation des bons cuisiniers, qui est comme une espèce de franc-maçonnerie dont le nombre des initiés va toujours en diminuant. Ceux-ci vous conseillent, par exemple, de mettre *deux ou trois cuillerées de grande espagnole* pour faire une sauce quelconque, et quand vous allez regarder ce que c'est qu'une *grande espagnole*, vous n'y voyez ou n'y comprenez rien du tout. Les plus consciencieux vous disent sérieusement que pour faire une sauce de cette espèce, il faudra prendre *douze canards, avec un jambon, deux bouteilles de bon vieux madère et six livres de belles truffes* (1) ; ce qui est un autre charlatanisme impertinent, impraticable, et dont la fausseté saute aux yeux de toutes les personnes à qui la science de la cuisine n'est pas tout-à-fait étrangère. Il est à savoir que, depuis les *Dispensaires* du temps de Louis XIV, on n'a pas fait un seul ouvrage raisonnable et satisfaisant sur la cuisine. Tous les cuisiniers *impériaux* et prétendus *royaux* ou *nationaux* ne sont que des mystifications, et l'on est obligé de convenir que la *Cuisinière bourgeoise* est encore ce qu'on a publié de meilleur depuis 1761. C'est là, du moins, un livre utile, écrit sous la dictée d'une personne de conscience et qui ne manquait pas d'une certaine habileté ; car l'auteur de cet ouvrage, qui avait nom madame Blanc, était la cuisinière de Madame la Présidente d'Ormesson, qui voulait faire bonne chère, et qui regardait de près à sa dépense. Cependant, comme le temps marche toujours, les recettes de la *Cuisinière bourgeoise* sont devenues insuffisantes pour les besoins de notre époque. La plupart de ses prescriptions sont devenues surannées, et la naïveté de son style a rebuté les personnes à prétentions. Il est certain qu'il s'y trouve des inutilités qui tiennent la place d'autres choses qui seraient plus essentielles, et comme les formules des recettes doivent être concises, afin d'en faire contenir dans un volume le plus grand nombre possible, c'est un reproche qu'on n'aura pas à faire au *Dictionnaire de la Cuisine*, où il ne manquera rien, mais où il ne sera rien inséré qui n'ait son utilité reconnue.

Indépendamment de toutes les recettes les mieux rédigées pour opérer facilement la con-

(1) V. *Cuisinier Impérial et Royal d'Italie*, page 115.

fection des mets les plus simples ou les plus délicatement recherchés, car il n'est pas de personne riche qui n'aime à varier sa nourriture, et il n'est guère de gens d'une fortune médiocre qui ne soient bien aises de se faire servir de temps en temps quelques comestibles de la haute sensualité, le *Dictionnaire de la Cuisine* contiendra toutes les indications les plus sûres et les mieux éprouvées, pour le choix des vins, la conservation des fruits et celle des légumes ; l'art de faire toute espèce de confitures ou de conserves, tant au sucre qu'à l'huile ou au vinaigre ; l'indication des temps de l'année les plus favorables pour l'achat des choses de provision, celle des quatre saisons où certains objets d'alimentation sont de qualité supérieure ou défectueuse ; l'art de suppléer aux éléments prescrits dans les recettes de ce *Dictionnaire* en cas de difficulté, qui proviendrait du temps ou des localités défavorables, ce qui arrive souvent à la campagne, et principalement pour les personnes qui veulent y passer une partie de l'hiver, et surtout du printemps, qui est l'époque la plus ingrate de l'année pour la bonne chère. Enfin l'on n'omettra rien de ce qui peut servir au bien-être le plus confortable qu'on aura grand soin d'allier avec une simplicité de prescription qui puisse rendre la meilleure cuisine accessible à toutes les fortunes ; car, encore une fois, il ne saurait appartenir à tout le monde, et même on peut dire qu'il ne convient à personne de *prendre douze canards* avec *trois bouteilles de vin de Madère et six livres de grosses truffes* pour assaisonner une demi-douzaine d'œufs pochés. Telle est pourtant la singulière exigence de certains écrivains culinaires, et voilà les livres qui vont se trouver remplacés par un ouvrage utile et de bonne foi, ouvrage indispensable, dont, jusqu'à présent, la place était restée vide, à la grande surprise des étrangers, et au grand détriment des personnes délicates et sagement recherchées dans leur système alimentaire, économique et diététique.

Le régime sanitaire en cas de maladie, de faiblesse d'organe ou d'indisposition momentanée, sera traité méthodiquement, et sous la direction d'un médecin étranger, qui n'est pas moins renommé pour son profond savoir qu'il n'est recommandable pour son intelligence des tempéraments et sa sollicitude exquise auprès de ses malades. C'est à lui qu'on devra grand nombre de recettes oubliées en France et ignorées de nos médecins ; notamment celles de plusieurs anciennes tisanes adoucissantes et la précieuse composition d'un cordial fortifiant dont la médecine allemande s'est enrichie, après l'abandon qu'en avaient fait nos docteurs ; car l'origine de ces bienfaisantes et savantes prescriptions provient de chez nous, ainsi que la plupart des meilleures recettes connues et pratiquées pour la cuisine étrangère et la pharmacie, ce qu'il est aisé d'apercevoir en lisant les anciens traités qui ont été écrits dans les pays étrangers par les personnages les plus marquants dans ces deux sciences.

Le chapitre de l'élégance pour le service de la table, du bon goût pour la composition des menus, la convenance et la concordance de certains vins avec certains aliments, le choix des morceaux préférables en toute pièce de comestibles, et finalement tout ce qui témoigne de l'usage du monde et de la politesse qui doit se manifester dans la salle à manger, sera traité par une personne qui a passé toute sa vie dans la société la plus distinguée par son élégance et son opulence.

Les trois collaborateurs de ce *Dictionnaire* sont donc : *Premièrement*, une femme de bonne compagnie, qui n'a pas d'enfants, qui n'est plus jeune et qui n'a pas grand'chose à faire ; *deuxièmement*, son Docteur, qui est un des plus habiles médecins germaniques, et qui voudrait faire concorder le système hygiénique avec la cuisine française, par philanthropie ; *troisièmement*, son cuisinier, qui n'est pas le moins habile des trois, qui est tourmenté par le besoin de dire la vérité sur la science qu'il professe, et dont voici le dernier certificat qui lui a été délivré par un des gourmets les plus illustres de Paris :

« *L'Abbé-Duc de Montesquiou a eu l'honneur de passer hier chez madame....... pour lui re-*
» *commander le sieur Edmond T....., son ancien cuisinier, qu'il ne pouvait garder chez lui parce*
» *qu'il ne peut plus manger autre chose que du potage. Il s'y gâterait la main, et ce serait le plus*
» *grand dommage, car c'est un cuisinier de toute perfection. C'est un cadeau que je crois faire à*
» *madame....... et je suis assuré qu'elle m'en remerciera. Pendant que j'étais au ministère, il m'a*
» *fait faire la meilleure chère possible à deux tiers de meilleur marché que toute autre personne*
» *et que partout ailleurs. On a supposé qu'il était de la Congrégation ; mais tout ce que j'en sais,*
» *c'est qu'il ne vole pas, et qu'il est parfaitement sobre.* »

Il faut ajouter ici qu'indépendamment des ressources qui nous ont été fournies par les vieux livres français et les dispensaires étrangers, on a bien voulu mettre à notre disposition la plupart des documents inédits et traditionnels qui constituaient le chartrier gastronomique de la famille La Reynière. Le spirituel auteur de l'*Almanach des Gourmands* n'était pas le premier de sa race ; M. son père, ainsi que MM. ses oncles, étaient des Amphitryons généreux et d'illustres gourmets *héréditaires*, ce qui fait que les archives culinaires de cet écrivain remontent jusqu'à son quadrisaïeul, Messire Étienne Grimod, Écuyer, Seigneur de la Reynière en Valois, Grand-Audiencier des finances royales et Maître-d'hôtel de MADAME, épouse de MONSIEUR (voyez les *Mémoires de Mademoiselle* au sujet de cet officier de sa belle-mère, auquel on doit l'invention des *salpiçons* et des *ragoûts au soleil*. Voilà ce que dit cette grande princesse avec un sentiment et de considération réfléchie qui ne laisse rien à désirer pour la gloire de ce financier gastronome et pour l'honneur de ses descendants).

Nous n'avons pas manqué de nous faire traduire et de mettre à contribution les nouveaux rudiments de la cuisine boréale, et notamment le *Cuisinier Grand-Principal de Russie*, où l'on est forcé de convenir qu'il se trouve des choses assez étranges et tout-à-fait inexécutables pour nous, comme de la soupe à la bière, à la glace, au *chyle* et au *blé vert*, par exemple. L'expérience a démontré qu'à l'exception de la Moscovie et de la Scandinavie, chaque autre pays de l'Europe est en possession d'une supériorité spéciale à l'égard de certaines préparations alimentaires : ainsi la Grande-Bretagne est le pays du monde où l'on apprête le mieux les rôtis ; la Hollande a le même avantage à l'égard des poissons de toute espèce, et surtout pour leurs sauces, variées avec une intelligence et des soins exquis. L'Espagne est un pays si bien inspiré pour la composition des ragoûts, que les trois plus belles entrées de l'ancienne cuisine, c'est-à-dire les *accolades d'anguilles à la royale*, les *perdrix à la Médina-Cœli* et les *ollas-podridas*, nous étaient arrivées en France à la suite de la reine Anne. Aucune contrée n'est comparable à l'Italie pour la confection des conserves et des confitures. L'Allemagne est un pays illustré par la distinction de ses potages et la perfection de ses entremets au sucre ; enfin les Polonais excellent dans l'assaisonnement qu'ils appliquent à toute espèce de venaison : c'est à la France qu'il appartenait de rassembler et de réunir en un seul et brillant faisceau tous ces rayons dispersés et divergents sur l'horizon culinaire. On verra si les rédacteurs de cet ouvrage ont bien rempli cette honorable et généreuse mission ?

DICTIONNAIRE

DE LA

CUISINE FRANÇAISE

ANCIENNE ET MODERNE.

A.

ABAISSE. Terme usité dans la pâtisserie pour désigner le morceau de pâte employé pour occuper le fond d'une tourte en pâte brisée, ou d'un vole-au-vent en pâte feuilletée. Plusieurs cuisiniers ont recours à l'*abaisse* pour établir avec plus de facilité les rebords d'une *croustade* ou d'une *casserole* au riz; mais c'est un usage qu'on ne saurait approuver en bonne cuisine, par la raison que cette pâte, dont on a foncé le plat, ne se trouve presque jamais suffisamment cuite, et parce que l'intérieur en reste presque toujours à l'état glutineux. Relativement à l'emploi régulier de l'abaisse, *voyez* PATISSERIE.

ABATTIS. On appelle ainsi l'extrémité des membres de la grosse volaille et certaines parties comestibles de leur intérieur (dans les quadrupèdes qui servent à la nourriture de l'homme, ces mêmes portions de l'animal prennent le nom d'*issues*). Les abattis les plus distingués sont les crêtes et les *rognons* du coq, les ailerons de poularde, les ris et les oreilles d'agneau, les foies d'oie, les oreilles de cerf et les moelles épinières qu'on appelle *amourettes*. Nous n'avons rien à dire ici sur les foies de lottes, les *langues* de carpe et les palais de morue, dont nous parlerons plus tard en nous occupant des entrées de poisson. Les abattis les plus ordinaires sont les ailerons de la dinde, les ris de veau, les cervelles de veau et les langues de mouton. Les abattis les plus communs se composent de l'issue des veaux, tels que la langue, les pieds, le foie, la fraise et les rognons. Pour le mouton, c'est seulement les rognons, la langue et les pieds, la fraise du mouton n'étant d'aucun usage, et les *animelles* du bélier n'étant plus aussi recherchées qu'autrefois. L'abattis du dindon comprend les ailerons, les pieds, le gésier et le cou. Nous allons suivre cette nomenclature des abattis par ordre de son inscription dans ce paragraphe.

1° *Les crêtes et les rognons de coq* s'emploient pour la garniture de tous les grands ragoûts, comme aussi pour celle des pâtés chauds et des vole-au-vent. Quand on veut en confectionner un plat sans aucun autre accessoire, il est bon de les faire cuire dans une casserole avec du bouillon où l'on ajoutera quelques onces de moelle de bœuf; on y adjoint des champignons, des tranches de cul d'artichaut, des truffes ou des rouelles de céleri, suivant la saison. On leur fait prendre, au moment de servir, une liaison composée de quatre jaunes d'œufs et du jus de la moitié d'un citron; mais on aura soin de ne pas laisser trop épaissir la sauce, afin que ce ragoût, dont la substance est déjà très-mucilagineuse, ne devienne pas d'un ensemble trop compacte. Il est d'ordinaire de servir ce ragoût dans un vole-au-vent, ou dans une casserole au riz. C'est un plat de gourmet, mais il est d'un air très-simple, et c'est par cette raison qu'on n'en use guère pour les repas nombreux ou les festins d'apparat.

2° *Les ailerons de poularde* ne s'emploient guère que dans les plus grandes cuisines, et c'est pour y garnir des pâtés chauds de légumes à la jardinière (*V*. JARDINIÈRE).

3° *Les oreilles d'agneau* se servent le plus souvent à la sauce aux tomates; on ne conseille pas de les mettre en fricassée de poulet, parce que cette préparation ne leur réussit pas aussi bien. On les fait étuver au bouillon, et quelques personnes y font ajouter un scrupule de piment rouge.

4° La meilleure manière de préparer les *foies*

d'oie, c'est de les mettre en caisse, c'est-à-dire de les faire cuire sur le gril dans un carré de papier dont on a redressé les rebords. Il faut éviter l'emploi du beurre, et n'enduire les foies et leur caisse qu'avec de la graisse d'oie ou de la graisse de volaille rôtie, parce que le goût du beurre ne s'accorderait pas avec celui de cet aliment. On y joint, pour tout assaisonnement du sel fin, une pincée de persil bien haché, du poivre en petite quantité, deux feuilles de laurier qu'on retire après la cuisson, et au moment de servir on y met le jus d'un citron à défaut d'orange amère, ou de cédrat vert, car ces deux ingrédients, et surtout le dernier, ne sont pas à la portée de tout le monde.

5° Les *oreilles de cerf* se servent en *menus droits*, à la *Pompadour*, à la *Chambord*, à la *royale*, à l'*allemande* (*V.* VENAISON). C'est un plat très-distingué.

6° Les *moelles épinières et les ris d'agneau* s'accommodent mieux de la marinade frite que de toute autre préparation. On les arrange quelquefois au coulis d'écrevisses, et nous ne l'approuvons pas, attendu que le haut goût de la sauce est trop dominant pour ce léger comestible, dont la moindre saveur un peu forte a l'inconvénient de masquer la finesse et le goût délicat.

7° Les *ailerons de la dinde*, en admettant qu'on les serve sans le reste des abattis, sont un plat fort honorable. On les fait étuver dans du bouillon où l'on ajoute un *bouquet garni*. On les glace avec du résidu de fricandeau, ensuite on les sert à volonté, sur de la chicorée à la crème, de la sauce aux tomates, à l'italienne, ou tel autre appendice de même qualité. La sauce au blond de veau, c'est-à-dire au jus de fricandeau, avec des truffes émincées, leur réussit parfaitement, ainsi qu'aux ris de veau, dont l'usage est assez connu (*V.* FRICANDEAU).

8° Les *cervelles de veau* sont un aliment nutritif, adoucissant, béchique et de la digestion la plus facile. On les distingue aisément des cervelles de mouton, d'abord à raison de leur volume, dont il est toujours facile de juger, fussent-elles servies par tranches, à cause de la largeur des rouelles, ensuite à leur saveur fraîche et franche, qui n'a pas cet arrière-goût de sauvagin qui vous arrive toujours en mangeant des cervelles de mouton. Presque tous les restaurateurs emploient celles-ci, et les crémières de Paris en font également un grand usage, car c'est un de leurs éléments pour la composition de leur prétendue crème, où il entre aussi de l'amidon légèrement sucré. On ne saurait assez recommander la défiance à l'égard des cervelles de mouton, qui sont très-échauffantes, et qui proviennent quelquefois d'animaux très-malsains. On ne saurait imaginer la quantité de têtes de mouton qu'on envoie à Paris à plus de dix lieues de circuit autour de cette capitale. Les cervelles de veau s'arrangent fort bien de la sauce à la poulette, aux tomates, à la purée de céleri, de champignons ou de lentilles au jus. Une des meilleures manières de les préparer est au *vert pré* (*V.* SAUCE-VERTE). Une innovation très-heureuse est d'ajouter une sauce italienne hachée sous les cervelles de veau qu'on sert en marinade frite.

9° La seule bonne manière d'employer les *langues de mouton*, quand elles sont fraîches, car on ne parle pas ici de ces bonnes petites langues fumées qui nous viennent de la Champagne, et qu'on n'emploie qu'en hors-d'œuvre, c'est de les faire cuire en ragoût de braisière avec des laitues farcies ou des pieds de petit céleri. Faites réduire la sauce après la cuisson parfaite et passez-la à l'étamine après l'avoir dégraissée convenablement.

10° Les *pieds de veau* demandent premièrement à être cuits au gros sel, ensuite désossés, coupés en morceaux et apprêtés en friture de pâte où l'on a soin de mettre un peu plus d'eau-de-vie que de coutume à cause de l'inertie de cette substance. La *langue de veau* doit se faire étuver dans un bouillon pour être servie comme un fricandeau. La *fraise* se mange également au gros sel, en friture, à la remoulade; mais le meilleur parti qu'on puisse en tirer est de la servir au gratin. On est tout étonné du succès qu'obtient une fraise de veau, quand elle est arrangée de cette manière, et qu'elle est légèrement assaisonnée de poivre de Cayenne et de jus de citron.

11° Avec les *rognons de veau* détachés de la longe rôtie on fait des omelettes pour le déjeûner; à la satisfaction générale, on en fait des œufs brouillés aux grains de verjus, ce qui est un entremets de fort bon goût; mais le meilleur emploi qu'on puisse en faire est de les servir en rôties dont voici la recette : Hachez vos rognons en y mêlant deux jaunes d'œufs cuits durs, de la mie de pain bien sèche et bien détachée, des fines herbes, avec quelques champignons pilés, une petite pincée des quatre épices, et de plus un scrupule de fleur de thym bien pulvérisée. Ajoutez à ce hachis trois cuillerées de jus (de fricandeau, s'il est possible), deux cuillerées de vin de Malaga ou de Madère, mais l'autre vaut mieux; délayez dans le tout trois jaunes d'œufs crus, dressez votre mélange sur des tartines de mie de pain grillées d'avance, et faites vivement chauffer sous un four de campagne. Dans les grandes maisons, c'est un plat de hors-d'œuvre chaud, qu'on fait circuler autour de la table, en *extra*.

12° Il est généralement connu que les *pieds de mouton* ne sont bons qu'à la poulette, mais ceux qui les mangent grillés à la purée d'ognons blancs ne s'en plaignent jamais. Les *rognons de mouton* s'accommodent particulièrement au vin blanc, dans lequel on les fait étuver avec du jus ou du bouillon, après les avoir coupés en tranches bien minces; mais la meilleure manière est de les faire griller en caisse, après les avoir fendus en quatre, en en détachant les morceaux sans les séparer. Avant de servir, vous placerez dans cette cavité de chaque rognon une boule de sauce froide à la *maître d'hôtel*, dont voici la véritable recette: Prenez un quarteron du meilleur beurre, ajoutez-y du sel en quantité suffisante, une demi-pincée de muscade râpée, trois fortes pincées de fines herbes, savoir, un quart de cerfeuil, une moitié de persil, un quart de cresson alénois (appelé cressonnette en certaines provinces), un quart de pimprenelle, et de plus deux ou trois feuilles d'estragon; mais regardez-y, car l'estragon est une herbe aromatique dont le goût prédomine aisément quand on l'emploie sans réserve; mettez toutes ces herbes, finement hachées, avec le beurre froid en les triturant et les mélangeant avec le jus d'un fort citron et le jaune cru d'un œuf frais. Tenez cette sauce froide en réserve à la glacière, à la cave, où vous voudrez, pourvu qu'elle soit à l'abri du chaud. C'est une des préparations les plus faciles à bien confectionner, c'est une de nos sauces les plus usuelles, et pourtant c'est une des plus négligées à Paris.

13° Le véritable *abattis* populaire est celui de *la dinde*, et c'est un plat que les plus dédaigneux gourmets ne manquent jamais de trouver à leur goût quand il est bien préparé. Parez proprement les deux ailerons, le gésier, les deux pattes et le cou dont vous aurez soin d'ôter la tête attendu qu'elle a presque toujours le goût du gras-double; mettez dans une grande casserole et sur un grand feu de charbon un bon morceau de beurre manié de fleur de farine, et, lorsqu'il est au roux plein, faites-y revenir et sauter votre abattis pendant sept à huit minutes. Ajoutez-y du bouillon que vous aurez fait chauffer et que vous n'introduirez pas tout à la fois ni brusquement. Mettez-y un bouquet de persil, thym, laurier, basilic et sauge, en quantité relative (*V.* BOUQUET), et sans outrepasser le calcul expérimenté qui doit appartenir à chacun de ces ingrédients. (On ne saurait assez recommander notre prescription qui est relative à la composition des bouquets, car il arrive souvent qu'un bon ragoût devient insupportable parce que

le goût du thym ou du laurier s'y trouve en usurpation, et l'on doit s'attacher soigneusement à ne pas tomber dans ce triste inconvénient de la cuisine anglaise où l'on fait de la soupe avec du thym et du poivre). Vous joindrez à votre bouquet exactement conformé deux ognons piqués d'un clou de girofle, et vous laisserez bouillir un quart-d'heure, au bout duquel temps vous ajouterez six navets de Fréneuse, quatre fortes rouelles de carottes, six pommes de terre violettes, un topinambour et un petit pied de céleri dans son entier. Ne *tournez* pas vos légumes, il est suffisant de les ratisser, et la moindre apparence de recherche aurait l'inconvénient de faire perdre à ce bon vieux ragoût son air de simplicité bourgeoise et sa grâce naturelle. Dégraissez bien exactement après une heure et demie de cuisson mijotée. Dressez proprement vos légumes autour de l'abattis, que vous couvrirez de vos deux ailerons comme étant les points d'honneur. Passez votre sauce au simple tamis de crin; il est bon qu'elle reste onctueuse à cause des pommes de terre, et vous éprouverez qu'un aliment simple est toujours parfaitement bon quand il est soigneusement préparé. C'est la meilleure recette applicable aux queues de bœuf et à tout ce que les anciens cuisiniers français appelaient HOCHEPOT. Il ne reste à parler que des palais de bœuf qu'on peut également servir en friture, à la poulette, farci gratiné et à la cingarat. C'est un manger assez médiocre. On se réserve de parler du foie de veau dans un article spécial, à cause du grand nombre d'articles qu'il doit fournir.

ABRICOT. Cet excellent fruit est un des éléments le plus usuellement et le plus agréablement employés dans la confection des entremets sucrés, ainsi que pour nos desserts de l'automne et de l'arrière-saison. Au moyen de cette utile et suave production des espaliers et de nos vergers, on parfume délicieusement des sorbets, des glaces; on fait d'excellents gâteaux, des beignets, des tourtes, des flancs, des crèmes, des compotes et des conserves, appelées vulgairement confitures sèches ou liquides. Nous nous bornerons à mentionner ici, parmi les recettes qui peuvent s'appliquer à l'emploi culinaire de l'abricot, celles de ces prescriptions qui sont le mieux garanties, et celles qui nous sont provenues des pays étrangers, notamment de l'Allemagne, qu'on pourrait nommer, avec autant de justice que de raison, *le pays des entremets sucrés.*

ENTREMETS.

Flanc d'abricots à la Metternich. —Foncez l'abaisse d'une tourte en pâte brisée (*V.* PA-

TISSERIE) avec 12 abricots hâtifs, dont vous aurez enlevé la peau et les noyaux, et que vous aurez séparés par moitié. Joignez-y 40 cerises tardives ou 60 merises, dont vous aurez fait sortir les noyaux, et qui doivent être également crues, succulentes et soigneusement choisies. Vous entremêlez ces deux espèces de fruits de manière à ce que chacun de vos morceaux d'abricot se trouve séparé par quatre cerises, vous saupoudrez le tout avec du sucre en poudre, en suffisante quantité, d'après le plus ou le moins de maturité des fruits, et vous faites cuire au four d'office, ou bien au four de campagne (*V*. TOURTIÈRE). Vous aurez eu soin de réserver les noyaux de vos fruits rouges, auxquels vous joindrez la moitié des amandes de vos abricots, que vous pilerez ou ferez piller ensemble au mortier de marbre, et sous pilon de métal autant que possible, attendu que le pilon de bois reste presque toujours empreint de quelque goût antérieurement contracté. Vous sucrez ce mélange, et puis vous y délayez de la crème bien fraîche de manière à ce qu'il ait la consistance d'une sauce aux jaunes d'œufs après cuisson. Vous le versez sur le flanc lorsqu'il est sorti du four, en ayant soin qu'il n'en déborde rien sur les rebords ou murailles de la tourte, et vous attendez qu'elle soit à moitié refroidie pour la servir. C'est un entremets des plus distingués.

Crème aux abricots. — Faites cuire 12 abricots avec un quarteron de beau sucre, passez-les au tamis, et laissez-les refroidir. Ajoutez ensuite un petit verre de ratafia des quatre fruits, ou de ratafia de noyau (*V*. RATAFIA), délayez-y huit jaunes d'œufs, passez ce mélange à l'étamine, afin qu'il n'y reste rien des germes, ajoutez-y le sucre nécessaire, et faites cuire au bain-marie, dans la même jatte, ou dans le moule, ou dans les petits pots que vous désirez servir sur table, en conduisant votre opération comme celle des autres crèmes analogues. On peut remplacer le ratafia par un demi-verre de vin blanc, mais il ne faut pas que ce soit un vin trop savoureux ou parfumé, parce qu'il aurait l'inconvénient de masquer le goût du fruit. La recette de cette excellente crème est tirée d'un dispensaire manuscrit du temps de Louis XIV.

Beignets d'abricot. — Faites macérer des moitiés d'abricot, qui ne soient pas trop mûrs, avec du sucre pilé et un verre de bonne eau-de-vie. Au bout d'une heure et demie, égouttez vos fruits, et plongez-les dans la pâte (*V*. PÂTE A FRITURE), en ayant soin de les faire frire au plus grand feu. Vous les saupoudrez de sucre bien pilé, après les avoir égouttés de la friture, et vous les glacerez au caramel avec la pelle rouge. Quelques person-

nes recherchées font ajouter une petite rouelle d'angélique confite au milieu de chacun des beignets, ce qu'il est aisé d'opérer en les mettant dans la pâte, et s'y prenant avec attention. Dans quelques hautes cuisines, on ajoute au cœur des beignets, au lieu d'angélique, une sorte de noyau factice, qui se compose de crème sucrée, de jaune d'œuf et d'amande amère pilée, dont on fait une quenelle ou boulette assortie pour le volume à la grosseur de chaque beignet. On en trouve la recette dans les anciens dispensaires de la Régence, et nous n'omettrons pas de la reproduire, attendu qu'on peut l'employer également pour les beignets de pêches et de brugnons (*V*. CRÈMES D'AMANDES).

Pudding aux abricots. — Faites éverdumer des abricots musqués ou des abricots-pêches, à moitié mûrs, dans un sirop où vous ajouterez un peu d'eau-de-vie; égouttez vos fruits, dont vous ôterez les noyaux, que vous ferez concasser pour en garder les amandes. Prenez ensuite une casserole d'argent ou une terrine qui puisse paraître sur la table, foncez-la de tranches de mie de pain, légèrement beurrées (il faut que ce soit du meilleur beurre le plus frais, et qu'il ne soit pas salé), saupoudrez ladite abaisse avec du sucre, et mettez une couche de vos abricots, que vous alternerez avec une autre couche de tranches de mie de pain beurrées jusqu'à plénitude du vase. Vous aurez soin de semer les moitiés d'amandes de vos noyaux entre les couches du pudding, où vous ajouterez la valeur d'un plein gobelet de jus de groseille légèrement framboisé, ce qu'il faudra distribuer exactement par cuillerées entre chaque assise de votre pudding. Faites cuire au four, et découvert, après avoir doré d'un jaune d'œuf les tranches de pain qui doivent former la dernière assise, et dont il faut tourner la partie beurrée en dedans, c'est-à-dire à l'intérieur, et du côté des fruits. — Le *pudding au prince* régent se conduit de la même manière, mais il se compose de riz à demi cuit, et assaisonné d'un peu de moelle fondue.

Tourte ou gâteau fourré d'abricots, à la bonne femme. — Ayant ouvert et pelé des abricots, faites-les cuire au petit sucre et laissez refroidir cette compote. Dressez-les ensuite par moitiés sur une abaisse en feuilletage, recouvrez ce gâteau d'une autre lame de pâte feuilletée, qui devra être tailladée ou découpée, de peur qu'elle ne se boursoufle et ne se déjette en cuisant. Dorez la calotte et le crenail de la tourte avec un jaune d'œuf, et faites cuire au four de campagne. Le mélange de quelques cerises avec des abricots produit un excellent effet, et cette combinaison moderne est généralement adoptée dans les premières cuisines de Paris.

Abricots à la Condé, Abricots à la Génoise, Abricots à l'orge perlé (*V.* BRUGNONS et PÊCHES).

Poupeline de sagou aux abricots, dite à la d'Escars. — Faites bouillir huit abricots de moyenne grosseur, dans une chopine d'eau de rivière ou de fontaine, avec une demi-livre de sucre candi bien pilé ; passez à l'étamine après cuisson, de manière à ce que votre eau d'abricots soit aussi purement translucide qu'elle sera colorée et parfumée ; faites-y cuire un quarteron du plus beau sagou, bien émondé, bien lavé comme de coutume, et lorsque votre gelée sera parfaitement cuite et transparente, retirez-la du feu pour y délayer trois verres de liqueur des îles, au noyau. Immédiatement avant de servir, vous y mettrez 12 moitiés d'abricots confits au sec à mi-sucre, et vous éviterez de les déformer en les manipulant. Cette préparation, qui compose un de nos entremets les plus modernes et les plus distingués, doit être servie chaudement et en casserole.

DESSERTS.

Compote d'abricots à la minute. — Hâtez-vous de faire un sirop où vous ferez bouillir vos abricots fendus, aussitôt qu'il aura pris assez de consistance ; au bout de trois minutes, écumez cette compote, ajoutez-y le jus d'une orange et mettez-la refroidir.

Compote d'abricots grillés à la Breteuil. — Fendez quelques beaux abricots bien mûrs, saupoudrez-les de sucre candi, et faites-les griller sur une braise ardente. Il faut toujours éviter que ce soit de la braise de charbon sur laquelle on fasse griller les fruits, parce que leur égouttement et la vapeur qui s'en suivrait pourrait leur communiquer un goût nauséabond. Il en est ainsi pour les compotes de poires ou de pommes à *la Portugaise*, et l'on se souviendra de ne jamais employer en pareille occasion que de la braise de l'âtre. Lorsque vos quartiers de fruits sont grillés suffisamment, vous les dressez dans un compotier, et vous les arrosez d'un sirop où vous aurez fait consommer des tranches d'abricots accompagnés de quelques framboises. Ce même sirop doit être passé au tamis de soie, et vous aurez eu soin de l'avoir remis sur le feu, pour le verser bouillant sur les abricots dont il pénètre les chairs et dont il perfectionne la cuisson. Les abricots apprêtés de cette manière ne sauraient fatiguer les estomacs les plus susceptibles ; c'est un des aliments les mieux appropriés pour les personnes convalescentes ou valétudinaires.

Compote d'abricots verts, dite *compote au vert-pré.* — Pour obtenir l'emploi de cette immense quantité d'abricots dont on est obligé, presque tous les ans, de décharger les arbres avant qu'ils n'approchent de la maturité, pelez soigneusement une vingtaine de ces fruits verts, que vous mettrez, à fur et mesure, dans de l'eau froide. Vous les ferez ensuite dégorger tous ensemble dans de l'eau tiède, où vous aurez ajouté deux poignées de feuilles d'oseille. Vous les couvrirez et les mettrez ensuite sur un bon feu de charbon et vous les ferez bouillir jusqu'à ce qu'ils vous paraissent d'une belle couleur verte, alors vous les retirerez du feu et les mettrez dans une jatte à refroidir avec leur cuisson. Vous les égoutterez et les roulerez dans du sucre ; enfin vous achèverez de les faire cuire dans une grande poêle (*V.* SIROP), et au moment de les retirer du feu, vous y joindrez deux cuillerées de suc d'épinards avec une cinquantaine de pistaches bien vertes, afin de leur assurer cette franche couleur d'un beau vert qui doit justifier le nom de la même compote.

Confiture d'abricots verts. — Si l'on habitait une localité où les bons fruits fussent rares, ou si la température de l'année faisait craindre la disette des fruits, on pourrait utiliser ses abricots verts en les employant en conserve, et se conformant à la prescription suivante : prenez six livres de ces fruits, avant que le bois du noyau soit à l'état solide. Vous les éverdumerez dans de l'eau froide où vous aurez ajouté six onces de tartre, et vous les y frotterez avec un linge, afin d'en détacher la bourre à l'extérieur. Vous mettrez ensuite dans une poêle à confiture six livres de beau sucre que vous aurez fait réduire à la petite plume avant d'y faire cuire vos fruits. Une demi-heure de bon feu doit suffire pour en déterminer la parfaite cuisson. Cette confiture bien faite est beaucoup plus savoureuse qu'on ne le supposerait dans nos climats tempérés et fertiles en productions esculentes.

Confiture d'abricots entiers ou par quartiers. — Commencez par faire blanchir vos fruits à l'eau bouillante, levez-les ensuite à l'écumoire, et mettez sur un tamis de crin pour égoutter. En supposant que vous ayez disposé 6 livres de fruits, prenez 6 livres de sucre que vous ferez cuire à la petite plume, vous y mettrez successivement vos abricots entiers ou coupés, à qui vous ferez prendre seulement deux ou trois bouillons, après quoi vous les mettrez à refroidir, afin qu'ils se dégorgent et qu'ils prennent sucre. Vous ferez ensuite revenir votre sirop à la même cuisson de la petite plume, et vous y remettrez les fruits que vous laisserez bouillir cinq à six minutes, après quoi vous les placerez dans leurs pots de conserve, et les couvrirez de leur sirop, sans les fermer, jusqu'à ce qu'ils soient totalement refroidis.

Abricots secs à la provençale. — Lorsque les fruits auront été préparés comme il est indiqué ci-dessus, vous les égoutterez et les placerez sur des ardoises ou des lames de grès, suivant la commodité du lieu; quand ils commenceront à sécher, vous les saupoudrerez de sucre au travers d'un tamis de soie; vous les mettrez à l'étuve, ou bien dans un four après la sortie du pain. Il est suffisant, pour les conserver, de les tenir dans un lieu bien sec, enveloppés dans du papier gris, qu'on aura soin de changer si l'humidité s'y manifeste.

Marmelade d'abricots à la royale. — Choisissez les abricots les plus mûrs et les plus sains, faites-les peler exactement, faites-les blanchir à l'eau bouillante et les mettez à égoutter sur un tamis pour qu'ils jettent le superflu de leur aqueux. — Pour chaque livre de fruits, prenez une livre de sucre royal que vous aurez fait cuire à la petite plume, et puis laissez tiédir votre sirop. Vous y jetterez ensuite les abricots, que vous remuerez avec la spatule afin de les réduire en marmelade, et vous remettrez un moment sur le feu pour en parachever l'incorporation. Deux ou trois bouillons suffisent. On y peut ajouter des pistaches, au lieu du noyau des fruits, c'est la plus parfaite et la meilleure marmelade dont on puisse se servir pour garnir les compotiers.

Marmelade d'abricots à la ménagère. — Pour confectionner les tourtes et les gâteaux, pour garnir les omelettes au sucre et pour illustrer les charlottes, il est bon de se trouver pourvu d'une confiture d'abricots moins dispendieuse et moins recherchée, quoiqu'elle soit d'une qualité fort estimable. Pour faire de la bonne marmelade de ménage, il faudra donc prendre deux livres de sucre pour trois livres de fruits; on y joindra un plein verre d'eau de rivière ou de fontaine, et l'on fera bouillir le tout ensemble en ayant soin de bien écumer cette mixtion, et de la triturer de manière à ce qu'il n'y reste aucune partie du fruit en grumeaux. Comme on profite en y laissant les peaux du fruit, on est obligé de les faire bien cuire, afin qu'elles se dissolvent. On y joint ordinairement les amandes des abricots que l'on sépare en deux et qu'on mêle dans la confiture après qu'elle est parfaitement cuite; il faut les avoir fait bouillir à part de la marmelade avec un peu de sucre, car, sans cette précaution, l'effervescence naturelle à ces noyaux ferait tourner la confiture en fermentant, et ne manquerait pas de

chancir avec âcreté. C'est une observation sur laquelle on se néglige, ainsi que les personnes délicates ont souvent l'occasion de le remarquer. Pour garnir des gâteaux et des tourtes, il est d'un bon effet de mêler à la marmelade d'abricots la chair de quelques pommes cuites (au cuit-pomme et non pas en compote) : on ne saurait dire combien cet appendice est d'un bon résultat pour y donner plus de consistance dans le comestible, et plus de finesse dans la saveur.

Pâte d'Auvergne. — Choisissez des abricots de plein-vent, les plus mûrs et les plus chaudement colorés. Otez-en les peaux et les noyaux, faites les dessécher sur de la cendre chaude et dans une terrine toute neuve, en les remuant souvent avec une spatule de buis bien échaudée de bonne lessive. Quand la dessiccation sera presque totale, et que la pâte aura pris une consistance assez solide, vous la jetterez dans une poêle à confiture où vous aurez fait monter du sucre à la cuisson de la grande plume. Vous la mêlerez fortement, vous la ferez chauffer sans bouillir, et puis vous la dresserez par cuillerées sur des lames d'ardoises, afin de la faire étuver à grand feu.

Fromage à la crême aux abricots glacés. — Mondez et pelez soigneusement 12 abricots-pêches et passez-en la chair au gros tamis de crin. Délayez-y le jus d'une once de framboises, et que ce soit des blanches, s'il est possible; ajoutez-y le suc de deux oranges de Malte ou de Portugal, avec une demi-livre de sucre bien pilé. Tenez ce mélange à la glace et joignez-y une chopine de la meilleure crême, la plus fraîche et la plus consistante; il faut qu'elle soit à moitié glacée d'avance, afin que l'acidité des fruits ne la fasse pas cailler, et la mixtion doit en être faite avec promptitude. Mettez le tout dans une sorbetière avec salpêtre et gros sel, ainsi qu'il est usité pour les glaces et les sorbets (*V.* ces mots).

Si nous ne donnons ici aucune recette pour confectionner des *abricots à l'eau-de-vie*, c'est que cette préparation vulgaire et surannée n'est plus d'aucun usage, excepté dans les cafés et les restaurants de province. Il est universellement convenu que les seules conserves de fruits à l'eau-de-vie qui ne soient pas indignes de considération, ne sont que les prunes de reine-claude, les merises, les azeroles et les petits citrons nommés *chinois* par les Provençaux. Les abricots, les brugnons, les pêches et les autres gros fruits préparés à l'eau-de-vie ne paraissent jamais à Paris sur une bonne table, et, quant à l'instruction gastronomique, ou plutôt à la direction industrielle de MM. les confiseurs ou limonadiers, on doit supposer qu'ils ont des livres élémentaires avec des recettes traditionnelles qui suppléeront à cette omission de notre part ; omission que la meilleure partie de nos lecteurs n'aura pas à nous reprocher, puisque c'est le bon goût qui l'a prescrite.

Pour compléter cette nomenclature, nous croyons devoir ajouter ici la prescription d'une tisane aux abricots qui est fort usitée dans l'Asie-Mineure, et qu'on dit souveraine en cas d'inflammation de l'estomac et des entrailles. En voici la recette, ainsi qu'elle est formulée dans le 90ᵉ numéro du *Spectateur ottoman.* — « Tu feras cuire et vivement » bouillir des abricots, cinq gros ou six moyens, ou » bien dix à douze petits qui soient dépouillés de » leurs robes *tigrées*, et vidés de leurs *cœurs de* » *bois.* Ce sera dans une mesure d'eau purifiée par » le moyen de ce que tu l'auras fait bouillir d'a- » vance avec quelques feuilles d'oseille. Tu n'o- » mettras pas d'y joindre une poignée d'orge, avec » sept grains de maïs et trois pincées de fine graine » de lin d'Europe. Après une demi-heure de » cuisson, tu la retireras de son marc, et tu la fe- » ras boire en y délayant du miel clarifié. Peu de » miel, et bonne espérance avec pleine confiance ! »

ABSINTHE. Cette plante aromatique et styptique ne doit s'employer en gastronomie que pour en composer le *wermout* et l'excellente liqueur connue sous le nom d'EXTRAIT D'ABSINTHE AU CANDI, dont on trouvera la recette à notre article des *Élixirs* et *Liqueurs.* A la cour de France (avant l'année 1830) on prenait le wermout au commencement du repas, immédiatement avant les potages ; dans les pays étrangers on sert assez souvent cette boisson stomachique à moitié du dîner, entre les deux principaux services ; ce qu'on nomme familièrement *le coup du milieu.*

Le meilleur wermout se confectionne avec du vin de Tokai dans lequel on a fait infuser de l'absinthe *romaine* pendant soixante-douze heures, et dans la proportion de trois onces par chaque demi-bouteille de vin, qu'il est suffisant de passer ensuite à la chausse de flanelle afin de l'épurer sans provoquer d'évaporation superflue. On a remarqué que, lorsqu'on le faisait filtrer au papier Joseph, ou qu'on le clarifiait à l'étamine, il en résultait toujours une déperdition notable du spiritueux, de l'arôme et des autres précieuses qualités de ce généreux vin d'Hongrie. Nous pouvons assurer qu'il ne perdra rien de sa limpidité, pourvu qu'on ait la précaution de le transvaser soigneusement après l'infusion.

A défaut de vin de Tokai, dont le prix et la rareté pourraient paraître excessifs, on peut employer celui de Ratterstoff qui coûte moitié moins cher, celui de Saint-Georges *sur la lie de Tokai*,

ou tel autre bon vin blanc du même pays ; mais il a été expérimenté que pour composer du wermout il est indispensable d'employer du vin de Hongrie, et que celui qu'on fabrique avec des vins méridionaux ne mérite pas de porter un si beau nom. Il paraît que le goût de l'absinthe et la saveur des vins du Midi ne s'accordent point.

ACETO - DOLCE ET **CÉDRATS DE MILAN** (*Cuisine étrangère. Conserve italienne*). Le premier de ces deux hors-d'œuvres est une conserve de certains fruits et de petits légumes qu'on fait premièrement confire au vinaigre, ainsi que pour nos cornichons, et auxquels on adjoint ensuite un résidu de vin nouveau qu'on a fait bouillir jusqu'à le réduire en consistance de sirop. On voit, dans les dispensaires italiens, que le meilleur *aceto-dolce* se confectionne avec des quartiers de coing et du moût de raisin muscat, où l'on ajoute un peu de miel de Corse.

Il ne faut pas confondre cette confiture aigredouce avec une excellente conserve de cédrats, de melroses ou oranges musquées, et de bergamotes confites au sucre et à la moutarde, qui nous arrive tous les ans du Milanais, et qui nous fournit pendant l'hiver un hors-d'œuvre si distingué.

(*Nous croyons devoir avertir les consommateurs et les nombreux amateurs de cette production lombarde, qu'ils en trouveront à Paris, pour un prix assez modéré, chez le sieur Biffi, restaurateur italien, rue de Richelieu, 98.*)

ACHARDS, composition qui nous vient des Indes orientales, et qui porte le nom de son inventeur. Les meilleurs achards se tirent de l'île de Bourbon ; il est facile de les imiter en Europe, attendu que c'est tout uniment une conserve de giromont au vinaigre épicé. — Émincez donc finement des tranches de courge ou des lames de cardes-poirées que vous ferez confire au sel et au vinaigre d'Orléans, en les conduisant de la même manière que des cornichons ; ajoutez-y seulement un peu de racine de gingembre ainsi que des piments rouges, en ayant soin de retirer ces deux ingrédients quand ils auront produit leur effet. On les sert en hors-d'œuvre ; et quand on veut en faire usage il faut les égoutter, les étancher à la serviette, et les imprégner abondamment de bonne huile verte. Lorsqu'on peut les accommoder, au lieu d'huile, avec de la double crème de lait de chèvre, ce qu'on appelle dans les colonies à la *Cucoco*, c'est un comestible assez distingué pour qu'on y fasse attention. Cet assaisonnement des achards à la crème est fort approuvé par des gourmets d'une autorité notable, entre autres par

M. le marquis de Sercey, vice-amiral et ancien gouverneur des Indes françaises. Nous pouvons encore invoquer l'expérience et l'autorité de cet illustre marin, relativement à l'origine, à la nature et au bon emploi de l'*aya-panha*, qu'il a apporté le premier en France, et dont il nous a fait connaître l'usage (*V*. AYA-PANHA).

AGNEAU. Pour que la chair de l'agneau soit salubre et parfaitement bonne, il faut que l'agneau soit âgé de cinq à six mois, et qu'il n'ait été nourri que par le lait de sa mère, auquel on aura fini par ajouter celui de plusieurs autres brebis. La saison de l'année la plus favorable à l'usage de ce comestible est depuis la fin du mois de décembre jusqu'au mois d'avril.

Pascaline d'agneau à la royale. — Désosser soigneusement le collet d'un bel agneau de ferme; brisez sa poitrine, afin de pouvoir ajuster ses épaules en les bridant avec des ficelles et des attelets : cassez ensuite les os des gigots, croisez les deux manches, et assujettissez-les de la même façon; remplissez-le d'une farce composée de chair d'agneau pilée, de jaunes d'œufs cuits durs, de mie de pain rassis, et de fines herbes bien hachées et bien assaisonnées des quatre épices. Piquez votre agneau de fins lardons également bien assaisonnés suivant la formule, et faites-le rôtir à grand feu. Vous le servirez tout entier pour gros plat, au relevé des potages, soit sur une sauce verte aux pistaches, ou bien un ragoût de truffes au coulis de jambon. L'usage de servir cet ancien plat pour le dîner du jour de Pâques s'était perpétué jusque dans les derniers temps à la cour de France, et se trouve encore suivi dans la plupart des bonnes maisons. Il résulte, du grand ouvrage de Charles Sanguin, que du temps de Louis XIV et sous la minorité de Louis XV, on servait encore les *agneaux de Pâques* sur une sauce au vin blanc, dit *blanquette de Limoux*, avec une liaison de douze jaunes d'œufs et un bouquet de macis ou fleur de muscade. Nous n'avons rien à dire sur la tradition de cette sauce, qui a l'air d'appartenir à la cuisine du seizième siècle, parce que nous ne l'avons jamais expérimentée ni dégustée.

Selle d'agneau rôtie à l'anglaise. — La selle ou les doubles filets réunis sont la partie tout à la fois la plus substantielle, la plus délicate et la plus estimée de l'agneau. On la fait ordinairement rôtir, et on la sert pour relevé de potage ou en flanc de la table, c'est-à-dire en grosse pièce au premier service. On l'accompagne habituellement, dans les grandes maisons, d'une sauce à l'anglaise composée de la manière suivante, et très-approuvée des gourmets parisiens : —mettez un demi-setier de

consommé dans une casserole, avec une forte pincée de petite sauge verte bien hachée ; faites bouillir cinq minutes ; ajoutez-y deux échalotes bien pilées, trois cuillerées de fort vinaigre d'Orléans, un demi-quarteron de sucre, et du poivre noir en petite quantité; joignez-y le sel nécessaire, passez à l'étamine, et servez à part dans une saucière, afin de ménager les préventions routinières de certains convives qui se disent patriotes exclusifs en fait de gastronomie. On trouve encore de prétendus gourmets qui déclament contre l'introduction du *sucre* en mélange avec des *acides* et des chairs *salées*, mélange infiniment agréable en certains cas. Rien n'est encore aussi commun que de rencontrer des retardataires obstinés dans la marche du progrès culinaire, tandis que ce progrès ne pourrait s'établir qu'en abjurant ses préjugés nationaux dans un sentiment de cosmopolisme universel.

L'Angleterre est un heureux pays où l'on garde invariablement les anciennes coutumes et recettes une fois adoptées; et il paraît que la composition de cette sauce est d'origine française, car on en trouve la formule dans l'ouvrage de maître Lebret, cuisinier du Roi François Ier, en son château de Chambord.

Cette addition du sucre à des sucs de viande a lieu tous les jours. La purée de pois verts est naturellement sucrée, et on la mange au gras; les marrons contiennent 12 à 14 pour 100 de sucre, et on en met dans beaucoup de ragoûts; on mange les betteraves avec du sel et du vinaigre, enfin les ognons et les carottes brûlés, qu'on met dans les potages vulgaires afin de donner au bouillon de la couleur et du goût, ne doivent leurs propriétés dans cet état qu'au sucre qu'ils contiennent et qui a été caramélisé par l'action de la forte chaleur qu'on leur a fait subir.

Le quartier d'agneau de devant est beaucoup plus estimé que celui de derrière. Tous les deux ne se servent que rôtis, et c'est toujours au premier service, au moins dans les maisons où l'on tient à l'élégance, et où les bonnes traditions sont observées. Tout le monde a vu avec surprise, dans la première édition des *Mémoires de M. le comte de Bausset, préfet du palais et chambellan de l'empereur Napoléon*, le tableau d'un menu dont il résulte que ce fonctionnaire impérial faisait servir, au château des Tuileries, pour le dîner de son maître, *un gigot d'agneau* au second service, et comme plat de rôt. Voilà ce qu'un maître-d'hôtel du troisième ordre n'aurait eu garde de souffrir de l'autre côté de la rivière de Seine, ou dans le faubourg Saint-Honoré, qui n'est pas moins bien habité que le quartier Saint-Germain. Il est à noter que le reste et l'ensemble de cet étrange menu, publié par M. le comte de Bausset, est tellement vulgaire et si dépourvu d'aucun usage du beau monde, que les habitudes de cette famille impériale et le savoir-vivre de ses principaux officiers en ont beaucoup souffert dans l'estime et la considération publiques. La divulgation très-indiscrète et tout-à-fait inutile d'un pareil menu avait produit un étonnement si général et un effet tellement fâcheux, que M. le préfet du palais impérial a cru devoir retrancher ce document dans la dernière édition de ses mémoires ; et c'est en vérité ce qu'il avait à faire de mieux pour la réputation d'un si grand homme, ainsi que pour l'honneur de ses employés du palais.

Quartiers d'agneau rôtis à la maître-d'hôtel. — Introduisez une boule froide du mélange appelé à *la maître-d'hôtel* (*V.* ci-dessus article ABATTIS, n° 12), sous l'épaule de votre quartier d'agneau, que vous aurez détachée et soulevée en la sortant de la broche. On peut en faire autant pour les gigots d'agneau qu'on fait également rôtir, mais qu'il vaut mieux présenter en *entrée de broche*, sur une purée d'oseille, sur une sauce aux tomates, ou sur une ravigotte verte appelée communément sauce au *vert-pré*.

Épigramme d'agneau. — Détachez proprement les côtelettes d'un quartier d'agneau, que vous ferez ensuite griller ou sauter dans leur jus ; mettez l'épaule de ce quartier à cuire à la broche, ensuite de quoi vous la couperez en lames à peu près égales, afin d'en faire une *blanquette*, ou, si vous l'aimez mieux, une *béchameil* (*V.* les deux articles en question). Ayez soin d'aiguiser votre ragoût avec du jus de citron, si c'est une blanquette, ou bien de l'épicer avec un scrupule de piment, si c'est une béchameil ; placez-le en monticule au milieu du plat, et dressez autour, en couronne et la noix en bas, les côtelettes d'agneau que vous aurez tenues bien chaudes et que vous aurez glacées au jus de fricandeau, ou tout autre glacis de bonne cuisine.

La *blanquette de gigot d'agneau* peut s'apprêter au coulis de jambon ou à la purée d'écrevisses, aussi bien qu'à la poulette ; on peut en garnir des vole-au-vent et des timbales de nouilles ; mais on la sert plus généralement avec une bordure de riz, dont l'extérieur doré doit être croquant (*V.* RIZ EN CASSEROLE).

Les *côtelettes*, les *tendrons*, les *cervelles* et les *ris d'agneau*, ainsi que les *oreilles d'agneau farcies*, sont considérés comme de fines entrées ; mais il n'en est pas tout-à-fait ainsi pour les *pieds d'agneau* qu'on ne mange qu'en famille et en société familière, à moins que ce ne soit pour le déjeûner. On peut servir les côtelettes, tendrons, cervelles, etc., en attelet, à la Villeroy, en kari, ou bien simplement étuvées dans un *blanc* (*V.* cet article), et dressées alors sur une purée de céleri ou une purée de marrons, sur une purée d'oseille ou de tomates, autour d'un ragoût de concombres au jus ou d'une blanquette de pointes d'asperges, et de préférence à tout sur une sauce au vert-pré dans laquelle il ne faudra pas ménager le cerfeuil.

L'issue d'agneau se composait autrefois de la tête, du foie, du cœur, du mou, des ris et des pieds de l'agneau, qu'on faisait étuver ensemble et dans un *blanc*, et qu'on servait avec une liaison de jaunes d'œufs crus et jus de citron, dans le même pot-à-oille, en guise de potage et quelquefois d'entrée. C'est un mets qui n'est plus d'usage depuis que chaque partie de ces abattis et les principales portions de la tête de l'agneau ont été reconnues susceptibles de recevoir un assaisonnement spécial et un apprêt particulier. Cependant nous ne pouvons pas dire que nous ne rappelions cet ancien ragoût que pour *mémoire*, attendu qu'il est très-salutaire en certain cas d'inflammation des entrailles et de l'estomac, ce qui fait qu'il est recommandable et qu'il se trouve encore prescrit à des convalescents dans les cas de maladies gastro-entérites.

Poitrine d'agneau à la Sainte-Menehould (ragoût lorrain et alsacien). — Prenez deux poitrines d'agneau que vous faites cuire à la braise avec plusieurs tranches de maigre de veau et quelques lames de jambon cru. Après cuisson (au bout d'une heure et demie), vous les retirez, les désossez et les mettez refroidir entre deux couvercles, afin de leur donner une bonne forme ; trempez-les dans du beurre tiède et panez-les à la croûte chapelée ; posez-les ensuite sur le gril à un feu doux, et recouvrez-les d'un four de campagne, afin de les prâliner et les colorer suffisamment. Vous pourrez les servir sur une sauce à volonté, mais dans laquelle il est bon de ne pas épargner quelques ingrédients d'assez haut goût. Chevriot, cuisinier du Roi Stanislas Leckzinski (dernier duc de Lorraine et de Bar), conseille de servir cette entrée sur un ragoût de groseilles vertes, assaisonnées de muscade et de verjus, comme pour les maquereaux.

Tendrons d'agneau aux pointes d'asperges. — Coupez et parez les tendrons de deux poitrines d'agneau ; arrangez-les dans un sautoir ou casserole plate ; avec une cuillerée de consommé ; faites-les mijoter jusqu'à ce qu'ils s'enveloppent de leur glace. Ayez une botte d'asperges dite aux *petits pois*, et n'employez que les plus tendres et les plus vertes; faites-les blanchir à l'eau bouillante où vous aurez mis une pincée de sel; écumez-les; faites-les bouillir pendant un quart-d'heure; ensuite mettez-les dans de l'eau froide; égoutez-les sur un tamis de crin, et coupez-les en portions égales. Vous les apprêterez ensuite soit à la poulette ou au consommé lié de jaunes d'œufs, en y joignant un peu de sucre. Vous mettrez ce ragoût d'asperges au milieu du plat, et vous dresserez les tendrons à l'entour après les avoir chaudement glacés.

Tendrons d'agneau aux petits pois. — Suivez les mêmes procédés que ci-dessus, à l'exception de ce que les petits pois ne doivent être ni blanchis, ni rafraîchis à l'eau froide. Il sera bon d'ajouter quelques feuilles de sarriette à ce ragoût; le goût de cette herbe se concilie spécialement et parfaitement bien avec les pois verts, et surtout au gras.

Filets d'agneau à la Condé. — Après avoir paré des filets d'agneau, coupez-les depuis les carrés jusqu'au collet; après les avoir piqués d'anchois, de truffes et de cornichons, on les fait mariner dans du beurre mélangé avec de la bonne huile d'olive et assaisonné avec des champignons, de la ciboule, des échalotes, des câpres, hachés le plus menu possible. On y ajoutera du sel, du poivre, des quatre épices, du basilic en poudre, de la chapelure de pain en quantité suffisante, et finalement deux jaunes d'œufs cuits durs; on enveloppera les morceaux de filets dans une couche épaisse de cette farce par le moyen de morceaux de crépine; ensuite, avec des âtelets, on les attachera sur une broche, après les avoir recouverts d'un fort papier huilé ou beurré. Lorsqu'ils sont cuits, on les retire pour les paner et verser dessus une sauce au blond de veau, avec des citrons coupés en tranches minces et de la muscade rapée; on laisse sur le feu jusqu'à ce qu'elle ait acquis une consistance convenable.

Cromesquis d'agneau (cuisine étrangère, ragoût polonais). — Parez de la chair d'agneau rôtie et refroidie, et coupez-la par petits morceaux carrés; coupez de la même manière des champignons cuits au blanc et de la tétine de veau; mettez dans une casserole un peu de glace de viande, avec un peu de consommé; faites chauffer cette préparation, ajoutez-y du gingembre en poudre et du gros poivre, liez avec des jaunes d'œufs, et puis mettez dedans la tétine, ainsi que les champignons et la chair d'agneau; le tout étant refroidi, vous le divisez par petites parties que vous moulez comme pour des croquettes; ensuite vous enveloppez ces espèces de croquettes dans des bardes

de tétine de veau, vous les trempez dans une pâte croquante et vous les faites frire. Servez-les de belle couleur, avec persil frit, ou sur une sauce piquante à volonté.

Tranches d'agneau à la Landgrave (cuisine étrangère, ragoût allemand). — Coupez un filet d'agneau par tranches, ajoutez-y du sel et des quatre épices mêlées, faites-les frire, et retirez-les de la friture en ayant soin de les maintenir chaudement. Jetez dans une casserole un quart de setier de bon bouillon de bœuf où vous avez délayé une demi-cuillerée de fine farine de seigle; ajoutez-y un peu de saumure de noix et un peu de *catchup* (essence de champignon. On en trouve à Paris chez plusieurs marchands de comestibles, et notamment à l'hôtel des Américains, rue Saint-Honoré); joignez-y une once de beurre frais, et faites bouillir le tout en le remuant continuellement; mettez-y alors les tranches d'agneau, que vous servirez après avoir passé leur sauce à l'étamine.

Les blanquettes d'agneau se font avec la chair des gigots et des épaules d'agneau rôtis. On y adjoint le plus souvent des tranches de concombres, ou des lames de truffes, ou bien des queues d'écrevisses ou de crevettes; encore des petits pois ou des pointes d'asperges, ou des huîtres d'Ostende avec des moules, etc.; c'est suivant la fantaisie du maître, la commodité du service, ou les facilités de la saison. Il est inutile de faire observer qu'avec ces blanquettes, ajustées de si bon goût, on peut garnir très-élégamment et fort agréablement pour les connaisseurs, des vole-au-vent, des pâtés chauds, des casseroles au riz et des timbales de nouilles.

Telles sont les meilleures manières d'apprêter les différentes parties de l'agneau; mais elles peuvent encore être soumises à un grand nombre de préparations, pour lesquelles il est suffisant de s'en rapporter à l'expérience, à l'intelligence et à l'économie d'un bon cuisinier.

Nous n'avons pas voulu parler des quartiers d'agneau assaisonnés *à l'italienne*, avec du *fromage Parmesan*, parce que c'est une entrée dont on ne saurait faire mention honorable : elle est au-dessous du médiocre.

AIL, plante potagère dont on emploie les bulbes, appelées *gousses*, dans l'assaisonnement de plusieurs mets. L'usage du pluriel *aulx* est généralement adopté, *scientifiquement* parlant, ce qui nous permettra d'en user à son point de vue didactique. Les aulx exalent généralement une odeur dite *alliacée*, odeur spéciale à cette famille de végétaux; ainsi les bulbes de l'ail proprement dit contiennent un mucilage imprégné d'un suc et d'une huile volatile de la nature la plus âcre et la plus irritante. Il est à remarquer d'ailleurs que l'âcreté de ce principe décroît sensiblement en raison inverse de la température : c'est ainsi que dans le nord de la France, on ne peut considérer les aulx que comme assaisonnements, tandis que dans les provinces méridionales, ils y forment un véritable aliment, et que, sous le climat de l'Égypte, ils ont perdu toute leur âcreté. Ne pouvant donner la monographie complète de cette plante, nous nous bornerons à indiquer ici quelques-unes de ses variétés les plus utilement employées par les cuisiniers français (*V*. OGNON, POIREAU, CIBOULE, ÉCHALOTE, ROCAMBOLE et CIVETTES).

L'ail et *la rocambole* doivent être souvent employés dans nos préparations alimentaires ; mais comme ces deux racines bulbeuses sont très-âcres et pourraient communiquer un goût trop fort, il ne faut jamais s'en servir qu'avec une extrême précaution.

L'emploi d'une *gousse d'ail* est de prescription très-absolue pour tous les bouillons de potages ou de cuisine ; il est également indispensable dans l'assaisonnement pour les lardons, et voici comment on doit agir en pareil cas. Écrasez sur le billot de cuisine, avec la pointe d'un couteau, une demi-gousse d'ail, en y joignant du poivre fin et quelques sommités de fleurs de thym sèches et bien pulvérisées ; joignez-y une demi-pincée de muscade râpée, et ne manquez pas de frotter sur cette mixtion tous vos lardons de quelque grosseur qu'ils soient, avant de les employer pour piquer les viandes.

Il est assez connu que les *petits-pieds,* ou gibiers les plus fins, ne doivent être piqués qu'avec des filets de tétine de veau, à laquelle on ajoutera simplement un peu de sel blanc. Il est vulgairement connu aussi que les gros poissons qu'on veut apprêter à la *Barbarine,* à la *Régence,* ou à la *Chambord,* doivent être piqués avec des lardons d'anguille, lorsqu'on les apprête au maigre.

Sans parler ici de tous les assaisonnements où l'ail est indispensable, nous dirons seulement pour aujourd'hui qu'il est bon de mettre une *pointe d'ail* dans tous les ragoûts de mouton, et qu'il est généralement usité d'en frotter un crouton de pain qu'on appelle *chapon* et qu'on établit au fond de la coupe où l'on doit servir les salades de chicorée blanche ou de concombre ; il n'en résulte absolument rien pour la suavité de l'haleine, et nous répétons que, lorsque cet utile ingrédient est sagement administré, ses antagonistes les plus inflexibles et les plus dénigrants ne s'en fâchent pas du tout et ne s'en inquiètent nullement, car ils ne s'en doutent pas.

Nous avons déjà dit que l'ail du Midi n'est pas d'une saveur aussi forte, à beaucoup près, que dans les autres climats, et qu'il contient un principe sucré tout-à-fait semblable à celui des ognons d'Espagne et d'Afrique. On en compose plusieurs mets et différentes sauces, tels que le *Beurre d'ail,* la *Provenchine* et surtout l'*Aïlloli,* dont on garnit certains plats dans toute la Gascogne, mais qui ne saurait être employé dans les officines de Paris, à raison de son résultat naturel.

L'usage de l'ail paraît avoir été fort employé par les peuples méridionaux, s'il faut en juger par la violence des attaques dont il a été l'objet. A Rome, il était défendu à celui qui avait mangé de l'ail d'entrer dans le temple de Cybèle ; Horace a fait une ode contre cette plante ; et le roi Alphonse de Castille institua, en 1368, un ordre de chevalerie dans les statuts duquel il était dit que les membres de l'ordre ne mangeraient ni aulx ni ognons sous peine d'être exilés de la cour pendant un mois.

AILERONS (*V*. APATTIS).

Ailerons à l'orge mondé, à l'usage des convalescents (*excellente prescription d'hygiène et de médecine allemande*). — Faites bouillir dans un vase de terre et dans deux pintes d'eau *de pluie* deux livres de jarret de veau avec quatre ognons blancs, six navets, huit amandes douces qui doivent être concassées et mondée (c'est-à-dire échaudées à l'eau bouillante afin de les dépouiller de leur seconde enveloppe) ; ajoutez à ceci douze dattes ainsi qu'une once de gomme arabique et deux cœurs de laitue pommée. Après trois quarts d'heure de cuisson continue, mais d'ébullition modérée, car il ne faut pas qu'une mixtion si douce et si bénigne aille s'évaporer et se concentrer en bouillant au galop, vous passerez ce bouillon et le transvaserez dans une jatte, après quoi vous le remettrez dans le vase où vous l'aurez fait cuire et que vous aurez fait bien échauder pour qu'il n'y reste aucune parcelle de résidu. — Quand vous aurez ainsi confectionné ce bouillon préliminaire, vous y ferez cuire quatre ou cinq onces d'orge mondé, autrement dit *perlé ;* deux heures et demie suffiront à la parfaite coction de l'orge qui doit être bien imbibé et à l'état le plus mou, pour se digérer plus aisément. — Prenez ensuite quatre ailerons de poule d'Inde et non pas de dindon mâle, attendu que les téguments et la contexture de ces derniers ont moins de tendreté et aussi parce que le parenchyme en produit un suc moins doux que celui des individus femelles. Les ayant fait blanchir à l'eau de son, vous les mettrez à cuire avec l'orge, et vous les servirez ensemble après vingt minutes de cuisson.

On ne saurait trop recommander l'usage de cette combinaison comestible aux valétudinaires et principalement à ceux qui souffrent d'une irritation dans les régions pectorale, gastrite ou abdominale. Les bons effets de cette prescription alimentaire sont éprouvés depuis plus d'un siècle. Elle est également favorable à ceux qui veulent combattre et qui doivent redouter l'inflammation du sang et l'irritation du système nerveux.

AIGRE-DE-CÈDRE.

L'aigre au cédrat, ou l'aigre-de-cèdre, est un ancien julep *ad sitim*, qui depuis le règne de Louis XIII avait eu le temps de passer de mode, et que les Mémoires du Conseiller Tallemand-des-Réaux viennent de remettre en grand honneur à Paris, où tous les nouveaux romans, les revues littéraires et plusieurs journaux quotidiens parlent très-souvent de l'*Hydromel-au-fruit*, de la *Cervoise-à-l'œuf* et de l'*Aigre-de-cèdre à la royale*. D'après le *Thrésor des Receptes au lit des malades*, ouvrage de la bonne et charitable madame Fouquet, mère du surintendant, ce doit être une sorte d'orangeade aiguisée de citron vert, édulcorée de miel épuré de Narbonne, au suc de mûres blanches, et puis légèrement aromatisée par de l'écorce de cédrat rouge, à laquelle on peut suppléer par le zeste d'un poncire ou d'une bergamote. On voit dans les écrits du temps que le cardinal de Richelieu faisait le plus grand cas de l'aigre-de-cèdre et qu'il en consommait pendant les deux mois caniculaires et les périodes équinoxiales, *au moins sept ou huit sectiers par jour*.

Quant à celui que les journaux de Paris nous recommandent et qui se débite à si grand bruit dans la rue Saint-Honoré (n° 341), nous pensons qu'il n'est pas fabriqué scrupuleusement avec le suc de ces aurentiacées, non plus qu'avec leurs écorces fraîches, mais plutôt avec quelque solution tartarique et moyennant une huile essentielle analogue à celle du cédrat. Voilà ce qui lui communique un arrière-goût d'empyreume, et voilà qui doit priver cette estimable et fort agréable boisson d'une partie de ses bonnes qualités diurétiques ou sédatives.

ALAMBIC.

Si cet ustensile est indispensable dans une maison riche et nombreuse, c'est principalement dans l'office et sous le rapport de l'avantage qu'il y procure en servant à la fabrication des eaux distillées et des liqueurs. Il en résulte une économie notable, en ce que les liqueurs les plus compliquées n'y coûtent presque rien, et parce que les eaux distillées n'y coûtent rien du tout, car on ne peut attribuer, à la campagne, aucune valeur réelle ou vénale à des feuilles de roses ou des fleurs d'oranger, par exemple; et quant au prix du combustible, on n'a guère à s'en inquiéter lorsqu'on est hors de Paris.

Les vaisseaux distillatoires les mieux appropriés à l'usage domestique, sont de petits alambics en argent, en cuivre étamé, ou même en étain; mais alors on ne fait point la *cucurbite* avec ce dernier métal, à cause de sa fusibilité sur un feu nu.

L'alambic dont nous conseillons l'usage est connu sous le nom d'*alambic à bain-marie*, et se compose de trois pièces :

1° La *cucurbite*, qui peut être d'argent, ou qui doit être au moins de cuivre étamé, et qui doit entrer dans un fourneau construit pour cet effet dans un coin de l'âtre, à l'office. Elle est plus ou moins grande, selon la capacité de l'alambic. Aux trois quarts de sa hauteur, cette pièce est bombée de manière à faire un rebord saillant, et, sur la partie la plus bombée de ce rebord, se trouve un petit tuyau que l'on ferme habituellement avec un bouchon de liége. Ce tuyau doit servir à l'introduction de l'eau à mesure qu'elle s'évapore, et la chose doit s'exécuter sans discontinuer la distillation. La cucurbite est aussi garnie de deux anses afin d'en faciliter l'usage, et son ouverture est renforcée extérieurement par un cercle ou collet de cuivre tourné. Il doit se trouver dans la cucurbite un rond ou grille en cuivre vernissé, et percé de plusieurs trous : ce rond en remplit la capacité; il est garni de deux petites anses, et coupé en deux parties qui sont réunies par deux charnières, et qu'on replie sur elles-mêmes lorsqu'on veut retirer le rond de la cucurbite. Il s'y trouve aussi trois pieds qui l'éloignent de deux pouces environ du fond de la cucurbite : en sorte que, lorsqu'on veut distiller à feu nu, les substances qui sont posées sur cette grille ne sont point exposées à être brûlées. Quand on distille au bain-marie, ce grillage devient inutile, et on le retire de l'appareil.

2° La pièce nommée *bain-marie* est supportée par la cucurbite dans laquelle elle entre et s'ajuste hermétiquement. Cette seconde pièce est un vase d'étain épais de deux lignes environ, et garni, à son extrémité supérieure, d'un collet assez saillant pour poser sur celui de la première pièce et s'y trouver de niveau; il y a aussi deux anses du même métal. A cette extrémité, il est tourné dans l'intérieur d'un pouce et demi, et creusé d'une ligne et demie environ pour former un petit rebord intérieur propre à recevoir le cou du chapiteau. Indépendamment de son usage pour l'alambic, on se sert de cette pièce pour plusieurs infusions, alors on y ajoute un couvercle plat, aussi d'étain, qui la ferme exactement.

3° La troisième pièce, appelée *chapiteau*, est d'étain, et a une figure conique dont la base a le même diamètre que l'orifice de la cucurbite et du bain-marie. Cette base est un fort collet avec une emboîture d'un pouce et demi, qui entre et pose sur le rebord intérieur de l'un ou de l'autre, afin qu'on puisse distiller à feu nu ou au bain-marie, suivant le besoin. On a pratiqué dans l'intérieur du chapiteau une gouttière qui a un pouce et demi de profondeur avec une ouverture qui répond à un tuyau d'étain qui se trouve à la base, et qu'on appelle le bec du chapiteau. Il peut avoir quatre ou cinq pouces de diamètre à son ouverture, pour peu que l'alambic soit grand, et n'avoir que trois ou quatre lignes à l'extrémité opposée, sur une longueur à peu près de quinze à dix-huit pouces : quelquefois il se trouve très-court, afin d'y ajouter à volonté d'autres tuyaux d'étain qui s'y emboîtent exactement, et qu'on appelle *tuyaux de rapports*.

On voit des alambics où le chapiteau est garni à l'extérieur d'une espèce de sceau de cuivre étamé, soudé exactement à la base du cône, de manière à embrasser la gouttière, et dont la hauteur dépasse d'un pouce environ la pointe du cône ; on l'évase un peu plus vers le bas, et il s'y trouve un robinet du plus grand débit possible ; cette pièce se nomme *réfrigérant*. On l'emplit d'eau froide pour faciliter la condensation des vapeurs qui, s'exhalant de la cucurbite, viennent reprendre l'état fluide : et, se glissant le long du plan incliné intérieur du cône, se rendent dans la gouttière, d'où elles tombent en liqueur par le bec du chapiteau dans le récipient qu'on y adapte. Comme cette eau froide du réfrigérant ne tarde pas à s'échauffer, on la fait écouler par le robinet, et on lui substitue de l'eau fraîche.

Les distillateurs de nos jours s'étant aperçus que la plupart des liqueurs qu'on distille ont besoin d'être rafraîchies plus que ne le peut faire l'eau du réfrigérant, même en la changeant très-souvent, ont supprimé entièrement cette pièce de leurs alambics, et l'ont remplacée avantageusement par le *serpentin*. C'est un long tuyau d'étain tourné en spirale, dont on soutient les pas à distances égales par des tringles d'étain perpendiculaires qui y sont soudées ; on le place dans un seau de cuivre rouge étamé, vers le fond duquel se trouve un robinet, et qui est garni au dehors de deux poignées de cuivre pour en faciliter le transport. On élève ce seau sur une escabelle, de manière que l'extrémité supérieure du serpentin s'ajuste au bec du chapiteau, et on adapte à celle

inférieure un vaisseau nommé récipient, qu'on pose sur un coussinet, et qui est destiné à recevoir les produits de la distillation. On remplit le seau avec de l'eau très-froide avant de distiller, et on pose dans le milieu de son diamètre un long entonnoir de fer-blanc, qui le dépasse un peu, et qui a pour support un pied peu élevé, de forme conique, et percé de plusieurs trous. A mesure que l'eau contenue dans le seau vient à s'échauffer, on verse dans cet entonnoir de l'eau très-froide, qui, par son poids, occupant la partie inférieure, fait refluer vers le haut l'eau chaude qui est plus légère, ce qui dispense de la renouveler en entier. Lorsqu'après avoir ainsi versé de l'eau dans cet entonnoir, le volume ne peut en être contenu dans le seau, la portion surabondante s'écoule par un tuyau de décharge adapté à un orifice qui se trouve à l'extrémité supérieure du seau. On dispose ce tuyau à son gré, et on donne à l'eau une issue qui la porte en dehors du laboratoire.

Le serpentin, plongé dans l'eau, a de grands avantages sur le réfrigérant ; les vapeurs qui passent dans son intérieur sont condensées et rafraîchies successivement en parcourant toujours de nouvelles couches d'eau fraîche ; par ce moyen on perd infiniment moins de parties volatiles des substances qu'on distille, et les liqueurs n'ont jamais d'odeur empyreumatique. Outre que toute l'eau du réfrigérant s'échauffe très-promptement et en même temps, et qu'il faut la changer très-souvent, sans que pour cela la liqueur qui distille soit aussi bien rafraîchie que lorsqu'elle passe par le serpentin, un autre inconvénient de cette même précaution, indispensable pourtant, c'est que ce changement subit d'eau très-froide après de l'eau très-chaude nuit à la condensation des vapeurs, les fait retomber dans la cucurbite, et retarde souvent l'opération.

Pour procéder à la distillation, on dispose la cucurbite dans le fourneau, comme nous l'avons dit. Lorsqu'on distille à feu nu, on met les substances sur la grille, et on remplit la cucurbite environ aux deux tiers ; on la couvre de son chapiteau, au bec duquel on adapte le serpentin, dont on a rempli le seau d'eau froide, à l'extrémité inférieure duquel on dispose un récipient ou matras pour recevoir la liqueur à mesure qu'elle distille.

La distillation au bain-marie, qui doit être toujours employée pour les liqueurs spiritueuses, a le grand avantage de ne point être sujette aux accidents qui arrivent lorsqu'on distille à feu nu. Dans ce cas, après avoir mis dans le bain-marie les substances que l'on veut distiller, on le plonge dans la cucurbite placée sur le fourneau, et dans laquelle on met suffisante quantité d'eau ; on adapte alors le chapiteau au bain-marie, et, le serpentin étant placé comme dessus avec le récipient, on lute les jointures des vaisseaux avec du papier imbibé de colle de farine, et on allume le feu dans le fourneau.

Le feu, qui est l'agent de cette opération, doit être conduit avec attention, surtout lorsqu'on distille à feu nu ; le degré convenable est assez difficile à saisir et à être maintenu également ; car, pour peu qu'on augmente la quantité de bois ou de charbon, le feu passe tout-à-coup du degré le moins actif à un degré beaucoup trop vif, et le plus grand inconvénient, c'est que la liqueur en contracte un goût d'empyreume.

La distillation au bain-marie n'encourt pas ces inconvénients ; il suffit d'entretenir toujours bouillante l'eau de la cucurbite.

En général, il faut commencer par un degré de feu très-tempéré, que l'on augmente ensuite progressivement et selon le besoin. On opère bien lorsqu'on entretient un petit filet ; car si on se contentait de distiller goutte à goutte, on pourrait bien ne retirer qu'une liqueur spiritueuse très-peu *imprégnée* d'huile essentielle ; le feu poussé avec trop de violence fait monter le flegme avec l'esprit et l'huile, ce qui rend la liqueur détestable : on a même vu les substances tomber dans le réfrigérant ; la seule ressource alors est de verser ce qui s'y trouve dans la cucurbite par le tuyau de celle-ci, et de recommencer la distillation. Les substances dont l'huile est pesante, telles que le girofle, la cannelle, etc., se distillent au fort filet ; cependant il faut observer de ne pas pousser le feu de manière à faire monter le flegme ; ensuite on distille le premier produit au petit filet, ce qui s'appelle *cohober*.

Comme le flegme, la terre, le sel fixe, font partie de toutes les substances, et qu'on ne les soumet à la distillation que pour les en dégager et en extraire la partie spiritueuse et l'huile essentielle, on ne doit pas la retirer en même quantité que celle qu'on a employée. Sur dix pintes d'une infusion quelconque on doit en retirer cinq qui ne sentent ni le flegme, qui est un goût fade, insipide et désagréable, ni l'empyreume, qui est un goût de feu très-âcre et tout-à-fait nauséabond. Lorsqu'on a employé de l'eau-de-vie de première qualité, on peut en retirer un peu plus de moitié.

Lorsqu'on veut distiller certains aromates au bain de sable, on pose sur un fourneau portatif une chaudière de fonte remplie de sable fin ou de sablon, sur lequel on place une *cornue* de verre qui contient la substance à distiller. La cornue est une espèce de bouteille de figure ovale, terminée par un *col* ou *tuyau* qui diminue insensiblement en largeur, et qui est légèrement incliné. La portion ovale de la cornue pose sur le sablon, et le col sort au dehors pour recevoir le récipient qu'on y adapte. On lute bien les jointures, et, après avoir allumé un feu de charbon, on procède à la distillation, qui doit être surveillée avec la plus grande attention, surtout pour la conduite du feu, auquel on donnera un degré qui n'excédera jamais celui qui serait nécessaire pour entretenir l'eau bouillante lorsqu'on distille au bain-marie.

Pour la distillation de l'eau commune, on met l'eau de rivière ou de puits dans la cucurbite, on la recouvre du chapiteau, au bout duquel on ajuste le serpentin, dont on remplit la cuve d'eau très-froide. On adapte un récipient au bec du serpentin, et, tout étant disposé de la sorte, on lute les jointures des vaisseaux, puis on procède à la distillation pour tirer environ les sept huitièmes de l'eau qu'on a employée, et qu'on reçoit, réunies en gouttes, dans des vaisseaux de verre très-propres.

L'eau qu'on obtient par ce procédé est très-pure, parce qu'elle a laissé dans la cucurbite les sels et autres principes fixes qui en altéraient le degré de pureté indispensable dans plusieurs compositions, et qui n'est jamais offert par l'eau dans son état naturel. Relativement à l'application des procédés alambicaux pour les distillations applicables à la cuisine et à l'office, ainsi qu'à la pharmacie d'un château, d'un hospice ou d'une communauté religieuse, voyez nos articles EAUX ODORANTES, ESPRITS RECTIFIÉS, HUILES ESSENTIELLES, ÉLIXIRS et LIQUEURS.

ALBERGE. Sorte de pêches, ou, suivant les uns, de prunes confites qu'on prépare en Touraine et dont la chair jaune est très-compacte et légèrement acidule. On voit dans les *Receptes usittees en la royalle Abbaye de Fontevrauld*, qu'on en faisait anciennement des *compotes à la crème cuite :* mais on ne les sert plus aujourd'hui que dans leurs boîtes plates où ces fruits se trouvent à demi secs et divisés par quartiers. C'est un dessert de qualité médiocre ; aussi, trouve-t-on dans les écrits d'un Tourangeau assez spirituel, nommé le commandant Paul Courrier, qu'il ne faisait pas grand cas de cette production du pays. Il y dit en se plaignant de madame Courrier, son épouse, qu'elle est devenue *rêche et coriace comme une alberge.*

Le meilleur parti qu'on puisse en tirer, il s'agit ici, comme on conçoit bien, d'alberges confites et non pas de madame veuve Courrier, c'est de les couper en petits morceaux de forme carrée, pour en garnir le flanc d'un plum-pudding à la moelle et aux zestes de citrons confits. Elles font encore un assez bon effet dans ces vénérables ragoûts de lamproie à l'angevine, et dans les excellents civets de lièvre à la Charles IX, ainsi qu'on les confectionne encore en certaines provinces et notablement en Anjou; c'est-à-dire avec de petits ognons grillés et de petits cubes de porc frais, des poires tapées du Gâtinais, des pruneaux d'Agénois et des raisins d'Andalousie, le tout bien consommé dans son assaisonnement au vieux vin de Médoc et au coulis au jambon (*V.* CIVET et LAMPROIE).

ALBRAN, autrement dit HALBRAN. Ce jeune palmipède, qui se chasse à la fin d'août, devient *canardeau* en septembre et se trouve *canard* au mois d'octobre; ce qui faisait remarquer au Roi Louis XVIII que, dans aucune autre race indépendante et sauvage, on ne passe aussi rapidement de l'enfance à l'adolescence et de la jeunesse à la maturité.

Les albrans se cuisent à la broche et se servent sur des rôties onctueusement imbibées de leur jus, où l'on ajoute un suc d'orange amère avec un peu de soya des Indes et quelques grains de poivre (mignonnette). C'est un plat de rôt délicat et distingué.

Quand les chasseurs ou les pourvoyeurs en fournissent en grand nombre à la campagne, et quand on veut en faire une entrée, on peut les mettre en salmis ou les servir sur un ragoût d'olives, aussi bien que sur une béchameil de mousserons. Nous n'admettons pas qu'on puisse les faire cuire *aux Navets*, ainsi qu'il est conseillé dans l'*Almanach des gourmands* (première année, page 118). C'est un apprêt trop vulgaire pour être appliqué convenablement à des albrans, des canardeaux et même à des canards sauvages. Il ne convient que pour des canards de ferme et pour leurs canetons. Nous suivons ici le précepte et la décision de M. Brillat-Savarin, notre illustre devancier : « *L'adjonction d'un pareil légume à ce noble gibier serait, pour les albrans, un procédé mal séant, et même injurieux; une alliance monstrueuse, une dégradation flétrissante!* »

ALÉNOIS, ou CRESSON POTAGER, CRESSON DES JARDINS et CRESSONETTE. C'est assurément la plus recommandable et la meilleure de toutes les productions végétales, appelées fines herbes. La saveur en est piquante et n'a pourtant rien d'acerbe ni d'outré. Il n'en est pas de cette plante comme de l'estragon, du cerfeuil *exclusif* et de l'*ardente* ciboule, (ainsi qualifiés par M. de Berchoux). On dirait qu'il y a dans la physionomie, les habitudes et les mœurs de cet aimable végétal, quelque chose de juvénile et d'inexpérimenté, d'énergique et de téméraire. Il ne peut s'employer qu'à l'état

de crudité, il se fane aussitôt qu'il est cueilli, il monte en graine avec une précipitation déplorable, et comme il se lignifie brusquement, voilà pourquoi les jardiniers et les maraîchers de la banlieue n'en fournissent jamais. Quand on veut en avoir à Paris, on est obligé d'en faire cultiver chez soi, ce qui peut, du reste, s'exécuter bien aisément dans le coin d'un jardin. Un bout de natte est tout ce qu'il faut pour le préserver de la gelée. Nous ne conseillons pas d'imiter les vieilles filles et les charcutiers de Paris, qui font germer et végéter ce jeune gramen avec du coton mouillé dans des soucoupes et sur des spirales de terre cuite; mais nous avons pu remarquer que dans une belle et noble maison qui n'a pas de jardin (place Louis XV), on élève assidûment du même cresson pour en user pendant tout l'hiver; et la chose a lieu dans une grande cuve au fond d'une grande cave. Il faut seulement ordonner de le faire arroser tous les soirs avec de l'eau tiède, et de remuer une partie de la couche afin d'en renouveler le semis tous les dix jours.

Le graminée dont il s'agit figure à la première place du premier rang dans les fournitures de salade, où nous recommandons de ne l'employer qu'en petits bouquets, c'est-à-dire en branches et non pas haché; prescription qu'il faut observer pour toutes les fines herbes crues. On en fait aussi de jolies *Sandwish*, en en plaçant les maîtresses feuilles entre deux légères tartines au beurre de la Prévalais ou d'Isigny, et telles sont les petites beurrées qu'on mange de préférence avec les œufs de vanneau. Cette plante ombellifère est l'ajustement indispensable et l'accompagnement obligé des œufs de vanneau, très-rare et très-illustre comestible ! On ne saurait présenter honorablement et convenablement des œufs de vanneau, s'ils ne sont pas établis *sous un taillis et sur un buisson de cressonnette alénoise*. C'est la tradition de Versailles et de la maison d'Escars : ce qui serait déjà suffisant pour donner à cette herbacée potagère une certaine importance.

Nous ajoutons sérieusement que l'opinion du vulgaire indifférent est fort injuste à l'égard de cette plante, et que les gourmets attentifs ont pour elle une juste considération.

ALKERMÈS DE FLORENCE. Aristocratique et précieuse liqueur distillée au bain de sable, et dont les éléments spéciaux sont la rose de Toscane et la fleur du géroflier. Ces deux principaux ingrédients s'y trouvent combinés si précisément et avec une telle habileté, qu'on ne saurait en distinguer séparément les deux parfums ou la double saveur. Il est inutile d'avertir qu'on doit présenter cet élixir exotique à la suite du café, dans sa buire originelle ou primitive, ainsi que toutes les autres liqueurs fines, et non pas dans un *flacon décoré de l'étoile des braves, et sorti des ateliers de M. Féty;* comme s'il ne s'agissait que de lamper du Parfait-Amour ou d'avaler du Cognac? Il est singulier que les marchands de cristaux puissent nous destiner et s'obstinent à nous proposer inutilement des *porte-liqueurs?* Nous dirons en passant, que l'usage de ces petites carafes mal bouchées, où de pauvres liqueurs se trouvent toujours en vidange et à l'évent, n'a jamais été admis dans une bonne maison. C'est un appareil de fausse élégance et de mauvais goût, qui n'a pu se maintenir que dans la province, et qui n'aurait jamais dû figurer que sur des tables d'hôte.

M. le C. de C., à qui nous dédions cet ouvrage, est l'inventeur et le patron d'une combinaison culinaire à l'alkermès, et c'est un entremets de la plus haute distinction. En voici la recette ainsi qu'elle est formulée dans un opuscule de ce théologien consommé, ce généalogue érudit, cet écrivain rétrospectif, ce polygraphe !

— Pour obtenir un bol de *crème à la Médicis,* on délaiera huit jaunes d'œufs frais dans une mesure de lait tiède où l'on aura fait dissoudre environ six onces de sucre candi, cuit au *cassé blanc* et soigneusement pulvérisé. On ajoutera le contenu de trois petites ampulles de vieux et véritable alkermès de Florence à cette mixtion qu'on fera passer au tamis de soie, et dont on garnira un bol (de la même capacité que huit *petits pots*), afin de la soumettre et la conduire au bain-marie, ainsi qu'une crème ordinaire.

Pour faire des *Meringues à la Florentine,* nous avons reçu la formule suivante, chez M. le Commandeur Belinghieri, Ministre du Grand-Duc de Toscane, à Paris. — Fouettez de la double crème bien fraîche, avec du sucre en poudre et de la gomme-adragant, jusqu'à lui donner la consistance et la légèreté soutenue d'un fromage à la Chantilly (*V.* au mot LAITAGE). Illustrez cette crème en y mêlant (avec libéralité) de la même liqueur d'alkermès. Prenez-en votre parti résolument et ne lésinez point! La générosité se mesure à la grandeur du sacrifice. Enfin, nous vous dirons qu'il faut appliquer une forte cuillerée, c'est-à-dire une cuillerée *à ragoût,* de cette noble *crème,* entre des gaufres de macarons, que vous aurez fait tourner et mouler en doubles coquilles. Douze cuillerées à bouche de cette liqueur suffiront pour une pinte de crème et douze meringues; mais il faut convenir que c'est encore un entremets super-culinaire et dispendieux qui ne saurait être employé raisonnablement qu'en

certains cas d'apparat officiel ou de festivité gastronomique.

On pourra suivre les deux procédés indiqués ci-dessus pour ouvrager des crèmes parfumées avec toute autre sorte de liqueurs fines. Quand on ose employer à cet effet le *Rossolis* de Turin, le *Marasquin* de Zara, ou le *Mirobolan* de madame Amphoux (Martinique), il en résulte infailliblement des compositions d'un arôme exquis et d'une élégance recherchée, qui font beaucoup d'honneur à l'Amphytrion.

ALOSE. L'alose est un excellent poisson de mer qui remonte, au printemps et en été, dans les rivières où il s'engraisse. Il ne diffère de la sardine qu'en ce qu'il est infiniment plus gros; car il lui ressemble totalement pour la saveur, ainsi que par la configuration générale et la disposition des nageoires. C'est un rapprochement qui peut expliquer l'usage d'employer des sardines fraîches autour des aloses à la marinière, et pour garniture de cette entrée.

Il faut qu'une alose soit grasse pour être bonne; celles qu'on prend dans la mer ont toujours la chair trop salée, trop peu succulente, et ce n'est qu'après quelques mois de séjour en eau douce qu'elles peuvent arriver au point de leur perfection. Si on les emploie pour rôt, on ne les écaille point. On les fait cuire dans un court-bouillon, comme le saumon; et puis on les sert sur une serviette garnie de persil vert ou de raifort râpé. Si on en fait usage pour entrée, on les écaille et on les sert avec différentes sauces, comme à l'oseille, aux tomates, aux câpres, à l'italienne, etc.

Alose grillée à l'oseille. — Choisissez une alose des plus grasses et des plus fraîches; videz-la par les ouïes; écaillez-la; faites-la mariner avec un peu d'huile, sel fin, persil en branches et quelques ciboules coupées. Incisez-la sur le dos légèrement et en biais; retournez-la dans son assaisonnement: enfin, pendant une heure, ou trois-quarts d'heure avant de servir, et selon sa grosseur, maintenez-la sur le gril, en l'arrosant de sa marinade; et servez-la sur une bonne purée d'oseille (*V.* PURÉE).

On a tenté bien des innovations à l'égard des aloses; mais il a fini par être reconnu que cette manière de les apprêter était supérieure à toutes ces nouvelles combinaisons révolutionnaires et censées progressives. Quand on pêche une alose très-grasse, c'est-à-dire de la taille et du poids d'un saumon, ce qui arrive souvent à la fin de l'été dans nos provinces centrales, il est bon de la mettre à la broche, où elle cuit plus facilement et plus également que sur le gril. On doit l'avoir incisée et marinée (comme ci-dessus) ; il faut l'arroser soigneusement, et on la sert comme plat de rôt, pour être mangée à l'huile, ainsi que les grands poissons cuits au bleu.

Alose à la marinière. — Maniez un quarteron de beurre avec une demi-pincée de fécule ; mouillez avec du court-bouillon ; faites cuire une ou plusieurs aloses de moyenne grosseur, que vous aurez coupées en larges tranches. Ajoutez-y de petits ognons, et masquez avec la sauce que vous aurez fait passer au tamis de soie. Vous garnirez ce plat d'entrée, d'origine bretonne, avec des sardines fraîches et que vous aurez fait bouillir pendant trois minutes avec le reste de votre ragoût.

Filets d'alose sautés. — Lavez et coupez les filets d'alose, en forme de cœurs. Mettez-les sur un sautoir avec du beurre clarifié ; saupoudrez de sel. Faites frémir le beurre sur un feu ardent ; retournez les morceaux ; ne les laissez qu'un instant sur le feu ; égouttez, dressez en couronne, et servez avec une *italienne* ou toute autre sauce qui vous arrangera mieux.

Alose à la hollandaise. — Videz ce poisson par les ouïes, sans l'écailler. Mettez-le dans une poissonnière avec de l'eau salée, faites-lui jeter deux ou trois gros bouillons ; et puis retirez-le, mettez-le sur un feu doux pendant une demi-heure, et maintenez-le bien chaud sans le laisser bouillir ; servez-le sur une serviette avec des pommes de terre jaunes à l'entour, et servez la sauce à part dans une saucière (*V.* SAUCES A LA HOLLANDAISE).

ALLOUETTES, appelées *Mauviettes* à Paris (*V.* MAUVIETTES).

ALOYAU, pièce ou quartier de bœuf coupé le long des vertèbres et vers le haut du dos. On distingue entre les morceaux d'aloyau celui de première, celui de seconde et celui de troisième place. Celui de la première a beaucoup plus de mérite que les deux autres, attendu qu'il contient une plus grande partie du filet. Quand il est gras et tendre, on le sert le plus souvent cuit à la broche, avec son propre jus ; une heure et demie de cuisson lui suffisent.

Si vous levez le filet d'un aloyau que vous coupez en tranches assez minces, mettez-les dans une casserole avec une sauce aux câpres, anchois, champignons, une pointe d'ail, le tout haché, passé dans un peu de beurre et mouillé avec un bon coulis. Quand vous avez dégraissé la sauce, assaisonnez-la de bon goût, mettez-y les

tranches de filet avec le jus de l'aloyau, faites chauffer sans qu'il bouille, et servez sous l'aloyau.

Vous pouvez encore servir cette même pièce entière avec une garniture de petits pâtés au naturel, ou bien entourée d'un cordon de raifort, ou sur des ragoûts de céleri, de concombres ou de laitues farcies. On les sert quelquefois, quand on a besoin d'un gros plat au premier service, en *fricandeau*, à la *Godard*, à la *braise* et à l'*allemande*.

Aloyau à la Godard (du nom d'un estimable cuisinier à qui l'on doit cette combinaison culinaire). — Otez le dos de l'échine à votre aloyau sans le désosser tout-à-fait ; lardez-le de gros lardons bien assaisonnés ; ficelez-le de manière à lui donner une belle forme ; mettez-le dans une braisière avec un bouquet garni de fines herbes, ognons et carottes en suffisante quantité ; mouillez-le avec du bon bouillon et une bouteille de vin de Madère ; mettez-y sel et gros poivre ; faites-le cuire à petit feu, et de manière que son fond soit réduit presque en glace ; retirez-le de sa braise, et servez-le avec le ragoût énoncé ci-après : — mettez quatre cuillerées à dégraisser de glace de viande dans une casserole ; ajoutez-y la cuisson de votre aloyau, que vous aurez fait passer et dégraisser ; coupez quelques ris de veau en tranches, des champignons tournés, des culs d'artichauts en quartiers, de petits-œufs ; dégraissez le ragoût avant de servir et saucez votre aloyau avec ce ragoût.

Aloyau rôti (suivant la prescription de M. Beauvillier, ancien cuisinier de MONSIEUR, frère du Roi). — Ayez un aloyau de première ou de seconde pièce ; ôtez-en l'arête sans endommager ses filets ; mettez-le sur un plat, saupoudrez-le d'un peu de sel fin, arrosez-le d'un peu d'excellente huile d'olive, en y joignant quelque tranches d'ognons et de feuilles de laurier ; laissez-le mortifier deux ou trois jours, si le temps le permet, et ayez soin de le retourner deux ou trois fois par jour ; lorsque vous voudrez le faire cuire, embrochez-le ou couchez-le sur fer, de la manière suivante : passez votre broche dans le gros filet, en suivant l'arête ou les os de l'échine ; gardez-vous, dirai-je encore, d'endommager le filet mignon ; attachez du côté du gros filet un atelet ou petite broche de fer, liez-le avec de la ficelle fortement des deux bouts, afin que votre aloyau ne tourne pas sur la broche ; roulez le flanc en dessous, pour mieux présenter le filet mignon et la graisse de votre aloyau que vous dégraisserez légèrement ; assujettissez ce flanc avec de petits atelets, en les passant d'outre en outre dans le gros filet ; enveloppez de papier fort cet aloyau et mettez-le à un feu vif, afin qu'il concentre son jus.

A moins que l'on ne soit à la campagne et dans la saison des chasses, occasion des réunions les plus nombreuses et les plus *absorbantes* en comestibles, on ne se soucie pas beaucoup de faire servir des aloyaux dans leur entier ; on se borne ordinairement au filet, qu'on fait rôtir après l'avoir piqué, et que l'on dresse en grosse entrée de broche sur une sauce appropriée. Rien n'est plus facile que sa division, qui doit toujours se faire en travers et par rouelles plus ou moins épaisses. Il en est ainsi de la langue de bœuf, en observant que la partie du milieu est toujours la meilleure et la plus honorable.

Aloyau (filet d') braisé à la Royale (d'après la tradition de *Vincent de la Chapelle*, premier cuisinier du Roi Louis XV). — On lève le filet d'un aloyau dont on tire toute la graisse ; on le pique de lardons assaisonnés comme nous l'avons indiqué plus haut (*V.* AIL). On aura soin de le ficeler pour lui donner la forme qu'on jugera la plus convenable, car il est bon de calculer si l'on aura besoin de le servir comme relevé sur un grand plat ovale, ou pour entrée sur un moyen plat rond? Dans tous les cas, on mettra au fond d'une braisière des bardes de lard et des tranches de veau, cinq ou six ognons, deux clous de gérofle avec un bouquet garni. On place ensuite le filet dans la braisière, on le couvre de lard, et l'on y verse trois setiers d'excellent bouillon où l'on ajoute peu de sel ; on commence par faire bouillir la braise sur un fourneau bien ardent, et on la met ensuite cuire à petit feu pendant six heures. Au bout de ce temps, on prend le fond du ragoût qu'on fait réduire et clarifier ; on le dégraisse exactement, et l'on en forme une demi-glace bien claire que l'on sert sous le même filet de bœuf, après lui avoir donné une bonne couleur. Si l'on veut que le filet de bœuf ait encore une plus belle apparence, on doit le laisser refroidir pour le parer avec plus de goût ; on le fait réchauffer dans une partie du mouillement où il a été cuit. On pourrait également le servir à la gelée en ayant eu soin d'ajouter dans la braisière un pied de veau, avec une once de corne de cerf.

Aloyau (filet d') à la bourgeoise. — Parez et piquez de gros lard un filet d'aloyau ; mettez-en les parures dans le fond d'une casserole avec votre filet ficelé, ajoutez-y des ognons, des carottes, un pied de céleri, des culs d'artichaut, un bouquet garni et un demi-setier de bouillon bien dégraissé.

Aloyau (filet d') aux concombres. — Parez, piquez et faites cuire à la broche un filet d'aloyau que vous servirez entouré de concombres farcis à la chair de volaille et à la moelle de bœuf. C'est un plat de relevé solide et de belle apparence.

Aloyau (filet d') aux ognons glacés ou aux laitues farcies. — Parez et faites cuire votre aloyau comme ci-dessus ; dégraissez et mettez autour des ognons glacés ou un cordon de laitues farcies.

Aloyau (filet d') aux conserves. — Parez un filet d'aloyau, comme pour le faire cuire à la braise ; mais faites-le mettre à la broche, après l'avoir piqué de fins lardons. Mettez dans une casserole des cornichons coupés en filets, des rouelles de betteraves confites au vinaigre, et autres variétés de conserves mêlées, telles que petits choux-fleurs, ognons-nains, guignes rouges, alises et cassis, prunes de Mirabelle, etc. Joignez-y six cuillerées à dégraisser de glace de viande, avec une cuillerée de vinaigre épicé. Vous ferez chauffer sans bouillir, et vous ferez servir très-chaudement sous le bœuf rôti. C'est une de ces entrées qu'on appelle *militaires.*

Aloyau (filet d') aux cornichons, à la bonne femme. — On peut remplacer la glace de viande indiquée ci-dessus par un roux léger, et mouiller avec du bouillon dans lequel on mettra des tranches de cornichons coupés en deniers.

Aloyau (filet d') au vin de Malaga. — Parez-le comme pour le mettre à la braise, et piquez-le de gros lardons bien assaisonnés. Mettez-le dans une casserole, sur un lit de bardes de lard, avec deux tranches de noix de veau, deux tranches de jambon cru, carottes, ognons, mousserons, culs d'artichauts, bouquet garni, et mouillez-le avec une demi-bouteille de bon vin de Malaga, que vous étendrez dans trois cuillerées-à-pot de consommé ; on fera mijoter pendant deux heures et demie sur un feu doux, et puis on passera le mouillement au tamis, afin de le réduire à l'état de glace bien transparente et bien consistante. C'est une entrée de bonne maison, et c'est un plat de choix pour les gastronomes expérimentés.

Aloyau (filet d') au vin de Madère, à la bourgeoise. — On doit le faire cuire à la broche, et l'on ajoutera deux grands gobelets de vin de Madère avec une pincée de mignonnette et deux bulbes de rocamboles pilées, au jus qu'il aura produit en cuisant, et qu'on aura soin de bien dégraisser et de passer au tamis de crin. C'est un bon relevé de potage en repas familier ou dîner de famille.

Filet de bœuf en attereau. — (*V*. ci-dessous à l'article ATTEREAU.)

Sauté de filet de bœuf à la minute. — Émincez le quart ou la moitié d'un filet d'aloyau que vous sauterez avec une once de beurre et dans sa glace, et que vous retirerez promptement après sa cuisson qui ne doit pas durer plus d'un demi-quart d'heure. Jetez dans le sautoir deux cuillerées de chapelure de pain que vous y faites bouillonner avec un demi-verre de bon vin blanc et le jus du filet. Joignez-y poivre, sel et quatre-épices, fines herbes hachées, cornichons coupés, anchois écrasés, olives ou câpres ; et tout aussitôt que votre sauce est liée, remettez-y vos lames de viande et servez prestement. C'est d'abord un manger solide et satisfaisant, mais c'est principalement une excellente méthode en cas d'urgence et de survenance imprévue. Il est bon de recommander cette recette aux valets-de-chambre. On pourra facilement en user dans les voyages et pour les déjeûners de garçon, qui sont quelquefois un peu décousus, comme chacun sait.

AMANDE. C'est une semence enfermée dans un gros noyau, sous une écale. Il n'y en a que deux variétés, les douces et les amères. Les amandes douces, lorsqu'elles sont fraîches, se digèrent assez facilement, parce que l'huile qu'elles contiennent est à l'état d'une véritable émulsion ; sèches, les amandes douces ne deviennent aisément digestibles que par une complète trituration qui opère une nouvelle combinaison de l'huile avec leur mucilage ; cependant toutes les personnes dont l'estomac n'est pas robuste ne doivent user de cet aliment qu'avec modération.

Les amandes dites amères, celles des pêches, des abricots, des cerises, etc., contiennent, indépendamment d'une huile grasse, un principe amer et irritant. Il est bien constaté que ce principe n'est autre chose que l'acide hydrocyanique ou prussique ; il est très-vénéneux lorsqu'il est concentré : aussi ne pourrait-on manger sans inconvénient une certaine quantité d'amandes amères où ce principe existe abondamment ; mais lorsqu'il est uni à une assez grande quantité de fécule, au lieu de produire aucun accident fâcheux, il devient tonique et rend le lait qu'on en prépare moins fatigant pour l'estomac ; aussi mêle-t-on avec avantage aux amandes douces quelques amandes amères dans la composition du *lait d'amandes,* ainsi que dans les autres préparations dont nous allons parler.

Amandes (crème d'). — Émondez et pilez deux onces d'amandes douces et (seulement) trois amandes amères, délayez-les avec de la crème bouillante, passez cette composition à l'étamine, ajoutez-des jaunes d'œufs ainsi que de l'eau double de fleurs d'orange, et faites prendre cette crème au bain-marie. Il est de bon air, et d'aussi bon goût, de garnir ce plat d'entremets avec un cordon d'amandes pralinées.

Amandes pralinées (qui tirent leur nom de la Maréchale de Praslin, dont le chef d'office avait inventé cette friandise). — Mettez dans un poêlon d'office une livre d'amandes, une livre de sucre, un verre d'eau distillée, et faites bouillir le tout jusqu'à ce que les amandes semblent pétiller. Ôtez alors le poêlon de sur le feu, et remuez le sucre jusqu'à ce qu'il se sépare des amandes. Ôtez une partie du même sucre et remettez l'autre portion sur le feu avec les amandes en continuant à les remuer jusqu'à ce qu'elles aient *repris* le sucre ; ôtez-les alors et conservez-les dans un endroit bien sec. On prépare de la même manière les pistaches pralinées, avelines pralinées, noyaux de merises, etc.

Amandes (gâteau d'). — Mettez sur une table un litron de farine, et faites un trou dans le milieu pour y mettre gros comme la moitié d'un œuf de bon beurre, quatre œufs blanc et jaune, une pincée de sel, un quarteron de beau sucre râpé, six onces d'amandes bien pilées ; pétrissez le tout ensemble, et formez-en un gâteau que vous ferez cuire à l'ordinaire et que vous glacerez avec du sucre et la pelle rouge.

Amandes (gâteau d') massif. — Mondez, lavez et pilez deux livres d'amandes douces et une demi-once d'amandes amères ; ajoutez des zestes de citron confit, de l'angélique hachée, de la fleur d'orange pralinée, un peu de sel, deux livres de sucre, un quarteron de fécule de pommes de terre, et finalement douze jaunes d'œufs et cinq œufs entiers ; le tout étant bien mélangé, beurrez un moule et garnissez-le de papier brouillard également beurré ; mettez votre préparation dans ce moule, et faites-la cuire à *four doux* ; vous servirez en même temps à proximité de ce bon entremets une crème liquide aux jaunes d'œufs, où vous aurez mis du lait d'amande au lieu de lait ordinaire, et que vous aurez fait cuire au bain-marie.

Amandes vertes (flanc d') à la d'Escars. — Faites monder et bien piler une demi-livre d'amandes nouvelles (*amandes douces*), en y joignant un quarteron d'avelines ou grosses noisettes fraîches, avec deux pincées de fleur d'oranger pralinée et réduite en poudre impalpable ; ajoutez-y le sucre nécessaire et quelques grains de sel gris ; délayez successivement ce mélange, en y mêlant à froid une demi-pinte de bonne crème que l'on aura fait bouillir à temps pour qu'elle ait pu se refroidir. Lorsque cette mixture est complètement triturée, broyée et réduite à la consistance d'une pâte de frangipane, incorporez-y quatre jaunes d'œufs frais, que vous aurez fait cuire à la coque, et dont vous aurez fait retrancher les blancs. Il ne faut pas que cette composition aille sur le feu. On la sert à volonté dans une croustade de pâte brisée ou dans un flanc de feuilletage à petit rebord, en ayant soin que ce contenant puisse avoir eu le temps d'être refroidi sans altération pour la bonté de la pâtisserie ; c'est un entremets d'un agrément et d'une distinction toutes particulières. Plusieurs personnes renchéries auraient voulu prescrire en cette occasion l'emploi de la pâte aux amandes dont on use habituellement pour les *pâtés de marrons glacés ;* mais c'est une recherche que nous n'approuvons pas, attendu que ladite pâte ne peut se confectionner qu'avec des amandes sèches, et que la dessiccation donne toujours à la saveur de ces dernières quelque chose de styptique et de résolu qui s'accorde mal avec la fraîcheur et la placidité de ce fruit nouveau.

Amandes vertes (compote d'). — Elle se prépare absolument comme celle d'abricots verts, excepté qu'on y mêle, un moment avant de la mettre refroidir, une petite cuillerée de kirch de la Forêt-Noire ou de noyau de Phalsbourg (*V*. ABRICOT).

Amandes (petits gâteaux d'). — Mondez une demi-livre d'amandes douces et deux ou trois amandes amères ; pilez-les en y joignant un blanc d'œuf pour les empêcher de tourner en huile ; ajoutez-y une livre de sucre, un peu de fleur d'orange pralinée, quelques cuillerées de crème ; abaissez du feuilletage à l'épaisseur d'une pièce de cinq francs ; coupez cette pâte ainsi que pour des petits pâtés ; garnissez chaque morceau de feuilletage avec votre préparation d'amandes ; faites-les cuire à un four chaud, et poudrez-les de sucre blanc.

Amandes (gâteau d') à *manière dite de Pithiviers.* — Procédez comme il est marqué ci-dessus, à l'exception du volume de ce gâteau qui doit être fourré, c'est-à-dire recouvert d'une lame de pâte feuilletée et qui doit être de force à garnir un plat d'entremets.

Amandes amères (macarons d'). — On mouille, et l'on essuie dans un linge blanc une livre d'amandes amères afin d'en faire tomber les robes ; on les pile ensuite au mortier de marbre et sous pilon de métal, avec quatre blancs d'œufs ; il faut toujours éviter qu'elles ne tournent en huile, et lorsqu'elles sont bien pilées, on les met dans une terrine et on y incorpore trois livres de sucre en poudre ; si la pâte était trop sèche, on y ajouterait des blancs d'œufs ; il faut qu'elle ne soit ni trop molle ni trop compacte ; vous la dresserez ensuite sur des feuilles de papier, par petites portions de la grosseur d'une noix, et vous mettez cuire ces macarons à un feu très-doux et très-bien fermé.

Amandes douces (macarons d'). — On procède ainsi que pour les autres macarons, à la différence qu'il ne faut mettre que deux livres de sucre par livre d'amandes.

Amandes (biscuits d'). — Prenez une demi-livre d'amandes douces, une once d'amandes amères, deux onces de farine et deux livres de sucre en poudre ; cassez une douzaine d'œufs et séparez les jaunes d'avec les blancs ; émondez les amandes, pilez-les en y ajoutant deux blancs d'œufs, battez en neige le reste des blancs d'œufs, et battez leurs jaunes à part avec la moitié du sucre ; mélangez tous ces blancs et ces jaunes avec les amandes que vous aurez pilées de manière à en former une pâte ; incorporez le reste du sucre avec de la farine ; préparez des caisses de papier, emplissez-les de votre pâte, et glacez-les avec votre mélange de sucre et de farine que vous aurez sur un tamis et que vous agiterez au-dessus des caisses : faites cuire ces biscuits dans un four médiocrement chaud. On prépare de la même manière les biscuits aux avelines, biscuits aux pistaches, biscuits au chocolat, biscuits aux marrons glacés, biscuits au riz et au rhum, biscuits au citron, à l'orange, à l'ananas, et biscuits à la crème salée. Il est suffisant de remplacer les amandes par l'un de ces ingrédients, que l'on doit piler s'il en est besoin.

Il est à noter que tous ces biscuits *composés* doivent être servis comme entremets : les amandes ne figurent jamais dans un dessert bien ordonné que lorsqu'elles sont crues, ou mises en pralines, ou en macarons, ou en compote.

Amandes (lait d'). — Utile et fort agréable préparation dont l'usage n'est pas moins précieux à l'art culinaire qu'il n'est essentiel à la médecine hygiénique et thérapeutique. — On prend huit onces d'amandes douces, une pinte d'eau chaude, quatre gros de fleur d'oranger, et six onces de sucre. Après avoir mondé les amandes, on les pile en jetant de temps en temps quelques gouttes d'eau dans le mortier. Lorsque la pâte est devenue fine et friable, on la délaie dans l'eau chaude exactement. Ensuite on passe le tout au travers d'un linge, et l'on met sur le feu cette mixture, qu'on fait bouillir jusqu'à réduction de moitié : après l'avoir passée au tamis serré, on la laisse refroidir pour s'en servir au besoin.

On confectionne avec le lait d'amandes une foule d'excellents potages : aux biscotes, aux profiterolles, au riz, à l'orge perlé, au salep, à la semouille, à l'arow-rout, etc. Dans les diocèses où l'usage du lait n'est pas permis pour les repas de *collation*, on peut user de ce bienfaisant comestible en sûreté de conscience : l'effet rafraîchissant, lénitif et calmant du lait d'amandes est trop bien connu pour que nous ayons besoin d'en indiquer l'usage et l'emploi. Nous dirons seulement qu'il ne saurait être suppléé par le sirop d'orgeat, lequel est complètement dénaturé par l'industrialisme. L'orgeat des bals et des confiseurs est fabriqué pour l'agrément du palais, sans aucune intention sanitaire; il ne contient pas la substance d'un seul grain d'*orge*; il est super-saturé de pulpe d'amandes amères, ce qui le rend insalubre et dans certains cas malfaisant. On peut voir à notre article ORGEAT que cette émulsion ne doit être composée qu'avec de l'orge cuit auquel on adjoint des quatre semences froides et qu'on édulcore avec du miel de Narbonne épuré.

AMBIGU. Si l'on s'en rapportait au Dictionnaire de l'Académie pour avoir la définition de ce mot dans son acception culinaire, on y verrait que c'est une *sorte de repas qui tient de la collation et du souper.* Dans un pays et dans un temps comme les nôtres, où l'on ne soupe plus et où l'on ne fait guère collation, c'est une explication fort inexacte, et nous sommes fâchés de son ambiguité.

L'*ambigu* n'est pas autre chose qu'un buffet couvert-à-plat où l'on sert à la fois des milieux, de grosses pièces et des rôtis, des entrées, des entremets chauds et froids, des fruits crus et cuits, du petit-four et des sucreries, sans parler des confitures et des sorbets de toute espèce. Les déjeûners, les haltes de chasse, les dîners champêtres et les repas qu'on sert pendant la nuit au milieu d'un bal, sont presque toujours des ambigus. Cette manière de servir a beaucoup d'inconvénients gastronomiques; aussi n'est-elle pratiquée que dans les occasions où manger délicatement n'est pas la principale affaire : c'est pour cela que les véritables gourmets n'y participent jamais sans obligation.

AMBRE. Nous dirons seulement ici, d'après un docte professeur en physiologie, que si l'ambre est considéré comme un parfum nuisible aux personnes dont le système nerveux est irritable, il devient souverainement céphalique, exhilarant et

cordial quand on l'emploie à l'intérieur du corps humain; si l'on éprouve une grande fatigue musculaire, ou si l'on a souffert par un travail forcé de l'esprit; si l'on croit avoir abusé de certaines facultés, et finalement si l'on se trouve dans quelqu'un de ces tristes jours où le poids des années se fait sentir, où l'on pense avec une sorte d'*obtusion* et où l'on se sent opprimé par une puissance inconnue, — qu'on fasse piler douze grains d'ambre gris qu'on prendra dans un lait de poule édulcoré de sucre candi, ou mieux encore avec une tasse de chocolat de santé (pur Carraque). On ne manquera d'en éprouver subitement un effet miraculeux et persistant. Au moyen de ce tonique énergique et puissant, sans être inflammatoire, l'action de la vie devient aisée, la pensée se dégage et s'élabore avec une activité facile; enfin il n'en résulte aucune insomnie, ce qui serait la suite infaillible de l'usage du café qu'on aurait fait doser avec force, afin d'en éprouver un effet de la même nature.

Relativement à l'origine, à l'emploi culinaire et aux effets de l'ambre (*V.* les mots AROMATES, RESTAURANT, MAGISTÈRE, ÉLIXIR et LIQUEURS).

AMBROISIE. C'est le nom vulgaire d'une espèce de *Chenepodium* qu'on cultive dans les potagers bien fournis, et qui doit être associé avec le baume des jardins et le basilic, pour la confection du vinaigre aromatique. On doit aussi le faire entrer dans les bouquets garnis pour les ragoûts d'ortolans, de cailles, de râles-de-genêt, et autres petits-pieds de la tribu des bèque-figues (*voyez* CAILLES).

AMOURETTE, c'est-à-dire moelle alongée de certains quadrupèdes qui servent à la nourriture de l'homme (*V.* l'article ABATTIS). Il est de tradition certaine, en gastronomie, que le joli nom d'*amourettes* avait été décerné à ces moelles épinières par un vieux seigneur appelé le Commandeur de Froullay, lequel était un gourmand des plus exaltés. Madame de Créquy l'a rappelé dans ses Souvenirs, mais en bonne parente, et sans appuyer sur tout ce que la gastromanie de son oncle avait eu de bizarre et d'exorbitant. Nous croyons qu'on nous saura gré de citer un des passages de ces Mémoires où il est question de cet ambassadeur de Malte et de son cuisinier Rotisset :

« Il avait inventé des gourmandises admirables,
» et notamment les *pattes d'oie bottées à l'intendante* (sautées à la graisse de cailles, et
» bien frites après avoir été panées). Mon oncle
» conseillait toujours d'y faire ajouter le jus d'une
» orange amère; mais son chef de cuisine s'en indignait et s'en désespérait, parce qu'il en ré-

» sulte, disait-il, un inconvénient inévitable, en ce
» que le contact d'un acide a pour effet naturel
» d'amollir ces sortes de préparations gastronomi-
» ques, et parce que l'apparence de la friture en
» souffre toujours. Vous pourrez choisir entre la
» prescription du Commandeur et la proscription
» du Cuisinier.

» C'est à lui qu'on doit rapporter l'invention
» des saumons *à la Régence* et des brochets *à*
» *la Chambord*, et si l'on garnit encore aujour-
» d'hui les timbales de *Béatilles* avec des *fran-*
» *gines* et des *crépinettes* de moelle épinière, et
» si l'on appelle *amourette* la moelle épinière
» des veaux et des agneaux, c'est encore à lui
» qu'on doit la délicatesse de cette recherche et
» celle de son expression physiologique. A qui
» l'aurait voulu laisser dire, il aurait osé soutenir
» la prétention d'avoir inventé les potages *à la*
» *jambe de bois (décharnez proprement et*
» *piquez votre os à moelle au milieu de vos*
» *croûtons gratinés*); mais il en était rudement
» démenti par le premier maître-d'hôtel de M. le
» régent, M. le vicomte de Béchameil de Noin-
» tel, qui réclamait la priorité de la découverte,
» et qui a eu l'honneur de donner son nom à la
» sauce blanche que vous savez.—Est-il heureux,
» ce petit Béchameil! disait toujours le vieux
» d'Escars; j'avais fait servir des émincés de blanc
» de volaille *à la crème cuite* plus de vingt ans
» avant qu'il ne fût au monde, et voyez pourtant
» que je n'ai jamais eu le bonheur de pouvoir
» donner mon nom à la plus petite sauce!.........
» Toujours est-il que cet habile homme de bou-
» che avait nom *Rotisset*, et qu'il nous était pro-
» venu d'un pari que mon oncle avait gagné con-
» tre le maréchal de Saxe, qui l'avait envoyé chez
» nous malgré qu'il en eût, pieds et poings liés. Il
» en pleurait à chaudes larmes en arrivant de Cham-
» bord, et même il avait eu la mauvaise pensée de
» s'en révolter; mais, comme on l'avait menacé
» de le faire mettre à Saint-Lazare, il avait fini
» par accepter la gageure. »

ANANAS, plante d'origine exotique et qu'on
cultive à grands frais dans nos serres chaudes, à
cause de l'excellence de son fruit. Le plus souvent
on en fait le couronnement de ces grandes et
hautes corbeilles ou pyramides de fruits crus qu'on
place au dessert en flanc et en bouts-de-table, afin
d'y remplacer les grosses pièces des premiers services. Mais on ne touche guère à ces objets de
luxe et de représentation, qu'on est convenu de ne
jamais arracher à leur lit de mousse. Quand une
jeune dame est bien apprise, elle doit toujours
s'opposer absolument à ce que les attentifs indis-
crets et les maîtres-d'hôtel aillent déranger, à son

intention, la symétrie de ces corbeilles dormantes.
Quant aux ananas qui figurent au sommet des
pyramides, il faut avoir soin qu'ils ne soient pas
tout-à-fait mûrs, parce que leur exhalaison trop
parfumée ne manquerait pas de faire blettir les
autres fruits de leur voisinage. Il ne faut pas non
plus les émonder de leurs couronnes vertes; ces
belles feuilles radiales ont quelque chose d'aloési-
que et de tropical qui tranche agréablement avec
nos fruits d'Europe, et qui produit un glorieux
effet au milieu de l'or et des cristaux, des fleurs et
des sucreries, des girandoles éblouissantes, et des
autres somptuosités d'un grand dessert. Quant
aux ananas qui doivent être consommés à table,
et qui doivent être à l'état de maturité parfaite, il
est généralement adopté de les faire couper en
tranches épaisses de six lignes, et de les faire macérer pendant une heure avec du sucre en poudre
et du vin de l'Archipel; celui de Ténédos, c'est-à-
dire le vin le plus grave et le moins liquoreux, est
celui qui convient le mieux en cette occasion. Si
les convives ne sont pas *au-dessus du nombre*
des Muses, ainsi que disait Apicius, on établit
ces compotiers splendides auprès de la maîtresse et
du maître de la maison qui en font les honneurs.
Si le repas est plus nombreux, on les fait circuler
autour de la table, ainsi que pour les corbillons de
fruits rouges et les jattes de fruits à la main, qu'on
fait toujours offrir *in extra*. Nous croyons devoir
ajouter que, lorsqu'on a fait servir du *vin de*
Chypre après les ananas, on a fait preuve de
savoir-vivre, et l'on a montré les habitudes d'une
convivialité supérieure.

On tire un bon parti des parures et des autres
fragments de cet admirable fruit pour en parfumer des sorbets et glaces, des mousses d'entremets, des crèmes cuites ou crues, des pastilles, et
surtout de petits soufflés qu'on met en caisse et
qu'on fait servir autour de la table, *à la minute.*
On en retire aux colonies, par expression, un suc
aussi délicieux qu'il est profondément rafraîchissant. Il n'existe pas d'inflammation gastrique ou
des intestins qui puisse résister à l'administration
du jus d'ananas quand il est pris à temps et qu'on
peut s'en procurer en quantité suffisante. On en
compose alors une boisson légère et médiocrement
sucrée, comme on agirait pour une orangeade; et
nous avons souvent expérimenté les bons effets et
l'action salutaire de cet acide astringent par exception. On pense bien que le suc d'ananas qui nous
vient d'Amérique a beaucoup plus de qualités et
de parfum que celui qui provient des fruits cultivés en France; mais comme il tend naturellement
à la fermentation il ne saurait se garder long-
temps, et l'on a souvent de la peine à s'en procurer. Le meilleur moyen d'y parvenir est de s'a-

dresser à des négociants du Havre, afin qu'ils vous en fassent venir tous les deux ou trois mois quelques bouteilles, qui vous arriveront à Paris au prix de sept à huit francs. Au lieu d'acquérir à si grands frais des ananas venus en serre, on peut obtenir à moitié prix le suc d'ananas des Antilles, qui pourrait s'employer si profitablement pour la confection de tous les entremets et les bonbons à l'ananas qui sont usités à Paris. C'est une mesure aussi profitable à l'économie qu'à la gastronomie. Il est singulier que les confiseurs et les glaciers de Paris ne se soient pas encore avisés d'un pareil expédient.

Il arrive parfois qu'un aimable officier de marine ou un obligeant voyageur rapporte à ses amis de France un ou deux ananas américains qu'il a fait transplanter dans quelque grand vase, au moment du départ, et qu'il a soigné de manière à ce qu'ils achèvent de mûrir en route. Ces fruits nés et grandis en Amérique, ont le triple du volume des nôtres et le centuple de leur parfum. Nous avons dit que la chose arrivait *quelquefois :* mais c'est une bonne fortune sur laquelle il est prudent de ne jamais compter.

ANCHOIS. L'anchois est un poisson des plus minimes et de la plus forte saveur. On le trouve abondamment sur les côtes de Provence, et c'est de là qu'il nous arrive confit à l'huile, ou mariné plus communément avec du gros sel. On pêche quelquefois des anchois sur les côtes du Finistère, en Basse-Bretagne, et quand il en parvient jusqu'à Paris, on commence par les faire tremper dans du lait (parce qu'ils sont toujours à demi-sel, ainsi que les *Royans* ou sardines fraîches), et puis on les met en pâte fine afin de les frire à l'huile, et ceci compose un mets très-délicat et très-recherché. On a soin de les enfiler avec des attelets d'argent, et pour en former un moyen plat de rôt, il n'en faut pas moins de six douzaines.

L'anchois conservé ne doit figurer que pour hors-d'œuvre, et il ne s'emploie ensuite que comme assaisonnement : il entre dans les sauces et les salades. Il doit à sa nature et à sa préparation une propriété excitante qui facilite la digestion quand on en use modérément ; mais prise avec excès ou mangée souvent, la chair de l'anchois produit tous les effets qui accompagnent l'abus des salaisons les plus stimulantes.

Anchois en salade verte. — Lavez les anchois dans du vin ; levez la chair par filets, et mêlez-les à une salade de jeunes laitues, de cerfeuil et de fleurs de bourrache.

Beurre d'anchois. — Pilez huit filets d'anchois dessalés avec trois cuillerées de crème double et passez dans un tamis de crin, incorporez ce mélange avec un quarteron de beurre frais et servez-vous-en pour garnir un bateau de hors-d'œuvre, ou pour assaisonner les sauces qui vous seront indiquées.

Rôties d'anchois. — Prenez des tranches de pain de la longueur et de la largeur du doigt ; faites-les frire à l'huile fine ; arrangez-les dans un plat en mettant par-dessus une sauce faite avec de l'huile vierge, jus de citron, gros poivre, persil, ciboule et rocambole hachée. Couvrez à moitié les rôties avec des filets d'anchois, préalablement lavés avec du vin blanc et bien étanchés.

Croquettes aux anchois. — On fait frire les arêtes des anchois qui ont servi. On les pile au mortier de verre, et puis on les mélange dans une pâte faite avec du vin blanc, de la farine, un peu de poivre et de sel, un œuf et un petit morceau de beurre : on les dispose en forme de croquettes, on les fait frire ensuite ; et puis on les sert pour hors-d'œuvre, avec du jus d'orange amère et du persil frit.

Anchois farcis. — Prenez des anchois entiers ; nettoyez-les et fendez-les en deux ; ôtez-en l'arête ; mettez à la place une petite farce de chair de poisson bien liée avec des œufs ; trempez-les dans une pâte à beignets et faites-les frire de belle couleur. Servez à sec.

Calapé d'anchois à l'ancienne mode. — Coupez bien mince une large tranche de pain rond, de manière à ce qu'elle puisse couvrir le fond de l'assiette-en-coquille ou du bateau que vous comptez employer ce jour là pour votre service en hors-d'œuvre. Faites-la frire à l'huile, et mettez-la ensuite sur l'assiette ou bateau dont vous devez vous servir et dont vous aurez garni le fond par une couche de fromage parmesan. Prenez ensuite les filets de deux douzaines d'anchois que vous aurez fait tremper dans du lait pendant cinq ou six heures. Arrangez-les en les entrecroisant sur la tranche de pain frit ; arrosez le tout avec de l'huile de Provence, et couvrez de parmesan bien râpé. Mettez sous le four de campagne, et faites servir aussitôt que le fromage aura pris une belle couleur.

À la campagne, en carême et pour un jour d'embarras, il est permis de servir un calapé d'anchois comme plat d'entrée. Il faudra seulement le faire plus copieux que nous ne l'avons indiqué.

Anchois à la Parisienne. — Nettoyez des anchois marinés et n'en conservez que les filets que vous ferez dessaler à l'eau tiède. Ayez des œufs cuits durs, et dont vous hacherez les jaunes et les blancs, à part l'un de l'autre. Ayez aussi du cerfeuil et de la pimprenelle, dont vous ne prendrez que les plus petites feuilles et que vous ne hacherez en aucune façon. Disposez vos filets d'anchois en les entrecroisant sur le fond d'une assiette et de manière à laisser un peu de vide entre chaque losange. Remplissez leur intervalle et garnissez le tour de la même assiette au moyen de votre hachis de jaunes d'œufs, de vos herbes vertes et de vos blancs d'œufs, que vous y placerez par petits carrés en les alternant sans que leurs couleurs variées puissent se confondre. Assaisonnez le tout avec de l'huile surfine et du verjus, en y joignant un peu de mignonnette et quelques gouttes de soya de la Chine, que vous aurez soin de battre assez longtemps pour qu'il se divise et s'incorpore avec le reste de l'assaisonnement.

Comme c'est un hors-d'œuvre un peu vulgaire, on y joint souvent, pour les tables distinguées, une bordure de picholines ou d'olives farcies de câpres et d'anchois. Si l'aide-officier sait bien son affaire, il ne manquera pas d'enjoliver ce hors-d'œuvre en l'entourant d'une guirlande de fleurs de bourrache ou de capucines, suivant la saison. Depuis la révolution de 89 et la destruction des grandes fortunes, on n'entend plus parler de *Chef-d'Office*. Madame de Genlis a fait observer judicieusement, que ce qui prouve le mieux, dans une bonne maison, la noblesse des traditions familières et la distinction des habitudes, ce n'est pas seulement les méthodes adoptées par un chef de cuisine, mais encore le savoir-faire et le bon goût de son aide-officier; sorte d'habileté qui se manifeste assurément par l'ordonnance et la perfection des desserts, mais peut-être mieux encore et plus noblement, par le choix, l'élégance et l'ajustement des hors-d'œuvre. (Nous ne parlons pas des salades, puisque les cuisiniers ont profité de la révolution pour les attirer dans leur département.)

ANDOUILLES ORDINAIRES AUX ENTRAILLES DE PORC OU DE SANGLIER. — On a des boyaux gras de porc domestique ou sauvage; après qu'ils seront bien lavés on les coupera de la longueur qu'on veut donner aux andouilles. Faites-les tremper dans de l'eau où il y ait un quart de vinaigre, avec du thym, laurier, basilic et fenouil, afin de leur faire perdre leur goût d'intestins; vous prenez une partie de ces boyaux que vous coupez en filets, ainsi que de la panne de porc et de petits morceaux de lard maigre. Assaisonnez le tout avec du sel et des quatre épices, où vous ajouterez un peu d'anis; remplissez-en les boyaux, mais seulement aux deux tiers, de peur qu'ils n'éclatent en cuisant, s'ils sont trop tendus; ficelez-les par les deux bouts, et faites-les cuire avec moitié eau et moitié lait, sel et thym, laurier, basilic, un peu de panne afin de les nourrir, et laissez-les refroidir dans leur cuisson. Vous les ferez griller pour les servir en hors-d'œuvre.

Les andouilles de sanglier sont un mets de haute saveur et des plus recherchés, surtout quand elles ont été fumées dans l'âtre, avec du bois de genévrier, pendant *soixante-douze heures de suite*. Alors on les coupe en rouelles et on les fait griller pour les servir sur une purée de pois verts, ou de marrons. C'est un plat d'entrée et non pas de hors-d'œuvre.

Andouilles à la Béchameil. — Faites suer sur un fourneau, pendant un quart-d'heure et dans une casserole, un morceau de bœuf avec une tranche de jambon cru, trois échalotes, une poignée de persil, une gousse d'ail, du thym, du basilic et du laurier; ajoutez une pinte de crème, et faites réduire à moitié; passez au tamis; faites boire cette sauce à une poignée de mie de pain que vous y joindrez. Coupez en filets de la poitrine de porc frais, de la panne, du petit lard et une fraise de veau; mêlez ces filets avec de la mie de pain et six jaunes d'œufs crus, du sel, du poivre, des épices et principalement de la muscade; remplissez les boyaux avec ce mélange et fermez vos andouilles; faites-les cuire avec moitié lait, moitié bouillon, et procédez comme il est dit pour les andouilles de porc.

Andouilles de bœuf. — Nettoyez et préparez vos robes d'andouilles comme pour les andouilles de cochon; coupez en filet du gras double et des palais de bœuf cuits aux trois quarts dans l'eau; mettez-y de l'ognon coupé de la même manière et presque cuit dans le beurre; ajoutez-y six jaunes d'œufs crus, du sel, du poivre, des épices et de la muscade; entonnez cet appareil dans vos andouilles, et mettez-les cuire dans du bouillon gras mêlé d'une bouteille de vin blanc, avec un bouquet assaisonné, girofle, poivre, sel, carottes et ognons; laissez-les refroidir et servez les comme ci-dessus.

Ce comestible est d'un très-bon usage à l'armée, lorsque la cantine est dépourvue d'autres éléments, et qu'un malheureux cuisinier n'a pas d'autre ressource que les bestiaux d'un fournisseur officiel.

Andouilles de fraise de veau aux truffes. — Faites blanchir et cuire une fraise de veau que vous laisserez refroidir; coupez-la en filets, ainsi qu'une tétine de veau bien cuite, et mettez le tout dans une terrine avec champignons hachés, échalotes, persil et truffes. Mettez ceci dans une casserole avec un morceau de beurre; mouillez avec un verre de vin de Madère; faites réduire à la moitié, et ajoutez cinq cuillerées de glace de veau; faites réduire de nouveau, mettez vos filets avec six jaunes d'œufs crus, le tout assaisonné de sel, poivre, épices, muscades et truffes en lames; entonnez dans les boyaux que vous lierez par les deux bouts; mettez-les un moment dans de l'eau bouillante, et puis mettez-les dans une casserole entre deux bardes de lard et quelques tranches de veau et de jambon; mouillez avec trois verres de vin de Madère, une cuillère à pot de consommé; ajoutez un bouquet assaisonné, carottes, ognons, sel, poivre, thym, laurier et pointes d'ail; faites-les cuire doucement pendant deux heures; laissez-les refroidir, et faites-les griller comme des andouilles ordinaires. On les sert avantageusement sur une purée de céleri à la crème, ou sur des épinards au blond de veau.

Andouilles de lapin. — Désossez à forfait un lapin du meilleur fumet; coupez-le en filets, ainsi qu'une fraise d'agneau et de la tétine de veau de Pontoise. Mêlez avec tous ces filets de l'ognon coupé bien menu; passez sur le feu jusqu'à ce qu'il soit à moitié cuit; assaisonnez le tout avec sel, fines épices, persil, ciboules, échalotes hachées, muscade, basilic en poudre; mettez cette composition dans des boyaux bien propres pour en former les andouilles comme les précédentes. Faites-les cuire dans un bouillon gras, avec une demi-bouteille de vin de Champagne et un bouquet de fines herbes, laissez refroidir dans la cuisson pour les paner de mie de pain et les faire griller. Servez-les pour hors-d'œuvre. Les andouilles de faisan et de perdrix se font de la même façon, mais il est bon de les servir sur une purée du même gibier.

Andouillettes. — C'est de la chair de volaille où l'on met quelques jaunes d'œufs; on les confectionne avec des truffes en leur donnant une forme ovale; on les fait cuire au vin blanc, et les cuisiniers en garnissent de grosses entrées. Nous préférons l'usage des quenelles, et ce n'est pas sans raison.

ANGÉLIQUE, plante aromatique et charnue de la famille des ombellifères, et dont les feuilles ailées sont portées par des pédicules branchus, sur une tige de trois à quatre pieds. On dit cette plante originaire de Syrie, et quoi qu'il en soit, la meilleure angélique est aujourd'hui celle qui nous vient de Niort, où l'on a pieusement gardé les traditions et les formules employées par les Religieuses de la Visitation Sainte-Marie, pour la confection de cette excellente conserve. A Niort et non pas ailleurs, on la fait confire au sec avec toutes ses branches intérieures en un seul bloc, et

sans en détacher autre chose que les premières côtes et le haut bout de la tige. Il en résulte que la boîte qui la renferme a la même forme et quelquefois la même dimension que le cercueil d'un enfant, ce qui doit expliquer les vers latins de Saint François de Sales, *en envoyant un pied d'angélique au baron de Chantal, qui venait de perdre son fils.*

Pour user dignement et honorablement de la même conserve, on en tranche une large rouelle intermédiaire entre les deux bouts de la plante confite, et on la sert alors sans entourage et sans ornements superflus, « l'unique chose à bien ob-
» server étant d'établir entre cette confiture et
» l'assiette un rond déchiqueté de papier *d'ar-*
» *gent,* bouffant et gaufré, à cette fin d'attirer le
» regard et pour annoncer que c'est de la vérita-
» ble angélique de Niort; vu que celle de Paris ou
» de Rouen n'ont pas ce droit là. C'est un usage
» que nous gardons chez MESDAMES, en ce qu'il
» maintient l'étiquette du Louvre, etc. » Lisez, si vous voulez, le surplus de ce chapitre écrit au château de Bellevue, par le sieur Gohier du Lompier. Il y a sept ou huit points didactiques en quatre pages d'impression, sur la haute origine et la prééminence de l'angélique de Niort.

On emploie les deux extrémités de ces grands pieds d'angélique en les découpant en fers de lances, ou en lames carrées, en losanges, en deniers, et comme on voudra, pour en garnir des assiettes montées en les y mêlant à d'autres conserves. On s'en sert aussi pour plusieurs préparations de cuisine et d'office en les coupant en filets bien minces et les mêlant dans certaines crèmes cuites, ainsi que dans plusieurs puddings et beignets, où cet ingrédient produit toujours le meilleur effet. Nous estimons que pour employer sur des plats montés ou dans un entremets, l'angélique de Paris vaudra bien l'autre. Quant aux procédés pour en obtenir le ratafiat et des conserves à la Poitevine (*V.* CONFITURES et LIQUEURS).

Nous allons terminer cet article, en citant l'opinion de madame de Sévigné sur l'angélique : — *Votre fille est justement comme l'angélique de Terre-Sainte; elle est parfaite, elle est singulière, elle est exquise, et ce qui m'en plaît par-dessus tout, c'est que son bon goût ne rappelle rien dont on se souvienne et qu'il ne ressemble à aucun autre goût que le sien. Vous n'avez nul besoin de moi pour marier votre fille ; et pour lui avoir de l'angélique sucrée, vous êtes le filleul et le neveu de ma Bienheureuse grand'mère, ainsi vous n'aurez pas besoin de mon crédit auprès de nos Sœurs de Niort.*

ANGELOT. Sorte de fromage du Perche et du Vexin normand (*V*. FROMAGE).

ANGUILLE. On distingue entre les anguilles, celles de rivière, qui sont toujours les meilleures et les plus recherchées, à ce qu'elles ont le dos brun mêlé de bleu, et le ventre d'un blanc argenté, vif et pur, tandis que les anguilles d'étang, de mare ou de fossés, sont toujours d'une couleur jaunâtre et terreuse. Il arrive souvent que celles-ci sentent la vase, inconvénient auquel il est aisé de remédier en ayant soin de ne les acheter que vivantes, et les faisant dégorger pendant trois jours et trois nuits dans un vivier d'eau courante, ou simplement dans un baquet rempli d'eau de source où on leur jettera quelques morceaux de pain d'orge imbibé de gros vin rouge et de sel fondu. On peut en faire autant pour les carpes et surtout pour les tanches, et quelque douteuse que soit leur origine, on peut être certain qu'elles ne conserveront jamais aucun goût vaseux, quand on aura pris cette précaution.

La chair de l'anguille est tendre, nourrissante et un peu visqueuse; mais en la faisant mariner à l'eau salée et vinaigrée pendant deux jours, elle devient plus facile à digérer. Pour dépouiller une anguille, on l'écorche communément; mais il vaut beaucoup mieux la soumettre à un brasier de charbons sur lequel on la retourne, afin qu'elle y grille également. Lorsque la peau se crispe, se boursoufle et commence à se détacher, on fait couler cette peau grillée en la tirant de la tête à la queue avec un torchon. Cette opération lui fait perdre son huile épidermatique, et c'est également avantageux sous le double rapport gastronomique et sanitaire.

Accolade d'anguille à la broche. — Pour en faire un beau plat de relevé, il faut avoir deux fortes anguilles d'égale grosseur, à qui l'on coupera la tête et le bout de la queue. On les ficellera sur un attelet de fer, dos à dos, en contrariant leur accolade, c'est-à-dire en mettant les deux plus gros bouts en opposition l'un à l'autre, afin que le volume en soit égal aux deux extrémités. Ensuite, on les mettra dans une poissonnière avec un bon jus de racine mêlé d'un setier de vin d'Espagne, et on les fera cuire au four pendant une demi-heure. Au bout de ce temps on doit les retirer pour les paner et les mettre à la broche, bien attachées et toujours réunies sur leur attelet, en ayant soin de les envelopper d'un fort papier beurré. Vingt minutes suffisent pour en achever la cuisson. On servira cette accolade rôtie, sur un grand plat ovale et sur une sauce composée de jus des quatre racines réduit en glace, avec un quart de vin de Pacaret sec ou de vieux Xérès,

après avoir épicé ladite sauce avec du poivre blanc, de la fleur de muscade et de la coriandre. (Nous avons suivi textuellement l'ancienne formule, où l'on peut remplacer les deux vins indiqués par celui de Madère.) Ce copieux et beau plat est quelquefois très-commode à la campagne et les jours maigres, quand on n'est pas à portée de la mer et qu'on est bien aise de varier ses relevés de gros poissons. C'était toujours un des quatre *maîtres-plats* qu'on servait devant la Reine mère (Anne d'Autriche), à ses dîners de chaque samedi. C'était régulièrement et *ne varietur*, suivant l'usage du temps et celui de la cour, où les maîtres-d'hôtel ne pouvaient choisir *ad libitum* que les *plats festonnés* et les comestibles de primeur ou de saison pendant leur quartier de service.

Le Cuisinier *impérial* et *national*, le Cuisinier prétendu *royal*, et je ne sais combien d'autres Cuisiniers qui se sont copiés mot pour mot, se sont accordés pour nous dire, au sujet de *l'anguille à la broche*, qu'elle doit être *roulée comme un cerceau*, et servie sur une *sauce à volonté*. Nous n'accordons pas que cette recette soit la véritable.

Anguille à la marinière (*V*. MATELOTE).

Anguille en matelote-vierge (*V*. ce mot).

Anguille à la Tartare. — Après avoir dépouillé une anguille, faites roussir dans une casserole des carottes et des ognons coupés en dés, ajoutez un bouquet garni; saupoudrez de farine, et mouillez avec du vin blanc; au bout d'une demi-heure, passez la sauce au tamis de soie; mettez-y cuire l'anguille que vous aurez roulée en spirale. Après la cuisson, laissez refroidir, prenez ensuite avec de la mie de pain, trempez dans des œufs battus et panez de nouveau; faites griller à un feu doux et sous un four de campagne. Enfin dressez l'anguille et la servez pour entrée sur un plat rond, avec une rémoulade, ou au beurre d'anchois (*V*. SAUCE).

Anguille à la minute. — Après avoir dépouillé une anguille et l'avoir coupée par tronçons, faites-la cuire à l'eau de sel pendant un quart d'heure ou dix minutes, suivant sa grosseur; dressez-la sur le plat et servez avec une maître-d'hôtel chaude, aiguisée avec du verjus ou du citron; entourez le plat d'un cordon de pommes de terre bouillies ou frites; et servez pour entrée chaude, à déjeuner.

Anguille à la Suffren. — Dépouillez une belle anguille, et piquez-la avec des filets d'anchois et de cornichon; roulez-la en cercle au moyen d'une ficelle enduite de beurre; mettez-la ensuite sur un sautoir avec une *marinade cuite,* et puis sous le four de campagne. Après sa cuisson dressez-la sur le plat et la masquez d'une sauce aux tomates où vous ajouterez du piment de Cayenne.

Anguille à l'Anglaise.—Coupez des tronçons d'anguille et faites-les mariner pendant vingt-quatre heures avec du vinaigre assaisonné de sel, poivre et zestes de citron. Faites ensuite égoutter entre deux linges; roulez dans une pâte et faites frire d'une belle couleur, dressez-la sur le plat avec une sauce aiguisée de jus de citron, dans laquelle vous ajouterez de l'essence d'anchois.

Nous pensons en France qu'il vaut mieux fariner l'anguille que de la tremper dans une pâte à frire : cette pâte retient une grande quantité du corps gras dans lequel la friture s'opère. Or, les corps gras qui ont éprouvé l'action d'une forte chaleur (et celle de la friture dépasse 200 degrés), sont dans un état particulier de décomposition qui les rend fort indigestes, et les estomacs robustes peuvent à peine les supporter. Lorsque la pâte à frire contient du blanc d'œuf, comme elle se condense à la première impression de chaleur, elle se pénètre moins de friture; et, si l'on y ajoute un peu d'eau-de-vie, elle en devient plus digestible.

Anguille aux moutons de laitues romaines. — Coupez l'anguille en tronçons, et faites-la cuire comme si vous vouliez la mettre en fricassée de poulets (*V.* FRICASSÉE DE POULETS). Quand elle est presque cuite, vous avez des montants de laitues romaines bien épluchés, et cuits dans une eau blanche avec un peu de sel et du beurre; mettez-les égoutter, et faites-leur prendre goût avec l'anguille. Vous y mettrez ensuite une liaison de trois jaunes d'œufs délayés avec le jus d'un citron. Faites lier sur le feu, et servez avec une bordure de croûtons frits.

Anguille au soleil. — Après avoir dépecé une anguille, faites-la cuire dans une marinade, laissez-la refroidir et bien égoutter; trempez-la ensuite dans des œufs battus et assaisonnés de sel et de poivre; roulez-la dans de la mie de pain, et mettez-la dans de la friture bien chaude; quand elle est d'une belle couleur dorée, dressez-la sur le plat sur une ravigote verte avec des olives farcies pour entourage.

Soupe aux anguillettes à la hollandaise (*V.* POTAGES et SOUPES).

Terrine d'anguille à l'ancienne. — Coupez en tronçons égaux une forte anguille et deux belles perches : ajoutez-y quelques laitances de carpe, et, si vous pouvez, des foies de lotte. Assaisonnez avec poivre et sel, épices fines, et tranches de belles truffes bien noires. Frottez l'inté-

rieur d'une terrine avec du beurre frais; arrangez ensuite les morceaux de poisson; mettez au milieu un fort bouquet garni, et joignez-y deux verres de vin de Madère avec un quarteron du meilleur beurre. Couvrez la terrine avec son couvercle, et lutez-le au pourtour avec de la pâte : faites cuire au four tiède et à petit feu. Quand le poisson est cuit à point, découvrez la terrine, ôtez le bouquet, et servez chaudement en faisant circuler autour de la table. Cette entrée ne saurait être admise à siéger sur une table élégante à cause de la rusticité de son enveloppe, mais c'est néanmoins un des meilleurs plats de la haute cuisine. Il est de bon goût de ne rien changer à cette ancienne habitude, et sa place est toujours sur le buffet avec les morceaux froids, les pièces entamées et les hors-d'œuvre d'en-cas.

Pâté d'anguille.—(*V.* sur l'origine et la confection de cet excellent plat, nos deux articles PATÉS MAIGRES et PATÉS FROIDS.)

On pouvait augmenter indéfiniment cet article en rapportant toutes les manières dont on peut user pour accommoder l'anguille; mais nous avons agi par expérience et de conscience. On n'a pas la moindre chose à regretter dans ce que nous avons omis à bon escient.

ANIMELLES. On appelle ainsi les signes apparents de la virilité du bélier. C'est un aliment d'une saveur assez prononcée, mais douce et franche. On voit dans les dispensaires du temps de Louis XV que les animelles étaient alors une friandise recherchée, et qu'on les payait un prix excessif. On leur attribue toutes sortes de vertus diaphorétiques au plus haut degré; mais, quoi qu'il en soit, c'est toujours un comestible esculant et restaurant. On en fait encore un fréquent usage et le plus grand cas dans la cuisine espagnole, où la meilleure manière de les préparer est en friture avec une sauce au jus de citron, à la menthe sauvage et au piment. Il faut préliminairement avoir eu soin de partager en six morceaux chacune de ces animelles, et les avoir fait mariner pendant une heure ou deux avec du citron, du sel et du poivre long. On n'en trouve pas toujours chez les bouchers de Paris, parce qu'il y a dans cette ville un établissement industriel qui les absorbe; mais les personnes à qui l'on en conseillerait l'usage, ou qui auraient la fantaisie d'en manger, pourraient en envoyer prendre à ce même établissement, c'est-à-dire au *restaurant espagnol du sieur Lauer, rue Neuve-des-Petits-Champs, n. 35,* où l'on trouvera toujours, à l'heure du dîner, des animelles fraîches et soigneusement apprêtées.

ANIS, plante aromatique et branchue, de la

famille naturelle des ombellifères. On ne cultive l'anis que pour en avoir la semence, et la Touraine est le pays du monde où l'on en cultive le plus ; ce qui n'empêche pas que la graine d'anis qui nous arrive de Malte et d'Andalousie ne soit très-supérieure à celle de Touraine. On en fait des dragées qui n'ont rien de fort agréable, fussent-elles fabriquées à Verdun, ville de France où l'on en débite le plus. Voyez sur l'emploi culinaire de la semence d'anis les prescriptions qui la concernent, avec leurs doses appropriées.

ANISETTE, liqueur distillée de la graine d'anis (*V*. LIQUEURS.) L'anisette d'*Amsterdam* est incomparablement supérieure à celle de *Bordeaux*, et c'est la seule qui puisse paraître à la suite du café dans une maison confortable. En mêlant la huitième partie d'un cruchon d'anisette d'Amsterdam avec une pinte de bonne double crème fraîche et sucrée, on en fait une espèce de *Salibub* infiniment délicat et distingué. L'anisette de Bordeaux ne s'emploie dans les bonnes maisons que pour confectionner des gelées d'entremets et de petits soufflés en caisse.

ANNUAIRE ou CALENDRIER GASTRONOMIQUE.

TRIMESTRE D'HIVER. — L'abondance de l'automne se prolonge pendant toute la durée de l'hiver. La température de la saison permet de conserver les viandes, les volailles et le gibier, et d'attendre que chaque pièce ait acquis le degré de tendreté convenable. Le gibier et la volaille peuvent être expédiés des contrées les plus éloignées, ce qui contribue à entretenir l'abondance dans les lieux de grande consommation.

Le poisson de mer arrive plus frais que pendant les autres saisons ; et, comme on peut l'apporter de plus loin, il est plus abondant et de qualités ou d'espèces plus rares ; car on peut en recevoir aisément des lacs de Suisse et de la Méditerranée, tout aussi bien que de la mer de Zélande et des bords du Rhin.

Les pois, les artichauts, quelques salades ont disparu, mais on trouve abondamment des choux-fleurs, des cardons, du céleri, des navets, des scorsonères, des pommes de terre, des betteraves, et autres racines, des scaroles, des chicorées, des mâches, de menues herbes, des champignons, des épinards, et des asperges de couche.

Les huîtres et les truffes ont toute leur perfection pendant l'hiver, dont les truffes surtout ne dépassent pas de beaucoup la durée.

JANVIER. Dans ce mois, où il existe plusieurs motifs pour se réunir à table, on trouve abondamment toute espèce de gibier et de volailles : les alouettes, les bécasses, les bartavelles, le meilleur bœuf, les canards domestiques et sauvages, le chevreuil, le coq de bruyère, les faisans, la gélinotte, le lièvre, le mouton des Ardennes et de Pré-Salé, l'outarde, l'oie grasse et l'oie sauvage, les perdrix de toute espèce, le pluvier doré, les rouges-gorges, le sanglier de compagnie et le daim de l'année, la sarcelle, le vanneau, et enfin l'excellent veau de Pontoise ou de Rivière.

Parmi les poissons, le cabillaud, les crevettes et les éperlans, l'esturgeon, le thon frais, les huîtres, les limandes et les merlans, l'ombre-chevalier, le saumon, la truite et le turbot tiennent le rang le plus distingué.

Dès les premiers jours de ce mois, les oranges de Portugal commencent à se montrer à Paris. On les fait confire en entier ou par quartiers ; on en fait des pâtes, des conserves ou de la marmelade, et l'on en confit les zestes. Les citrons, cédrats et poncires se confisent de la même manière. Mais on a principalement l'obligation de s'occuper pendant cette saison des divers ouvrages en sucre et autres préparations qui doivent servir pour le reste de l'année. Telles sont différentes conserves d'amandes, de biscuits, de massepains, de meringues et de pastilles ; le caramel, les sultanes, les mousses, les candis, etc. Il faut faire de fréquentes visites à la fruiterie ; et si quelque fruit commence à se gâter, le séparer des autres fruits avec une sollicitude attentive.

FÉVRIER. Ainsi que dans le mois précédent, on trouve abondamment toutes les meilleures viandes de boucherie. Les marchands de comestibles et les étalages des marchés sont également bien fournis en gibier et volaille de toute espèce : la halle commence à se couvrir de verdures hâtives, telles que les petites laitues, les radis, les raves, et même des asperges nouvelles, surtout si le froid n'a pas été rigoureux ; on y trouve enfin les légumes conservés en cave, comme les cardons, les champignons, le céleri, les choux-fleurs, beaucoup de salades de toute espèce et toujours des truffes.

La marée, qui arrive fraîche et en abondance, fournit des cabillauds, des crevettes, des éperlans, des esturgeons, des huîtres blanches et vertes, des limandes, des merlans, de la raie, du saumon, de la truite et des turbots.

Quant au poisson d'eau douce, excepté la carpe, qui n'est pas aussi bonne ni aussi recherchée qu'au mois précédent, parce qu'elle fraie, tout le reste du poisson de rivière se trouve avec la même abondance.

Les substances exotiques qu'on renouvelle chaque année, comme les jujubes, les dattes, les sébestes, les raisins, les figues, arrivent à Paris jusqu'en avril ; et le mois de février impose au maître-d'hôtel ou à l'aide-officier le même genre de travail que le mois précédent.

MARS. Presque tous les comestibles, ainsi que la viande de boucherie, le gibier et la volaille deviennent moins abondants. Cette rareté tient à la saison qui doit empêcher les arrivages ; d'autres l'attribuent aux jours d'abstinence qui en arrêtent le débit ; mais aussi que d'anguilles, de barbeaux et de barbillons ! combien de barbues, de brêmes, de brochets, de carrelets ! Les carpes de toute grosseur, accompagnées de belles écrevisses, sont étalées toutes vivantes ; les goujons, les homards, la lotte, la perche, les soles et les vives achèvent de garnir les marchés au poisson avec une profusion remarquable.

Pour les légumes frais, si la saison ne permet pas de conserver ceux de l'année précédente, on peut avoir recours à tous ceux qui sont cultivés en serres chaudes, et c'est un luxe assez bien placé.

Quant aux fruits, on ne peut les étaler qu'après avoir pris toutes les précautions que nécessite la meilleure manière de les conserver ; c'est même l'instant où ils procurent le plus de jouissance à l'œil comme au palais ; on les associe aux oranges, aux cédrats et aux grenades, qui nous arrivent à profusion des provinces méridionales, et principalement de la Provence.

On se procure à la même époque la *sept-œuil* de Normandie, qu'on sert en hors-d'œuvre, et qu'on expédie de Rouen toute apprêtée (*V.* LAMPROIE).

Lorsque l'hiver a été doux, on a ordinairement, vers la fin de ce mois, les violettes cultivées avec lesquelles on fait de la marmelade, de la conserve, et les sirops de provision ; mais il faut quelquefois attendre le mois suivant. On peut se procurer certaines racines alimentaires, si elles ont poussé quelques feuilles qui les indiquent. Ce mois offre surtout les substances suivantes : *fleurs de violette ; racines de fraisier, de guimauve, de persil, de pivoine ; valériane major.*

On peut commencer, pendant le mois de mars, à faire une certaine quantité de sirop de guimauve, et quelques compositions béchiques où entre cette racine.

Le printemps est la saison de l'année où l'on est le plus embarrassé pour garnir les tables. Le gibier manque, et la bonne volaille commence à devenir rare.

Le poisson de mer est encore abondant ; c'est la principale ressource de la saison.

En légumes, on a les asperges, les pois et les fèves de primeur, les radis, les laitues, etc. ; mais la plupart de ces végétaux ne donnent en abondance que vers la fin de la même saison : jusque-là on est réduit aux racines, aux légumes secs et à ceux de serre chaude.

Les truffes cessent d'être transportables aussitôt que la chaleur devient plus forte.

Peu de fruits d'hiver parviennent jusqu'au printemps, et ceux qui ont pris la peine de les conserver les consomment.

Les fraises sont le premier fruit nouveau de l'année ; ensuite viennent les cerises hâtives et les groseilles. Les premiers melons paraissent en juin, mais seulement dans les contrées où la rigueur du climat oblige à aider la nature : car, dans les pays où le cultivateur se repose sur elle, ils ne mûrissent que beaucoup plus tard.

AVRIL. Sans parler de la foire aux jambons qui dure trois jours, et qui en trois heures se trouve installée sur deux rangs de voitures toutes remplies de toutes sortes de porcheries fumées ou non fumées, les boutiques de tous les marchands sont mieux fournies que jamais en provisions culinaires ; toutes les halles et la Vallée rivalisent entre elles par le nombre des agneaux, chapons, cochons de lait, faisans, lapereaux et lièvres ; par des pigeons nouveaux, par des poulardes et poulets gras ; enfin par l'affluence des mauviettes, ainsi que des vanneaux et des pluviers.

A tout le poisson de mer, encore aussi frais que dans le mois précédent, il faut ajouter l'alose et le maquereau. L'augmentation visible de tous les produits du jardinage vient encore ajouter au luxe des provisions gastronomiques.

Quand on a fait élever des paonneaux, c'est la saison d'en profiter ; car les marchés de Paris n'en fournissent jamais.

Quand on est en possession d'un domaine étendu qui contient de vastes prairies, ou lorsqu'on a des relations avec la Hollande ou les provinces flamandes, c'est le moment de songer à se procurer des œufs de vanneau, ou tout au moins des œufs de pluvier, qui se vendent exorbitamment cher à Paris, et qui ne reviennent jamais, en les tirant directement des Pays-Bas, à plus de six francs la douzain (*V.* VANNEAU).

MAI. Pendant ce mois, la quantité et la qualité de toutes les viandes de boucherie se soutiennent ; mais la volaille est beaucoup moins bonne, et surtout moins abondante ; les perdrix sont rares, c'est le moment de leur ponte ; mais on rencontre beaucoup de pigeons, quelques bécasses et des râles de genêt.

Les poissons de mer sont toujours aussi frais qu'abondants, et le nombre s'en trouve encore augmenté par les aloses et les maquereaux.

Tous les verduriers étalent, ainsi que les marchands de la halle, avec une profusion marquée, les concombres, les laitues et les petits pois, ainsi que des laitues romaines et des radis, accompagnés déjà de quelques fraises printanières, avec lesquelles on garnit très-élégamment certains entremets sucrés, tels que les gelées d'orange et les charlottes de crème à la Russe. Le mois de mai nous offre également les productions ci-dessous, qui entrent dans plusieurs compositions du confiseur aide-officier : *abricots verts, chatons de noyer, fleurs de muguet, d'ortie blanche, de jonquilles simples et doubles; groseilles vertes.* C'est seulement à la fin de ce mois qu'on a la groseille verte, dont on fait des compotes; on en confit également au liquide en façon de verjus, et les abricots verts viennent environ dans le même temps.

JUIN. Dans cette saison, le bœuf et le veau donnent les meilleures viandes de boucherie; mais la rapidité avec laquelle elles s'altèrent pendant les grandes chaleurs, et surtout par l'effet des orages, empêche souvent de leur laisser éprouver le degré de mortification nécessaire pour les attendrir. Le mouton, mal nourri pendant l'été, a peu de saveur. Mais à la Vallée, comme dans tous les autres marchés, les chapons, les coqs vierges, les dindonneaux, les pigeons, les poulardes garnissent abondamment l'étalage. Le menu gibier est rare, les chasses n'étant pas ouvertes.

Le poisson de mer arrive toujours; cependant il est rare qu'il soit dans un état de fraîcheur satisfaisant : le poisson d'eau douce ne le remplace qu'en partie.

Les petits artichauts, les choux-fleurs, les concombres, les fèves de marais et les petits pois augmentent le nombre des légumes frais; les fruits rouges et quelques melons de primeur sont déjà assez nombreux pour fournir aux exigences du service en hors-d'œuvre.

C'est surtout par l'abondance et la variété des fruits que l'été se distingue; les desserts peuvent offrir à la fois des fraises, des cerises, des abricots, des prunes, des groseilles, des framboises, des pêches, des figues, et plusieurs espèces de poires. A cette longue liste on peut encore ajouter, vers la fin de la saison, diverses variétés de raisins, qui, dans les bonnes expositions, ont acquis une maturité complète.

Le melon, ce premier des *hors-d'œuvres,* n'est dans toute sa perfection que pendant l'été.

La végétation est alors la plus active et la plus abondante. On doit cesser toute récolte de racines, car elles seraient de mauvaise qualité, les plantes étant trop avancées dans la germination; mais c'est le moment de récolter les feuilles usuelles ainsi que les fleurs de toute espèce; elles doivent être récoltées de préférence au mois de juin, afin de pouvoir être employées vertes ou pour être séchées à l'ombre. On a principalement les substances qui suivent et qui ne sont pas moins précieuses à la cuisine et à l'office qu'à la pharmacie du château : *absinthe major, minor, amandes vertes, fleurs de sureau, eupatoire, fleurs de camomille, de fumeterre, de pâquerettes, de pensées, de primevères* et *roses de Provins.*

Les amandes vertes arrivent dans cette saison, et nous avons indiqué tout ce qu'on peut en faire. Les fraises paraissent quelquefois avec assez d'abondance à la fin de ce mois.

JUILLET. Tous les étalages de comestibles sont copieusement approvisionnés. C'est aussi la première époque où les cailles, les tourtereaux sauvages, les dindonneaux, les lapreaux, les levreaux et les jeunes poulets commencent à se montrer.

Dans les poissons de mer, les limandes, les maquereaux, les moules, la raie, le saumon et les soles sont encore plus abondants que de coutume. On a pour légumes, les artichauts, les concombres, les haricots nouveaux de plusieurs espèces et les petits pois.

Dans les fruits, les abricots de primeur, les cerneaux et tous les fruits rouges, ainsi que les melons et les prunes.

On recueille à la mi-juillet les fleurs de guimauve; on fait aussi l'eau des trois noix et l'eau vulnéraire. On récolte, pendant toute la durée de ce beau mois, *les fleurs et feuilles de mélisse, de menthe poivrée, de rossolis et de sauge, les fleurs de julienne, de lavande, d'œillets rouges, d'oranger, de roses muscates, de tilleul et de thym.* On a pour fruits à confire : *les cerises, les fraises, les framboises, les groseilles à grappes et le cassis.*

Les fleurs de l'oranger donnent alors dans leur plus grande abondance, et peuvent se confire au liquide; mais on fera beaucoup mieux de ne les employer qu'à des opérations qui sont du ressort de l'étuve ou de l'alambic. On a remarqué que la fleur d'orange pralinée et l'eau distillée de fleur d'orange, qui sont confectionnées pendant le mois de juillet, en acquièrent une grande supériorité de parfum.

Les premières cerises doivent se mettre en compote; et à mesure qu'elles deviennent plus charnues, plus mûres, et que les meilleures espèces paraissent, on en confit à *oreilles,* en *bouquets* et de plusieurs autres façons. On en fait aussi des pâtes et de la marmelade. On les confit ensuite au liquide, afin de les garder en provision. On fait également avec les cerises des sirops de conserve et des ratafias d'office, ainsi qu'on le verra plus loin.

Les framboises se confisent également au sec et au liquide. On en fait des dragées, des liqueurs, des sirops et des eaux distillées. Dans la primeur des groseilles en grappes, on les confit en les épépinant à la manière de Bar, et ce n'est qu'à la fin de ce mois qu'on en fait des gelées de conserve (*V*. GROSEILLE).

AOUT. Il faut ajouter au gibier du mois précédent : les cailles, les marcassins et les perdreaux ; et dans une autre catégorie d'aliments, on a le cochon de lait, tous les légumes, à l'exception des pommes de terre ; les amandes nouvelles, les melons de toute espèce, les pêches fondantes et les mûres hâtives.

La végétation d'un grand nombre de plantes usuelles est déjà sur son déclin ; les feuilles en sont moins vivaces et moins odorantes. Elles commencent à laisser voir les capsules dont il faudra récolter les graines à la fin du mois. Les plantes aromatiques achèvent de pousser leurs dernières fleurs ; et ce sont à peu près les seules qu'on puisse recueillir, si l'on n'a pu s'en acquitter dans le mois précédent. On peut se procurer, sur la fin d'août, de petites noix vertes, pour achever l'eau des trois-noix, et l'on emploiera pour la provision du reste de l'année les substances qui suivent : *abricots, cassis, cerises noires, framboises, mûres, noix vertes, semences de pavots noirs, têtes de pavots blancs.*

Les fruits de juillet continuent de paraître pendant la plus grande partie de ce mois-ci, et l'on peut continuer à en confire de plusieurs manières. C'est le vrai temps pour opérer la confiture de cerises liquide, pour la gelée de groseilles et la marmelade de framboises. On confit encore au mois d'août les noix blanches pour les garder au liquide, ou pour les tirer au sec.

Peu de temps après, on a les abricots à leur maturité. Il est inutile de dire qu'on en fait des compotes, et qu'on en confit en abondance. C'est à la fin d'août que les premières poires commencent à paraître.

C'est l'époque où l'on doit songer à faire sa provision d'œufs. « Ils sont à meilleur marché, vu leur »abondance ; et comme ils sont de qualité meil- »leure, ils se conservent sans prendre aucun mau- »vais goût, dit Olivier de Serre. » Les personnes instruites et ménagères ont toujours soin de s'en approvisionner *entre les deux Notre-Dame*, (c'est-à-dire, entre le 15 août, fête de l'Assomption de la Sainte-Vierge, et le 8 septembre, fête de sa nativité.)

SEPTEMBRE. L'automne est une saison d'abondance. A cette époque de l'année les viandes de boucherie sont plus savoureuses que pendant l'été, parce qu'elles proviennent d'animaux mieux nourris, et que la température permet de leur laisser éprouver, sans crainte qu'il soit dépassé, le degré de mortification qui les rend plus digestibles.

Les volailles ont acquis toute leur perfection : leur chair est plus faite et plus alimentaire que dans la saison précédente.

On a, dans l'automne, tous les gibiers de l'été, moins la caille, et de plus les bécasses et bécassines, les pluviers, les sarcelles et les rouge-gorge.

Le poisson de mer qui, pendant la saison chaude, ne pouvait être transporté sans altération, recommence à arriver dans l'état de fraîcheur qui est indispensable pour en faire un aliment agréable et sain.

Sauf les petits pois et les fèves, l'automne fournit tous les légumes du printemps et de l'été, et il offre de plus le céleri, la truffe, le navet, la betterave, les scorsonères, etc.

En fruits, on a encore, pendant le mois de septembre, quelques melons tardifs, ainsi que les dernières pêches, les cerises du nord et quelques espèces de prunes.

L'absence des fruits d'été est amplement compensée par les raisins de toute espèce, les figues, les poires de beurré, les doyennés, les rousselets, et quelques espèces de pommes qui se distinguent par leur chair fine et cassante, aussi bien que par l'énormité de leur volume, telles que les calvilles, et les reinettes d'Angleterre et de Canada.

C'est aussi dans cette saison que les laitages sont les plus abondants et ont le plus de qualité, parce que les animaux qui les produisent ont une nourriture plus substantielle, et qu'ils sont, sous tous les rapports, en un meilleur état que dans la saison précédente.

Le mois de septembre est donc le plus favorisé de l'année ; car on n'a rien à désirer pour la succulence et la parfaite bonté des viandes de boucherie, et l'on a tous les autres comestibles en qualité supérieure et à profusion : Bécassines, cailles, grives ; lapereaux de garenne et levreaux, perdreaux rouges et gris, albrans et canetons, chapons, poulardes et poulets gras, anchois nouveaux, carrelets, crevettes, éperlans, esturgeons, homards, huîtres et merlans, sardines fraîches ; enfin, les saumons et les turbots ajoutent encore à nos provisions culinaires, et c'est la saison où il peut nous arriver des tortues de Corse ou d'Amérique. Quant aux végétaux, on a les artichauts, les cardons, le céleri, les avelines, les brugnons, les figues, les marrons, les noix fraîches, les pêches et les prunes tardives, les meilleures poires, les pommes hâtives et les raisins précoces.

Les prunes et les raisins de primeur ne doivent être servis que dépouillés et glacés avec le blanc d'œuf et du sucre en poudre.

Dans le courant du mois de septembre, on confira les *prunes de perdrigon*, de *mirabelle*, de *l'île-verte* et autres, afin de les conserver pour la table du maître et pour les travaux de cuisine ou d'office. On agira de même à l'égard des poires de la saison, et l'on confira particulièrement celles de rousselet et de blanquette. On peut voir à l'article des fruits confits quelles sont les autres espèces de poires les mieux appropriées à ces préparations; et nous parlerons également des prunes de reine-claude avec tous les développements nécessaires. Les figues se confisent au liquide, ou se tirent au demi-sec; et c'est encore dans le mois de septembre qu'on doit faire sa provision de sirop de mûres : on pourrait aussi confire ce fruit, mais on n'en retirerait ni agrément, ni compliment; et nous conseillons de s'en tenir au sirop de ce fruit, pour la pharmacie du château.

C'est à cette heureuse époque de l'année qu'on reçoit le nougat blanc de Marseille, ainsi que les petits citrons (chinois) confits en Provence, et bien préférables à ceux des Antilles, attendu que ces derniers sont toujours cuits avec une telle profusion de sucre et si peu de précautions, qu'ils ne conservent plus aucune saveur aromatique, et que le parenchyme en est réduit au plus misérable état de dureté.

OCTOBRE. A la nomenclature des meilleures viandes de boucherie il faut encore ajouter, pour ce mois, le porc frais d'une qualité supérieure et l'excellent mouton de Pré-Salé. La liste des volailles est composée des canetons, chapons, dindons, pigeonneaux, poulardes et poulets de toutes sortes. Le gibier s'augmente également en nombre et en qualité par l'apparition des bécasses du Nord, des becfigues, des cailles, des faisans, des lapereaux, des levreaux, des mauviettes, des perdreaux, des poules d'eau, des sarcelles, des rouge-gorge et des outardes. La marée fraîche éblouit de splendeur; enfin, dans le poisson d'eau douce, l'anguille, le brochet, la carpe et les écrevisses abondent; et tous ces éléments nutritifs ont acquis une excellence remarquable. Dans la multitude des légumes frais; on distingue l'artichaut, le céleri, les concombres, les épinards et les pois d'automne.

Les principaux fruits de la saison consistent en muscats tardifs, en figues vertes et en raisins de vigne, accompagnés des poires et des pommes du meilleur choix.

Comme la campagne se dépouille des végétaux apparents, c'est le moment où il convient de fouiller la terre pour y récolter certaines racines, à mesure que leurs tiges se fanent. Toutes celles que nous avons indiquées aux mois de février, mars et avril, peuvent être recueillies dans le mois d'octobre avec le même avantage.

Ce mois n'offre plus à récolter que des fruits à pépins, des légumes et des racines de végétaux pharmaceutiques : *épine-vinette*, *pêches*, *poires*, *pommes*, *gros verjus*, *giromons*, *potirons*, *citrouilles*, *racines d'angélique*, *d'iris* et de *réglisse*.

On fait d'excellentes compotes et de la marmelade avec les pommes de reinette blanche, ainsi qu'avec les poires nouvelles, et particulièrement avec celles de bon-chrétien, de bergamote et de rousselet. Les pêches de vigne reçoivent aussi les mêmes préparations. Le gros verjus et le raisin muscat se confisent au liquide, et l'on en fait aussi des compotes et de la gelée fort agréables.

L'épine-vinette, qui mûrit alors, se confit au liquide, ou se tire au sec; il est assez connu qu'on en fait de la conserve, de la marmelade et des dragées.

Les semences de citrouilles s'emploient dans la confection de l'*orgeat aux quatre semences froides* (*V.* ORGEAT).

Les œufs de faisan qui viennent à l'automne ne doivent pas être destinés à la couvée, parce que les faisandeaux ne résisteraient pas à la rigueur de l'hiver. On emploiera ces œufs avec distinction pour en faire des omelettes soufflées à la purée de gibier, pour les pocher sur une crème d'amande salée, pour les brouiller aux truffes, et pour les faire cuire au plus dur et les mettre à la tripe, en timbales; ou bien enfin, pour en garnir des plats d'entrées, ou des salades de la saison.

NOVEMBRE. On trouve dans ce mois, 1° toutes les viandes ordinaires de la boucherie; 2° en gibier, les canardeaux et les canards sauvages, les lapins de garenne, les lièvres, les mauviettes, les perdreaux, les rouges de rivière, les faisandeaux, les tourtereaux et les jeunes ramiers; 3° en volailles, les canards et les canetons, les chapons, les dindons et les oies grasses, les pintades et les paonneaux, les pigeons, poulardes et poulets; 4° dans le poisson de mer, on devra remarquer l'esturgeon, le hareng frais, les huîtres blanches et vertes, les limandes, maquereaux, merlans et moules, le surmulet, la lotte, le bar, la raie, le rouget et la vive; 5° parmi les légumes, on peut faire son choix dans les artichauts, les cardons, le céleri, la chicorée, les épinards, les laitues, les aubergines, les champignons de couche et les truffes de primeur; 6° ce mois nous fournit abondamment les oranges nouvelles et les fruits à pépins de toutes espèces, les raisins tardifs et les figues de la seconde saison, les noix, les noisettes, et les marrons du Luc ; c'est le temps de s'occuper à la fabrication des farines de châtaignes et de la fécule de pommes de terre.

C'est pendant ce mois que le safran du Gâtinais, le meilleur de tous, et les grenades de Provence arrivent à Paris. Les coings, qui se mangent rarement crus, servent à faire de bonnes compotes, ainsi qu'une gelée appelée *cotignac*; on en fait aussi un sirop très-utile et très-parfumé, dont nous n'omettrons pas de donner la recette. C'est aussi vers la fin de ce mois qu'on doit chercher à s'approvisionner de deux productions étrangères qui nous fournissent d'excellents hors-d'œuvres : c'est à savoir, le kaviar de Russie et le saumon fumé de Danemarck (*V*. ces deux articles).

DÉCEMBRE. On n'est privé d'aucune ressource en fait de viandes de boucherie et de charcuterie fraîche. — Parmi les volailles, on peut faire un choix entre les chapons, les dindons, les gros pigeons et les plus beaux poulets. Dans le gibier, on peut trouver des faisans, des lapereaux et des levraux de belle taille, ainsi que des mauviettes, des perdrix de toutes couleurs, des pigeons ramiers, des pluviers dorés et des vanneaux, des poules de bruyère, des gelinottes et des outardes. La venaison fournit assez fréquemment du sanglier, du chevreuil, du daim, et quelquefois de la biche d'Allemagne, qu'on peut se faire expédier de Strasbourg, ainsi que des foies gras, des carpes du Rhin et du kirch de la forêt Noire.

Le temps est venu d'employer, pour les hors-d'œuvres et les desserts, toutes les provisions qu'on aura confectionnées dans les mois précédents, et qui sont destinées, suivant la spécialité de leur nature, à l'usage de la cuisine ou à celui de l'office. Le mois de décembre est la meilleure époque de l'année pour consommer et se faire envoyer à Paris les fameux pâtés de Strasbourg, de Toulouse, d'Amiens, de Chartres, de Pithiviers, de Périgueux et d'Abbeville, ainsi que les terrines de Nérac, les jambonneaux d'Espagne et les cuisses d'oies confites *en Gascogne*, attendu que celles-ci sont très-supérieures à celles qui nous arrivent du Languedoc. C'est surtout le moment d'avoir recours à tous les objets de menue charcuterie d'Italie, de Lyon, de Troyes, de Touraine et de Provence, dont on doit avoir eu soin de s'approvisionner amplement.

APOZÈME (*Sorte de tisane concentrée*). Il est du devoir d'un chef de cuisine et d'un aide-officier de savoir confectionner, *ad artem*, non-seulement toutes les tisanes simples et les juleps sucrés, mais encore les apozèmes, les potions, les

électuaires et les émulsions, ainsi que les *remèdes* d'un autre genre. L'apozème *dépuratif* et *rafraîchissant* est ordinairement composé de bourrache et de buglose, ou bien de cresson de fontaine en quantité moindre. L'apozème *dépuratif* et *tonique* est souvent basé sur une décoction de salsepareille, de bardane ou d'une autre plante analogue. Le *styptique*, le *diurétique*, le *purgatif* et le *fébrifuge* ne sauraient être exécutés que d'après les ordonnances et les prescriptions doctorales ; et l'on doit toujours agir ainsi pour les médicaments internes et composés. Cependant il y a des cas où l'on peut sans inconvénient fabriquer et administrer certains remèdes connus, tels que les lotions, les gargarismes et des *injections*, par exemple ; mais encore est-il indispensable d'en bien connaître les véritables éléments, de savoir par quelles autres substances ces éléments peuvent être remplacés, à défaut des premiers, enfin d'en savoir exactement les doses, et de pouvoir appliquer avec précision les procédés nécessaires à leur préparation méthodique (*V*. PHARMACIE DOMESTIQUE).

APPÉTIT. Il est assez connu que le peuple de Paris et les maraîchers de la banlieue donnent le nom d'*appétits* à la tige verte de la ciboule et de l'ognon nain, qui font toujours le principal assaisonnement des ragoûts et des salades populaires.

L'appétit *physiologique* est une légère impression de la faim qui nous fait éprouver le désir de manger ; mais l'appétit peut subsister encore, lorsque le besoin qui l'a fait naître est satisfait : cela arrive surtout lorsqu'on se trouve en présence de certains mets qu'on prédilecte et dont l'agréable saveur a déjà été éprouvée. Si l'on continue à manger jusqu'à ce que l'appétit ne se fasse plus sentir, on a dépassé de beaucoup le terme du besoin ; et nous rappellerons, avec Ambroise Petit, que lorsque l'ingestion n'est pas modérée, la digestion n'est pas assurée. Le roi des gourmands français a joliment dit, à propos de la bonne éducation d'un prince : « *Cet avaricieux* » *conclust néant-moins à chose profitable* » *pour le petit Gargantua, et c'estoit qu'on* » *le fist toujours coucher avecque son ap-* » *pétit, à finqu'il se peussent toujours lever* » *ensemble.* »

En considérant le mot *appétit* dans son acception gastronomique, nous croyons devoir en donner ici la signification la plus réelle, en en décrivant les symptômes et les effets, d'après l'expérience et les observations d'un de nos professeurs les plus illustres en philosophie culinaire.

« Le mouvement et la vie occasionnent dans les

corps vivants une déperdition continuelle de substance ; et le corps humain, cette machine si compliquée, serait bientôt hors de service, si la Providence n'y avait placé un ressort qui l'avertit du moment où ses forces ne sont plus en équilibre avec ses besoins.

Ce moniteur est l'Appétit, et l'on entend par ce mot la première impression du besoin de manger.

L'appétit s'annonce par un peu de langueur dans l'estomac et une légère sensation de fatigue, accompagnée d'ennui ; en même temps l'âme s'occupe d'objets analogues aux besoins du corps ; la mémoire se rappelle les choses qui ont flatté le goût ; l'imagination croit les entrevoir : il y a dans cela quelque chose qui tient du rêve. Cet état n'est pas sans quelques charmes ; et nous avons entendu des milliers d'hommes s'écrier, dans la joie de leur cœur : « *Quel plaisir d'avoir bon appétit, quand on a la certitude de faire un bon dîner !* »

Cependant l'appareil nutritif s'émeut tout entier : l'estomac devient sensible ; les sucs gastriques s'exaltent ; les gaz intérieurs se déplacent avec fracas ; la bouche se remplit d'un suc impatient, et toutes les puissances digestives sont sous les armes, comme de braves soldats qui n'attendent que le moment d'agir. Encore quelques instants, on éprouvera des mouvements spasmodiques, on aura des inquiétudes nerveuses, on bâillera, on souffrira de la faim.....

On peut observer aisément toutes les nuances de ces divers états dans les salons où le dîner se fait attendre. Elles sont tellement dans la nature, que la politesse la plus exquise ne saurait en déguiser les symptômes, d'où j'ai dégagé cet apophthegme : « *De toutes les qualités du convive et du cuisinier, la plus indispensable est l'exactitude.* »

APPLE'S CAKE (*Cuisine étrangère. Excellent gâteau de pommes anglais*). Pelez six grosses pommes de franche reinette, ainsi que trois pommes dites de *locart :* il est aisé de reconnaître celles-ci, parce qu'elles sont très-rouges et très-acides ; et il est facile de les remplacer par une autre espèce du même genre. Après avoir ôté les cœurs de ces fruits, faites-les fondre sur le feu avec trois onces de moelle, ajoutez un bâton de cannelle, et faites passer ensuite au tamis de crin. Mettez-les alors dans une bassine avec deux cuillerées de poudre de salep ou d'arrow-rout, que l'on pourra remplacer, à défaut de ces deux substances orientales, par une forte cuillerée de fécule. Joignez-y trois quarterons de beau sucre, et faites bouillir à petit feu pendant sept à huit minutes. Retirez alors de la bassine, et laissez refroidir cette marmelade. Quand elle sera froide, vous y mêlerez six jaunes d'œufs et deux autres œufs avec leurs blancs ; placez-la pour lors dans un moule graissé de moelle, et faites cuire au bain-marie pendant quarante minutes. Vous renverserez ce gâteau sur un plat d'entremets, assez profond pour pouvoir contenir un chaudeau dont voici la formule : — Délayez quatre jaunes d'œufs frais avec de l'eau distillée ; sucrez suffisamment avec du sucre candi pulvérisé ; joignez-y deux cuillerées de fine liqueur des îles à la cannelle, et faites cuire au bain-marie, en remuant sans relâche et sans laisser durcir, mais jusqu'à ce que cette crème soit bien liée et qu'elle ait acquis une juste épaisseur.

Autre **APPLE'S CAKE** dit *à la Reine-Anne*. Faites une marmelade de belles pommes, que vous passerez deux fois au tamis et que vous mettrez à refroidir ; mêlez-y pour lors le sucre nécessaire, en y joignant des zestes de citron confits, roulés et pralinés. Ayez six blancs d'œufs que vous battrez jusqu'à ce qu'ils soient en neige ; mélangez peu à peu votre purée de fruit avec ces blancs d'œufs battus, et continuez à fouetter ce mélange jusqu'à lui donner toute la légèreté possible. Dressez cette mousse en forme de rocher, sur un plat d'entremets qui sera foncé d'une gelée transparente au ratafia d'écorces de citrons. Il ne faudra pas donner à cette gelée beaucoup de consistance.

Il est à noter que ces deux jolis entremets ont été perdus de vue chez nous et qu'ils n'en sont pas moins d'origine française ; car on trouve exactement ces deux mêmes recettes dans nos dispensaires du dix-septième siècle, et notamment dans le *Menu royal des disners de Marly*. Les Anglais n'ont fait autre chose que d'en conserver la tradition et de leur imposer le nom qu'ils portent.

APY. Petite pomme à peau luisante et vivement colorée du côté qui a été frappé par le soleil. On a dit que la pomme d'Apy tirait son nom d'un petit village au diocèse d'Avranches, en Normandie. C'est la plus jolie des pommes ; elle se conserve long-temps avec toute sa fraîcheur, et, pendant la mauvaise saison des fruits, elle est d'un grand secours pour l'ajustement des pyramides et des corbeilles mêlées qui font l'ornement de nos tables. C'est là son principal mérite, car sa chair est dure sans être savoureuse ; elle ne saurait se manger qu'à *belles dents*, et le nom qu'on lui donne en termes d'office est *fruit d'écolier.* Suivant Rabelais, elle devrait être comprise dans la nomenclature des *casse-museaux*.

ARACHIDE. L'arachide ou pistache de terre est le produit de l'*arachis hipigea*, dont les semences sont renfermées par des siliques qui s'enfoncent en terre à l'époque de leur maturité. Ce nouveau comestible est originaire des régions équatoriales ; on ne le voit pas encore habituellement à Paris, mais on le cultive assez abondamment dans le midi de la France, où l'apprêt qu'on lui fait subir est analogue à celui des aubergines et des oronges. On en retire aussi une huile dont la saveur a du rapport avec celle de noix, dans sa fraîcheur.

ARROCHE ou ARAUCHE, plante herbacée, qui est de la famille naturelle des crucifères, et qu'un maître jardinier doit toujours cultiver quand il est soigneux. On la fait entrer dans les jus d'herbes et les bouillons rafraîchissants ; mais elle doit être employée très-abondamment dans tous les potages aux herbes, et surtout dans les purées d'oseille, afin d'en modifier l'énergie styptique et l'acidité. Le commun des cuisiniers et des cuisinières ne se servent pour cela que de feuilles d'épinards et de laitues ; mais les praticiens habiles ont observé que, pour cet usage, l'arroche est infiniment préférable aux épinards et principalement aux feuilles de laitues qui sont toujours difficiles à faire bien dissoudre, et qui peuvent communiquer à ces préparations herbagères une espèce de saveur laiteuse hétérogène, ainsi qu'une surabondance de principe aqueux. Le mélange de l'arroche avec l'oseille est toujours utile, et surtout quand l'acidité de cette dernière est la plus développée, c'est-à-dire lorsque l'oseille est cueillie pendant le trimestre d'été.

AROMATES. *Aromate* est l'expression qui s'applique à toutes les substances naturellement imprégnées d'une huile essentielle odorante, et ces substances sont en grand nombre dans le règne végétal. Les aromates employés dans la préparation des aliments sont, parmi les semences : le poivre, la muscade, le macis, espèce de brou qui enveloppe les noix-muscades ; le piment de la Jamaïque, l'anis, la badiane, la coriandre, le genièvre et les amandes amères.

Parmi les écorces : la cannelle, la cascarille et l'écorce du calicanthus ;

Parmi les produits entiers : la gousse de vanille, les écorces d'oranges, de citrons, de melroses, de poncires, de cédrats, de bergamotes et les fruits avortés du géroflier ;

Parmi les racines : le gingembre d'Amérique, le calamus aromaticus et l'iris de Florence ;

Parmi les feuilles : celles du laurier d'Apollon, de l'oranger, du pêcher, du laurier-cerise, etc. ;

Et parmi les plantes herbacées : l'estragon, le baume ou tanaisie odorante, l'ambroisie des jardins, le basilic, le thym, la sariette, la sauge, l'hysope, le fenouil, la menthe et toute la famille naturelle des labiées.

Le règne animal fournit l'ambre gris, qu'on croit être un excrément du cachalot ; le même règne fournit encore le musc, autre sécrétion d'un animal peu connu des naturalistes.

Tous ces aromates ont une odeur forte, ainsi qu'une propriété stimulante assez déterminée. C'est dire assez qu'il ne faut les employer et en user qu'avec modération.

Les amandes amères, qu'on ne peut se dispenser de classer parmi les aromates, ne partagent pourtant pas cette propriété stimulante ; elles en ont une autre absolument contraire, et le principe auquel elles doivent cet arôme est, de tous les poisons, le plus violent. Lorsqu'il est pur et concentré, il éteint la vie instantanément. Il est connu sous le nom d'*acide prussique*.

Ce principe est trop peu abondant dans les amandes amères pour y devenir très-dangereux, mais il le serait infailliblement si l'on mangeait de ces semences avec excès ; est à supposer que lorsqu'on associe les amandes amères à d'autres aromates dont les propriétés sont opposées, l'action du principe délétère qu'elles contiennent se trouve à peu près neutralisée.

Les aromates, dont on fait ou dont on peut faire un usage utile en gastronomie, sont indigènes ou exotiques, ce qui les sépare naturellement en deux classes ; et nous allons adopter cette division.

AROMATES INDIGÈNES.

Les fleurs les plus aromatiques sont celles d'oranger, de rose, d'œillet rouge, de bouillon-blanc, de safran et de sureau.

La fleur d'Oranger est peut-être l'aromate le plus fréquemment employé, et c'est assurément un des plus utiles. Cette fleur abonde en huile essentielle, miscible à l'eau dans une assez forte proportion, et miscible à l'esprit de vin dans une proportion supérieure. L'eau distillée de fleurs d'oranger, prise à la dose d'une once avec du sucre, a une propriété calmante universellement reconnue.

Les Roses. — Quoique ayant un parfum très-développé, les roses contiennent fort peu d'huile essentielle ; aussi, lorsqu'on veut obtenir de l'eau de roses ou de l'esprit de roses assez chargé, on est obligé de les distiller deux ou trois fois sur des quantités considérables de fleurs : encore l'eau ou l'esprit aromatique qu'on obtient ainsi n'ont-ils jamais un parfum très-décidé ni très-suave,

L'espèce de roses qu'on distille le plus habituellement est celle de Provins. On peut distiller aussi avec avantage la rose muscate, qui porte un arôme particulier, la rose du Bengale à odeur de thé, et la rose de Banks, qui sent la violette.

Les fleurs d'OEillet sont celles d'une variété à fleurs simples, de couleur rouge foncée, et qui est vulgairement connue sous le nom d'*OEillet à ratafia;* aussi l'emploie-t-on pour faire un ratafia auquel il communique sa couleur et son arôme, qui est assez décidément celui du gérofle. Comme, pour faire ce ratafia d'œillets, il faut séparer les onglets des pétales, ce qui demande un soin très-minutieux, il est préférable d'y substituer le gérofle, qui donne un arôme plus pur, et dont on peut colorer la décoction moyennant un peu d'orcanette.

La fleur de Bouillon-Blanc a un arôme agréable, et qui se rapproche beaucoup de celui du thé, mais qui est plus doux et plus pur avec plus de franchise. L'infusion de bouillon-blanc a une propriété légèrement calmante, et sous ce rapport elle convient aux personnes à qui l'usage du thé pourrait causer quelque agitation nerveuse. Séchée avec soin, la fleur de bouillon-blanc se conserve indéfiniment, et tout le monde sait qu'on peut l'employer agréablement à parfumer des crèmes d'entremets et des laitages.

La fleur de Sureau n'est employée, par certains confiseurs industriels, que pour donner un arôme de muscat à des vins de liqueurs artificiels, et pour aromatiser des vinaigres. Quant à l'usage qu'on doit en faire dans la pharmacie domestique, nous dirons seulement ici qu'il faut toujours l'employer sèche. La dessiccation doit en être faite rapidement, et l'on doit, autant que possible, séparer la fleur de sureau de ses pédoncules.

Le Safran. Les pistils séchés d'une espèce de crocus sont ce qu'on appelle safran; chaque fleur ne porte que deux pistils, dont le poids, lorsqu'ils sont desséchés, est prodigieusement minime. Voilà ce qui fait que cet aromate est toujours cher, quoiqu'il soit récolté non loin de Paris, et quoique son usage ne soit plus aussi fréquent que dans l'ancienne cuisine française, où les gens riches le faisaient entrer dans la plupart des préparations alimentaires. Aujourd'hui la plus grande consommation du safran a lieu dans les pharmacies. A la cuisine et l'office, on ne l'emploie guère à présent qu'à la composition du pilau, du riz à l'africaine et du scubac (*V.* ces trois articles).

Les semences aromatiques indigènes sont les graines d'anis, de coriandre, de fenouil, d'angélique, de carvi, de chervis, de daucus, de genièvre et de nigelle, auxquelles il faut ajouter les amandes amères et celles des fruits à noyau.

L'Anis est, de toutes les semences aromatiques, celle qui contient le plus d'huile essentielle; cette huile, lorsqu'elle est pure, est concrète et d'un arôme assez pur; c'est l'huile essentielle qu'on emploie pour fabriquer l'anisette.

La Coriandre est la graine d'une plante ombellifère dont la tige et les feuilles ont une odeur infecte, et la semence en a cependant un arôme assez agréable. On l'emploie rarement seule; mais on s'en sert avantageusement pour ajouter à certaines combinaisons de cuisine et d'office.

Le Fenouil a un arôme qui rappelle celui de l'anis, mais qui s'en distingue par une nuance particulière. On ne l'emploie guère que pour assaisonner certains poissons, et notamment les *maquereaux à l'ancienne mode.* On fait usage de ses cordioles crues dans les salades, et pour assortiment des fines herbes d'office (*V.* HORS-D'ŒUVRES).

Les semences d'Angélique ont un arôme qui diffère essentiellement de l'odeur et du goût de la plante qui les produit. On en fait un fréquent et bon usage pour les préparations de crèmes ou de liqueurs aux graines aromatiques.

Les quatre graines de Carvi, de Daucus, ou carotte sauvage, de *Chervi* et de *Céleri,* ont des arômes variés, dont on obtient de fort bons résultats en les combinant de manière à ce qu'aucun d'eux ne puisse dominer les autres : on les emploie souvent pour ajouter un arrière-goût aux liqueurs dont l'arôme est trop prononcé.

La graine de Nigelle a une odeur d'épices mélangées qui est très-douce et très-provocante; et cependant on n'en fait plus aucun usage, à moins que ce ne soit dans les galettes de chasse et les gâteaux des Rois, où la nigelle est une sorte d'assaisonnement traditionnel.

Les semences de Genièvre, ou, plus exactement, les baies charnues du genévrier ont un parfum qui n'a rien de suave; mais, comme elles sont pourvues d'une propriété stomachique incontestable, il est convenu de les employer dans la confection de la choucroûte, ainsi que dans l'apprêt de plusieurs morceaux de grosse venaison.

Les Amandes amères ont un goût de noyau qui plaît assez; le principe de cet arôme est cependant le poison le plus subtil et le plus violent qui soit connu. Nous avons dit qu'il se trouve en si petite quantité dans les amandes, qu'il ne pourrait devenir dangereux que si l'arôme en était trop concentré, excès qui n'est pas à craindre, en ce qu'il deviendrait alors d'une saveur repoussante. L'arôme du laurier cerise a le même principe que celui des amandes amères ; mais les fruits de ce laurier le contiennent plus abondamment ; et les journaux de médecine ont parlé d'un empoisonnement opéré par une crème où l'on avait employé des baies de ce laurier.

Les amandes de tous les fruits à noyau ont plus ou moins de rapport avec les amandes amères. Quand on veut employer les noyaux d'abricots et de pêches, ils doivent être mis en entier et en infusion dans de l'eau-de-vie : mais on doit concasser les noyaux de cerises, de prunes de mirabelle, et ceux des fruits du Mahaleb ou cerisier de Sainte-Lucie. Ces derniers donnent, par infusion, une liqueur très-analogue au marasquin de Dalmatie. On peut s'en servir utilement et agréablement pour la confection de certaines gelées d'entremets, pour celle des *sorbets de chasse*, et pour toute autre composition de cette nature, où l'on voudrait allier le bon goût à l'économie et à la simplicité.

Les tiges ou *les feuilles aromatiques* sont celles d'angélique, de verveine, de mélisse, de menthe, de fenouil, d'absinthe, de lavande, de romarin, de tanaisie odorante, d'orvale, et quelques autres encore.

Les tiges d'Angélique, lorsqu'elles sont jeunes et tendres, ont un arôme tout particulier et qui devient encore plus spécial et plus suave lorsqu'on les a fait blanchir à l'eau bouillante. On confit à Niort, ainsi que nous l'avons déjà dit, les pieds entiers d'angélique avec une grande distinction : les côtes des feuilles, blanchies et infusées dans l'alcool sucré, font également un très-bon ratafia. Le plus estimé se fabrique à Montpellier, d'où nous conseillons de le tirer directement, par la bonne raison que l'achat en sera moins dispendieux que sa fabrication domestique.

Les feuilles de Verveine ont une fraîche odeur de citron méridional. Elles se dessèchent avec une grande facilité ; et dans cet état, elles se conservent indéfiniment; infusées dans de l'eau bouillante, comme le thé, elles donnent une boisson très-agréable et très-stomachique ; on peut s'en servir pour aromatiser des liqueurs, des ratafias, des crèmes, etc.

La Mélisse exhale également une odeur de citron, quoique très-différente de celle de la verveine : on peut l'employer aux mêmes usages ; elle entre dans la composition de *l'eau de mélisse des Carmes*, dont elle est le principal élément.

La Menthe. Il y en a un grand nombre de variétés ; mais on préfère avec raison celle dite *poivrée* ou d'Angleterre : c'est de celle-ci qu'on extrait par distillation l'huile essentielle avec laquelle on aromatise les pastilles de menthe. Tout le monde sait que l'eau de menthe distillée, unie par moitié à l'eau de fleurs d'oranger, est le meilleur calmant qu'on puisse administrer dans les souffrances nerveuses.

Le Fenouil. Les tiges du fenouil, encore tendres, sont susceptibles d'être employées dans les salades et pour le service des hors-d'œuvres, ainsi que nous l'avons dit ci-dessus.

L'Absinthe. Son arôme est uni à un principe amer extrêmement prononcé. Nous avons déjà parlé de cette plante en suivant son ordre alphabétique.

La Lavande et le *Romarin* ne sont employés que pour faire des eaux et des esprits aromatiques dont l'usage est assez connu. Le romarin entrait autrefois dans la composition de l'eau de Cologne ; on l'en a retranché parce que son arôme est peu agréable ; mais on l'emploie encore pour confectionner l'eau *de la Reine de Hongrie* (*V.* EAUX SPIRITUEUSES).

La Tanaisie odorante : c'est le *baumecoq* des jardiniers. On l'emploie pour aromatiser le vinaigre, et l'on s'en servait autrefois dans la fabrication de certaines liqueurs.

L'Orvale ou *Toute-Saine* est une espèce de sauge qui porte un arôme analogue à celui du raisin muscat. On l'emploie utilement pour ajouter au bouquet des vins de Lunel et de Frontignan, qu'on laisse consommer à l'office et qu'on y désigne habituellement sous le nom de *vin des Fermières.*

Nous ne voulons pas négliger de parler aussi de la *Flouve odorante :* c'est à cette graminée que le bon foin doit principalement cet agréable arôme qu'on désigne sous le nom d'*odeur de foin*, et qui se rapproche beaucoup de celle du mélilot. On doit l'employer abondamment dans le *brouet* où l'on fait cuire les jambons et les andouilles (*V.* JAMBON).

OBSERVATION.

Toutes les plantes aromatiques doivent être distillées sèches, attendu qu'à cet état elles donnent des liquides plus chargés de leur huile essentielle. La dessiccation doit être faite rapidement, au soleil, mais sans le contact immédiat de ses rayons.

Les écorces aromatiques indigènes sont celles des fruits de l'oranger, du citronnier, du cédrat et de la bergamote, et aussi les écorces des jeunes rameaux, ou le bois entier des rameaux du calicanthus.

Les écorces des Oranges, des Citrons, et celles des autres aurentiacées, abondent en huile essentielle. L'écorce du cédrat, surtout, a dans son arôme une bonté particulière; aussi cette écorce est-elle fréquemment employée pour aromatiser des liqueurs, des pastilles, etc.

Il y a plusieurs variétés d'aurentiacées dont les arômes diffèrent; ainsi l'odeur de la bigarade n'est pas la même que celle de la bergamote. Il en est ainsi parmi les citrons; mais l'odeur de tous les fruits de ce genre varie encore suivant leur état de maturité plus ou moins avancée

Toutes ces écorces se confisent au sucre.

L'écorce du Calicanthus a un arôme peu définissable, et qui rappelle à peu près ceux de la cannelle, du gérofle et du macis; on peut s'en servir pour aromatiser plusieurs comestibles et particulièrement des crèmes frites.

RACINES AROMATIQUES. — On n'en emploie que l'iris et le gingembre.

La racine d'Iris de la variété dite de Florence a une odeur de violette extrêmement pure : comme le parfum des violettes est très-fugace et n'est retenu ni par l'eau, ni par l'esprit de vin qu'on fait distiller sur ces fleurs, on peut le remplacer par celui de l'iris, qu'on extrait moyennant une infusion dans l'eau tout aussi bien que dans l'alcool. On obtient des biscuits à la crème admirablement parfumés et délicats, en employant uniquement, pour la confection de la pâte de ces biscuits, de la poudre d'iris de Florence au lieu de fleur de farine.

Le Gingembre est une racine exotique dont l'emploi n'est pas fréquent, mais dont il est pourtant convenable d'user en certains cas dont on verra l'indication.

Les colonies fournissent de ces mêmes racines confites au sucre et en liquide. C'est une conserve un peu trop énergique en saveur, mais elle est cependant assez estimée.

FRUITS AROMATIQUES. — Les fruits de toutes les espèces du genre aurentiacé ne sont aromatiques que par leur écorce; leur suc est tout-à-fait dépourvu de parfum. Il est à remarquer, à ce propos, que la pulpe des prunes, des abricots et des pêches n'est pas dépourvue d'un arôme propre; mais cet arôme est très-léger, et ne se communique guère à l'alcool dans lequel on les fait infuser.

Les seuls fruits réellement aromatiques, parmi ceux qui sont indigènes, sont le raisin muscat, le cassis, la framboise et la fraise des bois.

Le Muscat est donc la seule espèce de raisin, parmi le grand nombre de celles que nous cultivons, dont le jus soit *parfumé* dans l'acception

rigoureuse du mot *parfum*. Cette espèce unique a un grand nombre de variétés dont l'arôme varie plutôt par son degré de force ou d'intensité que par une saveur particulière. On en fait des compotes, des marmelades et des gelées, dont nous avons déjà eu l'occasion de parler dans l'*annuaire* ou calendrier nutritif.

Le Cassis n'est pas en possession d'une grande importance; il est sans aucune illustration gustaelle, et cependant l'arôme dont il est pourvu s'allie très-utilement à celui des petits fruits avec lesquels on doit conseiller de le mélanger, à peu près dans la proportion du seizième, et dans tous les cas où l'opération culinaire a pour objet l'amalgame de ces quatre fruits rouges.

Quand on se risque à employer le cassis *tout seul*, il éprouve avec le temps des modifications qui le rendent méconnaissable; et l'on pourrait, peut-être, en tirer grand parti si l'on avait la patience d'étudier comment il se comporte en vieillissant.

La Framboise est un des fruits les plus agréablement parfumés, surtout quand son arôme est étendu; aussi fait-elle un excellent effet dans tous les mélanges où on l'ajoute. Cet arôme est très-persistant; l'alcool et le vin s'en chargent, et ces deux propriétés indiquent assez quels doivent être les usages de la framboise. On l'associe avec le plus d'avantage aux sucs de fruits qui ont peu ou point d'arôme, et c'est pour faire des confitures ou des sirops. C'est aussi l'une des substances dont on peut tirer le meilleur parti pour l'amélioration des vins décrépits prématurément ou surannés.

Fraises. — Il y a des fraises sauvages qui sont presque aussi parfumées que des framboises; mais leur arôme est plus fugace et s'évapore en grande partie par l'action du feu. Cependant avec des précautions et en opérant au bain-marie dans des vases bien clos, on parvient à en faire de bonnes confitures et des sirops fort agréables.

Coing. — La pulpe de ce fruit a peu d'arôme; mais son écorce en contient beaucoup lorsque la maturité l'a jaunie. Ainsi, lorsqu'on veut conserver cet arôme, soit dans la pulpe réduite en marmelade, soit dans le suc concentré en gelée ou préparé en sirop, il est nécessaire de faire cuire le fruit avec sa peau. Le suc aromatique de coing, qu'on obtient des fruits cuits avec leur peau, est éminemment propre à parfumer les vins. Dans les contrées de l'Italie et de la Sicile, où l'on fabrique des vins muscats si renommés, on fait bouillir une partie de moût avec des coings pour donner au vin un arôme plus suave.

A cette liste d'aromates indigènes ou naturalisés,

on pourrait ajouter le jasmin, la jonquille, la tubéreuse et quelques autres fleurs; mais, quoique très-odorant, l'arôme de ces fleurs est si fugace qu'il ne peut être retenu par l'eau ni par l'alcool, il l'est seulement par l'huile. On choisit à cet effet l'huile de ben ou celle de ricin, qui sont tout-à-fait inodores. On en imprègne des couches de coton avec lesquelles on stratifie les fleurs dont on veut conserver l'arôme; au bout d'un certain temps, on soumet le coton à la presse, et cette huile parfumée doit être distillée avec de l'alcool. Dans cette opération, l'huile se combine avec l'arôme des fleurs et lui communique sa fixité.

Comme les esprits aromatiques obtenus par l'intermédiaire de l'huile ne sont presque d'aucun usage en cuisine, et comme on en trouverait au besoin chez tous les droguistes de la rue des Lombards, il nous paraît plus expédient de les acheter que de les fabriquer.

ᴀʀᴏᴍᴀᴛᴇꜱ ᴇxᴏᴛɪǫᴜᴇꜱ. Les aromates exotiques les plus recommandables et les plus fréquemment employés sont la vanille, la cannelle, le gérofle, la muscade, le macis, l'ambre gris, le benjoin, le musc, le styrax, le baume du Pérou, celui de Tolu, les graines de cardamome, de badiane, de café et de moutarde.

La Vanille est de tous les aromates exotiques celui qui parfume les comestibles avec le plus de suavité, et, quoiqu'elle soit extrêmement chère, on n'en fait pas moins dans la cuisine et à l'office un usage à peu près journalier. On l'emploie particulièrement pour aromatiser le chocolat, ainsi que pour confectionner des crèmes et des glaces.

La Cannelle est la seconde écorce des plus jeunes branches d'un charmant arbuste de la famille des daphnoïdes, c'est-à-dire une espèce de laurier. Son arôme est fort agréable lorsqu'il est suffisamment étendu : trop concentré, il a quelque chose d'épicé, de violent et de lourdement énergique. La *cannelle* est l'ingrédient culinaire qui s'accorde le mieux avec le *lait* et avec les *pommes.*

Le Gérofle ou *Clou de Gérofle.* — Il est principalement employé dans les préparations alimentaires; cependant il entre quelquefois dans la composition des sucreries, des liqueurs et des ratafias. On doit en éviter l'excès, parce que son arôme masque tous les autres. On trouvera successivement les indications nécessaires au bon emploi de cette substance.

On reçoit quelquefois des îles Moluques ou des autres colonies hollandaises une excellente confiture qui se fait aux Indes avec le fruit vert du géroflier; mais il est difficile de s'en procurer en

Hollande, où cette conserve est toujours promptement débitée après son arrivée, et le plus souvent à des prix excessifs.

La Muscade et le Macis. — Le dernier de ces aromates est une espèce de brou qui enveloppe la noix muscade, et cependant les arômes de ces deux substances ne produisent pas la même saveur: celle du macis est beaucoup plus délicate; aussi l'emploie-t-on préférablement dans toutes les compositions sucrées qui s'opèrent à la cuisine, aussi bien que dans les combinaisons qui sont du ressort de l'aide-officier.

L'Ambre gris. — Les naturalistes ne sont pas d'accord sur la nature et l'origine de cette substance. Les uns pensent que c'est une sorte de bitume qui coule du sein de la terre dans les eaux de la mer, où il s'épaissit; mais il paraît que cette substance, formée dans le canal alimentaire d'une espèce de baleine, est l'excrément endurci de ce cétacée.

L'ambre gris est très-rare. On le trouve flottant sur les eaux de la mer, aux environs des îles Moluques, de Madagascar et de Sumatra. Son arôme est d'un effet qui semble assez doux, et néanmoins la plus petite quantité de cette substance suffit pour modifier singulièrement toutes les compositions aromatiques auxquelles il est toujours bon de l'associer pour en stimuler le parfum. Nous avons indiqué ci-dessus la propriété sanitaire de l'ambre et les préparations qu'il comporte (*V.* ᴀᴍʙʀᴇ).

Le Musc. — Tout donne à penser que cet aromate est le produit d'une sécrétion rassemblée dans une espèce de vessie qui se trouve sous le ventre d'un animal de la Haute-Asie, lequel animal est à peu près inconnu des naturalistes français. Cette substance a un arôme qu'on peut qualifier d'indélébile et d'*héroïque*, en ce que tout ce qui la touche en reste imprégné pendant un temps infini. Cet arôme efface entièrement et absolument tous les autres parfums, et jamais il ne doit s'employer qu'en *teinture* et par *scrupules.* Il n'est d'aucun usage à l'office, excepté pour la confection de certaines potions calmantes.

Le Benjoin, le Styrax, le Baume du Pérou et le Baume de Tolu, sont des substances résineuses. C'est avec la teinture alcoolique de benjoin, précipitée par l'eau, qu'on fait le cosmétique connu sous le nom de *lait virginal.* On l'emploie aussi pour faire les *pastilles à brûler* qui doivent être confectionnées à l'office. Les trois autres aromates précités ici ne sont susceptibles d'aucun emploi gastronomique, mais on en désignera l'usage en s'occupant des opérations pharmaceutiques, ainsi que des sirops et des pastilles de santé.

La Badiane a le goût et le parfum de l'anis, mais plus volatil et plus incisif. On la connaît vulgairement sous le nom d'*anis de la Chine* ou d'*anis étoilé*. Il est à supposer que la supériorité de l'anisette d'Amsterdam est due principalement à son emploi dans la distillation de cette liqueur. On verra plus loin que la badiane est souvent indiquée dans les recettes culinaires, au premier rang des *fines épices*.

Le Cardamome, ou Graine de Paradis, est un aromate du second ordre, mais on l'associe fort agréablement à d'autres graines parfumées dans la composition des liqueurs et des ratafias de santé.

Le Café (*V*. son article).

Le Thé. L'arôme du thé plaît assez généralement, attendu qu'il est incisif et qu'il n'a pas trop de vigueur et de persistance. On a des raisons pour supposer que ce parfum n'appartient pas uniquement aux feuilles du thé, mais qu'il leur est communiqué par les fleurs d'une espèce d'olivier (*olea flagrans*), dont on les sépare après les en avoir stratifiées. Ce qu'il y a d'expérimenté pour nous, c'est que la fleur de l'*olea flagrans* a tout-à-fait l'odeur et la saveur des meilleures espèces de thé. Cet arbrisseau a été importé en France; il n'exige, sous le climat de Paris, que la serre tempérée ou même l'orangerie. Ainsi, tout donne à penser qu'on parviendrait à l'acclimater dans nos provinces méridionales. On le multiplie de boutures qui sont presque bientôt couvertes de fleurs; et nous avons pu remarquer qu'une seule bouture était suffisante pour imbalsammer et parfumer une serre assez étendue.

On pourrait, à cette occasion, citer une autre plante exotique et nouvellement importée de l'île de Bourbon, sous le nom d'*aya-panha*; mais sa monographie pourrait exiger trop d'espace, et nous réservons à ce précieux aromate un article spécial.

La manière la plus commode et la plus économique d'employer la plupart des aromates, c'est d'en faire des teintures dont quelques gouttes suffisent pour aromatiser les ratafias, les liqueurs, ou toute autre préparation gastronomique.

On trouve aisément à Paris des huiles essentielles ou des extraits de ces mêmes substances. Lorsqu'elles sont pures, et ceci n'est pas bien ordinaire, on peut, à leur moyen, faire instantanément toutes les combinaisons possibles, et procéder à toutes les opérations les plus compliquées.

Toutes ces essences ont des prix fort élevés, parce que les aromates n'en fournissent jamais qu'en petite quantité. Comme la plupart des marchands sont très-disposés à en exagérer encore les prix, surtout quand ils peuvent supposer que les acheteurs sont des gens *en maison*, ce qui signifie pour eux qu'ils ne sont pas *dans le commerce*, et qu'ils veulent travailler dans un intérêt qui n'est pas celui du comptoir, nous allons en donner le tarif ordinaire, et nous croyons rendre service à tous les opérateurs et les amateurs de distillation.

TARIF HABITUEL DES ARÔMES OU DES EXTRAITS ESSENTIELS QU'ON DOIT APPLIQUER AUX PRÉPARATIONS DE CUISINE ET D'OFFICE.

Huile essentielle d'absinthe.	16 fr.	la livre.
— d'anis fine.	24	id.
— de bergamote.	26	id.
— de cédrat.	28	id.
— de citron.	26	id.
— d'orange.	22	id.
— de cannelle.	8 à 12 fr.	l'once.
— de gérofle.	3 50 c.	id.
— de petit grain.	6	id.
— de macis.	8	id.
— de muscade.	8	id.
— de menthe.	5	id.
— de fleurs d'oranger.	12 à 18	id.
— de bois de Rhodes.	12 à 24	id.
— de roses.	64	id.
Musc du Tonquin.	40 à 75	id.
Ambre gris.	60 à 120	id.
Vanille (prix variable).	100 à 200 fr.	la livre.
Safran.	72	id.
Cannelle de Ceylan.	20	id.
Baume du Pérou, liquide.	24	id.
— de Tolu.	14	id.
Benjoin en larmes.	4	id.
Styrax calamite.	8	id.
Cardamome.	6 à 10	id.
Bois de Rhodes.	4	id.
Santal cintrin.	4	id.
Bois d'aloès.	20	id.
Carcarille.	2	id.
Écorce de Winter.	7	id.
Badiane.	1 75 c.	id.
Gérofle.	6 50	id.
Racine d'iris.	1 60	id.
Semence de chervis.	3 50	id.
— de daucus de Crète.	4	id.

ARTICHAUT, plante potagère assez bien connue. Plusieurs personnes regardent les artichauts comme un aliment échauffant, et comme devant occasionner de l'agitation pendant le sommeil. Quelques-uns leur ont même attribué des qualités ou des inconvénients aphrodisiaques; mais ces opinions ne paraissent pas fondées sur des faits assez déterminants.

Il y a cinq espèces d'artichauts, savoir : le blanc, le vert, le violet, le rouge et le sucré de Gênes. Le blanc est le plus hâtif; mais, comme il est très-difficile à élever, on en cultive et l'on en récolte peu. Le vert est celui dont on fait le plus d'usage ; il devient très-gros, il est tendre et d'une bonne saveur. Le violet est d'une grosseur médiocre ; il est aussi tendre que le vert, mais il n'est pas d'un volume aussi profitable. Le rouge a la chair plus délicate que tous les autres ; on le mange souvent cru, et on le prend pour cela dans sa primeur. Le sucré de Gênes est préférable à tous les autres par sa délicatesse ; la pomme est fort petite et hérissée de pointes aiguës, mais il a le défaut de dégénérer dès la seconde année, ce qui fait qu'on n'en trouve que dans très-peu de jardins.

Les artichauts se digèrent assez difficilement lorsqu'ils ne sont pas cuits ; mais étant à l'état de cuisson on les emploie fréquemment en cuisine. Ils servent à faire des entremets, et l'on use de leurs *fonds* pour garnir toutes sortes de ragoûts.

Les artichauts se mangent communément après avoir coupé le dessous du *fond* et à moitié les feuilles de dessus, on les fait cuire à l'eau de sel, et ces mêmes artichauts, cuits et refroidis, se mangent encore en salade. Les petits artichauts verts se mangent à la poivrade et se servent en coquilles ajustées, pour hors-d'œuvre ; c'est à savoir : entourés d'un triple cordon de radis épicés, de petites raves, de cordioles de fenouil et des sept fines herbes d'*office* (*V.* HORS-D'ŒU-VRES).

Artichauts à la barigoulle. — Prenez quatre artichauts moyens et bien tendres. Vous les parez, vous en ôtez le foin et les faites blanchir légèrement. Ayez du persil, des champignons et des échalotes, le tout haché et assaisonné d'un bon goût ; vous les passez un instant dans un peu de beurre pour leur faire perdre leur âcreté, et vous les mêlez ensuite avec un quarteron de beurre frais et autant de lard rapé ; vous faites entrer cet appareil dans l'intérieur de vos artichauts, qu'il faudra ficeler pour qu'ils ne se déforment point. Vous les mettez alors dans une tourtière, entre des bardes de lard, et vous les faites cuire doucement, feu dessus, feu dessous, avec quelques cuillerées de bonne huile ; servez-les sur une *sauce italienne* dans laquelle vous aurez fait réduire un verre de vin blanc.

Artichauts frits. — Coupez en dix ou douze morceaux chacun, trois artichauts crus dont vous ôterez le foin ; parez-en le dessous et les feuilles que vous écourterez passablement ; lavez-les avec de l'eau et un filet de vinaigre blanc ; égouttez-les, mettez-les dans une terrine avec sel, gros poivre, deux ou trois œufs entiers, un petit filet de vinaigre, une poignée de farine, une cuillerée à bouche d'huile fine ; maniez-les bien ; couchez les morceaux d'artichaut les uns auprès des autres dans la friture chaude, que vous retirez du feu pour cet effet ; retournez-les à plusieurs reprises ; remettez-les sur le feu et remuez souvent ; égouttez-les quand ils seront cuits ; descendez la friture et mettez-y votre passoire dans laquelle vous aurez disposé du persil que vous remuerez avec la pointe d'un attelet ; le persil étant bien frit, retirez-le de la friture et égouttez-le sur un linge blanc ; dressez les artichauts avec du persil frit par dessus et par dessous, suivant la coutume.

Artichauts (culs d') à la ravigote. — Préparez ces fonds d'artichaut, comme il est indiqué au mot GARNITURES, et faites en sorte qu'ils soient restés très-blancs ; mettez dans le fond d'un plat une *ravigote froide.*

Artichauts à la lyonnaise. — Apprêtez-les comme les artichauts au beurre, excepté qu'au moment de servir, vous jetez de l'ognon haché dans une casserole, vous le faites un peu roussir et vous y *saucez* les artichauts.

Artichauts à la bonne-femme. — Ayez quatre artichauts de la même grosseur, ôtez-en ce qui est dur, et supprimez-en l'extrémité des feuilles ; lavez-les à grande eau ; mettez-les dans un chaudron rempli d'eau bouillante où vous aurez mis du sel et quelques grains de poivre blanc. Ayez soin que les artichauts baignent dans l'eau. Quand ils seront cuits, retirez-les de l'eau bouillante pour les mettre à l'eau froide ; ôtez-en le foin, remettez-les dans l'eau bouillante ; égouttez-les et posez-les sur le plat avec une *sauce blanche à la muscade,* que vous introduirez par petites cuillerées et proprement entre leurs feuilles et à la place de leur foin. De toutes les façons d'apprêter les artichauts, cette manière est la plus simple, et c'est peut-être la meilleure. Au lieu d'une sauce blanche, vous pouvez servir les artichauts à la bonne-femme avec une sauce au jus.

Artichauts au beurre. — Coupez-les en six morceaux, ôtez-en le foin ainsi que le dessous, et ne laissez que trois feuilles à chaque partie ; mettez-les dans une casserole avec du beurre étendu au fond ; saupoudrez-les de sel fin, et faites-les cuire avec du feu dessus et dessous ; servez-les ensuite en couronne avec leurs feuilles en bas et en dehors ; et versez au milieu le beurre de leur cuisson, où vous joindrez du persil vert et finement haché, mêlé du jus d'une bigarade.

Artichauts farcis. — A demi cuits dans l'eau, vous les farcissez de viande, persil et ciboule hachés ; achevez de faire cuire, et servez-les avec fines herbes, un peu d'huile et de jus de citron.

Artichauts à la Grimod de la Reynière.
— Coupez de l'ognon en gros dés, passez-le au beurre jusqu'à ce qu'il soit bien coloré, assaisonnez de sel et d'épices, et laissez refroidir dans le beurre, mais hors de la casserole; faites cuire des culs d'artichauts séparés de leurs feuilles; après les avoir fait égoutter, emplissez-les avec l'ognon, couvrez avec de la mie de pain et du fromage râpé; faites prendre couleur au four ou sous le four de campagne, et servez à sec.

Ce nouveau ragoût, qu'on doit à l'auteur de l'*Almanach des Gourmands,* est le résultat d'une combinaison très-intelligente et très-appétissante.

Artichauts à l'italienne. — Coupez en quatre ou six morceaux égaux trois artichauts crus que vous aurez dépouillés de leur foin: parez-en le dessus et la pointe des feuilles; lavez-les dans l'eau; rangez-les dans une casserole avec un peu de beurre; assaisonnez-les d'un jus de citron, d'un verre de vin blanc et d'un peu de bouillon; faites-les cuire; égouttez-les; dressez-les, et *saucez* d'une italienne blanche.

Artichauts grillés à la provençale. — Parez trois artichauts, videz-les de leur foin, et laissez-les entiers; faites-les mariner avec de l'huile et du sel; mettez-les en caisse, et faites-les griller à petit feu pendant une heure; étant cuits faites-en rissoler les feuilles, et servez-les avec un peu d'huile où l'on a fait dissoudre à froid une demi-gousse d'ail.

Artichauts (culs d') en *fricassée de poulet.* — Faites-les cuire dans un *blanc* après les avoir coupés par morceaux et en avoir ôté le foin: un quart-d'heure est suffisant; remettez-les ensuite à l'eau fraîche, et les accommodez comme une fricassée de poulet. Quand ils seront cuits, vous y mettrez une liaison et les servirez pour entremets.

Artichauts confits et séchés. — Otez-en toutes les feuilles et ne laissez que la partie comestible du fond; jetez les morceaux dans une terrine avec de l'eau fraîche et jusqu'à la fin de cette préparation; faites-les ensuite cuire dans l'eau jusqu'à ce que vous puissiez en ôter le foin aisément; remettez-les après dans l'eau fraîche, et quand ils sont appropriés complètement, vous les mettez à égoutter. Si c'est pour sécher, vous les placerez sur des claies dans un four qui ne doit pas être trop chaud: si vous pouvez y tenir la main sans qu'il vous brûle, cela suffit. Quand ils seront secs, vous vous en servirez pour les ragoûts après les avoir fait revenir dans l'eau tiède. Si vous voulez les confire, ils en seront meilleurs;

vous emploierez à cet effet une saumure qui se fait en mettant les deux tiers d'eau et un tiers de vinaigre avec la quantité suffisante de sel en ayant égard à la quantité de saumure; faites chauffer jusqu'à ce que le sel soit fondu, laissez reposer la saumure pour la tirer au clair, et servez-vous-en suivant l'indication ci-dessus. Cette conserve est fort utile en hiver, afin de s'en servir pour garnitures.

Artichauts de Barbarie. — Ils se préparent comme le *giromon* (*V.* l'article de ce légume).

ASPERGE. Aucune plante potagère ou comestible ne réunit autant d'avantages que l'asperge. Elle est salutaire, agréable pour la saveur et facile à bien apprêter. Elle est à peu près de toute saison, à Paris du moins; et comme c'est un végétal qui demande à être cueilli avant qu'il ait pris l'air et vu le soleil, il en résulte que les asperges d'hiver, qui sont venues sur couche et qui sont *étiolées,* sont encore meilleures que celles qui sont récoltées dans leur saison naturelle. C'était l'opinion du marquis de la Vaupalière.

Il y a trois espèces d'asperges, la grosse, la commune et la sauvage; elles ne diffèrent entre elles que par la grosseur. Les asperges communes sont connues de tout le monde. Les plus grosses sont celles qu'on nomme asperges de Pologne ou de Hollande. On ne fait aucun emploi culinaire de l'asperge sauvage, mais on s'en sert dans les apozèmes diurétiques et dans certains juleps.

On mange les bourgeons des asperges cultivées, qui constituent un aliment assez nourrissant et de facile digestion. Il est bon d'ajouter ici que le résultat diurétique des asperges peut aisément être neutralisé et même être changé en *odeur de violette* très-marquée, en versant seulement quelques gouttes d'essence de térébenthine dans un certain vase.

Les asperges se mangent de plusieurs façons, et les plus grosses sont estimées les meilleures. On les épluche en les raclant avec un couteau; on les coupe de la même longueur et on les assemble en petites bottes pour les faire cuire à l'eau bouillante. Elles ne doivent y rester que quelques minutes; si on les laisse bouillir plus long-temps, la partie la plus tendre se sépare du reste, et le surplus en devient mou et filandreux. L'asperge bien cuite doit être tendre, mais assez cassante pour se rompre nettement en travers et du côté de la pointe ou extrémité qui en est la partie comestible.

On en fait des litières ou des ragoûts pour garnir des entrées de viande et de poisson, ainsi que pour garnir des potages; mais on les sert communément à l'entremets et pour manger à l'huile ou à la sauce. Pour cet effet, après leur avoir coupé une partie du blanc et les avoir bien lavées, vous les faites cuire avec de l'eau et du sel ; un demi-quart d'heure suffit, parce qu'elles doivent rester croquantes ; vous les dresserez sur le p'at que vous devez servir, en forme de gerbe couchée, et sur une serviette élégamment disposée pour cet effet. On les accompagne habituellement d'une sauce blanche à la muscade, et plus rarement d'une sauce au jus, qui a toujours l'inconvénient de masquer la délicatesse de leur saveur.

Si vous voulez en faire un ragoût, n'en prenez que le plus tendre, que vous coupez de la longueur du petit doigt. Quand elles sont blanchies à l'eau et bien égouttées, mettez-les dans une bonne sauce, et servez avec ce que vous jugerez à propos. Si c'est pour un potage, prenez-en de vertes et de la petite espèce ; n'y mettez que le vert, faites-les bouillir un moment dans l'eau ; retirez-les à l'eau fraîche et les ficelez en paquet ; faites-les cuire dans du bouillon que vous destinez pour votre potage ; quand elles sont cuites, garnissez-en les bords du plat.

Asperges en petits pois. — Faites blanchir fortement les asperges sans les faire cuire tout-à-fait ; coupez la partie tendre en morceaux de six à huit lignes ; achevez de les faire cuire à petit feu dans une casserole avec un morceau de beurre, un bouquet de persil et un verre de bouillon ; quand elles sont cuites et qu'il n'y a presque plus de sauce, mettez-y un peu de sucre, un peu de sel, muscade et liaison de deux jaunes d'œufs délayés dans de la crème ; faites lier sur le feu, et servez pour entremets.

Asperges à la crème. — Coupez par petits morceaux des asperges que vous ferez blanchir à l'eau bouillante et que vous passerez ensuite à la casserole avec du bon beurre ; mettez-y ensuite une pleine cuillère à dégraisser de béchameil.

Asperges (ragoût de pointes d'). — Faites blanchir des asperges ; coupez-en le vert et mettez-les dans une casserole avec du coulis-clair de veau et jambon. Faites mitonner à petit feu. La sauce étant suffisamment réduite, ajoutez un peu de beurre manié de farine, et remuez pour lier la sauce à laquelle vous donnerez une petite pointe d'acide au moyen d'un jus de citron.

Asperges au jus (pointes d'). — Tranchez des asperges en n'en prenant que les pointes ; sautez-les avec du lard fondu ; ajoutez-y persil et cerfeuil hachés, sel, poivre blanc et muscade ; faites mitonner le tout à petit feu dans du consommé ; dégraissez ensuite, et servez chaudement avec du jus de mouton rôti.

Asperges (omelette et œufs brouillés aux pointes d'). — Coupez des asperges en petits pois après les avoir fait blanchir ; passez-les au roux dans une casserole avec sel, poivre, persil et ciboule hachés ; quand elles sont cuites, ajoutez un peu de lait, et versez le tout, en brouillant, dans des œufs préparés pour une omelette. Faites l'omelette à l'ordinaire, et servez (à déjeuner pour le mieux). Les œufs brouillés aux pointes d'asperges s'opèrent avec la même préparation, mais on doit en retrancher la ciboule ; et pendant la rareté des asperges, c'est-à-dire au milieu de l'hiver, c'est un plat qu'on peut offrir à l'entremets avec une entière confiance.

Asperges à la Pompadour. (On a réservé cette prescription pour la dernière, afin de la maintenir hors de ligne. On verra qu'elle est tout à la fois d'une délicatesse exquise, d'une simplicité charmante et d'une élégance parfaite). — Choisissez trois bottes des plus belles asperges du gros plan de *Hollande*, c'est-à-dire blanches avec le bout violet. Faites-les parer, laver et cuire, en les plongeant comme à l'ordinaire dans de l'eau de sel bouillante. Tranchez-les ensuite en les coupant en biais, du côté de la pointe et de la longueur du petit doigt. Ne vous occupez que de ces morceaux de choix et laissez de côté le reste de leurs tiges. Mettez lesdits morceaux dans une serviette chaude afin de les égoutter en les maintenant chaudement pendant que vous confectionnerez leur sauce. — Videz un moyen pot de beurre de Vanvres ou de la Préval-lais en en prenant le contenu par cuillerées et le mettant dans une casserole d'argent : joignez-y quelques grains de sel avec une forte pincée de macis en poudre, une demi-cuillerée de fleur de farine d'épautre, et de plus deux jaunes frais bien délayés avec quatre cuillerées de suc de verjus muscat. Faites cuire ladite sauce au bain-marie, en évitant de l'allourdir en lui laissant prendre trop d'épaisseur : mettez vos morceaux d'asperges tranchés dans ladite sauce, et servez le tout ensemble en casserole couverte et *en extra*, pour que cet excellent entremets ne languisse point sur la table, et puisse être apprécié dans toute sa perfection.

Cette intéressante formule nous est parvenue des archives de M. Grimod de la Reynière, qui l'avait eue par succession de son grand-oncle, M. de Jarente, ministre d'État pendant la faveur de madame de Pompadour. L'auteur du manuscrit original a eu soin d'observer que ces asperges à la Pompadour doivent se servir *à la cuillère* et se manger *à la fourchette*.

ASPIC. On appelle *aspic*, et personne ne

saurait dire pourquoi, des filets de volaille, de gibier ou de poisson, qui sont renfermés avec des truffes, des crêtes, des œufs durs et des tranches de cornichons, dans une masse de gelée translucide, à laquelle on donne une forme élégante, ou du moins régulière, au moyen d'un moule (*V*. GELÉES *de viandes*). L'aspic est au nombre de ce qu'on appelle aujourd'hui des entrées froides; mais nous n'accordons pas qu'il puisse exister des *entrées froides*, et nous recommandons de composer ces aspics de manière à pouvoir les servir avec le rôti, comme une autre pièce d'entremets froid. Nous pouvons assurer que dans les maisons *régulières* on ne laisse jamais paraître, à dîner, un aspic (non plus qu'une bayonnaise aux laitues), qu'au second service et comme relevé pour un plat de rôt. Nous ajouterons qu'au palais Bourbon, on les présentait à la ronde, entre les deux services, et puis on les déposait sur le buffet des en-cas, avec les soupes à la russe et autres préparations saugrenues.

Aspic chaud. — Il est encore une préparation moderne à laquelle on donne le nom d'*aspic chaud*, et dont nous allons produire la meilleure recette. Cette composition occupe un rang distingué parmi les *grandes sauces;* ainsi l'usage en est très-commode et très-avantageux pour la confection de tous les grands repas au-dessus de vingt couverts.

Empottez dans une marmite environ deux jarrets de veau, une vieille perdrix, une poule et deux ou trois lames de jambon; ficelez-le tout; joignez-y deux carottes et deux ognons, avec un bouquet bien combiné; mouillez d'un peu de consommé; faites légèrement suer; quand la préparation tombera en consistance de glace et prendra une teinte colorée, mouillez avec du bouillon (ou avec de l'eau, en observant alors de laisser réduire davantage); faites repartir, écumez et mettez le sel nécessaire; laissez cuire encore trois heures, et au bout de ce temps passez à travers une serviette mouillée et laissez refroidir; cassez deux œufs, avec blancs, jaunes et coquilles; fouettez-les en mouillant avec un peu de votre bouillon; mettez-y une cuillerée à bouche de vinaigre d'estragon, ainsi qu'un verre de bon vin blanc, et versez-le tout dans votre aspic, que vous remettez sur le feu; agitez-le avec un fouet de buis, et quand il commencera à repartir, retirez-le sur le bord du fourneau, afin qu'il ne fasse que frémir légèrement; couvrez-le et mettez du feu sur son couvercle. Quand vous verrez que l'aspic est bien clair, passez-le une seconde fois au travers d'une serviette mouillée et tordue que vous attacherez aux quatre pieds d'un tabouret; quand il sera

passé, servez-vous-en pour les grands et petits ragoûts, où cette préparation doit être employée.

ASSAISONNEMENT. On appelle ainsi toutes les substances qui contribuent à relever la saveur des choses alimentaires. L'assaisonnement considéré dans certaines limites est un besoin réel; la plupart de nos aliments seraient indigestibles ou repoussants si l'on n'en relevait pas la saveur avec du sel; cet accroissement de sapidité ne se borne pas à flatter le palais, il détermine une plus abondante sécrétion du suc gastrique et des autres fluides, qui se mêlent à nos aliments dans l'estomac pour en faciliter la digestion.

L'assaisonnement le plus indispensable est le sel; tous les peuples connus en font usage, et ceux qui n'en trouvent pas dans le territoire qu'ils occupent parcourent habituellement des distances infinies, afin de s'en procurer.

Les animaux eux-mêmes, et notamment tous les quadrupèdes ruminants et plusieurs espèces d'oiseaux, ont une appétence marquée pour le sel; ceux qui en mangent ont plus de vigueur que les autres, et l'on a remarqué qu'ils supportent mieux la fatigue et sont plus rarement atteints des maladies particulières à leur espèce.

Après le sel, et avant les épices, viennent les végétaux de la famille des alliacées: l'ail, l'ognon, l'échalote et la ciboule. Parmi ces végétaux, l'ognon est employé tout à la fois comme substance alimentaire et comme assaisonnement; les autres, et surtout l'ail, ne peuvent être considérés que comme des assaisonnements très-énergiques; ils stimulent fortement l'appétit sans avoir les inconvénients qui accompagnent l'usage immodéré des épices, et c'est sans doute à raison de ce qu'ils ne sont pas entièrement dépourvus de propriétés alimentaires.

Le sel, les alliacées et les végétaux aromatiques sont les seuls assaisonnements dont la nature avait favorisé nos climats: ils nous ont suffi pendant long-temps; mais dès le XVe siècle, lorsque les navigateurs portugais eurent forcé le passage du cap de Bonne-Espérance, il en résulta que nos communications avec l'Inde devinrent plus faciles, et le prix des épices, qui jusqu'alors avait été excessif, baissa tellement que leur usage se répandit simultanément dans toutes les classes et dans tous les pays européens.

Il en résulta ce qui arrivera toujours lorsqu'une denrée qui a été long-temps rare et chère devient subitement commune et à bon marché: on fit un usage excessif des épices; et personne ne pourrait supporter aujourd'hui les *gibelottes* et les *ravigotes* de nos aïeux. On est revenu peu à peu à des goûts plus tempérés: on fait à présent un usage très-modéré des épices, excepté dans certaines campagnes où les boissons fermentées sont un objet de luxe, et où l'usage du poivre est peut-être un besoin de première nécessité?

De tous les épices, le poivre est celui dont l'emploi est le plus général, mais aussi c'est une des substances dont on est le moins tenté d'abuser. On fait usage encore aujourd'hui du gérofle et de la muscade; mais le safran, qui entrait autrefois dans presque toutes les préparations alimentaires, est presque entièrement abandonné.

Le sucre est encore une substance alimentaire et un assaisonnement, et cette double propriété suffit pour qu'on n'ait à craindre aucun danger dans son usage; il n'y a que l'abus qui pourrait nuire, et encore faudrait-il qu'il fût poussé bien loin.

ATTELET ou **HATELET**, petit ustensile de fer ou d'argent de forme longue et pointue dont on se sert pour assujettir de grosses pièces à la broche, comme aussi pour y fixer des oiseaux de la petite espèce, afin que le *gros fer* ne les endommage pas. On use également des attelets pour réunir de petits poissons qu'on veut soumettre à la friture, et qu'on sert *enfilés* dans leurs attelets d'argent, qui doivent être terminés à leur haut bout par un anneau mobile, afin qu'on puisse le saisir commodément pour en détacher les poissons. On voit aussi des attelets en forme de flèches dorées et de thyrses émaillés en vert; mais c'est une sorte de recherche ambitieuse et sans élégance. Il est bon que les attelets destinés à placer des rissoles ou des quenelles frites en *porc-épic* soient également acérés à leurs deux extrémités (*V.* GARNITURES A LA CHAMBORD, etc.).

ATTEREAU A LA BRETONNE. Placez au fond d'une terrine large et bien lessivée une sorte de claie formée par six bâtons d'osier bien sec; établissez sur cette espèce de clair-voie une belle et bonne poitrine de veau que vous aurez saupoudrée d'un peu de sel et de poivre noir; placez immédiatement sur la pièce de veau un carré de porc frais qui n'ait que deux jours de sel, et mettez à cuire au four et à découvert aussi long-temps que le plus gros pain de ménage. Il faut que le porc frais soit assez rissolé pour que la partie supérieure en soit insoluble. On consomme le reste à l'office, et la poitrine en attereau forme un excellent plat de déjeûner.

Quand on se rencontre avec un attereau pour la première fois, on est tellement émerveillé de l'excellent goût de cette chair cuite au four sous du porc frais rissolé, qu'on ne sait ce qu'on mange?....

AUBERGINE ou **MELONGÈNE**, semence et produit comestible d'une espèce de solanée dont on fait une grande consommation dans le midi de la France et dont l'usage est assez fréquent à Paris. Ce fruit a la forme d'un gros œuf. Il y en a de blanches et de violettes qui sont réputées les meilleures. On peut les conserver à la cave, ainsi que les concombres et les autres légumes d'hiver. On peut les manger en salade ou cuites; mais voici les meilleures manières de les apprêter.

Aubergine à la languedocienne. — Fendez trois aubergines en deux parties dans le sens de leur longueur; ôtez-en les graines et ciselez-en la chair avec la pointe d'un couteau; évitez d'en endommager la peau; saupoudrez-les de sel fin, poivre et muscade; mettez-les sur un gril à feu doux et arrosez-les d'huile fine. C'est un plat d'entremets qui peut faire nombre et qui n'est pas dépourvu d'un certain agrément.

Aubergines (salade d') à la provençale. — Émincez des aubergines après les avoir pelées; faites-en macérer les tranches pendant une ou deux heures avec du vinaigre où vous aurez mêlé de la saumure de noix, du sel gris, du poivre noir et une demi-gousse d'ail écrasée; au bout de ce temps, étanchez-les dans une serviette en appuyant assez fortement sur lesdits morceaux pour en exprimer l'aqueux. On les apprête ensuite en salade en les mélangeant avec du cresson de fontaine et des raiponces crues, des œufs durs coupés en quartiers, des olives farcies et quelques filets de thon mariné. Si votre salade est destinée pour un jour d'abstinence, à la *collation*, il est bien entendu que vous en retrancherez les œufs durs et les morceaux de poisson, car l'usage de ces deux substances alimentaires ne saurait être autorisé pour les repas *de jeûne* en aucun diocèse.

Aubergines à la parisienne. — Ouvrez quatre aubergines violettes; enlevez-en les chairs en ayant soin de n'en pas endommager les peaux; hachez-les ensuite avec du blanc de volaille ou de la chair d'agneau rôti, ou du maigre de cochon de lait, comme on voudra, pourvu que ce soit une viande blanche et bien cuite; mêlez dans ce hachis six onces de moelle, ou, si vous l'aimez autant, du gras de lard; assaisonnez le tout avec une pincée de muscade et un peu de sel, mais sans y joindre aucune autre sorte d'ingrédient. (C'est à dessein de ménager le goût naturel de l'aubergine, que les préparations de province ont toujours l'inconvénient de faire disparaître en y laissant dominer les herbes fortes ou les alliacées, que les cuisiniers méridionaux emploient dans certains cas avec plus de profusion que de discernement). Incorporez dans votre hachis de la mie de pain rassis délayée dans quatre jaunes d'œufs; remplissez les moitiés d'au-

4

bergines avec cette farce et faites-les cuire sous la tourtière, en les arrosant avec de la moelle ou du lard fondu. Il en résulte un comestible délicat et très-honorablement présentable.

AVELINE, fruit d'un arbrisseau de la même famille que le noisetier ou coudrier. L'aveline est infiniment préférable à toutes les autres sortes de noisettes, dont elle se fait distinguer aisément par sa grosseur et par son enveloppe pourprée. On dit que la meilleure espèce d'avelines est celle qui nous vient du pays de Foix et du Roussillon ; mais dans tous les climats parallèles à celui de Paris, on est sûr d'en obtenir d'excellentes, en ayant soin de faire éclaircir le verger autour de ces arbustes et d'en éloigner les plantations de noyers et d'amandiers. Il paraît que la proximité de ces deux arbres a pour les fruits du coudrier un résultat aussi pernicieux que l'est pour les melons le voisinage de la citrouille et des concombres. Dans les opérations culinaires et les préparations d'office, on emploie les avelines avec les mêmes procédés que les amandes et les pistaches ; c'est-à-dire à confectionner des gâteaux et des flancs, des biscuits, macarons pralinés, sorbets, dragées, etc.

AVOINE. — On peut employer, pour la nutrition *humanitaire*, la semence torréfiée de l'avoine, entière ou réduite en farine : elle est alors dénommée *gruau de Bretagne*, et son usage est fréquemment indiqué dans les prescriptions thérapeutiques ou de simple hygiène. Relativement aux diverses préparations dont cet aliment est susceptible, *V.* GRUAU.

AYA-PANHA, plante indigène aux îles de France et de Bourbon, qui paraît appartenir à la famille naturelle des corymbifères, mais dont la monographie est encore ignorée des botanistes français. Ses feuilles lancéolées et légèrement denchées contiennent un arôme infiniment suave et souverainement fortifiant, par diffusion. On leur attribue les vertus les plus éminentes à titres de stomachique et de cordial, d'apéritif diurétique, de sudorifique, d'anti-septique, et qui plus est d'emmenagogue.

On a déjà dit que c'était M. l'amiral de Sercey qui l'avait introduite en France, où l'on a pu reconnaître à l'aya-panha des qualités digestives, anti-spasmodiques, et principalement céphaliques, au plus haut degré. On en fait usage à la manière du thé ; mais comme son arôme est très-diffusible et très persistant, il ne faut en mettre que douze

ou quinze feuilles pour une théière de six tasses. Le parfum de cette plante indienne est beaucoup plus déterminé, plus pénétrant et plus doux que celui du meilleur thé de caravane ; il est exhilarant surtout, et ce bon effet provient sûrement de ses qualités céphaliques. La meilleure et la plus agréable façon d'employer culinairement ce nouvel aromate est d'en parfumer des soufflés, des mousses et des glaces à la crème. Nous avons observé que pour être produit dans tout son avantage, et pour en tirer tout le parti possible, il ne faudra l'employer que dans les préparations gastronomiques où l'on doit faire entrer des jaunes d'œufs, avec du lait ou de la crème ; car, à défaut de cette réunion, la saveur et l'effet général du comestible en auraient quelque chose de monogustuel et de trop arrêté. Il en est de l'aya-panha comme de plusieurs autres plantes aromatiques, et c'est la principale analogie qu'il ait avec le thé, pour qui la combinaison *laiteuse* est toujours indispensable, ainsi que chacun le sait.

Le temps n'est plus où l'on payait l'aya-panha *trois cents francs l'once,* ainsi que pendant l'invasion du choléra, par exemple. A présent, tous les négociants de Bordeaux en font venir des Indes, et l'on en trouve aujourd'hui chez les principaux pharmaciens de Paris, sur le pied de 96 à 100 francs la livre de seize onces. Comme avec une pincée de ces feuilles sèches, on en peut aisément confectionner un plat d'entremets, on voit qu'il est suffisant d'en acheter une once au prix de six francs. C'est une dépense à la portée de tous ceux qui dînent *sans chapeau*, comme disait M. de la Reynière.

AZEROLE, fruit de l'azerolier, arbuste qui se rapproche beaucoup de l'aubépine et du néflier, mais dont les fruits sont très-supérieurs à ceux de cet arbrisseau. L'azerole est surmontée d'une espèce de couronne ainsi que la grenade et la nèfle, et renferme comme celle-ci plusieurs noyaux d'un bois très-dur. On cultive l'azerolier et l'on en recueille beaucoup de fruits dans tout le midi de la France, et principalement aux environs de Fréjus, où l'on en fait d'excellentes confitures et des conserves à l'eau-de-vie. La meilleure espèce d'azeroles est celle dont la peau est blanche, et qu'on appelle *florentine*. On la cultive avec succès dans les environs de Paris quand on l'a fait greffer sur le poirier sauvage ou sur le coignassier, ainsi qu'il est usité dans les potagers de Versailles et chez les pépiniéristes d'Orléans.

B.

BABA (d'après les traditions de la Cour de Lunéville, et suivant la méthode de M. Carême, auteur du *Pâtissier pittoresque*, etc.). Pour opérer ce gâteau d'origine polonaise, qui doit toujours présenter assez de volume pour être servi comme grosse pièce à l'entremets, et pour pouvoir figurer pendant plusieurs jours sur les buffets d'en-cas, commencez par réunir trois livres de la plus belle farine, une once et quatre gros de levure de bière, une once de sel fin, quatre onces de sucre, six onces de raisin de Corinthe, six onces de raisin muscat de Malaga, une once de cédrat confit, une once d'angélique confite, un gros de safran, un verre de crème, un verre de vin de Malaga, vingt à vingt-deux œufs et deux livres du beurre le plus fin.

Manière de procéder. Tamisez trois livres de farine; prenez-en le quart pour le levain, et après avoir préparé cette farine en *fontaine*, vous mettez au milieu un verre d'eau tiède avec douze gros de bonne levure, et puis vous détrempez votre levain, en apportant tous les soins que la fermentation réclame.

Ensuite vous faites une fontaine avec le reste de la farine, vous versez au milieu une once de sel fin, quatre onces de sucre en poudre, un verre de crème, vingt œufs et deux livres de beurre d'Isigny (manié en hiver). Faites votre détrempe, et après avoir mêlé le levain qui doit être levé à point, vous travaillez et battez bien cette pâte que vous élargissez un peu; faites un creux au milieu, dans lequel vous versez un verre de bon vin de Malaga et l'infusion d'un gros de safran que vous avez fait bouillir quelques minutes dans le quart d'un verre d'eau; puis vous semez sur la pâte six onces de beau raisin de Corinthe, épluché et bien lavé, six onces de muscat, dont vous aurez ôté les pepins en séparant chaque grain en deux parties (ces raisins doivent être préparés d'avance), et puis une once de cédrat confit coupé en petits filets, ainsi que la conserve d'angélique.

Remuez bien ce mélange, afin que les raisins se trouvent également mêlés dans toutes les parties de la masse entière.

Vous séparez ensuite un huitième de la pâte que vous rendez lisse par dessus, et puis vous en ôtez les plus gros raisins qui se trouvent à la surface, et vous la posez de ce côté dans un moule beurré.

En plaçant la détrempe dans le moule, retirez-en les gros grains de raisin, parce que le sucre qu'ils contiennent les ferait attacher au moule pendant la cuisson.

Pour la fermentation vous aurez les mêmes attentions que pour le *gâteau de Compiègne*, et pour la cuisson vous y donnerez une heure et demie.

La vraie couleur du baba doit être rougeâtre : c'est la *cuisson mâle;* mais elle n'est pas facile à saisir, parce que le safran, par sa teinte jaunâtre, porte à la couleur, et que le sucre et le vin d'Espagne y contribuent pour le moins autant de leur côté. C'est par ces raisons que cette cuisson réclame beaucoup de soins. Un quart d'heure de trop suffirait pour changer cette belle nuance pourprée en une teinte indécise et rembrunie.

Il paraît, quant à l'origine de ces gâteaux, que c'est véritablement le Roi Stanislas, beau-père de Louis XV, qui les a fait connaître en France. Chez les augustes descendants de ce bon roi, on fait toujours accompagner le service des babas par celui d'une saucière où l'on tient mélangé du vin de Malaga sucré avec une sixième partie d'eau distillée de tanaisie.

On a su par Madame la Comtesse Kisseleff, née Comtesse Potocka, et parente des Leckzinski, que le véritable baba polonais devrait se faire avec de la farine de seigle et du vin de Hongrie.

On voit quelquefois à Paris de petits babas qui ont été formés dans de petits moules; mais alors ils se dessèchent trop aisément pour que nous puissions approuver cette méthode économique qui n'est usitée, du reste, que par les marchands pâtissiers. — Avec des tranches de baba bien imbibées de vin de Madère, et trempées dans de la pâte à friture, on fait un plat de beignets très-confortable et très-bien accueilli dans un déjeûner de garçons.

BABEURRE. On appelle ainsi la partie séreuse du lait qui vient d'être soumis à la baratte et dont on peut faire une espèce de fromage en le laissant aigrir et fermenter pendant quelques jours. Ce fromage, auquel on ajoute du sel et du fenouil haché, est passablement bon quand il est soigneusement opéré. On voit dans les romans de Furetière, que les tartines au fromage de babeurre étaient déjà la *reffection des pensionnaires et écoliers, pour les gousters champestres.* A la campagne et dans les grandes maisons bien réglées, il est bon d'employer à cet usage tout le petit-lait qui sort de la laiterie, et qui ne sert habituellement qu'à désaltérer les cochons. On

4.

emploie ce fromage, ou plutôt ce résidu laiteux, avec beaucoup de profit pour la nourriture des ouvriers qui dînent *aux champs,* ainsi que pour le premier repas des gens de basse-cour ou d'écurie, qui vivent à la *troisième table* de service. Cet aliment leur est plus agréable que beaucoup d'autres : l'usage en est salubre, et il en résulte une économie notable.

BACILE ou CRÈTE-MARINE. Le bacile croît en abondance sur les côtes de l'Océan et dans les fentes de rocher, où il est continuellement arrosé par les eaux de la mer. Pour le cultiver dans des jardins il faut le mettre dans des pots bien abrités et remplis de terre et de sable, en ayant soin de l'arroser souvent et abondamment pendant l'été. Moyennant toutes ces précautions, il végète assez bien, mais il n'est jamais d'un aussi bon goût que celui qu'on cueille sur les rochers. On le confit au vinaigre, et on le mange en salade crue. La meilleure espèce se recueille sur les rochers du cap Finistère, où cette plante est connue sous le nom de *perce-pierre.*

BADIANE ou ANIS ÉTOILÉ. L'arbre qui nous procure ce fruit croît à la Chine, aux îles Philippines et dans la Tartarie méridionale, où les naturels le nomment *Pansi-pansi.*

La semence de badiane communique un goût fort agréable aux compositions alimentaires avec laquelle on la mélange ; elle entre dans le chocolat des Indes ; l'huile essentielle qu'on en retire a les propriétés de celle d'anis ; mais elle est plus subtile et plus pénétrante : les Chinois mâchent cette semence après le repas, et les Indiens en tirent un esprit ardent, très-estimé des Hollandais, et connu dans les Pays-Bas sous le nom d'*anis arak.* Nous avons déjà parlé de cette substance et de son emploi gastronomique. (*V.* AROMATES ET ANISETTE D'AMSTERDAM).

BAIN-MARIE. Quand, dans un vase plein d'eau bouillante, on en plonge un autre avec des substances qu'on veut faire chauffer ou cuire, on fait ce qu'on appelle un *bain-marie.*

Ce qu'on a mis dans le second vase ne saurait acquérir la température de l'eau bouillante, et ne s'échauffe qu'avec lenteur et d'une manière progressive qu'on est toujours à temps d'arrêter ; ce qui est fort utile en certaines circonstances, et ce qui est toujours difficile à obtenir quand on fait chauffer à feu nu.

Ainsi, supposons qu'on veuille réchauffer une sauce qui a été liée avec des jaunes d'œufs, elle tourne presque toujours quand on met sur un fourneau le vase qui la contient : cet effet est dû à l'action du feu qui coagule subitement les parties de jaune qui étaient en état de suspension dans la sauce, et qui lui donnaient sa consistance en formant avec les matières grasses une sorte d'émulsion ; ces parties coagulées se réunissent pour lors en grumelots, et la partie grasse de la sauce se sépare du reste en apparaissant sous forme d'huile. On prévient cette séparation fâcheuse en faisant réchauffer les sauces liées au bain-marie, et voilà tout ce que nous en dirons pour le moment.

Dans le fourneau-potager économique dont M. Harel est l'inventeur, il se trouve une casserole suspendue sur le pot-au-feu : sur cette première casserole on peut en placer une seconde, et même une troisième ; le tout est recouvert par un seau de fer-blanc rempli d'eau bouillante : on voit qu'au moyen de cette disposition, les casseroles placées sous le seau se trouvent dans un véritable bain de vapeur, aussitôt que le liquide qui remplit le pot-au-feu est à l'état d'ébullition ; ce bain de vapeur transmet aux corps qui y sont plongés une température encore plus élevée que celle du bain-marie ; aussi les légumes, et même les viandes qu'on met dans les casseroles du fourneau-potager de Harel, y cuisent-ils merveilleusement bien. (*V.* FOURNEAUX).

BAR, excellent poisson de l'Océan, dont la chair est tout-à-la-fois légère et consistante, avec une saveur icthyolée, très-fine et très-maritime. Comme sa forme est à peu près celle de la carpe ou de l'alose, il se trouve classé parmi les poissons *plats,* et c'est, par conséquent, le ventre et le haut du chignon qu'on doit en servir préférablement à toute autre partie. Quand il est de belle taille, on le sert pour grosse pièce au premier service, et c'est un relevé du plus beau choix. On peut employer les bars comme entrée, quand ils sont de force moyenne ou quand on veut les couper en dalles ; mais dans aucun cas, on ne saurait approuver les cuisiniers qui les font cuire *sur le gril.* C'est une préparation qui ne convient que pour des poissons très-gras, et qui fait perdre à celui-ci beaucoup de sa délicatesse. La meilleure façon d'apprêter un bar est de le faire cuire dans une *watter-fich* qu'on aura faite à l'avance avec un quarteron de beurre salé et cinq à six grandes tiges de persil à qui l'on aura eu soin de laisser leurs racines. On le servira sans garnitures et sans autre accompagnement qu'une *sauce jaune* à la hollandaise, dont voici la meilleure recette. — Mettez dans un bol une demi-livre de beurre frais, six jaunes d'œufs également frais, avec du sel en quantité suffisante, et trois cuillerées de bon vinaigre où vous aurez fait infuser pendant trois ou quatre heures un gros de macis. Placez le bol au milieu d'un bain-marie, et tournez la sauce jusqu'à ce qu'elle ait acquise *apparemment* la consistance d'une forte bouillie. Vous trouverez, en la dégustant, qu'elle n'en a ni la lourdeur empâtée, ni l'épaisseur, en réalité, tant elle est onctueuse et ductile, légère et suave! C'est assurément une des combinaisons gastronomiques les mieux calculées, et c'est une des *sauces au poisson* qui font le plus d'honneur à l'intelligence ꞥ-linaire et au bon jugement de MM. les Hollandais.

BARBEAU, BARBILLON, poisson de rivière, oblong, de grandeur moyenne et couvert d'écailles légères. Il doit son nom à quelques appendices ou filaments charnus qui pendent de chaque côté de ses lèvres, et qui simulent une espèce de barbe.

Il est une saison de l'année où les œufs du barbeau purgent violemment; ainsi l'on doit avoir soin de les tirer avec les entrailles, avant de faire cuire le poisson.

La chair du barbeau a souvent besoin d'être relevée par des assaisonnements énergiques; mais l'auteur de la *Physiologie du Goût* n'en cite pas moins les *gros barbeaux* comme un comestible fort honorable.

Barbeaux à l'étuvée. — Après avoir écaillé et vidé les barbeaux, faites-les cuire avec du vin rouge, sel, poivre, gérofle, un bouquet garni, et un gros morceau de beurre; quand ils sont cuits, liez la sauce avec un peu de beurre manié de fécule ou de farine de riz.

Barbeau au court-bouillon. — Si le barbeau est gros, videz-le sans l'écailler, mettez-le dans un grand plat, et arrosez-le de vinaigre bouillant; assaisonnez de sel et de poivre.

Faites ensuite bouillir à grand feu dans une poissonnière, du vin, du verjus, sel, poivre, clous de gérofle, laurier, ognons blancs, écorce de citron et bouquet garni. Quand l'ébullition sera complète, mettez le barbeau dans la poissonnière, et laissez-le cuire jusqu'à ce que le bouillon soit suffisamment réduit. Quant il est cuit, écaillez-le, et dressez-le à sec sur une serviette et dans un plat garni de cresson. C'est un plat de rôt qui peut être utile un jour maigre.

Barbeau grillé. —Videz et écaillez le poisson; incisez-le légèrement sur le dos; frottez-le avec du beurre et du sel fin et puis mettez-le sur le gril; quand il est cuit, dressez-le avec une sauce aux anchois, à laquelle on peut ajouter des huîtres marinées.

On peut aussi le servir à la sauce verte, assaisonnée de sel, poivre, une pointe d'ail, et deux anchois, ou des olives *tournées*, c'est-à-dire dont on a séparé la chair des noyaux. Les meilleures parties de ce poisson *rond* sont les filets sur le dos, la tête et surtout la *langue.*

Le jeune barbeau se nomme barbillon. La manière de l'apprêter est toujours la même.

BARBOTE, très-bon poisson d'eau douce: on doit le limoner à l'eau bouillante pour le nettoyer, mais il faut l'y laisser peu de temps pour éviter qu'il ne s'écorche. On doit jeter les œufs en l'habillant, et le court-bouillon doit être fait avant d'y mettre les barbotes, parce qu'il ne faut qu'un moment pour les cuire.

On les apprête de plusieurs manières; on en garnit des matelotes et autres ragoûts composés; on en fait surtout d'excellentes fritures, et leurs foies sont un mets presqu'aussi renommé que celui de la lotte, avec qui la barbote a déjà plusieurs affinités gastronomiques.

Barbote à la royale. — Videz les barbottes écaillées; farinez-les, et faites-les frire; mettez-les ensuite dans une casserole avec beurre roux, anchois fendus, sel, poivre, muscade, câpres, jus d'orange amère, ou grains de verjus: laissez cuire doucement; garnissez de persil frit et de tranches de citron si vous n'avez pas de bigarades.

Barbote en casserole.—Préparez-les comme ci-dessus; passez leurs foies à la casserole avec du beurre roux et une cuillerée de farine; mettez-y vos poissons avec un verre de vin blanc, sel, poivre, bouquet de fines herbes, un peu de citron vert et des champignons. Lorsqu'ils sont cuits à point, garnissez-les des mêmes champignons, et mettez-y le jus d'un citron vert; entourez-les de leurs foies coupés en dalles et alternés avec des croûtons frits.

BARBUE, poisson de mer qui diffère du turbot, en ce qu'il est plus large et moins épais. Comme la chair de ce poisson est moins ferme que celle du turbot, elle prend avec plus de facilité l'assaisonnement qu'on lui communique. Quand nous disons que la barbue ressemble au turbot, nous n'entendons parler que de son *extérieur,* car elle est beaucoup moins onctueuse et moins savoureuse. Nous ne sommes pas de ces gens qui s'y laissent tromper; nous dirons sans précautions oratoires et sans ménagement pour la barbue, qu'elle a encore plus de rapports avec la limande qu'avec le turbot. Lorsque M. de la Reynière a fait imprimer son dithyrambe à l'honneur de la barbue, qu'il appelle une *crème maritime*, il était sûrement préoccupé de la sauce à laquelle il la mangeait ? (*V. Béchameil à la purée de crevettes.*)

Barbue marinée. — Après l'avoir vidée, incisez-la sur le dos pour lui faire prendre la marinade ; laissez-la mariner pendant deux heures avec verjus, sel, poivre, ciboules, laurier, citron ; trempez-la dans du beurre fondu, poudrez-la de sel, mie de pain ou chapelure fine ; faites cuire au four ou dans une tourtière ; servez avec une purée de tomates ou d'oseille, en plat de relevé, bien entendu.

Barbue à la béchameil. — Faites-la cuire avec moitié lait et moitié eau de sel, avec des ognons coupés en tranches, ciboules, thym, laurier, persil, ail, gérofle, gros poivre ; salez fortement. Si vous voulez que la barbue soit très-blanche, il faut faire bouillir le court-bouillon à part pendant un quart d'heure ; passez-le au tamis ; frottez avec un citron le côté blanc de la barbue ; versez par-dessus le court-bouillon ; faites cuire à petit feu et sans bouillir, de peur que le poisson ne se rompe : il est cuit quand il cède sous le doigt ; retirez et faites égoutter. Quand il est cuit comme il est prescrit ci-dessus, on le couvre d'une béchameil au maigre. (*V.* SAUCES.)

Barbue à la parmesane. — Levez les chairs d'une barbue de desserte ; faites-les chauffer dans une béchameil épaisse ; arrangez le tout sur un plat, en unissant bien le dessus ; panez avec de la mie de pain, et saupoudrez avec du fromage de Parme râpé ; faites prendre couleur sous un four de campagne, et servez pour entrée.

Barbue à la provençale. — Après avoir mariné une barbue, faites-la frire ; levez ensuite la chair en filets, et servez-la avec une sauce aux anchois et des olives farcies pour garniture.

BARDE. On nomme ainsi une tranche de lard dont on garnit le fond des casseroles et dont on recouvre souvent les viandes qu'on s'apprête à faire rôtir.

Barder, exprime l'action de couvrir avec des bardes : on barde une volaille ; on *fonce* une casserole avec des bardes, c'est-à-dire on en couvre le fond avec des tranches de lard.

BARTAVELLE, perdrix rouge de la plus grosse espèce et qui n'habite que les contrées méridionales. On la trouve principalement sur les Alpes dauphines et quelquefois dans les hautes vallées du Grésivaudan, du Viennois et du Valentinois. César Nostradamus, qui était gastronome sans être astrologue, et qu'il ne faut pas confondre avec son oncle Michel, (épouvantable écrivain qui prédit toujours la famine !) César Nostradamus avait appris sur les lieux, que la bartavelle était d'origine attique et que c'était le bon roi René d'Anjou qui en avait doté sa chère Provence. Un des Scaliger ajoute à ceci que la bartavelle est originaire du *Mont-Olympe, et qu'elle en a conservé le sentiment de sa grandeur, vu qu'elle ne se plaît que sur les plus hauts lieux pour y régner en souveraine.* Scaliger ne tient aucun compte des aigles ni des vautours, à ce qu'il paraît. Le père Porée a dit en latin qu'il y avait la même distance entre les bartavelles et les perdrix qu'entre les pêches et les châtaignes. Cyrano de Bergerac a dit en patois que les bartavelles sont aux perdreaux ce que les cardinaux sont aux *frères-gris.* Enfin, M. de la Reyquière a dit en français que les bartavelles méritent un si profond respect, qu'on ne devrait les manger qu'à genoux. Il appert de tout ceci qu'on a beaucoup parlé des bartavelles, et tout ce que nous pouvons en dire de plus, c'est que l'excellence de ces oiseaux, leur rareté, et le prix excessif qu'on y met ajoutent encore à leur mérite. — Nous conseillons de les faire piquer de lardons très-fins, ou mieux encore de les barder s'ils paraissent très-jeunes, afin de les cuire à la broche, et de les servir en superbe plat de rôt.

BASELLE, plante potagère qu'on cultive abondamment dans certaines provinces, et dont les feuilles se préparent absolument comme celles de l'épinard, de l'arroche et du pourpier. (*V.* ÉPINARDS.

BASILIC, plante à fleur monopétale et labiée. On distingue quatre sortes de basilic : trois domestiques, dont l'une est appelée le grand basilic, et se trouve souvent employée dans les cuisines. C'est l'espèce la plus estimable pour son utilité ; son arôme est agréable, et c'est sur la culture de cette variété que se fixe l'attention des jardiniers à cause de l'usage continuel qu'on en fait dans les aliments. On l'arrache avant qu'il ne fleurisse, et l'on en fait des paquets qu'on met à sécher à l'ombre et dans un lieu bien sec. On le met en poudre, lorsqu'on veut s'en servir dans les sauces avec les autres épices. On l'emploie encore dans les courts-bouillons de poisson, sans le pulvériser, et lorsqu'il est encore vert et tendre, on en met quelquefois dans les fournitures de salades *cuites* (pour collation), telles que celles de haricots blancs, de pommes de terre, de betteraves, de lentilles, etc., où cet ingrédient cru fait alors un très-bon effet. Les *pigeons au basilic* sont un ancien ragoût qui n'a rien perdu de sa considération primitive. (*V.* PIGEONS.)

BAT, chez les marchands de marée et les poissonniers de rivière, se dit de la queue du poisson; on estime un grand poisson par le nombre de pouces qu'il a entre *œil et bat,* c'est-à-dire entre la tête et la queue.

BATARDE. On appelle *bâtarde* une pâte qui n'est ni très-molle ni très-ferme. (*V.* PATISSERIE.

BATONS ROYAUX. C'est une espèce de rissoles. — Faites une farce très-fine avec de la chair de volaille ou de gibier; roulez ce hachis en forme de petits fuseaux, que vous enveloppez dans de petites abaisses de pâte fine, et faites-les frire. On les enfile souvent dans des attelets d'argent pour les employer à garnir une pièce de bœuf, dans laquelle on les pique en enfonçant la pointe de ces attelets. On les sert aussi comme hors-d'œuvre avec une garniture de céleri frit. C'est une composition culinaire qui remonte au temps de Charles VII et d'Agnès Sorel.

BATTERIE DE CUISINE, expression qui s'applique à l'ensemble de vases et utensiles de cuivre qu'on réunit dans une cuisine, pour servir aux diverses préparations alimentaires.

Une batterie de cuisine doit contenir :

Un assortiment de trente casseroles, garnies de leurs couvercles, et étagées par grandeur depuis la plus petite dimension jusqu'à la plus grande ;

Deux ou trois braisières;

Deux poissonnières ;

Une turbotière ;

Quatre marmites, une grande, une moyenne et deux petites; ·

Trois fours de campagne avec des tourtières de diverses dimensions;

Des moules à pâtisseries et à gelées ;

Un assortiment d'écumoires et de passoires ;

Plusieurs chaudrons et bouilloires, des grils, des broches, des lèchefrites et des attelets ;

Plus ou moins de tout cela, selon l'étendue des besoins; mais il vaut mieux en avoir surabondamment que d'être exposé à en manquer.

La batterie de cuisine est généralement faite en cuivre étamé en dedans; c'est une mince défense contre le vert-de-gris, car l'étamage de la plus grande casserole emploie au plus un demi-gros d'étain. Heureusement la plupart des substances qui peuvent déterminer la formation du vert-de-gris n'ont aucune action à chaud sur le cuivre. Il n'en est pas de même à froid; aussi doit-on bien se garder de laisser refroidir, dans les vases de cuivre, les préparations qu'on y a faites.

On doit faire étamer souvent; c'est un motif de plus pour avoir toujours des pièces de rechange.

Mais l'étamage ne doit jamais dispenser de la plus grande propreté. Un vase qui a été long-temps sans servir, même après avoir été étamé à neuf, ne doit jamais être employé avant d'avoir été frotté à sec avec un peu de blanc d'Espagne, ensuite lavé à l'eau chaude, et soigneusement essuyé avec un linge très-sec.

BAVAROISE, nom d'une boisson chaude qui se fait avec une infusion de thé et du sirop de capillaire. C'est celle-ci qu'on appelle bavaroise à l'eau; on l'appelle bavaroise au lait, lorsqu'elle se confectionne avec cette dernière substance.

Bavaroise en gelée à la vanille. — Faites bouillir dans un poêlon un quart de pinte de crème, et ajoutez, qnand elle commence à bouillir, un morceau de vanille et du sucre : retirez du feu, couvrez le poêlon et laissez refroidir. Délayez dans la crème six jaunes d'œufs et faites-les chauffer sur le feu en tournant avec une cuillère de bois ; quand la crème épaissit, passez à l'étamine, laissez refroidir encore, et ajoutez près d'une once de colle de poisson, dissoute comme pour les gelées, et un fromage fouetté. Versez-le tout dans un moule, et faites prendre à la glace comme une gelée.

BAUME. On le confond quelquefois avec la menthe: le véritable baume des cuisines, nommé dans beaucoup d'endroits *baume coq*, est la tanaisie odorante, plante très-éloignée des menthes. Le baume s'allie très-bien avec les substances alimentaires tirées du règne animal, et on l'emploie aussi comme fourniture dans les salades.

BAUME DU PÉROU et **BAUME DE TOLU** (*V.* AROMATES et PHARMACIE DOMESTIQUE).

BECCARD. Les cuisiniers disent que c'est la femelle du saumon, qui a le museau plus crochu que le mâle; mais les naturalistes soutiennent que tous les saumons du printemps deviennent beccards aux mois d'août et de septembre, époque de l'année où le saumon est beaucoup moins estimé. Il est toujours bon de s'abstenir dans le doute, et l'on fera bien de n'acheter du saumon que lorsqu'il n'aura pas le museau crochu.

BÉCASSE, BÉCASSINE ET BÉCASSEAU, oiseaux de passage dont la chair est alimentaire et stimulante avec une sapidité très-prononcée, mais qui plaît généralement. Cette famille est du nombre des oiseaux qui doivent être rôtis sans avoir été vidés, ce qui faisait dire à feu Montmor, que la bécasse n'était pas moins véné-

rable et moins vénérée que le Grand-Lama. . . .
Quand la bécasse est rôtie la cuisse en est le meilleur morceau; mais quand elle est en ragoût les
parties charnues de la poitrine obtiennent la préférence. La bécassine ne diffère de la bécasse que
parce qu'elle est moitié moins grosse. Le bécasseau
ne diffère aussi de la bécassine que parce qu'il est
moitié plus petit: observez que ces trois espèces de
gibier se préparent de la même manière et ne se
vident jamais.

*Bécasses, Bécassines et Bécasseaux à la
broche.* — Plumez et flambez trois bécasses;
épluchez-les; supprimez la peau de la tête, en la
laissant (c'est-à-dire la tête) adhérente au corps;
retroussez-leur les pattes, et servez-vous de leurs
becs comme d'une brochette, pour les trousser;
prenez la moins grasse des trois, piquez-la; bardez
les deux autres, passez-leur un attelet entre les
cuisses; fixez-le par les deux bouts: faites cuire
ces bécasses environ une demi-heure, et arrosez-
les souvent, en ayant mis dessous trois rôties de
pain pour recevoir la graisse et tout ce qui peut
tomber de leur corps; au moment de servir, retirez vos rôties, parez-les sur le plat, assaisonnez-les
avec du jus de citron, quelques grains de mignonnette, un peu d'huile verte, et quelques gouttes
de Soya. Placez une bécasse sur chaque rôtie.

Bécasses rôties à l'anglaise. — Videz-les
par le dos; retirez-en tous les intestins; hachez-
les; mêlez-y du lard râpé, à peu près moitié du
volume des intestins; un peu de persil, de ciboules
et d'échalotes hachées, ainsi que du sel et un peu
de gros poivre; farcissez de cela vos bécasses; re-
cousez-les, bardez-les, et finissez comme il est
indiqué ci-dessus. Vous ferez servir à proximité
de ce plat de rôt une bread-sauce (*V.* SAUCE AU
PAIN).

Bécasses (salmis de) à la royale. — Préparez trois bécasses, bardez-les et faites-les cuire
à la broche, laissez-les refroidir, levez-en les
membres, ôtez-en la peau, parez-les, rangez-les
dans une casserole, avec un peu de consommé;
posez-les sur une cendre chaude et faites en sorte
qu'ils ne bouillent point; coupez six échalotes, un
peu de zeste de citron; mettez-les dans une casserole avec un peu de vin de Champagne et faites
bouillir; concassez vos carcasses de bécasses;
mettez-les dans votre casserole; ajoutez-y quatre
cuillerées à dégraisser de consommé réduit, ou de
glace de viande; faites réduire le tout à moitié;
passez cette sauce à l'étamine; égouttez les membres des bécasses, dressez-les, mettez entre ces
membres des croûtons de pain passés dans du
beurre, et ajoutez à la sauce un jus de citron.

Salmis froid. — Préparez votre salmis comme
il est indiqué ci-dessus; finissez-le un quart-d'heure
avant de servir; mettez les membres de votre gibier à part; ajoutez à votre sauce une bonne cuillerée à dégraisser de gelée ou d'aspic; posez votre
casserole sur la glace ou sur de l'eau sortant du
puits; remuez bien cette sauce jusqu'à ce qu'elle
prenne: une fois à son degré, trempez-y ces membres de bécasse les uns après les autres; dressez-
les sur votre plat de service; couvrez-les du restant de la sauce; garnissez votre entrée de croûtons
passés dans du beurre; décorez-la tout autour
avec de la gelée taillée en diamants.

Bécasses (salmis de) à la bourgeoise.
— Si vous n'avez point de sauce, vous ferez un
roux léger, et vous y mettrez vos débris pilés;
vous y verserez un verre de vin blanc, deux verres
de bouillon, un clou de gérofle et du sel; vous
ferez réduire votre sauce à moitié, et vous la passerez comme il est dit ci-dessus.

Salmis de table à l'esprit-de-vin. — Lorsque vos bécasses rôties sont sur la table, vous les
dépecez et les laissez sur le plat, que vous mettez
sur un réchaud à l'esprit-de-vin; ajoutez du sel,
du poivre, une cuillerée à bouche d'échalotes hachées, les trois quarts d'un verre de vin blanc, le
jus de trois citrons, du beurre gros comme la
moitié d'un œuf; vous saupoudrez votre salmis de
chapelure de pain; vous le laissez mijoter dix minutes, en le retournant de temps en temps: voyez
si votre sauce est de bon sel, et distribuez-en les
morceaux.

Salmis au chasseur. — Vous avez mis vos
bécasses à la broche, et vous les dépecez; vous en
placez les membres dans une casserole; hachez le
foie et l'intérieur de ces bécasses, que vous mettez
avec leurs membres, de la ciboule ou de l'échalote hachée, deux verres de vin blanc, du sel,
du poivre fin, quelques croûtes de pain; vous
faites jeter deux ou trois bouillons à votre salmis,
et vous le servez prestement.

Bécasses et Bécassines à la minute. —
Troussez des bécasses, flambez et parez-les; vous
les mettrez ensuite dans une casserole sur un feu
ardent, avec un bon morceau de beurre, des
échalotes hachées, un peu de muscade râpée, du
sel et du gros poivre; quand vous les avez sautées
sept à huit minutes, vous y mettez le jus de deux
citrons, un demi-verre de vin blanc, un peu de
chapelure de pain; vous les laissez sur le feu jusqu'à ce que votre sauce ait jeté un bouillon: après
cela, vous le retirez de dessus le feu, et vous
pouvez les faire servir.

Sauté de filets de bécasses. — Vous levez les filets de six bécasses, vous les parez et vous les mettez sur un sautoir ou tourtière; vous faites tiédir un bon morceau de beurre, et vous le versez dessus; vous y ajoutez du sel, du gros poivre, un peu de romarin en poudre. Au moment de servir, vous mettez ces filets sur un feu ardent; vous les retournez et ne les laissez qu'un instant au feu : il ne faut pas qu'ils soient trop cuits; vous les égouttez et vous les dressez en couronne, un croûton entre chaque morceau de gibier; faites suer les débris de vos bécasses avec un demi-verre de vin blanc, une feuille de laurier, un clou de gérofle, et laissez tomber votre suage à glace; lorsqu'il est réduit, vous y mettez un demi-verre de vin blanc, un verre de bouillon, six cuillerées à dégraisser d'espagnole; vous faites réduire le tout à moitié. Passez votre sauce à l'étamine, et versez-là sur vos filets.

Sauté à la bourgeoise. — Si vous n'avez pas de sauce à l'espagnole, vous mettez avec votre suage un verre de vin blanc, trois verres de bouillon; vous laissez mijoter votre suage; ajoutez-y du sel, du gros poivre; vous ferez réduire cette sauce, vous la dégraisserez, et la passerez à l'étamine; lorsque vous la servirez, vous y mettrez le jus d'un citron. Voyez si elle est d'un bon sel.

Filets de bécasses en calapé (suivant la vieille formule). — Vous levez les filets de quatre bécasses, vous les parez et les assaisonnez de sel et de gros poivre; vous faites tiédir un morceau de beurre, vous le versez sur les filets; vous prenez l'intérieur des bécasses, excepté le gésier; vous mettez un morceau de lard cuit de la grosseur d'un œuf, un peu de persil et d'échalotes bien hachés, un peu d'aromates pilés, du sel, du gros poivre; vous hachez le tout ensemble, et quand votre farce sera finie, vous ferez des croûtons un peu plus grands et de la même forme que vos filets; ils seront épais d'un demi-pouce : avant de les passer ou de les faire jaunir dans le beurre, vous ferez une incision à une ligne du bord en dedans, tout à l'entour; quand votre croûton sera passé, vous le creuserez de manière qu'il puisse contenir de la farce; alors dans chaque croûton vous en mettrez *à comble*, afin que vous puissiez le couvrir par un filet; tous vos croûtons remplis, un bon quart d'heure avant de servir, vous les mettez dans le four, ou sur un gril à un feu doux, et sous un four de campagne assez chaud pour pouvoir cuire vos calapés; alors vous sauterez vos filets, vous dresserez à plat vos croûtons, et vous poserez un filet sur chaque croûton; vous y mettrez la même sauce que la précédente; vous y ajouterez gros comme une noix de glace.

Sauté de filets de bécasses à la provençale. — Préparez-en les filets comme les précédents; assaisonnez-les de sel, de poivre, des quatre épices; vous les couvrez d'huile, vous y mettez une gousse d'ail pilée; versez de l'huile dans une casserole, avec vos débris de bécasses; vous faites revenir dedans, avec une pincée de persil en feuilles, une gousse d'ail, deux clous de gérofle, six échalotes, une feuille de laurier; quand vos débris seront bien revenus, vous y mettrez une cuillerée à bouche de farine, vous les mouillerez avec un verre de vin blanc et trois verres de bouillon; vous ferez réduire cette sauce à moitié; dégraissez-la et passez-la à l'étamine. Au moment de servir, vous sauterez les filets, et vous les dresserez en couronne, un croûton glacé entre chaque filet; vous mettrez le jus d'un citron dans leur sauce, avec un peu de zeste; vous la verserez sur les filets.

Croûtons de purée de bécasses. — Vous mettrez trois ou quatre bécasses à la broche; quand elles seront cuites, vous les laisserez refroidir; vous en enlèverez les chairs et l'intérieur, vous les mettrez dans le mortier avec du lard gras cuit, de la grosseur d'un œuf, un peu d'aromates pilés, puis vos débris dans une autre casserole, avec un verre de vin blanc, un peu de persil en branches, une feuille de laurier, un clou de gérofle et deux verres de bouillon; vous ferez réduire cette sauce à moitié; vous la passerez à l'étamine, en la foulant un peu; lorsqu'elle sera froide, vous pilerez les chairs de vos bécasses, et vous y verserez cette sauce. Si votre purée passait difficilement, vous la mouilleriez avec un peu de consommé; vous la mettrez ensuite dans une casserole : ayez attention de la tenir chaude, sans bouillir, ou au bain-marie; vous ferez des croûtons ovales pointus, épais d'un bon pouce et demi; avant de leur donner couleur dans le beurre, vous ferez une incision à une ligne du bord en dedans, et tout à l'entour; vous mettrez vos croûtons dans le beurre; quand ils auront couleur, vous les égoutterez et les viderez, c'est-à-dire vous ôterez la mie de l'intérieur de votre croûton; et au moment de servir, vous mettrez votre purée dans lesdits croûtons, que vous servirez pour hors-d'œuvre.

Soufflé de bécasses, suivant la méthode de feu Beauvilliers. — Prenez deux bécasses cuites à la broche; levez-en les chairs; supprimez-en les peaux et les nerfs; hachez ces chairs; pilez-les en y joignant les foies que vous aurez fait blanchir, et dont vous aurez ôté l'amer; retirez le tout du mortier, mettez-le dans une casserole, avec environ quatre cuillerées à dégraisser de consommé réduit; chauffez-le tout sans le faire bouillir; passez-le à l'étamine à force de bras ; ramassez avec le dos du couteau ce qui peut être resté en dehors de cette étamine, et déposez-le dans un vase. Mettez dans une casserole quatre cuillerées à dégraisser d'aspic et deux de consommé ; concassez les deux carcasses ; joignez-les à votre sauce et faites-la réduire ; mettez-y un peu de glace ou de réduction de veau ; faites-la réduire encore de nouveau plus qu'à demi-glace ; retirez du feu la casserole et mettez-y votre purée, mêlez le tout ; ajoutez-y gros comme un œuf d'excellent beurre, un peu de muscade râpée, et incorporez-y quatre jaunes d'œufs frais, desquels vous aurez mis les blancs à part ; fouettez ces blancs comme pour faire un biscuit ; incorporez-les petit à petit dans votre purée, quoique chaude, et le tout bien mêlé ; versez-le dans une casserole d'argent ou une caisse de papier, ronde ou carrée ; mettez-le dans un four ou sous un four de campagne, avec un feu doux par dessous et par dessus ; lorsque votre soufflé sera bien monté, vous appuierez légèrement les doigts dessus ; s'il résiste moyennement au toucher, c'est qu'il est à son degré ; servez-le aussitôt, de crainte qu'il ne retombe.

Terrine de bécasses à l'ancienne mode. — Ne videz pas les bécasses ; piquez-les de gros lard assaisonné ; garnissez le fond d'une braisière de bardes de lard et tranches de bœuf battues, avec sel, poivre, bouquet garni, ognon coupé par tranches, carottes, panais, ciboules entières et persil haché, un peu de basilic et d'épices ; mettez-y les bécasses l'estomac en dessous ; assaisonnez dessus comme dessous ; ajoutez des tranches de bœuf ou de veau et des bardes de lard ; couvrez la braisière, et faites cuire feu dessus et dessous.

Mettez dans une casserole un peu de jambon et de lard coupé en dés ; laissez roussir un peu, et ajoutez ciboules, persil et champignons hachés ; passez le tout ensemble, et mouillez avec du jus, ou à défaut avec de bon bouillon. Lorsque tout est cuit, ajoutez, pour lier la sauce, un peu de coulis de veau et de jambon, ou du beure d'anchois manié de farine, et une demi-cuillerée de câpres.

Quand les bécasses sont cuites, tirez-les de la braisière ; laissez-les égoutter ; dressez-les dans la terrine, et versez par-dessus la sauce ci-dessus : c'est ce qu'on nomme *sauce hachée.*

Paté de bécasses, à la manière d'Abbeville et de Montreuil-sur-mer (*V.* PATÉS FROIDS).

BÉCASSINE, oiseau plus petit que la bécasse, et qui lui ressemble assez par l'extérieur. Il y a trois ou quatre espèces de bécassines qui sont différentes par le goût. Le bécasseau a le plumage du dos à peu près semblable à celui de la caille, mais il a les ailes plus noires, et le ventre plus blanc ; son bec est de différentes couleurs, noir à la pointe et d'environ trois pouces de longueur. Les autres espèces ne diffèrent de celle-ci que par plus ou moins de grosseur et par quelque variété de couleur dans le plumage. Elles sont plus tendres et plus délicates que les bécasses.

Les bécassines s'apprêtent comme les bécasses. On les sert entières ou tout au plus on les coupe longitudinalement en deux parties égales. C'est un rôti très-estimé.

BÉCASSEAU. C'est le nom qu'on donne au petit de la bécassine : mais il appartient aussi à une espèce de bécassine. On fait d'excellents pâtés de bécasseaux : comme ceux de mauviettes (*V.* PATÉS FROIDS).

BEC-FIGUE, ou plutôt **BEQUE-FIGUES,** petit oiseau très-délicat et assez commun dans la Provence, la Gascogne, l'Italie, et généralement dans tous les pays abondants en figues, dont il fait sa principale nourriture. Il n'offre point de caractère distinctif, parce qu'il n'y a rien de tranché dans sa forme ni dans ses couleurs ; aussi y a-t-il plusieurs sortes d'oiseaux à qui l'on attribue le même nom.

Le bec-figue ordinaire est de la grosseur de la linotte. Il y en a une si grande quantité dans l'île de Chypre, qu'on les marine au sel dans des barils. Il s'en débite beaucoup à Venise.

Les bec-figues se mangent rôtis, on leur coupe la tête et les pieds, sans les vider ; on les met ensuite sur un attelet en les enveloppant avec de petits morceaux de feuilles de vigne. On les saupoudre, pendant qu'ils cuisent, de râpure de croûte de pain mêlée de sel, et on les mange au verjus de grain avec un peu de mignonnette ou poivre blanc.

BÉCHARUT. C'est un oiseau aquatique, de l'espèce des palmipèdes, et qu'on trouve assez fréquemment dans les grands marais de la Bresse et du Dauphiné, où il est connu sous le nom de *buy-criant.* Son plumage est rouge, et sa voix est aussi fortement aiguë que le bruit d'un chairon. Les Romains faisaient grand cas de sa langue et la mettaient au nombre de leurs mets les plus exquis et les plus coûteux. Sa chair est noire et d'une sapidité qui rappelle le goût du rouge-de-rivière. On lui fait subir les mêmes préparations qu'aux autres gibiers aquatiques, et l'on dit que dans la province ecclésiastique de Vienne en Viennois, l'usage en est permis les jours d'abstinence (*V.* MARCREUSE et SARCELLE).

BÉCHAMEIL (*sauce à la*). (*V.* SAUCES).

BEEF'S TEAK (en français **BIFTEC**). Parez un morceau de filet d'aloyau, choisissez le milieu de préférence, ayez soin d'en ôter toutes les fibres et d'y conserver le plus de graisse que vous pourrez; coupez ce filet par morceaux d'un pouce et demi d'épaisseur, aplatissez-lesdits morceaux et réduisez-les à l'épaisseur d'un demi-pouce ; mettez-les sur un gril très-propre, avec un feu très-vif; retournez-les presque continuellement, afin que le feu les saisisse en leur faisant conserver leur jus, qui, si vous les laissiez languir sur le feu, ne manquerait pas de se perdre en les retournant. Il ne faut pas plus de trois minutes pour les faire cuire si le feu est convenable. Ensuite dressez-les sur un plat dans lequel vous aurez mis gros de beurre *comme une noix* par chaque filet ; chauffez légèrement ce plat; retournez vos filets, lesquels feront fondre le beurre en les appuyant dessus, et garnissez-les de pommes de terre sautées au beurre. Il n'est pas du meilleur goût d'employer pour assaisonner les beef's teak une sauce à la *maître-d'hôtel*, et ce n'est pas sans raison, parce que la double saveur des fines herbes et du citron domine toujours beaucoup trop sur un comestible aussi simple.

Véritable beef's teak, comme il se fait en Angleterre. — Les cuisiniers anglais prennent, pour faire leur beef's teak, ce que nous appelons la *sous-noix* de bœuf, ou le morceau qui se trouve près de la queue, et qu'ils nomment Rom's teak; mais chez eux cette partie du bœuf est souvent plus tendre qu'elle ne serait chez nous, parce que leur viande est toujours plus molle, et parce qu'ils tuent leurs bœufs beaucoup plus jeunes que nous ne le faisons en France. Ils prennent donc cette partie du bœuf et la coupent par lames épaisses d'un demi-pouce, ils l'aplatissent un peu, la font cuire sur une plaque de fonte faite exprès, et au lieu d'employer du charbon de bois, ils se servent de charbon de terre. Il faut convenir que cette partie du bœuf employée par les Anglais est infiniment plus savoureuse que le filet mignon dont nous faisons usage; mais elle est naturellement beaucoup moins tendre. Il est inutile de dire que les meilleurs biftecs ou beef's teak ne seront jamais comparables à nos bonnes entre-côtes grillées. Quand on croit aimer les biftecs et qu'on aime les apprêts stimulants, on peut les manger sautés au vin de Madère, ou au beurre d'anchois; sur des ragoûts à la choucroûte, aux cornichons, aux olives, et pour le mieux, sur une litière de cresson bien vinaigré.

BEILCHE. (*Cuisine allemande*).— C'est ainsi qu'on appelle un mets populaire en West-phalie, et dont voici la recette. — On prend une sous-noix de bœuf assez mortifiée pour être bien tendre; on n'y laisse pas du tout de graisse, et on la coupe à distances égales, en sept ou huit morceaux, sans en détacher les tranches et sans les désunir complètement. Il est suffisant de pouvoir les entr'ouvrir assez pour introduire entre chacune d'elles une bonne pincée de sel mélangé et poivre fin. On place la dite sous-noix, tranchée et assaisonnée comme il est dit, dans une grosse terrine à couvercle, et l'on y met, immédiatement sur la viande, douze ou quinze pommes de terre crues dont on a ôté la peau, et qu'on a légèrement saupoudrées de sel blanc. Il est bon que ces pommes de terre soient de l'espèce d'Irlande et de Zélande (c'est-à-dire à pulpe farineuse, de forme ronde et de couleur jaune pâle). On recouvre la terrine, dont on lute le couvercle avec de la pâte, et l'on établit cet appareil dans le coin d'une cheminée, sous un monceau de cendre chaude par-dessus laquelle on a soin d'appliquer et d'entretenir, pendant quatre heures, un grand feu de charbons ardents.

Rien n'est supérieur à l'esculance et à la saveur ingénue de ce ragoût Teutonique. C'est un aliment qui convient très-bien pour le déjeûner; on le met sur un grand *Pot-à-Oille*, en vieille argenterie, qui est réservé pour cet usage et qui s'appelle le *plat au beitche*. C'est ainsi que nous l'avons vu servir dans plusieurs châteaux des diocèses de Munster, de Paderborn et de Ruremonde.

BEIGNETS, espèce de pâtisserie qu'on peut varier d'une infinité de manières, mais qui doit toujours être frite au beurre, au sain doux ou à l'huile. La bonne qualité des beignets tient beaucoup à la nature de la pâte qui enveloppe les substances qui en font la base ; cette pâte doit être croquante, légère, et absorber peu de friture. On l'obtient telle en la composant de fleur de farine, délayée avec du vin blanc, des jaunes d'œufs et une demi-cuillerée d'huile. On y incorpore ensuite un blanc d'œuf fouetté en neige, et l'addition d'un petit verre de bonne eau-de-vie contribue à la rendre encore plus légère.

Pâte à frire à la Carême. — Mettez dans une petite terrine douze onces de farine tamisée que vous délayez avec de l'eau à peine tiède, où vous avez fait fondre deux onces de beurre fin; vous inclinez la casserole et vous soufflez sur l'eau, afin de verser le beurre le premier. Vous versez assez d'eau de suite pour délayer la pâte de consistance *mollette*, et sans grumeaux; autrement, lorsqu'on la rassemble trop ferme, la pâte se corde, et fait toujours mauvais effet à la poêle : elle est grise et compacte ; ensuite vous ajoutez assez d'eau tiède pour que la pâte devienne coulante et déliée, quoique, pourtant, elle doive masquer les objets susceptibles d'y être trempés. Enfin, elle doit quitter la cuillère sans efforts. Vous y mêlez une pincée de sel fin, deux blancs d'œufs fouettés bien fermes, et l'employez tout de suite.

Pâte à la provençale. — Vous mettez dans une terrine douze onces de farine, deux jaunes d'œufs, quatre cuillerées d'huile d'Aix, et assez d'eau froide pour délayer la farine (que vous remuez à mesure avec la spatule) en une pâte *mollette*, et semblable à la précédente ; vous y joignez un grain de sel, deux blancs fouettés, et vous l'employez.

Première division des beignets.

BEIGNETS A LA BOURGEOISE.

Beignets de pommes. — Pelez les pommes, ôtez-en le cœur, et coupez-les en tranches d'une à deux lignes d'épaisseur ; faites les macérer pendant deux heures avec un peu d'eau-de-vie, du sucre et de la cannelle en poudre. Après les avoir fait égoutter, trempez-les dans une pâte à frire ; mettez-les dans une friture qui ne soit pas trop chaude ; laissez prendre couleur ; ensuite retirez la poêle du feu pour que les pommes cuisent ; lorsqu'elles sont cuites, saupoudrez-les de beau sucre, et faites-les glacer avec la pelle rouge.

On fait absolument ainsi les beignets de poires, de pêches, d'abricots et de brugnons.

Beignets de crème. — Faites réduire à près de moitié une pinte de lait et laissez le refroidir ; délayez-y six jaunes d'œufs, cinq macarons, dont un amer, une cuillerée de fleur d'orange pralinée en poudre, deux cuillerées de fleur de farine et un quarteron de sucre en poudre ; quand cette pâte est épaisse comme de la bouillie bien cuite, on y ajoute de l'écorce de citron râpée, et on la fait frire en la divisant par morceaux du même volume que les autres beignets.

Beignets de brioche. — Trempez, dans du lait sucré et aromatisé, des tranches de brioche ; mettez-les égoutter ; farinez-les ensuite, et faites-les frire. Le lait doit avoir été réduit à moitié avant d'y mettre tremper les brioches.

Beignets de feuilles de vigne. — Faites tremper, pendant une heure, de jeunes feuilles de vigne dans de l'eau-de-vie ou du kirschenwasser, couvrez-les de frangipane ; et après les avoir roulées, trempez-les dans une pâte à frire.

Beignets à la Chantilly. — Prenez une livre de fleur de farine, trois petits fromages à la crème très-frais ; cassez trois œufs et un demi-quarteron de moelle de bœuf hachée et pilée ; détrempez et mêlez bien la pâte, en y ajoutant suffisante quantité de vin blanc ; assaisonnez d'une pincée de sel fin et d'une once de sucre râpé, en les conduisant comme les beignets à la crème.

Beignets aux confitures. — Prenez des pains à chanter de la grandeur d'un écu, ou découpez-en de plus grands ; mettez sur chacun un peu de marmelade d'abricots ou de prunes, ou telle autre confiture un peu consistante ; couvrez avec un autre morceau de pain à chanter, et collez les bords en mouillant.

Incorporez, dans une pâte à frire faite au vin blanc, trois blancs d'œufs fouettés en neige ; trempez-y les beignets ; faites frire ; égouttez-les ensuite, et posez-les sur des feuilles de cuivre ; poudrez-les de sucre fin, et glacez-les au four ou avec la pelle rouge.

Beignets soufflés à la bonne femme. — Mettez dans une casserole une once de beurre, du citron vert râpé, un quarteron de sucre et un bon verre d'eau ; faites bouillir, et délayez-y autant de farine qu'il est nécessaire pour faire une pâte liée et épaisse ; remuez continuellement avec une cuillère de bois ou une spatule, jusqu'à ce qu'elle commence à s'attacher à la casserole ; alors mettez-la dans une autre, et cassez-y successivement des œufs, en remuant toujours pour les bien mêler avec la pâte, jusqu'à ce qu'elle devienne molle sans être claire ; mettez-la sur un plat, et étendez-la de l'épaisseur d'un doigt ; faites chauffer de la friture, et quand elle est médiocrement chaude, trempez-y le manche d'une cuillère, et avec le manche enlevez gros comme une noix de pâte que vous faites tomber dans la friture en poussant avec le doigt ; continuez jusqu'à ce qu'il y en ait assez dans la poêle ; faites frire à petit feu en remuant sans cesse ; quand les beignets sont bien montés et de belle couleur, retirez-les pour les égoutter, et saupoudrez-les de sucre fin.

Deuxième division des beignets.

BEIGNETS A LA ROYALE.

Beignets de fruits à la royale. — Prenez douze petites pêches de vigne bien mûres et de bonne qualité ; séparez-les par moitié ; ôtez-en la pelure ; vous les sautez dans une terrine avec du sucre en poudre et une cuillerée de liqueur de noyaux. Deux heures après, vous les égouttez, les trempez tout-à-tour dans la pâte ordinaire, les faites frire de belle couleur, et les glacez dans quatre onces de sucre cuit au caramel. A mesure que vous les glacez, vous semez dessus une pincée de gros sucre cristalisé.

Les beignets de brugnons et d'abricots se préparent de même.

Vous pouvez glacer seulement au sucre en poudre et à la pelle rouge, les beignets décrits ci-dessus. On en fait aussi de prunes de mirabelle et de reine-claude au moyen du même procédé.

Beignets à la Dauphine. — Prenez une livre de pâte à brioche, et l'abaissez aussi mince que possible en carré long. Placez sur le bord le quart d'une cuillerée de marmelade d'abricots, à deux pouces de distance encore autant, et ainsi de suite, pour garnir la longueur de l'abaisse. Après cela, vous mouillez légèrement la pâte à l'entour de la confiture, sur laquelle vous ployez le bord de l'abaisse, que vous appuyez sur elle-même, afin de contenir parfaitement la marmelade, pour qu'elle ne fuie pas à la cuisson. Vous coupez vos beignets demi-circulaires avec un coupe-pâte de deux bons pouces de diamètre, et les placez au fur et à mesure sur un couvercle de casserole saupoudré de farine. Vous terminez de cette manière vingt-quatre beignets, et les versez dans la friture un peu chaude; alors vous voyez la pâte à brioche s'enfler et former autant de petits ballons. Les beignets étant colorés de belle couleur, vous les égouttez sur une serviette; vous les saupoudrez de sucre fin pour les servir.

On peut garnir ces sortes de beignets de toutes les confitures possibles; on les coupe ronds avec un coupe-pâte de vingt lignes de diamètre.

Beignets (garnis de fraises) à la Dauphine. — Après avoir abaissé, comme il est dit ci-dessus, une livre de pâte à brioche, vous placez dessus (dans le genre de la confiture) trois belles fraises roulées dans du sucre en poudre, et à un bon pouce de distance trois autres, et ainsi de suite, afin de garnir l'abaisse dans sa longueur. Après cela, vous mouillez légèrement la pâte à l'entour des fruits, et détaillez vos beignets comme les précédents. Terminez-les et servez de même.

On procédera de la même manière pour confectionner des beignets de framboises et de tranches d'ananas; mais, quant à ce dernier fruit, il aura fallu le faire macérer pendant une heure ou deux avec un peu de vin d'Espagne.

Beignets (garnis de raisin de Corinthe) à la Dauphine. — Épluchez et lavez parfaitement six onces de beau raisin de Corinthe. Vous le faites mijoter deux minutes seulement dans deux onces de sucre clarifié. Quand il est froid,

vous en mettez des groupes (le quart d'une cuillerée) sur l'abaisse de pâte à brioche, et terminez vos beignets de la manière accoutumée.

Beignets d'oranges de Malte à la Régence. — Après avoir ôté parfaitement la pelure de six belles oranges douces, vous divisez chacune d'elles en six quartiers; ôtez-en les pepins, et surtout ayez soin qu'il n'y reste pas de pelure blanche, car cela donnerait de l'amertume aux beignets; ensuite vous jetez vos quartiers d'orange dans quatre onces de sucre clarifié, et les faites mijoter quelques minutes. Après les avoir égouttés, vous les trempez dans la pâte ordinaire, et faites frire de bonne couleur. Il est bon de les glacer au sucre et d'y râper, après la cuisson, le zeste de plusieurs oranges crues.

Beignets (garnis de pommes d'api) à la d'Orléans. — Après avoir tourné douze petites pommes d'api, vous les masquez par moitié, et les faites cuire dans un bon sirop, où vous les laissez refroidir. Vous faites une abaisse de pâte à brioche comme de coutume, et de chaque moitié de pomme vous faites un beignet, ce qui vous en donnera vingt-quatre, que vous finirez et servirez selon la règle.

On peut encore employer des quartiers de poires de rousselet qu'on fait également cuire au sirop.

Beignets de fruits à l'eau-de-vie, à la Chartres. — Vous égouttez douze abricots confits à l'eau-de-vie, et vous les séparez par moitié. Vous mouillez légèrement des ronds de pains à chanter de la largeur des fruits, que vous masquez dessus et dessous. Vous les trempez dans la pâte décrite ci-dessus, et les faites frire bien blonds; puis vous les saupoudrez de sucre fin.

Si vous voulez les glacer à la pelle rouge, vous les trempez dans la pâte à frire ordinaire.

Vous procédez de la même manière pour préparer les beignets de toutes sortes de fruits à l'eau-de-vie, tels que pêches, prunes, poires, cerises et verjus.

DES BEIGNETS SOUFFLÉS A LA ROYALE.

Beignets soufflés à la vanille. — Mettez une gousse de vanille dans trois verres de lait bouillant; laissez-le réduire de moitié; ôtez la vanille, et ajoutez au lait trois onces de beurre d'Isigny. Faites bouillir; mêlez-y assez de farine tamisée pour en former une pâte molle, que vous desséchez pendant quelques minutes. Après cela, vous la changez de casserole, et la délayez avec trois onces de sucre fin, six jaunes d'œufs et un grain de sel. Vous fouettez trois blancs d'œufs bien fermes, et les mêlez dans l'appareil avec une cuillerée de crème fouettée, ce qui doit vous donner une pâte consistante quoique molle. Alors vous la roulez sur le tour (légèrement saupoudré de farine) de la grosseur d'une noix verte, en la plaçant à mesure sur un couvercle de casserole. Toute la pâte étant ainsi détaillée et roulée, vous la versez dans la friture peu chaude, afin qu'elle se renfle bien ; vers la fin de sa cuisson, vous rendez le feu plus ardent. Étant colorée de belle couleur, vous l'égouttez sur une serviette, et la saupoudrez de sucre fin, et servez de suite.

Vous variez les formes de cette pâte en croissant, en carré long et en gimblettes.

Beignets de blanc-manger en gimblettes. — Vous préparez la crème de la même manière que la précédente. Quand elle est bien froide, vous la coupez avec un coupe-pâte de trente lignes de diamètre ; et ensuite vous formez les gimblettes, en coupant le milieu avec un petit coupe-pâte de quinze lignes de largeur. Vous conservez les petits ronds que vous retirez des gimblettes, et vous les masquez ensuite de mie de pain très-fine, en les touchant avec soin, afin de ne point les déformer ; après cela, vous les trempez dans quatre œufs battus ; vous les égouttez et les roulez de nouveau sur la mie de pain. Vous préparez de la même manière les ronds, en plaçant le tout sur des couvercles ; puis au moment du service, vous les faites frire de belle couleur, et après avoir saupoudré le tout de sucre fin.

Beignets de blanc-manger en gimblettes glacées au caramel. — Les gimblettes étant disposées de la même façon que ci-dessus, à l'instant du service, vous les trempez les unes après les autres dans la pâte à frire ordinaire. Étant colorées d'un beau blond, vous les égouttez parfaitement, et les glacez ensuite dans du sucre cuit au caramel. Vous pouvez, à mesure que vous les sortez du poêlon, semer dessus du gros sucre avec des pistaches, ou de la fleur d'orange pralinée.

Diablotins en cannelons. — Après avoir préparé l'appareil indiqué ci-dessus, vous le versez sur un plafond légèrement beurré ; élargissez-le avec le couteau, en donnant à la crème six bonnes lignes d'épaisseur. Étant parfaitement froide, vous la détaillez en bandes de six lignes carrées, que vous coupez ensuite par petites parties de trois pouces de longueur ; vous les roulez légèrement sur le tour saupoudré de farine, en les posant sur des couvercles de casseroles. A l'instant du service, vous trempez vos cannelons dans la pâte décrite ci-dessus, pour les beignets à la parisienne ; puis vous les versez au fur et à mesure

dans la friture un peu chaude. Étant de belle couleur, vous les égouttez sur une double serviette ; et après les avoir saupoudrés de sucre passé au tamis de soie, vous les glacez au four ou à la pelle rouge.

Ces diablotins se servent quelquefois pour entremets, mais plus souvent encore pour assiette volante.

BELLE-CHEVREUSE, espèce de pêche à chair fine et fondante, assez grosse et d'un rouge vif. Elle succède à la pêche mignonne, et devance un peu la violette ; elle n'a le défaut d'être quelquefois cotonneuse que parce qu'on la laisse trop mûrir.

BELLE-ET-BONNE. C'est le nom d'une espèce de poire assez médiocre, dont on fait usage au mois d'octobre. La Quintinie la met sans ménagement au rang des plus mauvaises poires ; mais il paraît que l'espèce a dû s'en améliorer depuis le XVIIe siècle.

BELLE-FILLE, sorte de pomme ; la belle-fille est une variété du court-pendu (*V*. COURT-PENDU)

BELLE-GARDE, espèce de pêche très-belle, moins colorée que l'admirable et la royale, d'une saveur moins fine, et d'une chair un peu plus jaunâtre ; la belle-garde mûrit en septembre, et les cuisiniers l'emploient fréquemment pour la confection des beignets et des crèmes au fruit.

Belle-Garde est aussi le nom d'une espèce de laitue pommée, qui, si elle était plus frisée, ressemblerait parfaitement à la laitue royale. Elle est d'un très-bon emploi pour garnir les bayonnaises et les salades au gros poisson.

BELLISSIME, espèce de poire *demi-beurrée*, de la figure d'une grosse figue ; elle est fouettée de rouge sur un fond jaune, et d'un très-bon goût. Comme elle est sujette à devenir cotonneuse, il faut, pour remédier à ce défaut, la cueillir un peu verte. La bellissime est encore connue sous le nom de *suprême* et de *figue musquée*. C'est au mois d'août qu'on la cueille : on n'en fait aucun emploi culinaire, et les officiers la classent parmi les fruits à la main.

BENARI, nom que les habitants du midi de la France donnent à l'ortolan (*V*. ORTOLAN).

BERGAMOTE, espèce de citron dont l'écorce est toute unie, et dont l'odeur est particulièrement agréable. C'est à un Italien qu'est due l'origine du citronnier bergamote. Il s'avisa d'enter une branche de citronnier sur le tronc d'un poirier bergamote; aussi le fruit qui en provient tient des qualités du poirier et du citronnier. C'est de ce fruit qu'on tire une essence qui porte son nom, et dont les confiseurs ont toujours fait un fréquent usage.

Bergamote, poire beurrée, tendre, délicate et d'un parfum très-agréable: Il y a des poires bergamote d'été et des poires bergamotes d'automne.

La bergamote d'été, connue encore sous le nom de poire de Milan, est grosse et fondante : le goût en est sucré; elle est bonne à manger dès le mois d'août.

La bergamote d'automne est une des meilleures poires connues. On la mange en octobre, et elle se conserve jusqu'en décembre. Il y a encore deux espèces de poires qui portent le même nom ; savoir : la bergamote suisse, et la bergamote de cressane. La première est la plus hâtive des bergamotes : c'est une poire plate et rayée de jaune et de vert. La bergamotte de cressane ou crassane est sans contredit la meilleure des poires; elle est de forme aplatie, et son parfum se trouve aiguisé par un arrière-goût vineux qui lui donne beaucoup de partisans. On croit qu'elle a tiré son nom d'un village du comté d'Avellino, qui s'appelle aujourd'hui Crassana-Ducale.

BESI DE CAISSOY, petite poire dont la chair est tendre, mais cotonneuse. Le besi de caissoy se nomme aussi roussette d'Anjou ; cette poire est bonne à manger en décembre et janvier.

Besi d'Hery, espèce de poire qui a été trouvée dans une forêt de Bretagne appelée Hery, d'où lui est venu le nom qu'elle porte aujourd'hui. Le mot *besi* signifie poire en breton. Le besi d'Hery est rond, de la grosseur d'une balle de jeu de paume. Il mûrit en octobre et novembre.

BETTE. C'est la poirée potagère, dont on joint souvent les feuilles à l'oseille pour en adoucir l'acidité. Les grosses côtes des plus grandes feuilles prennent le nom de *cardes*.

Si vous êtes obligé d'en manger, faites-les cuire dans de l'eau avec du beurre et du sel ; et quand elles sont cuites égouttez-les le mieux que vous pourrez. Faites une sauce blanche avec une pincée de farine et du bouillon, du beurre et du sel, du poivre et du vinaigre; faites-la lier sur le feu, et mettez-y bouillir les cardes afin qu'elles y prennent un peu de goût, s'il est possible. Ajoutez, en servant, une liaison de jaunes d'œufs, et tâchez d'avoir un second plat d'entremets.

BETTERAVE, racine pivotante et fusiforme dont le mérite et les agréments ne sont peut-être pas assez appréciés. — Il y a trois variétés dans la betterave : la jaune, la grosse-rouge, et la rouge de la petite espèce, dite de Castelnaudari. La première est la plus sucrée. La seconde est celle qu'on cultive le plus dans les environs de Paris ; sa racine est d'un rouge *sang-de-bœuf*, et porte jusqu'à quatre pouces de diamètre sur douze de longueur ; la feuille est d'un rouge violet, et la côte d'un rouge amarante.

La betterave de Castelnaudari mériterait d'être mieux connue à cause de la délicatesse de son parenchyme et de la finesse de son goût, qui rappelle celui de la noisette. Elle a de plus l'avantage de se manger dès le mois d'août et de se conserver également bonne pendant tout l'hiver qui succède à la saison de sa récolte. La betterave est rafraîchissante et nutritive ; mais pour en être pleinement satisfait il est indispensablement nécessaire de savoir la choisir et la faire cuire. Il arrive souvent qu'on se trouve aux prises avec de larges rouelles insipides et filamenteuses qui font tomber la réputation de ce bon légume au-dessous de rien ; mais ceci provient uniquement de ce qu'on a choisi des racines trop fortes et de ce qu'on les a fait cuire à l'eau. Il en est malheureusement ainsi pour toutes ces pauvres racines qui se débitent chez les fruitières de Paris, où nous conseillons de ne jamais s'adresser quand on veut manger des betteraves. Voici la seule bonne manière de les faire cuire.

Cuisson des betteraves. — Choisissez des betteraves de moyenne grosseur et dont l'épiderme ne soit pas rude : faites les bien laver d'abord, et puis faites les éponger avec une serviette imbibée d'eau-de-vie commune. Mettez-les ensuite à cuire au four le plus chauffé (comme pour le plus gros pain de pâte ferme), et sur des grils de cuisine, afin qu'elles s'y torréfient également sans être brulées d'aucun côté. Laissez-les dans le four jusqu'à ce qu'elles s'y refroidissent, et recommencez le lendemain la même opération pour les faire *biscuire* au même degré de chaleur. Pour que la betterave soit parfaitement apprêtée sous le rapport de la coction, il faut que la peau en soit devenue toute ridée, corrodée et presque charbonnée, ce qui a pour effet naturel de la confire dans son enveloppe en y concentrant le principe sucré. Quand la betterave est préparée de cette manière, on ne saurait imaginer tout le parti qu'on en tire à la cuisine, et toute la considération qu'elle obtient dans la salle à manger.

Betteraves à la crème. — Après les avoir pelées et bien émincées en filets très-deliés, on les fait mijoter dans une béchameil où l'on aura soin d'ajouter un peu de coriandre et des grains de verjus muscat (*V. Béchameil* à l'art. SAUCES).

Betteraves à la poitevine. — Faites cuire des ognons hachés dans un roux brun, et joignez-y une pincée des quatre épices; faites-y réchauffer des tranches de betteraves que l'on n'aura pas coupées très-minces, et mettez-y une demi-cuillerée de fort vinaigre à l'instant de servir.

Betteraves à la chartreuse. — Coupez des tranches de betteraves jaunes qui soient bien cuites et qu'il ne faudra pas trop émincer; mettez sur chacune de ces tranches une rouelle d'ognon cru, coupée très-mince, et dont vous retrancherez le cœur et les ronds centraux pour que son goût ne prédomine pas; joignez-y deux ou trois feuilles de cerfeuil, autant de pimprenelle verte et quelque peu de muscade avec laquelle on aura mélangé du sel blanc. Couvrez ceci par une nouvelle tranche de betterave de même grandeur que la première; appuyez assez fortement pour faire adhérer les trois parties de cette composition, que vous plongerez dans une pâte à frire et que vous conduirez comme une autre friture *au sel,* en la servant garnie de persil frit. C'est un entremets de carême assez confortable. Il y a des cuisiniers qui prétendent savoir que la betterave blanche doit être plus tendre et plus délicate que la rouge; mais c'est un procès qui n'est pas jugé, et l'on a pu voir, d'après ce que nous avons dit plus haut, que, dans tout ce qui se rapporte au choix de la betterave et à sa coction, la cuisine est encore dans son enfance.

La betterave se mange souvent en salade avec la mâche et le céleri. La meilleure salade de betteraves se fait avec de petits ognons glacés, des tranches de vitelottes ou pommes de terre violettes, des haricots-riz cuits à la vapeur et des tronçons de culs d'artichaut. On y mêle ordinairement (avec profusion) des fleurs de capucines ou des tiges fleuries du cresson de fontaine, et tout ceci constitue la meilleure de toutes les salades cuites, et par conséquent le meilleur plat dont on puisse user pour *collation.*

Betteraves (sucre de). — En exécution du blocus universel, les chimistes du temps de l'empire avaient officiellement décidé que les sucres de cannes et de betteraves étaient *précisément* la même substance, et que ces deux produits devaient être considérés, non pas seulement comme analogues, mais comme *absolument* identiques dans tous leurs effets, et pour toutes leurs propriétés alimentaires ou médicales, *à poids égal.*

Les principaux chimistes du temps présent sont précisément et absolument les mêmes chimistes, c'est-à-dire les rédacteurs et les signataires de ce même rapport officiel. Après la levée du blocus, on ne pouvait guère espérer que MM. Thénard et Darcet voulussent bien se démentir eux-mêmes; aussi, voit-on que tous nos génies transcendants, par analyse, en sont restés décidément, ainsi que les professeurs en chimie progressive, à la déclaration patriotique et aux anciens procès-verbaux de MM. Darcet, père et fils.

Les fabricants de sucre de betteraves ont toujours été d'un avis conforme à celui des mandataires impériaux, relativement à la parfaite analogie de leur sucre avec celui de nos colonies. Les épiciers sont du même avis que les fabricants.

Les Consommateurs ont généralement adopté l'opinion des épiciers, des fabricants et des chimistes français; mais les Opérateurs en jugent différemment. Les cuisiniers, les confiseurs et les liquoristes ont expérimenté que le sucre de betteraves, *à poids égal* avec celui de cannes, a toujours l'inconvénient d'étendre et d'augmenter, ou pour parler en termes d'office, *d'allonger* démesurément et *d'affadir* toutes les compositions dans lesquelles il est immiscé. C'est un inconvénient qui est très-sensible aux glaciers de Paris surtout, en ce qu'il a pour effet de détériorer ou tout au moins d'affaiblir certaines combinaisons qui sont indiquées dans leur dispensaire, et qui s'y trouvent formulées d'après les doses convenues pour le sucre d'Amérique, employé par leurs devanciers. La substance du sucre de cannes est en réalité, disent toujours les praticiens, beaucoup plus concrète et plus résidue que celle de toute autre espèce de sucre, fût-il extrait des érables de Silésie, des guenilles de Hambourg, ou des betteraves de Montesson. C'est une expérience qui se renouvelle journellement dans la cuisine, ou pour confectionner, par exemple, une *gelée de marasquin* qu'on voudrait édulcorer avec du sucre de betteraves, on est obligé d'y mettre à peu près le double du sucre et le tiers en sus de la quantité de marasquin qu'on trouve indiqués pour les proportions culinaires de cet aliment. Il appert de cette observation qu'en introduisant dans une mixture délicate et compliquée toute cette portion de sucre de betteraves qui est excédante à la quantité prescrite pour l'emploi du sucre de cannes, on fait entrer dans une composition si gastronomique et si bien calculée une assez grande quantité de je ne sais quelle matière, soluble à la vérité, mais occulte, inerte, insapide, et dont la substance n'a certainement rien *d'identique* ou *d'analogue* avec le principe édulcorant, proprement dit.

Résumons-nous donc en disant que le sucre indigène est bien inférieur en propriétés alimentaires au sucre de cannes, *à poids égal*, attendu, premièrement, qu'il ne contient pas autant de matière édulcorante et sapide, et surtout parce qu'il affaiblit toujours les préparations dans lesquelles il est introduit comme assaisonnement.

Nous croyons devoir annoncer que l'emploi du sucre de betteraves a des inconvénients plus graves en thérapeutique; la plupart des médecins ne trouvent pas en lui les qualités béchiques, nutritives et stimulantes, et non plus aussi la saveur énergique dont le sucre de cannes est abondamment et magnifiquement pourvu. Nous connaissons d'habiles médecins qui prescrivent toujours *le saccharum atlanticum* dans certaines préparations pharmaceutiques, et notamment dans les électuaires et les sirops dépuratifs. Il a été reconnu que dans la confection du baume alexipharmaque de Daucus, par exemple, l'emploi du sucre de betteraves avait été suffisant pour en dénaturer l'effet.

L'auteur de la *Physiologie du goût* écrivait à son ami Chaptal à la fin de l'année 1813 : « Il y » a des épiciers consciencieux qui vous vendront du » sucre à bon marché, c'est-à-dire à dix francs la » livre. Prenez-en trois morceaux que vous mettrez » dans une tasse de bon café : ce sera très-bien ; » mais prenez cinq gros morceaux de sucre fran- » çais, de votre sucre, à vous, mon bon ami ; met- » tez-les dans une autre tasse du même café tout » aussi chaud : vous trouverez que cette tasse est » beaucoup moins sucrée que la première, et que » le même café en est devenu beaucoup moins fort. » Dixi.

» C'est une expérience que je viens de faire et » dont je me suis promis de vous garder le secret, » mon cher comte ; je ne voudrais pas, non plus, » contrarier une entreprise avantageuse à la fa- » mille Delessert, etc. »

Betteraves (conserves de). (*V*. CONSERVES POUR HORS-D'OEUVRES.)

Betteraves, sorte de poire qui mûrit au mois d'août.

Il y a aussi une espèce de pêche à laquelle on donne ce nom : ces pêches betteraves ont la chair rouge et très-ferme ; on les fait macérer dans du vin de Bordeaux sucré avant de les cuire en compote, afin d'en garnir des tartes ou des gâteaux fourrés.

BEURRE. Le beurre est, de toutes les matières onctueuses ou grasses qu'on tire des substances animales, la plus voisine de l'état végétal, et par conséquent la plus salubre.

Le meilleur qu'on puisse employer à Paris vient d'Isigny l'hiver, et de Gournay l'été ; mais quoiqu'excellents tous les deux, le premier est bien supérieur à l'autre, et c'est l'éloignement seul qui l'empêche d'arriver pendant les fortes chaleurs. Ce beurre a un goût de noisette qui lui est particulier, avec une onctuosité qui le fait distinguer dans tous les ragoûts. C'est à bon droit qu'on l'appelle la *tête du beurre*. Les bas beurres, les beurres *en livre*, et ceux dits *de pays*, ne conviennent qu'à *l'indigence*, au dire de M. Beauvillier.

Tout le monde sait que le beurre est la partie grasse du lait, qui s'en sépare par une agitation soutenue et plus ou moins prolongée. Il est reconnu que plus le lait est gras, plus il donne de crème et de beurre : cette qualité du lait dépend en grande partie de celle des pâturages, et c'est ce qui assure aux beurres de Gournay, et surtout à ceux de la Prévalais et d'Isigny, une supériorité qu'aucun beurre connu ne saurait leur disputer.

Plus le beurre est nouveau, plus il est agréable et sain, et plus il est propre à l'usage culinaire, en supposant, toutefois, qu'il soit de qualité supérieure, car les beurres des environs de Paris, même battus de la veille, n'obtiendraient jamais la préférence sur ceux de Gournay et d'Isigny âgés de plusieurs jours. Il faut dire aussi qu'à raison de leurs excellents principes constituants, ces derniers ont la propriété de se conserver beaucoup plus longtemps sans aucune altération.

Le beurre entre à Paris dans la confection de toutes les entrées et de presque tous les entremets ; rien ne s'y prépare à l'huile cuite : la délicatesse de notre goût l'a toujours repoussée ; et si l'on en excepte les brandades de merluche, les fritots de poulet, la bouille-à-baisse, et quelques autres préparations *à la provençale*, nous avons relégué l'huile dans les salades, les marinades et bayonnaises, à tout jamais !

La consommation de beurre qui se fait à Paris est vraiment prodigieuse : ces mottes énormes de Gournay et d'Isigny, qui pèsent deux cents livres, et qui arrivent à la Halle tous les mercredis de chaque semaine, y fondent à peu près aussi vite que dans la poêle. Il faut alors se rabattre sur le beurre en livre, ou beurre de pays, dont la qualité n'est que médiocre ; il est donc essentiel de faire pour la semaine sa provision de beurre fin.

Ce n'est pas seulement à la cuisine que le beurre joue un rôle ; on le sert souvent sur la table en nature et comme hors-d'œuvre. Autrefois il y paraissait *frisé*, *filé*, *seringué*, en rocher, en petits pains de Vanvres, etc. ; aujourd'hui on ne voit guère paraître que du beurre de la Prévalais en paniers sur les tables opulentes, et en *petits-pots* sur les autres. Ce canton de la Bretagne est en possession de nous fournir pour les hors-d'œuvres le meilleur beurre connu ; il n'est ni salé ni à

5

demi-sel, et cependant il est d'une saveur moins douce que le beurre frais, mais singulièrement agréable mangé en tartines, et surtout avec du pain de seigle.

Beurre noir. — Il faut mettre dans une casserole un demi-verre de vinaigre avec du poivre et du sel, et le faire bouillir. En même temps, on mettra dans une autre casserole du beurre que l'on fait chauffer jusqu'à ce qu'il soit presque noir; ensuite on mêlera le tout ensemble, et l'on s'en servira suivant les prescriptions culinaires.

Beurre de piment. — Après avoir réduit du piment en poudre très-fine, on le mêle à un morceau de beurre que l'on pétrit et dont on fait assaisonner plusieurs espèces de tartines appelées *Sandwishs.* (*Voyez* ce mot à l'article HORS-D'ŒUVRES).

Beurre d'ail. — Vous pilerez six gousses d'ail dans un mortier; vous les passerez, en foulant avec une cuillère de bois, à travers un tamis de soie; vous les remettrez dans le mortier avec deux onces de beurre; vous pilerez le tout ensemble jusqu'à ce qu'il soit bien amalgamé, et vous vous en servirez pour les choses indiquées.

Beurre d'anchois. — On lave cinq ou six anchois dont on enlève les chairs; on les pile; on les passe, sans y mettre de mouillement, à travers un tamis de crin; puis on les amalgame avec autant de beurre, et l'on s'en sert pour tout ce qu'on veut faire au beurre d'anchois.

Beurre de Montpellier. — Pilez dans un mortier, jusqu'à ce que vous en ayez fait une pâte, une douzaine d'anchois, autant de cornichons, deux gousses de ravigote, deux poignées de câpres, deux douzaines de jaunes d'œufs durs, du sel et du poivre; ajoutez-y six jaunes d'œufs crus; continuez de piler; ajoutez encore un peu de vinaigre, et environ deux livres de bonne huile, mais en versant cette dernière peu à peu, et sans cesser de piler jusqu'à ce que le mélange ait pris la consistance d'un beurre assez ferme. Passez alors cette composition à l'étamine en la colorant avec du vert d'épinards dont voici la formule : Faites blanchir des épinards, quelques ciboules et des branches de persil; le tout étant rafraîchi et égoutté, on le pile dans un mortier, et on le passe à l'étamine en le mouillant avec un peu d'eau. Cette préparation s'emploie uniquement pour donner la couleur verte à certains mets.

Beurre de homard. — Pilez avec du beurre fin les œufs qui se trouvent dans l'intérieur ou sous la queue d'un homard, passez-les à travers un tamis de soie; ramassez sur une assiette votre beurre, qui se trouve d'un beau rouge, et servez-vous-en suivant la prescription.

Beurre d'écrevisses. — Vous ferez cuire des écrevisses comme pour en composer un buisson d'entremets; vous en ôterez les chairs; vous mettrez les coquilles sur un plat pour les faire sécher soit au four, soit sur un fourneau; lorsqu'elles seront bien sèches, vous les pilerez jusqu'à ce qu'elles soient en poudre. Sur cinquante écrevisses, vous mettrez trois quarterons de beurre, et pilerez le tout ensemble; après quoi vous le mettrez dans une casserole et sur un feu doux pendant un quart d'heure; ensuite vous mettrez ce beurre dans une étamine que vous aurez mise sur une autre casserole où il y aura de l'eau froide; vous ferez sortir tout le beurre en tordant l'étamine; et vous le laisserez figer pour le trouver au besoin.

Beurre de noisettes. — Il se fait absolument comme le beurre d'ail, excepté que les noisettes remplacent l'ail, et que l'on y joint persil, estragon et ciboules hachés le plus fin possible. On en fait des sandwishs pour le service du thé comme pour celui des hors-d'œuvres.

Beurre d'amandes. — Pilez quinze amandes douces et trois amères avec quatre onces de sucre, et passez à l'étamine en y mêlant quelques gouttes de lait. Incorporez ensuite avec sept ou huit onces du beurre le plus frais, et passez à la seringue ou la passoire, afin d'en garnir une coquille de hors-d'œuvre, en donnant à cette préparation la forme et l'apparence d'un buisson de macaronis ou de gros vermicelle. C'est une sorte de friandise qui n'est plus admise que pour un *goûter.* De tous les anciens *beurres filés* ou seringués qui jouaient un si beau rôle au dix-septième siècle, le *beurre d'amandes* est le seul dont on n'ait pas tout-à-fait oublié l'usage, encore est-ce dans les familles où l'on a gardé les vieilles traditions.

Beurre fondu. — On le fait bouillir sur un feu clair et modéré, on l'écume; lorsqu'il est assez cuit, on le verse dans des pots de grès; il est bon de prendre garde qu'il ne noircisse pas, il est assez cuit lorsqu'il présente une transparence égale à celle de l'huile. Quelques personnes y ajoutent six clous de gérofle, trois ou quatre feuilles de laurier, et la moitié d'une noix muscade, pour en parfumer quarante livres. Le beurre fondu, lorsqu'il est parfaitement refroidi et enfermé dans des pots de grès, doit toujours être conservé dans un endroit frais et à l'abri de la lumière.

Autre manière de faire fondre le beurre. — Le but qu'on se propose, en faisant fondre le beurre, est de le séparer d'un peu de *serum* et de fromage, qu'il retient toujours à l'état frais, et qui contribue à accélérer son altération; on atteint ce but en laissant le beurre en fusion pendant long-temps à une température supérieure à celle de l'eau bouillante; la partie aqueuse du *serum* s'évapore, et la partie solide se précipitant avec le fromage, le beurre se trouve débarrassé de toutes les matières étrangères; mais il éprouve, dans cette opération, un changement qui altère sa saveur, et qui ne permet plus de l'employer pour certaines préparations.

Pour éviter cet inconvénient, fondez le beurre au bain-marie. Il ne faut pas que l'eau du bain-marie bouille, il suffit qu'elle ait une chaleur assez forte pour faire fondre le beurre complètement; maintenez-le dans le même état pendant trois heures; et lorsqu'il est bien clarifié, laissez-le refroidir; séparez le beurre de son dépôt, faites-le refondre et versez-le dans de petits pots contenant chacun deux ou trois livres. Couvrez et conservez comme il a été prescrit ci-dessus. Le beurre doit être fondu dans un vase de fer-blanc ou de poterie, pour qu'il ne se forme pas de vert-de-gris pendant le refroidissement.

Beurre salé. — Lavez le beurre à plusieurs eaux, en le pétrissant pour en faire sortir tout le *serum* qu'il contient; rassemblez-le ensuite en gros morceaux, et pressez-le pour le débarrasser de l'eau qu'il peut avoir retenue; prenez-en à la fois deux ou trois livres que vous étendrez de l'épaisseur de cinq à six lignes, avec un rouleau, sur une table bien propre et mouillée; saupoudrez par dessus du sel fin et bien sec, à raison d'une demi-once par livre pour le beurre à demi-sel, et d'une once pour le beurre salé. Repliez en trois le gâteau de beurre, pétrissez-le bien, et mettez-le ensuite dans un pot de grès, en le pressant pour qu'il ne reste pas de vide; continuez ainsi jusqu'à ce que tout le beurre soit préparé; terminez en mettant, sur la dernière couche de beurre, une couche de sel de l'épaisseur de deux doigts.

Lorsqu'on entame un pot de beurre salé, on est obligé d'enlever le sel qui le recouvre; alors la superficie et tout le tour de la masse, qui est presque toujours détachée du pot, se trouvent en contact avec l'air et peuvent se rancir.

Pour prévenir cet inconvénient, faites, à chaud, une saumure saturée de sel; laissez-la refroidir et versez-la dans le vase au beurre, jusqu'à ce que la superficie en soit couverte de deux ou trois doigts. Mettez sur le beurre un caillou ou un morceau de grès bien propre afin de l'empêcher de flotter sur la saumure, s'il se détachait du pot, ce qui arrive souvent : par ce moyen, le beurre ne sera pas

exposé à se rancir, et il restera bon jusqu'à la fin.

On n'a pas besoin d'observer que ces dernières prescriptions ne doivent être exécutées que dans les provinces ou les localités privées d'une autre ressource; car, à Paris, on se procure aisément du beurre frais pendant toute l'hiver, et qui plus est du beurre excellent, comme chacun sait.

Comme il arrive, heureusement pour les Châtelains et les Villageois, que tout le monde n'est pas d'humeur à passer les étés et les automnes à Paris, pour y participer à la consommation des excellents beurres de Bretagne et de Normandie, nous allons parler de la fabrication du beurre. C'est à l'intention des personnes qui vivent à la campagne une partie de l'année; et c'est principalement à l'avantage de celles qui possèdent une terre avec des pâturages aux environs de Paris. On commencera cet essai de physiologie butireuse en disant quelques mots sur l'origine et la nature de cette substance.

Analyse du beurre. — Il est composé de globules en état de suspension dans le lait, et qui s'élèvent à sa surface en vertu de leur moindre densité, en entraînant avec eux du sérum et de la matière caséeuse avec lesquels ils formaient la crème.

Le beurre se sépare de la crème par le battage, opération qui a pour but de favoriser l'agglomération des globules butireux et de les réunir en masse homogène. Une certaine température douce, qui, sans faire passer le beurre à l'état liquide, permette cependant aux globules de se réunir, est nécessaire pour sa formation.

Le beurre s'altère assez promptement par le contact de l'air. L'altération est due, suivant quelques naturalistes, à sa combinaison avec le gaz qui fait partie de l'air, et qu'ils ont nommé l'*oxigène*. Ce serait cette combinaison qui communiquerait au beurre une saveur âcre et piquante qu'on a désigné sous le nom de *rancidité*.

Les beurres français les plus délicats et les plus estimés sont, pour les beurres frais *en motte*, ainsi que nous l'avons dit ci-dessus, ceux de Bray dits de Gournay, ceux d'Isigny, et de toute cette partie de la Normandie. Sur les marchés de Paris, ces beurres, dits d'*élite*, sont divisés : 1° en *mottes de premier choix*, 2° *beurre fin*, 3° *bon*, et 4° *commun*. Viennent ensuite les beurres en mottes du Maine et du Perche, dits *petits beurres*, et enfin les *beurres en livres* provenant d'un rayon de trente lieues autour de Paris, qui se divisent encore en *ronds* et en *longs*. Parmi les *beurres salés*, on estime particulièrement ceux de la Bretagne, et surtout celui des environs de Rennes et de Saint-Brieuc.

5.

Des qualités qui distinguent le beurre, et de leurs causes. — Les qualités qu'on doit rechercher dans le beurre sont la saveur et l'odeur, la couleur, la consistance, et la faculté de se bien conserver.

La couleur du bon beurre est le jaune-riche; c'est généralement celle du beurre fourni pendant le printemps. Néanmoins cet indice n'est pas décisif, puisqu'on peut colorer le beurre artificiellement, et parce qu'il est des pays, des saisons ou des animaux qui donnent du beurre pâle, et de qualité supérieure.

L'odeur du beurre doit être agréable et légèrement aromatique. Toute espèce de beurre qui exhale une odeur forte est mal fait, altéré ou de qualité inférieure. La saveur du beurre frais est agréable et douce, onctueuse, délicate et fraîche. C'est la qualité la plus variable, puisqu'elle change avec les localités, les saisons, les dispositions sanitaires de l'animal, et beaucoup d'autres causes; mais c'est toujours, et toutefois, la qualité qu'on doit le plus rechercher.

La consistance est souvent un indice de bonne fabrication. Les beurres spongieux, huileux et âcres, ou ceux qui sont durs et compactes, ont été fabriqués dans des circonstances défavorables, ou par de mauvais procédés. Le bon beurre est d'une consistance moyenne, d'un aspect mat; il a la pâte fine et se tranche nettement en lames minces. La faculté de se conserver long-temps frais est des plus précieuses, et elle est due, la plupart du temps, à l'observation rigoureuse des bons principes de fabrication.

Les causes qui peuvent influer sur les qualités et la nature du beurre sont si variées qu'on ne peut espérer de les mentionner exactement; celles qui paraissent jouer un rôle plus marqué sont les causes suivantes :

Les pâturages et la nourriture exercent la plus grande influence sur la qualité du beurre, quand ils sont riches, de bonne qualité et abondants. Mais c'est toujours avec la condition que ce produit sera fabriqué avec toutes les précautions convenables. On peut presque partout et avec des pâturages médiocres faire de fort bon beurre, quand on y met les soins nécessaires. Néanmoins, toutes les autres conditions étant égales, le beurre des bons pâturages, celui des prairies naturelles, celui qui proviendra du lait des vaches nourries de spergule, ou de feuilles de maïs, sera toujours supérieur en saveur et en délicatesse à tous les autres.

Le climat le plus favorable à la santé des bestiaux est celui qui produit le meilleur beurre. Ainsi les pays un peu humides et littoraux, tels que le Danemarck, le Holstein, la Hollande, la Belgique, la Flandre, la Normandie, la Bretagne, l'Angleterre et l'Irlande, produisent les beurres les plus renommés. Quant à la saison, le beurre de printemps ou de mai est le plus riche, le plus aromatique et le meilleur. Ainsi le beurre de la Prévalais, pendant les mois de février, mars et avril, a un goût exquis de noisette; il est moins fin et moins agréable dans les autres saisons. Le beurre d'été, ou de juillet et d'août, est toujours huileux; celui d'automne, ou de septembre et d'octobre, n'a pas une couleur aussi riche, mais il est ferme et peut se conserver long-temps.

La préparation des beurres d'après des principes raisonnés et avec tous les soins convenables est la condition la plus décisive et la plus importante pour assurer leur bonne qualité. La mauvaise qualité du beurre est toujours l'effet de l'ignorance et de la malpropreté. Les beurres du pays de Bray, de la Bretagne, de la Hollande, du Holstein, ne doivent en grande partie leur supériorité qu'à la manière attentive et soigneuse avec laquelle on dirige leur fabrication.

Fabrication du beurre. — On ne peut espérer de faire des beurres fins qu'en observant d'abord avec une rigoureuse ponctualité toutes les règles prescrites pour la conduite et la bonne direction de la laiterie; puis ensuite celles que nous ferons connaître ci-après, relativement aux procédés matériels de fabrication; mais il est en outre quelques principes qui méritent une attention soutenue.

D'abord on ne fera jamais usage de la crème levée sur du lait altéré, battu par un transport prolongé, ou sur celui des vaches malades, ou sur le point de mettre bas, ou qui viennent de vêler; ensuite on donnera la préférence à la crème recueillie naturellement à une température de 10 à 12 degrés, à celle provenue d'un lait arrivé à sa perfection, c'est-à-dire au quatrième mois après le vêlage; ou à la crème qui aura monté la première à la surface du vase, et qui est la plus abondante et la plus délicate.

On enlèvera la crème sur le lait pendant qu'il est encore *doux*. Des expériences exactes et positives ont prouvé qu'on retirait une quantité un peu plus grande de beurre, de la crème levée sur du lait aigre, mais que cette augmentation est peu considérable et ne compense aucunement la perte qu'on fait sous le rapport de la qualité du produit. Dans la fabrication des beurres de Gournay, on a reconnu depuis long-temps que la crème du lait aigre donnait constamment des beurres *médiocres* et *gras*, qui ne peuvent être conservés long-temps frais et ne sont nullement propres aux salaisons.

La *jeune crème* est la seule propre à faire du beurre extrêmement fin, et c'est à son emploi que la Bretagne et la Normandie doivent l'excellence de leurs beurres. On doit battre tous les jours, quand cela est possible, quoique la crème très-récente exige plus de travail pour être convertie en beurre ; et généralement dans les temps chauds la crème ne doit pas rester plus de vingt-quatre heures, et en hiver plus de deux à trois jours sans être battue.

On tâchera de fabriquer une assez grande quantité de beurre à la fois, parce qu'on a remarqué que le beurre se forme mieux et qu'il est toujours de meilleure qualité quand on agit sur des masses.

Battage du beurre. — L'opération du battage, qui a pour but d'obtenir la réunion des molécules constitutifs du beurre, n'est pas tout-à-fait aussi simple qu'on le supposerait d'abord, car elle ne réussit jamais bien que sous certaines conditions relatives à la saison, à la température et à la manière d'opérer

L'époque du jour qu'on devrait préférer pour le battage est, pendant l'été, le matin ou le soir, et en hiver et pendant les temps froids, vers le milieu du jour.

La température la plus favorable pour battre le beurre est de 10 à 11 degrés de Réaumur. C'est celle à laquelle on obtient un produit ferme, d'un goût agréable, d'une bonne qualité et en quantité plus forte. Cette quantité se maintient à peu près la même jusqu'à 15 degrés, mais la consistance diminue progressivement. A 16 degrés la quantité diminue. A 18 degrés le beurre est mou, spongieux, et sa quantité a diminué de 9 à 10 pour cent sur celle obtenue à la première température indiquée. Enfin à 21 degrés, il a diminué de 16 pour cent, il est de qualité inférieure pour le goût, pour l'aspect, et aucun lavage ne peut en faire sortir complètement le babeurre. La température propice de 10 à 11 degrés doit être celle de la crème avant de la battre, ou celle de la laiterie, parce qu'il a été démontré que l'opération du battage du beurre et sa formation élevaient de 2 degrés, c'est-à-dire portaient jusqu'à 13 degrés la température de la crème.

Pour obtenir artificiellement la température nécessaire à la bonne séparation du beurre, on fait usage de divers moyens lorsqu'on n'a pas pu maintenir la laiterie à 10 ou 12 degrés thermométriques.

En été et aux époques les plus chaudes de l'année, on bat le beurre dans le moment le plus frais de la journée et dans la partie la plus froide de l'habitation, ou bien on jette dans la baratte 15 à 20 litres d'eau fraîche qu'on y laisse séjourner une heure, et qu'on vide avant d'y verser la crème. Pendant le battage, on plonge la baratte à la profondeur de 12 à 15 pouces dans un baquet contenant de l'eau fraîche. On applique des linges mouillés sur la baratte, ou enfin on jette un petit morceau de glace dans le vase. Quelquefois il suffit de tremper de temps à autre la batte-beurre dans l'eau fraîche.

En hiver et pendant le temps des gelées, on accélère la formation du beurre en enveloppant la baratte avec des linges ou une couverture chaude, ou bien avec une serviette trempée dans l'eau tiède ; en ajoutant à la crème un peu de lait chaud ; en plongeant la baratte dans un bain d'eau tiède, ou en laissant séjourner une demi-heure de l'eau chaude dans ce vase ; enfin, en approchant la baratte à quelque distance du foyer. En Hollande on ajoute un peu d'eau chaude à la crème froide. Aux environs de Rennes, où se fabrique le meilleur beurre du monde, on introduit un vase rempli d'eau chaude dans la baratte. Dans tous les cas on ne doit faire usage de ces moyens qu'avec précaution et sobriété, parce qu'ils tendent plus ou moins à diminuer la finesse et les autres bonnes qualités de la production.

Pour verser la crème dans la baratte, on place sur celle-ci un canevas ou un tamis très-propre, sur lequel on jette la crème, qu'on fait passer, pour la diviser et la nettoyer, au travers des mailles, et au moyen de la pression si la chose est nécessaire.

En général il ne faut pas remplir les barattes au-delà de la moitié de ce qu'elles peuvent contenir.

Le battage doit se faire par un mouvement modéré, égal, uniforme, et continué sans interruption. Si le mouvement n'a pas de régularité, si on le ralentit, si on l'arrête, le beurre *recule*, comme on dit en Bretagne, c'est-à-dire qu'il se redissout dans le babeurre. Au contraire, si le mouvement est violent ou trop accéléré, le beurre acquiert une saveur désagréable, et perd beaucoup, surtout en été, sous le rapport de la couleur, de la saveur et de la consistance. Pour opérer régulièrement, il faut donc, aussitôt que la batte-beurre a été introduite et que le vase est fermé, élever et abaisser alternativement le bâton en faisant frapper légèrement la batte ou rondelle au fond de la baratte, de manière qu'à chaque coup de *va et vient* elle soulève deux fois, en descendant et en montant, la totalité de la crème. Le battage en été doit être fort, lent et régulier, autrement on diviserait et on remettrait en suspension les globules de beurre qui dans cette saison sont souvent à l'état liquide. En hiver il peut être plus vif et plus soutenu. On doit aussi l'accélérer un peu quand la quantité de crème est considérable, ou quand elle est très-nouvelle.

Le moment où le beurre se forme, ou, comme on le dit, la crème *tourne*, est tout-à-fait variable, attendu qu'il dépend d'un grand nombre de circonstances. On reconnaît que le travail *marche bien* par le son que rend le battage. D'abord ce son est grave, sourd et profond, ensuite il devient sec, fort et plus éclatant : c'est le signe que le beurre commence à se former. On doit continuer le travail avec le même soin, et l'on s'aperçoit bientôt qu'on peut mouvoir le bâton avec plus de facilité. Si à cette époque on ouvrait la baratte, on verrait sur les parois une foule de globules jaunâtres et huileux qui indiquent que la formation et la réunion du beurre commencent à s'opérer. On donne encore quelques coups lents et mesurés, puis on rassemble le beurre. Pour cela il faut encore prolonger le battage, non pas à coups secs et verticaux, mais en promenant circulairement la batte dans la baratte, pour recueillir en une seule, et d'abord en plusieurs masses, tout le beurre qui s'est formé.

Pour séparer le beurre du lait on enlève à la main toutes les parties du premier qu'on peut saisir, ou bien on ôte le bouchon qui clôt les barattes tournantes, ensuite on verse et l'on reçoit le lait sur une toile ou un tamis, afin de recueillir toutes les portions de beurre qu'il pourrait contenir encore.

L'espace de temps pendant lequel il faut battre la crème pour la convertir en beurre n'est pas le même, suivant la saison, la construction de la baratte, et beaucoup d'autres circonstances.

En été, dans la baratte ordinaire, une demi-heure ou trois quarts d'heure sont souvent suffisants. En hiver une demi-journée n'est quelquefois pas trop longue. Dans les *sérènes* où l'on prépare jusqu'à cent livres de beurre à la fois, une heure en été et quelques heures en hiver sont nécessaires à la formation complète du beurre. Généralement il vaut mieux battre plus que moins.

Quand le beurre ne veut pas se former, on peut, en versant dans la baratte de l'eau chaude en hiver et de l'eau fraîche en été, hâter cette formation. Un peu de sel ou d'alun en poudre jetés dans la baratte la déterminent également, dit-on.

Délaitage. — La séparation du beurre et du lait de beurre n'est jamais assez complète pour qu'il ne reste pas dans le premier quelques portions de sérum et de matière caséeuse. C'est à l'élimination de ces portions de matière étrangère qu'on doit procéder par une opération qu'on appelle *délaitage*. Cette opération, destinée à obtenir le beurre pur, ne saurait être faite avec trop de soin, et c'est d'elle que dépend la bonne conservation du produit ; seulement on peut y procéder avec moins d'exactitude quand le beurre est préparé journellement et consommé tout de suite, parce qu'il est alors plus délicat et que les portions de lait qui restent interposées lui donnent la saveur agréable et fraîche qui caractérise la crème.

Le procédé le plus usité pour opérer le délaitage se réduit à jeter le beurre dans des terrines ou des baquets remplis d'eau fraîche et pure afin qu'il perde sa chaleur et se raffermisse. On l'étend ensuite avec une cuillère ou spatule de bois, et on renouvelle l'eau fraîche à plusieurs reprises, tout en pétrissant le beurre jusqu'à ce que l'eau en sorte pure et claire. On en forme alors des pelotes, qu'on place dans un lieu frais pour leur faire acquérir de la consistance, ensuite on le moule en cylindres ou en pains d'une ou plusieurs livres.

On pétrit le beurre avec les mains dans presque toute la France ; mais dans un grand nombre de laiteries où cette fabrication est bien entendue, notamment en Bretagne et en Artois, on fait usage, pour cet objet, de rouleaux, de cuillères plates ou de battoirs. Cette méthode est plus propre et influe sensiblement sur la bonne qualité du beurre. La chaleur de la main lui donne toujours un aspect gras et huileux, que ne présente jamais celui qui a été pétri au battoir. Sous ce rapport, les barattes *tournantes* ont un avantage marqué, en ce qu'il suffit d'introduire de l'eau fraîche dans leur intérieur, et de continuer à tourner pour opérer un bon délaitage, en laissant le beurre dans la dernière eau pendant quelques moments, pour le rafraîchir et augmenter sa fermeté.

Le délaitage sans eau est très-usité en Bretagne et dans une partie de la Normandie, où l'on considère l'introduction de l'eau dans le beurre comme devant enlever à ce corps une partie de son arôme et de sa couleur, sans compter qu'on la suppose nuisible à sa bonne conservation. Pour délaiter le beurre par cette méthode, on le dépose dans une terrine ou sur un plat très-propre, et on le pétrit avec un rouleau, un écrémoir, une cuillère ou des battoirs, jusqu'à ce qu'on en ait fait sortir le lait. Cette opération exige beaucoup de dextérité, de force et de patience, car si on ne délaite pas entièrement le beurre, il se détériore en peu de temps, et si on le fatigue trop il devient visqueux et gluant. On peut employer avantageusement à cet usage de petites presses en bois. Quand, par le pétrissage et la pression, on a enlevé la majeure partie du lait, on l'étend sur une table de marbre ou de pierre, et on le frappe en le pressant à plusieurs reprises avec un linge propre et sec, afin d'absorber jusqu'aux dernières portions du babeurre. Cela fait, on le moule en livres ou en mottes, ou bien on le sale, ou bien on le fait fondre. A la Prévalais, le beurre, au sortir de la baratte, est coupé en lames très-minces avec une cuillère plate, qu'on trempe sans cesse dans l'eau, afin que le beurre ne s'y attache pas ; on le manie et remanie sur des vaisseaux de bois mouil- lés, qu'on peut comparer à des cônes aplatis ; les beurrières les tiennent de la main gauche, lami- nent et battent le beurre qu'elles tournent en tous sens avec la main droite ; quand il est suffisam- ment endurci, elles le salent faiblement et lui don- nent la forme convenue.

On *ouvre* le beurre ordinairement après le la- vage, en le coupant dans tous les sens avec un couteau de bois émoussé pour découvrir et enle- ver les poils, les débris de linge ou autres impu- retés qu'il pourrait contenir.

Le beurre n'acquiert toute la saveur qu'il doit avoir, en été, que quelques heures après qu'il a été battu ; et en hiver, le lendemain seulement.

Le beurre s'altère d'autant plus promptement qu'il contient plus de sérum et de matière froma- geuse. C'est pour l'en débarrasser autant que pos- sible qu'on a recours au *délaitage*. Le beurre de lait de vache, auquel s'appliquent les détails dans lesquels nous venons d'entrer, n'est pas le seul en usage dans l'économie domestique et rurale. On prépare encore du beurre avec le lait d'autres animaux. Les plus usités en France sont : 1o Le *beurre de brebis*, qui a moins de consistance que celui de lait de vache ; il est jaune-pâle en été, blanc en hiver ; il est gras, et rancit facilement lorsqu'il n'est pas très-soigneusement lavé. Il en- tre en infusion plus aisément que tout autre beurre. 2o Le *beurre de chèvre*, qui est constam- ment blanc, et qui a un goût particulier ; il se conserve plus long-temps sans altération, mais il est en quantité moindre que les deux autres, dans le même volume de lait. 3o Le *beurre d'ânesse*, qui est mou, blanc, assez fade, qui rancit aisé- ment, et qui est difficile à extraire.

BEURRÉ, excellente et grosse poire qui vient à maturité dans les mois de septembre et d'octo- bre. Il y a le *beurré rouge* ou *beurré d'An- jou*, qu'on appelle improprement *beurré jaune*, et finalement il y a le *beurré gris* ; celui-ci n'est pas le plus haut en couleur ; il est plus tardif et plus doux que le *beurré rouge*.

Le beurré est de toutes les poires la plus fon- dante ; il n'y en a pas qui soit plus abondante en eau, ni dont la chair soit plus délicate et d'un goût plus relevé. Quand on la cueille à moitié mûre, on en fait des marmelades estimées.

BICHE, femelle du cerf. On n'en mange or- dinairement que le filet, qu'on apprête en daube, et qu'on sert pour grosse pièce à l'entremets, quelquefois sous un aspic de gelée, mais le plus souvent dans une terrine d'ancienne faïence de Limoges, comme on en a presque partout pour cet usage et pour les gâteaux de venaison. Quand la bête est très-jeune on peut en préparer les côte- lettes en civet à la bourguignone, en ayant soin de suppléer au sang de la biche, qui pourrait man- quer, par du sang de canard. Quand la bête est plus forte et qu'elle est encore assez tendre, on en fait rôtir les rouelles après les avoir piquées de fin lard, et fait mariner au vin blanc comme pour le daim. Les rouelles de la biche se servent comme relevé de potages au premier service, avec une sauce à la poivrade, où l'on ajoutera des bou- tons de capucines confites au vinaigre, et quel- ques achards épicés (*V.* ACHARDS).

BICHOFF ou **BISHOP**. C'est une boisson composée de vin rouge, auquel on adjoint plu- sieurs ingrédients dont nous allons rendre compte en en prescrivant la dose. Comme cette boisson, dont le nom veut dire ÉVÊQUE, a tiré cette appel- lation de sa couleur violette, il est à considérer que les catholiques du Nord y trouvent une sorte d'irrévérence, et de là vient que dans les trois principales villes catholiques d'Allemagne, on dit poliment et tout uniment, en vous offrant de cette boisson : —*La Noblesse de votre Seigneurie voudrait-elle du vin pourpré?*

—Mettez chauffer dans une bassine ou casserole d'argent la valeur de trois bouteilles du plus ex- cellent et du plus vieux vin de Bordeaux, et joi- gnez-y deux livres du plus beau sucre (exotique). Pendant que votre bon vin sucré chauffera sans bouillir, vous aurez fait griller sur une braise ar- dente huit grosses bigarades ou oranges amères, les plus rouges et les plus saines. Il faudra que chacune d'elles ait été piquée d'un clou de giroflé. Quand les écorces en seront bien boursoufflées et bien rissolées par le feu, vous les étreindrez forte- ment au moyen d'une presse à citron, justement au-dessus de votre bassine, et de manière à ce que les sucs amaro-citriques et l'huile pyrogénée de ces oranges aillent se combiner par un heureux mélange avec le vin chaud. Vous servirez le bi- choff dans un bol à punch, avant l'heure du thé, et vous n'omettrez pas de le faire escorter par un large corbillon de gauffres à la flamande.

Le bichoff est un breuvage hospitalier, géné- reux, archi-confortable, héroïque, et surtout dans un bon château, pendant une soirée d'automne et de gelée précoce. Le premier chasseur de M. le P. de Metternich, à Joannisberg, a la plus grande réputation pour faire le bichoff.

Nous terminerons cet article en citant l'autorité d'un professeur en gastronomie : « — Nous ne » connaissons plus aucun endroit à Paris où l'on » sache préparer le bichoff. Le secret de le bien » faire appartient exclusivement aux officiers des » grandes maisons d'autrefois. Comme cette pré- » paration n'admet rien de médiocre dans sa com- » position, et qu'elle doit être faite avec le meil- » leur vin des premiers crûs de Bordeaux, le » plus beau sucre cristallisé de Hambourg, et les » bigarades de Portugal les plus grosses et les plus » chères, elle revient à un prix tellement élevé, » qu'elle ne convient qu'aux maisons les plus opu- » lentes. Mais aussi aucune boisson n'est plus dans » le cas d'honorer et de procurer une réputation » brillante à un Amphitryon. Un dessert et un thé, » arrosés de bon bichoff, sont sûrs d'occuper une » place dans l'histoire, et de conduire à l'immor- » talité le maître de la maison? »

(*V. Grimod de la Reynière, en son* ALMA-NACH DES GOURMANDS, IIme année, pag. 204 et suivante.)

BIÈRE, boisson fermentée qui se fait (en France) avec de l'orge germée et séchée, du houblon et de l'eau. La bière varie en force et en qualité suivant les proportions dans lesquelles ces substances entrent dans sa fabrication.

Cette boisson est fort ancienne ; les Égyptiens passent pour l'avoir connue les premiers. On peut dire, en général, qu'elle se tire du grain ; mais elle ne se tire pas du même grain partout où on la fait. En France, on n'y emploie ordinairement que l'orge. Les Hollandais et les Anglais la font avec l'orge, le blé et l'avoine, et ils ont trois différentes sortes de bière. En Allemagne, où l'on en fait une consommation prodigieuse, on la fabrique avec l'orge, et l'on y emploie quelquefois l'épautre.

Le houblon doit toujours être associé au grain dans la fabrication de la bière, non-seulement à cause de la saveur qu'il lui communique, mais aussi parce qu'il en retarde la dégénération acide ; plus la bière est chargée de houblon, mieux elle se conserve, lorsqu'elle est convenablement et soigneusement préparée.

Toutes les substances amères ont la propriété de conserver la bière : les brasseurs de Paris le savent si bien, que plusieurs d'entre eux, pour épargner la dépense du houblon qui est toujours cher, lui substituent l'ortie, le buis, et même l'opium. Ces sophistications ne sont pas toujours sans danger pour la santé des consommateurs.

La petite bière étanche la soif et d'une manière durable ; en même temps elle nourrit ; elle excite légèrement les organes digestifs et la sécrétion des reins : Sydenham la recommande aux goutteux.

Il était lui-même atteint de la goutte, et il se trouvait bien de l'usage de la bière.

Les bières fortes, telles que le *porter* et l'*ale*, dont les Anglais font un grand usage, contiennent beaucoup plus d'alcool que la petite bière ; elles font en conséquence renouveler plus promptement le sentiment de la soif, et l'on ne doit en boire qu'avec beaucoup de modération.

Les bières fortes, quand elles sont prises avec excès, produisent des vertiges, une ivresse accompagnée de coliques, et plus durable que celle des vins les plus spiritueux. Il est cependant bien constaté que les bières les plus fortes ne contiennent pas autant d'alcool que les vins que nous considérons comme les plus faibles : on est fondé par cette observation à admettre qu'il existe dans la bière un principe enivrant tout-à-fait étranger à l'alcool.

C'est à ce principe alourdissant que les chimistes ont donné le nom de *Lupuline*, en supposant qu'il n'existait que dans le houblon :

« De l'arbre de Bacchus ce triste et froid rival, »

a dit l'abbé Delille, à qui nous ne pardonnons cette injustice et ce vers dénigrant, que parce qu'il était l'enfant et l'ami passionné du pays vignicole où l'on danse le plus.

La bière est une boisson qui demande à être tirée avec des soins minutieux, si l'on veut qu'elle se conserve bonne. Il faut chaque fois rincer les bouteilles au plomb, n'employer que des bouchons neufs, coucher les bouteilles au bout de trois jours, les laisser couchées dix jours en hiver et cinq en été, les relever ensuite, les espacer, et ne les faire monter de la cave qu'au moment où l'on veut s'en servir.

Les bières les mieux réputées, ou du moins celles qui se trouvent citées le plus souvent, sont le porter de Londres et l'ale d'Edimbourg, la bière rouge d'Amsterdam et de Rotterdam, la bière brune de Cologne, le faro de Bruxelles, la bière de Louvain, celle de Strasbourg, et particulièrement la bière de Lyon. Depuis l'établissement de la brasserie Combalot à Paris, cette ville n'a plus rien à envier, pour la fabrication de la bière, à la métropole des anciennes Gaules, non plus qu'à toutes les villes étrangères les plus renommées pour la même fabrication. M. Combalot, dont la *Brasserie lyonnaise* est établie rue de Fleurus à Paris, a su calculer très-heureusement les proportions qui doivent constituer chaque spécialité de ces produits exotiques. Les Parisiens peuvent être assurés de trouver chez lui, non seulement la bière à la façon *lyonnaise* ou *parisienne* préparée, moyennant l'orge de premier choix et le meilleur houblon, sans aucun mélange de *colle*, *de fécule*, *de buis vert*, ni autres ingrédients délétères ; mais encore toutes les variétés les plus recommandables et les plus justement estimées parmi les bières de facture étrangère. Le porter et l'ale qui proviennent de cet immense établissement sont peut-être supérieurs à ces produits insulaires, et l'on a pu remarquer notamment que le porter de la fabrique lyonnaise, *en bouteilles cachetées*, et quand il est âgé d'un an, peut rivaliser avec les vins du Rhin les plus généreux, les mieux dépouillés et les plus toniques. C'est l'opinion des gourmets les plus expérimentés parmi les consommateurs anglais et nationaux.

La petite bière de M. Combalot, dite *bière de table*, est à la fois digestive et légèrement nutritive. Elle est douce et piquante, elle est agréable, et l'on ne saurait assez la recommander aux personnes qui ne peuvent supporter l'usage du vin, ni celui de l'eau pure à leurs repas. Cette espèce de bière, en admettant qu'elle provienne de la Brasserie lyonnaise, ou qu'elle soit fabriquée avec une sollicitude aussi consciencieuse que par M. Combalot, est continuellement ordonnée par les plus habiles médecins de Paris, et notamment par MM. Marjolin, Récamier, Chomel, Broussais père et fils, Cruveilhier, et Anvity, qui en prescrivent l'usage dans presque toutes les affections chroniques de l'estomac, des intestins et des reins, aussi bien que dans certaines maladies de poitrine.

L'économie domestique ne saurait être considérée comme étrangère à l'art culinaire, aussi croyons nous devoir annoncer aux consommateurs habituels, ainsi qu'aux personnes qui ne voudraient faire qu'un usage accidentel de la bière, que la même Brasserie lyonnaise fait expédier à domicile et pour la commodité des acheteurs, des *fontaines de bière,* dont la contenance est beaucoup moindre que celle de nos anciens *quartauts*, et, comme on va pouvoir en juger, à beaucoup moindre prix que dans nos brasseries parisiennes. La fontaine contenant dix bouteilles de porter ne coûte que cinq francs; l'ale blanche, façon d'Edimbourg, en fontaine de dix bouteilles, est encore au prix de cinq francs, tandis qu'elle en coûterait le triple en Angleterre; enfin la meilleure bière de table se livre chez M. Combalot en fontaine de trente-trois bouteilles et pour le même prix de cinq francs, y compris les frais du transport; ce qui doit prouver que la modicité des prix n'a rien d'incompatible avec l'emploi des meilleures matières et la supériorité dans les fabrications.

On ne parlera pas ici de la bière au *gingembre*, et de celle aux *bourgeons de sapin*, parce que la première de ces boissons n'est estimée qu'aux États-Unis d'Amérique, et parce que le goût résineux de la seconde ne saurait être supporté que par des buveurs écossais.

Il est bon de se maintenir approvisionné de trois espèces de bière; savoir, de bière de table, en cas d'ordonnance hygiénique, et par un motif de prévision pour les habitudes ou les nécessités de certains convives; ensuite de vieux porter : il est généralement adopté d'en proposer à tous les Anglais qu'on invite, et d'ailleurs il est de bon goût d'en faire offrir un verre à l'anglaise, et au commencement du dessert, à tous ceux des conviés qui mangent du fromage sec ou salé. Reste à parler de la provision d'ale, qui se conserve aisément et qui se bonifie par l'âge encore plus que les autres boissons lupuleuses. On n'en use jamais à table, à Paris ni dans les châteaux français, du moins; mais on en boit souvent par fantaisie, dans la journée pendant la canicule, ou bien en s'allant coucher, quand le poids d'un temps orageux et l'électricité fatiguent les nerfs, car c'est un somnifère excellent.

Il est assez connu que dans tout le nord de l'Europe on fait de la soupe à la bière, et c'est un aliment beaucoup plus substantiel et plus sain que la plupart des comestibles usités chez nos paysans. La soupe à la bière est d'un usage continuel et général au-delà du Rhin. Dans l'ancien Palatinat ainsi qu'en Westphalie, on la confectionne en faisant chauffer de la bière où l'on fait tremper des tranches de pain noir appelé pompernickle, et où l'on adjoint de petits morceaux de fromage grillé. Voilà ce qui fait la base de toutes les réfections populaires, et ceci n'est pas mauvais du tout. Les gens de condition mitoyenne y joignent de la mie de pain blanc et du miel, ce qui compose un assez triste régal; mais chez les gens riches, on ajoute à tout ceci des jaunes d'œufs avec de la coriandre et du vin du Rhin, ce qui produit une combinaison plus fâcheuse. Il y a des pays plus au nord où l'on raffine beaucoup sur la soupe à la bière, en y mêlant du vin de Madère avec des noix confites et des tranches de harengs pecs.

Tout ce que nous pouvons dire de mieux sur cette composition, c'est que les rois de Danemarck en font régulièrement leur déjeûner tous les matins *depuis deux cent soixante-neuf ans,* dit David Broé, de Copenhague.

Le potage indigène et national de la Russie est également une espèce de soupe à la bière, mais, à la vérité, celle dont on se sert pour confectionner cet aliment froid ne doit pas encore être parvenue à son dernier point de fermentation. On y met des tranches de saumon, des grains de blé confits au sel, des rouelles de cornichons blancs, beaucoup de petits morceaux de glace, et quelquefois de la moutarde. Il appert du *Tableau des Menus* que M. Carême en avait fait servir devant l'Empereur Alexandre, dont il était maître-d'hôtel; que, pendant tout le temps de son séjour à Paris, l'Empereur n'a jamais ni mangé ni goûté d'aucun autre potage. On remarque aussi dans le seul ouvrage en langue russe où il soit traité de la cuisine, que le mets *le plus impérial de la belle saison consiste en un plat de pois verts avec une multitude de poulets précoces*, ce qui signifie des poussins gros comme des œufs.

Nous avons déjà dit que la Russie, la Suède et le Danemarck étaient des pays dont les traditions ne pouvaient rien fournir au progrès de l'art culinaire; mais on est obligé d'avouer que la cuisine russe est encore inférieure aux deux autres. Après les explorations les plus assidues, nous n'avons pu découvrir dans toute la région du Nord qu'une seule préparation gastronomique un peu satisfaisante; encore elle nous vient de la Norwège, et son application ne saurait avoir lieu que sur un poisson de seconde qualité (*V*. CABILLAUD A LA NORWÉGIENNE).

BIGARADE, espèce d'orange dont l'acidité se combine avec une saveur amère et aromatique qui ne se trouve dans aucune autre variété de ce genre de fruits. On l'emploie à beaucoup d'usages, et principalement pour assaisonner les gibiers à *viande noire*, quand on les sert rôtis. On les place alors sur la table afin que chacun des convives en exprime le jus sur son assiette, et du reste elle est de prescription culinaire et de nécessité pour la confection de plusieurs ragoûts. L'usage de l'orange amère était si généralement et si anciennement adopté pour l'assaisonnement de certains plats de rôts, qu'Alain Chartier disait à propos d'un homme exigeant ou difficile, « Il ne saurait manger des perdrix sans orange. » On a déjà parlé de la bigarade à propos du bichoff, dont elle est le premier élément; c'est aussi de son écorce grillée qu'on tire la substance aromatique qui parfume le curaçao, nom que les fabricants hollandais ont donné à cette liqueur, parce qu'il est celui de la contrée qui leur fournit le plus abondamment cette sorte d'oranges.

Compote à la bigarade. — Aplatissez dans un compotier une demi-livre de marrons glacés, que vous *n'écraserez* pas néanmoins. Faites griller quatre bigarades dont vous exprimerez le jus dans un autre vase où vous aurez mis du sucre en poudre et en petite quantité, parce que les marrons en sont déjà pourvus suffisamment. Ajoutez une seule cuillerée de curaçao d'Amsterdam, et tournez ce mélange en le faisant chauffer au bain-marie avant de le verser dans le compotier par dessus les marrons. Il faudra ensuite faire refroidir cette compote, mais il faut toujours que le sirop soit chaud quand on le transvase, afin que les marrons s'en pénètrent mieux.

Dans tous les livres de cuisine, on conseille de faire la même compote avec des marrons *grillés* au lieu de marrons *glacés*, et d'y employer des citrons au lieu de bigarades. On n'y trouverait aucun autre profit que celui qui peut résulter d'une économie de 5 à 6 francs.

Boutons de bigarades pratinés. (*V*. à l'article ORANGE.)

Glace à la bigarade. (*V*. SORBETS.)

Eau de bigarades au candi. (*V*. LIQUEURS.)

Bigarade est aussi le nom d'une espèce de poire grosse et bigarrée, dont la chair est cassante. On la nomme autrement la *tulipée ou la vilaire d'Anjou.*

BIGARREAU, fruit d'une espèce de cerisier. Il est bigarré de rouge et de blanc, et quelquefois trigarré de blanc, de rouge et de noir; sa chair est plus ferme et plus croquante que celle des autres cerises. Il donne dès la mi-juillet, et il est bon à manger aussitôt qu'il est à demi-rouge. Il y en a une autre espèce qui mûrit plus tard, et qui est encore plus estimée que le bigarreau précoce. Ils ne sont d'aucun usage culinaire et ne peuvent s'employer qu'*à la main*.

BISCOTIN. Pour opérer cette vieille friandise, on prendra du sucre cuit *à la plume*, selon la quantité de biscotins qu'on voudra faire. On y mêle à peu près autant de farine dont on fait une pâte; on l'étend, on la pétrit sur une table saupoudrée de sucre. Quand elle est dure, on la pile dans un mortier, avec un blanc d'œuf, de l'eau de fleur d'orange et un peu d'ambre; le tout étant bien incorporé, on en fait de petites boules qu'on jette dans une poêle d'eau bouillante, et on ne les retire que lorsqu'elles viennent nager à la surface; on les cuit ensuite à feu ouvert, après les avoir laissés égoutter sur du papier.

BISCOTTES. Pour obtenir à volonté des biscottes *à la façon de Bruxelles*, il est suffisant de faire des brioches en couronnes plates et dont le cœur est évidé, de la même forme et de la même façon que pour les *pains bénis*. On les coupera par tranches minces et on les fera bien dessécher dans un four à feu très-doux. La seule chose qu'il faille observer en disposant leur pâte, c'est d'y mettre un peu plus de levure qu'on n'en admet ordinairement dans la brioche de Paris. La ressemblance en sera plus parfaite avec les biscottes flamandes, qu'on n'est pas toujours à même de se procurer à la campagne, et dont beaucoup de personnes ont contracté l'habitude et l'usage en déjeûnant avec du chocolat de santé. On les sert encore avec le thé, en les doublant, après les avoir beurrées à froid et légèrement sucrées.

BISCUIT, pâtisserie fine et légère composée d'œufs dont les blancs doivent être fouettés en neige, de sucre, de fleur de farine ou de fécule de pommes de terre, et de quelques aromates ou autres substances qu'on incorpore dans la pâte.

Biscuits de Savoie. — Pesez douze œufs ; prenez le poids égal en sucre, et moitié de ce poids en farine ou en fécule de pommes de terre : celle-ci est préférable, et si l'on emploie de la farine, il faut la faire sécher, et la passer au tamis de soie.

Cassez les œufs et mettez à part les blancs et les jaunes ; battez ceux-ci avec le sucre en poudre, et ajoutez-y un peu de fleur d'orange pralinée et de l'écorce de citron râpée ; fouettez les blancs d'œufs jusqu'à ce qu'ils soient en neige, et mêlez-les avec les jaunes ; ajoutez alors la farine ou la fécule que vous incorporez avec la masse en la battant avec la poignée d'osier ; mettez cette pâte dans un moule bien beurré avec du beurre tiède qu'on applique avec un pinceau : faites cuire au four médiocrement chaud : on peut aussi le faire cuire sous un four de campagne, pourvu que l'on entretienne un feu bien égal pendant toute la cuisson.

Si le biscuit se trouve de belle couleur, on le sert comme il est sorti du moule : dans le cas contraire, on le glace de la manière suivante : — Prenez du sucre en poudre très-fine, un blanc d'œuf et le jus de la moitié d'un citron ; battez le tout ensemble jusqu'à ce que le mélange devienne bien blanc ; couvrez votre biscuit avec cette *glace*, et laissez sécher.

On rend le biscuit plus léger en retranchant quelques onces de farine, et en ajoutant autant de blancs d'œufs qu'on a retranché d'onces de farine. Le biscuit de Savoie se mange à l'entremets et se sert comme grosse pièce ; on l'accompagne ordinairement de petits pots à la crème au vin (*V.* SABAYON).

Cette pâte plus légère sert à faire de petits biscuits : on peut en varier les proportions de manière à leur donner plus ou moins de légèreté, et y introduire des aromates ou d'autres substances qui en changeront la qualité gastronomique.

Biscuits aux pistaches. — Prenez huit onces de pistaches bien vertes, treize blancs d'œufs, neuf jaunes, une once et demie de farine séchée et passée au tamis, enfin une livre du plus beau sucre.

Battez à part les jaunes avec le sucre ; fouettez les blancs jusqu'à ce qu'ils soient en neige : mêlez ensemble les blancs et les jaunes ; répandez la farine sur le tout, en remuant toujours pour bien incorporer ; ajoutez ensuite la pâte de pistaches, et assez de vert d'épinards pour que tout ce mélange en prenne une couleur verte bien prononcée.

On remplit avec cette pâte des caisses de papier, et on en glace le dessus avec un mélange de moitié sucre et moitié farine. On fait cuire dans un four peu chaud ou sous un four de campagne.

On fait de la même façon les biscuits aux avelines, aux amandes et aux noisettes fraîches ; mais il faut y ajouter un peu de fleur d'orange pralinée en poudre, ou de la râpure de citron vert, en en retranchant le suc d'épinards.

Biscuits à la cuillère. — On fait de la pâte comme pour le biscuit de Savoie, mais plus légère ; c'est-à-dire qu'on y met plus de blancs d'œufs et moins de farine.

On prend une cuillerée de cette pâte, et on la verse en long sur une feuille de papier saupoudrée de sucre : on les fait cuire dans un four très-doux, et on les enlève de dessus le papier à mesure qu'on les tire du four.

Biscuits au chocolat. — Prenez douze œufs, six onces de farine, vingt onces de sucre, et trois onces de chocolat fin à la vanille, le tout en poudre : battez les jaunes avec le chocolat et le sucre ; ajoutez ensuite les blancs fouettés en neige ; incorporez la farine en remuant sans cesse : mettez la pâte en moule ou en caisse. Glacez comme pour les biscuits de Savoie.

Biscuits à couper. — Battez dix jaunes d'œufs dans une terrine avec une livre de sucre pulvérisé, un peu de sel, de fleur d'orange et de zeste de citron ; mêlez-les avec les blancs que vous aurez bien fouettés ; passez dessus, en maniant légèrement, douze onces de farine sèche dans un tamis de crin ; dressez vos biscuits dans de grandes caisses de papier ; glacez-les et mettez-les au four à feu doux pendant une heure au moins ; retirez-les, et, quand ils seront froids, coupez-les suivant la forme qui vous conviendra le mieux. Si vous voulez en faire des biscuits à la bigarade, à l'orange, au cédrat, frottez votre fruit sur un morceau de sucre en pain, pour qu'il en prenne le zeste ; mettez ce parfum dans de la glace, et glacez-en vos biscuits avant de les mettre sécher à l'étuve. On peut aussi les glacer à la fraise, à la groseille, à la framboise, en mêlant dans la glace les chairs de ces fruits, écrasées et passées au tamis de soie.

Biscuits soufflés à la fleur d'orange. — Faites une glace qui ne soit ni trop liquide ni trop sèche, en mêlant du sucre en poudre passé au tamis de soie avec un blanc d'œuf frais séparé du jaune; mêlez-y, quand votre glace sera à point, deux pincées de fleur d'orange pralinée; remplissez de cet appareil, seulement à moitié, des caisses de papier, quatre fois plus petites que des caisses ordinaires; mettez vos biscuits à un four doux, mais assez chaud pour qu'ils ne retombent pas; retirez-les du four quand ils seront assez fermes.

Biscuits (petits) soufflés aux amandes. — Faites sécher au four, ou faites praliner une demilivre d'amandes douces coupées en petits dés; mêlez-les avec une pincée de fleur d'orange pralinée, dans une glace royale faite avec deux blancs d'œufs bien frais; encaissez et faites cuire vos biscuits comme ci-dessus. Les petits biscuits soufflés au rhum, au vin d'Alicante, aux liqueurs des îles, à la crème, etc., sepréparent de la même manière, c'est-à-dire au moyen de la même pâte.

Biscuits à la génoise. — Prenez une livre de farine, quatre onces de sucre, de la coriandre et de l'anis en poudre ce que vous jugerez convenable; ajoutez quatre œufs, et quantité suffisante d'eau tiède pour faire une pâte dont vous formerez un pain : faites cuire dans la tourtière, coupez ensuite en tranches que vous ferez biscuire au four.

Ce biscuit diffère presque en tout des précédents, en ce qu'il en résulte une pâte compacte et qui devient croquante lorsqu'elle est suffisamment desséchée. C'est le biscuit primitif, et c'est de lui que tous les autres ont tiré leur nom générique.

Biscuits à la Mère Jeanne.

Prenez.	2 blancs d'œufs,
Sucre en poudre. . . .	4 cuillerées,
Farine.	2 cuillerées,
Fleur d'orange pralinée et en poudre. . . .	1 once ;

Mêlez le tout ensemble pour former une pâte un peu liquide.

On prend de cette pâte plein une cuillère à café, et on la couche sur des feuilles de papier, en formant des ronds de la grandeur d'une pièce de 5 francs.

On les met au four, et on les retire lorsque les biscuits ont pris une belle couleur. Pour les détacher du papier on mouille la feuille par derrière avec une éponge; on dépose les biscuits sur un tamis pour les faire sécher, et on les conserve dans des bocaux ou dans des boîtes bien closes.

Biscuits à l'Ursuline. — Penez seize blancs d'œufs, six jaunes, la râpure d'un citron,

Farine de riz.	6	onces,
Sucre en poudre.	10	
Marmelade de pomme. . . .	2	
D'abricots.	2	
Fleurs d'orange pralinée. . .	2	

Pilez dans un mortier les marmelades et la fleur d'orange; ajoutez-les ensuite aux blancs d'œufs fouettés en neige; battez les jaunes avec le sucre pendant un quart d'heure; mélangez le tout et battez encore. Lorsque le mélange est parfait, ajoutez la farine et la râpure de citron. Dressez dans des caisses, et faites cuire à un feu très-modéré.

Avant de mettre les biscuits au four, saupoudrez-les de sucre passé au tamis de soie. Vous les ferez servir pour entremets comme les biscuits à la crème et celui de Savoie.

BISET, espèce de pigeon sauvage qui diffère du pigeon ramier en ce qu'il est beaucoup plus petit, et qu'il n'a pas de taches blanches dans les ailes et autour du col. La chair du biset est fort estimée, elle est plus délicate et plus serrée que celle de notre pigeon.

Il se mange ordinairement cuit à la broche et bien enveloppé d'un triple rang de feuilles de vignes recouvertes d'une barde de lard.

BISQUE. S'il était nécessaire de rappeler à des lecteurs bien appris quelles sont toutes les qualités et les illustrations de la bisque, nous commencerions par citer, en guise d'épigraphe à notre article, ces vers gaulois du vieux chapelain de François Ier, Meslin de Saint-Gelais :

« Quand on est fébricitant,
» Ma Dame, on se trouve en risque,
» Et pour un assez long-temps,
» De ne jouer à la brisque
» Et de mal disner, par tant
» De ne point manger de bisque:
» Si rude et si fascheux risque,
» Que je bisque en y songeant! »

Nous passerions ensuite à ce contemporain de l'austère Boileau, à cet heureux gourmand :

. . . . « dont la mine fleurie
» Semblait d'ortolans seuls et de bisque nourrie. »

— J'aime à causer avec Despréaux, disait le Maréchal de Vivonne à Louis XIV; sa conversation fait sur mon gros esprit le même effet que les bisques rouges et les bonnes perdrix de Votre Majesté font sur mes grosses joues.

Vincent de la Chapelle a déclaré que la bisque au bon coulis était le plus royal des mets royaux, et M. de la Reynière nous dit fièrement que c'est un aliment *princier* ou *financier*. C'est en retranchant les intermédiaires, à l'exclusion des gentilshommes et sans ménagement : sans daigner songer que les écrevisses sont pour tout le monde, et tout aussi bien pour les médecins que pour les princes de Canino et les parents de M. Thiers!

Nous n'omettrons pas de rapporter ici l'équitable opinion de M. Brillat de Savarin, Conseiller à la Cour de Cassation, et Commandant de la Légion-d'Honneur, lequel a dit dans sa *Physiologie du goût*, que, s'il était resté dans ce monde une ombre de justice, on rendrait publiquement aux écrevisses cuites un *culte de Latrie*.

Bisque d'Écrevisses. — Ayez cinquante écrevisses ou davantage, selon leur grosseur; lavez-les à plusieurs eaux, et rejetez toutes celles qui ne donneraient plus signe de vie; égouttez-les; mettez-les cuire sur un bon feu dans une casserole avec du bouillon, sans qu'elles puissent, nager dans ce liquide; lorsqu'elles seront cuites, retirez-les du feu et laissez-les couvertes un demi-quart-d'heure; jetez-les ensuite dans une passoire et conservez-en le bouillon; lorsqu'elles sont à moitié froides, ôtez-en les queues, épluchez-les, et mettez-en les épluchures avec les corps dans un mortier; pilez le tout jusqu'à ce qu'il en résulte une pâte rouge; mettez une poignée de mie de pain mollet dans le bouillon où elles ont cuit; desséchez-le sur un feu doux; mettez-le dans un mortier avec les écrevisses; délayez le tout avec d'excellent bouillon; passez-le à travers une étamine; mettez-le dans une casserole sur le feu et sans bouillir; remuez-le bien, et faites en sorte qu'il ne soit ni trop clair, ni trop épais; goûtez s'il est d'un bon sel, et servez-vous-en pour en faire un potage, soit avec du riz, soit avec de petits croûtons passés au beurre.

Bisque à la normande ou *potage aux poupards.* — Faites cuire une vingtaine de petits crabes dans une eau de sel avec quelques ognons, du persil en branches et des tranches de carotte; retirez-les au bout de vingt minutes, et laissez-les refroidir dans leur cuisson. Égouttez alors ces crabes, et sans les éplucher, pilez-les dans un mortier de marbre, en y joignant de la mie de pain tendre, ou bien deux cuillerées de riz cuit à la vapeur. Mouillez cette pâte avec du consommé si c'est au gras, et avec du bouillon des quatre racines si c'est un jour maigre. Faites-la passer à l'étamine, et puis faites-la bien chauffer au bain-marie, en y joignant la quantité de consommé gras ou de bouillon maigre qui sera nécessaire

pour constituer votre potage. Ces crustacées doivent être de ceux qu'on appelle *poupards* sur la côte de Normandie, et non pas d'une autre espèce à qui l'on a donné le nom de *poingts-clos*. C'est à raison de ce que ceux-ci ne contiennent jamais autant d'œufs ou de laitance que les petits crabes de la première espèce.

BLANC. On appelle ainsi une composition préparatoire qui se garde en réserve, et dont l'usage est souvent mentionné dans les formules culinaires. — Pour faire un blanc, faites bouillir dans une petite quantité d'eau du lard râpé, des tranches de citron, quelques carottes et ognons coupés en petits morceaux, une feuille de laurier, du persil en branches et un nouet de toile fine où vous aurez mis du poivre en grain et quelques clous de gérofle. Il faut laisser bouillir le tout en le tournant sans cesse jusqu'à ce que l'eau soit entièrement évaporée. Mouillez alors avec une plus grande quantité d'eau; faites bouillir de nouveau, écumez avec soin, et conservez cette préparation dans une terrine pour vous en servir suivant les prescriptions indiquées.

BLANC-MANGER, aliment qui a toujours pour base une gelée provenue de substance animale, et rendue blanche et opaque par une addition de lait d'amandes. On y joint aussi divers aromates ou d'autres substances, afin d'en varier la saveur et les qualités diététiques.

Blanc-manger, suivant l'ancienne formule. (On voit dans les lettres de madame de Maintenon, que Fagon, le médecin de la Cour, ordonnait cet aliment dans les cas d'affections ou dispositions inflammatoires.) — Pilez un quarteron d'amandes mondées, en y joignant un peu d'eau pour empêcher la séparation de l'huile; ajoutez-y une pinte de consommé fait sans légumes et complètement dégraissé : au lieu de légumes on met dans le pot où se fait le consommé deux clous de gérofle, un bâton de cannelle et un peu de sel. Quand le bouillon est bien mêlé avec les amandes, on y ajoute deux onces de blanc de volaille rôtie, haché et pilé, après qu'on en aura ôté la peau, les nerfs et les os.

Au lieu de volaille, on peut se servir de veau rôti bien blanc; on peut ajouter aussi, gros comme un œuf de mie de pain mollet, ce qui rendra le blanc-manger plus épais.

Le tout bien mêlé, on passe à l'étamine en tordant, et on reverse ce qui a passé sur le marc, en tordant toujours pour en extraire tout ce qui peut l'être.

On verse ce qui a passé dans un poêlon en ajoutant le jus d'une orange et un quarteron de sucre.

On met le poêlon sur un feu vif; on remue d'abord pour que le blanc-manger s'épaississe, et on le laisse un peu reposer; ensuite on le remue de temps en temps avec une cuillère. On en verse sur une assiette; et quand il se prend en gelée en refroidissant, c'est qu'il est cuit.

On voit que, dans cette préparation, la gelée se fait par la réduction d'un consommé, c'est-à-dire d'un bouillon de viande très-chargé. On y ajoute en outre de la viande pilée; ainsi tout se réunit pour en faire un comestible aussi nutritif qu'adoucissant.

Blanc-manger, suivant la recette de M. Beauvilliers. — Ayez deux pieds de veau; fendez-les en deux, afin d'en ôter les gros os; faites-les dégorger et blanchir; *rafraîchissez*-les; mettez-les dans une marmite, avec une pinte et demie d'eau; faites-les *partir*, écumez-les; laissez-les cuire deux ou trois heures, dégraissez et passez leur bouillon au travers d'une serviette mouillée; faites blanchir et émondez un quarteron d'amandes douces avec six amères; pilez-les, réduisez-les en pâte; ayez soin de les mouiller de temps en temps avec un peu d'eau, pour qu'elles ne tournent point en huile; mettez dans une casserole un demi-setier d'eau, un quarteron et demi de sucre, le zeste de la moitié d'un citron et une bonne pincée de coriandre; laissez infuser le tout une demi-heure; retirez-en la coriandre et le citron; versez cette infusion sur vos amandes; passez-la plusieurs fois à travers une serviette; ajoutez-y autant de gelée de pieds de veau qu'il en faut pour que votre blanc-manger soit délicat, et qu'il puisse prendre suffisamment, ce dont vous vous assurerez en faisant l'essai: étant à son degré et d'un bon goût, versez-le, soit dans des petits pots, soit dans un moule, et faites-le prendre à la glace comme les autres gelées. Vous pouvez faire ce blanc-manger, ainsi que toutes les gelées possibles, avec de la colle de poisson, de la corne de cerf, ou de la mousse d'Islande.

Blanc-manger à la bonne femme. — Commencez par faire un lait d'amandes avec six onces d'amandes douces et six amandes amères; ajoutez en pilant très-peu d'eau, et délayez la pâte avec un demi-litre de lait, avant de l'exprimer.

Faites dissoudre huit onces de sucre dans ce lait d'amandes, et ajoutez-y vingt-quatre onces de gelée; faites fondre sur le feu, et emplissez-en des petits pots, ou un moule que vous renverserez sur un plat d'entremets avant de servir. Il faut que la gelée soit forte pour qu'on puisse la renverser. Dans les temps chauds il faut poser le moule sur la glace.

Il est à considérer que lorsque le blanc-manger a pour base une gelée faite avec de la gélatine pure, comme la colle de poisson ou celle qu'on extrait des os, c'est un aliment léger qui convient beaucoup lorsqu'il est question de tempérer et de rafraîchir; mais quand on y emploie la gelée qu'on obtient en faisant réduire un consommé de viande, comme elle contient alors plus ou moins d'*osmazome*, le blanc-manger devient tonique et peut acquérir une propriété excitante.

Blanc-manger frit. — Mettez dans une casserole, avec une chopine de crème, un quarteron de farine de riz, un peu de sel, et des zestes de citron hachés; faites cuire environ trois heures, en remuant de temps en temps; quand votre appareil sera presque cuit, ajoutez du sucre, quatre massepains et six macarons écrasés, et achevez la cuisson; incorporez-y trois œufs l'un après l'autre; faites lier cette pâte, étalez-la sur un couvercle fariné; poudrez de farine et laissez refroidir; divisez-la en petits carrés, et faites-en des boules grosses comme un grain de verjus; au moment de servir, faites chauffer de la friture dans une poêle, et mettez-y la passoire, dans laquelle vous aurez placé vos pâtes; remuez souvent la passoire; dès que vos boules auront une belle couleur, retirez-les, égouttez-les; dressez et saupoudrez de sucre blanc. Vous pouvez, si cela vous convient, hacher très-fin des blancs de volaille rôtis et les incorporer dans votre appareil.

Blanc-manger à la moderne. — Délayez la valeur de douze petits pots de crème, que vous aurez fait bouillir avec six onces de sucre, une livre d'amandes douces, et huit amandes amères, pilées bien fin; passez à travers une serviette fine, en tordant; battez dans un demi-verre d'eau un bâton et demi de colle de poisson fondue; laissez mijoter pendant deux heures; passez-la à l'étamine, et versez-la avec l'appareil qui sera tiède; vous remplirez le bol ou les petits pots dans lesquels vous comptez servir, et vous les mettrez à la glace ou au froid, afin d'en user quand ils seront congelés.

Blanc-manger renversé à la moderne. — Préparez votre appareil comme il est dit dans l'article précédent; remplissez-en le moule que vous voudrez renverser; mais joignez-y de la colle de poisson proportions gardées: il en faut au moins dix à douze bâtons, suivant la grandeur du moule; mettez à la glace, et laissez fortement congeler, avant de renverser.

Vous pourrez décorer cet entremets en ajustant sur le blanc-manger de longs filets de gelée de groseilles rouges, entremêlés de petits losanges ou carrés en gelée de pommes de Rouen, bien transparente et d'une belle couleur orangée.

Il est également aisé de *panacher* ou trancher les blancs-manger en les alternant dans leur moule, avec plusieurs couches d'une autre gelée d'office à la colle de poisson, qu'on aura soin de n'y placer qu'avec précaution, afin d'éviter que les deux compositions ne se mêlent ensemble. Celles dont le mélange y produit un meilleur effet, sont : 1° la gelée de vin d'Alicante ou de Champagne rosé ; 2° la gelée de coing ; 3° celle de sirop de vinaigre framboisé ; 4° celle de ratafia des quatre fruits ; 5° la gelée de liqueur de menthe, et finalement celle de verjus muscat, dont on emploiera des grains confits pour garnir ce plat d'entremets.

Blanc-manger chaud. (Plat de collation.) — Mettez dans une casserole une livre d'amandes douces, avec six amandes pilées bien fin ; faites bouillir dans une autre casserole, avec du sucre, de l'eau, une once de salep, ou de tapioca ; délayez vos amandes dans ladite mixtion bouillante ; passez le tout à travers une étamine bien fine en la foulant ; mettez votre appareil sur le feu un quart d'heure avant de servir ; tournez-le comme une bouillie ; faites réduire jusqu'à ce qu'il tienne à la cuillère ; versez dans une casserole d'argent, et servez à déjeûner pour un jour de jeûne.

BLANQUET. Il y a deux sortes de poires ainsi nommées, le gros et le petit blanquet. On leur a donné ce nom à cause de leur couleur qui est d'un vert blanchâtre. La poire de gros blanquet est bonne à manger au commencement de juillet, et celle de petit blanquet ne l'est que vers la fin du mois suivant. Ce sont des fruits de qualité médiocre.

BLANQUETTE, espèce de ragoût qui s'opère toujours avec des viandes blanches et déjà cuites, et dans lequel il doit entrer une *liaison*. (*V.* AGNEAU, COCHON DE LAIT, VEAU et VOLAILLE.)

Blanquette a la queue. — Poire d'été dont la chair est fine et l'eau très-sucrée. Elle est comme toutes les poires d'été dans la catégorie des fruits à la main.

BLÉ DE TURQUIE. (*V.* MAIS.)

BLÉYLL ou BAGATELLE (*mets polonais*). Vous mettez un demi-verre de vin blanc dans une chopine de bonne crème ; vous y exprimerez aussi le jus d'une orange ; râpez-y une écorce de citron et du sucre. Fouettez vivement ce mélange avec des verges. Enlevez la neige à mesure qu'elle se forme, et faites-la égoutter sur un tamis de crin. Mettez dans un plat un quarteron de macarons,

quelques gouttes de ratafia aux fruits rouges, et mouillez-les avec du vin sucré. Faites bouillir une chopine de crème ; sucrez-la et mettez-y quatre jaunes d'œufs battus. Mettez-la sur un feu doux, et remuez-la jusqu'à ce qu'elle s'épaississe ; ensuite versez-la sur des macarons, et, quand elle est refroidie, mettez la neige par dessus. Parsemez la surface de cet entremets étranger avec des nonpareilles de toutes couleurs.

BLOND DE VEAU. De toutes les confections préparatoires auxquelles on donne les noms de *jus, glacés, coulis,* etc., le jus blond de veau passe, avec raison, pour la moins insalubre. Voltaire a souvent parlé de ses bons effets hygiéniques. — « Venez à Cirey, où madame du Châtelet » ne vous laissera pas empoisonner, écrivait-il à Saint-Lambert, « il n'y a plus une cuillerée de » jus dans sa cuisine, tout s'y fait au blond de » veau ; nous vivrons cent ans, et vous ne mourrez » jamais. » Il est certain que cette sorte de jus a des propriétés moins excitantes que celui qui se fait avec des viandes noires, au rang desquelles il est juste de comprendre les jambons, qui sont toujours beaucoup plus substantiels et plus colorés que les autres parties du porc.

Lorsqu'on laisse attacher légèrement la viande, le jus en devient plus sapide ; il est alors, quant à ses propriétés diététiques, un intermédiaire entre le jus brun et celui dont la recette est ci-dessus. C'est à ce *mezzo-terminé* qu'il est bon de s'en tenir pour assaisonner de bon goût sans inconvénient.

Jus blond de veau. (Suivant la recette du docteur Tronchin.) — Garnissez le fond d'une casserole avec des tranches de veau ; ajoutez-y des abattis de volailles avec un peu de beurre ou de lard fondu, des ognons, des carottes et un bouquet garni ; mouillez avec une cuillerée de bouillon, et laissez réduire sans laisser attacher ; mouillez encore avec du bouillon en suffisante quantité pour que tout soit couvert ; faites bouillir et écumez ; ensuite amortissez le feu, et faites recuire doucement pendant deux heures.

Faites séparément un *roux blanc*, passez-y des champignons pendant quelques minutes, et versez-y le jus des viandes en remuant toujours pour que le roux se mélange intimement ; faites bouillir, écumez et tenez la casserole sur un feu doux pendant une bonne heure. Passez à l'étamine après avoir dégraissé.

Jus blond de veau à la parisienne. — Mettez dans une casserole ronde deux casis et deux jarrets de veau, quatre ognons, que vous mouillez avec deux cuillerées de grand bouillon ; vous posez la casserole sur un bon fourneau ; quand le bouillon qui est dans la casserole est réduit , vous le mettez sur un feu doux, afin que le veau ait le temps de suer, et que la glace ne s'attache pas trop vite ; quand la glace du fond de la casserole est de belle couleur, vous la remplissez de grand bouillon ; ayez bien soin de l'écumer, afin que votre blond ne soit pas trouble ; n'y mettez point de sel, attendu que le mouillement primitif devait être assaisonné convenablement.

Jus blond de veau à la Beauvilliers. (Celui-ci peut remplacer toute espèce de jus et de coulis, avec autant d'agrément gustuel que de profit pour la santé.)—Beurrez le fond d'une casserole ; mettez-y quelques lames de jambon, quatre à cinq livres de veau de bonne qualité, deux ou trois carottes tournées, autant d'ognons ; mouillez le tout avec une cuillerée de bon bouillon ; faites-le suer sur un feu doux, et réduisez-le jusqu'à consistance de glace ; quand elle sera d'une belle teinte jaune, retirez-la du feu ; piquez les chairs avec la pointe d'un couteau, pour en faire sortir le reste du jus ; couvrez votre blond de veau ; laissez-le suer ainsi pendant un quart d'heure, et mouillez-le encore avec du bouillon , selon la quantité de viandes ; mettez-y un bouquet de persil et ciboule, assaisonné de la moitié d'une gousse d'ail et piqué d'un clou de gérofle ; faites bouillir ce blond de veau ; écumez-le et mettez-le à mijoter sur le bord d'un fourneau ; vos viandes étant bien cuites , dégraissez, passez, et servez-vous-en comme de *l'empotage*, pour le riz, le vermicelle au gras, les ragoûts, les glacis et toutes les choses de même nature.

BOEUF. La chair du bœuf provenant d'un animal de quatre à six ans est un des aliments les plus nutritifs et les plus sanitaires ; elle est de facile digestion pour tous les estomacs sains ; mais la chair des bœufs qui ont été fatigués par un trop long travail est presque toujours sèche et fibreuse, et alors elle ne peut être digérée que par un estomac robuste. Aucun autre élément culinaire ne fournit autant de suc, et le bouillon qu'on prépare en le faisant cuire dans l'eau nourrit et se digère d'autant mieux qu'il n'est ni trop gras ni trop réduit.

La chair du bœuf étant celle dont la consommation est la plus étendue, et contenant, dans les plus justes proportions, tous les principes qui se retrouvent plus ou moins dans chacune des autres viandes, il serait naturel d'exposer ici les propriétés particulières à chacun de ces principes ; mais comme c'est par ces propriétés qu'on expliquera ce qui doit se passer dans une des opérations les plus importantes et les plus souvent répétées de la cuisine française, c'est-à-dire la décoction des viandes

pour en obtenir du bouillon, on renvoie l'exposé de ces propriétés à l'article *Bouillon,* et l'on renvoie également aux mots *Rôti, Braise* et *Étuvée* pour plusieurs considérations applicables à ces procédés de coction gastronomique.

La Normandie et l'Auvergne fournissent le meilleur bœuf de France, et peut-être du monde entier. Les Anglais concluent et proclament toujours la supériorité de leur bœuf ; mais c'est une de leurs prétentions les plus intolérables. Nous allons citer à cette occasion-ci plusieurs témoignages dont personne n'oserait contester la compétence et l'autorité.

M. de la Reynière a mangé du bœuf en plusieurs pays, et certes on ne supposera pas qu'il ait pu s'acquitter sans intelligence de la matière , ou bien avec une insouciance irréfléchie. Il a trouvé que le bœuf en Angleterre a toujours été tué trop jeune et qu'il est devenu trop gras pour être vraiment succulent. C'est, dit-il, un intermédiaire entre les veaux et les bœufs ; —*il enfle plus qu'il ne nourrit :* telle est la conclusion de ce gastronome, et l'on voit dans *l'Art du Cuisinier,* que M. Beauvilliers, praticien *par excellence,* est absolument du même avis sur le même sujet. Lorsque M. Carême (auteur du Pâtissier pittoresque et du Parfait Maître d'hôtel) était employé chez le roi d'Angleterre, a éprouvé que vingt livres de bœuf d'Écosse, ou du pays de Galles, ou du comté de Kent, du bœuf de Londres enfin, ne lui fournissaient jamais autant de substance gélatineuse et d'osmazôme, c'est-à-dire autant de matière propre à constituer du bouillon, du jus et des coulis, qu'il en obtenait toujours à Paris moyennant douze livres de bœuf ordinaire. M. Carême attribue l'infériorité de cette production britannique à l'humidité du climat, d'où résulte l'inconsistance et l'insapidité des herbes pâturales, aussi bien qu'à l'âge où l'on tue les bœufs anglais, lequel est toujours prématuré. Nous nous bornerons à constater, d'après l'expérience et les observations d'un professeur, que la même viande est à peu près deux fois plus nutritive et plus savoureuse en France qu'en Angleterre ; et puis, si nous avons mis l'honneur de nos bestiaux à couvert de l'arrogance anglicane, ce sera toujours cela de gagné.

On a déjà dit que les meilleurs bœufs nous viennent de la Normandie et de l'Auvergne, ceux du Cotentin sont les plus estimés. Les bœufs de l'Auvergne et de la Bretagne les suivent pour la qualité. Ceux du Limousin sont encore fort bons. Les bœufs de la Suisse ou d'Allemagne, par la fatigue qu'ils éprouvent pour arriver si loin de leur pays, acquièrent une qualité supérieure à celle qu'ils auraient si on les consommait sur les lieux, parce que leur graisse s'amalgame et s'identifie ; pour ainsi dire, avec leur chair et la rend beaucoup plus succulente: d'ailleurs leur charpente est infiniment plus forte que celle de nos bœufs du Cotentin principalement, et ceci peut avoir dans certains cas une utilité pratique.

Les parties les plus recherchées (du bœuf) sont d'abord la pièce appelée la culotte, et puis la pièce d'aloyau, la noix, ou, comme l'appellent les bouchers, la tranche grasse; la sous-noix, les côtes couvertes et la poitrine. Voilà les morceaux choisis pour faire des relevés et grandes pièces de bœuf. L'épaule, que les bouchers nomment paleron, est inférieure aux parties ci-dessus énoncées. Le flanchet et le collier sont les parties les moins estimées, comme le filet mignon est ce qu'il y a de plus délicat: on ne parlera pas de la cervelle, parce qu'elle est rarement bonne en France, où l'on a presque partout l'habitude de tuer les bœufs en les assommant au lieu de les saigner.

Grandes divisions culinaires du bœuf.

La Culotte. — Pour faire un beau relevé, il faut prendre une culotte de bœuf de vingt-cinq ou trente livres; faites attention qu'elle soit un peu plus longue que carrée; ayez soin de la désosser; en la ficelant, donnez-lui une forme ronde en dessus; c'est-à-dire, qu'il faut que votre pièce posée sur votre plat ait une forme bombée dans son carré long.

La pièce d'Aloyau. (*V.* ci-dessus au mot ALOYAU).

Noix de bœuf. — Vous faites lever la noix dans toute sa grandeur; tâchez qu'elle soit bien couverte: comme la viande en est sèche, vous prendrez de la graisse de rognon, et vous piquerez l'intérieur de cette noix avec de gros lardons de graisse; vous la ficellerez et la servirez avec des ognons glacés ou autres garnitures. On peut servir cette pièce de bœuf en surprise. Vous la faites cuire la veille. Le lendemain vous la parez à froid; vous faites un creux dans cette noix, pour qu'il puisse contenir un ragoût; vous prendrez la viande que vous en aurez ôtée; et bien entendu, vous conserverez le dessus de votre noix pour en masquer votre ragoût.

Poitrine de bœuf. — Vous coupez une poitrine de la grandeur que vous jugez à propos; vous la désossez presque jusqu'au tendon; vous donnez une forme de carré long à votre pièce; vous la ficelez, et vous la rendez bien potelée; faites-la cuire, et servez-la avec du persil ou des légumes: on peut aussi la mettre à la Sainte-Menehould. Vous

la feriez un peu moins cuire que si vous la serviez au naturel, et vous auriez soin de la faire cuire la veille, pour pouvoir mieux la parer et la paner; vous l'assaisonnez de sel fin et de gros poivre; vous la tremperez dans du beurre ou avec un doroir; vous la beurrez, en ayant soin que votre beurre ne soit pas trop chaud pour y faire tenir la mie de pain; avant de servir, vous laisserez votre pièce de bœuf prendre couleur au four, et vous la ferez servir pour relevé de potage.

Côtes couvertes. — Vous ne désossez pas tout-à-fait cette pièce; il faut en abattre le chapelet, qui est composé des os anguleux des côtes; il faut aussi couper un peu des côtes: après en avoir désossé une partie, vous roulez votre pièce de bœuf; vous lui faites prendre une belle forme, et vous la ficelez pour la faire cuire.

Sous-noix. — Cette pièce n'est pas très-commode pour le service de table, parce qu'elle est sèche. On en fait néanmoins d'assez beaux relevés, tant en bœuf à la mode qu'en grosses pièces à l'anglaise, mais on en fait surtout d'excellents bouillons.

Le Paleron. — Excepté pour opérer des potages, on ne se sert pas beaucoup de cette pièce; elle n'est pas couverte, et elle conserve mal son entier à cause de ses os et de ses nerfs.

Palais de bœuf. — Faites-les bien dégorger, et puis vous les ferez blanchir jusqu'à ce que vous puissiez en enlever une seconde peau qui tient au palais; quand vous voyez que vous pouvez l'ôter en ratissant avec le couteau, vous les mettez à l'eau froide: alors vous gratterez les palais jusqu'à ce qu'ils soient bien nets: lorsqu'ils seront tout-à-fait mondés, vous en détacherez les chairs noires, et quand ils seront en cet état, vous les mettrez dans un blanc (*V.* BLANC), où vous les laisserez cuire quatre ou cinq heures.

Nous ne dirons rien ici des *rognons de bœuf*, à moins que ce soit pour conseiller de n'en jamais manger; mais nous nous réservons la faculté de parler du *Gras-double* en temps utile.

Préparation des principales parties du bœuf.

Culotte ou pièce de bœuf bouillie (*V.* BOUILLI).

Bœuf à la mode à la bourgeoise. — Ayez un morceau de bœuf, des meilleurs, du côté de la cuisse; vous le piquerez de gros lard, vous le mettrez dans une terrine, avec deux carottes, quatre ognons, dont un piqué de deux clous de gérofle, un bouquet de persil et de ciboule, un pied de

6

veau, deux feuilles de laurier, une branche de thym, du sel, du poivre, quatre verres d'eau; vous laisserez bouillir le tout quatre heures; vous le servirez tout uniment avec ses légumes à l'entour.

Pièce de bœuf à l'écarlate. — Ayez une culotte de bœuf ou partie de cette grosse pièce, laissez-la mortifier trois jours ou plus, suivant la saison: cela fait, désossez-la et lardez-la de gros lard; vous l'assaisonnerez de persil et ciboules hachés, de poivre et épices fines; frottez cet aliment de sel fin très-sec et passé au tamis, dans lequel vous aurez mis une once ou deux de salpêtre purifié; mettez la pièce dans une terrine de grès *dite* d'office, avec une bonne poignée de genièvre, thym, basilic, quelques ciboules, une ou deux gousses d'ail, trois ou quatre clous de gérofle, et quelques tranches d'ognon; couvrez-la d'un vase, en mettant entre deux un linge, afin que l'air ne puisse pas y pénétrer; laissez-la ainsi pendant huit jours, au bout desquels retournez-la et recouvrez-la avec le même soin, et laissez-la trois ou quatre jours encore; alors retirez-la et faites-la égoutter. Mettez dans une marmite de l'eau assaisonnée de carottes, ognons, et d'un fort bouquet; faites-la *partir;* et lorsque votre eau sera au grand bouillon, mettez-y la pièce de bœuf après l'avoir enveloppée d'un linge blanc, que vous ficellerez; faites-la cuire ainsi pendant quatre heures sans interruption; mettez-la sur un grand plat de relevé avec un bon jus de bœuf réduit et du raifort ou kran râpé pour garniture.

Quand on l'a laissée refroidir dans son assaisonnement, on peut risquer de la faire servir à l'entremets, et c'est dans tous les cas une pièce de buffet très-honorable et très-solide.

Culotte de bœuf à la gelée royale (d'après la recette originaire et manuscrite de V. de la Chapelle, à la Bibliothèque du Roi). — « Prenez une culotte ou une partie; choisissez-la de bonne qualité, et qu'elle soit bien couverte; désossez-la; lardez-la de gros lard, comme une culotte à l'écarlate, et assaisonnez ces lardons de même; enveloppez-la dans un linge blanc; ficelez-la; mettez-la dans une braisière, au fond de laquelle vous aurez mis les os de votre culotte, cinq ou six carottes, quatre ognons, deux gousses d'ail, un bouquet de persil et ciboules, deux feuilles de laurier, un jarret de veau, un demi-setier de vin blanc, du sel ce qu'il en faut pour qu'elle soit d'un bon goût, deux ou trois cuillerées à pot de bouillon; faites-la partir sur un bon feu; couvrez-la de trois épaisseurs de papier beurré; couvrez votre braisière avec son couvercle; faites-la aller doucement avec feu dessus et dessous environ

quatre heures; lorsque votre culotte sera cuite, retirez-la; laissez-la refroidir dans le linge: passez son fond à travers une serviette, que vous aurez eu soin de mouiller, afin que la graisse ne passe pas avec; laissez-la refroidir; fouettez avec une fourchette deux blancs d'œufs avec un peu d'eau; jetez-les dans votre fond encore tiède; remuez-le; mettez-le sur le feu jusqu'à ce qu'il commence à bouillir; retirez-le; couvrez-le avec un couvercle sur lequel vous mettrez quelques charbons ardents; laissez dans cet état votre fond près d'un quart-d'heure; levez ce couvercle, si votre fond est limpide; passez-le de nouveau à travers un linge mouillé et tordu; faites refroidir votre gelée, pour voir si elle est trop forte ou trop légère: dans le premier cas, mettez-y un peu de bouillon; dans le second, faites-la cuire de nouveau avec un jarret de veau, et clarifiez-la encore, ainsi qu'il est dit plus haut. »

« Si elle n'était pas assez ambrée, vous pourriez y mettre un peu de jus de bœuf: si vous voulez décorer votre pièce de différentes couleurs, telles que rouge et vert, vous pouvez, pour la première, employer un peu de cochenille, après l'avoir fait infuser sur un feu doux, et en mettre seulement quelques gouttes, jusqu'à ce que vous ayez atteint le rouge que vous désirez: le mieux est que la couleur ne domine pas. Si vous la désirez verte, prenez un peu de jus d'épinards à cru; mettez-en également fort peu, afin de conserver la limpidité de votre gelée. Si vous n'aviez pas de cochenille, et que ce fût en hiver, vous la *remplaceriez* aisément en substituant un peu de jus de betteraves rouges, pilées à cru, et en agissant comme pour la cochenille; vous coulez toutes ces gelées dans des vases disposés de manière à pouvoir couper vos gelées de l'épaisseur d'un pouce ou moins, et de diverses façons, pour en décorer à volonté la pièce à servir, comme si c'était des rubis ou émeraudes; ensuite déballez votre pièce; parez-la sur tous les sens; ôtez légèrement la peau de la première graisse qui la couvre; mettez-la sur un plat; qu'elle soit d'aplomb; garnissez-la de gelée; faites une bordure de couleur, en les plaçant alternativement, l'une rouge et l'autre verte, comme le sont les diamants d'une couronne, et servez. »

Rond-bif ou Corne-bif (cuisine étrangère, grosse pièce anglaise). — Procurez-vous un morceau de cuisse de bœuf, et qu'il soit le plus gras possible; faites-le couper de toute la circonférence de la cuisse, et au-dessous de ce qu'on appelle la culotte; que le gros os se trouve au milieu; et au lieu de casser cet os sciez-le; faites sécher et piler trois ou quatre livres de sel; passez-le au tamis; mêlez-y un peu d'épices fines et d'aromates en poudre; frottez-en toutes les parties de ce bœuf : cela fait, mettez-le dans une grande terrine de grès avec le reste de votre assaisonnement; couvrez le bord d'un linge blanc; fixez ce linge avec de la ficelle autour de la terrine, et couvrez-la avec un couvercle fermé le plus hermétiquement possible; mettez au frais pendant trois ou quatre jours; après, retournez dans son assaisonnement la même pièce de bœuf, et faites-en ainsi tous les deux jours, durant une quinzaine. Lorsque vous voudrez vous en servir, retirez-la; laissez-la égoutter et ficelez-la solidement; mettez de l'eau dans une casserole qui puisse la contenir sans qu'elle y soit gênée, avec navets, carottes, ognons, quatre clous de gérofle et quatre feuilles de laurier; faites bouillir cet assaisonnement, et mettez-y la pièce de bœuf, en la passant et la maintenant sur une feuille de turbotière, afin de pouvoir l'enlever sans la déformer; faites-la bouillir pendant trois heures, et puis dressez-la sur un plat que vous garnirez des légumes avec lesquels elle aura cuit. Servez encore avec le corne-bif des *choux brocolis* (*V.* BROCOLI). Cette grosse pièce, après avoir été servie chaude, peut être représentée froide, et trouver sa place au buffet d'en-cas.

Bœuf fumé à la façon de Hambourg (cuisine allemande). — Employez, pour la préparation de cette pièce, le même procédé que celui de l'article précédent, exceptez que vous ne la larderez pas; ajoutez au sel fin dont vous le frotterez un peu de salpêtre et du genièvre en poudre : après douze jours de salaison, accrochez-la pour la laisser égoutter pendant vingt-quatre heures; mettez-la fumer sept ou huit jours, comme vous en useriez pour un jambon, en ayant soin de la retourner au bout de quatre jours, afin qu'elle prenne également la fumée; faites-la cuire comme la précédente. Celle-ci se sert sur de la choucroûte garnie de saucisses, de tranches de cervelas et de carrés de petit lard.

On peut employer la poitrine, les tendons et la noix de bœuf, pour remplacer la *culotte*, et ce bœuf se mange froid comme le jambon.

Noix de bœuf braisée. — Choisissez une belle noix de bœuf couverte de sa panuffe, et lardez-la de gros lardons bien assaisonnés. Après l'avoir ficelée, mettez-la dans une casserole avec des carottes tournées, un bouquet assaisonné de laurier, de thym, de basilic, une gousse d'ail et deux clous de gérofle, un peu de sel, une cuillerée à pot de bouillon et un demi-setier de vin blanc : lorsque vous la jugerez à moitié cuite, mettez-y six ou huit ognons blancs, étouffez-la avec feu dessus et dessous; quand elle sera cuite, ôtez une partie du fond, faites-le réduire pour en glacer la pièce de bœuf ainsi que les ognons; dressez-la sur un plat, arrangez les ognons glacés avec les carottes autour de cette grosse entrée.

Noix de bœuf à l'estouffade. — La noix de bœuf étant bien parée, on la pique avec du jambon et du lard coupés en lardons de moyenne grosseur, et on la fait cuire dans une casserole avec quelques ognons, des carottes, un bouquet garni, du sel, du poivre et un demi-setier de vin blanc. Étant cuite, on la fait égoutter, on dégraisse et l'on passe le fond de cuisson, puis on y ajoute quelques cuillerées de blond de veau, et l'on fait réduire ce mélange jusqu'à ce qu'il soit épais comme du sirop. Pour que ce vieux plat soit à son point de bonté parfaite, il faut pouvoir le servir à la cuillère, ainsi qu'un bon fricandeau.

Noix de bœuf à la Godard (*V.* ALOYAU).

Noix de bœuf au suif (d'après la recette de messieurs de la Reynière). — « On porte une belle »noix de bœuf bien marinée, chez un fondeur »de suif en branche; et lorsque le suif est prêt à »bouillir, on la descend avec une corde dans la »chaudière, et on l'y laisse jusqu'à ce qu'elle soit »à moitié cuite. On la fait ensuite égoutter, puis »on la porte dans un lieu frais, en sorte que le »suif, saisi par le froid, forme une enveloppe, et »en quelque sorte une croûte autour de cette »pièce de viande. Lorsqu'on veut la faire rôtir, »on la met à la broche devant un feu très-clair, »alors tout le suif en découle, et l'on se garde »bien de l'arroser avec. Mais ce suif, en s'emparant des pores de la noix de bœuf, a empêché le »jus d'en sortir, en sorte que, lorsqu'elle est cuite »(toujours saignante), qu'on la sert sur la table, »et qu'on l'y découpe en tranches fort minces, il »en résulte une telle abondance de jus, que c'est »une véritable inondation. »

Rosbif à l'anglaise. — Le rosbif à l'anglaise n'est pas ce que beaucoup de personnes supposent.

Prenez quatre ou six côtes couvertes, vous dégarnissez le bout de l'os de la côte; vous couchez le rosbif sur la broche, et le faites tourner à feu égal pendant trois heures, en vous assurant que la viande ne dessèche pas. Vous servez ce rosbif avec une garniture de pommes-de-terre cuites à l'eau, ou frites entières.

Pièce de bœuf au pain perdu. — A défaut d'une culotte de bœuf, prenez un aloyau ou seulement une partie; levez-en le filet (mignon); il vous servira pour faire une entrée; désossez le

6.

reste de ce morceau.; roulez-le en manchon : ficelez-le ; marquez-le comme une pièce de bœuf à l'ordinaire, et faites-le cuire ; coupez des lames de pain mollet en queue de paon ou en cœur ; cassez trois œufs, battez-les comme une omelette, assaisonnez-les d'un peu de sel et de crème ; trempez-y vos lames de pain, faites-les frire dans du beurre, ayez soin de les retourner les unes après les autres, et lorsqu'elles seront devenues d'une belle couleur, égouttez-les sur un linge blanc : la cuisson de la pièce de bœuf étant achevée, égouttez-la, et, après l'avoir déficelée, vous la poserez sur le plat, et rangerez autour vos lames de pain frites, avec une sauce à volonté.

Côtes de bœuf aux racines. — Prenez des côtes couvertes, lardez-les de gros lard comme la noix de bœuf, assaisonnez-les et braisez-les de la même façon ; tournez des carottes avec un emporte-pièce, en suffisante quantité pour en masquer la totalité de ce plat ; faites-les blanchir et mettez-les cuire dans une casserole avec une partie de l'assaisonnement des côtes ; faites tomber à glace, et cela fait, prenez la valeur d'une cuillère à bouche de farine, un peu de beurre, et faites un petit roux, mouillez-le avec le restant de l'assaisonnement ; faites cuire cette sauce et dégraissez-la, tordez-la dans une étamine, et servez pour plat de relevé si les côtes de bœuf s'y trouvent réunies au nombre de quatre, pour le moins.

Filets de bœuf rôtis, etc. (V. ALOYAU).

Biftecs grillés, etc. (V. BEEF'S TEAK).

Côte de bœuf au vin de Malaga. — Préparez une côte comme pour cuire à la braise ; vous épicerez un peu plus vos lardons, vous mettrez une demi-bouteille de vin de Malaga et la valeur d'une demi-bouteille de bouillon, pour faire cuire cette côte ; après cela , vous passerez le mouillement au tamis de soie ; ayez soin qu'il n'y ait pas de graisse ; vous faites réduire tout ce mouillement de manière à ce qu'il n'en reste qu'un verre pour mettre sous la côte ; ayez soin de ne pas saler beaucoup votre cuisson, pour que la sauce réduite ne soit pas âcre.

Côte de bœuf braisée. — Parez une côte de bœuf bien épaisse, piquez-la avec des lardons de moyenne grosseur que vous aurez bien assaisonnés de sel, poivre et fines herbes ; liez cette côte avec une ficelle, pour que l'os ne se détache pas de la viande, et faites-la cuire dans du consommé avec quelques carottes, autant d'ognons et un bouquet garni. On peut servir la côte de bœuf cuite de la sorte sans autre assaisonnement qu'un peu de fond

de cuisson que l'on met dessous après l'avoir dégraissé, passé et fait réduire à juste point.

Côte de bœuf à la provençale. — La côte de bœuf étant parée et piquée de moyens lardons bien assaisonnés, faites-la sauter dans de l'huile sur un feu très-ardent ; lorsqu'elle sera cuite à moité, vous couvrirez la casserole et vous mettrez du feu sur le couvercle en ayant soin de diminuer un peu celui du fourneau, de peur que la côte ne brûle. D'autre part, faites frire dans de l'huile des ognons coupés par tranches minces, et lorsqu'ils seront bien jaunis, vous ajouterez à l'huile dans laquelle ils auront cuit du sel et du poivre, un peu de bouillon et un filet de vinaigre. Dressez la côte de bœuf sur cette préparation.

Côte de bœuf à la vieille mode. — Parez et piquez une côte de bœuf comme il est dit à l'article précédent ; faites-la sauter dans du beurre, et lorsqu'elle sera à moitié cuite, vous couvrirez la casserole et mettrez du feu sur le couvercle. Dressez la côte ainsi cuite, et versez dessus ce qui se trouve au fond de la casserole, après l'avoir dégraissé.

Côte de bœuf aux épinards. — Mettez la côte de bœuf à la broche, ôtez-la lorsqu'elle est cuite à l'anglaise, c'est-à-dire un peu saignante, et dressez-la sur des épinards au jus.

Côte de bœuf à la milanaise. — Parez une côte de bœuf, et piquez-la avec des lardons de moyenne grosseur, fortement assaisonnés de poivre et de sel. Faites cuire cette côte dans deux verres de vin de Madère, avec du sel, du gros poivre, un bouquet garni, deux carottes et deux ognons. La côte étant cuite, passez, dégraissez et faites réduire le fond de cuisson ; faites sauter dans ce fond du macaroni que vous aurez fait cuire dans du bouillon ; ajoutez un peu de beurre, du fromage de Parme râpé ; faites mijoter le macaroni ainsi assaisonné, dressez la côte dessus, glacez-la, et servez-la très-chaudement.

Côte de bœuf aux concombres. — Vous préparerez une côte, et vous la ferez cuire comme celle braisée ; vous mettez des concombres en morceaux dessous, ou en quartiers à l'entour ; alors vous les glacerez, et vous les dresserez sur une sauce espagnole réduite.

On peut la servir tout aussi bien sur un ragoût de laitues farcies ou sur une litière de choux rouges à la flamande.

Côte de bœuf aux ognons glacés. — Vous parerez et braiserez une côte de bœuf ; quand elle sera cuite, vous la déficellerez, vous l'égoutterez et vous la dresserez sur un plat : tâchez qu'elle ait bonne mine, et qu'elle soit bien entière; vous mettrez des ognons glacés à l'entour; et vous la servirez sur une sauce claire, que vous aurez travaillée avec un peu de mouillement de ce ragoût.

Côte de bœuf à la rocambole. — Disposez comme pour cuire à la braise; vous y ajoutez un peu d'ail avec une cuillerée de rocamboles pilées, et vous mettez une demi-bouteille de vin blanc dans le mouillement; quand elle est cuite, vous l'égouttez, vous la glacez et la mettez sur votre sauce aux rocamboles.

Relevé de queues de bœuf à la flamande. — Vous faites braiser trois belles queues de bœuf, coupées par nœuds, dans un même fond que l'aloyau au vin de Madère : quand les queues de bœuf sont cuites, vous les égouttez. Dégraissez votre fond, passez-le à la serviette et faites-le réduire à demi-glace. Les queues étant bien préparées, vous les faites mijoter pendant une heure, jusqu'à ce qu'elles aient bien pris leur glace. Vous les dresserez sur un grand plat ovale, avec un cordon de laitues farcies pour garniture.

Queue de bœuf en hochepot. — La queue de bœuf étant coupée en trois morceaux, faites-la blanchir dans de l'eau salée, puis mettez-la dans une petite marmite ou une casserole avec un chou, des carottes, ognons, navets, panais que vous aurez également fait blanchir; ajoutez-y des tranches de cervelas et quelques morceaux de lard afin que les légumes soient bien nourris; mouillez le tout avec du bouillon, et faites-le bouillir doucement pendant quatre ou cinq heures. Faites ensuite égoutter la queue et les légumes et arrangez le tout dans une terrine. Dégraissez le fond de cuisson, faites-le réduire, ajoutez-y un peu de sauce espagnole, et versez ce mélange sur la queue et les légumes. Vous pouvez, en y employant trois queues de bœuf, également coupées, chacune en trois morceaux, en composer un excellent plat de relevé pour dîner en famille.

Queue de bœuf à la Sainte-Menehould. — Quand elle sera cuite, comme celle dite en hochepot, vous l'assaisonnez d'un peu de sel, de gros poivre; vous la tremperez dans du beurre tiède, et la mettrez dans de la mie de pain; vous la panerez deux fois, et vous lui ferez prendre couleur au four ou sur le gril.

Vous pourrez la servir : 1º sur une litière de choux rouges; 2º sur une purée de pois verts, ou de tout autre légume farineux, à volonté; 3° sur une purée d'ognons blancs, et 4º sur une sauce piquante et hachée, à l'italienne.

Langue de bœuf à la braise (Recette de la *Cuisinière bourgeoise.* Edition de 1767). — « Prenez une langue de bœuf que vous ferez dégorger; puis vous la ferez blanchir pendant demi-heure; vous la mettez rafraîchir : après qu'elle sera froide, vous la parerez : vous aurez de gros lardons que vous assaisonnerez avec du sel, gros poivre, quatre épices, du persil et ciboules hachés bien fins; vous piquez votre langue avec les lardons assaisonnés; vous la faites cuire dans une casserole dans laquelle vous mettrez quelques bardes de lard, quelques tranches de veau ou de bœuf, des carottes, des ognons, du thym, du laurier, trois clous de gérofle; vous mouillez votre cuisson avec du bouillon; laissez recuire votre langue à petit feu pendant quatre ou cinq heures plus ou moins, selon que la langue sera dure : au moment de servir, vous la parerez, et vous ôterez la peau de dessus; vous la couperez dans le milieu de sa longueur, pas assez pour qu'elle se sépare tout-à-fait, que votre langue coupée forme un cœur sur le plat : vous aurez une sauce piquante pour elle. » (*V.* Sauce piquante).

Langue de bœuf en paupiettes. — La langue de bœuf étant cuite à la braise, coupez-la par petites bandes de deux pouces de large; étendez sur ces bandes de la farce cuite; vous recouvrirez la farce avec une bande de tétine de veau cuite, et sur la tétine vous ferez une nouvelle couche de farce; toutes les petites bandes de langue étant préparées de la sorte, roulez-les et dressez-les sur un plat dont vous aurez garni le fond avec de la farce. Couvrez le tout avec des bardes de lard, et mettez le plat sous le four de campagne. Otez-le au bout de vingt minutes, enlevez les bandes de lard, et versez sur la langue une sauce à l'italienne.

Langue de bœuf en papillotes. — La langue étant cuite comme il est dit à l'article *langue de bœuf braisée,* on la coupe par morceaux auxquels on donne la même forme, puis on met dessus des fines herbes à papillotes, et l'on enveloppe chaque morceau de langue dans un papier huilé, en ayant soin de mettre une barde de lard dessus et dessous. Les bords du papier doivent être pliés et serrés de manière que ce qu'il contient ne puisse s'échapper. Quelques minutes avant de servir, on met ces papillotes sur le gril.

Langue de bœuf à l'écarlate. — Mettez une langue de bœuf dans un vase et couvrez-la de salpêtre; ajoutez-y du gros poivre, quelques feuilles de laurier, un peu de basilic et de thym, et versez sur le tout de l'eau bouillante bien salée. La langue doit passer plusieurs jours dans cette saumure, après quoi on la fait dégorger dans de l'eau fraîche, et on la fait cuire à la braise, en ayant soin de la saler fortement, ou de joindre au fond de cuisson une partie de la saumure. On la mange froide, et l'on en fait les meilleurs sandwishs, ainsi que chacun sait.

Langue de bœuf au gratin. — Après avoir fait dégorger et blanchir une langue de bœuf, faites-la cuire à la braise comme il est dit plus haut; ôtez-en la peau, laissez-la refroidir et coupez-la en tranches. Hachez du persil, de la ciboule, quelques échalotes, un peu d'estragon, des câpres et un anchois; faites tremper un peu de pain mollet dans du bouillon; mettez le tout dans un mortier, et pilez-le en ajoutant un peu de beurre; garnissez le fond d'un plat d'argent de cette farce, mettez les tranches de langue sur ce même hachis, recouvrez-les avec la dite farce, arrosez le tout avec du beurre fondu et un peu de bouillon, puis posez ce plat sur un feu doux, et couvrez-le avec le four de campagne.

Langue de bœuf au parmesan. — La langue de bœuf étant dégorgée et blanchie, il faut la piquer avec de gros lardons, bien assaisonnés de sel, poivre, persil, ciboule, et la faire cuire comme il est dit à l'article *langue de bœuf braisée*; la langue étant cuite, on la coupe par tranches très-minces que l'on dresse sur un plat en faisant successivement un lit de fromage de Parme râpé, et un lit de tranches de langue. Avant de mettre la dernière couche de fromage, il faut verser sur ce qui est dressé un peu de blond de veau, ensuite on arrose la dernière couche de fromage avec un peu de beurre tiède; on pose le plat ainsi garni sur un feu doux, on le couvre avec un four de campagne, et on ne le sert que lorsqu'il est de belle couleur.

Langues fumées. —Ayez des langues de bœufs et supprimez-en le gosier; faites-les tremper trois heures dans l'eau; grattez-les; mettez-les égoutter; frottez-les avec du sel fin et du salpêtre; ayez un pot de grès, mettez-y ces langues, et à mesure que vous les arrangerez, joignez-y quelques feuilles de laurier, du thym, du basilic, du genièvre, du persil, de la ciboule, quelques gousses d'ail, des échalotes et des clous de girofle; ayez soin qu'elles soient bien serrées les unes contre les autres, afin qu'il n'y ait nul vide entre elles; les ayant salées convenablement, couvrez leur vase de manière à ce qu'elles ne prennent pas l'évent; laissez-les au sel pendant huit jours; après quoi retirez-les, attachez-les par le petit bout à un grand bâton, et mettez-les fumer dans la cheminée jusqu'à

ce qu'elles soient bien sèches : quand vous voudrez les employer, lavez-les, ratissez-les, et faites-les cuire dans un bon assaisonnement comme une autre salaison.

Langue de bœuf fourrée. — Faites dégorger, et nettoyez convenablement un gros boyau de bœuf, introduisez dans ce boyau une langue de bœuf que vous aurez fait blanchir, liez les deux extrémités du boyau, et mettez cette langue dans de la saumure. Lorsqu'elle y aura passé dix ou douze jours, accrochez-la dans une cheminée, et brûlez dessous des herbes aromatiques. Faites-la cuire comme il est prescrit pour les JAMBONS et les ANDOUILLES.

Palais de bœuf en filets. — Faites dégorger et blanchir des palais de bœuf, parez-les et les débarrassez de leurs peaux; puis vous les couperez par filets et les ferez mariner dans de l'huile avec du poivre, du sel, persil, ciboule, ail et champignons hachés; parez ces filets en les trempant successivement dans de la mie de pain et dans des œufs battus; faites-les griller, et les servez avec une sauce piquante.

On prépare de la même manière les :

Palais de bœuf marinés.

Palais de bœuf grillés.

Palais de bœuf au gratin. — Voyez *Langue de bœuf au gratin*, et servez-vous du même procédé pour les palais.

Palais de bœuf à la lyonnaise. — Les palais de bœuf étant bien dégagés, blanchis et rafraîchis, il faut les mettre sur le gril jusqu'à ce que la peau commence à s'en détacher; on ôte cette peau avec soin; puis on fait cuire les palais de bœuf dans un blanc; lorsqu'ils sont cuits on les coupe par morceaux, et on les jette dans une purée d'ognons bien chaude.

Palais de bœuf à l'allemande. —Faites réduire du blond de veau jusqu'à consistance de glace. Liez-le avec des jaunes d'œufs, et jetez dedans des palais de bœuf cuits comme il est dit à l'article précédent, et coupez en petit morceaux losangés.

Coquilles de palais de bœuf. — Faites fondre une égale quantité de fromage de Parme râpé et de beurre bien frais; émincez des palais de bœuf, faites-les sauter dans cette préparation; versez le tout dans des coquilles, saupoudrez ces coquilles avec du fromage de Parme râpé, et faites-leur prendre couleur sur le four de campagne.

Crépinettes de palais de bœuf. — Faites cuire dans du beurre des ognons coupés en petits morceaux carrés, avec un peu de muscade, d'ail, de laurier, du sel et du poivre. Les ognons étant cuits, vous verserez dessus une cuillerée de bon jus; mêlez le tout avec des jaunes d'œufs. Jetez dans cette préparation des palais de bœuf bien cuits, comme il est dit plus haut, et coupés en morceaux carrés longs, et laissez refroidir le tout. Chaque morceau de palais se trouvant enduit de cette sauce, qui forme une espèce de pâte, vous les envelopperez de crépinettes de cochon, puis vous les ferez griller sur un feu doux, ou bien vous les mettrez sous le four de campagne, et vous les servirez avec une purée de tomates.

Émincé de palais de bœuf. — Coupez des ognons en tranches bien minces, faites-les revenir dans le beurre jusqu'à ce qu'ils soient bien dorés, versez dessus un peu de consommé, autant de sauce espagnole; faites bouillir le tout doucement; ajoutez-y un peu de beurre bien frais et un peu de sucre. D'autre part vous aurez émincé les palais de bœuf; vous les mettrez dans cette préparation, après quoi vous ferez encore mijoter le tout pendant quelques instants; puis vous dressez votre émincé, et vous ferez autour un cordon de croûtons biens jaunes. On fait aussi l'émincé de palais de bœuf aux champignons; il suffit, pour cela, de substituer les champignons aux ognons et la sauce allemande à la sauce espagnole.

Rootpins (article traduit du hollandais.) — Prenez six livres de viande de bœuf; celle des côtes découvertes est la meilleure; ayez soin qu'elle soit bien marbrée, faites en sorte qu'il y ait autant de gras que de maigre. Hachez le tout ensemble, à peu près comme une farce à pâtés. Assaisonnez de sel, poivre, épices, muscade.

Vous vous serez procuré de la panse de bœuf bien nettoyée, coupez-la en morceaux carrés de la grandeur de huit pouces, ou à peu près; remplissez-en l'intérieur de votre farce, rapprochez les extrémités de l'enveloppe, et cousez-les avec une grosse aiguille.

Tous vos morceaux préparés ainsi, ayez un chaudron bien étamé, faites bouillir de l'eau avec une bonne poignée de sel et une pinte de vinaigre; faites bouillir ces morceaux pendant une heure (vous aurez un grand pot en grès); égouttez vos morceaux sur un linge blanc, versez du vinaigre ce qu'il en faut pour les couvrir, ne couvrez votre pot que lorsque le tout sera bien refroidi; vous pourrez vous en servir au bout de quinze jours. Si vous n'en faites pas l'emploi en totalité, laissez-les toujours dans le vinaigre; seulement après ce temps il faut les mettre dans de l'eau tiède une heure, afin que le vinaigre soit absorbé.

Cuisson des rootpins. — Prenez ce qu'il vous faut de morceaux, coupez-les en tranches telles que des biftecks; posez-les dans un plat à sauter où vous aurez mis du beurre, donnez cinq minutes de cuisson à feu vif, en ayant soin de les retourner de temps en temps; vous aurez préparé autant de tranches de belles pommes de rainettes, faites-les frire comme les morceaux ci-dessus; dressez ce hors-d'œuvre en couronne, en posant alternativement un morceau de chaque sorte : servez le plus chaud possible.

Plunk-fine ou *pinsons plumés.* (Cuisine étrangère. Mets écossais.) — Ayez deux livres de viande de bœuf de Hambourg; cuite, coupez-la en dés; ayez la même quantité de carottes et autant d'ognons coupés de même; faites cuire ces deux sortes de racines ensemble, avec une cuillerée de bouillon; les racines presque cuites, ajoutez-y la viande, versez un demi-verre de vinaigre avec trois cuillerées de sucre en poudre, et faites réduire cette préparation; au lieu de bœuf de Hambourg, vous pouvez prendre du jambon ou de la langue à l'écarlate.) — *Cette entrée n'est pas distinguée,* disait souvent Sir Walter Scott, *mais je ne l'en trouve pas moins excellente.*

Amourettes de bœuf en marinade. — Vous préparerez ces amourettes comme celles de veau, et vous les ferez cuire de même; quand elles seront cuites, vous les ferez égoutter, les couperez toutes de même longueur, et les ferez frire en bonne pâte à l'eau-de-vie, pour les servir en hors-d'œuvre avec une garniture de persil frit.

Gras-double. — Vous prendrez le plus épais du gras-double; quand il sera lavé et blanchi, vous le gratterez et le laverez à plusieurs eaux; vous le ferez cuire avec une livre de lard râpé, deux carottes, deux ognons, dont un piqué de quatre clous de gérofle, laurier, thym, ail, gros poivre, persil, et deux petits piments enragés; vous le mouillerez avec une bouteille de vin blanc et une cuillerée de dégraissis de consommé; il faut qu'il cuise huit heures, à très-petit feu; vous le laisserez refroidir dans sa cuisson, et puis vous le couperez en filets égaux.

Vous aurez préparé d'avance douze ognons coupés en filet, que vous faites frire dans de l'huile, avec un peu d'ail et de persil haché; vous égouttez la moitié de l'huile, et faites bouillir le gras-double avec les ognons et un peu du fond de la cuisson. Il faudra les servir le plus chaudement possible, après avoir mis dessous des croûtes de pain chapelées, que vous avez trempées dans de l'huile, poudrées de sel et gros poivre, et séchées sur le gril.

Gras-double à la poulette. — Ayez un morceau de gras-double bien cuit ; coupez-le en morceaux de la forme d'un sou ; mettez-le dans une casserole, avec un morceau de beurre, des champignons tournés, du persil haché, sel, poivre et muscade ; étant bien bouillant, liez-le avec trois jaunes d'œufs et le jus d'un citron.

Gras-double à la lyonnaise. — Préparez du gras-double comme il est dit ci-dessus ; coupez une douzaine de gros ognons en filets ; faites-les frire dans une bonne friture, et quand il est jaune, mettez-le égoutter dans une passoire ; mettez alors cet ognon dans une casserole avec vos morceaux de gras-double ; faites-le mijoter jusqu'au moment de le servir avec des croûtons frits et de la moutarde à proximité.

Gras-double en crépinette. — Prenez du gras-double cuit, coupez-le en petits dés avec autant de champignons, une demi-livre de lard, un peu de mie de pain, deux jaunes d'œufs ; mettez le tout ensemble ; assaisonnez de sel, poivre, muscade, épices et un peu d'ail ; mettez cet appareil dans une crépinette de cochon, par portions égales et de la grosseur d'un œuf ; aplatissez-les comme des saucisses plates, mettez-les à griller, et servez sur une sauce aux tomates épicée.

Gras-double à la milanaise. — Vous le couperez en filets, et le ferez cuire comme ci-dessus ; vous aurez une soupière dans laquelle vous mettrez des croûtons de pain, un lit de gras-double, un de fromage de Parme râpé, et ainsi de suite. Il est nécessaire de le faire gratiner.

On a vu pourquoi nous n'avons rien voulu prescrire à l'égard des cervelles de bœuf ; nous pourrions donner la même raison pour ne pas parler des rognons, et peut-être une raison plus déterminante encore, attendu que ces parties du bœuf ont toujours une espèce de saveur alcalescente, tandis que la fibrine en est toujours sèche, et quelquefois pierreuse. Cependant, comme on peut se trouver dans la nécessité d'avoir recours à ces deux comestibles (en voyage ou à l'armée, par exemple), nous dirons que les meilleurs apprêts qu'on puisse appliquer à des *cervelles de bœuf*, c'est d'abord une matelote au vin rouge, avec un peu d'ail et force épices ; ensuite une marinade frite, après avoir été macérées dans de l'eau-de-vie mêlée d'échalotes et de sel ; et puis au beurre noir, avec persil frit et bon vinaigre ; enfin, bien cuites à la braise, et masquées d'une purée de tomates où l'on aura mis du beurre d'anchois. Quant à la manière de préparer des *rognons de bœuf*, on doit supposer que la meilleure est celle qui porte le nom du savant M. Chaptal, et celle-ci con-

siste à les émincer pour les sauter dans leur jus avec du beurre et des tranches d'ognon, du vinaigre aromatique et force poivre. Lorsqu'on veut manger un *cœur de bœuf*, il faut qu'il ait été coupé en tranches et cuit sur le gril, après avoir été mariné. On le sert avec une poivrade, et c'est encore un plat de cantine. Quant à la *moelle de bœuf* et son usage alimentaire, nous renvoyons aux diverses préparations où son emploi se trouve prescrit (*V.* CARDONS, CÉLERI, FLANC, GATEAU, POTAGE, ROTIE).

BOISSON. On distingue les boissons des breuvages, en ce que les premières ont pour objet principal d'apaiser la soif, tandis que le mot breuvage indique particulièrement certaines préparations composées dans un but alimentaire ou pharmaceutique. Les opérations qui produisent les breuvages sont nécessairement la décoction, ou l'infusion, ou la macération, ou la trituration ; tandis que les boissons proprement dites ont toujours la fermentation pour origine et pour base opérative. (*V.* VIN, CIDRE, POIRÉ, BIÈRE, HYDROMEL, VIN BOURRU, BUVANDE, etc.).

BOMBARDE. *Excellent mets tyrolien* (traduction de l'allemand).

« Cuisiniers soigneux, respectables ménagères ou filles diligentes !

» Sachez qu'il faut commencer, pour faire une bombarde à la fiancée, par couper cinq morceaux minces dans le maigre d'un *cuissart* de veau. Après les avoir arrondis un peu, piquez-les bien serrés du côté arrondi, avec de petits lardons minces. Lardez aussi cinq langues de mouton, que vous aurez auparavant fait bouillir et cuire. Piquez-les avec de petits morceaux d'écorce de citron : d'un autre côté, faites un hachis assaisonné avec du veau, du lard, du jambon, de la graisse de bœuf crue et un anchois haché. Composez encore un autre hachis avec du veau, de la graisse de bœuf crue, des champignons, des épinards, du persil, du thym, de la marjolaine, de la sarriette et des ognons nouveaux ; mettez-y du poivre, du sel et du macis, battez tout cela. Faites une boule de l'autre hachis et couvrez-la avec celui-ci. Ensuite faites-en un rouleau dans une coiffe de veau, et mettez au four. Liez le reste comme un saucisson et faites-le bouillir ; mais il faut auparavant enduire la coiffe de veau avec un jaune d'œuf. Mettez le veau lardé dans une casserole avec un peu de jus, et laissez-le bouillir doucement autant qu'il le faudra. Dégraissez, jetez-y quelques truffes, des morilles, des champignons et des culs d'artichaut. Quand le hachis aura été assez de temps au four, mettez-le au milieu d'un grand plat et les morceaux de veau autour, avec une langue frite entre chaque morceau de veau. Coupez par tranches la portion à laquelle vous avez donné la forme d'un saucisson et qui a bouilli; faites-la frire; dispersez-la sur le plat, versez la sauce dessus, garnissez avec du citron, et servez vos honorés maîtres, ou vos dignes parents. »

BON-CHRÉTIEN, estimable et très-utile espèce de poire à chair cassante et sucrée, dont on connaît quatre variétés, savoir: le bon-chrétien d'été qui se cueille au mois d'août; le bon-chrétien musqué qui mûrit à la fin de septembre; le bon-chrétien d'Espagne qui se mange en octobre, et le bon-chrétien d'hiver qu'on peut conserver aisément pendant quatre ou cinq mois. Ces beaux fruits, car on en voit qui pèsent jusqu'à deux livres et demie, sont d'un grand secours et d'un fréquent usage à Paris pour ajuster les corbeilles de fruits mêlés, pendant l'hiver. On en fait aussi d'excellentes compotes, ainsi que des poires de rousselet et de martainsec; mais avant de mettre dans leur sirop les poires de bon-chrétien, il est bon d'en avoir fait bouillir les quartiers dans une eau sucrée où l'on aura joint quelques onces de moelle. C'est avec le bon-chrétien musqué qu'on fait la fameuse *compote crue*; ce qui s'exécute ainsi qu'il suit.

Compote crue, dont voici la curieuse formule, d'après l'official de la maison de MESDAMES, Tantes du Roi.

« Vous choisirez au fruitier six belles et grosses »poires de bon-chrétien musqué, bien mélangé »sur la peau d'incarnat et de jaune, parce que »c'est la marque de perfection pour ces fruits. »Après les avoir pelées, tranchez-les au plus »mince avec un rabot à concombres cruds; mais »que ce soit dans le sens de leur longueur, »et non pas en travers, afin de n'y rencontrer nulle »parcelle de leurs cloisons, pepins ou parties les »moins fondantes. Vous renfermerez ces tranches »de poire dans une serviette imbibée de bonne eau-»de-vie sucrée et vous les y laisserez sept à huit »minutes au plus. Pendant ce temps-là vous aurez »fait piler au mortier de verre et sous pilon d'ar-»gent, les chairs bien émondées de six autres »poires de la même espèce, et toujours crues; mais »il n'est pas besoin qu'elles soient du premier »choix², et vous en passerez le jus au travers d'un »tamis serré, en y mêlant six onces de sucre royal »en poudre, ainsi que deux cuillerées de vieille et »pure eau-de-vie de Cognac. Ne finassez point sur »cette pratique, car tout autre spiritueux que »l'eau-de-vie simple aurait l'effet de masquer le »parfum naturel de ces bons fruits. Placez-en les

»filets cruds dans un compostier, et versez-le par »dessus le sirop susdit; mais comme cette composte »crue se meurtrirait bientôt, donnez avis qu'elle »est preste, afin qu'on la veuille manger à son »point, sans attendre au préjudice de sa frais-»cheur. »

BONDY, belle et grosse pomme dont la peau lisse et brillante est moitié verte et moitié rouge. La pomme de Bondy est un fruit de qualité médiocre, mais on l'estime à l'office à raison du bon effet qu'elle produit dans les pyramides de fruits à la main.

BONNE-DAME. C'est la même plante que la poirée, et toutes les deux sont analogues à l'arroche, autre herbacée potagère qu'on associe toujours à l'oseille pour en tempérer l'acidité (*V*. ARROCHE).

BONNET-TURC. Variété du potiron (*V*. GIRAUMONT).

BORDE-PLATS. On appelle ainsi certaines découpures symétriques dont on garnit le tour des plats *ouverts* et non couverts. Ces petits ornements sont aujourd'hui très-élevés et très-ouvragés. C'est une coutume adoptée généralement depuis quelques années, et la chose a lieu maintenant pour les plus *petits jours,* aussi rigoureusement que pour un festin d'apparat. Voici la formule de confection pour cette espèce de hors-d'œuvre. — Prenez du pain de pâte ferme rassis, levez-en la mie par tranches de l'épaisseur d'une *lame de couteau;* formez de cette mie des Λ, des V, des C, des X, enfin toutes les figures que vous voudrez; cela fait, mettez chauffer de l'huile dans une casserole, et passez-y ces croûtons; faites-en de roux et de blancs, en leur faisant plus ou moins subir l'action du feu; quand ces croûtons seront bien secs, égouttez-les, faites des caisses de papier blanc où vous les mettrez séparément, selon leur forme et leur couleur; lorsque vous voudrez vous en servir pour des borde-plats, percez un œuf par la pointe, faites-en tomber une partie du blanc sur un couvercle, battez ce blanc avec la lame d'un couteau; incorporez-y une petite pincée de farine, faites chauffer légèrement votre plat, trempez dans l'œuf un des côtés de vos croûtons, posez-les sur le bord de ce plat, et ainsi de suite, jusqu'à ce que votre bord soit garni complètement et régulièrement formé. Il paraît que les garnitures en croûtons blancs sont les plus élégantes, et que lorsqu'elles sont en pâte *à nouilles,* elles ont encore un mérite de plus.

BOUCANER. Quand les Hurons ou les Canadiens sauvages arrivent de la chasse, ils écorchent les bêtes qu'ils ont rapportées, ils en décharnent les os , ils en coupent les chairs par aiguillettes plus un moins longues , qu'ils placent sur des tables et qu'ils assaisonnent avec du sel et quelques herbes de leur pays. Le lendemain ils placent ces chairs découpées sur un gril de bois de fer, qu'ils élèvent au-dessus de leur feu. On y entretient beaucoup de fumée, et pour la rendre plus épaisse on y fait brûler toutes les peaux et tous les ossements de ces animaux. Telle est l'opération qu'on appelle *boucaner*, et qui ne s'applique en France que pour la préparation des jeunes lamproies et des petites anguilles. On a trouvé que ces filets de poissons ainsi boucanés étaient d'un goût si parfaitement bon, qu'on les mange habituellement sans les faire cuire et sans autre préparation culinaire. (*V*. HORS-D'OEUVRE.)

BOUCHÉES (petites), terme de cuisine et d'office applicable à de petits gâteaux soufflés qui se trouvent compris dans la division des pâtisseries appelées de *petit four*.

Bouchées de Versailles. — Faites deux onces de pâte pour *biscuits à la cuillère*, selon les procédés décrits ci-dessus (*V*. BISCUITS).Vous couchez cette pâte de la même grosseur que de petites méringues rondes. Après les avoir ainsi couchées sur des bandes de papier, vous les masquez de sucre passé au tamis de soie, comme on fait pour glacer le biscuit à la cuillère; et quand ce sucre se trouve fondu , vous les mettez au four à chaleur modérée, et vous les retirez dès qu'elles sont colorées d'un beau blond , en les détachant du papier. Lorsqu'elles sont froides, vous masquez de marmelade d'abricots le côté qui était sur le papier; et au fur et à mesure que vous en avez deux de masquées, vous les collez ensemble du côté de la confiture. Le tout ainsi préparé , vous mettez dans une petite terrine quatre onces de sucre royal passé au tamis de soie , que vous délayez avec un blanc d'œuf , travaillez ce mélange avec une cuillère d'argent pendant au moins dix minutes, en y mettant de temps en temps un peu de jus de citron, ce qui blanchit la glace avec laquelle vous masquez presqu'entièrement les bouchées, que vous tenez sur le bout des doigts, afin de les glacer plus aisément. Vous les placez à mesure sur un grand plafond masqué d'un rond de papier. Le tout étant ainsi glacé, vous mettez ces bouchées à la bouche du four, mais seulement pour quelques minutes, afin qu'elles ne changent pas de couleur.

Bouchées glacées à la Reine. — Vous faites vos bouchées de la même manière que les précédentes ; mais donnez à celles-ci la forme ovale. Lors-

qu'elles sont cuites, vous les détachez des papiers ; ensuite vous mettez dans une petite terrine deux onces de sucre royal passé au tamis de soie, et trois onces de chocolat râpé que vous aurez fait fondre en le mettant sur du papier à la bouche du four pendant quelques minutes. Vous délayez ce mélange avec un blanc d'œuf, en le remuant avec une cuillère d'argent pendant huit à dix minutes; et après avoir garni le milieu des bouchées de marmelade de coings, d'ananas ou d'abricots, vous les masquez avec la glace. Au fur et à mesure que vous en terminez une , vous la recouvrez légèrement avec du gros sucre cristallisé, et la posez avec soin sur un grand plafond couvert d'un rond de papier. Lorsque les bouchées sont toutes glacées, vous les mettez cinq à six minutes au four, et lorsqu'elles sont froides vous pouvez les dresser.

Pour les *bouchées de dames à la rose*, vous faites la glace rose tendre, avec de l'essence de rose et du rouge végétal, et lorsqu'elles sont glacées vous semez dessus du gros sucre en cristal bien blanc.

Vous pouvez également les masquer en jaune, en mêlant à la glace du safran et du zeste de citron. De même à l'orange, en colorant la glace avec du rouge et du jaune, ou vous joindrez le zeste d'une belle orange bien saine, et toujours en les masquant de gros sucre.

Lorsque vous les masquez à la glace blanche, vous pouvez semer dessus des pistaches hachées ou de petits grains de raisin de Corinthe parfaitement lavés et séchés au four.

Bouchées de MONSIEUR. — Vous les disposez et les terminez ainsi que les précédentes ; mais lorsqu'elles sont froides, vous les masquez de marmelade d'abricots et les accouplez deux par deux. Vous les remasquez en les glaçant au chocolat, à la pistache, à l'orange, au cédrat, à la bigarade, ou au verjus muscat.

BOUDIN. La base de ce comestible appétissant mais peu salubre est ordinairement le sang d'un porc avec des morceaux de sa panne, c'est-à-dire de sa graisse abdominale, accompagnés de plusieurs ingrédients contenus ou renfermés dans un boyau de cet animal. On fait également des boudins avec le sang et les chairs d'autres animaux, tels que les daims, les lièvres, les oies sauvages, etc. ; mais dans cette catégorie d'aliments les boudins de chevreuils sont regardés comme les plus savoureux et les plus digestibles.

Boudins de porc et de sanglier. — Commencez par faire hacher de gros ognons que vous ferez bien cuire avec de la panne de cochon, et un peu d'eau pour empêcher qu'ils ne passent au roux.

Quand l'ognon est bien fondu, prenez de la panne que vous ferez couper en petits dés et que vous ferez rouler dans un hachis de fines herbes assaisonnées des quatre épices.

Mettez-la dans la bassine où est votre ognon, avec le sang du porc auquel vous joindrez un quart de bonne crème bien fraîche. Assaisonnez de sel fin, maniez bien le tout ensemble, et l'entonnez dans des boyaux que vous aurez fait couper de la longueur que vous voulez donner à ces boudins; ne les emplissez pas dans la crainte qu'ils ne crèvent en cuisant; ficelez les deux bouts de chaque boyau et faites-les cuire à l'eau bouillante pendant un quart d'heure; pour savoir s'ils sont assez cuits, vous en tirerez un avec l'écumoire, et vous le piquerez avec une épingle : si le sang ne sort plus, c'est une preuve qu'ils sont bien cuits; mettez-les alors à refroidir pour les faire griller quand vous voudrez vous en servir. (Les boudins *au sang*, et surtout ceux du cochon, ne se servent guère autrement qu'en *extra*, c'est-à-dire autour de la table; mais il n'en est pas ainsi des boudins *composés*.)

Boudins de chevreuil, de lièvre, etc. — Tous les boudins *au sang* doivent se préparer comme il est indiqué pour ceux du porc et du sanglier. On accompagne ordinairement les boudins de lièvre et d'oie sauvage, avec des rouelles de pommes qu'on a fait cuire à la poêle avec un peu de lard fondu. Les boudins de chevreuil se mangent le plus souvent avec une bread-sauce où l'on a eu soin de ne pas oublier la cannelle.

Boudins blancs à la ménagère. — Faites bouillir une chopine de bon lait; mettez-y ensuite une poignée de mie de pain, passez ce mélange à la passoire, et faites-le bouillir jusqu'à ce que tout le lait soit bu par la mie de pain; laissez refroidir cette panade. Coupez une demi-douzaine d'ognons en petits dés, et passez-les au beurre sans leur donner le temps de prendre couleur; hachez après cela parties égales de pannes fraîches et de blancs de volaille; à leur défaut, remplacez ces blancs par toute autre viande blanche; ajoutez-y six jaunes d'œufs, un demi-setier de crème; ajoutez encore du sel fin, des quatre épices concassées, et quelques amandes douces hachées. Ayez des boyaux de cochon que vous avez coupés de la longueur dont vous voulez faire des boudins. Remplissez-les aux trois quarts; liez-les aux deux bouts, et mettez-les dans l'eau bouillante. Au bout d'un quart d'heure, s'ils sont cuits convenablement, il en sort de la graisse. Mettez-les alors dans l'eau fraîche, égouttez-les, et les rendez brillants, en les frottant de panne chauffée. On les fera cuire sur le gril et dans une caisse de papier beurré.

Boudins à la Richelieu (recette obtenue du célèbre Étienne Joly, *cuisinier, premier aide aux entrées chez* M. le MARÉCHAL, *par* M. de la Reynière, le grand-père, en 1748). — « Prenez la chair d'un fort beau lapin, pilez-la et passez-la; prenez ensuite six ou huit belles patates (*aujourd'hui nommées pommes-de-terre*); faites-les cuire sous la cendre : lorsqu'elles le seront, épluchez-les avec soin, mettez-les dans le mortier, pilez-les à force; ensuite, votre farce achevée, étendez-en sur un couvercle de casserole bien également, l'épaisseur d'un travers de doigt, en carré long de cinq pouces de hauteur sur trois de largeur; mettez sur la longueur et au milieu un salpiçon (*V.* SALPIÇON); trempez la lame de votre couteau dans de l'eau chaude, comme vous feriez pour former des quenelles de volaille; enfermez le salpiçon en relevant et en rabattant les deux côtés ainsi que les deux bouts, sur votre salpiçon, en sorte qu'il soit bien enveloppé de la farce à laquelle vous donnez la forme d'un boudin blanc : beurrez le fond d'une casserole assez grande pour que votre couvercle puisse toucher au fond; chauffez ce couvercle légèrement, et faites couler votre boudin dans le fond de cette casserole, ayant soin qu'il y soit droit, et ainsi de suite, en continuant votre opération; prenez les mêmes précautions, pour pocher ces boudins, que celles à prendre pour les quenelles; lorsqu'ils le seront, égouttez-les, laissez-les refroidir. Si vous voulez les faire griller, dorez-les d'œufs avec un petit pinceau de plumes, et roulez-les légèrement dans de la mie de pain; posez-les sur le gril et mettez-les sur une cendre rouge : faites qu'ils prennent partout une belle couleur, et cela en les retournant sur les quatre faces : ensuite dressez-les, soit sur une bonne italienne blanche, ou rousse, soit sur une périgueux, et servez. »

Boudins de lapereau. — Hachez et énervez les chairs d'un lapereau rôti; ajoutez-y son foie; concassez les os, et faites-les bouillir dans du consommé; faites, avec ce consommé, une panade, et pilez ensemble les chairs et la panade en y ajoutant un peu de beurre, des ognons cuits dans du consommé, des jaunes d'œufs, de la panne hachée, de la crème réduite, sel, poivre, muscade, et opérez du reste comme pour le boudin blanc.

Boudins de foies gras. — Hachez ensemble un quarteron de chair de porc, une livre de foies gras, autant de blanc de chapon, fines herbes, sel, poivre, muscade, gérofle en poudre, cannelle, six jaunes d'œufs et deux pintes de crème; faites vos boudins avec ce hachis; faites-les cuire dans du lait avec sel, citron vert et laurier; faites-les ensuite griller, et servez avec un jus d'oranges amères.

Boudins d'écrevisses. — Des écrevisses bien fraîches étant cuites au vin blanc, laissez-les refroidir, et puis, faites un beurre d'écrevisses avec les coquilles et l'intérieur ; coupez en dés la chair des queues ; mettez cette chair dans une casserole, avec les œufs d'écrevisses que vous en aurez recueillis, des blancs de volaille coupés en dés, des ognons cuits sous la cendre, une panade à la crème ; mêlez avec tout cela un peu de blond de veau, des jaunes d'œufs, sel, poivre, épices ; entonnez cet appareil dans les boyaux, et agissez du reste ainsi que pour les boudins blancs, ci-dessus formulés. Il en est encore ainsi pour la confection des boudins de merlans, de saumons, de sarcelles et de macreuses.

BOUILLE-A-BAISSE. C'est le nom provençal d'une soupe au poisson qui constitue, sans contredit, un des mets les plus esculants de la cuisine méridionale, et même de la cuisine française. — Prenez trois ou quatre merlans, une vive et deux grondins, ou mieux encore une forte rouelle de congre, ou grosse anguille de mer. Coupez-les en morceaux, et mettez-les à bouillir avec quatre pintes d'eau dans une marmite ; joignez-y des carottes, un pied de céleri, une gousse d'ail, un peu de sel et quelques tiges de poireaux : faites cuire à petit feu pendant cinq à six heures, et conduisez ce bouillon maigre absolument comme un pot au feu.

Quand il est réduit à moitié, passez votre consommé de poisson au travers d'un tamis de crin, et recevez-en le produit dans une terrine où vous mettrez : 1° vingt-quatre petits ognons ; 2° six tomates tranchées par moitiés ; 3° deux belles soles, à qui vous retrancherez la tête et la queue, et dont vous couperez le reste du corps en trois parties égales ; 4° quatre ou cinq ou six rougets de roche, que vous pourrez trancher par moitiés, ou laisser dans leur entier, d'après leur force et leur nombre ; 5° quinze ou vingt éperlans, suivant aussi la grosseur de ces poissons : vous ajouterez à tout ceci une forte pincée de feuilles de cerfeuil cru, et finalement quatre ou cinq cuillerées de la meilleure huile d'Aix. Placez sur un fourneau la terrine qui contient votre appareil, et faites-le mijoter sur un feu doux jusqu'à ce que ces petits ognons et ces nouveaux poissons puissent être cuits, ce qui ne se fera pas attendre plus de huit à dix minutes. Alors établissez dans un grand plat creux de larges croûtes de pain (croûtons de dessus), mouillez-les avec de la bouille-à-baisse en tenant chaudement le dessous du plat pour que vos croûtes en soient bien imbi-

bées. Dressez sur ces croûtons vos poissons de la seconde fournée, car il n'est plus question des autres ; versez le reste du mouillement, et placez vos quartiers de tomates au-dessus du plat que vous garnirez de vos petits ognons blancs.

On voit que cette double manutention a pour objet d'obtenir, d'abord un consommé de poissons qui soient à bon marché et qui ne doivent pas être montrés à table, attendu qu'ils sont un peu trop vulgaires, et surtout parce qu'ils sont exténués par l'effet de leur cuisson. La dernière opération consiste à faire cuire dans cette réduction de poissons communs, d'autres poissons, les plus délicatement savoureux, qui doivent être servis dans le consommé primitif, avec une addition copieuse de pain et de légumes, à la manière des anciennes soupes. Il en résulte un potage maigre aussi substantiel et non moins stimulant que le plus fort consommé de la meilleure viande.

On a cru devoir indiquer ici les espèces de poissons fins qui conviennent le mieux à cette préparation, mais il est sous-entendu qu'on peut les remplacer au besoin par des tronçons de cabillaud, des tranches de turbot, de petits surmulets et de petits bars.

Bouille-à-baisse (au poisson de rivière). — On peut employer pour cette opération culinaire toute espèce de poissons d'eau douce ; mais on a pu remarquer que le barbeau, le brochet et la brème étaient ceux qui fournissaient le moins de saveur et qui donnaient le moins de consistance au bouillon maigre, tandis que l'anguille, la carpe et la tanche étaient les mieux appropriés pour sa confection. On a plusieurs manières de s'en acquitter en Provence, et nous pouvons nous souvenir, par exemple, qu'au-dessous de la fontaine de Vaucluse, au bord de la Sorgues, on prend sous vos yeux, dans cette illustre et charmante rivière, un ou deux carpeaux dorés, des anguilles bleues, de jeunes truites infiniment agiles, et puis de jolies perches, oh ! des perches d'eau-vive, argentées, moirées et nacrées, avec des nageoires et des queues d'un si vif incarnat que les plus beaux appendices rouges de nos perches de Seine ne sauraient approcher de ces cartillages avignonais !

On ne manque jamais d'annexer à ces poétiques enfants du torrent de Vaucluse un plein panier de méchantes écrevisses toutes noires qui s'échappent, qui se revoltent et qu'on commence toujours par écraser à moitié. Aussitôt qu'on a fini de massacrer tous ces produits frétillants, on vous jette tout cela dans un chaudron, pêle-mêle avec des ognons et des poireaux, une poignée de gros sel et de l'eau de Pétrarque. Quand il est question de vous tremper la soupe, on ajoute à la bouille-à-baisse un peu d'huile verte, et l'on vide le chaudron sur des tranches de pain de seigle. Vous pouvez manger les poissons à la vinaigrette, et les belles écrevisses de la Sorgues avec des tartines au beurre de Carpentras.

Tout le monde sait que M. l'abbé de Sades a fait imprimer en 1789 que cette même bouille-à-baisse avait été *le souper de tous les vendredis pour la belle Laure*, qui était son aïeule au XVIᵉ degré de filiation. M. l'abbé de Pusignan lui répondit en 1790, que la belle Laure n'avait jamais eu d'enfants, parce que c'était une honnête personne et qu'elle n'avait jamais été mariée; ensuite il établit avec non moins d'apparence et de solidité qu'elle affectionnait particulièrement *la soupe au lait*. On en pensera ce qu'on voudra ; c'est un point d'érudition gastronomique où nous n'interviendrons pas; mais toujours est-il que la soupe aux poissons de Vaucluse est bien autre chose que les matelotes du Gros-Caillou, et surtout que les matelotes de la Rapée dont M. de la Reynière a fait l'éloge avec une partialité manifeste, et tranchons dans le vif, avec une témérité surprenante!

BOUILLI, mot générique et applicable à toutes les viandes qu'on a fait cuire dans l'eau, soit pour en opérer la coction résolutive et plus ou moins concentrée, soit pour en extraire une partie des sucs afin d'en obtenir du bouillon. Plus le bouillon se trouve chargé de parties solubles, moins la viande a retenu de parties nutritives; il est évident que plus une substance alimentaire est dépouillée par l'ébullition, moins elle est propre à la nutrition ; il en résulte sans contredit, que la viande bouillie doit toujours être moins substantielle et moins savoureuse que les viandes rôties, étuvées ou grillées; mais il ne s'ensuit pas qu'on doive toujours mépriser le bouilli. Les Anglais savent faire bouillir des pièces de bœuf, des quartiers de mouton, d'énormes dindes et des échines de porc, avec les mêmes précautions que nous mettons, nous autres, à l'égard de nos poulardes et nos chapons à la marmite ; et l'on ne dira pas que nos chapons et nos poulardes au gros sel soient des aliments dépourvus de qualités nutritives et de sapidité.

Il est donc possible et même il est aisé de faire cuire une viande quelconque au moyen de la décoction, sans l'exténuer et sans en épuiser tous les sucs. Le Président Hénault disait une fois d'une poularde trop bouillie qu'elle était comme un rayon de miel où il ne resterait que de la cire, et Madame du Deffand trouva que le Président avait raison; mais Madame de Créquy disait, dit-on, que le bouilli n'est jamais que *de la viande cuite, moins son jus*, et nous allons combattre cet aphorisme.

Si, par exemple, au lieu d'eau, on met du bouillon dans la marmite, la pièce de bœuf qu'on y ajoutera ne perdra presque rien de ses sucs, parce que l'eau, à mesure qu'elle se charge de sucs dissous, perd de sa propriété dissolvante : on obtiendrait le même effet en mettant beaucoup de viande dans la marmite ; et le bouillon, dans ce cas, se trouverait extrêmement chargé de gélatine et d'osmazome (*V.* BOUILLON).

Il est vrai que par la décoction les viandes blanches s'épuisent beaucoup plus promptement que les autres. Si on les fait cuire sans addition d'autre viande, il n'en reste bientôt que la partie fibreuse qui ne conserve aucune sapidité. Si, au contraire, on fait bouillir une volaille avec d'autres viandes et pas trop d'eau, on trouvera qu'elle a conservé toutes ses qualités les plus substantielles. L'établissement connu jadis à Paris sous le nom de *Marmite éternelle* était une application des observations qui viennent d'être exposées : car on y cuisait des chapons, des poulardes et des volailles de toute espèce dans un bouillon continuellement saturé et toujours très-peu étendu, ce dont il résultait que ces comestibles ne pouvaient jamais rien perdre. Le bouillon de cette marmite était toujours le même, en ce qu'on ne l'épuisait jamais et qu'on ne faisait qu'y ajouter une petite quantité d'eau pour réparer les pertes de l'évaporation provoquée par une ébullition perpétuelle. Pour obtenir un bouilli succulent, on aura seulement trois prescriptions à remplir :

1° Que le morceau de bœuf soit assez gros et qu'il soit de la meilleure qualité de viande.

2° Qu'on ait commencé par faire un bouillon *bourgeois*, c'est-à-dire avec quelque morceau commun des parures de viande, des abattis de volaille et force légumes ; c'est à dessein de ne pas exténuer ce gros morceau de bouilli que vous devez faire manger en pleine substance, et qui ne doit pas être le principal élément de votre bouillon potager. (*V.* BOUILLON.)

3° On ne mettra jamais dans la marmite ou *pot au feu* le morceau de bœuf qu'on devra servir en bouilli, que lorsque le bouillon potager qui fera le fond de son mouillement aura déjà cuit et mijoté devant le feu pendant quatre heures.

Grand-bouilli. — Pour faire un beau plat de relevé, ayez une culotte de bœuf de vingt-cinq à trente livres, faites attention qu'elle soit plutôt longue que carrée; ayez soin de la bien désosser; en la ficelant, donnez-lui une forme ronde en dessus, c'est-à-dire que votre pièce étant posée sur le plat, ait une forme bombée dans son carré long. Dans les grandes tables, la pièce de bœuf se sert avec une garniture à la Chambord ou à la Godard, c'est-à-dire entourée d'un ragoût très-varié, et décorée par des attelets garnis de rissoles et fichés en porc-épic dans les chairs de la pièce en s'inclinant vers les bords du plat. On la garnit plus souvent avec de petits pâtés, des ognons glacés, de la choucroûte, des nouilles, ou des légumes à la flamande. (*V*. GARNITURES.)

Bouilli froid. — Quoique la meilleure façon d'employer le bœuf bouilli soit d'en faire des tartines au beurre de fines herbes, ou de le manger en salade, nous allons néanmoins indiquer certaines préparations dont il est susceptible, et le parti qu'on peut en tirer *bourgeoisement.*

Poitrine de bœuf en charbonnées. — Quand elle est bien refroidie coupez-la en longs morceaux, poudrez-la de mie de pain, faites-la griller sur un feu vif, et servez-la sur une purée de tomates, ou une sauce piquante.

Miroton Saint-Honoré. — Prenez un plat qui supporte le feu, versez-y de bon bouillon non dégraissé, avec persil, ciboule, estragon, cerfeuil, câpres et cornichons, le tout haché, sel et poivre; mettez par dessus le bœuf coupé en tranches minces; assaisonnez comme en dessous; couvrez le plat et faites bouillir à petit feu pendant une demi-heure.

Miroton à la mode de l'île Saint-Louis. —Coupez le bœuf en tranches minces et toujours en travers pour que la viande en soit plus courte; coupez aussi en tranches une douzaine d'ognons; passez-les au beurre ou avec de la graisse de potage, jusqu'à ce qu'ils soient roux; ajoutez un peu de farine et mouillez avec du bouillon; assaisonnez de sel, poivre et un filet de vinaigre; faites bouillir un quart d'heure, et versez sur le bouilli disposé dans un plat; faites bouillir doucement pendant une demi-heure.

On couvre, si l'on veut le miroton avec de la chapelure, et on lui fait prendre couleur sous le four de campagne.

Bœuf en persillade. — Mettez au fond d'un plat d'argent de la graisse de rôti ou de braise, ou à défaut de braise, ou à défaut de graisse, du beurre étendu; hachez très-fin persil et champignons, et saupoudrez de chapelure; faites un lit de tranches de bœuf cuit dans le pot-au-feu; un de graisse, persil, champignons, etc., et ainsi alternativement; mouillez de bouillon; faites bouillir quarante-cinq minutes, ayant soin d'humecter de temps en temps; lorsqu'il a bouilli,

dégraissez-le, et servez-le avec un cordon de pommes de terre sautées autour.

Quenelle de bœuf bouilli. — Hachez finement du bœuf bouilli avec des pommes de terre cuites sous la cendre, joignez-y du beurre ou de la graisse de potage, et quelques œufs entiers; maniez bien le tout, et formez-en des boulettes que vous passerez au beurre dans une casserole. Servez avec une sauce piquante.

Hachis de bœuf à la ménagère. — Hachez quelques ognons avec persil, ciboules, un peu de basilic ou de thym; passez-les au beurre jusqu'à ce qu'ils soient presque cuits; ajoutez une demi-cuillerée de farine, et tournez jusqu'à ce qu'elle ait pris couleur; mouillez avec du bouillon, un demi-verre de vin blanc; assaisonnez de sel et poivre; quand l'ognon est bien cuit et la sauce réduite, mettez-y le bœuf haché; laissez-le mitonner pendant une demi-heure et sur un feu très-doux.

Bœuf en matelote à la bourgeoise. — Épluchez de petits ognons que vous mettez dans une poêle avec un peu de beurre; faites-les roussir sur un feu qui ne soit pas trop ardent; mettez-y une cuillerée à bouche de farine; sautez-la avec vos ognons; mettez un verre de vin rouge, un demi-verre de bouillon, quelques champignons, du sel, du poivre, une feuille de laurier, un peu de thym; quand ce ragoût sera cuit, vous le verserez sur des tranches de bouilli que vous aurez mises sur un plat; faites-le mijoter une demi-heure, afin que le bouilli se pénètre de la sauce.

Bœuf à la poulette, à la bourgeoise. — Mettez un morceau de beurre dans une casserole avec du persil et de la ciboule hachés; faites-les revenir sur le feu; mettez-y une cuillerée de farine, remuez le tout ensemble; versez un verre de bouillon sur les fines herbes; mettez du sel, du poivre et un peu de muscade; quand votre sauce aura bouilli cinq ou six minutes, vous y mettrez du bœuf bouilli que vous aurez coupé en petites tranches, sautez-le dans votre sauce et mettez-y une liaison de trois jaunes d'œufs.

Bouilli au pauvre homme. (Extrait de l'avis au peuple.) — Quand il vous reste du bouilli il faut le couper en tranches, l'arranger sur un plat, semer par dessus du sel, du poivre, du persil, de la ciboule hachés, y mettre un peu de graisse du pot, une pointe d'ail, un verre de bouillon ou d'eau, un peu de chapelure de pain; faites-le mitonner sur de la cendre chaude pendant un quart d'heure.

Cette manière de faire réchauffer du bœuf est la

plus simple, et comme il arrive souvent, c'est la meilleure. Le *bœuf au pauvre homme* était pour le roi Louis XV un hors-d'œuvre de prédilection.

BOUILLIE. Aliment composé de farine ou de fécule qu'on a fait cuire dans du lait ou du bouillon, ou de l'émulsion d'amandes, ou dans un liquide édulcoré.

La bouillie la plus légère est celle qui est faite avec la fécule de pommes de terre; c'est également celle qui a le moins besoin d'une longue cuisson.

La bouillie faite avec de la farine de froment, séchée au four jusqu'à être légèrement roussie, est plus alimentaire que celle de fécule, et plus digestible que celle qu'on fait avec la farine de froment non passée au four. Cette dernière, pour être saine, doit être très-cuite; on doit attendre qu'elle commence à *gratiner*, ce qui contribue, du reste, à lui donner plus de saveur.

La bouillie peut également se faire au manioc, à la poudre de sagou, de salep, de tapioca ou d'arrowrout, à la farine d'orge et à celle d'épeautre. La bouillie de mie de pain se nomme *panade*. Quand elle est faite avec du maïs, elle prend le nom de *gaudes ;* celle qui se fait à la farine de riz porte celui de *crème de riz*, et la bouillie de farine d'avoine s'appelle *gruau*. (*V.* ces articles.)

BOUILLON. Le principal élément de la bonne cuisine est le bon bouillon, et la cuisine française ne doit peut-être sa supériorité qu'à l'excellence des bouillons français. — « Monseigneur, disait un jour le Prince Evêque de Passau au dernier Prince de Condé, j'ai ordonné que pendant tout le temps que vous me ferez l'honneur de passer chez moi, on y soigne beaucoup les potages : la nation française est une nation *Soupière...* — et *Bouillonnante*, lui répondit le vieux émigré. — Tant il y a, disait Rivarol en parlant à des gourmands de Lubeck et d'Hambourg, tant il y a que nous n'avons pas en France une garde-malade ou une portière qui ne sache faire de meilleur bouillon que le plus habile cuisinier de vos trois villes anséatiques. Les portières de Paris ont surtout la main très-heureuse en fait de bonne soupe, et je vous dirai qu'il n'y a que manière de s'y prendre, car leur pot-au-feu ne revient jamais à plus de douze ou quinze sous, comme qui vous dirait un quart de florin : concevez-vous cela, mes chers messieurs?

A raison de l'importance d'une opération qui marche à la tête de toutes les préparations culinaires, on croit devoir traiter de cette matière avec toute la sollicitude et les développements dont elle est susceptible ; mais pour faire bien comprendre ce qui ce passe quand on fait cuire dans l'eau une viande quelconque, il est indispensable de connaître les principes qui constituent la chair des animaux comestibles ou nutritifs.

Ces principes sont : la *fibrine*, la *gélatine*, l'*osmazome*, la *graisse* et l'*albumine*.

La *fibrine* est insoluble; c'est elle qui fait la base des muscles ou de la chair proprement dite. Quand un morceau de viande a long-temps bouilli dans un grand volume d'eau, ce qui en reste est à peu près de la fibrine pure. La fibrine est peu alimentaire; et lorsqu'elle est entièrement épuisée des principes solubles auxquels elle était unie, sa digestion devient difficile pour les estomacs qui ne sont pas doués d'une grande énergie. La fibrine pure n'a aucune saveur.

La *gélatine* n'est soluble que dans l'eau bouillante ou l'eau très-chaude; dans l'eau tiède elle se gonfle et ne se dissout qu'imparfaitement : dans l'eau froide elle s'amollit sans se dissoudre. Elle est la base et la partie nutritive du bouillon ; c'est elle qui, lorsqu'elle est assez abondante, lui donne la propriété de se prendre en gelée quand il se refroidit. La gélatine existe dans toutes les parties de la chair, mais plus abondamment dans les cartilages et dans les os. La gélatine pure est insapide.

L'*osmazome* est très-soluble, même à froid; c'est le principe sapide des viandes. Il paraît n'exister que dans les chairs et le sang; les cartilages, les graisses et les os en sont tout-à-fait dépourvus. C'est à l'osmazome que le bouillon doit sa saveur et l'arôme particulier qui le caractérise. L'osmazome est pourvu d'une propriété stimulante très-déterminée; il excite l'appétit, et contribue puissamment à rendre les digestions faciles.

La *graisse* est insoluble dans l'eau, mais elle se fond par la chaleur, et vient surnager à la surface du liquide; mais comme est enveloppée dans les cellules d'une membrane très-fine qui ne se dissout pas, une partie de la graisse reste toujours adhérente aux fibres, à moins que l'ébullition ne soit très-prolongée, et celle qui s'élève à la surface provient des cellules qui ont été brisées par la force de l'ébullition. La graisse existe séparément dans certaines parties des animaux, et dans d'autres parties elle est interposée entre les fibres. Ces dernières parties sont toujours les plus digestibles et les plus nourrissantes.

L'*albumine* est de la même nature que le blanc d'œuf; elle est soluble dans l'eau froide ou tiède, et se coagule à un degré de chaleur inférieur à celui de l'eau bouillante. L'albumine abonde dans le sang : on la retrouve aussi dans toutes les parties de la chair.

C'est l'albumine qui, en se coagulant après avoir été dissoute, forme ce qu'on appelle l'*écume* à la surface du liquide dans lequel on fait cuire les viandes. Et, d'après ce que nous venons de dire sur l'abondance de l'albumine dans le sang, on imagine aisément que moins un animal a été saigné, plus sa viande doit fournir d'écume. Mais d'un autre côté, comme le sang contient beaucoup d'osmazome, la viande peu saignée produit un bouillon plus savoureux que celle qui l'a été plus copieusement.

La propriété que possède l'albumine de se coaguler au-dessous de la température de l'eau bouillante explique les résultats différents que l'on obtient de la cuisson de la viande dans l'eau, suivant la façon dont en y procède.

Il est évident que, si l'on met la viande dans la marmite lorsque l'eau bout, ou si l'on fait bouillir l'eau de la marmite avec trop de rapidité, l'albumine, en se coagulant (dans le premier cas) à la surface de l'eau, et dans le second à l'intérieur de la viande, doit empêcher la gélatine et l'osmazome de se dissoudre dans l'eau, ce dont il résulte qu'on ne peut obtenir, en procédant ainsi, qu'un bouillon peu substantiel et dépourvu de sapidité.

La coagulation de l'albumine, à l'intérieur des morceaux de viande, a toujours lieu suivant leur grosseur, parce que les points les plus éloignés de la surface prennent toujours le degré de chaleur qui coagule l'albumine avant que celle-ci soit entièrement dissoute. Ce qui démontre ceci, c'est qu'une forte pièce de bœuf est toujours moins épuisée par l'ébullition qu'une petite et plus mince, quoiqu'on ait fait bouillir la première aussi long-temps, et dans un volume d'eau proportionné à sa grosseur.

Si on faisait cuire la viande dans la seule vue d'en obtenir du bouillon, on pourrait tout uniment la hacher, la manier dans l'eau froide, et la faire chauffer lentement jusqu'à ébullition ; par là on dépouillerait la viande de tous ses principes solubles, et on obtiendrait, en moins d'une demi-heure, un bouillon très-chargé.

Mais, comme il est bon de tâcher d'obtenir à la fois du bouillon potable et de la viande mangeable, il est nécessaire, pour atteindre ce double but, de mettre toujours dans la marmite un morceau de viande un peu gros, sauf à faire du bouillon pour deux ou trois jours, espace de temps pendant lequel il est facile de le conserver en toutes saisons, comme on le verra plus loin. (Nous parlons ici pour les petits ménages, attendu que nous voudrions être utiles à tout le monde.)

Les os sont composés d'une base terreuse à la-

quelle ils doivent leur solidité, ensuite, d'une partie gélatineuse abondante, et puis d'une matière grasse analogue à la moelle, et qui n'est peut-être qu'une portion de cette dernière substance. La gélatine est si abondante dans les os, que deux onces de ceux-ci en contiennent autant qu'une livre de viande. Cette gélatine, enveloppée dans la base terreuse, n'est soluble qu'à la surface des os entiers ; si on les brise, comme il en résulte qu'on multiplie les surfaces, l'eau dissout une plus grande quantité de gélatine, et elle en dissout la totalité quand les os sont tout-à-fait broyés.

Cette gélatine des os est pure, et par conséquent insipide ; c'est ce qui a discrédité les bouillons faits uniquement avec des os ; mais lorsqu'on mêle les os concassés ou pulvérisés avec de la viande, l'osmazome de celle-ci donne assez de parfum au bouillon, qui se trouve alors plus chargé de gélatine, et qui en acquiert plus de sapidité.

Les viandes des vieux animaux contiennent plus d'osmazome que celle des jeunes. Les viandes noires ou brunes en contiennent plus que les blanches ; ce sont donc les premières qui doivent fournir le bouillon le plus savoureux.

Lorsque les viandes sont cuites à la broche, les propriétés de l'osmazome deviennent plus sensibles ; la sapidité en devient plus forte et l'arôme en est plus exalté ; c'est ce qui explique pourquoi l'on obtient de meilleur bouillon lorsqu'on fait mettre dans son pot-au-feu des morceaux ou des débris de viandes rôties.

On obtient le même effet lorsque, avant de mettre la viande dans la marmite, on la fait ce qu'on appelle *suer* dans une casserole, c'est-à-dire chauffer à sec jusqu'à ce qu'elle commence à s'attacher.

La viande du bœuf est celle qui donne le meilleur bouillon. Après la viande de bœuf, vient celle du mouton, qui donne un bouillon de bon goût pourvu que la chair n'en soit pas trop grasse. Celle du mouton de grande taille communique souvent un goût de suif au bouillon : mais c'est un inconvénient qu'elle ne présente jamais quand elle a été rôtie ou grillée.

Les volailles ajoutent peu à la sapidité du bouillon, à moins qu'elles ne soient vieilles ou très-grasses, car leur graisse a une saveur plus prononcée que celle des quadrupèdes. Le pigeon lorsqu'il est vieux, la perdrix et les lapins, ajoutent beaucoup à la sapidité et à l'arôme du bouillon. La chair de ces animaux n'est peut-être si abondante en osmazome que parce qu'elle contient tout leur sang. Il est encore à considérer que la viande la plus fraîche donne de meilleur bouillon que celle qui est mortifiée.

D'après ce qui précède, il est facile d'indiquer

la marche à suivre pour avoir toujours de bon bouillon sans trop épuiser la viande.

1° Prendre toujours le plus fort morceau de viande que comporte la consommation habituelle, en réunissant, s'il est nécessaire, celle de plusieurs jours; par là on aura de meilleur bouillon et de meilleure viande, et l'on pourrait y trouver encore économie de temps et de combustible.

2° Choisir la viande la plus fraîche et la plus épaisse; si le morceau est mince, il sera totalement épuisé par la cuisson.

3° Ne pas laver la viande, ce qui la dépouillerait d'une partie de ses sucs: la ficeler, après en avoir séparé les os, pour qu'elle ne se déforme pas; mettre dans la marmite une pinte d'eau au plus par livre de viande.

4° Faire chauffer la marmite lentement. En opérant ainsi, l'albumine se dissoudra d'abord et se coagulera ensuite; et, comme dans cet état, elle est plus légère que le liquide, elle s'élèvera à la surface en entraînant les impuretés qu'il peut contenir. L'albumine coagulée produit le même effet que les blancs d'œufs qu'on emploie pour clarifier les autres substances.

En général l'écume est d'autant plus abondante que l'ébullition a été plus lente: il doit y avoir au moins une heure d'intervalle entre le moment où la marmite est mise au feu, et celui où l'écume se rassemble à la surface.

5° Lorsque l'écume est bien formée, on l'enlève. Il faut prévenir l'ébullition de la marmite, parce qu'alors l'écume se dissout en partie, et le surplus se précipite, ce qui trouble la transparence du bouillon. Si le feu est bien conduit, on n'a pas besoin de rafraîchir la marmite pour faire monter de nouvelle écume: cela n'est nécessaire que lorsqu'on a fait trop de feu dans le commencement de l'opération.

6° Lorsque la marmite est bien écumée et qu'elle commence à bouillir, on la sale et on y met les légumes, qui consistent en trois carottes, trois navets, deux panais et un bouquet de poireaux et de céleri ficelés ensemble. On n'omettra pas d'y mettre aussi trois gros ognons piqués, l'un d'une demigousse d'ail, et les deux autres d'un clou de gérofle. C'est uniquement chez les bourgeois qu'on adjoint à ceci, pour ajouter à la couleur et au goût du bouillon, la moitié d'un ognon brûlé et un fragment de carotte desséchée jusqu'à commencement de torréfaction.

7° On brise avec le couperet les os qui ont été séparés de la viande, et ceux qui restent des rôtis de la veille; plus ils sont brisés, plus ils rendent de gélatine, qui est le principe nutritif du bouillon. Les parties cartilagineuses des rôtis doivent aussi être hachées grossièrement. On enferme le tout dans un

double sac de crin, qu'on met dans la marmite. Si, dans la provision d'un petit ménage, un morceau de mouton ou de veau a été ajouté à la viande de bœuf pour en compléter le poids, on peut, avec avantage, le faire griller légèrement avant de le mettre dans la marmite.

Six ou sept heures d'ébullition lente et toujours soutenue sont nécessaires pour que le bouillon acquière toutes les propriétés requises. Cette ébullition est toujours difficile à régulariser devant un feu de cheminée; on y parvient au contraire sans peine et sans embarras en employant un fourneau qui doit chauffer constamment le fond de la marmite, et dont l'usage est trop généralement adopté pour que nous en fassions la description.

Dans tous les cas, la marmite doit être couverte pour diminuer autant que possible l'évaporation. On ne doit jamais la remplir, même lorsqu'on en retire du bouillon; cependant, si la viande était à découvert, il faudrait ajouter de l'eau bouillante jusqu'à ce que la viande en fût baignée. Ceci ne doit s'entendre, au surplus, que pour les marmites qui sont posées devant un feu de cheminée; quand la marmite est engagée dans un fourneau économique, comme elle n'éprouve l'action du feu que par-dessous, et que les vapeurs qui s'élèvent retombent sans cesse, la viande peut rester sans inconvénient à découvert.

Bouillon-consommé à l'ancienne mode. — Mettez dans la marmite un bon morceau de bœuf, une épaule de mouton bien dégraissée et cuite à moitié à la broche, un vieux chapon bien en chair, quelques carottes, ognons et navets, un panais et un pied de céleri. Mouillez avec du bouillon de la veille au lieu d'eau. On se rappellera de ne pas mettre de sel, parce que le bouillon était déjà salé.

Ce consommé, réduit à moitié, peut remplacer le jus dans toutes les sauces.

Bouillon-consommé à la Régence. — Prenez un bon morceau de bœuf et un morceau de poitrine de mouton, passez-les dans une casserole, et faites-les suer jusqu'à ce qu'ils commencent à s'attacher, comme lorsqu'on fait du jus. Cela fait, mouillez avec du bouillon pour dissoudre la glace qui s'est formée, et mettez le tout dans la marmite, avec une vieille volaille, une ou deux perdrix et les râbles de deux lapins de bon fumet; achevez de remplir avec du bouillon; écumez, et ensuite faites bouillir doucement pendant cinq ou six heures.

Bouillon-consommé à la moderne. — Mettez dans une marmite deux jarrets de veau, un morceau de tranche de bœuf, une poule ou un

7

vieux coq, un lapin de garenne ou deux vieilles perdrix ; mouillez le tout avec une cuillerée à pot de bouillon, et lorsque vous verrez que cela commence à tomber en glace, mouillez-le de nouveau avec du bouillon ; et faites surtout que tout cet appareil soit bien clair ; faites bouillir encore ce consommé ; écumez-le, rafraîchissez-le de temps en temps ; mettez-y des légumes, tels que carottes, ognons, un pied de céleri, un bouquet de persil et ciboule, assaisonné d'une gousse d'ail et de deux clous de gérofle ; faites bouillir à petit feu pendant cinq heures, et passez au travers d'une serviette ; vous vous servirez de ce mouillement pour travailler vos sauces, ainsi que pour vos potages clairs.

Pour justifier ce que nous avions dit dans notre avant-propos sur l'impertinence et l'inutilité de certains livres de cuisine, nous avons copié, mot-à-mot, cette recette indiquée par le *Cuisinier Impérial* pour se procurer du *consommé*. — *Prenez dix-huit livres de tranche de bœuf, huit vieilles poules, deux casis, quatre jarrets de veau ; vous mettrez votre viande dans votre marmite ; vous la remplirez de grand bouillon ; vous la ferez écumer ; vous aurez soin de rafraîchir trois ou quatre fois votre bouillon pour bien faire monter votre écume ; après, vous faites bouillir tout doucement votre consommé ; vous garnissez votre marmite de carottes, navets, ognons, trois clous de gérofle ; lorsque vos viandes sont cuites, vous passez votre consommé à travers une serviette fine, ou un tamis de soie, afin que votre consommé soit bien clair : vous n'y mettez point de sel, puisque vous le mouillez avec du grand bouillon *.*

Grand bouillon (ainsi nommé pour la quantité qu'on en fait, plutôt que pour la qualité qu'on lui donne). — Ayant un grand service, il faut avoir du bouillon en assez grande abondance pour mouiller vos sauces et confectionner tous vos potages. Mettez dans une grande marmite une pièce de bœuf, soit culotte ou poitrine, et les débris ou parures de toutes vos viandes de boucherie, *bœuf, veau, mouton* ; joignez-y les carcasses, pattes et cous de *volailles* et *gibier*, dont vous aurez levé les chairs pour faire des entrées ; mettez sur un feu modéré cette marmite, qui ne doit pas être tout-à-fait remplie d'eau ; écumez-la doucement, rafraîchissez-la chaque fois que vous en ôterez l'écume, jusqu'à ce que ce bouillon soit parfaitement limpide. De ce grand bouillon dépendra la beauté de vos sauces et de

* CUISINIER IMPÉRIAL, pag. 26. — Paris, 1807.

vos potages ; mettez-y du sel, deux navets, six carottes, six ognons, dont un piqué de trois clous de gérofle, un bouquet de poireaux ; menez-en la coction avec lenteur, passez ce bouillon dans une serviette d'office, et pensez bien qu'il ne peut servir qu'à mouiller des cuissons, des sauces et des potages. Ce même bouillon, qui n'est qu'un élément de cuisine, est souvent désigné dans les nouveaux dispensaires sous les noms saugrenus de *nourrissart* ou *d'empotage*.

Bouillon (conservation du). On sait avec quelle promptitude le bouillon s'aigrit dans les temps chauds. Tous les moyens usités pour prévenir cette altération sont sans effet ; elle a lieu dans les garde-manger les mieux exposés et même dans les caves les plus fraîches, où d'ailleurs le bouillon est sujet à contracter un mauvais goût. Il y a un moyen fort simple, mais sûr, de conserver le bouillon en tout temps. Il consiste à le faire bouillir soir et matin dans les plus fortes chaleurs, et une fois en vingt-quatre heures dans les temps ordinaires. On peut, en usant de ce moyen, le conserver presque indéfiniment. L'ébullition détruit le principe fermentescible ; mais comme par ces ébullitions répétées, le bouillon se concentre de plus en plus, il faut le saler très-peu lorsqu'on se propose de le conserver en suivant cette méthode.

Bouillon à la minute. — Hachez une demi-livre de viande ; ajoutez-y une carotte moyenne, un peu de céleri, un navet, un ognon moyen, le tout coupé en petits dés ; mêlez avec la viande et achevez de hacher. Après avoir mis votre hachis dans une casserole, versez-y une bouteille et demie d'eau ; salez ; faites bouillir pendant une demi-heure ; écumez et passez au tamis. Si l'on veut avoir un potage au riz ou vermicelle, il faut mettre le riz ou le vermicelle enveloppé dans un sac de toile, dans l'eau froide avec la viande ; le bouillon prêt, on verse le riz ou le vermicelle dans une soupière, et le bouillon par-dessus. Pour obtenir en même temps un potage et un hachis, on n'a qu'à passer quelques fines herbes dans un peu de beurre et un peu de farine mouillée avec du bouillon ; quand la sauce est assez épaisse, on y met le hachis, du sel, du poivre et des œufs pochés par-dessus.

Bouillons maigres.

Bouillon de pois. — Prenez un litron de pois, lavez-les et laissez-les tremper quelques heures ; mettez-les dans une marmite avec deux ognons et deux carottes ; faites-les bouillir et n'attendez pas qu'ils se mettent en purée ; retirez-les du feu; passez leur bouillon dans une passoire; laissez-le reposer; tirez-le au clair, et servez-vous-en suivant le besoin.

Bouillon pour les potages et les sauces. — Prenez douze carottes, autant de navets et d'ognons, une botte de poireaux, deux panais, quatre pieds de céleri et un chou coupé en quatre; faites blanchir le tout, rafraîchissez-le, égouttez-le, ficelez le chou; mettez ces légumes dans une marmite; mouillez avec du bouillon de pois; ajoutez-y quelques racines de persil et un petit paquet de macis, de gingembre, deux clous de gérofle et une gousse d'ail, le tout enveloppé dans un linge: faites cuire votre bouillon; pour lui donner une belle couleur, mettez dans une casserole un morceau de beurre avec deux ou trois carottes, autant de navets et d'ognons coupés en lames et un pied de céleri; passez le tout bien coloré; mouillez-le avec un peu de bouillon de pois; faites-le tomber à glace; et lorsqu'il sera presque attaché, mouillez-le encore un peu pour le détacher, et versez-le dans le bouillon, que vous laisserez mijoter quatre ou cinq heures de suite; passez-le dans une serviette, et servez-vous-en pour faire des potages et des sauces maigres.

Bouillon de poisson. — Mettez du beurre dans le fond d'une casserole et par-dessus des ognons coupés en deux; émincez des légumes comme ci-dessus, mais en moindre quantité; couvrez-en vos ognons. Ayez deux carpes, échardez-les, videz-les; fendez les têtes en deux, ôtez-en une pierre jaune nommée communément l'amer de la tête, et qui se trouve près des ouïes; jetez-la; coupez ces carpes par tronçons; joignez-y deux anguillettes, un brocheton ou tout autre poisson de rivière, que vous mettrez sur vos légumes; versez-y une cuillerée de bouillon maigre; laissez suer le tout: quand il formera glace, mouillez-le entièrement; mettez-y du sel, un peu de mignonnette, des queues d'écrevisses, des champignons, un bouquet assaisonné d'une gousse d'ail, d'un peu de macis, d'un peu de laurier et de deux clous de gérofle; vous pouvez vous servir de ce bouillon, qui tiendra lieu du consommé et du blond de veau, pour tous vos potages et toutes vos sauces.

Bouillon des cinq racines, au maigre. — Coupez six carottes en rouelles minces, autant de navets et d'ognons, un chou, deux panais, un pied de céleri: mettez le tout dans une marmite, en y joignant un verre d'eau, un quarteron de beurre frais et un bouquet de persil; faites bouillir jusqu'à ce que l'eau soit évaporée; ajoutez ensuite un litron de pois, quelques pommes de terre jaunes,

ou bien une cuillerée à bouche de leur fécule délayée dans de l'eau, en quantité suffisante pour obtenir le bouillon nécessaire: laissez mijoter pendant trois heures: après avoir assaisonné convenablement, passez le tout à travers un tamis. On peut se servir de cette préparation pour faire au maigre toutes les espèces de potages indiqués au gras.

Bouillon de poisson à l'usage des Chartreux et des religieuses de Sainte-Claire. — Ayez une quantité suffisante de poisson blanc; coupez-le en morceaux plus ou moins gros, pour le faire bouillir ensuite pendant deux ou trois heures dans deux pintes d'eau ordinaire, qu'on laisse réduire au tiers; on y ajoute du sel, du beurre et des plantes potagères; après l'avoir passé et tiré au clair, on y mêle un peu de farine ou d'autre fécule qui a été roussie auparavant, afin de donner à cette espèce de bouillon un peu plus de consistance qu'il n'en aurait sans cette précaution.

On pourrait encore préparer du bouillon de poisson de la manière suivante: faire cuire depuis le suintement jusqu'au roux, dans une casserole, du céleri, des navets, des ognons, des carottes, avec du beurre en quantité suffisante; lorsque ces légumes sont cuits, on y ajoute le poisson coupé; une heure après on y mêle une purée quelconque pour le tirer à clair et le conserver.

Ce bouillon alimentaire n'est destiné qu'aux personnes qui, pendant les jours d'abstinence ordonnée par les préceptes de l'église, craindraient de les enfreindre, et ne pourraient ou ne voudraient prendre aucun aliment gras, même par raison de santé.

Bouillons de santé.

Bouillon de santé. — Mettez dans une marmite de terre trois livres de tranche de bœuf, deux livres de jarret de veau, une poule, quatre pintes d'eau, cinq carottes, trois navets, quatre gros ognons, deux clous de gérofle, une laitue blanche, dans laquelle vous mettez une pincée de cerfeuil; faites bien mijoter le tout jusqu'à ce que les viandes soient cuites; passez le bouillon au tamis de soie: vous pouvez faire avec ce bouillon toute espèce de soupes et de potages.

Bouillon à l'orge à l'allemande (V. AILERON).

Bouillon de veau rafraîchissant. — Faites bouillir dans trois pintes d'eau une demi-livre de rouelle de veau coupée en dés; deux ou trois laitues et du cerfeuil, et, si vous voulez, un peu de chicorée sauvage. Passez au tamis de soie.

7.

Bouillon de mou de veau. — Faites dégorger un demi-lobe de mou de veau ; mettez-le, coupé en petits dés, dans une marmite de terre et dans trois pintes d'eau avec six ou huit navets émincés, deux ou trois pieds de cerfeuil cernés et une douzaine de jujubes ; faites partir ; écumez ; faites réduire à deux pintes, et passez au tamis de soie.

Bouillon de poulet à l'hospitalière. — Dans une pinte et demie d'eau ordinaire, faites bouillir un poulet, ou toute autre volaille maigre, jusqu'à ce qu'elle soit cuite et qu'il ne reste que les deux tiers de l'eau dans laquelle on l'a mise pour préparer le bouillon.

Bouillon pectoral de poulet. — Faites bouillir dans une pinte et un quart d'eau, jusqu'à réduction d'une pinte, la moitié d'un poulet maigre, deux onces de raisins secs, douces amandes dépouillées de leurs écorces et seulement concassées, un gros de salep ou de fécule de pommes de terre, huit dattes sans noyaux, autant de jujubes et une pincée de cerfeuil. Passez et tirez à clair.

Ce bouillon doit être administré par petites tasses, après avoir été édulcoré par un sirop approprié dans les toux accompagnées de chaleurs internes et d'irritation.

Bouillon adoucissant de limaçons ou de grenouilles, et bouillon dépuratif de chair de vipères. — Prenez vingt-cinq ou trente escargots de vigne, tirez-les de leurs coquilles et faites-les dégorger dans l'eau tiède un peu salée ; jetez cette première eau, et faites-les bouillir ensuite jusqu'à cuisson complète et achevée dans une pinte et demie d'eau qu'on laissera réduire à une pinte avant de retirer le vase du feu. Jetez, pour laisser infuser seulement pendant un quart d'heure, une poignée de feuilles de bourrache fraîche. On obtient du bouillon de grenouilles ou de vipères au moyen des mêmes procédés (*V.* GRENOUILLES). Celui de limaçons doit se donner par demi-tasse ou par tasse, pendant la journée, après y avoir ajouté du sirop de guimauve ou du sirop de chou rouge, prescription fort utile dans toutes les affections accompagnées d'une toux sèche et fatigante.

Bouillon astringent. — Faites cuire dans deux pintes de bouillon de poulet, et sans addition d'autre chose, quatre onces de racine de bistorte, de grande consoude et de tormentille ; passez et tirez à clair pour servir de boisson froide, édulcorée avec une plus ou moins grande quantité de sirop de coings (composition qui peut être très-salutaire à la campagne, en cas d'hémorrhagie violente, et en attendant l'arrivée d'un homme de l'art).

Bouillon aux herbes, rafraîchissant, sudorifique, dépuratif, détersif ou purgatif (*V.* PHARMACIE DOMESTIQUE).

Bouillon blanc (fleurs de). — On a suffisamment parlé de cette plante qui fait partie des *quatre fleurs* pectorales, et qui ne s'emploie que par infusion (*V.* AROMATES INDIGÈNES).

BOULETTES, terme de cuisinière pour désigner des quenelles et des rissoles blanches.

BOUQUET.

« Un *bouquet* sans défauts vaut mieux qu'un long poème. »

Un bouquet bien fait, culinairement parlant, est une des choses les plus méritoires et les moins communes. Aussi M. d'Aigrefeuille observait-il un jour, en dînant chez son ami Cambacérès, que les différentes parties d'un bouquet devraient être pondérées au trébuchet d'un orfèvre, et qu'on devrait les évaluer au karat, comme les diamants.

On n'a pas besoin d'avertir qu'il faut ajouter un bouquet à l'assaisonnement et dans le mouillement de la plupart de nos ragoûts ; mais on ne saurait assez recommander de le composer avec une attention sérieuse. Nous avons déjà parlé de l'inconvénient qui peut résulter de la négligence d'un cuisinier qui s'en acquitterait sans réflexion. Les éléments qu'il doit employer à cette confection se trouvent divisés en herbes *vertes* et en plantes *sèches* ; les unes parce que la dessiccation les aurait privées de leur sapidité ; les autres parce que l'état de verdeur leur aurait conservé trop de substance aromatique. Les herbes dont il s'agit sont le persil, la tanaisie, la sarriette, le fenouil, la verveine, l'estragon, le cerfeuil, la ciboule et l'ambroisie. Les plantes en question sont le basilic, le thym, la feuille du laurier des poètes, et, dans certains cas, la petite sauge. La principale chose à considérer, c'est qu'aucun de ces ingrédients ne puisse dominer sur le goût des autres. Il est à peu près impossible de tracer une marche certaine et de poser une limite assurée dans la science qui doit présider à la confection de cette espèce de bouquets. C'est à l'intelligence, à l'expérience, à l'inspiration du cuisinier qu'on est obligé de se confier en pareille matière ; aussi nous bornerons-nous à conseiller sommairement ce qui suit, en sept articles fondamentaux :

1° Quand un bouquet de cuisine est exactement conformé, il doit pouvoir se diviser en quatre parties subdivisibles par seizièmes ;

2° Deux quatrièmes, autrement dit la moitié du bouquet, doivent être composés de persil cru, vert et de l'espèce dite de *Macédoine*, autant que possible ;

3° Le troisième quart se constitue magistralement par une moitié de cerfeuil accompagnée d'un seizième d'estragon et d'un seizième de ciboule ;

4° Il ne faut jamais admettre dans un bouquet ni sarriette, ni fenouil, ni verveine, ni baume-coq ou tanaisie, si ce n'est dans certaines occasions qui sont toujours indiquées officiellement ;

5° La dernière partie du bouquet est celle des plantes sèches, où le basilic doit toujours être pour moitié de ce dernier quart, ou-huitième du tout. Reste donc à partager inégalement deux seizièmes parties de ce bouquet entre le laurier et le thym, et c'est ici la véritable difficulté de l'entreprise, attendu qu'il y a deux ou trois espèces de thym qui gardent plus ou moins long-temps leurs qualités culinaires, et qu'on ne saurait les distinguer entre elles après leur dessiccation. Il est à remarquer que les feuilles du laurier ont souvent plus ou moins de longueur et d'épaisseur, et conséquemment plus ou moins de propriétés essentielles. Nous dirons aussi que celles qu'on a récoltées pendant les jours caniculaires ont beaucoup plus de vertus aromatiques que celles de l'automne ou du printemps. Les feuilles de laurier qu'on cueille en hiver ont même si peu de sapidité qu'il en faudrait employer le quadruple. On voit que pour la certitude et la régularité des opérations gastronomiques, on fera bien de s'en approvisionner en temps opportun ;

6° On fera tout aussi bien d'immiscer discrètement dans la partie la plus touffue de son bouquet une demi-gousse d'ail accostée d'une tranche de piment rouge. Ceci n'est pas seulement une prescription, c'est encore une exhortation très-bienveillante. Elle n'est destinée que pour les opérateurs et les adeptes, à qui nous conseillons de ne jamais s'en expliquer imprudemment ni trop ouvertement ;

7° Il ne faut jamais employer le thym ni les feuilles de laurier dans leur état de verdeur, excepté pour les marinades où l'on fait macérer la venaison noire en grands quartiers, et dans les brouets où l'on fait cuire les jambons et les andouilles fumées. On les emploie assez fréquemment pour la fabrication de la choucroûte ; mais nous conseillons de s'en tenir aux baies de genièvre en pareil cas.

BOURRACHE. Plante charnue qui contient du nitre, et dont l'infusion est prescrite habituellement comme diurétique et sudorifique.

La bourrache est une plante médicinale plus que potagère : cependant lorsqu'elle est jeune et tendre, on l'emploie dans les soupes, mêlée avec d'autres herbes ; et les Italiens la mangent cuite en salade. Ses fleurs sidérales, c'est-à-dire en forme d'étoiles et d'un bleu très-pur, sont employées très-souvent par les officiers pour ajuster les garnitures de leurs hors-d'œuvres, et les cuisinières s'en servent aussi dans les fournitures de salades, où l'on associe ces fleurs avec celles de capucine, de buglose et de bouillon blanc.

BOURDIN, espèce de pêche qui tire son nom d'un célèbre horticulteur. La pêche Bourdin mûrit vers la fin d'août, ou au commencement de septembre : elle est bien colorée, et d'un bon goût. On dit que l'arbre est d'abord un peu tardif à rapporter, mais on ajoute qu'il charge beaucoup dans la suite. Lorsqu'il est un peu vieux, il faut avoir soin de lui laisser moins de charge : c'est un moyen de lui faire produire des pêches plus grosses.

BOURUT. On appelle vin bourut, et non pas *bourru*, un vin doucereux, qui a encore toute sa lie, parce qu'on l'a empêché de fermenter. Pour faire du bon vin bourut, on prend une décoction de froment bien chargée, et on en met deux pintes avec un petit sachet de fleur de sureau dans un muid de vin blanc, pendant qu'il fermente encore. « C'est le régal des femmes de chambre ; » il n'y a pas de vendanges possibles sans vin bou» rut, aussi j'ai permis qu'on leur en fît pour avoir » la paix. » (Lettre de madame de Grignan.)

BOUTARGUE ou **POUTARGUE**, espèce de mets fort en usage en Italie et en Provence. Ce sont les œufs du surmulet, préparés de la manière suivante : on saupoudre de sel les œufs de ce poisson, et lorsqu'ils en sont bien pénétrés, on les met en presse entre deux planches ; on les lave ensuite, on les fume, et puis on les expose au soleil, jusqu'à ce qu'ils soient bien desséchés. La boutargue se mange avec de l'huile et du jus de citron. On en garnit des bateaux de hors-d'œuvres, et la meilleure nous vient des Martigues ou de Terins en Provence ; elle est bien préférable à celles de Gênes et de Porto-Ferrajo, qui ont toujours un goût d'anis ou de cumin.

BRAISE. Faire cuire une viande quelconque à la braise, c'est la mettre dans une casserole proportionnée à sa grosseur, et dont on a garni le fond avec des bardes de lard et des tranches de veau ou d'autre viande : on assaisonne et on recouvre avec des bardes et des tranches de veau. On ajoute aussi des légumes, tels que des ognons, carottes, panais, champignons, etc., et toujours un bouquet garni. On *mouille* le tout avec un peu de bouillon, ou avec moitié vin et moitié bouillon, quelquefois avec du vin seul. On peut même ne pas mouiller du tout ; mais, dans ce cas, il faut bien garnir la casserole, et faire cuire à très-petit feu. Il est bon de luter le couvercle de la casserole avec de la pâte, pour empêcher, autant que possible, l'évaporation ; mais comme il est alors impossible de retourner la viande, il est utile de se servir d'une braisière dont le couvercle emboîtant porte un rebord relevé, ce qui permet d'y mettre de la braise allumée ou des cendres rouges. Par ce moyen la viande reçoit l'impression de la chaleur de tous côtés : c'est ce qu'on appelle cuire *feu dessus, feu dessous*. Les viandes *braisées* cuisent en grande partie à la vapeur ; elles ne plongent que très-peu dans le *mouillement* : tout ce qui est au-dessus ne recevant que l'impression de la vapeur, ces viandes ne peuvent s'épuiser comme celles qu'on fait bouillir dans un grand volume de liquide ; elles conservent donc presque tous leurs sucs, et le peu qui s'en dissout dans le mouillement l'a bientôt saturé. Il en résulte que ce mouillement ne pouvant plus se charger davantage, et perdant toujours quelque chose par évaporation, si bien luté que soit le vase, il se concentre de plus en plus, et forme alors ce que les cuisiniers appellent *glace*, qui s'attache au fond de la casserole ou braisière.

Cette glace, qui adhère immédiatement à la surface métallique qui repose sur les charbons, éprouve un très-haut degré de chaleur, insuffisant pour la brûler, mais qui suffit cependant pour produire un commencement d'altération qui se manifeste par une odeur analogue à celle du sucre brûlé. Les principes solubles de la viande, dont cette *glace* est composée, acquièrent en même temps une sapidité qu'ils n'avaient pas auparavant.

Les viandes cuites à la braise sont tendres, faciles à diviser, et comme elles ont conservé tous leurs sucs, et que leur saveur est exaltée, elles sont très-nourrissantes et d'une digestion facile.

Braise à sec. — Foncez la braisière avec des bardes de lard et des tranches de bœuf, veau ou mouton, battues avec le plat du couperet ; posez la viande sur ce fond, et couvrez-la avec des bardes et des tranches ; assaisonnez partout. Lutez la braisière, et posez-la sur un feu très-doux ; faites suer jusqu'à ce que la viande soit cuite : ajoutez alors un verre de vin blanc ou rouge, selon l'espèce de viande, et faites bouillir

Braise mouillée. — Couvrez de bardes et de tranches le fond d'une braisière ; posez le morceau que vous voulez cuire, et couvrez-le comme le fond ; assaisonnez de sel et épices, avec un bouquet garni : ajoutez, si vous voulez, quelques oignons et carottes, un panais, des champignons ou des truffes. Mouillez avec du bouillon, ou moi-

tié vin et moitié bouillon, ou enfin avec du vin seul, selon la nature des viandes et le goût de chacun. Faites cuire à petit feu et long-temps.

Un peu de caramel, ou même du sucre ajouté aux braises, accroît leur saveur. Les marrons, qui contiennent du sucre, y font aussi très-bien comme garniture.

Braise à la Condé. — Enveloppez la pièce à cuire avec des émincés de veau ou de mouton, et par-dessus, des bardes de lard ; ficelez-la et mettez-la dans une braisière juste à sa grandeur, et dont le fond doit être préalablement couvert de bardes et de viandes émincées : mouillez avec un verre de vin de Malaga, assaisonnez de sel, poivre et muscade ; ajoutez quelques truffes coupées en tranches ; faites cuire à très-petit feu et long-temps.

Cette braise est excellente pour les faisans et les perdrix. On farcit ces gibiers avant de les mettre dans la braise.

Quand on braise des viandes noires, on peut mouiller avec du vin rouge.

BRAISIÈRE, vase destiné pour la confection des braises : elle est de forme oblongue, un peu plus profonde que les casseroles. Il faut en avoir de différentes grandeurs. Les plus petites ont un manche ; les grandes ont deux poignées ; toutes doivent être pourvues d'un couvercle emboîtant, avec un bord relevé qui permet de les couvrir de braise ou de cendres rouges.

Les terrines ovales, en poterie, sont aussi très-commodes pour braiser. Elles coûtent peu de chose, et il est facile d'en avoir de toutes les dimensions ; elles ont même un avantage sur les braisières de cuivre étamé, c'est de s'échauffer lentement et de se refroidir de même : il est, par conséquent, moins difficile de les maintenir à une température égale.

BRANDADE. (Recette qui nous est provenue de chez M. Grimod de la Reynière.)

Parmi les ragoûts provençaux ou languedociens qui ont pris singulièrement faveur à Paris, il faut distinguer surtout les brandades de merluche. On sait qu'un restaurateur du Palais-Royal a fait sa fortune par sa manière de les préparer, et qu'on envoie journellement en chercher chez lui, parce qu'il a la réputation de les faire excellentes.

Comme plus d'un de nos lecteurs serait peut-être bien aise de faire exécuter chez lui ce ragoût méridional, dont la recette ne se trouve imprimée nulle part (au moins ne l'avons-nous trouvée dans aucun des nombreux dispensaires qui nous ont passé par les mains, pas même dans le CUISINIER GASCON, ce qui doit paraître assez étrange), nous pensons qu'on nous saura gré de la publier telle qu'elle nous a été communiquée dans une ville du Languedoc, qui, sous le rapport de la bonne chère, jouit d'une réputation éclatante et méritée.

Nous remarquerons d'abord que le nom singulier de brandade donné à cette préparation, et qu'aucun dictionnaire n'a pris le soin de recueillir ni de définir, dérive sans doute du vieux verbe français *brandir*, qui signifie remuer, agiter, secouer avec force et pendant long-temps; et cette action presque continue est en effet indispensable pour que ce ragoût soit ce qu'il doit être : c'est ce qui surtout en rend la facture difficile, et ce qui l'empêchera probablement d'être adopté généralement dans nos cuisines; car tout ce qui exige beaucoup de patience n'est pas du goût de tous les cuisiniers. Le mouvement qu'on imprime à la casserole dans cette circonstance est un mouvement d'un genre particulier; il exige une sorte d'étude, et demande beaucoup de dextérité. Quoi qu'il en soit, voici la recette des brandades

Il faut prendre un morceau de belle merluche et la faire tremper dans l'eau pendant vingt-quatre heures, pour la dessaler et la ramollir.

Ensuite vous la mettez dans un pot sur le feu avec de l'eau, en observant qu'il faut la retirer dès que l'eau commence à bouillir.

Vous mettez du beurre, de l'huile, du persil et de l'ail dans une casserole, que vous faites fondre sur un feu doux.

Pendant ce temps vous épluchez la merluche, que vous rompez en très-petits morceaux; puis, vous la mettez dans la casserole, et de temps en temps vous ajoutez de l'huile, du beurre et du lait, quand vous voyez qu'elle épaissit.

Vous remuez très-long-temps la casserole sur le fourneau, ce qui fait que la merluche se réduit en une espèce de crème.

Si vous la voulez verte, vous pilez des épinards dont vous y joignez le suc.

Cette recette est, comme on voit, fort simple; mais nous ne cesserons de le répéter, la perfection des brandades dépend surtout du mouvement imprimé pendant très-long-temps à la casserole, et qui seul opère l'extrême division de toutes les parties de ce poisson naturellement coriace, et le métamorphose en une espèce de crème. Il ne faut donc point se lasser de remuer, autrement vous n'auriez qu'une béchameil au lieu d'une brandade.

Au reste, une brandade bien faite est un ragoût délicieux; et quoique la merluche soit de sa nature fort indigeste, elle devient sous cette forme aussi facile à bien digérer qu'une panade à la cannelle.

BRÈME, poisson de rivière, de lac et d'étang. On en trouve dans plusieurs lacs d'Auver-gne, qui ont quelquefois trois pieds de longueur entre tête et queue. La brème ressemble à la carpe et reçoit les mêmes préparations que cette dernière, à laquelle elle est très-inférieure en qualités nutritives ainsi qu'en saveur. La meilleure manière de manger les brèmes est avec une sauce piquante à l'échalote.

BRESOLLES. (Ragoût qui tire son nom du Marquis de Bresolles, dont le valet de chambre avait inventé cette préparation pendant la guerre de sept ans.) Coupez de la rouelle de veau en filets minces; foncez une casserole avec une tranche de jambon, huile, persil, ciboules, champignons, une pointe d'ail, le tout haché fin et mêlé avec l'huile : mettez dans la casserole une couche de filets; arrosez avec l'huile mêlée aux fines herbes, et assaisonnez de sel et poivre; mettez ensuite une autre couche de filets; arrosez comme la première fois, et continuez ainsi. Faites cuire à petit feu. Quand les bresolles sont cuites, levez-les une à une, et mettez-les dans une casserole à part : dégraissez la sauce; liez-la, s'il est nécessaire, avec un peu de farine, ou, ce qui vaut mieux, avec quelques marrons cuits et pilés; versez sur les bresolles et faites chauffer sans bouillir.

On prépare en bresolles toutes les viandes, mais surtout le veau, le mouton et la chair du dindon.

BRIGNOLES (*prunes de*), conserves de prunes dont on ôte la peau et les noyaux. Leur chair est consistante, de couleur rougeâtre et d'une saveur très-agréable. Cette confiture sèche nous vient de Provence, et spécialement des environs de la ville dont elle porte le nom. On en fait de bonnes compotes, et l'on peut les employer hachées pour l'assaisonnement des babas, des congloffs et des puddings.

BRIOCHE, sorte de pâtisserie qui n'est pas sucrée et qu'on appelait anciennement *gâteau Briochin*, parce qu'on faisait entrer dans sa composition du fromage de Brie.

Brioche à la pâtissière. — Prenez trois livres de farine, quatre livres de beurre fin, trente œufs environ : c'est ce que peut boire la pâte. Prenez le quart de la farine et formez-en un bassin, dans lequel vous délaierez deux onces de levure de bière avec de l'eau tiède; surtout qu'il n'y entre pas de sel, parce qu'il empêcherait la pâte de lever. Détrempez le levain bien vite, afin qu'il se conserve chaud, et mettez-le dans une casserole ou sébile de bois. Dans l'hiver, mettez-le dans un endroit où il y ait une chaleur modérée; et dans l'été, mettez-le sur le tour à pâte. Si le levain était trop levé, il perdrait sa force, et l'expérience seule peut donner cette connaissance. De la farine qui vous reste, formez une autre fontaine ou bassin, dans lequel vous mettrez le beurre; s'il est trop ferme, maniez-le avant de le mettre dans le bassin; cassez-y les trente œufs, et en les détrempant, ajoutez-en, s'il est nécessaire; ensuite, maniez le beurre et les œufs ensemble; mêlez-y la farine; mêlez-y également le levain, mais légèrement; donnez-lui un gros tour, et mettez le tout dans un linge saupoudré de farine, l'hiver, dans un endroit où le froid ne pénètre pas, et l'été, où la chaleur ne soit pas excessive; laissez-le revenir environ six ou huit heures; corporez ou maniez la pâte, et mettez-la reposer dans le même linge trois ou quatre heures; faites-la cuire dans un four d'une chaleur assez vive. Si vous voulez faire une grosse brioche, ne mettez que trois livres de beurre, et la pâte étant moins fine montera plus facilement.

Brioche au fromage. — Faites un quart de pâte à brioche, et laissez-la revenir; mêlez-y alors une livre et demie de bon fromage de Gruyère, coupé en dés; séparez votre pâte en deux parties, l'une du quart de la totalité; moulez-les toutes deux; posez la plus forte du côté de la moulure, sur un fort papier beurré; aplatissez-la dans le milieu avec la paume de la main; moulez l'autre petite partie et ensuite la grosse; soudez-les ensemble, en les rapprochant et en les appuyant l'une sur l'autre, la plus petite au-dessus; cassez deux œufs; battez-les comme pour une omelette; dorez-en la brioche; coupez du fromage de Gruyère en lames ou en cœur; faites-en une rosette sur la tête de cette brioche; mettez-la à un four bien atteint; laissez-la cuire trois heures environ; retirez-la, ôtez-en le papier; dressez-la sur une serviette, et servez-la comme grosse pièce à l'entremets.

Brioche et pâte levée. — (Nous croyons devoir emprunter le chapitre suivant à l'excellent ouvrage de M. Carême sur la pâtisserie française et sur l'emploi de la levure de bière).

« C'est une bonne chose qu'une brioche bien faite et mangée chaude! aussi a-t-elle l'avantage de plaire à tout le monde; car ceux mêmes qui n'aiment pas la pâtisserie mangent de la brioche avec plaisir : cela vient de sa légèreté, de ce goût exquis, de ce moelleux que lui donne le beurre d'Isigny, qui embaume la bouche avec sa fraîcheur et son parfum de noisette.

» Avant d'entrer en matière, je vais présenter quelques observations sur la levure, sur l'effet du levain et de la fermentation.

» Selon Henry de Manchester, la levure n'est autre chose que l'écume qui monte à la surface de la bière. Dans la première période de la fermentation, et d'après les expériences de ce savant chimiste, il paraît que la propriété éminente de la levure consiste dans le gaz acide carbonique, et que c'est à lui qu'est dû le phénomène de la fermentation.

» La fermentation, dit-il, est un mouvement
» intestin, excité spontanément à l'aide d'un cer-
» tain degré de chaleur et de fluidité entre les
» principes intégrants et constituants de quelques
» corps composés, desquels il résulte une nouvelle
» combinaison qui change les propriétés et les
» proportions des éléments du corps primitif. »

» D'après cet exposé de la cause de la fermentation, il est aisé de concevoir que le levain est l'âme du levain, et que l'effet d'un bon levain est la sûreté parfaite de la réussite des détrempes où l'addition de la levure est nécessaire.

» Mais si le levain est manqué à la détrempe et qu'on l'emploie inconsidérément, à coup sûr la détrempe sera manquée à son tour. Or, lorsque cela arrive, il serait plus convenable de le recommencer, plutôt que de s'exposer à perdre le reste de la détrempe, qui ne peut faire qu'un mauvais effet à la cuisson; car elle sera devenue compacte, de mauvais goût et fort indigeste.

» Le levain manque ordinairement par trois causes distinctes : la première, la qualité de la levure; la seconde, lorsqu'on délaie la levure à l'eau trop chaude, puis la manière de faire la détrempe; et la troisième, d'employer le levain à sa parfaite fermentation.

» La bonne levure doit être fraîche, du jour ou de la veille; alors elle est ferme et cassante; mais dès le troisième jour elle change de nature : alors elle est mauvaise, molle, grasse et collante.

» Il paraît que la levure délayée à l'eau trop chaude perd une partie du gaz acide carbonique qui en fait toute la force.

» Lorsque le levain est passé ou trop apprêté, il perd singulièrement de sa force première; il ne peut plus alors opérer une parfaite fermentation.

» Ainsi, lorsqu'on emploiera de bonne levure, on aura l'attention de détremper son levain à l'eau tiède seulement, de le tenir d'une pâte un peu *mollette* bien travaillée, et surtout de le tenir pendant son apprêt dans un endroit modérément chaud, afin d'accélérer sa fermentation; puis on l'emploiera lorsqu'il aura acquis son volume nécessaire : les artistes savent aussi bien que moi que la fermentation nécessaire à l'apprêt du levain, le fait lever deux fois au-dessus de son volume primitif. En le mettant dans une détrempe bien marquée et bien faite; on obtiendra alors une pâte parfaite qui fera au four tout l'effet désirable. Lorsque cette brioche sera cuite, elle sera légère et d'une mine appétissante; lorsqu'on la coupera , elle aura l'apparence d'une ruche, une odeur délicieuse, et sur toutes choses elle sera fort légère à digérer.

» Ainsi donc, il est important d'apporter à cette partie de l'opération tous les soins qu'elle réclame; et je considère comme le point essentiel des détrempes, l'apprêt du levain, c'est-à-dire de l'employer à sa parfaite fermentation, et c'est précisément à cela qu'on manque souvent en cuisine et même à l'office. »

Grosse brioche. — Passez au tamis trois livres de fleur de farine, prenez le quart de cette farine, et disposez-la en bassin, puits ou fontaine ; mettez au milieu un verre d'eau tiède et une once de bonne levure, que vous délayez à l'instant même et peu à peu ; mêlez la farine au liquide avec légèreté, en y ajoutant le peu d'eau tiède nécessaire pour rassembler la détrempe d'une pâte légère ; après l'avoir battue et travaillée pendant quelques minutes, la détrempe doit quitter le tour aisément, ainsi que la main : alors vous moulez le levain (non sans quelque difficulté, attendu que la pâte doit être molle) et le mettez dans une petite casserole que vous couvrez et placez dans un lieu modérément chaud : vous employez les procédés décrits ci-dessus, si vous n'êtes pas sûr de l'apprêt parfait du levain.

Vous préparez ensuite le reste de la farine en couronne, et mettez au milieu une once de sel fin, une once de sucre en poudre, un demi-verre de crème ; vous remuez ce mélange et y joignez trente œufs, s'ils sont petits, et vingt-six, s'ils sont beaux ; mais ayez soin de les casser dans une petite assiette, et de flairer au fur et à mesure que vous les versez un à un dans la détrempe ; sans ces soins, on s'expose de mêler un œuf *à la paille,* qui infecterait votre détrempe, et quand cela arrive, la pâte à brioche est perdue sans ressource.

Tous vos œufs étant cassés, vous y mêlez par petite partie deux livres de beurre d'Isigny ; ensuite vous mêlez peu à peu la farine, et rassemblez le tout en mouvant la masse entière et en tournant : la pâte ainsi assemblée, vous la fraisez trois tours (en hiver seulement), afin de bien amalgamer le beurre dans toutes les parties de la détrempe ; alors la pâte doit se trouver mollette : dans le cas contraire, vous remettrez quelques œufs. Votre levain étant à sa période de fermentation, vous le versez sur la pâte, et le mêlez en coupant et remuant la détrempe, pour que le tout ne fasse plus qu'un seul et même corps bien homogène et parfaitement amalgamé.

Vous mettez ensuite votre pâte dans une grande terrine vernissée ; vous fraisez un peu le reste de la pâte qui tenait autour, puis vous saupoudrez de farine la détrempe ; et après l'avoir couverte d'une serviette, vous la mettez dans un lieu où il n'y ait point de courant d'air, et dont la chaleur soit douce.

Ordinairement on détrempe la pâte à brioche le soir pour la cuire dans la journée du lendemain; alors la première chose que l'on doit faire le lendemain matin c'est de saupoudrer légèrement de farine une place sur le tour pour y verser la pâte à brioche, que vous étalez et reployez ensuite sur elle-même. On nomme cette opération *corrompre* la pâte ; puis vous la remettez dans la même terrine, et trois ou quatre heures après vous la corrompez de nouveau. Au moment de l'employer, elle réclame un four chaud et bien atteint.

Si, après avoir corrompu la pâte, on voit un grand nombre de petits globules d'air qui se trouvent légèrement comprimés à sa surface ; si au toucher elle est douce et élastique, alors ces signes sont de bon augure et caractérisent la détrempe parfaite ; et par ce résultat, elle fera un très-bon effet au four lorsqu'elle sera cuite; la brioche sera légère, spongieuse, d'un goût excellent, et surtout très-facile à digérer.

Mais si, au contraire, la pâte est manquée à la détrempe, soit par l'effet d'un mauvais levain, ou par une manipulation négligée, alors sa fermentation est imparfaite : elle sera flasque, tiendra aux doigts, signe certain qui distingue les détrempes médiocres, et ceci ne donnera à la cuisson qu'une brioche pesante, compacte et très-malfaisante : voilà le résultat de la pâte mal fermentée.

On doit faire la remarque suivante : c'est que la pâte à brioche demande spécialement à être enfournée avant que vingt-quatre heures ne se soient écoulées depuis le moment de sa préparation; sinon, après ce laps de temps, elle passe rapidement à la fermentation acéteuse, ce qui lui donne un goût aigre et désagréable ; et puis à la cuisson, ce n'est plus qu'une masse de plomb amère et malfaisante.

Dans les boutiques, on rafraîchit cette pâte en y mêlant à peu près le sixième de son volume de pâte nouvelle, et faite sans levure. Par ce procédé, on empêche la détrempe de contracter ce goût amer que lui donne la fermentation acéteuse, et par ce moyen elle peut attendre jusqu'à trente-quatre et trente-six heures avant la cuisson.

Cette manière d'opérer ne convient point aux pâtissiers de bonne maison ; car ces sortes de brioches perdent en partie leur saveur et le moelleux qui doit caractériser leur pâte.

Brioche royale ou *gâteau de Compiègne.* — Après avoir passé au tamis trois livres de belle farine, vous en séparez le quart que vous disposez en fontaine, pour mettre au milieu un verre d'eau tiède et une once quatre gros de levure ; puis vous détrempez votre levain comme le précédent, et le faites lever avec les mêmes soins.

Ensuite, vous préparez le reste de la farine en couronne, et mettez au milieu une once de sel fin, quatre de sucre en poudre, un verre de crème, douze œufs et douze jaunes, deux livres de beurre d'Isigny, ou si c'est en hiver, de Gournay ; vous faites la détrempe pour la pâte à brioche, et y joignez le levain lorsqu'il est levé à point ; et après avoir bien mêlé et battu la détrempe, vous y versez quelques cuillerées de crème fouettée que vous y amalgamez. La pâte doit alors se trouver lisse et unie comme du satin; vous la versez pour lors dans un moule avec un cylindre cannelé que vous aurez d'avance beurré un peu épais avec du beurre épongé ; vous le pressez dans le coin d'une serviette, afin d'en extraire le peu de lait qu'il contient : ayez soin qu'il soit bien masqué de beurre dans toutes ses parties, sinon le gâteau tiendra après le moule ; placez ensuite votre moule dans un lieu propice à la fermentation, c'est-à-dire à une chaleur tempérée, et surtout à l'abri d'un courant d'air : ces soins sont de rigueur dans l'hiver; autrement la fermentation ne pourrait avoir lieu qu'en partie.

Pendant l'extrême chaleur de l'été, mettez-le dans un lieu frais, et surtout placez-le de manière que les rayons du soleil ne puissent darder dessus; car le beurre tournerait en huile, décomposerait par ce moyen la détrempe qui se trouverait alors lourde et compacte, et la fermentation n'étant plus la même ferait peu d'effet. Et puis la cuisson, quelque bien qu'elle soit, ne peut remédier à la décomposition de la pâte, qui ne serait pas mangeable étant cuite ; d'ailleurs, le gâteau serait attaché dans le moule, comme s'il n'eût pas été beurré, de manière qu'on ne pourrait l'en retirer que par morceaux.

Les mêmes résultats ont lieu dès qu'on a l'imprudence de mettre son gâteau levé dans un lieu d'une chaleur trop forte, comme, par exemple, sur le four ou à l'étuve, ce qui ne doit se faire qu'en hiver. On doit, dans cette saison rigoureuse, forcer en levure de préférence, c'est-à-dire qu'au lieu de mettre une once quatre gros de levure, on peut en mettre jusqu'à deux onces : voilà pourquoi cette fermentation exige une chaleur molle et tempérée.

Cette importante remarque s'applique généralement à toutes les détrempes où l'addition de la levure est de prescription.

Pains bénits. — C'est avec la même *pâte à brioche* qu'on fait les pains bénits de Paris et des châteaux. Il est assez connu qu'on en dispose la majeure partie, c'est-à-dire celle qui doit se con-

sommer à l'église, en forme de grandes couronnes, assez largement évidées au centre pour y pouvoir placer les deux ou trois grosses brioches en forme de dômes qui sont destinées au donataire , au curé de la paroisse et à l'ancien seigneur féodal. Nous écrivons ceci pour certaines localités occidentales ou méridionales du royaume, où les priviléges honorifiques des ci-devant seigneurs sont encore maintenus dans toutes les églises de leur ancien patronage. Il est aisé de s'en apercevoir auprès des Pyrénées, dans certaines parties des Cévennes, et surtout en Basse-Bretagne, où, dans quatre à cinq cents paroisses, on prie encore aujourd'hui tous les dimanches, et nominativement, pour le bonheur spirituel et temporel des Princes de Bretagne, ainsi que pour la *perpétuité* de la Maison de Rohan. Si l'on habite un de ces départements réfractaires, on devra s'approvisionner de *Nompareilles*, afin d'en composer des armoiries en couleurs variées pour en décorer ces gâteaux bénits. Suivant l'observation d'une touriste anglaise, appelée Lady Morgan, c'est un usage que M. de Talleyrand, l'ancien évêque d'Autun, faisait maintenir avec une régularité scrupuleuse, soit à Paris, soit à sa terre de Valençay, quand il y rendait le pain-bénit.

Les *brioches à la crème*, ainsi que les *gâteaux des Rois*, les *brioches au rhum*, au *vin d'Alicante*, à la *moelle*, aux *raisins de Corinthe*, au *jus de muscat*, à *l'eau d'angélique*, etc., se font absolument comme le gâteau de Compiègne ; il suffira d'y mélanger les substances indiquées dans les proportions convenables et suivant l'expérience du praticien.

BRIOCHINES VERTES (*cuisine allemande, entremets saxon*). Versez une demi-bouteille de lait bouillant sur la mie de deux petits pains ; laissez la mie de pain une heure dans cet état, ensuite mettez-y du jus de tanaisie pour lui donner de la saveur. Ajoutez-y du jus d'épinards pour la colorer d'un beau vert ; mettez-y une cuillerée d'eau-de-vie; sucrez-la à votre volonté ; râpez-y la moitié d'une écorce de citron ; battez quatre jaunes d'œufs et mêlez le tout ensemble. Mettez cette préparation dans une casserole avec un quarteron de beurre frais, posez-la sur un feu doux, et remuez-la jusqu'à ce qu'elle soit épaissie. Ôtez-la du feu et laissez-la reposer deux ou trois heures; ensuite versez-la par cuillerées dans du saindoux bouillant. Vos briochines faites, râpez du sucre par-dessus, et servez-les avec du vin blanc (du Rhin) bien sucré, dans une saucière chaude.

BROCHE. Ustensile assez connu pour que

sa description soit inutile. En lisant les plus anciens dispensaires, on voit que sous les règnes des cinq Valois, et même sous celui de Louis XII, toutes les broches et les brochettes de leurs cuisines étaient d'argent. On donnait alors le nom de brochettes à ce que nous appelons des attelets (*V*. ce mot). Les broches et les attelets doivent être tenus très-proprement, car lorsqu'ils sont rouillés ils communiquent une saveur ferrugineuse aux parties qu'ils traversent. On se contente ordinairement de les essuyer; mais il serait préférable de les récurer avec du sablon avant de s'en servir.

BROCHET, poisson d'eau douce; c'est celui de nos rivières et de nos étangs qui atteint les plus grandes dimensions.

Les brochets ont la chair blanche et ferme; leurs œufs purgent violemment. Ils sont meilleurs en hiver qu'en toute autre saison : ceux qu'on pêche dans les rivières et les lacs sont préférables à ceux des étangs et des eaux dormantes. Ce poisson est extrêmement hardi, vorace et cruel; il fait une guerre continuelle aux autres poissons, et dévore tous ceux qui ne sont pas de force à lui résister. Il n'épargne pas même les poissons de son espèce; et c'est à cause de sa voracité, qu'on l'a surnommé le tyran des eaux, le loup des étangs et le tigre des fleuves.

La pêche du brochet se fait de plusieurs manières. Les plus forts se prennent avec de grands filets à larges mailles, qu'on tend dans les fosses et dans les passages où ils guettent le petit poisson. Le brochet se prend aussi à l'hameçon auquel on met pour appât des goujons ou des grenouilles. Cette pêche se fait encore à la ligne volante, au fusil, par un beau temps; et finalement avec des bricoles.

Le dernier Duc de Nivernais était l'homme de son temps qui avait le plus de délicatesse et de distinction dans les jugements et les perceptions gastronomiques. Il disait que si le brochet à la Chambord était le plus *magnifique*, le brochet au bleu était le plus *noble*. M. Sénac de Meilhan allait plus loin, car il trouvait entre les brochets au bleu et ceux à la Chambord la même différence, ou plutôt les mêmes rapports, qu'entre la *largesse* de Louis XIV et les *profusions* de la Régence. Au surplus, les ragoûts à la Chambord ne datent que du Maréchal de Saxe, et ne peuvent remonter qu'au temps de Louis XV; mais il ne faut pas chicaner M. de Meilhan, qui avait inventé la garbure aux marrons et la soupe aux œufs pochés.

Brochet au bleu. — Pour la composition du court-bouillon *au bleu*, *V*. cet article.

Pour cuire au court-bouillon il faut avoir une poissonnière, vase de cuivre beaucoup plus long que large, et dont les dimensions doivent être proportionnées à la longueur du poisson à cuire. Le fond de la poissonnière est couvert d'une plaque de métal mobile et percée de trous; deux tiges de métal soudées à ses extrémités servent à enlever la plaque. C'est sur cette plaque qu'on dépose le poisson, qui, lorsqu'il est cuit, peut être retiré facilement sans être brisé, parce qu'on l'enlève au moyen de la plaque qui est comme une écumoire taillée à sa dimension.

Un brochet au bleu qui doit se servir pour plat de rôt, ou pour grosse pièce à l'entremets, ne doit pas avoir été dépouillé de ses écailles. Le brochet étant visiblement un poisson *rond*, on n'a pas besoin d'annoncer quelle en est la meilleure partie; on connaît la dissertation du vieux Colletet, dont le dernier vers est devenu proverbe :

> Elle était noble dame, habile en savoir vivre,
> Et servait à son hôte, ainsi qu'il le fallait,
> Le ventre de la carpe et le dos du brochet. »

Brochet à la Chambord. — Pour bien exécuter ce beau relevé qu'on sert en grosse pièce au premier service, et qui est un des mets les plus somptueux de la cuisine moderne, il faut d'abord être en possession d'un très-fort et très-beau brochet; d'où vient que c'est un plat assez dispendieux à Paris, où un brochet de belle taille avec sa garniture à la Chambord ne saurait coûter moins de quatre-vingts francs, et peut quelquefois revenir au triple de la même somme. — Après en avoir ôté les écailles et enlevé toute la peau, vous le piquerez par bandes ou raies transversales, larges chacune comme trois doigts; savoir, une bande avec de fins lardons épicés; la seconde avec des truffes bien noires coupées en forme de clous de gérofle; la troisième avec des filets de carotte, et la dernière avec des filets de cornichons bien verts et pareillement coupés en forme de clous. Vous farcissez ce gros poisson avec un hachis pour quenelles aux truffes émincées (*V*. QUENELLES). Cette opération terminée, faites cuire le brochet dans une poissonnière avec un court-bouillon dont tout le mouillement soit du vin de Champagne blanc et mousseux, mais qui soit assaisonné d'épices, de racines et d'un bouquet garni comme pour un autre court-bouillon. Le poisson cuit, retirez assez de son fond de cuisson pour que le côté piqué, c'est-à-dire le dessus du brochet, s'en trouve à découvert, et mettez-le au four afin que les sucs se concentrent et que les parties piquées au lard y prennent une belle couleur dorée. Procédez maintenant au ragoût qui doit former la garniture de ce mets superbe.

Ragoût à la Chambord. — Mettez dans une bassine ou grande casserole une demi-bouteille de vin de Sillery, d'Aï ou autre bon vin de Champagne non mousseux : ajoutez-y une chopine de blond de veau ou de consommé réduit, des quatre épices et le jus de quatre bigarades, dans lequel vous aurez délayé deux fortes pincées de poudre de kari. Faites réduire et passez ensuite au tamis de soie ; remettez sur le feu, et faites-y prendre sauce à des fonds d'artichauts braisés, des mousserons blancs et de beaux champignons cuits à la moelle, de grosses truffes au vin de Bordeaux, des laitames et des langues de carpe, des foies de lotte et des quenelles de turbot à la crème et aux truffes, des tronçons d'anguilles piqués de filets d'olives et cuits au vin de Madère, des écrevisses d'Alsace au vin blanc, des riz de veau piqués et glacés, des riz d'agneau pralinés aux vert-pré, des bec-figues ou des râles de genets et des cailles sautées, enfin des crêtes et des rognons de coq, et si l'on veut quelques pigeonnaux de l'espèce dite *à la Gauthier.* On terminera cet appareil splendide en y mêlant du beurre d'anchois avec quelques cuillerées de glacis de viande, et l'on passera ce mélange avant de le placer au fond du plat. On arrangera le tout avec ordre et symétrie autour du brochet, dans le corps duquel on piquera quelques longs attelets d'argent, bien garnis de rissoles et autres substances variées, telles que belles truffes noires, grandes oronges ou ceps du midi, jaunes d'œufs de pintade, ortolans rôtis, gros fruits d'Italie marinés au vinaigre, etc.

Brochet en dauphin. — Prenez un gros brochet ; écaillez-le, videz-le par les ouïes, retroussez-lui la queue ; et, à cet effet, passez-lui un attelet dans les yeux et une ficelle au travers de la queue (il faut que les deux bouts se joignent de chaque côté de l'attelet) ; posez votre poisson sur le ventre, et faites qu'il se maintienne ; mouillez-le d'une braise maigre ; mettez-le à cuire au four, et retirez-le de temps en temps pour l'arroser de son assaisonnement : sa cuisson faite, égouttez-le et saucez-le d'une italienne rousse. Comme il est tourné en forme de *dauphin,* vous le servirez sur un grand plat rond qui vous fournira un très-beau relevé de potage.

Brochet à la broche. — Incisez-le légèrement après l'avoir écaillé ; lardez-le avec des filets d'anguille assaisonnés de sel, poivre, muscade et fines herbes hachées ; embrochez en long, et arrosez en cuisant avec vin blanc, huile fine et jus de citron vert. Quand il est cuit, on fait fondre des anchois dans ce qui est tombé dans la lèchefrite ; on y ajoute des huîtres qu'on fait chauffer sans bouillir,

des câpres, du sel et du poivre : on lie cette sauce avec un peu de jus ou avec un roux.

Brochet à la Créquy. — Après avoir enlevé la peau qui supporte les écailles d'un gros brochet, mortifié depuis quelques jours, on le pique jusqu'à la quatrième partie des côtes avec des anchois ; l'autre quart avec des cornichons, puis des carottes, et enfin des truffes ; on le remplit avec une farce au poisson, pour le placer dans une poissonnière, de manière à laisser en dehors tout ce qui a été piqué et qui doit être arrosé aussi souvent que possible, avec le mouillement qui se trouve dans l'intérieur ; on le couvre pour continuer le feu par-dessus ; sa cuisson terminée, on le retire, et lorsqu'il est égoutté on verse dessous une sauce à la crème et au jus de poisson bien réduit. C'est un des plus beaux relevés maigres, dit le *Cuisinier de la cour et la ville.*

Brochet à la genevoise. — Ficelez un brochet de deux en deux doigts, et mettez-le dans une poissonnière de sa grandeur avec sel, poivre, un ognon piqué de deux clous de gérofle et un bouquet garni ; mouillez avec une chopine de vin par livre de poisson : il faut moitié vin blanc et moitié vin rouge. La poissonnière doit être mise sur un feu de cheminée très-vif, et poussé assez vivement pour que les vapeurs vineuses qui s'élèvent s'enflamment. Quand le feu a ainsi fait son effet, mettez une demi-livre de beurre dans la poissonnière ; laissez cuire doucement ; ajoutez épices mélangées. La cuisson doit durer une heure : quand le court-bouillon est assez réduit, jetez-y des morceaux de beurre en remuant toujours la poissonnière ; enfin retirez et égouttez le poisson pour en faire lier la sauce au moyen d'un peu de fécule.

Brochet en fricandeau. — Coupez un brochet en tronçons après l'avoir écaillé, vidé et lavé ; piquez-les en dessus de petit lard, et mettez-les dans une casserole avec un verre de vin blanc, du bouillon, un bouquet garni et de la rouelle de veau coupée en dés, sel, gros poivre et muscade. La cuisson faite, passez la sauce au tamis ; faites-la réduire, et, quand il n'en reste presque plus, passez-y les tronçons du côté du lard pour les glacer ; un peu de sucre, ou, ce qui vaut mieux, un peu de caramel ajouté à la sauce, facilite le glacement.

Quand le poisson est glacé, on le dresse sur un plat chaud, et on détache ce qui est au fond de la casserole en y mettant un peu de jus ou de bon bouillon : on verse cette sauce sous le poisson.

Brochet à la tartare. — Faites mariner ses tronçons écaillés avec de l'huile, sel, gros poivre, persil, ciboules, champignons et deux échalotes hachées très-fin ; saucez-les dans la marinade, et panez-les avec de la mie de pain ; faites-les cuire sur le gril, en les arrosant avec le reste de la marinade. Faites prendre une belle couleur. Servez à sec avec une rémoulade dans une saucière.

Brochet à l'allemande. — Pour le préparer de cette manière, on le choisit de grosseur moyenne ; après l'avoir coupé en trois ou quatre parties égales, on le met dans une casserole avec de l'ognon, du persil, du laurier, de la ciboule, du sel et du poivre, on mouille avec du vin blanc, et après une demi-heure on le retire ; après l'avoir paré, on le met dans une casserole, on verse dessus le court-bouillon passé au tamis ; après avoir égoutté et mis sur un plat le brochet, on prend une autre casserole avec du beurre, un peu de fécule, de la muscade râpée, du poivre, un verre de court-bouillon, et l'on agite, en tournant sur le feu, jusqu'à ce que le tout soit bouillant ; après avoir lié cette sauce avec les jaunes d'œufs, on continue de tourner sans pousser à l'ébullition ; on la passe au tamis en la versant sur le poisson.

Grenadins de brochet. — Procédez à l'égard de ces grenadins, comme il est indiqué aux grenadins (*V.* FRICANDEAU); si c'est en gras, piquez-les de lard, et si c'est en maigre, de lardons d'anguilles et de filets d'anchois ; servez dessous, soit une sauce aux tomates, soit une purée de champignons, ou toute autre sauce à base de purée.

Côtelettes de brochet. — Apprêtez et levez les chairs d'un brochet ; supprimez-en la peau, coupez ces chairs en forme de côtelettes de veau ou de mouton ; faites-les cuire dans des fines herbes hachées telles que pour les côtelettes de veau en papillotes, et procédez en tout comme pour ces côtelettes (*V.* CÔTELETTES DE VEAU EN PAPILLOTES).

Filets de brochet à la Béchameil. — Ayez un brochet froid ou de dessers ; levez-en les filets, mettez-les dans une béchameil réduite ; dressez-les sur un plat, panez-les, arrosez-les d'un peu de beurre tiédi ; entourez-les de bouchons de pain trempés dans une omelette ; faites prendre à ces filets une belle couleur au four, et servez-les pour une entrée sans prétentions.

BROCHETON, se dit d'un brochet de moyenne ou de petite taille. On en tire un assez bon parti pour faire des jus maigres et des bouillons de poisson, mais son principal avantage est de pouvoir être acquis à bon marché.

Brochetons à la maître-d'hôtel. — Quand les brochetons sont nettoyés, écaillés et vidés, enveloppez-les dans une feuille de papier beurré, pour les mettre sur le gril ; on les ouvre, lorsqu'ils sont cuits, pour retirer les œufs qu'ils pourraient contenir : on les remplace par un morceau de beurre manié de persil haché, de poivre avec du sel, et du jus d'une orange amère.

En les saupoudrant de farine on peut encore les faire frire.

Brochetons en salade. — Enlevez-en les filets que vous servirez avec câpres, anchois, thon mariné, cornichons cuits d'avance, fourniture hachée, œufs durs et laitues coupées par quartiers (*V.* SALADES CUITES).

BROCOLI, espèce de chou-fleur dont la tête, au lieu d'être compacte, est divisée en un grand nombre de rameaux séparés les uns des autres et plus longs que dans le chou-fleur ordinaire. Après l'asperge et l'artichaut, c'est peut-être le meilleur légume connu. Le parenchyme en est léger et la saveur en est exquise.

Il y a des brocolis blancs et des brocolis violets; ceux-ci sont assez rares en France, où ils dégénèrent rapidement. On les prépare comme les choux-fleurs.

On donne improprement le nom de brocolis à de petites pommes de chou qui croissent sur la tige d'une espèce de caby qu'on cultive assez communément en Belgique : ces petites pommes sont connues à Paris sous le nom de choux de Bruxelles, et n'ont aucun rapport avec le brocoli du Milanais, d'où les jardiniers soigneux ne manquent jamais de tirer les graines de cette plante.

BROU. C'est le nom botanique de la coque verte qui renferme certains fruits à écales. En cuisine, et surtout à l'office, on fait usage du brou de la noix pour diverses préparations, ainsi que nous avons déjà eu des occasions pour l'indiquer.

Brou de noix à la Sainte-Marie. — Prenez: noix vertes, 4 livres; cannelle, 2 gros; macis, 1 gros; eau-de-vie à 22 degrés, 8 pintes; eau de rivière, 2 pintes; sucre, 4 livres.

Choisissez des noix déjà un peu grosses, mais assez peu formées pour que l'épingle passe facilement au travers ; vous les pilez au mortier de marbre et les mettez infuser avec les aromates et dans l'eau-de-vie pendant six semaines, puis vous versez le tout dans un tamis posé sur un vase où tombe la liqueur. Vous faites fondre le sucre à l'eau de rivière, vous opérez le mélange des deux liqueurs et les laissez éclaircir pendant six semaines, enfin vous décantez le ratafia par *inclination*.

Dans un cas très-pressé, au lieu de le laisser déposer, on peut le filtrer en frottant légèrement la chausse avec de la colle de poisson.

Cette liqueur est très-stomachique.

Brou de noix à la Carmélite. — Prenez : eau-de-vie, 8 pintes ; noix vertes, 150 ; muscade, 1 gros ; gérofle, 1 gros ; sucre concassé, 4 livres.

Vous choisissez des noix comme pour la recette précédente, vous les pilez de même, et les faites infuser pendant deux mois dans de l'eau-de-vie ; vous les égouttez dans un tamis au-dessus d'un vase ; vous faites fondre le sucre dans cette liqueur, que vous renfermez de nouveau dans un vase pendant trois mois ; ensuite vous la décantez et la mettez en bouteilles.

Ce dernier ratafia est un des meilleurs stomachiques dont on puisse conseiller l'usage en cas d'atonie chronique et de gastralgie.

BRUGNON, fruit à noyau qui a la peau rouge, la chair pleine, et qui est pourvu d'un goût excellent, lorsqu'il a mûri sur l'arbre, jusqu'à ce qu'il se ride et se détache de lui-même. Le brugnon violet musqué est plus estimé que les autres ; il se mange en août et septembre. Le brugnon violet tardif et le brugnon jaune, qui donnent en octobre, sont sujets à pourrir sur l'arbre sans mûrir. Tous ces fruits sont lisses, sans poil, et quittent le noyau ; on en fait de bonnes compotes, et l'on s'en sert aussi pour garnir des flancs, des tartes et des fanchonnettes meringuées.

BRULURE. (Nous avons cru devoir emprunter cet article utile à l'excellent *Traité des préparations* de M. Lorrein, qu'on a mis bien souvent à contribution sans l'avoir cité d'aucune manière.)

« Les brûlures sont des accidents trop communs dans la cuisine, pour que l'indication des remèdes qui sont reconnus comme les plus propres à en prévenir les suites puisse paraître déplacée dans cet ouvrage. Les plus fortes brûlures auraient presque toujours des suites très-légères si on y appliquait de suite les remèdes convenables : pour peu qu'on attende, l'action du feu, qui d'abord n'a attaqué que la superficie de la peau, pénètre dans l'intérieur, et occasionne de grands désordres qu'il aurait été facile de prévenir.

» Les premiers soins à prendre doivent avoir pour but de diminuer l'inflammation, qui est toujours la suite des brûlures, ou même de l'empêcher de naître.

» On arrosera donc la partie brûlée avec de l'eau la plus froide possible, sans le moindre délai. Si la partie est couverte d'un vêtement, on commencera par l'imbiber d'eau froide jusqu'à ce qu'elle pénètre à la brûlure ; ou, ce qui est préférable, on plongera tout le membre dans l'eau froide ; si on n'a pas d'eau froide sous la main, on enlèvera de suite le vêtement, et on appliquera sur la brûlure un corps froid, et, s'il est possible, de nature métallique. Par ces moyens on empêchera la continuité d'action du calorique.

» Lorsque la brûlure sera à nu, on la couvrira avec des compresses trempées dans l'eau la plus froide, même à la glace, et qu'on renouvellera de minute en minute, ou qu'on arrosera par-dessus. Si on peut se procurer de l'alun, on en fera dissoudre dans l'eau froide, et on en imbibera des compresses qu'on posera sur la brûlure. On arrosera fréquemment les compresses pendant la première heure sans les lever ; et, pendant les cinq ou six heures suivantes, on aura soin de ne pas les laisser s'échauffer et se dessécher. Ces moyens, et surtout l'emploi de l'eau d'alun, suffisent souvent pour prévenir les suites de brûlures très-fortes.

» Après cinq ou six heures d'arrosage, on fixe les compresses avec des bandelettes, et on ne fait plus rien. Il se forme ordinairement, sous la compresse, une croûte qui prend de l'épaisseur et de la dureté, et qui se sépare d'elle-même dans un temps plus ou moins long. L'alun agit, dans ce cas, par sa propriété astringente ; aussi peut-on le remplacer par d'autres substances qui jouissent de la même propriété, quoiqu'à un degré moindre. Tel est, par exemple, la pulpe crue de pommes de terre ; on en recouvre la brûlure, et on la renouvelle à mesure qu'elle s'échauffe. Cette pulpe agit par le froid qu'elle apporte, et par le principe astringent qu'elle contient. Pour obtenir la pulpe de pommes de terre, on les frotte sur une râpe ordinaire, ou, à défaut de râpe, on les écrase avec un marteau jusqu'à ce qu'elles soient réduites en bouillie.

» En général, la première chose à faire pour une brûlure, c'est de refroidir le plus qu'on peut la partie affectée ; on emploie à ce refroidissement l'eau la plus froide et même la glace ; ce refroidissement doit être continué sans interruption pendant une heure ; ensuite, et même plus tôt si on le peut, tout en continuant à refroidir la partie brûlée et celles qui sont avoisinantes, on passe à l'emploi des astringents ; l'eau d'alun, l'eau de goulard, la pulpe de pommes de terre, la boue ferrugineuse qu'on trouve dans l'auget des meules à émoudre, etc. ; ou les toniques, tels que l'éther, l'alcool, l'eau-de-vie. Ces dernières substances doivent être employées sans compresses : on en mouille de temps en temps la partie brûlée.

»Si, malgré l'emploi des moyens ci-dessus, la plaie vient à suppuration, on la panse alors avec le cérat siccatif ou avec le baume de Geneviève. »

BUGLOSE, plante médicinale et potagère de l'espèce des picrides. On l'emploie dans les bouillons rafraîchissants et dans les dépuratifs, ainsi que dans les apozèmes. La fleur de la buglose est une de celles dont on garnit les salades et les coquilles ou bateaux d'office.

BUISSON (terme de cuisine et d'office), se dit des diverses substances que l'on dresse en forme de dôme. 1° En termes de cuisine, on dit : un buisson d'écrevisses. 2° En termes d'office, on dit: un buisson de méringues.

BUVANDE ou **PIQUETTE**, se dit d'une boisson qu'on fait avec le marc de raisins dont on a exprimé tout le vin. On verse sur ce marc de l'eau, on fait agir le pressoir ; et c'est à la liqueur qu'on en retire qu'on a donné le nom de buvande. On fait encore une autre espèce de buvande, en mettant dans un tonneau des mûres, cormes, prunelles, pommes, poires, avec une certaine quantité d'eau qu'on soumet à la fermentation.

C.

CABLAN ou **CAPELAN**, petit poisson qui sert d'appât pour amorcer les morues sur le banc de Terreneuve, et dont les Acadiens savent composer un mets assez substantiel. Il ne nous arrive que salé et séché ; mais il est encore pourvu d'une saveur ichtyolée très-apéritive. Il est suffisant de l'avoir présenté au feu pour qu'il soit cuit. En en broyant les chairs, on en fait, à Paris, des sandwishs à la crème de Meaux, et sur les côtes de Bretagne on en fait des beurrées qui sont fort appétissantes.

CABILLAUD, ou plutôt **CABLIAU**. C'est le nom que les Hollandais donnent à la morue fraîche, et que nous avons adopté dans notre langue. C'est le même poisson qui reçoit le nom de morue quand il est salé, et celui de merluche ou stochfish quand il est salé et séché. Nous dirons, à propos du cabillaud, que tous les mouillements dans lesquels on le fait cuire doivent être salés outre mesure, attendu qu'il est dans la nature de ce poisson d'exiger une salaison forte et de ne jamais absorber plus de sel qu'il n'en faut à son accommodement.

Cabillaud à la hollandaise. — Ayez un gros cabillaud qui vienne d'Ostende, s'il est possible ; car ceux de Dieppe ne sont jamais aussi gras ni aussi savoureux. Lavez-le, videz-le, ficelez-lui la tête, et faites-le mariner avec du sel pendant vingt-quatre heures. Trois heures avant de le servir, mettez-le dans une poissonnière, et versez dessus de l'eau bouillante. Tenez-le sur le feu jusqu'à ce qu'il écume ; mais ne le faites pas bouillir, et placez la poissonnière de façon qu'elle se maintienne pendant trois heures au même degré de chaleur. Il aura fallu retirer une partie de son mouillement pour y faire cuire quinze ou vingt pommes de terre de l'espèce de Zélande ou d'Irlande, c'est-à-dire jaune et farineuse. Au moment de servir, égouttez ce poisson, dressez-le sur une serviette damassée à dessins de couleurs (c'est de costume), et garnissez-le avec les pommes de terre bouillies dont vous aurez fait ôter la peau. Vous l'accompagnerez d'une saucière où l'on aura fait fondre au bain-marie du beurre très-frais et légèrement salé. Il faut que ce beurre soit à peine fondu.

Cabillaud en dauphin (*V.* BROCHET EN DAUPHIN).

Observation. Le cabillaud, le brochet, la grosse truite et l'ombre-chevalier sont susceptibles, à cause de leur forme, d'être ajustés en double, à peu près circulairement, ce qui s'appelle *en dauphin*, et cette méthode est souvent très-utile en ce qu'elle permet de les dresser sur un plat rond, ce qui met plus de variété dans le service, et surtout pour un dîner maigre, où les relevés de gros poissons longs ont toujours à peu près la même apparence.

Cabillaud à la hambourgeoise. (Recette traduite de l'allemand.) — Prenez à cet effet un cabillaud bien frais et bien charnu ; lorsque vous l'aurez nettoyé (en ayant soin de ne pas faire une trop grande ouverture pour lui retirer les intestins), faites-le égoutter et essuyez-le bien en de dans et en dehors. Faites blanchir six douzaines d'huîtres, égouttez-les sur un tamis ; laissez reposer l'eau des huîtres que vous aurez eu soin de conserver ; faites une béchameil mouillée avec cette eau et moitié de bonne crème ; faites réduire cette sauce jusqu'à ce qu'elle tienne à la cuillère ; assaisonnez d'un peu de sel, poivre et muscade ; mêlez-y les huîtres et remplissez-en l'intérieur de ce cabillaud ; posez-le ensuite sur un plat ou une plaque bien étamée ; ciselez légèrement la surface de votre poisson ; prenez six jaunes d'œufs crus, un quarteron de beurre fondu, sel et muscade ; battez le tout : prenez un pinceau, enduisez bien toute la surface du poisson ; semez de la mie de pain (cette opération doit se faire vivement) ; arrosez ensuite avec du beurre fondu toute cette panure (une heure suffit pour sa cuisson, qui doit être à un four un peu chaud). Si c'est sur une plaque que vous avez posé votre poisson, enlevez-le avec deux couvercles de casserole. Pour sa sauce, ayez un gros homard cuit, retirez-en les chairs, pilez les coquilles avec ses œufs et intestins ; ajoutez six onces de beurre ; relevez le tout dans une casserole, exposez-le sur un fourneau, remuez cette préparation avec une cuillère de bois, et quand le beurre sera bien fondu, versez-y une cuillerée de bon bouillon ; faites bien chauffer ; au premier bouillon, versez le tout dans une étamine, tordez fortement sur une terrine préparée à cet effet et laissez monter le beurre ; ensuite enlevez-le avec une cuillère ; servez-vous de ce qui reste dans la terrine pour faire votre sauce, en y ajoutant de la bonne crème en quantité égale à votre fond. Vous aurez coupé en dés vos chairs de homard que vous incorporez dans la sauce au moment de servir ainsi que votre beurre rouge ; goûtez si la sauce est de bon goût ; lorsque vous mettrez votre poisson au four, versez sur un plat un bon verre de vin blanc. Ce relevé fait le meilleur effet possible quand il est bien soigné.

Cabillaud aux fines herbes.—Préparez un cabillaud comme il est indiqué ci-dessus ; quand il aura resté une heure au sel, mettez-le sur le plat que vous devez servir, avec des fines herbes cuites et du beurre ; assaisonnez de sel, poivre, muscade et aromates en poudre. Poudrez votre cabillau de chapelure ; mouillez-le d'une bouteille de vin blanc ; arrosez-le de beurre fondu ; mettez-le cuire au four, et arrosez-le souvent avec sa cuisson.

Cabillaud à l'italienne. — Lavez, videz et parez un beau cabillau ; faites une farce avec des merlans et des anchois pilés, et remplissez-en ce cabillaud ; dressez-le sur un plat creux avec du per-

sil haché, du beurre, et mouillez le tout avec une bouteille de vin blanc ; faites-le cuire au four ; panez-le en le saupoudrant de mie de pain mêlée de fromage de Parmesan ; puis arrosez-le de beurre fondu ; faites-lui prendre couleur sous le four de campagne, et saucez avec une sauce italienne hachée.

Cabillaud grillé, à la crème et aux huîtres.—Prenez un cabillaud frais et gras ; videz-le, lavez-le et mettez-lui dans le corps une farce cuite (si c'est en maigre, mettez-en une de poisson) ; dressez-le sur le plat que vous devez servir : il faut que ce plat soit un peu creux ; mouillez votre cabillaud d'une braise grasse ou maigre ; mettez-le au four, et, sa cuisson faite, égouttez-le, sans l'ôter de dessus son plat. Panez-le avec de la mie de pain et arrosez-le de beurre fondu ; servez-vous pour cela d'une plume ou d'un poireau ciselé ; faites prendre à votre cabillaud une belle couleur ; égouttez-le de nouveau ; nettoyez les rebords de votre plat, et mettez-y une sauce à la crème et aux huîtres (*V.* SAUCES).

Cabillaud pané. — Coupez-le en plusieurs morceaux, que vous ferez mariner avec du beurre que l'on aura fait fondre, sel, gros poivre, persil, ciboules, échalotes, ail, le tout haché ; thym, laurier, basilic en poudre, le jus de deux citrons : faites mariner pendant une heure. Dressez ensuite les morceaux sur le plat que vous devez servir, avec toute la marinade ; panez-les de mie de pain, et faites cuire sous un four de campagne.

Cabillaud à la norvégienne.—Il faut avoir une petite morue fraîche que vous couperez en cinq ou six morceaux ; désossez-la et faites-la mariner avec du beurre chaud, du jus de citron, du persil haché, quelques échalotes et des fines herbes. Après l'avoir mise sur le plat dans lequel vous devez servir, avec la marinade dessus et dessous, vous la saupoudrerez de mie de pain, et vous l'arrosez avec du beurre chaud ; vous la ferez cuire au four, et vous la servirez avec une sauce au vin blanc, aux jaunes d'œufs et à la muscade grillée.

Les reliefs d'un *cabillaud de desserte* peuvent s'accommoder à la béchameil, au gratin, au fromage et en croquettes. En y mêlant des huîtres, des moules ou des queues de crevettes, on en garnit quelquefois des pâtés chauds, des vol-au-vent, des timbales de nouilles et des casseroles au riz.

CABUS, nom populaire ou villageois d'un gros chou pommé. C'est une appellation qui n'est pas nouvelle, car on trouve dans une farce de Jodelle, au sujet d'un bon jardinier :

Touts ses fruicts estaient meurs et touts ses choulx cabuts.

CACAO. C'est le fruit d'un arbre à peu près de la grandeur et de la forme d'un châtaignier, qui croît particulièrement et abondamment en Amérique. Il produit des cosses d'environ trois lignes d'épaisseur, cannelées et rayées, dont la capacité est remplie d'environ trente ou trente-cinq amandes assez semblables à nos pistaches, mais plus grandes, plus grosses, arrondies et couvertes d'une pellicule sèche ; la substance de ces amandes est d'un goût amer et légèrement acerbe. On en distingue de plusieurs sortes, savoir, le cacao de Caracas, celui de Cayenne, de Berbiche, de l'île Sainte-Madeleine et de Saint-Domingue ; tous ces cacaos diffèrent entre eux par la grosseur des amandes et par leur saveur ; le plus estimé de tous est le gros Caraque, dont l'amande, un peu plate, ressemble assez par son volume et sa figure à une de nos grosses fèves ; ensuite viennent ceux de Sainte-Madeleine et de Berbiche : l'amande de celui-ci est moins aplatie que celle de Caraque, et sa pellicule se trouve couverte d'une poussière très-fine, de couleur cendrée. Quant aux autres, qui sont très-âcres et très-huileux, ils ne sont bons qu'à faire du beurre de cacao. Il est à remarquer que le germe du cacao est placé au gros bout de l'amande, au lieu que dans nos amandes européennes il est à l'autre bout.

Les cacaos Caraque ou de Caracas, de Sainte-Madeleine et de Berbiche, alliés ensemble par parties égales, font un chocolat de première qualité ; ils lui donnent la dose d'onctueux et d'oléagineux qu'il doit avoir, car le chocolat fait avec le seul Caraque est trop sec ; celui qui ne contiendrait que du cacao des îles serait trop gras et trop âcre. Il faut faire choix du Caraque le plus récent, bien nourri, et point moisi dans l'intérieur, ce à quoi il est fort sujet ; on n'en trouve presque jamais dans le commerce qui n'ait un peu de moisissure dans l'intérieur, et une certaine quantité de terre à sa surface, ce qui provient de ce qu'après l'avoir cueilli, on l'enferme dans la terre pendant un mois ou six semaines ; ce qu'on appelle *terrer le cacao,* afin de lui faire perdre son âcreté. Le Caraque seul est soumis à cette opération ; et en effet on trouve ordinairement le cacao des îles bien sain et sans moisissure. Au reste, on doit choisir le cacao Caraque le moins moisi possible ; et, quoiqu'il le soit un peu, on ne laisse pas que d'en faire le meilleur chocolat connu.

Torréfaction et pâte de cacao. — Vous mondez avec grand soin les amandes de cacao de leur écorce, vous en prenez la quantité que vous voulez, et en mettez environ deux ou trois pouces d'épais dans une poêle de fer, très-large et très-évasée, que vous placez sur un feu de charbon pour brûler légèrement l'écorce ligneuse du cacao, que vous remuez avec une grande et large spatule de bois. Cette opération doit être faite avec beaucoup de ménagement ; il suffit que le cacao puisse s'échauffer à fond sans rôtir ; il perd par la torréfaction toute son odeur de moisi. Quelques fabricants de chocolat le torréfient d'autant plus fort, que le cacao qu'ils emploient est moisi davantage ; mais alors l'huile de cacao souffre un commencement de décomposition, et ils n'obtiennent qu'un chocolat brun ou noir, qui est plus âcre, et qui, bien loin d'avoir les vertus de celui qui serait torréfié avec les précautions que nous indiquons, ne peut produire que de mauvais effets. Le degré nécessaire pour la torréfaction se reconnaît lorsque l'écorce se sépare facilement de l'amande, en appuyant avec les deux doigts. Vous retirez alors votre poêle du feu, et vous versez le cacao dans un petit tonneau ; quand vous en avez rôti la quantité que vous désirez, vous en mettez dans un crible en fil de fer assez serré pour que la plus petite amande ne puisse passer à travers sans être brisée ; vous prenez pour cela un morceau de brique, et, appuyant sur le cacao, il se sépare de son enveloppe en se brisant. Il y a aussi des moulins qui produisent cet effet, et ils ont l'avantage d'abréger beaucoup ce travail. Ensuite, vous avez des cribles de diverses grandeurs ; vous y passez la première et la seconde grosseur du cacao ; lorsqu'il est ainsi trié, vous le mettez par portions dans un petit van, semblable à ceux qui servent à vanner le blé, vous y remuez le cacao pour en séparer les écorces ; quand la première grosseur est vannée, vous en faites autant à la seconde, ainsi de suite jusqu'à ce qu'il ne reste plus aucune ordure. Si vous ne preniez pas la précaution de passer le cacao à travers différents cribles, il s'ensuivrait qu'en les vannant, les plus petits morceaux se confondraient et demeureraient dans les enveloppes. Vous évitez aussi la perte de temps que, sans cette méthode, vous seriez obligé d'employer à éplucher grain à grain votre cacao, pour en séparer les portions d'écorce qui auraient pu y rester après le vannage.

Quand le cacao est bien nettoyé, vous en pesez, par exemple, dix livres, que vous mettez de nouveau torréfier dans la poêle, en ayant soin de le remuer sans discontinuation avec une spatule de bois fort large pour le bien faire chauffer jusqu'au centre sans le griller, ce que vous reconnaîtrez lorsque le cacao deviendra luisant ; alors il est temps de le retirer. Vous le passez enfin légèrement dans

8

le van, pour en séparer quelques légères parcelles d'écorce brûlée qui peuvent s'en détacher.

Il y a des fabricants qui ne se donnent pas la peine de torréfier le cacao; ceux-là agissent sans principes : car la torréfaction est indispensable en ce qu'elle sert à enlever l'âcreté au cacao, en faisant évaporer sa première huile, et d'un autre côté il se broie plus facilement sur la pierre.

Après le second vannage, vous mettez votre cacao dans un mortier de fer que vous avez bien fait chauffer en l'emplissant de charbons ardents; vous l'essuyez et vous y pilez promptement le cacao, avec un pilon de fer, jusqu'à ce qu'il soit suffisamment réduit en pâte et en huile, ce que vous reconnaissez facilement lorsqu'en posant le pilon à la surface de la masse, il s'enfonce au fond du mortier par son seul poids.

Observation. — Nous avons cru devoir placer ici tout ce qui se rapporte à la fabrication du chocolat; mais, pour ce qui regarde son emploi, on en trouvera l'indication dans divers articles où il est prescrit d'user de cette substance.

Chocolat à la vanille, façon de Paris.

Pâte de cacao	10 livres.
Vanille	2 onces.
Sucre	10 livres.

Vous incorporez neuf livres de sucre avec la pâte du cacao, en les mettant en deux fois dans le mortier pendant qu'il est encore chaud; vous pilez bien le tout ; et, quand le mélange est bien exact, vous retirez cette pâte du mortier et la mettez dans une terrine, à la réserve d'une livre que vous broyez sur la pierre à chocolat. Cette pierre doit être plate et unie, de seize à dix-huit pouces de large sur vingt-neuf à trente de long, et de trois pouces d'épaisseur; elle doit être affermie sur un châssis de bois en forme de buffet, dont l'intérieur est garni de tôle, afin d'y recevoir une petite poêle de braise bien allumée, et suffisamment couverte de cendres pour entretenir la pâte dans une douce chaleur.

Vous placez la terrine ou bassine qui contient le surplus de la pâte dans le buffet de la pierre, à côté du feu qui s'y trouve; vous broyez celle qui est dessus avec un cylindre de fer poli, de deux pouces et demi de diamètre sur dix-huit de longueur : il est garni à chaque bout d'un manche en buis de la même grosseur et de six pouces de long pour y placer les mains de l'ouvrier. Quand la pâte est suffisamment broyée, ce que vous reconnaissez lorsqu'elle se fond aisément et entièrement sur la langue, vous la mettez dans une autre terrine que vous placez aussi dans le buffet pour en-

tretenir toujours la pâte liquide. Vous en remettez de nouvelle sur la pierre et en même quantité que la première fois ; vous l'y broyez, et continuez ainsi jusqu'à ce que cette opération ait eu lieu pour toute la pâte. Pendant ce travail vous aurez soin d'entretenir la chaleur de la pierre en renouvelant le feu dessous à mesure qu'il est nécessaire. Le degré de chaleur convenable se connaît lorsqu'on ne peut tenir qu'un seul instant sur la pierre le dos de la main sans en être incommodé. Vous ajoutez au mélange suffisamment broyé la vanille que vous avez pulvérisée avec une livre de sucre et passée au tamis de soie. Vous remettez la pâte sur la pierre, afin d'y bien incorporer ce nouvel ingrédient ; vous avez soin que la pierre ne soit pas trop chaude ; et, afin que votre chocolat soit bien lustré, vous l'en retirez promptement et le roulez sur une grande feuille de parchemin ; vous coupez les morceaux de quatre onces, vous les mettez dans des moules que vous frappez le plus droit possible, jusqu'à ce que le chocolat soit devenu uni et luisant. S'il se formait dessus, comme il arrive souvent, de petites bulles qui sont produites par l'effet de l'air, piquez-les avec une épingle : aussitôt l'air se dégage, et la tablette devient parfaitement unie.

Vous laissez refroidir le chocolat dans les moules, il y durcit et acquiert une consistance ferme et solide. Il se sépare des moules facilement; il suffit de les renverser ou de les presser légèrement par les deux bouts, en sens contraire, comme si on voulait les tordre ; par ce moyen, les tablettes qui seraient adhérentes par quelque côté se détachent facilement sans courir le risque de briser le moule ou le chocolat.

Lorsqu'il se forme sur le chocolat des taches marbrées, c'est qu'il a été mis trop chaud dans les moules. Il est nécessaire avant de l'y mettre, et lorsqu'il est trop liquide, d'y jeter deux à trois cuillerées d'eau sur une quantité de vingt livres; en le remuant bien avec une spatule, il devient alors moins liquide, ce qui donne plus de facilité pour le mettre en moules.

Si vous voulez faire un chocolat qui flatte le goût plus agréablement, au lieu de vanille vous ajoutez une once et demie de cannelle et un gros de macis, que vous pulvérisez et mélangez avec le sucre. Si vous désirez un chocolat plus fin, vous retrancherez deux livres de sucre sur la quantité ci-dessus prescrite.

On enveloppe les tablettes de chocolat dans du papier blanc, et on le conserve dans un endroit bien sec, parce qu'il moisit à sa surface lorsqu'il est renfermé dans un lieu humide.

Il est indispensable, comme nous l'avons dit, de piler la vanille avec du sucre, parce que cette substance ne pourrait se réduire en poudre si elle était seule, à cause de la matière résineuse et balsamique qu'elle contient abondamment, et qui est dans un état de mollesse perpétuelle : cette pulvérisation doit même se faire, autant que possible, dans un temps sec, parce que le sucre passe difficilement à travers des tamis dans un temps humide. (Voyez, à l'article *Falsification du chocolat*, le choix qu'on doit faire de la vanille.)

Les doses que nous prescrivons dans cette recette forment environ vingt livres de chocolat, quantité que broie ordinairement un ouvrier dans sa journée ; s'il en faisait plus, il ne serait pas bien façonné. On peut augmenter ou diminuer le sucre suivant son goût : il en est de même des aromates, que l'on peut retrancher en entier ; ce sera alors du *chocolat de santé*.

Chocolat à la manière de Bayonne ou d'Espagne. — Il faut se procurer une pierre des Pyrénées, très-dure, de dix-huit pouces de largeur sur deux pieds de longueur, avec un cylindre ou rouleau du même grain que la pierre : on ménage une pente à cette pierre, au moyen de trois pieds, un en avant, dans le milieu, et deux plus élevés aux autres extrémités, de manière à l'exhausser comme un pupitre.

Vous posez cette pierre sur une espèce de table à quatre pieds, ou plateau élevé, de sorte que la pierre se trouve à la hauteur de la ceinture.

Vous faites faire quatre auges de bois mince : vous en mettez trois sur les côtés de la pierre, c'est-à-dire, une en face de l'ouvrier, et les deux autres à sa droite et à sa gauche : le quatrième est pour remplacer lorsque le cacao est broyé. L'usage de cette pierre vous dispense de piler le cacao au mortier de fonte ; lorsqu'il est torréfié, vous le mettez sur la pierre, au-dessous de laquelle vous avez placé du feu ; vous le broyez avec un rouleau de même pierre. Quand toute votre venue est broyée, vous retirez l'auge dans laquelle est tombé le cacao broyé, et la remplacez par une autre, dans laquelle vous mettez le sucre ; vous broyez de nouveau la pâte ; vous serrez avec le rouleau, de manière à ce qu'il n'y ait que l'huile qui tombe dans l'auge sur le sucre.

Cela fait, vous mêlez bien votre sucre avec l'huile de cacao ; vous en formez une pâte que vous repassez de nouveau sur la pierre pour la dernière fois ; vous y mettez alors les aromates, comme il a été dit pour le chocolat à la façon de Paris, et vous mettez le chocolat en moules de la même manière.

Si vous voulez le faire sans sucre, lorsque le cacao est en huile dans les auges, vous le mettez dans des moules carrés en fer-blanc, ou ronds, en forme d'étuis, comme cela se pratique à Bayonne, où on fait ce chocolat de première qualité, et où il est du plus grand débit.

Chocolat à la façon de Milan ou d'Italie. — Il se fait de la même manière que celui de Bayonne ; la différence consiste dans la pierre : elle est cintrée, mais, en outre, traversée par des cannelures. Cette pierre se travaille aux environs de Milan, et une espèce seule se trouve propre à ce travail ; elle est très-rare et très-difficile à canneler attendu que son grain est plus dur que le fer, et que les ouvriers cassent beaucoup d'outils avant de la confectionner parfaitement.

Cette pierre, avec les deux rouleaux qui sont de même grain, se vendent 300 francs dans le pays ; quand elle est bien choisie, elle abrège beaucoup le travail du cacao, et il se trouve mieux broyé. La fabrication du chocolat est plus rude sur cette pierre que sur les autres, et il faut une plus grande habitude pour la bien opérer.

La qualité de ce chocolat est toujours supérieure à celui qu'on a fait sur des pierres plates, en ce que le cacao n'a pas besoin d'être pilé dans un mortier de fonte, qui, étant très-chaud, en enlève l'huile essentielle. Aussi voit-on tous les chocolatiers italiens qui viennent en France y jouir d'une grande réputation ; ils ne manquent pas d'amener avec eux cette espèce de pierre pour fabriquer leur chocolat. Il est donc reconnu et prouvé qu'elle mérite la préférence sur toutes les autres.

Il est sans doute inutile de dire que, dans ces deux recettes, on fait entrer les ingrédients en même proportion que pour le chocolat de Paris.

Vacaca Chinorum.

Amande de cacao	4 onces.
Vanille	1
Cannelle fine	1
Ambre gris	48 grains.
Sucre	3 onces.

Vous prenez du cacao bien torréfié et vanné, que vous broyez avec soin ; vous y mêlez les aromates en poudre, ainsi que le sucre ; vous en formez une pâte, que vous renfermez soigneusement dans une boîte de fer-blanc, pour vous en servir au besoin ; vous en mettez dix à douze grains dans une tasse de chocolat, qui par là se trouve aromatisé agréablement ; il est excellent pour donner du ton à l'estomac et réparer les forces perdues par épuisement. Les Chinois font grand usage de cette pâte dans leur chocolat.

Boisson de chocolat. — Lorsque vous voulez composer avec le chocolat une boisson, soit au lait, soit à l'eau, vous mettez dans une chocolatière une tasse ou six onces environ de l'un ou de l'autre de ces deux liquides par once de chocolat. Quelques personnes, avant de mettre le lait, font dissoudre le chocolat dans un peu d'eau. Quand le lait ou l'eau commence à bouillir, vous ajoutez du chocolat râpé ou coupé grossièrement, et vous remuez ce mélange avec un moulinet ou moussoir. Quand le chocolat est fondu, et qu'il a pris quelques bouillons, vous le retirez du feu et le laissez reposer dans un endroit chaud pendant environ un quart-d'heure; une ébullition trop longue nuirait à la bonté de la boisson; ensuite vous faites agir fortement le moussoir en le tournant dans les deux mains en sens contraire, et vous versez le chocolat dans des tasses lorsqu'il est bien mousseux. Pour cela il faut qu'en proportion de la quantité de la liqueur, la masse dentelée du moussoir soit de telle hauteur, que, sans toucher au fond de la chocolatière, dont elle doit être éloignée d'un demi-travers de doigt, elle ne laisse pas d'être entièrement noyée dans la liqueur; car, si la partie supérieure en excédait la hauteur, la mousse ne se ferait qu'imparfaitement.

Le chocolat fait avec le petit cacao des îles ne mousse pas comme celui composé avec le Caraque. S'il devient épais comme une colle en mettant par tasse de chocolat la quantité d'eau ou de lait indiqué ci-dessus, ou s'il ne fond pas facilement, c'est une preuve qu'il a été falsifié.

Falsification du chocolat. — Les mauvais fabricateurs de chocolat en font avec du petit cacao commun, duquel ils ont tiré la plus grande partie du beurre : ils mêlent ensuite à la pâte restante une grande quantité d'amandes douces pelées et grillées; ils emploient de la cassonade au lieu de sucre; et, en place de vanille, du storax commun, qui n'est, pour ainsi dire, que la sciure du bois de l'arbre qui produit cet aromate. Son arôme approche un peu de celui de la vanille; mais ceux qui connaissent l'odeur de l'un et de l'autre peuvent les distinguer aisément. Les chocolats communs sont encore falsifiés avec du beurre, de la fécule de pommes de terre, de l'amidon et autres substances également hétérogènes.

CACHOU. C'est le suc épaissi de l'arek, espèce de palmier, dont on compose, en y mêlant du sucre et quelques aromates, de petits trochisques dont on use pour se parfumer l'haleine et pour se fortifier l'estomac. On dit que le cachou de Malabar est très-supérieur à celui du Pégu; mais nous pensons qu'il n'est pas facile de les distinguer l'un de l'autre.

Pastilles de cachou. — Pilez six onces de cachou, que vous passez au tamis de soie, et dé-

layez-le dans deux livres de sucre avec de l'eau simple pour en former une pâte bien ferme, que vous roulez par très-petites parties. Vous retirez vos pastilles de dessus les plaques une ou deux heures après, et vous les mettez à l'étuve environ vingt-quatre heures, ensuite vous les renfermez dans des boîtes.

Ces pastilles sont stomachiques et astringentes.

On peut s'en servir en boisson, en mettant une once dans une pinte d'eau bouillante, qui prend, en remuant avec une cuillère, une teinte rougeâtre d'une saveur douce et fort agréable. Cette eau convient aux personnes qui ont de la répugnance pour les tisanes; elle fait cesser les diarrhées; elle convient dans les maladies bilieuses; cette boisson, peut-être, est salutaire dans les maux de gorge; elle arrête les vomissements et convient dans les dyssenteries. On peut parfumer ces pastilles de diverses manières, en ajoutant dans la pâte quelques gouttes d'essence de cédrat, de bergamote, à l'angélique, à l'iris, etc.

CAFÉ, semence du cafier. Breuvage extrait de cette graine torréfiée et pulvérisée.

La torréfaction qu'on fait subir au café développe dans cette graine un principe aromatique et une huile empyreumatique qui stimulent les organes digestifs; aussi l'usage du café est-il avantageux après le repas. L'action du café ne se borne pas aux organes digestifs; elle détermine une excitation générale de tous les organes, et cette excitation est durable; elle ne se termine pas par une tendance à l'assoupissement comme l'excitation passagère qui suit l'usage des liqueurs alcooliques : de là l'insomnie et l'agitation générale que le café détermine chez les personnes qui n'y sont pas habituées, ou qui en ont pris une trop grande quantité.

Il paraît que le café, sous le rapport de son action sur l'estomac et sur l'organe cérébral, est très-salutaire aux gens de lettres. Fontenelle et Voltaire en prenaient beaucoup, et ils ont vécu très-long-temps.

Le lait qu'on associe au café modère sa trop grande activité et en forme un aliment, tandis que le café, par sa propriété tonique, facilite et accélère la digestion du lait. Si au lieu de lait on unit la crème au café, cette substance grasse étant plus difficile à digérer, exige une proportion plus forte de café.

Torréfaction du café. — Choisissez du café à petits grains, plutôt jaunâtre que vert, ayant une odeur franche et sans arrière-goût de moisi ou d'échauffé. On classe les cafés dans l'ordre suivant : Moka, c'est le meilleur, mais il y en a de deux qualités ; l'une arrive en Europe par le cap de Bonne-Espérance, et comme le voyage est long et que les navires qui le transportent sont chargés d'autres marchandises de l'Inde et surtout d'épices, il est bien rare que le café qui arrive par cette voie ait conservé la pureté de son parfum. L'autre qualité se tire d'Égypte, où on l'apporte directement de l'Arabie ; mais il faut encore distinguer deux nuances dans le café qu'on importe de cette contrée ; l'une y est arrivée par la mer Rouge ; l'autre est apportée par les caravanes qui viennent de la Mecque. Cette dernière qualité est, sous tous les rapports, la meilleure ; mais elle est fort rare, et il est plus rare encore qu'elle ne soit pas mélangée avec les cafés d'Amérique que les Européens portent dans le Levant.

Après le café Moka, vient le café de l'île Bourbon, puis celui de la Martinique et de Marie-Galande, celui du *Borgne*, quartier de Saint-Domingue, etc.

Il y a deux manières de torréfier le café. La plus usitée n'est pas la meilleure ; elle consiste à renfermer la graine dans un cylindre qu'on tourne continuellement sur un feu vif. En procédant ainsi, il est bien rare que le café, qui éprouve l'action d'une chaleur forte et concentrée, ne dépasse pas le terme d'une simple torréfaction : il est souvent brûlé.

La seconde manière, très-usitée autrefois et qui l'est toujours dans le Levant, consiste à torréfier le café dans un vase de terre ou de métal entièrement ouvert. Par là, comme on voit mieux ce qui se passe, on peut toujours arrêter l'opération au point convenable.

La torréfaction du café doit être poussée jusqu'à ce que les grains aient pris une couleur mordorée ou brun clair ; en deçà de ce terme, il conserve une partie de sa saveur primitive qui a quelque chose d'herbacé : au-delà, le café est réellement brûlé ; il a acquis de l'amertume qu'on qualifie *force*, mais il a perdu son arôme.

Pulvérisation. — Dans le Levant on pile le café torréfié dans un mortier, jusqu'à ce qu'il soit réduit en poudre impalpable. Chez nous la plupart des moulins qui servent à moudre le café ne le reproduisent qu'en poudre très-grossière. Il est certain cependant que, plus une substance est divisée, plus on extrait de ses principes en la soumettant à l'infusion. Or, dans la préparation du café, on se propose toujours d'obtenir une infusion aussi chargée qu'il est possible. Il y a donc une économie réelle à réformer tout moulin qui, par vice de construction ou par usure, ne donne qu'une poudre grossière et peu égale.

Infusion du café. — La cafetière dite à la Dubelloi est trop connue pour qu'il soit nécessaire d'en donner la description. On sait qu'elle consiste en un cylindre de fer-blanc, ouvert par le haut et fermé par le bas au moyen d'une plaque percée de trous très-petits ; ce cylindre se pose sur une cafetière ; on y met le café, on le presse et on verse par-dessus de l'eau bouillante à travers une petite passoire, qui a pour objet de la diviser ; sans cela l'eau se fraierait un passage à travers le café, dont la plus grande partie serait soustraite à son action.

Le café s'imbibe lentement, l'eau se charge de ses principes et s'écoule dans la cafetière. Le café est alors dépouillé de tout ce qu'il a d'agréable ; et ce qui le prouve, c'est que si on y passe de nouvelle eau bouillante, elle sort peu colorée et avec une odeur et une amertume insolites.

Lorsque le café est en poudre fine et qu'il est tassé bien également, l'eau le traverse avec lenteur, et se charge tellement de ses principes, que la première tasse de liquide qui passe l'épuise entièrement, quoiqu'on ait mis assez de café dans le cylindre pour en faire trois ou quatre tasses ; c'est une véritable essence de café, susceptible de se conserver long-temps en vase clos, surtout si on y ajoute un peu de sucre. Si on l'étend avec trois fois son volume d'eau bouillante quand on veut s'en servir, on a ainsi du café à l'instant même.

Nous n'ignorons pas qu'on a inventé plusieurs autres cafetières qui ont pour objet de rendre la partie extractive du café plus soluble, en l'imprégnant des vapeurs aqueuses avant de le faire traverser par l'eau bouillante. On obtient par là du café plus fort et plus chargé, mais il a un arôme moins pur et une amertume plus prononcée.

Un des grands avantages des cafetières à la Dubelloi, avantage qui se retrouve dans toutes celles où l'eau est obligée de traverser le café en poudre, c'est de donner immédiatement du café clair ; on est dispensé par là de le faire clarifier par le repos, afin de le faire chauffer une seconde fois, ce qui altère toujours sa qualité, ou par la colle de poisson qui en précipite un des principes les plus essentiels.

On doit éviter de laisser séjourner le café dans des vases de fer blanc, parce qu'il contient une substance qui attaque le fer, et que le café acquiert par là une saveur désagréable. On fait depuis quelque temps des cafetières à la Dubelloi, dont toutes les pièces, à l'exception de la plaque percée qui ferme le cylindre par le bas, sont en faïence. La plaque percée est alors en étain fin : ces cafetières ne laissent rien à désirer.

Café à la crème. — En employant l'essence de café, telle qu'on l'obtient en ne tirant qu'une tasse d'infusion d'une quantité de café suffisante pour en faire trois ou quatre, on obtient réellement du café à la crème, au lieu de crème à l'eau de café, qui est le résultat du procédé ordinaire.

Pour toutes les préparations de cuisine ou d'office où le café doit entrer comme élément ou pour assaisonnement principal (*V.* CRÈME, MOUSSE, BISCUITS, SOUFFLÉS, GLACES, SORBETS).

CAILLE, oiseau de passage qui se tient dans les blés ou dans les chaumes après la moisson. Les cailles multiplient d'une manière prodigieuse; elles font par an quatre couvées, au mois de mai et au mois d'août dans notre climat, où elles arrivent à la fin d'avril et d'où elles émigrent après la canicule : les deux autres pontes des cailles ont lieu plus ou moins tard et suivant les pays où elles se décident à passer l'hiver. Elles sont tellement abondantes en Barbarie que, lorsqu'elles traversent la mer au printemps pour venir en Europe afin d'y passer l'été, la masse compacte de ces oiseaux projette quelquefois sur la mer une ombre de mille à douze cents toises. En arrivant sur nos côtes, elles se laissent tomber de fatigue, et l'on n'a que la peine de les y recueillir avec la main. On a remarqué que le jabot de ces cailles d'Afrique se trouvait toujours rempli d'ellébore, ce qui prouve que l'instinct les avertit de chercher, dans l'effet surexcitant de cette plante, la vigueur et l'énergie qui leur manqueraient infailliblement pour accomplir une émigration si lointaine et si peu d'accord avec la prédisposition musculaire de ces faibles oiseaux. Quand on habite au bord de la Méditerranée, ou quand on s'y trouve à l'époque du passage des cailles, il faut ordonner qu'on leur vide le gosier avec une attention particulière, car s'il y restait la moindre parcelle d'ellébore d'Afrique, qui est beaucoup plus actif que celui de nos climats, il en résulterait des nausées, des spasmes et des éternuments convulsifs, ainsi que la chose arrive souvent en Corse et dans l'île de Sardaigne, au dire de Fioraventi.

Il y a de ces oiseaux qu'on nourrit en cage et qu'on appelle cailles d'avoine. Elles ne sont pas à beaucoup près aussi savoureuses et aussi recherchées que la caille des blés; aussi ne les emploie-t-on qu'à défaut des autres, en hiver, et seulement pour en faire des ragoûts. Le *Cuisinier Gascon* cite un aphorisme en patois, dont il résulte que, lorsqu'il n'y a plus de feuilles de vigne pour barder les cailles, il ne faut plus manger de cailles.

Cailles rôties. — Plumez, videz, épluchez douze cailles bien grasses; flambez-les, retroussez-les, enveloppez-les d'une feuille de vigne, d'une lame de tétine de veau, de manière à ce qu'il n'y ait que la moitié des pattes à découvert; embrochez-les dans un attelet, posez-les sur la broche, faites-les cuire, et servez-les très-chaudement.

Cailles au laurier. — Ayez sept ou huit cailles, épluchez-les, videz-les et flambez-les; faites une petite farce avec leurs foies et quelques foies de volailles, du lard râpé, une feuille de laurier hachée très-fin et un peu de ciboules hachées; assaisonnez de sel et de gros poivre; farcissez-en les cailles; embrochez-les sur un attelet, en les enveloppant de papier; faites-les cuire à la broche, et servez-les avec une sauce ainsi composée : coupez deux ou trois lames de jambon, faites-les suer; lorsqu'elles commenceront à s'attacher, mouillez-les avec un verre de bon vin blanc et deux cuillerées à dégraisser pleines de consommé : mettez-y une demi-gousse d'ail et deux feuilles de laurier : faites bouillir et réduire le tout à consistance de sauce, et passez cette sauce à l'étamine. Durant la cuisson des cailles, faites blanchir sept grandes feuilles de laurier; la cuisson de ces petits pieds étant terminée, supprimez-en le jambon; dressez-les; mettez entre chacune des cailles une de ces feuilles de laurier : ajoutez à votre sauce le jus d'un citron, du gros poivre avec un peu de beurre; passez-la, vannez-la fortement, et couvrez-en ce bon vieux ragoût *à la Royne-Mère.*

Cailles aux petits pois. — Videz, flambez et retroussez sept ou huit cailles; foncez une casserole d'une lame de veau et d'une tranche de jambon; joignez-y une carotte, un oignon et un bouquet assaisonné; couvrez-les de bardes de lard et d'un rond de papier; ensuite faites-les partir et cuire, avec feu dessus et dessous : leur cuisson faite, égouttez-les, dressez-les, et masquez-les d'un ragoût de petits pois verts au blond de veau.

Cailles au gratin. — Flambez et désossez neuf cailles; faites un bouchon de la mie d'un pain du diamètre d'environ trois pouces et demi, et de deux et demi de hauteur; entourez-le d'une barde de lard; posez-le au milieu de votre plat; garnissez le tour de ce bouchon de pain d'un gratin que vous tiendrez en talus (*V.* GRATIN), c'est-à-dire que ce gratin soit presque de la hauteur du pain vers le milieu du plat, et qu'il aille en diminuant vers les bords de ce plat; remplissez les cailles de ce même gratin; dressez-les sur le même gratin, les pattes en dehors; remplissez de gratin les intervalles, de manière qu'on n'en voie que l'estomac; unissez bien votre gratin sans couvrir vos cailles; mettez-les dans un four, ou sous un four de campagne, avec feu modéré dessus et dessous; faites qu'elles aient une belle couleur : leur cuisson faite, ôtez ledit bouchon de mie de pain, qui n'avait pas d'autre destination que celle de maintenir le gratin dans une forme convenable. Égouttez, versez au milieu une sauce italienne rousse, et glacez les estomacs de vos cailles avec du jus réduit de fricandeau.

Cailles aux laitues. — Retroussez huit cailles; foncez une casserole de lard et d'une lame de jambon; rangez-les dans cette casserole; coupez un morceau de rouelle de veau en dés; ajoutez-y un ognon piqué d'un clou de gérofle, une demi-feuille de laurier, une carotte tournée et un petit bouquet de persil et de ciboules : mouillez cela d'un verre de consommé et d'un demi-verre de vin blanc; couvrez ces cailles de bardes de lard et d'un rond de papier; une demi-heure avant de servir, faites-les partir et cuire : leur cuisson faite, égouttez-les, et dressez en les alternant avec des cœurs de laitues pommées que vous aurez fait cuire dans un blanc et que vous aurez sautées dans la cuisson de vos cailles, après l'avoir dégraissée.

Cailles en croustades. — Prenez six ou sept cailles, désossez-les et remplissez-les d'un gratin fait avec leurs foies et de la mie de pain maniée de fines herbes, sel et muscade. Cousez ces cailles et procédez pour leur cuisson comme il est dit à l'article précédent. Faites autant de croustades que vous avez de cailles, et, à cet égard (*V.* Croutons de purée de bécasses), vos cailles étant cuites, égouttez-les, ôtez-en les fils, mettez les cailles dans vos croustades, dressez-les et masquez-les d'une sauce italienne, dans laquelle vous aurez mis des morilles hachées.

Cailles aux truffes. — Videz par la poche neuf cailles, flambez-les légèrement; épluchez neuf belles truffes, coupez-les en gros dés, et hachez toutes leurs parures, ainsi que les foies des cailles; assaisonnez-les de sel et de mignonnette; mettez-y un morceau de beurre, et faites cuire le tout légèrement; laissez-le refroidir et remplissez-en vos cailles que vous apprêterez comme celles aux laitues. Leur cuisson parfaite, égouttez-les, dressez-les, et servez-les avec une sauce à la Périgueux (*V.* cet article).

Cailles à la Régence. — Ayez huit cailles, retroussez-les en *poule*, flambez-les, mettez-les dans une casserole entre des bardes de lard, avec une cervelle de veau séparée en deux, une douzaine de saucisses à la chipolata, un bouquet de persil et ciboules, du sel et du poivre; mouillez le tout avec un bon verre de vin de Champagne et autant de bouillon; couvrez les cailles de bardes

de lard et d'un rond de papier, et leur cuisson achevée, égouttez-les ainsi que la cervelle; ôtez la peau de vos saucisses, rangez-les au milieu du plat; mettez vos cailles autour; posez vos cervelles sur vos saucisses et masquez le tout d'un ragoût à la financière (*V.* cet article).

Cailles au fumet de gibier. — Flambez et videz plusieurs cailles; enlevez les filets des unes pour en garnir l'intérieur des autres que vous aurez vidées par la poche; assaisonnez d'abord cette garniture avec sel et poivre, un bon morceau de beurre, persil haché menu et un jus de citron. Troussez et brisez les cailles farcies de cette manière, et faites-les revenir dans une casserole que vous aurez foncée de beurre et d'un peu de laurier; mouillez avec bouillon et vin blanc. Après une demi-heure de cuisson, retirez les cailles, égouttez et servez avec un fumet de gibier délayé dans une sauce espagnole réduite, dont vous trouverez la recette au chapitre des sauces.

Cailles au chasseur. — Préparez des cailles et faites-les sauter dans une casserole avec du beurre, des fines herbes, laurier, sel et poivre; saupoudrez de farine et mouillez avec moitié bouillon et moitié vin blanc; faites réduire la sauce après avoir retiré vos cailles, et puis servez.

Cailles braisées. — Après avoir enveloppé des cailles dans des feuilles de vigne et des bardes de lard, faites-les cuire à petit feu dans une braise composée de tranches de veau, de bardes de lard, d'un morceau de beurre et d'un bouquet garni; mouillez avec un verre de vin blanc et une cuillerée de bouillon, mettez-y peu de sel. Quand vos cailles seront cuites à point, retirez-les et mettez un peu de coulis dans leur cuisson; dégraissez la farce et passez-la au tamis, ensuite versez-la sur les cailles que vous aurez dressées avec une garniture d'écrevisses.

Cailles à la milanaise. — Après avoir flambé et vidé des cailles par la poche, remplissez-en l'intérieur avec une farce composée de beurre manié avec sel, poivre et jus de citron; bridez-les ensuite, et panez-les à deux reprises après les avoir trempées dans une sauce allemande d'abord, ensuite dans des œufs battus; faites fondre du beurre dans une casserole, et dans ce beurre faites cuire vos cailles, puis dressez-les sur le plat avec une sauce aux tomates.

Cailles en caisse. — Ayez une dizaine de cailles que vous désosserez; remplissez-les d'une farce faite avec quelques foies de volailles et des fines herbes cuites. Mettez-les dans une caisse ronde que vous aurez plissée et huilée, fait chauffer et sécher sur le gril, et dans le fond de laquelle vous mettez des fines herbes; vos cailles rangées, saupoudrez-les d'un peu de sel et gros poivre. Couvrez-les de bardes de lard avec un rond de papier beurré. Posez une feuille de papier huilé sur le gril et votre caisse dessus, à un feu très-doux et couvert d'un four de campagne. Laissez cuire ainsi vos cailles durant une heure; quand elles seront cuites, dressez votre caisse sur un plat; retirez-en le lard. Glacez vos cailles et masquez-les d'une sauce italienne rousse.

Cailles à la Pompadour. — Il faut désosser huit ou dix cailles en conservant pour chacune une de leurs pattes dont on coupera le gros bout qu'on fera passer par le milieu du corps, de manière à donner à l'oiseau la forme d'une grosse prune; on remplira ces cailles avec une farce fine à laquelle on ajoutera les foies des cailles et des aromates pilés; on retrousse les peaux, et on met les cailles dans une casserole avec du beurre, un jus de citron, un verre de vin de Malaga, un peu de sel et du gros poivre. On recouvre le tout avec des bardes de lard, un papier beurré, et on fait cuire doucement avec feu dessous et dessus. On égoutte les cailles et on les dresse avec une sauce au blond de veau réduit en glace, où l'on ajoutera deux cuillerées de vin de Malaga et une demi-pincée de fleur de muscade ou macis.

Cailles à la Marigny. — On fait lier trois jaunes d'œufs avec une demi-cuillerée de farine de riz, deux pincées de fines herbes et un peu de muscade râpée, dans une ou deux cuillerées de blond de veau. On y trempe des cailles que l'on a coupées en deux, après les avoir fait rôtir et laissé refroidir; on les met ensuite en papillotes (comme les côtelettes de veau), en les garnissant d'une barde de lard d'un côté et d'une petite tranche de jambon bien mince de l'autre.

Cailles à la d'Egmont. — Troussez des cailles, et faites-les cuire dans du consommé de volaille, avec du riz et de petites saucisses. Le tout étant cuit, pétrissez avec le riz la chair des saucisses (dont vous aurez ôté la peau); ajoutez-y un peu de beurre frais. Dressez le riz, et mettez les cailles dessus pour servir en guise de potage. MM. de la Vaupalière, d'Aigrefeuille, de la Reynière et de Cussy ont toujours préconisé cette façon d'apprêter les cailles, et nous estimons aussi que (après les *cailles rôties* et les *cailles au laurier*) la meilleure manière de manger les cailles est *à la d'Egmont.*

CAILLÉ. On nomme ainsi le lait coagulé naturellement : il diffère de celui qu'on fait coaguler par l'addition de la présure, en ce que ce dernier contient la partie butireuse du lait, tandis que le caillé qui se forme spontanément en est presque entièrement dépourvu, parce que la crème a eu le temps de s'élever à la surface. Le caillé, ainsi dépourvu de matière butireuse, est un aliment léger et très-rafraîchissant, tandis que le caillé, qui contient la crème, est plus nutritif et beaucoup moins digestible. Il semble que la légère acidité du caillé naturel aide à la dissolution de la matière caséeuse, et stimule l'estomac en augmentant l'abondance des sucs destinés à la dissoudre : l'addition du sel y concourt, et plus encore celle du sucre qui, lui-même, est une substance alimentaire et stimulante.

CAILLEBOTTE, masse de lait épaissi par la présure, et qu'on fait ensuite égoutter pour le manger avec de la crème fraîche (*V.* LAITAGE).

CAILLE-LAIT, plante de la famille naturelle des radiées, qui est ainsi nommée parce que ses tiges et surtout ses fleurs nouvellement cueillies ont la propriété de faire cailler le lait.

CAILLER, terme usité pour exprimer le changement qui se fait dans la consistance de plusieurs liqueurs d'origine animale, par le repos ou par le mélange de certaines substances, en vertu duquel principe ces mêmes liqueurs perdent leur fluidité et se réunissent en masse plus ou moins solide. Les liqueurs animales les plus sujettes à ce changement sont le lait, le sang, la lymphe, le blanc d'œuf, etc. Les substances qui ont la propriété de les faire cailler sont les liqueurs acides, les sels dans lesquels l'acide domine, les alcalis fixes et volatils, l'esprit de vin, les fleurs de caille-lait qui tire son nom de sa propriété, celles du cardon d'Espagne qu'on appelle cardonnette dans certaines provinces, la présure qui est le lait coagulé qu'on trouve dans la caillette ou le quatrième estomac des veaux de lait, et finalement la membrane intérieure du gésier des poules d'Inde. Nous ne parlerons pas des phénomènes que présentent le sang, la lymphe, les blancs d'œufs, etc., lorsqu'ils se caillent : ils n'entrent pas dans le plan de cet ouvrage; mais nous devons considérer cette propriété dans le lait, en rapportant les différents procédés dont on use pour le faire cailler.

On caille le lait pour le manger sous cette forme, pour faire ce qu'on appelle les crèmes prises, pour faire le fromage, ou pour obtenir le petit-lait. Nous renverrons aux articles *Crème, Fromage et Petit lait*, pour ce qui les concerne, et nous nous contenterons de rapporter ici la manière de faire le caillé proprement dit. — On prend la quantité qu'on veut de lait frais : on le met dans une jatte de faïence, de porcelaine ou d'argent ; on y ajoute une quantité proportionnée d'une forte décoction de cardonnette ; on couvre le vaisseau, et si le temps est assez chaud, on le laisse en repos dans un lieu frais, ou bien on le met au bain-marie, ou sur de la cendre chaude : on le sert avant que le petit-lait ait commencé à s'en séparer : quelquefois pour lui donner un petit goût d'amande, on fait infuser dans le lait, avant d'y mêler la cardonnette, une ou deux feuilles de laurier-cerise ; mais il faut avoir attention de n'en pas mettre beaucoup, parce que l'excès pourrait en être dangereux.

CAILLETEAU, jeune caille, mets très-délicat et qu'on apprête ordinairement comme les bec-figues (*V*. ci-dessus).

CAILLETOT, nom qu'on donne aux turbotins sur la côte de Normandie (*V*. TURBOT).

CAILLOT-ROSAT, sorte de poire qui mûrit au mois de novembre, et qui se distingue par un goût de rose assez prononcé. On en fait principalement des charlottes à la vanille et des compotes grillées à la portugaise.

CAKE (*gâteau anglais*). Prenez une livre de pâte préparée pour le pain, douze onces de beurre, un verre de lait, six onces de sucre, et douze cuillerées de raisins de Corinthe. Faites cuire dans une casserole beurrée, avec feu dessus et dessous.

Cake de la fiancée (gâteau de noces). —Lorsqu'on marie ses enfants en Angleterre, on fait ce cake énorme, et l'on en distribue un morceau à chacun des conviés. Prenez quatre livres de belle farine, quatre livres de beurre frais, deux livres de sucre passé fin, un quart d'once de muscade ; pour chaque livre de farine, il faut huit œufs ; lavez et triez quatre livres de raisins de Corinthe, que vous faites sécher devant le feu ; faites blanchir et ôtez la peau à une livre d'amandes douces que vous coupez en morceaux très-minces ; ayez aussi une livre de citrons confits, une livre d'oranges confites, une demi-pinte d'eau-de-vie ; écrasez d'abord entre vos mains le beurre, de manière à le réduire en crème, puis battez-le avec le sucre pendant un quart-d'heure ; battez les blancs de vos œufs jusqu'à ce qu'ils forment une belle neige, mêlez-les avec le beurre et le sucre, battez les jaunes une demi-heure au moins, et mêlez-les au cake ; mettez ensuite votre farine et la muscade, battez jusqu'à ce que le four soit prêt, versez l'eau-

de-vie, et mêlez bien dedans les raisins et les amandes. Vous faites, dans un moule très-grand, trois lits ou couches de cette composition, que vous alternez avec les oranges et citrons, vous le mettez au four ; quand il a levé et qu'il a pris de la couleur, vous le couvrez d'un papier pour qu'il ne brûle pas, et vous refermez le four jusqu'à parfaite cuisson.

CALAMUS (*V*. AROMATES EXOTIQUES).

CALAPE et non pas **CANAPÉ**. C'est un mot américain pour désigner un ragoût composé de la partie d'une tortue qu'on fait griller dans son écaille. Le même nom se donne aussi, par une extension qui n'a certainement rien d'analogique, à certaines rôties qu'on assaisonne avec de l'huile et des anchois (*V*. ANCHOIS et TORTUE).

CALVILLE ou **CALLEVILLE**, espèce de pomme qui tire son origine, ou du moins son nom, du territoire de Calleville en Normandie. Il y a trois variétés de la même espèce de fruit, savoir : le calville gris ou d'été, le calville rouge, et le calville blanc qu'on appelait autrefois de Frontebosc. Les pommes de calville rouge sont du plus beau volume et plutôt longues que rondes ; elles ont un arrière-goût vineux, et la plupart de ces pommes sont d'un très-beau rouge à l'intérieur ; on a même observé qu'elles le sont d'autant plus, que l'arbre qui les porte est moins jeune et que le terrain qui les a produites est plus froidement exposé. Le calville blanc est pourvu d'une saveur agréable et fine ; il est partagé comme en côtes de melon, et le côté du fruit exposé au soleil en reçoit une coloration très-vermeille. Ces beaux fruits peuvent se conserver pendant tout l'hiver, et surtout quand ils sont provenus d'un terrain sec, à l'exposition de l'est ou à celle du nord. On a remarqué que les pommes de calville qui ont fructifié aux regards du couchant ou du midi ont toujours la chair cotonneuse et sont faiblement colorées.

CAMOMILLE (*V*. PHARMACIE DOMESTIQUE).

CANARD. Cette espèce de volatile est divisée tout naturellement entre le domestique et le sauvage qui est considéré comme gibier, et dont la chair est beaucoup plus savoureuse et plus recherchée que celle de son homonyme. Sans parler ici du canard sauvage à son état d'*atbran* et à l'âge de *canardeau*, nous dirons qu'il se subdivise en plusieurs variétés sous les noms de rouge-de-rivière, de morillon, de thiers, de moelleton, de pillet et de buys. Le rouge-de-rivière est plus petit que le canard sauvage ordinaire ; mais il est assez connu que la substance en est plus fine et qu'il est d'un goût plus délicat. Il y a plusieurs variétés parmi les canards domestiques, et notamment celle de Barbarie qui est de beaucoup la plus grosse, mais qui est sujette à porter un arrière-goût de musc. En croisant cette espèce avec la plus commune, il en provient une variété qui ne laisse rien à désirer, car c'est avec cette race de mulets qu'on produit les canetons de Rouen, si renommés pour la beauté de leur taille et pour leurs qualités gastronomiques.

Canards (sauvages) rôtis. — Choisissez deux canards, et remarquez s'ils ont les pattes fines et de couleur vive ; tâtez-leur le ventre et le croupion ; s'ils sont fermes et que l'animal soit pesant, c'est une preuve qu'il est gras et frais. Il est reconnu que les femelles sont meilleures et plus délicates que les mâles, quoiqu'en général les mâles se vendent plus cher. Plumez deux de ces canards, ôtez-en le duvet, coupez-en les ailes au plus près du corps, supprimez-en les cous, videz, flambez, épluchez-les, retroussez-leur les pattes, bridez-les et frottez-les avec leur foie. N'omettez pas de leur introduire dans le corps une forte pincée de sel gris, en agitant l'animal afin que les grains du sel ne s'amoncellent pas en un même endroit. Faites cuire à la broche, et servez pour plat de rôt avec une bread-sauce pour certains convives, et des moitiés de citron pour les autres.

Canardeaux rôtis et farcis à l'anglaise. — Ayez des canardeaux sauvages au nombre de trois ou quatre, et parez-les comme il est indiqué ci-dessus ; hâchez très-menu huit à dix feuilles de petite sauge verte, une seule échalote ; ajoutez-y du poivre et du sel avec trois jaunes d'œufs durs, huit marrons grillés, et une pleine cuillerée de mie de pain rassis ; maniez le tout ensemble avec une cuillère, afin d'en composer une farce dont vous garnissez les jeunes canards avant de les faire rôtir. Vous les servirez sur des rôties que vous aurez placées dans la lèchefrite, à l'avance, et que vous imbiberez avec le reste du jus sorti des canardeaux, après les avoir assaisonnées (les rôties) avec du gros poivre, du sel blanc, et quelques gouttes de jus de limon.

Filets de canards sauvages au jus d'orange. — Levez les filets de trois canards : conservez la peau sur les filets, ciselez-les légèrement du côté de la peau ; faites-les mariner dans de l'huile, avec ciboules et persil en branche, sel, gros poivre et du jus de citron ; laissez-les mariner une heure ; au moment de servir, versez deux cuillerées d'huile dans un sautoir, mettez-y vos filets, posez-les sur un bon feu ; retournez-les deux ou trois fois, égouttez-les, dressez-les en couronne, et servez-les sur une sauce claire au jus d'orange amère.

Salmis de canards sauvages. — Faites cuire deux canards à la broche ; lorsqu'ils seront froids, levez-les par membres, parez-les, pilez-les en parures, passez-les à l'étamine, et procédez en tout comme il est indiqué à l'article *Salmis* (*V.* BÉCASSE).

Salmis de canards sauvages au chasseur. — Faites cuire à la broche deux ou trois canards : coupez les estomacs en aiguillettes, levez-en les cuisses, séparez la carcasse en plusieurs morceaux ; mettez-y sel et gros poivre ; arrosez-les de quatre cuillerées à bouche d'huile d'olive et d'un demi-verre de vin de Bordeaux ; coupez deux citrons, exprimez-en le jus et remuez bien le tout ensemble.

Escalopes de filets de canards sauvages. — Levez les filets de trois canards ; retirez-en les peaux et les nerfs ; fendez chaque filet en deux, coupez-les en escalopes ; battez-les avec le manche d'un couteau, parez-les en rond, placez-les sur un sautoir avec quatre cuillerées d'huile d'olive, poudrez-les de sel et de gros poivre ; mettez un papier huilé dessus. Au moment de servir, faites sauter vos escalopes ; quand elles sont raidies d'un côté, retournez-les, égouttez l'huile, mettez vos escalopes dans une bonne poivrade réduite, de manière que la sauce masque le morceau ; ajoutez-y un peu d'huile et un peu de citron ; et dressez avec des croûtons. Passez à l'huile.

Caneton de Rouen, sauce à l'orange. — Ayez un beau caneton, gras et charnu ; mais surtout qu'il soit blanc (ceci soit dit pour tous ceux que vous devez employer) : flambez-le légèrement sans lui raidir la peau ; refaites-lui les pattes et coupez-en les petits bouts ; retroussez-les-lui en dehors, et rentrez-lui le croupion en dedans ; épluchez-le soigneusement, ce qui va sans dire ; maniez du beurre dans une casserole avec une cuillère de bois ; mettez-y un peu de sel et le jus d'un citron ; remplissez votre caneton de ce beurre ; foncez une casserole de bardes de lard et posez-le sur ce fond ; couvrez-le de tranches de citron, desquelles vous aurez ôté la peau, le blanc et les pepins ; couvrez-le de bardes de lard ; assaisonnez-le d'une carotte tournée, d'un ognon piqué d'un clou de gérofle et d'un bouquet de persil et ciboules ; mouillez-le d'un peu de consommé et d'un demi-verre de vin blanc, et couvrez-le d'un rond de papier : une heure ou trois quarts-d'heure avant de servir, faites-le *partir*, couvrez-le d'un couvercle, avec feu dessous et de la cendre rouge dessus : sa cuisson faite, égouttez-le, débridez-le, dressez-le sur votre plat, et servez dessous une sauce à l'orange.

Canard au verjus. — Préparez ce canard comme le précédent; faites-le cuire de même; ayez du verjus, si c'est la saison ; ôtez-en les queues, faites-le blanchir et égouttez-le; mettez trois cuillerées d'espagnole réduite dans une casserole ; ajoutez-y les grains de verjus ; faites réduire votre ragoût; dégraissez-le ; goûtez s'il est d'un bon goût, masquez-en vos canards et servez très-commodément.

Canard aux olives. — Après avoir choisi de grosses et belles olives confites, vous enlèverez, au moyen d'une incision circulaire, leurs chairs du noyau, pour les faire blanchir à l'eau bouillante, afin de leur ôter encore l'âcreté qu'elles conserveraient toujours sans cette précaution ; achevez leur cuisson dans du bouillon, placez-les sur un feu vif, assaisonnez de bon goût, pour les verser en terminant sur un canard cuit de la manière précédente.

Canards à la choucroûte. — Faites cuire de la choucroûte dans du bouillon avec des cervelas, des saucissons et du petit lard tranché par morceaux. Lorsque la choucroûte sera cuite à moitié, vous ôterez cette garniture et vous mettrez dans la choucroûte le canard retroussé et paré. Le tout étant cuit, vous dresserez le canard, vous l'entourerez de choucroûte, et vous arrangerez sur cette dernière les saucissons, les cervelas et le lard que vous aurez tenus chauds et coupés par tranches.

Canards aux navets à la bourgeoise. — Prenez un ou deux canards, videz-les, retroussez-les en poule avec les pattes en dedans : mettez du beurre dans une casserole, faites-y revenir vos canards à qui vous ferez prendre une belle couleur. Vous aurez apprêté une quantité suffisante de petits navets, soit coupés au vide-pomme, soit tournés au couteau, mais d'égale grosseur; faites-les roussir dans le beurre de vos canards; ensuite égouttez-les, faites un petit roux que vous délayerez avec du bouillon, sinon, avec de l'eau : prenez garde que votre sauce ne soit grumeleuse ; mettez-y sel, poivre, un bouquet de persil et ciboules, assaisonné d'une demi-gousse d'ail et d'une feuille de laurier ; trempez les canards dans cette sauce et faites-les cuire : quand ils seront à moitié de leur cuisson, joignez-y les navets; laissez-les mijoter; ayez soin de retourner les canards sans écraser les navets, et, la cuisson terminée, dégraissez votre ragoût très-exactement.

Canard aux petits pois (*V.* PIGEONS).

Les canards et les canetons peuvent encore être employés en *daubes*, en *galantines*, en *pâtés froids*, à la *macédoine*, en *haricot vierge*, en *hochepot*, à la *purée verte*, aux *concombres*, aux *petits ognons*, au *beurre d'écrevisses* et au *vert-pré*. On se borne à indiquer sommairement ces préparations dont le canard est susceptible, parce qu'on les trouvera formulées pour certaines substances auxquelles on les applique habituellement avec plus d'aptitude et de spécialité qu'à ce volatile.

CANARDEAU (*V.* ALBRAN et CANARD SAUVAGE).

CANEPETIÈRE, gibier très-rare et très-estimé. La canepetière est un oiseau qui s'accroupit sur la terre comme la cane, avec laquelle il n'a d'ailleurs aucune espèce de ressemblance, car sous le ventre ses plumes sont blanches comme celles du cygne, et celles qu'il a sur le dos sont de trois ou quatre couleurs. Il est de la grosseur du faisan, il a la tête comme la caille, le bec comme le coq, trois doigts à chaque patte comme le pluvier et l'outarde, et les racines de ses plumes sont rouges comme du sang. On prend les canepetières au lacet, au filet, avec l'oiseau de proie. Cette chasse est très-difficile, parce qu'elles font un vol de deux ou trois cents pas fort rapide et que, lorsqu'elles retombent, elles courent si vite qu'un homme peut à peine les suivre. C'est un mets encore plus recherché que le faisan. Elles se nourrissent de toutes sortes de grains, mais surtout de froment, lorsqu'il est en herbe. On les sert ordinairement rôties, mais *en extra*, comme on fait pour les engoulvents, et comme un témoignage de la considération qu'on a pour elles.

CANETON (*V.* CANARD DOMESTIQUE).

CANDI (*V.* SUCRE).

CANDIR. C'est l'action d'agir sur du sucre, en le faisant fondre, le clarifiant, et le cristallisant six fois pour le rendre transparent et dur.

CANDI (FRUITS ou FLEURS AU), fruits, quartiers de fruits, ou fleurs d'oranger, de violette, etc., sur lesquels on a fait attacher du sucre candi, après les avoir fait cuire dans du sirop. Au moyen de cette préparation qui les recouvre, les fruits au candi paraissent enveloppés comme dans du cristal ou du diamant. Ils servent beaucoup à la décoration de ces *assiettes-montées* qui sont un des principaux ornements du dessert et des buffets.

CANNELLE, seconde écorce d'un arbuste originaire de l'île de Ceylan. Son usage est trop fréquent pour qu'on puisse en détailler l'emploi culinaire.

La bonne cannelle est fine et mince, unie, facile à rompre, d'un jaune tirant sur le rouge, d'un goût agréable et sucré, tout à la fois vif et piquant; elle a plus de parfum que celle qui est d'une qualité inférieure, et l'on doit toujours préférer celle dont les bâtons sont longs et grêles.

Il y a des marchands qui fraudent sur la vente de la cannelle, en y mêlant d'autres écorces de la grosseur et de la même couleur; et d'autres marchands encore, en ne la vendant qu'après en avoir tiré, par la distillation, tout ce qui en faisait la valeur et la vertu. Le goût et l'odorat serviront à préserver de ces fraudes industrielles.

Cannelle (eau de). — On met infuser, pendant quelques jours, de la cannelle fine dans de l'eau-de-vie mêlée avec de l'eau, avec deux zestes de citron et du bois de réglisse battu. Quand l'infusion est faite, on distille; puis on mélange avec la liqueur du sucre dissous dans l'eau, et on passe à la chausse. Les proportions des divers ingrédients sont : par once de cannelle, deux pintes d'eau-de-vie étendue d'une demi-chopine d'eau, un zeste de citron, demi-once de bois de réglisse; pour le mélange, il faut une livre de sucre dans une pinte d'eau, par once de cannelle.

Cannelle (huile de). — Concassez quatre onces de cannelle, deux gros de macis, et une once de bois de réglisse battu; faites infuser le tout dans six pintes d'eau-de-vie pendant quelques jours et distillez après. Faites fondre dans trois pintes et demie d'eau quatre livres de sucre, et opérez votre mélange, que vous finissez comme le précédent.

Cannelle (conserve de). — Concassez quatre gros de cannelle fine; délayez-les dans un peu de sucre clarifié ou de sirop de guimauve; jetez-les dans deux livres de sucre cuit au petit cassé; remuez bien; retirez du feu, et quand le sucre blanchit, versez dans un moule.

Pastilles à la cannelle. — Préparez trois livres de sucre superfin, et le délayez avec de l'eau simple : vous en faites une pâte très-ferme que vous parfumez avec quelques gouttes de bonne essence de cannelle, et puis vous la coulez suivant l'usage.

Cette méthode donne des pastilles d'un beau blanc; au lieu que celles qui sont faites avec de la cannelle en poudre conservent la couleur de cette substance.

Ces pastilles sont cordiales et stomachiques. Les Indiens consomment beaucoup de cannelle avec du sucre, ne connaissant aucun moyen pour les mélanger officinalement.

Sirop de cannelle à la Reine (*V*. SIROP).

CANNELLON. On appelle ainsi certains ustensiles d'office qui servent à mouler plusieurs compositions de pâte fine, en leur donnant une forme cannelée : le même nom s'applique également au comestible qui résulte de l'opération suivante :

Cannellons à la d'Escars. — Abaissez un demi-litron de feuilletage à dix tours; donnez à cette abaisse dix-huit pouces carrés, et détaillez-la en vingt-quatre petites bandes de neuf lignes de largeur : ayez à portée de vous vingt-quatre colonnettes de bois de hêtre tourné, de six pouces de longueur sur six lignes de diamètre, et qu'ils perdent une ligne de fût d'un bout à l'autre, afin que le bout le plus petit quitte plus facilement la pâte quand elle sera cuite. Bourrez ensuite légèrement ces petites colonnes, et puis, après avoir humecté six bandes de feuilletage seulement, vous commencez avec le bout d'une bande à masquer le bout le plus mince d'une colonne, en tournant la colonne de manière que vous formiez une espèce de vis de quatre pouces de longueur; vous suivez les mêmes procédés pour le reste des colonnes, que vous placez sur deux plaques, à deux pouces de distance entre elles. Dorez légèrement le dessus, et mettez au four chaud. Lorsque ces cannellons sont cuits de belle couleur, vous les saupoudrez de sucre fin et les glacez au four à la flamme selon la règle; aussitôt qu'ils sont sortis du four, vous ôtez les colonnes, et placez au fur et à mesure les cannellons sur un plafond froid. Au moment du service, vous les garnissez de gelée de pommes, ou de marmelade de framboises.

Cannellons pralinés aux avelines. — Hachez très-fin quatre onces d'avelines, et mêlez-les avec deux onces de sucre et le demi-quart d'un blanc d'œuf; vos cannellons étant préparés de même que ci-dessus, et prêts à mettre au four, vous les placez tour à tour du côté doré sur les avelines, afin de les masquer de ce mélange; et au fur et à mesure, vous avez soin de les remettre à la même place qu'ils tenaient sur le plafond où ils étaient rangés. Mettez au four de chaleur modérée, donnez-leur une belle couleur, et terminez l'opération comme la précédente.

Cannellons frits à l'ancienne mode (recette de MM. de la Reynière). — Vous préparez vingt pannequets (*V*. cet article); vous les garnissez de marmelade d'abricots ou de coings, et les roulez selon la règle, après quoi vous coupez chacun d'eux au milieu, et parez les deux extrémités; ensuite vous les panez comme les croquettes de riz, et les faites frire de la manière accoutumée; après les avoir glacés, vous les servez tout de suite : ils ne doivent pas languir.

Cannellons frits au chocolat. — Vous préparez vingt pannequets; vous les masquez légèrement de crème-pâtissière au chocolat, et semez par-dessus des macarons écrasés, après quoi vous roulez ces pannequets, et vous les coupez par le milieu. Vous les trempez ensuite dans la pâte, et vous les faites frire. Servez-les glacés au four.

On garnit également ces sortes de cannellons avec toutes les crèmes possibles, de même qu'avec toute espèce de confitures.

CANTALOUP, sorte de melon qu'on dit être provenu du bourg de Cantaloup, en Guyenne (*V.* MELON).

CAPILLAIRE ou ADIANTE. On en connaît trois espèces : le noir ou commun; le blanc, qu'on appelle de Montpellier, et le capillaire du Canada, dont on use de préférence. Ils sont également diurétiques, stomachiques, et principalement béchiques. Le sirop de capillaire a toutes les vertus de la plante, et, dans une maison nombreuse, on fera toujours bien de s'en tenir approvisionné, ne fût-ce que pour en faire des *bavaroises* et des *laits de poule*, au besoin (*V.* SIROP).

CAPILOTADE, ragoût bourgeois qu'on opère avec des reliefs de volailles, de gibier et d'autres viandes rôties. — Mettez dans une casserole de la viande cuite coupée par morceaux avec du beurre, sel, écorce d'orange, poivre, muscade, ciboules et persil hachés, des câpres et des croûtons de pain : mouillez avec du bouillon; faites cuire jusqu'à ce que la sauce soit suffisamment réduite. Ajoutez, sur la fin, une pointe de vinaigre ou de verjus, et de la chapelure de pain.

On peut mouiller avec moitié bouillon et moitié vin quand la capilotade est faite avec des viandes noires; dans ce cas, on ajoute à la fin une cuillerée d'huile.

CAPRE, bouton à fleur du câprier, arbrisseau qui ne peut être cultivé que dans les parties les plus chaudes de nos provinces méridionales. Les meilleures câpres sont petites, vertes et tendres : elles sont toniques et excitantes. Elles s'associent agréablement à presque toutes les sauces.

CAPRON, nom d'une espèce de fraise (*V.* FRAISES).

CAPUCINE. Ses boutons, cueillis avant leur épanouissement, se confisent au vinaigre et conservent une saveur analogue à celle des fleurs de la plante; propriété particulière à cette conserve, car, en général, les substances que l'on confit au vinaigre ne conservent rien de leur goût primitif.

On fait le même emploi des graines de la capucine, lorsqu'elles sont encore vertes, et nous n'avons pas besoin de dire que ses fleurs épanouies servent à garnir les salades.

CARAMEL. Nous avons déjà dit que le sucre doit s'employer dans plusieurs préparations de la cuisine, telles que celles qui sont relatives à quelques espèces de légumes, comme les pois, les fèves, etc.

A l'état de caramel plus ou moins coloré, le sucre s'allie très-bien à presque toutes les sauces *brunes*, dont il augmente la sapidité. On peut avec avantage en ajouter à tous les roux.

Caramel. — Pour faire du caramel, mettez du sucre blanc en poudre dans un poêlon, ou tout autre vase de cuivre non étamé : on peut substituer la cassonade blanche, mais il ne faut pas employer les sucres huileux et bruts, qui ne peuvent se caraméliser qu'à un haut degré de chaleur, et qui alors deviennent tout-à-fait noirs. Faites chauffer à sec, sur un feu vif, en remuant le sucre pour que toutes ses parties en soient atteintes. Lorsqu'il a pris une belle couleur brune, sans tirer sur le noir, retirez le poêlon du feu, versez-y de l'eau en quantité suffisante pour délayer le caramel que vous conserverez dans un ustensile de verre bien fermé.

Le caramel, lorsqu'il est bien fait, doit conserver une saveur sucrée très-prononcée, mais qui n'est plus la même que celle du sucre pur. Son usage est dans plusieurs cas, et notamment pour assaisonner les purées de légumes secs, une chose de prescription rigoureuse.

CARDE. C'est la côte de la poirée potagère dont on mange les feuilles et les tiges (*V.* BETTE).

CARDON. Il y en a deux espèces, le cardon d'Espagne, qui est très-épineux, et le cardon ordinaire, qui a peu ou point d'épines, et qui paraît se rapprocher de l'artichaut commun. On doit préférer le cardon d'Espagne parce que les côtes en sont plus épaisses et plus charnues.

Cardons d'Espagne à la moelle. — Prenez deux ou trois pieds de cardes; coupez-en les côtes près du pied ; n'employez que les blanches et supprimez les creuses ; coupez celles qui sont pleines, également et de la longueur de cinq ou six pouces ; parez-en les rebords ; faites-les blanchir jusqu'à ce qu'elles soient en état d'être limonées ; retirez-les ; mettez-les dans de l'eau fraîche ; limonez-les entièrement, et mettez-les au fur et à mesure dans l'eau fraîche ; cela fait, mettez-les cuire dans une marmite ; mouillez-les d'un blanc dans lequel vous mettrez deux citrons coupés en tranches, et dont vous aurez supprimé la peau et les pepins (*V*. BLANC). Faites-les partir ; couvrez-les d'un papier beurré, et laissez-les mijoter environ trois ou quatre heures : leur cuisson faite, ce dont vous jugerez en les tâtant, égouttez-les, parez-les ; mettez-les dans une casserole avec du consommé ; faites-les presque tomber à glace : au moment de servir, dressez-les sur un plat ; saucez-les d'une bonne espagnole réduite, où vous aurez mis un pain de beurre très-frais et un peu de glacis de veau. Garnissez vos cardes de petits croûtons passés dans le beurre, sur lesquels vous mettrez de la moelle que vous aurez fait cuire dans du consommé.

A l'égard des montants, ôtez-en l'espèce d'écorce ; tournez-les comme vous feriez d'une grosse carotte ; mettez-les blanchir et cuire avec vos cardes ; et servez-vous-en pour garnir des entrées, ainsi que pour mêler avec des œufs brouillés.

Cardons au parmesan. — Lorsque vous aurez des cardes de desserte, faites un lit de fromage dans le fond de votre plat à servir ; rangez-y un premier lit de cardes ; saupoudrez-les d'un peu de fromage ; arrosez le tout d'un peu de beurre fondu ; faites prendre couleur à vos cardes soit au four ou sous un four de campagne, avec feu dessous et dessus.

Cardons au coulis de jambon. — Lorsque vos cardons sont cuits dans un blanc, tel qu'il est indiqué précédemment, mettez-les à mijoter dans du consommé ; faites-le réduire et tomber à glace : au moment de servir, dressez-les, et masquez-les d'une sauce à l'essence de jambon, bien réduite et liée d'un ou deux jaunes d'œufs afin d'en prévenir l'âcreté.

Ragoût de cardons (pour garniture). — Mettez dans une marmite ou casserole un morceau de beurre, une pincée de farine, du sel et de l'eau ; faites bouillir, et mettez-y les cardons épluchés. Lorsqu'ils sont à demi cuits, retirez-les pour les faire égoutter, mettez-les ensuite dans une casserole avec un peu de jus de veau et de jambon : à défaut de jus, faites un roux, et mouillez avec du bouillon. Lorsque les cardons sont bien cuits, ajou-

tez gros comme une noix de beurre manié de farine, et remuez en tournant pour que le mélange soit intime.

On sert ce ragoût sous un filet de bœuf ou un quartier de mouton, sous des fricandeaux, et généralement sous toute espèce de viande que vous destinez pour grosse entrée.

CAROTTE, l'une des racines les plus employées en cuisine : elle entre dans presque toutes les préparations alimentaires, soit comme garniture, soit comme assaisonnement.

Les carottes contiennent une notable quantité de sucre, qui ajoute à leur propriété nutritive. Lorsqu'on fait éprouver aux carottes un commencement de torréfaction, le sucre qu'elles contiennent passe à l'état de caramel, qui est très-soluble : c'est ce qui explique pourquoi un petit morceau de carotte desséchée au four suffit pour donner une assez forte couleur à une grande quantité de bouillon.

Puisque les carottes contiennent beaucoup de sucre (au moins 10 pour cent), il est évident que le sucre n'est pas déplacé dans toutes les préparations alimentaires dont ces racines font partie. On peut donc en ajouter dans la plupart des combinaisons où l'on fait entrer cette racine.

On sait que la carotte est pourvu au plus haut degré de la propriété dépurative.

Carottes à la ménagère. — Tranchez des carottes en morceaux de la longueur de deux doigts, ou, si vous l'aimez mieux, coupez-les en rouelles, faites-les cuire dans du bouillon, auquel vous ajouterez un verre de vin blanc, un bouquet garni, gros poivre et muscade, mais pas de sel à cause du bouillon. Quand elles sont cuites, ajoutez un peu de jus pour lier la sauce, ou, à défaut de jus, liez avec un morceau de beurre manié de farine.

Ou bien faites blanchir les carottes entières jusqu'à ce qu'elles soient à moitié cuites ; coupez-les ensuite en rouelles ; faites un roux, passez-y les carottes, mouillez avec deux tiers de bouillon et un tiers de vin blanc : ajoutez un bouquet garni, poivre et muscade. Achevez la cuisson et liez la sauce avec deux jaunes d'œufs.

Carottes à la flamande. — Coupez les carottes par tranches, faites-les blanchir et ensuite revenir dans le beurre, mouillez avec du bouillon, ajoutez du sel et un peu de sucre, faites réduire à glace, remettez un morceau de beurre, des fines herbes et un peu de sauce tournée ; faites bouillir encore une minute, et servez avec des croûtons frits.

Carottes à la maitre-d'hôtel.—Après avoir tourné les carottes en filets très-déliés, on les fait cuire dans de l'eau et du bouillon avec du sel et du beurre ; on les retire, on les égoutte pour les sauter avec du beurre et du persil haché, du sel et du gros poivre.

Carottes au sucre. — Il faut faire cuire dans l'eau une quantité suffisante de carottes rouges bien saines et bien choisies ; après les avoir fait presque dessécher dans une casserole, on les réduit en pulpe un peu épaisse pour achever leur cuisson en y ajoutant du lait et de la fécule ; on les aromatise avec de la fleur d'oranger pralinée, on les édulcore avec du sucre en poudre ; on mélange ensuite des œufs entiers auxquels on joint des jaunes, un tiers en sus : les blancs de ces derniers, battus avec du beurre frais, sont ajoutés au moment de placer la casserole, qui contiendra le tout sous le four de campagne ; lorsqu'il est parvenu à son point de cuisson, on le renverse sur un plat creux pour le servir brûlant après l'avoir blanchi de sucre en poudre.

Gâteau de carottes.—Il faudra faire cuire de belles carottes avec du sel, les broyer et les passer au tamis avant de les faire dessécher dans une casserole, y ajouter de la crème et de la fécule, un peu de fleurs d'oranger pralinées, du sucre, des œufs, plus de jaunes que de blancs, et finalement y mettre du beurre ; le mélange terminé, mettez-le dans un moule, pour le faire cuire et le renverser ensuite sur un plat d'entremets que vous ferez accompagner d'une saucière de sabayon (*V.* cet article).

Si nous ne parlons pas ici des *carottes à la prussienne* ou *en cheveux d'or*, c'est parce qu'il nous paraît que cette méthode n'a pas d'autre avantage et d'autre intention que d'économiser des écorces d'orange ; mais nous recommanderons les *carottes à l'andalouse* avec une pleine confiance, et c'est, comme on en conviendra sans doute, un des meilleurs comestibles qu'on puisse déguster. — Coupez six carottes crues en rouelles de la même épaisseur, et qu'elle ne soit pas (cette épaisseur) au-dessus de trois lignes. Mettez sur un large plat de terre ou d'argent cinq ou six cuillerées de très-bonne huile avec quatre pincées de sel blanc, une de poivre noir, et une de sucre candi réduit en poudre. Faites-y cuire vos tranches de carottes sur un feu de braise assez vif, en ayant soin de les retourner sans les sauter, et de manière à ce qu'elles soient toutes également cuites. Quand elles commenceront à se rissoler, vous ajouterez un verre de vin de Malaga que vous ferez bien chauffer sans le laisser bouillir, et vous remuerez votre ragoût précipitamment pour qu'il se lie. Ce mets espagnol est une des plus heureuses combinaisons de la cuisine étrangère, et c'est pour nous un plat d'entremets tout-à-fait distingué.

CARRELET. « *Le carrelet, la limande et* » *la plie sont trois poissons de la même es-* » *pèce, qui ont le même goût, et qui s'appré-* » *tent de la même façon.* » Voilà ce qu'en disait la *Cuisinière bourgeoise* en 1760, et voilà ce que tous les livres de cuisine ont copié mot à mot depuis soixante-dix-neuf ans.

Il est vrai que ce sont des poissons de la famille des *achantures*, mais nous dirons qu'il ne faut pas les prendre indifféremment l'un pour l'autre, attendu qu'ils diffèrent également pour le mérite et pour le prix. La limande, qui est la plus délicate des trois, ressemble à la sole ; mais elle a la tête plus en pointe, et n'est pas si longue : le carrelet est quelquefois de la taille d'une barbue, mais il est toujours plus délicat que la plie, et il est parsemé, comme elle, de petites taches rouges sur les écailles, ce qui distingue ces deux poissons de la limande : les taches rouges de la plie, qui a la peau plus noire et tirant sur l'ardoise, sont plus petites que celles du carrelet ; il faut choisir ces poissons très-frais et d'une chair blanche et ferme : on estime davantage les plus gros ; et, du reste, on verra s'ils doivent s'apprêter de la même façon.

Carrelet à la bonne eau. — Coupez un fort carrelet en grosses tranches : faites-le cuire dans une watter-fich ou eau de racines de persil (à la hollandaise), et servez-le dans un plat creux avec une garniture de tiges de persil blanchies, et dans une partie de son mouillement.

C'est ici le cas d'observer que les poissons à la *watter-fich*, ou, comme on dit en France, à *la bonne eau*, sont un des plats que les fins gourmets mangent toujours sans sauce, mais avec des tartines beurrées qu'on fait à l'office, et dont on garnit une assiette de hors-d'œuvre.

Carrelet au gratin. — Placez sur un plat d'argent ou de terre un morceau de beurre frais, des quatre épices et des fines herbes hachées ; appliquez là-dessus votre poisson que vous arroserez d'un verre de vin blanc, et que vous masquerez de chapelure de pain pour le faire cuire sous un four de campagne.

Carrelet en matelote normande.— Mettez sur un grand plat, que vous aurez foncé de beurre frais mêlé de persil haché et de tranches d'ognon coupées très-minces, un beau carrelet que vous aurez préalablement bien limoné du côté du dos, afin que la peau n'en conserve aucune aspérité ;

ajoutez-y une demi-bouteille du meilleur cidre mousseux, ajoutez-y deux douzaines d'huîtres, ainsi qu'une douzaine de moules bien épluchées, mettez-y, si vous voulez des queues de crevettes, et faites cuire le tout sur un fourneau dont le feu ne soit pas trop vif. Il est à propos, durant la cuisson, d'arroser quelquefois le dessus du poisson avec le fond de son mouillement, afin qu'il se trouve bien pénétré du même goût que la partie qui est au fond du plat.

Ceci est la véritable recette des *matelotes normandes*, dont la spécialité consiste à employer le cidre mousseux au lieu de vin blanc.

Carrelet (comme on les mange en Hollande). — Il faut couper un grand carrelet en deux parties dans sa longueur, et puis ces deux moitiés de carrelet en sept ou huit morceaux dans le sens du large. On les fera cuire à l'eau de sel, et puis on les dressera sur un plat foncé d'une serviette (ouvrée de couleur bise et de blanc, si l'on veut laisser à ce mets sa physionomie batave, ce qui est toujours une bonne enseigne à l'égard d'un plat de poisson). Voici la sauce appropriée pour celui-ci. Nous ajouterons qu'il est à propos de la faire servir, non pas dans une élégante saucière, mais dans un bol du Japon ou dans une jatte de la Chine. — Épluchez deux fortes poignées de jeune oseille, en ayant soin d'en extraire les côtes et de n'en garder que le plus tendre des feuilles. Mettez-les dans une passoire que vous plongerez dans de l'eau bouillante à deux reprises, et puis ajoutez ces feuilles d'oseille blanchie à une demi-livre de beurre tout frais que vous ferez fondre au bain-marie dans la jatte où vous comptez le servir.

Quand feu M. de Cussy parlait de ses voyages, et qu'il en venait à cette préparation culinaire, il affirmait que rien n'était comparable à sa fraîcheur et à sa simplicité. On aurait dit qu'il était question d'une églogue charmante.

Filets de carrelets à la Orly. — Vous leverez les filets de quatre petits ou de trois moyens carrelets, vous les ferez mariner dans du jus de citron avec du sel et du gros poivre. Au moment de servir, vous les farinez et les faites frire d'une belle couleur; de leurs arêtes et leurs débris vous aurez tiré un bon consommé avec du vin blanc, lequel vous clarifiez, et qui leur servira de sauce.

Carrelets grillés. — Videz et lavez les carrelets, ensuite vous les huilez et y ajoutez du sel et du poivre; prenez des chalumeaux de paille que vous mettez sur le gril, et vos carrelets par-dessus; grillez-les à petit feu, et ensuite vous les dressez sur votre plat et les masquez d'une sauce blanche aux câpres, ou d'une sauce brune au jus de racines, avec des boutons de capucines confites

au vinaigre, et de la chapelure afin de lier ladite sauce maigre.

CARPE. On n'ignore pas que les carpes de rivière sont beaucoup meilleures que celles qu'on pêche dans les étangs. Ce poisson est dans sa plus grande bonté pendant les mois de mars, mai et juin. La laitance de carpe est très-nourrissante, savoureuse et délicate, et, qui plus est, très-facile à digérer. Ses œufs réunis en masses quelquefois énormes n'ont aucun inconvénient pour la santé, mais ils ne jouissent pas, à beaucoup près, de la même estime que sa laitance.

Pour faire les honneurs d'une belle carpe, il faut commencer par lui faire couper la tête, que l'on a soin de proposer au plus distingué des convives : c'est surtout à cause de la langue que ce morceau est recherché (c'est peut-être le cas de faire observer que ce qu'on appelle une *langue de carpe* est la *voûte palatine* de ce poisson, car on peut être certain qu'une carpe n'a jamais eu de langue); ensuite, et toujours avec la truelle, on enlève la peau garnie de ses écailles; et puis, en tirant une ligne du sommet à la queue, et la divisant par d'autres lignes transversales, on servira, aux environs, les morceaux *compris* entre elles, en observant que le côté du ventre est toujours préférable à celui du dos.

Les carpes les plus estimées sont celles du Rhin et de la Seine. Nous devons cependant avertir, par amour pour la vérité, que ces prétendues carpes du Rhin n'ont jamais vu ce fleuve de plus près que d'une lieue. Ce sont des carpes pêchées dans les étangs de Lindre, de Gondrechanges, et autres situés dans la Lorraine allemande, qu'on amène encore jeunes à Strasbourg, où l'on achève leur éducation en les engraissant dans la rivière d'Ill, renfermées dans de vastes barraques. Telle de ces carpes vaut jusqu'à huit cents francs. M. de la Reynière a publié qu'il en vit une, en 1786, qui avait fait deux fois dans sa vie le voyage de Paris, et qui était revenue à Strasbourg faute d'acheteurs. Elle avait fait sa route dans la malle du courrier, et sans autre nourriture que du pain trempé dans du vin. Elle existe peut-être encore.

On sent bien que ce serait déshonorer de pareils individus, que de les apprêter autrement qu'au Bleu, à la Chambord, à la Régence ou à l'allemande. Les carpots du Rhône et les belles carpes de Seine (assez estimées dans cette capitale, pour prouver qu'en dépit du proverbe on est quelquefois prophète dans son pays), se préparent de même. Quant aux carpes moyennes, elles ne se servent guère que frites, à l'étuvée, farcies, aux champignons, en matelote, à l'italienne, etc.

Carpe au bleu (V. BROCHET).

Carpe à la Chambord. — Elle se prépare comme le brochet à la Chambord (*V.* BROCHET).

Carpe farcie à la Régence. — Prenez une belle et grosse carpe, levez-en les peaux et les chairs; supprimez-en la majeure partie de la carcasse; conservez la tête et la queue, et laissez environ trois pouces d'arête à l'une et à l'autre, selon la grandeur de votre poisson. Avec ces chairs et celles d'une ou deux anguilles, vous ferez une farce comme il est indiqué à l'article des *Quenelles de Carpe.* Prenez un plat de longueur, étendez de cette farce dans le fond, à peu près un doigt d'épaisseur; mettez aux deux extrémités la tête et la queue, faites un salpicon maigre avec lequel vous remplirez le ventre de cette carpe, ou un ragoût de laitances de carpes, le tout à froid; couvrez ce salpicon de farce; donnez à cette farce la forme d'une carpe, même plus grosse et plus longue que celle dont vous avez employé la tête et la queue; faites en sorte que la tête et la queue fassent corps, en les soudant bien avec la farce, et que le salpicon ne puisse pas pénétrer au dehors; unissez bien cette farce avec une lame de couteau trempée dans l'œuf; dorez-la avec deux œufs entiers et battus, et simulez les écailles de votre carpe avec la pointe du couteau; enveloppez la tête et la queue d'un papier beurré; une heure avant de servir, mettez cet appareil dans un four moyennement chaud; laissez-lui prendre une belle couleur; ôtez le papier; nettoyez les bords de votre plat, et arrosez l'ensemble de ce ragoût avec une sauce maigre au vin d'Espagne, après l'avoir garni de grosses truffes, d'oranges ou de ceps, de laitances, d'écrevisses et de culs d'artichauts, le tout cuit à la braise maigre et au vin blanc.

Grande matelote à la Royale (pour relevé). — Ayez trois beaux carpeaux, deux lottes, deux brochetons et deux anguilles : que l'un des carpeaux soit au lait et l'autre aux œufs, c'est-à-dire, et pour parler en termes de cuisine, que l'un soit *laité* et l'autre *œuvé.* Videz-les; faites-en cuire les foies, les langues, les œufs et les laitances à part; coupez les nageoires et le bout des queues de vos poissons; ôtez-en les ouïes; coupez-les par tronçons d'égale grosseur, et supprimez la pierre amère qui se trouve dans la tête des carpes; dépouillez vos anguilles; passez-les au feu pour les limoner; ôtez la tête et le bout de la queue. Prenez une grande casserole, où vous mettrez des ognons coupés en tranches, des carottes coupées en lames, du persil en branche et quelques ciboules, une gousse d'ail, deux feuilles de laurier, du thym, deux clous de gérofle, une pincée d'épices fines et deux bouteilles de vin blanc de Champagne; faites cuire à moitié vos tronçons

d'anguille, ensuite joignez-y vos morceaux de brochetons; quand ils seront à peu près cuits, ajoutez-y vos carpes; faites partir le tout à grand feu; couvrez votre casserole : il faut peu de temps pour cuire les carpes; mettez roussir une trentaine de petits ognons dans du beurre; retirez-les; vous aurez préparé des champignons tournés, ainsi que des culs d'artichauts. Faites un roux dans la casserole où est le beurre dans lequel vous aurez passé vos ognons; votre roux fait, prenez l'assaisonnement de votre poisson; délayez-en votre roux; faites bouillir et cuire votre sauce; passez-la à l'étamine dans une autre casserole; mettez-y vos petits ognons et vos champignons; faites cuire de nouveau et réduire votre sauce; dégraissez-la; vous aurez tenu chaudement votre poisson; épluchez-le, égouttez-le, dressez-le en mettant les têtes au milieu du plat, et en entremêlant ces divers poissons; garnissez-les de larges croûtes de pain passées dans le beurre; dressez sur le haut du plat les œufs et les laitances de carpes; mettez les culs d'artichauts dans votre sauce; faites-leur jeter un bouillon; goûtez si votre sauce est d'un bon sel, et ajoutez-y de belles écrevisses. Vous pouvez aussi, pour rendre votre matelote plus volumineuse, prendre un pain à potage ou un pain mollet d'une demi-livre, en ôter la croûte de dessous, en supprimer la mie, et mettre dans cette croûte creuse une omelette aux croûtons frits. Vous établirez la chose en la renversant au milieu de votre plat de relevé, et vous dresserez la matelote autour et au-dessus de cet appendice, en forme de dôme.

Matelote vierge. — Après avoir préparé et fait cuire votre poisson avec du vin blanc, passez de petits ognons à blanc dans du beurre, au lieu de les faire roussir; saupoudrez de farine; passez la cuisson de la carpe au tamis sur les ognons; lorsqu'elle bout, mêlez-y des champignons coupés et blanchis à part; faites réduire votre sauce au tiers, et après l'avoir dégraissée, ôtez-en (avec l'écumoire) les champignons et les ognons pour en garnir votre poisson; faites ensuite une liaison de jaunes d'œufs; alors entretenez le tout sans faire bouillir; passez de nouveau la sauce au tamis, en la versant sur votre poisson; dressez sur le plat, avec un entourage de croûtons et d'écrevisses symétriquement entremêlés d'ognons et de champignons.

Matelote à la marinière. — Prenez carpes, barbillons, brochetons et anguilles : préparez-les comme il est énoncé à l'article précédent; ménagez-en le sang; faites blanchir de petits ognons en raison de la quantité de poisson; laissez-les cuire aux trois quarts; ôtez-en la queue et rendez-les bien égaux; mettez du vin rouge dans un chaudron en suffisante quantité pour que votre poisson y baigne, un morceau de beurre, avec les ognons, un bouquet de persil et ciboules, laurier, clous de gérofle, sel, poivre, épices fines et un peu de basilic ; faites-le partir sur un feu de bois à la flamme ; votre poisson cuit, liez votre matelote avec un morceau de beurre manié de farine, que vous y distribuerez par petits morceaux ; remuez légèrement votre poisson, de crainte de le rompre, et pour que votre sauce se lie également ; dressez-le sur votre plat, comme il est indiqué à l'article précédent ; faites réduire votre sauce si elle se trouve trop longue : lorsqu'elle sera réduite, ajoutez-y le sang de vos poissons, et ne faites plus bouillir leur sauce.

Matelote à la Charles IX (*V*. LIÈVRE et LAMPROYE).

Matelote châtelaine. — Comme il est souvent contrariant de couper en plusieurs morceaux un beau poisson, quand une carpe est d'une grosseur plus que moyenne, on peut la faire cuire en matelote et la servir entière avec son entourage de tronçons d'anguille et de belles écrevisses.

Carpe au court-bouillon. — Videz une carpe, sans lui ouvrir trop le ventre, sans lui crever l'amer et sans endommager ses écailles ; ôtez-lui les ouïes, sans gâter sa langue ; placez-la dans une poissonnière de capacité suffisante pour la contenir ; faites bouillir un demi-setier de vinaigre rouge ; arrosez-en votre carpe ; mouillez-la d'une braise maigre ; couvrez-la d'un papier beurré ; faites-la cuire à petit feu ; sa cuisson faite, égouttez-la ; dressez-la sur une serviette et entourez-la de persil vert.

Fricandeau de carpe. — Échardez et supprimez la peau d'une belle carpe ; levez-en les chairs et ne laissez que la colonne vertébrale ; piquez ces chairs de menu lard, si c'est en gras ; si c'est en maigre, piquez-les de lardons d'anguille, et au lieu de lard pour foncer votre casserole, employez du beurre ; ajoutez-y tranches d'ognons et lames de carottes, vin blanc et bouillon de poisson maigre ; posez sur ce fond votre poisson ; couvrez-le d'un papier beurré ; faites-le partir et cuire comme un fricandeau avec feu dessus et dessous : sa cuisson faite, égouttez-le, tirez par les gros bouts les arêtes ou côtes de votre carpe ; faites en sorte qu'il n'en reste aucune ; glacez vos fricandeaux, et servez-les sur une purée de champignons ou d'oseille, ou d'ognons blancs à la Soubise.

Si vous n'avez point de glace maigre, ne vous en tourmentez pas ; faites réduire votre fond, et servez-vous-en.

Carpe à la bourguignonne. — Habillez une grosse carpe sans en perdre le sang, que vous recueillerez dans une casserole ; lavez l'intérieur avec de bon vin rouge, que vous ferez tomber dans la casserole qui contient le sang ; mettez ensuite la carpe dans un plat, et piquez-la partout pour y faire pénétrer du sel fin. Laissez-la deux heures dans le sel ; mettez-la ensuite dans une poissonnière avec quelques tranches d'ognon, un bouquet garni et une bouteille de vin rouge. Faites cuire à petit feu.

Quand elle est cuite, passez le court-bouillon dans un tamis, et versez-le dans la casserole où est le sang, avec un bon morceau de beurre manié de farine : faites bouillir à grand feu jusqu'à forte réduction. Ajoutez un anchois haché, muscade râpée et câpres entières.

Dressez la carpe sur un plat et masquez-la de la même sauce.

Carpe à l'étuvée. — Coupez en tronçons une ou plusieurs carpes, après les avoir écaillées et vidées ; ne perdez pas le sang, qui sert à lier la sauce ; mettez le tout dans un chaudron, avec du vin, suffisante quantité de beurre, sel, poivre, écorce d'orange et ognon : faites bouillir sur un feu vif. Si le feu prend à la surface du chaudron, ce qui arrive quand le vin employé est de bonne qualité, laissez-le brûler jusqu'à ce qu'il s'éteigne de lui-même. Laissez cuire jusqu'à ce que la sauce soit réduite et presque tarie.

Carpe à l'étuvée au blanc. — Coupez une carpe par tronçons, et faites-la mariner avec une chopine de vin blanc, sel et poivre ; passez des champignons coupés en gros dés, avec une douzaine d'ognons blancs, un bouquet garni et un morceau de beurre ; mouillez avec du bouillon. Quand les champignons et les ognons sont à moitié cuits, mettez-y la carpe avec sa marinade ; quand elle est cuite, liez la sauce avec de la crème et des jaunes d'œufs.

Carpeaux frits. — Prenez deux carpeaux, échardez ou écaillez-les ; coupez-leur les nageoires, ciselez-les en les ouvrant par le dos ; fendez-leur la tête, ôtez-en les ouïes, ainsi que la pierre jaune qui se trouve dans la tête. Enfin trempez-les dans un peu de lait ; farinez-les et faites-les frire ; lorsqu'ils seront à moitié cuits, farinez-en les laitances ou les œufs ; mettez-les dans la friture ; faites en sorte que vos poissons soient bien fermes et d'une belle couleur ; égouttez-les ainsi que la laitance ou les œufs ; dressez-les sur un plat garni d'une serviette, et mettez dessus la laitance ou les œufs frits.

Carpeaux à la liégeoise. — Coupez trois carpeaux ou une moyenne carpe en morceaux, après l'avoir lavée sans la vider ni ôter les ouïes ; enlevez seulement le gros boyau ; mettez vos morceaux dans une casserole ou dans un poêlon, avec du sel, du gros poivre, des quatre épices, des tranches d'ognons, une ou deux bouteilles de bière ; il faut que votre poisson baigne dans la sauce ; mettez votre casserole sur un grand feu ; faites réduire votre sauce assez pour qu'il n'en reste à peu près qu'un verre ; servez votre carpe avec son bouillon, sans le lier.

Sauté de filets de carpes. — Levez les filets de quatre ou cinq petites carpes ; ôtez-en la peau, coupez-les en carrés longs de deux pouces et larges de neuf lignes ; arrangez-les sur le sautoir ; au moment de servir, mettez le sautoir sur un feu vif ; aussitôt que le beurre jettera quelques bouillons, retournez les morceaux quand ils seront cuits ; égouttez-les, et dressez-les en miroton sur un plat avec une purée de tomates ou une sauce poivrade.

Laitances de carpes frites. — Ayez quinze à dix-huit laitances de carpes : leur grosseur déterminera la quantité que vous devez en prendre ; supprimez-en les boyaux ; mettez ces laitances à dégorger dans de l'eau fraîche ; changez-les d'eau plusieurs fois, et lorsqu'elles seront devenues bien blanches, mettez de l'eau dans une casserole, avec un filet de vinaigre et une pincée de sel ; posez-la sur le feu, et lorsque cette eau bouillira, mettez-y les laitances ; faites-leur jeter un bouillon, et au moment de servir, trempez-les dans une pâte légère ; faites-les frire d'un belle couleur ; égouttez-les et dressez-les sur un plat avec du persil frit.

Hachis de carpes. — Écaillez, videz et écorchez des carpes ; prenez-en la chair en la lavant par tranches ; mettez-la dans une casserole, sur un feu doux, en la remuant pour la faire dessécher un peu ; renversez ensuite le contenu de la casserole sur une table, et ajoutez-y un morceau de beurre, un peu de persil et de ciboule, avec un champignon. Hachez le tout ensemble ; faites ensuite un petit roux dans une casserole, et mettez-y le hachis avec sel, poivre et un peu de jus de citron. Remuez toujours pour que rien ne s'attache ; mouillez avec du bouillon de poisson, et servez sous des œufs pochés avec une garniture de croûtons frits.

Langues et laitances de carpes. — Faites mijoter quelque temps et à petit feu, dans une casserole, du beurre, des champignons, une tranche de jambon, le jus d'un citron et un bouquet de fines herbes ; joignez-y un peu de farine, vos langues et laitances de carpes et un peu de bon bouillon. Faites bouillir le tout environ un quart

d'heure ; assaisonnez avec du poivre et du sel. La cuisson faite, épaississez la sauce avec deux ou trois jaunes d'œufs, un peu de crème et du persil blanchi.

C'est une entrée si fine qu'on ne la sert guère que dans une casserole et en *extrà*.

Quenelles de carpes. — Épluchez, préparez et hachez deux carpeaux avec une anguille, et faites-en des quenelles en ajoutant à la chair de ces poissons un ou deux anchois. Vous servirez ces quenelles avec une sauce béchameil, ou sur une purée d'écrevisses (*V.* QUENELLES).

CASSEROLE. On appelle également ainsi des ustensiles culinaires et plusieurs sortes de préparations comestibles. Nous allons d'abord nous occuper des ustensiles.

On fait des casseroles en fer-blanc, en cuivre étamé, en fonte, en zinc, en terre, en faïence, en plaqué d'argent et en argent.

Les casseroles en fer-blanc ne présentent aucun inconvénient pour la salubrité, mais elles se détruisent ou se détériorent trop aisément pour que la préparation des aliments n'en souffre pas. Lorsqu'on y fait roussir du beurre, l'étain coule et laisse le fer à nu, et lorsqu'il est dans cet état, il ne tarde pas à être *percé*. Les casseroles de fer-blanc transmettent rapidement la chaleur, ce qui expose les substances qu'on y fait cuire à être brûlées.

Le cuivre est le métal le plus généralement employé pour les casseroles. Il a l'avantage de durer long-temps ; mais si les vases qu'on en fait ne sont pas entretenus avec une excessive propreté, si on y laisse refroidir des substances grasses ou acides, on s'expose au danger d'être empoisonné.

Cet empoisonnement n'est pas toujours mortel ; souvent même il est inaperçu : cependant on ne peut douter que des incommodités plus ou moins graves, qu'on attribue à d'autres causes, ne doivent souvent être rapportées qu'à un véritable empoisonnement par le vert-de-gris.

On se fie trop sur l'étamage, et peut-être serait-il préférable d'y renoncer. Un cuisinier n'oserait certainement pas se servir d'un vase de cuivre non étamé, sans l'avoir auparavant *écuré* avec de la cendre. On s'en dispense presque toujours pour les vases étamés, quoiqu'on sache très-bien que l'étain commence à fondre avant que le beurre ne bouille, et qu'alors une partie du cuivre se trouve à nu. L'étamage forme d'ailleurs une couche si mince, que le moindre frottement suffit pour l'enlever. On peut donc être certain que, dans toute casserole qui a servi à faire *un seul roux*, ou qui a été écurée *une seule fois*, une partie du cuivre n'est plus garantie par l'étamage. M. Lorcin a fait observer très-judicieusement qu'il vaudrait mieux ne plus étamer du tout, et employer le cuivre à nu, ce qui obligerait les praticiens culinaires à plus de sollicitude.

On devrait aussi remplacer, pour tous les vases de cuisine, le cuivre rouge par le cuivre jaune, parce qu'il est moins attaquable à l'oxide.

On a fait, il y a quelques années, beaucoup de casseroles de zinc, et le bon marché en répandait l'usage; mais on a bientôt reconnu que ce métal était trop facilement attaquable par les graisses, par les acides, et même par l'eau pure, pour que son emploi dans les cuisines fût sans inconvénient: on y a généralement renoncé.

Les casseroles de poterie vernissées ne sont pas non plus sans inconvénient lorsque leur *couverte* est composée, comme cela a presque toujours lieu, d'oxides de plomb et de cuivre.

La faïence, lorsqu'elle supporte le feu, ou une poterie fortement cuite et sans *couverte*, ou avec une couverte *non métallique*, sont les substances les plus convenables pour toutes les préparations alimentaires. Malheureusement on trouve rarement de la faïence qui aille au feu, et l'art du potier est encore dans son enfance. Nous avons des contrées où l'on fait des poteries salubres quoique grossières : avec un peu plus de soin on leur donnerait toute la perfection désirable.

Les casseroles de fonte sont très-saines; mais elles ont seulement l'inconvénient de noircir toutes les préparations qui contiennent des substances astringentes : ces casseroles seraient parfaites si, sans ajouter beaucoup à leur prix, on parvenait à en polir l'intérieur.

Les casseroles d'argent et de plaqué d'argent sont, à cause de leur prix, des ustensiles de luxe; celles de plaqué cependant ne sont pas tellement chères qu'on ne puisse en user pour certaines préparations dont on doit écarter avec soin tout ce qui est étranger à leur nature. A défaut de plaqué d'argent, on peut appliquer au même usage des casseroles d'étain allié d'un centième et demi de cuivre jaune : cet alliage est salubre, et les vases qu'on en ferait seraient propres à beaucoup de préparations alimentaires : il faudrait seulement éviter d'y faire bouillir du beurre ou de l'huile.

Casserole au riz à la bourgeoise. — Faites cuire dans une braise un morceau de viande quelconque; quand elle est cuite et bien égouttée, dressez-la sur un plat, et couvrez-la de riz à moitié cuit avec de bon bouillon bien nourri, arrosez avec du lard fondu; unissez avec un couteau, en formant une masse demi-ronde; faites cuire au four bien chaud, afin que la croûte soit dorée et croquante. Servez à sec après avoir égoutté la graisse qui pourrait se trouver au fond du plat.

Casserole au riz à la Reine. — Après avoir haché très-fin les blancs de deux poulardes avec une douzaine de beaux champignons bien blancs (le tout cuit), vous les pilez bien parfaitement et les délayez; ensuite avec de la béchameil travaillée d'un bon consommé de volaille à l'essence de champignons, vous passez cette purée de volaille par l'étamine blanche, et la mettez au bain marie, afin qu'elle devienne presque bouillante sans ébullition, puis vous la versez dans la casserole au riz. Pour servir de couvercle, vous placez dessus et en couronne six œufs frais pochés bien mollets (à l'eau bouillante avec sel et une pinte de vinaigre), et placez en travers sur chaque œuf un filet mignon de poulets *à la Conti*. Étant prêt à servir, vous masquez le milieu des œufs avec un peu de béchameil, et vous glacez légèrement la décoration de la casserole au riz avant de la servir.

Casserole au riz à la polonaise. — Vous hachez suffisamment de la chair (cuite) de perdreaux, de faisans, de lapereaux ou de levreaux, avec quelques champignons; vous la pilez, et ensuite vous la délayez avec un fumet de gibier à l'essence de champignons; puis vous passez le tout à l'étamine blanche, et mettez ce coulis au bain-marie. Étant presque bouillant et prêt à servir, vous en garnissez la casserole au riz que vous glacez légèrement, et, pour servir de couvercle, vous faites dessus une couronne de petites truffes sautées dans la glace, avec de beaux champignons et des rognons de coq.

Casserole au riz à l'indienne. — Vous la garnissez d'un kari. Le kari n'est autre chose qu'une fricassée de petits poulets à la Reine, dans laquelle vous ajoutez une infusion de safran, du poivre de Cayenne et du piment, puis des petits lardons de poitrine que vous coupez avec un coupe-racine du diamètre de six lignes; après les avoir blanchis, vous les faites cuire dans du bouillon, et les joignez dans la fricassée qui sera garnie de quelques crêtes, rognons et champignons, liés selon la règle. La casserole au riz étant garnie, vous placez dessus, en couronne, de petits cornichons bien verts.

Casserole au riz de bonne morue. — Ayez deux belles crêtes de morue bien blanche, bien tendre et bien fraîche. Faites-la dessaler, et un moment avant le service, vous la mettez dans une casserolée d'eau fraîche sur le feu. Aussitôt qu'elle commence à entrer en ébullition, vous l'ôtez de dessus le feu, puis vous jetez dedans un charbon ardent, et la couvrez quelques minutes; ensuite vous l'égouttez sur une serviette, et en séparez les peaux et les arètes; vous la saucez d'une béchameil maigre. Placez-la au bain-marie. Au moment de la servir, vous y joignez un morceau de beurre et une pointe de muscade.

Casserole de riz garnie d'un ananas formé de pommes. — Vous faites cuire douze onces de riz de la Caroline, avec de l'eau, du beurre et du sel : le riz étant prêt, vous le séparez en deux parties. De l'une vous formez un dôme plat du dessus et cannelé autour; puis, de l'autre partie, vous formez un second dôme, le bord évasé, afin de former la coupe. Vous faites cuire ces deux petites casseroles au riz à four chaud, et leur donnez une belle couleur blonde. Vous les videz parfaitement, mais par dessous : alors vous remplissez le dôme cannelé avec du riz (six onces préparées selon la règle), et vous mettez au milieu des pommes coupées en quartiers. Vous retournez le moule sens dessus dessous sur son plat d'entremets : alors vous placez par dessus la coupe; avec la pointe du couteau, vous ôtez le fond des deux casseroles au riz, qui se trouvent l'une sur l'autre, et vous garnissez ensuite le fond et les parois de la coupe, de manière qu'elle figure un vase, où vous placez le reste du riz en forme d'ananas en groupant à l'entour de ce riz des quartiers de pommes cuites dans du sucre au caramel, afin de les colorer en jaune. Vous les aurez coupées en forme de tête de clous, de manière à ce qu'ils imitent un corps d'ananas, sur lequel vous placerez une couronne de longues tiges d'angélique. Garnissez le pourtour avec des feuilles de biscuits aux pistaches. Au moment du service, vous masquez légèrement la surface de la croûte de la casserole au riz, avec de la marmelade d'abricots bien transparente, de même couleur que l'ananas.

On peut servir ce bel entremets chaud ou froid.

CASSIS, groseillier à fruit noir. Ce fruit ne se mange ni cuit, ni cru (*V.* AROMATES et RATAFIA).

CASSONADE. La cassonade ne diffère du sucre en pain que par son état pulvérulent et sa moins grande pureté : elle retient une notable quantité de mélasse qui la rend oléagineuse. La cassonade a une saveur plus sucrée que le sucre en pain, et cependant elle contient moins de sucre pur : cette saveur plus intense est due à la plus grande dissolubilité de la cassonade, dont toutes les molécules peuvent agir à la fois sur l'organe du goût : le sucre, moins soluble, et d'au-

tant moins soluble qu'il est plus pur, n'a qu'une action successive qui paraît moins intense. Si on fait fondre le sucre dans l'eau, il affecte plus vivement l'organe du goût qu'une quantité égale de cassonade fondue dans une même quantité de liquide.

CATILLARD, nom qu'on donne à certaines pêches et à certaines poires. La poire de Catillard se mange en octobre et novembre; tout le monde sait que c'est une grosse poire qui n'est pas très-estimée; mais quand on la fait cuire au four de manière à ce que la pelure en soit presque risolée, elle en acquiert beaucoup plus de sucre et de sapidité.

CAVE. A Paris, il faut éviter qu'une cave soit exposée aux ébranlements qu'occasionne, jusqu'à une certaine distance, le passage des voitures. Ces ébranlements déterminent l'ascension de la partie la plus légère de la lie, dont le mélange avec le vin suffit souvent pour le faire aigrir.

Si la cave est en communication avec un bûcher rempli de bois vert, avec un amas de fruits, ou avec tout autre dépôt de matières en fermentation continuelle, il est impossible de conserver le vin sans qu'il s'altère.

La cave doit être tenue constamment dans un état de propreté parfaite : on doit faire enlever les ordures qui tomberaient par les soupiraux, lorsque ceux-ci sont ouverts à la surface du sol. On évitera d'y resserrer des légumes, et notamment des choux et des ognons.

CAVIAR ou **KAVIAR**. On donne ce nom à des œufs d'esturgeon qu'on a confits avec du sel, du poivre et des ognons, et qu'on a laissés fermenter. On fait un grand usage de ce mets dans toute la Russie, et il est très-recherché à Paris. Le caviar liquide (car il y en a de sec et de fumé) est un hors-d'œuvre digne d'estime et d'attention.

CÉDRAT. (*V.* AROMATES INDIGÈNES.)

CÉLERI, espèce d'ache imprégnée d'une odeur aromatique et d'un principe qui n'est pas sans âcreté. Le céleri ne devient comestible que par l'étiolement qui affaiblit son arôme. Il n'est pas également bon dans tous les terrains : le meilleur est toujours celui qui a été le plus complètement étiolé, qui est parfaitement blanc, et dont les côtes des feuilles sont pleines et non pas creuses; il faut aussi qu'elles se cassent nettement sans former de filets. Il est rare que le céleri réunisse toutes ses qualités.

On le mélange avec toutes les salades d'hiver; et de plus on le mange seul avec une rémoulade.

Il y a une espèce de céleri qui a une racine tuberculeuse grosse comme le poing : cette espèce est peu cultivée, et ne mérite guère de l'être.

Céleri au jus à la bonne femme. — Parez des pieds de céleri, en ôtant toutes les feuilles qui sont dures et vertes ; coupez les pieds d'égale longueur et faites-les blanchir ; faites ensuite un roux léger ; passez-y le céleri et mouillez avec du bouillon ; assaisonnez avec sel, gros poivre et muscade râpée : quand le céleri est cuit, liez la sauce avec quelques cuillerées de jus, ou avec quelque fond de cuisson, ou enfin avec du beurre manié de farine.

Céleri frit à la bourgeoise. — Après l'avoir épluché et blanchi, faites-le cuir dans du bouillon ; égouttez-le et trempez-le dans une pâte à frire : faites frire de belle couleur.

Surtout choisissez, pour faire frire, du céleri bien plein, rognez les feuilles très-près de la racine, et fendez les pieds en deux ou en quatre morceaux, suivant leur grosseur.

Céleri à la crème. — Épluchez du céleri et coupez-le comme on l'a dit à l'article *Asperges en petits pois* ; après l'avoir fait blanchir et égoutter, passez-le dans la casserole avec un morceau de beurre, saupoudrez d'une pincée de fécule, et mouillez avec du bouillon ; étant cuit, réduit, et de bon goût, finissez par une liaison de jaunes d'œufs que vous aurez délayés dans de la crème : ajoutez un peu de muscade, et servez avec une garniture de croûtons et un peu de sucre.

Le céleri à la crème est un entremets assez élégant.

Céleri à la moelle (V. CARDONS).

Céleri au velouté. — Après avoir épluché et lavé du céleri, coupez-le par petites parties, en gardant les feuilles tendres que vous faites blanchir dans de l'eau bouillante, avec du sel et un peu de beurre. Après sa cuisson, faites-le rafraîchir, hachez-le très-menu, et mettez-le dans une casserole avec du beurre, du sel, du poivre et de la muscade râpée ; mouillez avec du velouté et du bouillon en égale quantité ; faites réduire, et servez avec un entourage de croûtons glacés au blond de veau.

Céleri frit. — Faites blanchir des pieds de céleri, que vous choisirez les plus beaux possible, et que vous éplucherez et laverez avec soin ; faites-les cuire dans une casserole avec des bardes de lard, du sel, un bouquet garni ; mouillez avec du bouillon non dégraissé ; et recouvrez le tout avec des bardes de lard et du papier huilé. Quand ils seront bien cuits, vous les ferez bien mariner dans

de l'eau-de-vie avec du sucre ; mettez-les ensuite dans une pâte à frire ; faites-les frire et glacez-les avec du sucre en poudre et une pelle rouge.

CEPS, espèce de fongus qui se rencontre communément dans le midi de la France et qu'on trouve quelquefois entre les roches de Fontainebleau, à l'exposition du couchant d'été. On en reçoit aussi de la Sologne, où on les fait sécher pour les expédier à Paris. On en fait le même usage que des autres champignons dont le ceps est une des variétés les plus savoureuses.

CÉRAT (*V*. PHARMACIE DOMESTIQUE).

CERF. Quand le cerf est âgé de plus de trois ans, ce qu'il est aisé de voir à ses ramures, la chair en est toujours coriace ; mais celle des jeunes cerfs est délicate, et la même observation doit être faite à l'égard des daims sauvages et des chamois.

Cerf rôti. — Piquez le filet ainsi que l'éclanche ou l'épaule d'un jeune cerf avec du lard bien assaisonné, et faites-les mariner avec vin blanc et verjus, sel, gros poivre, un fort bouquet et tranches de citron vert : faites rôtir en arrosant avec la marinade ; liez ce qui est tombé dans la lèchefrite avec du jus, ou avec un roux peu chargé de farine ; ajoutez câpres et jus de citron, gros poivre. Servez comme grosse pièce en relevé de potages.

Rouelles de cerf à la Saint-Hubert. — Coupez de la chair de cerf en gros morceaux, et piquez-les de gros lard assaisonné ; passez à la casserole avec du lard fondu ; mouillez avec moitié bouillon et moitié vin rouge : assaisonnez avec sel, gros poivre, laurier, citron vert, bouquet garni ; faites cuire à petit feu et liez avec un roux, auquel vous ajouterez du sucre, des cornichons coupés et des pruneaux de Tours que vous y ferez cuire. Ce ragoût princier est toujours d'étiquette au repas de la Saint-Hubert, quand on fête cet anniversaire à la campagne.

Oreilles et langue de cerf en menus-droits. — Échaudez ces morceaux de venaison à l'eau bouillante, afin de les épiler et nettoyer plus exactement qu'en les mettant sur le gril, et parce que cette dernière manière de les préparer pourrait leur imprimer un goût désagréable. Tailladez-les, ce qui s'appelle un menus-droits ; faites-les cuire à la braise avec une petite botte de foin bien ficelée. Au bout d'une heure et demie de cuisson, passez le mouillement à l'étamine, et joignez-y une égale quantité de vin de l'Ermitage blanc ou de Châteauneuf-du-Pape, avec une liaison de trois jaunes d'œufs et deux pincées de tanaisie pulvérisée. C'est un mets traditionnel et immémorial qu'il est bon de faire servir *en extra* sur un de ces anciens plats de Limoges où l'on voit toujours des fruits ou des poissons en relief de couleur. C'est la coûtume élégante et le bel usage. Il est même adopté depuis quelque temps dans les maisons les moins aristocratiques.

CERFEUIL , plante aromatique et potagère qui ne s'emploie qu'en assaisonnement, et à laquelle on reconnaît, entre autres propriétés sanitaires, celles d'être éminemment diurétique et dépurative. On n'omettra jamais d'en faire usage en certains cas indiqués; mais on fera bien de ne l'employer qu'avec réserve (*V*. BOUQUET).

CERISES. Les cerises communes, dont la chair est peu colorée, contiennent beaucoup d'acide et peu de sucre : elles sont très-rafraîchissantes; mais quand on en mange avec excès, elles délabrent l'estomac.

L'espèce commune a cependant donné naissance à des variétés dont la chair est douce, légèrement acide et sucrée. Celles de ces variétés qui ont la chair colorée et peu consistante sont les meilleures. La matière colorante y paraît associée à un principe légèrement astringent qui en facilite la digestion.

Les meilleures cerises viennent à Paris de la vallée de Montmorency; mais on remarque que depuis quelques années la bonne espèce est sensiblement moins abondante. On a planté beaucoup de cerisiers dits anglais, qui donnent des cerises plutôt brunes que rouges, plutôt amères qu'acides, et qui n'ont ni la douceur ni la délicatesse de celles connues sous le nom de *gobets à courte queue,* que les amateurs leur préfèrent toujours.

Les bigarreaux et les guignes, quoique bien moins salutaires que les cerises, sont cependant toujours plus chers à Paris, à grosseur égale.

On fait avec les cerises, surtout dans leur primeur, d'excellentes compotes; on en fait aussi d'assez bonnes confitures; on les dessèche au four, on les botte avec du sucre fin, on les met à misucre, on les met en conserve; on les prépare à l'eau-de-vie, en dragées; on en garnit des tourtes d'entremets; enfin c'est un des fruits qui offre le plus de ressource aux officiers, et surtout aux confiseurs.

On prépare avec des guignes, du beurre, du sucre et des dés de mie de pain grillée, un plat d'entremets qui, lorsqu'il est bien fait, est un manger délicieux, et cet entremets porte le nom de *Soupe aux cerises,* quoiqu'il ne se fasse jamais qu'avec des guignes. A l'exception de cette préparation,

originaire de Plombières, les guignes ne se mangent jamais qu'étant crues. Il en est de même des bigarreaux; mais lorsque ceux-ci sont confits au vinaigre ils forment un hors-d'œuvre apéritif très-recherché.

Cerises aux croûtons. — Mettez dans une casserole d'argent un pot de confitures de cerises, que vous aurez fait chauffer; passez au beurre quelques petits croûtons de pain; passez-les ensuite dans du sucre pulvérisé; décorez-en le dessus de vos confitures; et servez pour entremets.

Cerises en chemise blanche. — Battez un blanc d'œuf jusqu'à ce qu'il se mette en neige; trempez-y les cerises les plus grosses que vous pourrez avoir, en faisant attention qu'elles soient bien mûres, et après leur avoir coupé la moitié de la queue; après les avoir trempées dans votre blanc d'œuf, roulez-les dans du sucre passé au tamis de soie; ayez soin qu'elles prennent le sucre bien également; soufflez sur celles qui en auraient trop pris; mettez-les ensuite sur une feuille de papier, et mettez-les sur un tamis à l'étuve jusqu'à ce que vous vous en serviez. Vos cerises doivent être espacées sur la feuille de papier de manière à ne pas se toucher.

Marmelade de cerises au beurre. — Supprimez-en les queues et les noyaux (vous aurez eu soin de les choisir les plus belles et les plus mûres possible). Vous les ferez réduire à la moitié de leur volume dans un bassin et sur un feu doux, en les remuant souvent avec une spatule; vous clarifierez et ferez cuire au petit cassé du sucre; il en faut le double en poids de vos cerises; vous verserez les fruits dans le sucre, en remuant jusqu'à ce que la marmelade soit cuite; alors vous la retirerez du feu, et vous y mettrez un peu de beurre, pour en garnir des flancs, des cannellons, des tartelettes et autres pâtisseries d'entremets.

Cerises frites à la d'Aumont. — Posez douze cuillerées de confiture de cerises, chacune sur un large pain à chanter, humectez avec de l'eau un second pain à chanter et appliquez-le sur le premier en sens contraire; vos cerises ainsi enveloppées, vous les tremperez dans une pâte à frire faite avec du beurre au lieu d'huile, et à laquelle vous aurez ajouté un peu de vin de Madère et de ratafia de noyaux; faites-leur prendre une belle couleur dans une friture moyennement chaude; vous les égoutterez, les poudrerez de sucre fin, et les servirez.

Cerises à l'eau-de-vie. — On choisit des cerises belles, et pas trop mûres; on leur coupe la queue à moitié, et on les met dans un bocal avec quelques clous de gérofle et un peu de cannelle; on fait clarifier un quarteron de sucre pour une livre de cerises et une pinte d'eau-de-vie. Quand le sucre est au cassé, on y verse de l'eau-de-vie à 22 degrés ; on mêle le sirop avec l'eau-de-vie ; enfin quand il est froid, on le verse sur les cerises, et on met un bouchon de liége sur le bocal, qu'il faudra couvrir, qu'on liera fortement d'un parchemin mouillé.

Cerises du nord séchées au four. — Choisissez les cerises dont la chair est rouge et qui, quoique très-juteuse, est plus consistante que celle des cerises communes : cette espèce mûrit tard ; il y en a même une variété tirée depuis peu du nord de l'Europe, qui ne mûrit qu'en septembre.

Elles doivent être mûres sans être tournées ; ôtez-en les noyaux et les queues ; arrangez-les sur des claies et commencez par les exposer au soleil ; mettez-les ensuite dans un four médiocrement chaud, d'où vous les retirerez quand elles en auront acquis la température ; lorsqu'elles sont refroidies, remettez-les au four, et continuez ainsi jusqu'à ce qu'elles soient assez sèches pour être gardées.

En opérant ainsi les cerises restent molles ; leur acidité disparaît en partie, et elles en acquièrent un goût parfait. On s'en sert agréablement pour garnir des tourtes et des gâteaux fourrés, pour assaisonner les puddings et les babas, enfin pour mélanger dans toutes compositions où il doit entrer de l'écorce de citron confite et des raisins de Corynthe.

(*Pour les autres préparations des cerises à l'usage du dessert, V.* COMPOTE, CONFITURE, CONSERVE, GLACE *et* RATAFIA).

CERNEAUX, noix vertes dont on sépare l'amande de la coquille et du brou, en la *cernant* avec la pointe d'un couteau. On sert les cerneaux avec de l'eau assaisonnée de beaucoup de sel, de poivre noir et de suc de verjus (muscat, s'il est possible).

CERVELAS, saucisson gros et court, dont la chair de porc est ordinairement la base.

Cervelas ou saucisses à la ménagère. — Hachez de la chair de cochon dépouillée de nerfs et de membranes, avec quantité égale de lard ; ajoutez persil, ciboules, thym et basilic pilés, sel et quatre épices ; mettez le tout ensemble ; formez-en de petites masses ovales, et enveloppez-les avec de la crépine, après les avoir aplaties.

Les saucisses rondes se préparent de la même manière, excepté qu'au lieu d'envelopper la chair avec la crépine, on l'entonne dans des intestins de volaille bien nettoyés.

On peut varier à volonté les proportions de chair et de lard ; mais il est essentiel que l'un et l'autre soient hachés très-fin.

Pour rendre ces compositions plus délicates, on peut y ajouter des blancs de volaille ou de la rouelle de veau, des truffes et des champignons hachés.

Gros cervelas appelé *Saucisson de Lyon.* — Prenez de la chair de cochon courte et maigre ; ajoutez moitié en poids de filet de bœuf et autant de lard ; ainsi pour quatre livres de cochon il faudra deux livres de filet et deux livres de lard. Hachez le cochon et le filet, et pilez-les ensuite ; coupez le lard en dés ; mêlez de manière que le lard soit réparti également ; assaisonnez, pour la quantité ci-dessus, avec sept onces de sel, un gros de poivre fin, un gros de poivre concassé moyen, deux gros de poivre entier, quatre gros de nitre, ail et échalottes si vous voulez ; pétrissez le tout, et laissez reposer pendant vingt-quatre heures ; remplissez de ce mélange de gros boyaux bien nettoyés et lavés successivement à l'eau chaude et au vinaigre ; foulez avec un tampon de bois bien uni, pour ne pas déchirer les boyaux dans lesquels il ne doit pas rester d'air ; fermez-les et ficelez-les comme une carotte de tabac ; mettez-les dans un saloir, avec sel et salpêtre, pendant huit jours ; retirez-les ensuite pour les faire sécher dans la cheminée. On reconnaît qu'ils sont assez secs quand ils sont devenus blancs : faites bouillir de la lie de vin avec de la sauge, du thym et du laurier ; resserrez les ficelles des saucissons et barbouillez-les avec cette lie ; lorsqu'ils sont secs, on les enveloppe de papier et on les conserve dans la cendre.

Cervelas à trancher et pour garnir. — Prenez de la chair de cochon bien tendre et entrelardée, hachez-la avec du persil et un peu d'ail ; assaisonnez de sel et épices mêlés ; emplissez de ce mélange des intestins de grosseur convenable ; faites cuire pendant deux ou trois heures et conservez au sec, afin d'en user suivant les indications données.

Cervelas-mortadelle, autrement dit *Saucisson de Bologne.* — Prenez de la chair de porc grasse et maigre ; hachez-la, et pour douze livres ajoutez une demi-livre de sel, deux onces de poivre entier, et autant de bon vin blanc et de sang qu'il est nécessaire pour lier la pâte : pétrissez le tout ensemble ; remplissez-en des boyaux en pressant la viande. Faites les saucissons de la longueur qui vous convient, et nouez-les fortement avec une ficelle : faites-les sécher à l'air ou à la fumée ; quand ils sont secs, séparez-les.

Cervelas façon de Milan. — Prenez six livres de chair de porc maigre, une livre de bon lard, quatre onces de sel, une once de poivre, le tout bien haché et mêlé ; ajoutez une demi-bouteille de bon vin blanc et une livre de sang de porc, avec une demi-once de cannelle, de gérofle pilés, et de gros lardons faits de tête de porc et saupoudrés avec les épices indiquées ci-dessus ; mélangez bien le tout avant de l'introduire dans des intestins bien lavés et nettoyés, qu'on noue de six pouces en six pouces : faites cuire pendant deux heures dans de l'eau ; et, pour empêcher qu'ils ne crèvent, piquez-les avec une aiguille lorsque la première impression de la chaleur a coagulé le sang. Lorsqu'ils sont cuits, on les fait sécher jusqu'à ce qu'ils soient très-fermes.

Cervelas maigres à la Bénédictine. — Dépouillez des anguilles et hachez-en la chair avec un peu de chair de carpe ; joignez-y du beurre frais, un peu de persil et de ciboules hachés, quelques échalotes et une gousse d'ail ; assaisonnez de sel et d'épices fines ; mêlez le tout ensemble avec quelques œufs ; emplissez-en des boyaux de poisson ; formez vos cervelas de la longueur que vous voudrez ; faites-les fumer à la cheminée pendant trois jours, et mettez-les à cuire dans du vin blanc avec des ognons, des racines et un bon assaisonnement.

Cervelas de plusieurs façons. — On procède pour la composition comme dans les articles précédents ; de plus, on met des truffes, des pistaches, ou des échalotes hachées, suivant qu'on veut avoir des cervelas aux truffes ou aux pistaches. Quand on veut les faire aux ognons, on les passe sur un feu un peu ardent, avec un peu de beurre, et quand ils sont cuits, on les incorpore dans son appareil. On procède comme il est indiqué pour les préparations ci-dessus.

CERVELLE. La substance ou parenchyme qui constitue la cervelle est à peu près insapide, et nous avons dit pourquoi nous conseillons de ne pas employer celle du bœuf. Quant à celle des autres animaux dont la cervelle est comestible, *V*. ABATTIS, AGNEAU, VEAU, COCHON DE LAIT, PORC FRAIS.

CHABLIS (*V*. VINS BLANCS DE BOURGOGNE).

CHAIR. On a déjà fait connaître (à l'article BOUILLON) les propriétés qui caractérisent chacun des principes constitutifs des viandes ; il reste à considérer la chair des divers animaux quadrupèdes et volatiles sous le rapport alimentaire et sous celui de la digestibilité.

L'effet bien connu des viandes qui proviennent d'animaux trop jeunes est d'être d'une digestion pénible, et d'augmenter sensiblement la quantité des évacuations naturelles : en général, elles sont laxatives, et le sont d'autant plus qu'elles approchent davantage de cet état de viscosité glaireuse qu'elles doivent à leur origine. Beaucoup de personnes ne peuvent manger de l'agneau sans en être incommodées : à la vérité, dans ces aliments la fibre est plus molle, plus aisée à diviser ; mais si l'on veut chercher le point où toutes les viandes ont toutes les propriétés les plus favorables à la nutrition, il faut les prendre dans le moment où la partie gélatineuse a perdu cette viscosité, et où la substance fibreuse n'a point encore acquis une trop grande solidité, ni une trop forte proportion avec la substance gélatineuse.

Parmi les chairs des jeunes animaux que leur viscosité rend peu alimentaires et difficilement digestibles, il faut mettre au premier rang celle du cochon de lait ; il est peu d'aliments qui conviennent à moins d'estomacs, et qui occasionnent des indispositions plus violentes.

Viennent ensuite les chairs du veau, de l'agneau et du chevreau, quand ils sont tués peu de semaines après leur naissance. Les ordonnances de police prescrivent de ne les abattre que lorsqu'ils sont âgés de six semaines au moins ; mais ce terme est encore trop court pour le veau, qu'on devrait toujours laisser vivre jusqu'à trois mois : deux mois peuvent suffire pour l'agneau et le chevreau ; mais leur chair est plus savoureuse et plus nutritive lorsqu'on leur a laissé dépasser ce terme.

La chair des jeunes oiseaux, domestiques ou sauvages, et celle des jeunes gibiers à poil, a déjà perdu sa viscosité de jours après leur naissance. Leur chair est tendre sans être molle ; elle est blanche et gélatineuse ; elle se digère aisément, et convient particulièrement aux estomacs les moins énergiques.

Parmi les animaux adultes, les chairs blanches sont celles qui se digèrent le mieux, surtout lorsqu'elles ne sont pas trop imprégnées de graisse : et même dans ceux de ces animaux qui ont été engraissés, il y a des parties qui n'en sont jamais trop surchargées, et qui peuvent fournir un aliment convenable aux convalescents. Telles sont, par exemple, dans les chapons, poulardes et poulets d'Inde, les chairs qui avoisinent l'aile et s'étendent sur la poitrine, et qui, dans ces animaux qui volent peu, sont fort tendres, et néanmoins peu pénétrées de graisse parce que les fibres en sont très-rapprochées.

La chair de porc fait une exception parmi les chairs blanches ; elle est dense et résistante ; elle est peu facilement digestible, mais elle nourrit beaucoup ceux qui la digèrent : quelque abondante que soit la graisse du cochon, elle pénètre peu sa chair, dont le tissu est serré et laisse peu d'intervalle entre les fibres qui le composent.

Parmi les animaux à chair noire, abondante en osmazome, le bœuf et le mouton sont ceux dont on consomme le plus. La chair de ces animaux est, en général, éminemment nutritive et d'une digestion facile pour tous les gens en bonne santé. Cependant ces propriétés varient selon le sexe, l'âge et l'état particulier des animaux de la même espèce.

Le bœuf, fatigué par l'âge et le travail, a la chair coriace et peu imprégnée de gélatine : elle se divise difficilement, résiste à la mastication comme aux organes digestifs, et, par suite, elle est peu alimentaire : on peut placer sur la même ligne la chair des femelles qui ont porté : elle est presque toujours lâche sans être tendre, et elle résiste encore plus à l'action des organes digestifs, que celle des mâles devenus trop vieux.

A égalité d'âge, la chair des animaux engraissés est toujours la plus tendre, la plus sapide, la plus digestible et la plus alimentaire.

La graisse qui est interposée dans les fibres musculaires les amollit, les rend plus souples, plus divisibles : la graisse paraît amalgamée dans ces chairs avec la gélatine, et cette union qui rend la graisse plus soluble, donne encore aux chairs que ces matières pénètrent, une légèreté et une sorte d'élasticité qui se trouve souvent désignée dans certaines parties du bœuf bouilli, par l'expression de *pièce tremblante*. Toutes les chairs qui sont dans le même cas se divisent aisément, non-seulement sous l'instrument d'acier, mais dans la bouche humaine.

Si on voulait classer les divers animaux suivant la digestibilité de leur chair, on mettrait au premier rang le poulet et le lapereau;

Au second, le perdreau, le jeune faisan, et le pigeon quand il n'est âgé que de deux mois;

Au troisième rang, les volailles adultes;

Au quatrième, le mouton, le bœuf et le jeune chevreuil;

Et au dernier rang, le lièvre, le cerf, le daim et le sanglier.

(On a puisé la substance de ce dernier article dans l'excellent Traité de M. Lorrein, que nous avons déjà cité.)

CHAMPAGNE (*V.* Vins indigènes, Ragoûts, Sauces, Gelées d'entremets, etc).

CHAMPIGNONS. Il en existe un grand nombre d'espèces, parmi lesquelles il y en a très-peu de comestibles : les autres sont, pour la plupart, des poisons dangereux.

Les espèces dont on fait le plus d'usage sont :

Le champignon commun, qu'on trouve sur les friches, et qu'on élève aussi sur couche;

Le mousseron, l'oronge, la morille blanche et rose, le ceps et la truffe ; car, quoi qu'on en dise aujourd'hui, nous persistons encore à laisser ce fongus à la place qu'il a remplie si glorieusement, et pendant tant d'années, dans la savoureuse et redoutable famille des champignons. Du reste, il doit nous être permis de conserver à l'égard de la truffe une opinion qui ne soit pas celle des chimistes, car ils en sont à se demander aujourd'hui si les truffes doivent être classées parmi les végétaux ou les *animaux*, parce qu'elles contiennent de l'*osmazome* (Voyez le *Traité des préparations*, p. 408, édit. de 1836).

Les fongus en général, et les champignons en particulier, sont d'une composition très-compliquée ; ils contiennent tous de l'albumine, de la gélatine, de l'osmazome, de la matière sucrée, de la matière grasse et de la fibre végétale ; réunissant ainsi les principes constituants des animaux et des végétaux ; et ce qui est le plus remarquable, c'est que les espèces comestibles contiennent ces principes à peu près dans les mêmes proportions que les espèces les plus délétères.

Les champignons comestibles et les truffes sont plus ou moins alimentaires, mais d'une digestion difficile, même pour les estomacs robustes, et lorsqu'on en mange avec quelque excès, les indigestions qu'ils occasionnent ont quelquefois tous les caractères de l'empoisonnement.

Les champignons et les truffes doivent toujours être pris dans le plus grand état de fraîcheur ; car il y a peu de substances qui s'altèrent avec plus de rapidité, et dont l'altération change plus complètement les propriétés diététiques : cette altération suffit quelquefois pour que les espèces les moins suspectes produisent à peu près les mêmes effets que les espèces les plus vénéneuses.

Le champignon commun, élevé sur couche, est l'espèce dont l'usage présente le moins d'inconvénient ; c'est aussi l'espèce dont on consomme le plus ; c'est surtout à celle-ci que se rapportent les préparations suivantes, qui sont cependant applicables à toutes les autres.

Croûte aux champignons. — Tournez des champignons, mettez-les dans une casserole, avec un morceau de beurre, un bouquet de persil et ciboules : posez-les sur un fourneau ; sautez et mouillez-les avec d'excellent bouillon ; faites-les partir ; assaisonnez-les de sel, d'un peu de gros poivre et d'un peu de muscade râpée ; prenez la croûte du dessus d'un pain mollet, râpé ou chapelé, et dont vous aurez ôté la mie ; beurrez cette croûte en dedans et en dehors : mettez-la sur un gril propre, et posez ce gril sur une cendre rouge; laissez sécher et griller ainsi cette croûte : au moment de servir, supprimez le bouquet qui est dans vos champignons; liez-les avec des jaunes d'œufs délayés dans de la crème; versez un peu de sauce dans votre croûte; placez-la sur votre plat, la partie bombée en dessus, et dressez votre ragoût par-dessus la même croûte.

Macédoine d'oronges et de ceps à la bordelaise. — Prenez de ces gros champignons; préférez les plus épais et les plus fermes, et surtout qu'ils ne soient pas *pleureurs* (on appelle pleureur le champignon qui est vieux cueilli); coupez-en légèrement le dessus; lavez-les, égouttez-les; ciselez légèrement le dessous en losange; mettez-les dans un plat de terre; arrosez-les d'huile fine; saupoudrez-les d'un peu de sel et de gros poivre; laissez-les mariner une ou deux heures; faites-les griller d'un côté et retournez-les de l'autre : leur cuisson achevée, ce dont vous jugerez facilement s'ils sont flexibles sous les doigts, dressez-les sur votre plat à servir; saucez avec la sauce énoncée ci-après; mettez dans une casserole de l'huile en suffisante quantité pour *saucer* vos champignons, avec du persil et de la ciboule hachés très-fin, et une pointe d'ail; faites chauffer le tout; saucez-en vos champignons; pressez dessus le jus d'un ou de deux citrons, ou arrosez-les d'un demi-verre de verjus muscat, ce qui vaudrait mieux.

Mousserons à la tourtière. — Préparez ces champignons comme les précédents : laissez-les mariner une heure ou deux dans de l'huile fine, du sel, du poivre et un peu d'ail; hachez les queues et les parures de vos champignons; pressez-les dans un linge pour en ôter l'eau; mettez-les dans une casserole, avec de l'huile, du sel, du gros poivre, du persil, de la ciboule hachée et une petite pointe d'ail : passez ces fines herbes un instant sur le feu; posez vos champignons sens dessus dessous sur la tourtière; mettez dans chaque une portion de ces fines herbes; faites cuire vos champignons ainsi préparés dans un four ou sous le four de campagne, avec feu dessus et dessous : leur cuisson faite, dressez-les sur votre plat; *saucez-les* avec l'assaisonnement dans lequel ils ont cuit, et arrosez-les d'un filet de verjus.

Champignons blancs à l'ancienne. — Préparez vos champignons comme ceux à la bordelaise; posez-les sur une tourtière, assaisonnez-les de sel et gros poivre; passez les fines herbes dans du beurre au lieu d'huile, garnissez-en vos champignons; faites-les cuire, soit au four ou sous un four de campagne : leur cuisson faite, dressez-

les sur un plat, arrosez-les de l'assaisonnement dans lequel ils ont cuit; et exprimez par-dessus le jus d'une orange amère.

Morilles à la crème. — Épluchez, fendez en deux vos morilles; lavez-les à plusieurs eaux; faites-les blanchir, égouttez et mettez-les dans une casserole avec un morceau de beurre et un bouquet de persil et de ciboules; passez-les sur le feu, sautez et mouillez-les avec un peu de consommé ou du bon bouillon; faites-les cuire et réduire : leur cuisson faite, supprimez-en le bouquet; liez-les avec des jaunes d'œufs délayés avec de la crème; ajoutez-y une demi-cuillerée de sucre en poudre, et servez-les avec une garniture de truffes noires, que vous aurez tournées en forme de billes ou de bouchons.

Champignons à la provençale. — Prenez des champignons de couche grands et ouverts. On reconnaît qu'ils sont frais lorsque les feuillets sont d'un rose clair; s'ils sont noirs, il faut les rejeter. Coupez les queues très-court, et enlevez la peau blanche qui les recouvre; mettez-les sur une tourtière, ou dans une caisse de papier beurré sur le gril, la queue en haut, avec un peu d'huile qu'on verse sur les feuillets, sel fin, gros poivre et muscade râpée, persil et ciboules hachés : ne les retournez pas : quand ils sont cuits, dressez-les sur un plat : ils doivent être bien imbibés d'huile. On peut les saupoudrer de chapelure fine.

Champignons aux fines herbes. — Choisissez vos champignons gros et fraîchement cueillis; après en avoir coupé le dessus, lavez-les et faites-les égoutter; ciselez-les en forme de deniers, et faites-les mariner pendant deux heures dans de la bonne huile, avec du sel, du poivre et de l'ail. Hachez les queues des champignons; passez-les au beurre avec de la ciboule, du persil et un peu d'ail également hachés; dressez les champignons sur un plat qui puisse supporter le feu; mettez dans chaque champignon une partie de cette préparation; poudrez-les de chapelure; arrosez-les avec un peu d'huile, puis vous poserez le plat sur un feu doux, et vous le couvrirez avec un four de campagne; au moment de servir, mettez sur les champignons le jus d'un citron.

Champignons blancs pour galantine. — Mettez du jus de citron dans de l'eau; tournez les champignons, et mettez-les y à mesure; mettez-les avec un jus de citron et un peu de beurre dans une casserole que vous mettrez sur le feu; faites-les bouillir cinq minutes; placez-les dans un vase de faïence, et conservez-les pour vous en servir au besoin.

Purée de champignons. — Lavez vos champignons, après leur avoir coupé le bout de la queue; faites-les sauter dans un peu d'eau avec un jus de citron; hachez-les ensuite; pressez-les dans un linge blanc, puis passez-les au beurre avec un jus de citron, jusqu'à ce que le beurre tourne en huile; joignez-y quelques cuillerées de velouté; faites réduire, et ajoutez un peu de gros poivre.

A la place du velouté, vous pouvez mettre un peu de farine que vous mouillerez avec du consommé.

CHAPELURE. C'est de la croûte de pain râpée, unie à de fines herbes, du sel et des épices, dont on couvre des côtelettes, des jambons, etc. On l'emploie encore dans certaines sauces brunes, afin d'y remplacer la fécule ou la fleur de farine indiquées pour la plupart des sauces blanches.

CHAPON. Les chapons et poulardes du pays de Caux, et particulièrement ceux du Mans, sont les plus estimés. Pour être parfaits, une poularde ou un chapon doivent être âgés de six mois au moins et de huit au plus.

Les bons chapons ont la chair grasse et blanche, la peau fine, les ergots courts et la crête petite; on leur donne environ les mêmes apprêts qu'à la poularde, mais ils reçoivent pourtant quelques préparations spéciales que nous allons formuler.

Chapon au gros sel. — Après l'avoir vidé, flambé et épluché, troussez-lui les pattes en dedans; bridez-le, hardez-le et faites-le cuire dans la marmite, dans le consommé, ou dans une casserole avec du bouillon; vous vous assurerez de sa cuisson, en lui pinçant l'aileron avec les doigts: s'il ne résiste pas, égouttez-le; dressez-le, mettez-lui sur l'estomac une pincée de gros sel, et *saucez*-le avec un jus de bœuf réduit.

Chapon au riz. — Préparez un chapon comme le précédent; faites blanchir environ trois quarterons de riz; égouttez-le, mettez-le dans une marmite qui puisse aussi contenir votre chapon, que vous posez du côté de l'estomac; mouillez le tout avec deux bonnes cuillerées à pot de consommé ou de bouillon; faites partir votre marmite et couvrez-la; ayez soin de remuer de temps en temps votre riz; sondez votre chapon, pour vous assurer s'il est cuit, et sa cuisson faite, dressez-le; dégraissez votre riz; finissez de l'assaisonner avec un morceau de beurre, en y mettant sel, gros poivre, et masquez-en votre chapon : si votre riz était trop épais, relâchez-le avec un peu de bon bouillon.

Chapon aux truffes. — Préparez ce chapon comme le précédent; videz-le par la poche; ser-

vez-vous à cet effet du crochet d'une cuillère à dégraisser : prenez garde de crever l'amer du foie.

Vous aurez brossé et épluché environ deux livres de bonnes truffes; hachez-en quelques-unes des plus défectueuses; coupez par dés, et pilez environ une livre de lard gras; mettez-le dans une casserole, avec vos truffes, du sel, du poivre, un peu de muscade râpée et des fines épices; faites mijoter le tout à un feu très-doux, environ une heure et demie; laissez refroidir ce mélange et remplissez-en votre chapon jusqu'à la poche, et cousez-la; bridez-le avec les pattes en long; conservez-le si vous pouvez pendant trois ou quatre jours; bardez-le, embrochez-le, après l'avoir enveloppé de papier; faites-le cuire à peu près une heure et demie. Si vous l'employez pour relevé, supprimez la barde; servez-le à la peau de goret, et mettez dessous une sauce aux truffes. Hachies avec des truffes entières pour garniture.

Chapon à l'indienne ou en pilau. — Bridez un chapon, après l'avoir troussé les pattes en dedans; mouillez une casserole avec du bon consommé, couvrez-la d'une barde de lard, et mettez-y votre chapon; quand il sera cuit aux trois quarts, vous y joindrez une demi-livre de riz bien lavé, et quand vous verrez que le grain ne se délaiera pas, vous retirerez votre chapon que vous égoutterez, et dresserez sur un plat; vous dresserez autour votre riz auquel vous aurez ajouté du safran pulvérisé, avec un peu de beurre de piment.

Chapon poêlé à la cavalière. — Après l'avoir vidé, paré et bridé, mettez-le dans une casserole avec du bouillon, des ognons, des carottes, un pied de céleri, des culs d'artichaut et un bouquet d'herbes assorties. Au bout d'une heure de cuisson, vous l'égoutterez pour le servir dans une purée d'écrevisses ou sur une purée de tomates aux anchois; sur une sauce-Robert à la moutarde, ou sur un ragoût de moules à la poulette; sur une crème à la béchameil aux huîtres, au sauté de champignons, une sauce à la ravigote, une sauce au vert-pré, une poivrade, une italienne, ou telle autre sauce ou ragoût que vous arrangerez le mieux.

CHARBONNÉES. On nomme ainsi les morceaux d'un petit aloyau qui est tiré des fausses côtes et qui n'a de la chair que d'un côté.

Quand les charbonnées sont tendres on les fait cuire sur le gril, après les avoir trempées dans une marinade composée d'huile, persil, ciboule et champignons hachés, sel et gros poivre, et les avoir ensuite panées à la chapelure. Servez-les alors avec une sauce à la maître-d'hôtel; mais le plus sûr est de les faire cuire à la braise, et dans ce cas-là dressez-les sur une purée de haricots rouges au vin de Bourgogne, ou sur un ragoût des quatre racines au jus.

On donne encore le nom de charbonnées à des tranches maigres de porc, de veau et de venaison qu'on fait griller à grand feu et qu'on doit assaisonner comme celles de bœuf.

CHARCUTERIE. L'usage de la chair de porc est tellement répandu, que l'art de la préparer, soit pour la conserver, soit pour la consommation immédiate, est l'objet d'une industrie particulière. Partout où cette industrie s'exerce, au lieu de faire chez soi un grand nombre de préparations dont la chair de cochon est susceptible, on préfère avec raison s'en pourvoir chez le charcutier. Cependant, comme dans les campagnes il n'y a pas de boutiques de charcuterie, et comme on tue dans chaque ménage un ou plusieurs cochons par an, on va décrire ici les procédés par lesquels on peut tirer de leur chair le parti le plus utile et le plus agréable.

Les préparations de la viande de cochon nouvellement tué, qui se font habituellement dans toutes les cuisines, se trouvent à l'article PORC FRAIS.

Andouilles, boudins et cervelas (*V.* ci-dessus à ces trois articles).

Hure de cochon à la façon de Reims. — Désossez entièrement une tête de cochon, en évitant d'attaquer la peau; piquez-la en dedans avec du gros lard et des truffes; assaisonnez avec sel, gros poivre, épices, persil, ciboules et un peu de sauge hachée. Laissez-la s'imprégner de l'assaisonnement pendant vingt-quatre heures.

Remplissez l'intérieur de la tête avec la langue, la cervelle, une langue de veau à l'écarlate, de la panne, du petit lard, des truffes et des pistaches : entremêlez ces filets pour qu'en coupant la hure on trouve la tranche bien marbrée : recousez alors la tête de manière à lui donner sa première forme; enveloppez-la dans un linge blanc, pas beaucoup plus grand qu'il ne faut et que vous coudrez solidement.

Mettez-la dans une braisière avec les os concassés et les couennes, de la sauge, thym, basilic, laurier, bouquet de persil et ciboules, sel et clous de gérofle : mouillez avec de l'eau et une bouteille de vin : il faut que la tête soit baignée; faites cuire à petit feu pendant huit heures; lorsqu'elle sera cuite, ce que l'on reconnaît lorsqu'en la piquant avec une lardoire on n'éprouve presque point de résistance, ôtez la braisière du feu, en y laissant la hure jusqu'à ce qu'on puisse y toucher sans se brûler; retirez-la alors : pressez-la pour en extraire le liquide qui aura pénétré dans l'intérieur, et laissez refroidir.

Quand elle est froide on ôte l'enveloppe, et, après l'avoir parée, on la couvre partout de chapelure de pain passée au tamis et bien blonde.

Fromage de cochon. — Désossez une tête de porc-frais; levez toute la chair sans couper la couenne; coupez la chair en filets; séparez le gras d'avec le maigre; coupez les oreilles de la même manière; assaisonnez le tout avec sel, poivre et épices, thym, laurier, basilic, persil, sauge hachée très-fin, zeste et jus de citron : mettez la peau de la tête dans un saladier, et arrangez sur cette peau les filets, en entremêlant le gras et le maigre; ajoutez-y un peu de panne, de la langue à l'écarlate et des truffes : lorsque tout est employé, retroussez la peau, retranchez-en ce qui est inutile, et cousez-la de manière à former une boule plate, que vous mettez dans une marmite juste à sa grandeur, avec des racines, un fort bouquet garni, sel et épices; mouillez avec de l'eau et du vin blanc; faites cuire à petit feu pendant six ou sept heures. Lorsque le fromage est cuit, laissez-le refroidir jusqu'à ce qu'on puisse le toucher, et mettez-le dans un moule afin de lui donner une forme cannelée.

On fait aussi ce fromage avec des oreilles seulement; on les épluche, on les fend en deux; et, après les avoir assaisonnées, on les met à plat dans une braisière, où on les fait cuire dans du vin blanc. Quand elles sont cuites on les range dans un moule par couches, en mettant entre chacune des tranches de langue à l'écarlate déjà cuite; on presse comme ci-dessus.

(Il ne faut jamais employer de vases de cuivre pour mouler ces fromages, ni, en général, pour y faire refroidir des matières grasses ou acides, ou seulement salées, parce que le meilleur étamage n'empêche pas la formation du vert-de-gris à froid).

On pense bien que ces comestibles sont plus convenables à la campagne que pour la ville, mais ils sont encore mieux appropriés pour l'armée que pour la campagne, à moins que ce ne soit dans le temps des chasses ou pendant les gelées dont l'effet naturel est de stimuler l'appétit.

Jambon à la façon de Bayonne. — Attachez le manche des jambons à la noix avec une ficelle, et mettez-les en presse entre deux planches chargées de pierres pendant vingt-quatre heures, et plus si la saison le permet; saupoudrez-les ensuite de sel mêlé à un douzième de salpêtre, et laissez-les encore en presse pendant trois ou quatre jours; faites une saumure avec du vin et de l'eau, que vous saturerez de sel en la faisant bouillir : faites bouillir avec la saumure thym, sauge, laurier, basilic, genièvre, poivre, coriandre et anis;

tirez la saumure à clair, et laissez-la refroidir. Rangez les jambons dans un saloir en bois, ou en grès, ce qui vaut beaucoup mieux, et versez la saumure par-dessus : il faut qu'ils soient baignés; ajoutez encore quelques poignées de sel; laissez-les dans la saumure pendant quinze jours ou trois semaines, suivant la saison : ensuite retirez-les pour les faire sécher : quand ils sont secs, enfumez-les comme les langues pendant quatre ou cinq jours, à différents intervalles; frottez-les avec de la grosse lie; laissez-les sécher et conservez-les sous la cendre.

Jambons et langues fumées, façon de Mayence. — Faites une saumure dans les proportions suivantes: huit livres de sel, une livre de salpêtre, une livre de cassonade, deux onces de calamus aromaticus enfermé dans un nouet, et suffisante quantité d'eau pour dissoudre le tout; faites bouillir cette saumure pendant une demi-heure, et laissez-la ensuite refroidir ; mettez les jambons et les langues dans cette saumure pendant trois semaines ; faites ensuite sécher comme il est prescrit pour les jambons. Quant à leur cuisson, voyez à l'article du porc-frais et du cochon salé les diverses préparations dont cet aliment est susceptible.

Pieds de cochon farcis. — Faites cuire des pieds entiers, comme ceux qui se préparent à la Sainte-Menehould ; désossez-les, et faites une farce comme il suit : hachez des blancs de volaille cuite, mettez sur le feu, avec de bon bouillon, de la mie de pain, de la tétine de veau hachée : autant de tétine qu'il y a de mie et de blanc ; faites réduire jusqu'à ce que la mie ait tout bu, et qu'il en résulte une bouillie épaisse et presque sèche ; ajoutez les blancs hachés, des truffes coupées en tranches, trois jaunes d'œufs, sel, poivre et épices ; mêlez le tout ensemble avec un peu de crème ; remplissez de ce mélange l'intérieur des pieds, que vous enveloppez avec de la crépine par le gros bout, pour que la farce ne s'échappe pas; dorez les pieds avec du beurre tiède, et panez-les. Faites griller à petit feu.

Pieds de cochon à la Sainte-Menehould. — Fendez-les en deux dans le sens de la fourchure du pied ; réunissez les deux moitiés, et, pour empêcher qu'elles ne se déforment en cuisant, enveloppez-les avec un large ruban de fil; faites cuire dans une marmite avec carottes, ognon, persil, ciboules, aromates, sel et poivre; mouillez avec moitié eau et moitié vin : faites cuire à petit feu pendant vingt-quatre heures : quand ils sont cuits, on les met avec leur cuisson dans une terrine, où on les laisse refroidir avant de les développer.

Fromage d'Italie. — Hachez et pilez un foie de cochon ou de veau ; hachez et pilez séparément deux tiers de lard et un tiers de panne de manière que le poids du lard et de la panne égale celui du foie; mêlez le tout ensemble, et assaisonnez de sel, épices, persil, ciboules, thym, basilic, sauge hachée, anis et coriandre pilés ; couvrez exactement le fond et les côtés d'un moule ou d'une casserole de fer-blanc avec une crépine ou des bardes de lard ; mettez-y le hachis, et recouvrez de bardes; faites cuire au four; laissez refroidir entièrement dans le moule; et, pour en sortir le fromage, trempez le moule pendant un instant dans l'eau bouillante.

Petit salé. — Coupez le filet et la poitrine, et en général toutes les parties maigres et entrelardées du cochon, en plusieurs morceaux : faites une couche de sel au fond d'un saloir de grès ; arrangez les morceaux par couches, en les pressant pour qu'il ne reste pas de vide ; couvrez chaque couche avec du sel mélangé de salpêtre, une once de ce dernier par livre ; mettez plus de sel sur la dernière couche ; couvrez le saloir avec un linge plié en quatre, et posez par-dessus un plateau de bois surmonté d'une grosse pierre. Au bout de cinq ou six jours, on peut retirer le petit salé et s'en servir. Si on veut le garder plus long-temps il faut ne pas épargner le sel.

Lard en planches. — Levez le lard en séparant la chair : frottez-le avec du sel fin bien sec, à raison d'une livre de sel pour dix livres de lard; mettez les morceaux l'un sur l'autre, lard contre lard, et couvrez-les d'une planche que vous chargerez avec de fortes pierres. Laissez-le en presse pendant vingt-cinq jours au moins, et suspendez-le ensuite dans un endroit sec et aéré.

Lard à l'anglaise. — Prenez une flèche de cochon, dont vous enlèverez toute la graisse intérieure qui ne fait pas partie du lard; frottez-la des deux côtés avec du sel, et laissez-la vingt-quatre heures dans cet état; faites un mélange dans la proportion de deux parties de sel et une de cassonade; essuyez la flèche, et frottez-la avec le mélange dessus et dessous; arrosez-la tous les jours pendant trois semaines, avec la saumure qui s'est formée; au bout de ce temps, séchez-la à la fumée, et conservez-la dans un endroit sec, non exposé au soleil.

Sain-doux. — Séparez de la panne toutes les membranes, battez-la et coupez-la en petits morceaux, que vous ferez fondre dans un chaudron avec très-peu d'eau ; ajoutez-y quelques clous de gérofle et des feuilles de laurier : faites fondre à petit feu et long-temps. On reconnaît que le saindoux est à son point quand les *cortons* deviennent cassants. Il faut veiller à ce qu'il ne prenne pas de couleur. On le fait refroidir à moitié ; on le passe au tamis et on le conserve dans des pots.

CHARDONNETTE, espèce d'ache sauvage, assez semblable à l'artichaut des jardins. On prétend que les chardonnerets ont tiré leur nom de la passion qu'ils ont pour la graine de cette plante. Les paysans du Nivernais et du Morvan s'en servent pour cailler le lait, et l'on peut en user à la campagne, à défaut de présure.

CHARLOTTE. On appelle charlotte un entremets qui se fait avec des tranches de mie de pain ou des lames de biscuit qu'on dispose en forme de cube et qu'on remplit avec des fruits cuits, ou de la crème.

Charlotte de pommes aux confitures. — Après avoir pelé des pommes et en avoir retranché les cœurs, coupez-les en morceaux, et faites-les fondre sans eau dans une bassine ; quand elles seront en marmelade, ajoutez du sucre en poudre (le tiers du poids des pommes), un peu de cannelle en poudre, et la moitié du zeste d'un citron ; faites réduire la marmelade.

Coupez des tranches minces de pain, les unes en carré long, les autres en triangles ; trempez-les dans le beurre tiède : couvrez, avec les triangles, le fond d'une casserole beurrée ; avec les carrés longs revêtissez les bords de la casserole jusqu'à la hauteur à laquelle vous voulez la remplir, et mettez au milieu de la marmelade une forte cuillerée de gelée de groseille framboisée ou de confitures d'abricots.

La casserole étant ainsi préparée, remplissez-la de marmelade de pommes ; unissez le dessus, et panez-le avec de la mie de pain trempée dans du beurre ; mettez la casserole sur des cendres rouges ; couvrez avec le four de campagne un peu chaud ou avec un couvercle sur lequel vous mettrez du feu. Lorsque la charlotte aura pris une belle couleur, renversez-la sur un plat d'entremets.

Charlotte de poires à la vanille. — Pelez des poires de Messire-Jean ; ôtez-en les cœurs ainsi que les parties pierreuses, et coupez-les en morceaux ; mettez-les dans une casserole avec un verre d'eau ; couvrez la casserole, et faites cuire jusqu'à ce que les poires cèdent sous le doigt : écrasez-les alors et faites-les passer au tamis de crin ; ajoutez à la pulpe le quart de son poids en sucre,

une gousse de vanille pilée sous marbre, en poudre, et faites cuire comme il est prescrit ci-dessus.

Charlotte de poires à la Condé. — Préparez des poires de Rousselet comme il est indiqué précédemment ; mêlez-y vingt-quatre petits citrons chinois (façon de Provence), et conduisez cette préparation comme les autres charlottes au fruit.

Charlotte d'abricots. — Ayez vingt-quatre beaux abricots de plein-vent, rouges en couleur, et pas trop mûrs. Après en avoir ôté la pelure, le plus mince possible, vous coupez chacun d'eux en huit quartiers. Vous les sautez dans une casserole avec quatre onces de sucre fin et deux onces de beurre tiède, sur un feu modéré, pendant dix minutes. Dans ce laps de temps, vous foncez la charlotte dans le même genre que celle aux pommes d'api. Vous versez dedans les abricots tout bouillants ; vous recouvrez la charlotte que vous faites cuire suivant la règle ; aussitôt qu'elle a atteint une belle couleur blonde, vous la renversez sur son plat. Vous la glacez légèrement de marmelade d'abricots, et la servez de suite.

Charlottes de pêches. — Coupez par moitiés vingt moyennes pêches de vigne, un peu fermes de maturité. Vous les faites blanchir dans un sirop léger. Quand elles sont parfaitement égouttées, vous coupez chaque moitié en trois quartiers d'égale grosseur. Vous les sautez dans une casserole avec quatre onces de sucre en poudre et deux de beurre tiède. Vous les versez de suite dans la charlotte que vous avez foncée de la même manière que la précédente, et vous la terminez selon les procédés décrits. Après l'avoir dressée sur son plat, vous la masquez parfaitement dessus et autour avec le sirop (dans lequel vous avez fait cuire le fruit) que vous avez fait réduire à la nappe : servez de suite.

On procédera de même que ci-dessus pour confectionner des charlottes de prunes de mirabelle ou de reine-claude.

Charlottes de pommes d'api. — Après avoir épluché quatre-vingts pommes d'api, vous les coupez par petits quartiers minces ; vous les sautez dans une grande casserole avec quatre onces de beurre tiède et quatre onces de sucre en poudre, sur lequel vous aurez râpé le zeste d'une orange ou d'une bigarade bien jaune. Ensuite vous placez les pommes couvertes sur un feu modéré, et les sautez de temps en temps, afin de les cuire bien également et le plus entières possible. Vous y mêlez un pot de belles cerises égouttées de leur sirop. Pendant leur cuisson, vous coupez carrément la mie d'un pain de deux livres, que vous aurez conmandé la veille, et de la même pâte que le pain mollet ordinaire. Vous coupez cette mie dans son épaisseur avec un coupe-racine de huit lignes de diamètre. Ensuite vous trempez ces colonnes de mie dans quatre onces de beurre tiède, et les placez à mesure dans le moule pour en garnir le fond et le tour. Vous versez les pommes dans la charlotte, et masquez le dessus encore de mie trempée dans le beurre; trois quarts d'heure avant le moment du service, vous la mettez au four gai, ou bien vous la placez sur des cendres rouges, et l'entourez de moyennes braises ardentes. Vous la couvrez de même après une demi-heure de cuisson : vous observez la charlotte, et si elle se trouve colorée bien blonde, vous la renversez sur son plat ; mais dans le cas contraire, vous renouvelez le feu lorsqu'elle est cuite, vous enlevez le moule, et masquez légèrement la charlotte avec un doroir imbibé de marmelade d'abricots, de gelée de pommes ou de groseilles rouges, ou avec le jus du pot de cerises, ce qui lui donne une *physionomie* brillante.

On aura soin de beurrer le moule avant de s'en servir. On le glace aussi avec du sucre en poudre ; mais je préfère le beurrer simplement, attendu que le sucre est susceptible de colorer la charlotte de places plus foncées les unes que les autres.

Charlotte froide à la Brunoy. — Émincez des biscuits de plusieurs couleurs, garnissez-en un moule uni; faites, dans l'intérieur du moule, plusieurs compartiments; remplissez-les de confitures, comme marmelade d'abricots, gelée de pommes, quartiers de pêches, cerises, groseilles de Bar, mirabelles de Metz et autres; recouvrez votre charlotte avec du biscuit, et renversez-la sur un plat au moment de servir.

Charlotte à la crème, dite *à la Russe*, et jadis *à la Richelieu*. — Disposez des biscuits à la cuillère autour et au fond d'un moule uni, que vous remplirez de la composition suivante, et que vous conduirez comme la charlotte à la Brunoy.— Prenez huit œufs frais dont vous séparez les blancs des jaunes, et délayez ces jaunes d'œufs avec une pinte de crème, dans laquelle vous aurez mis infuser deux pincées de fleur d'oranger pralinée, en y joignant un quarteron d'amandes douces et quatre amères que vous aurez bien pilées. Jetez le tout dans votre crème bouillante, et mettez-y trois quarterons de sucre en poudre ; posez-la sur un feu très-doux, et remuez sans la quitter, jusqu'à ce que vous la voyiez s'épaissir. Prenez garde qu'elle ne bouille, ce qui ferait tourner les œufs et ne pourrait plus servir : passez-la dans une étamine ou un étamis de soie; et, lorsqu'elle sera froide, vous la mettrez dans une sarbotière, où vous la ferez glacer après y avoir adjoint un fromage fouetté à la Chantilly et quelques filets très-déliés d'écorces de cédrat confit et d'angélique.

Charlotte à la crème au fruit. — C'est le même procédé que pour la charlotte russe, excepté qu'au lieu d'y introduire des confitures sèches, on y mélange du suc de fraises, de framboises, d'ananas ou de verjus muscat, en distribuant quelques-uns de ces fruits dans le corps de la crème à l'intérieur de la charlotte.

Charlotte anonyme. — Vous foncez cette charlotte comme la précédente; mais en place des biscuits, vous employez des croquettes (longues) à la parisienne. Vous la garnissez avec la préparation décrite à l'article blanc-manger, vous la versez au moment où elle se trouve prête à être démoulée ; et, après avoir couvert la surface avec des croquettes, vous placez le moule à la glace : une heure après, vous renversez la charlotte sur son plat, et la servez tout de suite.

Charlotte à l'italienne. — Faites un petit entremets de *génoises au rhum*. Vous les coupez de la forme et du volume des petits biscuits à la cuillère, c'est-à-dire d'un carré très-long ; alors vous foncez avec un moule uni, mais vous les placez un peu inclinées, et les unes appuyées dessus les autres; vous remplissez la charlotte avec la préparation décrite, avec une crème plombière au rhum; ajoutez dans cette crème quatre gros de colle clarifiée. Aussitôt qu'elle commence à se lier très-épaisse, vous la versez dans la charlotte, que vous couvrez avec des génoises, et la mettez à la glace pendant une petite heure ; vous la démoulez et la servez de suite.

On pourrait la garnir avec toutes les sortes de recettes détaillées dans le chapitre des crèmes plombières, mais toujours en y ajoutant quatre gros de colle de poisson clarifiée.

Charlotte aux macarons d'avelines. — Après avoir préparé la crème aux macarons (*V*. cet article), vous la faites prendre comme un blanc-manger à la crème; aussitôt qu'elle commence à se lier et à devenir coulante, vous y amalgamez une petite assiette de crème fouettée ; vous masquez le fond d'un moule d'entremets uni avec des macarons aux avelines : vous en placez d'autres le long des parois du moule; mais vous remplissez les petits vides qui se trouvent entre eux avec des fragments de macarons. Vous commencez à verser assez de crème dans la charlotte pour contenir les macarons du tour, sur lesquels vous en placez d'autres; vous remettez encore de la crème, ensuite des macarons et de la crème. La charlotte étant ainsi bien garnie; vous la placez à la glace, et une heure après vous la servez.

Charlotte aux gaufres de pistaches. — Ayez des gaufres aux pistaches, et coupez-les de la hauteur du moule, en leur donnant deux pouces de largeur ; vous les roulez tout-à-fait en petites colonnes, que vous placez droites dans le moule pour en garnir le tour. Vous masquez le fond du moule avec des gaufres coupées en carrés, alongées et pliées en cornets, de manière que la charlotte se trouve foncée exactement : alors vous la garnissez d'une crème fonettée à la liqueur des îles ou autre, et vous la placez à la glace pendant une heure ; après quoi vous la renversez pour la servir.

CHARTREUSE.

M. Carême a décidé que la *grande chartreuse* était *la reine des entrées modernes.* Mais nous allons laisser parler cet illustre professeur, attendu que nous n'avons pas à beaucoup près autant d'éloquence que lui.

« La grande chartreuse ne doit contenir, comme on sait, que des légumes et des racines ; mais elle ne saurait être parfaite que dans les mois de mai, juin, juillet et août, saison riante et propice, ou tout se renouvelle dans la nature, et semble nous inviter à apporter de nouveaux soins dans nos opérations, par rapport à la tendreté de ces excellentes productions. Les détails minutieux de la chartreuse sont à peu près les mêmes que pour les pâtés chauds de légumes ; c'est pourquoi je passerai *rapidement* sur la description de cette entrée.

»*Manière d'opérer.* Après avoir ratissé deux bottes de carottes et deux de navets, vous coupez ces racines à dix huit lignes de hauteur, vous les détaillez avec un coupe-racine de six lignes de diamètre, et, au fur et à mesure, vous les mettez dans de l'eau fraîche, ensuite vous les blanchissez à l'eau bouillante (avec un peu de sel) et séparez vos légumes. Après les avoir rafraîchis, vous les marquez avec du bon bouillon et une pointe de sucre ; faites-les mijoter sur le bord du fourneau. Lorsqu'elles sont presque cuites, vous les faites tomber à glace sur un fourneau ardent, pour accélérer la réduction de leur mouillement.

»Pendant leur cuisson, vous *marquez* une essence de racines avec les parures des navets et des carottes, puis une douzaine d'ognons (piquez-y deux clous de gérofle), six pieds de céleri, deux laitues, le tout mouillé de bon bouillon. Ayez soin de l'écumer, afin qu'elle soit plus claire, et faites-la mijoter doucement. Les racines étant cuites, vous passez l'essence à la serviette, et, lorsqu'elle est reposée, vous la transvasez pour la tirer à clair ; vous la travaillez avec une bonne espagnole, afin de communiquer à celle-ci la saveur et le sucre des racines.

»Ensuite vous blanchissez trois petits choux coupés par quartiers ; vous retirez du cœur les parties cotonneuses, vous fendez et entr'ouvrez chaque quartier pour les assaisonner d'un peu de sel, et, après les avoir ficelés, vous les placez dans une casserole foncée et entourée de bardes de lard et d'une lame de jambon ; vous placez au milieu des choux un saucisson, un morceau de lard blanchi d'avance, puis deux petits perdreaux (les pattes troussées en dedans) et piqués de menu lard ; ajoutez un bouquet de persil et ciboule assaisonné ; recouvrez le tout de bardes de lard, mouillez-le d'un consommé dégraissé de volaille, et faites-les cuire à petit feu deux bonnes heures.

»Pendant leur cuisson vous égouttez sur une serviette les carottes et les navets ; vous les disposez selon que vous voulez les placer dans le moule, que vous aurez légèrement beurré à cet effet. Lorsque le tour du moule est garni, vous masquez le fond avec des carottes et des navets alternés.

»Vous égouttez ensuite les choux dans une passoire, et, après en avoir ôté les perdreaux, le lard et le saucisson, vous les pressez dans une double serviette, afin de leur donner plus de consistance et que la chartreuse se soutienne de belle forme. Vous parez le petit lard et le saucisson que vous coupez par lames ; vous masquez légèrement le fond et le tour du moule avec des choux ; vous placez au fond un cordon de saucisson et de petit lard, ensuite les deux perdreaux du côté de l'estomac, et dessus du petit lard et du saucisson ; vous finissez d'emplir le moule avec des choux. Ayez soin que le haut de la chartreuse soit garni également ; après l'avoir couverte d'un rond de papier beurré, vous la mettez au bain-marie une heure avant de servir.

»Quelques minutes avant le service, vous retournez la chartreuse sur une serviette ployée en huit, et placée sur un petit couvercle de casserole, afin qu'elle s'y égoutte ; mais n'ôtez pas la chartreuse du moule qu'elle ne soit bien égouttée. Vous retournez le moule, sur lequel vous posez le plat d'entrée, que vous retournez aussitôt ; pour enlever le moule, saucez légèrement le dessus et le tour : servez tout de suite, et mettez la sauce dans une saucière.

»On met également pour garniture un petit caneton de Rouen, une sarcelle, un canard sauvage, des grives, des alouettes, des pigeons innocents ; puis on remplace la garniture de choux par des laitues, que l'on fait cuire absolument comme les choux.

»On est généralement dans l'usage de mettre le gibier entier dans les chartreuses ; cependant quelques-uns de ces *Messieurs* découpent et parent ces sortes de garnitures, lesquelles, par ce soin,

10

sont plus *aimables* pour la personne qui les sert à table. On fait cuire alors ces garnitures à la broche ; elles n'en sont que meilleures.

» Pour les chartreuses en écailles de poisson, en losange, en damier et à dents-de-loup, vous faites cuire vos racines comme les précédentes ; mais, au lieu de les couper rondes, en petites colonnes, vous les coupez en carrés longs, et de quatre à six lignes d'épaisseur ; puis, au moment de dresser la chartreuse, vous les parez selon votre choix, car autrement il est impossible d'obtenir ces racines de belle forme lorsqu'on les dispose avant la cuisson.

» On met quelquefois pour ornement, en moulant la chartreuse, des pointes d'asperges, des haricots verts, des gros pois ; mais c'est un tort que l'on a : car en dépit de nous-mêmes, ces légumes ne peuvent conserver leur verdure naturelle ; et cela est facile à concevoir, puisqu'ils sont nécessairement obligés d'éprouver une heure d'ébullition à la vapeur du bain-marie, ce qui les rend toujours méconnaissables par l'altération de leur belle couleur printanière. »

Chartreuse à la parisienne en surprise. — Cette entrée est d'un si bel effet, que le même professeur n'hésite pas à déclarer qu'elle est peut-être ce qu'il a composé de mieux en fait d'*entrée de farce.*

Vous faites cuire dans les cendres, ou au vin de Champagne, huit belles truffes bien rondes ; étant froides, vous les épluchez et les coupez dans leur plus grande longueur avec un coupe-racine de quatre lignes de diamètre ; ensuite vous parez légèrement une centaine de moyennes queues d'écrevisses, et vous commencez à former avec elles une couronne au fond du moule que vous aurez beurré. Vous parez vos colonnes de truffes, et les placez sur les queues d'écrevisses ; mais vous les posez de manière qu'elles forment un méandre ou bordure grecque ; vous y joignez des filets mignons de poulet que vous aurez fait d'avance raidir dans le beurre, et parés ensuite convenablement ; puis vous placez sur le haut de cette bordure une couronne de queues d'écrevisses pour faire parallèle à l'autre couronne qui se trouve au bas de la bordure grecque, afin que celle-ci se trouve encadrée par les queues d'écrevisses, ce qui fait un effet charmant.

Vous hachez ensuite les parures des truffes, puis vous masquez le fond du moule que vous masquez de nouveau avec soin d'un petit pouce d'épaisseur de farce à quenelle de volaille (un peu ferme en panade) ; ensuite vous masquez la bordure grecque : alors le moule étant ainsi garni de farce et au fond et au tour, vous garnissez le milieu d'une blan-

quette de riz d'agneau, ou bien d'une escalope de filets de gibier, ou d'un ragoût à la financière, ou à la Toulouse ; mais vous ne devez remplir le moule qu'à six lignes du bord, et y mettre les ragoûts à froid. Vous formez ensuite sur un rond de papier beurré un couvercle de farce de cinq pouces de diamètre sur six lignes d'épaisseur, et vous placez ce couvercle sur la garniture qui se trouve par ce moyen contenue de tous côtés par la farce. Pour détacher ce papier, vous posez dessus, une seconde seulement, un petit couvercle de casserole un peu chaud, pour faire fondre le beurre du papier qui quitte aussitôt la farce, que vous liez à celle du tour avec la pointe du couteau.

La chartreuse ainsi terminée, et bien aisément, comme on voit, vous couvrez le dessus d'un rond de papier beurré, puis vous la mettez au bain-marie pendant une bonne heure. Étant prêt à servir, vous la dressez sur son plat en ôtant le moule.

Masquez le dessus de la manière suivante : placez dessus, et près du bord, une couronne de petits champignons bien blancs, et au milieu une jolie rosace que vous aurez préparée d'avance avec huit filets mignons à la Conti et en forme de croissant. Placez au milieu de cette rosace un beau champignon, servez de suite et glacez-la si vous voulez ; mais on doit la préférer sans cela, attendu que les blancs de volaille mêlés dans cette bordure grecque de truffes fait le plus bel effet possible.

Chartreuse de pommes. — Ayez une vingtaine de belles pommes de rainette ; pelez-les ; servez-vous d'un vide-pomme un peu moins gros que le petit doigt, pour en enlever les chairs autour du cœur. Lorsque vous aurez assez de ces petits montants de pommes pour garnir le moule de votre chartreuse, émincez le reste des chairs de vos pommes, en en faisant une marmelade ; égalisez ces montants par les bouts, pour qu'ils soient tous d'une égale hauteur ; faites une décoction de safran dans un demi-verre d'eau que vous aurez fait bouillir ; passez-la à travers un linge, pour en faire une teinture : sucrez cette teinture ; mettez-y un tiers de vos montants, faites-leur jeter un léger bouillon ; retirez-les, laissez-les égoutter ; pour le second tiers de vos montants, faites la même opération, avec un peu de cochenille ; quant au troisième tiers, faites-lui jeter aussi un bouillon dans du sirop de sucre blanc ; ayez de l'angélique verte une quantité égale à l'un des tiers de vos montants ; garnissez votre moule de papier blanc ; décorez-en le fond de tel dessin que vous jugerez à propos, avec ces montants rouges, verts, blancs et jaunes, et que vous aurez coupés en deniers, en triangles, en losanges ou autrement : garnissez le tour de ce moule, en les entremêlant; remplissez-le de marmelade, qui doit être ferme, et n'y laissez aucun vide : au moment de servir, renversez votre chartreuse sur un plat, et ôtez-en le papier.

Si vous voulez faire une chartreuse toute blanche, jetez vos morceaux de pommes dans de l'eau où vous aurez exprimé le jus d'un citron.

CHASSELAS, raisin blanc fort bon et très-cultivé dans les environs de Paris. Il y a du chasselas noir qui est plus rare, et du chasselas rouge dont les grappes sont fort grosses; ce dernier produit surtout un bon effet dans les grandes corbeilles à la Van Huysum, et les plateaux montés en gradins.

CHÂTAIGNE. La châtaigne contient une forte proportion de sucre et s'allie très-bien à toutes les viandes, nouvelle preuve de l'utilité qu'on peut retirer de l'addition du sucre à une foule de préparations alimentaires. Les châtaignes peuvent être introduites dans toutes les farces, et employées comme garniture pour les viandes cuites à la braise. Elles se conservent difficilement jusqu'à la fin de l'hiver ; mais, lorsqu'on les a fait sécher à l'étuve, comme cela se pratique en grand dans quelques provinces, et notamment dans le Limousin, elles peuvent être gardées indéfiniment. On en trouve, depuis quelque temps, à l'état sec et dépouillées de leur première peau et de leur pellicule intérieure, chez la plupart des bons épiciers.

CHAUFROIX et non pas **CHAUDS-FROIDS,** comme il est toujours écrit par les écrivains cuisiniers. (Cette préparation culinaire aura sûrement tiré son nom du sieur Angilon de Chaufroix, chef-entremetier des cuisines de Versailles, en 1774.)

Chaufroix de poulets, de perdreaux, ou de bécasses à la gelée. — Faites cuire à la broche soit quatre bons poulets à la reine, soit six perdreaux rouges, ou cinq bécasses fraîchement tuées; vous en leverez les filets sans *faire d'estomac,* de sorte que les filets doivent se trouver entiers. Vous pilez les chairs des cuisses avec quelques légères parures de truffes et de champignons; vous mettez dans une casserole les ossements du gibier, un verre de bon vin blanc, un peu de parure de truffes, une feuille de laurier, des échalotes. Le tout placé sur le feu, vous le réduisez des trois-quarts; vous le passez à la serviette, et travaillez avec ce fumet deux cuillerées à pot de consommé clarifié.

Cette sauce étant passée à l'étamine, vous en versez la moitié dans une casserole, dans laquelle

vous délayez la chair du gibier que vous avez pilé. Placez le tout sur un fourneau modéré, en remuant ce coulis avec une cuillère de bois; dès qu'il est devenu bouillant, vous le passez en purée par l'étamine, et le laissez refroidir. Pendant ce temps, vous dressez sur un plat d'entrée les filets de volaille ou gibier en couronne élevée et étroite, et en joignant, entre chaque filet, une lame de truffe parée, de la même forme que les filets. Vous versez au milieu de cette couronne la purée de gibier, en la rendant la plus *tombée* possible, afin de la détacher des filets. La sauce étant froide, vous la travaillez avec la cuillère pour la rendre lisse et déliée ; puis vous en masquez les filets et la purée de gibier. Garnissez le tour de l'entrée d'un cordon de gelée brillante.

On procédera, selon les détails donnés ci-dessus, pour des chaufroix de faisans, de sarcelles, de grives, de lapereaux de garenne, de levreaux et de filets de volaille, en garnissant l'intérieur de cette entrée d'une purée de volaille ou de gibier.

CHERVIS, plante potagère qu'on mange en hiver, et particulièrement en carême. On ne fait usage que de sa racine qui est droite et blanche, tendre et sucrée.

Le chervis reçoit les mêmes préparations que les salsifis et les scorzonères (*V.* SALSIFIS).

CHEVREAU. Lorsque le chevreau n'est encore âgé que de trois à quatre mois, il est totalement exempt de saveur bouquetine et d'odeur capriacée. Dans certaines provinces de France, et surtout dans certaines familles où l'on suit invariablement l'ancien usage de manger un chevreau le jour des Rois, comme un agneau rôti le dimanche de Pâques, et deux oies grasses au dîner de la Saint-Martin, on s'y prépare à l'avance en faisant nourrir un chevreau femelle avec des feuilles de cytise et des tiges de sauge mêlées dans du lait cuit, ce qui donne à sa chair une consistance ainsi qu'une saveur bien préférables à celles du plus bel agneau de ferme. Voici la formule de préparation pour le *Chevriot des Roys,* ainsi qu'on la trouve dans Jean Le Clercq : — « Estant despouillé, vuidé, nestoyé, emundé trez »bien, je le faits rostir tout entier, en l'arrousant »d'un bon graissage et de vin d'épices; et du sel »à deux foix pardessus, quand je le mets à l'astre »et le sort de broche. — Emmi la saulce au che-»vriot, ne fault obmettre ou menaiger les herbes »fortengoust, comme aussy le vin vieulx d'Espai-»gne, le fin miel et bons unguants d'oultremer, »avec cassepiere aisgre et moustarde à la royalle : »aussy chasqu'un m'en buschoit-il, et le Roy le »premier, quand me voyoit en la grand'cour : —

10.

»Hola doncq, hé, Maistre Jehan, Maistre Queux, »tu nous veulx doncq empifrer de bombanse et »faire cresver, avecq tes daulphins chevriers d'É- »pifanie, tu nous sauspique et nous ard tout vifs, »mon brave homme! — Et nous de rire à ces »joyeusetés, comme en disoit touts jours à ceulx »du Louvre, icelluy bon Prince et grand Roy »Françoys. Que Dieu l'absolve et recueille en sa »gloire celeste! »

Il serait assez difficile d'accommoder un che-vreau suivant le récit de Jean Le Clercq, puisqu'il n'y a spécifié ni les doses de ses épices, ni les noms de ses herbes; mais on dirait qu'il est resté quelque tradition de sa recette à l'égard du che-vreau rôti, car on le sert encore avec une sauce à la sauge et au vin blanc sucré, dans laquelle on ajoute des quatre épices et de la tanaisie.

CHEVRETTE. C'est la femelle du chevreuil dont nous allons parler dans l'article suivant. On appelle aussi chevrette un petit crustacé maritime qui n'est pas tout-à-fait aussi volumineux ni aussi recherché que les crevettes, mais qui s'apprête et s'emploie de la même façon (*V.* CREVETTES, PETITS PATÉS et SALADES).

CHEVREUIL. On peut distinguer l'âge du chevreuil, comme celui du cerf, par le nombre des andouillers qui sont à ses bois : il en porte jusqu'à dix : alors il est *dix-cors* et n'est plus propre à la cuisine ; il faut le prendre de dix-huit mois à trois ans, pour qu'il soit tendre et savou-reux. Sa chair est alors très-bonne; mais cepen-dant sa qualité dépend beaucoup des lieux qu'il habite. Les meilleurs chevreuils qui nous arrivent à Paris proviennent des Cévennes, du Rouergue, des Ardennes et du Morvan : ceux dont le pelage est brun ou la chair plus fine que les roux; les mâles qui ont passé trois ans, et qu'on appelle *brocards* en termes de chasse, sont de mauvais goût dans certains temps de l'année, et, par exem-ple, à l'époque du rut ou peu de temps après; les femelles du même âge, appelées *chevrettes*, ont la chair plus tendre; enfin celle des *chevrotins* ou faons de chevreuils est excellente aussitôt qu'ils ont atteint neuf ou dix mois.

Quartier de chevreuil rôti. — C'était un grand abus de le faire mariner avec du vinaigre, et pendant long-temps surtout; on doit tout au plus le faire macérer pendant quelques heures avec de l'huile fine et du vin rouge, auxquels on joindra du persil avec des épices et quelques tran-ches d'ognon.

Il faut enlever la première peau du filet et celle du dehors de la cuisse, afin de les piquer de fin lard. Enveloppez ce quartier d'un papier beurré pour le faire cuire, et servez-le sur une poivrade et pour grosse pièce en relevé de potage.

Gigot de chevreuil rôti. — Parez un gigot de chevreuil, et le piquez de lard fin; faites-le mariner 5 ou 6 heures, avec de l'huile d'olive et du sel. Mettez une heure à la broche, et arrosez avec sa marinade. On lui fait une sauce avec du jus d'échalotes et un peu de sa marinade.

Carrés de chevreuil à la broche. — Ayez deux carrés de chevreuil; supprimez-en l'échine; parez-en les filets; piquez-les et faites-les mariner. Vous couchez sur broche ces deux carrés, en assu-jettissant leurs filets avec de petits attelets et les cô-tes les unes sur les autres, en sorte que cela forme un carré long; étant cuits, dressez-les sur une sauce à la poivrade et servez pour relevé.

Civet de chevreuil. — Prenez les deux par-ties de la poitrine d'un chevreuil; coupez-les par morceaux, ainsi que le collet; passez du petit lard dans un morceau de beurre : ensuite égouttez-le, et faites un roux léger avec ce même beurre; passez vos chairs de chevreuil avec le petit lard jusqu'à ce qu'elles soient bien raidies; alors mouil-lez-les avec une bouteille de vin rouge et une cho-pine de bouillon, assaisonnez ce civet d'un bou-quet composé de thym, de laurier, ail, sel et poi-vre; remuez-le souvent, pour qu'il ne s'attache pas; mettez-y de petits ognons passés dans du beurre avec des champignons; dégraissez; et fai-tes réduire la sauce à son degré; servez avec des croûtons de pain sautés au beurre.

Côtelettes de chevreuil. — Levez ces côte-lettes comme celles du mouton; parez-les de même; aplatissez-les légèrement et piquez-les; ensuite mettez au peu de bonne huile dans une casserole; faites-y revenir à grand feu vos côtelettes des deux côtés; lorsqu'elles seront cuites et d'une belle cou-leur, égouttez-les, dressez-les et servez-les avec une sauce aux tomates ou à l'italienne.

Epaules de chevreuil. — Levez les chairs de ces épaules, ôtez-en la peau et les nerfs, piquez ces filets, faites-les mariner, faites-les cuire comme les côtelettes ci-dessus, et servez-les sur une sauce au pauvre homme.

Filets de chevreuil. — Après avoir levé les deux filets d'un chevreuil, vous les piquez et les faites mariner. Lorsque vous voudrez vous en servir, vous les retirerez de la marinade, en ayant soin de les approprier : vous les faites cuire comme les filets de mouton et vous y mettez la même sauce. Si on ne veut pas les braiser, on les met tout sim-plement à la broche, mais toujours piqués.

Filets de chevreuil sautés à la minute. —
Après avoir paré, piqué et mariné vos filets, faites-les sauter au beurre sur un feu très-vif; dressez-les en couronne; glacez-les et mettez au fond
de leur plat une sauce poivrade.

Escalopes de chevreuil. — Levez les chairs
de deux épaules de chevreuil, ôtez-en les peaux
et les nerfs; coupez ces petits filets par escalopes;
aplatissez-les avec le manche du couteau, arrondissez-les tous d'égale grandeur. Placez-les sur
un sautoir avec du beurre fondu; assaisonnez de
sel et gros poivre, un peu d'ail et laurier; un moment avant de servir vous placez vos escalopes sur
un fourneau un peu ardent; retournez-les quand
ils résisteront sous le doigt; ajoutez-y le beurre
nécessaire pour lier la sauce, et garnissez le plat
avec du verjus en grains épépinés.

Crépinettes de chevreuil. — Hachez plus
ou moins fin des chairs de chevreuil rôties, joignez-y des champignons, des truffes, de la tétine
de veau en quantité suffisante, pour faire réduire
le tout dans une sauce de haut goût; après avoir
laissé refroidir, faites un amalgame avec le beurre,
pour le partager par portions plus ou moins grosses, mais égales, que vous envelopperez de *crépine;* mettez les crépinettes sur un plafond enduit de beurre; faites-leur prendre couleur sous
le four de campagne, et après les avoir servies,
versez dessus une sauce relevée, telle qu'une ravigotte au beurre d'anchois, ou une purée de tomates aux achards.

Émincé de chevreuil. — On fait cet émincé
avec des débris de chevreuil rôti la veille; on
coupe les chairs en petits morceaux très-minces;
on les énerve avec soin, et l'on jette ces chairs,
ainsi préparées, dans une sauce poivrade réduite;
au moment de servir, on ajoute à cette sauce un
peu de beurre frais, et l'on garnit ce plat d'entrée
avec des croûtons frits.

Émincé de chevreuil aux ognons. — Passez des ognons au roux après les avoir coupés en
rouelles, et faites-y chauffer vos lames ou tranches
de chevreuil, en y ajoutant du poivre blanc et le
jus d'un citron au moment de servir.

Hachis de chevreuil aux œufs pochés. —
Énervez des chairs de chevreuil rôti; hachez-les
avec des fines herbes cuites; mettez le tout dans
une poivrade bien réduite, avec un peu de beurre,
sans le laisser bouillir, et surmontez ce hachis
avec des œufs pochés, qui pourront être simplement des œufs frais, si vous n'en avez ni de faisan,
ni de pintade. On garnit quelquefois les hachis de

chevreuil avec des œufs de pluvier ou de perdrix,
qui doivent être cuits durs et coupés en quatre
filets.

Pâtés de chevreuil (*V.* PATÉ DE VENAISON).

Chevreuil en daube. — Si l'on veut qu'il
ait été mariné, il ne faut le laisser macérer que
vingt-quatre heures, et le faire cuire dans une
braise environ cinq heures : faites réduire la sauce
et passez-la au tamis. Joignez-y quantité suffisante
de corne de cerf pour qu'elle devienne en gelée;
faites refroidir, afin d'en masquer votre pièce de
chevreuil, et servez-la pour grosse pièce à l'entremets.

Cervelles de chevreuil. — On les prépare
ainsi que les cervelles de veau et d'agneau (*V.* ABAT-
TIS, CERVELLE, ISSUE).

CHICORÉE. La chicorée sauvage est verte
et ne se mange qu'en salade : il faut la choisir
jeune et tendre. La chicorée cultivée est blanchie par *étiolement.* On la mange aussi en salade; surtout la variété qui a les feuilles un peu
larges, et qu'on nomme *scarole.* C'est ordinairement la chicorée frisée qu'on prépare par la
cuisson.

Ragoût de chicorée à la bonne femme. —
Faites-la blanchir à l'eau bouillante; mettez-la
ensuite dans l'eau froide, et pressez-la fortement
entre les mains pour l'égoutter; donnez lui assez
de coups de couteau pour la bien diviser; mettez-la
ensuite dans une casserole, et mouillez avec du jus
ou, à défaut de jus, avec de bon bouillon : dans ce
dernier cas on y ajoute du beurre manié de farine pour liaison, et on fait réduire. On sert ce
ragoût, avec des croûtons frits, pour entremets,
ou le plus souvent sous une pièce de mouton rôtie.

Chicorée au grand jus. — Faites blanchir
des chicorées entières; égouttez-les; fendez-les
par le milieu; assaisonnez-les de poivre et muscade; ficelez-les par paires; mettez-les dans une
casserole avec des bardes de lard; ajoutez-y un
morceau de veau ou de bœuf ou de mouton, deux
ognons, autant de carottes, et un bouquet bien
garni. Mouillez avec du consommé; faites cuire
vos chicorées, et entretenez un feu ordinaire dessus et dessous pendant trois heures; alors égouttez-les; pressez-les dans un linge blanc, et troussez-les toutes de la même grosseur; dressez-les en
couronne sur un plat, et servez-les avec les entrées
qui sont susceptibles de cet accompagnement.

Chicorée à la crème. — Après avoir blanchi
et haché votre chicorée, vous la passerez au beurre

avec un peu de gros poivre ; vous y ajouterez une demi-pinte de **crème** et deux cuillerées de sucre en poudre avec un peu de muscade. Vous la tournerez jusqu'à ce qu'elle soit bien liée, et vous la déposerez dans un autre vase afin de vous en servir aux choses indiquées.

Chicorée au velouté.—Après avoir dépouillé vos chicorées de leurs feuilles vertes, en ne leur laissant que le blanc ; coupez-en la pointe et partagez la chicorée en deux ; ayez un plein chaudron d'eau bouillante ; jetez-y une poignée de sel ; mettez-y les chicorées et enfoncez-les à chaque instant dans l'eau pour éviter qu'elles se noircissent ; lorsqu'elles se mêlent avec l'eau, elles sont assez blanchies ; si elles fléchissent sous le doigt, égouttez-les dans une passoire, et mettez-les à l'eau fraîche. Quand votre chicorée sera bien froide, vous l'égoutterez encore, et la passerez dans les mains pour en extraire l'eau. Ces opérations terminées, hachez cette chicorée ; mettez-la dans une casserole avec un bon morceau de beurre, un peu de sel et de gros poivre ; remuez beaucoup, et versez dessus plein cinq cuillères à dégraisser de velouté ; faites réduire le tout jusqu'à ce qu'il ait pris assez de consistance, et dressez sur un plat avec des croûtons à l'entour.

Chicorée. Manière de la conserver.—Le sel concourt autant que la cuisson au succès de l'opération. Après avoir épluché la chicorée, dont on rejette les feuilles vertes, on la plonge dans de l'eau bouillante et salée, on la retourne jusqu'à ce qu'elle soit diminuée de volume sans être cuite ; on la jette alors dans l'eau froide ; on la retire ensuite, et on la laisse bien égoutter ; on la met dans des pots de grès, et on la foule bien. Au bout de vingt-quatre-heures elle rend beaucoup d'eau salée ; on l'égoutte bien en la pressant, ensuite on verse dessus de la saumure bien claire ; on recouvre le tout d'huile ou de beurre fondu, comme les herbes cuites.

CHIENDENT, plante médicinale dont il y a plusieurs variétés.

On ne fait usage que de deux espèces, le chiendent *ordinaire* et le chiendent *pied-de-poule*. On n'emploie que la racine qui entre dans les tisanes et dans plusieurs décoctions. La racine est un apéritif qu'on mélange avec d'autres plantes ayant la même vertu (*V.* PHARMACIE DOMESTIQUE).

CHIPOLATA, sorte de ragoût d'origine italienne, et dont voici la meilleure formule.—On réunira deux douzaines de carottes et de navets tournés en forme d'olives, autant de marrons rôtis et de petits ognons. Ensuite on les fait cuire avec un peu de sucre dans du consommé. On y ajoute douze petites saucisses appelées *Chipolates*, avec quelques petits morceaux de lard. Il est bien aisé de se procurer de ces menues saucisses, quand on n'en trouve pas chez les charcutiers, car il est suffisant d'introduire et de nouer un hachis de porc frais dans un boyau de volaille.) On met le tout dans une casserole avec deux douzaines de champignons, des culs d'artichaut, des tranches de céleri, et quelques cuillerées de blond de veau. On fait réduire, en ayant soin de bien écumer, on clarifie, et l'on y fait rechauffer soit des poulets dépécés, des pigeons entiers, des tendrons de veau braisés, des riz étuvés, des cervelles de desserte, etc. On emploie aussi les ragoûts à la chipolata pour en garnir des entrées de broche, et notamment pour mettre sous des chapons, des oisons et des dindons rôtis et farcis.

CHOCOLAT. Nous avons suffisamment parlé de la fabrication du chocolat, à l'occasion du CACAO ; mais, pour les emplois culinaires dont le chocolat est susceptible, et qui sont trop nombreux pour se trouver réunis commodément dans un seul article, on voudra bien consulter séparément chacune de ses prescriptions (*V.* BEIGNETS, CANNELLONS, CRÈMES, FROMAGES GLACÉS, MOUSSES, PASTILLES, PRALINES et PROFITEROLLES).

Nous avons pensé que les documents nécessaires à la bonne fabrication du chocolat ne seraient pas dépourvus d'utilité pour certains établissements religieux, scolastiques et autres, où l'on en fait annuellement une consommation équivalente à plusieurs quintaux ; mais nous croyons aussi qu'il est plus expédient et plus économique d'acheter son chocolat quand on n'en doit faire qu'une consommation modérée ; toute la difficulté consiste donc à se procurer du chocolat qui soit toujours consciencieusement et parfaitement fabriqué. Le chocolat, considéré comme substance analeptique, est une des préparations les plus importantes et les plus précieuses ; mais dans le commerce, et surtout à Paris, c'est peut-être celle qui éprouve le plus d'altérations, par la cupidité de certains fabricants qui sont parvenus, non-seulement à dépouiller le chocolat de ses qualités analeptiques, mais encore à en faire une sorte de comestible tout-à-fait contraire à l'intention dans laquelle il aurait été prescrit pour aliment quotidien.

Nous avons déjà parlé des fraudes employées dans ces fabrications, et comme il est important de pouvoir diriger en cela certaines personnes qui, par goût, ou par régime et nécessité, se trouvent dans le cas de faire de cette substance un des principaux éléments de leur alimentation, nous allons les mettre à même de profiter de nos observations hygiéniques, en leur offrant le tribut d'une longue expérience.

D'abord, comme amateurs de chocolat, et puis pour obéir à la médecine, nous avons parcouru toute l'échelle des préparations. Après avoir usé successivement, et même avec opiniâtreté, des chocolats de MM. Debauve, Menier et Marquis (on voit que nous ne nous adressions pas aux fabricants les moins distingués de cette capitale), nous avons reconnu qu'il leur manquait habituellement telles ou telles qualités essentielles à la perfection des chocolats *de santé.*

Nous avons trouvé que celui de M. Debauve était trop torréfié pour ne pas devenir échauffant, ce qui lui communique une saveur âcre, et ce qu'il est aisé d'apercevoir de prime-abord à sa couleur obscure et par trop foncée. Nous dirons aussi que le meilleur chocolat de cette fabrique n'est jamais broyé aussi soigneusement qu'il le faudrait; allégation qu'il est encore aisé de vérifier en observant les particules en forme de grumelots, qui sont toujours adhérentes aux parois de la chocolatière ou de la tasse.

Nous avons ensuite éprouvé que le chocolat fabriqué par M. Marquis, et fort agréable du reste, est beaucoup trop saturé de beurre de cacao, pour que certains estomacs valétudinaires ou convalescents, ne s'en trouvent pas sérieusement incommodés. C'est peut-être le seul reproche qu'on puisse adresser aux chocolats de M. Marquis, dont toutes les substances paraissent de qualité supérieure, et dont la manipulation ne laisse absolument rien à désirer sous les rapports de la torréfaction et de la trituration.

Si les chocolats de M. Menier n'ont pas la même délicatesse, ils n'en sont pas moins recommandables, et la modicité de leurs prix est un des motifs qui les font employer habituellement dans les plus grandes maisons pour toutes les préparations de cuisine et d'office où le chocolat doit entrer comme élément principal ou pour assaisonnement.

On pourrait citer plusieurs autres fabricants de chocolat qui méritent et qui justifient la confiance publique; mais nous trouvons qu'aucun d'eux n'a pu réunir plus de certitude et d'égalité dans la perfection de ce produit, que M. Heloin, lequel est successeur du fameux Pelletier, et dont l'adresse est rue Neuve-des-Petits-Champs, n° 14. Tous les chocolats de M. Heloin nous ont paru de qualité supérieure : mais son chocolat de santé, pur Carraque, au prix de six francs la livre et sans aromates, est si parfaitement bien approprié pour les convalescents et pour les sujets débilités, qu'il se digère en quelques minutes, et qu'on en prescrit en certains cas, de six à sept tasses, c'est-à-dire à peu près une demi-livre par jour. La base de cette confection salutaire est une pâte de pur et d'excellent cacao, ferme et cassante, assez bien torréfiée pour avoir été complètement dégagée de son huile, et non pas assez grillée pour avoir acquis une propriété stimulante; enfin c'est un chocolat si parfaitement trituré qu'on ne saurait en distinguer aucune parcelle après la coction, et que tout ce qu'il en reste aux parois d'un vase a l'apparence d'une teinture, ou d'une infusion rougeâtre. On trouve aussi dans la même fabrique une sorte de chocolat au baume de vanille et au sucre candi, qu'on a surnommé *par excellence,* et qui pourrait être nommé l'exquis ou l'idéal, en fait de chocolat.

Nous avons la conviction de mériter la reconnaissance de nos souscripteurs, et nous avons la certitude d'en obtenir des remercîments pour leur avoir indiqué l'officine de M. Heloin, que nous ne connaissons que par l'expérience et les bons effets de ses préparations.

Nous n'avons jamais eu, le ciel en est témoin, la plus petite relation directe ou personnelle avec lui; nous ne savons seulement pas s'il est jeune ou vieux; nous ignorons s'il est philippiste ou légitimiste, mais nous déclarons, par amour de la justice et par attrait pour la vérité, que la fabrique de M. Heloin doit être considérée comme une des premières de l'Europe, et peut-être même comme la plus parfaite et la plus consciencieusement dirigée de toute la France.

Quoique nous ayons déjà parlé sommairement sur la préparation du breuvage appelé chocolat, nous allons finir cet article en reproduisant *in extenso* la recette qui nous est transmise par un ancien professeur, et l'on trouvera sûrement que nous ne pouvions mieux faire, attendu qu'on ne saurait mieux dire que notre illustre devancier.

Manière officielle d'apprêter le chocolat.

« Les Américains préparent leur pâte de cacao sans sucre. Lorsqu'ils veulent prendre du chocolat, ils font apporter de l'eau bouillante : chacun râpe dans sa tasse la quantité qu'il veut de cacao, verse l'eau chaude dessus, et ajoute le sucre et les aromates comme il juge convenable.

» Cette méthode ne convient ni à nos mœurs, ni à nos goûts; et nous voulons que le chocolat nous arrive tout préparé.

» En cet état, la chimie transcendante nous a appris qu'il ne faut ni le racler au couteau, ni le broyer au pilon, parce que la collision sèche qui a lieu dans les deux cas amidonise quelques portions de sucre, et rend cette boisson plus fade.

» Ainsi, pour faire du chocolat, c'est-à-dire pour le rendre propre à la consommation immédiate, on en prend environ une once et demie pour une tasse, qu'on fait dissoudre doucement dans l'eau, à mesure qu'elle s'échauffe, en la remuant avec une spatule de bois; on la fait bouillir pendant un quart-d'heure, pour que la solution prenne consistance, et on sert chaudement.

» *Monsieur*, me disait, il y a plus de soixante ans, Madame d'Arestrel, Supérieure du couvent de la Visitation, à Belley, *quand vous voulez prendre de bon chocolat, faites le faire, dès la veille, dans une cafetière de faïence, et laissez-le là. Le repos de la nuit le concentre, en lui donnant un velouté qui le rend bien meilleur. Le bon Dieu ne peut pas s'offenser de ce petit raffinement, car il est lui-même tout excellence.* »

CHOU. Entre les légumes herbacés, c'est le plus nutritif et celui dont on consomme le plus. Les variétés en sont nombreuses, et l'on commencera par les diviser en choux blancs ou verts, en choux-fleurs, en choux rouges, en choux-raves et en choux de mer.

On appelle du même nom une sorte de pâtisserie, dont nous donnerons également les différentes recettes.

Choux blancs ou verts. — La meilleure espèce est celle dite de Milan. Le petit-pommé, le frisé-hâtif, le chou de Bonneuil et le chou de Saint-Denis sont les premiers qui paraissent. Viennent ensuite le chou d'Ardivilliers, le gros cabus, le chou rouge, les choux de Bruxelles et les deux espèces de brocolis qui ne sauraient être classés parmi les choux-fleurs.

Chou au lard (excellent mets plébéien). — Coupez un chou pommé en quatre morceaux que vous ferez blanchir. Mettez-le ensuite dans une marmite ou un pot de terre, avec un bon morceau de petit salé, quatre saucisses, deux cervelas de charcutier, un pied de céleri, quatre ognons, deux grosses carottes, et six grains de genièvre enfermés dans un nouet avec deux feuilles de laurier et une pincée de fleurs de thym. Mouillez avec de l'eau bouillante, et faites le cuire à petit feu pendant une heure et demie. Dressez les quartiers de chou sur un plat avec les cervelas et le petit salé par-dessus; retranchez les autres légumes, et faites réduire le mouillement pour tenir lieu de sauce.

Chou farci. — Enlevez les feuilles extérieures d'un beau chou de Milan; faites-le blanchir un quart-d'heure à l'eau bouillante; égouttez-le : enlevez avec un couteau tout le trognon; écartez les feuilles sans les briser, et remplissez le chou avec une farce composée de chair de porc, de marrons rôtis, jaunes d'œufs cuits durs, fines herbes hachées, sel, poivre et épices; couvrez l'ouverture avec une barde de lard, et ficelez le tout. Posez le chou, l'ouverture en haut, dans une casserole, sur des bardes de lard; mettez-en aussi par-dessus; ajoutez carottes, ognons, dont un piqué de deux clous de gérofle, un bouquet garni, sel, poivre et muscade; mouillez avec du bouillon; faites cuire à petit feu. Lorsque le chou est bien cuit et la sauce réduite, dressez-le dans un plat et versez la sauce par-dessus; si celle-ci est trop claire, faites réduire vivement, en ajoutant un morceau de beurre manié de fécule.

Chou en surprise (ancien ragoût parisien). — Ayez un chou entier; faites blanchir et rafraîchissez-le; pressez-le bien dans vos mains sans en rompre les feuilles; mettez-le sur une table; écartez-en toutes les feuilles, et ôtez le trognon; à sa place, mettez des marrons, des saucisses et des rouge-gorge ou des mauviettes. Remettez toutes les feuilles comme elles étaient, de façon qu'il ne paraisse pas qu'il y ait rien dedans; ficelez bien le chou; faites-le cuire dans une braise légère; quand il sera cuit, laissez-le égoutter, et servez-le avec une sauce où il y ait de la moelle fondue et de la muscade râpée.

Chou à la picarde. — Faites blanchir un chou tranché en quatre et dont vous avez supprimé le trognon; rafraîchissez-le; pressez-le; ficelez-le, et faites-le cuire avec un morceau de beurre, du bon bouillon, sept ou huit ognons, un bouquet garni, un peu de sel et du gros poivre. Lorsqu'il sera presque cuit, mettez-y quelques saucisses, et faites frire dans le beurre un croûton de pain plus grand que la main; mettez-le dans le fond du plat que vous devez servir; le chou, les saucisses et les ognons autour; que le tout soit bien débarrassé de sa graisse ainsi que la sauce du chou; mêlez-y un peu de coulis, si vous en avez; que votre sauce soit courte, et versez-la sur le ragoût.

Chou à la bavaroise. — Coupez un chou de Milan, ficelez-le, et mettez-le à cuire dans une bonne braise, avec du bouillon, sel, poivre, bouquet garni, et deux ognons piqués de gérofle. Mettez dans le même appareil une andouille coupée en deux, que vous aurez fait blanchir à part; faites cuire le tout. La cuisson achevée, dégraissez; servez l'andouille au milieu du plat, les choux autour, et, sur le tout, versez une sauce poivrade aiguisée de vin blanc.

Pain de chou. — Faites blanchir un chou entier ; levez-en les feuilles dont vous retranchez les grosses côtes : faites mariner une noix de veau avec de l'huile, persil, ciboules, champignons, ail, échalotes, le tout haché ; sel, gros poivre ; faites mariner aussi quelques tranches minces de jambon.

Étendez sur la table quelques feuilles de chou, et mettez par-dessus des tranches de veau et de jambon, et un peu de la marinade ; couvrez avec d'autres feuilles ; ajoutez de nouvelles tranches et continuez ainsi ; ficelez le tout, et faites cuire dans une braise bien nourrie ; faites réduire la cuisson après l'avoir dégraissée ; liez-la avec un peu de beurre manié de farine, s'il est nécessaire, et versez-la sous le pain.

Choux en garbure (cuisine bordelaise). — Faites blanchir des choux jusqu'à ce qu'ils soient aux trois quarts cuits, égouttez-les, et séparez les feuilles dont vous ôterez les plus grosses côtes.

Prenez une soupière, ou une terrine qui supporte le feu ; faites au fond un lit de feuilles de chou ; couvrez-le de tranches minces de fromage de Gruyère, et celles-ci avec des tranches de pain ; faites un nouveau lit de feuilles de chou, de fromage et de pain, et continuez ainsi jusqu'à la fin ; assaisonnez chaque couche de gros poivre et épices ; mouillez avec d'excellent bouillon chaud, et faites mijoter et gratiner pendant une heure. Servez en guise de potage avec une jatte de bouillon à côté.

Choux verts à la crème. — Lorsque les choux auront été bien épluchés et bien lavés, faites-les cuire à l'eau de sel, laissez-les rafraîchir, et faites-les égoutter pour les hacher et les passer au beurre, en y ajoutant du sel, du poivre et de la muscade râpée ; mouillez avec de la crème dont vous leur ferez boire une demi-pinte, et faites réduire à très-petit feu jusqu'à ce que les choux soient bien liés.

Choux de Bruxelles. — Ce sont de petits choux verts qui sont tout au plus de la grosseur d'une noix et qui paraissent vers la fin de l'automne.

Après en avoir ôté les premières feuilles faites les cuire à l'eau de sel ; égouttez-les, et servez-les sur un morceau de beurre avec du sel, du gros poivre et du persil haché. Si vous voulez lier le beurre, ajoutez-y une cuillerée de velouté, ou de la crème si c'est un jour maigre.

Ces petits choux s'emploient souvent comme garniture, et sont d'un grand secours pour les macédoines de légumes et les salades cuites pendant la mauvaise saison.

Chou brocoli (*V.* ci-dessus, page 109).—Les brocolis se font cuire à l'eau de sel et ne doivent se manger qu'à la sauce au beurre, à la sauce au jus, à la sauce à la crème, ou bien à l'huile et au vinaigre.

Choux rouges à la hollandaise. — Émincez des choux rouges en en rejetant les trognons et le bout des feuilles extérieures. Épluchez six pommes de rainette pour un chou, épluchez également deux gros ognons que vous hacherez bien menu ; faites blanchir vos choux hachés dans de l'eau bouillante, et mettez à cuire le tout dans une casserole avec un bon morceau de beurre, une cuillerée de sucre en poudre, une pincée de sel, du poivre et un bouquet garni. Faites mijoter, consommer et confire le tout pendant cinq à six heures, ôtez alors le bouquet et ajoutez un verre de vin de Bordeaux à cette mixtion que vous parachèverez en y faisant fondre au moment de servir un petit morceau de beurre fais.

Il n'est pas besoin d'annoncer que les *choux rouges à la hollandaise* sont un des meilleurs entremets qu'on puisse offrir à des gourmets (en petit comité).

Quand on veut employer les choux rouges comme garniture, on les fait cuire (étant hachés et blanchis) avec des cervelas, des saucisses et des carrés de petit lard (*V.* CHOUCROUTE).

Choucroûte.

Le nom allemand est *sauerkraut*, qui signifie choux aigres. Pour faire la choucroûte, on coupe des choux pommés en tranches très-minces qui se divisent en filets ; on en remplit des tonneaux ; on assaisonne avec du sel, du poivre et du genièvre. La masse ne tarde pas à entrer en fermentation, dont le résultat est la formation d'un acide qui prévient l'altération ultérieure des choux. On a soin que ceux-ci soient toujours surmontés par le liquide acide, et pour cela on charge la masse avec une grosse pierre. La choucroûte se conserve long-temps. Elle fait, en Allemagne, la base principale des provisions de ménage. La choucroûte est un aliment sain, et surtout un bon correctif des inconvénients qui accompagnent l'usage habituel des viandes salées et fumées.

Comme il est aisé de se procurer à Paris de la choucroûte de Strasbourg à prix modéré, il y a peu de maisons où l'en en fabrique ; mais pour les personnes qui seraient d'un autre avis que la majorité des consommateurs parisiens, nous avons traduit la meilleure recette connue en Allemagne.

Pour bien faire de la choucroûte et pour la rendre susceptible de pouvoir être conservée d'une saison des choux jusqu'à l'autre, on choisit un tonneau qui ait renfermé du vinaigre, du vin blanc ou de l'eau-de-vie; en dehors, et à quatre pouces audessus du fond, on pratique un trou dans lequel on implante une cannelle de bois; après avoir dépouillé les choux (dont vous aurez fait un choix particulier) de leurs feuilles extérieures les plus vertes, coupez-les en deux, trois ou quatre parties, suivant leur volume, et ratissez chacun des morceaux sur un rabot au centre duquel se trouvent placées transversalement quatre ou six lames tranchantes, pour en faire, pour l'aller et le venir, des filets extrêmement fins, qui, tombés dans le tiroir placé dessous, se ramassent ensuite dans un panier; lorsque vous en avez une assez grande quantité, il faut remplir le tonneau placé où il doit rester, avec les précautions suivantes : mettre d'abord, vis-à-vis la cannelle, des brins d'osier et de sarment pour faciliter l'écoulement de l'eau qui doit tomber au fond du tonneau; faire une couche de choux coupés, et une autre de sel (la dose est d'une livre pour cinquante livres de choux), les choux à trois pouces d'épaisseur, et successivement jusqu'à ce que le tonneau soit au moins aux deux tiers rempli; on recouvre le tout avec des feuilles entières, avec un linge par-dessus, et un couvercle de bois assujetti par une pierre ou quelque autre chose de très-lourd.

Quatre ou cinq jours après cette première opération, ouvrez la cannelle, laissez écouler la saumure pour la renouveler, en répétant cette même manœuvre jusqu'à ce qu'elle sorte claire et sans aucune odeur.

Le tonneau à choucroûte doit être placé dans un endroit à température moyenne pendant toute l'année; du moment qu'il est entamé, on retire tous les mois, au plus tard, la saumure pour la remettre de la nouvelle, et surtout avoir le plus grand soin de la tenir fermée par le moyen du couvercle. Quelques-uns y ajoutent des baies de genièvre et des graines de carvi, qu'ils y mêlent en mettant le sel avec les choux.

Préparations de la choucroûte. — Pour faire cuire la choucroûte, laissez-la tremper pendant deux heures dans l'eau fraîche; lorsqu'elle est égouttée, mettez-la dans une casserole avec du petit lard coupé par tranches, un cervelas et des saucisses; mouillez avec du bouillon et un peu de jus ou de graisse d'oie; faites cuire à petit feu, et la cuisson terminée, égouttez la choucroûte, dressez sur un plat le lard en dessus, entremêlé de

saucisses et de tranches de cervelas dont vous aurez retiré l'enveloppe.

On emploie également la choucroûte pour garniture de relevés ou grosses pièces, et pour en former un plat d'entrée; mais ce dernier usage est le moins adopté dans le monde élégant.

Choux-Fleurs.

Le chou-fleur s'emploie également pour former des plats d'entremets et pour garnir des entrées de viande. On l'emploie aussi depuis quelque temps pour entourer des brochets au bleu, ce qui nous paraît une triste imagination, si ce n'est une innovation malheureuse et déraisonnable. Les chouxfleurs doivent toujours être épluchés avec le plus grand soin, et il est indispensable d'en séparer les rameaux, parce qu'il se loge très-souvent dans leurs intervalles de grosses chenilles et des limaces.

La meilleure manière d'apprêter ce légume est, sans contredit, à l'*étuvée*, et voici la formule de cette préparation comme elle est indiquée dans les dispensaires du temps de Louis XIV.

Choux-fleurs étuvés. — « Prenez des hauts »de choux-fleurs, lavez-les à l'eau tiède, et faites»les cuire dans du consommé en y ajoutant quel»que peu de macis en poudre. Étant bien cuits et »au moment de les servir, égouttez-les de leur »mouillement et remuez-les avec un peu de beurre »tout frais et tout cru; aussitôt que le beurre sera »fondu, dressez et servez sur table. »

Choux-fleurs au beurre. — Prenez deux têtes de choux-fleurs; épluchez-les soigneusement; n'y laissez aucune petite feuille; jetez-les dans de l'eau fraîche et lavez-les bien; cela fait, et c'est un point essentiel, mettez de l'eau dans une marmite avec un peu de sel, un morceau de beurre manié et le jus d'un citron : joignez-y les choux-fleurs; faites partir; couvrez votre marmite d'un papier beurré; laissez-les mijoter sur le coin du fourneau et prenez garde de les laisser trop cuire : égouttez-les; dressez-les sur votre plat, ou moulez-les dans une casserole; égouttez votre plat, et masquez-les avec une sauce au beurre où vous ajouterez de la muscade râpée.

Choux-fleurs au jus. — Faites cuire et dressez les choux-fleurs comme il est indiqué à l'article précédent; mettez dans une casserole moitié sauce blanche et moitié blond de veau; vanez et sassez votre sauce, où vous aurez mis un peu de muscade.

Choux-fleurs au fromage. — Lorsque des choux-fleurs sont cuits, égouttez-les, mettez dans une casserole de la sauce au beurre, et une ou deux poignées de fromage parmesan râpé : liez bien le fromage avec la sauce ; mettez-en une partie dans le fond du plat, dressez-y les choux-fleurs ; et lorsque vous mettrez le dernier morceau, faites couler votre sauce entre les vides ; achevez de les dresser ; masquez-les du restant de votre sauce ; saupoudrez de fromage râpé ; mettez-les au four ou sous un four de campagne, avec feu dessous et dessus ; faites-leur prendre une belle couleur : leur cuisson achevée, égouttez-les, et nettoyez soigneusement le bord du plat.

Choux-fleurs frits. — Préparez et faites cuire des choux-fleurs comme il est dit ci-dessus : leur cuisson faite, égouttez-les, mettez-les dans une terrine avec un filet de vinaigre, du sel et du gros poivre ; laissez-les mariner une demi-heure, égouttez-les, trempez-les dans une pâte légère, et faites-les frire de manière à ce qu'ils soient d'une belle couleur.

Choux-fleurs farcis. — Faites-les seulement blanchir à l'eau de sel. Étant bien égouttés, mettez-les sur des bardes de lard, la tête en bas, dans une casserole de la grandeur du fond du plat dans lequel vous devez servir ; remplissez tous les vides que laissent les choux avec une farce composée de rouelle de veau, graisse de bœuf, persil, ciboules, champignons, sel, épices, et trois œufs entiers ; mouillez avec de bon bouillon ; faites cuire à petit feu ; quand les choux-fleurs sont cuits, et qu'il n'y a plus de sauce, posez le plat sur la casserole, et renversez-la brusquement en contenant le plat avec la main gauche.

Choux-navets. — Ces choux sont d'une espèce particulière ; on n'en mange point les feuilles, et c'est du trognon dont on se sert ; on en supprime l'écorce ; on en forme des navets ou de fausses cardes qu'on fait blanchir et cuire absolument comme les navets au jus ; leur cuisson faite, mettez-les, soit au velouté, soit à l'espagnole, soit à la sauce à la crème.

Chou de mer. — Nouveau légume originaire d'Amérique, et dont l'usage est très-habituel en Angleterre. On le cultive depuis quelque temps dans les environs de Paris ; on n'en mange que les côtes, et son goût rappelle celui des jets de houblon. On le fait cuire à l'anglaise, c'est-à-dire à l'eau de sel, et on l'assaisonne ordinairement d'une sauce au beurre.

Choux de pâtisserie.

Choux-pâtissiers à la bourgeoise. — Prenez du fromage mou bien frais et bien gras ; met-tez-le dans un vase ouvert avec quantité suffisante de farine ; ajoutez-y de l'écorce de citron vert confit hachée et un peu de sel ; détrempez bien le tout : incorporez-y ensuite quatre ou cinq jaunes d'œufs pour en faire comme une pâte à beignets ; prenez une tourtière que vous graisserez bien ; dressez-y les choux avec une cuillère ; dorez-les et mettez-les au four, où il faut qu'ils cuisent doucement. Étant cuits on les glace avec du sucre : on fait sécher cette glace à l'entrée du four.

Choux-pâtissiers à la parisienne. — Faites bouillir deux verres d'eau dans une casserole avec un peu de beurre et un peu de sel ; quand l'eau bout, mettez-y deux ou trois poignées de farine ; délayez le tout ensemble sur le feu, et remuez toujours jusqu'à ce que la pâte se détache de la casserole : râpez-y un peu de sucre ; ôtez ensuite la pâte de dessus le feu, et changez-la de casserole ; délayez-y des œufs frais, jaune et blanc, jusqu'à ce qu'elle soit liquide : beurrez de petits moules à pâté ; formez-y les choux, et faites cuire au four.

Choux-ramequins à la Royale. — Mettez dans une casserole deux verres de bon lait et deux onces de beurre fin ; lorsque ce mélange commence à bouillir, vous l'ôtez de dessus le feu, puis vous y joignez cinq onces de farine tamisée. Le tout bien mêlé, vous remettez la casserole sur le fourneau, en remuant toujours l'appareil, afin qu'il ne s'attache pas. Lorsque la pâte se trouve assez desséchée, vous la versez dans une autre casserole pour y mêler deux onces de beurre, deux de fromage de parmesan râpé, et deux œufs ; le tout bien incorporé, ajoutez une bonne pincée de mignonnette, une petite cuillerée de sucre fin, un œuf et trois onces de fromage de vrai Gruyère, coupé en petits dés carrés de trois lignes ; travaillez bien ce mélange, puis joignez-y encore trois bonnes cuillerées de crème fouettée. Cet appareil, ainsi disposé, doit donner une pâte d'un corps semblable à la pâte à choux ordinaire : vous couchez ceux-ci un peu moins gros que les choux, et les dorez de même. Mettez-les au four un peu gai : vingt minutes de cuisson, mais servez tout de suite.

Choux pralinés aux avelines. — Mettez dans une casserole un verre d'eau, un de lait, et deux onces de beurre fin ; ce mélange étant en ébullition, vous le retirez de dessus le feu : ayez tout près un peu de farine tamisée, que vous amalgamez dans le liquide en le remuant avec une spatule ; et lorsque cela commence à former une petite pâte mollette, vous cessez l'addition de la farine. Remettez la casserole sur le fourneau en remuant continuellement l'appareil, afin qu'il ne s'attache pas et qu'il soit sans grumeleaux. Après l'avoir ainsi desséchée trois minutes, changez la pâte de casserole, mêlez-y une once de beurre fin, deux œufs, ensuite mêlez encore trois onces de sucre en poudre, deux œufs, un grain de sel, une cuillerée d'eau de fleur d'orange et deux cuillerées de crème fouettée. Si votre pâte se trouve un peu ferme, vous l'amollirez avec un jaune ou seulement la moitié, puis vous couchez les choux de moyenne grosseur. Après les avoir dorés, vous les masquez avec un quarteron d'amandes d'avelines émondées, hachées fines, mêlées avec deux onces de sucre en poudre et la sixième partie d'un blanc d'œuf (vous les remuez afin qu'elle prenne parfaitement le sucre par l'effet de l'humidité du blanc d'œuf). Mettez-les à four doux, et servez-les de belle couleur et bien ressuyés, si vous voulez qu'ils ne s'affaissent pas.

Choux à la Mecque. — Mettez dans une casserole deux verres de lait et deux onces de beurre fin ; après avoir rempli la pâte mollette de farine, et l'avoir desséchée quelques minutes, ajoutez deux onces de beurre et un demi-verre de lait, puis desséchez encore un peu. Vous la changez de casserole, en ajoutant, avec deux œufs, deux onces de sucre en poudre ; ce mélange étant bien travaillé, vous y mêlez deux œufs, une cuillerée de bonne crème fouettée et un grain de sel ; cette pâte ne doit pas être plus molle que de coutume ; vous couchez ces choux à la cuillère, et en forme de navette, de trois pouces de longueur. Lorsqu'ils sont dorés, vous les masquez de gros sucre et les mettez au four chaleur modérée : servez-les de belle couleur et pour entremets.

Vous pouvez parfumer ces choux au cédrat, à l'orange, à la bigarade ou au citron. A cet effet, vous râpez sur un morceau de sucre le zeste de l'un de ces fruits, et vous comprenez ce sucre odorifère dans les deux onces qui entrent dans l'appareil.

Choux aux anis blancs. — Vous les composez ainsi qu'il est indiqué plus haut, et avec la même pâte que ci-dessus ; lorsqu'ils sont dorés, vous les masquez avec des anis blancs de Verdun. Mettez-les au four chaleur modérée.

Petits choux à la Saint-Cloud. — C'est la même pâte que pour les choux à la Mecque. Vous les couchez aussi à la cuillère, en leur donnant la forme et le volume des petits biscuits à la cuillère ; vous les dorez légèrement, et les mettez à four plus gai que les précédents ; lorsqu'ils sont assez ressuyés, vous les glacez avec du sucre passé au tamis de soie, puis vous mettez une allume à la bouche du four et les glacez à la flamme. Servez chaud, car ils ne doivent pas attendre.

Choux à la Vincennes. — Vous les faites semblables en tous points aux choux à la Mecque. Cependant vous ne mettrez point de gros sucre dessus ; vous les glacez à la flamme du four, de même que ci-dessus. Dans la crème qui doit marquer votre appareil, vous ferez infuser un bâton de vanille, et le servez en sortant du four.

Choux soufflés au zeste d'orange. — Après avoir mis dans une casserole deux onces de beurre d'Isigny et deux verres de bonne crème, aussitôt que ce mélange est en ébullition, vous le remplissez légèrement avec de la farine de crème de riz desséchée quelques minutes. Vous changez la pâte de casserole, vous y joignez une once de beurre, deux œufs et un grain de sel ; le tout étant bien mêlé, vous y mettez encore deux jaunes d'œufs, trois onces de sucre sur lequel vous aurez râpé la moitié du zeste d'un citron bien sain et la moitié du zeste d'une orange ; travaillez bien ce mélange, fouettez les deux blancs d'œufs bien ferme, et mêlez-les dans la pâte avec deux cuillerées de crème fouettée.

Cette pâte ne doit être ni plus molle ni plus ferme que les précédentes. Garnissez de cet appareil des petites caisses rondes ou carrées, et ne les remplissez qu'à moitié. Ensuite vous renversez la caisse sur un tas de gros sucre, afin que le chou en soit couvert. Mettez au four chaleur ordinaire ; servez-le chaudement. Ces choux ne sont point dorés.

Choux en caisse au cédrat. — Vous procédez de la même manière que ci-dessus, avec cette différence que vous hachez très-fin deux onces de cédrat confit, que vous mêlez dans la pâte.

Vous pouvez parfumer ces sortes de choux à la vanille, à la fleur d'orange pralinée, au zeste de deux citrons, ainsi qu'au zeste de cédrat, d'orange et de bigarade, aux pistaches, aux avelines, aux amandes amères, au café, au chocolat, aux anis étoilés, au marasquin et au rhum.

Pâte à choux pour les pains à la Duchesse et les choux glacés. — Cette pâte est moins fine en beurre, en sucre et en farine que les précédentes, et en ce que celle-ci doit faire plus d'effet au four, afin qu'elle soit creuse au milieu, pour pouvoir la garnir intérieurement avec des crèmes ou des confitures. C'est au moyen de cette pâte qu'on fait tous ces excellents choux qui sont nommés *pains à la Duchesse.*

CIBOULE. Cette plante est trop connue pour qu'il ne soit pas superflu de la décrire ; elle fait presque toujours partie des bouquets qu'on met dans les cuissons.

CIBOULETTE ou **CIVE**, espèce de ciboule en miniature. On l'emploie aux mêmes usages que la précédente, et dans certains cas on lui permet d'entrer dans les fournitures de salade.

CIDRE et POIRÉ. Le premier de ces liquides se prépare avec du suc de pommes, et le second avec le suc de poires. L'un et l'autre contiennent beaucoup d'acide malique, et souvent de l'acide acétique. Le poiré est plus acide, plus alcoolique et moins sucré que le cidre. Il faut le boire peu de temps après sa préparation, tandis que le bon cidre peut se conserver deux ou trois ans. On doit le garder dans des celliers dont la température soit toujours au-dessus de zéro ; car il se congèle facilement, et alors il est perdu. Le cidre et le poiré nourrissent moins que la bière et enivrent facilement. Le poiré à l'inconvénient d'agacer le système nerveux.

En Normandie et en Bretagne, où le peuple fait un usage habituel du cidre, on va le prendre à la futaille ; lorsque celle-ci est vidée en partie, et qu'une grande surface de liquide est en contact avec l'air, le cidre acquiert une acidité vive, devient nuisible à l'économie animale et cause des coliques absolument semblables aux coliques minérales : cet effet est tellement dû à l'altération du cidre par l'action de l'air, qu'il n'est jamais produit par ce liquide lorsqu'il est conservé en bouteilles.

Le poiré ne s'emploie culinairement que dans les étuvées d'anguille ou de lamproie ; mais le cidre mousseux est le meilleur élément qui puisse servir à la préparation des *matelotes normandes* (*V.* CARRELET).

CITRON. Cette branche de la famille des aurentiacées se compose de cinq variétés principales, savoir : le citron vulgaire, le limon, le cédrat, le citron bergamote et le poncire. C'est du citron proprement dit dont on va parler sommairement et sans pouvoir mentionner toutes les combinaisons dans lesquelles on fait usage de la pulpe, de l'écorce, du zeste et du jus de citron, par exemple.

Compote de citrons (*V.* COMPOTE).

Citrons confits. — Choisissez de beaux citrons, dont l'écorce soit bien unie ; vous les tournez, vous leur faites une ouverture à l'endroit de la queue avec un emporte-pièce, et vous les mettez à mesure dans de l'eau fraîche ; vous les faites blanchir, et les videz comme les oranges ; vous les faites confire et les glacez de même.

Vous confisez de cette manière les cédrats, limons et poncires (*V.* ORANGES).

Citrons confits en quartiers. — Prenez des citrons qui aient l'écorce épaisse ; vous les coupez par quartiers, et les mettez sur le feu avec de l'eau pour les blanchir ; quand la tête d'une épingle passe facilement au travers, vous les mettez dans de l'eau fraîche. Vous clarifiez du sucre, que vous mettez au petit lissé ; lorsqu'il bout, vous y jetez ces quartiers de citron, et, après un bouillon couvert, vous les retirez et écumez. Le lendemain vous les égouttez, et mettez le sucre à la petite nappe ; vous y jetez les citrons, et leur donnez trois ou quatre bouillons.

Vous leur donnez encore deux façons, en ajoutant chaque fois un peu de sucre clarifié ; vous les mettez en dernier lieu au perlé, et, après avoir donné un bouillon couvert à vos fruits et les avoir écumés, vous les conservez dans des terrines pour les glacer au besoin.

Petits citrons verts confits. — Vous pouvez vous procurer de ces petits citrons dans de fortes orangeries ; vous leur faites une petite incision dans le milieu avec la pointe d'un couteau, afin qu'ils puissent mieux se nourrir de sucre, vous les faites blanchir, et, quand ils se ramollissent sous les doigts, vous les retirez du feu, et les laissez dans la même eau. Le lendemain vous les remettez sur un feu doux, que vous conduisez de manière à ce que l'eau ne soit que chaude ; vous y jetez une poignée de sel ; vous remuez par intervalles avec une spatule, et lorsque les citrons sont bien reverdis, vous poussez le feu, et leur donnez quelques bouillons jusqu'à ce que la tête d'une épingle passe très-facilement à travers : alors vous les mettez dans de l'eau fraîche et les égouttez.

Vous ajoutez un peu d'eau dans du sucre clarifié pour le mettre au lissé ; lorsqu'il bout, vous donnez un bouillon couvert au citron. Le lendemain vous les égouttez, et, lorsque le sucre est à la petite nappe, vous donnez un bouillon aux citrons, vous leur donnez ainsi trois façons, en ajoutant chaque fois un peu de sucre clarifié, et augmentant la cuisson du sucre d'un degré. A la dernière vous faites cuire le sucre au perlé, et donnez un bouillon aux fruits ; puis vous les mettez dans une terrine à l'étuve, et les laissez dans le sucre cuit pour les glacer au besoin.

Si vous voulez les tirer au sec, vous les faites sécher sur des tamis à l'étuve.

Zestes de citrons confits. — Choisissez des citrons qui aient l'écorce épaisse, vous l'enlevez par zestes et les jetez dans de l'eau sur le feu pour les faire blanchir ; quand ils s'écrasent facilement sous les doigts, vous les enlevez et les mettez dans de l'eau fraîche.

Vous clarifiez de beau sucre et le mettez au petit lissé ; vous le versez chaud sur vos zestes de citrons : le lendemain vous l'en séparez, et, quand il a pris quelques bouillons, vous le jetez de nouveau sur les zestes. Vous leur donnez encore deux façons : à la première vous faites cuire le sucre à la grande nappe, après y avoir ajouté un peu de sucre clarifié ; à la dernière, lorsqu'il est cuit au perlé, vous y mettez les zestes et leur donnez un bouillon couvert. Lorsqu'ils sont refroidis, vous les égouttez et les faites sécher à l'étuve, et ensuite vous les glacez ou les préparez au candi.

Les zestes d'oranges se confisent de la même manière.

Citronats. — Vous prenez des écorces de citrons dont vous séparez la plus forte partie du blanc que vous rejetez ; vous les coupez en long de huit lignes sur une demi-ligne d'épaisseur ; vous les faites blanchir et confire comme ci-dessus, ensuite vous les faites sécher pour les mettre au candi.

Marmelade de citrons. — Vous prendrez quinze à vingt citrons, de ceux qui sont le plus en écorce ; vous en ôterez la peau, comme si vous vouliez en manger le dedans, car il n'y a que l'écorce qui puisse servir ; vous les faites blanchir, et puis vous les mettez à l'eau fraîche, et après les avoir bien égouttés, vous les pilez fortement ; vous les faites passer ensuite dans un tamis de crin avec la spatule : lorsque le tout sera passé, vous le pèserez : sur une livre vous mettrez une livre et demie de sucre, que vous clarifierez et ferez cuire au fort perlé, puis vous mettrez le tout sur le feu, où vous ferez bouillir en remuant toujours avec la spatule jusqu'à ce que la marmelade soit finie : pour connaître si elle est à son point, vous en prenez avec le bout du doigt, et en l'appuyant sur le pouce ; lorsque le filet tient, il faut la retirer et la mettre dans des pots.

Toutes les marmelades de fruits, comme oranges, cédrats, bergamotes, bigarades, melroses, etc., se font de la même manière que la précédente.

Conserve de citron. — Vous zesterez du citron dans une assiette, vous en exprimerez le jus sur vos zestes, et les laisserez infuser un peu de temps ; vous ferez cuire du sucre au fort perlé ; vous passerez votre jus de citron au travers d'un linge ou tamis de soie, pour en retirer les zestes ; vous mettrez votre jus dans le sucre, et le travaillerez avec une cuillère jusqu'à ce qu'il soit très-blanc, et vous finirez par le verser dans un moule.

Grillage de tailladins de citrons. — Vous faites cuire du sucre à la plume, et vous y jetez des zestes de citrons coupés par petits tailladins ; vous remuez avec la spatule : quand ils sont presque grillés, vous les saupoudrez de sucre, et, lorsqu'ils ont pris une belle couleur, vous les ôtez de dessus le feu et les servez, soit en forme pyramidale, soit en ornements d'assiettes montées, ou de toute autre façon.

Sirop de citron. — Vous prendrez vingt-quatre beaux citrons bien juteux ; vous en zesterez trois dans une terrine, sur laquelle vous poserez un tamis ; vous couperez tous vos citrons, et en exprimerez le jus sur le zeste ; si votre jus était bien trouble, vous pourrez le filtrer au papier gris ; et lorsqu'il sera passé, vous clarifierez quatre livres de sucre, que vous ferez cuire au fort boulet ; vous le sablerez et le mettrez dans une terrine ; vous y verserez le jus de vos citrons avec un peu d'eau, vous le mettrez au degré de cuisson qu'il doit avoir ; vous aurez une grande poêle que vous remplirez à peu près à moitié d'eau ; mettez-la sur un fourneau bien vif, et posez-y votre terrine au bain-marie ; de temps en temps remuez avec une spatule pour faire fondre le sucre ; lorsque le tout sera bien fondu, et le sirop bien clair, vous le retirerez du feu, et vous le mettrez en bouteilles, aussitôt qu'il sera un peu refroidi. Tout le monde connaît l'effet que peut faire le citron sur le cuivre ; c'est pourquoi il est plus prudent d'opérer au bain-marie dans une terrine de terre ou de grès, afin d'éviter toute espèce d'inquiétude à l'opérateur et aux consommateurs.

Citronnelle. — Pour quatre pintes d'eau-de-vie, ayez douze citrons zestés ; ajoutez deux gros de cannelle concassée et une once de coriandre avec deux livres de sucre, que l'on fera fondre dans une pinte et demie d'eau ; laissez le tout infuser pendant un mois, passez ensuite votre liqueur, et mettez-la en bouteilles.

Citronnelle, façon de Venise. — Pour quatre pintes d'eau-de-vie, vous zesterez douze beaux citrons, que vous laisserez infuser à l'ordinaire, et que vous distillerez également ; n'oubliez jamais d'ajouter à votre distillation pour six pintes d'eau-de-vie une pinte d'eau, et pour quatre pintes une chopine : il faut deux pintes et demie d'eau pour le sirop, avec deux livres de sucre : du reste, finissez comme ci-dessus.

Sirop cordial et vermifuge d'écorce de citron. — Mettez trois onces de zestes de citrons dans un vase de faïence : versez par dessus dix-huit onces d'eau bouillante : vous couvrez le vaisseau et le mettez passer huit à dix heures à l'étuve, puis vous coulez l'infusion sans expression. Vous clarifiez deux livres de sucre et les faites cuire au petit cassé ; vous versez l'infusion, et, après un bouillon, vous la retirez pour la mettre en fioles.

Eau distillée de citron. — Vous choisissez de bons citrons dont vous râpez l'écorce ; vous mettez la pulpe et la râpure sur la grille de la cucurbite, dans l'eau que vous destinez à être versée sur les citrons, la râpe qui a enlevé une portion du principe odorant ; vous ajoutez cette même eau dans la cucurbite, et, après avoir dressé votre appareil et luté les jointures de tous les vaisseaux, vous procédez à la distillation au petit filet. Pour retirer quatre pintes d'eau de citron, il faut employer trente citrons et cinq pintes d'eau de pluie.

C'est avec cette eau de citron distillée qu'on fait l'*hydromel à la Reine.*

Vinaigre au citron. — Vous zestez vos citrons de manière à n'enlever que l'écorce jaune, vous les mettez dans la cornue, et puis vous ajoutez le vinaigre dont vous retirez les trois quarts par la distillation.

Vous pourrez suivre les mêmes procédés pour distiller des vinaigres à l'orange, au cédrat et à la bergamote.

Pour les autres préparations d'office ou de cuisine, où le citron doit être employé comme ingrédient principal (*V.* SABAYON, MOUSSE et GELÉE D'ENTREMETS, SALIBUB, SORBETS et GLACES.

CITROUILLE, cucurbitacée dont la famille se compose d'un grand nombre de variétés, parmi lesquelles on doit spécifier les melons, le potiron-sucrin, le giromont vert, les concombres et une nouvelle espèce de courge à qui l'on a donné les noms d'artichaut de Barbarie et de bonnet turc.

La chair des citrouilles se mange en potage au gras, en potage au lait, en gâteaux fourrés, en crème cuite et gratinée, ce qui compose un comestible excellent. On en fait des andouillettes bien maniées avec beurre frais, jaunes d'œufs durs et frais cassés, persil, fines herbes, sel, poivre, clous de gérofle broyés, etc. On la fait même entrer dans le pain. Après l'avoir fait bouillir et égoutter on détrempe la farine avec cette citrouille. Cela fait un pain jaune, bon au goût et très-rafraîchissant.

La graine de citrouille est une des *quatre semences froides*, et doit être employée dans la confection de l'orgeat de santé.

CIVE, petite plante alliacée, dont il y a trois espèces, la cive de Portugal, la grosse cive d'Angleterre, et la petite qu'on nomme quelquefois civette (*V.* CIBOULETTE).

CIVET (*V.* LIÈVRE, CHEVREUIL, OUTARDE et OIE SAUVAGE).

CIVETTE (*V.* AROMATES EXOTIQUES).

CLARIFIER, en termes culinaires, est l'opération dont le but est de séparer d'un liquide les parties qui peuvent altérer sa transparence. Le mot *clarification*, dans sa signification la plus étendue, semble devoir exprimer toute sorte de dépuration, par quelque moyen qu'elle se fasse, mais elle a été restreinte par l'usage à celle qui s'opère au moyen de certaines substances animales, comme la colle de poisson, le blanc-d'œuf, etc. Ce dernier ingrédient est le plus en usage. C'est celui dont on se sert communément pour clarifier les décoctions, les sirops, les dissolutions de sucre et le petit-lait. On prend alors un ou plusieurs blancs d'œufs, selon la quantité de la liqueur et selon qu'elle est plus ou moins difficile à clarifier : on les bat avec une poignée de baguettes d'osier, pour les faire mousser ; on y mêle ensuite une petite quantité de la liqueur froide ou refroidie au point de ne pouvoir coaguler le blanc d'œuf ; on continue à mêler et à fouetter jusqu'à ce que la liqueur qu'on veut clarifier soit introduite, et que le blanc d'œuf soit bien divisé et bien étendu dans toute la masse : alors on fait prendre rapidement un ou deux bouillons ; on écume grossièrement et on passe au travers d'un *blanchet*. Pour la clarification des vins (*V.* COLLAGE).

COCHEVIS, sorte d'alouette hupée qui reçoit les mêmes apprêts que l'alouette ordinaire (*V.* MAUVIETTES).

COCHON. Il est reconnu que les plus succulentes et les meilleures espèces de porc sont : 1° le grand cochon de la vieille race de Normandie, qui est la primitive en France ; 2° le porc blanc du Poitou ; 3° le cochon noir du Périgord, lequel est provenu de la race poitevine et de celle de Portugal ; 4° le porc Anglais croisé du Siamois ; et 5° le cochon des Ardennes à courtes jambes.

Echine de porc rôtie. — Ayez soin, en coupant le morceau en carré, de laisser l'épaisseur d'un doigt de graisse. Le carré doit être bien couvert. Ciselez le gras qui le couvre ; mettez-le à la broche ; deux heures et demie suffisent pour cuire une échine de porc. Servez-la toujours pour grosse pièce d'entrée avec une purée d'ognons au roux à la moutarde, appelée sauce-Robert, et mieux encore à l'*anglaise*, ou plutôt à l'ancienne mode *française*, c'est-à-dire sur une marmelade de pommes légèrement salée et assaisonnée avec le jus du même rôti.

Jambon de porc. — Pour la manière de saler et de conserver les jambons, *V*. CHARCUTERIE.

Les lieux d'où l'on tire le plus de jambons sont Aix-la-Chapelle en Westphalie, par la voie de la Hollande, et Bayonne par Bordeaux. Il en vient aussi à Paris de quelques endroits des environs. Les jambons de Westphalie, qui se vendent sous le nom de jambons de Mayence, quoiqu'ils ne viennent pas de cette ville, tiennent le premier rang ; ensuite les bayonnais, qui se distinguent par la délicatesse de leur chair ; les bordelais, qui sont inférieurs à ceux de Bayonne ; et les angevins, qui viennent après. Pour ceux des environs de Paris, appelés communément jambons du pays, on n'en fait pas grand cas.

Cuisson du jambon de porc et de sanglier. — Commencez par laver un jambon fumé, dans du gros vin rouge, ou dans du cidre ou de la bière, et puis enveloppez-le dans plusieurs torchons blancs de lessive imbibés du même mouillement : enterrez-le dans un carré de jardin, à trois ou quatre pieds de profondeur, et laissez-le tranquillement s'humecter et s'attendrir dans la terre pendant trente six ou quarante-huit heures.

Après avoir exhumé ce même jambon, parez-le, c'est-à-dire enlevez le dessus des chairs, et, sur les bords du lard, ce qui pourrait être jaune ; ôtez l'os du quasi ; coupez le bout du jarret, et mettez le jambon à tremper. Après l'avoir, ce qui s'appelle *goûté*, en enfonçant une lardoire dans la noix, ce qui vous décidera à le laisser se dessaler plus ou moins long-temps, mettez-le dans un linge que vous nouerez des quatre bouts ; arrangez-le dans une marmite proportionnée à sa grosseur ; mouillez-le avec de l'eau et moitié vin rouge. Mettez-y cinq ou six grosses carottes, autant d'ognons piqués de gérofle, trois ou quatre feuilles de laurier, deux ou trois gousses d'ail et deux bouquets de persil, thym, basilic, etc. Ajoutez à tout cet appareil autant de foin sec que la marmite en pourra contenir. Faites cuire ensuite à petit feu pendant quatre ou cinq heures ; lorsque vous soupçonnerez qu'il doit être cuit, sondez-le avec une lardoire : si elle s'enfonce facilement, c'est que la cuisson est parfaite ; retirez-le ; dénouez et renouez le

linge afin de le serrer davantage ; placez le tout pêle-mêle dans une grande terrine pour éviter les inconvénients d'un vaisseau de cuivre, et laissez le jambon dans son brouet jusqu'à ce qu'il y soit complètement refroidi. Le lendemain matin, vous enlevez la couenne auprès du combien ; vous le parez et panez avec de la chapelure passée au travers d'un tamis, et puis vous le décorez avec des fines herbes hachées, des blancs et des jaunes d'œufs cuits durs, des lames de gelée et autres ornements convenables.

Jambon braisé à la Royale. — Parez-en le dessous, coupez-en le manche, et supprimez le bord du lard qui pourrait être jaune ; désossez l'os du quasi sans gâter votre jambon ; faites-le dessaler à propos ; mettez-le dans un linge ; liez-le des quatre bouts, et posez-le dans une braisière juste à sa grandeur, après l'avoir foncée de viande de boucherie, bœuf et veau, avec ognons, carottes, un bouquet de persil et de ciboules, deux ou trois clous de gérofle, trois feuilles de laurier, thym et basilic ; mouillez-le avec de l'eau, faites-le partir, et, à moitié de sa cuisson, ajoutez une bouteille de vin de Madère, ou bien un demi-setier d'eau-de-vie et une bouteille de vin de Champagne : alors vous ne couvrirez pas votre braisière, afin qu'en cuisant, l'assaisonnement de votre jambon se réduise ; sondez-le pour juger s'il est cuit, ainsi qu'il est indiqué ci-dessus ; égouttez-le, posez-le sur un couvercle, levez-en la couenne, et glacez-le avec une réduction de veau : si vous n'en aviez pas, saupoudrez-le avec un peu de sucre fin, et glacez-le au four ou avec une pelle rouge ; faites qu'il ait une belle couleur ; servez-le sur des épinards au jus ou sur de la chicorée à la crème. C'est un relevé du *meilleur ton*, comme dit M. Beauvilliers.

Jambon à la broche à la Condé. — Parez soigneusement le dessus d'un jambon nouveau ; arrondissez-le en le coupant, donnez-lui une belle forme et mettez-le dessaler, si vous le croyez nécessaire et ce dont vous pouvez vous assurer en le sondant ; mettez-le dans un vase de terre avec des tranches d'ognons et de carottes, et deux ou trois feuilles de laurier ; versez dessus une bouteille et demie de vin de Malaga ou de tout autre vin d'Espagne, à défaut duquel vous pourriez employer du vin de Champagne : couvrez-le d'un linge blanc, et renfermez-le plus hermétiquement possible ; laissez-le mariner pendant vingt-quatre heures dans cet assaisonnement ; embrochez-le ensuite et faites-le cuire à point ; servez-vous de sa marinade pour l'arroser : sa cuisson presque faite, levez-en la couenne ; dorez-le avec un jaune d'œuf ; panez-le et faites-lui prendre une belle couleur, en retirant le jambon pour en enlever la couenne, retirez aussi sa marinade que vous passerez au tamis de soie, faites-la réduire à consistance de sauce, et servez-la sans autre garniture.

Jambon rôti à l'ancienne mode. — Étant bien dessalé, faites-le mariner dans du cidre doux ou du vin blanc, avec des ognons, du basilic et du persil; faites-le cuire à la broche, et servez-le, soit sur un ragoût de choux rouges à la flamande, soit sur un ragoût mêlé de laitues braisées et de marrons grillés, soit sur une purée de pommes de terre à la crème, et ce qui vaudra bien tout cela, sur des épinards au blond de veau, que vous aurez fait lier avec des jaunes d'œufs.

Cochon de lait. (On a copié l'art. suivant dans le vieux formulaire.) — En choisissant un cochon de lait, vous devez avoir soin de le prendre court, gras et jeune, c'est-à-dire qu'il n'ait pris pour nourriture que le lait de sa mère, et alors il doit être bon; préférez les tonquins aux autres espèces, ils sont beaucoup plus délicats; lorsque vous voudrez le tuer, prenez-lui le corps entre vos genoux, en lui serrant le groin dans la main gauche, et vous lui enfoncerez le couteau au bas de la gorge, ce qu'on appelle le petit cœur : il est nécessaire que le couteau soit étroit de lame et fort pointu; dirigez–le bien droit, afin d'atteindre l'animal au cœur. Prenez garde de l'*épauter*, car alors il serait difficile à échauder, et, comme il saignerait peu, les chairs en seraient noires et moins délicates : vous aurez fait chauffer une chaudronnée d'eau un peu plus que tiède, vous aurez eu la précaution d'avoir un peu de poix-résine. Avant de tremper votre cochon dans de l'eau, ayez soin de lui casser les défenses, de crainte qu'elles ne vous blessent en l'échaudant; trempez-lui la tête dans cette eau; si le poil des oreilles commence à quitter, retirez votre eau du feu et trempez en entier votre cochon; mettez-le sur la table, et la résine près de vous; posez votre main à plat sur cette résine (ce qui vous donnera l'aisance de bien approprier votre cochon); frottez-le, trempez-le plusieurs fois dans l'eau, et frottez-le enfin jusqu'à ce qu'il n'y reste aucun poil; déchaussez-le, c'est-à-dire, ôtez-lui les sabots; videz-le et prenez garde de faire l'ouverture trop grande; ôtez-lui tout ce qu'il a dans le corps, hors les rognons; passez votre doigt entre le quasi, pour lui faire sortir le gros intestin, supprimez-le; cisclez-lui le chignon; faites-lui quatre incisions sur la croupe, pour lui retrousser la queue entre la peau et les chairs; passez-lui trois brochettes, une dans les cuisses pour lui assujettir les pieds de derrière, comme ceux d'un lièvre au gîte; une autre à travers la poitrine pour lui trousser les pieds de de-

vant, et une autre auprès des rognons pour l'empêcher de faire le dos de chameau : cela fait, mettez-le dégorger dans de l'eau fraîche; égouttez-le, laissez-le se ressuyer et mettez-le à la broche; s'il lui restait quelques poils, flambez-le avec du papier; lorsqu'il aura fait trois ou quatre tours de broche, frottez-le d'huile avec un pinceau de plumes, pour que la peau soit croquante; faites cette opération plusieurs fois pendant le temps de la cuisson; quand il sera cuit, débrochez-le, faites-lui une incision autour du cou, afin que la peau reste croquante, et servez-le très-chaudement.

Cochon de lait farci à l'anglaise. — Vous procéderez en tout pour celui-ci comme pour le précédent, avec cette différence que vous le remplirez de la farce ci-après indiquée :

Prenez le foie du cochon, ôtez-en l'amer, hachez-le, pilez-le; ajoutez autant de mie de pain trempée dans de la crème ou du bouillon, que vous avez de foie, et autant de beurre et de tétine que vous avez de mie; pilez le tout ensemble avec un peu de fines herbes passées dans du beurre, sel, poivre, fines épices en suffisante quantité, et une pincée de petite sauge bien hachée; ajoutez-y deux œufs entiers et trois jaunes; mêlez bien le tout; remplissez-en le corps de ce cochon; mettez-le à la broche; arrosez-le d'huile, comme pour l'autre. Il est inutile de faire observer qu'il faut plus de cuisson, puisqu'il y a une farce de plus qu'au précédent. Servez-le avec une sauce poivrade.

Cochon de lait en galantine. — Échaudez un cochon comme il est indiqué ci-dessus; faites-le dégorger; égouttez-le, désossez-le, à la réserve des quatre pieds, et prenez garde de trouer sa peau; faites une farce cuite, de volaille ou de veau; étendez la peau de votre cochon sur un linge blanc; mettez-y de cette farce l'épaisseur d'un doigt; garnissez-la de grands lardons de lard, et placez entre ces lardons des filets de truffes, des filets d'omelettes et des jaunes d'œufs entiers, des filets de pistaches, des filets d'amandes douces et des filets de noix de jambon cuit; couvrez le tout d'une même épaisseur de farce, et continuez ainsi jusqu'à ce que la peau soit bien remplie sans être trop tendue : surtout faites en sorte de conserver à la tête de l'animal, ainsi qu'à son corps, leurs premières formes; cousez-le avec une grosse aiguille et du meilleur fil de Bretagne; fixez les quatre pieds comme pour le mettre à la broche; frottez-le de jus de citron, couvrez-le de bardes de lard, emballez-le dans une étamine neuve, que vous coudrez en attachant les deux bouts; formez une braise avec les os et les débris de ce cochon; quelques lames de jambon cru, un jarret de veau partagé en deux, deux gousses d'ail, deux feuilles de laurier, du sel, carottes, ognons et un bouquet de persil et ciboules : posez dessus le même cochon que vous mouillerez avec du bon bouillon et une bouteille de vin de Grave ; faites-le partir, retirez-le sur le bord du fourneau, faites-le aller doucement pendant trois heures ; laissez-le refroidir dans sa cuisson ; ensuite déballez-le ; ôtez les bardes de lard ; dressez-le sur le plat. Vous aurez passé le fond de votre braise au travers d'un tamis de soie : si ce fond n'est pas assez *ambré*, mettez-y un peu de jus ; faites-le réduire et clarifier comme il est indiqué à l'aspic (*V*. ASPIC) ; faites un cordon de cette gelée autour de votre plat, soit en *diamants* ou de toute autre manière, et servez pour grosse pièce à l'entremets.

Hure de porc ou de sanglier. — Coupez une hure jusqu'à la moitié des épaules, c'est-à-dire plus longue qu'on ne la coupe ordinairement ; flambez-la de manière à ce qu'il n'y reste aucune soie ; nettoyez le dedans des oreilles en y introduisant un fer presque rouge, pour en brûler les poils qui s'y trouvent ; cela fait, lavez bien cette hure ; épluchez-la de nouveau ; ratissez-la et désossez-la ; prenez garde de n'y faire aucun trou, surtout à la couenne de dessus le nez ; prenez et coupez en filets la chair qui proviennent des parties charnues, telle que celle des épaules ; étendez-la dans les parties de votre hure où il n'y en a pas, afin que l'épaisseur des chairs soit égale partout ; ensuite mettez-la dans un grand vase de terre ; faites une eau de sel ; laissez-la refroidir, tirez-la à clair, et versez-la dans votre vase sur la hure, afin qu'elle trempe entièrement ; mettez-y une poignée de graine de genièvre, quatre feuilles de laurier, cinq ou six clous de gérofle, deux ou trois gousses d'ail (coupées en deux), une demi-once de salpêtre en poudre, du thym, du basilic et de la sauge ; couvrez votre terrine d'un linge blanc, et mettez dessus un autre vase qui la couvre le plus possible ; laissez-la se mariner huit ou dix jours, ensuite égouttez-la ; faites une farce pour en garnir votre hure. A cet effet, prenez de la chair de porc ; ôtez-en la peau et les nerfs : mettez à peu près la même quantité de lard assaisonné de sel fin et de fines épices ; hachez le tout très-menu, en sorte qu'on ne puisse distinguer le lard d'avec la chair ; mettez votre farce dans un mortier ; pilez-la bien ; incorporez, l'un après l'autre, cinq ou six œufs entiers ; faites l'essai de cette farce, et remédiez à ce qui pourrait y manquer. Votre farce achevée, étendez votre hure sur une nappe blanche, ôtez tous les ingrédients qui ont servi à lui donner du goût. Vous aurez coupé du lard en grands lardons que vous aurez assaisonnés avec sel, poivre, quatre épices, aromates pilés, persil

et ciboules hachés, et que vous aurez incorporés le mieux possible avec vos lardons ; arrangez de nouveau vos chairs dans la peau de la hure ; garnissez-la de ces lardons, posés en long de distance en distance, bien entremêlés avec la chair et la farce, de l'épaisseur d'un pouce ; mettez-y la langue que vous aurez échaudée et épluchée ; faites un autre lit de lardons, et entre ces lardons placez des truffes épluchées et coupées en long, entremêlées de pistaches que vous aurez émondées ; faites ainsi plusieurs lits, jusqu'à l'emploi entier de votre farce, de vos truffes, de votre lard et des pistaches. Votre hure remplie, cousez-la avec une aiguille à brider ; ménagez-lui bien sa première forme ; enveloppez-la dans une étamine neuve, et cousez-la ; attachez les deux bouts avec de la ficelle ; foncez une braisière avec des parures de boucherie, surtout de veau, des ognons ; des carottes, trois feuilles de laurier, deux bouquets de persil et ciboules, quelques clous de gérofle, de l'ail et trois bouteilles de vin rouge de Bourgogne ; achevez de la mouiller avec de bon bouillon : il faut qu'elle trempe dans son assaisonnement : faites-la *partir* ; couvrez-la avec plusieurs feuilles de fort papier beurré ; couvrez la braisière de son couvercle ; faites-la cuire cinq à six heures ; cela dépendra de la grosseur de la pièce et de la jeunesse de l'animal dont elle provient : pour vous assurer si elle est cuite, sondez-la avec une lardoire ; si elle entre facilement, retirez votre braisière du feu ; laissez-y la hure, et ne la retirez de son assaisonnement que quand elle sera tiède ; laissez-la refroidir dans son étamine ; après déballez-la, retirez la graisse qui pourrait se trouver dessus ; ôtez les ficelles, parez-la du côté du chignon, dressez-la sur une serviette, et servez-la pour gros entremets.

Hure de cochon à la manière de Troyes. — Appropriez et désossez une hure de cochon comme il est indiqué à l'article précédent, et exécutez de point en point pour celle-ci ce qui est dit pour la première : la seule différence qu'il y ait, c'est qu'au lieu de farce, vous devez la remplir de chair de porc, après en avoir ôté les nerfs ; vous pouvez également y mettre des truffes et des pistaches ; mais quant à la cuisson, c'est la même chose.

Côtelettes de cochon à la sauce Robert. — Coupez des côtelettes de porc frais, comme celles de veau ; aplatissez-les, parez-les, saupoudrez-les d'un peu de sel des deux côtés ; faites-les griller, et surtout qu'elles soient bien cuites. Vous les servirez avec une purée d'ognons à la moutarde, et vous y joindrez un peu de poivre de Cayenne en poudre.

Pieds de cochon à la Sainte-Menehould.
—Préparez quatre pieds de cochon ; flambez-les, de crainte qu'il ne s'y trouve des soies ; ratissez-les, et lavez-les dans l'eau chaude ; fendez-les en deux ; rapprochez les morceaux l'un contre l'autre ; entortillez-les de rubans de fil, cousez les deux bouts du ruban, afin que les morceaux réunis ne se détachent pas ; faites-les cuire dans une braise, et, faute de braise, dans du bouillon : leur cuisson faite, égouttez-les, laissez-les refroidir, ôtez-en les rubans ; séparez ces morceaux, trempez-les dans du beurre légèrement fondu, panez-les, faites-les griller, et servez-les à sec.

Pieds de cochon farcis aux truffes. — Vous procéderez pour ceux-ci comme il est indiqué ci-dessus : à moitié froids, vous en ôterez les rubans ; vous poserez chacun de ces pieds sur un morceau de crépine assez grand pour pouvoir l'envelopper ; vous en ôterez tous les os, et vous les remplacerez par un salpicon composé de truffes et de blanc de volailles ; enveloppez ces pieds avec la crépine ; donnez-leur à chacun la forme d'un pied à la Sainte-Menehould, et faites-les griller de longue main sur un feu doux.

Oreilles de porc ou de sanglier en menus-droits. — Ayez trois ou quatre oreilles de ces animaux ; flambez-les ; nettoyez-en le dedans, en y introduisant un fer rouge ; ratissez-les bien, lavez-les à plusieurs eaux ; faites-les blanchir et cuire ensuite dans une braisière ; lorsqu'elles seront cuites, laissez-les refroidir ; coupez-en la partie mince en filets bien égaux, mais de manière à ce qu'ils restent attachés à la partie charnue de chaque oreille ; coupez aussi six gros ognons en deux ; parez-en la tête et la queue ; ôtez le petit cœur de ces ognons ; coupez-les en filets ou en demi-anneaux ; mettez-les dans une casserole avec un morceau de beurre ; passez-les ; faites-les cuire de manière à ce qu'ils restent blancs ; mouillez-les de deux ou trois cuillerées à dégraisser d'espagnole, d'une cuillerée de jus de bœuf ou de blond de veau ; laissez mijoter les ognons ; dégraissez votre sauce à l'instant de servir ; jetez-y les filets de ces oreilles ; mettez-y, s'il en faut, un peu de moutarde avec un filet de vinaigre.

Oreilles de cochon à la purée. — Préparez quatre ou cinq oreilles de cochons comme il est indiqué ci-dessus ; faites-les cuire dans une braisière avec du bouillon ; assaisonnez-les de carottes, ognons, d'un bouquet de persil et ciboules, thym, laurier et basilic : leur cuisson faite, égouttez-les ; dressez-les et masquez-les avec une purée de pois, de lentilles ou toute autre purée farineuse.

Queues de porc à la purée. — Faites cuire ainsi que les oreilles, et servez sur une purée de marrons, de lentilles ou de pois verts.

Cervelles de cochon. — On les prépare comme les cervelles de veau ; mais on doit les accompagner d'une sauce relevée, soit à l'estragon, soit au kari des Indes. C'est, du reste, un de ces mets qu'on appelle de *seconde table* ou d'office, et qu'on n'oserait pas servir sur la table des maîtres, indifféremment ou sans permission.

Saucissons dits de Bologne. — Faites un choix de la chair maigre et courte du cochon ; ajoutez moitié son poids de filet de bœuf et autant de vieux lard que vous coupez en dés, tandis que vous hachez les deux viandes ensemble. Mettez, pour six livres de chair préparée, cinq onces de sel, un gros de poivre en poudre, autant de mignonnette et de poivre en grains, trois gros de salpêtre ; mêlez le tout exactement, laissez-le reposer un jour : le lendemain, nettoyez comme il faut des boyaux de bœuf, de veau, ou autres gros intestins que vous pourrez avoir ; remplissez-les de votre composition, foulez bien la chair dans le boyau, avec un morceau de bois uni ; ficelez les saucissons comme une carotte de tabac : lorsqu'ils sont bien remplis, mettez-les dans le saloir, laissez-les pendant huit jours baigner dans le sel mélangé avec une partie égale de salpêtre ; faites-les ensuite sécher à la fumée ; enduisez-les de lie de vin, dans laquelle vous aurez fait bouillir de la sauge, du thym, du laurier et du basilic ; lorsqu'ils sont secs, enveloppez-les de papier pour les conserver dans la cendre.

On les fait cuire dans une braise absolument semblable à la cuisson du *jambon braisé.*

Petits saucissons d'Estramadure dits chorizos. — Pilez de la chair avec du foie de cochon, du lard, du poivre, du sel, du piment, du salpêtre, du laurier, de l'ail, du thym, de la sauge, du genièvre : entonnez cette préparation dans des boyaux de bœuf, en y ajoutant beaucoup de poivre en grains et de longs morceaux de piment. Terminez en exposant le saucisson à la fumée de genièvre ; frottez-le ensuite de piment à l'extérieur. Ce saucisson est fort goûté en Espagne.

On peut s'en servir braisé ou grillé ; mais on l'emploie spécialement dans les *ollas-podridas* à l'espagnole (*V.* cet article).

Bondioles à la façon de Parme. — Hachez de la chair maigre de cochon avec son quart en poids de lard ordinaire ; assaisonnez avec des épices, du sel, de la coriandre et de l'anis en poudre fine ; versez sur ce mélange moitié vin blanc et moitié sang de cochon tout chaud : faites

11.

des filets avec la chair de la tête du porc, ou de la langue, pour les introduire avec le reste dans des boyaux de grosseur et de longueur convenables, que vous lierez par les deux bouts. Faites cuire à la braise, et exposez ensuite à la fumée de genièvre vert pendant au moins deux ou trois jours.

Emincé de porc frais à la minute. — Coupez des filets-mignons de porc en forme d'escalopes ; posez-les dans une poêle ou sur une tourtière beurrée ; saupoudrez-les, pendant qu'ils cuisent, de mie de pain assaisonnée de fines herbes, sel et poivre ; passez au beurre dans une casserole, des échalotes hachées ; mouillez avec le jus des côtelettes, sel et poivre ; faites lier avec du beurre manié de farine. Au moment de servir, ajoutez une cuillerée de moutarde, et servez avec cette sauce.

Rôtie au lard. — Coupez les deux extrémités d'un pain mollet d'une livre, et piquez-le d'une extrémité à l'autre avec des languettes de filet mignon de porc frais et de petit lard ; coupez ensuite le pain en tranches minces et en travers ; trempez ces tranches dans des œufs battus comme pour une omelette, et faites-les frire à petit feu. Servez à sec ou avec sauce piquante.

Paté d'abats de porc frais, et *pâté de jambon* (*V.* PATÉS FROIDS).

COING, fruit du coignassier, arbre originaire de Perse. Le voyageur Chardin a observé dans ce pays que les coings y sont aussi fondants que nos poires les plus *beurrées*, et que le parfum d'aucun autre fruit ne saurait être comparé pour la force et la douceur à celui qu'ils acquièrent dans les environs de Schiras et d'Ispahan. On en fait chez nous du sirop, des compotes, des confitures et des conserves : toutes ces préparations ont une propriété astringente bien déterminée, mais plus sensible dans les compotes et les marmelades qui contiennent toute la substance du fruit.

Coings au beurre. — Faites-les cuire au four ; pelez-les ensuite ; émincez-les en bons morceaux de l'épaisseur de six à huit lignes, et vous éviterez d'en rien détacher de ce qui se trouve auprès du cœur entre les cloisons. Jetez-les, étant encore chauds, dans une bassine d'argent ou de faïence, avec un morceau de beurre très-frais ; ajoutez-y une pincée de sel, une bonne dose de sucre en poudre et un peu de cannelle ; sautez vivement sans laisser bouillir, et servez avec une garniture de croûtons frits, pour entremets.

Coings à la moelle. — Choisissez des coings bien jaunes et bien mûrs. Enveloppez-les avec des feuilles de papier beurré et enterrez-les sous de la cendre chaude que vous couvrirez de braise ardente. Lorsqu'ils sont cuits, coupez-les par tranches et saupoudrez-les de sucre en poudre ; laissez le sucre se fondre en tenant la casserole d'argent sur le feu. Joignez-y quatre onces de moelle fraîche, avec trois gros de biscuits que vous aurez imbibés avec un peu de ratafia de coings. Mélangez tout cet appareil avec exactitude ; ajoutez-y une forte pincée de cannelle en poudre ; laissez bouillir un moment pour cuire la moelle et pour que la pâte des biscuits s'amalgame avec le reste. Servez cet excellent plat avec une garniture de petits biscuits dits *à la cuillère.*

Quartiers de coings confits. — On les choisit bien mûrs et de grosseur moyenne. Après les avoir piqués avec la pointe d'un couteau d'argent, car le fer les noircirait, on les fait bouillir dans l'eau, jusqu'à ce qu'ils soient devenus très-tendres. On les jette alors dans l'eau fraîche ; on les pèle ensuite ; on les coupe par quartiers ; on en ôte les cœurs et on les remet à mesure dans l'eau fraîche : après les avoir tirés de l'eau et fait égoutter, on les jette dans un sucre cuit au lissé, on les couvre et on les laisse bouillir à petit feu : on les écume de temps en temps, en ôtant la bassine de dessus le feu. Pour les achever, on fera cuire le sirop au perlé ; on les laissera refroidir, et on les mettra dans des pots. Il faut une livre de sucre pour chaque livre de fruit.

Marmelade de coings. — Ayez des coings bien mûrs ; coupez-les en quatre ; après en avoir ôté la pelure et les pepins, faites-les cuire dans l'eau, au point de pouvoir les écraser ; étant écrasés, égouttez-les, et passez au tamis. Vous avez préparé du suc clarifié, et au degré du petit cassé, mettez-y la purée de coings. Étant cuite à son point, versez-la dans des pots. Il faut presque autant de sucre que de purée de coings.

Gelée de coings. — Prenez vingt beaux coings ; essuyez-les ; coupez-les par morceaux, et faites-les cuire dans six pintes d'eau que vous ferez réduire à deux pintes ; versez ce jus et les coings sur un tamis au-dessus d'une terrine ; laissez égoutter vos coings ; passez-en le jus à la chausse, et pesez-le. Prenez le même poids de sucre clarifié, faites-le cuire au cassé ; jetez-y le suc de coings, et faites cuire le mélange au même degré que la gelée de pommes. Pour que la gelée soit plus rouge, mettez-y un peu de cochenille préparée ; écumez-la soigneusement et versez-la dans les pots.

Compote de coings. — Procédez premièrement à leur cuisson sous la cendre, ainsi qu'elle est indiquée ci-dessus pour les *coings à la moelle*, avec la restriction qu'il ne faudra pas beurrer leur papier d'enveloppe, mais le mouiller avec de l'eau distillée de cannelle. Lorsqu'ils sont à peu près cuits, coupez-les par tranches (ou si vous l'aimez mieux en quartiers, mais il faut observer s'ils sont jaunes et tendres), ôtez-en les cœurs, et mettez-les sur le feu dans un poêlon, avec un sirop où vous ajouterez un peu de liqueur de cannelle. Laissez-les bouillir un quart d'heure, et n'oubliez pas qu'ils doivent être refroidis complètement avant de les servir.

Conserve de coings, appelée *Cotignac d'Orléans* (*cette bonne formule est provenue des archives de M. de la Reynière, qui la tenait du confiseur de son grand oncle M. de Jarente, évêque d'Orléans*). — Prenez les plus beaux coings et ôtez-en les pepins en y laissant toute la peau des fruits, car c'est dans la peau des coings que se trouve la plus grande partie de leur parfum et de leur saveur particulière, et en enlevez les pepins et la partie fibreuse; vous les mettez avec de l'eau dans une bassine, les retournant de temps en temps avec une spatule, jusqu'à ce qu'ils soient bien tendres; alors vous les retirez et les jetez dans un tamis sur une terrine; quand ils sont refroidis, vous les écrasez et les réduisez en pulpe que vous faites réduire à moitié sur le feu; vous la retirez et la versez de la bassine dans un vase de terre vernissée ou dans une terrine, précaution sur laquelle on ne peut trop insister.

Vous clarifiez même quantité de sucre que de marmelade, et vous le faites cuire au petit cassé; vous y versez la marmelade, en remuant bien avec une spatule. Quand le mélange est bien fait, vous remettez la bassine sur un petit feu, en remuant toujours jusqu'à ce que vous découvriez facilement le fond de la bassine; alors vous la retirez de dessus le feu.

Vous posez sur une plaque de fer-blanc, ou sur des ardoises, des moules de différentes figures, soit en rond, soit en carré, soit en forme de cœur; vous les emplissez de votre pâte ou marmelade, ayant soin d'en bien unir la surface avec un couteau; lorsque tous les moules sont remplis, vous saupoudrez vos pâtes avec du sucre, et les mettez à l'étuve avec un bon feu. Le surlendemain vous les retirez des moules, vous les posez sur des tamis, en les retournant, et les saupoudrez aussi de sucre de ce côté; vous les laissez en cet état un jour à l'étuve, et les conservez dans des boîtes bien bouchées, en les disposant par lits, et mettant entre chacun une feuille de papier blanc.

Cotignette. (Infusion spiritueuse de coings.) — Il faut les prendre les plus mûrs possible, les essuyer et les râper : on les fait macérer pendant deux jours; après quoi on exprime le jus au travers d'un linge neuf, en les pressant fortement : on les mesure, et l'on met par pinte de jus les trois quarts d'une pinte d'eau-de-vie à vingt-deux degrés; on calcule la quantité de jus et d'eau-de-vie: on met cinq onces de sucre par pinte. Au bout de six semaines on le tire à clair, et on le met en bouteilles.

Sirop de coings à la sainte Ursule. — Vous pilez des coings, vous en mesurez le jus et vous prenez le double poids de sucre clarifié et cuit à la grande nappe; vous les faites cuire à part au petit cassé, et alors, retirant la bassine, vous y versez le suc de limon ou de citron; vous remettez le mélange sur le feu, et, remuant avec l'écumoire, vous retirez la bassine aux premiers bouillons; votre sucre se trouve justement à la nappe, ce qui est le degré nécessaire pour la cuisson de ce sirop.

COLLAGE, opération que l'on fait subir aux liqueurs. On colle les liqueurs pour leur conserver ou pour leur rendre leur limpidité, qualité dont la perte leur nuit doublement; car la cause qui altère leur transparence altère aussi leur goût.

On colle les vins que l'on met en bouteilles, ainsi que ceux que l'on garde en tonneaux.

Le vin qu'on a collé, en le tirant en bouteilles, ne dépose que très-long-temps après; tandis que celui qu'on met en bouteilles, sans lui faire subir cette opération, dépose beaucoup plus tôt et en plus grande abondance.

Il est urgent de coller les vins en tonneaux, 1° quand ils doivent faire un long trajet, parce que le voyage est une cause de fermentation; 2° toutes les fois que le vin subit quelque altération, parce que ce changement est un prélude de fermentation à laquelle on remédie par le collage; 3° lorsque les vins sont encore troubles avant le premier soutirage, ou lorsque après le soutirage ils n'ont pas repris toute leur transparence. Du reste, il s'en faut beaucoup que tous les vins soient également faciles à clarifier par le collage. Ceux qui ont fermenté mal à propos par suite d'accidents; ceux qui proviennent de terrains marécageux, d'années pluvieuses et froides; ceux, enfin, qu'on n'a pas soutirés quand il le fallait, reprennent difficilement leur limpidité, et souvent ne la reprennent pas du tout. Une cave qui ne remplit pas toutes les conditions voulues (*V.* CAVE), rend très-difficile la clarification du vin, et les temps orageux ne la favorisent pas davantage.

Quoique les vins qui proviennent de terrains marécageux, ou d'années froides et pluvieuses, résistent au collage ordinaire, il est pourtant un moyen de les clarifier. Il s'agit, pour cela, de retirer une cinquantaine de pintes d'une pièce de deux cent soixante bouteilles; on en fait chauffer trente ou quarante pintes, qu'on verse bouillantes sur la pièce dont on les a tirées; on colle alors, mais il ne faut remplir la pièce que jusqu'à deux pouces de son orifice, et poser le bondon sur la bonde sans le frapper. On sera encore plus sûr d'un bon résultat, si, dans la quantité de vin qu'on fait bouillir, on ajoute de six à douze livres de cassonade brute pour chaque pièce.

On traite de la même manière les vins blancs qui ne s'éclaircissent pas par les mêmes raisons.

Il arrive aussi aux liqueurs distillées, telles que l'eau-de-vie, le rhum, etc., de perdre leur transparence, soit parce qu'on y a ajouté de l'eau, ou qu'on les a mêlées avec des liqueurs ou des matières étrangères; le collage leur rend leur limpidité.

On emploie pour coller les vins et les autres liqueurs spiritueuses :

1° *Les cailloux calcinés*. Mais cette substance produit rarement une limpidité parfaite; les vins clarifiés par ce moyen déposent presque toujours.

2° *L'albâtre gypseux*, auquel il faut adresser le même reproche qu'aux cailloux calcinés.

3° *Le sable*, qui, quoi qu'on en ait dit, ne clarifie jamais parfaitement.

4° *Le papier gris*, qu'on emploie de manière à faire subir au vin une espèce de filtration; mais ce moyen, outre qu'il ne peut être employé de manière à atteindre toutes les parties du liquide, a de plus l'inconvénient de fatiguer les vins, et de leur enlever une partie de leur corps.

Toutes ces substances ne peuvent agir que d'une manière purement mécanique; voici celles qui agissent d'une manière purement chimique, c'est-à-dire qui se combinent plus ou moins avec les éléments du vin et qui, par conséquent, doivent agir avec plus d'efficacité.

Le blanc d'œufs clarifie parfaitement les vins rouges. Seulement il faut avoir soin de choisir les œufs bien frais, ceux qui sont gâtés communiqueraient aux vins un goût abominable. Quand le blanc d'œufs se coagule dans les vins rouges, ce qui leur arrive quand ces vins manquent de spiritueux, il faut mettre dans le tonneau un demi-litre d'esprit de vin, ou un litre d'eau-de-vie, par hectolitre de vin. De cette manière on précipite le blanc d'œuf. Quand il trouble la transparence des vins blancs, pour la clarification desquels on l'emploie quelquefois, on le précipite avec cin-

quante grammes de la *poudre de M. Julien* par pièce de deux cent dix à deux cent trente litres.

Le sang, qui agit aussi fort bien, surtout pour les vins blancs, quand on l'emploie tout chaud sortant des veines de l'animal, et après l'avoir battu avec une bouteille de vin tirée de la pièce qu'on veut clarifier; on en met un demi-litre pour cent cinquante bouteilles. Il est malheureux que ce liquide communique souvent aux vins un goût fade qu'ils conservent long-temps.

Le lait et la crème clarifient promptement; mais les vins sont sujets à s'aigrir après. Mêlés avec de la colle, ils sont employés quelquefois pour rétablir les vins blancs devenus jaunes.

La colle de Flandre, qui, outre qu'elle forme une lie très-volumineuse, fatigue les vins beaucoup plus que les autres colles, et laisse toujours un peu de son goût.

La gélatine d'os, qui agit assez bien, mais qui ne clarifie pas également bien tous les vins : quelques-uns, au bout de très-peu de temps qu'ils sont en bouteilles, forment un dépôt volumineux.

La colle de poisson, qui, bien préparée, clarifie bien les vins blancs, et se précipite promptement quand le temps est sec et frais; quand il est orageux ou pluvieux, elle reste souvent en suspension dans la liqueur. Lors même qu'elle s'est précipitée, elle remonte facilement, il suffit pour cela de la moindre commotion ou d'un changement de température : il n'est pas rare alors qu'il se manifeste dans le vin un mouvement de fermentation. Même sans cela, il peut arriver que le vin, d'abord limpide, se trouble plus tard. Enfin, il y a des vins que cette colle épaissit au lieu de les clarifier. Quand cela arrive, il faut soutirer le vin dans un tonneau neuf, dans lequel on met des copeaux de bois de chêne. La poudre de M. Julien est encore un très-bon moyen de précipiter la colle dans ce cas.

Voici la manière de préparer la colle de poisson pour coller les vins blancs d'après M. Julien.

Pour faire trois litres de colle, prenez deux gros de colle de poisson la plus blanche et la plus transparente; battez-la bien avec un marteau sur une bûche plantée debout, ou sur un billot bien propre afin de pouvoir l'effeuiller plus facilement. Déchirez ces feuilles en morceaux les plus petits possible, pour qu'ils dissolvent plus promptement; mettez-les dans un vase de faïence ou de terre vernissée, avec environ un décilitre de vin blanc, de manière qu'ils baignent dans le liquide. Au bout de sept à huit heures, la colle ayant absorbé le vin, on en remet une pareille quantité. Après vingt-quatre heures d'infusion, la colle est suffisamment détrempée et forme une gelée. Il faut alors y ajouter trois décilitres d'eau un peu chaude, la bien pétrir dans ses mains, afin d'écraser les petits morceaux qui ne sont pas entièrement dissous ; on la passe ensuite dans un linge propre, en ayant soin de bien presser pour en extraire le mucilage. Enfin on bat cette colle avec quelques brins de balai pendant environ un quart d'heure, en y ajoutant à mesure du vin blanc jusqu'à la concurrence de trois litres. Lorsqu'elle est refroidie, on la met dans des bouteilles que l'on a soin de bien boucher, et qu'on place à la cave pour s'en servir au besoin. Cette colle se conserve plusieurs mois sans s'altérer. Si le vin blanc qu'on a employé est faible, on peut y ajouter un décilitre d'eau-de-vie.

La colle de poisson peut aussi être préparée avec de l'eau seule ; mais, dans ce cas seul, il faut s'en servir promptement, car elle ne tarderait pas à se corrompre, surtout dans les temps chauds et pluvieux.

Lorsqu'il est urgent de coller des vins blancs, on peut accélérer la dissolution de la colle en employant de l'eau chaude, et même en la faisant bouillir jusqu'à entière dissolution, mais alors elle perd de sa qualité. Il faut la laisser refroidir avant de l'employer.

Pour coller une pièce de vin blanc contenant deux cent quarante à deux cent soixante bouteilles, après avoir retiré six à sept pintes de vin, prenez un litre de colle de poisson préparée comme je viens de le dire ; versez-la dans un vase de triple contenance avec une pinte de vin que vous avez retiré, et battez bien le tout avec un fouet ; introduisez un bâton fendu dans la pièce et agitez le liquide ; versez la colle et agitez de nouveau pendant deux ou trois minutes ; emplissez le tonneau et bouchez-le, comme je l'ai indiqué.

Quelques personnes sont dans l'usage de ne pas appuyer la bonde, ou de pratiquer un trou de foret à côté, et de ne fermer cet orifice que vingt-quatre heures après l'opération du collage. Je crois cette méthode vicieuse ; le contact de l'air peut mettre la liqueur en fermentation, et alors elle ne s'éclaircira que quand cette fermentation sera apaisée. La colle tombe au fond du tonneau par suite de la pesanteur qu'elle acquiert en se combinant dans la liqueur, et entraîne avec elle les molécules de lie qui y sont suspendues ; son poids ne peut pas être augmenté par le contact de l'air, il n'en a donc pas besoin pour se précipiter ; cependant, lorsqu'on colle les vins nouveaux qui fermentent encore, l'orifice pratiqué sur la pièce peut servir à donner issue au gaz acide carbonique qui se dégage avec force pendant cette fermentation. Mais quand on veut éclaircir des vins vieux qui ne fermentent plus, et qu'on tient depuis long-temps fermés, que peut produire le contact de l'air sur ce liquide, si ce n'est le développement des principes de fermentation qui existent dans tous les vins? La preuve que je puis en donner, c'est que, si au lieu de laisser la bonde ou le trou de foret ouverts pendant vingt-quatre heures seulement, on les laissait plus long-temps, la surface du liquide se couvrirait de fleurs, et le vin finirait par tourner à l'aigre ou à l'évent. La première de ces altérations est la suite de la fermentation, et la seconde de l'évaporation des parties spiritueuses. Par conséquent, si le vin est détérioré au bout de huit ou quinze jours, suivant la température, le principe de cette détérioration peut commencer à se développer plus ou moins sensiblement dans vingt-quatre heures. Maupin recommande de bien boucher les vins de France, et de laisser ouverts ceux d'Espagne.

Les vins muscats de Lunel et de Frontignan, ceux de Malaga, et les autres vins de liqueur, peuvent être collés avec la colle de poisson ; mais ces vins s'éclaircissent plus difficilement que les vins secs, et l'on est souvent obligé de les soutirer pour les coller une seconde fois.

Lorsque le vin est gras, on ajoute à la colle de la crème de tartre réduite en poudre très-fine, qu'on fait dissoudre en même temps. Si le vin est très-gras, on en met une demi-once : deux gros suffisent, s'il ne fait que commencer à filer. La même colle ne peut pas être employée avec un égal succès sur tous les vins, les bières, les cidres, etc. L'expérience a prouvé aussi que, parmi les vins de même espèce, il en est sur lesquels on est obligé de mettre une bien plus forte dose de colle, et d'autres sur lesquels on est obligé d'employer des moyens différents : une colle qui clarifie très-bien les vins vieux manque quelquefois son effet sur les vins nouveaux, tandis que celle dont l'effet est prompt et satisfaisant pour ceux-ci n'agit pas bien sur les premiers.

COMPOTE, terme de cuisine et d'office.

On fait des compotes de pigeons, de tourtereaux, de ramiers, de perdreaux, d'alouettes, etc., en les cuisant avec des carrés de petit-lard et dans du consommé qu'on assaisonne avec des cinq racines, des sept fines herbes et des quatre épices.

Les compotes de fruits sont des confitures qui ne sont pas assez cuites pour que leur forme en soit dénaturée, et qui, par cette préparation, conservent à peu près toute leur saveur originale ainsi que la fraîcheur de leur parfum, avantage qui ne se rencontre jamais au même degré dans les confitures au liquide, et encore moins dans les confitures sèches ou conserves. Les compotes sont destinées à être mangées le plustôt possible ; c'est-à-dire à peu près dans les cinq ou six heures qui succèdent au moment de leur préparation. On a remarqué qu'au bout de vingt-quatre heures elles avaient toujours beaucoup perdu de leur bonté. Presque tous les fruits connus sont susceptibles d'être apprêtés en compote ; et tout le monde sait quels sont les fruits de nos climats à qui cette préparation réussit le mieux. Voici les principales combinaisons qu'on peut appliquer à ce genre de comestible :

Compote de pommes, dite *à la paysanne* (*V*. ABRICOT).

Compote de pommes de reinette *à la gelée d'orange.*

Compote de pommes de calville rouge *à la gelée de framboises.*

Compote de cœur-de-pigeon *aux tranches de cédrat.*

Compote de pommes grillées *à la portugaise.*

Compote de poires *à la ménagère* (*V*. ABRICOT).

Compote de poires crues *à la Royale* (*V*. BON-CHRÉTIEN).

Compote de poires de bon-chrétien *mêlées de petits citrons confits.*

Compote de poires de martin-sec *à la portugaise.*

Compote de poires de rousselet *aux montants d'angélique.*

Compote de coings (*V. ci-dessus*).

Compote de pêches *à la coque.*

Compote de pêches royales *au jus de groseilles blanches.*

Compote de pêches de vigne *au vin de Clos-Rougeot.*

Compote de pêches tardives *au vin de Lunel.*

Compote de brugnons *à la ménagère.*

Compote de brugnons *glacés au candi.*

Compote d'abricots (*V. ci-dessus*).

Compote de prunes de reine-claude *au naturel.*

Compote de reine-claude *au rhum.*

Compote de prunes de mirabelle *mêlées de cerises.*

Compote de prunes de Damas jaune *au ratafia de fleur d'orange.*

Compote de framboises *mêlées de groseilles épipennées.*

Compote de verjus *au naturel.*

Compote de verjus *muscat au candi.*

Compote des quatre-fruits et de verjus rouge *en macédoine.*

Compote de cerises hâtives *à la bourgeoise.*

Compote de cerises *au marasquin.*

Compote de fraises ananas crues *au vin de Rivesaltes.*

Compote de fraises des bois *cuites au bain-marie.*

Compote d'oranges *au naturel.*

Compote d'oranges *à leur gelée.*

Compote d'oranges *à leurs zestes pralinés.*

Compote de citron doux *à l'écorce de cédrat.*

Compote de limons *à l'eau de vanille.*

Compote d'ananas crus *au vin grégeois* (*V*. ANANAS).

Compote de marrons *au jus de bigarade.*

Compote de marrons glacés *à la liqueur de cannelle.*

Compote de groseilles vertes *à la crème fouettée.*

Compote d'amandes vertes *à la purée de pistaches.*

Compote de nèfles *frites à la moelle et au vin de Bordeaux sucré.*

CONCOMBRE, variété du genre citrouille.

On mange le concombre cuit et cru; on en garnit des potages, on le farcit, on le met sous des viandes rôties, après l'avoir fait cuire au jus; on en fait des ragoûts en gras et en maigre; on le fricasse à la poêle; on l'apprête à la casserole, etc. Pour le manger cru en salade, il faut auparavant en faire découler l'eau, soit en le saupoudrant de gros sel, après l'avoir émincé par tranches déliées, et le remuant de temps en temps, soit en le laissant une nuit entre deux plats, et le pressant le lendemain pour en faire sortir le suc.

Ragoût de concombres pour garniture. — Faites-les mariner coupés par tranches, avec sel, poivre, un peu de vinaigre et deux ognons coupés. Ensuite pressez-les dans une serviette et passez-les avec du lard fondu; mouillez avec du jus et laissez cuire à petit feu. Liez la sauce, après l'avoir dégraissée, avec du blond de veau ou du coulis de jambon.

Concombres farcis. — Otez la superficie de trois concombres, et dégarnissez-en l'intérieur; lorsqu'ils seront bien vidés, remplissez-les d'une farce à quenelles; mettez-les sous des bardes de lard dans une casserole, et faites-les cuire à petit feu; trois quarts d'heure suffisent. Égouttez-les au moment de les servir chaudement, avec une sauce au blond de veau bien corsée.

Concombres à la poulette. — Étant blanchis et bien égouttés, faites-les sauter dans une casserole avec du beurre frais manié de fécule, et mouillez-les de crème et de bouillon; liez la sauce avec des jaunes d'œufs et un filet de vinaigre.

Salade de concombres (pour hors-d'œuvre). — Épluchez deux concombres qui ne soient pas trop mûrs : si le bout en est amer, les concombres ne valent rien et doivent être remplacés par d'autres; quand ils ne sont pas amers, ce dont on s'assure en goûtant le bout, on les émince en rond dans leur entier et le plus mince possible, et on les met dans un compotier, avec sel, poivre, vinaigre, un ognon haché en rouelles, et une pointe d'ail. On les laisse confire ainsi pendant deux ou trois heures, et on les assaisonne en salade en en retranchant l'ail et l'ognon haché.

CONFITURE. On appelle génériquement ainsi toute espèce de fruits, ou sucs de fruits, qu'on a fait cuire avec du sucre en y donnant assez de consistance pour qu'ils puissent se conserver sans altération pendant *quinze* ou *seize* mois, lorsqu'on les tient dans un endroit sec et sain.

On peut ranger les confitures en quatre divisions principales :

1° Les gelées, qui ne contiennent que le suc des fruits;

2° Les marmelades, qui en contiennent toute la substance.

3° Les pâtes, qui ne sont que des gelées épaissies par une addition de sucre, et soumises à une évaporation qui les concentre.

4° Les conserves, espèces de marmelades faites à froid avec du sucre et des fleurs, des feuilles, des tiges, des semences, et quelquefois des racines aromatiques.

Nous allons premièrement nous occuper des gelées de fruit.

Gelées.

Gelée de groseilles. — Pour faire de la gelée translucide, il faut prendre des groseilles qui ne soient pas très-mûres; lorsqu'elles le sont tout-à-fait, la gelée est toujours louche, on est obligé de la clarifier, ce qui améliore l'apparence et diminue la qualité.

Si on veut que la gelée ne soit pas de couleur trop foncée, on mêle de la groseille blanche avec la rouge. La groseille ayant peu d'arôme, on y ajoute ordinairement des framboises.

Il faut une livre de sucre par livre de fruit pour faire de bonne gelée de groseilles; pour la faire très-belle, la proportion du sucre doit être de cinq quarterons par livre de fruit. Les confitures ne reviendront pas à un plus haut prix dans un cas que dans l'autre.

Prenez 12 livres de groseilles rouges.
3 livres de groseilles blanches.
1 livre environ de framboises.
16 livres de sucre blanc et sec.

Égrenez les groseilles et épluchez les framboises; mettez celles-ci à part et saupoudrez les unes et les autres de sucre en poudre, lit par lit. Laissez macérer pendant sept à huit heures.

On peut mettre tout de suite et sans macération préalable les groseilles égrenées et le sucre cassé en morceaux gros comme des noix, dans la bassine, en mêlant bien le tout avec une spatule de bois (celles de fer peuvent noircir ou au moins foncer la couleur du suc). Cette opération froisse un peu les groseilles et les dispose à crever par l'action du feu et à rendre leur jus.

Commencez à petit feu et augmentez-le à mesure qu'il se rassemble du jus au fond de la bassine. Lorsque les groseilles sont bien crevées, que le sucre est bien fondu et que toute la masse est en grande ébullition, trempez la spatule dans le jus et laissez-en tomber quelques gouttes sur une assiette que vous éloignez de la chaleur, ou, ce qui est mieux, dans une grande cuillère d'argent que vous tenez dans une assiette à soupe remplie d'eau fraîche.

Par ce moyen, le refroidissement est rapide et l'on peut examiner si la gelée a acquis la consistance nécessaire pour la conservation. Pour cela on incline la cuillère, et si les gouttes de gelée ne se déplacent qu'avec beaucoup de lenteur, la gelée est assez cuite.

Il vaut mieux que la gelée manque d'un peu de cuisson que d'en avoir trop; dans le premier cas, le remède est très-facile; on la remet sur le feu le lendemain et on lui fait jeter quelques bouillons; dans le second il n'y a rien à faire.

La gelée faite par ce procédé se conserve d'ailleurs très-bien, quoique gardant encore de la liquidité, et elle a l'avantage d'être parfaitement soluble dans l'eau chaude et de former ainsi une eau de groseilles beaucoup plus agréable que celle qu'on fait avec du sirop, dans lequel on ne peut employer le jus de groseilles qu'après l'avoir fait fermenter.

Aussitôt que vous avez reconnu que la gelée est assez cuite, ajoutez les framboises, faites-les plonger avec l'écumoire, et après quelques bouillons, retirez la bassine du feu, et versez tout son contenu dans un grand tamis de crin posé au-dessus d'une terrine : laissez couler sans expression : couvrez seulement le tamis d'un linge plié en double pour que la chaleur se conserve plus long-temps. Lorsque le marc est assez refroidi pour qu'on puisse y toucher sans se brûler, et qu'il n'en découle plus rien, retirez le tamis, et remplissez avec les confitures les pots que vous avez préparés d'avance.

Il faut alors exprimer le marc sous une presse, si vous en avez une, ou dans un linge bien blanc que l'on tord à force de bras. Le jus que l'on obtient ainsi doit être mis dans des pots à part. Il donne des confitures très-bonnes pour l'usage de la cuisine, mais moins délicates et moins transparentes que les premières.

Il reste du sucre dans le marc. Il y a deux moyens de l'utiliser : l'un consiste à jeter dessus de l'eau chaude et à passer le tout à la chausse jusqu'à ce que l'eau soit claire. Ces eaux sont assez agréables à boire; mais on ne saurait les conserver plus de quarante-huit heures.

Il y a des personnes qui opèrent différemment pour faire de la gelée de groseilles. Elles commencent par faire crever les groseilles, et elles en expriment le suc; elles remettent ce suc sur le feu et y ajoutent alors le sucre en morceaux ou réduit en sirop et clarifié.

Ce procédé a pour objet d'éviter la perte du sucre qui reste dans le marc lorsqu'on opère d'après le procédé ci-dessus; mais on n'obtient jamais, en faisant crever les groseilles seules, une gelée aussi parfumée et aussi limpide que par le procédé dont nous recommandons l'usage.

Gelée de groseilles à froid. — On écrase les groseilles après les avoir égrenées, et on en exprime le jus.

Ce jus est mis dans des pots qu'on ne doit pas remplir entièrement; on en couvre la surface avec du sucre en poudre qui est bientôt absorbé, et on renouvelle cette opération, à des intervalles plus ou moins longs, jusqu'à ce que le jus n'absorbe plus de sucre, alors on couvre les pots. Cette confiture est parfaitement bonne, mais il est difficile de la conserver plus de quatre à cinq mois.

Couverture des pots. — La couverture des pots est une chose essentielle pour la conservation des confitures. Il est vrai que lorsqu'elles sont bien faites, elles ne s'altèrent pas au contact de l'air; mais elles perdent une partie du liquide qu'elles conservent et prennent par là une consistance trop forte.

Pour couvrir les confitures, on applique d'abord à leur surface une rondelle de papier trempé dans l'eau-de-vie; cette rondelle doit être aussi grande que l'ouverture du pot; il vaut même mieux qu'elle soit un peu plus grande, afin qu'elle ne laisse rien à découvert. Dans ce cas, on donne tout autour des coups de ciseaux dirigés vers le centre, afin que les bords puissent se relever sur le contour du pot sans faire de plis.

On couvre ensuite le pot avec un papier double qu'on rabat sur les parois et qu'on attache avec une ficelle fine ou un gros fil.

On peut aussi couvrir avec des papiers trempés dans l'eau. Après les avoir égouttés, on les pose sur le pot, on y applique la main gauche pour appuyer le papier sur les bords; en même temps, avec la main droite, on tire en bas le papier qui déborde et qui se détache à l'endroit où il touche le bord du pot; on passe le doigt tout autour pour rendre le contact plus parfait, et on laisse sécher dans un endroit à l'abri du soleil et des courants d'air qui, en rendant la dessiccation trop rapide, feraient détacher le papier.

Lorsque celui-ci est sec, il est bien tendu et adhère fortement aux bords du pot. Cette couverture, qui est celle des religieuses, personnes très-habiles en confitures, est très-propre et très-judicieusement calculée.

Il faut toujours employer du papier collé, c'est-à-dire du papier bon pour écrire; le papier dit d'*office* n'est pas collé, il absorbe trop aisément l'humidité de l'air.

Les pots de confitures doivent être conservés dans des armoires placées dans un endroit très-sec.

Gelée de pommes à la façon de Rouen. — Pelez des pommes de reinette avec un couteau à lame d'argent; cette précaution est essentielle pour empêcher leur jus de se colorer. Jetez les pommes pelées dans une terrine de grès, ou dans un vase de faïence rempli d'eau; ajoutez à cette eau le jus d'un ou de plusieurs citrons suivant la quantité de gelée que vous faites.

Mettez les pommes dans une bassine avec assez d'eau pour les baigner complètement. On emploie à cet usage l'eau acidulée dans laquelle on a mis les pommes épluchées.

Quand les pommes commencent à se fondre, versez tout ce qui est dans la bassine sur un tamis de crin ; ne pressez pas le marc, laissez-le seulement égoutter ; mettez dans le jus qui a passé poids égal de sucre très-blanc ; versez le tout dans la bassine, et faites bouillir jusqu'à ce que la gelée vous donne les mêmes signes que celle de groseilles ; il est temps alors de la retirer ; mais auparavant il faut y mettre de l'écorce de citron coupée en petits filets ; laissez bouillir une minute ou deux, ensuite retirez la bassine du feu ; enlevez les filets avec une écumoire, remplissez les pots avec la gelée et distribuez par dessus les filets de citron.

On peut utiliser la pulpe des pommes qui ont servi à faire la gelée : on les écrase sur un tamis, on ajoute à la pulpe du jus de citron pour suppléer à l'acide qu'elle a perdu, et on achève de la cuire avec suffisante quantité de sucre et un bâton de cannelle : on obtient ainsi une compote qui peut être utile à l'office.

Il y a des personnes qui ne pèlent pas les pommes, et qui les font bouillir après les avoir lavées et brossées dans l'eau froide. On n'obtient pas, par ce procédé, une gelée aussi blanche, mais elle a davantage le goût de fruit ; car c'est une chose remarquable que l'arôme de la plupart des fruits réside dans l'écorce.

On emploie exclusivement les pommes de reinette pour faire la gelée de pommes : on en fait cependant d'excellente avec d'autres espèces. Le motif de la préférence accordée à la pomme de reinette est qu'elle contient assez d'acide pour ne pas faire une gelée trop fade ; cependant on y ajoute encore du jus de citron.

On peut donc, par l'addition du jus de citron, obtenir de bonne gelée de presque toutes les pommes douces.

Les reinettes d'Angleterre et du Canada en donnent de très-belle ; mais il faut y ajouter une assez forte dose de jus de citron.

La reinette grise porte assez d'acide pour qu'il ne soit pas nécessaire d'en ajouter ; mais il est indispensable de la peler, à cause du goût d'amertume qui est attaché à sa pelure.

La pomme dite de Fenouillet, qui a un arôme particulier, donne aussi une gelée très-agréable ; et quoique sa peau soit grise, on ne doit pas la peler, il faut se contenter de la brosser dans l'eau.

Gelée de pommes déguisée. — Comme la gelée de pommes a peu ou point de parfum qui lui soit propre, la gelée qu'on en tire est un très-bon excipient pour celui qu'on veut y introduire. Nous allons indiquer quelques prescriptions qui suffiront pour faire connaître la marche à suivre.

Gelée de fleurs d'oranger. — Si vous avez employé dix livres de sucre, au moment où la gelée de pommes est à son point, retirez la bassine du feu et laissez l'ébullition tomber tout-à-fait ; alors versez et mêlez rapidement dans la gelée quatre onces de teinture de fleurs d'oranger préparée dans la saison, de la manière suivante :

Prenez les pétales de deux livres de fleurs d'oranger, roulez-les dans du sucre en poudre fine et mettez-les dans un bocal ; versez par-dessus la fleur un litre d'esprit à 28 degrés ; laissez infuser pendant douze heures ; passez avec expression légère ; filtrez et conservez dans un flacon bien bouché.

Lorsqu'on met cette teinture dans la bassine, la gelée est encore assez chaude pour faire évaporer l'esprit, tandis que l'arôme, dont la teinture est chargée, se combine avec le sucre.

Gelée d'oranges. — Lorsqu'on fait cuire les pommes, au lieu de jus de citron, on ajoute le jus de six ou huit oranges dont on a enlevé les zestes.

Lorsque ensuite la gelée est à son point de cuisson, on y jette les zestes d'oranges, on lui fait jeter un bouillon et on retire la bassine du feu ; lorsque l'ébullition est tout-à-fait tombée, on retire les zestes avec une écumoire, et on remplit les pots de conserve.

Gelée de roses. — On fait cette confiture en jetant dans la bassine une quantité suffisante d'eau double de roses. On délaie un peu de carmin, et on le mêle à la gelée de manière à lui donner une belle couleur de rose pâle.

On peut procéder de même avec toutes les teintures, de manière à obtenir avec la seule gelée de pommes une infinité de confitures toutes différentes par l'arôme et la saveur. Avec le carmin on les colore en rose ; avec une solution aqueuse de safran, en jaune, etc.

Gelée de coings (*V.* ci-dessus).

Gelée de cerises. — Écrasez des cerises et séparez-en les noyaux, à l'exception d'environ un huitième que vous laisserez et qui contribueront à donner un goût d'amande à la gelée.

Comme les cerises ont peu de disposition à se prendre en gelée, ajoutez un quart de groseilles égrenées et à moitié écrasées.

Mettez le tout dans une bassine avec trois quarterons de sucre par livre de fruit ; mettez livre pour livre si les cerises sont très-aqueuses et très-acides.

Portez à l'ébullition et entretenez-la pendant un quart d'heure ; versez alors le contenu de la bassine sur un tamis posé au-dessus d'une terrine de grès; laissez égoutter. Lorsque le marc est suffi-samment refroidi, exprimez-le à la presse ou en le tordant dans un linge.

Remettez le jus dans la bassine, poussez à l'é-bullition et entretenez-la jusqu'à ce que la gelée ait acquis la consistance prescrite; retirez la bas-sine du feu, et remplissez les pots lorsque la gelée est assez refroidie.

Le marc peut être traité comme celui de gro-seilles, et ce qu'on en tire est un bon ingrédient pour les cerises à l'eau-de-vie qu'on doit faire plus tard.

Marmelades.

Lorsque les marmelades sont faites avec peu de sucre, on est obligé de les faire cuire long-temps pour les amener au degré de consistance conve-nable. Si au contraire on y ajoute une quantité suf-fisante de sucre qui s'empare de la partie aqueuse, on est dispensé de les concentrer aussi fortement; elles restent beaucoup plus liquides et plus parfu-mées.

Dans les très-grandes maisons, on est dans l'u-sage de faire toutes les marmelades avec du sucre clarifié et cuit ce qu'on appelle à la grande plume; on obtient par là un peu plus de blancheur, mais on conserve moins de goût de fruit; d'où vient qu'avec cette méthode on perd plus qu'on ne ga-gne.

Le sucre cristallisé *confusément,* comme ce-lui qui est en pains, a une merveilleuse propriété pour se charger des parfums de tous les corps avec lesquels on le met en contact; cette propriété pa-raît tenir surtout à sa porosité; aussi ne la retrouve-t-on qu'à un degré plus faible dans le sirop; en versant du sirop sur des fruits, il se charge très-peu de leur parfum; il s'en charge bien moins en-core si on jette, comme on le fait, les fruits dans le sirop bouillant. Comme le sirop a une chaleur bien supérieure à celle qui détermine l'évaporation de l'eau, la partie aqueuse des fruits se réduit en vapeurs qui emportent avec elles presque tout leur parfum. Messieurs les officiers de *bouche* font très-bien en sacrifiant la réalité à un peu d'ap-parence; ils servent leurs maîtres d'après leur goût; mais pour avoir d'excellentes confitures, il faut suivre les procédés développés ici et dont une longue expérience a confirmé les avantages.

Marmelade d'abricots (V. ABRICOTS).

Marmelade de pêches. — Prenez des pêches d'automne bien mûres, ce sont celles qui ont le plus de saveur et de parfum; pelez-les : si la peau est difficile à enlever, plongez-les une minute dans l'eau bouillante, alors la peau s'enlèvera sans dif-ficulté.

Ouvrez les pêches, et après en avoir séparé les noyaux, rangez-les lit par lit que vous saupoudre-rez de sucre. Laissez-les macérer ainsi dans un endroit frais pendant douze ou quinze heures.

Mettez-les ensuite dans une bassine avec au moins une livre de sucre par livre de fruit; cinq quarterons ne sont pas de trop; avec une livre et demie, il n'est pas nécessaire de faire bouillir si long-temps, et la marmelade conserve davantage le goût de la pêche.

Il faut casser quelques noyaux, peler les aman-des, et les traiter comme il a été dit pour la mar-melade d'abricots. On passe au tamis de crin comme à l'ordinaire.

Marmelade de mirabelles. — Prenez de la mirabelle très-mûre. La petite espèce, qui est un peu piquée de rouge, est la meilleure. La grosse a beaucoup moins de sucre et de parfum. Ouvrez-les pour en séparer les noyaux et faites-les macé-rer jusqu'au lendemain, avec du sucre en poudre, à raison d'une demi-livre de sucre par livre de fruit; avec trois quarterons la marmelade sera par-faite.

Faites cuire, passez au tamis, etc.

Ordinairement on se dispense de passer cette marmelade, ainsi que toutes celles de prunes et d'abricots; elles sont toujours fort bonnes, quoique moins parfaites que celles qui ont été pulpées à travers un tamis.

On choisira le procédé qui convient le mieux.

Marmelade de cerises. — Prenez des ceri-ses bien mûres sans être tournées, c'est-à-dire qui n'aient pas perdu leur transparence; ôtez-en les noyaux et les queues; on peut se dispenser de les faire macérer; cependant si on en fait une grande quantité à la fois, il est bon de les couvrir de sucre en poudre pour les empêcher de s'échauffer. Fai-tes cuire à grand feu, comme toutes les confitures; ne passez pas au tamis.

Il faut trois quarterons de sucre pour faire de belle marmelade de cerises. On peut même aller jusqu'à livre pour livre si les cerises sont très-aqueuses.

On doit préférer les cerises communes, parce qu'elles donnent une marmelade plus parfumée que les cerises douces.

Marmelade de framboises. — Mettez une livre, ou mieux encore cinq quarterons de sucre par livre de fruit. Faites macérer pendant trois ou quatre heures avec le sucre en poudre.

Mettez ensuite les framboises dans une bassine et faites cuire à grand feu; aussitôt que les fram-boises seront bien fondues, versez le tout sur un tamis assez fin pour que les graines, qui sont très-petites, ne puissent passer à travers. Faites passer la pulpe à travers le tamis en frottant avec une spatule ou une cuillère.

Remettez la pulpe dans la bassine avec l'autre moitié du sucre ; chauffez vivement jusqu'à ce que la marmelade ait pris la consistance convenable. Retirez la bassine du feu, et empotez lorsque la chaleur est tombée.

Marmelade de verjus. — Prenez du verjus lorsque les grains commencent à être transparents ; plus tôt il est acerbe, plus tard il a peu de saveur. Il faut l'égrener et enlever les pepins avec un cure-dent.

Mettez le verjus épluché dans la bassine avec poids égal de sucre cassé en morceaux ; faites cuire à grand feu ; ne passez pas au tamis lorsque la marmelade est à son point.

Si on passe au tamis, de manière que les pellicules restent à la surface, on obtient une gelée de verjus qui est fort agréable.

Marmelade anonyme. — Prenez des fruits d'églantiers cueillis après les premières gelées, qui les attendrissent ; ôtez les queues et les calices qui restent adhérents ; fendez-les et enlevez avec soin toutes les graines. Ces graines sont velues, et c'est à l'effet qu'elles produisent quand on les avale que le fruit de l'églantier doit son nom populaire.

Il est bon de faire cet épluchage avec un couteau à lame d'argent ; mettez les églantines épluchées dans une bassine avec assez d'eau pour les baigner ; faites cuire tout doucement ; quand les églantines cèdent sous le doigt, pulpez-les sur un tamis de crin, et si la pulpe passe mal, pilez-les auparavant dans un mortier de marbre ; mettez dans l'eau où elles ont cuit leur poids de sucre, faites réduire, et quand le sirop aura pris de la consistance, ajoutez la pulpe.

Faites bouillir encore jusqu'à ce que la marmelade ait en refroidissant plus de fermeté que celle des autres fruits. Mettez dans des pots d'un petit volume.

Cette marmelade est agréable, mais elle est fortement astringente ; c'est un bon stomachique dont il ne faut pas abuser.

Marmelade de fraises. — Le parfum de la fraise est très-fugace ; il s'évapore infailliblement lorsqu'on expose le fruit à une forte chaleur dans un vase découvert.

Épluchez de belles fraises de bois bien mûres et bien parfumées, couvrez-les de sucre en poudre fine, lit par lit, et laissez-les macérer pendant une heure ou deux au plus ; écrasez-les ensuite dans un mortier de marbre, en ajoutant du sucre jusqu'à ce que le tout forme une pâte bien liée ayant la consistance d'une marmelade ordinaire. Faites cette opération par parties, et déposez à mesure ce qui est pilé dans un bocal de verre qui puisse se fermer avec un bouchon de liége bien ajusté.

Plongez le bocal bien bouché dans un bain-marie dont l'eau sera entretenue à l'ébullition pendant une couple d'heures. Il n'est pas nécessaire que l'eau bouille à gros bouillons, il suffit que l'ébullition se manifeste.

Quand vous verrez que la masse qui remplit le bocal est bien fondue et bien homogène, laissez tomber le feu, et quand l'eau du bain-marie sera assez refroidie pour qu'on puisse y tenir la main, retirez le bocal.

Marmelade de poires. — Prenez des poires de rousselet, de martin-sec, de Messire Jean, de bon-chrétien, de royale d'hiver, ou toute autre espèce de bonnes poires cassantes. N'employez à la fois qu'une seule espèce, parce que si vous en employiez plusieurs, elles ne seraient pas cuites en même temps.

Pelez les poires et coupez-les par quartiers. Une demi-livre de sucre par livre de fruit suffit amplement ; on peut en mettre moins, quoique par les raisons exposées précédemment ce soit à peu près la même chose, sous le rapport économique, de mettre peu ou beaucoup de sucre.

Mettez les poires dans une bassine avec assez d'eau pour les baigner, faites cuire à grand feu ; quand les poires cèdent sous le doigt, retirez-les avec une écumoire, et mettez le sucre dans l'eau où elles ont cuit.

Pendant que le sucre se fond, écrasez les poires sur un tamis un peu clair ou dans une passoire ; recevez la pulpe dans une terrine. Quand le tout est passé, mettez la pulpe dans la bassine et achevez de faire réduire au point de consistance convenable. On le reconnaît aux mêmes signes que pour les autres confitures.

L'avantage que vous aurez en mettant une demi-livre de sucre dans cette marmelade, c'est que vous pourrez la conserver plus liquide.

Si vous préférez que les poires restent en quartiers ou par moitié, ce qui permettra de les servir en compote, faites fondre votre sucre avec moitié de son poids d'eau ; faites bouillir à grand feu ; quand les poires sont cuites, si le sirop a assez de consistance, versez le tout dans des pots ; si le sirop n'est pas assez cuit, retirez les poires, distribuez-les dans les pots que vous achèverez de remplir avec le sirop lorsqu'il sera suffisamment cuit.

Un peu de cannelle dans cette marmelade lui donne un parfum très-bienséant.

Raisiné de poires à la paysanne. — Dans presque tous les vignobles on fait cuire des poires coupées en quartiers avec du moût de raisin qui n'a pas encore subi la fermentation. Cette confiture n'est pas désagréable, mais elle est un peu trop acide; pour la rendre tout-à-fait bonne, voici le procédé qu'il faut suivre.

Prenez du moût de raisins blancs, ou même de raisins noirs exprimés sous le pressoir; faites-le bouillir à grand feu jusqu'à ce qu'il soit réduit d'un quart; laissez-le refroidir jusqu'à ce qu'on puisse y tenir le doigt; versez-y du blanc d'Espagne ou de la craie délayée dans de l'eau; mêlez bien la craie avec le moût; il se fait une vive effervescence; lorsqu'elle est apaisée, on ajoute une nouvelle portion de craie, et on continue ainsi jusqu'à ce que l'effervescence diminue sensiblement. Si on mettait davantage de craie, le moût serait entièrement désacidifié, et il est bon qu'il reste acide pour que le raisiné ne soit pas trop fade. On laisse reposer pendant une nuit; il se forme un dépôt abondant. Le lendemain, décantez ce qui surnage le dépôt, et passez à la chausse ce qui peut se trouver trouble au fond; passez et repassez jusqu'à ce que le moût passe bien clair.

Remettez le moût sur le feu avec quelques blancs d'œufs battus dans l'eau, faites bouillir et enlevez les écumes.

Mettez alors les poires pelées et coupées en morceaux dans le moût. Les meilleures poires à employer sont celles de Messire Jean, de Martainsec et de bon-chrétien. Faites bouillir jusqu'à complète cuisson des poires et réduction suffisante du moût.

Si vous trouvez que le raisiné est trop fade, parce qu'il a été trop désacidifié, vous pouvez y remédier en ajoutant dans la bassine une portion de moût frais.

Si vous ne pouvez vous procurer du moût, vous pouvez en faire en faisant écraser et en tordant dans un linge des raisins blancs. N'égrenez pas les raisins avant de les écraser, car vous en viendriez difficilement à bout; écrasez les grappes entières; retirez ensuite les rafles; procédez pour ce moût comme pour celui de pressoir.

Dans les pays à cidre, on fait la même confiture avec le cidre sortant du pressoir; comme le suc de pommes est très-doux, il n'est pas nécessaire de le désacidifier.

Enfin, en faisant bouillir avec de l'eau les pelures et les cœurs des poires, on en tire un sirop qui, après avoir été clarifié, et en y ajoutant un peu de sucre, est très-bon pour faire cuire les poires coupées en quartiers.

Raisiné de coings à la dauphinoise. — On pèle les coings après les avoir bien brossés pour en enlever le duvet. On met les pelures à part, on coupe les coings par morceaux et on en retire les cœurs.

On prépare le moût comme pour le raisiné de poires, excepté qu'on y ajoute avant la désacidification les pelures et les cœurs des coings. Pour le surplus on procède comme pour le raisiné de poires.

On pourrait faire aussi un raisiné de pommes, qui serait nécessairement en marmelade et qu'il faudrait passer au tamis avant que la cuisson ne fût complète; on aromatise cette marmelade avec de la cannelle.

Pâtes de fruits.

Les pâtes de fruits sont des gelées auxquelles on a donné plus de consistance, en les cuisant davantage et en les évaporant ensuite à la chaleur de l'étuve, où on les expose en surfaces minces. Ces pâtes, renfermées dans des boîtes bien closes et tenues dans un endroit ni humide ni trop sec, se conservent parfaitement.

Pâte d'abricots (V. ABRICOTS).

Pâte de prunes. — On fait une pâte agréable avec de la marmelade de mirabelles passée au tamis. Pour l'avoir plus belle, on la fait avec une plus forte dose de sucre; on est dispensé alors de la faire cuire aussi long-temps que lorsqu'il y en a moins, et elle en conserve mieux sa couleur et son goût.

Pâte de pommes. — On la fait avec une belle gelée de pommes; on peut aussi mettre en pâte toutes les gelées de pommes dans lesquelles on a introduit divers aromates.

Toutes ces pâtes se font comme celle d'abricots.

Cotignac (V. COING).

Pâtes de fruits variés. — Tous les fruits dont on fait des gelées ou des marmelades peuvent être convertis en pâtes, en suivant les procédés ci-dessus. Il ne s'agit toujours que de donner plus de consistance aux unes ou aux autres, ce qu'on obtient en les exposant en couches minces à la chaleur, et ensuite au courant d'un air sec.

Pourvu qu'on ait des gelées ou des marmelades, on peut faire des pâtes en toute saison; il ne s'agit que de mettre les gelées ou les marmelades dans une bassine et de les faire amollir en chauffant doucement; si elles avaient pris par le temps trop de consistance, on pourrait ajouter un peu de sirop pour en faciliter la fusion.

Il faut se hâter d'enlever les pâtes de dessus les assiettes, parce que, tant qu'elles y sont, elles ne se dessèchent que par un seul côté de leur surface.

Pâtes de fruits au transparent. — Tirez le jus des pommes en procédant comme pour faire de la gelée; passez au tamis fin et remettez dans la bassine; faites dissoudre dans ce jus une once de gomme arabique par livre. Lorsque la gomme est bien dissoute, retirez la bassine, versez le tout dans une terrine, et laissez refroidir jusqu'à ce qu'on puisse tenir le doigt dans le liquide sans se brûler.

Battez quelques blancs d'œufs avec un peu d'eau, et introduisez-les dans le jus que vous remettez dans la bassine; mêlez bien le tout, portez à l'ébullition, et enlevez les écumes à mesure qu'elles se forment.

Si après avoir bien écumé il restait quelques corps flottants dans le liquide, il faudrait le passer à travers une étamine.

Le jus bien clarifié, on y ajoute une demi-livre ou trois quarterons par livre de beau sucre cassé en morceaux; on le fait fondre en modérant le feu, et lorsqu'il est totalement fondu, on chauffe vivement et l'on continue jusqu'à ce que le sirop ait pris beaucoup de consistance. On reconnaît qu'il est au point convenable, lorsqu'en en laissant tomber quelques gouttes dans une cuillère posée sur une assiette remplie d'eau, elles se figent promptement et ne prennent que peu de mouvement lorsqu'on incline la cuillère.

Retirez alors la bassine du feu; laissez un peu refroidir et distribuez la pâte sur des assiettes en couches épaisses de quatre à cinq lignes; laissez refroidir complètement en exposant les assiettes dans un courant d'air; portez-les ensuite à l'étuve, où on peut les laisser, pourvu que l'étuve ait un courant d'air qui emporte les vapeurs à mesure qu'elles se forment. Retournez les plaques aussitôt qu'elles ont pris assez de consistance, et posez-les sur des feuilles de papier.

Si vous n'avez pas d'étuve chauffée, servez-vous d'un four doux; mais n'y laissez les assiettes que le temps nécessaire pour qu'elles prennent la température du four; exposez-les ensuite à l'air libre, et répétez cette manœuvre jusqu'à ce que la pâte ait pris assez de consistance pour être enlevée; posez-les alors sur des feuilles de papier, et continuez à les faire sécher.

Pâte transparente d'abricots, de prunes, etc. — Exprimez à froid le suc des fruits; mettez-le dans une bassine avec deux ou trois onces de gomme arabique, selon le plus ou moins de consistance du suc.

Lorsque la gomme est bien fondue, clarifiez au blanc d'œuf en procédant comme ci-dessus; ajoutez le sucre, et terminez comme pour la gelée de pommes.

On peut faire ainsi des pâtes d'abricots, de pêches, de prunes, de framboises, de cerises, de raisins, de verjus.

Ces pâtes sont très-bonnes et peuvent remplacer avec avantage la pâte de jujubes.

CONSERVES. Les conserves sont composées de substances végétales sèches ou fraîches qu'on incorpore avec une quantité suffisante de sucre et d'eau, pour en faire une pâte assez consistante, mais toujours molle.

On en fait aussi avec des marmelades de fruits.

Voici quelques recettes des unes et des autres.

Conserve d'absinthe.

Prenez sommités d'absinthe sèches
et pulvérisées. . . . . . . 1/2 once.
Sucre blanc en poudre. . . 8 onces.
Eau distillée d'absinthe quantité suffisante.

(*V.* pour la dessiccation des plantes aromatiques, page 41.)

Lorsqu'on veut pulvériser l'absinthe et en général toutes les plantes sèches, il faut auparavant les exposer au soleil, jusqu'à ce qu'elles se pulvérisent en les froissant entre les doigts; à défaut de soleil, on peut les faire sécher sur un plateau de fer-blanc à rebords, dont on recouvre une casserole dans laquelle on entretient de l'eau bouillante.

Lorsque l'absinthe est suffisamment sèche, on la divise avec des ciseaux et on la pile dans un mortier de fer avec un pilon de même métal; les mortiers de cuivre doivent être rejetés, à moins qu'on ne s'astreigne à les entretenir avec le plus grand soin; ce qui suppose qu'on les fera récurer au sablon chaque fois qu'on s'en sera servi, et qu'on répétera cette opération avant de les employer de nouveau.

Lorsque la plante est bien pulvérisée, on la passe dans un tamis couvert à travers une gaze de soie. On repile ce qui reste sur le tamis pour le passer encore; cependant lorsqu'on travaille sur des substances communes, on peut s'en tenir à un seul pilage et jeter le résidu.

On met la poudre dans un mortier de marbre ou de verre; on ajoute le sucre en poudre, et on mêle bien le tout ensemble, en versant peu à peu de l'eau distillée de la substance employée, ou, à défaut, de l'eau pure. L'eau distillée de la plante est très-préférable.

On continue à remuer avec le pilon jusqu'à ce que la poudre et le sucre forment une pâte bien homogène et qui ait la consistance d'une marmelade très-cuite.

Alors on enlève la conserve avec une spatule, et on en emplit des petits pots qu'on couvre bien. On les enferme dans un endroit sec.

La conserve d'absinthe est un excellent stomachique à la dose d'un demi-gros à un gros.

Conserve de fleurs d'oranger.

Fleurs d'oranger séchées et pulvérisées. 1|2 once.
Sucre en poudre fine . . . . 8 onces.

Faites comme ci-dessus, en mouillant avec de l'eau double de fleurs d'oranger.

C'est encore un bon stomachique.

Ou bien :

Prenez pétales séparés des calices. 2 onces.
Sucre. . . . . 8 onces.

Broyez les pétales avec un peu de sucre, et ajoutez-en successivement jusqu'à ce que le tout forme une pâte bien homogène, dans laquelle on ne puisse plus distinguer les débris des pétales ; si la pâte devient trop sèche, ajoutez un peu d'eau de fleurs d'oranger.

Mettez la conserve dans de très-petits pots.

Conserve de roses muscates.

Prenez pétales de roses séparés des calices. 2 onces.
Sucre. . . . . 8 onces.

Procédez comme ci-dessus.

Les roses communes (roses à cent feuilles) donnent une conserve qui est légèrement laxative.

Celle qu'on obtient en employant les roses dites de Provins est astringente.

On peut traiter de même toutes les fleurs qui perdent leur parfum en séchant ; c'est le plus grand nombre. Quant aux plantes aromatiques, il est plus avantageux de les employer en poudre sèche.

Conserve d'angélique à la façon des Visitandines de Niort.

— Prenez des tiges bien fraîches d'angélique ; épluchez-les en enlevant les feuilles et en raclant les tiges ; blanchissez-les à l'eau bouillante, et plongez-les ensuite dans l'eau froide. Il faut que l'eau bouille avant le blanchissage ; c'est le moyen de conserver la verdeur des tiges : on ne doit les retirer que lorsqu'elles sont un peu amollies.

Divisez ces tiges en tronçons que vous pilerez dans un mortier en ajoutant un peu de sucre et d'eau, de manière à former une bouillie épaisse ; versez le tout sur un tamis et faites passer la pulpe au travers. Rassemblez la pulpe ; mettez-la dans un mortier et ajoutez successivement, et en pilant toujours, assez de sucre pour que la pulpe acquière la consistance requise.

On peut traiter de même les tiges de céleri et les feuilles tendres de fenouil.

Conserves de fruits entiers.

Abricots confits (V. page 9).

Prunes confites. — Les prunes de reine-claude, de mirabelle et de perdrigon, sont les meilleures à confire. Il faut les prendre un peu avant leur maturité.

On n'en retire pas les noyaux, qui sont trop adhérents à la chair pour qu'on puisse les faire sortir sans déformer le fruit. Il faut les piquer avec une épingle en divers endroits, pour qu'elles puissent rendre leur eau et se pénétrer de sirop sans crever.

On suit le même procédé que pour les abricots : mais au lieu de trois opérations, il en faut cinq ou six en concentrant toujours le sirop qui se décuit chaque fois qu'on le verse sur les prunes, parce qu'il absorbe une partie de l'eau qu'elles contiennent.

A la dernière *cuite*, lorsque le sirop est à peu près au perlé, on y jette les prunes et on leur fait essuyer un gros bouillon. On verse le tout dans une terrine, et on laisse les prunes dans le sirop pendant quarante-huit heures. Il faut que pendant tout ce temps le sirop ne refroidisse pas.

Comme cela est assez difficile quand on n'a pas tous les ustensiles et les appareils nécessaires, on peut abréger le temps en donnant un peu plus de concentration au sirop de la dernière cuite ; alors six heures de séjour dans le sirop sont suffisantes.

On fait sécher les prunes comme les abricots.

Pêches confites. — On en retire les noyaux en les poussant avec un bâton comme ceux des abricots ; on a soin de choisir les espèces de pêches dont les noyaux sont le moins adhérents.

Comme les pêches ne conservent presque pas de parfum, on les prépare avec un sirop qui a servi à confire des abricots ou des prunes ; ce sirop est aromatisé, et on peut lui communiquer encore un arôme qui s'allie très-bien avec celui de la pêche, en le faisant bouillir avec quelques amandes amères.

On suit le même procédé que pour les abricots : il faut faire blanchir à petit feu et rester au-dessous de l'ébullition ; dans les premières cuites, il ne faut pas verser le sirop bouillant sur les pêches ; il faut attendre que l'ébullition soit entièrement tombée.

Comme les pêches contiennent beaucoup d'eau, elles décuisent beaucoup le sirop, et il faut le ramener chaque fois à son point ; il faut au moins six à sept cuites pour confire les pêches.

Cerises confites. — Prenez les plus charnues. Faites-les cueillir un peu avant leur complète maturité ; ôtez-en les noyaux en tirant la queue. Faites blanchir très-légèrement dans un sirop clair, comme il a été prescrit à l'article des *abricots*. Traitez du reste ainsi que les prunes.

Les espèces de cerises les plus convenables sont les ambrées, les griottes et les cerises du Nord ; ces deux dernières ont le jus coloré et sont les plus charnues.

Verjus confit. — Enlevez-en les pepins avec un cure-dent, et traitez-le comme les prunes et les cerises. Il ne faut pas attendre qu'il soit mûr ; il est nécessaire qu'il ait une acidité très-marquée sans être acerbe. Le moment de le cueillir est lorsque les grains commencent à prendre de la transparence.

Le muscat, surtout le gros violet, est excellent à confire ; il faut le cueillir à moitié mûr, lorsqu'il a déjà développé son parfum et qu'il est encore acidule.

Noix confites. — Pelez légèrement des noix vertes à l'époque où le bois n'est pas encore formé. Jetez-les à mesure dans l'eau fraîche pour les empêcher de noircir. Il faut employer à cette opération un couteau à lame d'argent ; faites-les blanchir en les jetant dans l'eau bouillante, et remettez-les ensuite dans l'eau fraîche ; clarifiez et faites cuire du sucre au *lissé ;* laissez-le un peu refroidir, et versez sur les noix. Le lendemain faites chauffer le sirop sans le faire bouillir, et ajoutez un peu de sucre pour remplacer celui que les noix ont absorbé ; versez ensuite sur les noix après l'avoir laissé refroidir un peu ; répétez cinq fois cette opération en ajoutant chaque fois assez de sucre pour que le sirop revienne à la même consistance. Faites sécher à l'étuve ou au four sur des assiettes saupoudrées de sucre en poudre, dans lequel vous roulerez les noix.

Le sirop qui a servi à confire les noix ne peut plus être employé qu'à sucrer du ratafia de noix ; on peut aussi en faire un ratafia, qui sera un bon stomachique, en y faisant infuser du gingembre, un peu de gérofle et de macis, après y avoir ajouté poids égal d'eau-de-vie.

Poires de rousselet confites. — On pèle ces poires, mais on les laisse entières et on n'en sépare pas les queues. Les poires ne doivent pas être trop mûres.

On les fait blanchir jusqu'à ce qu'elles cèdent sous le doigt ; on les soumet ensuite à cinq opérations. A la dernière on leur donne un bouillon dans le sirop cuit au perlé ; on les laisse pendant six heures dans le sirop tenu chaud, sans bouillir, et qu'on a fait concentrer auparavant un peu au-delà du perlé.

On prépare aussi de cette manière les poires de bergamote, et en général toutes celles qui ont du parfum.

Citrons verts confits. — Prenez de petits citrons gros comme des œufs de bouvreuil, ou des bigarades de même grosseur.

Faites-les blanchir dans un sirop clair, composé d'une partie d'eau et d'une partie de sucre, jusqu'à ce qu'ils soient assez attendris pour qu'ils puissent être traversés facilement par une allumette.

Retirez-les alors, et ajoutez au sirop autant de sucre que vous en avez déjà mis ; faites-le bouillir, et versez-le tout chaud sur les citrons ; répétez encore deux fois la même opération ; à la dernière, mettez les citrons dans la bassine avec le sirop, et donnez-leur un fort bouillon. Laissez-les dans le sirop, tenu chaud, pendant cinq ou six heures.

Vous pouvez, ou les faire sécher comme tous les autres fruits, ou, ce qui vaut mieux, les mettre dans un bocal que vous remplirez avec une partie du sirop qui a servi pour les faire cuire ; ce sirop doit être allongé d'une partie d'eau sur deux de sirop.

Oranges confites. — Prenez de belles oranges dont l'écorce soit épaisse ; incisez la peau de place en place, jusqu'au-dessous du blanc. Mettez-les dans du sirop clair, composé d'une partie d'eau et d'une partie de sucre ; ne les mettez que dans le sirop bouillant, et prolongez l'ébullition jusqu'à ce que la tête d'une épingle pénètre dans les oranges en ne pressant que légèrement. Retirez-les alors.

Remettez du sucre dans le sirop de manière à l'amener au lissé ; faites-le bouillir, et remettez-y les oranges auxquelles vous donnerez quelques bouillons ; écumez le sirop, retirez les oranges, mettez-les dans une terrine, et versez le sirop par-dessus.

Le lendemain retirez les oranges ; donnez quelques bouillons au sirop, et versez-le de nouveau sur les mêmes fruits.

Le troisième jour on met le sucre à la nappe, et on y ajoute les oranges auxquelles on donne un bouillon couvert.

On opère de même les deux jours suivants ; le dernier jour, après avoir amené le sirop au perlé, on y met les oranges auxquelles on donne trois ou quatre bouillons; on les retire, on les égoutte et on les fait sécher à l'étuve.

On prépare de même les cédrats, les bergamotes et les autres productions aurentiacées.

Marrons glacés. — Prenez de beaux marrons de Lyon; enlevez la première peau, et mettez-les dans une poêle sur un brasier de charbon bien ardent; remuez sans cesse les marrons; il ne s'agit pas de les faire cuire, mais de disposer la deuxième peau à se séparer aisément. Lorsque vous voyez qu'elle se détache, retirez les marrons du feu, en les tenant chaudement, et épluchez-les avec grand soin.

Lorsqu'ils sont refroidis, faites-les blanchir dans un sirop clair jusqu'à ce qu'ils soient aux trois-quarts cuits. Il ne faut pas que le sirop bouille, mais il doit être assez chaud pour que les marrons puissent y cuire.

Lorsqu'ils sont assez avancés, on les retire et on ajoute du sucre au sirop de manière à l'amener au lissé; on le fait bouillir, et on le verse sur les marrons qu'on y laisse plongés jusqu'au lendemain.

On répète trois fois cette opération.

A la dernière on amène le sirop au boulé, on y jette les marrons tandis qu'il est bouillant; on les y laisse un instant, et ensuite on les enlève avec une écumoire. On les roule de suite dans du sucre en poudre; lorsqu'ils sont refroidis, on les arrange sur des ardoises ou sur des assiettes, et on les fait sécher à l'étuve ou dans un four doux. Si après avoir été séchés les marrons ne sont pas assez glacés, on les trempe un instant dans du sirop tiède, concentré au boulé; on les retire, on les égoutte et on les fait sécher de nouveau.

Emploi des sirops. — Les sirops qui ont servi à confire des fruits peuvent être employés à divers usages.

Ceux qui ont servi pour les abricots, les pêches, les prunes, les cerises, peuvent être employés à sucrer des ratafias, ou les fruits de même nature qu'on met à l'eau-de-vie.

Le sirop dans lequel on a fait confire des noix ne peut servir qu'à sucrer le ratafia de brou de noix, ou à faire un ratafia particulier que nous indiquons ci-dessous.

Le sirop qui a servi pour les poires et les marrons peut être employé à presque tous les usages du sirop du sucre simple.

Le sirop employé pour confire les citrons, cédrats, oranges, etc., est fortement aromatique; en y ajoutant de l'*esprit* en suffisante quantité,

on obtiendra une espèce de curaçao qui n'est pas désagréable, et qui peut servir pour les secondes tables d'une grande maison.

Écorces et autres parties de végétaux qu'on met en conserve.

Écorces d'orange confites. — Faites blanchir les écorces dans l'eau jusqu'à ce qu'elles cèdent sous le doigt; retirez-les alors, et, après les avoir égouttées, traitez-les comme les oranges confites. Trois ou quatre opérations suffisent.

A la dernière opération on leur fait faire un bouillon dans le sirop; on verse le tout dans une terrine et on n'enlève les écorces que le lendemain. On les fait égoutter; on les saupoudre de sucre fin, et on les fait sécher à l'étuve ou dans un four doux.

On traite de même les écorces de citrons, cédrats, bergamotes, etc.

Tiges d'angélique. — Faites-les blanchir un quart d'heure dans l'eau bouillante. On ne doit mettre les tiges que lorsque l'eau est en pleine ébullition; retirez-les ensuite à l'eau froide.

Faites un sirop clair (parties égales en poids d'eau et de sucre); faites-le bouillir et versez le tout bouillant sur les tiges. Répétez cette opération trois fois en trois jours, en concentrant chaque fois le sirop davantage, de manière à ce que le troisième jour il soit au grand perlé; laissez toujours les tiges trempées dans le sirop.

Le quatrième jour, amenez le sirop au cassé; faites-le bouillir, et plongez-y les tiges pendant quelques minutes, ou plutôt jusqu'à ce qu'elles paraissent solides et comme frites; retirez-les alors, faites-les égoutter, et faites sécher à l'étuve.

Conserve au chocolat. — Prenez six onces de chocolat et deux livres de sucre; faites fondre le chocolat dans une quantité de sirop clarifié suffisante; faites cuire le sirop au petit cassé; jetez-y le chocolat, et mêlez bien le tout ensemble. Poussez la cuite jusqu'au cassé; remuez toujours, et aussitôt que le mélange commencera à se boursouffler, versez dans des moules ou dans des caisses de papier.

Conserve de roses. — Faites cuire deux livres de sucre: lorsqu'il approche du soufflé, ajoutez-y une demi-livre d'eau de roses double; faites recuire le sucre, et procédez comme pour les autres conserves.

Conserve de cédrat. — Prenez une livre de sucre et dix gouttes d'essence de cédrat bien pure. Pilez dans un mortier de verre, avec un pilon de même matière, une à deux onces de sucre. Ajoutez les dix gouttes d'essence, et amalgamez le tout ensemble par la trituration. Mettez le sucre aromatisé dans le sirop clarifié et froid. Faites cuire au degré ordinaire, et terminez comme les autres conserves.

On peut faire avec les essences, les conserves

de citron,
d'orange,
de bergamote,
de cannelle,
de gérofle,
de macis,
d'anis, etc., etc.

Il est essentiel de mettre le sucre aromatisé dans le sirop froid. L'arôme peut alors se combiner avec le sucre. Si le sirop était bouillant, l'arôme se volatiliserait avant d'avoir pénétré dans le sirop.

On peut employer aussi les esprits aromatiques en les ajoutant au sirop froid ; l'arôme se combinera avec le sucre, et l'alcool s'évaporera presque seul aussitôt que le sirop aura atteint 60 degrés.

Pour colorer les conserves (*V.* COULEUR).

Conserves en gâteaux soufflés à la fleur d'oranger.

Prenez pétales de fleurs d'oranger. . 1/2 livre.
Sucre. . . . . 3 livres.

Fouettez un blanc d'œuf avec un peu de sucre en poudre, jusqu'à ce qu'il soit en crème.

Faites cuire le sirop préparé à l'avance jusqu'à ce qu'il soit au lissé ; jetez-y la fleur d'oranger, et faites cuire jusqu'au grand boulé, ou petit cassé. Retirez la bassine du feu et ajoutez une demi-cuillerée d'œuf battu. Remuez vivement avec une spatule autour du poêlon, jusqu'à ce que le sucre soit monté. Lorsqu'il est tombé, on agite de nouveau jusqu'à ce que le sucre monte une seconde fois.

On verse alors dans des moules ou dans des caisses frottées avec de l'huile d'olive et saupoudrées de sucre fin.

On colore ordinairement les gâteaux en rose ou en jaune (*V.* les procédés par lesquels on obtient ces deux couleurs).

Gâteaux soufflés d'angélique.

Prenez tiges d'angélique. . . . . 8 onces.
Sucre. . . . . 2 livres.

Il faut prendre des tiges d'angélique qui soient encore tendres ; on les fait blanchir fortement ; on les épluche, et on achève de les faire cuire dans le sirop clarifié fait avec les deux livres de sucre.

Quand elles sont bien attendries, on les retire et on les pile dans un mortier ; on passe la pulpe

dans un tamis un peu clair, pour en séparer les fibres.

On procède du reste comme pour le gâteau de fleurs d'oranger.

Observation. On peut faire des gâteaux aromatisés, comme des conserves, avec les essences ou les esprits aromatiques. La différence résulte de l'addition du blanc d'œuf battu qui détermine le boursoufflement du sucre cuit.

On peut en faire aussi au café, en ajoutant au sirop déjà cuit une forte infusion de café. (Il faut que le café ait été peu torréfié.)

Fleurs d'oranger pratinées. — Prenez une livre de fleurs d'oranger que vous éplucherez en n'en conservant que les pétales.

Faites un sirop clarifié avec deux livres de sucre, et faites-le cuire au petit perlé ; jetez-y la fleur et remuez avec une spatule jusqu'à ce que le sucre revienne au perlé ; retirez alors la bassine du feu, et remuez avec une spatule jusqu'à ce que le sucre se sépare de la fleur et se réduise en poudre. On fait sécher le tout à l'étuve, et on passe au gros tamis pour séparer la fleur qu'on conserve dans des bocaux bien bouchés.

On peut aussi praliner la fleur d'oranger en lui faisant subir quelques bouillons dans un sirop cuit au lissé. On la retire, on la met égoutter, et ensuite on la roule dans du sucre en poudre. On passe au tamis pour séparer le sucre qui n'est pas adhérent à la fleur, et on fait sécher celle-ci à l'étuve.

Conserve de nougat (façon de Marseille). — Mondez une livre d'amandes douces, et coupez-les en filets, ou au moins en deux, dans le sens de leur longueur ; faites-les sécher sur le feu dans une bassine jusqu'à ce qu'elles se colorent un peu ; faites fondre à sec, en remuant toujours, douze onces de sucre dans une casserole non étamée et légèrement beurrée. Quand le sucre est fondu et commence à se colorer, jetez-y les amandes chauffées ; mêlez-les avec le sucre, et étalez-les en les relevant sur les bords de la casserole, en en laissant au fond une couche d'égale épaisseur ; laissez refroidir la casserole, et renversez-la dans un moule.

Conserve d'avelines et pistaches pratinées. — On procède comme pour les amandes ; il faut toujours poids égal de sucre et de fruit (*V.* AMANDE).

Sucre candi. — Clarifiez quatre livres de sucre, et faites-le cuire au petit perlé ; ôtez-le du feu, et, après avoir laissé tomber la chaleur, ajou-

12.

tez-y un quart de verre d'esprit de vin. Versez-le dans une terrine que vous tiendrez à l'étuve pendant huit jours. Après ce temps, égouttez la terrine et retirez le candi. S'il tenait trop fortement à la terrine, en chauffant celle-ci, vous le feriez tomber fort aisément.

Conserve dite *pâte de guimauve.*

Gomme arabique blanche.	de chaque
Sucre très-blanc	1 livre.
Blancs d'œufs	6
Eau de fleurs d'oranger. . . .	4 onces.
Eau	2 livres 1/2.

On fait fondre la gomme concassée dans de l'eau chaude non bouillante. On passe à travers un linge mouillé; on ajoute le sucre, et on fait évaporer sans ébullition, en remuant sans cesse jusqu'à ce que le liquide soit comme un miel épais.

Alors on mêle par parties les blancs d'œufs bien fouettés dans l'eau de fleurs d'oranger.

On retire pour cela le mélange du feu, et on agite avec vivacité pour bien incorporer les blancs d'œufs à la matière.

On repose sur le feu, en agitant toujours le fond de la masse avec une large spatule de bois, pour éviter qu'elle ne brûle. La totalité des œufs bien mêlés, on diminue le feu, on continue l'évaporation jusqu'à ce que la matière étant frappée avec la main, n'y adhère pas.

On verse sur une table ou sur un marbre saupoudré d'amidon en poudre; on étend la pâte avec un rouleau, et on la conserve dans des boîtes, enveloppée de papier et saupoudrée d'amidon, pour empêcher qu'elle ne s'attache à l'enveloppe.

Il faut choisir le plus beau sucre et la gomme la plus blanche pour faire la pâte de guimauve.

Conserve appelée *pâte de jujubes.*

Sucre.	2 livres 1/2.
Gomme arabique	1 livre 1/2.
Eau.	3 litres 1/2.

Faites fondre la gomme dans l'eau chaude sans être bouillante; passez à travers un linge mouillé. Ajoutez le sucre, et évaporez lentement le tout jusqu'à consistance d'un miel épais. Remuez continuellement avec une spatule pendant l'évaporation.

Versez sur une plaque pour continuer l'évaporation à l'étuve. Quand on emploie de beau sucre et de la gomme bien blanche, la pâte est transparente et sans couleur.

Cette pâte serait plus convenablement nommée pâte de gomme, depuis qu'on a retranché les jujubes, qui n'ajoutaient rien à ses propriétés.

On peut ajouter à la pâte :

Raisins de Malaga.	4 onces.
Figues sèches.	2 onces.
Dattes.	2 onces.

Coupez les raisins et les figues; mondez les dattes de leurs noyaux, et faites infuser le tout dans deux litres d'eau bouillante pris sur la dose ci-dessus. Après quelques heures d'infusion, passez en exprimant légèrement, et clarifiez avec un blanc d'œuf.

Servez-vous de cette infusion à laquelle vous ajouterez le reste de l'eau, pour faire fondre la gomme et ensuite le sucre.

Conserves au vinaigre ou à l'huile (*V.* HORS-D'ŒUVRE).

CONSOMMÉ (*V.* BOUILLON).

COQ. Ce roi des gallinacées n'est d'aucun usage en cuisine, excepté pour en faire une sorte de consommé à qui les anciens dispensaires attribuent des vertus héroïques, et qu'ils désignent habituellement sous le nom de *gelée de coq* (*V.* GELÉES DE VIANDES).

Crêtes et rognons de coq (*V.* ABATTIS, GARNITURES et PATÉS CHAUDS).

Coq-vierge. — Grand poulet de l'espèce cauchoise :

« Ce bel adolescent n'est pas encore adulte. »

Les plus renommés après ceux de Caudebec sont les coqs vierges de Barbezieux : on les mange cuits à la broche et bien farcis de truffes; mais pour manifester sa considération pour eux, on ne les sert jamais qu'au second service en compagnie des fins entremets et des rôtis de gibier les plus illustres. « Il y a des hommes, a dit M. Brillat de » Savarin, et des hommes dont l'avis peut faire » doctrine, qui m'ont affirmé que la chair du coq- » vierge est, sinon plus tendre, du moins certai- » nement plus savoureuse que celle du chapon. J'ai » trop d'affaires en ce bas-monde pour suivre cette » expérience que je délègue à mes successeurs; » mais je crois qu'on peut d'avance se ranger à cet » avis, parce qu'il y a dans la première de ces » chairs un élément de sapidité qui manque à la » seconde. »

Grand-coq-des-bois. — Gibier fort estimé, mais assez rare. Il est de la grosseur d'un coq-d'Inde, et ses jambes sont couvertes de plumes jusqu'à la naissance des ergots. On le pique de fins lardons, non-seulement sur la poitrine, mais encore sur les cuisses. On a soin de lui laisser les pattes qu'on entortille avec des linges mouillés, avant de le faire cuire à la broche. Il est d'usage, on ne sait pourquoi, de le dresser sur une serviette, et c'est toujours un plat de rôt très-distingué.

Coq de bruyère. — Superbe gibier qui nous vient principalement des Ardennes, des Vosges et des montagnes d'Auvergne. La poule de bruyère est encore plus estimée que le mâle. On les mange rôtis et piqués; mais quant à leurs *poultceaux*, qui sont de la grosseur d'un faisan, nous dirons que si la bonne fortune s'en mêle et qu'on ait eu le bonheur de s'en procurer à cent francs le couple, il faut les barder avec de la tétine au lieu de les piquer avec du lard. On n'a pas besoin d'ajouter que c'est un comestible dispendieux et de la plus haute recherche.

COQUATRE, jeune poulet mâle qui n'a été chaponné qu'à moitié (*V.* COQ-VIERGE).

COQUILLE. On appelle ainsi des ragoûts de chairs de poissons ou de viandes blanches émincées qu'on assaisonne à la poulette, dont on remplit des coquilles de ricardes, ou des vases d'argent en forme de coquilles, et qu'on fait gratiner sur et sous le four de campagne. On fait des coquilles aux huîtres, aux moules, aux crevettes, au turbot, à la béchameil de morue, à la blanquette de saumon, aux cervelles de lapins, aux riz d'agneau, aux champignons, aux tomates, etc. (*V.* RICARDE).

CORIANDRE, plante ombellifère à semence aromatique (*V.* AROMATES INDIGÈNES).

CORNICHON, jeune concombre ou plutôt concombre-nain.

Cornichons et autres végétaux confits au vinaigre. — On choisit des cornichons petits et bien verts; on leur coupe la queue et on les brosse un à un; on les met dans un linge blancs; on les saupoudre avec du sel fin, et on les secoue pendant quelque temps pour multiplier les points de contact; ensuite on suspend le linge qui les contient pendant douze ou quinze heures. Les cornichons perdent ainsi la moitié de leur eau de végétation et sont mieux disposés à absorber le vinaigre. On range les cornichons dans un vase, en y ajoutant de l'estragon, du piment, quelques ognons blancs, du laurier et de l'ail; on verse sur le tout, et à froid, de bon vinaigre blanc; si le vinaigre ne paraît pas assez fort, on y ajoute un douzième ou un quinzième d'eau-de-vie, qui ne tarde pas à se convertir en vinaigre très-énergique. Ces cornichons sont très-verts, et beaucoup plus fermes

que ceux sur lesquels on verse à plusieurs reprises du vinaigre bouillant.

Les jeunes épis de maïs doivent se mettre à froid dans le vinaigre après les avoir fait macérer pendant quelque temps avec du sel fin. Si les épis sont un peu plus avancés, on les blanchit, on les fait ressuyer, et on les macère avec du sel, avant de les mettre dans le vinaigre.

Les petits ognons, pris au moment où on les arrache, n'ont besoin que d'être dépouillés de leurs peaux; mais, lorsqu'ils sont arrachés depuis quelque temps, il est bon de les faire blanchir.

Les boutons à fleurs et les graines de capucine se mettent dans le vinaigre à mesure qu'on les récolte.

On confit également au vinaigre des tiges d'estragon, des bouquets de casse-pierre, des haricots verts, des rouelles de betteraves, des groseilles à maquereau, des grains de cassis, des bigarreaux et des mirabelles; mais il faut cueillir ces fruits avant que leur maturité soit complète, et on doit les piquer avec une aiguille pour faciliter la pénétration du vinaigre.

COTELETTES (*V.* AGNEAU, CHEVREUIL, MOUTON, PORC FRAIS, SANGLIER, VEAU).

COUCOUDECELLE. On appelle ainsi une petite citrouille verte, qui n'est guère plus grosse qu'un œuf de poule. Le *Cuisinier gascon* nous dit que dans les provinces méridionales où l'on cultive cette légumineuse, on lui donne les mêmes apprêts qu'à l'aubergine, à l'oronge et au grand ceps.

On doit penser que les coucoudecelles sont le même légume que les cuisiniers italiens appellent *Zuchetti* (*V.* POTIRON).

CONGLOF ou COUGLOFF A L'ALLEMANDE (pour lequel on ne saurait mieux faire que de suivre la présente formule, recueillie par M. Carême). — Mettez dans une grande terrine vernissée une livre et demie de beurre fin que vous avez fait tiédir; puis avec une grande cuillère de bois (neuve ainsi que la terrine), vous mêlez ce beurre pendant six bonnes minutes, afin qu'il devienne velouté et d'un moelleux parfait; vous y joignez ensuite deux œufs, puis vous remuez ce mélange pendant deux bonnes minutes; ajoutez trois jaunes d'œufs, et remuez encore deux minutes. Vous suivez ce procédé, en mettant successivement dix autres œufs et neuf jaunes; ce mélange de beurre et d'œufs doit vous donner une crème extrêmement douce au toucher. Alors vous y mêlez peu à peu deux livres de belle farine tamisée, ce qui commence à donner une pâte mollette; vous y joignez douze gros de bonne levure, dissoute dans un verre de lait chaud. Vous passerez ce liquide dans le coin d'une serviette (on emploiera les mêmes procédés pour passer la levure liquide avant de la joindre dans les détrempes, où son addition est nécessaire) ; remuez bien ce liquide à la pâte, en y mettant huit onces de farine passée ; puis faites un creux dans la pâte, dans laquelle vous mettez une once de sel fin et quatre onces de sucre en poudre ; ensuite vous versez dessus un verre de lait chaud, et le mêlez à la masse entière en y joignant encore huit onces de farine.

Cette pâte se travaille encore quelques minutes en y versant de temps en temps un peu de lait chaud, afin de la rendre de la consistance mollette du gâteau de Compiègne. L'addition du lait donne plus de corps, et la rend plus lisse qu'elle ne l'était d'abord.

Il est aisé, ce me semble, de voir que la manière de travailler cette détrempe contribue seule au moelleux de ce délicieux gâteau.

Ensuite vous avez tout prêt un moule de la même grandeur, et beurré de même que pour le gâteau de Compiègne ; mais avec cette différence que, dans celui-ci, vous placez avec symétrie des amandes douces séparées en deux parties ; puis vous y versez la pâte par petite partie, afin de ne pas déranger les amandes pour la fermentation et la cuisson. C'est absolument la même manière de procéder que pour la brioche royale ou gâteau de Compiègne (*V.* BRIOCHES).

Nous sommes redevables de cette intéressante recette (dit toujours M. Carême) à M. Eugène-Wolf, chef de cuisine du prince de Schwartzembergh, et je remercie bien sincèrement cet estimable et savant praticien de ce qu'il a bien voulu me rendre ce service important, puisqu'aujourd'hui je puis en enrichir notre grande pâtisserie nationale.

Monsieur Eugène Wolf m'a assuré que les Viennoises ont un talent tout particulier pour bien faire ce gâteau. Elles ont la sage précaution de se mettre dans un lieu chaud pour le travailler ; puis elles font tiédir les œufs, le beurre, la farine et même la terrine ; ce qui fait le plus grand honneur aux femmes de Vienne.

COULEURS ou COLORATION CULINAIRE. Dans certaines opérations de cuisine et surtout dans les préparations du ressort de l'office, on a recours à plusieurs colorations artificielles qui produisent le bleu, le jaune-vif et l'orangé, le vert de trois nuances depuis le vert-pré jusqu'au vert de mer, le rouge avec toutes ses nuances à partir du rose-pâle jusqu'au cramoisi ; ensuite le violet pourpre et le lilas ; enfin le trans-

lucide qu'on appelle le blanc, et qui s'applique aux sucres cristallisés.

Bleu. — On obtient cette couleur en frottant un morceau d'indigo sur une assiette avec un peu d'eau ; la nuance en est plus ou moins foncée, suivant la quantité de bleu qu'on mêle au liquide avec lequel on le dissout.

Jaune. — On délaie un peu de gomme-gutte dans une petite quantité d'eau. On peut également obtenir cette couleur, en y faisant infuser du safran, ou bien en détrempant dans de l'eau de fontaine, avec un peu de fleur d'orange, des étamines de lis, séchées au soleil et pulvérisées.

Vert. — Pour obtenir la couleur verte, on prend des feuilles d'épinards, de poirée verte, ou de blé vert, que l'on épluche et qu'on pile dans un mortier. On en exprime le jus qu'on met sur le feu ; on le fait tourner, on le passe au tamis de soie ; et puis on le broie avec un peu de sucre pulvérisé pour s'en servir au besoin.

Rouge. — Faites bouillir dans un demi-setier d'eau une once de cochenille ou d'orcanette, autant de crème de tartre, et deux gros d'alun, le tout bien pulvérisé ; laissez refroidir et déposer ; prenez le dépôt et mettez-le en fiole.

Pourpre. — Si vous voulez avoir un pourpre clair, détrempez dans un peu d'eau la poudre qui se trouve au milieu de la fleur de carotte sauvage, que vous aurez fait sécher au soleil. Si vous voulez un pourpre foncé, employez le jus ou les tablettes de bois de sureau, que vous délaierez dans une petite quantité d'eau distillée.

Violet. — Servez-vous de cochenille mêlée avec du bleu de Prusse par quantités égales ; vous traiterez le mélange comme la cochenille pour le rouge, ou bien employez les tablettes de tournesol.

Observation. La couleur *verte* est toujours composée du *jaune* et du *bleu* (couleurs primitives); plus le jaune y domine, plus la nuance verte en est claire.

Le *violet*, autre couleur composée, se forme du *rouge* et du *bleu*; plus on y met de matière *double*, et plus la teinte en est sombre.

La nuance *orangée* se produit par l'alliance du *jaune* avec le *rouge*; ainsi, d'après ces indications primordiales, on pourra produire aisément toutes les nuances intermédiaires entre les mêmes couleurs.

COULIS, préparation qu'on tient en réserve dans les cuisines, afin d'en user pour achever certains ragoûts dont le mouillement doit être lié. — Mettez dans un poêlon du lard coupé en petits morceaux et de la rouelle de veau en proportion de ce que vous voulez avoir de coulis ; il en faut une livre pour chaque demi-setier ; mettez-y deux ou trois carottes ; placez le tout sur un feu doux, pour que la viande ait le temps de jeter son jus : faites ensuite aller à plus grand feu, jusqu'à ce que la viande soit prête à s'attacher ; alors on la fait de nouveau aller à petit feu, afin qu'elle s'attache doucement ; on retire ensuite la viande et les légumes sur une assiette, et on met dans la casserole un morceau de beurre et de la farine, suivant encore la quantité qu'on veut tirer de coulis (plein une cuillère à bouche par demi-setier) ; on tourne sur le feu jusqu'à ce que le roux soit beau ; ensuite on mouille avec du bouillon chaud ; on remet dedans la viande, pour la faire cuire encore deux heures à très-petit feu ; on dégraisse souvent le coulis. Quand il sera fini, passez-le à l'étamine pour vous en servir au besoin. Votre coulis sera bien lié, s'il n'est ni trop épais ni trop clair, et s'il offre une belle couleur cannelle. Vous pouvez faire un coulis avec toutes sortes de viande, mais il faut toujours y mettre du veau.

COUKES D'ALOST (*gâteaux flamands*). — Mettez dans une casserole seize jaunes d'œufs, les zestes de deux citrons, une demi-once de sel et deux onces de sucre ; faites bouillir une pinte de crème que vous verserez bouillante sur vos jaunes d'œufs, en remuant avec force ; faites prendre cet appareil sur le feu, sans le laisser bouillir ; passez-le à l'étamine, et laissez-le refroidir ; faites un levain avec un quart de litron de farine, avec une demi-once de levure de bière et un peu d'eau tiède ; détrempez votre levain un peu mou ; mettez-le revenir dans un endroit chaud ; détrempez le restant de votre farine avec votre appareil et un quarteron de beurre ; fraisez votre pâte à cinq ou six fois ; mettez votre pâte à levain et fraisez-la encore deux fois ; relevez cette pâte dans un linge fariné ; attachez-le fortement et laissez revenir toute la pâte dans un endroit chaud ; il faut environ quatre heures pour que votre pâte revienne parfaitement ; alors, après avoir coupé vos coukes, grosses comme des œufs, vous leur donnez, en les moulant, telle forme que vous désirez ; vous les laissez revenir encore une demi-heure sur un plafond, et puis vous les mettez au four après les avoir dorées ; quand elles sont cuites, vous les fendez sur le côté, vous en retirez un peu de mie, et vous mettez en place du beurre manié de sel fin.

COURT-BOUILLON. Mouillement qu'on destine à cuire certains poissons dans de l'eau, du vin blanc, quelquefois du vinaigre, et avec du beurre, du sel, des racines, des épices, du laurier et des fines herbes. On sert le poisson, quand il est cuit ainsi, sur une serviette, et on le mange à la sauce à l'huile et au vinaigre. Si le poisson est prompt à cuire, on ne le met qu'après avoir fait bouillir quelque temps le court-bouillon, afin qu'il ait plus de goût. On fait un court-bouillon blanc pour les poissons plats. Ce n'est autre chose qu'une espèce de saumure faite avec de l'eau, du sel et du lait. On la fait bouillir, et on la passe après l'avoir laissé reposer. On y met ensuite les deux tiers de lait, et on y fait mijoter le poisson sans l'y laisser bouillir. Les courts-bouillons dits au *bleu* consistent à employer du vin bouillant dans lequel on commence par immerser les poissons, afin qu'ils y prennent une couleur bleuâtre. La watter-fich pourrait être comprise dans la catégorie des courts-bouillons ; nous avons déjà dit que c'est une décoction de racines de persil très-forte et très-concentrée.

COURT-PENDU, pomme à courte queue dont la pelure est rouge et dont la consistance est à peu près celle de la pomme de reinette, mais dont la saveur n'a pas le même agrément acidule et parfumé.

CRABES. Cette famille de crustacés renferme un grand nombre de variétés : savoir, le gros crabe, le crapelu, le poing clos, l'espaguot, le poupard et le crabillon de roche.

Les petits crabes, dont on peut manger la chair et les œufs, pourvu qu'on prenne la peine de les éplucher, ne sont d'aucun usage en cuisine, à moins pourtant qu'on ne les pile et qu'on n'en fasse des purées pour masquer des turbotins, des œufs pochés, etc. On en fait encore des bisques normandes, autrement dites *potages aux poupards* (*V.* BISQUE).

Le gros crabe de Bretagne et le crapelu de la Manche sont les seuls qui, dans leur entier, puissent figurer convenablement sur une bonne table. On les fait cuire à l'eau de sel, ainsi que les homards et les crevettes, avec du beurre frais, du persil et un bouquet de poireaux. Il faut les laisser refroidir dans leur brouet, et puis on en détache proprement et l'en en fait tomber toutes les chairs blanches, avec les dents de deux fourchettes croisées. On enlève ensuite, avec une cuillère, la crème de laitance qui se trouve au dedans de la coquille, on la mélange avec les chairs épluchées en y joignant du cresson alénois, un peu de gros poivre, un peu d'huile-vierge et très-peu de verjus, car il ne faut pas forcer l'assaisonnement, de peur.

de couvrir la délicate et fine saveur de ce comestible. Comme on a eu soin d'ouvrir l'animal et d'enlever son *tourteau* par le ventre, afin d'en ménager la grande coquille, on la renverse à dos sur un plat et on la remplit de cette farce. On met pour garniture autour du plat les deux grosses pattes du crabe appelées *mordants*, qu'on a concassées et qu'on établit comme le reste sur une épaisse litière de cresson potager ou alénois.

Il en résulte un plat de rôt fort élégant, et particulièrement en carême.

CRAPAUDINE, sorte de préparation qui s'applique le plus convenablement à des pigeons, des perdreaux, des tourterelles sauvages et des ramiers, ce qui consiste à les ouvrir par le dos, les aplatir et les faire cuire sur le gril (*V.* PIGEON).

CRAPAUD-VOLANT, mauvaise appellation villageoise à l'égard d'un oiseau forestier qui devient tous les jours de plus en plus rare, et dont la chair exquise a toujours été considérée comme supérieure à celle de la gelinotte des bois, et même à celle du râle (*V.* ENGOULVENT).

CRÈME. La substance qui s'élève par le repos à la surface du lait est un composé de sérum, d'un peu de matière caséeuse ou de fromage, et d'une plus grande quantité de beurre à l'état d'émulsion. Celle qu'on appelle *double* ne se distingue de la simple que parce qu'elle est plus épaisse et qu'elle se trouve au-dessus de l'autre. Il faut employer la crème du matin au soir ou du soir au matin; car elle est sujette à tourner quand elle est plus vieille.

On désigne aussi sous le nom de crème diverses préparations dont le lait est la base et qui se font par cuisson; la crème naturelle s'apprête de diverses manières, et toujours à froid.

Cet article sera donc divisé en deux paragraphes, dont l'un comprendra les crèmes à froid, et l'autre les crèmes cuites.

Crème fouettée à la paysanne. — Prenez une demi-pinte de crème levée sur du lait de la veille, ou une pinte de bon lait que vous ferez réduire à moitié; mettez-y un quarteron de sucre et une bonne pincée de gomme arabique en poudre et dissoute dans de l'eau de fleurs d'orange.

Fouettez avec une poignée d'osier jusqu'à ce que la crème soit réduite en mousse.

On ne doit fouetter la crème que peu de temps avant de servir, parce qu'elle ne tarde pas à tomber, surtout lorsqu'il fait chaud. On peut la conserver plus long-temps en mettant le vase qui la contient sur de la glace pilée, à laquelle on ajoute du sel. On recouvre avec un plat sur lequel on met aussi de la glace.

Crèmes crues à la ménagère.

Crème en mousse à la vanille. — Faites bouillir pendant quelques instants le tiers d'une gousse de vanille avec un peu de lait. Passez au tamis sur la crème à fouetter.

Crème en mousse au café. — Prenez du café peu brûlé et faites-en une forte infusion dans une cafetière à la Dubelloi. Ajoutez-en une ou deux cuillerées, suivant la force de l'infusion, à la quantité de crème prescrite ci-dessus. Il y faut mettre six onces de sucre.

Crème en mousse aux liqueurs. — Mettez dans la crème six onces de sucre; augmentez aussi la quantité de gomme arabique. Ajoutez deux petits verres de liqueur fine à votre choix.

Crème en mousse au chocolat. — Triturez dans un mortier deux onces de chocolat fin à la vanille. Quand il sera bien en pâte, ajoutez-y la crème déjà sucrée, et dans laquelle vous aurez mis un peu plus de gomme qu'à l'ordinaire. Délayez le tout et fouettez fortement.

Crème en mousse aux fruits. — Prenez un demi-litre de crème bien fraîche; ajoutez-y six onces de sucre en poudre, une petite cuillerée à café de gomme arabique en poudre et un moyen verre de pulpe de fraises passée au tamis.

Fouettez bien le tout; enlevez la mousse à mesure qu'elle se forme, et dressez-la en rocher.

On peut faire de cette manière des crèmes de framboises, de pêches, d'abricots, de mirabelles, d'amandes, etc.

Crèmes crues à la Royale.

Crème fouettée au marasquin. — Mettez dans une terrine de grès deux pintes de bonne crème double nouvelle, que vous aurez mise deux heures d'avance dans de la glace pilée; vous y mêlez une bonne pincée de gomme-adragant en poudre; fouettez le mélange avec un fouet à biscuit pendant un bon quart d'heure; après quoi, la crème doit se trouver légère et très-ferme.

Lorsqu'elle est parfaitement égouttée, vous la mettez dans une terrine propre, avec six onces de sucre en poudre. Le tout bien mêlé, et au moment de servir, vous y joignez le tiers d'un verre de bon marasquin; vous servez la crème dans une croûte de tourte d'entremets ou de vol-au-vent glacé; (mettez une sultane dessus) ou dans des abaisses de pâtes d'amandes, ou simplement dans une casserole d'argent.

On procédera de même que ci-dessus pour la crème fouettée au rhum, en y joignant le tiers d'un verre de bon rhum.

Crème fouettée aux quatre zestes. — Râpez sur un morceau de sucre de six onces le quart du zeste d'une orange, le quart de celui d'un cédrat, la moitié du zeste d'un citron, et le quart d'une bigarade. Ensuite vous écrasez le sucre et l'amalgamez à la crème fouettée.

Crème fouettée à la fleur d'orange pralinée. — Après avoir pulvérisé quatre gros de fleur d'orange pralinée, vous la mêlez avec six onces de sucre fin sur la crème, que vous aurez fouettée comme il est décrit, et puis vous la servez.

Vous pouvez encore assaisonner cette crème avec deux cuillerées d'eau double de fleur d'orange.

Crème mousseuse au caramel. — Faites cuire au caramel six onces de sucre. Lorsqu'il est coloré d'un jaune rougeâtre, faites-le dissoudre en y versant un demi-verre d'eau bouillante, et laissez-le fondre sur des cendres rouges; après quoi, faites-le réduire, afin de rendre le sirop un peu épais. Laissez-le refroidir, et amalgamez-le à la crème qu'il colorera d'un beau jaune.

On peut ajouter au caramel, au moment où il atteint sa couleur à point, une petite cuillerée d'anis étoilé, ou bien de la fleur d'orange pralinée, ou une douzaine de macarons amers ou aux avelines écrasées. Sur ces dernières, on sèmerait quelques macarons concassés.

Mousse printanière. — Délayez dans un bol deux cuillerées d'essence de vert d'épinards passé par le tamis de soie. Délayez-le peu à peu, en y joignant un demi-verre de ratafia d'angélique; versez ce mélange dans la crème avec six onces de sucre en poudre, ce qui va donner une crème d'un vert léger et d'une saveur charmante.

Crème fouettée aux pistaches. — Votre crème étant fouettée selon la règle, vous y mêlez six onces de sucre en poudre et deux cuillerées d'eau de roses, double. Vous dressez votre crème en pyramide, et placez dessus avec symétrie des pistaches (quatre onces émondées), que vous aurez coupées dans leur longueur; vous les piquez légèrement dans la crème, afin qu'elles soient très-visibles, et parce qu'elles doivent former le hérisson.

Crèmes cuites.

Les préparations dont il s'agit doivent leur consistance aux jaunes d'œufs qu'on y ajoute. Il suffit que ces jaunes éprouvent le degré de chaleur qui opère leur cuisson, sans détruire entièrement leur liquidité, et c'est ainsi qu'ils sont dans les œufs mollets. Si ce terme est dépassé, les molécules de jaune éparses dans la crème se concrètent et se séparent. La crème devient grumeleuse : elle est ce qu'on appelle *tournée.* Si on fait la crème à feu nu, il faut que celui-ci soit très-doux, tourner sans cesse avec une cuillère, et se hâter de retirer le plat dans lequel on opère, aussitôt que la crème approche du degré de consistance qu'elle doit acquérir; car la chaleur dont le plat est imprégné la recuirait encore. Il y a toujours plus de sûreté à opérer au bain-marie, parce que celui-ci ne doit pas bouillir.

Quand on ajoute des œufs entiers à une crème, le blanc de ces œufs en se coagulant lui donne une consistance solide; la crème se rapproche alors de ce qu'on appelle œufs au lait. La consistance obtenue est d'autant plus forte que le nombre des œufs entiers est plus grand; mais il y a un degré de consistance qui ne peut être dépassé sans que la crème perde de sa délicatesse.

Toutes les fois qu'on ajoute des œufs entiers à une crème, elle doit être cuite au bain-marie, ou dans un four doux; elle est cuite suffisamment aussitôt qu'elle a pris une consistance égale. On peut accélérer la prise ou l'achever, en couvrant le plat avec un four de campagne.

On peut glacer les crèmes ordinaires en les saupoudrant avec du sucre sur lequel on passe une pelle rouge, et nous n'avons pas besoin d'avertir que les crèmes cuites se servent toujours à l'entremets.

Crème cuite à la bourgeoise. — Mettez dans une pinte de bon lait une chopine de crème fraîche, avec six jaunes d'œufs et six onces de sucre; ajoutez l'aromate qui vous conviendra le mieux. Mêlez bien le tout; mettez sur un feu doux, ou, ce qui est préférable, au bain-marie; conduisez le feu très-doucement, même pour le bain-marie qui doit à peine bouillir; remuez sans cesse avec une cuillère : lorsque la crème est faite, retirez-la pour la laisser refroidir.

On fait la crème dans le vase où elle doit être servie.

Avant d'ajouter les œufs, on fait bouillir la crème ou le lait avec le sucre, et l'on attend qu'elle soit refroidie pour y mélanger les œufs.

Crème à la religieuse. — Ayez de la farine bien sèche et bien blanche; mettez-en la valeur d'une cuillerée dans une casserole; ajoutez une demi-livre de sucre pulvérisé et un peu de sel, un peu d'infusion d'orange, de vanille, etc., suivant votre goût; mettez ensuite une chopine de lait ou de crème bouillante, et faites prendre votre crème au feu; vous la verserez dans un plat creux, dès qu'elle commencera à bouillir : quand elle sera froide, vous lui ferez une bordure avec l'appareil suivant : vous mêlerez avec la même substance que vous aurez employée pour parfumer la crème un peu de sucre et quatre jaunes d'œufs durs; vous passerez au tamis de crin, et vous en ferez une mousse que vous disposerez en bordure avant de servir.

Crème aux pistaches. — Prenez une pinte de crème ou de bon lait; faites bouillir avec six onces de sucre; pilez bien fin un quarteron de pistaches mondées, et ajoutez-les à la crème bouillante : faites faire un bouillon et laissez refroidir; ajoutez un œuf entier et quatre jaunes; mêlez bien le tout; faites cuire au bain-marie, et procédez comme ci-dessus.

Crème cuite au chocolat. — Prenez une pinte de lait, une chopine de crème, trois jaunes d'œufs, deux onces de chocolat et cinq onces de sucre : mêlez ensemble le lait, la crème et le sucre; faites bouillir jusqu'à réduction d'un quart; laissez refroidir; ajoutez les œufs et le chocolat pilé très-fin. Mêlez bien le tout, et faites cuire au bain-marie, ou sur les cendres chaudes.

Crème cuite au café. — Procédez comme ci-dessus, en substituant au chocolat une forte infusion de café : une demi-tasse doit suffire. Il faut que le café ne soit pas trop brûlé.

Crème à l'italienne. — Mêlez bien ensemble un demi-litre de crème, quatre jaunes d'œufs et deux blancs, trois onces de sucre en poudre, une cuillerée de caramel; fouettez le tout ensemble; quand la crème est bien en neige, dressez-la sur le compotier et saupoudrez-la avec du sucre en poudre : mettez le compotier sur des cendres chaudes. Couvrez avec le four de campagne médiocrement chaud, jusqu'à ce que la crème soit prise.

Crème bachique. — Versez dans une casserole une chopine de vin de Champagne rosé, du sucre, de l'écorce de citron, ou de la cannelle; faites bouillir. Cassez quinze ou dix-huit œufs dont vous prenez les jaunes, et les tournez avec une cuillère, jusqu'à ce qu'ils soient bien liés ensemble. Liez-les aussi avec le vin que vous y versez peu à peu, et continuez de tourner et lier au-dessus du feu sans laisser bouillir. Passez à la passoire, et versez dans le vase où vous comptez servir.

Crème renversée. — On nomme ainsi une crème assez solide pour se tenir sur une assiette, en conservant la forme du moule dans lequel elle a été cuite. Quelques blancs d'œufs suffisent pour lui donner la solidité nécessaire.

Voici la manière de procéder :

On mesure la crème dans le moule dont on doit faire usage, et on a soin d'en mettre un peu plus qu'il ne peut en contenir : on la fait bouillir avec le sucre pendant quelques minutes, et on la laisse refroidir.

Si le moule tient une pinte, on met douze jaunes d'œufs et trois œufs entiers. On mélange bien le tout; on passe à l'étamine et on ajoute en même temps l'aromate, s'il est liquide; dans le cas contraire, on a dû le faire bouillir avec la crème.

Beurrez légèrement le moule et remplissez-le avec la crème. Plongez-le dans un bain-marie qui doit être à peine bouillant. Couvrez le moule d'un couvercle avec des charbons allumés par-dessus. Lorsque la crème est bien prise, renversez-la sur un plat d'entremets.

Mettez sur le feu ce qui reste de crème. Tournez-la comme une sauce blanche; dès qu'elle s'attache à la cuillère, retirez-la du feu, tournez-la un instant, puis versez-la autour de la crème renversée.

Crèmes en petits pots. — Toutes les crèmes cuites peuvent se mettre en petits pots. Les préparations sont toujours les mêmes, on y ajoute seulement un ou deux et quelquefois trois œufs entiers. On fait prendre la crème au bain-marie, ce qui va sans le dire.

Crèmes dites Pâtissières.

Crème à la frangipane. — Délayez dans un litre de lait deux cuillerées de fécule de pommes de terre, six jaunes d'œufs, du citron vert râpé, de la fleur d'orange pralinée en poudre, un quarteron de sucre. Faites cuire sur des cendres chaudes, ou au bain-marie, en tournant toujours.

C'est avec cette crème, qu'on peut aromatiser comme on veut, qu'on fait les tartes à la frangipane, ainsi que les darioles et tartelettes.

Crème-pâtissière à la moelle. — Ayez six onces de moelle de bœuf; séparez-en le tiers en ôtant le cœur de la moelle; hachez le tout séparément. Mettez la plus grosse partie dans une petite casserole, et faites-la fondre sur un feu modéré. Quand cette moelle est parfaitement dissoute, vous la passez à la serviette, et la remettez sur le feu pour lui donner une petite couleur à peine sensible, et la versez dans la crème, en y joignant le reste de la moelle hachée.

Vous aurez préparé la crème selon l'une des recettes indiquées précédemment, mais vous aurez soin de la sucrer un peu davantage.

Crème-pâtissière aux pistaches.—Émondez quatre onces de pistaches; et après les avoir lavées, vous les pilez avec une once de cédrat confit et dix amandes amères. Le tout parfaitement broyé, vous y mêlez deux cuillerées d'essence de vert d'épinards passé au tamis de soie. Ensuite vous ajoutez six onces de sucre fin, quatre de macarons aux avelines ou autres, et la crème que vous aurez préparée selon la recette de la première crème de ce chapitre. Broyez parfaitement le tout, ce qui doit vous donner une crème d'une saveur agréable, et colorée d'un beau vert pistache, si vous croyez nécessaire d'y joindre un peu d'essence d'épinards; mais vous en mettez peu à la fois, car il est important que cette crème soit d'un vert très-tendre.

Crème-pâtissière au raisin de Corinthe. — Après avoir épluché quatre onces de beau raisin de Corinthe, vous le lavez parfaitement à plusieurs eaux tièdes, et l'égouttez sur une serviette; ensuite vous le faites mijoter quelques minutes avec deux onces de sucre clarifié. Vous versez peu à peu trois verres de crème presque bouillante sur six jaunes d'œufs délayés avec deux cuillerées de farine passée au tamis. Placez le tout sur un feu modéré, et cuisez la crème comme de coutume; après quoi mêlez-y quatre onces de beurre fin, quatre de macarons doux et amers, deux de sucre en poudre, un grain de sel et le raisin. Le tout bien amalgamé, vous l'employez.

On procède de la même manière pour la crème-pâtissière au raisin muscat; mais vous avez soin de séparer chaque grain en deux, et d'en ôter les pepins.

Crèmes à la Royale.

Crème à la Reine au café blanc.—Prenez trois demi-setiers de crème; ajoutez-y le zeste d'un citron et un quarteron de sucre; faites brûler dans une poêle deux onces de café: lorsqu'il sera torréfié d'une belle couleur, jetez-le dans votre crème bouillante; couvrez de suite votre casserole avec un couvercle; laissez infuser une demi-heure votre café dans cette crème; retirez-en le café; mettez dans une étamine trois dedans de gésiers de volaille bien lavés, séchés et presque en poudre : à demi refroidie, passez cette crème trois fois à travers une étamine, en bourrant un peu le gésier avec une cuillère de bois : cela fait, remplissez promptement vos pots à crème, ayant soin

de la remuer : vous aurez préparé de l'eau chaude; faites-les prendre au bain-marie, sans que l'eau bouille; couvrez la casserole d'un couvercle, avec un peu de feu dessus : sitôt que vous vous apercevez que votre crème prend, retirez vos pots de l'eau chaude, et mettez-les dans de l'eau fraîche, sans les couvrir.

Crème à la fleur d'orange aux œufs de faisan. — Faites réduire trois demi-setiers de crème; ajoutez-y une pincée de fleur d'orange pralinée et du sucre en suffisante quantité; goûtez-la; passez-la à l'étamine avec du gésier; ajoutez-y trois ou quatre jaunes d'œufs de faisan, et procédez, pour la finir, comme à la précédente.

Vous pouvez, au lieu de fleur d'orange, mettre de la vanille, en faisant bouillir cette vanille avec la crème, etc.

Crème vierge. — Prenez deux onces d'amandes douces, une ou deux amères; émondez et pilez ces amandes en les humectant avec de l'eau; faites réduire à deux tiers trois demi-setiers de crème; mettez dans une étamine vos amandes pilées; versez dessus votre crème; passez-la deux fois; supprimez-en les amandes; sucrez, passez, et procédez, pour la finir, comme il est dit précédemment.

Crème aux pistaches à la Duchesse. — Pilez un quarteron de pistaches émondées avec une once de cédrat confit et huit amandes amères. Lorsqu'elles sont broyées, vous les jetez dans six verres de lait presque bouillant; couvrez l'infusion, et passez-la à tiède par la serviette, avec pression. Délayez dans une terrine dix onces de sucre en poudre, avec une cuillerée d'essence de vert d'épinards passés au tamis de soie, puis un œuf, dix jaunes et un grain de sel. Ajoutez peu à peu l'infusion à ce mélange, remuez bien, passez le tout à l'étamine, et continuez le reste du procédé selon la règle.

C'est pour cette crème, par exemple, qu'on doit avoir l'attention de conserver deux grandes cuillerées de la crème qu'on lie avec soin, afin qu'elle conserve sa couleur pistache; et, lorsque la crème est démoulée, vous la masquez de la crème liée; si vous ne la trouvez pas assez colorée après l'avoir liée sur le feu, vous y joindrez un peu de vert d'épinards.

Crème au parfait amour. — Vous frottez sur un morceau de sucre du poids de dix onces le zeste d'un citron bien sain et le zeste d'un cédrat; mais ayez soin de râper légèrement la superficie des fruits, afin que l'arôme n'ait point d'amertume.

Jetez ce sucre dans six verres de lait tout bouillant avec dix clous de gérofle concassés ; couvrez l'infusion, et quand elle n'est plus que tiède, mêlez-la par partie dans dix jaunes que vous aurez délayés avec un œuf entier et un grain de sel. Passez le tout à l'étamine, et terminez l'opération de la manière accoutumée.

Crème royale au cédrat. — Ayez un morceau de sucre de dix onces, sur lequel vous râpez le zeste d'un beau cédrat. Jetez ce sucre dans six verres de lait en ébullition ; couvrez l'infusion, et laissez-la presque refroidir ; après quoi, vous la mêlez dans dix jaunes qui seront délayés avec un œuf entier et un grain de sel. Passez le tout à l'étamine, et finissez la crème ainsi que de coutume.

On procède de même que ci-dessus pour les crèmes à l'orange, en râpant les zestes de deux oranges douces ; pour la faire au citron, en râpant le zeste de deux citrons ; et à la bigarade, en employant le zeste de deux bigarades bien jaunes.

Crème à la fleur d'orange pralinée aux œufs de vanneau. — Jetez une once de fleur d'orange pralinée dans six verres de lait tout bouillant. L'infusion n'étant plus que tiède, vous la mêlez avec vingt jaunes d'œufs de vanneau, délayés avec dix onces de sucre, un œuf et un grain de sel. Passez ensuite la crème à l'étamine, et terminez-la selon la règle.

Crème au caramel anisé. — Jetez dans cinq verres de lait en ébullition un gros d'anis vert et un gros d'anis étoilé ; couvrez l'infusion ; faites cuire six onces de sucre au caramel, et faites-les fondre avec un verre d'eau bouillante. Vous le versez dans l'infusion qui doit être presque froide ; après quoi, vous la mêlez peu à peu avec dix jaunes que vous aurez délayés avec un œuf, quatre onces de sucre et un grain de sel. Remuez bien le mélange que vous passez à l'étamine fine. Vous suivez le reste du procédé de la manière accoutumée.

Sabayon (cuisine étrangère. Sorte de crème qu'on fait habituellement servir en tasses, à proximité d'un biscuit de Savoie). — Prenez douze jaunes d'œufs frais et quatre verres de vin de Madère, six onces de sucre et une pincée de cannelle en poudre. Mettez le tout dans une casserole sur un feu ardent, et remuez, en tournant très-vite, avec un moussoire à chocolat, jusqu'à ce que la mousse ait rempli la casserole. Servez, sans perdre un moment, dans des pots à crème ou des tasses à sorbet.

Crème frite. — Ayez un demi-setier de lait ; faites-le bouillir avec un zeste de citron ; délayez deux œufs, blancs et jaunes, avec de la farine autant qu'ils en pourront boire ; relâchez cet appareil avec quatre œufs, blancs et jaunes ; mouillez-le avec votre lait chaud, et supprimez-en le citron ; délayez bien cette crème, en sorte qu'il ne s'y forme point de grumeaux ; faites-la cuire en la tournant comme une bouillie : au bout d'un quart-d'heure de cuisson, ajoutez-y un peu de sel, un quarteron de sucre, gros de beurre comme la moitié d'un œuf, et quelques gouttes d'eau de fleur d'orange ; achevez de la faire cuire environ un demi-quart-d'heure ; de suite vous mettrez quatre jaunes d'œufs ; versez-la sur un plafond que vous aurez beurré ou fariné ; étendez-la d'un doigt d'épaisseur ; laissez-la refroidir ; coupez-la en losange ou avec un coupe-pâte, en petits pâtés ; farinez-la, ou panez les beignets avec de la mie de pain bien fine ; faites-les frire et d'une belle couleur ; égouttez-les sur un linge blanc ; posez-les sur un plafond, saupoudrez-les de sucre fin ; glacez-les, soit au four, soit avec une pelle rouge ; dressez et servez.

Vous pouvez faire cette crème au chocolat en supprimant les macarons.

Crèmes dites de Plombières.

Crème-plombière aux fraises. — Épluchez une livre de belles fraises bien rouges ; vous en ôtez le tiers, en prenant les plus grosses, et passez le reste en purée par l'étamine fine. Vous mêlez ce fruit dans la crème ; après y avoir ajouté la crème fouettée nécessaire, vous dressez votre crème en rocher, et placez dessus çà et là les fraises conservées.

On procédera de la même manière pour confectionner la crème aux framboises, en conservant les plus belles pour orner le dessus de la crème, où vous aurez mis le suc d'une demi-livre de framboises, et le jus de quatre onces de bonnes fraises. Cependant, on la sert encore sans mélange d'autres fruits.

Crème-plombière à la marmelade d'abricots. — Ayez quinze beaux abricots de plein-vent, rouges en couleur, et de bon fruit. Coupez-les menu, et faites-les cuire dans six onces de sucre clarifié ; quand ils sont réduits en une marmelade parfaite, vous la passez en purée par l'étamine fine ; ensuite, vous cassez quatre jaunes d'œufs dans une casserole, que vous délayez avec une petite cuillerée de farine de crème de riz et un verre de bonne crème ou de lait ; puis, vous faites cuire cette crème comme il est dit plus haut. Ajoutez-y un grain de sel et deux onces de sucre ; après l'avoir fait refroidir à la glace, mêlez-y la marmelade et la crème fouettée nécessaire.

Pour la crème-plombière aux prunes de mirabelle, vous employez un cent de vraies mirabelles, et suivez le reste du procédé décrit ci-dessus.

Crèmes à la Bavaroise.

Crème ou fromage bavarois aux noix fraîches. — Après avoir épluché vingt-six belles noix vertes, vous les pilez et les mouillez de temps en temps d'un peu d'eau, afin qu'elles ne tournent pas à l'huile. Ensuite vous les mettez dans une petite terrine, et les délayez peu à peu avec deux verres de crème presque bouillante, dans laquelle vous aurez fait dissoudre huit onces de sucre. Laissez faire l'infusion pendant une heure, après quoi vous la passez à l'étamine fine. Ajoutez à la crème six gros de colle clarifiée et un peu tiède ; vous versez la préparation dans un dôme de fer-blanc du diamètre de dix pouces, et de quatre seulement de profondeur ; ou versez-le dans un grand bol de terre de pipe, ou dans une moyenne terrine que vous placez dans dix livres de glace pilée. Au bout de quinze minutes, vous commencez à remuer la crème avec une grande cuillère d'argent, et continuez par intervalle. Du moment qu'elle commence à se lier, vous la remuez sans discontinuer, afin qu'elle soit d'un corps très-lisse et coulant. Alors vous ôtez la préparation de la glace. Vous y mêlez par parties un fromage à la Chantilly, bien égoutté, et du même volume que le moule d'entremets qui doit vous servir ; vous remuez parfaitement ce mélange, afin d'affaisser la crème fouettée qui, par ce moyen, vous donne un fromage bavarois d'un moelleux et d'un velouté parfait. Vous le versez dans le moule que vous aurez placé dans la glace, et après une bonne demi-heure de congélation, vous pouvez démouler le fromage.

Crème ou fromage bavarois à l'essence de menthe. — Ayez une once de menthe frisée et cueillie du jour. Quand vos deux verres de lait ont bouilli, vous y jetez la menthe avec le zeste d'un citron bien sain. Lorsque l'infusion n'est plus que tiède, vous y mêlez un demi-gros d'essence de menthe poivrée et huit onces de sucre en poudre. Après quelques minutes d'infusion, vous passez le tout à l'étamine, et y ajoutez six gros de colle ; placez la préparation dans un bol à la glace, et lorsqu'elle commence à se lier, vous y mêlez le fromage à la Chantilly. Terminez comme il est indiqué pour le fromage bavarois aux noix vertes.

Crème bavaroise au cacao. — Vous brûlez, de la même manière que le café, quatre onces de cacao ; vous le concassez dans un mortier, et le mettez le plus promptement possible dans deux verres de lait bouillant, avec une demi-gousse de vanille et autant de cannelle fine. Couvrez l'infusion, et dès qu'elle n'est plus que tiède, vous la passez à la serviette ; vous y mêlez huit onces de sucre, six gros de colle. Le tout bien amalgamé, vous le passez de nouveau ; après quoi, vous placez la préparation dans un bol à la glace, et quand elle commence à se lier, vous y mêlez un fromage à la crème. Pour le reste du procédé (*V.* CRÈME AUX NOIX VERTES).

Crème bavaroise au thé. — Faites infuser dans deux verres de lait bouillant deux gros de bon thé. Couvrez l'infusion, et lorsqu'elle n'est plus que tiède, faites-y fondre huit onces de sucre en poudre et six gros de colle clarifiée. Ensuite passez-la à la serviette, et mettez-la dans un bol à la glace. Quand elle commence à prendre, mêlez-y la crème fouettée nécessaire à l'opération, que vous suivez selon les procédés décrits.

Crème printanière à la violette. — Vous épluchez quatre paquets de violettes cueillies du jour ; vous les jetez dans huit onces de sucre clarifié et en ébullition, avec une pincée de graines de cochenille, afin de colorer l'infusion que vous couvrez. Lorsqu'elle n'est plus que tiède, vous y mêlez six gros de colle ; ensuite vous passez la préparation à la serviette et la placez dans un bol à glace ; lorsqu'elle commence à prendre, vous y mêlez un fromage à la Chantilly, et finissez selon la règle.

Fromage bavarois aux boutons de rose. — Prenez une trentaine de belles roses de Provins, à peine ouvertes et fraîchement cueillies ; et, après les avoir épluchées, jetez-les avec une pincée de graines de cochenille dans huit onces de sucre clarifié et bouillant. Couvrez l'infusion, et, lorsqu'elle n'est plus que tiède, joignez-y six gros de colle de poisson ; ensuite passez la préparation à la serviette, après quoi vous la mettez à la glace. Du moment qu'elle commence à se lier, vous y mêlez le fromage à la crème. Terminez comme de coutume.

Crème à la fleur d'œillet (à la bavaroise). — Épluchez deux onces de petits œillets rouges à ratafia. Vous les jetez dans huit onces de sucre clarifié bouillant, avec dix clous de gérofle concassés et une pincée de graines de cochenille. Couvrez l'infusion, et, lorsqu'elle est tiède encore, passez-la à la serviette ; après quoi vous y joignez six gros de colle. Remuez la préparation, et placez-la dans un bol à la glace. Aussitôt qu'elle commence à se lier, vous y amalgamez un fromage à la crème. Moulez et démoulez l'entremets, comme il est décrit plus haut.

On peut également confectionner ces sortes d'entremets aux jonquilles, au jasmin et aux tubéreuses.

Crème bavaroise aux quatre fruits rouges. — Ayez quatre onces de groseilles, quatre de cerises, quatre de framboises et quatre de fraises. Pressez le tout à l'étamine fine pour exprimer le jus, dans lequel vous joignez huit onces de sucre fin et six gros de colle. Le tout parfaitement mêlé, vous placez la préparation à la glace; aussitôt qu'elle commence à prendre, vous y joignez la crème fouettée nécessaire. Pour le reste du procédé (*V.* FROMAGE BAVAROIS AUX NOIX VERTES).

On emploiera les mêmes procédés que ci-dessus pour faire un fromage bavarois aux cerises, en exprimant le suc d'une livre de cerises avec quatre onces de framboises.

Fromage bavarois aux abricots et aux pêches. — Prenez dix-huit beaux abricots de plein-vent, d'une bonne maturité et rouges en couleur. Après les avoir coupés menus, vous les faites cuire dans huit onces de sucre clarifié. Lorsqu'ils sont réduits en marmelade parfaite, vous les passez en purée à l'étamine. Vous y joignez six gros de colle clarifiée et un verre de bonne crème. Remuez la préparation et placez-la ensuite à la glace. Lorsqu'elle commence à prendre, vous y mettez la crème fouettée. Vous terminez l'opération de la manière accoutumée.

On peut également mêler les abricots avec huit onces de sucre en poudre, et, une heure après, les passer à cru par l'étamine fine.

On procédera de même que ci-dessus pour confectionner le fromage bavarois aux pêches, en employant quinze pêches de vigne.

Crème bavaroise au melon. — Ayez un moyen cantaloup de bon goût et rouge en couleur. Coupez-le par tranches; ôtez-en l'écorce et les pepins. Coupez-le menu, et faites-le cuire ensuite dans huit onces de sucre clarifié; faites-le réduire en une marmelade parfaite, que vous passez en purée par l'étamine fine. Vous y joignez six gros de colle; remuez la préparation et placez-la à la glace. Quand elle commence à se lier, vous y mêlez une assiette de crème fouettée. Finissez l'opération comme de coutume.

Crème bavaroise au marasquin de Zara. — Faites bouillir deux verres de crème double; ajoutez-y huit onces de sucre et six gros de colle; passez le tout à l'étamine et placez la préparation à la glace. Au moment où elle commence à se lier, vous y mêlez peu à peu un demi-verre de vrai marasquin de Dalmatie. Après cela, vous y amalgamez la crème fouettée nécessaire. Terminez l'opération de la manière accoutumée.

Pour le fromage bavarois au rhum, on procèdera comme ci-dessus, avec cette différence qu'on emploie un demi-verre de rhum de la Jamaïque.

On fait également des fromages bavarois aux crèmes de Moka, de cacao, de Pomone, de vanille, de menthe, des Barbades et autres liqueurs fines.

Crème au punch (bavaroise). — Faites infuser le zeste de deux citrons dans huit onces de sucre clarifié; ajoutez le suc de trois citrons bien sains, et six gros de colle. Passez le tout à la serviette, après quoi vous placez la préparation à la glace. Lorsqu'elle commence à se lier, vous y mettez un demi-verre de bon rac ou de rhum, puis la crème fouettée. Finissez le procédé comme à l'ordinaire.

CRÊPES. Faites une pâte à frire avec de la farine, du lait, des jaunes d'œufs et un peu d'eau-de-vie; mettez un peu de beurre dans une poêle, et lorsqu'il est assez chaud, versez-y une cuillerée de pâte que vous étendez sur tout le fond de la poêle. Retournez la crêpe lorsqu'elle est cuite d'un côté, et, en la retirant, saupoudrez-la de sucre (*V.* PANNEQUETS).

CRÉPINETTES. On appelle ainsi des ragoûts de certaines viandes émincées ou hachées qu'on renferme dans des morceaux de crépine ou crépinette de porc frais, afin de les faire biscuire au four, à la poêle ou sur le gril.

On garnit le plus souvent ces crépinettes avec des ris d'agneau, du rognon de veau, des palais de bœuf, des filets de mauviettes ou de lapereau, des langues de carpe ou des rouelles d'anguille. Les *saucisses plates* ne sont autre chose que des crépinettes remplies avec un hachis de porc frais.

CRESSON. Il y a deux espèces de cresson tout-à-fait différentes; le cresson de fontaine et le cresson alénois, dont nous avons suffisamment parlé, page 19. Le cresson de fontaine se mange en salade et quelquefois mélangé avec d'autres herbacées. On en garnit ordinairement les plats sur lesquels on sert des volailles rôties, mais particulièrement les poulardes.

Le cresson de fontaine peut remplacer les épinards. Ainsi préparé, on en fait un grand usage dans les environs d'Erfurth, où l'on a trouvé le moyen d'en récolter abondamment pendant les hivers les plus rigoureux.

Le cresson vient naturellement partout où il y a des sources et des eaux courantes. Les personnes qui peuvent en trouver chez elles ou dans leur voisinage doivent le délivrer des mauvaises herbes qui l'étouffent, et le garantir de l'approche des troupeaux qui le foulent aux pieds.

Il faut prendre garde de confondre le cresson de fontaine avec une autre espèce d'herbes qui lui ressemble assez, et qui vient de même autour des fontaines.

Ceux qui vivent dans les lieux secs, éloignés des eaux vives, et qui ont envie ou besoin de cette espèce de cresson, peuvent en élever dans des baquets. On les remplit à moitié de terre; on y plante deux ou trois pieds de cresson qu'on inonde d'eau, de manière qu'elle excède la terre à la hauteur de quelques lignes. Il y a un trou sur le côté de ces baquets, à fleur de fond, qui est fermé par une bonde, et ce trou sert à renouveler l'eau qu'on a soin de renouveler et de rafraîchir journellement.

CRÊTES, éminences rouges et festonnées que les coqs et les poules ont au sommet de la tête. Celles qui sont les plus grandes, les plus épaisses et les plus blanches sont estimées les meilleures; relativement à leur emploi culinaire (*V*. ABATTIS et GARNITURE, PATÉ CHAUD, VOLE-AU-VENT, TIMBALE DE NOUILLES et CASSEROLE AU RIZ).

CREVETTE, espèce de crustacée maritime. On reconnaît qu'elle est fraîche quand elle est d'un rouge pâle, quand elle n'est pas collante au toucher, et qu'elle a la queue très-ferme. Celles de Rouen sont les plus estimées.

Elles se cuisent comme les homards, à cela près qu'il ne faut les saler que lorsqu'elles sont égouttées, en ayant soin de bien les sauter afin qu'elles prennent le sel également. Si vous mettiez le sel en les cuisant, vous auriez plus de peine à séparer leur chair de sa coquille. Pour faire un buisson de crevettes, ayez une grosse botte de persil vert, remplissez-en le creux d'un plat, et couvrez-les d'une serviette; relevez carrément les coins de votre serviette pour en former un octogone régulier, qui ne laissera voir que le bord du plat; mettez du persil au milieu; dressez vos crevettes à l'entour; formez en pyramide, et servez pour entremets. On en garnit le plus souvent des coquilles de porcelaine ou des bateaux pour les offrir

en hors-d'œuvre. On peut aussi mêler des queues de crevettes épluchées dans des salades de chicorée blanche, et mieux encore, on peut les apprêter à la béchameil, afin d'en garnir de petits pâtés; ce qui donne une entrée maigre des plus fines et du meilleur goût.

CROMESQUIS, ragoût polonais (*V*. AGNEAU).

CROQUANTES, gâteaux d'amande séchés au four. On appelle *croquantes montées* celles qui sont de plusieurs pièces rapportées, et qui forment un dessin par compartiments de formes diverses, et différemment coloriés (*V*. plus loin CROQUEMBOUCHE).

CROQUEMBOUCHE. On a laissé ce vilain nom de cuisine à des préparations de croquignoles, de gimblettes, de nougats, de macarons, de bouchées et autres pâtisseries croquantes qu'on réunit avec du sucre cuit au cassé, et qu'on dresse sur une abaisse de feuilletage, en forme de large coupe, de grand vase, de grotte rustique ou de rocher qui supporte un ermitage. M. Carême en a donné de charmants dessins dans son *Pâtissier pittoresque*, et c'est, du reste, une sorte de composition qui n'est usitée que dans *les extraordinaires*, c'est-à-dire pour l'ornement d'un buffet de grand bal, ou pour la décoration d'un ambigu d'apparat.

Croquembouche à la Soubise. — Après avoir fait et cuit une livre et demie de croquignoles à la Reine, vous aurez le soin de les *coucher* le plus également possible, et d'un pouce seulement de diamètre; puis vous en *coucherez* le quart plus petit de moitié. Lorsqu'elles sont cuites et refroidies, vous montez ce croquembouche de cette manière : après avoir fait cuire dans un petit poêlon d'office huit onces de sucre au cassé, un peu serré, vous en versez la moitié sur un couvercle de casserole à peine beurré; puis vous masquez le feu du fourneau de cendres rouges, afin de maintenir le sucre du poêlon assez chaud pour vous en servir, et en même temps pour l'empêcher de prendre davantage de couleur; alors vous y glacez légèrement le dessus et l'épaisseur des croquignoles, que vous placez de suite dans un grand moule uni, parfaitement bien essuyé; mais pour tremper vos croquignoles dans le sucre, vous devez les piquer à la pointe du petit couteau; vous les posez avec symétrie, dans la forme qui vous agrée le mieux, mais toujours avec l'intention soutenue d'une forme régulière et pittoresque. Lorsque le sucre du poêlon est diminué des trois quarts, vous y joignez alors la moitié du sucre au cassé conservé, et quand cette partie se trouve employée, vous ajoutez le reste du sucre ; mais dès qu'il commence à se colorer, vous le versez sur le couvercle de la casserole où vous en avez déjà mis.

Ensuite vous faites cuire comme ci-dessus huit onces de sucre dans un petit poêlon d'office bien propre ; puis vous l'employez de même que le précédent, et après celui-là vous recommencez la même opération, lorsque le moule se trouve garni de croquembouche. Vous n'aurez pas garni le fond, attendu que vous le remplacez par une abaisse de pâte d'office, du même diamètre, que vous aurez parée bien ronde, ainsi que deux plus petites, dont une de six pouces de diamètre, et une de quatre pouces ; alors vous les glacez sur leur épaisseur, c'est-à-dire tout autour ; puis avec les petites croquignoles que vous glacez dans le reste du sucre que vous faites fondre dans le même poêlon comme les précédents, vous les placez en deux ronds l'un sur l'autre, à l'entour et sur le bord des deux petites abaisses. Vous collez la grande abaisse sur le croquembouche, et dessus cette abaisse, vous collez le plus grand socle par-dessus le second, sur lequel vous collez un rang seulement de croquignoles ; puis vous collez par-dessus une espèce de coupe que vous formez dans un moule en dôme, encore avec des croquignoles glacées, et à l'entour du haut vous ajoutez un double rond de croquignoles glacées, et dessus, pour servir de couronnement, vous collez des denticules formées de croquignoles que vous avez parées carrément, puis au moment du service, vous garnissez la coupe de crème fouettée à la vanille.

Croquembouche de quartiers d'oranges.

— Ayez douze belles oranges rouges de Majorque. Après en avoir enlevé l'écorce, séparez chacune d'elles en douze quartiers d'égale grosseur ; mais ayez soin d'en séparer exactement toute la peau blanche, sans cependant endommager la pellicule qui contient le jus du fruit. Tous les quartiers étant ainsi préparés, vous les trempez séparément et entièrement dans du sucre cuit au cassé, et vous les placez au fur et à mesure dans un moule uni de six pouces de diamètre sur cinq de hauteur. Aussitôt que le sucre devient caramel, vous en faites cuire d'autre et continuez à monter le croquembouche que vous démoulez et servez de suite ; il ne doit pas attendre, parce que le sucre s'amollit rapidement par l'humidité du fruit. Par ce triste résultat, au bout d'une heure d'attente, le croquembouche est susceptible de tomber par fragments ; il est donc important de le mouler au moment du service.

Croquembouche à la duchesse de Gesvres.

— Préparez un appareil de *génoises à l'orange* (*V*. cet article), et faites-les cuire selon la coutume ; vous les détaillez avec un petit coupe-pâte rond uni de quatorze à seize lignes de diamètre ; ensuite vous videz le milieu avec un petit coupe-pâte de huit lignes de largeur, de manière à ce que vos génoises forment des anneaux que vous masquez légèrement dessus avec de la glace colorée de vert pistache, sur laquelle vous semez du gros sucre très-brillant et très-égal en grosseur. Au fur et mesure que vous avez une douzaine de génoises préparées ainsi, vous les mettez à la bouche du four deux minutes seulement, et vous continuez le même procédé pour le reste des génoises. Vous les mettez ensuite dans un moule en dôme et vous les collez avec du sucre cuit au cassé ; vous renversez le moule sur son plat, et, après l'avoir ôté, vous garnissez le milieu de chaque anneau de génoises d'une belle cerise confite bien transparente et bien égouttée.

En glaçant les génoises à la glace blanche, vous semez dessus des pistaches hachées, et vous les garnissez au milieu d'une cerise, ou bien à blanc et au gros sucre garni aussi d'une cerise.

Lorsque vous voulez les garnir de verjus, mettez-les à la glace blanche et au gros sucre, ou à la glace rose et au gros sucre, ou à la glace citron et au gros sucre.

Croquembouche de feuilletage à blanc.

— Donnez douze tours à un litron de feuilletage ; détaillez-le en petits anneaux comme les précédents, et, après les avoir rangés sur le tour, saupoudrez-les de sucre fin, et placez-les de suite sur un grand plafond ou sur une plaque d'office. Mettez-les au four chaleur modérée, et cuisez-les bien blanc. Lorsqu'ils sont froids, vous les montez dans un moule en dôme uni, et les collez avec du sucre cuit au cassé ; vous garnissez le milieu des anneaux avec une belle cerise ou du verjus.

On peut masquer le dessus des anneaux avec de la glace royale rose, blanche ou verte. Sur la rose, on peut semer du gros sucre ; sur la blanche, des pistaches hachées ; et sur la verte, du gros sucre.

On glace encore ces anneaux au sucre au cassé blanc ou rose, ou au caramel.

Croquembouche de marrons glacés au caramel.

— Ayez soixante beaux marrons (de Lyon) grillés, et après les avoir parfaitement épluchés et bien émondés des parties colorées par le feu, vous les trempez un à un dans du sucre cuit au caramel bien blond, et les placez à mesure dans un moule rond uni de sept à huit pouces de diamètre sur cinq à six de hauteur.

On doit monter ce croquembouche au moment au service, parce que l'humidité des marrons ramollit le sucre au point qu'en peu de temps il perd sa consistance et son brillant.

On peut également colorer le sucre au safran, ou l'employer simplement cuit au blanc et au cassé.

Croquembouche de noix vertes glacées au caramel. — Épluchez soixante noix vertes, mais ayez soin de les conserver bien entières. Vous les mettez au four à chaleur douce, afin de les colorer légèrement. Lorsqu'elles sont froides, vous les glacez les unes après les autres, et les placez à mesure dans le moule avec ordre, comme il est indiqué ci-dessus. On peut mouler les croquembouches sans faire sécher les noix. On en fait également aux amandes vertes, mais ce n'est qu'au moment du service, pour être sûr de son opération.

On fait aussi des croquembouches d'entremets dans le genre des croquembouches de grosses pièces de fonds.

CROQUETTES. Apprêt qui consiste à former ou foncer une espèce de beignets panés et frits, soit avec un hachis de viandes rôties ou de chair de poisson déjà cuite, soit avec des œufs durs hachés, de la purée de pomme de terre, du riz au lait, des fruits en marmelade, etc. On fait le plus souvent des croquettes avec des blancs de volaille, des cervelles de veau, de la béchameil de turbot, de saumon ou de morue, avec des queues de crevettes et des pommes au beurre. On va se contenter de formuler les recettes qui suivent, en observant qu'elles peuvent s'appliquer à toutes les substances de la même nature que celles qui s'y trouvent indiquées.

Croquettes de lapereaux. — Faites cuire deux lapereaux à la broche; laissez-les refroidir; levez-en les chairs; supprimez-en la peau et les nerfs; coupez ces chairs en petits dés, ainsi que des truffes ou des champignons, quelques foies gras ou demi-gras; faites réduire une cuillerée à pot de blond de veau à la consistance de demi-glace; ajoutez-y persil et ciboules hachés; laissez cuire cinq ou six minutes; mettez les chairs et les truffes dans votre sauce, sans la laisser bouillir; liez le tout avec deux jaunes d'œufs, ayant soin de remuer avec une cuillère de bois; versez cet appareil sur un plafond; étendez-le avec la lame d'un couteau, et laissez-le refroidir. Divisez-le ensuite en parties égales, grosses comme la moitié d'un œuf; formez-en des poires ou des cannelons; ainsi préparées, roulez-les dans de la mie de pain; trempez-les dans une omelette où vous aurez mis un peu de sel fin; roulez-les encore une fois dans

de la mie de pain, en leur conservant la forme qu'il vous aura plu de leur donner; faites-les frire à friture un peu chaude, afin qu'elles soient d'une belle couleur; égouttez-les; dressez-les en dôme, et servez-les avec un bouquet de persil frit.

Croquettes de riz à la bourgeoise. — Épluchez, lavez et faites blanchir un quarteron de riz; faites-le crever dans un demi-setier de lait, en le mouillant au fur et à mesure; assaisonnez-le de zeste de citron haché bien menu, de cinq ou six massepains écrasés, d'un quarteron de sucre, d'un peu de sel, d'une cuillerée d'eau de fleur d'orange et d'une once de beurre frais. Votre riz étant crevé, liez-le avec quatre jaunes d'œufs, sans le laisser bouillir; versez-le sur un plafond; étendez-le d'une égale grosseur; laissez-le refroidir; divisez-le en petites parties égales; mettez-les en boules; trempez-les dans une omelette; roulez-les dans de la mie de pain; posez-les sur un couvercle; et un moment avant de servir, faites-les frire à une friture un peu chaude : lorsque vos croquettes seront d'une belle couleur, égouttez-les, dressez-les en dôme, et saupoudrez-les de sucre blanc.

Croquettes de marrons à la dauphine. — Faites griller cinquante beaux marrons de Lyon ou du Luc; vous les épluchez et en ôtez toutes les parties colorées par l'âpreté du feu. Ensuite vous en choisissez que vous partagez par moitiés bien intactes (les véritables marrons se séparent naturellement en deux parties, ce qui les distingue de la châtaigne). Pilez le reste avec deux onces de beurre, et passez ensuite par le tamis de crin; alors vous délayez cette pâte dans une casserole, avec un verre de crème, deux onces de beurre, deux de sucre en poudre, et un grain de sel. Tournez cette crème sans la quitter sur un feu modéré; desséchez-la deux minutes seulement; mêlez-y six jaunes d'œufs, et remettez-la un moment sur le feu. Alors la crème doit se trouver un peu consistante, mais non pas ferme. Versez-la sur un plafond légèrement beurré, et élargissez-la. Couvrez-la également d'un rond de papier beurré. Lorsqu'elle est froide, vous prenez une de ces moitiés de marrons (que vous avez conservée), vous la placez au milieu d'un peu de crème, le double en grosseur d'une moitié de marron, que vous enfermez en roulant la crème pour en former une croquette très-ronde; vous la roulez ensuite sur de la mie de pain extrêmement fine. Vous employez ainsi toutes vos moitiés de marrons, en les masquant de crème. Toutes les croquettes étant formées et roulées dans la mie de pain, vous battez cinq œufs entiers avec un grain de sel fin dans dans une petite

13

terrine où vous trempez les croquettes, et vous les égouttez un peu. Vous les roulez de nouveau sur la mie, et ensuite vous les placez au fur et à mesure sur un couvercle de casserole. Enfin, vous trempez tour-à-tour les croquettes dans l'œuf et les roulez sur la mie de pain; après quoi, vous les versez dans une friture très-chaude. Si la poêle est grande, vous y mettez toutes les croquettes; sinon vous n'en mettez que la moitié, afin de les conserver bien rondes. Vous les remuez doucement avec la pointe d'un atelet et les ôtez avec l'écumoire. Aussitôt qu'elles sont colorées d'un beau blond, égouttez-les sur une serviette double; ensuite, vous les saupoudrez de sucre fin, et les dressez en pyramide. Servez tout bouillant.

On fait également avec cette crème de marrons des croquettes en forme d'olives et de poires. On la coupe carrément, ou en rond, ovale et en losange; alors, au moment du service, vous trempez ces quatre dernières formes dans la pâte à frire décrite précédemment, et les faites frire de belle couleur. Vous les saupoudrez de sucre très-fin, et puis vous les glacez au four ou avec la pelle rouge.

Croquettes de pommes de terre à la vanille. — Faites cuire dans les cendres vingt belles vitelottes, et, après les avoir épluchées, parez-les pour ôter le tour rougeâtre, afin de n'employer que le cœur de la pomme de terre. Alors, vous en pesez vingt-quatre onces, que vous pilez avec quatre onces de beurre fin et quatre de sucre en poudre. Vous délayez cette pâte dans une casserole avec deux verres de lait, dans lequel vous aurez fait infuser une gousse de vanille, un grain de sel, six jaunes d'œufs et quatre onces de macarons amers. Tournez le tout sur un feu modéré, et donnez quelques minutes d'ébullition; alors la crème doit se trouver consistante, quoique douce au toucher, sinon vous y joindrez un peu de lait; ensuite, vous la versez sur un plafond, la couvrez d'un rond de papier, et quand elle est froide, vous la disposez et la faites frire comme il est dit pour les croquettes précédentes.

On peut aromatiser ces sortes de croquettes au zeste d'orange, de bigarade et de cédrat, en râpant le zeste de l'un de ces fruits sur les quatre onces de sucre qui entrent dans l'appareil.

Croquettes de riz à la d'Egmont. — Faites cuire huit onces de riz, avec cinq verres de lait, quatre onces de beurre, quatre de sucre en poudre et un grain de sel. Pendant la cuisson, vous pilez quatre onces de pistaches (émondées) avec huit amandes amères et une once de cédrat confit. Le riz étant cuit, vous y mêlez six jaunes d'œufs avec quatre onces de macarons amers, et le laissez refroidir, après quoi vous y mêlez les pistaches et assez d'essence d'épinards pour colorer le riz d'un vert pistache. Vous disposez les croquettes, et les faites frire suivant la formule.

Croquettes de semouille au café. — Après avoir torréfié trois onces de café Moka, vous les jetez dans cinq verres de lait tout bouillant; couvrez l'infusion, et passez-la à la serviette quand elle est froide. Ensuite, vous la versez dans une casserole avec huit onces de semouille, quatre de beurre, quatre de sucre fin et un grain de sel. Mêlez-y trois onces de macarons doux et six jaunes d'œufs, et versez de suite sur un plafond. Lorsque cet appareil est froid, vous formez vos croquettes un peu plus grosses que les précédentes, en leur donnant la forme de poires. Vous les panez et les faites frire de la manière accoutumée, et, après les avoir saupoudrées de sucre fin, vous les dressez.

On peut également les assaisonner à l'orange, à la bigarade, à la fleur d'orange pralinée, au caramel, aux macarons amers et au marasquin; on peut encore, en supprimant deux onces de sucre, ajouter quatre onces de beau raisin de Corinthe.

Croquettes de nouilles au citron confit. — Vous détrempez et détaillez six onces de pâte à nouille, vous les versez peu à peu dans quatre verres de lait en ébullition; et, après quelques bouillons, vous y joignez quatre onces de beurre, quatre de sucre fin, et une once de citronats émincés. Faites mijoter pendant vingt-cinq minutes, pour que les nouilles renflent et deviennent moelleuses. Alors, vous y mêlez trois onces de macarons amers, six jaunes d'œufs et un grain de sel. Laissez refroidir l'appareil, et terminez l'opération par les procédés décrits précédemment.

On procédera de la même manière pour les croquettes de vermicelle, avec cette différence, que vous versez six onces de vermicelle dans le lait tout bouillant; mais vous marquez le reste de l'appareil ainsi qu'il est indiqué pour toutes les autres préparations analogues.

CROQUIGNOLES, sorte de pâtisserie dite de *petit-four*, et dont l'usage est suffisamment indiqué dans un autre article (*V.* CROQUEMBOUCHE).

Croquignoles d'office. — Détrempez avec des blancs d'œufs, dans une terrine, une livre de sucre, une bonne pincée de fleur d'orange pralinée en poudre, un peu de beurre fin et un peu de sel; quand votre pâte sera bien ferme, mettez-la dans un entonnoir; à mesure que vos croquignoles sortiront de cet entonnoir, coupez-les avec la pointe d'un couteau trempé dans du blanc d'œuf, et couchez-les en forme de bouton sur des plafonds légèrement beurrés; faites-les cuire à four doux.

Croquignoles à la Chartres. — Ayez une demi-livre d'amandes douces, une demi-once d'amandes amères; pilez-les; mouillez-les avec des blancs d'œufs; mettez-les sur le tour avec un litre de farine, une demi-livre de sucre en poudre, un peu de beurre, de sel et d'écorce de citron râpé; cassez des œufs, et pétrissez tout cela ensemble; cette pâte étant bien pétrie et ferme, roulez-la; coupez-la par morceaux gros comme des avelines; roulez ces petits morceaux; posez-les sur un plafond beurré; dorez-les, et faites-les cuire dans un four un peu chaud.

CROUSTADES, grands, moyens et petits pâtés chauds, dont la croûte doit être plus croquante que celle des *casseroles de riz*, des *vol-au-vent*, des *timbales*, etc.

Croustade au pain. — Ayez un pain rond et rassis, du poids de six livres, et de la même pâte que les pains à potage. Coupez-le en travers et en lames de deux pouces d'épaisseur, ensuite coupez-en la mie seulement avec un coupe-racine de deux pouces de diamètre; vous coupez ainsi douze croustades, et sur le côté le plus uni vous y marquez le couvercle avec la pointe du couteau, à deux lignes près du bord, et puis vous les cannelez à l'entour.

Ensuite vous en mettez six dans une casserole contenant assez de beurre clarifié pour les masquer parfaitement, et leur donner couleur sur un feu modéré. Lorsqu'elles sont blondes, vous les égouttez sur une serviette, et vous donnez également une bonne couleur aux six autres; vous en ôtez ensuite toute la mie, et mettez dans chacune d'elles une cuillerée de farce fine; puis vous élargissez sur la table douze cailles désossées: assaisonnez-les, et mettez dessus un peu de glace et de farce; vous en faites de petits ballons, et en placez un dans chaque croustade, et de manière que l'estomac des cailles se trouve en dessus.

Cette opération terminée, vous placez tout près les unes des autres les douze croustades sur un moyen plafond masqué de bardes de lard. Entourez encore ces croustades avec des bardes, et puis avec une bande de papier que vous fixez par une ficelle; vous masquez les cailles de bardes de lard, et par-dessus deux ronds de papier beurré. Mettez au four à chaleur modérée, et donnez une heure et demie pour la cuisson: ôtez les bardes, égouttez un moment les croustades sur une serviette, et saucez le dessus des cailles avec de la glace de veau.

On garnit pareillement ces sortes de croustades avec des mauviettes (on en met deux dans chacune d'elles), des grives, cailles et rameraux, bécots, petits perdreaux et autre menu gibier, qu'il faudra toujours désosser. On peut aussi les garnir à la Montglas, c'est-à-dire avec une farce composée de foies gras et de truffes bien tranchées, encore avec des lames d'esturgeon, des filets de soles, des ragoûts d'huîtres et de moules, des riz d'agneau, des crêtes de coq, etc.

Croustade aux truffes, en surprise. — Après avoir lavé et brossé à l'eau tiède douze belles truffes bien noires, bien rondes et d'égale grosseur, vous les faites cuire au vin de Champagne, les égouttez et les laissez refroidir; ensuite vous les coupez en mettant dessus un coupe-racine d'un pouce de diamètre, que vous enfoncez aux trois quarts de la profondeur des truffes; après quoi vous ôtez avec la pointe du couteau ces petits couvercles, puis vous videz les truffes peu à peu avec soin et avec une petite cuillère à café. Lorsqu'elles sont toutes parfaitement dégarnies de leur chair, sans que la peau en soit percée, vous les garnissez d'une purée de volaille ou de gibier, ou d'un salpicon de blancs de volaille coupés en dés, avec des truffes coupées de même, ou des rognons de coq avec des petites truffes tournés de la même forme, ou bien des crêtes coupées en dés avec des truffes, le tout *saucé* à la béchamel. On les garnit encore d'une petite escalope de foie gras, avec un émincé de truffes, ou de filets de mauviettes, avec de petits champignons tournés.

On sert ces belles truffes sur une serviette damassée.

Croustade de nouilles au chasseur. — Détrempez douze jaunes d'œufs de pâte à nouilles, et, après les avoir abaissés et détaillés selon la règle, vous les versez peu à peu dans de l'eau bouillante; après quelques minutes d'ébullition, vous les égouttez dans une grande passoire, et les sautez dans une casserole avec quatre onces de beurre et un peu de sel. Versez-les dans un grand plat à sauter; puis vous les élargissez d'égale épaisseur et de deux pouces de hauteur.

Étant froides, vous renversez le plat à sauter sur le tour, et coupez vos croustades avec un coupe-pâte rond et de vingt lignes de diamètre, ou bien vous les coupez en ovale, en carré ou en losange.

Vous cassez ensuite huit œufs dans une petite terrine, et après les avoir bien battus, vous trempez dedans les croustades l'une après l'autre, en ayant soin de les égoutter au fur et à mesure; vous les roulez de tout sens sur de la mie de pain très-fine. Étant ainsi masquées de mie, vous recommencez à les tremper dans l'œuf, et les roulez encore sur la mie de pain ; ensuite vous les roulez légèrement sur le tour, afin de les rendre plus unies, et, après avoir marqué le couvercle sur le plus beau côté, vous les faites frire six à la fois dans une friture neuve et un peu chaude, et les retirez aussitôt qu'elles sont colorées d'une belle teinte jaune et rougeâtre.

Cette opération terminée, vous en enlevez les couvercles avec la pointe du couteau, et les dégarnissez légèrement avec une petite cuillère à café ; au moment du service vous les emplirez des mêmes garnitures indiquées pour les croustades en surprise.

Quelques personnes ne les passent qu'une fois à l'œuf ; mais les croustades n'ont pas assez de consistance de cette manière.

On emploie les mêmes procédés pour les timbales d'entrée au vermicelle.

CROUTES AU POT (*à la bonne femme*). Ayez des croûtes de pain du dessus de la tourte et d'une belle couleur ; mettez-les dans un écuelle ou une casserole d'argent ; mouillez-les avec du bouillon non dégraissé ; faites bouillir le tout à petit feu jusqu'à ce que le bouillon soit puisé et que les croûtes commencent à gratiner ; jetez un peu de bouillon chaud et bien dégraissé sur vos croûtes avant de les servir.

Relativement à tous les potages de croûtes *historiées* qui sont d'un emploi si fréquent dans la bonne cuisine, nous dirons qu'on sert le plus souvent des croûtes gratinées, à la moelle, aux laitues farcies, aux tranches de concombres, aux petits ognons glacés, à la purée de lentilles, à celle de haricots rouges ou à celle de marrons. On les sert aussi gratinées au parmesan, aux huîtres, aux moules, à la purée de crevettes, aux œufs de homards, aux queues d'écrevisses et aux quenelles de toute espèce de poisson. La préparation de ces excellents potages est toujours la même, en ce qu'il ne s'agit que d'ajouter une des choses ci-dessus dénommées, avant de mettre les croûtes sur le feu pour les gratiner.

CROUTONS, tranches de mie de pain découpées en rond, en losange, en petits cubes, en dés, etc. ; on les fait frire avec un peu de beurre dans la casserole, afin d'en garnir certains potages et quelques ragoûts, mais principalement des purées farineuses.

CUISINE, CUISINIER et CUISINIÈRE. La bonne disposition d'une cuisine influe beaucoup plus qu'on ne le croit sur les préparations alimentaires.

Elle doit être assez spacieuse pour qu'on y manœuvre toujours à l'aise ; bien éclairée pour qu'on puisse y tout surveiller d'un coup-d'œil, et sans cesse entretenue dans un état de propreté minutieuse.

Si elle est pavée en grandes dalles de pierre dure, avec une légère inclinaison du côté de l'évier, il suffira d'y jeter de l'eau tous les matins, pour la nettoyer complètement.

Le plancher et les murs doivent être passés à l'eau de chaux et badigeonnés tous les ans.

Il est bon que son exposition soit au plein nord, ce qui l'empêchera d'être infestée par les mouches.

La cheminée doit avoir un fort tirage, ce qui l'empêchera de fumer, et c'est d'ailleurs le plus sûr moyen de débarrasser la cuisine de toutes les vapeurs qui se dégagent pendant la cuisson des aliments.

Les fourneaux de toute nature doivent être surmontés d'une vaste hotte qui va s'ouvrir dans le tuyau de la cheminée. Par ce moyen, la vapeur du charbon et celle des mets en cuisson prendront une direction constante et ne se répandront pas dans toute la cuisine, d'où elles pénètrent très-souvent dans les pièces latérales ou supérieures.

La cuisine doit être abondamment pourvue de tous les ustensiles culinaires. Un peu de superflu en ce genre est préférable à une épargne malentendue. Les ustensiles de cuivre doivent surtout être multipliés, afin qu'il y en ait toujours de rechange et qu'on ne soit pas obligé d'en employer dans un état douteux.

Un four est une dépendance indispensable pour une cuisine bien ordonnée. Ce four est utile dans beaucoup de circonstances : quand on ne l'a pas, il est impossible, ou du moins très-difficile, de faire un grand nombre de préparations essentielles, et surtout de les obtenir à juste prix.

Cuisinier. — C'est à Cadmus que nous devons l'usage de l'écriture, et tout le monde sait que l'illustre Cadmus avait été cuisinier du roi de Sidon. Ceci prouve assez que les occupations culinaires s'allient parfaitement bien avec les préoccupations scientifiques et les opérations typographiques. On voit aussi dans les *Annales de Saint-Denys* (*secund. pars. g.*) que Thibaut de Montmorency, Chevalier de l'ordre et Seigneur de Bours, avait été *grand-queux*, c'est-à-dire chef de cuisine ou premier cuisinier du roi Philippe de Valois. On en conclura sûrement que la profession de cuisinier n'a rien d'incompatible avec la noblesse d'extraction, non plus qu'avec les habitudes chevaleresques. Il existe d'ailleurs un arrêt du conseil d'*en-haut*, sous le règne de Louis XI, lequel arrêt a maintenu *dans sa no-*

blesse et touts les privileiges d'ycelle, un ancien cuisinier de madame de Beaujeu, nommé Cyran du Bartas, *pourquoy ladicte charge de maistre-queux n'a jametz faict ni due fayre encourrir neutle derogehance, en maizon noble.* On pourrait citer plusieurs services de cuisine qui ont été noblement récompensés par des princes français. Le célèbre Montesquieu descendait de Robin Secondat, cuisinier du connétable de Bourbon et anobli par ce prince. Jeanne d'Albret donna des lettres de noblesse, en 1569, à Charles Duguet, son cuisinier émérite. Henri IV anoblit Nicolas Fouquet, seigneur de la Varenne et maître cuisinier de la reine Marguerite, *pour services renduts en l'exercice du dict office.* Il avait trouvé moyen d'acquérir soixante-dix mille écus de rente; mais à la vérité, disait cette bonne reine Marguerite, il avait gagné davantage en portant les poulets de son mari, qu'en *piquant* les siens.

Ce n'est plus aujourd'hui comme autrefois; on ne trouve presque plus de grandes maisons où le travail de la cuisine se partage entre quatre individus principaux, savoir: le chef ou cuisinier proprement dit, l'aide aux entrées qui ne se mêle que des fourneaux, le rôtisseur qui s'occupe exclusivement de la broche, et le pâtissier qui ne travaille que pour le four; mais dans les sept huitièmes des autres maisons de Paris, il faut que le maître-queux soit tout à la fois cuisinier, rôtisseur et pâtissier; il n'a pour adjoints qu'un aide de cuisine et un garçon d'office, qui peuvent le soulager, mais qui ne sauraient le suppléer dans ses travaux.

Il résulte de cet état de choses, qu'un gentilhomme qui se destine à l'état de cuisinier doit faire aujourd'hui des études à peu près aussi variées qu'un élève de l'école Polytechnique.

Pour quiconque est en possession des premiers éléments théoriques de ces trois arts libéraux (c'est-à-dire les opérations du fourneau, la rôtisserie et la pâtisserie), dont un seul est bien suffisant pour absorber le génie d'un homme, il est prouvé que par le temps où nous vivons, on ne saurait devenir un bon cuisinier sans être en même temps chimiste, botaniste, physicien, dessinateur et géomètre. Il faut avoir de plus un odorat subtil, un goût très-fin, des yeux perçants, et le tact très-exercé, autrement on serait à chaque instant trompé sur la maturité des viandes, sur l'assaisonnement des ragoûts, sur la cuisson du rôt, sur la coction des aliments et sur l'état de la pâte. Il importe donc qu'un cuisinier soit pourvu d'une extrême délicatesse dans les organes.

Mais ces qualités physiques ne sont rien auprès des qualités morales que cet état exige: activité, propreté, coup-d'œil juste, esprit calme, observateur et profond; sobriété, vigilance et fermeté, patience et modération; voilà ce qu'on doit trouver dans un cuisinier vraiment digne de ce nom, et voilà ce qui suppose un excellent naturel avec une sagesse imperturbable.

Nous n'avons rien dit de la probité, puisque les cuisiniers ne dérogent point; et aussi parce que ce sont les maîtres-d'hôtel qui font toujours les provisions de cuisine et d'office.

Nous dirons sérieusement, à propos d'un bon cuisinier, que l'art qu'il exerce exige des connaissances tellement étendues et tellement variées, qu'on ne saurait les trouver au même degré dans certaines professions que le préjugé vulgaire a placées beaucoup plus haut dans l'échelle sociale.

Ainsi, par exemple, la pharmacie, qui est classée parmi les professions les plus savantes, n'exige pas, à beaucoup près, des connaissances aussi étendues que celles qui sont indispensables pour la préparation des substances alimentaires.

L'apothicaire et le cuisinier doivent également diriger leurs opérations par les principes de la chimie; tous deux doivent avoir étudié et doivent bien connaître les propriétés d'une foule de substances; mais le pharmacien n'agit le plus souvent que sur des drogues simples, et par voie de simple mélange encore; et, du reste, le commerce lui fournit toutes préparées et toutes composées, la plupart des drogues qu'il doit employer.

Le cuisinier français fait tout par lui-même; ce n'est que chez nos voisins d'outre-mer que les cuisines sont approvisionnées de katchup, de salibub, de soy, de harvey-sauce et autres préparations *officinales.* Dans les cuisines françaises toutes les préparations sont *magistrales*, et c'est le génie de l'artiste qui les élabore au moment du besoin.

Si la première partie des ordonnances du médecin s'adresse à la pharmacie, la seconde s'adresse à la cuisine, avec cette notable différence que le *modus faciendi* est toujours prescrit au pharmacien, tandis qu'on se borne à désigner la préparation qu'on attend du cuisinier, en s'en rapportant à son intelligence sur la manière d'opérer, et souvent, ce qui est plus capital, sur le choix des substances.

Si le pharmacien doit apercevoir et réparer les erreurs, les incompatibilités chimiques et les dosages meurtriers qui peuvent échapper à d'illustres docteurs, le cuisinier doit savoir éviter, ou du moins éluder, les associations incohérentes et les prescriptions saugrenues qui lui seraient indiquées par un ignorant, maître ou valet.

Le pharmacien puise dans ses bocaux, il pèse, il triture et mélange: heureux le malade, si la drogue indiquée par l'étiquette est bien celle qui remplit le bocal ; le pharmacien ne la déguste pas : il la juge à l'œil ; mais plusieurs drogues ont la même apparence, et s'il se trompe, c'est à la maladie qu'on s'en prend.

Que l'on compare à ce travail mécanique et sans responsabilité, la série d'opérations intellectuelles qui doivent se dérouler dans le cerveau d'un cuisinier qui se trouve chargé de composer, *ex abrupto*, un repas de cent couverts à trois services, et qu'il exécutera le surlendemain. Chez nos voisins les Anglais, c'est là une opération très-simple ; cinquante potages de tortue, deux cents poulets, cinquante plats de venaison et autant de rosbifs font toute l'affaire ; les préparations pour chaque nature de mets sont toujours les mêmes : l'artiste n'a qu'à surveiller deux ou trois vastes marmites et une douzaine de broches. Le travail si important des sauces n'est pas de son ressort : il les prend chez l'épicier comme le poivre et les clous de gérofle.

Mais en France, une table de cent couverts doit être garnie à chaque service de soixante plats et autant de hors-d'œuvres, dont chacun ne peut être répété plus de deux fois : le nombre des préparations à diriger est donc très-grand, et la foule des substances employées est infinie. Là, il n'y a ni ordonnance ni *codex* à consulter ; le cuisinier doit tout tirer de sa tête, et suivre à la fois les opérations les plus disparates ; il doit tout goûter et tout apprécier, car il répondra de tout ; il est persuadé qu'un seul plat manqué pourrait ternir la réputation la mieux établie.

Si la supériorité de l'art de la cuisine sur celui de la pharmacie pouvait nous être contestée, une épreuve, extrêmement facile à faire, aurait bientôt levé tous les doutes. Il ne s'agirait que de placer un cuisinier et un pharmacien (également distingués tous les deux), l'un dans une cuisine, et l'autre dans une pharmacie ; vous pouvez bien compter que le cuisinier, aidé du *Codex*, confectionnera beaucoup mieux une masse de pilules ou un électuaire, que le second n'exécutera des charlottes mousseuses ou des soufflés de bécasses, d'après les indications de MM. Carême et Beauvilliers, qui n'en sont pas moins claires comme le jour.

Il y a mieux, les savants qui composent la section de chimie à l'Institut royal ont voulu quelquefois s'essayer dans l'art culinaire, et leur savoir a toujours fait défaut à leur bonne intention. Fourcroi n'a donné qu'une mauvaise théorie du pot au feu ; celle du rôti, qui est due à M. Chaptal, a peu satisfait les artistes, et les consommateurs encore moins. Il est vrai que son enseignement pour immiscer le vinaigre dans la salade, a réuni plusieurs suffrages ; la chose consiste à n'y introduire l'acide qu'après l'avoir saturé d'huile, et c'est une méthode qui a toujours été usitée en Allemagne depuis qu'on y connaît le vinaigre et les laitues. Le même savant a bien voulu s'occuper d'une recette pour faire de la gelée de groseille ; il a inséré ce magistère dans sa *Chimie appliquée à l'agriculture*, et c'est une faible composition. M. Chevreul, qui a fait de si beaux travaux sur le beurre, les graisses et les huiles, n'a pas encore abordé la théorie des roux et des jus, ce qui jetterait sûrement un grand jour sur les deux opérations culinaires les plus importantes. Le moyen proposé par M. le baron Thénard pour conserver le beurre frais, en le faisant fondre, n'a encore été mis en usage dans aucune cuisine accréditée. Enfin M. Gay-Lussac, qui a expliqué d'une manière si lumineuse comment les substances alimentaires peuvent se trouver conservées par le procédé du *Cuisinier Appert*, a complètement échoué dans la recherche d'un autre mode pour conserver les fruits rouges.

Ces vains essais de tant de savants prouvent de nouveau ce qu'on savait déjà : c'est-à-dire qu'on peut être profondément versé dans la théorie d'un art, sans que le savoir puisse suppléer à la pratique ; aussi prendrons-nous la liberté d'affirmer que tous les membres de la section de chimie ne parviendraient pas plus à exécuter une matelote ou même un miroton, que les membres de la section de mécanique ne réussiraient, du premier jet, à bien poser un cordon de sonnette.

Un art auquel les savants qui s'en sont occupés n'ont pu faire faire aucun progrès sensible n'est point assurément un art vulgaire ; et les artistes qui le professent avec distinction ont bien le droit de se plaindre du superbe dédain qu'on a montré pour eux dans certaines publications modernes, et surtout dans les dissertations académiques de M. le comte Chaptal. Jamais il n'a rendu justice à la science culinaire, et n'a jamais pu s'accorder avec un cuisinier. Il avait exercé pendant les plus belles années de sa vie la profession d'apothicaire : c'est peut-être à cause de cela qu'il était si rude et si défavorable aux hommes de bouche.

Cuisinières. — Nous avons parlé de l'ancienne *Cuisinière bourgeoise* avec estime et considération ; mais nous n'avons jamais eu de relations directes avec les cuisinières de ce temps-ci. Nous avons entendu dire seulement que lorsque deux auteurs des Variétés, appelés MM. Brazier et Dumersan, avaient fait jouer le vaudeville des *Cuisinières*, il avait failli leur en arriver malheur. D'abord, et dès le lendemain de la première représentation des *Cuisinières*, il paraît que celles de ces deux messieurs les quittèrent en les accablant d'invectives ; et puis il arriva que toute la corporation des Locustes, des Brinvilliers, des Vigoureux et des autres *Cordons-bleus* de Paris, se réunit en assemblée générale. On y fit des imprécations atroces ; on y montra des intentions sinistres ; on fulmina des anathèmes et d'épouvantables malédictions contre les auteurs de la pièce, en leur interdisant le feu et l'eau, c'est-à-dire le feu de la broche et l'eau du pot-au-feu. Il fut convenu à l'unanimité qu'ils ne trouveraient pas même une fille de cuisine, et l'on envoya le signalement de MM. Dumersan et Brazier dans tous les bureaux de placement pour éviter les méprises. Il paraît que, pendant plusieurs années, ces deux malheureux chansonniers n'osaient déjeûner chez eux qu'avec des œufs rouges et des cervelas de Lyon. On dit aussi qu'en dînant chez leurs amis (qui n'avaient pas de cuisiniers), tous les ragoûts leur étaient suspects, et que la vue d'une croûte aux champignons les accablait d'épouvante. « La » cuisinière de Paris est une espèce de femme » ignorante, arrogante et vindicative. » Il est bon de s'en tenir à l'expérience de M. Brazier :

« Et j'dis qu'celles qui sont les meilleures,
» Sont les cuisinières en ferblanc. »

CUISSON, manière de faire cuire chaque substance alimentaire avec le degré de coction dont elle est susceptible. C'est le point convenable en fait de coction qui domine toute chose à la cuisine aussi bien que dans les opérations de l'office. La cuisson des viandes est le fondement des consommés et des jus, tout aussi bien que la cuisson du sucre à la *nappe*, à la *plume*, au *caramel* ou au *perlé* est celui de l'art de confire (*V.* SUCRE). Mais comme la coction la plus difficile à bien opérer est celle du rôtisseur, on va désigner *à peu près* quel est le temps nécessaire à cette opération pour tous les rôtis de différente espèce. (En supposant un feu de houille ; et si l'on fait usage d'une *cuisinière* de métal, il faudra retrancher un quart du temps indiqué ci-dessous, et même en retrancher un tiers si la cuisinière est *à coquille*.)

BOEUF, pesant vingt livres, quatre heures de cuisson.
— dix livres, deux heures et demie.
— six livres, deux heures.
VEAU, dix livres, trois heures et demie.
— quatre livres, deux heures.
MOUTON, dix livres, deux heures.
— six livres, une heure et demie.
— quatre livres, une heure.

PORC FRAIS, huit livres, quatre heures.
— quatre livres, une heure trois quarts.
JAMBON, trois heures.
COCHON DE LAIT, deux heures et demie.
VENAISON, dix livres, deux heures et demie.
— six livres, une heure et demie.
— quatre livres, une heure.
AGNEAU, selle ou gros quartier, deux heures.
— quartier ou gigot, une heure.
DINDON, farci, deux heures.
— moyen, une heure un quart.
DINDONNEAU, une heure.
CHAPON, une heure.
POULARDE, une heure un quart.
POULET GRAS, trois quarts d'heure.
POULET A LA REINE, vingt-cinq minutes.
COQ-VIERGE, une demi-heure.
PINTADE, trois quarts d'heure.
PAONNEAU, une heure.
OIE GRASSE, une heure un quart.
OISON, trois quarts d'heure.
CANARD, trois quarts d'heure.
CANNETON, vingt-cinq minutes.
ALBRAN, vingt minutes.
PIGEON, une demi-heure.
PIGEONNEAU, vingt minutes.
LIÈVRE, une heure et demie.
LEVRAUT, trois quarts d'heure.
LAPIN, trois quarts d'heure.
LAPEREAU, vingt-cinq minutes.
FAISAN, trois quarts d'heure.
POULE FAISANE, vingt-cinq minutes.
FAISANDEAU, un quart d'heure.
PERDREAU, rouge, une demi-heure.
— gris, vingt-cinq minutes.
BARTAVELLE, trente-cinq minutes.
OUTARDE, une heure un quart.
OIE SAUVAGE, une heure.

COQ DES BOIS, une heure.

COQ DE BRUYÈRE, une heure un quart.

POULE d°, trois quarts d'heure.

GELINOTTE, une demi-heure.

BÉCASSE, une demi-heure.

BÉCASSINE, vingt minutes.

BÉCASSEAUX, un quart-d'heure.

PLUVIER DORÉ, vingt minutes.

ROUGE-DE-RIVIÈRE, vingt-cinq minutes.

POULE D'EAU, vingt minutes.

SARCELLE, un quart d'heure.

MACREUSE, vingt-cinq minutes.

RALE DE GENÊT, une demi-heure.

CAILLES, vingt minutes.

ENGOULVENT, vingt minutes.

MAUVIETTES, vingt minutes.

GRIVES, vingt minutes.

ORTOLANS, un quart d'heure.

BEC-FIGUES, un quart d'heure.

MERLES DE CORSE, vingt minutes.

GUIGNARDS, un quart d'heure.

BÉCOTS, dix minutes au plus.

ROUGE-GORGE, id.

CURAÇAO. Cette liqueur a pour base une espèce d'orentiacée qui croît dans une île de l'Amérique septentrionale, appelée Curaçao. Ces zestes desséchés nous parviennent par la Hollande : on distille ces écorces avec de l'eau-de-vie ; on en mêle l'esprit avec un sirop un peu chargé, et la liqueur est faite.

Rien d'abord ne paraît aussi facile que cette fabrication ; mais il faut qu'il en soit bien autrement, car le bon curaçao est une liqueur assez rare.

D'abord les écorces de ce fruit, dont le parfum et la douce amertume constituent le mérite de cette liqueur, ne sont pas toujours assez abondantes pour que des fabricants puissent bénéficier en les achetant sur le pied de cent florins la livre de France. On s'en sert en Hollande pour faire de l'essence de bischoff, et c'est ce qui les renchérit prodigieusement. Un grand nombre de distilla-teurs croient y suppléer en employant des zestes, soit d'orange, soit de citron, soit de cédrat, soit de poncire, soit de bigarade, ou séparément ou mélangés ; mais le goût est fort différent : cela peut composer une liqueur agréable, mais ce n'est certainement pas du curaçao d'Amsterdam. L'application qu'on y apporte dans la fabrication de cette liqueur et la grande consommation qui s'en fait sont les causes de cette supériorité.

C'est ordinairement par infusion qu'on prépare le curaçao. On lave à plusieurs eaux tièdes une livre d'écorces ; on les égoutte sur un tamis, et on les met dans une cruche contenant deux pintes d'eau et huit pintes d'eau-de-vie ; on laisse infuser quinze jours, puis l'on distille ; on égoutte la liqueur sur un tamis. Pour le mélange, on fait fondre, dans trois pintes d'eau, cinq livres et demie de sucre, on mêle et on filtre.

Pendant les quinze jours que dure l'infusion, il faut remuer de temps en temps la cruche, afin que l'infusion s'opère avec plus de facilité.

CYGNE. Le PATÉ DU CYGNE est souvent mentionné dans les histoires de chevalerie, et ce noble comestible a toujours sa place marquée dans les anciens dispensaires. Il ne faut pas s'imaginer que l'usage de ce comestible est une marque de l'ignorance ou de l'insouciance alimentaire de nos aïeux. La chair du jeune cygne et surtout du cygne sauvage est beaucoup plus tendre et plus savoureuse que celle de nos meilleurs palmipèdes, y compris les rouges de rivière et les albrans. On en mange beaucoup dans la Nord-Hollande et l'Oost-Frize, où l'on en fait des pâtés exquis à la façon d'Amiens, c'est-à-dire enfermés dans une croûte de seigle et bien imbibés de lard fondu. C'est une sorte de pâtisserie qui ne date pas d'hier, car on la trouve indiquée dans un dispensaire wallon du XVe siècle.

Nous ne conseillerons pas à nos amis les châtelains de manger leurs cygnes ; on n'en a jamais autant qu'il en faudrait pour animer et létifier les eaux d'un parc ; mais nous recommandons à messieurs les chasseurs qui (pendant un rude hiver) auraient l'adresse et la joie d'abattre un cygne sauvage, nous leur demandons instamment de ne pas le donner à manger à leurs chiens, ce qui ne manque jamais d'arriver en France, au mépris de Palmerin des Gaules et du comte Gaston de Foix en son *Traicté des chasses et nutrition giboyeuse.* (Manuscrit n° 7097, à la bibliothèque du Roi).

D.

DAIM. On ignore absolument pourquoi M. Geoffroy-Saint-Hilaire a classé les daims parmi les chèvres au lieu de les laisser avec les cerfs. Nous avons déjà dit qu'un autre naturaliste avait proposé de ranger les truffes parmi les *animaux*, parce que les truffes contiennent *une substance de la même nature que l'ozmazôme*. On dit aujourd'hui que les escargots ne sont pas des testacées; les diamants et les rubis sont tout uniment *du charbon*; les perles, *un calcul craieux réuni par un peu d'albumine* (ce qui signifie du blanc de Paris mastiqué par du blanc d'œuf); enfin, la grosse courge est tristement séparée de ses petits-fils, les cornichons,

« Et les pois ne sont plus les cousins des lentilles !
» Peut-on troubler ainsi le repos des familles? »

Le daim s'apprête absolument comme le chevreuil, à la broche, en civet, en pâtés froids, en escalopes, en crépinettes, en purée pour en garnir des croustades, etc. La daine est toujours plus tendre que le mâle; mais le faon de daim qu'on fait cuire à la broche, en son entier et bien piqué de filets de tétine, est un rôti des plus éminemment aristocratiques. Les Anglais font parquer leurs daims après les avoir réduits à l'état du chapon; ils sont quelquefois aussi gras que des moutons de Bazouges; mais on pense bien qu'ils ne valent pas nos daims du Nivernais, des Cévennes et des Alpes-Dauphines. C'est pourtant là ce que les Anglais appellent *venaison* par exclusion privative, et parce qu'on ne voit jamais dans leur pays ni sanglier, ni marcassin, ni chamois, ni cerf, ni biche. Tout le monde sait qu'une *jambe de venaison* est, en Angleterre, un objet d'intérêt capital et de rigoureuse obligation pour qu'un dîner puisse obtenir les trois qualités de *copieux*, de *confortable* et de *respectable*. Les Anglais réussissent bien dans cette préparation dont ils ont l'habitude, et dont nous allons donner la recette d'après leur *most fashionable Cook*.

Jambe de venaison (*c'est-à-dire cuisse de daim*) *à l'anglaise.* — Lorsque vous aurez un quartier de daim bien gras, c'est-à-dire couvert de graisse, tel que peut l'être un gigot de

mouton, désossez-le; battez-le bien; saupoudrez le dessus d'un peu de sel fin; faites une pâte avec trois litrons de farine, dans laquelle vous mettrez une demi-once de sel, six œufs entiers et très-peu d'eau, pour que votre pâte soit extrêmement ferme; enveloppez-la dans un linge blanc et humide, laissez-la reposer une heure; après abaissez-la bien également, en lui donnant le moins d'épaisseur possible; embrochez votre venaison; enveloppez-la entièrement de votre abaisse de pâte, qui pour cela doit être d'un seul morceau; soudez-la en mouillant ses rebords et les joignant l'un sur l'autre; cela fait, enveloppez le tout de fort papier beurré (le papier doit être d'une seule feuille); cette jambe ainsi préparée, faites-la cuire à un feu bien égal environ trois heures; la cuisson faite, ôtez-en le papier; faites prendre une belle couleur à la pâte, et joignez-y, en la servant, le voisinage d'une saucière remplie de piquante et fine *corinte getty* (gelée de groseilles).

DALLE ou **DARNE**, large tranche de saumon, de cabillaud, de bar, etc. On a vu dernièrement dans le *Moniteur des Halles*, à l'occasion d'une polémique entre les *dames*, les *factrices* et les *regrattières*, que les dalles *doivent toujours être coupées en travers d'un gros poisson rond* (de marée), *lesquels ne doivent jamais fournir plus de cinq tronçons entre œil et bat*. Il paraît que lorsqu'on les débite en un plus grand nombre de morceaux, ceux-ci n'ont pas le droit de conserver le nom dont il s'agit; ils deviennent des *tranches* ou même des *plaquettes* : — *c'est une affaire de plus ou moins d'épaisseur*, ajoute ce journal officiel.

DARIOLE, ancienne pâtisserie d'entremets.

Darioles à la pâtissière. — Mélangez deux cuillerées de farine avec trois cuillerées de sucre en poudre et une once de bon beurre que vous ferez fondre; ajoutez-y la moitié d'une écorce de citron hachée et de la fleur d'orange pralinée : vous mêlerez le tout ensemble, en y joignant quatre jaunes d'œufs, que vous mettrez les uns après les autres, en les mêlant bien exactement; joignez-y une pincée de sel, et puis vous y mettrez un plein verre de crème ; vous verserez cet appareil dans de petites timbales, et vous les ferez cuire au four. Après les avoir fait sortir de leurs moules et les avoir dressées sur le plat où vous devez les servir, il faudra les saupoudrer de sucre au blanc.

Darioles à la Duchesse. — Pour opérer dix-huit darioles, ce qui fait un moyen plat d'entremets, mettez dans une bassine une once de fleur de farine bien tamisée avec un œuf entier. Commencez par remuer ce mélange, afin d'en faire une pâte sans grumelots. Mêlez avec six jaunes d'œufs quatre onces de sucre en poudre, six macarons écrasés, un grain de sel et un œuf entier. Remuez bien l'appareil ; ensuite vous y joignez une chopine de crème, puis de la fleur d'orange pralinée, le zeste d'un beau cédrat confit, une pleine cuillerée de raisins de Corinthe, une forte pincée d'angélique hachée, et quelques merises confites au demi-sec. Lorsque vos moules sont foncés, vous mettez dans chacun d'eux un petit morceau de beurre, puis vous versez la crème dedans, et les mettez au four, *chaleur gaie.* Servez-les le plus chaud possible, et glacez à blanc.

La vraie dariole ne doit pas faire beaucoup de volume à la cuisson : l'appareil doit seulement monter de deux ou trois lignes au-dessus de la croustade, en formant l'artichaut. Cet effet seul distingue les bons faiseurs. Ces darioles sont un fort bon entremets *en famille.*

Avec le même appareil, on fait des flans délicieux.

Darioles au café Moka. — Mesurez quinze tasses de crème double et faites-la bouillir. Pendant ce temps, brûlez trois onces de café Moka dans un poêlon d'office, et aussitôt qu'il est légèrement coloré, vous le jetez dans la crème, que vous couvrez. Laissez faire l'infusion pendant un bon quart d'heure, ensuite passez la crème à la serviette ; vous procéderez, pour le reste de l'appareil, de la même manière que pour la précédente recette. Pour les faire au café à l'eau, vous en emploierez trois demi-tasses.

Les darioles au chocolat, au rhum et au thé doivent se faire en suivant la même prescription. Celles qu'on assaisonne au fromage de Brie prennent le nom de TALMOUSES (*V.* cet article).

DATTES. C'est le fruit du palmier dattier. Les dattes sont presque entièrement composées d'un sucre mucilagineux qui les rend très-alimentaires. C'est la principale nourriture des Arabes.

On n'en sert pas souvent en France, mais on les fait entrer dans la composition de plusieurs boissons adoucissantes où on les associe avec les raisins secs, les jujubes et les figues. Les dattes les plus estimées viennent de Tunis et de Maroc. Les premières, surtout, sont fermes, charnues, de couleur jaune et d'un goût vineux très-agréable et très-doux. On voit, dans les *Recettes de Fontevrauld,* qu'on en faisait anciennement, ainsi que des alberges, une sorte de compote à la crème, au vin d'Espagne et à la moelle ; mais la compote de nèfles est la seule préparation de cette nature dont nous ayons conservé la tradition formulée (*V.* ALBERGE et NÈFLE).

DAUBE, préparation d'un aliment gras et charnu, qu'on peut manger froid ou chaud. La noix de bœuf et le filet d'aloyau, le gigot de mouton, la longe de veau, le carré de porc frais, les oies, les dindes et les chapons sont les substances les mieux appropriées pour être mises en daube (*V.* DINDE).

DIABLOTTINS. On appelle ainsi, premièrement, un plat d'entremets, qui n'est autre chose que de la crème aux œufs qu'on a partagée en petits carrés lorsqu'elle est refroidie, et qu'on fait frire à grand feu. Deuxièmement, c'est une sorte de petites dragées napolitaines et fort aromatiques, dont nous parlerons plus tard au mot DRAGÉE, article DIAVOLINI. Finalement, on donne le nom de diablottins à des bonbons au chocolat qui sont enveloppés d'une *papillote* et accompagnés d'une devise. On ajoutera (pour ne rien omettre) que c'est habituellement une sotte devise ; mais ceci n'est qu'une observation sans prescription.

DINDE. La chair de la femelle est beaucoup plus délicate et plus tendre que celle du mâle, mais on leur applique cependant les mêmes préparations.

Dinde aux truffes et à la broche. — Ayez une jeune et belle poule-d'Inde, bien grasse et bien blanche ; épluchez-la, flambez-la, videz-la par la poche, prenez garde d'en crever l'amer et d'en offenser les intestins ; si ce malheur-là vous arrivait, passez-lui de l'eau dans le corps : ayez quatre livres de truffes ; épluchez-les avec soin ; supprimez celles qui seraient *musquées,* et hachez une poignée des plus défectueuses (pour la forme) ; pilez dans une livre de lard gras, mettez la dans une casserole avec vos truffes hachées et celles qui sont entières ; assaisonnez-les de sel, gros poivre, fines épices et une feuille de laurier ; passez le tout sur un feu doux ; laissez-le mijoter pendant trois quarts-d'heure; et puis retirez vos truffes du feu, remuez-les bien, et remplissez-en le corps de votre dinde jusqu'au jabot; cousez-en les peaux, afin d'y contenir les truffes; bridez, bardez-la et laissez-la se parfumer pendant trois ou quatre jours, si la saison vous le permet; au bout de ce temps, mettez-la à la broche, enveloppez-la de fort papier, faites-la cuire environ deux heures ; et puis, déballez-la pour lui faire prendre une belle couleur. Servez-la avec une sauce faite sur son jus de cuisson où vous ajouterez un léger hachis des mêmes truffes.

Nous n'avons pas besoin d'avertir qu'il ne faudra la donner que pour grosse pièce au premier service. Rien n'est si lourdement bourgeois et si *Chaussée d'Antin* que de faire servir ou même de laisser paraître une dinde aux truffes en guise de plat de rôt! On ne comprend pas comment l'auteur de la *Physiologie du Goût* a pu se tromper sur un pareil article. De la part de M. Brillat de Savarin, c'est l'effet d'une légèreté singulière, ou d'une illusion prodigieuse. L'estime qu'il avait méritée sous d'autres rapports et la considération de son ouvrage en ont beaucoup souffert.

Dinde en galantine. — Ayez une dinde, ou si vous l'aimez mieux, un dindon de belle grosseur et bien en chair; désossez-le en commençant par le dos, et prenez garde d'endommager la peau ; levez une partie des chairs de l'estomac et des cuisses, en retranchant de celles-ci tous les nerfs qui s'y trouvent; coupez en filets la moitié de la chair que vous avez levée sur le dindon, et hachez le reste.

Prenez un morceau de rouelle de veau proportionné à la grosseur du dindon, et autant de lard bien gras et bien frais; coupez-en la moitié en filets et en lardons, et hachez l'autre moitié : préparez aussi des filets de truffes et de la langue à l'écarlate; étendez la peau de dindon, la chair en dessus; couvrez-la de la farce que vous avez faite, en mêlant les viandes hachées que vous avez assaisonnées de sel, poivre et épices : sur cette couche, arrangez, en les entremêlant, des filets de dindon, de veau, de lard, de truffes, de pistaches, de petits cornichons coupés en dés et de morceaux de langue à l'écarlate; recouvrez ceci d'une couche de farce; mettez encore des filets, et ainsi de suite; roulez la peau du dindon; cousez-la pour que rien ne s'en échappe. Donnez à la galantine une forme allongée; couvrez-la de bardes de lard, et enveloppez-la d'une toile claire que vous contiendrez avec une ficelle; mettez-la dans une braisière juste à sa grandeur, avec des bardes de lard dessus et dessous; ajoutez un fort jarret de veau coupé en

morceaux, quatre carottes coupées, quatre ognons, dont un piqué de clous de gérofle, un fort bouquet garni, sel, poivre et épices.

Pendant tous ces préparatifs, concassez la carcasse de la dinde, et mettez-la dans une casserole avec deux ou trois cuillerées à pot de bouillon ; faites bouillir pendant une heure; passez le jus au tamis, et servez-vous-en pour mouiller la galantine; ajoutez un verre de vin blanc et deux cuillerées d'eau-de-vie; faites cuire à petit feu pendant quatre heures.

Retirez la braisière du feu, et n'ôtez la galantine que lorsqu'elle est à peu près refroidie; sans cette précaution, elle pourrait prendre une fausse couleur; passez la cuisson; et si elle est trop longue, faites-la réduire. Elle est à son point quand, en se refroidissant, elle se prend en gelée.

Pour que cette gelée soit limpide et bien translucide, il est indispensablement nécessaire de la clarifier. Pour cela, fouettez un blanc d'œuf, et ajoutez-le à la gelée un peu plus que tiède; mêlez bien et faites chauffer; quand la gelée aura jeté quelques bouillons, passez-la à travers un tamis ou une serviette : laissez-la prendre, et servez-la autour de la galantine.

On fait de la même manière des galantines de chapons, de poulardes, faisans, lièvres, pintades, filets de biche, outardes, etc.

Dinde en daube. — Prenez une grosse dinde; après l'avoir flambée et épluchée, refaites-lui les pattes, videz-la et retroussez-la en poule; coupez de gros lardons, assaisonnez-les de sel, poivre, épices fines, aromates pilés, persil et ciboules hachés; roulez bien ces lardons dans tout cela, ensuite lardez-en votre dinde en travers et en totalité; bridez-la, enveloppez-la dans un morceau d'étamine; cousez-la et ficelez-la des deux bouts; foncez une braisière, de la grandeur convenable à la grosseur de votre dinde, de quelques bardes de lard et de débris de veau, de quelques lames de jambon et du restant de vos lardons; ajoutez encore un morceau de jarret de veau; posez votre dinde sur ce fond ; assaisonnez-la de sel, d'un fort bouquet de persil et ciboules, de deux gousses d'ail et de deux feuilles de laurier, de trois carottes et de quatre ognons, dont un piqué de trois clous de gérofle; mouillez votre dinde avec du bouillon et un plein gobelet de bonne eau-de-vie; faites en sorte qu'elle baigne dans son mouillement; couvrez-la de quelques bardes de lard et de feuilles de papier beurré; faites-la partir, et couvrez votre braisière de son couvercle, avec feu dessous et dessus; entourez-la de cendres rouges, et laissez-la mijoter ainsi pendant quatre heures; cependant, à moitié de sa cuisson, découvrez votre dinde, retournez-la, et goûtez si elle est d'un bon sel ; sa cuisson faite, retirez-la du feu : laissez-la presque se refroidir dans son assaisonnement ; retirez-la sur un plat, ayant soin de la laisser égoutter ; passez son fond au travers d'un tamis de soie ; clarifiez de même que l'aspic (*V.* Aspic) ; laissez refroidir votre gelée ; déballez votre dinde, dressez-la et garnissez-la de cette gelée (observez qu'on peut servir cette dinde étant chaude avec partie de son fond réduit).

Dindon farci à la bonne façon du Louvre. — Faites une farce avec du lard et de la rouelle de veau, des marrons grillés, des champignons, des ognons hachés, de la ciboule, de la mie de pain, des jaunes d'œufs, des quatre épices et des fines herbes. Détachez la peau du dessus de l'estomac d'un beau dindon, ce qui se fait avec le doigt, au moyen d'une incision à la peau ; on farcit cet endroit entre chair et peau, et aussi l'intérieur ; on ficelle pour que rien ne tombe ; et puis on fait cuire à la broche. Étant rôti, on le dresse dans un plat avec un ragoût fait de riz de veau, champignons, truffes, culs d'artichaut, crêtes, sel et bon beurre : on le mouille de jus de veau et de bon bouillon. Ce ragoût, bien mitonné et cuit à propos, doit se placer sous le dindon, lequel on sert en grosse entrée de broche.

(De la chair de saucisse, ou du lard maigre haché avec des marrons rôtis, fait une très-bonne farce dont on peut remplir tout l'intérieur d'un *dindon à la ménagère.*

Dindon farci à la crème. — Faites rôtir un dindon et laissez-le refroidir ; enlevez l'estomac en laissant les cuisses et les ailes ; hachez la chair de l'estomac avec de la mie de pain trempée dans de la crème, rouelle de veau, graisse de bœuf et lard blanchi ; assaisonnez de sel, poivre et muscade : pilez le tout ensemble, et remplissez-en tout le vide du dindon, en figurant, autant que possible, la partie enlevée : unissez avec un couteau trempé dans l'œuf battu ; panez avec de la mie de pain, et faites cuire au four.

Dinde à la macédoine. — Remplissez une dinde avec des truffes et comme il est dit ci-dessus. Étant ainsi préparée, ayez vingt morceaux de petit lard, que vous faites dessaler et blanchir, vingt saucisses à la chipolata, vingt gros champignons, vingt truffes, trente marrons ; ayez aussi trente petites quenelles de la grosseur de vos saucisses, que vous faites pocher ; faites cuire votre petit lard avec les saucisses ; mettez la moitié de cette garniture dans le corps de votre dinde ; troussez-la et bridez-la comme pour entrée ; marquez dans une braisière avec quelques tranches de veau, deux lames de jambon, deux ognons, deux clous de gérofle, un bouquet assaisonné ; couvrez votre dinde de bardes de lard et d'un papier beurré ; mouillez-la d'un verre de vin de Madère et de bon consommé ; faites-la cuire pendant deux heures à petit feu : sa cuisson faite, passez-en le fond au tamis de soie ; dégraissez-le, et faites-le clarifier et réduire à moitié ; passez-le à la serviette ; mettez chauffer l'autre moitié de votre garniture ; ajoutez-y une douzaine de belles crêtes de coqs et une partie de votre fond ; égouttez votre dinde ; débridez-la ; dressez-la sur un plat ; rangez votre garniture à l'entour ; versez votre consommé dessus, et servez comme relevé de potage.

Dindon à la Régence. — Après avoir flambé et troussé un dindon, vous le ferez revenir dans du beurre pour que les chairs en soient fermes, vous en piquerez l'estomac avec du lard fin, et puis vous le ferez cuire à la braise avec du vin de Malaga. Préparez un ragoût à la financière, comme il est dit au chapitre des *sauces et ragoûts.* Dressez ce ragoût sur un plat ovale, et glacez la partie piquée avec du jus de fricandeau bien réduit.

Dindon en tortue. — Désossez entièrement un dindon, en lui laissant cependant les pattes et les ailerons ; saupoudrez-en les chairs avec du sel et du poivre, et étendez dessus un peu de farce cuite ; sur cette farce, vous mettrez un salpicon, puis vous recoudrez les chairs du dindon ; vous le briderez, et vous le ferez cuire dans une braisière avec des bardes de lard, des tranches de citron, un bouquet garni, le tout mouillé avec moitié consommé et moitié vin de Madère. Faites ensuite égoutter le dindon, débridez-le. Vous figurerez les pattes et la tête d'une tortue avec des écrevisses que vous piquerez sur les côtés et l'estomac du dindon, puis vous en incrusterez la peau par des lames de truffes coupées en quadrilles. Vous le servirez sur une sauce au vin de Madère où vous mettrez un peu de kari des Indes et de soya.

Dindon à la flamande. — Faites-le cuire dans une casserole avec des bardes de lard, des parures de viande, un bouquet garni, deux carottes, deux ognons, le tout mouillé avec du bouillon. Lorsque le dindon sera cuit, vous le ferez égoutter, le débriderez et le dresserez ; puis vous arrangerez autour des laitues cuites dans du consommé, et vous verserez dessus une sauce à la flamande préparée comme il est dit à cet article.

Dindonneau rôti (en peau de goret). — Préparez un dindonneau comme il est dit aux articles précédents ; mettez-le à la broche ; arrosez-le souvent avec de l'huile, et saupoudrez de sel. Le dindonneau étant cuit, dressez-le, et saucez avec une sauce au poivre de Cayenne.

Dindonneau braisé à l'estragon. —Videz, flambez et troussez un dindonneau, les pattes en dehors, et faites-le cuire dans une braise légère; dressez-le; décorez-le avec des feuilles d'estragon, et saucez avec un aspic à l'estragon.

Dindonneau au beurre d'écrevisses. —Le dindonneau étant cuit comme il est dit à l'article précédent, dressez-le et versez dessus une sauce au beurre d'écrevisses.

Dindonneau en bayonnaise (V. BAYONNAISE). — Opérez de la même manière avec le dindonneau.

Dindonneau en salade. — Le dindonneau étant préparé comme pour la bayonnaise, entourez-le de cœurs de laitues; décorez la salade avec des anchois, câpres, cornichons, olives, etc.

Hachis de dindon à la béchameil. — Hachez très-fin les chairs d'un dindon rôti : faites bouillir une quantité suffisante de béchameil un peu claire; mettez-y le hachis avec un peu de beurre, sel, poivre et muscade; tenez chaudement sans faire bouillir. Servez avec des croûtons où sont des œufs pochés.

Cuisses de dindon à la sauce Robert. — Salez et poivrez les cuisses d'un dindon cuit à la broche et refroidi; faites-y des incisions dans la longueur de toute leur étendue; faites-les griller sur un feu doux, et saucez-les avec une sauce à la moutarde et à la purée d'ognons cuite au roux.

Quenelles de dindon. — Pilez dans un mortier des blancs de dindon dont vous aurez ôté la peau et les nerfs; ajoutez-y un morceau de mie de pain mollet trempée dans du lait; joignez-y un morceau de beurre, et pilez de nouveau; ajoutez ensuite des jaunes d'œufs, du sel, du poivre, de la muscade, et continuez de piler. En dernier lieu, vous y mettrez des blancs d'œufs battus; vous mêlerez bien le tout ensemble, puis vous diviserez cette farce par petites portions de forme oblongue. Saupoudrez ces quenelles avec de la farine; faites-les frire, et servez-les avec du persil frit.

Croquettes de dindon. — Levez les filets et le gros des cuisses d'un dindon cuit à la broche et refroidi; ayez soin d'en extraire les peaux et les nerfs; coupez ces chairs en très-petits morceaux carrés, et mettez-les dans une casserole avec un peu de béchameil réduite et un morceau de beurre fin, sel, poivre, muscade. Faites chauffer le tout,

mêlez-le bien, puis vous le laisserez refroidir, et vous le distribuerez par petites portions. Saupoudrez ces petites portions avec de la mie de pain; donnez-leur une forme longue, ronde ou ovale; trempez-les dans des œufs battus et assaisonnés de sel et poivre, puis dans de la mie de pain, et faites-les frire. Dressez-les en buisson, avec un peu de persil frit au sommet.

Blanquette de dindon. —Levez les blancs d'un dindon rôti et refroidi; coupez-les par petits morceaux bien minces. D'autre part, vous ferez réduire de la béchameil, où vous ajouterez des champignons que vous aurez fait cuire dans un blanc; puis vous mettrez dans cette sauce vos morceaux de chair de dindon; vous lierez ce ragoût avec des jaunes d'œufs, et vous pourrez le servir à volonté dans un vole-au-vent, dans une casserole au riz, ou dans une timbale de nouilles.

Capilotade de dindon. — Dépecez un dindon cuit à la broche et refroidi; préparez une sauce italienne; mettez le dindon dépecé dans cette sauce; faites bouillir le tout très-doucement pendant quelques instants, puis vous dresserez les morceaux du dindon; vous verserez la sauce dessus, et vous mettrez autour des morceaux de mie de pain taillés et frits dans du beurre.

Ailerons de dindon à la maître-d'hôtel. — Mettez des ailerons de dindon dans de l'eau bouillante, et laissez-les bouillir pendant quelques minutes, afin de pouvoir en enlever les plumes avec facilité; plumez-les, épluchez-les avec soin, et faites-les dégorger dans de l'eau tiède. Désossez-les, à partir de l'aile jusqu'au joint; puis vous les ferez cuire dans une casserole avec du lard, des ognons, des carottes, un bouquet garni, le tout mouillé avec du bouillon. Lorsque les ailerons seront cuits, vous les ferez égoutter, puis vous les tremperez dans du beurre tiède, et ensuite dans de la mie de pain mêlée de sel et de poivre. Faites griller les ailerons ainsi préparés; dressez-les sur une maître-d'hôtel froide préparée comme il est dit ci-dessus, page 7, n° 12.

Ailerons de dindon à la chipolata. — Après avoir préparé les ailerons de dindon comme il est dit plus haut, vous les ferez revenir dans du beurre, en ayant soin de ne pas leur faire prendre couleur; puis vous jetterez un peu de farine dessus, et vous mouillerez avec du consommé; ajoutez du petit lard coupé par petits morceaux, des champignons, de petits ognons, des marrons, un bouquet garni et de petites saucisses à la chipolata. Lorsque le tout sera cuit, vous dresserez les ailerons; vous ôterez le bouquet garni, et vous ferez réduire la sauce, puis vous y ajouterez une liaison de jaunes d'œufs, et vous la verserez sur les ailerons avec tous les ingrédients dont nous avons parlé (plus des croûtons frits).

Ailerons de dindon au soleil. — Les ailerons de dindon étant échaudés comme il est dit plus haut, vous les ferez revenir dans du beurre pour les raffermir, puis vous verserez dessus du velouté et un peu de consommé; vous ajouterez un bouquet garni, un peu de gros poivre, un clou de gérofle et une feuille de laurier. Otez les ailerons dès qu'ils seront cuits; dégraissez et passez votre sauce, puis vous la ferez réduire et vous la lierez avec des jaunes d'œufs. Versez cette sauce sur les ailerons, et laissez refroidir le tout. Les ailerons étant froids et bien garnis de sauce, vous les tremperez dans de la mie de pain, puis dans des œufs battus et assaisonnés comme pour une omelette, et une seconde fois dans de la mie de pain. Dix minutes avant de servir, vous mettrez ces ailerons dans de la friture bien chaude; lorsqu'ils seront de belle couleur, vous les dresserez en buisson, puis vous ferez frire un peu de persil que vous placerez dessus.

Ailerons de dindon à la maréchale. — Après avoir échaudé et fait dégorger des ailerons de dindon, comme il est dit plus haut à l'article *Ailerons de dindon à la maître-d'hôtel,* vous les désosserez jusqu'à la jointure du milieu, et vous mettrez dedans un peu de farce cuite préparée; puis vous en coudrez la peau, et vous les ferez cuire dans une casserole avec du lard, quelques ognons et carottes, un bouquet garni, un peu de gros poivre, le tout mouillé avec du bouillon. Laissez refroidir ces ailerons; trempez-les ensuite dans du beurre tiède, puis de la mie de pain mêlée de sel et poivre; faites-les griller sur un feu doux, et lorsqu'ils seront de belle couleur, vous les dresserez sur un peu de jus de viande glacé.

Attelets de dindon. — Les attelets de dindon, de même que la blanquette, les croquettes, etc., ne se font ordinairement que lorsqu'il reste des débris de dindon rôti. On lève les chairs blanches, on en extrait avec soin les peaux et les nerfs, puis on les coupe par petits morceaux carrés. On coupe de la même manière des truffes, des champignons et du petit lard cuit, puis on embroche ces divers ingrédients avec des attelets, en ayant soin de ne pas mettre deux morceaux de la même espèce l'un contre l'autre. Versez sur ces attelets une sauce allemande réduite; laissez-les refroidir, puis vous les tremperez d'abord dans de la mie de pain, ensuite dans des œufs battus et assaisonnés comme pour une omelette, et une seconde fois dans de la

mie de pain. Mettez ces attelets dans de la friture bien chaude, et servez-les de belle couleur, avec un peu de jus de viande réduit.

DORADE, superbe poisson qui tire son nom de ses riches couleurs et du reflet doré de ses écailles. Il se tient de préférence auprès des rivages, et il remonte quelquefois les rivières à la suite des bateaux de sel. Il est plus commun dans la Méditerranée que dans l'Océan, mais on en trouve souvent pendant l'été sur les côtes de la Guyenne et de la Saintonge. Il est très-rare qu'il en arrive jusqu'en Bretagne, et c'est ce qui fait supposer qu'il a peur du froid.

En Languedoc, on donne différents noms aux dorades, à raison de leur âge ou de leur grandeur. Les petites sont nommées *sauqueues;* celles qui ont une coudée de longueur portent leur vrai nom de *dorades,* et celles qui sont encore plus grandes celui de *subredorades.* Elles parviennent quelquefois au poids de dix livres.

La chair de la dorade est blanche, ferme et d'un excellent goût. On la mange ordinairement rôtie ou cuite au court bouillon et accompagnée d'une sauce blanche aux câpres. On la sert aussi frite et en filets panés avec une purée de tomates, ou un ragoût d'olives farcies.

DORMANT. Les anciens dispensaires et les vieux livres de cuisine appellent ainsi les plateaux qu'on dresse au milieu des tables, en surtout de service, et qui doivent y rester depuis le commencement du repas jusqu'à la fin.

DORURE DE PATISSERIE. On bat ensemble des jaunes et des blancs d'œufs comme si l'on voulait faire une omelette. Pour une forte dorure, on délaie un blanc d'œuf avec deux ou trois jaunes; pour une dorure pâle, on ne prend que le jaune des œufs qu'il faut délayer avec un peu d'eau.

On se sert d'une plume ou d'un léger pinceau pour appliquer cette coloration.

Si l'on travaille pour une collation de carême, un jour de jeûne, ou pour un dîner de la semaine sainte où l'usage des œufs est interdit, on peut y suppléer avec une infusion de safran ou de fleur de souci dans laquelle on délaie un peu de sagou jaune. C'est afin de donner assez de consistance à cette composition pour qu'elle ne pénètre et ne se perde point dans la pâte.

DOUBLE DE TROYE, véritable nom d'une espèce de pêche appelée communément *Madeleine rouge.*

DOUBLE-FLEUR, très-belle et très-bonne poire d'hiver, dont on tire un grand parti pour en faire des compotes, ainsi que des poires au beurre et des marmelades pour garnir des gâteaux fourrés, des flans, des charlottes, et autres pâtisseries d'entremets.

DOYENNÉ (POIRE DU). Cette poire est fondante et sucrée : on la cueille en octobre : elle est assez analogue au *gros beurré* d'ANJOU; on n'en fait aucun emploi culinaire, mais elle est rangée fort honorablement parmi les fruits à la main.

DRAGÉES. Les dragées sont, comme on sait, une espèce de petites confitures sèches, faites avec des menus fruits, des graines, des morceaux d'écorces ou de racines odoriférantes et aromatiques, recouverts d'un sucre formé de plusieurs couches et durci par le travail. Elles se font dans une grande bassine plate, qui doit être de la même forme qu'un van (pour vanner les grains), laquelle bassine est suspendue au col de l'opérateur au moyen d'une large courroie qui la maintient à la hauteur de la ceinture, et ladite bassine doit être pourvue de deux anses au moyen desquelles on peut la manier en y remuant les dragées chaque fois qu'on les *charge* ou *recharge* de pâte sucrée, par un mouvement tout-à-fait semblable à celui d'un homme qui vannerait du blé. C'est peut-être la plus difficile et plus compliquée de toutes les opérations gastronomiques. Elle demande beaucoup de temps, beaucoup de soins, et nécessite beaucoup de vigueur et d'habitude. Il y a, du reste, bien peu de maisons où l'on consomme assez de dragées pour qu'il ne vaille pas mieux les acheter que de les fabriquer. Cependant nous allons détailler les principaux rudiments de cette fabrication, dans l'intérêt de certains établissements et pour la satisfaction de certaines personnes.

La dragée exige, pour être bonne, l'emploi des matières les plus pures et dans le meilleur état, ainsi que la plus grande attention dans la combinaison de leur emploi.

M. Machet nous apprend qu'il y a six précautions indispensables, dont on doit bien se pénétrer avant d'opérer dans la dragée.

1. On doit s'attacher à bien compenser ses *charges*, à proportion de la quantité des dragées qu'on a dans la bassine, tant pour les *grossir* que pour les *lisser*.

2° Avoir soin de bien sécher à chaque charge, pour éviter que la dragée *repousse* ou *jaunisse*.

3° Passer la main sur la dragée lorsqu'on *charge* pour la *remplir*.

4° Régler le feu de telle manière qu'en *grossis-* sant, la dragée soit chaude sans être brûlante, et qu'en *blanchissant* elle ne soit que tiède.

5° Ne pas ménager la gomme arabique; c'est elle qui donne du croquant à la dragée, et qui empêche l'amande de s'écailler.

6° Toutes les fois qu'on aperçoit de la poussière de sucre au fond de la bassine, il faut avoir soin de cribler les dragées, qui, sans cela, se couvriraient de cette matière et deviendraient *difformes*. Voici la manière de fondre la gomme arabique pour la dragée :

Mettez dans une bassine suffisante quantité de gomme arabique pilée; ajoutez-y l'eau nécessaire, et posez le tout sur un feu doux; vous remuez bien avec la spatule jusqu'à ce que la gomme soit bien fondue et épaisse comme un sucre cuit à la nappe; vous la passez à travers un tamis de crin, et vous vous en servez au besoin.

Dragées superfines au marasquin. — Prenez quatre livres d'amandes d'abricots bien choisies, passez-les dans de l'eau tiède pour faciliter l'ouverture de leurs pores, et quand elles seront égouttées, mettez-les dans une serviette, où vous les remuerez afin de les ressuyer et sécher.

Pendant ce temps, prenez par parties égales de bon esprit de jasmin et de fleur d'orange, que vous mettez à vingt-deux degrés avec de l'eau de fleur d'orange et de rose double; alors mettant vos amandes dans une cruche, vous y versez suffisamment de cette liqueur pour les tremper; vous fermez le vase bien hermétiquement avec un double parchemin, et le laissez dans un lieu chaud l'espace de six semaines; après cette infusion, vous retirez les amandes de la cruche, vous les faites égoutter, et les mettez à l'étuve. Lorsqu'elles seront sèches à casser sous la dent, vous les travaillerez à la bassine branlante.

Faisant fondre alors trois livres de sucre dans parties égales d'eau de rose double et de fleur d'orange, mettez-le à la nappe, et, pour lui donner du corps, jetez-y une cuillerée de décoction de gomme arabique; vous couvrez le feu avec de la cendre, et y remuant le sucre avec l'attention de ne pas le laisser bouillir, vous commencez la dragée par deux charges de gomme que vous séchez bien; ensuite vous continuez vos charges, en observant de mettre les premières très-légères, afin de ne pas détremper la gomme qui deviendrait trop difficile à sécher; après les six premières vous augmentez les suivantes, et à chaque huit charges vous en mettez une moitié sucre et moitié gomme, en y passant la main afin qu'elles se remplissent également et ne tiennent pas ensemble; retirez les amandes et les criblez cinq à six charges après celles de gomme, afin d'ôter la poussière du sucre qui est dans la bassine, observant de la ratisser chaque fois, et d'enlever les ratissures qui servent pour les pâtes ou pour commencer les dragées à fruit. Lorsque vos dragées sont suffisamment grosses, vous les remettez à l'étuve, et les reprenez le lendemain pour les préparer à blanchir, en y mettant douze charges de sucre clarifié à l'eau de fontaine ou de rivière, et cuit à la nappe; observant de jeter un peu de gomme sur la première et la huitième, entretenez votre dragée tiède, et séchez la bien à chaque charge pour en faire sortir le blanc et empêcher que trop de chaleur ne la fasse jaunir.

Le troisième jour vous les blanchissez avec un sucre superfin le plus blanc possible, clarifié à l'eau de fontaine ou de rivière, et cuit à la nappe; vous mettez une charge de quart d'heure en quart d'heure, et, la diminuant chaque fois, vous entretenez vos dragées tièdes, et les remuez doucement et long-temps pour éviter la perte de la poudre du sucre qui se dissipe; dix charges mises de la sorte suffisent pour blanchir.

Le quatrième jour où se donne la dernière façon à la dragée, vous prenez pour la lisser du sucre cuit au petit lissé, et en mettez trois charges, sans feu sous votre bassine; elles doivent être moins fortes de moitié que les précédentes, et vous les diminuez de même par gradation, ayant soin de remuer les dragées pendant une demi-heure afin de leur donner le temps de pousser leur blanc, que trop de précipitation pourrait empêcher.

Après ces trois charges séchées suffisamment, vous remettez le feu sous vos dragées et les faites chauffer doucement, après quoi vous les laissez refroidir et les enfermez dans des boîtes.

Dragées superfines au persicot. — Prenez quatre livres d'amandes d'abricots, mettez-les infuser pendant deux mois dans une cruche pleine de bonne eau-de-vie de Languedoc ou d'Orléans, à vingt-deux degrés; vous la couvrez bien d'un double parchemin; déposez le tout dans un endroit chaud : quand l'infusion est faite, vous retirez vos amandes, et les mettez à l'étuve pour sécher; vous vous servez ensuite des mêmes procédés que pour les dragées précédentes.

Dragées de santé. — Torréfiez légèrement dix-huit livres de cacao berbiche; quand la peau se lève, vous retirez le cacao et l'épluchez, mettant de côté celui qui se casse; vous mettez celui qui reste entier dans la bassine *brantante* sans feu; vous le couvrez d'une forte charge de gomme, puis vous y jetez des ratissures de sucre en poudre, en remuant la bassine et passant légèrement la main pour faire prendre le sucre; vous les met-

tez alors à l'étuve avec un feu doux pendant trois heures; vous répétez la même opération une seconde fois, et les laissez passer la nuit à l'étuve. Le lendemain, faites fondre à l'eau de rivière et cuire à la nappe dix livres de sucre, et couvrez-en les dragées par dix petites charges; ensuite vous en mettez une de gomme arabique, et continuez à les grossir; vous les préparez à blanchir, et les finissez comme les précédentes.

Ces dragées sont pectorales, adoucissantes et anti-spasmodiques. Elles ont le privilége de réunir à l'agrément du meilleur *bonbon* l'utilité d'un médicament très-salutaire aux gens déraisonnables, ainsi qu'aux enfants qui repoussent les drogues.

Dragées d'amandes cannelées. — Mettez trois livres d'amandes douces, bien nouvelles, tremper pendant douze heures dans l'eau fraîche, afin qu'elles ne s'écaillent pas; vous les coupez en deux dans leur longueur, et les mettez à l'étuve pendant trois ou quatre jours; quand elles sont bien sèches, vous les criblez pour en séparer les petits morceaux, et les mettez à la bassine branlante. Quand vous avez mis les deux charges de gomme, vous les grossissez avec une fonte, dans l'eau de rivière, de deux livres de sucre, que vous faites cuire à la nappe.

Mêlez, quand elles sont un peu grossies, une once de cannelle fine, en poudre, avec suffisamment de sucre clarifié pour une charge ordinaire et un filet de gomme. Après quatre nouvelles charges, vous renouvelez celle de cannelle; ensuite, quand elles ont achevé de grossir, vous les mettez à l'étuve, et les reprenez le lendemain pour les continuer comme les autres dragées.

Dragées d'amandes à la siamoise. —Vous faites blanchir les amandes, et vous en enlevez la peau; ensuite vous les faites roussir au four : lorsque le sucre est cuit au grand perlé, vous retirez la bassine du feu, y versez vos amandes et remuez bien le mélange, toujours hors du feu. Vous retirez les amandes, les posez sur une grille, et les mettez à l'étuve avant de les servir; vous pouvez aussi, en les tirant une à une, les jeter dans du sucre en poudre ou dans de la nonpareille, en les y roulant pour qu'elles s'en garnissent de tous côtés, et ensuite les mettre à l'étuve sur des tamis garnis de papier de soie.

Dragées d'amandes à la rose. —Vous préparez les amandes comme ci-dessus; vous faites fondre le sucre en le délayant avec de bonne eau de roses muscates, et puis vous le mettez sur le feu; après quelques bouillons, vous le retirez et y délayez du carmin; vous grossissez les dragées par la méthode précitée, et cela fait, vous les mettez passer une nuit à l'étuve.

Le lendemain, vous clarifiez à la nappe de beau sucre, pour dix charges, et, lorsqu'il n'est plus que chaud, vous y incorporez suffisante quantité de carmin, jusqu'à ce que le mélange soit bien exact; quand votre sucre a acquis une belle couleur rose, ce qui se reconnaît lorsqu'en y trempant un papier blanc et l'en retirant il offre une belle nuance de la même couleur, vous commencez à charger vos dragées, en mettant dans la première charge un petit filet de gomme; pour cela, les dragées doivent être seulement un peu chaudes, trop de chaleur ne leur ferait prendre la couleur que par places inégales : vous observerez de bien les faire sécher après chaque charge, et de les maintenir à l'abri de l'humidité.

Dragées au jasmin. — Préparez et pelez trois livres d'amandes douces, à la manière accoutumée; faites fondre ensuite, à l'eau de fontaine ou de rivière, deux livres de sucre que vous mettez au petit perlé, puis couvrez le feu; vous y versez une cuillerée d'esprit de jasmin double, quand l'ébullition n'a plus lieu, car elle en dissiperait le parfum. Ayant commencé vos dragées par les deux charges de gomme, vous les grossissez, et les mettez ensuite à l'étuve pour les reprendre le lendemain, et les préparer à blanchir avec du sucre clarifié, cuit au petit perlé, dans lequel vous mettez une seconde cuillerée du même esprit de jasmin; vous faites revenir le sucre à la nappe, et mettez dans la seconde charge un filet de gomme avec moitié de sucre clarifié.

Vous placez vos dragées à l'étuve, et les reprenez le lendemain pour les blanchir et les finir.

Dragées de noisettes aux mille fleurs. — Triple quantité de noisettes et de sucre; vous couvrez le feu et mettez vingt gouttes de néroli, une once de bon esprit de jasmin, autant de jonquille et de tubéreuse, douze gouttes d'essence d'ambre, autant de musc; vous mêlez bien; et puis, ajoutant vos deux charges de gomme, vous grossissez, en commençant par de petites charges, afin de ne pas détremper la gomme, et continuez, pour les finir, comme il a été dit ci-dessus.

Boutons de fleur d'orange en dragées. — Mettez dans la bassine *branlante*, sur un feu doux, deux livres de boutons de fleur d'orange confits; vous commencez par de très-petites charges, avec une fonte de deux livres de sucre à l'eau de rivière et cuit à la nappe; vous passez légèrement la main dessus, et, lorsqu'ils sont à moitié grosseur, et avant que la dernière charge

soit sèche, vous chargez vos dragées avec deux pincées de gros sucre passé au tamis de crin, et dont vous aurez séparé le fin avec le tamis de soie; vous les retournez bien pour les mêler en y passant la main; vous finirez ensuite de les grossir avec le sirop, puis les remettrez à l'étuve; le lendemain, vous les reprendrez pour les préparer à blanchir avec un sucre clarifié cuit à la nappe, et les continuerez avec un sucre superfin, pour les blanchir, finir et lisser à la manière accoutumée.

Dragées à l'héliotrope. — Comme on ne peut pas toujours se procurer de la fleur d'héliotrope en quantité suffisante, il est utile d'indiquer les moyens d'en imiter le goût. Vous préparez de la même manière trois livres d'avelines; vous faites cuire au petit perlé deux livres de sucre fondu dans moitié de bonne eau de fleur d'orange double et moitié eau de rose; vous y ajoutez ensuite un gros d'esprit de jasmin de première qualité, et autant d'esprit de tubéreuse. Après les deux charges de gomme, vous grossissez vos dragées à moitié : alors, délayant une demi-gousse de vanille en poudre avec du sucre clarifié et un filet de gomme, vous en employez d'abord moitié, et, après quatre charges, vous y mêlez ce qui vous en reste. Quand vos dragées sont assez grossies, vous les mettez à l'étuve, et les reprenez le lendemain pour les préparer à blanchir et les finir.

Dragées à la violette. — Préparez trois onces de gomme adragant, selon l'usage, avec de l'eau simple; quand elle aura pris de la consistance, vous y ajouterez un peu d'indigo et une cuillerée de carmin liquide, pour lui donner la couleur violette, en la saupoudrant à mesure avec six onces d'iris de Florence pour lui donner aussi l'odeur de la violette. Quand votre pâte sera bien pétrie, vous la roulerez et ensuite vous lui donnerez la même forme avec le doigt, puis vous mettrez vos dragées à la bassine au tonneau, comme ci-dessus.

Pistaches superfines à l'héliotrope. — Préparez trois livres de pistaches à l'ordinaire, et faites fondre, dans moitié eau double de rose et moitié eau de fleur d'orange, deux livres de sucre, que vous mettez à la nappe; alors, recouvrant le feu de cendres, vous jetez dans votre fonte un gros d'esprit de jasmin et autant d'esprit de tubéreuse. Quand vos dragées seront à moitié de leur grosseur, vous délaierez un gros de vanille en poudre avec du sucre et un peu de gomme, dont vous mettez moitié sur les dragées, en passant la main dessus avec soin. Six charges après, vous employez l'autre moitié, et, lorsque les dragées sont à leur grosseur, vous les préparez à blanchir, et les finissez comme les précédentes.

14

Cette dragée est une des plus recherchées pour la délicatesse de son goût.

Pistaches à la sultane. — Après avoir préparé les amandes et le sucre, vous râpez dans celui-ci, lorsqu'il est fondu, la superficie d'une demi-douzaine de citrons, autant de bergamotes, de cédrats, de poncires et d'oranges; après cinq ou six bouillons, vous passez la décoction dans un tamis de crin, afin d'en retirer le marc des fruits, dont le sucre a pris les diverses odeurs; vous couvrez le feu, et procédez comme de coutume.

Dragées d'angélique. — Coupez en forme de petits anneaux de petites branches d'angélique fraîches et tendres; faites-les bouillir dans l'eau jusqu'à ce qu'elles soient blanchies, c'est-à-dire qu'elles s'écrasent facilement sous le doigt, puis mettez-les dans un tamis, et les laissez égoutter après y avoir versé de l'eau fraîche. Quand elles seront sèches, vous les mettrez dans un sucre cuit au lissé, que vous ferez bouillir jusqu'à ce qu'il soit au petit perlé; vous les faites sécher ensuite sur des tamis à l'étuve, et les remuez de temps en temps pour empêcher qu'elles ne s'attachent ensemble.

Quand elles sont sèches, vous les mettez à la bassine *branlante* et les grossissez avec un sucre cuit à la nappe; vous préparez votre angélique à blanchir, et la perlez de la manière ordinaire.

Petits citrons en dragées. — Vous faites confire de petits citrons verts en les mettant d'abord dans l'eau sur le feu, jusqu'à ce qu'ils soient parfaitement blanchis; ce qu'on reconnaît lorsque la tête d'une épingle passe facilement à travers; retirez-les alors, et les mettez pendant trois jours dans de l'eau fraîche, que vous renouvelez deux ou trois fois par jour, pour enlever l'amertume des citrons; vous leur donnez ensuite un bouillon couvert dans du sucre cuit au petit lissé, où vous les laissez jusqu'au lendemain. Quand ils sont égouttés, et que le sucre clarifié est à la nappe, vous les y mettez et leur donnez un second bouillon couvert; le lendemain, vous leur donnez la troisième façon, en mettant le sucre au perlé. Enfin, vous les égouttez et les mettez dans des tamis de crin à l'étuve, avec un feu doux.

Lorsqu'ils sont bien secs, c'est-à-dire lorsqu'ils ne conservent plus aucune humidité provenant du sucre, et qu'ils sont fermes, vous en mettez deux livres dans la bassine branlante sans feu au-dessous, et, y ajoutant une bonne charge de gomme arabique, vous passez la main dessus pour les mouiller également; vous y jetez du sucre en poudre passé au tamis de soie, les remuant légèrement, et enfin vous les placez à l'étuve avec un feu doux; vous répétez jusqu'à trois fois les charges de gomme et de ratissures, et les laissez passer la nuit à l'étuve. Dans l'été, on les fait sécher à l'air.

Le lendemain, vous les repassez à la bassine branlante, en proportionnant la fonte du sucre à la quantité de citrons; vous le faites fondre à l'eau de rivière ou de fontaine, et grossissez les dragées lorsqu'il est cuit à la nappe, et vous les finissez en trois jours par les procédés indiqués plus haut.

Cerises en dragées. — Vous prenez quatre livres de cerises confites, vous roulez chacune d'elles dans vos doigts pour les arrondir, les rangeant à mesure sur une table saupoudrée de ratissure de sucre passé au tamis de soie, afin qu'elles ne s'attachent pas entre elles; vous les posez ensuite sur des tamis à l'étuve, et, lorsqu'elles sont sèches, vous les mettez dans la bassine branlante. Après y avoir mis une charge de gomme arabique, en passant légèrement la main pour qu'elles soient mouillées également, vous y jetterez des ratissures passées au tamis de soie pour en séparer le fin; vous criblez ensuite les cerises, et les mettez à l'étuve avec un feu doux. Quelques heures après, lorsqu'elles sont sèches, vous recommencez la même opération, et la renouvelez trois fois, en mettant l'intervalle d'un jour pour la dernière charge. Quand les cerises auront acquis assez de consistance et auront été séchées à l'étuve, vous les mettrez à la bassine branlante sur un feu doux, et les grossirez à très-petites charges avec une fonte de sucre à l'eau de rivière et cuit à la nappe, en séchant bien à chaque charge, et en mettant une de gomme après la huitième de sucre.

Vous les grossirez pendant deux jours, les déposant la nuit à l'étuve; vous les préparez ensuite à blanchir, et finissez comme les précédentes.

Noyaux de cerises en dragées. — Faites sécher pendant trois jours à l'étuve deux livres de noyaux de cerises que vous mettez ensuite dans la bassine au tonneau, avec du feu. Après une petite charge de gomme, vous les grossirez avec trois livres de sucre fondu à l'eau de rivière et cuit à la nappe, que vous aurez préparé d'avance. Vous séchez bien à chaque charge, renouvelant celle de gomme à la huitième. Vous les mettez après à l'étuve, pour les reprendre le lendemain, les préparer à blanchir et finir comme les cerises en dragées.

Dragées au café. — Après avoir préparé trois onces de gomme adragant, vous y mêlez, en la pétrissant, quatre onces de bon café en poudre, passé au tamis de soie. Lorsque votre pâte est assez ferme, vous en formez des abaisses et les découpez avec un emporte-pièce en forme de demi-lune, proportionné à la grandeur des autres moules; vous les mettez ensuite à l'étuve, et les travaillez en tout comme les précédentes.

Dragées au chocolat. — Lorsque votre mucilage est fait avec même quantité de gomme adragant, vous y mêlez, en pétrissant, dix onces de chocolat râpé, dans lequel il n'est point entré de sucre, et, lorsque la pâte est bien ferme, vous l'étendez avec le rouleau en abaisses plus minces de moitié que les précédentes, en les saupoudrant de sucre ou de ratissures fines, pour qu'elles ne s'attachent pas ensemble; vous en mettez plusieurs l'une sur l'autre; vous les coupez en lardons de six lignes de longueur sur une de largeur, les déposant à mesure sur des tamis pour les mettre le lendemain à l'étuve. Vous les grossissez comme les autres pâtes, et les finissez de la même façon.

Anis superfins en dragées. — Mettez deux livres d'anis verts dans la bassine au *tonneau*, sans feu; mouillez-les avec la gomme arabique, en les remuant bien; mettez-les ensuite pendant deux ou trois jours dans des tamis à l'étuve. Lorsqu'ils sont secs, mettez-les dans la bassine au tonneau, enveloppés par petites parties dans une serviette. Vous les remuez avec le poing, pour en casser les queues que vous séparez en les vanant. Quand ils sont bien nettoyés, vous les grossissez dans la bassine au tonneau, en y mettant du feu, et employant quatre livres de sucre fondu à l'eau de rivière et cuit à la nappe. Lorsqu'ils sont assez gros, vous en retirez le plus fins avec un petit crible, et vous continuez ceux qui restent à la grosseur d'un noyau de cerise. (C'est ce qu'on appelle anis de Flavigny ou de Verdun.)

Parfait-amour en dragées. — Vous faites une pâte avec trois onces de gomme adragant et de bonne eau de rose double, en y employant du sucre en poudre ou des ratissures fines. Quand elle est parfaitement pétrie, vous la roulez en long, en forme de vers; et, approchant plusieurs longueurs pour abréger, vous les coupez de la grosseur d'une lentille, et les mettez à mesure dans un pot que vous couvrez, et y ajoutez des ratissures afin qu'elles ne s'attachent pas ensemble.

Vous prenez ensuite ces morceaux de pâte les uns après les autres, et leur donnez, avec un tour de doigt, la forme d'un grain d'orge; les mettant à mesure dans des tamis, et le lendemain à l'étuve: alors vous les travaillez à la bassine au tonneau de la manière accoutumée.

Nonpareilles. — Mettez une demi-livre d'iris de Florence en poudre dans la bassine au tonneau; chargez, en commençant, à petites doses, à peu près ce qu'il en faudrait pour remplir la coquille d'une noix à chaque fois avec un sucre clarifié et cuit au petit perlé. Vous remuez aussitôt avec la paume de la main, et non avec le bout des doigts, augmentant vos charges à mesure que vous grossirez, et les passant dans un tamis de crin très-fin, pour en ôter les particules de sucre qui se sont amoncelées, et que vous joignez aux ratissures. Vous répétez cette opération avant de mettre les dragées à l'étuve, et les passez à travers un tamis moins serré à mesure qu'elles grossissent. Vous employez alors un beau sucre clarifié, et mettez, à chaque fois, un jour d'intervalle pour les laisser sécher. Vous les préparez à blanchir en mettant dix charges, et le lendemain vous en employez autant pour les blanchir.

Vous ne pouvez tirer cette dragée au blanc sans sécher parfaitement après chaque charge.

En suivant exactement cette méthode, votre nonpareille sera bien égale, bien ronde et d'une bonne odeur. On n'en voit, en général, que de difforme, parce qu'on ne la commence ordinairement qu'avec de gros sucre, que l'on recouvre de sucre clarifié.

Dragées à la Praslin.

Pralines d'office. — Mettez deux livres de sucre à fondre avec un peu d'eau. Criblez deux livres d'amandes douces afin d'en sortir la poussière, et mettez-les sur le feu bouillir dans le sucre. Quand elles pétillent, retirez-les en donnant quelques coups de spatule pour les sabler, puis passez-les à travers un crible pour en séparer le sucre; remettez-les dans la bassine sur un feu couvert, et travaillez-les en tournant avec la spatule, jusqu'à ce qu'elles aient pris tout le sucre attaché à la bassine, et qu'elles soient d'une belle couleur carmélite; alors vous en mettez moitié dans la bassine avec un demi-verre d'eau, et le laissez bouillir jusqu'à ce qu'il offre une petite odeur de caramel; vous y jetez ensuite les amandes, et, après les avoir bien retournées pour leur faire prendre sucre, vous les retirez, et remettez la seconde moitié de sucre dans la bassine, où vous le faites bouillir comme la première fois, avec même quantité d'eau. Quand la même odeur se fait sentir, vous y jetez les amandes, que vous remuez avec la spatule le plus lestement possible, jusqu'à ce qu'elles aient pris tout le sucre; vous les retirez et les mettez dans un tamis que vous couvrez, afin de leur faire prendre couleur.

14.

Pralines à la fleur de citronnier. — Procédez comme il est dit ci-dessus, en ajoutant dans votre appareil une forte poignée de fleur de citronnier que vous aurez contusée dans un mortier de verre et que vous mettrez dans le sucre à l'avant-dernière façon qui est indiquée ci-dessus, pour la confection des pralines simples.

Pralines blanches à la vanille. — Vous avez du sucre clarifié que vous faites cuire au grand-boulé; vous y jetez vos amandes et vous les retirez du feu en les remuant jusqu'à ce qu'elles aient bien pris le sucre. Vous renouvelez cette même opération, et vous les parfumez en y joignant un demi-gros d'esprit de vanille, après quoi vous les laissez passer douze heures à l'étuve.

Pralines aux noisettes-avelines et aux pistaches. — Mettez vos avelines ou vos pistaches sur un feu doux; chauffez très-fort, en les remuant bien pour en détacher la première peau; criblez-les ensuite; faites fondre le sucre et y joignez les avelines : suivez pour le reste les mêmes procédés que pour les pralines grillées, mais joignez-y quelques gouttes de ratafia de noyaux avant de leur donner la dernière façon.

Pralines de pistaches de Macédoine aux mille fleurs. — Prenez deux livres de belles pistaches grecques, quatre onces de fleurs de citronnier, quatre gros de fleur d'orange épluchée de manière à ce qu'il n'en soit resté que les pétales blanches, quatre gros d'esprit de roses, quatre gros d'esprit de jasmin, autant d'esprit de réséda, de tubéreuse et de jonquille. Joignez à tout ceci quatre livres et demie du plus beau sucre, que vous faites venir en sirop.

Pelez et pilez les pistaches, en y mettant de temps en temps du suc d'épinards; vous les broyez ensuite sur la pierre. Réduisez en pulpe, dans un mortier, vos fleurs d'orange et de citron, que vous incorporez avec la pâte de pistaches. Au même moment, versez-y tous vos esprits, et mêlez bien le tout avec la stapule. Vous clarifiez le sucre; et, comme la pâte se trouve un peu liquide à cause des esprits qui y sont entrés, vous les faites cuire au grand cassé, et finissez d'opérer comme à l'ordinaire.

Pralines aux pistaches à l'ananas. — Vous râpez la superficie d'un ananas. Quand le sucre est fondu, vous y exprimez le jus du fruit, et y ajoutez les râpures. Au moment où la fonte va bouillir, vous la retirez, la couvrez, et terminez comme il est dit précédemment.

Pralines aux pistaches à la fleur d'orange, suivant la recette du *Grand-Monarque* (de la rue des Lombards).

« Prenez : Pistaches . . . . . . 2 livres.

Fleur d'orange éplu-

chée . . . . 1 livre.

Sucre . . . . 4 livres 8 onces.

» Vous mettez les pistaches dans l'eau bouillante; quand la peau s'enlève, vous les retirez, ensuite vous les pilez dans un mortier de marbre, en mettant de temps en temps quelques gouttes d'eau d'épinards, pour qu'elles ne tournent pas en huile; vous les broyez ensuite sur la pierre pour en rendre la pâte très-fine; vous y incorporez bien la fleur d'orange après l'avoir pilée. Vous clarifiez le sucre et le faites cuire au petit cassé; vous le retirez et y mêlez la pâte avec une spatule; puis, étant refroidie, vous la sortez de la bassine et la posez dans une terrine propre; vous la pilez ensuite et la broyez bien; vous mêlez le tout qui forme une pâte que vous passez sur du sucre en poudre; vous en prenez de petits morceaux de la grosseur d'une noisette, que vous roulez dans la main pour en former vos pistaches; vous les mettez sécher à l'étuve avec un feu doux. Le lendemain vous les mouillez légèrement avec de la gomme arabique fondue, et les couvrez de nonpareille à la manière accoutumée : vous les remettez à l'étuve, et, lorsque vous les garnissez de papillotes, vous y joignez une devise ou une chanson.

» Cette pistache est des plus agréables à manger, et a l'avantage d'être fondante, céphalique et légèrement sudorifique. On peut la vendre sans être en papillotes. »

Grillage de fleurs d'orange (pour assiettes montées). — Vous faites cuire du sucre à la plume, et y jetez la fleur d'orange; vous remuez avec la spatule; et, quand elle a acquis une belle couleur, versez-y un peu de suc de citron. Ce grillage se dresse en rochers sur un plat graissé de bonne huile vierge, et on le met ensuite à l'étuve.

Bonbons mythologiques, suivant les charmantes formules du Fidèle Berger.

« *Sucre de Flore.*

Gelée de pomme . . . . 1 once.

Néroli . . . . 4 gouttes.

Esprit de jasmin . . . . 18 gouttes.

Esprit de réséda . . . . 6 gouttes.

Sucre superfin . . . . 4 livres.

»Vous clarifiez le sucre, et le mettez sur le feu avec la gelée de pomme qui sert à donner du liant au sucre, afin de le travailler avec facilité. Lorsqu'il est au cassé, vous le retirez du feu et y ajoutez les essences; vous versez le tout sur la table de marbre graissée légèrement avec de l'huile d'amandes douces; lorsqu'il est assez refroidi pour pouvoir être travaillé à la main, vous le tirez le plus promptement possible en le portant d'une main à l'autre, et de la même manière que le sucre retors.

»Lorsque votre sucre est d'un beau blanc, vous le coupez en morceaux de la grosseur d'une noix environ, suivant la capacité du moule; vous l'arrondissez le plus promptement possible dans la main; un autre l'aplatit et le pose dans le moule en cuivre dont nous avons décrit la forme et les proportions. Celui-ci doit avoir pour emblème la déesse Flore avec tous ses attributs. Vous tenez en même temps à la main le couvercle du moule, où se trouve gravée une corbeille de fleurs, avec des couronnes, guirlandes, etc.; vous l'appliquez sur le sucre, qui reçoit les deux empreintes sur ses deux faces. Vous le retirez du moule en frappant celui-ci; aussitôt la tablette s'en détache.

» Il est nécessaire d'être plusieurs pour cette opération. Il faut avoir l'attention de graisser toutes les parties intérieures du moule avec de bonne huile d'amandes douces avant d'y faire entrer le sucre, dont la quantité doit être exactement proportionnée à celle que le moule peut contenir. Vous pouvez envelopper ces *bonbons*, avec une devise analogue, dans un papier blanc. »

« *Sucre de Vénus.*

Gelée de pomme	1 once.
Esprit d'ambre.	8 onces.
— de musc.	8 onces.
— de vanille	18 gouttes.
Sucre superfin	4 livres.

» Même opération que pour la recette précédente, si ce n'est que le moule dont on doit se servir pour celle-ci représentera, d'un côté, Vénus dans un char traîné par deux colombes, et de l'autre, Cupidon, un bandeau sur les yeux, et décochant une flèche, etc.; et vous enveloppez votre sucre de même que celui de la recette précédente. »

Diavolini à la manière de Naples.

Gingembre.	1 gros.
Safran d'Orient.	4 gros.
Musc.	2 grains.
Ambre gris.	8 grains.

Gérofle.	2 gros.
Macis.	2 gros.
Mastic en larmes.	6 gros.
Sucre.	2 livres.

Pulvérisez toutes les substances; mêlez-les en les tamisant ensemble, et formez-en une pâte en les triturant avec du mucilage de gomme adragant fait avec une forte infusion de *teucrium marum.*

Étendez la pâte avec un rouleau, et découpez-la avec un emporte-pièce, en lui donnant la forme de *grains d'orge.* Les propriétés stimulantes de cette espèce de dragées sont assez généralement connues pour qu'on n'ait aucun besoin d'en recommander l'usage à tous les sujets débilités.

Dragées ou Pastilles de menthe poivrée, suivant la recette de Tronchin.

Sucre.	4 onces.
Eau de menthe.	2 onces.

Faites cuire pendant quelque temps, et ajoutez :

Sucre granulé.	4 onces.
Essence de menthe.	1/2 gros.

Mêlez l'essence au sucre granulé, que vous incorporerez rapidement au sucre cuit.

Procédez, pour former les pastilles, comme il est prescrit ci-dessus.

Tablettes ou pastilles de cachou (*V.* page 116).

Pastilles digestives de Darcet.

Bi-carbonate de soude. . . .	4 gros.
Sucre.	12 onces.
Teinture aromatique, ou huile essentielle, quantité suffisante.	
Mucilage de gomme adragant.	

Faites une pâte bien liée, et divisez en tablettes de douze grains, qui contiendront chacune un grain de bi-carbonate.

Ces pastilles, prises au nombre de deux à trois après le repas, facilitent singulièrement la digestion.

Dans une indigestion caractérisée, on en peut prendre jusqu'à douze successivement. Cette quantité est rarement nécessaire pour faire cesser tous les symptômes.

Limonade sèche, d'après la recette de feu Lavoysier.

Acide tartarique.	1 gros.
Sucre.	8 onces.
Essence de citron.	6 gouttes.

Pulvérisez le sucre et l'acide ; ajoutez l'essence, et conservez dans un flacon bien bouché.

Une cuillerée de cette poudre dans un verre d'eau fait tout de suite une espèce de limonade, et c'est une boisson très-salubre.

Pastilles ad sitim (pour la soif).

Acide oxalique, citrique ou tartarique.	2 gros.
Sucre.	1 livre.
Essence de citron.	20 gouttes.

Pulvérisez l'acide et le sucre ; mélangez-les en passant au tamis ; ajoutez suffisante quantité de mucilage de gomme adragant pour faire une pâte qu'on étend au rouleau et qu'on découpe à l'emporte-pièce.

Tablettes de guimauve à l'ursuline.

Sucre.	1 livre.
Gomme arabique.	2 onces.
Eau de fleurs d'orange. }	quantité
Gomme adragant. }	suffisante.

Faites fondre la gomme adragant avec l'eau de fleurs d'orange ; et du reste procédez comme ci-dessus.

Suc de réglisse anisé suivant l'excellente formule de M. Caventou.

Prenez : Jus de réglisse	2 livres.
Grains d'anis.	1/2 gros.

Mettez le tout dans une bassine où vous le ferez fondre dans suffisante quantité d'eau sur un petit feu : ayez soin de le remuer avec une spatule, et prenez garde que sa partie gommeuse ne le fasse attacher au fond de la bassine. Quand il est bien fondu, vous le passez à travers un tamis de crin serré, au-dessus d'une seconde bassine posée sur un tonneau dans lequel se trouve une terrasse ou trappe de feu ; vous continuez à le réunir jusqu'à ce qu'il soit très-épais : alors ajoutez l'essence d'anis. Vous appliquez un peu de votre préparation sur le dos de la main ; et, lorsqu'elle n'y tient pas, vous la versez sur une table unie bien graissée. Pendant que le jus de réglisse est chaud, vous en prenez par petites parties, que vous roulez en abaisses les plus minces possibles, vous le mettez ensuite sur des plaques de ferblanc dans un endroit sec. Le lendemain ou surlendemain vous le coupez en long avec des ciseaux, et en formez des bandelettes que vous découpez en mouches.

Si vous voulez en faire de petits bâtons, vous lui donnez cette forme lorsqu'il est encore chaud.

Il n'est pas rare de trouver ce suc de réglisse falsifié, particulièrement celui en bâtons ; pour cela on le fait moins cuire, et on le pétrit avec de la fécule, mais il est moins sucré et très-pâteux. Quand il est fabriqué fidèlement, il fond aisément dans la bouche et n'est pas désagréable au goût

Jus de réglisse blanc, suivant la formule des religieuses de Blois.

Prenez Gomme adragant.	4 onces.
Orge.	2 livres.
Réglisse fraîche.	1 livre.
Essence de néroli.	12 grains.
Sucre superfin en poudre, passé au tamis de soie.	18 livres.

Lavez bien votre orge dans de l'eau tiède, et la laissez tremper pendant un jour. Quand elle est bien égouttée, vous la mettez avec quatre pintes d'eau dans une bassine, où vous la faites bouillir jusqu'à réduction de moitié de la liqueur, puis vous la passez dans un linge serré.

Ratissez bien la réglisse et la mettez dans la décoction d'orge, que vous faites encore bouillir et réduire à moitié ; battez un blanc d'œuf dans un peu d'eau, et versez-la par intervalles dans la décoction. Quand elle est parfaitement claire, vous la faites refroidir et la passez à travers un tamis. Vous vous servez de cette décoction pour y tremper votre gomme adragant, que vous y laissez deux ou trois jours. Vous pilez cette gomme de la manière indiquée pour les pâtes à pastillages, et y ajoutez l'essence de fleur d'orange. Quand elle est pétrie, vous la roulez de la grosseur d'une plume, et la doublez pour la tordre de la même manière que le sucre retors en petits bâtons de quatre pouces de longueur. Vous les mettez à l'étuve avec un feu doux, et les retirez lorsqu'ils sont secs.

Ce jus de réglisse est excellent pour remédier aux vices de poitrine et aux toux opiniâtres.

DUMPLINGS (Cuisine étrangère. Entremets anglais).

Dumpling aux pommes ou aux prunes.
— Vous faites une bonne pâte chaude, que vous roulez mince ; vous la mettez sur un plat, et placez par-dessus une certaine quantité de pommes pelées ou de prunes de Damas. Mouillez les bords de la pâte, fermez-la, faites-la bouillir dans un linge pendant une heure. Versez du beurre chaud sur votre dumpling, et servez-le tout entier, après l'avoir couvert de sucre râpé.

Dumpling ferme.—Vous faites une pâte avec un peu de sel, de la farine et de l'eau ; vous la roulez en boules de la grosseur d'un œuf de dinde. Mettez dedans des raisins de Corinthe. Roulez ces boules dans un peu de farine, enveloppez-les d'un linge, et faites-les cuire dans de l'eau bouillante une demi-heure. Servez-les avec une sauce au vin de Cherry (Xérès), bien sucré.

Dumpling de Norfolk. — Vous mettez un grand verre de lait, deux œufs et un peu de sel, dans une pâte épaisse faite avec de la farine ; vous trempez cette pâte dans une casserole d'eau bouillante : deux ou trois minutes suffisent pour la cuire. Ayez soin que l'eau bouille bien quand vous y mettez votre pâte. Vous jetterez ensuite votre dumpling sur un tamis pour l'égoutter, après quoi vous le dresserez sur un plat et le servirez avec du beurre frais, qui soit légèrement salé et à peine fondu au bain-marie.

Il appert du *Fashionable dispensay*, que ce dumpling a l'honneur de devoir le nom qu'il porte à sa Grâce le feu duc de Norfolk, comte-maréchal héréditaire d'Angleterre , lequel affectionnait particulièrement cet élégant comestible. Le praticien britannique a soin de faire observer que le plus délicat et le plus aristocratique de tous les dumplings est celui qu'on remplit avec des épineuses et vertes *grosberries* (c'est-à-dire avec des groseilles à maquereau).

E.

EAU. La meilleure eau est celle des rivières dont le cours est rapide, et qui coulent sur un lit de sable, de roche, ou de cailloux.

Les eaux de puits sont presque toujours, et les eaux de source sont très-souvent chargées de sels terreux qui altèrent leur pureté sans troubler leur transparence. Ces eaux ne dissolvent pas le savon, et les légumes y cuisent mal : elles sont pesantes et rendent les digestions pénibles, surtout chez les personnes qui n'y sont pas habituées. Les eaux de pluie, simplement filtrées, sont très-pures et très-légères.

L'eau des étangs, des marais, et celle de la plupart des ruisseaux qui coulent dans des lits rétrécis, ou obstrués par des roseaux, des glaïeuls, ou autres plantes aquatiques, est toujours chargée de substances organiques en dissolution, qui lui communiquent une saveur fade et quelquefois nauséabonde. Ces eaux ne peuvent devenir salubres qu'après avoir été filtrées à travers un mélange de sable et de charbon en poudre ; après la filtration, et avant d'en faire usage, il faut les agiter pour leur rendre une partie de l'oxigène qu'elles ont perdu en traversant le filtre.

L'eau pure ne suffit pas toujours pour apaiser la soif intense, à moins d'être prise en quantité qui peut devenir préjudiciable : en trop grande abondance, elle énerve les forces digestives, et ne convient pas *seule* quand celles-ci ont besoin de stimulant, ainsi qu'on l'observe chez toutes les personnes dont l'estomac est faible et inactif.

Quelques raisons portent à croire que l'eau se trouve pourvue de quelque propriété nutritive, non pas *seule*, mais dans les diverses combinaisons qu'elle forme avec les autres substances alimentaires. L'action nutritive de ces combinaisons est, non-seulement en proportion de la matière solide, mais aussi de la quantité d'eau dont elles sont imprégnées.

L'eau très-froide, glacée même, agit comme un excellent tonique, sans exciter aucune irritation, et même en calmant celle qui peut exister dans l'estomac.

Les eaux de neige et de glace sont fades au premier abord, parce qu'elles ne contiennent pas d'air ; mais elles en reprennent bientôt par l'agitation et ne paraissent pas nuisibles à la santé.

On peut rendre potables les eaux des étangs et des marais en les faisant bouillir ; l'ébullition, en cuisant les matières organiques et dégageant les principes gazeux insalubres que ces eaux contiennent, les empêche de nuire ; il faut ensuite, quand le liquide est refroidi, l'agiter dans l'atmosphère pour lui rendre l'oxigène dont il a été dépouillé par la coction ; enfin il faut le filtrer à travers du sable ou plutôt à travers du charbon pulvérisé.

Il existe un moyen très simple de reconnaître le degré de pureté de l'eau sous le rapport de la quantité des substances qui peuvent nuire à sa potabilité, c'est d'en faire évaporer une quantité un peu considérable. Si elle s'évapore en entier sans laisser de résidu sensible, c'est une preuve qu'elle est pure.

L'eau de Seine, prise au centre de Paris, contient une assez grande quantité de matières étrangères ; mais il est aisé de s'en procurer qui n'ait aucun inconvénient de cette nature, et tout le monde sait qu'il existe à Paris une entreprise qui fournit à domicile, et pour un prix très-modéré, de l'eau de Seine que l'on a toujours soin de puiser au-delà du jardin des plantes et au milieu du courant.

Lorsque l'eau de la Seine est pure, ou, ce qui revient au même, lorsqu'elle est bien épurée, il est assez connu qu'aucune autre espèce d'eau n'est de qualité préférable, et peut-être même comparable à celle-ci, pour la limpidité, la légèreté, la sapidité et la salubrité parfaite. La Seine arrive de très loin, et comme elle arrive en se repliant sur elle-même et par des sinuosités multipliées, son eau se trouve soumise à l'action de l'air atmosphérique pendant un trajet d'environ deux cents lieues, ce qui doit la saturer d'oxigène abondamment. On peut encore observer que le cours de cette rivière est extrêmement rapide, et que depuis Saint-Seine jusqu'à Paris, c'est-à-dire à partir de sa source, elle ne coule que sur un lit de sable, chose à laquelle on doit attribuer la qualité supérieure et l'excellence reconnue de tous ses poissons.

Les matières étrangères que l'eau de Paris contient y sont également en solution et en suspension, mais on la dépouille aisément de ces matières au moyen des filtres. Ces filtres sont ordinairement en sable de rivière ou en pierre poreuse de nature calcaire, disposés dans les fontaines domestiques en couches plus ou moins épaisses que l'eau est forcée de traverser. Les filtres en pierre sont préférables, parce qu'ils fournissent une eau constamment claire. Mais, comme dans les crues de la rivière, les eaux sont troublées par des matières terreuses qui se déposent à la surface des filtres, et non-seulement retardent la filtration, mais communiquent encore au liquide une saveur désagréable, on est obligé de nettoyer souvent les fontaines filtrantes.

Depuis plusieurs années il existe à Paris des établissements dans lesquels on clarifie une immense quantité d'eau à la fois : les appareils dont on se sert pour cela sont construits de manière que l'eau est d'abord dépouillée des matières étrangères les plus grossières en traversant des éponges, et qu'elle filtre ensuite à travers du charbon pulvérisé : mais comme, pendant cette opération, l'eau perd une partie de l'air qu'elle contenait et qui est essentielle à sa qualité potable, on la lui rend en faisant tomber, en forme de pluie, l'eau qui sort du filtre dans un grand réservoir. Cette eau est plus pure et plus potable que celle qu'on clarifie par les procédés ordinaires ; et l'on doit lui donner la préférence pour la plupart des usages domestiques.

Les eaux de pluies sont naturellement les plus pures ; mais elles ne sont pas ordinairement telles dans les citernes où on les conserve. En effet, lorsqu'elles commencent à tomber, et surtout lorsque le temps a été long-temps serein, elles rencontrent, sur les toits des habitations, des substances étrangères qu'elles entraînent avec elles, et qui font qu'elles croupissent plus ou moins promptement. On pourrait éviter cet inconvénient par une précaution qu'on prend dans certaines villes maritimes, où les eaux douces sont rares, comme, par exemple, à Cadix : dans cette ville où chaque habitation doit être pourvue d'une citerne, le conduit par lequel l'eau entre dans le réservoir porte un robinet au moyen duquel on force la première eau qui tombe de s'écouler au dehors : et dès que les toits et les canaux sont nettoyés par cette espèce de lavage, on tourne le robinet pour faire arriver dans la citerne l'eau qui continue de tomber du ciel et qui est la seule eau potable à une ou deux lieues de la côte, attendu que le voisinage de la mer a pour effet de communiquer un goût saumâtre à toutes les sources où son infiltration peut arriver.

EAU-DE-VIE. Premier produit de la distillation des liqueurs fermentées. Ce liquide est un mélange d'alcool et d'eau dans des proportions très-variables. Les plus fortes contiennent au moins quarante pour cent d'eau ; il y en a qui en contiennent jusqu'à cinquante-huit pour cent. L'eau-de-vie est en outre mélangée de diverses matières extractives qui modifient plus ou moins l'odeur et la saveur de l'alcool.

L'eau-de-vie, quel que soit son titre, sort sans aucune couleur de l'alambic ; avec le temps elle se colore dans les tonneaux, en dissolvant la matière extractive des douves. Presque toujours on n'attend pas cette coloration naturelle : on la donne à l'eau-de-vie en y ajoutant du caramel, de la mélasse, une infusion de thé, du cachou, etc. Chaque marchand a pour cela une recette particulière. Fort heureusement aucune de ces substances n'est malfaisante. Une très-bonne recette pour colorer l'eau-de-vie est la suivante.

Un quarteron de sucre caramélisé, jusqu'à teinte carmélite très-foncée ; délayer le caramel avec une tasse de forte infusion de thé moitié vert et moitié noir. Ajouter une demi-tasse de teinture spiritueuse et saturée de cachou, et un gros de teinture de vanille.

On met de cette liqueur dans l'eau-de-vie, jusqu'à ce qu'on ait atteint la nuance qu'on désire.

Les meilleures eaux-de-vie sont celles dites de

Cognac. On les fabrique dans la Guyenne, le pays d'Aunis et la Saintonge.

Ensuite viennent les eaux-de-vie dites de l'Armagnac: elles sont fabriquées dans toute l'ancienne Gascogne.

Au troisième rang sont les eaux-de-vie dites d'Orléans, qui se fabriquent dans le pays Nantais, le Maine et l'Anjou, le Saumurois, le Blaisois et la Touraine.

Les eaux-de-vie de Montpellier sont les plus médiocres de toutes.

L'eau-de-vie, dite d'Andaye, est une espèce de liqueur peu sucrée et peu aromatisée.

Tous les liquides alcooliques dont on fait usage variant dans leur composition, il est utile d'avoir un moyen de reconnaître leur degré de force, tant pour n'être pas trompé lorsqu'on achète, que pour savoir ce qu'on doit ajouter d'eau pour ramener le liquide au degré convenable.

Ce moyen est l'emploi de *l'aréomètre;* c'est le nom d'un instrument avec lequel on mesure la force des liquides alcooliques. On le nomme aussi *pèse-liqueur* ou *pèse-esprit.*

On plonge l'aréomètre dans un liquide alcoolique, et plus ce liquide est fort, ou, ce qui est la même chose, plus il contient d'alcool pur, plus l'instrument s'y enfonce. On remarque quel est le degré de l'échelle qui se trouve à la surface du liquide, et l'on en conclut que l'eau-de-vie, ou l'esprit essayé, est à tant de degrés.

Jusqu'à ces dernières années on ne se servait, pour apprécier la force des eaux-de-vie, que de l'aréomètre de Cartier.

L'échelle de cet instrument est divisée en quarante-deux degrés. Le dixième indique le point où l'aréomètre s'enfonce quand on le plonge dans l'eau distillée. Le quarante-deuxième indique, non pas tout-à-fait l'alcool le plus rectifié, mais celui qu'on croyait tel, et qu'on n'obtenait même pas du temps de Cartier.

L'aréomètre de Cartier n'apprend rien, si ce n'est qu'un liquide est plus ou moins riche qu'un autre en alcool; il n'indique pas qu'elle est la proportion d'alcool qui est contenue dans le liquide. Cet inconvénient était généralement senti: M. Gay-Lussac l'a fait disparaître en inventant un nouvel aréomètre, dont la graduation est telle que chacune de ses divisions correspond à un centième en volume d'alcool pur contenu dans le liquide où on le plonge: cet instrument a reçu le nom d'alcoomètre: il est employé exclusivement pour la perception des droits sur les eaux-de-vie.

Cependant on se sert encore, dans le commerce, de l'aréomètre de Cartier, ce qui ne présente aucun inconvénient, parce que M. Gay-Lussac a rendu sa division comparable à celle de l'alcoomètre, au moyen d'une table comparative.

ÉCHALOTE, alliacée qui n'est employée que pour assaisonnement; elle est de plus forte saveur que l'ognon, mais elle est moins âcre que l'ail. L'échalote est un ingrédient obligé dans presque toutes les sauces *piquantes.*

ÉCHAUDÉS, sorte de gâteaux non sucrés qu'on fait de la manière suivante:

On fait un levain avec la sixième partie de la farine que l'on veut employer, en y mêlant de la levûre de bière et de l'eau chaude; on tient ce levain chaud une demi-heure. Si l'on emploie un quart de farine, on la met sur une table; on fait un trou dans le milieu pour y mettre deux onces de sel, un quarteron d'œufs, une livre de beurre; après avoir mêlé le tout ensemble, on le pétrit avec le plat de la main, en donnant trois tours; on y met le levain par petits morceaux, et on redonne encore six tours de la même façon; on met la pâte au frais dans une nappe jusqu'au lendemain; alors l'on taille les échaudés pour les mettre dans de l'eau bouillante, sans les laisser bouillir; on a soin d'agiter l'eau, et de les retirer dans de l'eau fraîche à mesure qu'ils montent, et lorsqu'ils sont bien égouttés, on les fait cuire au four. On peut les garder au frais deux jours avant de procéder à leur cuisson.

ÉCLANCHE (*V.* MOUTON).

ÉCREVISSES, crustacées qui vivent en eau douce, et dont l'emploi culinaire est très-fréquent. On en fait des garnitures d'entrées, et spécialement pour les matelotes et les fricassées de poulet; on en fait des purées pour masquer de gros poissons qu'on apprête au maigre; on en fait des potages excellents (*V.* BISQUE); on en fait encore un entremets distingué, sous le nom d'*écrevisses à la crème;* enfin, les plus belles se servent en *buisson,* pour grosse pièce d'entremets, ce qui signifie qu'on les a dressées sur un plat en forme de pyramide. Les plus belles écrevisses qu'on puisse avoir à Paris se tirent de Strasbourg et des environs de Bar-le-Duc; celles qui viennent de Normandie sont aussi d'un très-bon goût, mais elles n'égalent jamais, pour la grosseur, les écrevisses d'Alsace ou de Lorraine.

Écrevisses au court-bouillon. — Après avoir bien lavé des écrevisses, mettez-les dans une casserole, avec du beurre frais et du vin blanc, du sel, du poivre, une feuille de laurier, un peu de thym et un ognon coupé en tranches; placez-les sur un fourneau un peu vif, ayant la précaution de les sauter de temps en temps ; une demi-heure suffit pour les cuire ; laissez-les dans l'assaisonnement jusqu'au moment de les servir en buisson.

Écrevisses à la crème. — Faites cuire des écrevisses dans un consommé de viande ou de poisson bien assaisonné, après leur avoir ôté les petites pattes, l'écaille de la queue, et coupé le bout de la tête ; dressez-les ; versez dessus une sauce à la crème ; faites-les mijoter pendant quelques instants dans cette sauce, et servez-les pour entrée.

Écrevisses à l'anglaise. — Faites-les cuire à l'eau ; épluchez-en la queue ; ôtez les petites pattes ; passez-les avec beurre frais, champignons et culs d'artichauts hachés ; mouillez d'un peu de bouillon, et laissez mijoter à petit feu ; achevez de lier avec deux jaunes d'œufs délayés avec de la crème douce et du persil haché. Au moment de servir, jetez-y une cuillerée de katchup ou bien quelques gouttes de soya de la Chine.

Écrevisses à la gasconne. — Coupez vos écrevisses par la moitié ; faites-les cuire ensuite avec persil, ciboules, champignons, deux gousses d'ail, ognon piqué de gérofle, feuille de laurier, deux verres de bon vieux vin rouge, un demi-verre d'huile d'olives, sel, poivre et tranches de citron ; laissez réduire la sauce, et après en avoir retiré l'ognon, le laurier et le citron, servez en casserole à l'entremets et pour *extra*.

ÉGLEFIN, variété du CABILLAU (*V.* p. 111 et suivantes).

EMINCÉS, tranches de viandes rôties dont on fait un ragoût après les avoir coupées en lames très-minces. Les émincés de mouton se servent ordinairement sur de la chicorée à la crème, et les émincés de chevreuil sur une purée de champignons ; les émincés de filet de bœuf doivent s'apprêter avec une sauce piquante, et les émincés de bœuf bouilli s'appellent miroton (*V.* BOUILLI).

On nomme aussi *émincées* des tranches de bœuf et de veau, dont se sert pour garnir les braises.

ÉMULSION. On nomme ainsi le mélange qui s'opère entre une substance huileuse et une substance aqueuse. On nomme aussi *semences émulsives*, celles qui, étant imprégnées d'une huile grasse, forment, lorsqu'on les triture avec l'eau, une émulsion. Les amandes, et toutes les semences des fruits à noyaux, sont dans ce cas. Le jaune d'œuf est aussi à l'état d'une véritable émul-sion, qui peut se combiner avec une nouvelle quantité de matière grasse. La sauce appelée BAYONNAISE est un exemple de cette combinaison.

ENDIVE, nom spécifique de la chicorée cultivée.

ENTRE-COTE (*V.* BŒUF).

ENTRÉE. On désigne sous le nom d'*entrée* les préparations alimentaires qu'il est d'usage de servir avec ou immédiatement après les potages ; ce sont presque toujours des mets chauds. Le beurre, les radis, les artichauts, les melons, les huîtres, etc., qu'on sert avec les entrées, sont des *hors-d'œuvres* (*V.* HORS-D'ŒUVRE).

ENTREMETS. On nomme *entremets* les diverses préparations qu'on sert avec le rôti et avant le dessert. Les légumes, les crèmes cuites, plusieurs espèces de pâtisserie et quelques ragoûts, sont considérés comme *entremets*. Cette distinction entre les entrées et les entremets est devenue fort arbitraire ; car elle ne dépend plus que de l'époque du repas à laquelle un plat est servi.

ÉPEAUTRE ou ÉPAUTRE, variété du froment qui produit une farine très-légère et d'un goût très-savoureux. Cette céréale est soigneusement cultivée dans le nord de l'Europe, et l'on voit dans la *Maison rustique de madame de Genlis*, qu'elle attribue particulièrement la délicatesse et l'extrême bonté des *metchpaes* et autres pâtisseries allemandes à l'emploi de la farine d'épeautre.

Il ne faut pas confondre l'épeautre du nord avec une espèce de seigle blanc qu'on cultive dans le midi de la France, et auquel on donne improprement le même nom.

ÉPERLAN. Un illustre gastronome a dit de ce joli poisson qu'il était *la perle de la mer* et *la caille de la Manche*. L'éperlan ressemble beaucoup au goujon de Seine, mais sa chair est plus agréable encore, et c'est à cause du goût de violette dont elle est pourvue. Les principes ichtyogustuels de l'éperlan sont plus exaltés que ceux du goujon, c'est pourquoi ils produisent un sentiment plus vif sur l'organe du goût : on dit que l'éperlan est meilleur vers la fin de l'été, ou au commencement de l'automne, qu'en aucun autre temps de l'année ; il se digère aisément, il est apéritif, et convient à toutes sortes d'âges et de tempéraments. On mange ordinairement les éperlans frits, ou au court-bouillon, en matelote normande, au gratin, au fenouil, etc. (*V.* MERLAN).

ÉPICES, nom générique par lequel on désigne certaines substances aromatiques qui sont plus spécialement employées à la préparation des viandes qu'à tout autre usage culinaire ; ainsi, le poivre, la muscade, le macis, le gérofle, le piment et le gingembre sont des *épices* ; tandis que le safran, la vanille, la cannelle, l'anis, la badiane et l'ambre sont désignés par la dénomination d'*aromates*.

Les épices sont fortement toniques et stimulants ; ils excitent jusqu'à l'irritation les organes digestifs. On ne saurait apporter trop de modération dans leur usage ; et, par conséquent, les personnes qui ont le système nerveux irritable doivent même s'en abstenir habituellement.

Épices mélangées. — Pilez séparément un quarteron de poivre, deux gros de gérofle, quatre gros de muscade et une once de gingembre ; passez ensemble toutes les poudres au tamis pour les mélanger : conservez dans un vase bien fermé.

En préparant ce mélange soi-même, on est plus sûr de ses proportions que si on l'achetait tout fait.

ÉPINARDS, plante potagère de la famille des arroches, dont on ne mange que les feuilles cuites. La substance des épinards n'a presque rien d'alimentaire, mais ils passent pour être béchiques, anti-spasmodiques et adoucissants.

Épinards à la maître-d'hôtel. — Faites-les blanchir à l'eau bouillante jusqu'à ce qu'ils s'écrasent facilement lorsqu'on les presse entre les doigts ; jetez-les tout de suite dans l'eau froide ; égouttez-les et pressez-les pour en faire sortir l'eau qu'ils retiennent ; hachez-les grossièrement ; mettez-les à sec dans une casserole, et faites-les chauffer au bain-marie ; ajoutez sel, gros poivre et muscade râpée : quand ils sont chauds, mettez-y un bon morceau de beurre, et remuez jusqu'à ce qu'il soit fondu et bien mêlé.

Épinards à la vieille mode. — Mettez les épinards, blanchis et hachés, dans une casserole avec un bon morceau de beurre et de la muscade râpée ; quand ils sont passés, ajoutez un peu de beurre manié de farine, une forte cuillerée de sucre et du lait. Servez avec des tranches de biscuit pour garniture.

Épinards au jus. — Mettez les épinards, blanchis, hachés et pressés, dans une casserole avec un bon morceau de beurre, gros poivre et muscade ; quand ils sont bien passés, ajoutez-y deux cuillerées soit de blond de veau, soit de jus de fricandeau réduit en glace, et joignez-y, au moment de servir, un morceau de beurre frais que vous laisserez fondre en l'empêchant de bouillir. Garnissez avec des croûtons frits.

Épinards au sucre. — Faites cuire avec un bon morceau de beurre et assaisonnez avec un peu de sel, un morceau de sucre, un peu d'écorce de citron et deux macarons pilés. Garnissez cet entremets impromptu avec quelques biscuits à la cuillère.

Épinards à l'anglaise. — Prenez de jeunes épinards, que vous éplucherez, laverez bien et ferez blanchir ; faites ensuite bouillir de l'eau dans un chaudron, dans laquelle vous jetterez une poignée de sel ; mettez-y vos épinards ; quand ils se mêleront avec l'eau, vous tâterez avec les doigts s'ils fléchissent ; alors vous les rafraîchirez ; puis vous les hacherez et les mettrez dans une casserole avec du sel et du poivre ; vous les remuerez sur le feu ; lorsque vos épinards seront bien chauds, vous y mettrez un bon morceau de beurre ; vous le mêlerez avec les épinards, sans les poser sur le feu, pour empêcher que le beurre ne se tourne en huile.

Crème d'épinards. — Prenez une grande cuillerée d'épinards bien cuits, une douzaine d'amandes douces pilées, un peu de citron vert, trois ou quatre biscuits d'amandes amères, du sucre en proportion, deux verres de crème, un verre de lait et six jaunes d'œufs ; mêlez bien le tout et le passez à l'étamine dans un plat ; couvrez le plat et faites du feu par-dessous jusqu'à ce que la crème soit prise. Cette crème est agréable et saine ; on doit la servir chaude.

Rissoles d'épinards. — Épluchez des épinards ; lavez-les à plusieurs eaux ; faites-les cuire dans une casserole avec un verre d'eau ; puis mettez-les égoutter. Laissez-les refroidir ; pressez-les bien et les pilez dans un mortier ; ajoutez-y ensuite un peu de beurre frais, de l'écorce de citron vert, deux biscuits d'amandes amères, du sucre et de la fleur d'orange, et pilez encore le tout ensemble. Faites une abaisse d'une pâte de feuillage qui soit bien mince ; coupez-la en petits morceaux ; mettez à un coin de chacune de ces petites abaisses de la grosseur d'une moitié de noix de votre farce ; mouillez-les et couvrez de pâte toutes vos rissoles ainsi préparées ; parez-les tout autour avec un couteau ; faites-les frire ensuite dans la friture maigre ; quand elles ont pris une belle couleur, mettez-les égoutter ; dressez-les promptement sur un plat ; saupoudrez-les de sucre ; glacez-les avec la pelle rouge, et servez chaudement pour entremets.

Vert d'épinards (de cuisine). — On fait blanchir une poignée d'épinards dans laquelle on met une pincée de persil et quelques queues de ciboules; lorsque le tout est bien blanchi, on le rafraîchit; on le presse bien dans les mains; on le pile et on le passe à l'étamine; au cas que ce vert soit trop épais, on le mouille avec du bouillon froid; on s'en sert alors comme ingrédient dans les sauces et ragoûts.

Vert d'épinards (d'office). — Après avoir lavé une quantité suffisante de feuilles d'épinards, vous les pilez dans un mortier; après quoi vous les pressez dans un torchon pour extraire le jus que vous versez dans une tourtière, et que vous placez sur le feu; quand vos épinards auront jeté quelques bouillons, vous les mettez dans un tamis pour les égoutter; étant égouttés, vous les employez pour ce que vous jugez à propos.

Plantes qui peuvent remplacer l'épinard. — La baselle et la tétragone sont cultivées dans quelques jardins pour remplacer l'épinard, mais cette culture est peu répandue.

Parmi les plantes communes, le pourpier et le cresson de fontaine sont celles qui se rapprochent le plus, par leur goût, de l'épinard. Les feuilles tendres de la betterave et les sommités des fèves peuvent aussi être préparées de la même manière.

ÉPINE D'HIVER, nom d'un poirier et du fruit qu'il rapporte. La chair en est tendre et délicate, mais elle n'est d'aucun usage en cuisine, et cette poire se trouve comprise, ainsi que tant d'autres, parmi les fruits à la main.

ÉPINE-VINETTE, arbrisseau couvert d'épines, et qui croît au bord des bois et des haies; on fait du vin avec le fruit de l'épine-vinette. L'épine-vinette est un très-bon plant; on s'en sert pour greffer toutes sortes d'arbres fruitiers.

Conserve d'épine-vinette. — (*V.* GROSEILLE.)

Marmelade d'épine-vinette. — (*V.* CERISE.)

Gelée d'épine-vinette. — Égrenez de l'épine-vinette bien mûre; prenez, en sucre, les deux tiers du poids de votre fruit avant d'être égrené; faites cuire au perlé, et mettez-y l'épine-vinette. Après avoir donné au mélange quelques bouillons, vous le versez dans un tamis de soie au-dessus d'une terrine, et le pressez avec une spatule pour faire sortir le suc de l'épine-vi-

nette; ensuite vous la remettez sur le feu, et lorsque vous apercevez qu'elle forme la nappe, vous la retirez et la versez dans des pots.

ESCARGOT, gros limaçon à coquille blanche, qui ferme l'entrée de sa coquille pour se défendre du froid. Les anciens avaient des garennes et des viviers pour nourrir et engraisser des escargots.

Escargots de vigne en fricassée de poulet. — Dans le printemps et l'automne, on trouve des escargots dans les vignes, qui sont bons à manger (*pour ceux qui les aiment*). Pour les faire sortir de leur coquille et les bien nettoyer, vous mettez une bonne poignée de cendres dans un chaudron, avec de l'eau de rivière; quand elle commence à bouillir, jetez-y les escargots, pour les y laisser un quart d'heure; lorsqu'ils se tirent aisément de leur coquille, vous les retirez dans de l'eau tiède pour les nettoyer; ensuite vous les remettez encore dans une eau claire, pour les faire bouillir un instant; retirez-les pour les égoutter. Mettez dans une casserole un morceau de beurre, avec un bouquet de persil, ciboule, une gousse d'ail, deux clous de gérofle, thym, laurier, basilic, des champignons, et les escargots bien égouttés; passez le tout sur le feu; mettez-y une pincée de farine; mouillez avec du bouillon, un verre de vin blanc, sel, gros poivre; laissez cuire jusqu'à ce que les escargots soient moelleux et qu'il reste peu de sauce; en servant, mettez-y une liaison de trois jaunes d'œufs, un bon morceau de beurre et quelques gouttes de jus de citron.

Bouillons d'escargots. — (*V.* BOUILLONS DE SANTÉ.)

ESPAGNOLE (sauce). (Recette *du Cuisinier national*, et non pas *économique*.) Mettez dans une casserole deux noix de veau, un faisan ou quatre perdrix, la moitié d'une noix de jambon, quatre ou cinq grosses carottes, cinq ognons, dont un piqué de cinq clous de gérofle; mouillez vos viandes avec une bouteille de vin de Madère sec, plein une cuillère à pot de gelée; vous mettez votre casserole sur un grand feu; quand votre mouillement est réduit, vous le mettez sur un feu doux; lorsque votre glace est plus que blonde, vous retirez votre casserole du feu, et la laissez dix minutes dehors, pour que la glace puisse bien se détacher; vous aurez fait suer des sous-noix, comme pour la grande sauce, et vous prendrez ce mouillement pour mouiller votre espagnole; quand elle sera bien écumée, vous aurez un roux que vous délaierez avec le mouillement, et vous le verserez sur votre viande. Vous y mettrez des champignons, un bouquet de persil et ciboule, quelques échalotes, du thym et du laurier; quand votre sauce bouillira, vous la mettrez sur le coin du fourneau, pour qu'elle bouille tout doucement jusqu'à ce que vos viandes soient cuites. Cette sauce doit être d'une belle couleur, c'est-à-dire ni trop pâle, ni trop brune; elle doit être bien liée, mais pas trop épaisse.

Espagnole travaillée (d'après la même autorité culinaire). — Mettez dans une casserole une égale quantité de consommé et de sauce espagnole, faites comme nous l'avons dit plus haut; ajoutez-y des champignons (une douzaine par litre de sauce), et faites bouillir le tout; écumez et dégraissez avec soin, et laissez-la réduire jusqu'à ce qu'elle ait acquis assez d'épaisseur; passez-la alors à l'étamine, et lorsque vous en aurez besoin, faites-la chauffer au bain-marie.

On peut aussi ajouter à cette sauce du vin blanc; dans ce cas, il faut y mettre autant de vin que de consommé.

ESSENCE DE GIBIER. — Mettez dans une marmite une livre de bœuf, deux perdrix, deux lapins de garenne et un quasi de veau; mouillez avec une chopine de vin blanc, et faites bouillir le tout jusqu'à ce qu'il n'y ait plus de jus dans la marmite; remplissez alors cette dernière avec du bon bouillon; ajoutez-y des ognons, des carottes, thym, basilic, serpolet, clous de gérofle; écumez soigneusement, et faites bouillir le tout jusqu'à ce que les viandes soient cuites; passez alors votre essence de gibier.

Essence de légumes. — Dans une marmite de moyenne grandeur, mettez trois ou quatre livres de bœuf, une vieille poule et un jarret de veau; ajoutez deux ou trois douzaines de carottes, autant d'ognons et de navets, deux ou trois laitues, du cerfeuil, quelques pieds de céleri et des clous de gérofle; emplissez votre marmite de bouillon, et agissez comme pour le consommé. Les viandes étant cuites, passez votre essence, et faites-la réduire si elle n'est pas assez forte.

Essence de jambon. — Prenez des tranches de jambon cru bien minces; battez-les et garnissez-en le fond d'une casserole; faites suer jusqu'à ce que les tranches commencent à s'attacher; ajoutez alors du lard fondu et un peu de farine; remuez avec une cuillère, et ensuite ajoutez du jus, ou à défaut du bouillon; assaisonnez avec épices mêlées, pas de sel, un bouquet garni, un jus de citron, deux clous de gérofle et une poignée

de champignons hachés. Quand tout est cuit, passez à l'étamine.

Si on veut que cette essence soit liée, on y ajoute, une demi-heure ou trois quarts d'heure avant de la passer, quelques croûtes de pain qu'on laisse mitonner; on passe ensuite à travers une étamine avec expression.

ESTRAGON, plante aromatique. Le meilleur et le plus salutaire est celui qui a été cultivé dans les jardins, et qui est venu en terre grasse et marécageuse; on en fait entrer les sommités dans les salades, pourvu qu'elles soient jeunes et tendres; mais on s'en sert le plus fréquemment pour assaisonner certaines viandes blanches en immisçant des feuilles d'estragon dans leur sauce ou leur coulis (*V.* POULET, PIGEON, etc.). L'estragon facilite la digestion, en excitant surtout la sécrétion des sucs gastriques : il entre dans la composition de tous les vinaigres aromatiques.

ESTURGEON, poisson de mer qui parvient à une grande dimension : on le prend souvent dans les eaux douces, parce qu'il remonte les rivières. Sa chair a beaucoup d'analogie avec celle du veau.

Esturgeon rôti. — Prenez un esturgeon de grandeur moyenne, ou bien un tronçon de gros esturgeon; piquez-le de gros lard bien assaisonné, et faites-le mariner avec vin blanc, sel, gros poivre et épices; faites ensuite rôtir à la broche, en l'arrosant avec sa marinade. Servez avec une sauce piquante.

Esturgeon braisé. — Piquez un tronçon comme ci-dessus, et mettez-le dans une braisière juste à sa grandeur, avec du lard râpé, quatre ognons coupés en tranches, deux carottes et un panais émincés, un fort bouquet garni, sel, poivre et épices; mouillez avec du vin blanc; faites cuire à grand feu; servez avec une sauce piquante, dans laquelle vous ferez entrer une partie du fond de cuisson.

Esturgeon en fricandeau. — Piquez de menu lard des tranches d'esturgeon, farinez-les, et faites-leur prendre couleur dans du lard fondu. Quand elles sont colorées, mettez-les dans une casserole avec du blond de veau, des fines herbes, truffes, champignons, culs d'artichauts, et un pied de céleri si c'est la saison; quand elles sont cuites, dégraissez et servez, en ajoutant à la sauce un filet de verjus, ou bien en faisant bouillir avec ce fond de cuisson une chopine de bonne crème double, ce qui fait la sauce de l'*esturgeon à la Royale,* laquelle est justement recommandée par les meilleurs cuisiniers de l'ancien temps.

Esturgeon au court-bouillon. — Procurez-vous un petit esturgeon, que vous viderez par la gorge, et dont vous ôterez les ouïes ; levez les plaques de chaque côté, en faisant glisser votre couteau entre la chair ; après l'avoir bien lavé et bien égoutté, masquez-le dans une poissonnière avec un bon court-bouillon de lard râpé ; assaisonnez-le fortement d'aromates et de sel ; faites-le cuire avec feu dessus et dessous, en l'arrosant constamment. L'ayant égoutté après sa cuisson, servez-le avec une sauce italienne, dans laquelle vous aurez fait réduire de son court-bouillon ; finissez votre sauce avec un bon morceau de beurre, et en y joignant un peu de poivre de Cayenne.

Esturgeon au four. — Videz et dépouillez l'esturgeon, comme il est dit ci-dessus ; fendez-le par le ventre, sans le séparer, et mettez-le sur un plat avec du sel, du poivre, des aromates pilés, un peu d'huile, une bouteille de vin blanc et un jus de citron ; faites-le cuire au four ; glacez-le ; dressez-le en mettant dessous le fond de cuisson que vous aurez passé, et servez-le avec une sauce à l'huile à la provençale.

Esturgeon à la matelote. — Coupez des mies de pain en rond, passez-les sur le feu avec du beurre jusqu'à ce qu'elles soient d'une couleur dorée ; mettez-les égoutter ; prenez un morceau d'esturgeon, que vous coupez en tranches un peu minces ; mettez-les dans un plat, arrangées sans être les unes sur les autres, avec un morceau de beurre, sel, gros poivre ; faites-les cuire à petit feu, et, à mesure qu'elles sont cuites d'un côté, vous les retournez de l'autre ; il ne faut qu'un quart-d'heure pour la cuisson ; ôtez-les du plat ; mettez-y un peu de farine, que vous remuerez avec le beurre, puis de l'échalote, persil, ciboule, le tout haché, et mouillez avec deux verres de vin rouge ; faites bouillir le tout ensemble un quart d'heure ; remettez l'esturgeon dans la sauce, pour le faire chauffer sans bouillir ; jetez-y un peu de câpres hachées, et garnissez les bords du plat avec vos croûtons de pain frit, que vous aurez soin d'arroser avec la sauce du poisson.

Si l'on habite un pays où l'esturgeon soit commun, servez-vous-en pour tirer vos sauces maigres, au lieu de carpe et de tout autre poisson, et procédez en tout comme si c'était du veau que vous emploieriez ; vous en tirerez presque le même résultat : vos sauces seront onctueuses, et surpasseront toutes celles que vous pourriez tirer de tout autre poisson.

Manière de faire le kaviar, d'après la méthode russe. — Prenez les œufs d'un ou de plusieurs esturgeons ; pour cela, il faut que ces œufs soient bien mûrs et qu'on leur voie un petit point blanc ; mettez-les dans un baquet d'eau ; ôtez-en toutes les fibres, comme vous feriez à une cervelle de veau ; prenez un fouet de buis, duquel on se sert pour fouetter les blancs d'œufs ; battez vos œufs dans l'eau, afin d'en tirer toutes les fibres qui s'attacheront à votre fouet ; secouez-le chaque fois qu'il y en aura ; cela fait, déposez-les sur des tamis à passer la farine ; ensuite remettez ces œufs dans une nouvelle eau ; continuez à les fouetter et à les changer d'eau jusqu'à ce qu'il ne leur reste ni fibres ni limon, alors vous les laisserez égoutter sur ces tamis, et vous les assaisonnerez de sel fin et de poivre : mêlez bien le tout ; déposez-le sur une étamine que vous lierez des quatre coins avec de la ficelle, en lui donnant la forme d'une boule ; laissez égoutter ainsi ces œufs, et servez-les dès le lendemain, si vous le voulez, avec des tartines de pain grillé, des ognons hachés ou des échalotes. Si vous voulez les conserver plus long-temps, il ne s'agit que de les saler davantage. Le kaviar est un mets fort appétissant, et l'on n'a pas besoin d'ajouter que c'est un hors-d'œuvre très-distingué.

ÉTUVÉE, synonyme d'ESTOUFADE et de BRAISE (*V.* page 101).

F.

FAISAN, oiseau de la famille des gallinacées, originaire des bords de la mer Noire, et que les Romains ont transporté en Europe, où il s'est acclimaté. La chair du faisan est très-délicate et très-sapide ; on le sert rôti, cuit à la braise, en filets sautés, en escalopes, en salmis, etc. Quand on l'apprête à la braise, on peut le servir sur une sauce aux truffes à la Périgueux, sur un ragoût d'olives tournées, ou sur une litière de choucroûte.

L'oiseau du Phase est un mets pour les dieux !

a dit l'équitable auteur de la Henriade ; mais celui

de nos bons écrivains qui a le mieux parlé du faisan, c'est M. Brillat de Savarin, sans contredit; nous devons un dédommagement à M. de Savarin pour la sévérité de nos critiques, et nous allons citer son excellent article *du faisan*, parce qu'il nous serait impossible de parler avec plus d'utilité pratique et plus doctement sur cette matière importante.

Le faisan est une énigme dont le mot n'est révélé qu'aux adeptes; eux seuls peuvent le savourer dans toute sa bonté.

Chaque substance a son apogée d'esculance : quelques-unes y sont déjà parvenues avant leur entier développement, comme les câpres, les asperges, les perdreaux gris, les pigeons à la cuillère, etc.; les autres y parviennent au moment où elles ont toute la perfection d'existence qui leur est destinée, comme les melons, la plupart des fruits, le mouton, le bœuf, le chevreuil, les perdrix rouges; d'autres, enfin, quand elles commencent à se décomposer, telles que les nèfles, la bécasse, et surtout le faisan.

Ce dernier oiseau, quand il est mangé dans les trois jours qui suivent sa mort, n'a rien qui le distingue; il n'est ni aussi délicat qu'une poularde, ni aussi parfumé qu'une caille.

Prise à point, c'est une chair tendre, sublime et de haut goût; car elle tient à la fois de la volaille et de la venaison.

Ce point si désirable est celui où le faisan commence à se décomposer; alors son arôme se développe et se joint à une huile qui, pour s'exalter, avait besoin d'un peu de fermentation, comme l'huile du café qu'on n'obtient que par la torréfaction.

Ce moment se manifeste aux sens des profanes par une légère odeur, et par le changement de couleur du ventre de l'oiseau; mais les inspirés le devinent par une sorte d'instinct qui agit en plusieurs occasions, et qui fait, par exemple, qu'un rôtisseur habile décide, au premier coup-d'œil, qu'il faut tirer une volaille de la broche ou lui laisser faire encore quelques tours.

Quand le faisan est arrivé là, on le plume et non plus tôt; et on le pique avec soin, en choisissant le lard le plus frais et le plus ferme.

Il n'est point indifférent de ne pas plumer le faisan trop tôt; des expériences très-bien faites ont appris que ceux qui sont conservés dans la plume sont bien plus parfumés que ceux qui sont restés long-temps nus, soit que le contact de l'air neutralise quelques portions de l'arôme, soit qu'une partie du suc destiné à nourrir les plumes soit résorbé et serve à relever la sapidité de la chair.

L'oiseau ainsi préparé, il s'agit de l'*étoffer*, ce qui se fait de la manière suivante : Ayez deux bécasses, désossez-les et videz-les de manière à en faire deux lots : le premier, de la chair; le second, des entrailles et des foies.

Vous prenez la chair et vous en faites une farce, en la hachant avec de la moelle de bœuf cuite à la vapeur, un peu de lard râpé, poivre, sel, fines herbes, et la quantité de bonnes truffes suffisante pour remplir la capacité intérieure du faisan.

Vous aurez soin de fixer cette farce de manière à ce qu'elle ne se répande pas en dehors, ce qui est quelquefois assez difficile quand l'oiseau est un peu avancé. Cependant on y parvient par divers moyens, et, entre autres, en taillant une croûte de pain qu'on attache avec un ruban de fil, et qui fait l'office d'obturateur.

Préparez une tranche de pain qui dépasse de deux pouces de chaque côté le faisan couché dans le sens de sa longueur; prenez alors les foies, les entrailles de bécasses, et pilez-les avec deux grosses truffes, un anchois, un peu de lard râpé, et un morceau convenable de bon beurre frais.

Vous étendez avec égalité cette pâte sur la rôtie, et vous la placez sous le faisan préparé comme dessus, de manière à être arrosée en entier de tout le jus qui en découle pendant qu'il rôtit.

Quand le faisan est cuit, servez-le couché avec grâce sur sa rôtie; environnez-le d'oranges amères, et soyez tranquille sur l'événement.

Ce mets de haute saveur doit être arrosé, par préférence, de vin du cru de la haute Bourgogne; j'ai dégagé cette vérité d'une suite d'observations qui m'ont coûté plus de travail qu'une table de logarithmes.

Un faisan ainsi préparé serait digne d'être servi à des anges, s'ils voyageaient encore sur la terre comme du temps de Loth.

Que dis-je! l'expérience a été faite. Un faisan *étoffé* a été exécuté, sous mes yeux, par le digne chef Picard, au château de la Grange, chez ma charmante amie madame de Ville-Plaine, apporté sur la table par le majordome Louis, marchant à pas processionnels. On l'a examiné avec autant de soin qu'un chapeau de madame Herbault; on l'a savouré avec attention; et pendant ce docte travail, les yeux de ces dames brillaient comme des étoiles, leurs lèvres étaient vernissées de corail, et leur physionomie tournait à l'extase.

J'ai fait plus; j'en ai présenté un pareil à un comité de magistrats à la cour suprême, qui savent qu'il faut quelquefois déposer la toge sénatoriale, et à qui j'ai démontré sans peine que la bonne chère est une compensation naturelle des ennuis du cabinet. Après un examen convenable, le doyen articula, d'une voix grave, le mot EXCELLENT! Toutes les têtes se baissèrent en signe d'acquiescement, et l'arrêt passa à l'unanimité.

J'avais observé, pendant la délibération, que les nez de ces vénérables avaient été agités par des mouvements très-prononcés d'olfaction, que leurs fronts augustes étaient épanouis par une sérénité paisible, et que leur bouche véridique avait quelque chose de jubilant qui ressemblait à un demi-sourire.

Au reste, ces effets merveilleux sont dans la nature des choses. Traité d'après la recette précédente, le faisan, déjà distingué par lui-même, est imbibé à l'extérieur de la graisse savoureuse du lard qui se carbonise; il s'imprègne, à l'intérieur, des gaz odorants qui s'échappent de la bécasse et de la truffe. La rôtie, déjà si richement parée, reçoit encore les sucs à triple combinaison qui découlent de l'oiseau qui rôtit.

Ainsi, de toutes les bonnes choses qui se trouvent rassemblées, pas un atome n'échappe à l'appréciation; et, attendu l'excellence de ce mets, je le crois digne des tables les plus augustes.

Parve, nec invideo, sine me, liber, ibis in aulam.

Nous ajouterons à cette citation du savant professeur Brillat de Savarin que sa recette pour les rôties a été singulièrement perfectionnée par un intelligent gastronome, et que cette amélioration consiste à n'y pas mettre de fines herbes (qui ne s'accordent jamais très-bien avec les truffes, ainsi que chacun sait). Ensuite, on conseillera de laisser tomber par petites cuillerées, sur lesdites rôties et au moment de les servir, une composition mélangée d'huile verte et de vin de Xérès où l'on aura fait bien immiscer sept à huit gouttes de soya de la Chine. Heureuse innovation dont nous avons à remercier M. H. Saladin, à qui sa patrie, la ville de Genève, doit une de ses principales illustrations gastronomiques et littéraires.

Faisan braisé à l'angoumoise. — Lardez un faisan dans toutes ses parties charnues avec des truffes épluchées et coupées en filets; mettez dans une casserole un quarteron de lard râpé et autant de beurre; passez-y des truffes coupées en morceaux et les parures de celles qui ont servi à larder le faisan : ces parures doivent être hachées finement, assaisonnées de sel et poivre. Après avoir laissé revenir le tout pendant quelques minutes, laissez refroidir, et ajoutez vingt-cinq ou trente marrons grillés; remplissez de ce mélange le corps du faisan; enveloppez-le avec des émincées de veau et de bœuf, et ensuite avec des bardes de lard : ficelez et mettez-le dans une braisière ou dans une terrine juste à sa grosseur, dont vous couvrirez le fond avec des bardes de lard; mouillez avec un bon verre de vin de Malaga, ou avec du vin blanc et deux cuillerées de caramel;

faites cuire à très-petit feu. Lorsque le faisan est cuit, déficelez-le, dégraissez la cuisson; ajoutez-y un peu de truffes hachées; faites bouillir quelques instants; liez la sauce avec quelques marrons écrasés, et servez sous le faisan.

Pâté de faisan (*V.* PATÉS FROIDS). — La composition des pâtés de gibier est toujours à peu près la même, quel que soit le gibier qui en fait la base.

FANCHONNETTES, excellente pâtisserie qu'on sert à l'entremets, et dont voici les principales ou meilleures formules.

Fanchonnettes à la vanille. — Faites infuser une gousse de bonne vanille dans trois verres de lait, et laissez-le mijoter sur le coin du fourneau pendant un petit quart-d'heure. Passez ce lait dans le coin d'une serviette. Mettez dans une casserole quatre jaunes d'œufs, trois onces de sucre en poudre, une de farine tamisée et un grain de sel. Ce mélange étant bien délié, vous y joignez peu à peu l'infusion de vanille, et faites cuire cette crème sur un feu modéré, en la remuant continuellement avec une spatule, afin qu'elle ne s'attache pas au fond de la casserole.

Vous faites ensuite une demi-litron de feuilletage, et lui donnez douze tours; vous l'abaissez de deux petites lignes d'épaisseur. Détaillez cette abaisse avec un coupe-pâte rond, de deux pouces de diamètre; foncez avec une trentaine de moules à tartelettes, comme les précédentes; ensuite garnissez légèrement les tartelettes de crème de vanille, et mettez-les au four, chaleur modérée. Lorsqu'elles sont bien ressuyées, que le feuilletage est de belle couleur, vous les retirez du four et les laissez refroidir.

Prenez trois blancs d'œufs bien fermes, mêlez-y quatre onces de sucre en poudre; remuez bien ce mélange afin d'amollir le blanc d'œuf, et qu'il soit plus facile à travailler; garnissez le milieu des fanchonnettes avec le reste de la crème à la vanille, et masquez légèrement cette crème de blancs d'œufs. Sur chaque fanchonnette vous placez en couronne sept meringues (que vous formez avec la pointe du petit couteau, en prenant au fur et à mesure du blanc d'œuf que vous avez placé sur la lame du grand couteau), grosses comme des amandes d'avelines. Placez encore au milieu de la couronne une petite meringue. Lorsque vous aurez cinq ou six fanchonnettes de perlées, vous les masquerez le plus également possible, avec du sucre en poudre passé au tamis de soie; puis, à mesure que vous perlez et glacez votre entremets, vous le mettez au four, chaleur douce. Lorsqu'il est d'un beau meringué rougeâtre, vous le servez.

Fanchonnettes au lait d'amandes. — Pilez une demi-livre d'amandes douces, émondées, et une once d'amères ; lorsque vous n'apercevez plus aucun fragment d'amandes, vous les délayez dans trois verres de lait presque bouillant ; pressez fortement ce mélange dans une serviette, afin d'exprimer la quintessence du lait d'amandes. Le reste du procédé est le même que ci-dessus, avec cette différence cependant, que vous employez le lait d'amandes en place de l'infusion de vanille.

Fanchonnettes au café Moka. — Mettez dans un poêlon d'office quatre onces de vrai café Moka, torréfiez-le sur un feu modéré, en le sautant continuellement, afin qu'il prenne couleur égale. Lorsqu'il est d'un rouge clair, vous le versez dans trois verres de lait en ébullition ; couvrez parfaitement l'infusion, afin que l'arôme du café ne s'évapore pas. Après un quart-d'heure d'infusion, vous passez ce liquide à la serviette, puis vous terminez l'opération de la manière accoutumée.

Fanchonnettes au chocolat. — Vous faites l'appareil comme le premier de ce chapitre, en y joignant quatre onces de chocolat râpé à a vanille. Vous supprimerez deux onces de sucre seulement ; voilà toute la différence.

Fanchonnettes au raisin de Corinthe. — Vous préparez seulement la moitié de l'appareil ordinaire, puis vous y joignez trois onces de bon raisin de Corinthe bien lavé. Faites cuire cette crème comme de coutume, et finissez l'opération à l'ordinaire.

Vos fanchonnettes étant perlées et prêtes à mettre au four, vous placez entre chaque *petite perle* un grain de raisin de Corinthe (vous en laverez quatre onces, dont trois dans l'appareil, et vous en aurez une once pour perler), ainsi qu'un grain sur chaque perle ; mettez au four chaleur molle, afin que les meringues sèchent sans prendre couleur. Donnez des soins à cette cuisson, pour que les perles conservent leur blancheur, ce qui distingue cet entremets d'une manière toute particulière.

Fanchonnettes aux pistaches. — Après avoir émondé quatre onces de pistaches, vous en choisissez les plus vertes (une once à peu près) et pilez le reste avec une once de cédrat confit ; lorsqu'il est parfaitement pilé, vous joignez ce mélange dans la moitié de la crème ordinaire, et vous garnissez légèrement vos fanchonnettes avec le reste de la crème blanche, que vous aurez faite selon la première recette de ce chapitre. Lorsque vos fanchonnettes sont cuites et froides, vous les garnissez de nouveau avec la crème de pistaches, puis vous les meringuez comme de coutume. Après avoir été masquées de sucre en poudre, vous mettez entre chaque perle la moitié d'une pistache conservée, que vous coupez en travers. Donnez-leur la même cuisson que ci-dessus, et servez-les chaudes ou froides.

On ne mettra pas la crème aux pistaches au four, afin de lui conserver la fine saveur des pistaches, et surtout leur tendre couleur verdâtre ; autrement cette crème, par l'action de la chaleur, perdrait bientôt ces deux avantages.

Fanchonnettes aux avelines. — Après avoir pilé quatre onces d'avelines émondées, vous les mêlez dans la moitié de la crème décrite dans le premier paragraphe de cet article, et vous suivrez l'opération selon les mêmes procédés.

Fanchonnettes aux abricots. — Foncez vos fanchonnettes selon la règle, et garnissez-les légèrement de marmelade d'abricots. Lorsqu'elles sont cuites et refroidies, vous les remplirez de la même marmelade : vous les finirez ensuite de la manière accoutumée.

On les fait également de marmelades de pommes, de poires, de pêches, de coings et d'ananas.

FAON. Le même nom s'applique également au petit de la biche et à celui de la daine. Le faon de biche ne peut être employé que par quartiers, à cause de ses dimensions ; car il est rare qu'il ne soit pas aussi volumineux qu'un mouton de la plus grande espèce. Il reçoit absolument les mêmes préparations que le chevreuil, et sa longe est considérée comme un superbe rôti. Le faon de daim se fait cuire à la broche et dans son entier, comme on l'a dit en parlant du daim (*V.* cet article).

FARCE, se dit, en cuisine, des chairs qu'on hache pour en farcir après quelques volailles ou autres comestibles, soit en gras soit en maigre.

Farce cuite. — Coupez en forme de dés, et mettez dans une casserole des blancs de volaille crus, un peu de beurre, sel, gros poivre, muscade. Passez le tout à petit feu pendant dix minutes ; vous égoutterez les blancs et vous les laisserez refroidir ; vous mettrez un morceau de mie de pain dans la même casserole avec du bouillon, un peu de persil haché bien fin ; vous la remuerez avec une cuillère de bois, en la foulant et réduisant en panade : quand votre bouillon sera réduit, et que votre mie sera bien mitonnée, vous la mettrez refroidir ; vous aurez une tétine de veau cuite et froide ; à défaut de ceci, vous vous servirez de beurre; vous pilerez vos blancs de volaille, et quand ils seront bien pilés, vous les passerez au tamis à quenelles et les mettrez de côté; vous pilerez de même votre mie de pain et vous la passerez au tamis; vous pilerez votre tétine, et vous ferez trois portions égales de blancs, de mie de pain et de tétine; vous pilerez le tout ensemble. Quand vous l'aurez pilé trois quarts d'heure, vous y mettrez cinq ou six jaunes d'œufs. Cette farce peut également s'employer pour les gratins avec toutes sortes de viandes.

Farce de poisson. — On habille et désosse des brochets, carpes, anguilles, barbeaux et autres poissons que l'on hache bien ensemble et bien menu. On joint à ce hachis une omelette pas trop cuite, des champignons, des truffes, persil, ciboules, une poignée de mie de pain trempée dans du lait, un peu de beurre et des jaunes d'œufs. On hache le tout, qu'on mêle avec le poisson haché; on en fait une farce qu'on assaisonne de sel, poivre, épices; on la fait cuire pour la servir seule, ou pour en farcir des soles, des carpes sur l'arête; on en fait aussi de petites andouillettes; on en farcit des choux, des rissoles, des croquettes, et toute autre chose à volonté.

FARINE. On fait un emploi fréquent de la farine dans les préparations alimentaires. On doit choisir pour cet usage la plus belle qualité de farine, et principalement celle dite de griot.

C'est aussi la farine de griot qu'il faut employer pour la pâtisserie grosse et fine, à l'exception des biscuits, pour lesquels on se sert avec avantage de la fécule de pommes de terre.

La farine séchée au four un peu chaud, et qui y a pris un faible degré de coloration, est excellente pour mélanger avec le beurre qu'on ajoute aux sauces trop claires pour les lier. Cette farine, légèrement torréfiée, fait aussi des bouillies très-saines et plus digestibles que celles où l'on emploie la farine crue.

FÉCULE. On fait un grand usage de celle que les pommes de terre contiennent en abondance. On la substitue avec avantage à la farine de froment dans les sauces blanches. On peut en ajouter en petite quantité dans certaines crèmes pour leur donner de la consistance. Comme la fécule est tout-à-fait dépourvue de saveur, elle s'allie très-bien à toutes les préparations alimentaires. C'est, du reste, un aliment sain et léger.

Fabrication de la fécule.

Nous exposerons les détails de cette opération telle qu'on peut la faire aisément dans un ménage;

elle est des plus simples, et n'exige aucun ustensile difficile à se procurer.

On réduit la pomme de terre en pulpe, en la frottant contre les aspérités d'une lame de tôle ou de ferblanc percée de trous. Une râpe à sucre ou une râpe à chapeler le pain sont très-bien appropriées à cet usage. On délaie la pulpe dans une ou deux fois son volume d'eau; on verse le tout sur un tamis placé au-dessus d'une terrine; on fait couler un filet d'eau sur la pulpe en l'agitant continuellement à la main, afin de laver toutes les parties déchirées; le liquide passé au travers du tamis, entraînant une grande quantité de fécule, et laissant au-dessus les parties les plus grossières de la pulpe; on continue ces lavages, jusqu'à ce que l'eau s'écoule avec limpidité, ce qui annonce qu'elle n'entraîne plus de fécule. Tout le liquide passé au travers du tamis doit être rassemblé dans un vase où la fécule se dépose. Lorsque l'eau surnageante n'est plus que légèrement trouble, c'est-à-dire au bout de deux à trois heures, on la *décante;* le dépôt blanc opaque de fécule, qui se trouve au fond du vase, est délayé dans l'eau; puis on le laisse de nouveau se précipiter au fond du vase, et l'on répète ce lavage deux ou trois fois.

Une petite quantité du tissu cellulaire échappe encore au tamisage et salit encore cette fécule; on l'en débarrasse en la mettant de nouveau en suspension dans l'eau et passant le tout par un tamis en soie ou en tissu métallique; on laisse encore déposer cette faible quantité de corps légers, et on achève de les éliminer en râclant la superficie, ou bien en y faisant des lotions à plusieurs reprises. Ces eaux de lavages, qui entraînent une certaine quantité de fécule, sont réunies à une nouvelle quantité de fécule brute, ou passées sur un tamis fin, puis déposées et décantées par les mêmes procédés.

Les dépôts de fécule ainsi recueillis peuvent être égouttés facilement en penchant lentement les vases qui les contiennent. On termine l'égouttage dans une toile; puis on les étend sur des vases aplatis ou sur des tablettes, et on laisse la dessiccation s'opérer, soit dans une chambre échauffée, soit dans une étuve, ou même à l'air libre lorsque le temps est parfaitement sec.

Extraction de la fécule en grand.

La préparation de la fécule en grand est basée sur des manipulations analogues à celles que nous venons d'indiquer; mais, pour obtenir des résultats avantageux, il faut y apporter quelques modifications, et surtout employer des ustensiles appropriés à cet usage.

1° *Lavage des tubercules.* Cette première opération se fait en versant dans un baquet un volume d'eau à peu près égal à celui des pommes de terre ; un homme armé d'un balai de bouleau doit les agiter vivement et avec force, afin que le frottement détache dans le liquide les parties terreuses adhérentes, et même une partie du tissu superficiel qui est grisâtre, et toujours plus ou moins altéré, en sorte que les tubercules deviennent blanchâtres. Cela fait, on jette les pommes de terre sur un *clayonnage,* afin qu'elles s'y égouttent, et pour peu que l'eau coûte de main-d'œuvre à se procurer, on la recueille dans un grand baquet ou cuvier, d'où les matières terreuses étant déposées, on peut reprendre le liquide clair pour un autre lavage.

2° *Réduction en pulpe.* Le but de cette opération est de déchirer le plus grand nombre possible des cellules végétales qui renferment toutes les parcelles de fécule. Les meilleures râpes appliquées à cet usage sont donc celles qui donnent la pulpe la plus fine, et dans un travail économique un râpage mécanique est indispensable. Parmi les ustensiles de ce genre, et qui sont mus à bras d'hommes, la râpe *Burette,* perfectionnée et construite avec beaucoup de soins par *MM. Rozet et Raffin,* nous semble présenter le plus d'avantages. Elle a d'ailleurs été récemment approuvée par la Société d'agriculture. Construite sur le plus petit modèle, elle coûte 70 fr. et peut être mue par un seul homme ; le modèle d'une dimension plus forte coûte 150 fr. et exige la force de deux hommes.

3° *Tamisage de la pulpe.* Afin d'extraire la fécule qui vient d'être mise en liberté par le déchirement du tissu cellulaire, au fur et à mesure que la pulpe est fournie par la râpe, on la porte sur des tamis cylindriques en crin ou en toile de cuivre, de deux pieds de diamètre environ sur huit pouces de hauteur. Ces tamis sont disposés sur des traverses, et doivent être placés au-dessus de plusieurs baquets. Chaque charge occupe à peu près la moitié de la hauteur du tamis. Un ouvrier doit agir vivement sur la pulpe, soit avec les mains, soit à l'aide d'un raclette en bois, afin de renouveler sans cesse les surfaces exposées à un courant d'eau qu'entretient un filet continu. L'eau passe au travers du tamis, entraînant la fécule avec elle et formant une sorte d'émulsion. Lorsqu'on voit que le liquide s'écoule limpide au travers du tamis, on est assuré que tous les grains de fécule sont extraits de la pulpe ; alors on met sur le tamis une nouvelle charge de pulpe, on y laisse couler de l'eau, et ainsi de suite.

On réunit dans un tonneau, debout et défoncé par le haut, les liquides produits par deux ou plusieurs tamisages ; ensuite on met toute la masse en mouvement et on laisse déposer, en sorte que la fécule se rassemble toute entière au fond du vase. On décante alors l'eau surnageante, à l'aide de robinets ou de chevilles placées à plusieurs hauteurs. On ajoute de l'eau claire sur le dépôt, environ le double de son volume, et puis on le met en suspension ; alors on passe dans un tamis très-fin tout le mélange liquide.

Une partie des débris du tissu cellulaire reste sur ce tamis, et la fécule passée est épurée d'autant ; mais il reste encore une portion des mêmes débris qui la salissent. Comme ils sont plus longtemps en suspension, ils se déposent à sa superficie, et on peut les enlever mécaniquement à l'aide d'une racloire en fer-blanc.

On doit opérer un troisième lavage, en délayant la fécule dans de l'eau claire, la laissant déposer et décanter, comme on l'a dit précédemment.

FENOUIL, plante ombellifère dont les graines ont un arôme qui se rapproche de celui de l'anis : ces graines entrent dans la composition de plusieurs liqueurs.

Le feuillage de la plante est très-aromatique. On en fait peu d'usage en cuisine ; cependant il y a des cas où on l'emploie comme assaisonnement.

Les pieds de fenouil, buttés comme le céleri, s'étiolent de même, blanchissent, perdent leur âcreté, et deviennent comestibles. On peut les préparer de la même manière que le céleri.

FENOUILLET, sorte de poire qui se cueille en novembre, et qu'on peut conserver jusqu'en février. On la mange souvent en confiture et en compote.

FERMENT, substance qui a la propriété de faire fermenter les matières sucrées, les pâtes, etc.

Le levain est du ferment. Si on n'en ajoutait pas à la pâte, on n'obtiendrait qu'un pain très-indigeste.

La levure de bière est un ferment très-énergique, et par conséquent très-convenable pour faire lever promptement la pâte destinée à certaines pâtisseries.

Le jus de groseilles, la bière qui commence à mousser, sont aussi de très-bons ferments, dont on peut faire un emploi utile dans beaucoup de circonstances.

FÈVE, plante légumineuse dont on mange les graines. Elles sont assez digestibles tant qu'elles sont jeunes ; mais lorsqu'elles approchent du terme

15.

FIG (228) FLA

de leur croissance, et qu'on est obligé de les débarrasser de leur peau, c'est un aliment qui ne convient qu'aux estomacs les plus déterminés.

Fèves à la crème. — Prenez de petites fèves, et ne les *dérobez* pas. Faites-les blanchir à l'eau bouillante, jetez-les dans l'eau froide, et, après les avoir égouttées, passez-les au beurre à demi roux, avec sel, poivre, persil haché fin, et un bouquet de sarriette. Ajoutez du bouillon, un morceau de sucre, et une pincée de farine maniée avec du beurre.

Quelque temps avant de servir, ajoutez-y de la crème bien fraîche ; faites jeter seulement un bouillon.

On peut mettre aussi une liaison de jaunes d'œufs avec ou sans crème.

Petites fèves en macédoine. — Passez au beurre, persil, ciboules, champignons, échalotes, et le tout haché ; mettez-y une pincée de farine ; mouillez avec bouillon et vin blanc ; ajoutez un bouquet garni contenant de la sarriette ; faites bouillir à petit feu. Ajoutez enfin les fèves blanchies comme ci-dessus, et des culs d'artichauts blanchis et coupés en dés ; assaisonnez de sel et gros poivre : quand tout est à point, ôtez le bouquet, et servez à courte sauce.

FEUILLETAGE (*V.* Patisserie).

FEUILLETER. On dit en cuisine feuilleter la pâte, quand on manie la pâtisserie de telle sorte qu'elle puisse se lever par feuillets (*V. feuilletage* à l'art. Patisserie).

FIGUES. On mange les figues dans deux états différents, fraîches et séchées. Dans l'un et dans l'autre, elles sont alimentaires, parce qu'elles abondent en mucilage sucré. Les figues vertes se servent en hors-d'œuvre, et les autres peuvent composer une assiette de dessert qui n'a jamais rien de bien distingué.

Les figues sèches nous viennent de Provence et d'Andalousie. On les distingue en violettes, en figues grasses et en figues de Marseille en petits cabas.

Les figues violettes doivent être grandes, sèches, nouvelles et bien fleuries ; celles de Marseille doivent être petites, sèches, mais fondantes ; les grosses figues, ou figues grasses, sont longues, charnues, et doivent avoir la même qualité que celles de Marseille ; les figues en gros cabas, soit de Provence ou d'Espagne, sont toujours inférieures aux autres. Parmi les espèces les plus estimées, les gendresses et les fines-d'Ollioules sont celles qu'on choisit préférablement aux autres figues sèches,

afin d'en composer, pendant le carême et pour les collations de jeûne, une de ces assiettes appelées des *quatre-mendiants.*

FILETS. Les filets, dans les quadrupèdes, sont les parties charnues qui accompagnent l'épine dorsale sous les côtes ; dans les volailles, ce sont les muscles des ailes et de l'estomac. Dans les poissons, on nomme filet toute bande de chair qu'on peut enlever sans arête (*V.* Boeuf, Caneton, Sole, Alose, etc.).

FLAN, pâtisserie garnie de crème cuite ou de fruits préparés en compote.

Flan de crème à la frangipane. — Dressez une croûte en pâte brisée (*V.* Patisserie) ; garnissez-la de frangipane à la moelle, faites-la cuire au four bien chaud, et glacez-la avec du sucre en poudre avant de servir le flan pour entremets.

Flan de fruits. — Garnissez avec de la pâte à dresser un moule qui n'ait pas plus de deux pouces de hauteur ; faites en sorte que votre pâte prenne bien la forme du moule ; mettez dans un vase des cerises, pêches, brugnons, prunes ou abricots, dont vous aurez ôté les noyaux ; sautez-les avec du sucre en poudre ; arrangez-les dans la croûte que vous avez moulée, et faites cuire ce flan à four chaud. Cassez les noyaux, épluchez-en les amandes ; posez-les sur les fruits, et versez un peu de sirop par-dessus.

Flan suisse. — Dressez votre croûte comme dans l'article précédent ; faites bouillir un quarteron de beurre fin dans une chopine de crème ; vous ferez une pâte à choux, dans laquelle vous emploierez la farine de fécule de pommes de terre en place de la farine ordinaire ; maniez cette pâte dans une terrine avec sel et gros poivre, une demi-livre de beurre fondu, du fromage de Gruyère râpé, autant de parmesan et fromage de Neufchâtel ; délayez cet appareil avec des jaunes d'œufs crus, de manière cependant que votre pâte soit plus consistante que celle du biscuit ; fouettez la moitié de vos blancs d'œufs, et incorporez-les légèrement dans votre pâte, que vous verserez aussitôt dans votre croûte ; vous garnirez celle-ci d'un papier fort et beurré que vous ficellerez ; vous mettrez cuire au four moyennement chaud, et quand il sera cuit, vous le dresserez sur plat ; vous ôterez le papier pour le servir.

FLANICHE (*pâtisserie et recette flamandes*). Cette pièce de four doit être composée d'une livre et demie environ de bon fromage gras, un peu salé, apprêté depuis dix à douze jours ; on le manie bien sur une table avec les mains, jusqu'à ce qu'on l'ait réduit en pâte sans grumeaux; cela fait, on y ajoute une livre et demie de bon beurre frais, de sel, huit à neuf œufs; on étend cette farce sur la table, où on verse environ un verre d'eau ou de lait; la farce détrempée, et claire comme des œufs battus, on y répand environ les deux tiers de quatre litrons de farine; le tout incorporé; on y ajoute le reste, à la réserve de deux poignées; la pâte étant bien liée, on la poudre d'un peu de farine, on la manie deux ou trois fois, mais doucement, dans l'espace d'une demi-heure; puis on l'étend et on la met en masse; on la laisse en cet état reposer tout au plus un quart d'heure; on la roule ensuite en long, et on la coupe pour faire des flaniches de la grandeur qu'on veut, et de l'épaisseur de deux travers de doigts; on la met sur du papier graissé de beurre frais; on en façonne les bords, et on les fait cuire au four; il ne faut qu'une demi-heure, si le four est bien bouché: il faut prendre garde qu'elles ne brûlent.

FLÈCHE DE LARD. On appelle ainsi les morceaux de graisse ou de panne, longs et étroits, qui se lèvent de dessus les côtés des porcs, depuis les épaules jusqu'aux cuisses; les rôtisseurs et les cuisiniers consomment beaucoup de ces flèches de lard pour barder leurs viandes.

FLEUR (de THYM, d'ORANGER, de FARINE, etc.) (*V.* ces mots).

FOIE. Quoi qu'en puissent dire les anciens et nouveaux dispensaires, il n'existe que trois bonnes méthodes pour apprêter le foie de veau; c'est à savoir: *à la broche, à la bourgeoise* et *à l'italienne.* Les gens expérimentés sont bien convaincus que toutes les préparations nouvelles et plus recherchées que celles-ci ne sauraient être aussi satisfaisantes.

Foie de veau rôti. — Choisissez-le gros, gras et de couleur blonde. Piquez-le de gros lardons bien assaisonnés de fines herbes, d'épices et d'une pointe d'ail; enveloppez-le de panné de porc ou de tétine de veau que vous assujettirez avec une feuille. Faites-le rôtir doucement, et servez-le avec son jus dégraissé, dans lequel on peut ajouter du jus de bigarade ou de verjus muscat.

On le fait aussi rôtir à nu après l'avoir piqué de lard fin, et dans ce cas, on doit le servir avec une sauce piquante, où l'on n'omettra pas de mettre des câpres et des boutons de capucines.

Foie de veau à la bourgeoise. — Piquez-le de gros lard assaisonné; foncez une braisière de bardes de lard; mettez-y le foie avec des carottes, un bouquet bien garni, des ognons, dont un piqué de clous de gérofle, de la muscade râpée, sel et

gros poivre; couvrez avec des bardes de lard; mouillez avec du bouillon et deux verres de vin rouge; ajoutez des tranches de citron sans blanc ni pepins, ou du verjus; faites cuire à petit feu; lorsque le foie est cuit, faites réduire la cuisson après l'avoir dégraissée: servez-vous-en pour mouiller un roux que vous ferez à part, et ajoutez-y des cornichons coupés.

Foie de veau à l'italienne. — Prenez un foie bien blond et coupez-le en tranches; mettez dans une casserole de l'huile fine, du lard fondu, du vin blanc, persil, ciboules, champignons hachés, sel, gros poivre, ensuite une couche d'émincés de foie; puis répétez l'assaisonnement, et continuez ainsi jusqu'à la fin; couvrez le tout de bardes de lard; faites cuire à petit feu. Servez avec une sauce italienne (*V.* SAUCES); ou dégraissez la cuisson, faites-la réduire, et servez-vous-en comme de sauce.

Gâteau de foies de volailles. — Hachez des foies de volailles grasses et pilez-les. Hachez et pilez une demi-livre de graisse de bœuf, et une demi-livre de lard avec des champignons, deux ognons coupés en dés et passés au beurre, six œufs, dont vous fouetterez les blancs, un demi-verre d'eau-de-vie, sel, poivre et muscade: pilez le tout ensemble; garnissez le fond et les côtés d'une casserole avec des bardes de lard; mettez-y tout le hachis, en y entremêlant des truffes coupées; couvrez le dessus avec des bardes de lard; posez la casserole sur un feu étouffé, et mettez de la braise allumée sur le couvercle.

Comme, pour empêcher le gâteau de se déformer, il faut qu'il refroidisse dans la casserole, celle-ci doit être de terre ou de fer battu; quand le gâteau est froid, on trempe un instant la casserole dans l'eau bouillante, et on la renverse sur un plat. C'est un mets de résistance et qui figure assez bien dans une halte de chasse ou une partie de pêche.

Les foies de volailles (qu'il ne faut pas confondre avec les *foies-gras* dont nous parlerons bientôt) se préparent encore en caisse gratinée, et l'on s'en sert également pour mettre dans les ragoûts dont on garnit les patés chauds, les timbales, les casseroles et les vols-au-vent.

Foies de lottes. — On n'emploie guère les foies de cet excellent poisson que pour en faire des garnitures à la *Chambord,* à la *Régence,* ou pour en illustrer plusieurs autres ragoûts de la plus haute cuisine. La délicatesse et la rareté de ce comestible le maintiennent toujours à des prix fort élevés.

Foies de raie. — On en fait spécialement une sorte de purée qu'on mélange (après l'avoir cuit dans le même court-bouillon que le morceau de raie qu'il doit masquer) avec une sauce blanche qui se trouve toujours désignée par les cuisiniers et maîtres-d'hôtel, sous le nom de *sauce à la noisette*. Ainsi donc, en terme de menus, la raie à la noisette est tout uniment apprêtée à la sauce de son foie.

Foies gras. — L'opération par laquelle on obtient les foies gras consiste principalement à engraisser des oies de manière à leur produire une tuméfaction de cet organe. On a justement et souvent observé que c'était le produit d'une recherche barbare et d'une appétence odieuse; mais laissons parler, sur ce triste et douloureux sujet, Monsieur de Courchamps, ce compatissant physiologiste, qui s'était constitué le défenseur officieux des Oies de Strasbourg auprès de la chambre des pairs.

— « Oui, nobles pairs! (disait ce charitable pétitionnaire) au mépris des lois de la nature adoptées par la chambre, les Strasbourgeois s'appliquent à nous faire grossir monstrueusement un viscère composé de deux lobes inertes. C'est aux dépens du cœur que nous avons sensible, de l'estomac que l'injustice révolte, du poumon qui nous est essentiel, et de la rate qui ne peut s'épanouir; enfin, c'est au détriment de l'honneur national, que la cruauté compromet!

» Hélas! qu'avons-nous fait, malheureux oiseaux! on nous aveugle, on nous étouffe, on nous torture; et pourtant, nobles pairs, si l'on vous mangeait, que diriez-vous? Si l'on vous coupait les ailes, et puis, si l'on vous attachait sur des planches et qu'on vous y clouât les pattes? Enfin, si l'on vous arrachait les yeux pour s'attaquer ensuite à votre foie comme le vautour de Prométhée? — Ah! Jupiter! diriez-vous alors, quelle injustice! avons-nous dérobé le feu sacré? et parce qu'on ne le trouve nulle part, est-il si vraisemblable que ce soit nous qui l'ayons pris? — Nous nous abstenons ici de toute réflexion. Nous sommes Françaises, nobles pairs, et nous vous conjurons de nous faire participer aux douceurs de l'orgueil national. Nous sommes la fable des oies britanniques, un sujet de risée pour les dindons de Lincoln; il n'y a pas jusqu'à la volaille irlandaise qui ne prenne des airs de nous mépriser, et la moindre cane-pétière des trois royaumes est plus fière qu'un aigle impérial! — Nous sommes libres, disent-ils avec emphase, et jamais les oies n'ont eu besoin de recourir, chez nous, à la chambre des lords. Ah! l'Angleterre est un pays charmant, pour les animaux domestiques; il est merveilleux qu'on puisse y trouver des rôtisseurs, et pour y tuer une poule il ne faut pas moins qu'une grâce d'État. Le parlement britannique a prescrit,

en 1796, un mode uniforme, légal et constitutionnel pour tuer les bœufs et les cochons avec *douceur et célérité*. Par un bill postérieur, il est ordonné de transporter les veaux au marché *sur un filet suspendu;* il est interdit de mettre plusieurs de ces animaux sur la même charrette; il est enjoint d'observer que leur position n'y soit pas *contrainte*, et qu'ils ne soient pas obligés d'avoir la *tête pendante*, ainsi qu'on a trop souvent l'occasion de le remarquer sur le continent. Une servante anglaise qui pourrait tuer un canard se croirait un objet d'opprobre; aussi, on vous montre quelquefois à la porte des châteaux ou dans les ruelles d'un village une espèce de bourreau qui fait l'horrible métier d'étouffer les pigeons et d'écorcher les agneaux..... C'est un être infâme, abhorré, semblable aux chirurgiens de l'ancienne Égypte; et voilà ce que les oies prennent la liberté d'affirmer à vos seigneuries, en invoquant au besoin les sentiments d'admiration, le témoignage et l'attendrissement de M. Cottu.

» Nous vous supplions de proposer une loi qui défende aux Strasbourgeois de martyriser la volaille et de tourmenter les animaux, à qui, du reste, ils n'ont rien à reprocher. Qu'on leur prescrive de n'exercer leur industrie que sur la manière de plumer les pauvres oies, sans appliquer toute leur intelligence à déranger l'harmonie de leurs viscères; que si par abus de la force ils nous ôtent la vie, ils ne puissent du moins nous ôter la vue, ce qui nous plonge dans une mélancolie funeste...... Enfin, qu'ils nous plument et nous mangent, puisqu'ils sont pour nous des tyrans féodaux, des chefs saliques, et que dans les basses-cours il n'y a encore ni Charte, ni rien! c'est un despotisme épouvantable; la plus libre de nous est à la merci du dernier roquet, et dans toute l'Alsace il n'existe pas une chambre qui soit seulement comparable à celle des députés.

» Puissiez-vous étendre ce bienfait jusqu'aux extrémités de l'empire et jusque sur les canards de Toulouse, nos malheureux cousins!... »

(*Pour se procurer les meilleurs pâtés de Strasbourg et de Toulouse, au plus juste prix*, nous croyons devoir ajouter que tout ce qu'on peut faire de mieux est de s'adresser, comme à l'ordinaire, aux deux *courriers de la malle-poste*).

FONDUE, entremets au fromage et aux œufs brouillés; sorte de ragoût originaire de la Bresse ou du Bugey, car c'est un procès qui dure encore entre les gourmets de ces deux contrées. D'après l'ardeur et l'opiniâtreté qu'on y met de part et d'autre, il est à croire que cette contestation entre les Bressans et les Bugistes ne se terminera pas sans difficulté. Quoi qu'il en puisse être à l'avenir, voici la recette pour opérer les fondues, telle qu'elle a été extraite des papiers de M. Trollet, bailli de Mondon.

— Pesez le nombre d'œufs frais que vous voudrez employer d'après le nombre présumé de vos convives.

Vous prendrez ensuite un morceau de bon fromage de Gruyère, pesant le tiers, et un morceau de beurre pesant le sixième de ce poids.

Vous casserez et battrez bien les œufs dans une casserole; après quoi vous y mettez le beurre et le fromage râpé ou émincé.

Posez la casserole sur un fourneau bien allumé, et tournez avec une spatule jusqu'à ce que le mélange soit convenablement épaissi et mollet; mettez-y peu ou point de sel, suivant que le fromage sera plus ou moins vieux, et une forte portion de poivre, qui est un des caractères positifs de ce mets antique; servez sur un plat légèrement échauffé; faites apporter de votre meilleur vin qu'on boira rondement, et on verra merveilles.

FOURNEAU. Tout le monde a dû remarquer qu'on organise aujourd'hui le système des fourneaux de cuisine moyennant une longue et large table de fonte; mais on n'en doit pas moins préférer ceux qui sont fabriqués en terre cuite; ceux-ci, engagés comme ils sont dans la maçonnerie, ne peuvent éprouver aucune détérioration, même par un long service. Les foyers en fonte, quand ils sont échauffés, donnent trop d'activité au charbon, et rendent plus difficile la conduite du feu. C'est par cette même raison que les *pots de terre* sont aussi très-préférables aux vases de cuivre: ceux-ci ont besoin d'être étamés souvent, et l'étamage est une faible garantie contre les accidents que la moindre négligence peut occasionner. Les vases de terre, n'étant chauffés que par-dessous et toujours également, ont une très-longue durée: on peut les briser, mais ils ne s'usent pas.

Conduite du fourneau de l'âtre (ou du pot-au-feu). — Le massif de ce fourneau se construit ordinairement en plâtre, substance fort commode pour opérer vite et proprement, mais qui est de peu de durée. Dans les contrées où il n'existe pas de plâtre, et il y en a beaucoup, on peut élever le massif du fourneau en tuileaux liés avec de la terre à four.

Pour l'allumer, on ferme la porte du foyer et on ouvre celle du cendrier; on jette dans le foyer quelques charbons allumés, et on achève de le remplir avec du charbon noir jusqu'au point où descend le fond du pot-au-feu.

On place le pot, préalablement rempli au degré convenable; le potage s'échauffe lentement: lors-

qu'il est écumé, on enlève le pot, on le place sur le coin du fourneau, et on remet du charbon dans le foyer jusqu'au point indiqué précédemment; ensuite on remet le pot-au-feu en place, et, aussitôt qu'il recommence à bouillir, on ferme exactement la porte du cendrier; et, si elle ne joint pas très-bien, on la couvre d'un peu de cendre. Il ne faut pas intercepter entièrement l'accès de l'air, mais il doit en entrer fort peu.

En mettant le charbon par le haut du foyer, sa porte latérale devient inutile: on peut la condamner tout-à-fait. Il est très-difficile de remplir le foyer de charbon par cette porte; elle ne joint jamais avec exactitude, parce que le charbon de l'intérieur tend sans cesse à l'écarter; elle laisse alors passer trop d'air, il se consomme trop de charbon, et, ce qui est pire encore, le pot-au-feu va trop vite, ce qui n'est pas le moyen de faire un excellent potage.

En prenant toutes les précautions indiquées ci-dessus, le pot-au-feu bouillira pendant six ou sept heures, sans qu'il soit nécessaire de remettre du charbon.

Jusque-là, il a suffi de couvrir le pot avec le couvercle du seau; quand il a écumé et qu'il recommence à bouillir, il faut le couvrir avec le seau lui-même. Si on ne fait point usage des casseroles, ou si on n'en emploie qu'une seule, on place le seau de manière que son grand compartiment soit en haut; ce même compartiment doit être placé en bas quand on emploie les deux casseroles.

On verse dans le seau deux litres d'eau froide; les vapeurs qui s'élèvent du pot-au-feu rencontrant la cloison du seau, qui est à la température de l'eau qui est au-dessus, se condensent et retombent, de sorte que le pot-au-feu n'éprouve aucune perte par évaporation.

L'eau du seau s'échauffe peu à peu, et il vient un moment où elle ne peut plus condenser entièrement les vapeurs, dont une partie s'échappe entre les bords du pot et du seau. Une nouvelle quantité d'eau froide, qu'on verse dans ce dernier, suffit pour arrêter la sortie de la vapeur, dont la condensation recommence.

Si on met en commençant trois ou quatre litres d'eau dans le seau, si la porte du foyer est condamnée, et si celle du cendrier est bien fermée, toutes les vapeurs se condensent, quoiqu'on ne remette pas d'eau; alors on peut abandonner le pot-au-feu à lui-même pendant six ou sept heures.

L'eau qui est dans le seau peut s'échauffer jusqu'à 70 ou 72 degrés; ainsi le même feu qui fait le potage échauffe encore, presque jusqu'à l'ébullition, plusieurs litres d'eau.

La première casserole, qui plonge dans le pot-au-feu d'environ deux pouces, peut servir à faire cuire des légumes et de la viande, à faire crever du riz, etc.

Pour faire crever du riz, on en met la quantité suffisante dans la casserole avec un peu de bouillon : on tient la casserole découverte.

Les pommes de terre cuisent sans eau dans la casserole fermée.

Les légumes secs entiers, les choux-fleurs doivent être couverts d'eau : la casserole reste ouverte.

Les pois concassés, mis dans la casserole ouverte avec un peu d'eau ou de bouillon, se réduisent en purée.

Les petits pois cuisent parfaitement sans eau dans la casserole fermée.

Les viandes cuisent aussi dans la casserole fermée ; mais il faut auparavant les passer au beurre, sans quoi elles seraient fades et sans couleur. Les viandes qui cuisent le mieux sont le veau et la volaille.

La seconde casserole, qui se pose sur la première, doit être réservée pour la cuisson des substances les plus faciles à cuire : ainsi, lorsqu'on met dans la première un morceau de veau, on peut mettre dans la seconde des pommes de terre, du riz, des concombres, etc.

Lorsqu'on emploie les deux casseroles, le petit compartiment du seau est en haut : on peut y faire cuire des pruneaux.

Des asperges et des épinards cuisent bien dans le grand compartiment.

Il est inutile d'entrer dans plus de détails sur les usages de ce fourneau ; on peut les modifier et les étendre ; car si on ne trouvait pas qu'il se formât assez de vapeur pour cuire le contenu des casseroles, il suffit, pour en faire former davantage, d'ouvrir un peu la porte du cendrier, le feu devient sur-le-champ plus vif : on brûle à la vérité un peu plus de charbon, mais on atteint le but qu'on s'est proposé.

Le grand avantage de ce fourneau, c'est l'économie de temps et de combustible.

Les opérations préliminaires pour mettre le pot-au-feu en train ne sont ni longues, ni difficiles : lorsque le pot est écumé et qu'il a recommencé à bouillir, on peut l'abandonner à lui-même jusqu'au moment de dresser le potage. Il n'y a pas à craindre que le feu s'éteigne ou aille trop vite.

Quant à l'économie, elle est évidente : vingt onces de charbon suffisent pour un pot-au-feu de trois à quatre livres, une casserole remplie de viande ou de légumes, et le seau contenant trois à quatre litres d'eau ; mais comme on ne prend pas toujours toutes les précautions indiquées, je compterai vingt-quatre onces de charbon par terme moyen.

La voie de charbon pèse environ soixante-dix livres, et son prix moyen est de 9 francs, à Paris ; les vingt-quatre onces ne coûtent donc que 19 centimes : en province, ces vingt-quatre onces coûtent à peine 10 centimes.

Une autre économie, qui n'est pas sans importance, est celle des pots à potage, qui se détruisent rapidement lorsqu'on les chauffe, comme c'est l'usage, par le côté ; c'est cette destruction rapide qui a fait employer de préférence les marmites de cuivre.

Dans le fourneau décrit, la durée des pots est presque sans terme.

Ces pots sont de grandeurs différentes. Ils ont tous, par la disposition du fourneau, cet avantage, qu'on peut les remplir en totalité ou seulement au tiers, et le potage en est aussi bon dans les deux cas.

Fourneaux à casseroles.—On les construit ordinairement à demeure ; cependant il est quelquefois utile qu'ils soient mobiles.

Le fond du cendrier se fait avec des débris de planches qu'on recouvre d'une couche de plâtre de 1 pouce à 18 lignes d'épaisseur. On peut aussi le carreler.

Les foyers sont en fonte, ordinairement carrés ; on les soutient dans le châssis au moyen de deux triangles de petit fer, dont les pattes sont clouées sur les traverses du bâti ; on remplit ensuite tous les intervalles en plâtre, qu'on recouvre avec des carreaux de terre cuite ou de faïence, qui sont préférables parce qu'ils ne s'imprègnent pas de matières grasses comme les premiers.

On ferme, avec une porte de tôle, l'ouverture du cendrier : cette porte doit en porter une autre plus petite, ce qui permet d'introduire plus ou moins d'air sous les foyers, et par conséquent d'activer ou de modérer le feu à volonté.

Depuis quelque temps, on a substitué des foyers ronds aux foyers carrés ; ces foyers sont ordinairement coniques, ce qui donne la facilité de les employer pour des casseroles de différentes dimensions : on les fait en fonte ou en terre cuite. Ces derniers sont préférables, parce qu'il est toujours plus facile d'y régler le feu.

On fait aussi des coquilles en fonte : elles coûtent moins cher que celles de terre, mais le charbon s'y consomme plus vite ; cependant elles sont très-bonnes lorsqu'on les incruste dans l'épaisseur d'un mur. Dans ce cas, on fait sceller, sous la coquille, une plaque de fonte sur laquelle on pose la cuisinière. Quelquefois celle-ci est attachée avec des gonds, sur lesquels elle roule comme une porte : cette pratique est mauvaise, en ce qu'on ne peut plus faire varier la distance du rôti au foyer.

Cette coquille est très-économique et très-convenable pour toutes les maisons où une seule personne est chargée de tous les travaux du ménage.

Quand on fait rôtir au feu d'une cheminée, il faut allumer un grand feu, et le maintenir toujours égal, sans quoi le rôti languit et se dessèche, ou bien il est trop saisi d'abord : il est trop cuit à la surface, et pas assez dans l'intérieur.

Comme on ne brûle que du charbon dans la coquille, ces inconvénients ne sont pas à craindre : le feu est toujours égal ; et, comme la coquille s'imprègne fortement de chaleur, la cuisson ne cesse pas, même lorsque par oubli on laisse tomber le feu. La coquille se place partout, ce qui est très-commode dans une petite cuisine, où l'on ne peut plus rien faire au foyer lorsque la broche tourne devant le feu.

Cet ustensile de cuisine est très-économique : il consomme très-peu de charbon. On pourrait s'en servir avec un tourne-broche, mais une cuisinière est préférable, parce qu'elle concentre mieux la chaleur. Cette cuisinière doit être attachée à clous : elle ne résisterait pas au feu si elle n'était que soudée.

Gril à la Lorein. — Les grils ordinaires ont l'inconvénient de laisser tomber la graisse sur les charbons, ce qui éteint le feu, et répand une mauvaise odeur qui se communique aux substances qu'on fait griller. Sur le gril en tôle, les viandes reposent sur les saillies des trous, et ne reçoivent l'action du feu que par l'intermédiaire de la tôle : elles cuisent très-également ; la graisse s'écoule dans la rigole, et il n'en tombe aucunement sur les charbons.

On fait cuire, avec ce gril , des côtelettes, des saucisses et des boudins, etc., dans leur jus, et sans répandre aucune odeur. On le place, pour cela, sur les saillies d'un réchaud ordinaire.

Réchauds à lampes. — Les seuls qu'on doive employer sont ceux où l'on brûle de l'esprit de vin ; lorsqu'on y brûle de l'huile, il arrive, presque toujours, que la mèche se couvre de champignons; alors la lampe fume, et répand au loin une odeur aussi désagréable que malsaine.

On croit généralement que l'emploi de l'esprit de vin, pour chauffer des liquides ou pour conserver la chaleur de quelques plats, est très-dispendieux, mais c'est une erreur. Il y a beaucoup de cas où l'on pourrait, avec avantage, substituer l'esprit de vin au charbon.

Si on a de l'eau à faire chauffer pendant l'été, il faut allumer un fourneau, ce qui prend beaucoup de temps : on met beaucoup de charbon pour aller plus vite ; la moitié n'est pas consumée lorsque l'eau est en ébullition ; cependant tout se réduit en cendres, parce qu'on ne se donne pas la peine de l'éteindre, ou parce qu'on manque de moyens pour fermer hermétiquement le fourneau.

En employant l'esprit de vin, le feu est allumé instantanément ; l'eau s'échauffe vite, et lorsqu'elle est bouillante, il suffit de souffler sur la flamme pour l'éteindre : on couvre de suite la lampe. On ne brûle ainsi que ce qui est strictement nécessaire.

Ce qui renchérit l'esprit de vin, ce sont les droits indirects qui frappent sur cette substance : sans ces droits, le litre ne coûterait que 75 centimes ; et, à ce prix, le chauffage de petites quantités de liquides, avec de l'esprit, coûterait moins qu'avec du charbon.

FOURNITURES , se dit des fines herbes qui accompagnent les herbacées qui font le corps de la salade. Ces fournitures sont le cresson alénois, le cerfeuil, les ciboules, l'estragon, la perce-pierre, le baume , quand il est nouveau, la corne de cerf, la pimprenelle, les capucines fleuries, les fleurs de violette, de bouillon-blanc, de bourrache et de buglose.

FRAISES DES BOIS, ANANAS, CAPRONS, DES QUATRE SAISONS et de CALABRE MUSQUÉE (*V*. BEIGNETS, CRÈME, COMPOTE, CONSERVE, GLACES et SORBETS).

FRAISE DE VEAU (*V.* ABATTIS).

FRAMBOISES. Il y en a deux espèces, la blanche et la rouge ; cette dernière est la plus commune. La blanche porte ordinairement son fruit deux fois dans l'année. Les deux espèces ont le même goût et le même arôme (*V.* CRÈME, GELÉE, RATAFIA, MARMELADE, etc.).

FRANCOLIN, oiseau sauvage de la famille des sylvains et de la grosseur du faisan, auquel il ressemble beaucoup pour la forme et pour la saveur. Les Italiens avaient nommé cet oiseau francolin, parce qu'il était censé vivre en *franchise*, c'est-à-dire qu'il était défendu au peuple d'en tuer et qu'il n'y avait que les princes qui eussent cette prérogative.

On trouve quelques francolins dans les contrées méridionales de la France. Galien dit que sa chair égale pour la bonté celle de la perdrix, qu'elle engendre un bon suc et se digère facilement.

Le francolin s'apprête comme le faisan, les perdreaux et les bartavelles.

FRANGIPANE, espèce de crème dont on se sert particulièrement pour garnir ou foncer certaines pièces de pâtisserie (*V.* page 186). Cette composition culinaire, ainsi que plusieurs combinaisons de parfumerie, ont tiré leur nom du prince romain Don César Frangipani, épicurien très-renommé dans la péninsule italique.

FRICANDEAU. On appelle ordinairement ainsi une noix, une rouelle ou des tranches de veau piquées et glacées ; cependant on appelle aussi fricandeaux, des tranches de diverses viandes et même de chair de poisson, qu'on apprête de la même manière que le veau.

Fricandeau à la ménagère. — Prenez, soit une noix, soit des tranches de rouelle de veau bien tendre; piquez-les par-dessus avec du petit lard; faites-les cuire avec du bouillon et un bouquet garni.

Quand les fricandeaux sont cuits, tirez-les de la casserole; dégraissez la sauce; passez-la dans un tamis; faites-la réduire sur le feu jusqu'à ce qu'il n'y en ait presque plus; mettez-y les fricandeaux pour les glacer du côté du lard; quand ils sont glacés et de belle couleur, dressez-les sur un plat; détachez, sur le feu, ce qui est dans la casserole, et le mettez sous les fricandeaux.

Tous les fricandeaux se font de la même manière. Ils sont meilleurs quand on les fait cuire dans une bonne braise. Ce qui les caractérise fricandeaux, c'est le soin que l'on prend de les piquer de lard fin, et de les glacer du côté du lard dans la sauce réduite à glace. On facilite beaucoup la formation de cette glace en mettant, dans la sauce réduite, du sucre ou du caramel.

On sert souvent les fricandeaux sur un ragoût de chicorée, d'oseille, d'épinards, de céleri ou de cardons.

Fricandeau d'esturgeon, de brochet ou de saumon. — Coupez trois ou quatre tranches de poisson de l'épaisseur de trois doigts; ôtez-en la peau, et piquez-les de lard fin; farinez-les, et mettez-les dans une casserole (le lard en dessous), avec du lard fondu; faites-leur prendre une belle couleur, et retirez-les.

Hachez des truffes, ou des champignons ou des mousserons; mettez-les dans un plat avec du jus de jambon; dressez-y les fricandeaux, le lard en dessus; couvrez le plat, et faites-les mijoter à petit feu pendant une heure.

FRICASSÉE, terme générique qui s'appliquait jadis à toutes les préparations de viande coupée en morceaux: on lui a substitué le mot *ragoût*; mais on en fait encore usage à l'égard d'une ancienne et bonne manière d'apprêter les poulets, qui garde toujours le nom de fricassée (*V.* POULET).

FRIRE. C'est l'action de faire cuire dans le beurre, l'huile ou le sain-doux bouillants: ce mode de cuisson est très-rapide, parce que les matières grasses ne bouillent qu'à une température plus que double de celle de l'eau bouillante. Cette forte chaleur aurait bientôt desséché les substances qui contiennent des sucs aqueux, si, avant de les plonger dans la friture, on ne les trempait pas habituellement dans une pâte qui les soustrait en partie à l'action trop violente du calorique.

FRITURE. Nous pensons que nos lecteurs nous sauront bon gré d'avoir reproduit ici la plus exacte et la plus parfaite dissertation monographique et physiologique qui ait jamais été composée sur la friture.

Théorie de la Friture.

Le mot friture s'applique également à l'action de frire, au moyen employé pour frire, et à la chose frite.

« Il était trois heures après-midi, quand le professeur vint s'asseoir dans le fauteuil aux méditations.

» Sa jambe droite était verticalement appuyée sur le parquet ; la gauche, en s'étendant, formait une diagonale ; il avait les reins convenablement adossés ; et ses mains étaient posées sur les têtes de lion qui terminent les sous-bras de ce meuble vénérable.

» Son front élevé indiquait l'amour des études sévères, et sa bouche le goût des distractions aimables. Son air était recueilli, et sa pose telle, que tout homme qui l'eût vu n'aurait pas manqué de dire : « Cet ancien des jours doit être un sage. »

» Ainsi établi, le professeur fit appeler son préparateur en chef; et bientôt le serviteur arriva, prêt à recevoir des conseils, des leçons ou des ordres. »

Allocution.

« Maître la Planche, dit le professeur, avec cet accent grave qui pénètre jusqu'au fond des cœurs, tous ceux qui s'asseyent à ma table vous proclament potagiste de première classe; ce qui est fort bien, car le potage est la première consolation de l'estomac besogneux; mais je vois avec peine que vous n'êtes encore qu'un friturier incertain.

» Je vous entendis hier gémir sur cette sole triomphale que vous nous servîtes pâle, mollasse et décolorée. Mon ami Récamier jeta sur vous un regard désapprobateur, M. Richerand porta à l'ouest son nez gnomonique, et le président Séguier déplora cet accident à l'égal d'une calamité publique.

» Ce malheur vous arriva pour avoir négligé la théorie dont vous ne sentez pas toute l'importance. Vous êtes un peu opiniâtre, et j'ai de la peine à vous faire concevoir que les phénomènes qui se passent dans votre laboratoire ne sont autre chose que l'exécution des lois éternelles de la nature, et que certaines choses que vous faites sans attention, et seulement parce que vous les avez vu faire à d'autres, n'en dérivent pas moins des plus hautes abstractions de la science.

» Écoutez donc avec attention, et instruisez-vous, pour n'avoir plus désormais à rougir de vos œuvres. »

Chimie.

« Les liquides que vous exposez à l'action du feu ne peuvent pas tous se charger d'une égale quantité de chaleur ; la nature les y a disposés iné-galement. C'est un ordre de choses dont elle s'est réservé le secret, et que nous appelons *capacité du calorique*.

» Ainsi, vous pourriez tremper impunément votre doigt dans l'esprit de vin bouillant, vous le retireriez bien vite de l'eau-de-vie, plus vite en-core si c'était de l'eau, et une immersion rapide dans l'huile bouillante vous ferait une blessure cruelle, car l'huile peut s'échauffer au moins trois fois plus que l'eau.

» C'est par une suite de cette disposition que les liquides chauds agissent d'une manière diffé-rente sur les corps sapides qui y sont plongés. Ceux qui sont traités à l'eau se ramollissent, se dissolvent et se réduisent en bouillie ; il en pro-vient du bouillon ou des extraits. Ceux au con-traire qui sont traités à l'huile se resserrent, se colorent d'une manière plus ou moins foncée, et finissent par se charbonner.

» Dans le premier cas, l'eau dissout et entraîne les sucs intérieurs des aliments qui y sont plongés; dans le second, ces sucs sont conservés, parce que l'huile ne peut pas les dissoudre ; et si ces corps se dessèchent, c'est que la continuation de la cha-leur finit par en vaporiser les parties humides.

» Les deux méthodes ont aussi des noms diffé-rents ; et on appelle *frire*, l'action de faire bouil-lir dans l'huile ou la graisse des corps destinés à être mangés. Je crois déjà vous avoir dit que, sous le rapport officinal, huile ou graisse sont à peu près synonymes, la graisse n'étant qu'une huile concrète, ou l'huile une graisse liquide. »

Application.

« Les choses frites sont bien reçues dans les festins ; elles y introduisent une variation pi-quante ; elles sont agréables à la vue, conservent leur goût primitif, et peuvent se manger à la main : ce qui plaît toujours aux dames.

» La friture fournit encore aux cuisiniers bien des moyens pour masquer ce qui a paru la veille, et leur donne au besoin des secours pour les cas imprévus : car il ne faut pas plus de temps pour frire une carpe de quatre livres que pour cuire un œuf à la coque.

» Tout le mérite d'une bonne friture provient de la surprise ; c'est ainsi qu'on appelle l'invasion du liquide bouillant qui carbonise ou roussit, à l'instant même de l'immersion, la surface exté-rieure du corps qui lui est soumis.

» Au moyen de la surprise, il se forme une espèce de voûte qui contient l'objet, empêche la graisse de le pénétrer, et concentre les sucs qui subissent ainsi une coction intérieure qui donne à l'aliment tout le goût dont il est susceptible.

» Pour que la surprise ait lieu, il faut que le liquide bouillant ait acquis assez de chaleur pour que son action soit brusque et instantanée ; mais il n'arrive à ce point qu'après avoir été exposé assez long-temps à un feu vif et flamboyant.

» On connaît par le moyen suivant, que la fri-ture est chaude au degré désiré : Vous couperez un morceau de pain en forme de mouillette, et vous le tremperez dans la poêle pendant cinq à six secondes ; si vous le retirez ferme et coloré, opérez immédiatement l'immersion ; sinon il faut pousser le feu et recommencer l'essai.

» La surprise une fois opérée, modérez le feu afin que la coction ne soit pas trop précipitée, et que les sucs que vous avez renfermés subissent, au moyen d'une chaleur prolongée, le changement qui les unit, et en rehausse le goût.

» Vous avez sans doute observé que la surface des objets bien frits ne peut plus dissoudre ni le sel ni le sucre, dont ils ont cependant besoin sui-vant leur nature diverse. Ainsi, vous ne manque-rez pas de réduire ces deux substances en poudre très-fine, afin qu'elles contractent une grande fa-cilité d'adhérence, et qu'au moyen du saupou-droir la friture puisse s'en assaisonner par juxta-position.

» Je ne vous parle pas du choix des huiles et des graisses ; les dispensaires divers dont j'ai com-posé votre bibliothèque vous ont donné là-dessus des lumières suffisantes.

» Cependant n'oubliez pas, quand il vous arri-vera quelques-unes de ces truites qui dépassent à peine un quart de livre, et qui proviennent des ruisseaux d'eau vive qui murmurent loin de la capitale, n'oubliez pas, dis-je, de les frire avec ce que vous aurez de plus fin en huile d'olive. Ce mets si simple, dûment saupoudré et rehaussé de tranches de citron, est digne d'être offert à une Éminence.

» Traitez de même les éperlans, dont les adeptes font tant de cas. L'éperlan est le bec-figue des eaux : même petitesse, même parfum, même supériorité.

» Ces deux prescriptions sont encore fondées sur la nature des choses. L'expérience a appris qu'on ne doit se servir de l'huile d'olive que pour les opérations qui peuvent s'achever en peu de temps et qui n'exigent pas une grande chaleur, parce que l'ébullition prolongée y développe un goût empyreumatique et désagréable qui provient de quelques parties de parenchyme dont il est très-difficile de les débarrasser et qui se charbonnent.

» Vous avez essayé mon *enfer*, et, le premier, vous avez eu la gloire d'offrir à l'univers étonné un immense turbot frit. Il y eut ce jour-là grande jubilation parmi les élus.

» Allez! continuez à soigner tout ce que vous faites ; et n'oubliez jamais que, du moment où les convives ont mis le pied dans mon salon, c'est nous qui demeurons chargés du soin de leur bonheur.»

FROMAGE. On appelle improprement ainsi plusieurs préparations de cuisine et certaines compositions d'office dont nous avons rendu compte aux articles qui devaient traiter génériquement de leurs substances (*V*. FROMAGE A LA CRÈME, FROMAGE BAVAROIS, FROMAGE DE PORC FRAIS, FROMAGE DE GLACES, etc.).

Le fromage, proprement dit, doit toujours avoir eu pour base du lait coagulé ; mais il existe une différence notable entre le produit de la matière caséeuse qui se sépare du lait spontanément, et celui qu'on obtient du lait au moyen d'une substance acide et coagulante. Le premier de ces produits est exempt du mélange de la partie butireuse qui s'est élevée à la surface avec la crème : il est acidule. On en use sans en avoir fait égoutter la sérosité, et on le nomme *caillé*. Dans cet état, la substance en est légère et tremblante, ainsi qu'une gelée blanche ; si on la fait égoutter, elle en est plus compacte, et forme un fromage blanc, qu'on assaisonne avec du sel ou du sucre. Le caillé est très-léger, et fournit un aliment rafraîchissant.

Le fromage blanc a les mêmes propriétés ; la partie caséeuse, séparée artificiellement, n'est pas sensiblement acidule, à moins qu'elle n'ait été coagulée au moyen d'un acide. On opère artificiellement cette coagulation après avoir levé la crème, et alors la partie caséeuse est dépourvue de la partie butireuse : ou on l'opère sans avoir écrémé le lait, ou on la fait en y mêlant de la crème tirée d'un autre lait : dans ce dernier cas, le fromage est

plus ou moins surchargé de parties butireuses combinées avec lui : dans tous les cas, le fromage non assaisonné est doux, et d'autant plus agréable et doux, que la partie butireuse lui donne plus d'onctuosité. Il faut distinguer, des fromages dont on vient de parler, ceux qui sont assaisonnés ou préparés de manière à altérer leur substance, et à leur donner une plus grande solubilité, ou à aiguillonner l'action des organes digestifs. Deux moyens sont employés et souvent réunis pour cela : le sel et l'altération spontanée, c'est-à-dire un commencement de putréfaction.

Le premier moyen agit seulement en stimulant et augmentant l'activité, ou plutôt l'abondance des sucs digestifs ; le second donne évidemment une grande solubilité à la substance du fromage, et tellement, que ceux qui ne sont pas privés d'humidité tombent en déliquescence, surtout lorsqu'ils sont un peu gras. Qu'on combine ces deux moyens dans des degrés différents, avec des proportions différentes de matières caséeuse et butireuse, et avec une privation plus ou moins complète de sérosité, et l'on obtiendra toutes les variétés possibles de fromages.

Le fromage, ainsi assaisonné, devient un aliment plus ou moins âcre, qu'on ne peut manger sans inconvénient, si on ne le mêle avec un autre aliment de nature végétale ; et même, quand il est alcalisé à un certain point, et qu'il a contracté beaucoup d'âcreté, le fromage doit toujours être pris en si petite quantité, qu'il devient plutôt un assaisonnement qu'un aliment.

Le nom de fromage est donc spécialement applicable à du lait caillé qui a été soumis à plusieurs opérations qui l'ont converti en une substance alimentaire et stimulante, laquelle substance peut être conservée pendant un temps plus ou moins long.

Les meilleurs fromages se fabriquent en Europe, et plusieurs contrées ou localités sont renommées pour ce genre de produit.

Il existe une grande variété dans les fromages sous le rapport de la consistance, de la saveur, et de la sécurité dans leur conservation ; mais il est peu près certain que ces différences tiennent plutôt aux divers procédés de fabrication qu'à la nature des pâturages et à la diversité des climats. La composition ou la nature chimique du lait est, à peu de chose près, la même chez toutes les femelles des animaux ruminants qui se trouvent soumis à l'état domestique. Les principes constituants n'en varient guère que par leurs proportions. Plusieurs essais ont déjà démontré que partout où les animaux seront convenablement nourris (et traités suivant les procédés et les méthodes adoptées dans telle ou telle autre localité), on parviendrait aisément à imiter toutes les espèces de fromages exotiques ; ainsi nous possédons déjà des fabriques de fromages qui imitent parfaitement ceux de Gruyères et de Hollande, et tout porte à croire que nous verrons bientôt fabriquer en France du Parmesan, du Stilton, etc.

Il serait donc facile de nous affranchir d'un tribut onéreux que nous payons à l'étranger. La France ne manque ni de bons pâturages, ni de bonnes races appropriées à chaque localité. Il ne s'agit que de mettre en pratique les procédés qui sont usités ailleurs. C'est dans ce but que nous offrirons sommairement la collection des procédés suivis pour la fabrication des diverses sortes de fromages, surtout de ceux qui sont les plus recherchés pour la bonté de leur saveur et la sûreté de leur conservation.

La saison la plus convenable pour fabriquer des fromages est depuis le commencement de mai jusqu'à la fin de septembre, et, dans les années favorables, jusqu'au mois de novembre, enfin pendant tout le temps que les bestiaux peuvent rester au pâturage. Le fromage fait en hiver passe pour être d'une qualité inférieure, il exige plus de temps pour être livré à la consommation, et cependant on peut faire de bons fromages en hiver, en y apportant les soins nécessaires.

On distribue les fromages en plusieurs catégories, savoir : 1° Fromages opérés avec le lait de vache ; — 2° fromages avec le lait de brebis ; — 3° fromages avec le lait de chèvre ; — 4° fromages constitués avec plusieurs laits mélangés.

Fromages de lait de vache.

Fromages mous et frais. — On en connaît de trois sortes : 1° *Fromage maigre*, dit *à la pie*, lequel se compose de lait écrémé : leur fabrication n'offre rien de spécial, et c'est tout simplement du caillé égoutté ; 2° *fromage à la crème* avec addition de tout ou partie de la crème de la traite précédente ; ceci mérite quelques détails.

Fromages de Viry, de Montdidier, etc. — On met environ deux cuillerées de présure dans huit ou dix litres de lait chaud, auquel on a ajouté de la crème fine levée sur le lait du matin. Trois quarts d'heure après, quand le caillé est formé, on le dépose, sans le rompre, dans un moule en bois, en osier ou en terre, lequel moule est percé de trous et garni d'une toile claire. On le comprime avec un poids léger, placé sur la rondelle qui le recouvre. A mesure que le fromage égoutte, on le retourne avec précaution, et on le change de linge toutes les heures. Lorsqu'on peut

le manier sans risquer de le rompre ou de le déformer, on l'ôte de l'éclisse et on le dépose sur un lit de feuilles. Les meilleures feuilles qu'on puisse employer pour cet objet sont celles du frêne. Le fromage est très-bon à manger pendant huit ou dix jours. On lui donne quelquefois ce qu'on appelle un demi-sel ; il se conserve alors plus longtemps, pourvu qu'on le maintienne dans un endroit frais.

C'est par un procédé analogue que l'on prépare les fromages de Viry, de Montdidier et de Neufchâtel, qui se mangent frais à Paris. Ces derniers sont en petits cylindres longs de trois pouces sur deux de large, enveloppés dans du papier Joseph, qu'on a soin de mouiller, afin de les tenir plus frais.

Fromages mous et salés.

Fromage de Neufchâtel. — La fabrication des fromages de Neufchâtel, qui sont vendus à Paris sous le nom de *bondons*, a été très-bien décrite par M. Desjoberts, de Rieux, et nous lui empruntons ce que nous allons en dire ici. Après chaque traite de la journée, on transporte le lait à l'atelier ; on le coule tout chaud, à travers une passoire, dans des pots ou cruches de grès qui contiennent vingt litres. On met en présure et on place les cruches dans des caisses recouvertes d'une couverture de laine. Le troisième jour, au matin, on vide ces cruches dans un panier d'osier, qu'on pose sur l'évier ou table à égoutter ; les paniers sont revêtus en dedans d'une toile claire. Le caillé qu'on laisse ainsi égoutter jusqu'au soir est retiré ensuite du panier, enveloppé dans un linge et mis à la presse, sous laquelle il reste jusqu'au quatrième jour au matin. Alors on remet le caillé dans un autre linge propre, on le pétrit, on le frotte dans le linge en tous sens, jusqu'à ce que les parties caséeuses et butireuses soient bien mêlées, que la pâte soit homogène et moelleuse comme du beurre : si elle est trop molle, on la change de linge ; si elle est trop ferme ou cassante, on y ajoute un peu de la pâte du jour, qui égoutte, et pour presser, on fait usage de la presse à poids qu'on charge graduellement.

Quant au moulage, il se fait dans des moules cylindriques de fer-blanc. On fait des pâtons, ou cylindres un peu plus gros que le moule ; on les place dans celui-ci, qu'ils dépassent des deux bouts ; en tenant un moule de la main gauche, on y met chaque pâton de la main droite. On pose le moule sur la table, et, appuyant dessus la paume de la main gauche, on fait sortir l'excédant, en comprimant pour qu'il ne se trouve aucun vide. On racle avec un couteau le dessus et le dessous du moule ; puis on fait sortir le pâton en prenant le moule dans la main droite, en le frappant légèrement et en le tournant de la main gauche. (Il nous semble qu'il serait plus expéditif et plus commode d'avoir un moule qui pût se briser dans sa longueur en deux parties retenues par des cercles.)

Au sortir du moule, le fromage est salé avec du sel très-fin et très-sec. On saupoudre d'abord ses deux bouts, et ce qui reste dans la main suffit pour le tour, qu'on en imprègne en roulant le pâton. On n'emploie qu'une livre de sel pour cent fromages. A mesure qu'on les sale, ces pâtons sont placés sur une planche qu'on dépose sur une table où ils égouttent jusqu'au lendemain, ou bien ces planches sont portées sur des claies ou châssis à claire-voie, garnis d'un lit de paille fraîche. On couche les bondons par rangs égaux en travers du sens de la paille, assez près les uns des autres, mais sans se toucher. Ils restent ainsi pendant quinze jours ou trois semaines, et on les retourne souvent pour que la paille n'y adhère pas. Lorsqu'ils ont un *velouté blanc*, on les transporte au magasin ou chambre d'apprêt. Là, ils sont posés debout sur des claies garnies de paille et retournées de temps en temps. Au bout de trois semaines, on voit paraître des boutons rouges à travers leur peau bleue. Cependant ils ne sont pas encore assez affinés en dedans pour être mangés, et il leur faut encore une quinzaine à peu près pour compléter cet affinage.

3° *Fromages de Brie.* — C'est un fromage parfaitement bon lorsqu'il est fait avec les soins convenables. Il s'en fait une grande consommation à Paris, et sa fabrication, qui offre peu de difficultés, demande cependant beaucoup d'attention.

On prend le lait chaud de la traite du matin, qu'on passe immédiatement à travers un linge ; on ajoute la crème de la traite du soir de la veille, et, avec de l'eau chaude, on amène le mélange à la température de trente à trente-six degrés centigrades. On met la présure dans un nouet de linge fin ; on la délaie, ainsi enveloppée, dans le lait. Une cuillerée suffit pour douze litres de lait. On couvre, et on laisse en repos une bonne demi-heure. Si le caillé n'est pas formé, on remet un peu de présure, et on couvre de nouveau.

Lorsque le caillé est formé, on le remue dans le sérum, d'abord avec un bol ou écuelle de bois, puis avec les mains ; on le presse dans le fond du vase ; on l'enlève ensuite avec les mains ; on en remplit le moule en pressant fortement ; on le couvre avec une planche qu'on charge, pour le comprimer, avec des poids.

Lorsque le fromage est égoutté, on met un linge mouillé sur la planche du moule, et on y renverse le fromage. On étend un linge dans le moule, on y replace le fromage, qu'on enveloppe ; on met le couvercle et on le porte sous la presse. Au bout d'une demi-heure, le linge est échangé, et le fromage pressé de nouveau. Cette opération doit être répétée de deux heures en deux heures jusqu'au soir du lendemain ; la dernière fois, le fromage est mis à nu dans la forme, et pressé sans linge pendant une demi-heure ou plus.

Au sortir de la presse, le fromage est mis dans un baquet peu profond, et frotté des deux côtés avec du sel fin et sec. On le laisse reposer toute la nuit, et le lendemain il est frotté de nouveau ; puis on le laisse trois jours dans la saumure, au bout desquels on le met sécher dans une chambre qui doit être sèche et aérée, et meublée de tablettes garnies d'un tissu de joncs ou de paille appelé *cajot*, et en ayant soin de le retourner et de l'essuyer une fois par jour avec un linge propre et sec ; il est utile que la dessiccation soit prompte. Ces fromages se gardent en cet état jusqu'au moment de les affiner.

Pour procéder à leur affinage, le fromage est placé dans un tonneau défoncé, sur un lit de menues pailles ou balles d'avoine ; on le couvre d'un lit de la même paille et de la même épaisseur ; on continue cette stratification en couches alternatives de pailles et de fromages jusqu'au dessus du tonneau, en ayant soin de finir par de la paille. Le tonneau est porté dans un endroit frais, mais sans être humide. En peu de mois, les fromages s'y ressuient, leur pâte s'affine, et, comme ils sont pleins de crème, ils deviennent bientôt très-délicats. Traités ainsi, les fromages finissent par couler ; c'est le signe d'un commencement de fermentation qui amènerait la décomposition. La pâte alors se gonfle, fait crever la croûte, et s'écoule sous forme de bouillie épaisse, d'abord onctueuse, douce et savoureuse, mais qui ne tarde pas à prendre un goût piquant à mesure que la putréfaction fait des progrès. Il y a un moment précis qu'il faut saisir pour les manger à leur point de perfection.

A Meaux, on ramasse soigneusement la pâte des fromages, à mesure qu'elle s'écoule, sur des planches tenues très-proprement ; on la renferme dans des petits pots alongés, que l'on bouche exactement. — On n'attend pas toujours que les fromages coulent pour empoter la pâte. Quelquefois, au sortir du tonneau, on met à part ceux qui, trop avancés, ont une disposition à couler, et ne pourraient pas supporter un transport.

On enlève la croûte et on comprime la pâte qui

se trouve au milieu dans des pots qui sont bouchés avec du parchemin. On les vend sous le nom de *crème de Meaux*.

Ces fromages sont fabriqués aussi dans plusieurs villages des environs de Paris, surtout auprès de Montlhéry. On en a fait aussi avec succès à Belle-Isle-en-Mer, et cet exemple pourrait être suivi dans beaucoup d'autres localités.

Fromage à la manière de Stilton. — On mêle la crème de la traite de la veille au soir avec le lait du matin, on met en présure, et quand le caillé est formé, on l'enlève sans le rompre et en se bornant à le faire égoutter dans un tamis; puis on le presse doucement jusqu'à ce qu'il devienne ferme. Il est alors mis dans une éclisse ou espèce de boîte, parce qu'il est si crèmeux, qu'il se fendrait et coulerait sans cette précaution; ensuite, il est placé sur des ronds de bois sec, et entouré de bandes de linge, qu'on a soin de resserrer toutes les fois qu'il en est besoin. On le retourne chaque jour, et quand il offre assez de consistance, on ôte le linge, on le brosse pendant deux ou trois mois tous les jours, et même deux fois par jour, si le temps est humide. Les fromages de Stilton passent pour n'être bons à manger qu'au bout de deux ans; ils n'ont même de prix pour les amateurs que lorsqu'ils ont un aspect de moisissure, et qu'ils deviennent bleus. Il est à présumer que ces fromages reçoivent du sel, mais les ouvrages anglais ne disent pas précisément à quelle époque.

Fromages de Gruyères. — La fabrication de cette espèce de fromage a surtout lieu en Suisse, dans le canton de Fribourg, et dans nos provinces de Franche-Comté, de Bresse et de Bugey, où se trouvent des pâturages analogues à ceux de la Suisse. Elle pourrait, si les procédés en étaient plus répandus, être pratiquée dans une foule de localités intérieures; mais on s'en procure à trop bon marché pour que des particuliers doivent s'adonner à sa fabrication.

Fromages de lait de chèvre.

Fromages du Mont-d'Or (Auvergne).

Voici les détails intéressants que M. Grognier a donnés sur la fabrication de ces fromages.

On trait les chèvres trois fois par jour pendant l'été; de grand matin, à midi, et le soir à la nuit tombante. Quand il fait froid, on met en présure le lait tout chaud; dans l'été on laisse refroidir pendant une ou deux heures, suivant la température. La présure se prépare avec des caillettes de chevreau et tantôt du petit-lait, tantôt du vin blanc,

quelquefois du vinaigre. Une cuillerée à bouche de présure de petit-lait suffit pour quinze pots de lait. Étant ainsi présuré, le petit-lait se caille dans l'été au bout d'un quart d'heure, et au bout d'une demi-heure en hiver. On le met alors dans des espèces de boîtes de paille ou dans des vases de terre percés ou troués comme des écumoires. C'est dans ces boîtes que ces fromages prennent leur forme. On les place de manière que le petit-lait puisse s'écouler aisément. C'est au bout d'une demi-heure en été et de deux heures en hiver que l'on sale ces petits fromages; on les retourne cinq à six fois dans la journée, plus souvent l'hiver que l'été. Ils deviennent fermes en vingt-quatre heures pendant cette dernière saison, et dans l'autre seulement au bout de trois ou quatre jours. Quand ils sont raffermis, on les place dans des paniers à claire-voie suspendus au plancher au moyen d'une poulie, et c'est toujours dans un endroit frais qu'on les conserve. On les raffine quelquefois en les humectant avec du vin blanc, les recouvrant d'une pincée de persil, et les mettant entre deux assiettes. On peut les manger douze ou quinze jours après leur fabrication.

Fromages de laits mélangés.

Fromage de Roquefort (Rouergue). — Ce fromage passe avec assez de raison pour le meilleur de tous les fromages secs. Il a plus ou moins d'analogie avec le fromage de Stilton, mais les Anglais se croient obligés de convenir que ce produit de notre sol est très-supérieur au *roi de leurs fromages*.

Le fromage de Roquefort se fabrique dans le village dont il porte le nom; il doit son excellente qualité à la disposition naturelle des caves dans lesquelles on le dépose pour son affinage, et en partie, d'après les observations de M. Girou de Buzareingues, à la méthode usitée dans le pays pour traire les brebis. On exprime le lait avec force, et lorsqu'on ne peut plus en obtenir par la pression, on frappe sans ménagement les mamelles du revers de la main, répétant cette opération à plusieurs reprises, jusqu'à ce qu'on n'obtienne plus rien. Ceux qui sont témoins pour la première fois de cette vigoureuse mulsion en sont alarmés pour la santé des brebis, qui n'en reçoit cependant aucun dommage.

Le Roquefort se fait avec un mélange de lait de brebis et de chèvre; le premier lui donne plus de consistance et une meilleure qualité, le second lui communique de la blancheur. On trait les animaux matin et soir, on mêle les deux traites, on coule le lait à travers une étamine ; ce lait est reçu dans un chaudron de cuivre étamé, où on le fait quelquefois chauffer pour l'empêcher de s'aigrir ou pour enlever un peu de crème afin que le fromage ne soit pas trop gras ; on ajoute ensuite la présure, on remue avec une écumoire et on laisse reposer. Lorsque le caillé est formé, une femme le brasse fortement, le pétrit et l'exprime avec force ; il en résulte une pâte qu'on laisse reposer, qui se précipite et occupe le fond du chaudron. On incline le vase pour décanter le petit-lait qui surnage, on met ensuite le fromage dans des formes ou éclisses dont le fond est percé de petits trous, en ayant l'attention de pétrir et de comprimer le caillé à mesure qu'on en remplit le moule ; on le laisse égoutter en le chargeant d'un poids pour mieux extraire le petit-lait. Le fromage ne reste pas au-delà de douze heures dans la forme, pendant lesquelles il est retourné plusieurs fois. Dès qu'il paraît débarrassé de tout le petit-lait, on le porte au séchoir. Là, les fromages sont posés sur des planches les uns à côté des autres, sans se toucher, et retournés de temps à autre pour qu'ils se dessèchent mieux, plus promptement et sans s'échauffer. Comme ils sont sujets à se fendre, il faut les envelopper d'une sangle de grosse toile qu'on change toutes les fois qu'on le juge convenable. La dessiccation ne dure pas plus de quinze à vingt jours, surtout si on a soin quand on les change de les replacer sur une planche propre et bien sèche.

Les caves de Roquefort sont adossées contre un rocher calcaire qui entoure le village ; quelques-unes sont même placées dans les crevasses ou grottes qui y sont naturellement ou artificiellement pratiquées ; un simple mur du côté de la rue est souvent tout ce que l'art a dû faire pour clore ces caves. Leur grandeur n'est pas énorme ; il en est même de très-petites. Dans toutes on aperçoit les fentes dans le rocher, par où s'introduit un courant d'air frais qui détermine le froid glacial qu'on y éprouve, et qui fait tout leur mérite ; car il n'y a de bonnes caves que celles dans lesquelles ces courants sont établis. Ces courants se dirigent du sud au nord. Il y a un petit nombre de caves qui reçoivent des courants de l'est ; mais les meilleurs sont ceux du sud. Plus l'air extérieur est chaud, plus ces courants sont froids et forts, et ils sont toujours assez sensibles pour éteindre une bougie qu'on présente à l'ouverture. L'air introduit par les crevasses du rocher s'échappe par la porte des caves et y forme un courant continuel.

Aussitôt que les fromages sont arrivés dans les caves, on procède à la salaison. Cette opération consiste à jeter une petite pincée de sel sur les fromages qui sont placés les uns sur les autres : on les laisse ainsi trente-six heures, au bout desquelles on les frotte bien tout autour pour imprégner de sel toute la circonférence ; on les réentasse jusqu'au lendemain, où on les sale de nouveau ; le jour suivant on les frotte encore, et on les remet en piles pendant trois jours. Après ce temps ils sont portés dans des entrepôts où on les racle et on les pèle. Les fromages ainsi raclés sont rapportés dans la cave, où ils restent empilés pendant quinze jours, au bout desquels ils sont posés de champ, sur les tablettes sans se toucher. Quinze autres jours après, ils jettent un duvet blanc qu'on racle ; remis sur les tablettes ils se duvettent de nouveau de bleu et de blanc, qu'on enlève en les raclant encore. Après quinze autres jours ils se couvrent d'un duvet rouge et blanc. Le fromage est fait dès ce moment. On juge de sa qualité par la sonde. Le fromage de première qualité offre une pâte douce, fine, blanche et très-savoureuse, légèrement piquante, et marbrée de bleu.

Quoiqu'il soit difficile de trouver une localité aussi propice que celle de Roquefort, pour la construction des caves à fromages, on parvient cependant à l'imiter parfaitement en plaçant des fromages dans des caves très-froides dont on entretient la fraîcheur par des moyens artificiels.

Nous avons mangé du fromage de Roquefort, fabriqué aux environs de Paris, dont les qualités approchaient beaucoup de celles du véritable fromage de ce nom.

Fromage mêlé de substances végétales.

Serai vert du canton de *Glaris* (*Schabsieger*). — Le serai vert ou fromage de Glaris mérite de fixer l'attention des gastronomes. Ce produit, qui est à bon marché dans le pays où il se fabrique, est cependant vendu chèrement au loin, où il est recherché ; sa fabrication est facile, et elle se distingue en ce qu'il entre dans ce fromage de la poudre de mélilot bleu (*trifolium melilotus cœruleus*). Lorsque le lait est trait, on le descend dans des caves où il reste quatre jours ; ces caves sont rafraîchies par des sources ou des fontaines, et les terrines qui les contiennent sont plongées de quelques pouces dans cette eau fraîche. Lorsqu'on veut faire le fromage, on monte le lait, on l'écrème, puis on le verse dans un chaudron, en y mêlant du petit-lait aigri ou un acide faible, tel que le jus de citron, pour le coaguler. On met alors le chaudron sur le feu, et on chauffe fortement en agitant le caillé. Lorsque le petit-lait est tout-à-fait séparé, on retire le fromage du feu, puis on le place dans des formes d'écorce de sapin percées de trous, afin de le laisser égoutter pendant vingt-quatre heures. Après ce temps, on place ces fromages auprès du feu, dans de plus grandes formes, où ils éprouvent par l'influence d'une douce chaleur un mouvement de fermentation. Au bout de quelques jours, on les retire, et puis on les place dans des tonneaux perforés, sur le couvercle desquels on charge des pierres qui doivent comprimer fortement le serai. Il reste quelquefois dans cet état jusqu'à l'automne, moment où on le porte au moulin à broyer. Alors, sur cent livres de serai, on prend cinq livres de mélilot pulvérisé, et deux ou trois livres de sel fin bien sec et décrépité. Lorsque le mélange de ces trois substances est bien fait, on en remplit des formes enduites de beurre ou d'huile, qui ressemblent à un cône tronqué, et on le comprime fortement à l'aide d'un tampon de bois : huit ou dix jours après, on sort le serai des formes, on le fait sécher avec précaution, afin qu'il ne se gerce pas.

La fabrication du serai vert pourrait se faire avec avantage dans les pays dont le beurre est le commerce principal. Le mélilot bleu est une plante annuelle, indigène, qu'on peut cultiver dans toute la France ; elle croît sur les montagnes jusqu'à 1,400 mètres au-dessus du niveau de la mer. Pour préparer cette poudre, on fait dessécher la plante, et on la réduit en poussière aussi fine que du tabac à priser.

Conservation des fromages.

La conservation des fromages est un point des plus importants, surtout pour ceux qui sont destinés à être embarqués. Leur consistance et leur état de fermentation plus ou moins avancé doivent servir de guide. Le mode de fabrication entre aussi pour beaucoup dans leur durée. Les fromages qui ont reçu de la présure trop fraîche, et dont le petit-lait n'est pas totalement séparé, sont sujets à lever, et conservent dans leur intérieur des trous ou larges réservoirs d'air qui donnent à la pâte un aspect spongieux. Lorsque cet accident arrive pendant la fabrication, et si la fermentation est considérable, on place le fromage dans un lieu frais et sec, on le perce avec des brochettes de fer, dans les endroits où il lève le plus ; l'air ou les gaz s'échappent par ces ouvertures, le fromage s'affaisse, et l'intérieur présente moins de cavités. — Pour prévenir cet accident, les Anglais se servent d'une poudre qui se vend sous le nom de poudre à fromage ; elle se compose d'une livre de nitre et une once de bol d'Arménie en poudre et intimement mélangés. Avant de saler le fromage, et lorsqu'on est sur le point de le mettre en presse, on le frotte avec une once de ce mélange (une dose plus forte produirait un mauvais effet).

Quelques fromages à pâte molle et affinés, comme ceux d'Époisse, de Langres, de Brie, et de Géromé, se mettent dans des boîtes de sapin ou de hêtre. En fermant ces boîtes complètement et leur donnant une couche ou deux de peinture à l'huile, les fromages se conserveraient plus longtemps et en meilleur état. — M. Chaptal prétendait qu'il en est du fromage de Roquefort comme du vin de Bourgogne, qu'on ne peut se faire une idée exacte de l'excellence de ce fromage que dans le pays même, au moment où il sort des caves. Il se décompose, en effet, facilement dans le transport, et c'est pourquoi on le met en vente avant sa parfaite maturité. — Il nous semble qu'on pourrait conserver à ces excellents fromages toutes les qualités qui en font le mérite, en les enfermant isolément dans une boîte vernie ou peinte, et bien exactement fermée.

Les fromages de Hollande sont généralement enduits d'une couche de vernis à l'huile de lin : cette préparation est sans doute une des principales causes de leur inaltérabilité dans les voyages de long cours ; leur petit volume y entre peut-être aussi pour quelque chose. — En faisant les fromages de Gruyère moins gros, et en les couvrant du même vernis, ils soutiendraient tout aussi bien la mer. Le vernis forme une couche unie, solide et sèche, qui s'opposerait à l'accès de l'air et de l'humidité, qui sont les agents les plus actifs de la fermentation. Quant à l'action de la chaleur, on peut s'en garantir en couvrant le fromage avec une couche de charbon en poudre. Telles sont les précautions les plus convenables pour conserver et faire voyager les fromages.

Les insectes qui attaquent les fromages sont :

1º Le ciron ou mite des fromages (*acarus ciro*), qui les dévore lorsqu'ils sont à demi-secs. Ces animaux sont d'autant plus dangereux qu'ils éclosent sous la croûte. Quand on a soin de brosser souvent les fromages avec une vergette, de les essuyer avec un linge, et de laver à l'eau bouillante les tablettes sur lesquelles ils reposent, on parvient à se débarrasser des cirons. Mais le plus sûr moyen est, après avoir frotté les fromages avec une saumure, de les laisser sécher et de les enduire avec de l'huile ; c'est ainsi qu'on traite le Gruyère lorsqu'il est attaqué par cet insecte destructeur.

2º Les larves de la mouche vert-doré (*musca cesar*), de la mouche commune (*musca domestica*), de la mouche stercoraire (*musca putris*). Ces larves s'introduisent dans le fromage, et y font beaucoup de ravages. La présence de ces animaux vermiculaires, qui annonce un état avancé de putréfaction, cause beaucoup de répugnance à la plupart des consommateurs; quelques personnes, au contraire, préfèrent le fromage dans cet état, parce qu'il est plus fort ou d'une saveur plus relevée. C'est un avis auquel on n'est pas obligé de se ranger.

On fait périr tous ces animaux par le vinaigre, la vapeur de soufre brûlé, le chlore et des lavages au chlorure de chaux. On recommande aussi une fumigation de chlore : mais nous pensons que les lavages sont suffisants.

Si les fromages sont ce qu'on appelle *trop passés*, c'est-à-dire parvenus à un état de décomposition très-avancée, on les mettra dans la poudre de chlorure sec, ou dans du charbon en poudre imbibé d'une petite quantité de chlorure de soude, qui enlèvera leur mauvaise odeur, et on se hâtera de les livrer à la consommation. Quant à la moisissure, il suffit, pour s'en délivrer, de racler le fromage, de l'essuyer et de le frotter d'huile.

Pour donner au fromage de Glocester nouvellement fabriqué le goût et l'apparence de fromage ancien, on enlève avec la sonde, sur les deux faces ainsi que dans le centre et en pénétrant jusqu'au milieu, des cylindres de fromage qu'on remplace par de semblables cylindres pris dans un fromage passé et de bonne qualité. Le fromage ainsi préparé acquiert dans peu de jours toute la perfection de saveur désirable.

Ce procédé est applicable à tous les fromages veinés, tels que le Sept-Moncel, le Roquefort, etc. M. Giron de Buzareingues condamne avec raison le mélange de pain moisi que quelques fabricants mettent au centre de la pâte pour avancer les fromages en cave; une pelote d'ancien fromage remplirait mieux le même objet, car ce pain moisi donne aux fromages un goût tout-à-fait désagréable.

On peut se convaincre, par tout ce qui a été exposé dans cet extrait des meilleurs travaux sur les fromages, et notamment de la collection de Mémoires publiés par M. Husard, que la fabrication des fromages n'offre aucunes difficultés insurmontables. Rien ne s'oppose à ce que chaque nation cherche à s'affranchir de l'étranger, et c'est principalement sur la fabrication des fromages à la manière de Stilton, de Glaris et du Parmesan, que nous voudrions attirer l'attention de nos consommateurs agronomes et de nos économistes progressifs.

FROMENT (*V.* FARINE).

FRUITS. On les désigne par classes en termes d'office, en fruits de saison et en fruits de garde; fruits rouges ou fruits en jattes; fruits secs, autrement dits fruits pour assiettes; et finalement arrive la catégorie des gros fruits, qui sont nommés par les officiers fruits de corbeille, ou fruits à la main. Presque tous les fruits, soit à pepins, soit à noyaux, peuvent être apprêtés en compote, en confiture et en conserve; mais on ne confit au vinaigre que des bigarreaux, des groseilles à maquereau, des grains de cassis et des mirabelles; c'est afin de les servir en hors-d'œuvre, ainsi que les figues fraîches et les grosses mûres, car les figues et les mûres sont les seuls fruits crus qui ne doivent jamais paraître au dessert. Nous n'avons pas besoin de faire observer que les melons sont des légumes et non pas des fruits (*V.* CONFITURES et HORS-D'ŒUVRE).

FRUITIER, lieu destiné pour conserver les fruits pendant l'hiver. Pour que le fruitier remplisse parfaitement sa destination, il faut qu'il soit, non-seulement à l'abri de la gelée, mais inaccessible aux variations de la température; l'air ne doit y être ni trop sec ni trop humide : la lumière ne doit jamais y pénétrer directement.

Toutes ces conditions peuvent se trouver réunies dans une cave creusée dans un sol compacte, entièrement imperméable aux eaux pluviales; celles qui sont construites dans un lit d'argile ou de marne sont particulièrement dans ce cas-là; et, dans des caves de cette nature, les fruits, cueillis à l'époque convenable, peuvent se conserver intacts jusqu'à la récolte suivante.

A défaut de caves ayant les propriétés requises, il faut établir le fruitier dans une pièce exposée au nord, et qu'on tient hermétiquement fermée, en couvrant de paillassons épais les portes et les fenêtres; les murs même, s'ils ne sont pas très-épais, doivent être également couverts de paillassons.

Pour multiplier les surfaces, les murs doivent être garnis, dans toute leur élévation, d'étagères en planches sur lesquelles on range les fruits de choix; les plus communs peuvent se mettre en tas sur l'aire couverte d'un lit de paille; mais il vaudrait mieux placer ces derniers à part, parce que des fruits amoncelés subissent promptement cette fermentation interne qui produit la maturité, et que cette fermentation ne tarde pas à se communiquer aux autres fruits qui se trouvent dans leur voisinage.

Pour obtenir la conservation la plus longue et la plus parfaite, il faudrait que chaque espèce de fruit pût être mise à part, ou du moins qu'on ne réunît que les espèces dont la maturité naturelle a lieu à la même époque; il suffirait, pour cela, de construire les étagères, qui doivent environner le fruitier, en forme d'armoire et sans communication les unes avec les autres.

Lorsqu'on récolte et qu'on veut conserver une grande quantité de fruits, il est rare qu'on ait à sa disposition un local qui soit à la fois assez vaste et dans les conditions indispensables pour y établir un vaste fruitier; dans ce cas on ne doit pas hésiter à en faire construire un, ce qui donnera la faculté de choisir l'emplacement le plus favorable.

Une cave, creusée horizontalement sous un coteau, fait un excellent fruitier; mais si les localités ne permettent pas de faire une telle fouille, on peut construire, à peu de frais, sur le sol, un fruitier qui sera préférable à tous ceux qu'on établirait dans les bâtiments d'habitation.

A cet effet on creusera, de trois ou quatre pieds, un espace circulaire de quinze à vingt pieds de diamètre, et on l'entourera d'un mur qui s'élèvera de quatre autres pieds au-dessus du terrain; un toit de chaume d'un pied d'épaisseur recouvrira le tout, en se prolongeant au-delà du mur circulaire jusqu'à six pouces du sol; la porte, exposée au plein nord, sera couverte, ainsi que les sept ou huit marches qui y conduiront, par un prolongement du toit, en forme de grande lucarne; l'ouverture extérieure de cette lucarne sera fermée par une seconde porte, qui sera munie, ainsi que la première, d'une petite fenêtre de deux pieds en carrés.

Des étagères seront placées au pourtour du mur circulaire, et d'autres étagères encore autour de la pièce de charpente, qui devra s'élever du centre pour supporter et servir de lien aux chevrons du toit.

Par cette construction on se procurera un fruitier vaste, et réunissant au plus haut degré les deux conditions qui influent le plus sur la conservation des fruits; une température aussi peu variable que possible, et un état hygrométrique de l'air à peu près constant. On pense bien qu'il est fort aisé d'enjoliver l'extérieur de cette fabrique en lui donnant une apparence agreste, en la décorant avec des plantes grimpantes, en l'*appuyant* avec des massifs d'arbustes, etc.

Les fruits rouges, et généralement tous les fruits d'été, ne se conservent jamais assez longtemps pour être portés au fruitier. C'est à cause de leur contexture aqueuse, et parce que la haute température qui règne à l'époque où on les cueille précipite leur maturité : aussi plusieurs de ces fruits ont-ils de la peine à se conserver deux ou trois jours en bon état.

Les fruits rouges qu'on veut conserver pendant quelques jours doivent être cueillis, les framboises et les fraises avec leurs calices, les cerises avec leur queue, les groseilles par grappes, un peu avant leur parfaite maturité; il faut les placer dans un panier à claire-voie, garni de feuilles lisses, comme des feuilles de châtaignier, de frêne ou de vigne; on les dispose sans les fouler, et on les met dans un endroit frais et sec. Quand on a la facilité de les mettre dans une glacière, on peut les y conserver un ou deux jours de plus que dans tout autre endroit.

Les fruits plus gros connus sous le nom de fruits à noyaux, comme les prunes, les abricots, les pêches, peuvent se conserver cueillis pendant sept ou huit jours, en ayant soin surtout de les prendre un peu avant leur maturité; car, quand ils ont une fois atteint ce point, il ne faut souvent pas vingt-quatre heures pour le leur faire dépasser. Lorsqu'on veut les garder, on les dépose dans un lieu frais, comme les précédents; la laiterie est très-convenable pour la conservation de ces fruits. Souvent on enveloppe chaque fruit séparément dans une feuille de vigne, surtout si l'on est obligé de les transporter à quelque distance.

Les poires de beurré, de doyenné et autres se conservent un peu plus long-temps que les fruits précédents, et par les mêmes moyens.

Les fruits d'hiver se récoltent au commencement de l'automne, avant les premières gelées : on doit en général éviter de les meurtrir. Les soins et précautions pour les conserver varient selon la nature des fruits et l'usage auquel on les destine.

Les fruits qui se conservent le plus long-temps sont toujours ceux qui sont les moins mûrs lorsqu'on les cueille; tels sont par exemple les poires de Messire-Jean, de bon-chrétien, de Saint-Germain, la virgouleuse, etc. Tous les fruits qu'on veut conserver doivent donc être cueillis aussitôt qu'ils ont atteint le terme de leur croissance, et même un peu avant; car aussitôt qu'ils y sont parvenus, l'espèce d'altération qui produit la maturité commence infailliblement pour eux. Beaucoup de fruits sont moins savoureux, lorsqu'on les laisse mûrir sur l'arbre, que lorsque leur maturité s'accomplit lentement dans un fruitier.

Ainsi la poire du doyenné, qui mûrit sur l'arbre, est presque toujours cotonneuse; tandis que, si on la cueille encore verte, sa maturité n'a lieu qu'un mois, et même six semaines après l'époque naturelle, et alors sa chair est juteuse et d'une saveur exquise.

L'élite des fruits destinés pour nos tables, comme les pommes de rainette, les poires de Saint-Germain, etc., se disposent sur les tablettes d'un fruitier, en ayant soin qu'elles ne se touchent pas entre elles. On doit les tenir constamment et bien renfermées, surtout dans les temps secs, parce que trop de sécheresse, évaporant l'eau de végétation, fait rider le fruit. On doit visiter tous les fruits au moins une fois par semaine et mieux encore deux fois, et enlever tous ceux qui commencent à se gâter et qui communiqueraient bientôt à tous les autres un principe d'altération.

Les fruits moins précieux, destinés à l'usage journalier, et dont la provision abondante rendrait ce mode de conservation trop dispendieux et trop embarrassant, comme les pommes et poires *à cuire*, se conservent dans des chambres ou greniers, dans des celliers, où on les amoncèle en tas plus ou moins considérables. Il faut généralement les inspecter et en séparer les fruits qui se gâtent. Dans le temps des fortes gelées, on les couvre de paille, ou on étend par-dessus de vieilles couvertures de laine. On doit également veiller à ce que la gelée ne pénètre pas dans le fruitier, et cependant, autant que possible, se dispenser d'y faire du feu, qui dessèche et ride les fruits.

Le coing, la poire de catillac, et quelques autres espèces, peuvent pendant les gelées se mettre à la cave, et, si elle n'est pas humide, on les y conserve tout l'hiver.

Quant à la grenade, l'orange, le citron, et autres fruits de cette famille, qui sont toujours cueillis avant leur parfaite maturité, on les reçoit enveloppés de papier dans des caisses de bois blanc, et l'on peut les conserver dans ces caisses, en ayant soin de les visiter souvent, et d'enlever les fruits trop mûrs.

La nèfle se cueille lorsqu'elle est encore verte et dure : on la dispose sur un lit de paille dans un grenier, et on l'y laisse jusqu'à ce qu'elle devienne molle, ce qu'on appelle blette. Il y a une variété de nèfle qui n'a pas de semence, et c'est la meilleure.

Le raisin peut se conserver de plusieurs manières : la plus communément usitée, parce qu'elle est la plus commode, est de suspendre les grappes sur des cerceaux ou des cordes disposées dans un fruitier. Il est bon d'appliquer à la queue de chaque grappe un peu de cire, qui empêche l'évaporation de l'humidité végétale. D'autres personnes étendent de la paille sur des tablettes dans une chambre, et disposent les grappes de manière à ce qu'elles ne se touchent pas. Ce procédé suffit pour conserver quelque temps les raisins, surtout ceux dont la peau est épaisse, comme le muscat, le verjus, etc.; mais ceux dont la peau est mince, comme le chasselas, ne tardent pas à se flétrir et à se rider.

Pour conserver le raisin sans qu'il se ride, on emploie deux procédés : le premier consiste à mettre dans une boîte de bois, ou un baril, une couche de sciure de bois (il faut avoir soin qu'il n'y ait pas de sciure de sapin, qui donnerait une saveur de térébenthine). On dépose les grappes sur la sciure de bois, ayant soin qu'elles soient isolées l'une de l'autre; on remet de la sciure pour remplir les interstices qui sont entre les grappes et former une nouvelle couche d'un pouce d'épaisseur. On arrange un second lit de grappes, et ainsi de suite jusqu'à ce que tout le contenant soit rempli; alors on ferme la boîte ou le baril avec un couvercle en bois, et on ne l'ouvre que quand on veut en retirer du raisin, ce qu'on ne doit faire qu'au moment de s'en servir. La meilleure sciure pour cet usage est celle de bois blanc provenant des scieurs de long; elle est plus légère et plus élastique, ce qui foule moins le raisin.

Pour le second procédé on remarque les grappes que l'on veut conserver, et, au moment où elles ont acquis tout leur accroissement (un peu avant leur maturité), on les renferme dans un sac de papier épais et fort, dont on lie l'extrémité sur la queue de la grappe; on laisse le tout sur le cep jusqu'à la mi-octobre (les gelées blanches ne peuvent l'atteindre étant ainsi recouvert). On choisit une belle journée, et une heure après le soleil levé on entre en vendange; on place les grappes ainsi disposées dans des caissons, qu'on remplit entièrement et que l'on ferme pour n'y toucher qu'au moment du besoin. Lorsqu'on veut employer ce raisin, on ouvre les sacs, et puis avec des ciseaux, on a soin de séparer les grains gâtés sans toucher aux autres. Les grains sains sont aussi fermes et aussi pleins que dans leur saison.

Si quelques personnes avaient envie d'essayer du procédé conseillé par M. Chaptal pour conserver les raisins, nous leur dirons qu'il ne s'agit que de faire fondre de la cire dans un poêlon ; mais il faut qu'il y en ait assez pour que le fruit puisse y plonger totalement et en être entièrement recouvert, ce qui ne laisse pas que d'employer une assez grande quantité de cire. Ensuite on suspend chaque grappe de fruit par le moyen d'un fil disposé en croix, et aussitôt que l'immersion du fruit dans la cire est opérée, on le retire et on le suspend jusqu'à parfait refroidissement. Ce procédé doit certainement intercepter toute communication de l'air avec le fruit; mais ce que M. Chaptal ne nous dit pas, c'est comment il faudrait s'y prendre pour débarrasser tous ces grains de raisin de leur enduit de cire fondue. Il en résulte un comestible qui n'est pas mangeable: mais c'est un fruit d'une conservation parfaite, et voilà tout ce que M. Chaptal avait annoncé dans son prospectus.

Fruits secs. — Cette catégorie comprend d'abord les semences ou noyaux comestibles de l'amandier, du coudrier, du pistachier et du noyer, qu'on peut consommer dans leur état naturel et qu'on emploie aussi dans certaines préparations gastronomiques. Ensuite on désigne ainsi de véritables fruits charnus dont on a soumis la pulpe à la dessiccation par les moyens de la table à sécher, de l'étuve, du four, ou tout simplement des rayons solaires. Ce sont :

1° Les raisins secs de Malaga, de Céphalonie, de Zante et de Corynthe. Leur emploi se trouve indiqué dans une foule de prescriptions.

2° Les figues sèches de Provence. Les plus estimées sont celles de Roquevaire et d'Ollioules, ainsi que nous l'avons dit ci-dessus.

3° Les prunes sèches de l'Agénois et du Condomois, dites *pruneaux d'Agen*, et qui sont les pruneaux d'élite, en première ligne.

4° Celles de Touraine, du Maine et du Saumurois, connues sous le nom de *pruneaux de Tours*, et qui tiennent le second rang parmi les prunes sèches.

5° Les mirabelles de Bourgogne et du Charolais. On en fait les meilleures compotes, ainsi que d'excellentes purées d'entremets à la crème et au vin de Lunel.

6° Les brignoles-pistoles (*V*. page 103).

7° Les alberges (*V*. page 18).

8° Les cerises de Paris qui valent beaucoup mieux que celles d'Anjou, attendu qu'elles sont évidées de leurs noyaux, et qu'on les a légèrement sucrées avant de les soumettre à la dessiccation. On peut les employer agréablement dans les babas, les plum-puddings et les crèmes-pâtissières.

9° Les châtaignes-biscotes. Elles sont toujours apportées en Provence par les Génois, qui sont dans la possession exclusive de cette espèce de commerce occulte. On croit que ce sont des châtaignes de Corse, séchées et préparées d'une façon qui nous est inconnue. Ces châtaignes, qui ne ressemblent en rien à tous les marrons bouillis, rôtis ou glacés qu'on mange à Paris, sont très-tendres, très-douces, d'un goût fort agréable, et elles se conservent pendant tout l'hiver. Il paraît qu'elles étaient connues des Romains, et que ce sont les *castaneæ molles*, dont Virgile a si bien parlé dans sa première églogue (*carm*. 82).

10° Les poires-tapées du Gâtinais. Quand la dessiccation qui constitue cette conserve est opérée sur des poires de martin-sec ou de rousselet, cette même conserve est très-savoureuse. Nous avons déjà dit que lorsque les poires-tapées se trouvent réunies avec des pruneaux d'Agen, des raisins secs et de petits ognons glacés, elles produisent un bon effet dans tous les vieux ragoûts au sang et au

vin, tels que les gibelottes de venaison, les étuvées de lamproie et les civets de lièvre à l'ancienne mode.

FUMET DE PERDRIX, préparation qu'on tient en réserve afin d'en user pour l'assaisonnement de certains plats. — Mettez dans une casserole, avec une bouteille de vieux vin blanc, deux lapins de garenne et deux vieilles perdrix coupés en quartiers ; joignez-y des ognons et des carottes, un panais, un pied de céleri, des champignons, un bouquet garni, des quatre épices, et, de plus, une forte pincée de coriandre. Faites cuire ; écumez ; ajoutez une chopine de consommé déjà réduit ; laissez mijoter pendant deux heures, et puis passez la composition dans un tamis. Remettez, en le mouillant, sur le feu (après l'avoir dégraissé), et faites-le réduire en glace ; alors ajoutez-y quelque peu d'espagnole, ou, si vous l'aimez mieux, deux ou trois cuillerées d'un roux léger qui vaudra tout autant.

Cette sauce de réserve est particulièrement applicable à l'accompagnement des œufs pochés et à l'assaisonnement des œufs brouillés (*V*. ESSENCE DE GIBIER).

FUMIGATION. Si tous les combustibles ne sont pas également propres à la combustion, toutes les fumées, issues d'une substance ligneuse, ne sont pas également appropriées pour les fumigations culinaires. La fumée épaisse et aromatique est celle qu'il faut préférer ; le bois compacte vaudra mieux pour ceci que les bois poreux, et le vert fournira plus de fumée que le sec. On obtient une excellente fumée du bois de charme, ainsi que des branches de chêne, surtout quand elles ne sont dépouillées ni de leur feuillage ni de leurs glands. Le pin, le sapin, le bois d'if et les arbrisseaux de cette nature communiquent à la viande un goût résineux très-désagréable ; tandis qu'on obtient du genièvre avec ses baies une fumée subtile et odoriférante. En Allemagne, on emploie le tan à la fumigation des saucisses.

En terminant la fumigation par des aromates, on donne à la viande une saveur particulière ; pour cela, on emploie avec succès le laurier avec ses feuilles, le romarin, les fèves de café, les pruneaux secs, le bois de réglisse et les clous de gérofle.

Si l'on produisait dès le commencement une fumée épaisse, elle sécherait la viande à l'extérieur, et l'intérieur n'en serait pas pénétré. Aussi, faut-il employer d'abord une fumée faible et la forcer progressivement.

La viande doit être salée d'abord, et la saumure doit en être exprimée avec soin. Si on ne la salait pas, et qu'on ne fit que la sécher, l'opération serait beaucoup plus laborieuse. Après cela, on enveloppe la pièce et on la pend dans la cheminée, en ayant soin de la placer assez loin du feu pour que celui-ci ne puisse pas lui nuire. On la laisse plus ou moins long-temps dans la cheminée, suivant la force de la fumée, le degré de la température et la nature de la viande. La dessiccation est prompte quand il s'agit de celle des jeunes animaux et du bétail engraissé à l'étable.

Une chambre à fumer est plus commode que la cheminée pour opérer la fumigation, et on a l'avantage de pouvoir entretenir la fumée au degré convenable.

On maçonne une petite chambre avec des briques séchées et non cuites qu'on assemble avec un mélange de terre glaise et de sang de bœuf; le même mélange sert à couvrir le plancher de la chambre à la hauteur de quatre à huit pouces, et l'on enduit avec ce mélange les perches qui doivent servir de suspensoirs. La porte doit être étroite et garnie de fer-blanc. La fumée est conduite par de longs tuyaux de la cheminée dans la partie inférieure de la pièce. A l'extrémité de ces tuyaux, il y a un appareil au moyen duquel on peut laisser entrer la fumée ou l'en empêcher.

Voici la manière de soumettre les diverses substances à la fumigation :

Bœuf. — On choisit de préférence les côtes et la poitrine; on prend en général les plus fortes pièces, on plonge la viande dans l'eau bouillante à plusieurs reprises; on la retire promptement, puis on la frotte avec un mélange de sel et d'un peu de salpêtre. Après, on la saupoudre avec du son, et on l'expose pendant six à huit semaines à la fumée d'un feu étouffé.

Porc. — On expose les jambons huit jours à l'air; on les laisse une dizaine de jours dans la saumure, puis on les plonge dans une infusion de genièvre pilé dans de l'eau-de-vie. On les fume dans la chambre à fumer avec des branches de genièvre. Une précaution qu'il ne faut pas négliger, c'est de suspendre tous les mois, par l'un l'autre bout, alternativement, les saucisses et les jambons fumés. De cette manière, les sucs sont maintenus dans une sorte d'équilibre, et ne s'écoulent pas.

Oie. — On peut fumer les oies entières ou en morceaux. Entières, on leur ouvre le dos, on les frotte avec du sel, et on les laisse quelques jours dans l'eau salée; puis on place dans l'intérieur de petites traverses, qui empêchent les chairs de s'affaisser pendant la fumigation. Quand on les sort de l'eau salée, on les égoutte, on les sèche légèrement, et on les fume huit jours après. On les place ensuite, huit autres jours, dans une chambre bien aérée; après quoi, on les serre dans un endroit frais.

Poissons. — On les sale, on les embroche, et on les expose à la fumée du genièvre ou des feuilles de chêne. On ouvre les gros, et au moyen de petites traverses on les tient entr'ouverts; ceux qui ont la chair délicate doivent être entourés de pâte, de papier ou de toile. On fume les harengs vingt-quatre heures, les saumons trois semaines, les truites, les brochets, les anguilles, quatre jours au plus.

On peut sans inconvénient laisser pendant tout l'hiver, dans un local aéré, les substances fumées. Dans les climats tempérés elles peuvent y rester jusqu'au mois d'avril. Alors, après les avoir raclées, on les saupoudre de cendres, et on les renferme hermétiquement dans des caisses ou tonneaux. On peut également les garantir des insectes en les mettant dans le foin ou dans la cendre.

G.

GALABRÈZE (*cuisine italienne; entremets au fruit*). (*V.* PÊCHES A LA CRÈME.)

GALANTINE, composition culinaire assez compliquée dont il résulte un plat de viandes froides qu'on décore avec de la gelée, et qui doit être servi pour grosse pièce à l'entremets. Quant aux substances alimentaires auxquelles on voudrait appliquer cette préparation (*V.* COCHON DE LAIT, page 161, et DINDE, page 203).

GALETTE (*V.* GATEAU DE PLOMB).

GARBURE, sorte de potage d'origine gasconne, et dont le fond doit toujours être gratiné.

Garbure à la béarnaise. — Émincez quatre choux de moyenne grosseur et douze laitues pommées. Ciselez un morceau de petit lard jusqu'à la couenne, sans couper celle-ci, et mettez-le, ainsi que les choux et les laitues, dans une braisière, avec un saucisson sans ail, deux cuisses d'oie marinées et un combien de jambon bien dessalé. Faites cuire le tout ensemble et mouillez avec de bon bouillon non salé ; ajoutez deux ognons piqués de deux clous de gérofle, quelques racines et un bouquet de persil. Après la cuisson, égouttez vos légumes et vos viandes. Après avoir passé le fond au tamis, dégraissez-le et clarifiez-le ; coupez le plus mince possible la mie d'un pain de seigle ; dressez en couronne vos choux, vos laitues, votre petit lard et votre mie de pain de seigle que vous aurez trempée dans votre dégraissis, sur un plat creux qui puisse aller sur le feu ; mettez dans le puits de cette garbure une purée de pois verts : vous mettez sur les bords votre saucisson coupé par tranches, et votre combien de jambon au milieu avec vos cuisses d'oie ; gratinez sur un fourneau doux ; servez avec votre fond bouillant que vous aurez clarifié séparément.

Garbure aux ognons. — Vous aurez une quarantaine de gros ognons que vous couperez en deux, de la tête à l'autre extrémité ; puis vous coupez chaque moitié en quatre ou cinq parties, jusqu'à ce que cela forme la moitié d'un cercle ; vous aurez soin de n'y pas mettre la tête ni la queue : quand tous vos ognons seront ainsi coupés, vous prendrez une demi-livre de beurre ou plus, selon ce qu'auront produit vos ognons ; vous les ferez frire dans le beurre, assez pour qu'ils soient bien blonds : puis vous prendrez du pain coupé en tranches très-minces ; vous faites un lit de pain et un lit d'ognons ; vous mettez sur chaque lit un peu de gros poivre, jusqu'à ce que votre plat soit au comble ; vous l'arrosez avec du bouillon, et le faites mijoter assez pour que le gratin se forme, sans le laisser brûler ; cela donnerait de l'âcreté : il faut que votre potage soit presque sec ; vous mettrez du bouillon dans une jatte et vous le servirez pour que chaque personne en puisse mettre sur son assiette ; vous ferez attention au sel, à cause de la réduction.

Garbure aux laitues. — Faites blanchir des laitues au nombre de trente, pendant une demi-heure ; vous ferez en sorte qu'elles restent entières ; vous les laisserez refroidir, les presserez, les ficellerez, et mettrez dans le fond d'une casserole des tranches de veau, des bardes de lard ; vous y mettrez vos laitues, puis les recouvrirez de lard, avec deux ou trois carottes, trois ognons, deux clous de gérofle. Vous les mouillerez avec du bouillon, les ferez mijoter une heure et demie, jusqu'à ce qu'elles soient cuites ; puis vous les égoutterez, les couperez en tranches dans leur longueur ; vous mettrez un lit de pain émincé dans votre plat, un lit de laitues, jusqu'à ce qu'il soit au comble ; vous y mettrez du bouillon de vos laitues sans le dégraisser, mais après l'avoir passé au tamis de soie ; vous mettrez votre plat sur le feu, pour que cela mijote jusqu'à devenir d'un gratin blond : épargnez le sel, à cause de la réduction ; à chaque assise de votre appareil, vous ajouterez un peu de gros poivre.

On peut faire cuire les laitues seulement avec du bouillon et de la graisse de rôti, deux ognons, deux ou trois carottes, deux clous de gérofle : vous aurez soin, avant de servir, de dégraisser votre garbure, et de servir à proximité du bouillon dans un vase.

Garbure aux choux. — La garbure aux choux se fait de même que celle aux laitues ; mais, au lieu de gros poivre, on y met du poivre fin. Ménagez l'assaisonnement, parce que les choux sont sujets à prendre de l'âcreté ; ne dégraissez pas trop vos choux, et servez une jatte de bouillon pour les personnes qui voudraient en prendre sur leur assiette.

Garbure à la Villeroy. — Prenez vingt carottes, vingt navets, douze ognons, six pieds de céleri, douze poireaux, six laitues, une poignée de cerfeuil ; vous couperez vos racines en dés de moyenne grandeur, et vous concasserez les herbes. Passez d'abord vos carottes dans trois quarterons de beurre ; quand elles seront un peu frites, vous y mettrez vos navets que vous laisserez frire ainsi que les carottes ; après cela, vous y joindrez vos poireaux et vos ognons ; quand le tout sera revenu, vous y mettrez vos herbes que vous remuerez avec tous ces légumes : quand elles seront bien fondues, vous mouillerez le tout avec du bouillon ; vous n'en mettrez pas beaucoup, et vous laisserez bouillir vos légumes jusqu'à ce qu'ils soient cuits ; vous y joindrez un morceau de sucre gros comme la moitié d'un œuf ; puis vous ferez un lit de pain, un lit de légumes ; sur chaque, vous mettrez un peu de gros poivre, jusqu'à ce que votre plat soit au comble, vous le mouillerez avec le bouillon de vos racines sans le dégraisser ; vous le ferez mijoter jusqu'à ce qu'il soit gratiné : ménagez le sel, à cause de la réduction.

On peut également faire cette garbure en maigre.

Garbure à la Polignac. — Les marrons de Lyon ne valent rien pour le potage. Ayez, selon la grandeur du potage, vingt ou trente marrons de Limoges, ou d'Auvergne à leur défaut ; ôtez leur première écorce, puis mettez-les dans l'eau ; laissez-les sur le feu jusqu'à ce que l'eau frémisse : retirez-en pour voir si la peau se lève (comme si c'était des amandes) ; après les avoir épluchés de manière qu'il ne reste pas du tout de seconde peau, vous mettez au fond d'une casserole des tranches de veau, des bardes de lard, deux feuilles de laurier, trois clous de géroñe, six carottes, six ognons, un bouquet de feuilles vertes de céleri ; vous y mettez les marrons, que vous assaisonnez de gros poivre ; vous les recouvrez de bardes de lard ; vous les mouillez avec du bouillon, les laissez mijoter trois quarts d'heure ou une heure environ, jusqu'à ce qu'ils soient cuits ; puis vous les égouttez et les coupez en deux ; vous mettez dans votre plat un lit de pain, un lit de marrons, jusqu'à ce que votre plat soit au comble ; vous formerez plusieurs cordons de marrons sur votre garbure ; vous passez le bouillon dans lequel ils ont cuit ; vous arrosez votre garbure, et la laissez bouillir jusqu'à ce qu'elle soit gratinée.

Garbure au hameau de Chantilly (recette du vieux Cuisinier Royal). — Vous mettrez dans une moyenne marmite trois livres de tranche, un jarret de veau entier, deux perdrix et deux pigeons de volière ; vous aurez grand soin que vos viandes soient bien ficelées pour qu'elles restent bien entières ; vous remplirez votre marmite de bon bouillon ou consommé ; vous ferez écumer cette marmite ; ensuite vous la garnirez de légumes, comme carottes, navets, ognons, poireaux, deux pieds de céleri, deux clous de géroñe. Quand vos viandes seront bien cuites, au moment de servir, vous les dresserez sur un grand plat creux ; vous mettrez à l'entour de vos viandes des carottes, des navets, des ognons, des poireaux par compartiments, c'est-à-dire que vos légumes ne soient pas en pêle-mêle : les carottes ensemble et les navets de même, ainsi que les autres ; vous tournerez quarante ou cinquante carottes en ronds de deux pouces de long, un peu grosses, et toutes de la même longueur et de la même grosseur, autant de navets, d'ognons, de poireaux moyens de même grosseur et bien épluchés, c'est-à-dire que, quand ils seront cuits, ils se conservent bien entiers ; vous les faites cuire après dans un bouillon qui n'est pas celui de votre marmite ; vous ajouterez dedans vos carottes, navets, ognons, et à chacune des cuissons, un petit morceau de sucre pour en tempérer l'âcreté. Vos légumes cuits, vous les mettrez à l'entour de vos viandes : à côté, vous servirez une jatte de bouillon, que vous aurez passé à travers une serviette fine ou un tamis de soie, afin que votre bouillon soit bien clair. Avec ce potage, il ne faut pas de pain, et l'on ne sert pas le morceau de bœuf.

Garbure au fromage. (*V.* POTAGE D'AUVERGNE.)

GARDE-MANGER. C'est le local où l'on conserve les provisions de ménage les plus altérables, et notamment les viandes fraîches et les poissons. Un bon garde-manger est une dépendance indispensable de toute cuisine, surtout dans certaines campagnes où l'on est obligé de s'approvisionner pour plusieurs jours. On doit l'établir, autant qu'il est possible, au rez-de-chaussée, dans une pièce qui ne soit pas humide, et dont les fenêtres soient exposées au nord ou à l'est, ou, ce qui vaut encore mieux, qui ait une fenêtre au nord et une ouverture quelconque à l'est. Pendant les huit mois de l'année où les gelées ne sont point à craindre, ces fenêtres ne doivent être fermées qu'avec une toile métallique assez claire pour ne pas intercepter la circulation de l'air, et assez serrée pour que les insectes, et surtout les mouches, ne puissent pas la traverser.

Cependant, lorsque l'air est humide et chaud, il est bon de fermer hermétiquement le garde-manger, l'air saturé d'eau et à une température élevée étant le principe qui accélère le plus la décomposition des viandes.

L'air sec, quoique chaud, est, au contraire, un agent de conservation ; il enlève à la superficie des viandes l'humidité qui les abreuve, et l'albumine et la gélatine que l'eau enlevée tenait en dissolution se trouvant amenées à l'état sec, couvrent les chairs d'une sorte de vernis qui les soustrait au contact ultérieur de l'air.

Cet état de sécheresse extérieure des viandes est ce qui contribue le plus à leur conservation ; c'est pour l'obtenir qu'on a conseillé précédemment d'ouvrir le garde-manger au nord et à l'est. Dans notre climat, le vent du nord est le plus froid et le vent d'est est le plus sec ; ainsi, au moyen d'ouvertures dirigées vers ces deux points, le courant d'air qui s'établira dans le garde-manger sera toujours dans les conditions les plus favorables.

Les viandes doivent être suspendues, sans aucun contact entre elles ni avec d'autres corps : il faut les tenir le plus loin possible des murailles, et les placer dans l'endroit où l'on a reconnu que le courant d'air était le plus vif.

Le beurre s'altère rapidement par le contact de l'air ; on doit donc chercher à l'y soustraire le plus qu'il est possible. Le meilleur moyen, pour cela, c'est de le déposer dans un vase de grès à large ouverture, en l'enveloppant de feuilles qui ne puissent lui donner un mauvais goût : les plus convenables sont celles de poirée et de betteraves, tant à raison de leur étendue que de la lenteur avec laquelle elles se dessèchent. On doit éviter, pour cet usage, l'emploi des feuilles de chou.

Le poisson de mer, lorsqu'il a été transporté à quelque distance, ne peut, sans inconvénient, être introduit dans un garde-manger. Ce qu'on peut faire de mieux, pour conserver du poisson de mer, c'est de le faire cuire aux trois quarts aussitôt qu'il arrive; si cependant on veut en conserver cru, il faut, avant de le placer dans le garde-manger, le laver à grande eau, et l'enfermer dans un panier, en l'enveloppant de feuilles d'orties.

Le garde-manger doit être tenu avec la plus grande propreté, et on doit éviter avec soin d'y introduire des substances qui sont dans un état de fermentation putride, tels que les fromages de toute espèce.

Avec toutes les précautions possibles, et dans le meilleur garde-manger, les viandes ne peuvent se conserver sans altération d'un jour à l'autre, lorsque, par un temps chaud, l'air est stagnant et saturé d'humidité : cet état de l'atmosphère est ordinairement le précurseur d'un orage, et l'on sait avec quelle rapidité se développe la putréfaction des substances alimentaires à la suite de ce météore.

Il faut alors recourir à des moyens de conservation plus énergiques, et il le faut aussi pendant toute la saison chaude, lorsque, par l'éloignement où l'on se trouve des marchés, on est obligé de s'approvisionner pour plusieurs jours.

Le seul moyen de conservation des substances alimentaires altérables, qui produise un effet certain, c'est l'emploi de la glace; on a proposé de déposer, dans la glacière même, les substances à conserver, et c'est aussi ce qu'on fait très-souvent. Cet usage a des inconvénients; il nécessite de fréquentes ouvertures de la glacière, ce qui est défavorable à la conservation de la glace; aussi arrive-t-il presque toujours que les glacières qu'on traite ainsi sont vides avant la fin de la saison pendant laquelle la glace est un besoin; et, si l'hiver qui suit est peu rigoureux, ce qui arrive fréquemment, on est pendant long-temps privé de glace.

Pour n'en jamais manquer, il faut pouvoir en conserver pendant deux ans au moins, et même pendant trois; or, l'expérience a appris que la glace se fond avec une rapidité extrême dès que sa température est remontée à zéro, et c'est ce qui ne tarde pas à arriver lorsque la glacière est ouverte tous les jours, et même plusieurs fois par jour.

C'est pour éviter la nécessité d'ouvrir si souvent la glacière, que les *timbres* ont été imaginés. Un timbre est un coffre de bois doublé en plomb,

dans lequel on met à la fois plusieurs quintaux de glace : c'est de là qu'on tire celle dont on a besoin chaque jour; on profite en même temps de celle qui reste pour tenir au frais, en les posant sur la glace, les provisions qu'on désire conserver : on retarde par là leur altération; mais, dans leur contact avec la glace, et plongées comme elles le sont dans un air constamment humide, elles se saturent d'eau, et perdent beaucoup de leur saveur.

C'est pour remédier surtout à cet inconvénient, que M. Lenoir, fondateur de la glacière de Saint-Ouen, a inventé de nouveaux timbres, connus sous la dénomination de *conservateurs des comestibles*; dans ces appareils, une caisse de métal, complètement isolée, contient la glace dont le froid se transmet à travers la surface métallique; les substances qu'on y dépose, bien loin de se saturer d'eau comme dans les anciens timbres, éprouvent à leur surface une légère dessiccation qui contribue à les conserver plus long-temps; des expériences authentiques ont constaté que cette conservation pouvait être prolongée de huit à quinze jours dans les temps les plus chauds, en prenant toutes les précautions nécessaires, et qui n'exigent que des soins ni pénibles, ni souvent répétés.

Les *conservateurs* ont un autre avantage, c'est qu'à égalité d'effet ils consomment beaucoup moins de glace que les anciens timbres; ce résultat est dû au mode de leur construction, qui les défend, autant qu'il est possible, de l'accès du calorique extérieur; de sorte que toute l'action réfrigérante de la glace s'exerce presque exclusivement sur les substances renfermées dans le timbre.

Un accessoire très-utile du nouveau timbre est une glacière portative, autre appareil destiné à conserver, pendant huit ou dix jours, de la glace, en réduisant sa fusion au *minimum;* en calculant sa capacité suivant l'étendue des besoins, on n'est obligé d'ouvrir la grande glacière que tous les huit ou dix jours.

Ces deux appareils, ainsi que quelques autres qui ont pour objet des applications utiles de la glace, se trouvent, à Paris, chez MM. J. Lenoir et compagnie, quai de la Mégisserie, n° 66.

GARENNE, bois taillis ou clos de bruyères où vivent des lapins sauvages.

Quoiqu'un pareil établissement semble plutôt du ressort de la vénerie que de la cuisine, comme il se trouve que la chair des lapins de garenne est un des éléments le plus souvent et le mieux employés en gastronomie, nous avons pensé que des indications qui peuvent s'y rapporter aussi directement ne sauraient être dépourvues d'intérêt culinaire et d'utilité pratique.

. . . .

« Quand il est allé faire à l'aurore sa cour,
» Parmi le thym et la rosée,
» Après qu'il a brouté, trotté, fait tous ses tours,
» Jeannot Lapin retourne aux souterrains séjours. »

Le clapier diffère essentiellement de la garenne, en ce qu'il est un endroit bien muré et bien maçonné, où l'on nourrit des lapins domestiques. Une bonne garenne doit être exposée au levant ou au midi, parce que le lapin, qui aime la chaleur et le soleil, ne veut point terrer au nord, et rarement au couchant : son terrain doit être sec, médiocrement léger, tenant un peu du sable, sans être ni trop fort, ni trop friable, afin que le lapin puisse y pratiquer des terriers qui ne s'éboulent point. On doit planter dans une garenne beaucoup de pruniers sauvages, fraisiers, mûriers, genets, groseilliers, romarins, et surtout un grand nombre de genévriers. Le lapin est très-friand de la graine de ces arbrisseaux. Si le terrain ne produit pas assez d'herbes, on y sème du laceron, du seneçon, du thym, du serpolet, des chicorées, des chardons. Il ne faut pratiquer au lapin ni loge pour s'abriter ni ruisseau pour boire. Il ne sait que trop bien se loger sous terre, et rien ne lui est plus contraire que l'eau. Le lapin ne quitte point le lieu où on l'a mis quand le site en est bien choisi; s'il ne lui plaît pas, quoi qu'on fasse, il n'y reste point. On peuple une garenne, en achetant un certain nombre de femelles pleines qu'on y jette, et dont on laisse multiplier la race, sans y chasser les deux premières années, et fort peu la troisième, ou bien c'est par le secours du clapier, voie plus prompte, plus sûre, et qui coûte beaucoup moins cher; ainsi le clapier peut servir à deux fins très-utiles, savoir, à peupler les garennes et les entretenir.

GARNITURE se dit de plusieurs substances dont on garnit ou accompagne les viandes de boucherie, la volaille, le gibier, et même certains plats de poisson.

Garniture à la flamande. — Tournez une trentaine de grosses carottes et autant de navets en bâtonnets; faites blanchir et cuire ces racines dans du consommé et un peu de sucre; ayez trente laitues braisées ainsi que trois cœurs de gros choux, que vous aurez soin d'égoutter, de presser et de trancher proprement; dressez-les autour de votre plat en couronne, en mettant une carotte et un navet entre chaque laitue; laissez le milieu du plat libre pour y poser la viande que vous aurez préparée; posez trente ognons glacés sur le rebord, des carottes et lai-

tues. Quand votre relevé ou entrée est dressé, vous le masquez avec une sauce bien réduite à la glace, et vous allongez ladite sauce avec un peu d'espagnole.

Garniture de raifort. — Procurez-vous de la racine de raifort dont vous enlèverez la première peau; après avoir lavé votre racine à plusieurs eaux, vous la râperez en forme de vermicelle, et vous la placerez autour des viandes bouillies ou rôties.

Garniture de tomates. — On coupe par le milieu une trentaine de tomates bien rondes et bien égales; on en presse le jus, les pepins et les morceaux du côté de la fleur, en faisant attention de ne pas trop les écraser. On les place sur un plafond et sur le même lit. On garnit alors les tomates de champignons hachés, échalotes, persil, un peu d'ail et de chair de jambon; on fait cuire le tout ensemble, en y ajoutant un peu de mie de pain, deux jaunes d'œufs, sel et muscade, un peu de beurre de piment et d'anchois; on pile le tout ensemble, en y versant peu à peu de l'huile; on passe la farce à travers un tamis à quenelles, et l'on en garnit les tomates; on les pane avec de la mie de pain et un peu de parmesan; on les arrose avec un peu d'huile; on les fait cuire à four chaud. On se sert de ces tomates pour garnir une culotte de bœuf ou autres entrées.

Garniture de bouilli à la bourgeoise. — Faites blanchir et cuire des choux comme pour le potage; faites blanchir une dixaine de carottes après les avoir tournées; mettez-les dans une casserole avec cinq ou six cuillères à dégraisser de sauce brune, et autant de consommé; faites cuire à petit feu; ajoutez quelques navets que vous aurez tournés, et faites-les cuire de même. Après avoir fait blanchir du petit lard, vous le mettez cuire avec les choux; *saucez* votre pièce de bœuf avec la sauce dans laquelle ont cuit les légumes; si elle n'est pas en glace, vous pouvez la verser dessus, et vous pouvez ajouter des ognons glacés si vous le voulez.

Garniture à la Chambord (*V.* BROCHET).

Garniture à la financière (*V.* POULARDE).

Garniture à la pâtissière (*V.* VOLE-AU-VENT, TIMBALE, etc.).

Garniture de foies gras (*V.* MONTGLAS).

Garniture en salpicon (*V.* CROUSTADE).

Garniture à l'allemande (*V.* CHOUCROUTE).

Garniture à l'italienne (*V.* CHIPOLATA).

GATEAU. On use de la même appellation pour désigner : premièrement certains entremets de gibier ou de venaison dont on a fait un hachis, et qui doivent être servis *en terrine*; ensuite, plusieurs sortes de pâtisseries soit en pâte ferme ou en feuilletage, et, de plus, certaines sucreries ou préparations d'office qui tiennent de la *conserve*, et qui se présentent au dessert.

Gâteau de lièvre aux truffes (*V.* LIÈVRE).

Gâteau de foies de volailles (*V.* FOIE).

Gâteau de Compiègne (*V.* BRIOCHE).

Gâteau de Savoie (*V.* BISCUIT).

Gâteau feuilleté. — Détrempez environ une livre de farine à l'eau et au sel, sans beurre : que la pâte soit molle; laissez-la reposer une demi-heure; étendez-la ensuite avec le rouleau à un doigt d'épaisseur; étendez du beurre frais sur cette abaisse; pliez-la en double, et la pétrissez avec le rouleau; incorporez votre beurre, et procédez ainsi par quatre à cinq fois; formez votre gâteau, dorez, et faites-le cuire à feu vif.

Gâteau de plomb. — Passez un quart de farine, faites une *fontaine,* et mettez-y une once de sel, deux onces de sucre, une livre et demie de beurre et douze œufs; détrempez le tout ensemble; fraisez votre pâte trois fois; si elle était trop ferme, mouillez-la avec un peu de lait; rassemblez votre pâte; laissez-la reposer une demi-heure; ajoutez-y une demi-livre de beurre, et donnez-lui quatre tours comme au feuilletage; moulez votre gâteau, abaissez-le très-épais; coupez les bords en losange; dorez-le; mettez-le sur un plafond; rayez-le et piquez-le; faites-le cuire à un four atteint; une heure et demie doivent suffire pour sa cuisson.

Gâteau au lard. — Prenez du petit lard; coupez-le en lames; faites-le dessaler dans l'eau; vous aurez fait une pâte brisée, dans laquelle vous aurez mis moins de sel qu'on n'en met ordinairement; formez-en un gâteau; déchiquetez-en les bords; mettez-le sur un plafond; dorez-le; couvrez-le de lames de petit lard que vous aurez égouttées, et desquelles vous aurez ôté les couennes; faites-le cuire au four ainsi qu'il est dit ci-dessus.

Gâteau au fromage. — Ayez le quart d'un fromage de Brie, gras et bien affiné, que vous pilerez et passerez au tamis avec un litron et demi de farine; faites-y un puits ou fontaine, mettez-y trois quarterons de beurre; maniez votre fromage; pilez un peu de fromage de Gruyère râpé, et six œufs entiers; détrempez votre pâte à trois fois; fraisez-la; ramassez votre pâte, moulez-la, laissez-la reposer une demi-heure; après, abaissez-la avec un rouleau, faites-en un gâteau de l'épaisseur de trois doigts; déchiquetez-le avec le taillant de votre couteau; retournez-le, dorez-le, rayez-le, et faites-le cuire à un four ordinaire.

Gâteau du sérail. — On fait bouillir un moment une demi-setier d'eau, une pincée de sucre, un demi-quarteron de beurre, un peu d'écorce de citron vert râpé très-fin, avec un peu de sel; on y met ce qu'il faut de farine pour faire une pâte bien liée, et on la remue sur le feu jusqu'à ce qu'elle quitte la casserole; on la retire du feu, et on y met, pendant qu'elle est chaude, un œuf, blanc et jaune ensemble, lequel on remue jusqu'à ce qu'il soit bien lié dans la pâte; et on continue ainsi à mettre des œufs l'un après l'autre, jusqu'à ce que la pâte se colle aux doigts. Alors, on retire cette pâte du feu, et on y met encore des œufs, un à un, ce que la pâte peut en absorber, avec des macarons écrasés, de la fleur d'orange pralinée et hachée, et du citron vert râpé; on dresse ses gâteaux de la forme et de la grandeur qu'on les souhaite, on les fait cuire à propos; on sème dessus des pistaches délayées avec du sucre fin et un blanc d'œuf, et on les fait sécher au four un moment.

Gâteau à la crème. — Mettez sur une table un litron de farine; faites un trou dans le milieu pour y mettre un demi-setier de crème double, une bonne pincée de sel; pétrissez légèrement la pâte; laissez-la reposer une demi-heure; ensuite, vous mettez une bonne demi-livre de beurre dans la pâte; abattez-la cinq fois comme une pâte à feuilletage, ensuite vous en formerez un gâteau ou plusieurs petits; dorez-les avec de l'œuf battu, et faites cuire au four : vous vous réglerez sur cette dose pour faire la quantité de gâteaux que vous voudrez.

Gâteau à la Royale. — On met dans une casserole une pincée de citron vert haché, deux onces de sucre, un peu de sel, gros comme la moitié d'un œuf de beurre, un bon verre d'eau; on fait bouillir un moment, et on y ajoute quatre ou cinq cuillerées de farine; on fait dessécher sur le feu, en remuant toujours, jusqu'à ce que la pâte soit bien épaisse, et qu'elle commence à s'attacher à la casserole; on l'ôte du feu et on y met un œuf à la fois, en remuant fort avec la cuillère, jusqu'à ce qu'il soit bien mêlé dans la pâte; on continue d'y mettre des œufs un à un de cette façon, jusqu'à ce que la pâte soit molle sans être liquide; ensuite on mettra un peu de fleur d'orange pralinée et deux biscuits d'amandes amères, le tout pilé bien fin ; on dresse les petits gâteaux de la grosseur de la moitié d'un œuf sur du papier beurré ; on dore le dessus avec de l'œuf battu , et on fait cuire une demi-heure au four d'une chaleur douce.

Gâteau de riz. — On met dans une petite marmite un peu plus d'un quarteron de riz bien lavé ; on le fait crever sur le feu avec un verre d'eau , et ensuite de bon lait, jusqu'à ce qu'il soit bien cuit et épais ; on le laisse refroidir ; on fait une pâte avec un litron de farine, du sel, quatre œufs, une demi-livre de beurre et le riz ; on pétrit le tout ensemble et on en forme un gâteau, on le dore avec de l'œuf battu, et on le fait cuire au four pendant une heure, ou sous un couvercle de tourtière : on a soin de beurrer le papier qu'on met au-dessous du gâteau.

Gâteau de sable. — Lavez du beurre dans de l'eau tiède ; quand il sera amolli, mettez-le dans un mortier, et avec le pilon, incorporez dans votre beurre une livre de sucre ; ajoutez peu à peu une livre de fleur de farine, douze jaunes d'œufs crus, et une poignée de fleur d'orange pralinée que vous aurez préalablement écrasée. Fouettez six blancs d'œufs et incorporez-les avec votre appareil ; beurrez une tourtière, versez-y votre appareil, et faites-le cuire. Si votre gâteau est bien fait, il devra, quand il sera froid, tomber sur la langue et sous les doigts, en poussière de sable.

Gâteaux fourrés aux confitures. — On prend de la pâte à feuilletage ; on en forme deux gâteaux égaux, de la grandeur du plat d'entremets et de l'épaisseur de deux écus chacun ; on met sur le premier des confitures, en laissant un doigt de bord, que l'on mouille avec un doroir trempé dans l'eau ; on met le second gâteau sur le premier, et on colle bien ensemble avec les doigts en les maniant tout autour ; après les avoir un peu façonnés, on les dore avec de l'œuf battu, et on les fait cuire au four. Cuits et sortant du four, on passe dessus un doroir trempé dans du beurre, et on jette partout de la petite nonpareille. Une autre fois, pour changer, à la place de nonpareille on mettra du sucre fin, et on passera la pelle rouge par-dessus pour les glacer.

Gâteau à la portugaise. — Émondez et pilez une demi-livre d'amandes ; incorporez avec vos amandes trois jus d'oranges avec leurs zestes hachés ; mettez votre appareil dans une terrine ; ajoutez deux onces de fécule, six jaunes d'œufs, et une demi-livre de sucre pulvérisé ; incorporez-y les blancs de vos six œufs, après les avoir bien battus ; mettez votre appareil dans une caisse longue et beurrée ; faites cuire à feu doux ; quand votre gâteau sera cuit, coupez-le en petits morceaux carrés que vous marquerez de glace royale ; faites sécher à l'étuve.

Gâteau à la manière de Pithiviers. — Ayez des amandes que vous préparerez comme pour les petits gâteaux d'amandes (*V*. cet article au mot AMANDE) ; mettez avec vos amandes un quarteron de beurre fin, un peu de zeste et de citron haché, et une demi-livre de sucre en poudre ; mettez-y à mesure trois œufs entiers ; préparez une tourte comme pour la frangipane, en diminuant de moitié la largeur de la bande ; après avoir mis votre appareil dans la tourte, recouvrez-la d'une abaisse de feuilletage à six tours, que vous ne laisserez pas plus large que votre bande ; goudronnez le tour avec le dos de votre couteau ; dorez-le ; déchiquetez le dessus ; mettez-le à un bon four ; quand votre gâteau sera cuit, poudrez-le bien de sucre, et servez-le chaudement.

Gâteau de vermicelle. — Ce gâteau se fait comme celui au riz. Si vous voulez le faire soufflé, mêlez avec votre vermicelle six blancs d'œufs fouettés ; versez dans une petite casserole d'argent, et ne mettez au feu que lorsque les entrées seront desservies.

Les gâteaux de lazagues, de nouilles, de semouille, de sagou, etc., se préparent comme le gâteau au riz (*V*. ci-dessus).

Grand gâteau de mille feuilles à la Royale. — Vous masquez le dessus d'une grande abaisse d'un demi-pot de marmelade d'abricots, vous la recouvrez avec une seconde ; ensuite vous masquez l'épaisseur de ces deux abaisses avec du blanc d'œuf préparé comme le précédent. Vous roulez ce gâteau sur des pistaches hachées bien fines, ce qui encadre le gâteau d'une bordure de verdure. Après l'avoir mis dix minutes au four chaleur molle, vous le retirez et le mettez de côté ; mais pendant qu'il est au four, vous masquez encore une grande abaisse de confiture de groseilles de Bar, et la couvrez. Vous masquez aussi l'épaisseur de ces deux abaisses avec du blanc d'œuf, et vous les roulez ensuite sur du gros sucre bien égal en grosseur ; vous les mettez au four tout de suite, afin que le gros sucre n'ait pas le temps de se fondre par l'humidité du blanc d'œuf ; et, après dix minutes, vous le retirez du four, pour que le blanc d'œuf n'ait que le temps de sécher sans prendre couleur.

Ainsi donc, vous suivrez les mêmes procédés que ci-dessus, pour unir les deux abaisses deux par deux, par le moyen des confitures qu'elles contiennent entre elles. Au fur et à mesure que vous en avez deux de mariées, vous masquez leur épaisseur de blancs d'œufs, et les roulez tour à tour sur des pistaches et sur de gros sucre, ce qui vous donne réellement, à la fin de cette opération, huit gâteaux fourrés de deux abaisses chaque, dont quatre seront entourés de pistaches, et les quatre autres de gros sucre.

Lorsque tous ces gâteaux sont bien refroidis, vous commencez à placer sur une abaisse de pâte d'office un gâteau, dont le tour sera masqué de pistaches (mais vous posez les plus grandes les premières, et finissez par les plus petites). Masquez la superficie de gelée de groseilles blanches : placez par-dessus le second grand gâteau, dont le bord doit être au sucre ; vous enlevez ces gâteaux par le milieu, afin que leurs bordures fragiles ne soient pas déflorées par vos doigts, en les plaçant les uns sur les autres. Après avoir masqué la superficie du second gâteau, vous en placez un troisième par-dessus, dont le tour doit être aux pistaches. Masquez la superficie de confiture ; recouvrez-le d'un quatrième gâteau entouré de gros sucre. Terminez votre gâteau de mille feuilles, en plaçant successivement un gâteau aux pistaches masqué de confitures, un au gros sucre masqué de confitures, un aux pistaches masqué de même, et ainsi de suite ; enfin placez le dernier qui doit être entouré de gros sucre, et qui sera masqué encore de confitures ; vous posez par-dessus la dernière abaisse que vous aurez meringuée, perlée et décorée de confitures comme la précédente.

Gâteaux (petits) à la Madeleine. — Étendez sur un plafond que vous aurez beurré de la pâte à la Madeleine ; étalez-la bien et ne lui laissez que l'épaisseur de trois lignes ; mettez-la à un four doux : quand elle sera presque cuite, coupez-la avec le couteau en lui donnant la forme qui vous conviendra ; achevez sa cuisson ; retirez-la et séparez les rognures ; dressez sur le plat comme il vous conviendra.

Gâteaux à la fleur d'orange, à la violette, à l'anis, à l'angélique, à la bergamote, etc. (*V.* CONSERVES).

GAUFRES, pâtisserie d'origine brabançonne.

Gaufres ordinaires. — On prend quatorze onces de farine et six onces de crème fraîche, une livre de sucre en poudre et quatre gros de fleur d'orange ; on bat la farine avec la crème ; quand il ne reste plus de grumelots, on y jette le sucre ; on y ajoute la crème, et on met l'eau de fleur d'orange, en sorte que le mélange soit aussi clair que du lait ; on chauffe alors le gaufrier, et on le

graisse avec un pinceau trempé dans du beurre frais fondu dans une casserole de terre ; on met une cuillerée et demie de mélange pour former la gaufre, et on presse un peu le fer pour la rendre plus délicate. On la pose sur du charbon allumé dans un fourneau, et quand le gaufre est cuite d'un côté, on retourne le fer de l'autre. Pour s'assurer du degré de cuisson, on entr'ouvre tant soit peu le fer ; si la gaufre est bien colorée, on la retire à l'aide d'un couteau que l'on passe dessous, et on la roule sur elle-même à mesure qu'elle se détache ; on l'étend toute chaude dans les formes selon lesquelles on veut l'avoir, et on la met à mesure à l'étuve, pour qu'elle puisse s'entretenir bien sèche.

Gaufres à la flamande. — Mettez dans un vase de terre un litron de farine ; prenez-en le quart ; faites un petit levain avec un quart d'once de levûre de bière et un peu d'eau tiède ; laissez revenir votre levain dans le fond de votre vase : étant assez revenu, ajoutez-y un quart d'once de sel, une once de sucre, un quarteron de beurre, six œufs ; mêlez bien le tout ensemble, et finissez de mouiller votre appareil avec de la crème chaude : il faut que cela soit liquide comme de la pâte à frire : couvrez votre vase ; laissez-la revenir pendant deux heures dans un endroit chaud ; au bout d'une heure et demie, ajoutez-y deux petits verres de bonne eau-de-vie ; maniez bien votre appareil pour le corrompre ; faites chauffer votre gaufrier, et, au moment de servir, vous ferez cuire vos gaufres. Servez avec du sucre en poudre par-dessus.

Gaufres à l'allemande. — Émondez une livre d'amandes douces ; coupez-les en filets beaucoup plus minces que pour le nougat ; vos amandes coupées, mettez-les dans un vase avec trois quarterons de sucre en poudre et deux pincées de fleur d'orange pralinée ; maniez-les avec des blancs d'œufs ; ayez des feuilles d'office ; frottez-les de cire vierge et d'un peu d'huile ; mettez votre appareil dessus, le plus mince que vous pourrez ; ajoutez-y, si vous voulez, des pistaches hachées ; mettez-les au four un peu chaud : à moitié cuites, retirez-les du four ; coupez-les par carrés bien égaux ; remettez-les au four un instant ; retirez-les, et donnez-leur la forme de gaufres sur un bâton que vous avez disposé pour cela : aussitôt qu'elles seront froides, mettez-les sur un tamis ; tenez-les à l'étuve jusqu'au moment de les servir.

Gaufres au beurre de la Prévalais. — Mettez dans une terrine trois cuillerées de sucre en poudre et trois cuillerées de farine, un peu d'eau de fleur d'orange et une pincée de râpure de citron ; vous ferez fondre dans un demi-setier d'eau deux onces de beurre de la Prévalais, et vous délaierez peu à peu votre pâte avec l'eau et le beurre; il faut bien prendre garde qu'il n'y ait pas de grumelots, et qu'elle soit coulante, c'est-à-dire, ni trop claire, ni trop épaisse : vous ferez chauffer votre gaufrier également des deux côtés; lorsqu'il sera chaud, vous le graisserez avec du beurre; vous mettrez une cuillerée de votre pâte, et la ferez cuire, en la tournant des deux côtés : vous retirerez votre gaufre; lorsqu'en ouvrant le fer elle sera d'une belle couleur dorée, vous la lèverez et la mettrez sur un rouleau de pâtissier, pour lui faire prendre la forme, en appuyant dessus avec la main; vous en remettrez tout de suite une autre, et les mettrez toutes à mesure dans un tamis à l'étuve, pour les faire sécher, jusqu'à ce qu'on les serve.

Gaufres à la crème. — Prenez trois cuillerées de sucre en poudre et trois de farine, deux œufs, le blanc et le jaune, la râpure d'un citron et un peu d'eau de fleur d'orange; délayez le tout avec de la crème douce, et que la pâte ne soit ni trop claire, ni trop épaisse, et surtout qu'il n'y ait point de grumelots : vous faites chauffer votre fer des deux côtés, et le graissez avec de la cire blanche ou du bon beurre; vous faites cuire ces gaufres comme les autres : si vous voulez leur donner une autre forme que celle du rouleau, vous aurez un morceau de bois bien uni, de la longueur d'un pied et de la grosseur d'une canne; lorsqu'elles seront cuites, en appuyant le morceau de bois sur le fer, vous les roulez autour, vous les retirez et les mettez dans un tamis.

Gaufres au vin d'Espagne. — Mettez dans une terrine quatre onces de sucre en poudre et quatre onces de belle farine, deux œufs bien frais, blancs et jaunes; le tout délayé avec du bon vin de Malaga : faites que la pâte ne soit ni trop épaisse, ni trop claire, c'est-à-dire, comme celle des gaufres à la crème.

Gaufres aux amandes. — Pilez une livre d'amandes; mettez la même quantité de sucre; jetez vos amandes dans un vase; mouillez-les avec assez de blancs d'œufs, en sorte que vous puissiez les étaler avec la lame du couteau sur des feuilles d'office; étalez votre appareil le plus mince possible; ayez des amandes hachées bien fin et mêlées avec du sucre; mettez-les sur votre appareil; placez-les au four comme il est indiqué aux gaufres à l'allemande, et procédez en tout de la même façon.

Gaufres en cornets. — On prend trois onces de beurre frais, trois jaunes d'œufs, une pinte d'eau, douze onces de sucre en poudre et douze

onces de farine; on fait fondre le beurre, et on jette dedans le sucre et la farine; on le retire lorsqu'il est bien chaud; on fait ensuite les gaufres comme il est indiqué ci-dessus, et on leur donne, avec un rouleau, la forme d'un cornet.

On peut employer pour faire des gaufres (au lieu de pâte) des macarons d'amandes amères, des macarons d'avelines et des macarons de pistaches au caramel. Il est suffisant de les imbiber de crème crue avant de les étreindre et de les faire biscuire au gaufrier.

GELÉE. — Nous avons déjà parlé des gelées de fruits en confiture (*V.* pages 169 et suivantes), ainsi nous allons traiter ici des gelées d'entremets, qui proviennent de substance animale et dont la gélatine est toujours la base.

Gelée de viandes. — Prenez deux livres de tranche de bœuf, dont vous séparerez la graisse, et que vous couperez en gros dés, une vieille poule et un vieux coq coupés en quatre, et un jarret de veau fendu en deux, et ensuite coupé en travers; mettez le tout dans une marmite, avec trois pintes d'eau; faites bouillir et écumez avec soin; ajoutez deux grosses carottes, deux gros ognons, dont un piqué de deux clous de gérofle, un pied de céleri et du sel; faites bouillir à petit feu pendant quatre heures : passez et laissez refroidir; mêlez-y deux blancs d'œufs battus, et mettez le tout dans une casserole sur le feu; écumez et faites réduire; éprouvez de temps en temps la gelée en en laissant tomber quelques gouttes sur une assiette ou dans une cuillère; si ces gouttes en se refroidissant prennent une bonne consistance, retirez la gelée du feu, passez-la à l'étamine, et laissez refroidir.

Cette gelée, saine et nutritive, convient à l'alimentation des convalescents. On l'emploie avec avantage dans la cuisine pour lier des sauces; c'est un très-bon mouillement pour des braises, parce qu'étant déjà saturée, elle ne prend rien aux viandes qu'on y fait cuire, et que celles-ci conservent la totalité de leurs sucs.

Gelée de coq (suivant la recette de la bonne madame Fouquet). — « Pour rétablir » promptement et merveilleusement bien les forces » d'un malade en convalescence, vous prendrez un » vieux cocq de la grande espèce et le ferez couper » en quatre quartiers. Mettez-les dans une huguenote de terre, neufve et bien écurée avec du sa- » blon, ajoutez-y quatre septiers d'eau de pluye ou » de rivière, mais non pas de source dure; aussy » quatre oignons blancs, six navets, six cheruis, un » baston de cannelle rouge et une branche de cer- » fœuil, le tout sans sel ny sans espices. Quand le

»tout aura bouilly durant une heure et demie,
» vous y adjouterez quinze amandes doulces émun-
» dées, une poignée de pignons blancs, une autre
» poignée de graines de mellons, six onces d'orge à
» la perle et une douzaine de dattes de Barbarie.
» Laissez mitonner et consommer à petit feu trois
» heures encore. Alors passez le dict bouillon de
» cocq, où vous adjoindrez, quand il sera seullement
» tiède, un plein gobelet de vieulx vin d'Espagne,
» dict *ranciot*, et de sucre candit au capillaire et
» mits en pouldre, afin qu'il se puisse dissouldre
» aysément et sans faire languir. Estant reffroidy,
» ce bouillon sera devenu en gellée claire et nette
» que vous donnerez par cuillers à bouche, ou par
» coupolles, en suyvant l'estat des personnes et le
» bon advis de la faculté.»

Gelée restaurante (suivant la formule indiquée par M. Brillat de Savarin). — Prenez six gros ognons, trois racines de carottes, une poignée de persil ; hachez le tout et le jetez dans une casserole, où vous le ferez chauffer et roussir au moyen d'un morceau de bon beurre frais.

Quand ce mélange est bien à point, jetez-y six onces de sucre candi, vingt grains d'ambre pilé, avec une croûte de pain grillée et trois bouteilles d'eau que vous ferez bouillir pendant trois quarts d'heure, en y ajoutant de nouvelle eau pour compenser la perte qui se fait par l'ébullition, de manière qu'il y ait toujours trois bouteilles de liquide.

Pendant que ces choses se passent, tuez, plumez et videz un vieux coq et deux perdrix rouges, que vous pilerez, chair et os, dans un mortier, avec le pilon de fer ; hachez également deux livres de chair de bœuf bien choisie.

Cela fait, on mêle ensemble ces trois chairs, auxquelles on ajoute suffisante quantité de sel et de poivre.

On les met dans une casserole, sur le feu bien vif, de manière à les pénétrer de calorique ; et on y jette de temps en temps un peu de beurre frais, afin de pouvoir bien sauter ce mélange sans qu'il s'attache.

Quand on voit qu'il a roussi, c'est-à-dire que l'osmazôme est rissolée, on passe le bouillon qui est dans la première casserole. On en mouille peu à peu la seconde ; et quand tout y est entré, on fait bouillir à grandes vagues pendant trois quarts d'heure, en ayant toujours soin d'ajouter de l'eau chaude pour conserver la même quantité de liquide.

Au bout de ce temps, l'opération est finie, et on a une potion dont l'effet est certain ; toutes les

fois que le malade, quoique épuisé par quelqu'une des causes que nous avons indiquées, a cependant conservé un estomac faisant ses fonctions.

Pour en faire usage, on en donne, le premier jour, une tasse toutes les trois heures, jusqu'à l'heure du sommeil de la nuit ; les jours suivants, une forte tasse seulement le matin, et pareille quantité le soir, jusqu'à l'épuisement de trois bouteilles. On tient le malade à un régime diététique léger, mais cependant nourrissant, comme des cuisses de volaille, du poisson, des fruits doux, des confitures ; il n'arrive presque jamais qu'on soit obligé de recommencer une nouvelle confection. Vers le quatrième jour, il peut reprendre ses occupations ordinaires, et doit s'efforcer d'être plus sage à l'avenir, s'il est possible.

En supprimant l'ambre et le sucre candi, on peut, par cette méthode, improviser un potage de haut goût, et digne de figurer à un dîner de connaisseurs.

La méthode de hacher la viande et de la roussir avant que de la mouiller peut être généralisée pour tous les cas où l'on est pressé. Elle est fondée sur ce que les viandes, traitées ainsi, se chargent de beaucoup plus de calorique que quand elles sont dans l'eau ; on s'en pourra donc servir toutes les fois qu'on aura besoin d'un bon potage gras, sans être obligé de l'attendre cinq ou six heures, ce qui peut arriver très-souvent, surtout à la campagne. Bien entendu que ceux qui s'en serviront glorifieront le professeur.

Gelée magistère, inventée par le même physiologiste. — « Le restaurant qui précède est destiné pour les tempéraments robustes, pour les gens décidés, et pour ceux, en général, qui s'épuisent par action.

» J'ai été conduit, par l'occasion, à en composer un autre beaucoup plus agréable au goût, d'un effet plus doux, et que je réserve pour les tempéraments faibles, pour les caractères indécis, pour ceux, en un mot, qui s'épuisent à peu de frais ; le voici :

» Prenez un jarret de veau, pesant au moins deux livres ; fendez-le en quatre sur sa longueur, os et chair ; faites-le roussir avec quatre ognons coupés en tranches, et une poignée de cresson de fontaine ; et, quand il approche d'être cuit, mouillez-le avec trois bouteilles d'eau que vous ferez bouillir pendant deux heures, avec la précaution de remplacer ce qui s'évapore, et déjà vous avez un bon bouillon de veau.

» Faites piler séparément trois vieux pigeons et vingt-cinq écrevisses bien vivantes ; réunissez le tout pour faire roussir ; et, quand vous voyez que la chaleur a pénétré le mélange, et qu'il commence à gratiner, mouillez avec le bouillon de veau, et poussez le feu pendant une heure. On passe ce bouillon ainsi enrichi, et on peut en prendre matin et soir, ou plutôt le matin seulement, deux heures avant déjeûner. C'est également un potage délicieux.

» J'ai été conduit à ce dernier magistère par une paire de littérateurs qui, me voyant dans un état assez positif, ont pris confiance en moi, et, comme ils disaient, ont eu recours à mes lumières.

» Ils en ont fait usage, et n'ont pas eu lieu de s'en repentir. Le poète, qui était simplement élégiaque, est devenu romantique; la dame, qui n'avait fait qu'un roman assez pâle et à catastrophe malheureuse, en a fait un second beaucoup meilleur, et qui finit par un bel et bon mariage. On voit qu'il y a eu, dans l'un et l'autre cas, exaltation de puissance; et je crois, en conscience, que je puis m'en glorifier un peu. »

Gelée de pieds de veau (pour opérer des entremets au sucre). — Prenez trois pieds de veau bien échaudés; fendez-les en deux, et faites-les dégorger dans l'eau; essuyez-les et frottez-les avec des tranches de citron; mettez-les ensuite dans une marmite, avec trois litres d'eau et le jus de deux citrons; faites bouillir; écumez avec soin, et faites cuire à petit feu pendant deux ou trois heures : passez la gelée au tamis, et laissez-la refroidir jusqu'à ce qu'on puisse y tenir le doigt.

Battez deux blancs d'œufs avec un verre d'eau; ajoutez cette eau d'œufs à la gelée, qu'on remet sur le feu dans une grande casserole non couverte.

Faites bouillir pour concentrer la gelée; enlevez les écumes à mesure qu'elles se forment.

Essayez de temps en temps la gelée, en en répandant quelques gouttes sur une assiette, qu'on expose à un courant d'air frais; lorsque les gouttes refroidies acquièrent beaucoup de consistance, passez la gelée à l'étamine, et laissez-la refroidir.

Cette gelée peut se conserver en hiver pendant cinq ou six jours, et même plus si elle est très-concentrée : en été, elle ne se conserve pas plus de quarante-huit heures.

Il y a deux moyens de la conserver beaucoup plus long-temps : l'un consiste à la faire bouillir une fois par jour; l'autre, c'est d'y ajouter une ou deux onces d'esprit-de-vin par pinte de gelée.

Gelée de colle de poisson. — L'ichtyocolle ou colle de poisson provient de la membrane ou vessie natatoire de l'esturgeon qu'on a fait sécher; la plus fine est roulée en petits anneaux. La colle de poisson est de la gélatine pure; et comme cette gélatine est dépourvue de saveur, on l'emploie souvent en cuisine pour faire des gelées qu'on aromatise de diverses manières.

Pour faire un entremets *renversé*, prenez une once quatre gros de colle de poisson; après l'avoir coupée par petites parties, vous la lavez à plusieurs eaux tièdes. Mettez-la dans un moyen poêlon d'office avec cinq verres d'eau filtrée, et placez-la sur le feu. Aussitôt qu'elle est en pleine ébullition, vous placez le poêlon sur l'angle du fourneau, de manière que l'ébullition soit toujours forte. Vous avez soin d'ôter l'écume à mesure qu'elle paraît; et lorsque la réduction s'est opérée des trois quarts, vous passez votre colle de poisson dans le coin d'une serviette, au-dessus d'un vase bien propre.

Gelée de violettes printanières. — Après avoir clarifié douze onces de beau sucre, vous épluchez deux paquets de belles violettes fraîchement cueillies; vous les jetez avec une pincée de graines de cochenille dans le sirop presque bouillant. Couvrez hermétiquement l'infusion, afin que le parfum des fleurs ne s'évapore pas; et lorsque le sucre n'est plus que tiède, vous le passez au tamis de soie. Vous y mêlez un demi-verre de bon rossolis de Turin, et une once de colle presque froide clarifiée selon la règle. Remuez ce mélange avec une cuillère d'argent; ensuite vous pilez dix livres de glace, que vous placez dans un grand tamis ou dans une grande terrine. Vous incrustez votre moule d'entremets au milieu de cette glace, en ayant soin qu'il en soit entouré d'une égale épaisseur et jusqu'auprès du bord. Après avoir versé la gelée dans le moule, vous le couvrez avec un couvercle de casserole, sur lequel vous mettez un peu de glace.

Trois heures de temps suffisent pour la congélation de ces sortes de gelées.

Étant prêt à servir, vous prenez une casserole assez grande pour y faire entrer le moule aisément; vous l'emplissez à la moitié d'eau chaude, où l'on ne puisse tenir la main qu'avec peine. Alors vous y plongez le moule avec promptitude, en ayant soin que l'eau passe par-dessus la gelée. Renversez aussitôt la gelée sur son plat en enlevant le moule. Cette partie de l'opération exige une extrême agilité.

On doit avoir la précaution de ne jamais déposer les gelées de fleurs et de fruits rouges dans aucun vase étamé; de même, de ne point les toucher avec des cuillères d'étain, parce que ces sortes d'ustensiles rendent toujours les gelées d'un violet terne. Par cet inconvénient, au lieu de conserver leur couleur primitive et leur transparence qui font toute leur beauté, elles deviennent de très-pauvre mine. Tels sont les suites et résultats de l'inexpérience ou du manque d'attention.

On fait également cette gelée de la manière suivante : vous broyez les fleurs dans un mortier; vous les mettez dans le sirop tiède seulement, et laissez l'infusion se faire pendant cinq à six heures; après quoi vous la passez à la serviette fine, et la mettez avec la colle et le rossolis. A l'égard de la colle de poisson, pour en obtenir une once clarifiée, il faut en employer deux gros en plus, attendu la perte qui se fait par la clarification. Cette observation s'applique à toutes les gelées en général.

Gelée printanière à la rose. — Clarifiez douze onces de sucre; versez dedans une trentaine de belles roses effeuillées et une pincée de graine de cochenille. Couvrez parfaitement l'infusion; dès qu'elle n'est plus que tiède, passez-la au tamis. Joignez-y un demi-verre d'eau de rose distillée et un demi-verre de kirchwasser, puis une once de colle de poisson clarifiée.

Pour le reste de l'opération, *V*. la recette précédente.

On procédera de même que ci-dessus pour préparer des gelées de jasmin, de tubéreuse, de jonquilles et d'œillets. Pour une gelée d'entremets, on emploiera seulement quatre onces de l'une de ces fleurs effeuillées.

Gelée de fleur d'orange au caramel. — Lorsque vos douze onces de sucre sont clarifiées, vous en faites cuire la moitié au caramel, c'est-à-dire que vous lui laissez prendre couleur sur un feu modéré; aussitôt qu'il est teint d'un beau jaune rougeâtre, vous le retirez du feu, et jetez dedans une once quatre gros de fleur d'orange cueillie du jour ; mais vous la mêlez au caramel avec une cuillère d'argent, et lorsque ce mélange est froid, vous y versez deux verres d'eau filtrée et toute bouillante. Laissez ainsi le caramel se dissoudre sur des cendres rouges; ensuite, vous passez ce sirop au tamis ou à la chausse, s'il est nécessaire. Lorsqu'il est passé, vous mêlez avec cette infusion le reste du sucre et une once de colle clarifiée : moulez la gelée comme de coutume.

Gelée de fleur d'orange au vin de Champagne. — Après avoir clarifié dix onces de sucre, vous jetez deux onces de fleur d'orange, nouvellement cueillies, dans ce sirop presque bouillant. Couvrez-le parfaitement; lorsque l'infusion est presque froide, passez-la au tamis de soie. Mêlez-y une once, deux gros de colle et un verre et demi de bon vin de Champagne mousseux; terminez l'opération de la manière accoutumée.

Gelée de fraises. — Pesez une livre de fraises épluchées que vous presserez légèrement, et jetez-les dans quatre onces de sirop très-clair : couvrez l'infusion, et laissez-lui passer la nuit. Le lendemain matin, vous la filtrez à la chausse. Pendant ce temps, vous clarifiez huit onces de sucre selon la règle; mais dès l'instant qu'il est presque clarifié, vous jetez dedans une pincée de graines de cochenille pour le teindre d'un beau rose; après l'avoir passé au tamis, vous y joignez une once de colle de poisson et le suc de deux citrons bien sains, ensuite vous y mêlez le fruit. Remuez légèrement la gelée, que vous aurez soin de mouler de suite, et mettez-la à la glace. Observez surtout que le sucre et la colle ne doivent être que tièdes lorsque vous les mêlez ensemble. Cette remarque s'applique généralement à toutes les gelées d'entremets.

Lorsqu'on n'a pas le temps de passer le fruit à la chausse, on jette tout simplement les fraises dans le sirop en ébullition, avec une pincée de graines de cochenille. Vous couvrez l'infusion et la laissez refroidir, et vous terminez la gelée en y joignant la colle nécessaire.

Lorsque la saison permet de mêler aux fraises une livre de groseilles blanches, on supprime le suc de citron et la cochenille.

La gelée de framboises se prépare de point en point comme la précédente, avec cette différence que vous employez une livre de framboises et une livre de groseilles blanches.

Gelée de groseilles rouges. — Égrenez une livre de belles groseilles rouges bien transparentes, puis quatre onces de framboises; et après en avoir pressé le jus, vous le filtrez à la chausse et le mêlez avec douze onces de sucre et une once de colle clarifiée. Pour le reste du procédé, vous suivrez les détails donnés à l'article de la gelée de violette.

On met une pincée de graines de cochenille dans le sirop lorsque les groseilles sont trop nouvelles, parce qu'elles ne donneraient pas assez de couleur à la gelée.

La gelée de groseilles blanches se prépare de la même manière que la précédente, en y joignant des framboises blanches; mais cette sorte de gelée est toujours opaque et d'une teinte un peu troublée.

Gelée de cerises. — Otez les noyaux et les queues à deux livres de belles cerises bien sucrées et d'une bonne maturité. Ajoutez quatre onces de groseilles rouges égrenées; pressez ce fruit pour en exprimer le jus, que vous filtrez ensuite à la chausse; après quoi vous le mêlez avec trois quarterons de sucre clarifié selon la règle, et une once de colle de poisson. Vous terminez l'opération de la manière accoutumée.

La gelée de merises se prépare de la même manière.

Gelée des quatre fruits. — Ayez quatre onces de belles cerises, quatre de framboises, quatre de fraises, et huit de groseilles rouges. Pressez le tout et faites filtrer ensuite ce jus par la chausse ; vous le mêlerez après cela dans la dose de sirop et de colle nécessaire à l'opération. Finissez la gelée suivant la règle.

Gelée de verjus. — Égrenez deux livres de beau verjus ; ensuite pilez une poignée d'épinards : joignez-y le suc de verjus, et le tout étant parfaitement broyé, filtrez-le à la chausse, ce qui doit vous donner une liqueur d'un vert très-tendre et très-clair. Alors vous le mêlez dans douze onces de sucre et huit gros de colle clarifiée. Vous terminez la gelée de la manière accoutumée.

Gelée de raisin muscat. — Après avoir égrené deux livres de raisin muscat rouge et de bonne maturité, vous le pressez fortement pour en exprimer le suc, que vous filtrez ensuite à la chausse. Vous le mêlez avec dix onces de sucre, une de colle de poisson clarifiée et le jus de deux citrons. Suivez le reste du procédé comme il est désigné pour la gelée de violette.

Gelée d'épine-vinette. — Vous égrenez deux livres d'épine-vinette grosse, claire et bien mûre ; le sirop étant en ébullition, vous y versez le fruit ; après quelques bouillons, vous couvrez l'infusion, et la passez au tamis de soie. Quand elle est presque froide, vous y joignez une once de colle de poisson, et terminez l'opération selon la règle.

Gelée de grenades. — Égrenez cinq grenades bien rouges et bien mûres ; exprimez-en le jus en pressant fortement les grains sur un tamis de crin : filtrez ce jus à la chausse, et mêlez-le avec le sirop, que vous aurez teint légèrement de rose avec quelques graines de cochenille ; ensuite joignez-y la colle nécessaire, et finissez la gelée de la manière accoutumée.

Gelée d'abricots. — Otez les noyaux de dix-huit abricots de plein-vent, bien rouges en couleur ; cuisez-les six par six dans le sirop que vous aurez soin de tenir un peu plus léger que de coutume. Le fruit étant cuit, vous le passez à la serviette pour en exprimer le suc autant que possible : vous y joignez le sirop que vous aurez passé au tamis de soie ; et, après y avoir mêlé la colle

nécessaire, vous terminez le procédé comme de coutume.

La gelée de pêches se prépare de la même manière.

Gelée d'ananas. — Ayez un bel ananas bien mûr et d'un bon fruit ; vous le coupez menu, et le jetez dans le sirop en ébullition : laissez-lui jeter quelques bouillons, et passez-le au tamis de soie. Lorsqu'il est presque froid, joignez-y un peu de caramel pour teindre la gelée d'un beau jaune, puis le jus de deux citrons et une once de colle de poisson clarifiée. Pour le reste du procédé, voyez la gelée de violette.

Lorsque le fruit est bien mûr, on le presse fortement, et ensuite on le filtre à la chausse ; la gelée en est plus claire. On emploie au même effet le suc d'ananas qui nous vient des Antilles (*V*. ANANAS).

Gelée d'oranges de Malte. — Vous exprimez le jus de douze oranges et de deux citrons bien sains : ayez soin d'ôter les pepins qui pourraient se trouver dans le jus, parce qu'ils donneraient de l'amertume à la gelée. Ensuite vous zestez, aussi mince que possible, le zeste de deux grosses oranges bien douces ; vous versez le jus et le zeste dans la chausse, et quand il est filtré vous le mêlez dans le sirop que vous aurez teint d'un beau rouge avec de la cochenille. Vous y joignez aussi deux gros de colle clarifiée, et suivez le reste du procédé de la manière accoutumée.

Gelée d'oranges en écorces. — Choisissez dix belles oranges bien faites, dont l'écorce sera fine et foncée en couleur ; vous les coupez avec un coupe-racine de quinze lignes de diamètre, de manière que le bouton de la queue de l'orange se trouve parfaitement au milieu du petit couvercle de l'orange que vous enlevez avec le coupe-racine. Ensuite, avec une petite cuillère à café, vous videz peu à peu les oranges, en les dégarnissant en grande partie de la pelure blanche qui renferme le jus du fruit. Au fur et à mesure que vous avez une orange vidée, vous la plongez dans une grande terrine pleine d'eau fraîche, afin que l'écorce se raffermisse et reprenne sa fraîcheur primitive. Vous faites filtrer à la chausse, pendant que vous videz une autre orange comme la première, et vous avez les mêmes attentions pour vider le reste des oranges ; sept oranges sont suffisantes pour un entremets. Ayez soin, en les vidant, de ne point percer l'écorce avec la cuillère. Lorsque cela arrive, on remédie à ce petit accident en bouchant la place endommagée avec un peu de beurre (afin que la gelée ne fuie pas) ; mais, pour cela, il faut que le dommage soit peu de chose, sinon vous recommenceriez à vider des oranges autant que vous en auriez eu de percées.

Lorsque le jus est filtré à la chausse, vous y joignez le suc de deux citrons, et finissez la gelée de même que la précédente en y mêlant le sirop et la colle; ensuite vous mettez les écorces d'orange dans un grand tamis, et les entourez de glace pilée très-fine : mais vous les placez à deux bons pouces de distance entre elles, afin de faciliter la congélation; ensuite vous garnissez les oranges de leur gelée. Lorsqu'elles sont prêtes à servir, vous replacez sur chacune d'elles le petit couvercle de l'écorce que vous avez ôtée pour les vider. Après les avoir essuyées, vous en mettez six sur une serviette damassée, pliée correctement, placée sur le plat d'entremets. Vous élevez la septième orange sur le milieu des six autres, et entremêlez avec goût entre chaque orange des feuilles d'oranger ou de laurier rose.

Pour servir ces oranges d'une manière plus riche et plus brillante, vous les dressez dans une petite corbeille de pâte d'office, rose et verte, ou de pastillage; et pour qu'elles soient plus brillantes encore, vous couvrez les oranges seulement (et toujours dans la corbeille) avec une cloche de sucre filé dans un moule formant le dôme.

Gelée d'oranges rubannée. — Vous préparez sept *coques* d'oranges de la même manière que ci-dessus, avec moitié seulement de la dose de leur gelée. Vous préparez autant de blanc-manger (*V.* cet article), c'est-à-dire que vous pilez huit onces d'amandes douces avec dix amandes amères. Alors vous délayez avec deux verres et demi d'eau, puis vous passez avec pression le lait d'amandes à la serviette. Vous y mêlez six onces de beau sucre en poudre et une bonne demi-once de colle clarifiée. Le tout étant bien amalgamé, vous le passez de rechef à la serviette; et après avoir placé les coques à la glace, vous versez dans chacune d'elles une cuillerée à bouche de blanc-manger. Dès qu'il se trouve congelé, ce que vous voyez aisément en posant le bout du doigt au-dessus du blanc-manger, alors vous versez par-dessus une cuillerée et demie de gelée d'orange; aussitôt que celle-ci est prise, vous la masquez avec deux cuillerées de blanc-manger; lorsqu'il est congelé, vous versez dessus deux cuillerées de gelée d'orange : vous finissez d'emplir les oranges en y versant alternativement du blanc-manger et de la gelée d'orange. Lorsqu'elles sont prêtes à servir, vous les coupez par quartiers et les dressez dans une coupe en pâte d'amandes.

On garnit encore ces coques de gelée blanche et de gelée rouge légèrement colorée; de même on teint le blanc-manger d'un beau rose tendre avec de la cochenille, ou d'un vert pistache très-tendre avec du suc d'épinards.

Ces sortes de gelées en rubans font un fort joli effet : on garnit encore les coques d'oranges de blanc-manger seulement : alors ce sont des oranges en *surprise*.

Gelée d'oranges en petits paniers. — Ce n'est autre chose que la gelée ordinaire, que l'on fait prendre dans des coques d'oranges, auxquelles on a donné la forme d'un petit panier. En les vidant on forme l'anse; on les dresse sur de petits gradins de pâte d'office, ce qui produit un charmant effet pour un goûter de petites filles.

Gelée de citrons. — Ayez douze citrons bien sains et bien juteux. Après les avoir coupés en deux, vous en exprimez le suc, et le filtrez à la chausse. Observez de ne point laisser de pepins dans le jus, parce qu'ils donneraient de l'amertume à la gelée. Vous clarifiez quatorze onces de beau sucre selon la règle; lorsque l'écume commence à monter, vous y jetez deux cuillerées de jus de citrons, ce qui doit le blanchir. Ensuite vous clarifiez une once deux gros de colle de poisson; et lorsque le sirop et la colle ne sont plus que tièdes, vous les mêlez ensemble, après quoi vous joignez le suc du fruit : versez la gelée dans un moule d'entremets, qui doit être placé à la glace. Lorsque la gelée est prête à servir, vous la démoulez de la manière accoutumée.

La beauté de la gelée de citron consiste à être très-lucide. C'est par cette raison qu'on ne met point de zeste dans cette préparation, car son addition donne toujours à la gelée une teinte jaunâtre.

Gelée de vanille au caramel. — Clarifiez douze onces de sucre; et après l'avoir passé au tamis de soie, vous en mettez la moitié dans un petit poêlon d'office, avec deux gousses de vanille bien givrée. Vous faites cuire ce sucre sur un feu modéré; aussitôt qu'il commence à se teindre d'un jaune rougeâtre, vous le retirez du feu, et versez dedans deux verres et demi d'eau filtrée. Après avoir couvert le poêlon, vous le placez sur des cendres rouges, pour faire fondre le sucre peu à peu, et lorsqu'il est parfaitement dissous, vous le filtrez à froid à la chausse. Ensuite vous y mêlez un demi-verre de liqueur des îles, une once de colle clarifiée et le reste du sirop. Vous terminez la gelée selon la règle.

On pourrait encore faire infuser la vanille dans le sirop, que l'on aurait teint avec de la cochenille. Cette couleur est préférable à la précédente.

17.

Gelée au café Moka. — Mettez quatre onces de café Moka dans un moyen poêlon d'office, et torréfiez-le sur un feu modéré, c'est-à-dire que vous le colorez sur un feu doux, en ayant soin de le remuer continuellement, afin de lui donner une couleur égale. Lorsqu'il est brûlé d'un beau jaune rougeâtre, vous en retirez le huitième ; vous jetez le reste dans trois verres d'eau filtrée et presque bouillante. Couvrez parfaitement l'ébullition et la laissez refroidir. Pendant ce temps, faites bouillir un demi-verre d'eau : en le retirant du feu, vous y jetez le huitième du café qui sera moulu ; et pour précipiter le marc, vous y joignez un peu de colle de poisson. Quand il est bien reposé, vous le tirez à clair et le mêlez avec l'infusion, que vous aurez passée au tamis de soie. Vous faites filtrer cette liqueur à la chausse, et la mettez ensuite avec douze onces de sucre clarifié, une de colle et un demi-verre de kirschwasser. Terminez l'opération de la manière accoutumée.

Cette gelée doit être d'une teinte de café à l'eau légèrement coloré.

Gelée au thé vert. — En clarifiant douze onces de sucre, vous le colorez avec une cuillerée de suc d'épinards ; et, après l'avoir parfaitement écumé, vous jetez dedans deux gros de thé heyswyn. Couvrez l'infusion, et laissez-la refroidir. Vous y joignez un demi-verre de rack, et la filtrez à la chausse ; après quoi vous y joignez la colle nécessaire, et suivez le procédé comme il est dit à la gelée de violettes.

Gelée d'essence d'angélique verte. — Après avoir lavé et bien essuyé deux onces de racine d'angélique, vous la coupez par parties, et la jetez dans le sirop bouillant, en y joignant une once de graines d'angélique concassée. Couvrez parfaitement l'infusion. Lorsqu'elle est froide, mêlez-y un demi-verre de kirschwasser, et passez l'infusion au tamis de soie. Faites filtrer le tout à la chausse ; ensuite ajoutez-y une once de colle de poisson.

Pour le reste, suivez les procédés décrits.

Cette gelée doit être colorée d'un vert extrêmement léger et transparent.

Gelée d'essence de menthe. — Le sirop étant presque en ébullition, vous jetez dedans douze gros de menthe frisée, nouvellement cueillie, et le zeste de deux beaux citrons bien sains. Couvrez l'infusion, et lorsqu'elle n'est plus que tiède, délayez un demi-gros d'essence de menthe poivrée dans un verre d'eau tiède. Mêlez-y un demi-verre de kirschwasser ; après quoi vous finissez la gelée, en y mêlant une once de colle clarifiée, et l'infusion que vous aurez passée au tamis de soie ou à la chausse, s'il est nécessaire.

Gelée au parfait amour. — Zestez aussi mince que possible un cédrat et deux citrons bien sains ; vous les mettez infuser avec six clous de gérofle concassés dans le sirop presque bouillant ; vous y joignez une pincée de graines de cochenille, afin de colorer la gelée d'un rose tendre. L'infusion étant froide, vous y mêlez un demi-verre de parfait amour, et la filtrez à la chausse ; ensuite vous y mettez une once de colle, et terminez l'opération.

Gelée au punch. — Jetez dans le sirop presque bouillant le zeste de deux citrons bien sains ; couvrez l'infusion, et pendant qu'elle se refroidit, filtrez à la chausse le suc de cinq citrons, que vous aurez pressés légèrement. Ensuite vous passez l'infusion au tamis de soie. Vous y mêlez un verre de vieux rhum de la Jamaïque, et une once de colle clarifiée, après quoi vous terminez la gelée comme de coutume.

Gelée de vin de Champagne rosé. — Clarifiez douze onces de sucre avec une douzaine de graines de cochenille, et passez-le au tamis de soie. Mêlez-le avec la colle tiède ; après quoi, joignez-y deux verres de bon vin de Champagne rosé, ce qui vous donnera une gelée savoureuse et d'un beau rose transparent. Ensuite moulez-la selon la règle.

On procédera de même que ci-dessus pour confectionner des gelées de vins de Malaga, d'Alicante, de Constance, de Tokai, de Calabre, de Chypre, et autres vins de liqueurs.

On ne mettra pas de cochenille avec les vins qui auront assez de couleur pour colorer la gelée.

Gelée de marasquin. — Après avoir clarifié trois quarterons de bon sucre royal, vous le mêlez avec une once de colle de poisson à tiède, et vous y joignez un verre et demi de vrai marasquin de Dalmatie. Le reste du procédé se termine comme de coutume.

Les gelées d'anisette de Bordeaux, de kirschwasser, et autres liqueurs tant exotiques qu'indigènes, se font de même que les précédentes, comme, par exemple, les eaux d'or, d'argent et de la côte ; les crèmes de cacao, de Moka, d'Arabie, des Barbades, de Malte, de rossolis, de scubac, etc.

Gelée-macédoine de fruits au transparent. — Après avoir préparé la gelée de fraises, comme il est indiqué précédemment pour la recette de cette gelée, vous placez un *grand dôme* bien droit dans dix livres de glace pilée. Vous posez le petit dôme dans le grand, que vous remplissez de gelée. Pendant sa congélation, vous épluchez une vingtaine de fraises ananas et autant de petites fraises ordinaires bien roses, puis autant de belles framboises blanches, une douzaine de belles grappes de groseilles blanches et autant de rouges (n'égrenez point ces fruits); lavez-les seulement et égouttez-les sur une serviette; mais ayez soin de ne les toucher que le moins possible, afin de ne pas nuire à leur fraîcheur primitive; ensuite, lorsque la gelée est prise, vous remplissez aux trois quarts le petit dôme avec de l'eau chaude, pour le détacher de la gelée, ce qui s'opère en un clin-d'œil. Alors vous l'enlevez avec attention du grand dôme, qui, par ce moyen, se trouve vide de tout le volume du petit.

Vous placez dans la gelée et au milieu, des grappes de groseilles blanches, que vous entourez d'une couronne de fraises ananas, ensuite une couronne de framboises blanches; puis vous versez dessus deux ou trois cuillerées de gelée conservée, et la laissez se congeler. Vous continuez à garnir l'intérieur de la gelée, en plaçant sur les framboises une couronne de fraises ordinaires, ensuite une couronne de groseilles blanches. Vous garnissez le milieu de ces fruits avec le reste des framboises, des groseilles blanches et de petites fraises; vous y joignez trois cuillerées de gelée, et continuez à placer sur les groseilles blanches une couronne de fraises ananas, ensuite une de groseilles rouges. Vous placez au milieu le reste des fruits, et achevez de remplir le moule de gelée. Le tout étant frappé par la glace, vous trempez le dôme dans une casserole d'eau chaude, et le retirez tout de suite, en plaçant dessus un plat d'entremets, que vous retournez. Vous enlevez le moule avec promptitude; alors vous voyez au milieu de la gelée transparente les fruits que vous y avez groupés avec symétrie, et l'ensemble de cet entremets est d'un effet *délicieux*.

On peut également préparer ces sortes de macédoines dans le même genre que les aspics ordinaires; alors on emploiera telle forme de moules que l'on jugera préférable.

Gelée-macédoine à la d'Escars. — Préparez la gelée de verjus selon les procédés décrits à la recette de cette gelée. Remplissez le moule de même que ci-dessus; et pendant sa congélation, pelez une belle pêche rouge en couleur, et coupez-la par quartiers. Vous en faites autant d'un gros abricot de bon fruit et coloré autant que possible, puis d'un brugnon bien mûr, coupé en quatre: ensuite vous épluchez une douzaine de guignes, autant de bigarreaux et de belles cerises. Lorsque la gelée est prise suffisamment, vous en détachez le petit dôme, comme il est dit ci-dessus. Vous garnissez l'intérieur de la gelée en pla-

çant au milieu un bigarreau, que vous entourez de guignes; vous y placez une seconde couronne en groupant les quartiers droits le long de la gelée. Vous garnissez le milieu avec le reste des quartiers du fruit. Vous faites une dernière couronne en plaçant une cerise et un bigarreau. Suivez le même procédé pour garnir le reste de la couronne. Tous les fruits étant placés, vous remplissez le moule du reste de la gelée conservée à cet effet. Quand vous êtes prêt à servir, vous renversez la gelée, en suivant les procédés indiqués pour la gelée de violettes.

Cette gelée est d'un effet encore plus pittoresque que la précédente.

On fait également cette macédoine, en y joignant quelques fraises, framboises et groseilles; on pourrait garnir le moule d'une gelée de raisin muscat; on pourrait aussi garnir le moule d'une macédoine de fruits rouges, mêlés d'une gelée de verjus ou d'une autre gelée blanche à volonté.

Gelée-macédoine de prunes à l'épine-vinette. — Remplissez le moule (décrit précédemment) de gelée d'épine-vinette (*V.* la manière de faire cette gelée); et durant sa congélation, séparez en deux six belles prunes de Monsieur, six reine-claude, douze mirabelles bien jaunes, et quelques petites grappes d'épine-vinette, avec une vingtaine de gros grains de raisin noir ou muscat rouge. Vous finissez le reste du procédé, en plaçant et disposant les fruits avec goût et régularité.

Gelée-macédoine d'oranges rouges au jus de cédrat. — Garnissez le moule de gelée de cédrats, comme il est décrit à l'article *gelée d'oranges*; et pendant que la gelée se forme, vous tournez, comme pour compote, quatre moyennes oranges dont le fruit sera rouge. Ensuite vous les coupez par quartiers, dont vous aurez soin d'ôter les pepins. La gelée étant prise, vous garnissez l'intérieur du fruit, que vous placez avec symétrie; après quoi vous achevez de garnir le moule avec le reste de la gelée, et terminez l'opération de la manière accoutumée.

Gelée-macédoine d'hiver aux fruits à l'eau-de-vie. — Ayez en fruits à l'eau-de-vie une pêche, deux abricots, quatre prunes de reine-claude, deux petites poires, douze cerises, le double de gros grains de verjus, quelques framboises, des grains de cassis, et quelques petits citrons verts. Égouttez parfaitement ces fruits sur une serviette; placez-les avec goût dans la gelée qui sera d'une liqueur quelconque. Quant au reste du procédé, suivez les détails décrits pour la macédoine de fruits rouges.

Gelées fouettées. — Après avoir préparé la gelée de fraises telle qu'elle est indiquée précédemment, vous en versez le quart dans le moule qui doit être mis à la glace; et dès l'instant que cette gelée est légèrement prise, vous ôtez le moule de la glace où vous placez un petit bassin (ou une petite poêle d'office) dans lequel vous versez le reste de la gelée; puis, avec un fouet de rameaux de buis, vous remuez doucement la gelée de même que si vous fouettiez des blancs d'œufs, ce qui bientôt opérera le même effet sur la gelée qui, par ce travail, devient mousseuse et blanchit comme le font les blancs fouettés; enfin, lorsque la gelée est transformée en une crème veloutée et très-blanche, vous la versez dans le moule, que vous replacez de suite à la glace, afin que la gelée soit frappée en trois quarts d'heures; après quoi, vous la démoulez selon la règle.

Il est important de verser la gelée aussitôt qu'elle est à son degré; car, si on attend quelques minutes seulement, quoiqu'en la fouettant toujours, elle épaissit au point qu'elle ne prend plus les formes du moule, et par ce résultat, lorsque vous renverserez cette gelée, elle sera toute difforme par les cavités qui se sont faites en versant la gelée trop prise dans le moule.

Il est facile de s'apercevoir que les gelées fouettées ne sont autre chose que des gelées ordinaires que l'on fouette sur la glace; ainsi on pourra, par les mêmes procédés, travailler toutes les gelées décrites dans les chapitres précédents.

Il est important de remarquer que la gelée se comprime quelquefois trop vite par le grand froid de la glace; alors, vous y mêlez, par intervalle, une cuillerée d'eau plus que tiède, ce qui facilite l'opération.

On doit remarquer que ces sortes de gelées demandent à être un peu moins collées que les autres.

GÉLINOTTE DES BOIS, sorte de poule sauvage qui se trouve surtout dans les forêts du Cantal et des Ardennes.

C'est un oiseau qui vit solitairement dans les bois; mais c'est sur les montagnes couvertes de sapins que les gélinottes se tiennent de préférence, parce qu'elles font des pignons leur principale nourriture. On ne les mange que rôties, et c'est un comestible des plus recherchés. On peut même ajouter que la gélinotte, le râle-de-genêt et l'engoulvent sont les plus estimés des gibiers de plume.

On connaît aussi une gélinotte d'eau, qui participe de la poule et du canard; elle s'apprête comme le canard sauvage et la sarcelle.

GENIÉVRE, fruit du genevrier. On s'en sert quelquefois comme assaisonnement, par exemple, dans la cuisson des jambons et dans la choucroûte. On en fait aussi quelques liqueurs vulgaires, et notamment le ratafia de Sénac.

GÉNOISE, pâtisserie d'entremets.

Génoises à l'orange. — Après avoir émondé quatre onces d'amandes douces, vous les pilez et les mouillez peu à peu avec la moitié d'un blanc d'œuf, et quand elles sont parfaitement pulvérisées, et qu'aucun fragment d'amandes n'est plus aperçu, vous les mettez dans une moyenne terrine avec six onces de farine, six de sucre en poudre (dont deux saturées de zestes d'orange), six jaunes d'œufs, deux œufs entiers, une cuillerée de bonne eau-de-vie et un grain de sel. Travaillez ce mélange avec la spatule pendant six minutes, ensuite remuez avec la spatule six onces de beurre fin que vous aurez mis à la bouche du four, afin qu'il s'amollisse sans se fondre. Cependant, lorsqu'il est bien moelleux et bien velouté, vous le mêlez dans un coin de la terrine avec un peu d'appareil, et après dans la masse entière. Travaillez encore ce mélange quatre ou cinq minutes, afin de bien amalgamer le beurre dans la pâte; vos génoises seront alors terminées.

Vous beurrez après une plaque ou un plafond à rebord; ou si vous n'avez pas sous la main les ustensiles nécessaires à cette opération, vous faites deux caisses de papier de neuf à dix pouces. Mêlez dans une petite terrine quatre onces de sucre très-fin, avec un peu de blanc d'œuf et une cuillerée de marasquin; finissez l'opération en faisant cuire au four et à feu doux.

Vous procédez de même pour les génoises au rhum.

Génoises aux pistaches. — Après avoir émondé quatre onces de pistaches, vous les pilez avec un peu de blanc d'œuf, afin qu'elles ne tournent pas à l'huile; vous les mêlez dans l'appareil en place d'amandes ordinaires. Joignez-y une cuillerée d'essence de vert d'épinards passé au tamis de soie.

Lorsque les génoises sont cuites à point, vous les masquez avec quatre onces de sucre travaillé dans un blanc d'œuf, et la moitié du suc d'un citron, afin que ce glacé soit d'une parfaite blancheur; ce qui fera un très-joli effet sur ces génoises, dont l'épaisseur doit être d'un vert extrêmement tendre.

Vous pouvez faire vos génoises comme de coutume, aux amandes douces; puis vous hacherez vos pistaches; et après avoir glacé vos gâteaux de même que ci-dessus, vous semez par-dessus vos pistaches. Cette manière est aussi distinguée que la précédente.

Génoises aux avelines.—Pilez parfaitement six onces d'avelines émondées ; puis vous en retirez un tiers, et mêlez le reste dans l'appareil. Lorsque vos génoises sont cuites, vous les coupez en croissant. Ne les remettez pas sécher comme de coutume ; ensuite mêlez les deux onces d'avelines conservées dans une petite terrine, avec quatre onces de sucre très-fin, et le quart d'un blanc d'œuf. Masquez vos génoises avec ce glacé, et donnez-lui une belle couleur jaune.

Génoises perlées au raisin de Corinthe. — Vous procédez de même que ci-dessus ; puis entre chaque perle vous placez un beau grain de raisin de Corinthe bien lavé. Vous pouvez en mettre un plus petit sur chaque perle.

Vous pouvez ainsi meringuer vos génoises de toutes formes possibles, soit en losange, en carré, en long et en croissant : cette dernière forme est la plus élégante.

GÉSIER. On nomme ainsi l'estomac des oiseaux. Cet organe est très-charnu dans toutes les espèces qui appartiennent à la famille des gallinacées (le coq et la poule sont les types de cette famille) ; la chair en est assez tendre, mais elle est à peu près dépourvue de saveur.

La membrane intérieure du gésier a la propriété de coaguler le lait comme la présure, et c'est une des substances employées le plus fréquemment pour cet usage.

GÉROFLE (*V.* AROMATES EXOTIQUES).

GIBELOTTE, préparation qui suppose toujours qu'une chose a été *dépecée.* Autrefois le mot *gibelotte* était synonyme de *capilotade ;* mais l'usage ne s'en est conservé qu'à l'égard du lapin et de l'oison de ferme (*V.* LAPIN.)

GIBIER, dénomination générique applicable à tous les animaux sauvages dont on mange la chair. On distingue le gibier proprement dit, en *venaison noire* ou *blanche,* en *gros gibier à plumes,* en *gibier à poil,* en *gibier fin* et en *petits pieds* (*V.* page 199 et suivantes).

GIGOT (*V.* AGNEAU, CHEVREUIL et MOUTON).

GIMBLETTES, pâtisseries dites de menu service ou de petit four (*V.* CROQUIGNOLES et CROQUEMBOUCHE).

GINGEMBRE (*V.* AROMATES et QUATRE ÉPICES).

GLACE, en terme de cuisine, est un jus de viande ou un fond de cuisson qu'on a fait réduire jusqu'à ce que la partie aqueuse en soit presqu'entièrement évaporée ; le jus est alors étendu au fond de la casserole, en forme de couche mince et transparente : c'est ce moment qu'on choisit pour y passer les viandes qu'on veut *glacer.*

Lorsqu'on fait *suer* une viande pour en extraire le jus, comme cette opération se fait sans mouillement, le jus est à l'état de glace, et l'on doit se hâter de le délayer pour empêcher qu'il ne brûle.

Il est impossible d'amener les sucs des viandes à l'état de glace sans qu'ils éprouvent un commencement d'altération ; mais quand cette altération ne dépasse pas un certain terme, ses effets se bornent à exalter la saveur de leurs sucs.

GLACE, en terme de confiseur, est le suc épaissi d'un fruit qu'on vient de confire, et qu'on emploie à l'état de gelée translucide, afin d'en recouvrir ce même fruit (*V.* ABRICOTS, MARRONS et autres CONSERVES).

GLACE, en terme d'office, est la condensation d'un liquide sucré par le moyen de la congélation. Nous allons en indiquer la formule.

Glace de veau. — Ayez un cuissot de veau que vous coupez en quatre parties, trois poules, une bonne quantité de légumes entiers ; faites écumer le tout dans une casserole, que vous remplirez de consommé. Cela fait, mettez-le sur un feu doux pour faire mijoter trois ou quatre heures ; passez ensuite votre glace à travers une serviette fine, afin qu'elle soit très-claire.

On peut aussi tirer de la glace avec des parures ou débris de viande que l'on met dans une casserole avec beaucoup de légumes, du bouillon ou de l'eau que l'on fait écumer avec la viande. On fait mijoter jusqu'à ce que les viandes soient cuites. Quand le mouillement a été passé, on met la glace dans une casserole, sur un fourneau ardent, et on fait réduire jusqu'à ce qu'elle devienne épaisse comme une sauce. Ne mettez point de sel dans votre glace, dont la réduction produira l'assaisonnement.

Il ne faut jamais y employer les viandes noires, comme gibier, mouton et bœuf, parce que la glace deviendrait de couleur trop sombre et de saveur trop forte.

Glace de cuisson. — Passez au tamis de soie le mouillement d'un ragoût quelconque, faites-le réduire jusqu'à l'état de glace, et joignez-y, à l'instant du service, un peu de beurre frais afin d'en corriger l'âcreté.

Glace de racines au maigre (*V.* POTAGES).

Glace d'office.

La crème unie à un arôme, les sucs de fruits et les sirops sont toujours la base de ces compositions.

On les fait congeler en les soumettant à l'action d'un mélange de glace pilée et de sel qui produit un froid de plusieurs degrés au-dessous de zéro.

Procédé pour glacer les liquides. — Il faut se munir d'une sorbetière, d'un seau propre à la contenir, de glace et de sel. On prend ordinairement pour cet usage le sel des salpêtriers, qui est moins pur et plus actif que celui dont on se sert pour assaisonner les aliments.

La sorbetière est un cylindre en étain d'environ huit à dix pouces de hauteur. Ce cylindre est terminé par le bas en hémisphère et ouvert par le haut. On le ferme avec un couvercle portant une forte poignée. Le couvercle s'ajuste à frottement avec la sorbetière, de sorte qu'en faisant tourner le premier, celle-ci est entraînée dans le mouvement.

C'est dans la sorbetière qu'on verse le liquide à glacer.

Le seau doit être en bois, assez profond pour que la sorbetière puisse y être plongée en entier, et assez large pour qu'il reste autour de celle-ci un espace de trois à quatre pouces suivant la grosseur de la sorbetière; c'est dans cet intervalle qu'on met la glace. Le seau doit être muni d'un couvercle en bois et emboîtant par dehors.

La glace doit être pilée aussi fin qu'il est possible sans la faire fondre.

La quantité de sel qu'on doit ajouter à la glace dépend du degré de consistance qu'on veut donner au liquide à glacer, et de sa nature.

Le *maximum* de la quantité de sel qu'on peut employer est d'une livre sur deux de glace. Lorsqu'on opère dans ces proportions, le froid produit est de quinze à dix-huit degrés sous zéro; mais on n'a jamais besoin, pour faire de bonnes glaces, d'un froid aussi intense.

Lorsqu'on a préparé le liquide à glacer, on le met dans la sorbetière qu'on place dans le seau, où l'on a déjà mis une couche de glace mélangée de sel. On achève de remplir l'intervalle entre le seau et la sorbetière avec le mélange.

On fait tourner la sorbetière, tantôt dans un sens et tantôt dans un autre, au moyen de la poignée. Cette manœuvre doit durer plus ou moins, selon la nature du liquide et l'intensité du froid produit. Elle ne doit jamais se prolonger au-delà de dix minutes.

Ensuite on ouvre de temps en temps la sorbetière pour remuer le liquide glacé en partie et ramener au centre ce qui est près de la circonférence; par ce moyen on donne plus d'homogénéité à la masse.

Lorsque le liquide est bien exactement condensé, on peut le servir; mais si l'on est obligé de le garder, on laisse la sorbetière dans la glace, et on remue de temps en temps le contenu avec une espèce de *houlette* faite exprès pour ce travail.

Si le liquide glacé est trop grenu, on y ajoute un peu de sirop de sucre, et on le travaille en le remuant avec ladite houlette.

Glaces à l'eau de fruits.

Glace de cerises. — Prenez deux livres de cerises bien mûres et non tournées; mettez-les dans un poêlon avec un quarteron de sucre (après en avoir ôté les queues et les noyaux); posez le poêlon sur le feu, et faites jeter un bouillon couvert. Versez les cerises sur un tamis et pulpez-les, de manière à ce qu'il ne reste sur le tamis que les pellicules. Broyez une poignée de noyaux, et mettez-les infuser pendant une heure avec le jus de deux citrons et un peu d'eau; ajoutez cette infusion à ce qui a passé des cerises avec une livre de sirop clarifié cuit au lissé.

Procédez comme il est prescrit ci-dessus.

Glace de fraises. — Choisissez des fraises les plus mûres et les plus parfumées; passez-les au tamis fin pour en séparer les graines.

Pour chaque livre de pulpe, ajoutez une livre de sirop cuit au lissé et le jus de deux oranges rouges.

Glace de framboises. — Procédez en tout comme pour la glace de fraises.

Glace de groseilles. — Égrenez deux livres de groseilles, et ajoutez-y un quarteron de framboises; mettez le tout dans un poêlon avec demi-livre de sucre, et faites jeter un bouillon couvert.

Versez le tout sur un linge et exprimez en tordant. Ajoutez au jus exprimé une livre de sirop cuit au lissé. Procédez comme pour les autres glaces.

Glace à la fleur d'orange. — Prenez un quarteron de fleurs d'orange dont vous ne conservez que les pétales; couvrez la fleur, lit par lit, de sucre en poudre, et laissez-la macérer ainsi pendant une heure; ensuite versez sur le tout deux livres d'eau bouillante et le jus de deux citrons; couvrez le vase, et laissez infuser pendant deux heures.

Après ce temps, passez au tamis de soie, et servez-vous de cette eau pour faire la glace.

Il faut employer de très-beau sucre, puisqu'on ne le clarifie pas.

On peut se servir aussi d'eau distillée de fleurs d'oranger.

Glace à l'abricot. — Prenez des abricots de plein-vent bien mûrs; pulpez-les sur un tamis. Ajoutez pour chaque livre de sucre une livre de sirop cuit au lissé. Pulvérisez une douzaine d'amandes, des noyaux, et mettez-les infuser avec un peu d'eau et le jus de deux citrons; passez cette infusion, et ajoutez-la à la pulpe. Du reste, procédez comme à l'ordinaire. (Cette méthode est celle de Gohier du Lompier, ancien chef d'office de la maison de MESDAMES de France.

Glace aux pêches. — Procédez comme pour la glace d'abricots.

Glace à la mirabelle. — Procédez comme pour la glace d'abricots, et suivez la même prescription pour opérer des glaces aux prunes de reine-claude, au perdrigon rouge et au melon cantaloup.

Glace au citron. — Mettez infuser dans une livre de sirop cuit au lissé les zestes de deux citrons. Le sirop doit être chaud. Exprimez le jus de huit citrons, et ajoutez-le au sirop. Si le tout est trop sucré, ajoutez de l'eau distillée en quantité suffisante.

Glace à l'orange. — Employez les zestes de trois oranges et le jus de huit oranges et de deux citrons. Procédez comme ci-dessus.

Glace à la bigarade. — Employez les zestes de deux bigarades et le jus de huit avec celui de deux citrons. Il faut une livre et demie de sirop.

Glace à l'ananas. — Coupez un ananas par tranches sans en rien retrancher; couvrez-les de beau sucre en poudre, et laissez macérer pendant deux heures. Versez alors sur le tout deux livres d'eau bouillante et le jus de deux citrons; laissez encore infuser pendant deux heures. Si vous pouvez avoir du jus d'ananas des îles, la confection de cet appareil en sera plus facile, et l'arôme en sera beaucoup plus incisif. Passez au tamis, et terminez comme les autres glaces.

Glaces à la Crème.

Glace à la vanille. — Faites bouillir une pinte de crème, et versez-la toute bouillante sur une infusion de vanille bien givrée; laissez infuser pendant deux heures, et passez au tamis.

Prenez les jaunes de huit œufs frais; délayez-les dans la crème, et mettez le tout sur le feu au bain-marie; remuez continuellement jusqu'à ce que la crème prenne une consistance suffisante. Passez-la à l'étamine, et lorsqu'elle sera froide procédez comme pour les autres glaces.

Glace à la fleur de cédrat (formule du château de Bellevue.)

Prenez Crème..........	1 pinte.
OEufs..........	8 jaunes.
Sucre..........	3 quarterons.
Fleurs de cédrat mises en poudre.......	2 onces.

Mettez le tout ensemble, et faites cuire la crème au bain-marie. Passez et laissez refroidir.

On peut aussi employer toute autre fleur, en procédant comme il est prescrit.

Glace de crème à la fleur d'orange grillée. — Elle se fait comme celle qui est formulée ci-dessus, à l'exception qu'on fait caraméliser une portion du sucre, et qu'on l'ajoute à la crème lorsqu'elle est à peu près cuite.

Glace de crème aux pistaches. — Mondez une demi-livre de pistaches et pilez-les le plus fin possible, avec un peu de crème et le zeste d'un citron.

Les pistaches étant bien en pâte, on les met dans un poêlon avec huit jaunes d'œufs et trois quarterons de sucre en poudre; on mêle bien le tout, et on ajoute successivement une pinte de crème; faites cuire au bain-marie; passez à l'étamine et laissez refroidir, après avoir ajouté trois cuillerées de suc d'épinards pour colorer cette glace en vert pistache.

Glace au chocolat à la crème. — Délayez huit jaunes d'œufs avec une pinte de crème et une demi-livre de sucre en poudre. Faites cuire au bain-marie. Pendant ce temps faites fondre une demi-livre de chocolat dans un verre d'eau; lorsqu'il sera bien fondu, mêlez-le avec la crème, et passez le tout à l'étamine; faites glacer comme à l'ordinaire.

Glace au café. — Faites une forte infusion de café à la Dubelloi. Employez du café peu brûlé.

Délayez huit jaunes d'œufs avec une pinte de crème ; ajoutez l'infusion de café avec une livre de sucre.

Faites cuire au bain-marie, etc.

Fromage glacé. — Confectionnez une quantité de glace quelconque. Lorsqu'elle est à son point, remplissez-en un moule que vous plongerez dans un mélange de glace et de sel.

Au moment de servir, on plonge rapidement le moule dans de l'eau chaude, et la glace s'en détache facilement.

Ordinairement on forme le fromage avec des glaces de différente nature, et on les distingue par leurs couleurs.

Glaces en forme de fruits. — Lorsqu'on désire que les glaces aient la forme et la couleur des fruits dont le suc ou le parfum a servi à les faire, on en remplit des moules d'étain, dont le creux forme une empreinte de ces fruits.

On plonge ces moules, après les avoir enveloppés d'un morceau de papier, dans un mélange de glace et de sel. Lorsqu'on veut servir, on trempe les moules dans l'eau chaude, on les essuie à l'instant même, et l'on en détache aisément les fruits glacés.

Toutes les glaces à la crème peuvent se diversifier à l'infini, car il ne s'agit, pour les varier, que d'immiscer une autre substance dans la crème cuite ou crue qui en fait la base. On va se borner à désigner celles de ces combinaisons qui réussissent le mieux.

Glace à la crème *à la fraise des bois.*

Glace à la crème *aux framboises blanches.*

Glace à la crème *à l'abricot et aux merises.*

Glace à la crème *aux pêches mignonnes.*

Glace à la crème *aux poires de rousselet.*

Glace à la crème *aux liqueurs des îles.*

Glace à la crème *à l'esprit d'angélique.*

Glace à la crème *à l'essence de menthe.*

Glace à la crème *au ratafia de noyaux.*

Glace à la crème *au vin de Chypre.*

Glace à la crème *à la Malvoisie d'Alicante.*

Glace à la crème *au melon sucrin.*

Glace à la crème *aux jaunes d'œufs de pinson.*

Glace à la crème cuite et *au pain de seigle.*

Glace à la crème crue et *au beurre frais.*

Soit qu'on les fasse servir en forme de briques, en tasses, ou bien en fortes pyramides appelées *fromages,* il est assez connu qu'on peut entremêler plusieurs de ces différentes sortes de glaces en les *panachant,* c'est-à-dire en les disposant par couches alternées, soit en hauteur et dans leurs moules à compartiments, soit par tranches horizontales et sur les tasses d'office usitées pour ce genre de service. On conseille de ne jamais panacher ou joindre avec aucune autre les glaces au café, au caramel, à la bigarade, ni aux liqueurs épicées, parce que leur voisinage est nuisible au goût des autres et qu'il ne leur profite pas. Il n'en est pas ainsi des glaces aux vins d'Espagne ou de l'Archipel, qui se marient fort agréablement avec les glaces à la crème blanche, au suc d'ananas, à la poire brune et aux fraises. Voici les meilleures combinaisons de *panachure,* ainsi que nous les trouvons portées sur le *Préceptoral des menus royaux,* pour l'année 1822 ; travail dont nous possédons les manuscrits signés par feu M. le duc d'Escars, premier Maître de l'hôtel du Roi.

Nº 716. On pourra panacher, à volonté, les glaces de crème blanche avec toutes celles au suc de fruits, à la réserve de celles au citron, à la bigarade et au verjus, non plus qu'avec les glaces à l'épine-vinette qu'on servira toujours sans mélange ou voisinage adhérent.

Nº 717. On devra, pour opérer les panachures, avoir égard, autant que possible, au formulaire inscrit sur le tableau suivant ; et s'il arrivait, par accident, qu'on ne puisse pas s'y conformer, on servira, pour ce jour-là, les fromages glacés en sorbetière et sans panachures. Cette règle est également pour les quatre premières tables et pour les trois secondes tables en Cour de France.

Nº 718. Tableau des glaces à la crème avec leurs adjonctions ou panachures les plus satisfaisantes.

Crème blanche et *Abricot.*

Crème blanche et *Orange.*

Crème crue et *Fraises.*

Lait d'amandes et *Verjus muscat.*

Lait de chèvre et *jus de Mûres.*

Crème-pistache et *suc de Pêche.*

Crème-vanille et *Framboises.*

Crème d'œufs et *poire de Rousselet.*

Crème au thé vert et *jus de Cédrat.*

Crème-chocolat et *ratafiat de Cassis.*

Ananas et *Noix fraîches.*

Crème à la cannelle et *Melon cantaloup.*

Crème d'œufs et *vin de Schiraz.*

Crème mousseuse et *vin de Sétuval.*

Crème d'aveline et *liqueur de Menthe.*

Crème de noisette verte et *Rossolis.*

Crème de Viry et *Mirobolan.*

Crème de Sotteville et *eau de Rhum.*

Crème double et purée de *Merise.*

Crème de pain bis et *Beurre frais.*

Les glaces nommées *à la Plombières* sont une espèce de sorbet dont les tasses doivent être remplies moitié de crème blanche à la vanille, et moitié de glace aux fruits rouges. On dispose habituellement à la surface de ces glaces, c'est-à-dire au haut du gobelet qui les contient, quelques morceaux de confitures sèches, ainsi que des merises au candi, de petits carrés d'angélique et des filets de citron confit.

Les *biscuits glacés* se confectionnent de la manière suivante. — Prenez douze gros biscuits en caisse; faites-leur absorber à chacun trois cuillerées de crème où vous aurez ajouté un peu de ratafiat de noyau. Immiscez votre liniment avec précaution et par petites cuillerées, afin que la forme de vos biscuits n'en souffre pas, et pour que leurs caisses ne s'humectent et ne se déforment point. Faites-les glacer entre deux grands plats qui devront être assez profonds et que vous couvrirez de glace pilée et mêlée de salpêtre, ainsi qu'il est indiqué pour la préparation des autres glaces. Lorsque vous jugerez ces biscuits assez bien glacés, vous en couvrirez le dessus avec une légère couche de gelée de framboises ou de glace aux fruits rouges.

Quand on veut faire glacer des *tranches de pastèque* ou des *côtes de melon*, on les fait d'abord macérer avec du vin de Madère et du sirop où l'on a joint un bâton de cannelle, une gousse de vanille et une pincée de macis. Au bout d'une ou deux heures, on les égoutte, on les sucre à blanc et on les fait congeler par le même procédé que pour les biscuits, c'est-à-dire entre deux vases foncés et recouverts de glace pilée.

La *macédoine de fruits rouges* doit être composée d'une livre de fraises entières, d'une demi-livre de cerises, d'une demi-livre de groseilles rouges et d'un quarteron de framboises. On y joint une livre de sucre royal en poudre, et l'on y ajoute le suc de trois oranges, ou, si la saison ne le permet pas, le jus d'un citron doux: on mélange le tout sans briser les fruits, mais de manière à les diviser également et à faire bien dissoudre le sucre; après laquelle opération préliminaire on les fait glacer convenablement, jusqu'à consistance de sorbet.

Macédoine de fruits glacés au vin du Cap. — Épluchez, pelez et partagez six abricots bien succulents, trois grosses pêches royales et douze prunes de reine-claude; épépinez quinze ou vingt grains de verjus rouge; coupez de la chair d'un melon bien mûr par tranches rondes en forme de deniers et de l'épaisseur d'une moitié d'abricot; coupez également en rouelles du même volume un ananas de la moyenne espèce; épluchez soigneusement trois oranges de Malte en en retirant les pepins, ainsi que les peaux blanches et les cloisons; enfin, mêlez avec tous ces fruits un quarteron de grosses fraises, soit de l'espèce rose-ananas, soit blanches des Alpes, ou muscates de Parme. N'y mettez que le sucre nécessaire, attendu que plusieurs de ces fruits en sont abondamment pourvus: ajoutez un plein gobelet de vin de Constance, et sautez légèrement votre appareil avant de le mettre à glacer.

On a pu remarquer que tous les gourmets expérimentés et en réputation estiment toujours beaucoup plus les fruits glacés que les glaces proprement dites. Tout donne à penser que c'est parce qu'ils y trouvent, indépendamment du plaisir de la sapidation gustuelle et du plaisir de l'absorption, celui de la mastication, qui leur donne le temps et les moyens de prolonger ces deux jouissances.

Sorbets ou glaces liquides.

Sorbet au citron. — Préparez le suc de fruit comme il est prescrit ci-dessus; faites-le prendre dans la sorbetière; mais n'attendez pas qu'il le soit en masse; détachez avec la houlette ce qui tient aux parois de la sorbetière, et brouillez le tout jusqu'à ce que vous obteniez un mélange de glace solide, qui doit être flottant dans un breuvage de glace fondue.

Toutes les préparations indiquées pour faire des glaces avec des sucs de fruits peuvent être mises à l'état de sorbet.

Les sorbets au fruit les mieux réputés sont ceux à la fraise, aux quatre fruits rouges, à la merise, à la pêche, à l'orange, à l'ananas, à la poire de Cressane, au verjus muscat, au melon vineux et à l'épine-vinette.

On en fait également avec toutes les eaux distillées d'aromates exotiques et de fleurs indigènes, parmi lesquels on distingue assez agréablement les sorbets à l'eau d'héliotrope, à l'eau de violette et à l'eau de jasmin.

Sorbet au marasquin. — Faites une préparation de glace au jus de citron, mais supprimez-en les zestes. Faites glacer un peu plus ferme qu'à l'ordinaire, et brouillez bien le tout après avoir ajouté un demi-verre de marasquin de Zara.

On peut employer à la confection des mêmes sorbets toute autre liqueur étrangère ou nationale, ainsi que les vins sucrés légers et liquoreux qui sont analogues à nos vins de Frontignan, de Lunel ou de Rivesaltes.

Sorbet au punch. — Faites un sorbet au citron et ajoutez-y un verre de bon sirop de punch. Le sorbet doit être plus fortement glacé qu'à l'ordinaire.

Boissons froides sans être glacées.

Préparez les divers sucs de fruits comme pour faire des glaces ; passez-les à travers une étamine serrée, clarifiez-les au blanc d'œuf, et mettez-les dans des carafes que vous ferez refroidir dans de l'eau de puits ou en les entourant de glace, et sans leur y laisser le temps de se trouver *frappées,* ce qui veut dire *congelées aux parois,* en terme d'office et de limonadier.

GLACIÈRE. — C'est un lieu qui doit être creusé en terre afin d'y serrer de la glace ou de la neige qu'on y ramasse en hiver pour en user pendant l'été. On doit placer la glacière au milieu d'un bois ou dans un grand bosquet qui se trouve néanmoins à proximité de l'habitation. Il faut choisir un terrain sec où l'on fait creuser une fosse circulaire de quatre à cinq toises de profondeur et de trois ou quatre de diamètre à son orifice. On doit la creuser en rétrécissant par le bas afin que la terre ne puisse ni s'ébouler ni s'affaisser. On garnit l'intérieur de cette fosse, à partir du bas jusqu'en haut, par un mur de moellons bien cimentés sur une épaisseur de quinze à dix-huit pouces. On aura eu soin de percer dans le fond de la même fosse un puisard de deux à trois pieds de large sur quatre de profondeur, et fermé d'une grille de fer à mailles serrées pour faciliter l'écoulement de la fonte et recevoir l'eau qui peut s'écouler de la glace fondue. Il ne faut donner aucun jour à une glacière, et pour y serrer la glace,

on choisit un jour froid et sec, on la fait briser à coups de maillet afin qu'elle puisse mieux s'entasser dans la glacière ; mais avant de l'y placer on n'omettra pas de garnir tout l'intérieur, c'est à savoir le fond et les parois de ladite glacière, avec une épaisse couche de paille, afin que la glace ne puisse être en adhérence avec la maçonnerie qu'elle ferait infailliblement gercer, boursouffler, lésarder et finalement s'écrouler sur cette utile provision. Le premier lit de glace doit être réduit en poussière, et l'on aura soin de le mouiller avec de l'eau tiède, pour que toutes les parties séparées y reprennent leur adhérence en y formant une masse compacte. Ensuite on y placera des morceaux de glace aussi volumineux qu'on pourra le faire, en ayant soin qu'ils soient aussi purs et aussi transparents qu'il sera possible. On en remplira tous les intervalles avec de la neige ou de la glace pilée ; mieux ils se trouveront entassés sans aucun vide et mieux la glace se conservera. La glacière pleine, il est bon d'établir autour de son orifice une espèce de banc ou de gradin circulaire que l'on construit avec de la neige mêlée de glaçons et dont l'usage est fort utile en été pour y déposer les poissons, les viandes et les autres provisions qu'on veut préserver de la chaleur et qu'on ne saurait laisser dans un garde-manger sans risque et sans inconvénient pour la conservation de ces comestibles.

On n'a pas besoin d'avertir que ce double puisard qui constitue la glacière doit être surmonté et environné d'un mur épais qui puisse en garantir l'entrée et qui doit être fermé par une double porte, une à l'extérieur de l'édifice, et l'autre en dedans. Il ne faut jamais ouvrir celle-ci, à moins que la première ne soit fermée, et c'est afin que l'air extérieur ne puisse y pénétrer pendant l'été. Il est bon que la sommité de la glacière soit formée d'une voûte en pierres maçonnées, et qu'elle soit recouverte d'une double toiture en chaume épais, ou bien en tiges de roseau.

La neige se conserve tout aussi parfaitement bien que la glace. Il faut commencer par la réunir et la rouler en grosses pelotes que l'on écrase à leur entrée dans la glacière en les y battant vigoureusement à coups de maillet.

GODIVEAU, hachis de viandes dont on forme des quenelles ou *boulettes,* afin d'en garnir des vol-au-vent, des tourtes et des ragoûts.

Godiveau à la bourgeoise. — Hachez bien une livre de noix ou de rouelle de veau dont vous aurez retranché les nerfs et les cartilages ; hachez également une livre de graisse de bœuf : mêlez la viande et la graisse ; ajoutez persil et ciboule hachés, sel et épices mêlés ; pilez ensuite le tout ensemble, en mettant successivement des œufs entiers jusqu'à ce que la pâte soit bien liée. Ajoutez alors un peu d'eau pour l'amollir ; on forme avec le godiveau des boulettes dont on garnit des pâtés chauds et autres plats d'entrée; mais, lorsque le godiveau doit être employé comme farce ou comme gratin, il ne faut pas y mettre d'œufs.

Godiveau à la Richelieu. — Parez une livre de noix de veau et une livre huit onces de graisse de bœuf bien *farineuse ;* le veau étant bien haché, vous y mêlez la graisse; et après avoir haché le tout bien fin, joignez-y une once de sel épicé, une pointe de muscade et quatre œufs: hachez encore pendant quelques minutes. Ensuite, pilez ce godiveau jusqu'à ce qu'aucun fragment de graisse ni de veau ne puisse être aperçu ; alors vous le relevez du mortier, pour le placer une couple d'heures à la glace ou dans un lieu frais ; ensuite vous le pilez en deux parties, et le mouillez peu à peu avec des morceaux de glace lavés, et gros comme des œufs, ce qui rend le godiveau lisse et très-lié : mais vous devez faire attention de le mouiller convenablement, afin qu'il soit de la consistance des farces à quenelle; ensuite vous le relevez dans une grande terrine, et pilez le reste de la même manière ; vous mettez ensuite le tout dans la terrine avec deux cuillerées de velouté, et une de ciboulette hachée très-fin, puis vous l'employez de même que la farce à quenelle.

Observation du cuisinier de M. le maréchal de Richelieu. « Quand je dis de piler de la »glace avec la viande, c'est parce que la glace aide »singulièrement à donner ce corps liant au godi-»veau, qui lui donne ce moelleux parfait et si dé-»sirable ; car lorsqu'il est tourné, il perd en partie »sa qualité, et cela arrive quelquefois en été, parce »que les grandes chaleurs empêchent que la graisse »de bœuf puisse se lier intimement avec le veau, »attendu que celui-ci est un corps humide, et l'au-»tre un corps gras. C'est par cette raison qu'il est »de rigueur de le mouiller à la glace pendant les »chaleurs de l'été, tandis que dans l'hiver c'est »inutile.»

Godiveau de blanc de volaille aux truffes. — Vous procéderez absolument de même que ci-dessus, avec cette seule différence que vous employez une livre de filet de poulardes, ou d'autres volailles, au lieu d'une livre de veau ; puis vous mêlez dans celui-ci quatre cuillerées de truffes hachées très-fin, en place des ciboulettes.

Godiveau de gibier aux champignons. — Vous employez les procédés décrits précédemment, excepté qu'on remplace le veau par une livre de chair de perdreaux gris, ou de lapereaux

de garenne (ces deux gibiers donnant plus de saveur et produisant plus de fumet que tous les autres), et de quatre cuillerées à bouche de champignons bien blancs, hachés et passés dans un peu de beurre à l'ail.

Godiveau maigre. — Après avoir pilé et passé au tamis à quenelle une livre de chair de carpe *de Seine* et quatre onces de panade, vous procédez pour le reste de l'opération de la manière accoutumée, c'est-à-dire que vous supprimez seulement la livre de veau (du premier paragraphe de cet article), que vous remplacez par la chair de carpe et la panade ; puis quatre cuillerées de fines herbes, assaisonnées d'une pointe d'échalote, de persil, de champignons et de truffes.

La panade qui entre dans ce godiveau vient de ce que la chair de carpe n'a pas assez de consistance pour en composer un godiveau d'un corps parfait ; car sans l'addition de la panade, il n'aurait pas assez de liaison pour supporter la cuisson.

On fait également du godiveau de chair de brochet, de turbot et d'anguille de mer, mais c'est toujours en y incorporant de la panade.

GOGUETTE ou GOGUE-AU-SANG. C'était jadis un plat de régal et de festivité populaire, ainsi qu'il y paraît encore à présent par l'emploi qu'on fait du mot *goguette.* Après mainte recherche et beaucoup de questions inutiles, nous avons fini par trouver dans le Bartas que ce *trez vieulx* et *trez bon ragoust* se doit composer d'un foie de porc frais haché, auquel on ajoute panne, ognons, herbes fines avec assaisonnement convenable. On détrempe le tout avec du sang de porc, de façon que cela ne soit pas trop liquide. On y met encore des jaunes d'œufs crus, de la coriandre en poudre, de la mie de pain trempée dans de la crème, le tout bien mêlé ensemble ; on le met dans une casserole garnie de bardes de lard et d'une crépine de porc frais. On fait cuire feu dessus, feu dessous, et la goguette étant cuite à point convenable, on la sert pour entrée avec une sauce Robert par-dessus. La même composition sert encore à faire des saucisses plates que l'on fait griller dans une crépinette, et qui se servent de même avec une sauce Robert, c'est-à-dire une purée d'ognons frits et fondus, où l'on ajoute un peu de moutarde au vinaigre.

GOUJON. Il y en a de deux espèces, l'un de mer qui est blanc et vert, et celui de rivière qui est bleuâtre. Le goujon de mer et celui de Seine doivent être choisis longs et menus. Le plus gros goujon est ordinairement *œuvé*, et n'a pas, à beaucoup près, la même bonté que les goujons mâles *à laitances.*

Goujons frits. — Après avoir écaillé, vidé et essuyé de beaux goujons sans les laver, embrochez-les dans des attelets d'argent; mettez-les dans une friture bouillante; retirez-les après sept ou huit minutes de cuisson, et servez-les garnis de persil frit en couronne.

Goujons à l'étuvée. — Après avoir écaillé, vidé et essuyé vos goujons, prenez le plat dans lequel vous devez les servir, et mettez au fond de ce plat du beurre avec persil, ciboules, champignons, une ou deux échalotes, fleur de thym, basilic, le tout haché très-fin, sel, gros poivre; arrangez dessus les goujons et assaisonnez-les comme en dessous; mouillez avec un verre de vin blanc; couvrez le plat, et faites bouillir sur un bon feu jusqu'à ce qu'il ne reste qu'un peu de sauce.

GOYAVE, fruit d'Amérique assez analogue à nos poires fondantes. On en fait à la Martinique et à la Guadeloupe une confiture fort agréable lorsqu'elle n'est pas trop sucrée, ce qui, du reste, est toujours pour ces préparations créoles un sujet de reproche universel.

GRAINES. Nous avons déjà parlé des graines céréales ainsi que des semences aromatiques; mais la composition qu'on appelle *Eau des sept graines* est une excellente liqueur céphalique et cordiale, dont voici l'ancienne formule: — Pilez une once de graine de carvi, autant de fenouil, autant d'anis vert et autant de semence de daucus; ajoutez une once et demie de coriandre, une demi-once de graine d'angélique, un gros de macis et une once d'anis étoilé; mettez infuser huit jours dans six pintes de bonne eau-de-vie, et distillez au bain de sable; faites votre mélange avec trois livres et demie de sucre fondu dans trois pintes et demie d'eau; filtrez à travers le papier-Joseph, et conservez cette composition dans des flacons bouchés à l'émeril.

GRAS-DOUBLE (*V*. page 87 et suivante).

GRATIN (*V*. Farce, Godiveau, Quenelles, etc.).

GRENADE, fruit du grenadier; sa chair est parsemée de pepins et abonde en un suc plus ou moins acide selon la variété de l'espèce et suivant la saison de l'année. Ce fruit est dépourvu d'arôme; il est peu recherché hors du pays où on le recueille, quoiqu'il soit facile à transporter.

« Il n'y a point de belles corbeilles de dessert » sans grenades, non plus que sans oranges. La » grenade ouverte, ainsi qu'un riche trésor de ru-» bis ou de grenats brillants, est un des plus beaux » joyaux de nos grandes corbeilles. Quand on n'a-» perçoit pas quelques-unes de ces grenades en-» tr'ouvertes aux flancs d'une pyramide de fruits, » elles n'y sauraient être remplacées par aucun » autre; et bien qu'on y voie éclater le vermillon » des plus belles pommes et l'émail varié de nos » grosses poires, avec l'or des oranges et la su-» prême beauté de l'ananas, on dirait qu'il man-» que quelque chose dans cette corbeille offerte » par le dieu Vertumne à la cour de Pomone. » Mais aussi bien nous faut-il avouer, qu'à » l'exception de ce beau rôle pour la décoration » des tables ou buffets, la grenade est un fruit qui » n'équivaut seulement pas à la groseille; elle ne » vaut pas mieux que l'épine-vinette; et c'est con-» venir qu'elle n'est presque bonne à rien dans » les pays tempérés où les quatre fruits rouges » sont abondants *et par excellence.* » (GOHIER DU LOMPIER, *voyez* page 29.)

Sirop grenadin (contre la toux sèche ou d'irritation). — Ayez douze grenades de l'espèce appelée *douce-vineuse;* exprimez le jus de ces fruits, et mettez-le dans une bouteille sans le boucher; exposez-la au soleil ou à portée d'un feu clair jusqu'à ce que son dépôt soit formé; tirez ensuite à clair, et mettez quatre onces de jus de fruit par livre de sucre cuit au soufflé; faites bouillir ensemble en consistance de sirop. S'il était trop décuit, faites cuire le sirop au perlé, qui est le degré de cuisson de tous les sirops. S'il était trop cuit, on peut le décuire en y mettant un peu de jus jusqu'à ce qu'il soit au perlé, qui est le degré de coction pour les sirops de garde.

GRENADIN, mets qui se compose avec poulardes, poulets, perdrix, pigeons, canards et autres volailles, en les farcissant d'un godiveau bien assaisonné, et qu'on fait cuire à la braise dans une marmite foncée de bardes de lard et de godiveau. Quand la sauce est réduite, on dresse le grenadin dans une tourtière, on le pane, on lui fait prendre couleur au four, et on le sert avec une sauce au jus de bigarade ou aux grains de verjus.

GRENOUILLES. Leur emploi, comme aliment, est souvent très-salutaire, en ce que la substance en est tout à la fois béchique et dépurative, adoucissante et nutritive. On fait, au moyen des cuisses de grenouilles (car on en rejette le haut du corps ainsi que la tête et l'intestin), on en fait, disons-nous, un consommé d'une saveur aussi fraîche et d'un aussi bon goût que le meilleur bouillon produit par des viandes blanches (*V*. BOUILLONS DE SANTÉ). Les cuisses de grenouilles, à l'état d'aliment solide, sont également indiquées dans certains cas hygiéniques ; et, du reste, il est bien aisé d'expérimenter que, sous le rapport gastronomique ou gustuel, on ne saurait trouver aucun comestible unissant plus de finesse de goût et de pureté dans la saveur, à la même délicatesse dans la contexture ou le parenchyme. Dans les comédies anglaises, il est toujours établi que les Français ne vivent que de grenouilles, et nous sommes fâchés que cette plaisanterie-là porte à faux. Les dix-neuf vingtièmes de la nation française ne se sont jamais trouvés face à face avec un plat de grenouilles ; et nous regrettons avec sincérité qu'on n'en mange pas, dans notre pays, plus généralement et plus souvent.

Grenouilles à la poulette. — Après avoir passé des cuisses de grenouilles à l'eau bouillante, vous les retirez à l'eau fraîche et les mettez dans une casserole avec des champignons, un bouquet de persil, ciboule, une gousse d'ail, un clou de gérofle, un morceau de beurre ; passez-les sur le feu deux ou trois tours, et mettez-y une pincée de farine ; mouillez avec un verre de vin blanc, un peu de bouillon, sel, gros poivre ; faites cuire un quart d'heure et réduire à courte sauce ; mettez-y une liaison de trois jaunes d'œufs, un bon morceau de beurre et du persil haché.

Grenouilles frites. — Faites mariner des grenouilles crues pendant une heure avec du vin blanc et du lait, persil, tranches d'ognons, gousse d'ail, deux échalotes, une feuille de laurier, thym, basilic ; ensuite vous les laissez égoutter et les farinez pour les faire frire : servez garni de persil frit.

Quelquefois, au lieu de les fariner, on les trempe dans une pâte faite avec de la farine délayée avec une cuillerée d'huile, un verre de vin blanc et du sel : il faut que la pâte ne soit pas trop claire, et qu'elle file un peu gras en la versant avec la cuillère.

GRIBLETTES, apprêt villageois qui consiste à faire cuire des tranches de porc frais en les sautant dans la poêle à frire. Leur assaisonnement le plus habituel est du blanc de poireaux coupés en tranches ou du vert d'ognon haché. C'est un mets apéritif et dont les palais blasés s'accommodent très-bien. — « *Je préfère vos griblettes et vos rillots de Touraine à tous nos sautés et nos suprêmes,* » écrivait tendrement le général Lafayette à son ami Paul Courrier, qui, du reste, était un homme infiniment équitable et tout-à-fait estimable, en gastronomie.

GRIOTTE, cerise tardive dont la chair et le jus sont très-colorés ; c'est l'espèce qu'on doit préférer pour confire à l'eau-de-vie et pour faire confire au demi-sec.

GRIVE, gibier de la famille des sylvains ; c'est au moment des vendanges que la grive atteint toute sa perfection dans les pays vignobles : mais elle est beaucoup plus parfumée dans les pays où elle est forcée de vivre exclusivement de baies de genièvre.

Grives rôties. — On ne les vide point. On les couvre d'une feuille de vigne et d'une barde de lard, et on met des rôties dans la lèchefrite pour recevoir ce qui en dégoutte. On les sert sur les mêmes rôties, qu'on assaisonne avec le jus d'un citron vert et un peu de poivre blanc.

Grives à l'eau-de-vie. — Écrasez un peu l'estomac des grives ; mettez-les dans une casserole avec du lard fondu, deux petits ognons, des champignons et des truffes. Faites-leur faire quelques tours ; mouillez avec de l'eau-de-vie ; poussez à grand feu et allumez l'eau-de-vie. Quand le feu est éteint, ajoutez un peu de jus, ou à défaut faites un roux. Laissez cuire doucement ; dégraissez la sauce et faites-la réduire.

On apprête encore les grives en gibelotte, en salmis, en croustades, en garnitures, et principalement à la sauce au laurier qui se trouve indiquée pour les *cailles à la reine-mère.* (*V.* page 118).

GRIL, instrument de fer qui sert à supporter les viandes qu'on fait griller. On le fabriquait autrefois avec de petites tringles de fer. On a imaginé depuis quelque temps un gril en tôle percée de trous qui a plusieurs avantages sur l'ancien (*V.* FOURNEAU).

GROSEILLES. Il y en a plusieurs espèces : la groseille à grappes, dont il existe deux sortes, l'une à fruit blanc et l'autre à fruit rouge. La seconde espèce est le fruit du groseillier épineux, vulgairement *groseillier à maquereau,* dont il existe cinq variétés, savoir, à fruit blanc, à fruit noir, à petit fruit jaune, à gros fruit vert et à fruit rougeâtre.

La groseille à maquereau, lorsqu'elle est verte, remplace le verjus : on peut la manger crue lorsqu'elle est mûre.

La groseille à grappes sert à faire des compotes, des gelées, des glaces et des sorbets (*V.* ces articles).

La groseille blanche est beaucoup moins acide que la rouge, et, lorsqu'elle est bien mûre, le suc en est sensiblement sucré. Cette espèce est malheureusement moins commune et moins productive que la rouge.

La groseille se conserve très-long-temps sur pied après l'époque de sa maturité, lorsqu'on la défend contre les oiseaux et qu'on la préserve des gelées hâtives en enveloppant les groseilliers dans des nattes et les étreignant avec des cordes de paille.

Dumpling aux Groseilles vertes (*V.* DUMPLING).

Pudding aux Groseilles rouges (*V.* PUDDING).

Sauce aux maquereaux (*V.* SAUCES).

Groseilles à la façon de Bar. — Prenez de belles groseilles très-claires, et les plus grosses possible. A mesure que vous les égrenez, vous retirez avec précaution les pepins avec le bec d'une plume. Qnand cette longue partie de l'opération est faite, vous versez le fruit dans douze livres de sucre royal cuit à la grande plume. Vous retirez aussitôt la poêle du feu, et, avec l'écumoire, vous remuez légèrement la gelée que vous remettez ensuite sur le feu pour lui donner un bouillon couvert seulement. Vous la retirez du feu, et, après l'avoir écumée, vous la versez dans des pots, ou, de préférence, dans de petits verres destinés à ces confitures.

GRUAU. C'est le grain d'une variété d'avoine qui a été débarrassée de toutes ses enveloppes. Ce grain mis à nu donne ainsi, par la mouture, la farine de gruau d'avoine. Le meilleur se tire des Ardennes, de la Touraine et surtout de la Bretagne.

Le gruau d'avoine et sa farine sont principalement appropriés au régime des malades et des convalescents. On en fait des tisanes, des potages et des crèmes cuites.

Potage de gruau d'avoine. — On le fait de deux manières, avec le gruau entier, ou bien avec le gruau réduit en farine.

Si vous employez la farine, examinez si elle est récente, car elle s'aigrit facilement, et il faut toujours la conserver soigneusement à l'abri de la chaleur et de l'humidité.

Délayez dans une tasse de bouillon une cuillerée de farine de gruau; mettez le tout dans une petite casserole, et faites bouillir pendant dix minutes.

Le gruau en farine se prépare de la même manière au lait et à l'eau; on y ajoute ordinairement du sucre ou un sirop, et on l'aromatise avec une eau distillée.

Si vous employez du gruau entier, faites-le tremper dans de l'eau pendant vingt-quatre heures; égouttez-le et faites-le bouillir long-temps à petit feu, avec du bouillon, de l'eau ou du lait sucré. Passez avec expression dans une étamine, ou dans un carré du même tissu que les tamis de soie.

Eau de gruau (*V. Pharmacie domestique* au mot TISANE).

Crème de gruau. — Mettez huit onces de gruau de Bretagne dans une terrine que vous remplirez de bon lait, avec un peu de cannelle en bâton, de citron vert, de la coriandre, du sel et du macis; faites bouillir jusqu'à ce qu'il forme une crème délicate; passez à l'étamine dans une grande jatte, et jetez-y du sucre; mettez sur le feu, sans faire bouillir, et remuez jusqu'à ce que le sucre soit bien fondu; posez-le ensuite sur la cendre chaude, et couvrez-le de manière qu'il se forme dessus une crème épaisse; servez très-chaudement.

GUIGNARDS, petits oiseaux de la famille du rouge-gorge et dont on fait à Chartres, à Pithiviers et dans tout l'Orléanais des pâtés fort estimés. Quant aux guignards qu'on nous envoie des plaines de la Beauce après la fin des moissons, c'est-à-dire au mois de septembre, on les enveloppe avec des feuilles de vigne et des lames de tétine, et puis on les embroche avec des attelets pour les faire rôtir ainsi que les autres petits-pieds.

GUIGNE, espèce de cerise, plus grosse que la cerise commune et d'une chair plus douce. Il y a des guignes blanches et des guignes rouges. Il s'en trouve aussi de noires. On appelle guignes une espèce de bigarreaux, ou plutôt les bigarreaux sont une espèce de guigne plus grosse et plus consistante que les guignes ordinaires. On les mange sans préparation, ainsi que les autres fruits à la main.

H.

HACHIS (*V*. FARCE, GRATIN, RISSOLES et QUENELLES).

HARENGS. On les distingue en harengs frais, harengs pecs, harengs saurs et harengs salés.

La plus belle et la meilleure espèce de harengs frais qu'on mange à Paris est celle qui nous arrive des côtes de Normandie : on peut les apprêter de plusieurs manières, ainsi qu'on le dira plus loin.

Le hareng pec ou nouvellement salé doit toujours provenir de Rotterdam, de Leuwarde ou d'Enkhuisen en Hollande. On le coupe à rouelles afin de le manger tout cru, sans lui faire subir aucun autre apprêt que celui d'une salade.

Les beaux harengs saurs, c'est-à-dire les plus grands et les plus charnus, les plus dorés et les mieux fumés au genièvre, sont les sawrets de Germuth en Irlande. On en tire assez bon parti dans certaines préparations au maigre et principalement en carême.

Les harengs salés ne sont presque jamais employés pour la table des maîtres, mais ils sont d'une grande utilité pour le premier repas des gens de basse-cour et des ouvriers. Quand ils ne doivent être cuits que sur le gril, il est bon de les avoir fait dessaler dans du babeurre ou de l'eau tiède, afin qu'ils ne puissent déterminer une altération continue dans l'intervalle des repas et pendant les travaux de la journée. On en fait, dans certaines provinces, une fricassée très-appétissante et confortable, en les faisant frire en petits morceaux et sans être dessalés, dans du saindoux, avec un amas de poireaux crus et hachés, ce qu'on mélange ensuite avec des pommes de terre de la grosse espèce farineuse qu'on a fait cuire *à la chaudronnée*, avec de l'eau, du sel, et quelques tiges de romarin. C'était le dernier évêque de Saint-Omer qui avait introduit l'usage de cet aliment dans son diocèse, et les journaliers du Ponthieu appellent encore ce ragoût le *fricot du bon Évêque*. Nous recommandons cette préparation rustique et très-économique aux anciens seigneurs de paroisse, aux bons propriétaires, ainsi qu'aux autres chefs de maison qui prennent garde au régime alimentaire de leurs ouvriers, et qui s'occupent, en réalité, du bien-être des pauvres gens.

Le hareng frais est un excellent poisson dont on ferait beaucoup plus de cas s'il était plus cher et plus rare. Il faut le choisir ayant les ouïes rouges et les écailles brillantes, étant rebondi du côté du ventre, c'est-à-dire étant gras et laité. Il n'arrive jamais à sa perfection qu'à la mi-septembre, ou tout au plus tôt vers la fin d'août.

Harengs frais, sauce à la moutarde. — Prenez douze ou quinze harengs, videz-les par les ouïes, écaillez-les, essuyez-les avec un linge bien propre; mettez-les sur un plat de faïence, versez un peu d'huile dessus, saupoudrez-les d'un peu de sel fin, ajoutez-y quelques branches de persil, et retournez-les dans cet assaisonnement ; un quart-d'heure avant de servir, faites-les griller et retournez-les trois fois pour chaque côté; leur cuisson faite, dressez-les sur un plat et saucez-les d'une sauce blanche (au beurre) dans laquelle vous aurez mis une cuillerée à bouche de moutarde, que vous aurez soin de ne pas laisser bouillir.

Harengs frais au fenouil. — Incisez des harengs le long du dos; frottez-les de beurre tiède et de sel ; enveloppez-les de fenouil ; faites-les griller, et puis servez-les avec une sauce rousse, où vous ajouterez une poignée de fines tiges et feuilles de fenouil que vous aurez bien hachées, et que vous aurez fait blanchir au vin blanc.

Harengs frais en matelote. — Mettez-les dans une casserole avec un morceau de beurre, persil, ciboules, champignons, une pointe d'ail, deux verres de bon vin, un peu de bouillon, sel et gros poivre; poussez-les à grand feu. Servez-les à courte sauce, et garnissez de larges croûtons frits.

Laitances de harengs en caisse. — Ayez un trentaine de harengs au lait; prenez-en les laitances, faites-les blanchir et égouttez-les ; mettez un morceau de beurre dans une casserole, avec champignons, persil, échalotes et ciboules hachés très-fin, sel, poivre et fines épices; passez ces fines herbes légèrement sur le feu, prenez garde qu'elles ne roussissent; ajoutez-y vos laitances; faites-les mijoter un instant dans cet assaisonnement ; vous aurez fait une caisse carrée, dans la-

18

quelle vous aurez étendu au fond un gratin maigre, de l'épaisseur d'un demi-doigt; huilez le dessus de votre caisse et le dehors, mettez-la sur le gril; posez ce gril sur une cendre chaude; faites cuire ainsi ce gratin; un instant avant de servir, mettez vos laitances dans cette caisse, posez sous le four de campagne avec un feu doux; au moment de servir, retirez votre caisse et dégraissez-la; saucez-la d'une espagnole réduite, dans laquelle vous aurez exprimé le jus d'un citron, et dans laquelle vous aurez mis un scrupule de piment rouge, ou poivre de Cayenne.

Harengs pecs (pour hors-d'œuvre). — Prenez cinq ou six de ces harengs; lavez-les, coupez-leur la tête et le petit bout de la queue, levez-en la peau, supprimez leurs nageoires ainsi que leur grosse arête : mettez-les dessaler dans moitié lait et moitié eau; lorsqu'ils le seront suffisamment, égouttez-les, coupez-les en tronçons, dressez-les sur une coquille ou bateau de hors-d'œuvre avec des tranches d'ognon cuit sous la cendre et de pommes de reinettes crues : servez-les avec une marinade ou vinaigrette bien battue et mêlée de cresson alénois.

Harengs pecs (en entrée maigre). — M. Beauvillier nous fait observer que, bien qu'on ne les serve ordinairement que pour hors-d'œuvre dans les *bonnes tables*, il arrive parfois que durant le *carême* on fait griller les harengs pecs, et on les masque, soit d'une purée de pois verts, d'une purée de lentilles ou d'une purée de haricots rouges. C'est un parti qui se trouve quelquefois nécessité dans les gros temps d'équinoxe, où, par une suite de malheureux jours intempestifs, on se trouve réduit à n'avoir que du poisson salé. Il n'en existe que deux ou trois espèces, et, dans la pénurie qu'on éprouve, on est obligé de faire, comme on dit, flèche de tout bois.

Harengs saurs. — Faites-les dessaler dans du lait; essuyez-les et faites-les mariner avec de l'huile, gros poivre, persil, ciboules, champignons, une pointe d'ail, le tout haché très-fin. Saucez-les dans la marinade et panez-les de mie de pain; faites griller de belle couleur, et servez à proximité de ce hors-d'œuvre une pile de tartines au beurre de noisettes.

Harengs saurs à la Sainte-Ménéhould. —Faites-les dessaler dans du lait; faites-les cuire un quart-d'heure dans une Sainte-Ménéhould ainsi composée : mettez dans une casserole un morceau de beurre manié de farine et de lait, persil, ciboule, ail, thym, laurier, basilic, un peu de poivre; faites bouillir et tournez toujours avec une

cuillère; mettez-y les harengs, et, lorsqu'ils sont cuits, trempez-les dans du beurre fondu, panez-les, et faites leur prendre couleur sous le four de campagne. Servez sur une rémoulade à l'huile verte et au vinaigre à l'estragon.

Bons emplois du hareng saur. — Faites dessaler dans du lait et faites ensuite griller de beaux harengs saurs d'Irlande : laissez-les refroidir et levez-en les filets dont vous vous servirez, 1° pour en faire des sandwish ou tartines au beurre frais; 2° pour en garnir des bateaux de hors-d'œuvres en les assaisonnant avec de l'huile fine et du jus de bigarade; 3° pour en couvrir des litières de nouilles ou de lazagnes au beurre, ainsi que des purées de pommes de terre, de marrons, de patates d'Espagne ou de haricots blancs à la crème; 4° pour en faire un gros hachis dont vous assaisonnerez des omelettes à l'huile ou des œufs brouillés. En y mêlant des olives pichalines tournées, de la crème de Sotteville à demi-sel et un peu de brou de noix, il en résulte un petit plat d'entrée qui n'est dépourvu ni de sapidité, ni de distinction.

On peut également en former de petits pâtés et des tourtes maigres.

HARICOTS, légume dont il existe un grand nombre de variétés. On emploie culinairement les haricots dans trois états. On mange la gousse entière lorsque les semences ne sont pas formées. Plus tard, on en mange les graines encore tendres, et puis on fait une grande consommation de leurs graines desséchées qui se conservent long-temps.

MM. Fourcroy et Cuvier avaient démontré que la substance des haricots secs était la plus nutritive de toutes les substances farineuses, et M. Shaller a vérifié que si la purée de haricots blancs est un peu moins nourrissante que le maigre de jambon, elle contient tout autant de principes alimentaires que la chair de bœuf, à poids égal. Il est bon de faire observer que les haricots, les fèves, les pois, les lentilles, et même quelques légumes herbacés, ne cuisent aisément que dans de l'eau très-pure et très-légère; celle des rivières et des ruisseaux est toujours la meilleure, et celle des puits ne vaut jamais rien. Il y a des espèces de haricots, tels que le *griveté*, le *suisse-rouge* et le *plat-blanc*, qui cuisent malaisément dans la meilleure eau; cela tient à l'espèce d'enduit qui les recouvre et qui empêche le mouillement de les pénétrer.

On peut remédier à cet inconvénient en mettant dans l'eau de leur cuisson un petit nouet de cendres de bois neuf, ou, ce qui vaut mieux encore, un peu de carbonate de soude ; on éprouvera que les plus réfractaires de ces légumes cuiront fort aisément.

Haricots verts à la poulette. — Ayez de ces haricots ce qu'il en faut pour faire un plat d'entremets ; choisissez-les bien petits et bien tendres ; épluchez-les, en cassant les deux bouts pour en enlever la partie filandreuse ; mettez-les à mesure dans de l'eau fraîche ; s'il s'en trouvait de trop gros, séparez-les dans toute leur longueur en deux parties ; ensuite ayez une casserole ou un chaudron dans lequel vous les ferez blanchir à grande eau et à grand feu, et vous aurez la précaution de ne mettre dans cette eau qu'une petite poignée de sel ; faites qu'ils soient bien verts et bien cuits, ce dont vous jugerez en les pressant entre vos doigts : leur cuisson faite, mettez-les dans de l'eau fraîche ; égouttez-les ; jetez-les dans une casserole avec un morceau de beurre ; coupez un ognon en petits dés ; passez-les à blanc dans le beurre ; votre ognon presque cuit, ajoutez une pincée de farine ; laissez-la cuire un peu sans roussir, mouillez-la avec une cuillerée à pot de bouillon ; assaisonnez de sel, de persil, et ciboules hachées, ainsi que de gros poivre : laissez cuire votre sauce ; ajoutez-y les haricots et faites-leur jeter un bouillon ; leur sauce ne doit pas être longue ; liez-les avec trois jaunes d'œufs et du jus de citron.

Haricots à la bonne fermière. — Lorsque vos haricots seront préparés, blanchis et égouttés comme les précédents, mettez-les dans une casserole avec un morceau de bon beurre, du persil, de la ciboule hachée, sel et gros poivre ; posez-les sur le feu ; sautez-les ; ajoutez-y une cuillerée de bouillon bien réduit, ainsi qu'un filet de bon vinaigre.

Haricots verts à l'anglaise. — Lorsque ces haricots seront préparés, blanchis, à peu près cuits et d'un beau vert, jetez-les dans une passoire ; mettez un morceau de beurre sur votre plat à servir ; dressez vos haricots ; mettez du persil haché tout autour, en forme de cordon ; chauffez ce plat, et servez le plus tôt possible.

Haricots verts à la bretonne. — Coupez en petits dés deux ognons, mettez-les dans une casserole avec un morceau de beurre : posez-les sur un fourneau ; passez-y vos ognons ; lorsqu'ils commenceront à roussir, mouillez-les avec de l'espagnole ou du consommé, et faites qu'ils deviennent d'un beau roux, ainsi que votre farine ; mouillez-les avec une cuillerée de bouillon ; assaisonnez-les de sel et de gros poivre : faites cuire et réduire cette sauce, mettez-y vos haricots blanchis et cuits comme il est énoncé aux articles précédents : laissez-les mijoter environ vingt minutes.

Haricots verts à la lyonnaise. — Coupez des ognons en demi-anneaux ; mettez-les dans une poêle avec de l'huile ; posez cette poêle sur le feu ; lorsque votre ognon commencera à roussir, ajoutez-y vos haricots verts, préparés comme il est dit ci-devant ; faites-les frire avec les ognons ; saupoudrez-les de persil et ciboules hachées ; assaisonnez-les de sel et de gros poivre ; faites-leur faire encore un ou deux tours de poêle ; dressez-les ; mettez un filet de vinaigre dans la poêle : faites-le chauffer ; versez-le sur vos haricots, et servez-les très-chaudement.

Haricots verts et blancs à la maître d'hôtel. — Prenez moitié haricots verts et graines de haricots blancs nouveaux. Lorsqu'ils sont cuits à l'eau de sel et suffisamment égouttés, tenez-les chaudement ; faites tiédir un bon morceau de beurre manié de fines herbes et arrosez-en les haricots ; assaisonnez le beurre, de sel et gros poivre (*V*. pour la confection de la sauce à la maître d'hôtel l'article ABATTIS, p. 12).

Haricots verts et blancs à la provençale. — Mettez dans une casserole quelques cuillerées d'huile avec des câpres, des filets d'anchois, une pointe d'ail et des rocamboles pilées. Lorsque le mélange en est fait, ajoutez-y des haricots cuits à l'eau de sel ; assaisonnez avec persil et ciboule hachés, sel et gros poivre ; sautez-les pendant quelques instants ; mettez-les dans un plat : jetez dans la casserole un filet de vinaigre, et, quand il est bouillant, versez-le sur les haricots.

Haricots blancs nouveaux. — Ayez un litron de ces haricots fraîchement écossés : lavez-les ; mettez-les dans une marmite avec de l'eau fraîche et un bon morceau de beurre ; faites *partir* ; écumez-les ; retirez-les sur le coin du fourneau ; laissez-les mijoter, et à moitié de leur cuisson versez dedans un verre d'eau fraîche ; laissez achever de cuire, et, leur cuisson terminée, mettez dans une casserole trois quarterons de beurre, avec persil et ciboules hachés, du sel et du poivre ; égouttez vos haricots dans une passoire, et jetez-les dans leur assaisonnement : sautez-les ; faites qu'ils se lient ; s'ils ne se lient pas assez, ajoutez-y une cuillerée d'eau, et finissez-les avec un filet de verjus ou le jus d'un citron. Vous pouvez (si c'est la saison) y ajouter du verjus en grains et blanchi.

On peut encore accommoder les haricots blancs nouveaux à la bretonne, à la crème, au jus, au fumet de perdrix et à l'essence de jambon. On les emploie aussi dans les macédoines de légumes et les salades cuites. On n'emploie guère, en fait de haricots secs, que ceux de la belle et bonne espèce, dite de Soissons ; ensuite les haricots rouges de Braine, et puis le petit nain bourguignon, dont les fèves ne sont guère plus volumineuses que des grains de riz. Les espèces communes appelées suisse-gris, bigarré d'Anjou, rognon-cauchois et plat-rouge, n'en sont pas moins fort utiles et très-bien appropriées pour la nourriture des hommes de charrue, valets de ferme et autres manouvriers champêtres, attendu que ces légumes abondent en principe alimentaire, et que, lorsqu'on les a soumis à un bon mode de coction, la substance en est pour le moins aussi digestible que celles du brouet de sarrasin, des gaudes et du pain de méteil.

Haricots au lard à la villageoise. — Il est à savoir que MM. d'Escars, de Livry, de Cussy, d'Aigrefeuille, de la Reynière et autres hommes d'expérience ont toujours dit à l'unisson que c'était la meilleure manière de manger les haricots. — Commencez par avoir un bon estomac, ou munissez-vous d'un bon appétit. Quand on n'est pas malade, on n'en manque jamais que par le défaut de continence alimentaire, ou le défaut d'exercice. Levez-vous de bonne heure et sortez à jeun par un beau temps : promenez-vous à cheval ou trottez à pied ; mais on doit penser que vous vous portez assez bien, puisque vous lisez des livres de cuisine ; ainsi donc, faites cuire environ deux litrons de gros haricots blancs avec deux livres de bon petit lard. Coupez ce lard en tranches, et que tous les morceaux en soient également entrelardés. N'y mettez que la quantité d'eau nécessaire, afin de ne rien devoir ajouter ni retrancher pendant leur cuisson. Tout l'aqueux et tout l'onctueux de ce mouillement doivent se trouver absorbés par ces farineux, de manière à ce qu'ils soient infiniment cuits et parfaitement bien liés sans être en bouillie : c'est là toute l'affaire. *A buon corriere forta minestra,* dit Jean de Milan.

Haricots de Soissons à la moelle. — Ayant été bien cuits à l'eau de pluie filtrée, sautez-les chaudement avec cinq ou six onces de moelle fraîche et nouvellement fondue ; ajoutez une forte pincée de mignonnette, et mêlez-y, quelques moments avant de servir, des grains de verjus épépinnés et blanchis à l'eau de sel.

Haricots blancs en ragoût (pour garniture, et plus souvent pour servir de litière au mouton rôti). (*V.* ci-dessus HARICOTS VERTS A LA BRETONNE.)

Haricots de Soissons au beurre de piment. — Étant bien cuits comme il est indiqué ci-dessus, vous les ferez sauter avec un morceau du meilleur beurre d'Isigny, de Rennes ou de Vanvres ; vous aurez soin qu'ils ne bouillent plus, parce que le beurre y perdrait presque tout son bon goût de crème fraîche. Vous y joindrez (modérément et non pas à l'anglaise) du poivre de Cayenne en poudre, et vous n'y mettrez pas de fines herbes, surtout. M. de la Vaupalière avait curieusement observé, et son protégé, M. Balesne, a dit officiellement que l'estragon, le cerfeuil et la ciboule ne s'accordent pas mieux avec les *haricots blancs* qu'avec les *truffes* (*V.* page 203).

Haricots rouges à la bourguignonne. — On prend des haricots rouges de la belle espèce appelée *cardinale ;* on les fait cuire dans un bouillon de racines avec un morceau de beurre frais, un bouquet aromatique et deux gros ognons piqués de gérofle ; on aura soin de retirer ces ingrédients après vingt minutes d'ébullition, pour éviter qu'ils se fondent et qu'ils ne restent en pêle-mêle avec le ragoût, dans lequel on ajoutera un demi-setier de bon vin rouge, ainsi qu'une pincée de poivre noir en poudre fine. On garnira cet entremets avec de petits ognons glacés.

Pour en faire une entrée de carême, on pourra garnir le même plat avec des queues d'écrevisses ou des rissoles de poisson, des laitances de carpe ou de hareng, des huîtres marinées ou des moules frites.

Haricots grains de riz à la crème. — Faites-les crever à l'eau de sel avec un peu de beurre et assaisonnez-les de muscade ; ajoutez-y, lorsqu'ils sont à peu près cuits, de la crème double en quantité suffisante pour les étancher sans les délayer ; au moment de les servir, vous sèmerez par-dessus et vous garnirez les bords du plat avec de petits filets croquants de céleri blanc que vous aurez fait frire et bien égoutter de leur friture.

Haricots grains de riz à l'intendante. — On les fait cuire ainsi que les précédents ; mais, au lieu de beurre, on doit y mettre de la moelle, ou bien du gras de lard pilé avec un peu de sel et de muscade. Au lieu de la crème, on y joint un verre de vin de Madère, et l'on garnit avec des croûtons grillés qu'on a trempés dans du même vin légèrement salé et épicés de muscade râpée. Ces deux derniers entremets sont du meilleur goût.

Purée de haricots blancs. — Quand on l'assaisonne au fumet de gibier, à l'essence de jambon, au blond de veau réduit, à la graisse d'oie rôtie, mais le plus souvent au jus de mouton, on fonce et garnit avec cette purée des plats d'entrée ou des hors-d'œuvres chauds, et notamment sous des grillades. Quand on veut servir de la purée de haricots blancs pour entremets, on la prépare à la crème, on l'assaisonne de muscade, et l'on y mêle, à l'instant de servir, de très-petits filets de céleri bien frit et bien croustillant. Les plus élégants cuisiniers garnissent ce plat avec un chapelet de croquignoles salées et sautées au beurre.

Purée de haricots rouges. — On la prépare au bouillon gras pour en *corser* des bisques et des coulis d'écrevisses, pour en garnir des potages au riz, au vermicelle, aux nouilles, aux lasaignes, et surtout pour en composer des soupes aux croûtes gratinées, qui sont une des meilleures combinaisons de la cuisine actuelle (*V*. page 196).

HARICOT, ragoût plébéien dont les deux éléments principaux doivent être des morceaux de mouton et des navets. Il appert d'une comédie de Jodelle et d'un passage de Cyrano de Bergerac, que le *haricot* de leur temps était une fricassée de haricots rouges et de viande de mouton hachée, dans laquelle on n'oubliait pas de mettre de l'ail. Ce ragoût primitif a été perdu de vue, parce qu'il est arrivé que le haricot rouge, ingrédient patronymique et légitime, en a été chassé par un spoliateur impudent et niais, par le navet,

« Ce doucereux blaffard, ce héros ridicule,
» De l'astre de Cromwell pâle et froid crépuscule... »

On dirait véritablement qu'en parlant de M. de Lafayette en ces termes-ci, l'abbé Delille aurait eu dans la pensée ces agressions révolutionnaires et cette invasion des navets dans le haricot de mouton. Quand on voudra bien convenir que M. de Lafayette était un navet en politique, on en conclura forcément que les navets sont les Lafayette de la cuisine ; ce qui pourra faire dire aux uns que le général avait des qualités ténitifiantes et soporatives, et ce qui fera supposer, d'un autre côté, que le navet n'est bon à rien. Ces deux jugements-là ne seraient pas exactement conformes à la vérité ; le navet est d'un excellent emploi dans les ragoûts de canard et les potages.

HATTELET (*V*. ATTELET, page 49).

HERBES (POTAGÈRES). Elles sont au nombre de six, et c'est à savoir, l'oseille, la laitue, la poirée, l'arroche, l'épinard et le pourpier vert. On les emploie également pour faire des soupes et des farces maigres, et pour en composer les tisanes appelées bouillons médicaux.

Les *dix herbes d'assaisonnement* sont le persil, l'estragon, le cerfeuil, la cive, la ciboule, la sarriette, le fenouil, le thym, le basilic et le tanaisie.

Les *douze herbes de fourniture à salade* ou *fines herbes* comprennent le cresson alénois et celui de fontaine, le cerfeuil et l'estragon, la pimprenelle, la perce-pierre, la corne de cerf, le petit basilic, le pourpier, les cordioles de fenouil, la jeune-baume et la ciboulette.

HOCHEPOT, bonne et solide préparation de la plus vieille cuisine, qui s'applique particulièrement et privativement, pourrait-on dire, à des tendrons de bœuf, à des queues de bœuf et à des oies grasses, ou des canards de la grosse espèce (*V*. page 7, *art*. 13).

Hochepot (pour un gros relevé de campagne). — Prenez le bas d'une poitrine de bœuf, et coupez-le en morceaux de deux pouces de long sur autant de large ; faites-les dégorger et blanchir ; garnissez une braisière avec des tranches de bœuf ; ensuite mettez-y les morceaux de poitrine avec beaucoup de carottes et de panais, des salsifis, quelques navets, des scorsonères et des topinambours, trois pieds de céleri et douze pommes de terre vitelottes ; ajoutez encore une douzaine d'ognons, un morceau de jambon et un cervelas ; couvrez le tout de tranches de bœuf et mouillez avec du bouillon ; recouvrez la marmite, et faites cuire feu dessus, feu dessous ; votre appareil étant cuit, levez la viande et les légumes ; passez le bouillon, et, s'il est trop long, faites-le réduire.

Faites, dans une autre casserole, un roux peu chargé de farine, et ne le laissez pas brunir ; mouillez-le avec votre fond de cuisson dégraissé et bien assaisonné ; ajoutez-y des quatre épices avec une bonne pincée de persil haché, et versez-le sur le hochepot ; tenez-le tout chaudement.

Au moment de servir, dressez les morceaux de viande avec tous ces légumes dans un grand plat creux, et, si faire se peut, dans un vieux vase d'ancienne faïence ou de porcelaine orientale.

HOMARD. C'est le plus gros des crustacées comestibles ; mais ce ne sont pas les plus gros homards qui sont les plus estimés. Une variété de cette famille, particulière à la Méditerranée, et nommée langouste, est un homard qui n'a jamais de grosses pattes, et dont la saveur est toujours doucereuse. C'est avec raison qu'on en fait beaucoup moins de cas que du homard de l'Océan. Un *buisson de petits homards* est un plat d'entremets très-distingué. Avec la chair tranchée du homard ou de la langouste, on fait des bayonnaises et des sauces blanches qui sont fort usitées pour manger avec le bar et le turbot (*V*, SAUCES AU POISSON).

Il est facile, à Paris, de se procurer des homards vivants, et, dans ce cas, voici la manière de les faire cuire.

Mettez ce poisson dans une chaudière ou casserole avec de l'eau salée, un gros morceau de beurre frais, une botte de persil en branche, un piment rouge et deux ou trois tiges de poireaux blancs. Au bout d'un quart d'heure de cuisson, ajoutez un plein gobelet de vin de Madère, et laissez refroidir votre poisson dans son brouet avant de le servir. Il faut alors en trancher les écailles de la queue dans toute sa longueur; et, par avance, on a fait confectionner une sauce au homard, dont voici la meilleure formule.

Enlevez en un seul morceau tout l'intérieur du homard, qu'on appelle *tourteau;* détachez-en toutes les chairs blanches avec le bec d'une plume taillée; prenez-en la farce ou crème de laitance qui se trouve adhérente à l'intérieur de la grande coquille; joignez-y les œufs du poisson, s'il est femelle, et démêlez tout ce produit avec de l'huile verte, une pleine cuillerée de bonne moutarde, dix ou douze gouttes de soya de la Chine, une forte pincée de fines herbes hachées, deux échalotes écrasées, une assez bonne quantité de mignonnette, et, finalement, un demi-verre d'aniseate de Bordeaux ou simplement de ratafia d'anis. Quand tout cet appareil est bien amalgamé, vous y joignez le suc de deux ou trois citrons, suivant la grosseur du homard, et vous faites servir ladite sauce à proximité de ce plat d'entremets.

Lorsque vous achèterez des homards cuits à l'avance, ayez grand soin de choisir ceux qui seront les plus lourds, et n'omettez jamais de les faire biscuire dans un court-bouillon semblable à celui qui se trouve indiqué ci-dessus. Il arrive presque toujours que ces crustacées n'ont été qu'à moitié cuits dans de l'eau de mer, et cette préparation complémentaire a le double effet de parachever leur coction et de leur donner plus de succulence; car l'effet de la cuisson dans l'eau de mer est toujours la dessication.

Homard à la broche. — Attachez sur un attelet un gros homard ou bien une langouste vivante. Ficelez le tout sur une broche, et soumettez-le à un feu très-ardent, en commençant par l'arroser avec du beurre fondu où vous aurez mêlé du vin de Champagne avec du sel et du poivre. Lorsque la coquille du poisson devient friable et qu'elle se détache d'elle-même en petits fragments, c'est qu'il est suffisamment cuit. Il faut le servir avec le jus de sa lèchefrite, après l'avoir fait dégraisser convenablement et y avoir ajouté le jus d'une bigarade avec un verre de vin de Champagne et une pincée des quatre épices. C'est un ragoût de Normandie qui n'est pas plus dépourvu d'agrément que d'originalité.

HORS-D'ŒUVRES. On appelle ainsi tous les plats qui ne sont pas indispensables pour compléter un service, et qui ne seraient pas suffisants pour constituer un repas substantiel. Les hors-d'œuvres se plaçaient originairement en dehors de la ligne des mets principaux, et c'est de cet arrangement qu'ils ont tiré leur dénomination générique.

On servait anciennement certains hors-d'œuvres dans de petits vases appelés *bateaux,* à raison de leur forme; mais cet usage ne s'est conservé que pour les petits couverts de trois à huit personnes; mais lorsque le nombre des convives est au-dessus du *nombre des Muses,* comme disait Apicius, on doit établir les hors-d'œuvres sur de grandes assiettes goudronnées ou de petites plats cannelés en forme de coquilles; et c'est par la bonne raison que ces petits bateaux ne sauraient contenir une assez grande quantité de même substance alimentaire pour suffire aux *nécessités* ou *fantaisies* d'un couvert nombreux. On divise cette classe de mets en *hors-d'œuvres chauds, hors-d'œuvres froids* et *hors-d'œuvres crus.* Presque tous les anciens hors-d'œuvres chauds se trouvent compris aujourd'hui dans les entrées; mais, parmi ceux qui sont restés dans leur catégorie primitive, il y en a dont le volume ne permettrait pas de les dresser sur une de ces coquilles, non plus que dans un bateau de hors-d'œuvres, et ceux-ci doivent se présenter autour de la table et ne stationner que sur le buffet. Il en est ainsi de plusieurs hors-d'œuvres crus, tels que les gros cantaloups, dont le volume excéderait celui de certains plats d'entrée. Nous allons marquer avec un astérique tous les plats de hors-d'œuvres qu'il est d'usage de laisser au buffet, à moins qu'on ne les serve à déjeûner; mais c'est en faisant observer que cette coutume n'est suivie rigoureusement que dans les plus grandes maisons, où même on s'en affranchit quelquefois dans les repas familiers et les dîners de campagne. Relativement aux soins qu'il est bon d'apporter à l'ajustement de ce genre de comestibles, voyez ce qu'en disait Madame de Genlis, et ce que nous en avons rapporté à la page 28.

Hors-d'œuvres chauds.

* Petits pâtés au naturel.

Feuilletés à la moelle.

Bouchées farcies.

Rissoles au godiveau maigre.

Bâtons royaux.

Brésolles au cresson.

* Cannelons d'anguille.

* Croquettes à l'italienne.

* Charbonnées (sauce au pauvre homme).

* Cœur de bœuf à la poivrade.

* Miroton (*V*. page 94).

* Gras-double (*V*. page 87).

* Palais de bœuf grillés.

* Escalopes de foie de veau.

* Fraise de veau à la vinaigrette.

* Fraise de veau au gratin.

* Pieds de veau bouillis au verjus.

* Poitrine de mouton panée-grillée.

Langues de mouton braisées.

Rognons de mouton à la brochette.

Émincé de rognons au vin blanc.

* Issue d'agneau à la poulette.

Coquille de cervelles et de ris d'agneau.

Oreilles et pieds d'agneau marinés.

* Tranche de jambon aux épinards.

* Papillottes de foie de porc.

* Pieds de cochon à la Sainte-Ménéhould.

Pieds de cochon farcis.

* Queue de porc à la sauce Robert.

* Oreilles de cochon frites.

Andouilles de Rennes tranchées.

Andouillettes de Troyes.

Saucisses de ménage à la poêle.

Saucisses rondes aux truffes.

Saucisses plates aux pistaches.

Chipolates aux avelines.

Boudins blancs grillés.

Boudins noirs de porc.

Boudins de sanglier.

Boudins de chevreuil.

Boudins à l'oie sauvage.

Boudins de foie gras.

Boudins d'écrevisses, etc.

Filets de sanglier à la poêle.

Escalopes de daim au chasseur.

Oreilles de cerf en menus-droits.

Langue de biche en as de cœur.

Cervelles de chevreuil à l'estragon.

Filets de lièvre au gros vin.

Sauté de mauviettes panées.

Rouges-gorges en croustade.

Guignards en caisse.

Croûtons à la purée de gibier.

Croûtons à la béchamelle de morue.

Goguette au sang.

Griblettes à la paysanne.

Crépinettes de foies d'oie.

Cuisses d'oie confites *au soleil*.

Amourettes frites au citron vert.

Amourettes à la ravigotte.

Animelles (*V*. page 31).

Petite-oie au bouillon.

Abattis de dindon au gros sel.

Gibelotte poivrée.

Cuisses de dinde à la diable.

Reliefs de dinde à la sauce Robert.

Pattes d'oie bottées à l'*Intendante*.

Rognons de coq en pralines.

Rôtie au lard.

Rôtie aux cervelles de bécasses.

Rôties à la moelle et à la bigarade.

Rôties au rognon de veau.

Rôties à la graisse d'oie et verjus muscat.

Rôties à l'huile verte, au cerfeuil et au cédrat.

Calapé d'anchois.

Tronçons d'anguillettes fumées.

Croquettes à la marseillaise.

OEufs à la coque.

OEufs au miroir.

Bayonnaise aux œufs de faisan.

OEufs de perdrix en salade.

OEufs de vanneau (*V*, page 19).

OEufs de pluvier au vert-pré.

OEufs de tortue au kari.

Cablans grillés à la maître-d'hôtel.

Sawrets de Germuth à l'huile.

Caisse de foie de lottes.

Laitances en papillotes.

Moules à la marinière.

Ricardes à la bretonne.

Matelotte d'huîtres vertes.

Coquilles d'huîtres à la poulette.

Huîtres blanches aux ognons frits.

Grenouilles en friture ou à la poulette.

Escargots de vigne à la lorraine.

Hors-d'œuvres froids.

Tranches de venaison à la sauce allemande.

Ronelles de hure à la gelée.

Salade de bœuf aux fines herbes.

Salade d° au cresson de fontaine.

Salade d° aux choux rouges.

Salade d° aux groseilles vertes.

Salade d° aux betteraves et aux raiponces.

Tranches de bœuf de Hambourg.

Saucisson de Bologne.

Saucisson d'Arles.

Mortadelle de Lyon.

Cervelas de Milan.

Bondioles de Parme.

Cervelas maigre à la bénédictine.

Langue à l'écarlate.

Languettes de Troyes.

Rillettes et rillots de Touraine.

Bayonnaise au homard.

Crevettes en buisson.

Sept-œils de Rouen.

Sardines confites de Nantes.

Filets de soles de Fréjus.

Anchois de Catalogne.

Thon mariné de Provence.

Olives farcies à l'huile vierge.

Huîtres marinées de Granville.

Acetto-dolce.

Cédrats de Milan.

Achards (*V*. page 11).

Macédoine aux cornichons, bigarreaux, mirabelles, ognons nains, boutons de capucines, etc.

Hors-d'œuvres crus.

Lames de jambon danois.

Filets de saumon fumé.

Anchois de Nice à l'huile.

Caviar en monceau.

Boutargue au citron.

Harengs pecs à la la reinette.

Huîtres vertes de Marennes.

Huîtres vertes d'Ostende.

Huîtres blanches de Cancalle.

Salade de concombre émincé.

Salade d'olives picholines.

Salade d'aubergines au piment.

Salade de choux rouges marinés.

Salade de bergamotes au sel gris.

Melons cantaloups.

Petits melons brodés.

Sucrins rouges ou verts.

Pastèques de Malte.

Figues de saison.

Mignonnes de novembre.

Mûres de verger.

Petits artichauts crus.

Raifort épicé.

Radis et raves.

Arabesque aux douze fines herbes.

Le chaperon des sept-fleurs-d'office.

Cordioles de fenouil.

Montants de céleri à la rémoulade.

Beurre de la Prévalais en corbeille.

Beurre d'Isigny en coquillettes.

Beurre de Vanvres en petits pains.

Beurre filé aux amandes.

Beurre assaisonné de toutes les sortes.

Beurrées au pain de seigle.

Tartines au griot anglais.

Tartines au beurre et aux fines herbes.

Tartines au beurre et au hachis de cablan.

Tartines à la crème et au parmesan râpé.

Sandwichs au jambon cru.

Sandwichs à la langue fumée.

Sandwichs aux anchois, aux œufs et au Stilton.

Sandwichs aux œufs de homard.

Sandwichs aux queues de chevrette.

Sandwichs aux filets de sardines fraîches.

Sandwichs aux sawrets d'Irlande.

Sandwichs aux œufs d'esturgeon.

Gâches ou moffins au fromage grillé.

Craquelins au beurre d'anchois et au katchup.

HOUBLON, plante sarmenteuse, dont les feuilles, les fleurs et les fruits sont employés dans la composition de la bière. On mange au printemps les premières pousses du houblon dont la saveur est très-analogue à celle de l'asperge. On les apprête de la même manière que ce légume, et leur effet est également diurétique et dépuratif, légèrement tonique et de la digestion la plus facile. C'est un aliment qui convient surtout aux personnes nerveuses à qui les médecins germaniques ont toute raison de le conseiller fréquemment. Les tiges de houblon cuites à l'eau de sel et au lait de beurre sont d'un très-bon emploi pendant le carême, et notamment dans les salades cuites et pour les repas de collation les jours de jeûne.

HUILE. L'huile d'olives est celle dont on use le plus habituellement. La meilleure est celle qui est extraite sans l'aide de la chaleur ni d'aucune fermentation préliminaire : elle se congèle au moindre froid ; elle n'a point d'odeur ou n'en a qu'une agréable, et qui est celle de la pulpe de son fruit ; elle se digère plus promptement que toutes les autres, pèse beaucoup moins sur l'estomac, se rancit beaucoup moins promptement et s'allie avec plus de facilité à toutes les substances alimentaires.

Les huiles d'olives les plus estimées sont celles de Grasse, de Nice, et d'Aramont en Provence.

On distingue les huiles de premier choix en *huile vierge, huile verte* et *huile fine*. La première est la plus translucide, et comme elle s'est écoulée du fruit sans aucune pression, elle est presque totalement dépourvue de sapidité. L'huile verte n'a été produite que par une pression légère, ce qui lui communique un goût de fine olive avec une fraîcheur de parfum très-particulière, tandis que l'huile jaune et fine est d'une saveur encore plus marquée, parce que les olives ont été soumises à une trituration plus forte quoique modérée. Les deux meilleures huiles-de-table sont, à notre avis, la *verte de Grasse* et la *jaune de Nice*. Il est toujours facile de s'en procurer à Paris en s'adressant à l'*Hôtel des Américains*.

HUITRES. Ces testacées contiennent une quantité notable d'osmazôme qui s'y trouve unie à l'albumine crue. Leur chair se digère aisément, mais il n'en est pas ainsi lorsqu'elles sont cuites ; la coagulation de l'albumine qu'elles contiennent en abondance rend leur digestion très-difficile, et tel qui mange impunément vingt douzaines d'huîtres crues, excès dont on doit s'abstenir, n'en pourrait supporter deux douzaines lorsqu'elles ont subi la cuisson.

Il est une autre manière de les préparer ; c'est de les faire macérer dans une saumure composée d'acide et de sel. Cet assaisonnement, qui les conserve assez bien, les durcit moins que la cuisson ; mais, quoique ce soit un stimulant qui en accélère la digestion, les huîtres marinées sont toujours moins digestibles que les huîtres crues.

Huîtres à la poulette. — Ouvrez des huîtres, et faites-les blanchir dans leur eau sans les laisser bouillir.

Ou bien, après les avoir fait blanchir dans de l'eau, passez-les dans du beurre, avec des échalotes, persil, champignons hachés, une cuillerée d'huile, poivre et muscade râpée; arrangez-les dans un plat et couvrez-les de mie de pain que vous arrosez d'huile; posez le plat sur les cendres chaudes et faites prendre couleur sous le four de campagne, ou avec une pelle rouge. Au moment de servir exprimez sur le plat le jus d'un citron.

Huîtres en hachis. — Prenez des huîtres bien fraîches; faites-les blanchir sans bouillir; mettez les dans l'eau fraîche, ensuite égouttez-les; séparez le milieu qui est tendre, des bords qui sont plus fermes; hachez ceux-ci finement avec de la chair de carpe, ou de tout autre poisson cuit à l'eau ou au court-bouillon; mêlez le tout ensemble; assaisonnez de poivre et de muscade râpée.

Mettez dans une casserole un bon morceau de beurre avec persil, ciboule, champignons hachés; passez sur le feu; mouillez avec moitié vin blanc et moitié bouillon gras ou maigre. Ajoutez le hachis; faites-le chauffer sans bouillir; quand le hachis a bu presque toute la sauce, mettez une liaison de trois jaunes d'œufs.

Huîtres frites (pour hors-d'œuvre). — Ouvrez les huîtres, et mettez-les égoutter sur un tamis; mettez-les ensuite dans un plat avec du vinaigre, deux ciboules, une feuille de laurier, un peu de basilic, un ognon coupé par tranches, une demi-douzaine de clous de gérofle, et le jus de deux citrons : saucez-les de temps en temps dans cette marinade.

Faites une pâte à frire légère, et trempez-y les huîtres, après les avoir essuyées une à une : faites-les frire, et servez-les avec du persil frit.

Huîtres en ragoût (pour garnitures). — Les huîtres étant ouvertes, blanchissez-les dans leur eau sans bouillir; essuyez-les avec soin, et puis passez dans une casserole des champignons et des truffes, avec un peu de lard fondu; mouillez-les de jus gras ou maigre; lorsque vous êtes prêt à servir, jetez-y les huîtres, et faites-les seulement chauffer dans cette préparation, que vous lierez au moyen d'une pincée de fécule.

Nous avons déjà dit qu'on emploie souvent des huîtres en purée pour les potages maigres, et dans leur entier pour en faire des gratins, des litières, des sauces et des coquilles grillées.

Huîtres en coquille-pèlerine (V. RICARDE, ainsi que l'article COQUILLE, pag. 181).

Croûte aux huîtres gratinées (V. POTAGES).

HURE de sanglier ou de porc, apprêtée à la façon de Troyes, à celles de Reims, de Mayence, etc. (*V.* pages 141 et 162).

On donne également le nom de hure à la tête de l'esturgeon, du saumon, du gros brochet et du cabillaud (*V.* lesdits articles).

HYDROMEL, ancien breuvage dont le principal élément est le miel fermenté. Celui qu'on soumet à la fermentation porte le nom d'hydromel vineux. Dans plusieurs pays froids, où le raisin ne saurait acquérir la maturité nécessaire pour faire de bon vin et où il se trouve beaucoup de miel, on fait une liqueur spiritueuse avec de l'eau de fontaine ou de rivière et du miel blanc le plus pur, qu'on fait bouillir jusqu'à ce qu'un œuf puisse surnager sur la liqueur, et par cette marque on connaît qu'elle a assez de consistance pour pouvoir se conserver long-temps. On ne remplit que les deux tiers du tonneau, dans lequel on fait fermenter l'hydromel, afin que la liqueur, se raréfiant pendant la fermentation, trouve assez d'espace pour s'étendre. On ne bouche le tonneau qu'avec du linge et du papier, de peur qu'il ne crève par la fermentation; on l'expose au soleil ou aux étuves, afin que la liqueur qui y est contenue fermente plus promptement, et que ses éléments soient plus prompts à former ses parties spiritueuses. Quelques-uns, pour rendre l'hydromel plus agréable, y jettent des aromates avant qu'il ait commencé à fermenter. D'autres, pour lui donner différents goûts et différentes couleurs, y mêlent des sucs de cerises, de mûres, de fraises, de framboises, ou de plusieurs autres fruits.

L'hydromel qui n'est point vineux se prépare de la même manière que l'autre, avec cette différence qu'on ne le soumet pas à la fermentation, ce qui ne lui donne que la qualité d'une espèce de tisane.

HYPOCRAS, boisson qu'on pourrait appeler *surannée*, mais qui n'en conserve pas moins des qualités éminentes. Elle doit se composer de bon vieux vin rouge et de miel de Narbonne épuré par un feu ardent. Lorsque le miel est bien mélangé avec le vin tiède, on le passe à la chausse cinq ou six fois, et lorsqu'il est suffisamment clarifié, on y verse un peu d'essence appelée d'hypocras, c'est-à-dire composée d'huile essentielle, de macis, de coriandre, de daucus, de cannelle et de gingembre, en parties égales. On agite le tout avec la spatule, en ayant soin de le goûter pour savoir s'il est aromatisé suffisamment; après quoi on le renferme dans des flacons qu'il faut boucher à l'émeri. Cet hypocras est beaucoup plus salutaire et meilleur que celui qu'on obtiendrait moyennant l'infusion des mêmes substances.

I.

IMPÉRIALE, espèce de prune qui se mange au mois d'août ; elle est de forme longue, et de couleur violette. C'est la plus grosse de toutes les prunes. Il y en a trois autres variétés, qui sont l'impériale blanche, la verte hâtive et la jaune tardive. La saveur de ces fruits n'est pas toujours également douce ; mais ils sont d'un très-bel effet dans les corbeilles et sur les assiettes montées pour les desserts d'été.

IRIS. Sa racine est fréquemment employée dans la pâtisserie de petit four, ainsi que dans plusieurs autres compositions d'office. Réduite à l'état de fleur de farine, on en fait des biscuits très-délicats, ainsi que d'excellentes frangipanes aux essences de fleurs. La meilleure espèce d'iris est incomparablement celle de Florence ; on la distingue aisément à la grosseur et la blancheur de ses racines, qui doivent exhaler une odeur de violette assez déterminée (*V*. AROMATES INDIGÈNES).

ISSUE. On appelle ainsi les abattis comestibles de certains quadrupèdes (*V*. AGNEAU, HORS-D'ŒUVRES, etc.).

ITALIENNE, sauce hachée. — Vous mettrez dans une casserole une pleine cuillerée à bouche de persil haché, la moitié d'une cuillerée d'échalotes, autant de champignons hachés bien fin, une demi-bouteille de vin blanc, une once de beurre, et vous ferez bouillir le tout jusqu'à ce que ce soit bien réduit : quand il n'y aura plus de mouillement dans votre casserole, vous y mettrez plein deux cuillers à pot de blond de veau ou de sauce espagnole, en y joignant une forte pincée des quatre épices, et vous ferez bouillir votre sauce sur un feu un peu ardent ; vous aurez soin de l'écumer et de la dégraisser ; lorsque vous voyez qu'elle est réduite à son point, c'est-à-dire qu'elle est épaisse comme du bouillon, vous la retirez du feu, et la déposez dans un autre vase où vous la tiendrez chaude au bain-marie.

J.

JAMBON, cuisse ou épaule de porc ou de sanglier (*V*. pages 140, 160 et suivantes).

JARDINIÈRE, ragoût de légumes (*V*. CHARTREUSE et MACÉDOINE).

JARRET DE VEAU. Cette partie abonde en ligaments, tendons et membranes, qui, par une ébullition prolongée, se résolvent en gélatine. C'est cette propriété du jarret de veau qui fait qu'on l'ajoute souvent aux braises pour y faire de la gelée : c'est à peu près là son seul usage.

JASMIN (*V*., quant à l'emploi culinaire de la fleur de jasmin, les deux articles SORBETS et DRAGÉES).

JEUNE, diététique du régime canonique abstinentiel (*V*. MAIGRE).

JUBAS, ancien nom des gâteaux à la Madeleine (*V*. MADELEINE et BISCUITS GÉNOIS).

JUJUBES, fruits du jujubier. On les mange dans leur fraîcheur : secs, on les emploie dans la composition des tisanes adoucissantes (*V*. CONSERVES et PHARMACIE domestique).

JULIENNE, soupe aux légumes qu'on a fait couper en filets (*V*. POTAGES).

L'ancienne et véritable julienne avait pour éléments une éclanche de mouton qu'on faisait à moitié rôtir, qu'on empottait dans une marmite avec une tranche de bœuf, une rouelle de veau, un chapon et quatre pigeons fuyards. On voit dans les recettes de Marc Héliot, qu'on faisait cuire tout cela pendant six heures afin que le bouillon fût bien nourri. On y voit aussi qu'on faisait couper en morceaux trois carottes et six navets, deux panais, trois ognons, deux racines de persil, deux pieds de céleri, trois bottes d'asperges vertes, quatre poignées d'oseille, quatre laitues blanches avec une forte pincée de cerfeuil, et, si la saison le permettait, un litron de petits pois verts que l'on faisait cuire à part de la viande, et dans le bouillon de la grande marmite où l'on faisait aussi mitonner les croûtes de pain dont cet ancien potage était composé.

JUS. Nous avons déjà donné des recettes pour le jus blond de veau, le coulis de jambon, l'essence de gibier, les coulis de poissons et les jus de racines ; voici la meilleure formule pour confectionner le jus ordinaire au bœuf et au jambon, lequel est le plus communément employé pour la confection des sauces ménagères et des ragoûts à la bourgeoise.

Garnissez le fond d'une casserole avec des tranches de veau et de jambon, et quelques bardes de lard ; ajoutez toute autre viande que vous aurez à votre disposition, en quantité relative à la quantité de jus que vous voulez faire. Une livre de viande doit produire une demi-livre de jus. Ajoutez des ognons, carottes, panais coupés par tranches ; assaisonnez avec gros poivre, muscade râpée et un bouquet garni , peu ou point de sel, surtout si vous mouillez avec du bouillon déjà salé.

Faites suer le tout sur un feu doux jusqu'à ce que la viande ait jeté son jus ; augmentez alors le feu jusqu'à ce que la viande commence à s'attacher à la casserole ; à ce moment retirez la viande et les légumes ; faites un roux dans la même casserole, avec gros comme une noix de beurre par livre de viande, et une pincée de farine ; mouillez avec du bouillon ; remettez dans la casserole ce qui en a été tiré, et laissez mijoter pendant deux heures au moins ; passez le jus à l'étamine après avoir dégraissé ce produit.

On peut varier les viandes pour faire le jus, mais il faut toujours du veau et du jambon. Une vieille perdrix qu'on coupe en quatre morceaux, ou le trein de derrière d'un lapin, donne au jus une saveur très-agréable.

Le jus fait ainsi est un extrait de tous les principes solubles et nutritifs des viandes auxquelles l'action du feu communique une nouvelle énergie, qui se manifeste par une sapidité plus prononcée et toujours agréable lorsque le jus est bien fait.

Le jus ajouté aux substances qui, par elles-mêmes, sont peu alimentaires, les rend plus nutritives et plus digestibles ; ainsi on peut l'associer avec avantage à tous les légumes herbacés, ainsi qu'aux viandes qu'une longue décoction a épuisées d'une partie de leurs sucs.

Ajouté aux substances les plus nutritives, le jus devient fortement stimulant ; il habitue l'estomac à une alimentation trop abondante. Il est bon de n'en pas faire un emploi trop fréquent ; mais, quand on n'en fait qu'un usage modéré, les estomacs sains n'en éprouvent aucun inconvénient.

Anciennement on servait toujours à sec les viandes blanches rôties ; mais généralement aujourd'hui, on fonce tous les plats de rôti avec un certain jus de bœuf que les cuisiniers actuels appliquent à toutes les viandes possibles, indifféremment. C'est un usage révolutionnaire qui a prévalu sur la bonne coutume d'autrefois. Le comte de Cussy nous a conté que se trouvant à dîner chez un amphytrion parvenu, un dignitaire de l'empire, appelé M. Reignier ou Rénié (duc de Massa), celui-ci, pour faire honneur et bonne chère d'hôte à cet illustre épicurien, s'avisa de lui adresser je ne sais quel membre de volaille avec une abondance de jus prodigieuse. — Le grand-juge me prenait sûrement pour un mangeur de son acabit ? (nous disait-il avec un ton révolté). — Comprenez-vous qu'on ait pu m'envoyer, à moi ! du jus de bœuf avec de la volaille rôtie?... Mais ce que vous ne sauriez vous figurer, c'est l'épouvantable quantité de ce mauvais jus trouble, âcre et quasi-noir ! — j'avais envie de réclamer auprès de ce légiste en lui criant : *Summum jus, summa injuria!*

Jus blanc. — Faites cuire une poularde ou un chapon à la broche ; on peut aussi se servir d'un dindon , ou même de débris de volaille déjà cuite ; désossez et ôtez la peau ; hachez les chairs ; pilez dans un mortier une poignée d'amandes douces débarrassées de leur peau ; ajoutez-y la chair de volaille hachée, des jaunes d'œufs durcis, du poivre, du sel, et un peu de muscade râpée, et pilez de nouveau le tout ensemble, de manière à faire une pâte fine.

D'un autre côté, mettez deux livres de veau et un morceau de jambon coupés par tranches, dans une casserole , avec un peu de beurre, sel et poivre; ajoutez ognons, carottes, panais, champignons, ou poudre de mousserons, et un bouquet garni ; mouillez avec de bon bouillon, et faites cuire à petit feu : lorsque le veau est cuit, retirez-le de la casserole, ainsi que les légumes, et délayez dans le fond de cuisson le blanc de volaille pilé avec les amandes et les jaunes d'œufs ; faites chauffer un peu sans bouillir : passez à l'étamine avec expression.

Jus à la minute. — Quand on n'a pas de jus, on peut en faire en peu de temps en faisant réduire de bon bouillon, jusqu'à ce que le résidu commence à s'attacher ; on mouille alors avec deux tiers de bouillon et un tiers de vin blanc, et on épaissit le jus au moyen d'un roux brun qu'on fait à part.

K.

KARI, sorte de préparation dont l'usage est provenu des Indes. On l'emploie particulièrement avec des tendrons de veau, des poulets dépecés, des membres de lapins de garenne et des tronçons d'anguille. Il ne faut pas manquer de servir à proximité de ces plats d'entrée du riz cuit à l'indienne, c'est-à-dire à la vapeur, et bien crevé sans avoir trempé dans aucun liquide en ébullition.

On trouve de la poudre de kari toute préparée chez les marchands de comestibles, mais il est plus sûr de la confectionner soi-même, et, comme il en résulte une économie très-notable, nous allons en indiquer la recette en la copiant dans l'*Indian's Cook*.

La poudre de kari doit être composée de quatre onces de piment enragé (c'est une espèce qui est moins grosse qu'une olive et qui croît sous les tropiques ; il est beaucoup plus fort que le piment de Cayenne et que le poivre rouge de nos climats), trois onces de curcuma ou terra-merita des Indes, une demi-once de poivre noir, une demi-once de gérofle, un gros de muscade et un scrupule de gingembre. On réduit lesdites substances en poudre très-fine en les broyant au mortier de marbre et sous pilon de métal.

La manière d'employer le kari consiste à l'immiscer dans un ragoût composé de champignons, de culs d'artichauts, de truffes coupées, de quenelles, de jaunes d'œufs cuits durs, de tranches de riz de veau, de crêtes et de rognons de coq, ainsi que de cervelles et de ris d'agneau, si la saison le permet (comme pour l'emploi des truffes).

Le mouillement du ragoût au kari doit être un consommé substantiel, où l'on ajoute un peu de bon vin blanc quand on y fait prendre sauce aux viandes, et quelques moments avant de les servir.

KAVIAR, œufs d'esturgeon salés (*V.* CAVIAR, page 133).

KATCHUP, teinture ou consommé de champignons qui se fabrique en Angleterre, où l'on en fait une grande consommation. Cette espèce de sauce anglaise est toujours très-âcre et ne doit s'employer qu'avec une extrême réserve. Du reste, l'usage de cette essence est fort inutile à Paris, où l'on peut avoir des champignons frais toute l'année.

L.

LAIE, sanglier femelle. Il faut l'apprêter suivant son âge ; comme le marcassin lorsqu'elle est jeune, et comme le sanglier lorsqu'elle a déjà mis bas, ou quand elle est sur le retour (*V.* MARCASSIN, PORC, etc.). Les andouillettes à la tétine de laie sont très-dignes d'estime et très-estimées. On les sert habituellement sur un hachis de truffes au jus, ou sur une purée de marrons à la crème et vin blanc.

LAIT. Les caractères généraux du lait sont assez connus. C'est un liquide sécrété par les glandes mammaires de divers animaux, lequel est opaque et blanc mat, d'une odeur agréable et qui lui est propre, surtout quand il est chaud ; d'une saveur douce et légèrement sucrée.

Les principes constituants du lait sont toujours les mêmes, et ces principes ne sont jamais unis par une grande affinité, car le simple repos suffit pour les séparer. Ce sont : 1° la crème ou matière butireuse, élément du beurre ; 2° le caillé, matière caséeuse ou caséum, élément du fromage ; 3° le petit-lait ou sérum ; et finalement le saccarum laiteux ou sucre de lait.

Lorsqu'on abandonne du lait au repos dans un lieu frais et tranquille, il se forme au bout de quelque temps à sa surface une couche d'une matière légère et blanche, épaisse et onctueuse, qu'on appelle *crème*. Le lait qui reste après l'enlèvement de la crème a une plus faible densité qu'auparavant, une couleur moins opaque, et une consistance moins onctueuse ; on le nomme *lait écrémé*.

La crème soumise à l'agitation par une température de 12 degrés se prend en partie en une masse jaunâtre de consistance ferme, qui constitue le beurre. La partie de la crème qui ne se concrète pas, et qui ressemble à du lait écrémé, se distingue sous le nom de *lait de beurre*, *babeurre et baratté*.

Le lait écrémé abandonné à lui-même, ou mêlé avec un grand nombre de corps de nature très-diverse, forme un coagulum blanc, mou, opaque et floconneux, qui se sépare d'un liquide jaune-verdâtre et transparent. La partie solide est ce qu'on nomme le *caséum*, matière *caséeuse* et *fromage*. La partie liquide est le *sérum ou petit-lait*.

Enfin, en faisant évaporer ce dernier liquide, on obtient un corps cristallisé, d'une saveur douce et sucrée, auquel on a donné le nom de *sucre de lait*, et qui est contenu dans la proportion de 35 dans 1000 parties de lait ordinaire.

Les seules espèces de lait dont on fasse usage en France, dans les préparations gastronomiques et dans les thérapeutiques, sont celles qui proviennent des femelles de certains ruminants en domesticité, telles que la brebis, la chèvre et la vache; il faut y ajouter, en certains cas, celui de l'ànesse.

Le lait de brebis ne diffère pas, à la simple vue, du lait de vache; c'est le plus abondant en beurre : celui qu'il fournit est d'un jaune pâle et sans consistance, et il se rancit aisément. Le caillé en est abondant, il conserve un état gras, visqueux, et n'est pas aussi ferme que celui de vache.

Le lait de chèvre est pourvu d'une densité plus grande que celui de vache et il est moins gras que le lait de brebis. Il est sujet à conserver une odeur et une saveur propres à l'animal, et que nous appellerons bouquetine ou capriacée. C'est celui qui fournit le moins de beurre et le plus de fromage. Ce beurre, d'une blancheur constante, est ferme, d'une saveur douce, et il conserve longtemps frais. Son caillé, très-abondant et d'une bonne consistance, est comme *gélatineux*. On prétend que l'odeur caractéristique de ce lait est moins prononcée dans celui qui est fourni par les chèvres blanches et les chèvres sans cornes.

Le lait de vache, celui dont on fait le plus fréquemment usage, et qui est presque partout, à lui seul, l'objet des travaux de la laiterie, contient moins de beurre que celui de brebis et plus que celui de chèvre. Son fromage est aussi moins abondant, mais les principes qui le constituent se séparent avec plus de facilité.

Le lait d'ânesse est celui qui a le plus d'analogie avec le lait humain; il donne une crème qui n'est jamais ni épaisse, ni abondante. Il contient aussi moins de matière caséeuse que ceux de vache, de chèvre et de brebis, et cette matière y est plus visqueuse.

Le meilleur lait de vache n'est ni trop clair, ni trop épais; il est d'un blanc pur et d'une saveur agréable et sucrée. Au-dessus de 15 degrés du thermomètre, le lait devient aigre en peu de temps; au-dessus de 20 à 25°, cette acidification s'opère dans l'espace de quelques heures. Par cette prompte coagulation, la matière caséeuse enveloppe et entraîne la crème, qui se précipite en même temps qu'elle, et ne peut plus monter à la surface.

La crème est une matière épaisse, onctueuse, agréable au goût, originairement d'un blanc mat, et passant, par le contact de l'air, au blanc jaunâtre.

La première couche qui se forme sur le lait n'a presque pas de densité; mais, à mesure que le beurre se sépare, la crème s'épaissit. Cette crème monte plus facilement sur le lait, quand celui-ci présente une surface assez étendue au contact de l'air, sous une faible épaisseur. Nous avons déjà dit que la température la plus favorable à cette séparation est celle de 12 à 14 degrés du thermomètre de Réaumur (*V.* BEURRE et CRÈME).

PETIT-LAIT. On vient de dire que c'est un nom qu'on donne à la partie aqueuse du lait qui retient en dissolution une matière sucrée et différents sels à base de potasse; quand il est bien préparé, il doit être clair et transparent. Pour obtenir du petit-lait, il faut délayer dans un peu d'eau une petite quantité de présure (on verra que c'est du lait coagulé et altéré par un commencement de digestion, qu'on retire de l'estomac des veaux); on verse cette présure dans le lait; on abandonne le mélange à une chaleur douce pendant deux à trois heures; ensuite on le fait chauffer plus fort sans le faire bouillir : le coagulum étant formé, on passe le tout à travers un linge; on recueille le petit-lait dans un vase qu'on replace sur le feu, et, dès que le liquide bout, on verse dedans un blanc d'œuf battu dans un demi-verre d'eau, et deux à trois gouttes de vinaigre; on passe à travers un linge fin, ou mieux à travers un filtre de papier de soie.

LAITAGES, produits naturels et préparations culinaires des substances laiteuses, (*V.* BEURRE, BABEURRE, CAILLÉ, CAILLEBOTTES, CRÈMES CRUES et FROMAGES MOUS et FRAIS de *Viry Montdidier, Neufchatel*, etc.)

LAITANCE. C'est la partie des poissons mâles qui constitue leur semence. Les laitances des carpes, des harengs et des maquereaux sont un manger très-délicat, mais fort échauffant, attendu qu'il contient beaucoup de phosphore. Nous avons indiqué déjà la plupart des préparations dont cet aliment est susceptible; mais le plus souvent on apprête les laitances en friture, en caisse, en papillotes farcies, au gratin maigre, en garnitures de ragoût, au vin blanc et pour foncer les tourtes au poisson.

Il est à noter que les poissons *laités* sont toujours plus estimés que leurs femelles *œuvées*; la chair des mâles à laitance étant toujours plus consistante et de meilleur goût.

LAITUE, plante potagère, ainsi nommée parce que c'est celle qui contient le plus de substance analogue à celle du lait. Parmi les variétés de cette famille nombreuse, on distingue particulièrement les laitues cabuses ou pommées, les laitues crépues, les romaines à feuilles droites, les romaines frisées, les laitues à feuilles de chêne, les laitues panachées et les chicons blancs. Les deux meilleures espèces de laitue pommée sont l'impériale et celle appelée de Silésie. Outre les salades et les bayonnaises que les laitues peuvent fournir pendant presque toute l'année, on les sert en ragoût, farcies et braisées, à la crème, en marinade frite et pour garniture de toutes les grosses pièces de relevé.

Laitues farcies. — Épluchez, nettoyez et faites blanchir douze laitues; égouttez-les et dépliez leurs feuilles sans qu'elles quittent le tronc, jusqu'à ce que vous puissiez en ôter le petit cœur; mettez à sa place une boule de godiveau ou de farce à quenelle; ficelez vos laitues farcies et faites-les cuire à la braise avec des tranches de rouelle de veau, des bardes de lard, des racines, un bouquet garni et un setier de bon consommé. Si vous voulez les servir au blanc, ôtez-les de la braisière et faites-les mitonner dans un coulis que vous lierez avec des jaunes d'œufs.

Laitues farcies, frites. — Procédez comme il est dit dessus; égouttez ensuite vos laitues; battez quelques œufs en omelette; trempez-y vos laitues une à une; panez-les, et faites frire au saindoux de belle couleur; servez sur une serviette garnie de persil frit. Elles servent aussi pour garnitures de grosses entrées.

Laitues hachées. — Faites blanchir dans une eau de sel vos laitues bien lavées, et dont vous n'aurez conservé que les parties les plus tendres;

mettez-les de l'eau chaude dans l'eau froide; quand elles seront refroidies, exprimez-en l'eau en les serrant dans une serviette; hachez-les, et mettez-les dans une casserole avec un quarteron de beurre, du sel et du poivre; quand elles seront un peu frites, vous y ajouterez une quantité de farine proportionnée à celle de vos laitues; mêlez bien; ajoutez-y du bouillon, et faites bouillir un quart d'heure; dressez avec des croûtons à l'entour.

Laitues à l'espagnole. — Faites-les blanchir à grande eau (dans une eau de sel), faites bouillir vingt minutes; au bout de ce temps rafraîchissez vos laitues, et exprimez-en l'eau en les pressant; mettez dans les cœurs un peu de sel et de gros poivre; après les avoir ficelées, mettez-les dans une casserole sur un lit de bardes de lard, avec quelques tranches de veau, deux carottes coupées par tranches, trois ognons, deux clous de gérofle et une feuille de laurier; couvrez-les de lard; mouillez-les avec du bouillon; faites mijoter pendant une heure. Lorsque les laitues seront cuites, vous les égoutterez sur un linge blanc; vous les presserez dans le même linge, pour en extraire le mouillement; vous les glacerez, et vous les dresserez en couronne avec des croûtons alternés et glacés qui devront être de la même grandeur que vos laitues.

LAMPRILLONS (*V*. ci-après).

LAMPROIE, espèce de poisson dont la forme se rapproche beaucoup de celle de l'anguille, mais c'est le seul rapport qui existe entre ces deux comestibles. La lamproie ne contient pas d'arêtes, et sa chair a quelque chose d'analogue à celle du levraut. Ses petits, nommés *lamprillons*, sont un mets recherché, et son frai, qu'on appelle *Sept-œils*, est un hors-d'œuvre d'une délicatesse exquise. On le reçoit principalement de Rouen et de Barfleur. On nous expédie la sept-œils toute préparée dans des *pichets* avec un mélange de beurre frais, de purée d'oseille et de fines herbes. Les grosses lamproies ont conservé le privilége de recevoir encore aujourd'hui les mêmes préparations que dans les premiers temps de l'art culinaire, et les étuvées de lamproie qu'on appelle *à l'angevine*, sont une des anciennes combinaisons gastronomiques qui méritaient le mieux de rester en considération parmi les gourmets. Honneur aux riverains de la Loire à qui nous devons la tradition de cet excellent ragoût du XVIe siècle. (Pour éviter les redites ou répétitions superflues, nous renvoyons nos lecteurs à nos articles des pages 19, 245 et suivantes. *V*. également au mot CIVET.)

Lamproie à la sauce douce. — aiguez-la par la gorge, et gardez son sang, limonez-la dans l'eau bouillante, et puis passez-la dans un roux après l'avoir coupée par tronçons. Vous la mouillerez ensuite avec du vin de Bourgogne rouge, en y ajoutant de la cannelle, un bouquet de fines herbes, ou vous mettrez une branche de sauge ainsi qu'une écorce de citron vert. Vous y joindrez deux cuillerées de caramel, et vous établirez dans le fond du plat un large croûton de pain de seigle, ainsi qu'il est indiqué pour les matelottes d'anguille.

Lamproie à la matelotte bourguignonne (*V.* MATELOTTE).

Lamproie à la tartare. — On suit absolument les mêmes procédés pour ce poisson que pour l'anguille à la tartare, excepté qu'il faut échauder les lamproies pour les limoner au lieu de les écorcher.

Lamproie aux champignons. — Mettez dans une casserole, avec de la moelle de bœuf, une lamproie coupée par tronçons. Ajoutez-y des champignons, des fines herbes, du macis, du piment de Cayenne et suffisamment de vin blanc pour que l'appareil en soit couvert. Faites réduire le mouillement à courte sauce, et garnissez votre plat d'entrée avec des ceps, des oronges ou des mousserons étuvés.

Pâté de lamproie (*V.* PATÉS FROIDS).

LANGOUSTE, crustacée qui diffère du homard en ce qu'il est d'une saveur moins fine et qu'il est dépourvu des grosses pinces qui caractérisent le homard océanique, et qu'on appelle des *Mordants*. La langouste se mange ordinairement cuite au court-bouillon avec une rémoulade aux câpres.

LANGUE. Cette partie des quadrupèdes domestiques dont nous mangeons la chair est un aliment savoureux et léger. On use également des langues de gros gibiers à poil, et la meilleure manière de les apprêter est toujours de les faire cuire à la braise et de les servir avec une sauce piquante (*V.* ABATTIS, BŒUF, MOUTON, VEAU, PORC, etc.).

LAPEREAU (*V.* LAPIN).

LAPIN. Pour distinguer le lapereau du lapin, on tâte le dehors des pattes de devant au-dessus de la jointure, et si l'on sent dans cette partie une saillie comme une lentille, c'est une preuve que l'animal est parfaitement jeune.

On reconnaît les lapins de garenne à ce qu'ils ont le poil des pieds et celui qui est sous la queue de couleur rousse; on cherche à imiter cette couleur dans les lapins de clapier, en faisant roussir le poil de ces parties au feu; on reconnaît facilement cette fraude à l'odeur, ou bien en lavant les parties si elles ont été teintes.

La chair du lapereau est délicate et légère; sous le rapport de la digestibilité, elle doit être classée immédiatement après celle des volailles qui ne sont pas trop grasses, et avant celle des volailles qui abondent en graisse.

Lapereaux rôtis et servis en accolade. — Dépouillez deux lapereaux, videz-les en y laissant le foie; faites-les *refaire* sur la braise; ensuite piquez-les de menu lard sur le dos et les cuisses, et mettez-les à la broche. On ajoute beaucoup au fumet des lapins en leur mettant dans le ventre quelques feuilles du *mahaleb* ou prunier de Sainte-Lucie, ou un bouquet de mélilot, plante très-commune dans les prairies sèches.

Gibelotte de lapin à l'ancienne mode. — Coupez un lapin par morceaux, et une moyenne anguille en tronçons; faites un roux, et, lorsqu'il est de belle couleur, passez-y le lapin avec les tronçons d'anguille, des champignons et de petits ognons; quand le tout est bien revenu, mouillez avec un tiers de vin blanc et deux tiers de bouillon; assaisonnez de sel et poivre, persil, ciboules et thym; ôtez les tronçons d'anguille et les ognons: faites cuire à grand feu; lorsque le mouillement sera réduit à un tiers, remettez les tronçons d'anguille et les ognons; achevez à petit feu et dégraissez la sauce.

Lapin à la poulette. — Coupez un lapin en morceaux; lavez-les à l'eau tiède pour en ôter le sang qui pourrait colorer ce ragoût; ôtez aussi le foie et les poumons; passez les morceaux dans un roux simple; mouillez avec du bouillon et un verre de vin blanc; ajoutez un bouquet garni, des champignons et des culs d'artichauts blanchis, du lard coupé en tranches minces, sel et poivre : faites cuire vivement pour que la sauce réduise; quand la cuisson est avancée, mettez-y de petits ognons; et, au moment de servir, liez la sauce avec trois jaunes d'œufs.

Lapereaux frits. — Coupez en morceaux deux jeunes lapins; faites-les mariner avec vin blanc, verjus, persil, ciboules, thym, laurier, une pointe d'ail, le tout haché grossièrement; sel et poivre : laissez mariner pendant une heure et égouttez les morceaux; essuyez-les, roulez-les dans la farine et faites-les frire. Servez avec une sauce aux tomates.

Marinade de lapereaux. — Coupez en morceaux deux lapereaux rôtis : n'employez que les membres et le râble ; faites-les mariner comme dans l'article précédent ; trempez les morceaux dans une pâte à frire, et jetez-les dans la friture, pour les retirer aussitôt qu'ils auront pris une belle couleur. Servez à sec avec du persil frit.

Salade de lapereaux. — Désossez deux lapereaux rôtis ; coupez leurs chairs en filets ; faites-les mariner avec de l'huile, du vinaigre, sel, poivre, estragon, pimprenelle, civette hachée ; mettez au fond d'un saladier des cœurs de laitues coupés par quartiers ; arrangez par-dessus les filets, en les entremêlant de filets d'anchois, de petits tas de câpres, de blancs et de jaunes d'œufs durs hachés, de betteraves, de cerfeuil, pimprenelle et estragon également hachés ; terminez par un cordon de cœurs de laitues coupés en quatre.

Lapin aux fines herbes. — Coupez un lapin en morceaux que vous passerez au beurre avec persil, ciboules, champignons, laurier, basilic, thym, hachés finement ; ajoutez une demi-cuillerée de fleur de farine ; mouillez avec un verre de vin blanc et autant de bouillon ; assaisonnez de sel et gros poivre ; faites cuire et réduire à consistance de sauce : au moment de servir, écrasez le foie qui a cuit dans le ragoût, et ajoutez-le à la sauce.

Galantine de lapins. — Désossez deux lapins ; piquez la chair de l'un avec des lardons assaisonnés ; hachez la chair de l'autre avec une égale quantité de lard ; assaisonnez de poivre et épices, peu de sel, le lard étant salé. On peut ajouter au hachis des truffes coupées par morceaux, ou des champignons et mousserons ; couvrez la chair du lapin désossé d'un lit de cette farce dans laquelle vous entremêlerez des filets de lard, de langue à l'écarlate ou de jambon ; couvrez avec un lit de farce, et continuez ainsi jusqu'à ce que vous ayez tout employé ; rapprochez alors les chairs du lapin, ficelez-les et enveloppez-les avec un linge blanc : foncez une braisière de bardes de lard, et mettez-y la galantine, avec les os des deux lapins bien concassés, un jarret de veau coupé en morceaux, des carottes, des ognons, dont un piqué de clous de géroffe, un bouquet garni, sel et gros poivre ; mouillez avec moitié vin, moitié bouillon ; faites cuire à très-petit feu ; retirez la galantine lorsqu'elle est cuite, et laissez-la refroidir dans le linge qui l'enveloppe ; passez la cuisson ; clarifiez-la avec un blanc d'œuf ; faites-la ensuite réduire au point convenable pour que, refroidie, elle se prenne en gelée ; si elle n'est pas d'une belle couleur, ajoutez un peu d'infusion aqueuse de safran. Servez-vous de cette gelée pour décorer la galantine.

Gâteau de lapin. — Désossez un ou deux lapins rôtis ; séparez de la chair toutes les parties membraneuses ; hachez cette chair, et ensuite pilez-la ; hachez et pilez également une tétine de veau cuite ; faites bouillir de la mie de pain avec de bon bouillon, jusqu'à ce qu'elle l'ait absorbé entièrement et qu'elle commence à se dessécher ; mêlez ensemble, en les pilant, le hachis de lapin, la tétine et la mie de pain : il doit y avoir autant de mie de pain que de chair, et le poids de la tétine doit égaler les deux tiers de celui de la chair et de la mie de pain réunies ; assaisonnez de sel, gros poivre et épices, persil, échalotes, thym et basilic hachés très-fin ; amollissez et liez la farce avec trois jaunes d'œufs et un œuf entier.

Garnissez complètement un moule en fer-blanc avec des bardes de lard ; mettez-y la farce et couvrez-la de bardes ; faites cuire au four ou au bain-marie ; lorsque le gâteau est cuit, laissez-le refroidir dans le moule ; pour l'en retirer, trempez un instant le moule dans l'eau bouillante ; ôtez les bardes de lard, et couvrez le gâteau avec de la chapelure de pain bien fine et de belle couleur.

Si vous n'avez pas assez de farce pour faire un gâteau, roulez-la en cylindres sur de la farine ; jetez un instant ces cylindres dans l'eau bouillante ; passez-les au beurre ; dorez-les ensuite avec un œuf entier battu, et faites-leur prendre couleur sous le four de campagne.

Terrine de quenelles de lapin (à la *Grimod de la Reynière*). — Mettez dans une farce à quenelles un sixième de beurre de moins que pour les croquettes de quenelles (*V.* CROQUETTES). Pochez vos quenelles comme il est dit dans ce même article ; égouttez-les ; coupez en petits lardons huit ou dix truffes ; vous les mettrez dans vos quenelles, à pareille distance et de même grosseur ; vous en placerez quatre rangs sur la même quenelle ; lorsqu'elles seront piquées, vous les mettrez dans une casserole avec des rognons et des crêtes de coq, deux petites noix de veau, des ris d'agneau, des truffes ; versez ensuite dans une casserole plein deux cuillères à pot de velouté, une pareille cuillerée de fumet de gibier, une demi-bouteille de vin de Madère sec, un maniveau de champignons, tournés et sautés dans un jus de citron et de l'eau ; vous ferez réduire votre sauce à moitié, et vous ôterez les champignons pour les mettre avec votre garniture ; vous ferez une liaison avec quatre jaunes d'œufs et gros comme un œuf de beurre ; vous la tournerez ensuite sur le feu pour la lier ; ne la laissez pas bouillir de crainte qu'elle ne tourne ; vous la passerez à l'étamine au-dessus de vos garnitures ; il faut qu'elles soient chaudes ; servez ce ragoût dans une terrine après l'avoir rehaussé d'une sauce à l'espagnole, ou velouté réduit..

Pain de lapereaux à la Sainte-Ursule.
— Vous mettrez de la farce à quenelles plein un moule évidé, que vous beurrerez; vous le ferez mijoter au bain-marie; quand la farce qui est dans votre moule sera cuite, au moment de servir, vous la renverserez sur votre plat; vous aurez bien soin qu'il n'y ait pas d'eau; vous mettrez dans le vide de votre pain des cervelles de lapin, des filets mignons et rognons de lapin sautés; vous aurez une sauce espagnole travaillée avec du fumet de gibier et un demi-verre de vin de Champagne; quand votre sauce sera bien réduite, vous la verserez sur les garnitures qui sont dans votre pain, et vous en glacerez l'extérieur.

Filets de lapereaux à la Polignac. —Vous levez, parez et piquez des filets; vous les faites cuire comme les précédents; vous en avez d'autres bien parés que vous ciselez à distance égale, c'est-à-dire qu'avec le tranchant d'un couteau vous faites une incision dans votre filet; vous y mettez un demi-croissant de truffes; il faut en garnir ainsi tout le long de votre filet; vous préparez vos six filets de même; vous leur donnez la forme des autres; ceux piqués doivent être glacés, ceux aux truffes sont sautés dans du beurre; au moment du service, vous les égouttez; vous les dressez ensuite en couronne, un crouton glacé et un rond entre; vous placez au centre du plat un sauté de truffes dans un fumet de gibier.

Sauté de filets de lapereaux aux truffes.
— Vous levez dix ou douze filets de lapereaux et vous en ôtez la peau nerveuse; coupez-les en tranches rondes, à peu près égales; avec la lame d'un couteau, vous aplatissez ces tranches et vous en coupez les angles, en leur donnant une forme ronde ou ovale; vous placez ensuite un morceau dans votre sautoir ou tourtière, ainsi de suite pour tous les filets; quand ils sont tous parés et arrangés, vous avez des truffes que vous épluchez et parez; vous les coupez en tranches aussi égales; vous les mettez sur les filets jusqu'à ce qu'ils en soient couverts; vous faites tiédir trois quarterons de beurre que vous versez dessus; au moment de servir, vous mettez votre sauté sur un feu ardent; quand vos filets sont cuits, vous les dressez sur du velouté réduit, et vous entourez le tout de croutons frits dans du beurre.

Lapereaux à la Bayonnaise. — Coupez en morceaux des lapereaux rôtis sans avoir été piqués, et faites-les sauter à froid dans de l'huile et du vinaigre, sel, poivre et ravigote écrasée. Dressez ces morceaux sur un plat; masquez-les avec une Bayonnaise. Décorez cette Bayonnaise avec des câpres, des anchois, des cornichons, et entourez le tout d'un cordon de gelée bien transparente.

Purée de lapereaux. — Hachez et pilez des chairs de lapereaux rôtis dont vous aurez ôté soigneusement les peaux et les nerfs; mouillez avec de la sauce espagnole et un peu d'essence de gibier; faites chauffer cette préparation; passez-la à l'étamine; ajoutez-y un peu de glace de viande; dressez cette purée sur un plat, et entourez-la de croquettes de lapereaux (*V.* CROQUETTES).

Soufflé de lapereaux.—La purée de lapereaux étant préparée comme il est dit à l'article précédent, ajoutez-y des jaunes d'œufs; battez les blancs en neige; mêlez le tout, et le versez dans un bol en argent que vous aurez beurré; mettez ce bol sur de la cendre chaude; couvrez-le avec un four de campagne, et servez promptement quand le soufflé sera de belle couleur.

Cromesquis de lapereaux à la polonaise (*V.* AGNEAU).

Fritot de lapereaux. — Dépecez des lapereaux comme pour une gibelotte; faites-les mariner dans une terrine avec du citron ou vinaigre, un ognon coupé en tranches, persil en branches, ail, thym, laurier, sel et gros poivre; une demi-heure avant de servir, égouttez vos morceaux de lapereaux sur un linge blanc; épongez-les bien; farinez-les, et faites-les frire: dressez sur un plat, en buisson, avec des œufs frais à l'entour.

Escalopes de lapereaux. — Parez des filets de lapereaux; faites-les sauter au beurre; puis laissez-les refroidir; coupez-les par tranches bien minces, et les mettez dans une sauce composée de sauce allemande et d'essence de gibier. Dressez le tout, et l'entourez de croutons frits dans le beurre. Les escalopes peuvent aussi, quand on les a fait sauter, être mises dans des petits pois ou des concombres assaisonnés soit au jus, soit à la crème.

Papillotes de lapin. — Feu M. de la Vaupalière était d'avis qu'une des meilleures manières d'employer les lapereaux de garenne était de les faire griller en papillotes après les avoir dépecés et les avoir maniés dans une bonne farce composée de mie de pain rassis, lard râpé, champignons hachés, fines herbes, sel et poivre blanc (avec une pointe d'ail imperceptible aux palais vulgaires).

Il faut convenir que c'est réellement un charmant plat pour un déjeûner, ainsi que pour les diners de campagne.

Lapin cuit au blanc, à l'anglaise. —Une des meilleures préparations de la cuisine anglaise est un lapin cuit à la braise et dans son entier, qu'on masque, après la cuisson, par un hachis d'ognons blancs réduits en purée. Pour conserver à ce plat d'entrée sa physionomie britannique, il faut premièrement assujettir avec des ficelles ou des attelets le corps et les membres du lapin pour le maintenir dans la même posture que s'il était encore au gîte.

Quant à ce qui résulte de cette espèce d'élégance et cette vieille recherche, nous dirons qu'un lapin dressé *au gîte* est très-difficile à bien couper et à bien servir.

Il y a plus de cent cinquante ans que nous avons abandonné cette mauvaise coutume à l'égard des lapins et des lièvres, ainsi qu'il appert des mémoires de Saint-Simon, dans ses observations sur le nouveau réglement du grand couvert et l'ancien régime du grand commun.

LARD. Celui qu'on appelle *gros lard* ne contient aucune partie charnue ; le *petit lard*, qu'on nomme aussi lard maigre, est composé de couches alternées de graisse et de chair.

Pour la manière de préparer le lard, voyez l'article CHARCUTERIE.

LARDER. C'est l'action d'enfoncer dans les viandes, avec un instrument fait exprès, des filets de lard. Piquer est synonyme de larder : on larde dans toute l'épaisseur des chairs, ou seulement à la superficie. Pour larder en travers on se sert de gros filets ; on n'en emploie que de très-fins pour larder à la surface ; les filets, dans ce cas, sont disposés avec symétrie , et quelquefois ils figurent un dessin régulier et systématique.

LARDONS. Pour l'assaisonnement des lardons (*V.* à la page 15).

LAURIER-FRANC ou d'APOLLON. On en fait un fréquent usage en cuisine. On en met dans les bouquets garnis, assaisonnement obligé de tous les ragoûts. On doit l'employer avec modération pour éviter que la saveur n'en soit trop forte. Il y a de l'avantage à n'employer les feuilles de ce laurier que desséchées, attendu qu'elles ont moins d'âcreté que dans leur état de verdeur et fraîcheur.

LAURIER-AMANDE. On emploie souvent les feuilles de ce laurier pour aromatiser les laitages. On doit éviter d'en faire excès, parce que l'arôme fort agréable de ses feuilles est dû à une substance vénéneuse, qui fort heureusement ne s'y trouve pas en abondance.

LAVARET, saumoneau des lacs de Suisse et de Savoie. Ceux du lac du Bourget sont considérés comme les plus délicats et les plus savoureux. Les lavarets, gros et petits, reçoivent absolument les mêmes préparations que les ombres-chevaliers et les truites.

LAZAGNES ou LAZAIGUES, pâte d'Italie de la même composition que celle du vermicelle, si ce n'est qu'au lieu de la faire passer en filets, on la découpe par les côtés.

Les lazagnes forment un excellent potage farineux, surtout au maigre ; et, de toutes les pâtes d'Italie, c'est, après les macaronis et le vermicelle, celle qui s'allie le mieux avec le fromage.

LÈCHEFRITE, ustensile de forme oblongue, ordinairement en fer battu, qu'on place sous la broche pour recevoir ce qui découle du rôti. Elle doit avoir à chacune de ses extrémités un bec, pour qu'on puisse recueillir plus facilement le jus qu'elle contient : son bord, du côté du foyer, doit être assez relevé pour que les charbons qui roulent ne puissent pas le franchir.

Les lèchefrites de fer battu ont l'inconvénient de noircir les jus de viandes, surtout quand celles-ci sont arrosées avec des marinades contenant des acides ; on remédie en partie à cet inconvénient en tenant les lèchefrites dans un grand état de propreté, ce qui ne peut s'obtenir que par un écurage au sable, dont on se dispense trop souvent. On pourrait les faire en fer battu étamé.

Les lèchefrites en cuivre étamé ne seraient tolérables qu'autant qu'on les ferait en gouttière, ce qui éviterait l'inconvénient des parties anguleuses, dans lesquelles il se forme toujours du vert-de-gris ; encore cela ne pourrait-il dispenser de les examiner avec soin avant de s'en servir.

LÉGUMES. Cette dénomination, dans son sens le plus strict, ne devrait s'appliquer qu'aux semences comestibles qui sont renfermées dans des gousses ou des siliques, comme les pois, les fèves, les haricots, les lentilles, etc. ; mais dans le langage habituel, on comprend aussi, sous la dénomination générique de *légumes*, les plantes de toute nature dont on mange les racines, les pousses, les feuilles et les fruits.

Voici la liste des végétaux dont on fait usage dans la cuisine, soit comme aliment, soit comme assaisonnement.

Substances végétales dans lesquelles la fécule est la plus abondante : Salep, Riz, Sagou, Maïs, Orge, Arrowroot, Tapioca.

Aliments végétaux dans lesquels la fécule est unie à une substance sucrée : Avoine,

Sarrasin, Pois, Gesses, Lentilles, Haricots, Fèves, Châtaignes.

Végétaux où la fécule est unie à une substance huileuse : Amandes, Noix, Avelines, Pistaches, Cacao, Arachide.

Aliments dans lesquels la fécule est unie au gluten : Froment, Seigle, Épeautre.

Végétaux alimentaires dont le parenchyme est imprégné d'un suc visqueux : Arroche, Bette, Épinards, Tétragone, Bazelle, Phytolaque, Pourpier, Masche.

Végétaux alimentaires qui contiennent une matière extractive amère avec un suc laiteux : Laitue, Endive, Chicorée, Scarole.

Racines mucilagineuses qui contiennent un suc laiteux : Salsifis, Scorsonère, Topinambour.

Végétaux contenant une substance extractive amère : Artichauds, Cardons, Cardes-poirées.

Végétaux qui ne sont comestibles que pendant leur premier développement : Asperges, Houblon, Câpres.

Racines contenant (abondamment) une matière sucrée : Betteraves, Carottes, Navets, Panais, Chervis, Marrons.

Végétaux comestibles contenant une substance ammoniacale : Radis, Raifort, Chou-cabus, Chou-fleur, Cresson aquatique, Cresson alénois, Corne de cerf, Capucines, Cassepierre ou Crête-marine.

Végétaux dans lesquels le mucilage est allié à une substance volatile dite alliacée : Ail, Ognon, Échalote, Poireau, Ciboule, Civette, Rocambole.

Végétaux contenant un principe aromatique : Persil, Cerfeuil, Céleri, Fenouil, Thym, Sariette, Tannaisie, Basilic, Ambroisie, Estragon, Pimprenelle, Laurier-franc, Absynthe, Marjolaine, Menthe, Sauge, Laurier-cerise, Angélique, Romarin, Verveine et Baume-potager.

Végétaux dans lesquels le mucilage est uni à un acide : Oseille, Oxalis, Surelle.

Cucurbitacées : Melon, Pastèque, Citrouille, Concombre, Potiron, Courge, Giromont, Coucondecelle.

Solanées : Pommes de terre, Tomate, Aubergine.

Fongus : Champignon commun, Mousserons, Morille, Oronge, Ceps, Truffe noire, Truffe du Piémont.

Épices : Poivre, Muscade, Macis, Gérofle, Gingembre, Piment rouge.

Aromates : Vanille, Cannelle, Anis, Badiane, écorces d'Orange, de Citron, de Cédrat, Genièvre, Safran, Curcuma.

LENTILLES. Il y en a de deux espèces, la grosse et la fine : cette dernière est connue sous le nom de lentille à la reine ; c'est celle qu'on emploie de préférence pour faire les purées, parce que sa couleur est plus agréable, et que la saveur en est plus délicate que celle de la grosse espèce. La lentille porte la vertu tonique au point d'échauffer certaines personnes : l'eau de sa décoction a la même propriété.

Les lentilles s'apprêtent comme les haricots. Il faut choisir celles qui sont d'un blond clair et qui cuisent le mieux, car il y en a qui cuisent mal aisément dans les eaux les plus pures.

Les lentilles servent principalement à faire des purées pour garnir des potages et pour masquer des viandes cuites à l'étuvée, telles que langues et queues de bœuf, filets de mouton, faisans braisés, perdrix et cailles. Nous avons déjà conseillé de mêler, dans la purée de lentilles à la crème ou au jus, de petits filets croustillants de citron, qu'on aura fait rissoler à grand feu dans de la friture.

LEVAIN ET LEVURE. Le *levain* est un morceau de fécule fermentée qui sert à déterminer la fermentation de toute pâte composée de farine et d'eau ; sans cette addition la pâte ne fermenterait pas, et l'on n'en pourrait obtenir pour la cuisson qu'une galette compacte et peu digestible.

La *levure* est l'écume que forme la bière au commencement de sa fermentation : on égoutte cette écume, on la presse, on la réduit en pâte, et dans cet état elle se conserve beaucoup plus longtemps que lorsqu'elle est liquide ; desséchée entièrement, la levure se conserve indéfiniment sans perdre ses propriétés : la levure est un ferment très-énergique qui peut remplacer tous les levains. On en fait usage dans la pâtisserie pour obtenir promptement des pâtes fermentées ; la boulangerie en fait également usage. On peut suppléer à son défaut dans beaucoup de cas, par de la bière, ou par du suc de groseilles auquel on aura fait éprouver un commencement de fermentation. L'écume des vins blancs peut aussi remplacer la levure de bière.

LEVRAUT, jeune lièvre. Pour s'assurer de la jeunesse d'un lièvre trois-quarts, c'est-à-dire, qui est parvenu au terme de sa grandeur naturelle, il faut lui prendre les oreilles et les écarter l'une de l'autre : si la peau se relâche, c'est signe qu'il est jeune; mais si elle ne donne aucun signe d'élasticité, si elle tient ferme, on peut en conclure que l'animal n'est pas *levraut*, et qu'il aura besoin d'être attendu pour se mortifier et pour être attendri convenablement. Il est reconnu que les meilleurs levrauts sont ceux qui naissent au mois de janvier. Pour les apprêts qui leur conviennent le mieux (*V*. LIÈVRE).

LIAISON, se dit, culinairement parlant, d'un appendice ayant pour effet d'épaissir ou de lier certaines sauces, au moyen de jaunes d'œufs délayés chaudement sans bouillir, ou bien moyennant de la farine frite, de la fécule étendue, ou du coulis réduit à la consistance de gélatine (*V*. BLANQUETTE D'AGNEAU, etc.).

LIÈVRE. La chair du lièvre est une des viandes les plus nutritives, les plus sapides et les plus chaudement colorées, mais les physiciens ne sauraient accorder que ce soit un aliment indigestible ou malsain. Hippocrate a prétendu que c'était une viande *noire et mélancolique*; Celse a dit qu'elle était *incandescente*, et le docte Averroës a fait remarquer que c'est un de ces aliments *qui font rêver*. Il en est ainsi de tous les aliments *énergiques* et particulièrement du gibier à poil. On reconnaît la même propriété à certaines substances végétales, et notamment aux asperges, aux truffes, au céleri, aux sucreries aromatisées, mais surtout à la vanille. Il y a d'autres aliments qui sont reconnus pour être somnifères, tels que les laitages et les viandes blanches, les compositions amandées, le pourpier, l'arroche et les épinards, la famille entière des laitues, et surtout la pomme de reinette, quand on la mange immédiatement avant de se coucher; mais il n'en résulte pas qu'il faille exclure de nos tables et qu'on doive mettre, pour ainsi dire, hors la loi d'un bon régime, toutes les viandes noires dont le principe excitant les rend toujours plus ou moins oniriques, non plus aussi que tous les aliments qui sont pourvus de qualités sédatives, et qui par un effet de leur principe calmant et lénitif, provoquent doucement au sommeil. Au surplus, Brassavole a prié de remarquer que les rêves qui suivent la manducation, qu'il appelle *Léprétiale*, sont presque toujours de nature *exhilarante et concordante*, dit ce bon italien.

Lièvre rôti. — Si c'est un lièvre au-dessus *des trois quarts*, attendez-le tout au plus quatre jours en été, et tout au moins huit jours en hiver.

Faites-le revenir sur de la braise ardente, afin que la surface des chairs en soit plus ferme. Piquez-le ensuite de fins lardons bien assaisonnés, depuis le cou jusqu'à l'extrémité des cuisses. Faites rôtir pendant une heure et demie, et servez accompagné d'une sauce poivrade où vous aurez mis la cervelle et le foie du lièvre, bien écrasés et passés dans un tamis de crin. Vous n'y joindrez des câpres et des cornichons que si vous voulez le servir en entrée de broche. Il n'est pas besoin d'ajouter ici qu'avec un lièvre en plat de rôt, il ne faut pas manquer de faire présenter de la gelée de groseille, ainsi qu'avec le sanglier, le marcassin, le chevreuil et le daim rôtis. C'est une coutume renouvelée du XVIᵉ siècle, à laquelle on se conforme généralement, depuis quelques années, sur toutes les tables aristocratiques et dans toutes les maisons distinguées (à l'exemple de la cour).

Levrauts rôtis. — On ne les sert plus *en accolade*, à moins que ce ne soit en famille. On en retranche les épaules ainsi que les cuisses, en coupant carrément les râbles qu'on laisse d'une seule pièce et qu'on attache sur la broche au moyen d'un atte et, après les avoir piqués de fin lard ou bardés largement. Il ne faut pas moins de cinq râbles ou reins de levraut pour garnir suffisamment un plat de rôti, ce qui n'en permettrait pas l'usage habituel dans les maisons de classe mitoyenne. Le plat qui contient des reins de levraut doit être garni par des quartiers d'orange amère, et non pas foncé d'une sauce poivrade comme pour les lièvres entiers.

Civet de lièvre à l'ancienne mode (dite à la *Charles IX*, parce que la recette en est formulée dans les dispensaires du temps de ce prince). — Coupez un levraut trois-quarts en sept morceaux de même grosseur; coupez également des carrés de porc frais bien entrelardés; faites-les sauter dans une casserole et sur un feu vif, afin qu'ils se rissolent ensemble, et puis saupoudrez-les de fleur de farine et poussez le tout jusqu'au roux. Mouillez pour lors avec une chopine de bouillon chaud, et joignez au reste une forte pincée des quatre épices, un bouquet de fines herbes, une demi-gousse d'ail et une chopine du meilleur vin rouge. Ajoutez successivement dans votre civet douze poires tapées du Gatinais, six alberges de Tours ou prunes de Brignoles, un maniveau de mousserons ou de champignons tournés, douze pruneaux d'Agen (vidés de leurs noyaux), soixante grains de gros raisins secs épépinnés, douze marrons grillés, douze petits ognons blancs, et, si la saison le permet, quelques lames de bonnes truffes noires. Il ne faudra pas dégraisser ce ragoût que vous ferez lier, un quart d'heure avant de servir, avec le foie, la cervelle et le sang du lièvre, lesquels vous aurez fait piler, manier et délayer dans un peu d'excellent vin rouge et de coulis de jambon, avant de les mélanger dans votre appareil, qu'il ne faudra plus laisser bouillir dès que vous y aurez mis ladite liaison faite avec le sang et le foie délayés dans le vin. Vous garnirez ce plat avec de petites quiches au blé de Turquie (V. MAÏS et QUICHES AUX ŒUFS).

En dépit de l'ignorance des choses et de l'entêtement routinier, le civet à la Charles IX est un escuifant et savoureux plat d'entrée dont il ne reste jamais la moindre parcelle. Si l'on veut en former un gros relevé pour en garnir un flanc ou un bout de table, il suffira de redoubler toutes les doses indiquées ci-dessus; et même pour y donner un plus beau volume, on pourra dresser le ragoût en forme de dôme ou de chapiteau sur le croûton de dessus d'un pain rond (de quatre livres) qu'on aura fait griller et saucer du mouillement du civet avant d'en foncer le plat.

La même préparation peut s'appliquer aux filets de bêtes fauves, à l'outarde et à l'oie sauvage, aussi bien qu'à la sarcelle et à la lamproie. Quand le ragoût doit être au maigre, on joint de petits carrés de chair d'anguille aux membres de sarcelle et aux tronçons de lamproie, à la place des morceaux de porc frais qui sont indiqués ci-dessus.

Civet de lièvre à la bourguignonne. — Coupez un lièvre en sept quartiers, et passez-le dans un roux avec quelques morceaux de petit lard et une demi-cuillerée de fleur de farine. Faites le mouillement du civet avec une chopine et demie de vin de Bourgogne; ajoutez-y de la glace de viande ou du blond de veau. Joignez-y un bouquet garni, une forte pincée de poivre noir et vingt-quatre petits ognons que vous n'ajouterez qu'environ dix minutes avant la fin de la cuisson du même civet. Vous le terminerez en y joignant le sang de l'animal dans lequel vous aurez fait écraser son foie. Vous pourrez garnir ce ragoût avec de larges croûtons frits et dressés en couronne autour du plat.

Filets de lièvre en civet à la royale. — Enlevez toutes les chairs d'un lièvre et coupez-les en filets que vous piquerez finement. Brisez les os et la carcasse que vous passerez dans un roux, ainsi que les flancs du lièvre; ajoutez-y quelques ognons en tranches, un bouquet garni, sel et poivre; mouillez avec du vin de l'Hermitage rouge et du bouillon bien consommé; faites bouillir et réduire au quart; passez la sauce au tamis; mettez-y les filets, et faites-les mijoter tout dou-

cement. Retirez le bouquet et les tranches d'ognon pour y mettre le sang du lièvre ou celui d'un canard, à défaut de l'autre. Faites lier sans laisser bouillir, et servez avec de petites quiches au maïs pour garniture.

Lièvre à la Saint-Denys. — Dépouillez et videz un lièvre, en lui faisant au ventre une ouverture aussi petite que possible; coupez-lui la tête; assaisonnez de moyens lardons pour piquer les filets et les cuisses; faites-le mariner dans du vinaigre avec sel et poivre, ognons, thym, laurier, persil, ciboules; il faut laisser le lièvre dans cette marinade pendant deux jours au moins. Lorsque vous voudrez le faire cuire, vous hacherez bien menu le foie du lièvre ainsi qu'une égale quantité de lard; vous ajouterez à cette farce des aromates pilés, du sel et du poivre, des jaunes d'œufs, et le tout étant bien mêlé, vous le mettrez dans le corps du lièvre; vous recoudrez la peau du ventre, et vous le ferez cuire dans une braisière foncée de bardes de lard, avec des parures de viande, quelques carottes et ognons, un bouquet garni, un peu de sel, le tout mouillé avec du vin blanc. Vous ferez mijoter votre lièvre pendant au moins deux heures; au moment de servir, vous l'égoutterez; vous le glacerez; vous ferez réduire le mouillement dans lequel il aura cuit, et quand il sera presque à glace, vous y verserez plein deux cuillères à dégraisser d'espagnole; vous poserez votre lièvre sur un plat, et votre sauce dessous; en cas qu'elle soit trop assaisonnée, vous y mettriez gros comme un œuf de beurre et le jus d'un citron.

Lièvre au chasseur. — Videz un lièvre sans le dépouiller de sa peau; farcissez-le de son foie, accompagné de foies gras, si vous en avez, avec du persil et de la ciboule, le tout haché bien menu et pilé dans un mortier avec un bon morceau de beurre frais, du sel et du poivre. Cousez le ventre pour empêcher que rien n'en sorte; mettez-le à la broche, et faites-le rôtir à petit feu, jusqu'à ce qu'il soit cuit à la perfection, ce que l'on aperçoit lorsque la peau se détache du corps. Alors débrochez-le; levez-lui le reste des peaux, et servez avec une poivrade.

Lièvre en daube. — Désossez complètement un lièvre; brisez tous les os et la tête; coupez en plusieurs morceaux un jarret de veau; émincez des carottes et quelques ognons; faites cuire le tout avec du vin blanc et du bouillon, sel, poivre, bouquet garni et quelques clous de gérofle; faites bouillir à petit feu pendant une heure et demie au moins: passez avec expression.

Foncez avec des bardes de lard une terrine de

faïence qui aille au feu ; mettez-y la chair de lièvre en l'entremêlant d'émincées de petit lard et de rouelle de veau ; assaisonnez de poivre, épices et peu de sel ; mouillez avec la cuisson des os ; couvrez avec des bardes de lard ; faites cuire à petit feu : laissez refroidir et servez dans la terrine.

Gâteau de lièvre. — Dépouillez un lièvre, videz-le ; conservez-en le sang ainsi que le foie ; levez-en toutes les chairs ; ôtez-en les nerfs et les peaux ; hachez ces chairs ; ayez autant de foie de veau, que vous hacherez également après en avoir supprimé la peau et les nerfs ; joignez-y le foie du lièvre ; ayez de la noix de jambon cuit autant que vous avez de chair de lièvre ; hachez ce jambon, mettez-le dans le mortier, et pilez-le jusqu'à consistance d'une pâte ; ajoutez-y votre chair de lièvre, son foie et celui du veau ; pilez bien le tout ensemble, et joignez-y du lard râpé, le tiers du volume de vos viandes ; pilez de nouveau au point qu'on ne sente aucun grumelot sous le doigt ; assaisonnez-le de sel fin, d'épices fines, de fines herbes cuites, telles que persil et ciboules ; ajoutez de la muscade râpée ; joignez à tout cela un demi-verre de bonne eau-de-vie, six ou huit œufs (l'un après l'autre), le sang de votre lièvre et un jus d'ail (lequel se fait en écrasant deux gousses d'ail qu'on met avec un peu d'eau dans une cuillère et dont on exprime le jus) ; mêlez bien le tout ensemble, et puis foncez une casserole de bardes de lard ; mettez-y de votre appareil l'épaisseur de deux doigts ; ayez de grands lardons ; rangez-les sur cet appareil, de distance en distance, et mettez alternativement dans chacune de ces distances une rangée de pistaches ou de truffes coupées ; recouvrez ce fond de votre appareil toujours de l'épaisseur de deux doigts, et continuez ainsi jusqu'à ce que la casserole soit pleine ; couvrez cet appareil de bardes de lard et d'un rond de papier ; mettez un couvercle sur cette casserole ; posez-la sur une tourtière, et faites cuire au four pendant trois heures : ensuite retirez-le, laissez-le refroidir ; échauffez légèrement la casserole, pour le retourner ; retournez-le ; ôtez-en les bardes ; faites-y une remarque qui indique à l'entamer, de sorte que les lardons qui y sont posés en long se trouvent coupés en travers ; et servez-le sur une assiette, comme moyenne ou grosse pièce d'entremets.

Levraut à l'anglaise. — Ayez un levraut jeune et tendre ; dépouillez-le, sans lui couper les pattes ; et pour qu'il reste en son entier, échaudez-lui les oreilles comme on apprête celles d'un cochon de lait : faites-lui, pour le vider, une petite ouverture ; retirez-lui les poumons et le sang ; passez votre doigt entre les quasis ; prenez le foie, ôtez-en l'amer, hachez-le très-menu ; faites une

panade un peu desséchée avec de la crème, pilez-la avec le foie ; mettez autant de beurre qu'il y a de panade, quatre jaunes d'œufs crus, sel, poivre et fines épices ; coupez un gros ognon en très-petits dés ; passez-le dans du beurre ; faites-le cuire à blanc, et joignez cet ognon à votre farce, en le mettant avec une cuillère ; ajoutez-y une pincée de petite sauge, que vous aurez passée au tamis : mêlez le tout et incorporez-y le sang du levraut ; faites l'essai de cette farce ; goûtez si elle est d'un bon goût ; remplissez-en le corps de l'animal ; cousez-le ; cassez-lui les os des cuisses, et ramenez-lui les pattes de derrière sous le ventre, où vous les fixerez ; donnez l'attitude aux pattes de devant, ainsi qu'à la tête de votre lièvre, comme s'il était au gîte ; mettez-le à la broche, en lui conservant cette position : bardez-le, enveloppez-le de papier ; faites-le cuire environ cinq quarts d'heure ; avant de le retirer du feu, ôtez-lui le papier : supprimez-en le lard, et servez-le avec une saucière remplie de gelée de groseilles fondue au bain-marie.

Escalopes de levrauts au sang (d'après l'excellente formule de M. Beauvillier). — Ayez un ou deux levrauts, selon leur grosseur ; dépouillez-les, videz-les, conservez-en le sang ; levez-en les filets, ainsi que les mignons et les noix des cuisses ; supprimez les nerfs de vos filets, en les posant sur la table et faisant glisser votre couteau, comme si vous leviez une barde de lard ; ôtez les nerfs et les peaux de vos noix ; coupez le tout de l'épaisseur et de la grandeur d'un écu ; battez-les l'un après l'autre avec le manche du couteau, que vous tremperez dans l'eau ; arrondissez vos escalopes, arrangez-les l'une après l'autre (ainsi que les rognons partagés en deux) dans un sautoir ou un plat d'argent creux, où vous aurez fait fondre du beurre ; saupoudrez ces escalopes d'un peu de sel et de gros poivre ; couvrez-les de beurre fondu et d'un rond de papier blanc, et laissez-les jusqu'à l'instant de vous en servir : concassez les os, la tête et tous les débris de vos levrauts ; mettez-les dans une petite marmite, avec quelques lames de jambon, un morceau de rouelle de veau, deux ognons, un piqué de deux clous de gérofle, deux ou trois carottes tournées, un bouquet de ciboules, une feuille de laurier et la moitié d'une gousse d'ail ; mouillez le tout avec du bon bouillon et un verre de vin de Bourgogne rouge ; faites cuire ce fumet une heure ou davantage : sa cuisson faite, dégraissez-le, passez-le au travers d'une serviette, mettez-le sur le feu de nouveau ; faites-le réduire plus qu'à moitié ; ajoutez-y trois cuillerées à dégraisser d'espagnole ; faites-le réduire de nouveau à consistance de demi-glace : à l'instant de servir, mettez vos escalopes sur un feu ardent ; lorsqu'elles seront raides d'un côté, faites-les raidir de l'autre ; cela fait, égouttez-en le beurre sans perdre le jus de vos filets ; mettez le tout dans votre fumet, sautez-le, liez-le avec le sang de vos levrauts ; ajoutez-y un pain de beurre, un jus de citron ; goûtez s'il est d'un bon goût, et servez.

Si vous n'aviez point d'espagnole, faites un petit roux ; liez-en votre fumet avant de le passer, et, pour en obtenir *à peu près* le même résultat que ci-dessus, faites-le réduire au même degré.

Filets de levrauts à la provençale. — Levez les filets d'un ou deux levrauts ; parez-les, ôtez-en les nerfs ; piquez-les de filets d'anchois dessalés et de lard ; versez de l'huile dans une casserole ; mettez-y une demi-gousse d'ail, un peu d'échalotes hachées, un peu de sel et de gros poivre ; posez vos filets dans cette casserole et passez-les sur le feu : lorsqu'ils seront cuits, égouttez-les chaudement ; mettez dans votre casserole deux cuillerées de coulis, autant de consommé, la moitié d'une cuillerée à bouche de vinaigre à l'estragon ; faites réduire votre sauce, dégraissez-la, passez-la à l'étamine ; remettez-la au feu, dégraissez-la de nouveau : goûtez si elle est d'un bon goût ; versez-la dans le fond du plat, et garnissez-la avec des olives farcies ou des picholines.

Pâté de lièvre (*V.* PATÉS FROIDS).

Purée, soufflé et sauté de levraut (*V.* LAPIN).

LIMANDE, poisson de la famille des Achantures, et qui s'apprête absolument comme le carrelet et la plie (*V.* page 127).

LIMON, variété du genre citron, dont nous avons indiqué le fréquent usage à nos articles SIROPS, CONFITURES, CONSERVES, SORBETS, etc.

Suc de limon. — On prend quarante ou cinquante limons de la belle espèce ; on les pile, on les coupe en deux parties, on en retire les pepins avec toute l'exactitude possible, et l'on finit par écraser la chair de ces fruits dans un vase de faïence. On les y laisse fermenter pendant vingt-quatre heures, ensuite on en exprime le jus dans un linge. Le suc qui découle passe trouble ; on le dépure en le filtrant à travers un papier sans colle, et on l'obtient très-clair. On le conserve dans des bouteilles pleines avec un peu d'huile d'olive dans le goulot de la bouteille, et on les met à la cave. Ce suc se conserve très-long-temps. Quand on veut s'en servir, on a soin d'en ôter l'huile, en introduisant dans le cou de la bouteille une ou plu-

sieurs mèches de papier gris ou de coton, jusqu'à ce que l'on n'aperçoive plus d'huile. Ce suc peut servir aux mêmes usages que le jus de limon le plus nouvellement exprimé.

LIMONNER, se dit des poissons comme la tanche, la lamproie, la lotte, etc., que l'on met dans l'eau prête à bouillir, et que l'on retire un instant après, pour enlever le limon avec un couteau, en allant de la tête à la queue (sans offenser la peau).

LIQUEURS. On appelle ainsi des préparations composées avec de l'esprit de vin ou de l'eau-de-vie, du sucre et des extraits de certaines substances plus ou moins aromatiques ; on les obtient par la distillation ou moyennant l'infusion. Les liqueurs opérées par ce dernier moyen portent le nom de *ratafias*. On appelle *élixirs* certaines liqueurs hygiéniques ou thérapeutiques, dont on n'use ordinairement que par cuillerées ; elles sont restreintes à sept ou huit formules, qui sont particulièrement du ressort de la pharmacie. Il y aurait beaucoup de choses à dire à l'occasion des liqueurs ; et d'abord, c'est qu'il n'est pas vrai que ces compositions ne datent que de la vieillesse de Louis XIV, et que Fagon, son premier médecin, les ait inventées pour exhilarer ce vieux monarque en le réconfortant. Il est avéré qu'on fabriquait des ratafias sous le règne de Louis XII, et que les élixirs étaient déjà connus du temps de Charles VII.

L'avantage qu'on obtient par la distillation dans la préparation des liqueurs, c'est qu'en les chargeant de toute la partie aromatique des substances, on en recueille un produit tout-à-fait dépouillé d'âcreté. Relativement aux procédés qui doivent être suivis pour opérer et suivre les distillations, voyez à l'article ALAMBIC, pages 16, 17 et suivantes.

Les liqueurs étrangères les plus recherchées sont l'Alkermès de Florence et le Rossolis de Bologne, le Barbados et le Tartufoglio de Turin, la Citronnelle de Venise, le Cinnamomum de Trieste, le Marasquin de Zara et le Krambambouli de Dalmatie, l'extrait d'Absynthe Suisse, le Kirschen-Wasser de la Forêt-Noire, le Persicot de Trèves et le Kumin de Dantzig, la double Anisette et le Curaçao blanc d'Amsterdam, le Scubac d'Irlande, le Tafia de l'île de France, le Blanc-Rack de Batavia et le vieux Rhum de la Jamaïque ; mais à la tête et bien au-dessus de toutes ces liqueurs exotiques, on doit placer les produits de nos Antilles françaises, parmi lesquels il faut décerner la palme du triomphe au Noyau des îles, à la Vanille blanche, à l'Eau des Créoles et au Mirobolan de l'immortelle et glorieuse madame Amphoux. Voici l'indication des liqueurs indigènes qu'on estime le plus, et des localités qui les fournissent : 1° *Liqueurs fines ou distillées.* — Les Crèmes de Thé, de Menthe, de Cannelle et d'Orange de la côte Saint-André; toutes les liqueurs de Montpellier, mais principalement l'Eau d'Angélique; toutes celles qui se fabriquent et se vendent à Paris chez M. Tanrade, ancien chef d'office au château de Versailles, et notamment ses Crèmes d'Ananas et d'Absinthe au Candi, son Petit-Lait d'Henri IV et son Baume arabique aux fleurs de Myrte. 2° *Liqueurs ménagères ou ratafias indigènes.* — Persicot de Verdun, Noyau de Phalsbourg, Absinthe de Lyon, Vespetro de Montpellier, Ratafia de Grenoble aux Merises, de Teissiere; aux quatre Fruits rouges de Villeneuve, aux cinq Fruits jaunes d'Hyères, aux sept Graines de Niort, Guignolet d'Angers, Hydromel de Metz, et Cotignelle d'Orléans. On doit classer à la suite de ces ratafias (qui sont excellents), l'Anisette de Bordeaux dont on fait un fréquent usage en cuisine (*V*. CRÈMES, GELÉES D'ENTREMETS, SOUFFLÉS EN CAISSE, etc.), et finalement l'Eau-de-vie d'Andaye de la fabrique de Bayonne; mais celle-ci n'est habituellement qu'une liqueurs d'office ou de seconde table, pour les grandes maisons.

Liqueurs distillées.

Double anisette surfine, façon d'Amsterdam (formule indiquée dans le DISTILLOR-KAUFMAN). — Il faudra prendre soixante gouttes d'huile volatile d'anis étoilé, quatre onces d'amandes amères mondées et broyées au mortier de marbre avec un peu d'eau et de sucre, deux onces de racine d'Iris de Florence bien concassée, douze pintes d'esprit de vin 3/6, et de plus trois pintes d'eau de fontaine. Mettez le tout dans l'alambic dès la veille, et distillez au bain-marie pour en retirer douze pintes d'esprit rectifié.

Faites un sirop clarifié avec neuf livres de sucre royal et neuf pintes d'eau distillée; mélangez le même sirop avec les douze pintes d'esprit aromatique, et clarifiez votre anisette en la faisant filtrer au papier gris.

Huile du Curaçao rouge et blanc (*V*. page 200).

Eau suave. — (Pour la confection des liqueurs suivantes, au nombre de quinze, on a suivi les bonnes prescriptions et les formules officinales du château de Bellevue, par le sieur Gohier du Lompier, officier de MESDAMES, tantes du Roi).

Pour obtenir dix bouteilles d'*eau suave* :

Prenez Eau-de-vie	8 pintes.
Gérofle	2 gros.
Macis	1 gros.
Eau de rivière distillée	3 pintes.
— double de fleur d'orange	1 liv.
— double de roses	1 liv.
Esprit de jasmin	4 gros.
— d'ambre	4 gouttes.
Sucre surraffiné concassé	6 l. 4 onc.

Vous distillez au bain-marie l'eau-de-vie, le gérofle et le macis, pour retirer cinq pintes de liqueur spiritueuse; vous faites fondre le sucre dans l'eau de rivière, puis, y ajoutant celles de roses et de fleur d'orange, vous formez le mélange avec le produit distillé et les esprits de jasmin et d'ambre. Vous filtrez la liqueur à l'entonnoir fermé, et la mettez dans des bouteilles que vous bouchez bien.

Cette liqueur a un parfum et une saveur des plus agréables.

Liqueur au bouquet printannier.

Prenez Eau-de-vie fine	6 pintes.
Macis	1 gros.
Eau de rivière distillée	3 pintes.
Esprit de jasmin	6 gros.
— de fleur d'orange	4 gros.
— de roses	4 gros.
— de réséda	4 gros.
— de vanille	2 gros.
Sucre royal concassé	5 liv.

Distillez au bain-marie l'eau-de-vie et le macis, pour retirer trois pintes et demie de liqueur : quand le sucre est fondu à l'eau de rivière, vous y réunissez tous les produits distillés, et en composez la liqueur au bouquet, que vous filtrez comme la recette précédente.

Liqueur aux quatre fleurs d'été.

Prenez Eau-de-vie	6 pintes.
— de rivière distillée	4 pintes.
Esprit de roses	8 onces.
— de fleur d'orange	8 onces.
— de jasmin	3 onces.
— de réséda	2 onces.
Sucre superfin	5 liv.

Rectifiez l'eau-de-vie au bain-marie, et suivez pour le reste les procédés de la recette précédente.

Eau de la côte Saint-André.

Prenez Eau-de-vie . . . . 5 pintes.
    Cannelle superfine concassée. 4 onces.
    Zestes de deux cédrats.
    Dattes. . . . . 4 onces.
    Figues grasses. . . . . . . -. 4 onces.

Vous faites infuser ces substances dans l'eau-de-vie pendant six jours, et procédez à la distillation pour obtenir trois pintes de liqueur.

Prenez Eau de rivière distillée. . . . 3 pintes.
    Sucre surraffiné. . . . . ·. . 4 l. 8 onc.

Vous faites fondre le sucre dans l'eau, puis, ayant formé le mélange, vous filtrez la liqueur.

Gouttes de Malte. — Prenez six pintes d'eau-de-vie d'Espagne ou de Montpellier, mais non pas de Cognac, attendu que cette dernière est beaucoup moins spiritueuse; mettez-y les

Zestes de 12 oranges de Malte.
Eau de fleur d'orange. . . . . 1 pinte.
Eau de fontaine ou de rivière. . 2 pintes.
Sucre concassé. . . . . 4 liv.

Faites infuser les zestes d'orange dans l'eau-de-vie pendant deux jours, puis soumettez l'un et l'autre à la distillation.

Vous faites fondre le sucre dans l'eau de rivière, vous y ajoutez l'eau de fleur d'orange quand il est entièrement fondu; vous faites aussitôt le mélange et le filtrez.

Eau divine.

Prenez Eau-de-vie fine . . . . 5 pintes.
    Zestes de quatre citrons.
    — de quatre bergamotes.
    Mélisse récente . . . . . . -. 2 onces.
    Eau de rivière distillée. . . . 2 pintes.
    — de fleur d'orange . . . 1 pinte.
    Sucre surraffiné concassé . . 4 liv.

Vous distillez les quatre premières substances au bain-marie et au très-petit filet pour retirer trois pintes de liqueur. Faites fondre le sucre dans l'eau de rivière, et ajoutez l'eau de fleur d'orange; puis, après avoir fait le mélange, vous le filtrez.

Eau d'ange.

Prenez Tiges d'angélique encore ten-
    dre. . . . . 4 onces.
    Cannelle. . . . . 4 gros.
    Iris de Florence. . . . . . . 2 gros.
    Eau-de-vie ou esprit à 25 de-
    grés . . . . 3 pintes.
    Eau. . . . . 1 pinte.

Epluchez les tiges d'angélique et faites-les blanchir à l'eau bouillante; plongez-les ensuite dans l'eau froide et pilez-les avec la cannelle; concassez l'iris; mettez le tout dans l'alambic avec l'esprit et l'eau; distillez pour retirer deux pintes et demie.

Sucrez avec un sirop composé de deux livres et demie de sucre et une demi-pinte d'eau filtrée.

Eau d'or, dite à la Favorite.

Prenez Eau-de-vie. . . . . 4 pintes.
    Zestes de six citrons.
    Macis. . . . . 1 gros.
    Eau de rivière distillée. . . . 2 pintes.
    — de fleur d'orange. . . . 1 liv.
    Sucre. . . . . 3 liv.

Vous distillez au bain-marie l'eau-de-vie avec les zestes et le macis, et retirez deux pintes de liqueur spiritueuse. Quand le sucre est fondu dans l'eau, et que vous y avez ajouté l'eau de fleur d'orange, vous formez votre mélange que vous colorez en jaune avec la teinture de safran; vous filtrez la liqueur et la mettez en bouteilles. Alors, ayant un livret contenant des feuilles d'or, vous en faites tomber dans une assiette, et, y ajoutant un peu de la liqueur, vous les battez légèrement avec une fourchette, jusqu'à ce qu'elles soient brisées, et en mettez avec une cuiller dans chaque bouteille suffisante quantité.

Eau d'argent, dite à la Surintendance.

Prenez Eau-de-vie . . . . 6 pintes.
    . Zestes de six oranges.
    — de quatre bergamotes.
    Cannelle fine concassée. . . . 4 gros.
    Eau de rivière distillée. . . . 3 pintes.
    Sucre royal concassé. . . . . 4 l. 8 onc.

Vous suivez les mêmes procédés que pour l'eau d'or, excepté que vous laissez cette liqueur en blanc, et que vous y mettez des feuilles d'argent.

Eau de Bellevue.

Prenez Eau-de-vie. . . . . 4 pintes.
    Zestes de quatre cédrats.
    Mélisse fraîche. . . . . 2 onces.
    Macis. . . . . 1 gros.
    Eau de rivière. . . . . 2 pintes.
    — de fleur d'orange . . . . 1 liv.
    Esprit de jasmin. . . . . . . 1 once.
    Sucre concassé . . . . 3 liv.

Vous distillez les quatre premières substances pour retirer deux pintes de liqueur. Vous faites fondre le sucre à l'eau de rivière, vous y ajoutez l'eau de fleur d'orange et l'esprit de jasmin, et, lorsque le mélange est fait, vous filtrez la liqueur.

Eau des sept graines à la Visitandine.—

Pour six pintes d'eau-de-vie, prenez une once d'anis vert ou de Verdun, une once de fenouil, une once de graines de carottes, une once de graines de carvi, une demi-once de graines d'angélique, une once et demie de coriandre, une once de badiane et un gros de macis; concassez tous ces ingrédients, et mettez-les infuser dans de l'eau-de-vie avec une pinte d'eau pendant quelques jours, et faites votre distillation à l'ordinaire; pour le mélange, vous ferez fondre trois livres et demie de sucre dans trois pintes et demie d'eau; mêlez le tout, et filtrez.

Scubac (façon d'Irlande).

Prenez Eau-de-vie . . . . 6 pintes.
Safran oriental . . . . 1 once.
Zestes de deux oranges.
— de deux citrons.
Macis . . . . 36 grains.
Eau de rivière . . . . 3 pintes.
Sucre . . . . 5 liv.

Faites infuser les cinq premières substances dans l'eau-de-vie pendant huit jours, en fermant bien le vase, puis vous distillez au bain-marie. Vous faites fondre le sucre dans l'eau de rivière, vous faites le mélange et le pilez. Vous obtenez de cette manière une liqueur blanche et très-limpide.

Quelques personnes la préfèrent de couleur jaune; alors faites fondre le sucre avec l'eau sur le feu, vous le laissez refroidir, vous y ajoutez de la teinture de safran, vous faites ensuite le mélange, puis vous filtrez la liqueur.

Rossolis (façon d'Italie).

Prenez Roses muscates . . . . 8 onces.
Fleurs d'oranger épluchées . . 5 onces.
Cannelle concassée . . . . . 3 gros.
Clous de giroflé concassés . . 1 gros.
Eau de rivière . . . . 6 pintes.
Esprit de vin . . . . 3 pintes.
— de jasmin . . . . . . 2 onces.
Sucre raffiné concassé . . . 6 liv.

Vous mettez dans la cucurbite les cinq premières substances, et les distillez pour retirer trois pintes de liqueur, dans laquelle vous faites fondre le sucre; vous y versez ensuite l'esprit de vin et l'esprit de jasmin; vous colorez la liqueur en rouge cramoisi, et la filtrez ensuite.

Il se fabrique une grande quantité de cette liqueur à Turin, où elle est fort en vogue.

Eau chinoise (recette de MM. de la Reynière).

— Le nom de cette liqueur vient de ce qu'on emploie pour la faire cette espèce de petits citrons verts qu'on confit au sucre, et qui sont alors vendus sous le nom de chinois.

Prenez trente petits citrons verts. Il est inutile d'en enlever les zestes; mettez-les dans l'alambic avec trois pintes d'esprit à 22 degrés; distillez au bain-marie pour retirer deux pintes.

Faites un sirop avec deux livres et demie de sucre, ajoutez-le à l'esprit aromatique, et filtrez au papier gris.

Eau de bigarade au candi.

— Enlevez les zestes de six bigarades moyennes, et distillez-les au bain-marie avec trois litres et demi d'esprit à 22 degrés; ajoutez du macis et de la muscade en substance, et retirez trois pintes de liqueur.

Ajoutez six livres de sirop clarifié, fait avec deux livres et demie de sucre et une pinte d'eau; filtrez à la chausse ou au papier gris.

Fine orange à la Condé.

— Levez les zestes de huit oranges choisies parmi celles dont l'écorce est fine, tendre, transparente et bien pointillée.

Distillez les zestes au bain-marie avec quatre pintes et demie d'eau-de-vie à 22 degrés; retirez-en quatre pintes.

Faites un sirop clarifié avec deux livres et demie de sucre, un quarteron de beau miel et une pinte et demie d'eau; ajoutez-le à l'esprit aromatique, et filtrez au papier gris.

Kirschen-wasser (façon des Ardennes).

— Vous prenez des merises bien noires et bien mûres, vous en supprimez les queues, et emplissez de ces fruits une cuve de moyenne grandeur; vous les recouvrez avec des cendres mouillées ou avec un mortier très-épais; il se forme de cette manière une croûte qui maintient le spiritueux de ces fruits dans un état de fermentation, et l'empêche de s'exhaler en vapeurs, ce qui arriverait sans cette précaution. Au bout d'un mois ou six semaines, vous enlevez la croûte de dessus une portion des merises, et les soumettez à la distillation.

Pour cela, après avoir posé la grille dans la cucurbite, vous remplissez celle-ci aux deux tiers avec le jus et la pulpe des merises; vous dressez l'appareil et conduisez le feu avec précaution et graduellement, jusqu'à ce que vous obteniez seulement le petit filet; vous obtenez une liqueur très-limpide, et cessez l'opération aussitôt que vous vous apercevez que le flegme commence à passer; c'est un produit dénué de saveur et de force ; vous mettez à mesure le kirschen-wasser dans un petit tonneau ; vous jetez le marc du premier produit, et, mettant de nouveau dans la cucurbite même quantité de merises que la première fois, vous continuez ainsi jusqu'à ce que le tout ait été distillé.

Vous rectifiez de suite ce kirschen-wasser au bain-marie ; et, après cette seconde distillation, il doit avoir vingt-deux à vingt-trois degrés, il s'améliore beaucoup en vieillissant.

Cinnamomum (recette et formule de madame Fouquet). — La cannelle est la base de cette liqueur ; mais on y ajoute le macis, ce qui modifie singulièrement son arôme.

Prenez Cannelle fine en poudre. .	1 once 1/2.
Macis.	2 gros.
Eau-de-vie à 20 degrés. .	3 pintes 1/2.
Sucre.	3 livres.
Miel de Narbonne.	4 onces.
Eau	1 pinte 1/2.

Distillez l'eau-de-vie sur la cannelle et le macis dans la cucurbite. Retirez trois pintes.

Faites un sirop clarifié avec le sucre, le miel et l'eau ; ajoutez-le à l'esprit aromatique, et filtrez.

Persicot.

Prenez Graine de persil pilée	1/2 once.
Esprit ou eau-de-vie à 21 degrés.	3 pintes.
Eau.	1/2 litre.

Distillez pour retirer deux pintes et demie.

Ajoutez un sirop clarifié, fait avec une livre trois quarts de sucre et une pinte et demie d'eau ; filtrez.

Huile de Vénus (recette de Vincent de la Chapelle).

Prenez Semences de carvi.	1 once.
— de chervis. . . .	1 once.
— Daucus de Crète.	1 once.
Macis.	2 gros.
Esprit à 22 degrés.	4 litres.
Eau.	3/4 de litre.

Distillez après avoir broyé les substances, et retirez trois litres et demi.

Sucrez avec un sirop clarifié composé de quatre livres de sucre et un litre d'eau ; mettez le sirop un peu chaud dans la liqueur.

Colorez avec la teinture d'un gros de safran dans quelques onces d'eau bouillante. Il ne faut mettre de cette teinture que ce qui est nécessaire pour obtenir une teinte d'un beau jaune paille.

Parfait-amour (suivant la formule du Fidèle Berger). — Pour six pintes d'eau-de-vie à 22 degrés, vous prendrez quatre gros cédrats bien frais et d'un excellent parfum ; vous les zesterez et vous les ferez infuser dans six pintes d'eau-de-vie, en y joignant une pinte d'eau distillée ; vous y joindrez une demi-once de cannelle fine et quatre onces de coriandre ; vous distillerez le tout suivant le procédé requis, et vous devrez colorer votre liqueur en y joignant le produit de deux gros de cochenille, deux gros de crème de tartre et un gros d'alun de Rome que vous aurez mis en poudre et fait bouillir avec un peu d'eau filtrée ; vous passerez votre couleur au travers d'un linge en la retirant du feu ; vous l'ajouterez à votre mélange, et vous achèverez de clarifier cette liqueur en la filtrant au papier Joseph.

Des autres liqueurs surfines à qui l'on donne les noms de CRÈME *et d'*HUILE.

Ces liqueurs doivent être plus *grasses* que celles dont nous avons parlé, parce qu'on y fait entrer plus de sucre, qu'on fait chauffer jusqu'à ce qu'il soit près de bouillir, et celles à qui l'on donne le nom d'*huiles* doivent avoir une consistance assez semblable à celle d'huile d'olive, ce qu'on obtient en augmentant encore la dose du sucre et lui faisant prendre un bouillon.

Crème de myrte (recette de Bellevue).

« Prenez Eau-de-vie	12 pintes.
Fleurs de myrte.	1 liv.
Feuilles de pêcher. . . .	4 onces.
Une muscade.	
Eau de rivière distillée. . .	6 pintes.
Sucre.	9 liv.

» Vous mettez dans un vase les feuilles de pêcher, les fleurs de myrte et la muscade concassée ; vous versez l'eau-de-vie par-dessus ; et, après avoir laissé macérer le tout dans un endroit chaud pendant quinze jours, vous procédez à la distillation au bain-marie pour retirer six pintes de liqueur spiritueuse.

» Vous faites fondre le sucre dans l'eau sur le feu ; quand il est près de bouillir, vous formez le mélange et filtrez la liqueur à l'entonnoir fermé, puis la mettez en bouteilles.

» A défaut de fleurs de myrte, vous pouvez employer les feuilles ; mais la liqueur n'est bonne qu'au bout de deux ou trois ans de vieillesse. Cette expérience est le fruit du hasard : cherchant à composer une liqueur où il entrât des feuilles de myrte, j'en distillai avec l'eau-de-vie ; mais elle lui avait communiqué une telle âcreté, qu'après le mélange fait, la filtration opérée, je n'en pus boire. Je la laissai trois ans sans y toucher ; et ce ne fut pas sans étonnement qu'au bout de ce temps je lui trouvai une saveur des plus agréables. »

Crème de fleur d'orange au lait et au vin de Champagne.

Prenez Eau-de-vie fine	12 pintes.
Fleur d'orange épluchée	2 l. 8 onc.
Lait	3 pintes.
Vin de Champagne très-blanc	6 pintes.
Eau de rivière distillée	4 pintes.
Sucre surraffiné	10 liv.

Prenez du lait du matin, vous le mettez avec la fleur d'orange dans une bassine sur le feu ; après un seul bouillon, vous versez le mélange dans un vase de faïence. Lorsqu'il est refroidi, vous y versez de l'eau-de-vie rectifiée ; et, aussitôt après avoir agité le tout ensemble, vous filtrez la liqueur. Le parfum de la fleur, que le lait avait empêché de s'évaporer, se trouve enlevé par l'eau-de-vie, et il ne reste au fond de la manche que la fleur et la portion d'âcreté qu'elle contient, et le lait caillé.

Vous concassez le sucre, et le faites fondre à l'eau de rivière sur le feu. Lorsqu'il est entièrement fondu, vous y ajoutez le vin de Champagne et l'esprit de fleur d'orange.

Crème d'absinthe au candi.

Prenez Eau-de-vie	8 pintes.
Sommités d'absinthe rectifiées	1 liv.
Zestes de quatre citrons ou oranges.	
Eau de rivière	4 pintes.
Sucre	7 liv.

Vous distillez au bain-marie l'eau-de-vie et l'absinthe et les zestes pour retirer quatre pintes de liqueur. Lorsque le sucre est fondu, vous opérez le mélange que vous filtrez.

Cette liqueur, qui a un léger goût d'amertume, est un excellent stomachique.

Crème de moka.

Prenez Café de Moka	1 liv.
Zestes de deux oranges.	
Eau-de-vie fine	8 pintes.
Eau de fontaine	4 pintes.
Sucre surraffiné	6 l. 8 onc.

Vous faites griller le café jusqu'à ce qu'il ait une belle couleur de cannelle seulement : lorsqu'il est trop torréfié, l'huile essentielle se trouve altérée et nuit à la qualité de la liqueur. Vous le réduisez en poudre avec un moulin à café ; et, le mettant dans un vase avec les zestes, vous versez l'eau-de-vie par-dessus, et laissez le tout en infusion pendant deux jours.

Vous concassez le sucre et le faites fondre au feu ; vous opérez le mélange et filtrez la liqueur.

Crème de cacao.

Prenez Cacao	4 liv.
Cannelle fine concassée	4 gros.
Eau-de-vie fine	6 pintes.
Esprit de vanille	3 gros.
Eau de rivière	13 pintes.
Sucre	5 liv.

Vous prenez du cacao caraque ou berbiche de la meilleure qualité ; vous le torréfiez comme pour le chocolat, et le concassez dans un mortier de marbre ; vous le mettez au bain-marie de l'alambic avec la cannelle et l'eau-de-vie, pour retirer, par la distillation, trois pintes un quart de liqueur spiritueuse.

Faites fondre le sucre à l'eau de rivière sur le feu ; lorsqu'il est refroidi, vous formez le mélange dans lequel vous versez l'esprit de vanille, puis vous filtrez la liqueur.

Crème de laurier.

Prenez Eau-de-vie	8 pintes.
Feuilles de fleurs de myrte	12 onces.
Feuilles de laurier	12 onces.
Une muscade concassée.	
Gérofle	1 gros.
Eau de rivière	4 pintes.
Sucre concassée	6 l. 8 onc.

Vous distillez les cinq premières substances au bain-marie de l'alambic pour retirer quatre pintes de liqueur. Vous faites fondre au feu le sucre dans l'eau de rivière, le laissez refroidir, puis vous formez le mélange que vous filtrez.

Crème des Barbades.

Prenez Eau-de-vie	6 pintes.
Zestes de six cédrats choisis.	
Cannelle fine	4 gros.
Macis	4 gros.
Eau de rivière	2 pintes.
Eau de fleur d'orange	1 liv.
Sucre surraffiné	5 l. 8 onc.

Vous mettez les zestes, la cannelle et le macis infuser pendant huit jours dans l'eau-de-vie et dans un vase bien fermé, puis distillez le tout au bain-marie pour retirer trois pintes de liqueur.

Vous faites fondre au feu le sucre dans l'eau de

rivière et laissez refroidir ; vous y ajoutez l'eau de fleur d'orange ; vous formez le mélange, puis filtrez la liqueur.

Crème de roses muscates.

Prenez Eau-de-vie fine. . . . . . . 4 pintes.
Roses épluchées. . . . . . . 6 liv.
Eau de rivière. . . . . 1 p. et d.
Eau double de roses. . . . . 1 liv.
Sucre. . . . . 11. 8 onc.

Vous distillez au bain-marie les pétales de roses avec l'eau-de-vie pour retirer deux pintes un quart de liqueur spiritueuse. Après avoir fait fondre sur le feu le sucre dans l'eau de rivière, vous les laissez refroidir, puis y ajoutez l'eau de roses. Vous opérez le mélange que vous colorez en rose, puis vous filtrez la liqueur.

Vous pouvez faire fondre le sucre à froid, en employant de l'eau de roses au lieu d'eau commune, et vous obtenez une liqueur du parfum le plus agréable.

Crème de jasmin.

Prenez Esprit de vin. . . . . . 2 pintes.
Esprit double de jasmin. 4 onces.
Eau de fleur d'orange. . 2 onces.
Eau de rivière. . . . . . 2 pint. et d.
Sucre royal. . . . . . . 3 liv. 8 onc.

Vous faites fondre au feu le sucre dans l'eau de rivière. Lorsqu'il est refroidi vous opérez le mélange et filtrez la liqueur.

Crème des cinq fruits jaunes.

Prenez Eau-de-vie. . . . . 8 pintes.
Zestes de quatre cédrats, de cinq oranges, de quatre citrons, de quatre bergamotes, de trois bigarades.
Eau de fontaine . . . . 4 pintes.
Sucre . . . . 7 liv.

Vous faites infuser, pendant huit jours, les zestes dans l'eau-de-vie, puis les soumettez à la distillation au bain-marie pour retirer quatre pintes de liqueur. Vous faites fondre le sucre avec l'eau de fontaine sur le feu, vous faites le mélange et filtrez la liqueur.

Crème de menthe.

Prenez Eau-de-vie. . . . . 8 pintes.
Menthe frisée récente. . . 1 liv. 8 onc.
Zestes de six citrons.
Eau de rivière. . . . . . 4 pintes.
Essence de menthe poivrée. 2 gros.
Sucre. . . . . 7 liv.

Vous mettez dans le bain-marie de l'alambic la menthe, les zestes et l'eau-de-vie, pour retirer, par la distillation, quatre pintes de liqueur spiritueuse, dans laquelle vous faites dissoudre de l'essence de menthe.

Il est essentiel de n'employer que de bonne essence de menthe, ce dont on peut s'assurer; si, un instant après en avoir mis sur la langue, vous ne sentez pas une grande fraîcheur, c'est que l'essence a été falsifiée.

Vous faites fondre le sucre avec l'eau sur le feu, vous le laissez refroidir, et opérez le mélange que vous filtrez.

Crème de kirschwasser.

Prenez Kirschwasser vieux. . . . . 6 pintes.
Eau double de fleur d'orange. 8 onces.
Eau de rivière distillée. . . . 3 pintes.
Sucre. . . . . 5 liv.

Vous rectifiez le kirschwasser pour obtenir quatre pintes de liqueur, puis y ajoutez l'eau de fleur d'orange. Vous faites fondre au feu le sucre avec l'eau de rivière ; quand il est refroidi, vous formez le mélange et le filtrez.

Cette liqueur est des plus agréables.

Crème virginale.

Prenez Eau-de-vie. . . . . 4 pintes.
Fleur d'orange épluchée. 6 onces.
Roses muscates. . . . . 6 onces.
Eau de rivière distillée. . 2 pintes.
Esprit de réséda. . . . . 2 onces.
Sucre royal. . . . . 4 liv. 8 onc.

Vous distillez au bain-marie de l'alambic la fleur d'orange, les roses muscates et l'eau-de-vie, pour retirer deux pintes de liqueur. Vous faites fondre au feu le sucre dans l'eau de rivière; quand il est refroidi, vous y ajoutez l'esprit de réséda ; vous opérez le mélange et filtrez la liqueur.

Huile de Chypre.

Prenez Eau-de-vie. . . . . 12 pintes.
Feuilles de pêcher. . . . . 4 onces.
Une muscade concassée.
Fleur de myrte. . . . . . . 1 livre.
Eau de rivière. . . . . 6 pintes.
Sucre. . . . . 10 livres.

Vous mettez dans le bain-marie de l'alambic les feuilles de pêcher, la muscade et l'eau-de-vie, et les distillez pour retirer six pintes de liqueur rectifiée, dans laquelle vous faites infuser, pendant quatre jours, les fleurs de myrte. Au bout de ce temps, vous faites fondre sur le feu le sucre à l'eau de rivière ; quand il bout, vous le retirez et le laisser refroidir, puis vous formez le mélange, que vous colorez en jaune et que vous filtrez.

Crème de noyaux (*à la manière de Phalsbourg*). — Pour six pintes d'eau-de-vie et une pinte d'eau, vous mettrez une demi-livre d'amandes d'abricots que vous couperez par petits morceaux, et les mettrez infuser dans l'eau-de-vie pendant quelques jours, et distillerez le tout; pour le mélange vous ajouterez une chopine d'eau de fleur d'orange, trois livres de sucre et trois pintes d'eau : vous filtrerez ou passerez à la chausse.

Huile d'angélique (*à la façon de Montpellier*). — Pour six pintes d'eau-de-vie et une pinte d'eau, vous prendrez douze onces de racines d'angélique fraîche, que vous laverez, ratisserez et couperez par petits morceaux : si vous ne pouviez pas vous procurer de la racine fraîche, vous prendriez six onces de racines d'angélique de Bohême, que l'on trouve en tout temps chez les épiciers-droguistes; coupez-la par morceaux, et mettez-la infuser pendant huit jours dans l'eau-de-vie, en y ajoutant un gros de macis, deux gros de cannelle et douze clous de gérofle, le tout concassé; après ce temps, vous la distillerez et vous ferez fondre trois livres de sucre dans trois pintes et demie d'eau, pour faire votre mélange comme ci-dessus.

Crème de framboise (*recette du Fidèle-Berger*). — Prenez six pintes d'eau-de-vie et une pinte d'eau; vous aurez des framboises fraîchement cueillies, vous les éplucherez et les laisserez infuser pendant vingt-quatre heures dans l'eau-de-vie. La quantité pour la recette est de quatre livres, toutes épluchées; il faut ensuite les distiller; vous ferez fondre, pour le mélange, trois livres et demie de sucre dans trois pintes et demie d'eau, et vous filtrerez au papier Joseph.

Liqueurs obtenues par infusion.

Les ratafias sont des liqueurs qui n'ont pas été soumises à la distillation; ainsi, pour obtenir le parfum, l'arôme et la teinture d'un fruit, par exemple, on en met le suc exprimé dans l'eau-de-vie, qui se charge de tous ces principes.

Les sucs de la plupart des fruits, étant fort aqueux, tiennent lieu de toute l'eau qui devrait entrer dans la composition des ratafias; mais il en est qui diminuent si sensiblement la force du dissolvant, qu'il ne faut employer que de l'eau-de-vie très-rectifiée pour donner au ratafia la qualité nécessaire. Les ratafias de premier choix sont d'un excellent emploi pour faire des glaces à la crème

et des gelées d'entremets, ainsi que des soufflés, comme on pourra le voir à ces articles.

Nous disons donc que les ratafias diffèrent des liqueurs en ce qu'ils sont faits par simple infusion ou par mélange, tandis que les liqueurs sont toujours le résultat d'une distillation.

Les liqueurs sont toujours de l'alcool aromatisé, c'est-à-dire plus ou moins chargé d'une huile essentielle.

Il y a aussi des ratafias qui contiennent une assez forte dose d'huile essentielle; mais cette huile n'y est jamais pure. La substance qui la contenait a toujours, pendant son infusion, cédé à l'alcool une partie quelconque de sa matière extractive qui modifie singulièrement l'action de la substance aromatique. Cela seul suffit pour établir une notable différence entre les ratafias et les liqueurs; celles-ci sont et ne peuvent être que stimulantes, en raison de l'aromate qu'elles contiennent; tandis que les ratafias peuvent unir au principe aromatique d'autres substances qui en modifient l'action.

Un autre avantage des ratafias, c'est d'admettre dans leur composition tous les sucs de fruits; il est vrai que les liqueurs distillées ont un arôme plus pur et plus suave que les ratafias; c'est là leur principal mérite, car leur saveur est toujours à peu près la même.

La saveur des ratafias peut, au contraire, varier à l'infini. Ils ont de plus l'avantage d'être moins irritants que les liqueurs; quelques-uns même ont des propriétés sanitaires qui ne sauraient être contestées.

Ratafia de fleurs d'oranger (*recette de M. Lorrein*).—Pour que ce ratafia conserve tout le parfum de la fleur d'oranger, il est nécessaire d'employer de l'esprit 3[6. Si on emploie de l'eau-de-vie, la liqueur est colorée, ce qui ne doit pas être lorsqu'on emploie pour aromate une substance sans couleur; et de plus, l'odeur particulière à l'eau-de-vie se mêlant à celle de la fleur, la modifie et la rend moins agréable.

Prenez deux litres d'esprit 3[6, trois livres de sucre en poudre et une livre de fleurs d'oranger; épluchez celles-ci en séparant les pétales (1) des calices; n'employez que les premiers; faites un lit de sucre au fond d'un saladier; semez pardessus des pétales de fleurs d'oranger; couvrez

---

(1) On appelle pétales les folioles blanches qui forment une espèce de couronne autour de la fleur; le calice est ce qui supporte les pétales et les organes de la fructification, qui, dans la fleur d'oranger, consistent en plusieurs étamines blanches portant chacune un petit corps jaune. Le calice et les organes de la fructification ont peu d'odeur et beaucoup d'amertume.

avec du sucre, semez de nouveau des pétales, puis du sucre, et ainsi de suite; terminez par un lit de sucre.

Recouvrez avec une assiette; enveloppez le tout d'un linge et mettez à la cave pendant huit ou dix heures; au bout de ce temps versez sur la fleur et le sucre un litre d'eau tiède; ne mettez d'abord que la moitié de cette eau, remuez légèrement pour faire fondre le sucre; versez le sucre fondu sur un tamis, et ajoutez ce qui reste d'eau pour enlever les dernières portions de sucre; passez encore au tamis, sans exprimer la fleur; ensuite versez sur celle-ci l'esprit 3|6, et laissez-le pendant une heure; après cette macération, jetez le tout sur un tamis, et réunissez l'esprit à l'eau sucrée et aromatisée : on mêle le tout ensemble, on laisse reposer pendant vingt-quatre heures et on filtre au papier gris.

Avant de filtrer, il est bon de goûter la liqueur. Si on ne la trouve pas assez sucrée, on y ajoute du sirop de sucre, dont il faut avoir toujours quelques bouteilles lorsqu'on veut faire des liqueurs. Si la liqueur est trop douce, on y ajoute un peu d'esprit.

Si on veut un ratafia amer, stomachique, et qui ne soit pas désagréable, il faut verser sur les calices qui ont été séparés et sur les pétales qui ont servi, deux litres d'eau-de-vie; laissez infuser pendant deux jours, et filtrez au papier gris; ensuite ajoutez-y une livre et demie de sirop de sucre, ou une livre de beau sucre fondu dans une demi-livre d'eau.

Enfin on fait un ratafia intermédiaire entre les deux premiers en faisant infuser dans l'esprit étendu d'eau la fleur entière et le sucre; cette infusion ne doit pas durer plus de douze heures, et le vase doit être placé dans un endroit frais. On est dans l'usage de le placer au soleil, ce qui ne vaut rien, parce que le liquide, en s'échauffant, flétrit la fleur, la colore et lui communique une saveur peu agréable.

Ce ratafia est moins suave que celui qu'on obtient par la première recette ci-dessus; mais il est moins amer que celui qui résulte de la seconde méthode.

Sirop pour sucrer les ratafias. — Prenez dix livres de sucre ou de belle cassonade, faites dissoudre trois blancs d'œufs dans cinq livres et demie, ou deux litres trois quarts d'eau. Mettez moitié de cette eau dans une bassine avec le sucre cassé en morceaux; poussez à l'ébullition, enlevez les écumes, et ajoutez successivement le reste de l'eau d'œuf en écumant toujours. Versez le sirop bouillant sur un filtre de laine, pour en séparer quelques parcelles de blanc d'œuf qui peuvent y rester suspendues.

Ce sirop est composé de deux parties de sucre sur une d'eau; il se conserve très-bien et est très-commode pour sucrer toute espèce de liqueurs; si on veut que celles-ci soient plus sucrées, on peut diminuer la quantité d'eau, ou pousser l'évaporation plus loin.

Ratafia blanc. — Le ratafia blanc est un mélange d'esprit et de sirop de sucre dans les proportions convenables pour qu'en y ajoutant un sucre de fruit ou des teintures, on ait tout de suite un ratafia qui soit bon à boire dans les premiers moments et qui acquière de la qualité à mesure qu'il vieillit.

Prenez deux litres d'esprit 3|6, et ajoutez-y quatre livres du sirop ci-dessus et une livre d'eau, si vous voulez aromatiser avec des essences, ou trois livres de sirop sans addition d'eau, si vous voulez faire des ratafias de fruits.

Ratafia de Grenoble. — Prenez trois livres de merises écrasées avec leurs noyaux, le zeste de la moitié d'un citron, et faites macérer le tout pendant un mois dans quatre litres de ratafia blanc. Passez avec expression et filtrez.

Ou bien écrasez trois livres de merises avec leurs noyaux, ajoutez deux livres de sucre, le zeste de la moitié d'un citron, et faites macérer le tout, pendant un mois, dans trois litres d'eau-de-vie ou d'esprit à vingt-deux degrés.

On peut aromatiser avec la cannelle et le gérofle; on passe, on exprime le marc, et l'on filtre au papier gris.

Cassis. — Prenez trois livres de cassis égrené, une livre de groseilles, une poignée de framboises, un gros de gérofle, deux gros de cannelle; écrasez les fruits et concassez les aromates; faites macérer le tout pendant huit jours dans quatre litres de ratafia blanc; passez avec expression et filtrez.

Ou bien prenez six livres de cassis, une livre et demie de groseilles égrenées, une livre de cerises, une demi-livre de framboises, deux gros de gérofle, demi-once de cannelle, une bonne pincée d'anis; écrasez les fruits, cassez les noyaux des cerises, concassez les aromates, et mettez le tout infuser dans six litres d'eau-de-vie ou d'esprit à vingt-deux degrés; ajoutez deux livres et demie de sucre; après huit jours d'infusion, passez avec expression et filtrez.

On peut aussi, après avoir écrasé les fruits et y avoir ajouté le quart du sucre et les aromates, laisser développer un commencement de fermentation; alors on ajoute l'eau-de-vie et le reste du sucre.

Ce commencement de fermentation opère un amalgame plus intime entre les différents sucs de fruits; l'odeur des aromates est aussi mieux combinée; la liqueur paraît plus tôt vieille et elle est plus agréable.

Ratafia de mirabelles. — Prenez quatre livres de mirabelles très-mûres, écrasez-les sans en séparer les noyaux et sans les briser; mettez-les dans un vase lit par lit, que l'on couvre avec du sucre en poudre; employez-y deux livres et demie de sucre. Laissez macérer le fruit avec le sucre pendant vingt-quatre heures dans un endroit frais; ajoutez ensuite quatre litres d'eau-de-vie, ou, ce qui est préférable, quatre litres d'esprit à vingt-deux degrés; faites infuser pendant huit jours; passez avec expression et filtrez.

On peut préparer de même un ratafia de prunes de reine-claude, mais il n'est pas aussi agréable que celui qui est fait avec des mirabelles.

Ratafia de muscat. — Prenez quatre livres de raisins muscats égrenés; écrasez-les dans un vase où vous les laisserez jusqu'au lendemain. Ajoutez quatre litres de ratafia blanc, ou pareille quantité d'eau-de-vie ou d'esprit à vingt-deux degrés; laissez infuser pendant huit jours; passez avec expression et filtrez; si vous employez l'eau-de-vie ou l'esprit, ajoutez une livre et demie de sucre.

Ratafia de framboises. — Mettez infuser dans deux litres d'eau-de-vie, ou dans un litre d'esprit 3|6, auquel vous ajouterez trois quarts de litre d'eau, une livre et demie de framboises macérées pendant quatre heures avec une livre de sucre en poudre. Laissez infuser pendant vingt-quatre heures, ce qui est suffisant, ou plus longtemps si vous voulez; passez avec expression et filtrez au papier gris.

Brou-de-noix. — A la Sainte-Marie. — A la Carmélite. (*V*. pages 109 et 110).

Ratafia des quatre fruits. — Écrasez six livres de cerises, deux livres de groseilles, une livre de framboises et deux livres de cassis; cassez un quart de noyaux de cerise; mettez le tout infuser dans six litres d'eau-de-vie, ou dans quatre litres d'esprit; ajoutez deux livres et demie de sucre; filtrez au bout de quarante-huit heures et exprimez le marc.

Ou bien écrasez les fruits sur un tamis; exprimez le marc et mêlez le jus qui aura coulé avec cinq litres de ratafia blanc, auquel vous ajouterez trois quarts de litre d'esprit 3|6.

Ratafia d'angélique. — Prenez trois tiges d'angélique; ôtez-en les feuilles, et coupez les tiges en filets; faites-les blanchir à l'eau bouillante pendant quelques minutes; faites-les infuser ensuite dans l'eau-de-vie, ou, ce qui vaut mieux, dans l'esprit à vingt-deux degrés, à raison d'un litre pour trois onces de tiges; ajoutez une demi-once de graine par litre d'eau-de-vie, et sept à huit onces de sucre aussi par litre. Filtrez après huit jours d'infusion, et ajoutez encore un peu d'eau de fleurs d'oranger.

On peut substituer quelques amandes amères à l'eau de fleurs d'oranger; on les met dans l'infusion.

Ratafia de noyaux. — Cassez cent noyaux d'abricots récemment extraits, ou cinquante noyaux de pêches au moment où ils sortent du fruit; mettez-les à mesure dans un bocal contenant deux litres d'eau-de-vie, ou, ce qui est préférable, cinq quarts de litre d'esprit 3|6, additionné de trois quarts de litre d'eau; laissez infuser pendant un mois; ajoutez une livre de sucre dans l'infusion, ou une livre et demie de sirop de sucre après la filtration.

On ajoute aussi une demi-once d'eau de fleurs d'oranger dans chaque bouteille.

Autre ratafia de noyaux. — Prenez deux onces d'amandes amères; mondez-les de leur peau après les avoir fait infuser pendant quelques instants dans de l'eau bouillante.

Pilez les amandes mondées avec un peu d'eau et de sucre jusqu'à ce qu'elles soient réduites en pâte fine.

Mettez infuser cette pâte dans deux litres de ratafia blanc; filtrez après huit jours d'infusion, et ajoutez une once d'eau de fleurs d'oranger, et quelques gouttes de teinture de vanille ou d'ambre.

Ratafia de coings. — Râpez des coings lorsqu'ils sont mûrs, ce qu'on reconnaît quand ils ont pris partout une belle couleur jaune et que leur odeur est bien développée; exprimez-en le jus et ajoutez-en un litre et demi à deux litres de ratafia blanc; ajoutez aussi un peu d'eau de fleurs d'oranger avec cinq ou six amandes amères concassées; filtrez après vingt-quatre heures de macération si vous le voulez.

Si l'on n'a pas de ratafia blanc, on verse sur un litre de jus de coing un litre et demi d'eau-de-vie ou d'esprit à vingt-deux degrés; on ajoute cinq quarterons de sucre, un peu d'eau de fleurs d'oranger et quelques amandes amères.

On peut aromatiser, pour la dose ci dessus, avec deux gros de cannelle; on supprime alors les amandes amères, et on ajoute toujours un filet d'eau de fleurs d'oranger; dans ce cas on ne filtre qu'après quatre à cinq jours de macération.

Citronelle de Venise et autres (*V*. page 158).

Ratafia de cannelle (de Chirac).— Pour quatre pintes d'eau-de-vie et une chopine d'eau, vous prendrez deux onces de cannelle fine, que vous concasserez et mettrez infuser dans votre eau-de-vie; vous y ajouterez le zeste de deux citrons, une once de bois de réglisse battu, et, au bout de quelques jours, vous ferez votre distillation; vous mettrez fondre deux livres de sucre dans deux pintes d'eau, et ferez votre mélange comme précédemment.

Ratafia cordial des Augustines. — Pour six pintes d'eau-de-vie et une pinte d'eau, vous mettrez le zeste de quinze citrons bien frais et d'un bon parfum (ce sont les citrons de Gênes qui sont les meilleurs à employer pour toutes les liqueurs en général); vous ajouterez à votre infusion une demi-once de cannelle fine, quatre onces de coriandre que vous concasserez, et mettrez le tout infuser pendant huit jours; ensuite vous distillerez; faites fondre trois livres et demie de sucre dans trois pintes et demie d'eau; vous filtrerez le tout, et le mettrez en bouteilles.

Vespétro (*V*. PHARMACIE DOMESTIQUE).

LOCHE, petit poisson de la dimension d'un hareng frais. On le trouve dans les rivières et les ruisseaux. C'est un mets très-délicat et très-recherché, mais il est rare. On apprête la loche comme l'éperlan.

LONGE. On appelle ainsi la partie du veau qui se trouve comprise entre les côtes et la queue, et à laquelle le rognon est attaché. Quant aux apprêts qui lui conviennent le mieux, *V*. l'article VEAU.

LOTTE, excellent poisson d'eau douce qui participe de l'anguille et de la lamproie. On l'apprête assez souvent comme l'anguille. Quelques-uns confondent les lottes avec les barbotes qui ne les valent pas.

Lottes à la bonne femme.—Limonez des lottes, et faites-les cuire avec du vin blanc, de l'ognon coupé en tranches, persil, ciboules, basilic, sel, poivre, gérofle et un morceau de beurre; quand elles sont cuites, dressez-les et les servez dans leur court-bouillon réduit, pour les manger avec des tartines au beurre frais et aux fines herbes crues.

Lottes à la Villeroy. — Foncez une casserole avec des tranches de veau et de jambon; faites-les suer pendant une demi-heure; quand elles sont à moitié cuites, mettez-y vos lottes limonées et conservant leurs foies; couvrez avec des bardes de lard, et mouillez avec un verre de vin de Champagne rosé; assaisonnez de sel, poivre, ciboules, champignons, une gousse d'ail, deux tranches de citron, une feuille de laurier: ajoutez un morceau de beurre.

Faites-les bouillir à petit feu; quand elles sont cuites, retirez-les, trempez-les dans leur sauce, panez-les de mie de pain, et faites-leur prendre couleur au four; passez ensuite la cuisson des lottes, dégraissez-la; mettez-y une cuillerée de jus, et versez-la sur les lottes, que vous garnirez de leurs foies.

On peut également préparer des lottes en *friture*, à la *poulette*, à la *tartare*, en *matelote-vierge*, etc. Nous avons suffisamment indiqué l'emploi des foies de lotte à l'article FOIE, page 229, ainsi qu'au mot GARNITURE.

LOUISE-BONNE, belle poire d'automne assez analogue à celle de Saint-Germain. Elle est très-bonne à manger crue; mais elle est préférable étant grillée pour en faire des compotes à la portugaise, ou des charlottes de poires à la vanille, ou bien encore un de ces nouveaux entremets qu'on assaisonne avec du ratafia à la vanille ou aux quatre fruits (*V*. POIRES AU BEURRE).

M.

MACARONS, pâtisserie de menu service et de petit four, dont les amandes, les noisettes, les pistaches ou les noix fraîches font toujours la base.

Macarons d'amandes amères.—Vous prendrez une livre d'amandes amères, que vous mon-derez et ferez sécher à l'étuve; lorsqu'elles seront bien sèches, vous les pilerez dans un mortier de marbre avec trois blancs d'œufs; il faut qu'elles soient pilées très-fin; si les trois blancs d'œufs ne suffisaient pas, vous en ajouteriez un quatrième, pour qu'elles ne tournent pas en huile; étant parfaitement bien pilées, vous les mettrez dans une terrine et vous pèserez deux livres et demie de sucre en poudre, que vous y incorporerez; si votre pâte était trop sèche, vous ajouteriez un blanc d'œuf; il faut qu'elle ne soit ni trop liquide ni trop sèche; vous les dresserez, de la grosseur d'une noix, sur des feuilles de papier, avec une spatule, et vous les mettrez au feu dans un four très-doux.

Macarons d'amandes douces. —Vous prendrez une livre d'amandes douces, que vous émonderez et ferez sécher; vous les pilerez après comme l'on vient de dire pour l'amande amère, et suivrez exactement les mêmes procédés; il faut y ajouter seulement une râpure de citron lorsque vous mélangerez le sucre avec l'amande; on doit les dresser de même et les mettre à un four très-doux.

Macarons aux noisettes-avelines (suivant la formule de la Maison de Madame, épouse de Monsieur, frère du Roi). —Mettez dans un grand poêlon d'office quatre onces d'amandes d'avelines telles qu'elles sortent de la coquille, et torréfiez-les sur un feu modéré, en les remuant continuellement avec une grande cuillère d'argent. Aussitôt que les avelines commencent à se colorer, que la pellicule se détache, vous les retirez du feu pour parer aussitôt les amandes. Cette opération faite, vous recommencerez trois fois encore la dose d'avelines, afin d'en avoir une livre.

Vous commencez par piler les quatre onces d'avelines qui ont été préparées les premières, et qui doivent se trouver froides; sans cela, il faudrait attendre qu'elles le fussent. Vous avez soin de les mouiller par intervalle avec un peu de blanc d'œuf, pour les empêcher de tourner à l'huile; et, lorsqu'aucun fragment n'est plus aperçu, vous retirez les amandes du mortier, que vous remplacez par quatre onces pilées de la même manière, et avec les mêmes attentions que les premières. Vous recommencez deux fois encore la même opération, afin que la livre d'avelines soit parfaitement pilée; vous la réunissez dans le mortier, et la pilez avec une livre de sucre et deux blancs d'œufs pendant dix minutes; ensuite vous y joignez deux livres de sucre (passé au tamis de soie), que vous aurez travaillé pendant dix minutes avec six blancs d'œufs. Amalgamez parfaitement le tout avec une spatule, et, après avoir remué pendant cinq à six minutes, l'appareil doit se trouver mollet; pourtant les macarons ne doivent pas s'élargir lorsque vous les couchez; s'ils se trouvent trop fermes, alors vous y mêlez le blanc d'œuf nécessaire pour qu'ils s'attachent au doigt en y touchant.

Ensuite vous mettez au four six macarons d'épreuves, et, après leur cuisson, vous mouillez l'intérieur de vos mains, dans lesquelles vous roulez une cuillerée d'appareil. Couchez les macarons de la grosseur d'une noix-muscade, et continuez ainsi à former vos macarons; après quoi vous trempez vos mains dans de l'eau, et les posez ensuite légèrement sur les macarons, afin de les rendre luisants à leur surface; vous les mettrez au four que vous fermez hermétiquement pendant trois quarts d'heure. Vous devez les retirer de belle couleur et de bonne mine.

On doit avoir l'attention de coucher les macarons à un pouce de distance entre eux, et de les former aussi ronds que possible.

On couche également ces macarons en forme de grosses olives, sur lesquelles on sème de gros sucre, et quelquefois mêlé de pistaches hachées. On les garnit encore en forme de hérisson, en piquant à leur surface des filets de pistaches.

Macarons aux pistaches. — Suivez les mêmes procédés que pour les macarons d'avelines.

Macarons soufflés aux noix vertes. — Épluchez une livre de noix fraîches et coupez-les par filets; après cela vous les mêlez avec quatre onces de sucre et le quart d'un blanc d'œuf, et vous les faites sécher au four. Pendant qu'elles refroidissent, vous préparez la glace comme de coutume, avec deux blancs d'œufs et vingt onces de sucre très-fin. Vous y joignez les noix vertes, et terminez l'opération de la manière accoutumée.

Macarons soufflés aux amandes. — Mondez douze onces d'amandes douces et quatre onces d'amères; coupez-les en filets de la largeur des amandes; mêlez-les avec quatre onces de sucre (passé au tamis de soie) et le quart d'un blanc d'œuf; mettez-les sur un grand plafond séché au four doux, pour qu'elles se colorent d'un blond à peine sensible. Pendant qu'elles refroidissent, vous mêlez dans une moyenne terrine vingt onces de sucre (passé au tamis de soie) avec deux blancs d'œufs, et travaillez cette glace pendant un quart d'heure; après quoi vous y mêlez parfaitement les amandes pour qu'elles soient également glacées. Alors vous mettez un macaron au four, et, s'il se conserve de belle forme, vous couchez l'appareil; mais si, par hasard, la glace tombait du macaron, alors on doit ajouter un peu de sucre. Si au contraire la glace était trop ferme, et si vos macarons n'avaient point de liant, vous ajouterez un peu de blanc d'œuf. Vous mouillez le dedans de vos mains, et y roulez une cuillerée d'appareil, que vous couchez par petites parties de la grosseur d'une noix-muscade. Après les avoir ainsi toutes détaillées, vous trempez vos mains dans de l'eau, pour mouiller ensuite la surface des macarons que vous touchez légèrement. Mettez-les sur des plaques au

20.

four doux, que vous aurez soin de former pendant vingt minutes, et observez vos macarons. S'ils se trouvent d'un beau blond-clair, et résistant au toucher, vous les retirez du four, sinon vous les laissez le temps nécessaire à leur parfaite cuisson : dès qu'ils sont froids, vous les détachez.

Macarons soufflés au chocolat. — Mondez une livre d'amandes douces et coupez-les en filets, après quoi vous les pralinez, en les mêlant avec quatre onces de sucre et le quart d'un blanc d'œuf. Laissez-les sécher au four doux sans qu'elles prennent couleur. Pendant qu'elles se refroidissent, vous mêlez dans une moyenne terrine une livre de sucre très-fin avec deux blancs d'œufs. Le tout étant travaillé avec la spatule, pendant douze à quinze minutes, vous y mettez huit onces de chocolat râpé (fondu à la bouche du four pendant cinq minutes), ce qui raffermit la glace: alors vous y joignez le blanc d'œuf nécessaire et y amalgamez les amandes parfaitement. Le macaron doit être du même corps que le précédent. Couchez-le de même sur des feuilles de papier fort; et, après les avoir légèrement mouillés à leur surface, vous prenez chaque macaron que vous appuyez un peu sur du gros sucre, du côté du dessus, et, au fur et à mesure, vous les remettez à leur place sur le papier. Aussitôt que vous avez une demi-feuille masquée de gros sucre, vous mettez les macarons sur une plaque de cuivre au four doux que vous fermez. Lorsque le reste se trouve terminé, vous les mettez au four. La cuisson est la même que ci-dessus.

Macarons soufflés au gros sucre. — Après avoir mondé une livre d'avelines, vous les coupez en filets et les faites praliner. Séchez-les comme les précédentes, et préparez vingt onces de sucre (passé au tamis de soie) avec deux blancs d'œufs. Après un quart d'heure de travail, vous y mêlez les avelines froides, et terminez ces macarons de la même manière que ci-dessus, en les masquant de gros sucre. La cuisson est la même.

Tourons d'amandes. — Vous monderez une ou deux poignées d'amandes douces; vous pourrez y ajouter quelques pistaches et même quelques avelines; le tout émondé, et les avelines un peu grillées pour en ôter la peau, vous pralinerez le tout ensemble dans une demi-livre de sucre : lorsque le tout sera praliné, vous le laisserez refroidir; vous casserez deux blancs d'œufs que vous y mettrez, et les remuerez avec une stapule jusqu'à ce que le tout se lie bien ensemble et forme une pâte maniable; il faut ajouter, en la travaillant, une forte pincée de fleur d'orange pralinée, qui doit se trouver mêlée avec; il faut mettre aussi du sucre

en poudre la quantité convenable, ainsi qu'un peu de blanc d'œuf, s'il en est besoin, pour que les tourons se lient bien; vous les dresserez, de la grosseur d'une noix, sur des feuilles de papier, en les arrondissant avec la main, et les mettrez à une certaine distance pour qu'ils ne se touchent point; faites-les cuire à un four doux.

Massepains royaux. — Vous prendrez une livre d'amandes douces, que vous monderez et mettrez à mesure dans de l'eau fraîche; vous les égoutterez et pilerez dans un mortier de marbre, en les arrosant avec de l'eau et un peu de fleur d'orange; il faudra prendre garde de les trop mouiller en les commençant; il faut en mettre peu à peu à mesure que vous les pilez; lorsqu'elles le seront assez, vous les mettrez dans un poêlon, avec une demi-livre de sucre en poudre, sur un fourneau à petit feu, pour les dessécher; vous connaîtrez lorsqu'elles le seront assez, en appliquant le revers de la main sur cette pâte; si elle ne s'y attache pas, il faut la retirer, la mettre sur une feuille d'office ou une assiette, que vous saupoudrez de sucre fin, et la laisser refroidir; lorsque votre pâte sera froide, vous en couperez sur une table plusieurs morceaux que vous roulerez avec la main, de la grosseur du petit doigt et le plus également que vous pourrez; vous les couperez ensuite pour en former un anneau de la forme d'une gimblette; vous les arrangerez sur une grille de fil de fer ou de laiton, qui sera posée sur une terrine : vous pouvez avec cette même pâte en étendre sur une table en abaisse avec un rouleau à pâte, et la garnir légèrement avec de la marmelade d'abricots ou autres confitures qui puissent s'étendre dessus; il faut recouvrir l'abaisse avec la même pâte et la couper en losange, ou autre forme que l'on voudra; mettez-la sur la grille, pour la glacer avec la glace faite avec des blancs d'œufs et du sucre en poudre bien travaillé; ayez soin qu'elle ne soit ni trop liquide ni trop épaisse, et avec une cuillère il faut couvrir tous vos massepains l'un après l'autre, et les laisser égoutter, les arranger sur des feuilles de papier, et les mettre à un four un peu vif.

Massepains de Turin. — Mettez dans une terrine douze cuillerées de fleur de farine et six de sucre en poudre, deux œufs, la râpure d'un citron, et environ un demi-quarteron de beurre bien frais; et avec une spatule vous remuerez le tout pour en faire une pâte maniable et ferme : si deux œufs n'étaient pas suffisants, vous en mettriez un troisième; de même que si votre pâte était trop molle, vous y mettriez quelques cuillerées de farine, en observant d'y ajouter toujours du sucre, la moitié de ce que vous y mettrez de farine; vous renversez votre pâte sur une table, et la maniez jusqu'à ce que vous puissiez la rouler facilement avec la main, pour en former toutes sortes de petits dessins et nattes, ainsi qu'en petits pains de la longueur du doigt, mais bien plus minces; vous beurrez bien une feuille de papier, que vous mettez sur une feuille d'office, pour les arranger à mesure; vous casserez deux œufs, dont vous prendrez le jaune pour en dorer vos petits pains avec un doroir, avant que de les mettre au four, qui doit en être plus chaud que pour le biscuit ordinaire.

Massepains de marrons. —.Vous prendrez un cent de marrons que vous ferez griller, de manière à ce qu'ils soient bien cuits, sans être brûlés; lorsqu'ils seront épluchés, vous les pilerez dans un mortier de marbre, avec deux petits pains de beurre et la bonne crème double; lorsqu'ils le seront assez, vous les passerez au travers d'un bon tamis de crin, en prenant garde qu'ils ne soient pas trop mouillés; vous pourrez repiler ce qui ne pourra pas passer au tamis, avec un peu de crème: le tout étant passé, vous pèserez votre pâte : sur une livre vous mettrez une demi-livre de sucre en poudre que vous incorporerez, en y ajoutant un peu de vanille, également en poudre; il faut ensuite les modeler : l'on prendra de cette pâte la grosseur d'un gros marron, on l'arrondira et on lui donnera la forme; ensuite avec le couteau il faut ciseler et mettre à mesure ce modèle sur un papier beurré; lorsqu'ils seront tous préparés ainsi, vous les dorerez avec du jaune d'œuf, et les mettrez à un four très-chaud, pour qu'ils aient une belle couleur : il faut les lever avec un couteau en les sortant du four.

Massepains filés. — Vous prendrez une livre d'amandes douces que vous échauderez, et que vous essuierez bien, pour qu'il n'y reste point d'humidité ; vous les pilerez dans un mortier de marbre, avec des blancs d'œufs: trois ou quatre suffiront pour la livre d'amandes : si cependant elles sont trop sèches, vous en ajouterez un peu pour qu'elles ne tournent pas en huile ; étant bien pilées, vous y mettrez la râpure d'un citron avec une livre et demie de sucre en poudre que vous pilerez bien ensemble afin d'en former une pâte maniable, que vous mettrez par partie dans une seringue à étoiles, et vous la ferez filer sur des feuilles de papier que vous aurez étendues sur une table. pour pouvoir la couper de la longueur convenable pour en former des anneaux que vous arrangerez sur des feuilles de papier : vous les ferez cuire ensuite à un four doux.

Massepains de pistaches.—Vous ferez échauder une demi-livre de pistaches, et les pilerez bien

en les arrosant de quelques gouttes d'eau de fleur d'orange, pour qu'elles ne tournent pas en huile ; lorsqu'elles seront pilées très-fin, vous les mettrez dans un poêlon avec quatre onces de sucre en poudre, pour les dessécher à petit feu : vous connaîtrez qu'elles le sont suffisamment, lorsqu'en les touchant avec le doigt elles ne se colleront point; vous les mettrez sur une feuille d'office, que vous saupoudrerez de sucre fin, et les laisserez refroidir ; lorsqu'elles seront froides, vous les battrez avec un rouleau sur une table, où vous mettrez, de crainte qu'elles ne s'y attachent, du sucre en poudre, de l'épaisseur d'une pièce de cent sous; vous les couperez de telle forme que vous voudrez, en rond, en losange, et les mettrez à un four très-doux, pour qu'elles ne prennent presque pas de couleur ; vous glacerez ensuite avec une glace blanche au sucre en poudre, et un peu de jus de citron, et les mettrez sécher à l'étuve.

MACARONI, pâte en tuyaux vermicellés de la grosseur d'une plume. On en fait des potages au gras comme au maigre; mais le plus souvent on en fait des mets d'origine italienne et dont le fromage est le principal assaisonnement.

Macaroni à la ménagère. — Mettez une livre de macaroni dans de l'eau bouillante, avec un morceau de beurre, du sel et un ognon piqué de girofle. Laissez bouillir le tout pendant trois quarts d'heure ; faites ensuite égoutter le macaroni, et mettez-le dans une casserole avec un peu de beurre, quatre onces de fromage de Gruyère râpé, autant de fromage de parmesan râpé, un peu de muscade, du gros poivre, et quelques cuillerées de crème ; faites sauter le tout ensemble ; dès que le macaroni filera, dressez-le et servez.

Macaroni au gratin. —Les macaronis étant préparés comme il est dit à l'article précédent, mettez-les sur un plat; saupoudrez-les de mie de pain et de fromage râpé, et faites-leur prendre couleur sous le four de campagne.

Timbale de macaronis. —Coupez par petites bandes une abaisse un peu mince que vous aurez faite avec de la pâte brisée ; roulez ces petites bandes de manière à en faire de petites cordes; disposez-les dans un moule, en les beurrant l'une après l'autre de manière à former le *colimaçon,* jusqu'à ce que votre moule soit tout-à-fait garni de pâte; remplissez-le de macaronis; semez par-dessus moitié fromage parmesan râpé, moitié mie de pain. Vous mettrez votre timbale au four qui doit être passablement chaud; il suffira qu'elle y reste trois quarts d'heure pour être bien cuite.

Macaroni à la napolitaine. — Faires cuire du macaroni dans de l'eau et du sel seulement;

dressez-le dans une soupière en faisant successivement un lit de macaroni et un lit de fromage parmesan ; arrosez-le ensuite avec du jus et versez sur le dernier lit du beurre fondu dans la proportion d'une demi-livre de beurre pour deux livres de macaroni.

Les timbales de lazagnes, de nouilles et de macaronis se préparent comme le macaroni à la napolitaine, seulement on y ajoute une garniture composée de truffes, champignons, crêtes de coq, carrés de jambon maigre et tranches de langue à l'écarlate, etc., le tout manié avec du beurre très-frais ; on garnit de pâte le fond de la timbale, on la recouvre avec cette même pâte, qui doit être légère, et on met la timbale sous le four de campagne, pour lui faire prendre couleur.

On peut garnir les timbales de macaroni comme celles de vermicelle et de nouilles, avec des moules et des huîtres vertes, des laitances de carpes ou de harengs frais, des queues d'écrevisses ou de crevettes, des filets de harengs fumés d'Irlande ; ou si l'on veut encore avec des quenelles de gibier, des ailerons de poularde et des rognons de coq.

MACÉDOINE. On appelle ainsi certains mélanges de comestibles dont nous avons indiqué les substances et les principales formules dans nos articles CHARTREUSE DE LÉGUMES, CHARTREUSE DE FRUITS, GELÉES D'ENTREMETS et FRUITS GLACÉS (*V*. pages 145, 260, 261 et 267).

Macédoine de légumes, pour garniture. — Faites blanchir toutes sortes de légumes, tels que petits pois, petites fèves, haricots verts coupés en losanges, haricots blancs, choux-fleurs, culs d'artichauts, champignons tournés, concombres, pointes d'asperges, petits ognons, etc.; tournez et faites blanchir, d'autre part, une égale quantité de navets. Un quart d'heure avant de servir, faites chauffer tous ces légumes et mettez-les égoutter sur un linge blanc; préparez dans une casserole une bonne allemande réduite, à laquelle vous ajouterez votre glace de racines; mettez ces légumes et racines avec un peu de sucre et un peu de beurre fin dans votre allemande bouillante; mêlez le tout ensemble jusqu'à ce que les légumes se tiennent et soient enveloppés de leur sauce; servez-vous de cette garniture pour en former des litières et pour en foncer des plats d'entrée suivant les indications.

Macédoine à la béchamell, au maigre. — Préparez, comme ci-dessus, des carottes, navets, petits ognons, pois, asperges, haricots blancs, haricots verts, culs d'artichauts, aubergines, choux-fleurs, concombres, petites fèves, enfin toutes sortes de racines et de légumes ; vous les mettrez en proportions égales. Lorsque vos légumes seront cuits dans l'assaisonnement convenable, vous les égoutterez jusqu'à ce qu'ils soient bien secs; vous les mettrez dans une casserole et vous verserez dessus une béchameil un peu réduite et un peu liée; vous sauterez votre macédoine, afin de bien mêler les légumes avec la sauce. A défaut de béchameil, vous ferez réduire du velouté, auquel vous joindrez une liaison de trois jaunes d'œufs, et vous le passerez à travers l'étamine; si vous n'employez pas de velouté, vous clarifierez la cuisson de vos racines et vous ferez un roux blanc ; mouillez avec la cuisson clarifiée; ajoutez une feuille de laurier et des champignons ; vous ferez réduire votre sauce, et vous ferez une liaison de trois jaunes d'œufs; vous passerez la sauce à l'étamine sur les légumes, en y ajoutant un peu de beurre frais; sautez les légumes dans la même sauce pour que la macédoine en soit bien imprégnée. Vous la tiendrez chaude sans la laisser bouillir.

MACHE ou plutôt **MASCHE**, plante du genre des Valérianes. On la mange en salade en l'associant avec la betterave, le céleri, la chicorée blanche et les endives de conserve. La mâche qui croît naturellement est plus savoureuse et plus tendre que la mâche cultivée (*V*. SALADE).

MACIS, membrane intérieure du *brou* qui enveloppe la noix muscade. C'est un aromate agréable, moins âcre et moins stimulant que cette noix. On l'emploie fréquemment dans la bonne cuisine, et l'on s'en sert aussi dans les compositions de l'office, ainsi que nous l'avons dit en traitant l'article des LIQUEURS et RATAFIAS.

MACREUSE, oiseau palmipède et gibier maritime. Il est considéré canoniquement comme s'il était un poisson, et tout le monde sait qu'il est classé parmi les aliments maigres, ainsi que la sarcelle et le bécharut (*V*. page 58). La macreuse à plumes noires est la meilleure; la grise, qui est la femelle et que les mariniers appellent *bizette*, est pourvue d'un certain goût sauvage et marin qu'aucun assaisonnement ne saurait dominer. Le savoir des plus habiles cuisiniers n'a jamais pu triompher dans cette entreprise, et la *macreuse au chocolat*, qui est le chef-d'œuvre de l'art, a trouvé peu d'approbateurs.

Pour en tirer le meilleur parti possible (un jour d'abstinence), il faut faire cuire ces oiseaux pendant quatre ou cinq heures à très-petit feu, avec du beurre et du vin blanc mêlé de sel, fines herbes, laurier, clous de gérofle et gros poivre, et puis on les mange avec une sauce au beurre mêlé de vinaigre à l'estragon.

Quant à la *macreuse au chocolat,* on la lave dans de l'eau-de-vie après l'avoir vidée, et on la fait revenir sur la braise; ensuite on la met dans un vaisseau de terre, où on la fait cuire avec du vin blanc, du sel, du poivre, du laurier et des herbes fines, après quoi l'on prépare un peu de chocolat de la même manière que si c'était pour le boire, et on le verse sur la macreuse. On fait encore avec la macreuse un ragoût assez confortable, en la faisant cuire à la broche, après en avoir garni le corps avec une pâte composée de mie de pain, sel, poivre, gérofle, feuilles de laurier, thym, écorce d'orange, feuilles de persil et beurre frais, manié de jaunes d'œufs et de sauge. Ce que nous venons de dire suffit pour faire connaître les avantages qui en résultent. On en fait encore des terrines, des pâtés maigres avec de l'anguille, et même des potages aux navets qui méritent considération.

MADELEINE, nom d'une sorte de poire analogue à celle des bergamotes et qui mûrit également au commencement de l'été.

MADELEINE, excellente espèce de pêche, autrement nommée *paysanne* et *double de Troyes.* Il y a deux particularités qui la concernent, c'est à savoir qu'elle est sujette à devenir jumelle et que les fourmis en sont très-friandes.

MADELEINE. *Gâteaux à la Madeleine (suivant la recette de Madeleine Paumier, pensionnaire et ancienne cuisinière de madame Perrotin de Barmond*). — Râpez sur un morceau de sucre le zeste de deux petits cédrats (ou de deux citrons ou bigarades); écrasez ce sucre très-fin, mêlez-le avec du sucre en poudre, pesez-en neuf onces que vous mettez dans une casserole, avec huit onces de farine tamisée, quatre jaunes et six œufs entiers, deux cuillerées d'eau-de-vie d'Andaye et un peu de sel; remuez ce mélange avec une spatule. Lorsque la pâte est liée, vous la travaillez encore une minute seulement. Cette observation est de rigueur, si l'on veut avoir de belles madeleines; autrement, le mélange étant plus travaillé, il fait beaucoup trop d'effet à la cuisson, et cela dispose les madeleines à être compactes, à s'attacher aux moules, à être plucheuses ou à se ratatiner, ce qui rendrait cet entremets de bien pauvre mine.

Faites ensuite clarifier dans une petite casserole dix onces de beurre d'Isigny; au fur et à mesure que le lait monte dessus, vous avez le soin de l'écumer; lorsqu'il ne pétille plus, cela indique qu'il est clarifié; alors vous le tirez à

clair dans une autre casserole; lorsqu'il est un peu refroidi, vous en remplissez un moule à madeleines; vous verserez ce beurre dans un autre moule, et ainsi de suite jusqu'au nombre de huit, après quoi vous reversez le beurre dans la casserole; vous garnissez ensuite de nouveau un moule de beurre chaud, et le versez tour à tour dans huit autres moules; enfin vous recommencez deux fois cette opération, ce qui vous donnera trente-deux moules beurrés. Il ne faut pas renverser les moules après les avoir beurrés, attendu qu'ils doivent conserver le peu de beurre qui s'égoutte au fond de chacun d'eux.

Après, vous mêlez le reste du beurre dans le mélange, et puis vous les placez sur un fourneau très-doux; vous remuez légèrement ce mélange, afin qu'il ne s'attache pas à la casserole, et, aussitôt qu'il commence à devenir liquide, vous la retirez de dessus le feu pour qu'elle n'ait pas le temps d'y tiédir; ensuite vous garnissez les moules avec une cuillerée de cet appareil; mettez-les au four de chaleur modérée.

MAIGRE. Comme on appelait aliments *gras* ceux dont l'usage était interdit les jours de jeûne, on a donné le nom de *maigres* à tous les comestibles dont il est permis d'user pendant le temps où l'abstinence est prescrite. Tout le monde sait que l'interdiction du gras et les prescriptions du jeûne ne sont obligatoires que pour les catholiques adultes et valides; mais elles n'en sont pas moins observées dans les grandes maisons de Paris, tout aussi régulièrement que dans les châteaux de province et les familles bourgeoises où l'on a conservé des traditions honorables. Les soins et l'attention qu'on voit donner au choix, à la variété, à la préparation des substances qui constituent les repas maigres, présupposent toujours des relations et des habitudes distinguées, tandis que l'oubli, l'indifférence ou l'incurie des mêmes prescriptions diététiques est toujours une enseigne de mauvais goût.

L'interdiction pour les simples jours d'abstinence ne porte jamais que sur la chair des quadrupèdes et des volatiles, à quelques exceptions près (nous aurons soin de les indiquer); mais la prescription pour les réfections jéjuniales est plus rigoureuse, en ce que l'usage des œufs et du poisson s'y trouve toujours interdit.

Les poissons, les légumes de toute espèce assaisonnés d'huile, et les fruits apprêtés au sucre ainsi qu'au vin, composaient anciennement toute la nomenclature des comestibles permis les jours d'abstinence; mais, depuis longues années, l'église gallicane a bien voulu tolérer l'usage alimentaire des œufs, du beurre et des laitages au temps du carême; à la réserve, pourtant, des *derniers jours saints,* comme il est annoncé périodiquement dans presque tous les mandements épiscopaux relativement à l'usage des œufs, au moins.

Nous n'avons pas à disserter ici sur les spécialités substantives ou la physiologie des espèces d'animaux qui sont interdites ou tolérées comme aliments d'abstinence. Les docteurs ultramontains ont toujours fait observer que l'intention primitive et le principal objet de ce commandement de l'église était pour les fidèles une marque de soumission religieuse, soumission qui résulte infailliblement d'un corps de doctrines en vertu desquelles on doit porter à l'autorité canonique une obéissance absolue. Nous dirons seulement que, parmi les quadrupèdes, il a toujours été permis dans les ordres religieux les plus austères et les plus rigoureusement abstinents, il a toujours été permis, disons-nous, de manger des grenouilles, de la loutre et des porcs-épics ou hérissons. La chair de l'yguame et celle du castor, autre animal amphybie, n'est classée parmi les comestibles abstinentiels ou maigres que pour le train de derrière, tout le devant de la bête étant considéré comme aliment substantiel ou gras. C'était M. de Montmorency-Laval, premier évêque de Québec, qui avait établi ce règlement disciplinaire, et les archevêques de Baltimore, métropolitains de Québec, n'ont pas cru devoir réformer le jugement de cet ancien apôtre du Canada.

On a déjà dit que la macreuse est un oiseau maigre, et, si l'on s'en rapporte à l'ancien maître-d'hôtel de M. le Grand-Aumônier, on pourra placer dans la même catégorie les sarcelles et les rouges de rivière, les poules d'eau, les râles d'eau, les plongeons de Seine, les bécharuts, les poules de grève et les pluviers de mer, avec lesquels on fait des salmis qui ne laissent rien à désirer.

Quant aux aliments dont il est permis d'user au repas de collation les jours de jeûne, il y a une telle diversité dans les coutumes, et, de plus, les climats et les habitudes y doivent tellement influer sur les ordonnances de l'autorité diocésaine, qu'on ne saurait être obligé de s'en tenir à l'une ou l'autre de ces coutumes en changeant de lieu, vu qu'on a changé d'évêque. Ce qu'il est à propos d'observer, c'est l'usage des personnes les plus régulières du diocèse où l'on se trouve, et c'est la seule prescription qu'on puisse et doive indiquer à ce même sujet.

Dans la province ecclésiastique dont Paris est la métropole, c'est-à-dire dans les diocèses de Paris, de Versailles, d'Orléans, de Chartres, de Blois, de Meaux et de Senlis, l'usage du beurre,

ainsi que du laitage et de ses produits, n'était jamais toléré pour les collations.

— *Vous ne laisserez servir devant moi,* disait Louis XVIII en 1815, *vous ne laisserez servir pour les collations et les déjeûners de carême, au château, ni chairs, ni poissons, ni résidus de chair ou poisson, ni œufs, ni lait, ni beurre, ni fromage mou, cuit ou fondu, monsieur le contrôleur, et, du reste, on nous fera manger tout ce qu'on voudra* (*V.* le tableau d'un *menu pour une collation du Roi,* à la fin de cet ouvrage). C'était la coutume du diocèse, où l'on ne pouvait employer que des substances végétales assaisonnées par des résidus provenant des végétaux, tels que des farineux au lait d'amandes, les légumes à l'huile, les salades, les fruits en conserve, en compote, ou crus, les fromages secs, certaines pâtisseries à l'huile vierge et au miel de Narbonne, appelées *bernardines;* enfin des rôties aux vins de liqueur et des croûtons gratinés au chocolat.

Aujourd'hui, M. l'Archevêque de Paris veut bien autoriser l'emploi du beurre et des laitages pour les menues réfections jéjuniales, ce qui permet aux uns de manger en sécurité des potages ou des bouillies au lait ainsi que des légumes au beurre, tandis que les autres peuvent déjeûner consciencieusement et paisiblement avec leur brioche imbibée de café à la crème, ou bien avec des tartines au beurre accompagnées de leur thé quotidien. Tous les honnêtes gens, qui sont diocésains de Paris, n'ont pas manqué d'apprécier la mansuétude pastorale et l'*esprit de soulagement* qui ont inspiré cette publication réglementaire.

Il est une autre décision qui s'applique à l'abstinence ou continence des breuvages; on nous l'a donnée comme étant provenue de la Grande Pénitencerie Romaine, et nous allons la reproduire ici : « *Pour ce qui tient à l'abstinence de* »*boire afin de ne point rompre son jeûne,* »*on n'y saurait être obligé que pour le* »*jeûne sacramentel en bonne santé, pourvu* »*néanmoins que le malaise enduré par* »*suite de l'altération puisse occasionner* »*une préoccupation qui gêne consécutive-* »*ment durant plus de dix minutes. C'est* »*à cette règle d'hygiène à déterminer cette* »*relâche pénitentielle. Il n'est permis d'u-* »*ser alors que de boissons purement désal-* »*térantes et nullement nourrissantes, à* »*raison de ce qu'il ne s'agit que de se pré-* »*server d'une inflammation d'intérieur.* »*L'emploi du sucre ou du miel est toléra-* »*ble pour cet effet, mais non pas celui du* »*lait ou du vin, de la cervoise ou bière,*

»*et autres boissons fermentées, sinon dans*
»*tous les cas d'incommodité sérieuse, où*
»*nulle abstinence n'est de précepte, ainsi*
»*qu'il est assez connu.* »

MAIS. On fait avec la farine de maïs, du
sucre et du lait, une bouillie qu'on appelle *gaudes*, et qui est un aliment très-populaire en
Bresse ainsi qu'en Franche-Comté. Lorsque les
gaudes sont refroidies, il est bon de les couper en
tranches que l'on fait griller et qu'on saupoudre
avec du sucre. On peut introduire dans ces bouillies de la moelle de bœuf ou du beurre frais, ce
qui les rend plus savoureuses ; et quant on y joint
des raisins de Corinthe et de l'écorce de cédrats
confits, c'est un entremets qui n'est pas dépourvu
d'un certain agrément.

Quiches au maïs pour garnitures. —
Faites cuire avec du lait, du sel, du beurre et de
la muscade râpée, de la farine de maïs, ou blé de
Turquie, que vous aurez finement tamisée. Lorsque cette bouillie vous paraîtra suffisamment cuite,
ajoutez-y quelques jaunes d'œufs que vous ferez
lier sans aller jusqu'à l'ébullition. Dressez alors
de ce mélange à l'épaisseur d'un travers de doigt,
étendez-le sur une abaisse de feuilletage, et faites
cuire le tout sous un four de campagne ; vous retirerez ensuite ledit appareil, afin de le couper en morceaux carrés de la même grandeur que la moitié
d'une carte, et vous vous en servirez pour garnir
différents plats, tels que des aloyaux rôtis, civets
de lièvre et sautés de chevreuil, étuvées de lamproie, matelotes d'anguille, etc.

Il est bon d'employer les épis naissants de maïs
dans les macédoines de fruits et de petits légumes
confits au vinaigre.

MAITRE-D'HOTEL (*sauce à la*) (*V.* article ABATTIS, page 7 et paragraphe 12).

MALT, préparation d'orge fermentée (*V.*
PHARMACIE DOMESTIQUE).

MALVOISIE, nom générique applicable à
plusieurs sortes de vins sucrés. La malvoisie de
Chypre et celle de Candie sont très-supérieures à
celles des Canaries ou de Madère (*V.* VINS
ÉTRANGERS).

MANIOC. La racine de cette plante américaine contient beaucoup de substance féculeuse
unie à un suc vénéneux. On râpe la racine afin
d'en extraire le suc, qui dépose dans les vases où
on le reçoit une fécule très-fine dont on fait la
cassave (espèce de galette que les créoles préfèrent
au pain), et le *tapioca* qu'on nous apporte depuis
quelques années, et dont on fait un grand usage

pour les potages qu'on prescrit aux personnes
dont l'estomac est irritable.

Le suc du manioc cesse d'être vénéneux aussitôt qu'on l'a fait bouillir : on l'emploie alors dans
diverses préparations culinaires ou médicinales.
On en fait à Paris, ainsi que dans les Antilles, un
coulis très-délicat.

MAQUEREAU, poisson de l'Océan dépourvu
d'écailles, et dont la substance est très-nutritive.
En l'année 1430, c'était le seul poisson de mer
qui parvînt jusqu'à Paris, où l'usage de l'apprêter
avec des groseilles vertes paraît fort ancien. On ne
connaît que trois ou quatre bonnes manières de
préparer les maquereaux. On pourrait les varier
à l'infini ; mais au-delà de celles que nous allons
formuler, toutes ces préparations sont à côté du
médiocre.

Maquereaux à la maître-d'hôtel. — Ayez
trois ou quatre beaux maquereaux ; faites attention qu'ils soient bien frais et d'une égale grosseur, afin qu'ils soient cuits en même temps ; videz-les par l'une des ouïes, et ne leur ôtez le
boyau que par le nombril ; essuyez-les, fendez-
leur le dos et la tête ; coupez-leur le bout du
museau et le bout de la queue ; mettez-les sur un
plat de faïence ou de terre, saupoudrez-les d'un
peu de sel fin, arrosez-les d'un peu d'huile ; joignez-y quelques branches de persil, et retournez-
les dans cette marinade. Une demi-heure avant de
servir, ou davantage s'ils sont très-gros, mettez-
les sur le gril, et, de crainte que leur ventre ne
vienne à s'ouvrir, couvrez-les d'une grande et large
feuille de laitue romaine : cette précaution est
pour éviter qu'ils ne perdent leur laitance ; faites-
les cuire sur une cendre rouge, retournez-les, et,
pour achever leur cuisson, posez-les sur le dos :
leur cuisson bien terminée, dressez-les, et avec
une cuillère de bois mettez-leur dans le dos une
maître-d'hôtel froide que vous aurez forcée de jus
de citron.

*Maquereaux aux groseilles vertes à l'an-
cienne mode.* — Prenez des maquereaux que
vous farcirez avec des groseilles épineuses à moitié mûres et qui devront être bien épluchées et
bien épépinées ; vous mélangerez dans cette farce
un peu de chair d'anguille de mer ou de hareng
frais, du beurre également frais, du sel et des
fines herbes hachées avec un peu de poivre de
Cayenne ; faites cuire ces maquereaux farcis dans
une eau de sel où vous ajouterez un gros morceau de beurre avec des ognons et des tranches de
racines ; étant bien cuits, vous les ferez égoutter
entre deux serviettes chaudes, et puis vous les
masquerez d'une sauce au beurre dont voici la

recette : — Prenez vos deux pleines mains de groseilles à maquereau à moitié mûres ; ouvrez-les en deux ; ôtez-en les pepins ; faites-les blanchir dans l'eau avec un peu de sel comme vous feriez blanchir des haricots verts ; égouttez-les ; jetez-les dans une sauce au beurre où vous joindrez un peu de crème double avec une pincée de muscade râpée.

Maquereaux au fenouil. — Prenez trois ou quatre maquereaux de la plus grande fraîcheur ; videz-les par l'ouïe, ficelez-leur la tête, coupez le petit bout de la queue, et ne leur fendez point le dos ; mettez une bonne poignée de fenouil vert dans une poissonnière, et vos maquereaux par-dessus ; mouillez-les d'une légère eau de sel ; faites-les cuire à petit feu : leur cuisson faite, tirez-les sur votre feuille, égouttez-les, dressez-les sur un plat, et saucez-les d'une sauce au fenouil, dont voici la recette : — Ayez quelques branches de fenouil vert ; épluchez-les comme du persil ; hachez-les très-fin ; faites-les blanchir ; rafraîchissez-les ; jetez-les sur un tamis ; mettez dans une casserole deux cuillerées à dégraisser de blond de veau, autant de sauce au beurre ; faites-les chauffer ; ayez soin de les vanner à l'instant de servir ; jetez le fenouil dans ladite sauce ; passez-la bien pour que votre fenouil soit bien mêlé ; mettez-y le sel convenable et un peu de muscade râpée.

Maquereaux à la flamande. — Préparez vos maquereaux comme ceux au fenouil, sans leur fendre le dos ; maniez un morceau de beurre, avec échalotes, persil et ciboules hachés, du sel et le jus d'un citron ; remplissez-en le ventre de ces maquereaux ; roulez-les chacun dans une feuille de papier beurrée ; liez-la fortement par les deux bouts avec de la ficelle ; frottez votre papier d'huile ; mettez griller vos maquereaux sur un feu égal et doux, pendant environ trois quarts d'heure : leur cuisson faite, ôtez-les du papier, dressez-les, et faites tomber sur vos maquereaux le beurre qui peut se trouver dans leur papier.

Filets de maquereaux à la maître-d'hôtel, à l'italienne, au beurre noir, en papillotes, etc. — Levez les filets de trois maquereaux ; coupez ces filets en deux, parez-les ; faites fondre du beurre dans un sautoir, et posez-y vos filets du côté de la peau ; saupoudrez-les d'un peu de sel ; recouvrez-les de beurre fondu ; couvrez-les d'un rond de papier, et mettez-les au frais, jusqu'à l'instant de vous en servir, et préparez la sauce suivante : — Mettez deux cuillerées de velouté réduit dans une casserole, persil et échalotes hachés et lavés ; faites

bouillir votre sauce ; ajoutez-y la valeur de trois petits pains d'excellent beurre et le jus d'un fort citron ; prenez les laitances de ces trois poissons ; faites-les dégorger, blanchir et cuire avec un grain de sel ; au moment de servir, mettez vos filets sur le feu, faites-les raidir ; retournez-les : leur cuisson faite, égouttez-les, en épanchant une partie du beurre ; dressez vos filets en couronne sur un plat auquel vous aurez fait une bordure de petits croûtons frits dans du beurre ou de l'huile ; passez votre sauce à l'étamine, et servez très-chaud.

Si vous préférez les servir autrement qu'à la maître-d'hôtel, il faudra toujours les disposer de la même manière avant de les apprêter définitivement, soit à la béchameil, en bayonnaise, ou comme il vous conviendra le mieux.

Laitances de maquereau (V. LAITANCES DE CARPE, page 151).

MARCASSIN. C'est un jeune et farouche sanglier, à qui M. de la Reynière avait très-bien appliqué ce vers tragique de Racine :

« Nourri dans les forêts, il en a la rudesse. »

C'est l'Hippolyte de la cuisine ; et, du reste, le marcassin, dépouillé jusqu'aux épaules et piqué de fins lardons bien assaisonnés, est toujours un plat de rôti fort honorable, et très-bien accueilli par les amateurs de venaison. On peut en apprêter les membres à la Sainte-Ménéhould, au soleil, en escalopes, en marinade frite, en matelote vierge, et de plusieurs autres manières. On doit écorcher les marcassins, et non pas les échauder comme les cochons de lait.

MARÉE. C'est, à proprement parler, le produit que les pêcheurs débarquent dans les ports de mer à chaque marée montante, et l'on appelle encore ainsi les cargaisons de poissons frais qui se pêchent dans la mer, et qui nous arrivent à Paris au milieu de la nuit pendant l'été, et de cinq à sept heures du matin pendant la mauvaise saison. Toutes les côtes de France sont à peu près également abondantes en marée ; mais il n'y a que celles de Normandie et de Picardie qui puissent en fournir régulièrement à Paris, à cause de leur proximité de la capitale.

MARJOLAINE, plante aromatique de la famille des corymbifères. On la fait entrer dans la composition des saumures et de certains brouets, où l'on fait cuire les viandes salées et les grosses pièces de venaison.

MARINADE, préparation qu'on donne à certaines viandes, ainsi qu'à plusieurs sortes de poissons, avant de les faire cuire. On les trempe à cet effet dans ce qu'on appelle une marinade, composée de vin ou de vinaigre, et quelquefois de l'un et de l'autre, avec sel, épices, alliacées, herbes aromatiques, etc. On appelle également du même nom une autre sorte de préparation préliminaire dont l'huile est la base. Lorsqu'on fait frire les chairs marinées après les avoir trempées dans une pâte, cette friture prend aussi le nom de marinade (*V*. BEIGNETS, pages 59 et suivantes). Dans tous les autres cas, la marinade ne saurait être considérée que comme une préparation culinaire et non pas un apprêt définitif.

MARMELADE (*V*. ABRICOTS, page 11 ; CITRON, page 158 ; CONFITURES, pages 172 et suivantes).

MARRON, principale variété de la châtaigne. Elle contient beaucoup plus de matière sucrée que l'espèce commune : la membrane qui forme la seconde enveloppe du marron pénètre moins dans la pulpe que celle de la châtaigne. Quant à leurs emplois gastronomiques, *V*. CHATAIGNES, COMPOTES, FRUITS SECS, POTAGES et PURÉES.

MARTAINSEC, et non pas MARTIN-SEC. poire de couleur rousse dont la chair est assez parfumée, et dont le goût se rapproche de celui du rousselet d'hiver (*V*. FRUITS et COMPOTES).

MASSEPAIN, variété du macaron (*V*. cet article).

MATELOTE, manière d'apprêter certains poissons en les passant au roux et les faisant cuire avec du vin blanc, du vin rouge, et dans certains cas avec du cidre et du poiré mousseux.

Matelote vierge et Matelote à la marinière, Matelote à la Royale, Matelote à la châtelaine, Matelote normande et Matelote à la Charles IX (*V*. pages 127, 128, 129, 130 et 283).

MAUVIETTE. La mauviette est un oiseau des champs très-connu sous le nom d'alouette. Le temps où les mauviettes sont les plus grasses et les meilleures est la fin de l'automne et pendant l'hiver.

Mauviettes à la broche. — Plumez vingt-quatre mauviettes, flambez-les sans les vider : ayez autant de morceaux de lard que vous avez de mauviettes, et de grandeur à pouvoir les envelopper embrochez-les l'une après l'autre avec un attelet

menu ; passez une double ficelle dans la longueur de l'attelet d'un bout à l'autre, afin de contenir le lard qui enveloppe vos mauviettes ; fixez des deux bouts votre attelet sur une broche ; faites cuire à un feu clair et vif ; mettez, durant leur cuisson, des rôties dessous pour en recevoir la graisse, et servez-les sur les rôties, que vous parerez proprement.

Mauviettes au gratin. — Prenez quinze mauviettes ; fendez-les par le dos, désossez-les, remplissez-les de gratin (*V*. FARCES) ; mettez de ce gratin l'épaisseur d'un doigt dans le fond d'un plat ; posez dessus les mauviettes en couronne ; garnissez ces mauviettes de gratin, en ne leur laissant d'apparent que les estomacs, que vous couvrirez de bardes de lard ; faites-les cuire dans un grand four ou sous un four de campagne, avec feu dessus et dessous ; donnez à votre gratin une belle couleur : la cuisson achevée, ôtez les bardes de lard et le pain, saucez avec une *italienne rousse*.

Sauté de mauviettes aux truffes. — Ayez quatre douzaines de mauviettes, levez-en les filets, faites fondre du beurre dans un sautoir, rangez-y ces filets comme des escalopes, et mettez dessus des truffes coupées en deniers ; mettez dans une casserole huit cuillerées de blond de veau ; ajoutez-y les carcasses de vos mauviettes (desquelles vous aurez supprimé les gésiers), avec un demi-verre de vin de Champagne ; laissez cuire cette sauce une demi-heure, dégraissez-la, passez-la à l'étamine ; faites-la réduire à demi-glace ; ayant fait cuire vos filets et vos truffes, égouttez-en le beurre, et conservez le jus ; mettez ces filets et ces truffes dans votre fumet sans laisser bouillir ; sautez bien le tout ; finissez avec la moitié d'un pain de beurre de Vanvres, avec lequel vous lierez la sauce.

Mauviettes aux fines herbes. — Vous mettez un bon morceau de beurre dans une casserole avec quinze ou dix-huit mauviettes, du sel, du gros poivre, un peu d'aromates pilés ; vous les posez sur un feu ardent ; lorsque vous les avez sautées dans le beurre pendant sept ou huit minutes, vous y mettez plein une cuillère à bouche de persil haché bien fin, autant d'échalotes hachées de même, des champignons aussi hachés ; vous les sautez pendant sept ou huit minutes, et versez-y plein deux cuillères à dégraisser d'espagnole ; vous les remuerez dans leur sauce sur le feu ; au premier bouillon, retirez-les et servez-les ; si vous n'avez pas de sauce, vous y suppléerez par une cuillerée à bouche de farine, que vous mêlerez bien avec vos oiseaux, un demi-verre de vin blanc, autant de bouillon ; faites jeter à votre sauce un bouillon seulement, et voyez si votre ragoût est de bon sel.

Mauviettes en caisses. — Les mauviettes étant désossées, on les remplit d'une farce cuite, dans laquelle on met leur foie haché avec des truffes ; pour chacune on fait une caisse avec du papier huilé, dans le fond on met de la farce, sur laquelle on étend la mauviette recouverte ensuite avec une barde de lard, qu'on enveloppe d'un autre papier beurré ; on les fait cuire ainsi préparées sous le four de campagne ; au moment de servir on égoutte la graisse, et l'on met dessus un peu de sauce réduite.

Mauviettes en côtelettes. — On ne les désigne de cette manière que parce qu'avec une mauviette on cherche à figurer une côtelette ordinaire ; en levant toute la chair de l'estomac et après l'avoir fortement aplatie, on y implante une patte en coupant la grosse extrémité ; lorsqu'elles sont ainsi disposées et après l'assaisonnement, on les fait cuire à feu vif, on les dresse en couronnes, on les recouvre d'une sauce quelle à volonté.

Mauviettes à la minute. — Il faut d'abord sauter des mauviettes dans du beurre et du sel ; lorsqu'elles sont raffermies, on les fait encore revenir au beurre avec des champignons, des échalotes et du persil hachés ; mouillez avec un verre de vin blanc et du bouillon ; lorsque le tout commence à bouillir, on le retire, et l'on sert avec des croûtons frits.

Mauviettes au chasseur et en chipolata. — Faire revenir dans une casserole des tranches de lard de poitrine et de petites saucisses, pour y joindre les mauviettes en quantité proportionnée avec le reste ; ajouter des champignons et saupoudrer d'un peu de farine ; mouiller avec du vin ; assaisonner convenablement, et vers la fin, si l'on y amalgame des marrons grillés ou cuits sous la cendre, on obtient des mauviettes *à la chipolata.*

Divers emplois culinaires de la mauviette. — Dans le cas où l'on voudrait faire *un pâté* non-seulement avec les mauviettes, mais encore avec d'autres petits oiseaux, après les avoir plumés et flambés, on les vide en en séparant leur estomac (gésier), parce qu'ils contiennent toujours des corps durs ou de petites pierres ; mais on réunit tout le reste pour le mettre dans un mortier et le broyer avec du lard gras, des fines herbes aromatisées, salées, poivrées ; on les remplit alors avec tout ce dont nous venons de parler,

et pour que rien n'échappe pendant la cuisson, on les entoure d'une barde de lard ; lorsqu'on les a placées les unes à côté des autres, on les recouvre soit avec du lard, soit avec du beurre, on saupoudre avec le thym, le laurier, le basilic en poudre ; avec la pâte préparée on forme un pâté long, arrondi ou carré, recouvert, soit avec une barde surmontée d'une autre abaisse, soit avec tout autre moyen, si, pour y parvenir, on s'est servi d'un vase de faïence ou de porcelaine ; tel est *le pâté de mauviettes.* Une *tourte* en diffère très-peu ; quant au *salmis*, il suffit de ne garder que le corps de l'oiseau lorsqu'il a été cuit à la broche, pour, après l'avoir broyé et mis en pâte, le faire bouillir avec du vin et du bouillon afin de le passer au tamis de crin et l'assaisonner, pour être versé ensuite sur des croûtons frits. Pour les avoir *aux truffes*, on ne prend que les gros muscles qui en recouvrent la poitrine, et les mélanger de truffes coupées par tranches minces, assaisonnées convenablement.

MAUVIS. On donne le nom de mauvis à plusieurs sortes de gibier à plumes : 1° à l'alouette hupée ; 2° à un oiseau sylvain qui est de la grosseur d'un ramier ; 3° à une espèce de grive dont le plumage est de rouille et qu'on appelle aussi *grive tannée.* Ces trois espèces de gibier se servent ordinairement rôtis après avoir été enveloppés de feuilles de vigne et bardés avec de la tétine de veau.

Comme il est rare qu'on en puisse trouver assez pour garnir suffisamment un plat de rôt, on les entremêle ordinairement avec d'autres gibiers rôtis qu'on dresse en pyramides, ainsi que la satire du Festin de Boileau nous en a conservé la tradition. C'est toutefois un usage qui s'était maintenu pour l'ajustement des rôtis au service du *grand-commun* de la cour jusqu'en l'année 1830.

MÉLASSE, liquide visqueux coloré en brun, contenant du sucre non cristallisable et du muqueux sucré plus ou moins carbonisé par l'action de la chaleur ; elle contient en outre plusieurs sels à base de chaux, de soude et de potasse. On doit la choisir transparente et exempte d'impureté ; les moins colorées sont les meilleures, ou les moins mauvaises.

Quant à l'emploi de la mélasse, on en trouvera l'indication plus bas (*V.* PHARMACIE DOMESTIQUE).

MÉLILOT, plante de la famille des légumineuses, dont le feuillage et les fleurs exhalent une odeur agréable, et qui a beaucoup d'analogie avec celle de la fève tonka. Il est bon de placer un bouquet de mélilot dans le corps d'un lièvre ou dans celui d'un lapin qu'on va faire rôtir, ce qui communique à leur chair une sapidité tout-à-fait analogue à la végétation *giboyeuse.*

MÉLISSE, plante aromatique à odeur de citron. On l'emploie dans les bouquets garnis pour l'assaisonnement des viandes noires; on s'en sert également pour confectionner des eaux spiritueuses et des vinaigres aromatiques (*V.* PHARMACIE DOMESTIQUE).

MELON. On les distingue principalement en melons brodés (dont les plus estimés viennent de Honfleur), en melons cantalous, en sucrins de couche, et en pastèques, ou melons d'Italie.

Le melon (*roi des hors-d'œuvres*) est un comestible excellent lorsqu'il est d'une bonne espèce, et pourvu qu'une température convenable, naturelle ou artificielle, ait favorisé sa végétation; il faut aussi qu'il ait été cueilli à son véritable point de maturité. Les melons parfaits sont rares, même dans les climats qui leur sont le plus favorables; en revanche, les melons médiocres sont assez communs, et les melons détestables sont toujours abondants. La salubrité des melons est en raison directe de leur bonne qualité; les mauvais melons sont un aliment très-malsain. Il y a si peu de substance solide dans un melon, même de qualité supérieure et parfaitement mûr, que sa propriété nutritive, d'ailleurs très-faible, ne peut être attribuée qu'à la matière sucrée qu'il contient.

Voici les seules préparations dont le melon soit susceptible.

Entremets au melon (ragoût sicilien). — Coupez du melon cantalou par petits cubes en forme de dés; passez-les à la casserole avec du beurre frais assaisonné de muscade; mouillez avec du lait; faites bouillir, et, lorsque votre appareil est suffisamment compacte, jetez-y quelques macarons d'amandes amères et quelques amandes pralinées; versez votre appareil sur une abaisse de biscuit de Savoie qui doit garnir le fond du plat, et garnissez-le au moment de servir avec de petits carrés d'écorce de melon frit et des grains de grenade que vous aurez fait glacer au sucre.

Potage au melon à la Chartreuse. — On le fait cuire au lait avec du beurre et de la cannelle, et, du reste, on le confectionne de la même manière que les soupes à la citrouille et au potiron (*V.* page 159).

Melon confit. — On confit, dans quelques pays, la chair du melon au sucre et au vinaigre,

après en avoir enlevé l'écorce extérieure, et l'avoir piquée de cannelle et de clous de gérofle. On fait, de cette manière, une conserve très-estimée, fort saine et très-appétissante, qu'on mange avec des viandes bouillies, et qui peut se conserver assez long-temps.

Dans les pays chauds, et surtout à Béziers, on confit le melon au sec, et ses tranches font toujours partie des confitures si renommées de cette ville; mais il est douteux que les melons d'un autre climat puissent subir cette sorte d'apprêt.

MELONGÈNE, plante potagère (*V.* AUBERGINES, page 49).

MENDIANTS. On donne ce nom à quatre sortes de fruits secs, que les épiciers mêlent ordinairement ensemble; ce sont les figues de Provence, les raisins de Malaga, les amandes et les avelines.

On les appelait anciennement *fruits de carême;* le petit père André disait un jour, en prêchant devant Louis XIII, que ces fruits étaient nommés ainsi parce qu'ils avaient pour patrons les quatre ordres mendiants, savoir: les Franciscains capucinaux qui représentaient les raisins secs, les Récollets qui étaient comme des figues sèches, les Minimes qui semblaient des amandes avariées, et les Moines-déchaux qui n'étaient que des noisettes vides.

Ceci fit un grand scandale, et le père André Le Boullanger fut interdit pour six mois par arrêt du grand-conseil.

MENTHE, plante aromatique qui n'est employée que dans les préparations d'office ou de pharmacie (*V.* PASTILLES, LIQUEURS, EAUX DISTILLÉES, SORBETS ET GLACES).

MENU. Le *menu* d'un repas est la liste de tous les mets qui doivent entrer dans la composition de chaque service.

Pour la composition des menus anciens et nouveaux, des menus étrangers et nationaux, des menus en maigre et des menus de collation, *V.* les tableaux qui sont à la fin de cet ouvrage.

Menus-droits, préparations culinaires applicables à certains hors-d'œuvres (*V.* OREILLES DE CERF, PALAIS DE BŒUF, OREILLES DE PORC et LANGUES D'AGNEAU).

Menus-droits au maigre à la Trapiste. — Faites fondre dans une casserole un peu de beurre; jetez-y de l'ognon coupé en filets; passez le tout, et mouillez de jus maigre; ayez des carottes, navets, panais, betteraves, céleri, le tout coupé en filets, blanchis et cuits, chacun selon sa quantité, dans un bon bouillon maigre; votre ragoût d'ognons étant bien fini, vous y jetez les racines et vous les faites mijoter; finissez par ajouter un peu de moutarde et un filet de vinaigre à l'estragon.

MERINGUES. Tout ce que le bon goût et l'expérience gastronomique, tout ce que le savoir-vivre et la galanterie française auraient pu nous inspirer sur cet *entremets de douceur*, n'aurait jamais pu rivaliser avec le panégyrique de la meringue par M. Carême; ainsi nous prenons la liberté de reproduire *in extenso* la prosopopée de cet éloquent pâtissier.

« La meringue (dit M. Carême) est tellement aimable, que les entremets qu'on en sert ne sont jamais assez forts. Il n'est pas une seule réunion où chaque convive n'ait le désir d'en croquer plusieurs.

» Comme ces sortes de gâteaux sont les bijoux des dames, les gourmands leur en font l'agréable hommage; les dames mangent d'autant mieux deux et trois de ces friands gâteaux, que leur composition est légère et aussi fondante que la crème fouettée qui les garnit, et que, par cette raison, elles n'incommodent jamais leur estomac délicat.

Meringues à la bigarade et de toute sorte. — « Râpez sur un morceau de sucre le zeste de deux bigarades bien jaunes et de bonne maturité; faites sécher ce sucre à la bouche du four, ensuite vous l'écrasez et le passez au tamis; puis vous en pesez huit onces, en y joignant d'autre sucre en poudre; fouettez six blancs d'œufs dans un petit bassin; étant bien ferme, vous y mettez les huit onces de sucre peu à peu, en remuant les blancs avec le fouet; lorsque la pâte est assez travaillée, ce que vous voyez facilement quand elle est douce et facile à mouler à la cuillère, et qu'elle s'en sépare aisément, alors vous placez vos meringues sur des bandes de papier disposé selon la grandeur que vous voulez leur donner; mais d'habitude nous leur donnons la forme bien exacte de la moitié d'un œuf séparé dans sa longueur, de manière qu'elles doivent, étant cuites, former un œuf parfait. Mais revenons à notre opération: lorsqu'elles sont toutes formées, vous les masquez avec du sucre écrasé gros, et passé par un tamis dont le crin sera légèrement serré; lorsque le sucre.a resté quelques minutes, vous le séparez en soufflant sur les meringues, et, prenant le papier par les deux extrémités, vous les placez sur des petites planches d'un pouce à peu près d'épaisseur: mettez-les dans un four doux, et quand vos meringues sont cuites d'une belle couleur jau-

nâtre et parsemées de petites perles (effets du sucre neuf à la cuisson), alors vous les séparez du papier, et, avec une cuillère à bouche, vous enfoncez légèrement le blanc liquide dans l'intérieur de la meringue; ensuite vous les placez du côté coloré sur un plafond, et les remettez au four, afin qu'elles prennent une belle couleur égale; lorsque ces meringues sont refroidies, vous pouvez les conserver un mois dans un lieu sec; lorsque vous devez les servir de suite, vous les garnissez avec de la crème fouettée, assaisonnée de sucre au zeste d'une bigarade.

» On doit avoir l'attention de n'y mettre la crème qu'au moment où elles doivent paraître sur la table; car autrement, étant garnies trop tôt, l'humidité de la crème fouettée l'amollit singulièrement, et d'autant plus vite que la meringue n'est réellement que du sucre: alors donc celle-ci se fond, ne pouvant opposer aucun corps solide qui puisse résister à l'humidité de la crème fouettée.

» Vous pouvez parfumer vos meringues au marasquin, au rhum, à la fleur d'orange double, à la rose, au café, à la vanille, aux fraises, aux framboises, à l'abricot, à l'ananas, au zeste d'orange, de cédrat ou de citron, aux pistaches, aux avelines et aux amandes amères.

» Pour la préparation de ces sortes de crèmes, *V*. le chapitre des crèmes fouettées.

Meringues aux pistaches. — Vous les préparez selon la règle, vous les formez rondes, et, lorsqu'elles sont *couchées*, vous les saupoudrez de sucre fin passé au tamis de soie; après que ce sucre est fondu, vous semez légèrement dessus des pistaches hachées; ensuite vous les placez sur une planche, et les mettez à four doux; lorsqu'elles sont assez ressuyées et de belle couleur, vous les disposez comme les précédentes; enfin étant bien sèches et prêtes à servir, vous les garnissez d'une bonne crème plombière aux pistaches, et l'on peut également garnir les meringues avec toutes sortes de crèmes plombières.

Vous pouvez joindre aux pistaches du gros sucre, cela fait un fort joli effet. On procède de même pour les faire au gros sucre et au raisin de Corinthe.

Les meringues au gros sucre et aux pistaches sont infiniment distinguées. Nous avons encore un grand nombre d'articles qui concernent ce chapitre, comme, par exemple, les grosses meringues montées, les flans, les biscuits, les gâteaux de mille feuilles, et généralement tous les entremets meringués.

Meringues jumelles à la ménagère. — Fouettez six blancs d'œufs en neige, vous aurez

| ossé du sucre en poudre au tamis de soie; lorsque vos blancs seront assez battus, vous y mettrez six cuillerées de sucre, avec la râpure d'un citron, et vous remuerez légèrement votre pâte de manière à ce que le tout soit bien incorporé ; vous arrangerez sur une planche ou deux, suivant la grandeur de votre four, des feuilles de papier, et vous dresserez vos meringues avec une cuillère à bouche, en ne prenant de la pâte que ce qu'il en faut pour la faire, et lui donnant la forme de la moitié d'un œuf coupé en long; il faut bien garnir la planche de toute sa longueur et de sa largeur, et les dresser le plus également possible, les glacer tout de suite avec du sucre en poudre passé au tamis de soie, et les mettre à un four doux; lorsqu'elles ont pris une belle couleur, vous les retirez du four, vous en prenez deux que vous appliquez l'une contre l'autre, en mettant dans chacune une cerise confite avec un peu de gelée de groseilles, ou toute autre confiture; vous les mettrez à mesure sur un tamis, pour les dresser après sur votre plat d'entremets. Il est essentiel de faire cuire les meringues sur les planches, afin que le dessous ne prenne pas couleur, et pour qu'on puisse les appliquer l'un contre l'autre.

Meringues à l'italienne. — Pour six blancs d'œufs fouettés vous ferez cuire une demi-livre de sucre au soufflé; vos blancs d'œufs étant bien battus, vous les mettrez dans le sucre cuit, en les mêlant bien promptement avec une spatule, jusqu'à ce que ces blancs soient parfaitement incorporés avec le sucre ; vous pouvez leur donner l'odeur et le goût que vous voudrez; si c'est au marasquin, vous en aurez un demi-verre à mêler dans la composition, et vous les dresserez comme nous l'avons dit à l'article ci-devant, excepté que vous les ferez beaucoup plus petites ; vous les mettrez au four sur une planche garnie de papier, et les doublerez comme les autres.

Meringues à la lyonnaise. — Vous prendrez huit blancs d'œufs que vous battrez en neige ; vous ferez cuire dix onces de sucre au soufflé ; les œufs étant battus et le sucre cuit, vous mêlerez très-promptement l'un avec l'autre; vous y ajouterez une once de fleur d'orange pralinée, que vous aurez fait sécher et mis en poudre d'avance ; vous la mêlerez à votre appareil, et vous dresserez vos meringues de la même manière que les autres, en les doublant, lorsqu'elles auront pris une belle couleur.

Meringues sèches à la fleur d'orange. — Pour dix blancs d'œufs bien fouettés, vous mettrez dix cuillerées de sucre en poudre, passé au tamis de

soie, et deux onces de fleur d'orange pralinée, et bien hachée ou écrasée; lorsque vos œufs seront bien battus en neige, vous y mettrez votre sucre avec la fleur d'orange ; vous mêlez bien le tout avec le fouet qui a battu les blancs; secouez le fouet, et dressez vos meringues sur des feuilles de papier blanc : cette espèce de meringues ne se dresse pas comme les autres ; on prend une cuillère à bouche que l'on remplit de la pâte, et on la dresse en rond en tournant la cuillère, ce qui doit faire à peu près le rocher; on les glace au tamis de soie avec du sucre en poudre, étant arrangées sur des feuilles de papier, et on les met à un four très-doux, sur des feuilles de cuivre; lorsqu'elles auront pris une belle couleur et qu'elles seront bien sèches, vous les lèverez, et les mettrez dans un tamis à l'étuve, afin de les y trouver au besoin.

Meringues à la florentine. — (*V.* ALKERMÈS, page 20.)

MERISE, fruit du cerisier sauvage ou merisier. La chair en est d'un pourpre sombre et d'une saveur amère. Avec les noyaux et la pulpe fermentée de la merise, on obtient par la distillation une eau-de-vie connue sous le nom allemand de *kirchen-wasser* [eau de cerises.] (*V.* LIQUEURS, et, quant à l'emploi qu'on peut faire des merises fraîches, voyez les articles COMPOTE, GLACE AU FRUIT, RATAFIA, SORBET.)

MERLAN. De tous les poissons, le merlan est celui dont la chair est la plus légère, la plus digestible et la moins alimentaire ; c'est pourquoi l'on en prescrit l'usage aux convalescents dont il faut encourager les forces digestibles.

Merlans frits. — Écaillez-les et coupez-leur les nageoires ainsi que le bout de la queue; videzles sans les ouvrir, et, après les avoir bien lavés, remettez leurs foies dans leurs corps; ciselez-les en biais des deux côtés, panez-les à *l'anglaise*, ou farinez-les simplement pour les faire frire à grand feu. Lorsqu'ils sont fermes et d'une belle couleur dorée, vous les égouttez sur une serviette chaude, et vous les saupoudrez de sel fin; dressezles sur une serviette ouvrée, dont vous aurez foncé votre plat de rôt.

Si les merlans frits sont très-gros, on les tranche en trois morceaux pour les servir à table, et c'est celui du milieu qu'on offre de préférence. Quand ils sont de grosseur ordinaire, on les partage en deux, et c'est le côté de la tête qu'on doit servir, parce que c'est la partie qui recèle le foie du poisson.

Merlans grillés. — Écaillez et appropriez ces merlans, comme il est dit aux merlans frits; ciselez-les, farinez-les, mettez-les sur un gril bien propre; faites-les cuire sur un feu doux, et retournez-les souvent : à cet effet, servez-vous d'un couvercle de casserole, de la grandeur de votre gril; posez-le légèrement sur vos merlans; renversez le gril sens dessus dessous, et détachez avec le dos de votre couteau ceux des merlans qui pourraient tenir au gril; achevez de les faire cuire, et servez-vous encore du couvercle, comme il est dit plus haut, pour les ôter du gril, sans les briser : coulez-les sur votre plat, et servez dessus une sauce blanche au beurre et parsemée de câpres ou de capucines.

Merlans aux fines herbes. — Préparez vos merlans comme il est dit ci-dessus; mettez-les dans un vase creux, dans lequel vous aurez étendu du beurre; saupoudrez ce beurre de persil et ciboules hachés, d'un peu de sel fin et d'un peu de muscade râpée; arrangez dessus vos merlans tête-bêche; arrosez-les de beurre fondu; mouillez-les avec moitié vin blanc et moitié bouillon; retournez-les, lorsque vous les croirez à moitié cuits : leur cuisson faite, versez leur mouillement dans une casserole, sans les ôter de leur plat; ajoutez-y un peu de beurre manié avec de la farine; faites cuire et lier votre sauce, dans laquelle vous exprimerez le jus d'un citron, mêlé d'une pincée de gros poivre.

Filets de merlans à la Orly. — Prenez six ou huit merlans de moyenne grosseur, videz-les, levez-en les filets; parez-les, faites-les mariner avec du citron, du sel, du persil en branche, et la moitié d'un ognon coupé en rouelles. Au moment de servir, égouttez vos filets, farinez-les, et faites-les frire; qu'ils soient fermes et d'une belle couleur; égouttez-les, dressez-les, saucez-les d'une italienne ou d'une sauce aux tomates.

Attelets de filets de merlans. — Levez les filets de douze merlans, comme il est dit ci-dessus; levez-en les peaux, sans endommager les chairs. Vos filets levés, faites fondre du beurre, mettez-y un jaune d'œuf et un peu de sel fin; remuez le tout ensemble; trempez les filets que vous roulez; passez vos attelets en travers, en sorte qu'ils ne puissent se dérouler; mettez quatre ou cinq filets à chacun de ces attelets; faites fondre légèrement le beurre dans lequel vous avez trempé vos filets, et trempez-y les attelets garnis; mettez sur la table de la mie de pain bien fine; roulez-y légèrement vos filets, afin qu'il n'y reste que ce qu'il faut de mie de pain; mettez-les proprement sur un gril, et, trois quarts-d'heure avant de servir, faites-les cuire sur de la cendre rouge; renouvelez souvent cette cendre, sans faire de poussière; retournez-les sur les quatre faces; étant cuits et d'une belle couleur, dressez-les; mettez dessus un jus maigre bien *corsé*, dans lequel vous aurez exprimé le jus d'un fort citron.

Filets de merlans en turban. — Ayez quinze ou dix-huit merlans, levez-en les filets; prenez les douze inférieurs, levez-en les peaux, pilez-en les chairs, et faites-en une *farce à quenelles.* Votre farce achevée, faites un fort bouchon de pain, posez le bout le plus étroit sur votre plat; entourez ce bouchon de bardes de lard, et dressez au tour votre farce en talus; posez-y vos filets; donnez-leur la forme d'une bande de mousseline qui enveloppe un turban. Si c'est la saison, garnissez le haut de petites truffes que vous aurez tournées de la forme de grosses perles; humectez vos filets avec un peu de beurre fondu; couvrez le tout de bardes de lard très-minces, et mettez par-dessus un papier beurré; faites cuire votre turban au four, et, sa cuisson faite, supprimez le bouchon de pain ainsi que toutes les bardes de lard; égouttez le beurre de ce turban, et versez dans son puits une bonne sauce italienne.

Filets de merlans au gratin. — Levez des filets de merlans, comme il est indiqué précédemment; étendez-les sur une table; garnissez-les dans toute leur longueur d'une farce cuite, si c'est en gras, et d'une farce de merlans si c'est en maigre; garnissez le fond du plat dont vous devez vous servir avec une assise de votre farce; arrangez dessus les filets en couronne; couvrez-les de cette farce en dedans et en dehors, ainsi que par-dessus; unissez le tout avec la lame d'un couteau trempé dans de l'eau tiède; donnez à votre gratin une forme régulière, panez-le, arrosez-le avec un pinceau trempé dans du beurre fondu; mettez-le au four ou sous un four de campagne, avec feu dessous et feu dessus; faites-lui prendre une belle couleur, et *saucez*-le d'une italienne rousse, ou d'une espagnole réduite.

Filets de merlans aux truffes à la Conty. — Levez les filets de cinq ou six merlans, et parez-les; coupez chaque filet en quatre morceaux; mettez du beurre à fondre dans un sautoir; placez-y vos filets, avec sel et gros poivre; versez du beurre fondu par-dessus, et joignez-y deux jus de citron. Au moment de servir, sautez vos filets; quand ils seront cuits d'un côté, retournez-les de l'autre; égouttez-les sur un linge blanc; mettez dans votre sautoir des truffes coupées en lames; faites réduire et liez votre sauce avec un morceau de beurre, et dressez sur un plat garni de croûtons frits.

Filets de merlans à la Cussy. — Découpez en filets six gros merlans, et parez-les comme il est dit ci-dessus; faites une farce avec la chair de trois autres merlans de taille commune, et pilez cette chair dans un mortier, après quoi vous la passerez dans un tamis à quenelles; pilez et passez de la même manière une quantité égale de mie de pain, que vous aurez fait tremper dans du lait; faites trois parts égales de cette mie; mêlez-les trois merlans, au moyen d'une quantité équivalente de beurre frais; pilez le tout ensemble, assaisonnez de sel, de poivre et d'un peu de muscade; ajoutez-y une truffe coupée en petits dés; fouettez deux blancs d'œufs que vous incorporez dans cette farce, en remuant légèrement.

Ces préparatifs faits, couvrez de votre sauce le fond d'un plat d'argent à trois lignes d'épaisseur; couchez-y vos filets du côté de la peau, et étendez sur chacun d'eux un peu de ladite farce.

Ayez soin que vos filets soient artistement roulés, et qu'ils aient la forme de *bondons;* ainsi arrangés sur le plat, de manière que la farce remplisse tous les vides, faites-les cuire dans un four de campagne une demi-heure avant de les servir.

Merlans à la minute. — Mettez du beurre frais sur un plat, en y ajoutant persil, ciboules, champignons hachés, sel et poivre. Mettez-y vos merlans, auxquels vous aurez fait les préparations nécessaires; assaisonnez dessus comme dessous; couvrez bien votre plat; faites cuire avec un verre de vin blanc, et servez à courte sauce.

Merlans à la bonne eau. — Vos merlans vidés, ratissés et nettoyés, vous leur coupez la tête et la queue; vous les faites mijoter un quart d'heure dans une casserole avec des feuilles ou de la racine de persil, deux ou trois ciboules entières, une feuille de laurier, du sel et de l'eau; après les avoir retirés et serrés chaudement, mettez un peu de votre bonne eau dans une casserole; rompez plusieurs feuilles de persil et faites-leur jeter quelques bouillons dans votre bonne eau; après quoi vous la versez sur vos merlans, que vous servirez dans un plat creux, accompagné d'une pile de tartines au beurre.

MERLES DE CORSE, excellents petits-pieds qui nous arrivent de Bastia dans des barillets remplis de graisse fine. Il est bon de les plonger dans de l'eau bouillante avant de les faire cuire, afin de les débarrasser de la substance grasse dont ils sont recouverts. On les prépare comme les BEC-FIGUES et les ORTOLANS.

MERLUCHE, morue sèche ou Stock-fich (*V.* MORUE).

MEUNIER, poisson de rivière qui porte aussi les noms de CHABOT et de TÉTARD. La meilleure manière de l'apprêter, c'est de le faire cuire à l'étuvée, comme la carpe, et sans oublier d'y mettre de l'eau-de-vie, qu'on fera brûler jusqu'à suffisante consommation de ce mouillement.

MIEL. On tire, des rayons ou gâteaux d'une ruche, trois différentes sortes de miel. La première est celle du miel vierge, qui coule de lui-même; après ce miel de premier choix, arrive celui de seconde qualité, qu'on met légèrement en presse, et qui n'a pas, à beaucoup près, la même pureté de saveur que le miel vierge : il ne manque pas de limpidité, mais il sent la cire, et il est toujours plus épais que le miel de première origine. La troisième espèce est la moins estimée, et contient forcément une assez grande quantité de cire, parce qu'on l'a soumise à la pression forte, ainsi qu'à l'action de la chaleur.

Entre les miels étrangers, le miel jaune de l'île de France, et le miel vert des forêts du Brésil, ont une réputation tout-à-fait merveilleuse; et du reste il n'existe aucune substance alimentaire qui puisse rivaliser avec le miel américain, pour la suavité de l'arôme et l'énergie de la saveur.

On ne fait plus un grand usage du miel dans les préparations alimentaires; on lui a substitué l'emploi du sucre. Celui du miel n'est guère usité maintenant que pour la pharmacie; mais il faut en excepter certains miels de choix, tels que ceux de Narbonne, d'Athènes et de Corfou, qui sont généralement recherchés pour être mangés en substance. C'est avec les miels parfumés de Narbonne, que l'on compose les excellents nougats blancs de Marseille, et dans plusieurs cas on ajoute une certaine quantité de ce beau miel à certaines liqueurs très-sucrées, afin d'empêcher le sucre de s'en séparer, en se cristallisant.

Les compositions gastronomiques et les breuvages dans lesquels il entre du miel sont les nougats blanc et vert, la pignésie, le pain d'épice, l'hydromel, l'hypocras et l'oximel (*V.* PHARMACIE DOMESTIQUE, etc.).

Clarification du miel (suivant les procédés et le formulaire de M. Chaptal). — « Pour clarifier vingt-cinq livres de miel, on le met avec six litres d'eau dans une poêle de la contenance de cinquante livres; on le fait fondre sur le feu, et on y ajoute, quand il est fondu, cinq livres de blanc d'Espagne pilé bien menu; on ajoute le zeste de trois citrons, et pour que le blanc ne s'attache pas au fond de la poêle, on remue avec soin avec une écumoire; on met, quelque temps après, deux livres et demie de charbon à clarifier, et l'on continue à remuer; quand le miel est sur le point de bouillir, on l'arrose avec un mélange de six œufs battus et de six litres d'eau, jusqu'à ce qu'il soit comme une éponge; on le passe ensuite à la chausse autant de fois qu'il le faut pour lui donner la limpidité convenable.

» On doit nettoyer et dégraisser la chausse un jour ou deux avant de clarifier d'autre miel ; on se sert pour cela d'un mélange de trois œufs et de l'eau, jusqu'à ce qu'elle soit à dix degrés; on se sert alors de cette eau sucrée pour en clarifier d'autre, et l'on n'a besoin que de mettre six œufs dans un demi-litre d'eau ordinaire pour faire la même opération que nous venons de décrire. »

MIJOTER ou MIGEOTER. C'est faire bouillir à très-petit feu une préparation alimentaire avancée dans sa cuisson. Dans cette ébullition lente les chairs se cuisent intimement et s'attendrissent ; leurs sucs se combinent, se réduisent, et acquièrent une sapidité plus prononcée.

MIRABELLE, espèce de prune, petite, de couleur jaune et très-parfumée; il en existe deux variétés, dont l'une est plus grosse que l'autre, quoique toujours de petite dimension ; la plus petite est la meilleure. La mirabelle est très-charnue, ce qui la rend propre à faire des confitures, que son arôme rend très-agréables (*V.* COMPOTES, CONFITURES, GLACES, etc.).

MIRLICOTON, sorte de grosse pêche, autrement appelée pavie-jaune. On la cueille à la fin de l'automne, et l'on s'en sert particulièrement pour en faire des charlottes, des marmelades au beurre et des beignets.

MIRLITON (*pâtisserie d'entremets*). — Après avoir mis dans une terrine deux œufs entiers et deux jaunes, vous y joignez quatre onces de sucre en poudre, trois de macarons doux écrasés, une demi-once de fleur d'orange pralinée en poudre, et un grain de sel; remuez ce mélange pendant une minute, ensuite vous faites fondre deux onces de beurre fin, et les mêlez dans l'appareil; fouettez les deux blancs d'œufs bien ferme, et incorporez-les dans la préparation. Vous garnissez des moules que vous avez foncés de cette manière; faites un litron de feuilletage; donnez-lui douze tours et abaissez-le de deux lignes d'épaisseur: détaillez-le en une trentaine de fonds; coupez avec un moule rond canelé de deux pouces six lignes de diamètre; ensuite vous placez chaque fond sur un moule (légèrement beurré) creux de six lignes, et large de deux pouces.

Lorsque vos mirlitons sont garnis également, vous les masquez avec du sucre passé au tamis de soie. Le sucre étant fondu, semez dessus quelques grains de gros sucre, et puis vous les mettez au four chaleur modérée. Servez chaud ou froid.

Pour les variétés du mirliton (*V.* PATISSERIE).

MIROBOLAN (*V.* LIQUEURS).

MIROTONS, ragoûts de bœuf à la bourgeoise (*V.* page 94).

MITONNER. Ce mot a à peu près la même signification que celui de *mijoter;* mais il s'applique exclusivement au potage.

Un potage est *mitonné* lorsque le pain a absorbé tout le bouillon, et qu'il est réduit en consistance de bouillie.

MINCEPIES ou GATEAUX DE NOEL (*Cuisine étrangère, entremets anglais*). — Prenez une livre de graisse de rognon de bœuf, hachée fin ; une livre de langue de bœuf à l'écarlate que vous aurez fait cuire, et hachée de même ; une livre de pommes de rainette que vous aurez pelées; ôtez les cœurs, et hachez une demi-livre de raisins de caisse, que vous aurez épluchés, épépinés, lavés et hachés; cinq quarterons de raisins de Corinthe, que vous aurez épluchés, lavés et fait sécher; après les avoir de nouveau hachés, mettez tous ces ingrédients ensemble dans un vase ; ajoutez-y une demi-livre de sucre en poudre, un quart d'once de macis en poudre et autant de muscade, une pincée de poudre de gérofle, autant de poudre de cannelle et un demi-setier de bonne eau-de-vie; maniez bien le tout ensemble, en sorte qu'il forme une espèce de pâte; prenez des rognures de feuilletage, abaissez-les, et foncez-en de petites tourtières creuses, comme on fait pour une tourte ordinaire; garnissez-les de votre appareil, de l'épaisseur d'un travers de doigt, jusqu'à un demi-pouce du bord de la tourtière; ayez un quarteron de cédrat confit, coupé en petits dés, du zeste d'orange et de citron que vous aurez haché et fait cuire dans du sucre; saupoudrez-en les mincepies; relevez les bords de pâte autour de votre appareil : faites cuire à un four modéré pendant trois quarts d'heure vos mincepies, et servez-les chauds ou froids.

MOELLE, substance qui remplit les os des grands quadrupèdes. La moelle pure est un aliment de difficile digestion ; mêlée avec des viandes sèches, elle leur donne du moelleux et les rend plus agréables (*V.* RÔTIES, POTAGES et TOURTE).

MORILLE, espèce de champignon qui croît au printemps. La morille se conserve facilement, sans perdre aucune de ses qualités; elle perd beaucoup de son volume pendant sa dessiccation, mais elle le reprend quand on la fait tremper dans un liquide. La morille est alimentaire comme tous les champignons comestibles; elle se digère plus facilement. On l'emploie comme garniture dans la plupart des ragoûts et des sauces.

Ragoût de morilles pour garniture. — Après en avoir épluché les queues pour en ôter la terre, on fend les grosses en deux; on les lave; on les met dans l'eau tiède pour qu'elles dégorgent et qu'elles déposent au fond du vase le sable qu'elles sont sujettes à contenir; les ayant retirées de l'eau, on les fait blanchir; on les égoutte, et on les met dans une casserole avec un morceau de beurre et le jus d'un citron; on les passe; on les mouille avec de la sauce rousse ou blanche, comme il est indiqué pour les ragoûts de champignons, et on les achève de même.

Morilles à la crème, au gras. — Après avoir coupé, lavé et approprié vos morilles comme il est dit ci-dessus, faites-les égoutter et passez-les au lard fondu, avec bouquet, sel, poivre et un peu de farine; mouillez avec du bouillon, et faites mijoter; liez votre ragoût de deux jaunes d'œufs, et servez pour entremets.

Morilles à la crème, au maigre. — Vous les passez au beurre avec sel, poivre, bouquet garni et persil haché; vous mouillez de bouillon de poisson, et finissez comme il est marqué ci-dessus.

Morilles au lard. — Après avoir coupé des morilles en deux, vous les nettoyez comme les précédentes; étant bien égouttées, mettez-les dans du lard fondu; embrochez-les ensuite dans de petits attelets, et, après les avoir panées, faites-les griller de belle couleur; coupez du petit-lard en tranches bien minces, que vous arrangez dans une poêle; faites-les frire en quatre; disposez-les dans un plat (vos morilles dessus), et servez à sec.

Morilles à l'italienne. — Lavez des morilles dans plusieurs eaux tièdes; égouttez-les bien; faites-les cuire sur de la cendre chaude, avec persil, ciboules, champignons, pointe d'ail, le tout haché, du beurre, une cuillerée d'huile, sel et poivre. Quand elles sont cuites, servez-les sur une croûte passée au beurre.

Morilles frites. — Vos morilles étant bien appropriées, coupez-les en long; faites-les bouillir dans du bouillon à très-petit feu; quand le bouillon est consommé, farinez-les bien, et faites-les frire dans du saindoux; faites une sauce avec le reste du bouillon; assaisonnez-les de sel et muscade, que vous servirez sur vos morilles avec du jus de mouton.

Morilles farcies. — Après avoir ôté la queue de vos morilles et les avoir lavées, faites une farce de blanc de volaille cuite, et farcissez-en lesdites morilles; unissez-les avec de l'œuf battu; saupou-

drez-les de mie de pain; foncez une casserole de veau et jambon; après y avoir mis du lard fondu et un bouquet, arrangez-y vos morilles, que vous couvrez de bardes de lard, et que vous faites cuire à très-petit feu; étant cuites, retirez-les et dégraissez-les; mettez du coulis dans une casserole; faites faire un bouillon pour pouvoir dégraisser; passez la sauce au tamis; servez sur les morilles avec le jus d'une orange verte.

Croûtes aux morilles et aux truffes (*V.* CHAMPIGNONS et TRUFFES).

MORTADELLE, saucisson Lyonnais qui est ordinairement farci de truffes noires et de pistaches. Cette préparation indigène est très-supérieure à celle qui nous vient d'Italie, et qui porte également le nom de mortadelle. On donne encore ce nom à un ragoût de poulets, dont voici la formule lombarde.

Mortadella (ragoût milanais). — Enlevez la peau de deux poulets gras; hachez-en la chair avec du filet de carré de mouton, truffes, jambon et lard; mêlez le tout; mettez-y un peu de crème, quatre jaunes d'œufs crus, fines herbes, épices, sel et poivre; enveloppez le tout dans les peaux des poulets et dans une étamine; ficelez et mettez cuire dans une braise blanche. Si vous servez votre mortadelle pour entrée, mettez-y de l'essence liée; si vous la servez pour entremets, assaisonnez davantage votre braise, et servez votre mortadelle froide.

MORTIER, vase de cuisine et d'office, dans lequel on broie, au moyen d'un pilon, toutes les substances qu'on veut réduire en poudre ou en pâte. Les mortiers employés dans la cuisine doivent être en marbre, et ceux dont on fait usage à l'office peuvent être en métal. Leur capacité intérieure doit toujours être plus large que leur ouverture, et c'est afin d'empêcher les matières pilées d'être projetées au dehors par l'action du pilon (Voyez la dissertation de M. Chaptal, sur la configuration des mortiers).

MORUE, poisson de mer qui, sous ce nom, est toujours salé ou séché. La morue sèche s'appelle merluche, et la morue fraîche se nomme cabillau (*V.* pages 111 et suivantes).

Cuisson de la morue. — Faites-la dessaler pendant vingt-quatre heures dans de l'eau de rivière, que vous ferez renouveler au moins trois fois; ensuite on en retirera le poisson pour le nettoyer et le ratisser soigneusement.

Faites toujours cuire la morue dans de l'eau de rivière, et jamais dans de l'eau de puits, ni même dans de l'eau de fontaine, à moins qu'elle ne dis-

21.

solve aisément et parfaitement le savon. *La morue durcit toujours en cuisant dans les eaux crues*, dit M. Carême; mettez-la sur le feu dans l'eau froide; écumez-la lorsque l'eau est presque bouillante, et retirez-la du feu aussitôt qu'elle bout; vous couvrirez le vase qui la contient pendant un quart d'heure, et puis vous pourrez en ôter la morue pour l'égoutter.

Morue à la maître-d'hôtel. — Prenez une belle crête de morue; choisissez-la d'une peau blanche et tachetée de petits points jaunes; pincez la chair, pour juger si elle est tendre; goûtez si elle est d'un bon sel; si elle se trouvait trop salée, mettez-la dans de l'eau, avec moitié lait : par ce moyen, vous la dessalerez promptement; enfin trempez-la dans de l'eau chaude; ôtez-en les écailles en la grattant avec un grand couteau; remettez de l'eau fraîche dans une casserole avec votre morue; faites-la cuire, et retirez-la du feu; écumez-la; couvrez-la un instant, ensuite égouttez-la bien, et *saucez*-la d'une sauce à la maître-d'hôtel, renforcée d'un peu de verjus (*V.* MAÎTRE-D'HOTEL, page 7, art 12).

Morue à la provençale (*V.* BRANDADE, page 102 et suivantes).

Morue à la crème, ou bonne-morue. — Préparez et faites cuire votre morue, comme il est dit à l'article précédent; faites-la mijoter ensuite dans une sauce à la Béchameil, et garnissez votre plat d'entrée avec des vittelottes sautées au beurre.

Morue à la bourguignonne. — Prenez cinq ou six gros ognons; coupez-les en rouelles; mettez un morceau de beurre dans une casserole, avec vos ognons; faites-les cuire et roussir; leur cuisson achevée, faites un beurre roux; tirez-le au clair; mettez-le sur les ognons, avec sel, poivre et un fort filet de vinaigre; vous aurez fait cuire votre morue, de même qu'il est indiqué pour la morue à la maître-d'hôtel; égouttez-la; dressez-la sur votre plat, et *saucez* le ragoût avec vos ognons au beurre roux.

Queues de morue à l'anglaise. — Faites cuire ces queues comme il est dit ci-dessus; égouttez-les bien; vous aurez fait une sauce avec la chair d'un ou deux citrons coupés en dés, des filets d'anchois, persil et ciboules hachés, ainsi que de l'échalote, une pincée de gros poivre et une petite pointe d'ail. Ayant ajouté à cela un quarteron de beurre et autant d'huile, faites chauffer le tout à petit feu; remuez bien cette sauce; mettez-en la moitié dans le fond de votre plat; dressez-y votre morue; garnissez-la de croûtons frits dans le beurre; *saucez* cette morue avec le reste de votre sauce; panez le tout avec de la chapelure de pain, et mettez-le à prendre couleur sous un four de campagne.

Queue de morue farcie (recette et formule de l'ancien hôtel de la Reynière). — Votre queue de morue cuite à l'eau et égouttée, vous en levez toute la chair par filets, ne laissant que l'arête; vous mettez dans une casserole, gros comme un œuf de beurre, des champignons coupés en filets, persil, ciboule, deux échalotes, moitié d'une gousse d'ail, le tout haché; vous passez le tout sur le feu, y mettez une demi-cuillerée de farine; mouillez avec un demi-setier de lait; assaisonnez de gros poivre, et faites bouillir jusqu'à ce que la sauce soit épaisse; vous mettez alors votre morue avec trois jaunes d'œufs; vous faites lier sur le feu sans bouillir, et laissez refroidir; vous prenez le plat que vous devez servir; vous placez dessus l'arête et le petit bout de la queue que vous envelopperez de papier beurré; vous borderez le tour de l'arête avec de la farce faite avec deux grandes poignées de mie de pain passées à la passoire avec une chopine de lait que vous aurez fait bouillir et dessécher sur le feu jusqu'à ce que la mie de pain soit bien épaisse; vous mettez le ragoût de morue dans le milieu, et par-dessus le restant de la farce, de manière que l'on ne voie pas le ragoût, et que pourtant cela forme une queue de morue; vous unissez partout avec un couteau trempé dans de l'œuf battu; vous panez avec de la mie de pain, et vous faites cuire de belle couleur au four ou sous un four de campagne. Votre morue cuite, vous pouvez la servir sans autre apprêt, ou mettre dans le fond une sauce faite avec un verre de bon bouillon, et gros comme une noix de beurre manié de farine.

Morue à la Steinckerke. — Vous mettez au fond d'un plat un peu de beurre avec persil, ciboule, un peu d'anchois, une pointe d'ail (le tout haché), du gros poivre, et quelques câpres entières; vous couvrez le tout avec des lames de morue par couches, que vous faites alternativement d'assaisonnement et de morue jusqu'à ce que votre plat soit rempli; vous panez le dessus avec de la mie de pain; vous faites bouillir sur un petit feu, et en même temps prendre couleur sous un couvercle de tourtière.

Morue au parmesan. — Vous ferez cuire une crête de morue bien dessalée; étant refroidie, retirez les peaux et les arêtes; mêlez votre blanc de morue dans une bonne béchameil maigre et deux cuillerées de parmesan râpé et gros poivre; faites-la gratiner comme il est dit ci-dessus.

Tourtes et vol-au-vent de morue. — La morue étant cuite, égouttée et refroidie, on la met par feuillets dans une béchameil, où on la fait mijoter jusqu'à ce qu'elle soit bien imprégnée de ladite sauce, mais en évitant qu'elle puisse tomber en bouillie. On aura eu soin de maintenir la pâtisserie chaude, et l'on versera le ragoût de morue quelques minutes avant de le servir.

Les nos et les langues ou palais de morue se préparent absolument de la même manière que les autres parties de ce poisson; mais les langues, qui sont les morceaux les plus estimés, s'apprêtent le plus souvent à la béchameil, avec une garniture de quiches au maïs (*V*. ces deux articles).

MOU DE VEAU. C'est le poumon du veau dont on fait les bouillons rafraîchissants et des tisanes pectorales (*V*. PHARMACIE DOMESTIQUE).

MOULES, coquillage bivalve qui fait éprouver quelquefois des accidents assez graves. Ces fâcheux symptômes disparaissent toujours lorsqu'on administre au malade une forte dose d'éther (deux ou trois gros par exemple). On n'est pas d'accord sur la cause qui peut rendre les moules dangereuses; les uns rapportent ces accidents à la présence de petits crustacés, et notamment d'une petite araignée de mer qui s'introduit entre les coquilles de la moule; d'autres personnes attribuent le même effet aux aliments que la moule consomme en certaines circonstances, et notamment dans le voisinage des embarcations qui sont doublées en cuivre; enfin l'opinion la plus accréditée s'en prend à l'altération que doit éprouver la moule, en séjournant sur un terrain fangeux, où la vase abonde en détritus en dissolution.

Tout ce qu'on peut faire de mieux pour éviter ces accidents, c'est de n'employer des moules que lorsqu'elles sont dans un état de fraîcheur parfaite.

Moules à la batelière. — Raclez-en les coquilles pour en détacher tout ce qui est adhérent; lavez-les à plusieurs eaux; mettez-les dans un chaudron sans étamage avec un morceau de beurre et du persil, un ognon haché, quelques ciboules et une tranche de piment rouge; faites-les sauter vivement sur un feu clair, et servez-les pour hors-d'œuvres, avec des tartines au beurre et aux fines herbes.

Moules à la poulette. — Lavez-les à plusieurs eaux; mettez-les à sec dans une casserole sur un feu ardent; retournez-les à mesure qu'elles s'ouvrent; ôtez les coquilles, ou laissez la moule attachée à l'une de ses valves; passez au tamis l'eau que les moules ont rendue; mettez-les dans une casserole avec un bon morceau de beurre, persil et ciboules hachés, gros poivre et muscade râpée;

passez-les sur le feu; ajoutez un peu de farine; mouillez avec du bouillon et un peu d'eau des moules; faites jeter quelques bouillons; tenez-les ensuite chaudement sans bouillir. Au moment de servir, liez la sauce avec des jaunes d'œufs, et ajoutez du jus de citron.

Moules à la provençale. — Procédez comme il est prescrit ci-dessus pour faire ouvrir les moules; ne retirez qu'une valve des coquilles; mettez dans une casserole un demi-verre d'huile, persil, ciboules, champignons, truffes, une demi-gousse d'ail, le tout haché très-fin; passez sur le feu; mouillez avec un verre de vin blanc, une cuillerée de bouillon et la moitié de l'eau des moules; faites cuire cette sauce; quand elle est presque réduite, mettez-y les moules avec une cuillerée de jus; faites-leur faire quelques bouillons; ajoutez un jus de citron, gros poivre et muscade râpée; servez à courte sauce.

MOUSSES, préparations dont la base est une crème fouettée, glacée et mélangée d'une teinture aromatique ou d'un suc de fruit. Les mousses à la crème ne doivent être servies qu'à l'entremets.

Mousse à la Chantilly. — Mettez une pinte de crème double dans une terrine; joignez-y une demi-livre de sucre en poudre et une cuillerée d'eau de fleur d'orange, avec trois gouttes d'essence de cédrat; lorsque le sucre sera fondu, vous pilerez trois ou quatre livres de glace, que vous mettrez dans une autre terrine; il faut poser le fond de la terrine où est la crème, sur la glace, afin de la rafraîchir et la faire mousser plus promptement; vous prendrez un fouet à battre les blancs d'œufs, et vous fouetterez cette crème; à mesure que la mousse montera, vous l'enlèverez avec une écumoire, et la mettrez sur un tamis posé sur une terrine: si votre crème ne moussait pas comme il faut, il faudrait y ajouter quelques blancs d'œufs. Quand vous aurez mis sur le tamis toute celle que vous aurez fouettée, si vous n'en avez pas suffisamment, vous prendrez celle qui a passé au travers du tamis, que vous fouetterez de nouveau et mettrez avec l'autre; ordinairement les mousses se mettent dans de grands gobelets de vermeil ou de cristal qui sont destinés à cet usage; on place lesdits gobelets dans une cave de fer-blanc, où l'on a eu le soin de faire pratiquer une grille de la forme des gobelets, afin de les contenir; on met dessus et dessous de la glace bien pilée avec du sel et du salpêtre, et quand on les tient dans un endroit frais et bien clos, les mousses peuvent se conserver sans tomber au moins cinq ou six heures. Au surplus, il est toujours prudent de les faire circuler *en extra*, pour que la chaleur de la salle à manger ne les fasse pas couler en s'affaissant.

Mousse au chocolat. — Faites fondre une demi-livre de chocolat dans un demi-setier d'eau, à petit feu ; remuez-le avec une spatule ; quand il sera bien fondu et bien réduit, vous les retirerez du feu pour y mettre six jaunes d'œufs frais ; vous mêlerez le tout ensemble avec une pinte de crème double et trois quarterons de sucre en poudre que vous y ferez fondre ; mettez cette composition dans une terrine, et lorsqu'elle sera refroidie, vous finirez votre mousse de la même façon que la précédente.

Mousse aux liqueurs fines. — Vous mettrez dans un pinte de crème double une demi-livre de sucre en poudre, que vous y ferez fondre, et vous y ajouterez un plein gobelet d'eau des Créoles ou de Mirobolan, de crème des Barbades, ou Noyau des îles, enfin de Rossolis ou de Marasquin, et même de simple ratafia, si vos arrangements ou provisions d'office s'en accommodent mieux. Le tout étant bien fondu et mêlé, vous frotterez votre mousse, et la finirez comme les deux autres.

Mousse au suc de fruits. — Procédez absolument comme pour la dernière, excepté qu'au lieu d'un gobelet de liqueur, vous y mettrez deux pleins gobelets de suc de fraises, ou d'abricots, ou de raisin-muscat, pêches et framboises, ananas, pistaches, etc.

MOUSSELINE. Les officiers-confiseurs appellent mousseline une sorte de pâte composée de gomme adragant fondue et mêlée de jus de citron, qu'on dresse en rocher, en dôme ou d'autre manière, et qu'on fait sécher à l'étuve. Ce pastillage s'appelle *mousseline blanche.*

La *mousseline jaune* se fait de la même manière, si ce n'est qu'on la teint avec l'infusion du safran ou de la gomme-gutte ; la rose se teint avec la cochenille ; la bleue, avec l'indigo ; la verte, avec le jus d'épinards ; la violette, avec la teinture de tournesol (*V.* COULEURS).

Bastion de mousseline. — Ce sont des rouleaux de ces différentes *mousselines,* qu'on assemble avec du sucre au caramel en forme de bastion. Ces diverses préparations servent à garnir ce qu'on appelle assiettes de four, ainsi que les gimblettes, les bouchées, meringues, biscotins, tourons, etc.

MOUSSERON, espèce de champignon qui croît à l'automne et au printemps, sur les friches et dans les terres mousseuses ; il reçoit les mêmes apprêts que les autres végétaux de la même famille (*V.* CHAMPIGNONS, MORILLE, etc).

Le mousseron est, de tous les champignons, le plus agréablement parfumé. Il a aussi une propriété spéciale, c'est de se dessécher facilement et de se

bien conserver sans perdre aucune de ses qualités. Il suffit, pour le sécher, de l'exposer au soleil sur une claie ; mais il est plus expédient de le réduire en poudre, après l'avoir soumis à la dessiccation. On l'enferme alors dans des fioles de verre. Une pincée de poudre de mousserons suffit pour communiquer une saveur très-agréable à toutes les sauces auxquelles on l'ajoute.

MOUT. On nomme ainsi le jus de raisin qui n'a encore éprouvé aucun mouvement de fermentation. C'est en faisant évaporer le mout sur le feu qu'on obtient le raisiné, sorte de confiture aussi médiocre qu'elle est vulgaire. Nous dirons pourtant que lorsqu'on fait bouillir le mout avec des poires ou des prunes d'arrière-saison, le raisiné qu'on en retire est beaucoup moins acide et moins insalubre.

MOUTARDE. Le seul élément qui doive constituer la moutarde est la graine de senevé broyée à laquelle on doit ajouter du sel. Les épicuriens n'approuvent jamais l'immixtion du vinaigre dans la moutarde, dont la meilleure préparation consiste à délayer la moutarde en poudre avec de l'eau chaude ou du vin blanc. Dans certaines provinces on y mélange le mout du raisin avec du vinaigre, et l'on fait entrer dans la fabrication de la moutarde, à Paris, des anchois, de la teinture de truffes, de suc d'estragon, des alliacées, des aromates, etc.

Il faut toujours éviter de se servir d'une cuillère d'argent pour la moutarde, attendu qu'on pourrait l'oublier dans le moutardier, et qu'elle y formerait en peu de temps une quantité de vert-de-gris plus que suffisante pour déterminer des indispositions sérieuses.

MOUTON. La chair du jeune mouton est plus alimentaire que celle du veau et plus facilement digestible que celle du bœuf. Les moutons les plus estimés sont ceux qui nous viennent de la Normandie (et qui sont communément appelés de Pressalé), ceux des Ardennes, ceux du Beauvoisis et finalement ceux de la Sologne. Les meilleures parties du mouton sont la selle, les filets mignons, les côtelettes, la poitrine entière et le gigot.

Double-de-mouton (ridiculement appelé *rosbif de mouton* par les cuisiniers modernes). — Prenez le derrière d'un mouton ; coupez-le à la première ou seconde côte ; cassez les deux os des cuisses ; battez les deux gigots plusieurs fois avec le plat du couperet ; faites entrer un des deux jarrets dans l'autre ; rompez les côtes du côté du flanchet ; roulez les deux flancs et passez un attelet dans chaque pour donner au *rosbif* une belle forme ; dégraissez un peu les rognons : enfoncez-

un petit attelet dans la moelle allongée ; couchez votre rosbif sur le fer ; attachez bien le petit attelet d'un bout et les jarrets de l'autre ; passez un attelet dans les deux noix de gigot ; mettez un autre grand attelet qui se croise sur celui qui est passé entre les deux noix ; attachez-le fortement pour que le rosbif ne tourne pas ; enveloppez-le tout entier de papier beurré ; faites-le cuire environ deux heures , ce qui dépend du feu et de la force du mouton : sa cuisson faite, servez-le avec du jus dessous ou des haricots à la bretonne (*V*. HARICOTS A LA BRETONNE).

Selle de mouton à la broche. — Coupez votre selle de mouton au défaut des hanches, des gigots et à la deuxième ou troisième côte ; brisez les côtes comme à un *double* de mouton ; roulez-en les flancs ; traversez-les avec des attelets, pour qu'ils ne se déroulent point ; couchez sur fer, comme il est indiqué au rosbif ; donnez-lui environ une heure et demie de cuisson, et servez-la avec un jus clair au premier service.

Selle de mouton panée à l'anglaise. — Ayez une selle de mouton comme il est énoncé ci-dessus ; désossez les grandes côtes ; roulez-en les flancs ; garnissez-les de quelques parures de mouton sans os ; retenez-les avec des brochettes de bois au lieu d'attelets ; ficelez votre selle ; foncez une braisière de quelques parures de viandes de boucherie, cinq ou six carottes, autant d'ognons, deux ou trois clous de gérofle, deux feuilles de laurier , deux gousses d'ail, un peu de basilic et de thym ; posez sur ce fond votre selle ; mouillez-la avec du bon bouillon ; faites-la partir ; laissez-la cuire avec feu dessous et dessus trois ou quatre heures : sa cuisson faite, égouttez-la, mettez-la sur un plat-fond, ôtez-en les attelets ou brochettes de bois ; prenez quatre ou cinq jaunes d'œufs, faites fondre une demi-livre de beurre délayé avec vos jaunes d'œufs, mettez-y un peu de sel en poudre ; levez la peau de votre selle dans tout son entier, dorez-la avec votre *anglaise* et panez-la bien également : faites fondre de nouveau un peu de beurre, arrosez-en votre selle ; mettez-la au four, faites-lui prendre une belle couleur, et, pour la dresser, enlevez-la de dessus le plat-fond avec deux couvercles de casserole, un de chaque côté ; posez-la sur votre plat et mettez dessous un jus clair.

Selle de mouton à la Sainte-Ménéhould. — Prenez et faites cuire cette pièce comme celle dite à l'anglaise. Après en avoir levé les peaux, étendez dessus une Sainte-Ménéhould ; ensuite panez-la avec de la mie de pain dans laquelle vous aurez mis à peu près la huitième partie de fromage parmesan râpé ; arrosez votre selle avec du beurre : pour cela ayez un pinceau fait d'une queue de poireau ciselée, que vous tremperez dans le beurre, et que vous égoutterez sur votre selle : cela fait, mettez-la au four, faites-lui prendre une belle couleur, et servez-la comme la précédente.

Gigot de mouton à la broche. — Ayez un gigot de mouton bien mortifié ; battez-le ; embrochez-le ; pour cela passez la broche dans le jarret, traversez-le sans offenser la noix ; faites-le cuire environ une heure et demie : sa cuisson faite, coupez le bout du jarret ; enveloppez le bout de l'os d'un papier découpé , et servez votre gigot avec son propre jus.

Gigot de mouton à l'anglaise. — Choisissez un beau gigot d'une chair noire et d'une graisse blanche ; coupez-en le bout du jarret et le nerf du genou ; battez-le bien, farinez-le, c'est-à-dire, enduisez-en la superficie de farine ; enveloppez-le dans un linge dont vous nouerez les quatre bouts : ayez une marmite ou une braisière pleine d'eau ; lorsqu'elle sera bouillante, mettez-y votre gigot avec du sel en suffisante quantité et la valeur d'une botte de navets coupés en lames ; ayez soin que votre gigot ne cesse de bouillir, et retournez-le, mais non pas avec la pointe d'un couteau, de crainte de le piquer et de lui faire perdre son jus : il faut cinq quarts d'heure ou une heure et demie pour le faire cuire : durant sa cuisson, retirez les navets ; lorsqu'ils seront cuits, écrasez-les pour les mettre en purée, desséchez-les bien sur le feu, mettez-y un morceau de beurre, ayant soin de les remuer toujours ; assaisonnez-les de sel, poivre et d'un peu de muscade râpée ; mouillez-les peu à peu avec de la crème ou du lait que vous aurez fait réduire comme pour faire de la chicorée au blanc ; il faut leur donner assez de consistance pour les dresser comme en pyramide ; arrivés à ce degré, dressez-les de suite, égouttez votre gigot : posez-le sur le plat, masquez-le avec une sauce au beurre, sur laquelle vous semerez des câpres, et servez-le : joignez-y votre plat de navets et une saucière où vous aurez mis une sauce avec des câpres.

Gigot à la braise. — Ayez un bon gigot comme le précédent ; ôtez les os, excepté le manche ; lardez-le de gros lardons assaisonnés de fines épices, de sel, de basilic en poudre, de poivre, de persil et ciboules hachés ; ficelez-le et donnez-lui sa première forme : cela fait, foncez une braisière avec quelques parures de viandes de boucherie, cinq ou six ognons et autant de carottes ; posez dessus votre gigot; mouillez-le avec de bon bouillon et un demi-verre d'eau-de-vie; joignez-y deux feuilles de laurier, trois clous de girofle, deux gousses d'ail et un peu de thym; faites-le partir; couvrez-le d'un papier; faites-le aller doucement avec feu dessous et dessus; il faut à peu près cinq heures pour qu'il soit cuit : sa cuisson faite, égouttez-le; glacez-le, et servez-le sur de la chicorée, ou avec son jus ou tous les autres ragoûts de circonstance.

Gigot à la gasconne. — Ayez un gigot comme ci-dessus ; lardez-le d'une douzaine de gousses d'ail et d'une douzaine d'anchois en filets ; mettez-le à la broche : sa cuisson faite, servez-le avec un ragoût d'ail préparé ainsi

Epluchez de l'ail la valeur d'un litron ; faites-le blanchir à plusieurs bouillons : quand il sera presque cuit, retirez-le; jetez-le dans de l'eau fraîche; égouttez-le; mettez dans une casserole quatre ou cinq cuillerées à dégraisser d'espagnole réduite, et deux cuillerées de jus de bœuf; jetez-y votre ail, faites-le réduire, et sous votre gigot servez-le en place de haricots.

Gigot à l'eau. — Mettez-le dans une braisière remplie d'eau bouillante; assaisonnez-le de carottes, ognons, un bouquet de persil et ciboules, deux clous de girofle, du laurier, du thym, du basilic et deux gousses d'ail; faites-le cuire deux heures: sa cuisson faite, égouttez-le, glacez-le et servez-le avec une sauce à volonté.

Gigot en chevreuil. — Prenez un gigot mortifié; battez-le bien; levez-en la première peau; piquez-le comme une noix de veau; mettez-le dans un vase de terre, avec une poignée de graines de genièvre et une pincée de mélilot; versez dessus une forte marinade, dans laquelle vous aurez mis du vinaigre rouge en plus grande quantité que dans celle indiquée à l'article *marinade;* laissez mariner votre gigot cinq ou six jours; égouttez-le, mettez-le à la broche, et servez-le avec une poivrade.

Carbonnades de mouton. — Coupez trois carrés de mouton, depuis la hanche jusqu'aux côtes (ce qu'on appelle le filet); de ces trois parties faites-en six morceaux égaux, donnez-leur la forme d'un cœur allongé, ce qui se nomme *queue de paon;* parez les filets de trois, c'est-à-dire, ôtez de ces filets la panuffe et les nerfs qui les couvrent; piquez-les, et, joints avec les autres morceaux, préparez-les comme la selle de mouton, dite Sainte-Ménéhould; faites-les cuire : leur cuisson achevée, égouttez-les sur un couvercle ; levez la peau des trois non piqués, et celle qui reste des trois autres; passez au-dessus une pelle rouge, afin de

les sécher un peu ; glacez-les tous, et servez-les sous un ragoût de petites racines, ou sur de la chicorée, de la purée d'oseille, une sauce aux tomates, etc.

Rouchis de mouton. — Prenez un quartier de mouton de devant; commencez par désosser la poitrine et les os des côtes, sans altérer les entre-côtes, ce que vous exécuterez en glissant la pointe de votre couteau le long des côtes; levez les côtes du côté de la poitrine, et désossez-les jusqu'à l'échine, que vous supprimerez, ainsi que le collet, de manière qu'il ne reste que les os de l'épaule; passez quelques attelets dans le filet pour lui donner du soutien et la forme convenable; embrochez votre rouchis comme une épaule de mouton ; emballez-le; donnez-lui trois quarts d'heure ou une heure de cuisson, et servez-le sur des haricots à la bretonne ou sur un ragoût de céleri.

Épaule de mouton en ballon. — Levez une épaule de mouton large, et sans gâter votre carré; désossez-la entièrement; coupez de grands lardons; assaisonnez-les de sel, poivre, épices fines, persil et ciboules hachées, et aromates passés au tamis; roulez bien ces lardons dans cet assaisonnement ; lardez les chairs de votre épaule sans en percer la peau ; cela fait, passez avec une aiguille à brider une ficelle tout autour de la peau de cette épaule, comme si vous faisiez un bouton d'étoffe; donnez-lui la forme ronde d'un ballon; foncez une casserole avec des carottes, des ognons, une feuille de laurier, du thym, du basilic, et les os de cette épaule que vous aurez cassés ; posez-la sur ce fond du côté de la ficelle; mouillez-la de bouillon ; couvrez-la de quelques bardes de lard et d'un rond de papier ; faites-la partir; mettez-la cuire deux ou trois heures avec feu dessous et dessus : sa cuisson faite, égouttez-la, glacez-la : si vous n'aviez pas de glace, passez son fond au tamis; faites-le réduire et servez-vous-en; mettez sous cette épaule, soit une purée d'oseille, une chicorée blanche ou au jus, un ragoût de petites racines, ou de l'espagnole que vous aurez jetée d'abord dans le fond de votre glace.

Côtelettes de mouton ou naturel. — Ayez un carré de mouton; coupez vos côtelettes d'égale grosseur, de deux côtes en deux côtes, et supprimez-en une si ce carré est fort ; coupez vos côtelettes de côte en côte ; séparez-les avec le couperet ; ôtez l'os de l'échine de chaque côtelette ; posez votre côtelette sur la table et du côté du filet, levez-en la peau et le nerf qui la couvrent; aplatissez légèrement votre côtelette avec le plat du couperet; parez-la de nouveau ; grattez le dedans de la côte avec le dos du couteau ; coupez le bout de l'os, de la longueur de trois pouces, plus ou moins, ce qui dépend de la grosseur du mouton ; supprimez les chairs de la pointe de l'os, et ratissez-le à peu près d'un demi-pouce ; de là mettez fondre du beurre, trempez-y vos côtelettes et mettez-les sur le gril; faites-les cuire, en ayant soin de les tourner plusieurs fois , pour que le jus ne se perde point , et servez-les avec un jus clair.

Côtelettes de mouton panées. — Préparez-les comme les précédentes, panez-les au beurre, faites-les griller avec soin, et servez-les sans jus.

Côtelettes de mouton à la minute. — Coupez et parez douze côtelettes comme les précédentes ; mettez-les dans un sautoir avec du beurre fondu ; posez votre sauce sur le fourneau ; faites cuire vos côtelettes en les retournant souvent : il vous sera facile de juger si elles sont cuites, et cela quand elles commenceront à être fermes sous le doigt ; alors égouttez le beurre qui est dans le sautoir, et, en place, mettez gros comme le pouce de glace ou réduction de veau, une cuillerée à dégraisser de bouillon ou de consommé ; remuez bien vos côtelettes les unes après les autres, et en les retournant , faites en sorte qu'elles soient bien imprégnées de leur réduction ; lorsqu'elles seront bien glacées, dressez-les en cordon autour de votre plat ; versez dans votre sautoir une seconde cuillerée de consommé pour en détacher parfaitement la glace ; mettez gros comme une noix d'excellent beurre ; liez le tout en agitant ce vase, arrosez-en vos côtelettes, et servez très-chaud.

Côtelettes de mouton à la jardinière. — Préparez ces côtelettes comme celles dites à la minute ; dressez-les de même ; faites un ragoût de toutes sortes de légumes tournés, tels que de petites carottes, de petits navets et des champignons ; joignez-y des haricots et des petits pois verts, le tout cuit dans du consommé (il faut que ces haricots et ces pois soient très-verts) ; mettez dans une casserole trois ou quatre cuillerées à dégraisser d'espagnole ; jetez-y vos légumes ; faites mijoter et réduire votre ragoût, dégraissez-le, finissez-le avec un petit morceau de beurre et une pincée de sucre en poudre ; mettez ce ragoût dans le puits de vos côtelettes, et placez au-dessus un beau morceau de chou-fleur bien blanc.

Côtelettes de mouton à la Soubise. — Coupez vos côtelettes à deux côtes, le moins ; parez-les, aplatissez-les légèrement ; lardez-les de moyen lard et de jambon, autant de l'un que de l'autre ; foncez une casserole avec des parures de ces côtelettes; ajoutez-y trois ou quatre ognons, une couple de carottes, un bouquet de persil et de ciboules bien

assaisonné ; rangez vos côtelettes dessus, mouillez-les avec du consommé, de manière qu'elles y trempent presque entièrement ; couvrez-les de bardes de lard et d'un fort papier beurré par-dessus ; faites-les partir ; couvrez votre casserole ; mettez-la sur le fourneau avec feu dessous et dessus : lorsqu'elles seront cuites, égouttez-les, laissez-les refroidir ; parez-les de nouveau en égalisant la superficie des chairs et supprimant les lardons qui les outrepassent, tant de jambon que de lard ; passez le fond de votre cuisson au travers d'un tamis de soie ; faites-le réduire jusqu'à consistance de glace ; remettez vos côtelettes dans ce fond ; retournez-les pour les glacer des deux côtés ; ensuite dressez-les en cordon ; versez dans le puits une bonne purée d'ognons au blanc (*V.* PURÉE D'OGNONS, à son article); de plus faites autour de vos côtelettes une bordure de petits ognons égaux, que vous aurez fait blanchir et cuire dans du consommé : (il faut que ces ognons soient posés sur votre plat, de manière à ce que vous puissiez planter dans la queue une petite branche de persil cru).

Carrés de mouton à la servante. — Prenez deux carrés de mouton ; supprimez-en l'échine, parez-en les filets ; piquez-les comme il est indiqué aux *Carbonnades*, un de lard et l'autre de persil vert en branche ; passez un attelet au travers ; posez-les sur la broche, et faites-les cuire une demi-heure ou trois quarts d'heure, ayant soin de les arroser : leur cuisson faite, dressez-les sur le plat, les filets en dehors, et servez-les avec un jus clair dessous.

Filets mignons de mouton. — Procurez-vous les filets mignons de douze carrés de mouton ; ce qui vous fera douze filets ; parez-les, piquez-les, marquez-les tels que les carbonnades (*V.* cet article) : leur cuisson faite, glacez-les et dressez-les sur un ragoût de concombres au jus, ou sur tout autre ragoût qui vous plaira mieux.

Émincé de filets de mouton aux concombres. — Prenez la noix d'un gigot froid, cuit à la broche ; ôtez-en les peaux et la graisse ; coupez-la par tranches d'un pouce et demi carré ; émincez ces filets, et mêlez-les, sans les laisser bouillir, avec un émincé de concombres réduit et bouillant.

Hachis de mouton à la portugaise. — Si vous avez un gigot rôti de desserte, levez-en la noix et la sous-noix ; supprimez-en les nerfs, la graisse et les peaux ; hachez vos chairs très-menu ; mettez dans une casserole de l'espagnole réduite ; faites-la réduire de nouveau à demi-glace ; mettez-y vos chairs hachées ; remuez-les sur le feu sans les laisser bouillir ; mettez-y un pain de beurre et un peu de gros poivre : si votre hachis n'était 'pas assez corsé, mettez-y gros de glace comme le pouce (*réduction de veau*, etc.) ; dressez-le sur le plat auquel vous aurez fait une·bordure de croûtons frits ; arrosez-le légèrement avec une espagnole réduite, et posez dessus huit ou dix œufs pochés.

Haricot de mouton à la bourgeoise. — Coupez un carré de mouton par morceaux ; mettez dans votre casserole un morceau de beurre avec votre mouton, et faites-le revenir sur un feu vif : lorsque vos chairs auront pris une couleur dorée, égouttez-les ; ayant tourné des navets en bâtons ou en bâtonnets une quantité suffisante, passez-les dans la casserole avec votre mouton ; faites qu'ils soient d'une belle couleur et égouttez-les ; ensuite faites un roux, repassez votre mouton dans ce roux ; mouillez-le ; mettez-y du sel, du poivre, un bouquet, deux ognons dont un piqué d'un clou de gérofle, une feuille de laurier, et mettez-y vos navets : lorsque votre mouton sera aux trois quarts cuit, faites-le mijoter, dégraissez-le ; parvenu à son degré de cuisson, si la sauce est trop longue, retirez-en une partie, et faites-la réduire convenablement : cela fait, dressez votre haricot, et masquez-le de vos navets.

Poitrines de mouton. — Prenez deux poitrines de mouton ; parez-les ; coupez-en le bout du flanchet et l'os rouge de la poitrine ; ficelez-les et mettez-les cuire dans la grande marmite ou dans une braisière, où vous les assaisonnerez, afin que vos poitrines soient d'un bon goût ; elles seront cuites quand vous pourrez en ôter facilement les os des côtes : cela fait, levez-en la première peau ; parez-les de nouveau ; arrondissez-les du côté du flanchet ; panez-les en les saupoudrant de mie de pain, assaisonnée de sel et de poivre ; ensuite faites-les griller, et servez-les avec une sauce au pauvre homme.

Collets de mouton à la Sainte-Ménéhould. — Prenez deux collets entiers de mouton ; parez les bouts saigneux ; faites-les blanchir, ficelez-les et marquez-les dans une braise : si vous n'en avez pas, foncez une braisière de quelques parures de viandes de boucherie, de quelques bardes de lard, trois carottes, autant d'ognons, dont un piqué de deux clous de gérofle, deux feuilles de laurier, du thym, du basilic, deux gousses d'ail, un bouquet de persil et ciboules, et du sel en suffisante quantité ; mouillez ces collets avec du bouillon si vous en avez, sinon avec de l'eau ; couvrez-les d'un papier ; faites-les partir et cuire ensuite deux ou trois heures, avec feu dessous et dessus : leur cuisson faite, égouttez-les ; posez-les sur un

plafond ; parez-les ; couvrez-les d'une bonne Sainte-Ménéhould ; panez-les avec de la mie de pain, dans laquelle vous aurez mis un peu de parmesan râpé ; arrosez-les de nouveau ; faites-leur prendre couleur dans un four ordinaire ou sous un four de campagne ; dressez-les sur le plat, et saucez-les avec une italienne rousse.

Collets de mouton grillés. — Prenez trois collets ordinaires de mouton, c'est-à-dire que le mouton ait été partagé en deux ; ôtez-en les bouts saigneux ; faites blanchir et cuire ces collets dans la marmite, comme les poitrines de mouton : lorsqu'ils seront cuits, panez-les ; faites-les griller d'une belle couleur, et servez-les avec une sauce au pauvre homme ou une poivrade.

Queues de mouton glacées à la chicorée. — Prenez cinq queues de mouton bien grasses ; parez-les ; mettez-les dégorger dans de l'eau tiède ; faites-les blanchir et cuire dans une braise, comme les collets de mouton (article précédent) : leur cuisson faite, égouttez-les, essuyez-les et ciselez-les ; séchez-les avec une pelle que vous aurez fait rougir et que vous tiendrez à quelque distance au dessus de vos queues ; ensuite glacez-les et servez-les sur de la chicorée, des épinards, une purée d'oseille, ou tout autre ragoût qu'il vous plaira.

Queues de mouton en hochepot. — Ayez six queues de mouton ; faites-les blanchir et cuire dans une braise avec la valeur d'une demi-livre de petit lard coupé en gros dés, auxquels vous aurez laissé la couenne ; ayez des légumes tournés, tels que navets, carottes, et quelques racines de céleri, auxquels vous joindrez de petits ognons ; faites blanchir ces légumes ; séparez-les, et faites-les cuire à part avec du consommé ou du bouillon : il faut que leur mouillement tombe à glace, et avoir soin que chacun de ces légumes soit cuit à son point ; mettez dans une casserole une quantité suffisante d'espagnole réduite, et jetez-y tous vos légumes, ainsi que votre petit lard, que vous aurez retiré de la braisière ; dégraissez vos légumes ; faites réduire à courte sauce ; égouttez vos queues ; glacez-les comme ci-dessus ; dressez vos légumes dans le plat ; posez vos queues par-dessus, et si vous n'avez point de glace, masquez lesdites queues avec le ragoût.

Queues de mouton au soleil. — Ayez six queues de mouton cuites dans une braise ; faites une sauce marinade ; laissez refroidir et les queues et la sauce ; ensuite garnissez-en les queues ; ayez soin de leur conserver leur forme ; roulez-les dans de la mie de pain ; faites une petite omelette assaisonnée de sel ; trempez-y vos queues, et panez-les ; faites-les frire d'une belle couleur ; dressez-les sur un buisson de persil frit, le gros bout en bas et la pointe en haut ; de là servez-les.

Terrines de queues de mouton. — Braisez six queues de mouton ; joignez une livre de petit lard de poitrine ; ayez six ou huit ailerons de dindon ; échaudez-les ; désossez-les à moitié, flambez-les, épluchez-les et *poêlez*-les ; ensuite prenez un cent de marrons, desquels vous ôterez la première peau ; mettez-les dans une casserole avec gros de beurre comme un œuf ; sautez-les sur le feu jusqu'à ce qu'ils quittent leur seconde peau : supprimez-la ; après mettez-les dans une casserole avec du consommé pour les faire cuire ; lorsqu'ils le seront, prenez tous ceux qui seront défectueux, et pelez-les : vos queues de mouton étant cuites, passez au tamis de soie une partie du fond de leur braise, dont vous vous servirez pour mouiller votre purée de marrons, en la passant à l'étamine comme une autre purée : lorsqu'elle le sera, faites-la réduire, en y ajoutant une bonne cuillerée d'espagnole ; dégraissez-la ; égouttez vos queues ainsi que vos ailerons ; dressez-les dans la terrine avec votre petit lard coupé en gros dés, ainsi que vos marrons entiers ; finissez votre purée avec un pain de beurre ; goûtez si elle est d'un bon goût, versez dans votre terrine, et servez avec sécurité.

Vous pouvez employer, selon la saison, une purée de lentilles à la reine, de pois, ou tout autre farineux, en place de celle de marrons.

Rognons de mouton à la brochette. — Ayez douze rognons de mouton ; fendez-les légèrement à l'opposé du nerf ; ôtez-en les pellicules qui les enveloppent ; achevez de les fendre sans les séparer ; passez au travers, de quatre en quatre, une brochette de bois, en sorte qu'ils ne puissent se *refermer* ; faites-les griller en ayant soin de les retourner à propos : quand ils seront cuits, retirez-en ces brochettes, et dressez-les sur le plat ; mettez dans chaque gros comme la moitié d'une noix de maître-d'hôtel froide ; faites chauffer votre plat ; exprimez sur ces rognons le jus d'un citron, et servez très-chaud.

Rognons de mouton au vin de Champagne. — Prenez quinze rognons ; supprimez comme ci-dessus la pellicule ; émincez-les ; mettez dans une casserole gros de beurre comme un œuf avec vos rognons ; faites-les aller à grand feu : lorsqu'ils seront raidis, égouttez-les et mettez-les dans une sauce à l'italienne, dans laquelle vous aurez versé un demi-verre de vin de Champagne, et que vous aurez fait réduire presque à consistance de glace ; achevez de les faire cuire, en les remuant dans cette sauce et sans les laisser bouillir. Vous pouvez servir ce plat pour hors-d'œuvre et comme entrée.

Animelles de bélier. — Ayez deux paires d'animelles ; supprimez-en les peaux ; coupez-les en filets de la largeur du petit doigt, en ne leur donnant que la moitié de l'épaisseur ; marinez-les dans du citron, sel, poivre, quelques branches de persil et quelques ciboules ; égouttez-les quand vous voudrez vous en servir ; farinez-les ; faites-les frire de manière à ce qu'elles soient croquantes, et servez-les avec ou sans persil frit (*V.* ci-dessus page 31).

Amourettes ou moelle allongée du mouton. — Procédez, au sujet de ces amourettes, comme pour celles de veau et d'agneau.

Cervelles de mouton (*V.* à nos articles ABATTIS et CERVELLES ce que nous avons dit relativement aux inconvénients d'employer les cervelles de mouton).

Langues de mouton en papillotes. — Ayez douze de ces langues ; nettoyez-les ; faites-les dégorger et ensuite blanchir près d'un quart-d'heure ; rafraîchissez-les ; égouttez-les ; ôtez toutes les peaux qui les enveloppent : cela fait, marquez ces langues dans une casserole foncée de bardes de lard, ognons, carottes, un bouquet de persil et ciboules, une gousse d'ail et une feuille de laurier ; mouillez-les avec du bouillon ; faites-les cuire environ trois heures ; laissez-les refroidir dans leur cuisson ; ensuite retirez-les sur un plat, et faites autant de cornets de papier que vous devez employer de langues ; hachez plein les deux mains de parures de champignons, du persil et des ciboules, à peu près la moitié du volume de ces champignons ; mettez le tout dans une casserole avec une demi-livre de beurre, du sel, du poivre, une pincée d'épices fines et un quarteron de lard râpé ; passez ces fines herbes ; faites-les aller à petit feu ; remuez-les pour qu'elles ne s'attachent point : quand elles seront presque cuites, mettez-y deux cuillerées à dégraisser d'espagnole ou de blond de veau ; faites mijoter le tout ; liez-le avec trois jaunes d'œufs, et versez cette sauce sur vos langues ; laissez-les refroidir ; après mettez-en une dans chaque cornet, duquel vous aurez soin de beurrer le dehors ; remplissez ces cornets de fines herbes ; fermez-les de manière qu'elles n'en puissent sortir, et mettez-les griller sur un feu doux ; ayez soin de les retourner et de leur faire prendre une belle couleur.

Langues de mouton au gratin. — Prenez et faites cuire dans une braise, comme ci-dessus, des langues de mouton ; laissez-les refroidir ainsi, pour qu'elles prennent du goût ; prenez de la farce cuite ; garnissez de gratin le fond d'un plat ; ouvrez les langues en deux, sans les séparer, afin qu'elles forment chacune un cœur, et posez-les sur ce plat garni; couvrez-les de ce gratin ou farce, en leur laissant .eurs formes; garnissez-les de gratin tout autour; unissez-les, panez-les, arrosez-les légèrement de beurre fondu; ayez des bouchons de pain que vous tremperez dans ce beurre, et faites-en une ceinture au bord du plat, afin que votre gratin conserve sa forme; mettez-le cuire dans un grand four ou sous un four de campagne, avec feu dessous et dessus, pour le faire gratiner; ayez soin qu'il ne brûle pas et qu'il prenne une belle couleur; au·moment de servir, ôtez les bouchons de pain et mettez-en d'autres passés dans du beurre et qui soient d'une belle couleur, et saucez d'une bonne italienne rousse réduite.

Langues de mouton à la bretonne. — Faites cuire huit langues de mouton, comme celles dites braisées; laissez-les refroidir de même dans leur assaisonnement; prenez quinze gros ognons, coupez-les en deux, supprimez-en la pointe et le petit cœur; coupez-les en rouelles bien égales; après mettez-les dans une casserole avec environ un quarteron de beurre; passez-les sur un bon feu; lorsqu'ils commenceront à roussir, mettez un peu de farine que vous faites roussir avec vos ognons; et quand ils seront bien jaunes, mouillez-les avec de l'espagnole, du consommé ou du bouillon; s'il vous manquait d'espagnole, farinez un peu plus vos ognons; assaisonnez-les de sel, de poivre et d'un peu d'épices fines; faites-les cuire et réduire jusqu'à consistance d'une forte bouillie, et laissez-les refroidir; de là, ayez des toilettes ou crépines de cochon, mettez-les tremper dans l'eau; coupez vos langues en deux; supprimez-en la pointe; coupez vos crépines par morceaux comme vos langues; mettez dessus une cuillerée de sauce bretonne; posez dessus chacune de vos langues, recouvrez-la de bretonne, enveloppez-la avec sa crépine, en sorte que la bretonne ne puisse s'échapper; donnez à ces langues, ainsi préparées, la forme d'une grosse saucisse plate; mettez-les sur le gril et sur le feu un quart-d'heure avant de servir; retournez-les, afin qu'elles aient une belle couleur.

Langues de mouton au parmesan. — Faites cuire vos langues dans une braise, que vous salerez peu; laissez-les refroidir dans cette braise; après fendez-les en deux comme celles dites au gratin; mettez dans le fond du plat où vous devez les servir de l'espagnole ou du velouté; saupoudrez le dessus de parmesan râpé, à peu près l'épaisseur d'un écu; arrangez vos langues sur ce parmesan; arrosez-les de votre espagnole ou velouté; couvrez-les de parmesan, joint à de la mie de pain, à peu près la quantité saupoudrée sur le fond du plat dont il est parlé plus haut : arrosez-les d'un peu de beurre, mettez-les au four ou sous un four de campagne, avec feu dessus et dessous; faites-leur prendre une belle couleur, et servez très-chaud.

Langues de mouton à la matelote. — Ayez des langues; préparez-les et braisez-les, comme il est dit aux articles précédents; quand elles seront bien cuites, égouttez-les; masquez-les d'une sauce matelote, et servez (*V*. MATELOTE, à son article).

Pieds de mouton à la poulette. — Ayez une ou deux bottes de pieds de mouton, comme ils se vendent chez la tripière; prenez-les l'un après l'autre, supprimez-en le bout des ergots, fendez le pied jusqu'à la jointure de l'os, ôtez-en l'*entre-fourchon*, où il se trouve une petite pelote de laine, appelée vulgairement le ver; parez le haut du pied, flambez-le, épluchez-le, supprimez-en le gros os; ensuite faites blanchir ces pieds; essuyez-les avec un linge blanc; mettez-les dans une braisière; mouillez-les avec du blanc (*V*. BLANC, à son article); laissez-les cuire cinq ou six heures, égouttez-les; mettez-les dans une casserole avec une cuillère à pot de velouté, et davantage, s'il le faut; faites-les mijoter; assaisonnez-les de sel, de gros poivre, d'une pincée de persil haché et blanchi; à l'instant de les servir, liez-les avec trois jaunes d'œufs environ; finissez-les avec un filet de verjus, de vinaigre ou d'un jus de citron.

Si vous n'avez pas de velouté, faites un petit roux blanc; délayez-le avec du bouillon dans lequel vous mettrez un bouquet de persil et de ciboules, deux ognons, deux clous de gérofle, une gousse d'ail, une feuille de laurier et quelques parures de champignons; faites cuire cette sauce en la tournant près de trois quarts d'heure : sa cuisson faite, ôtez-en les ognons; posez sur une casserole une étamine, versez-y votre sauce et tordez cette étamine; faites cuire et réduire cette sauce, jetez-y vos pieds de mouton, et finissez-les comme ci-dessus, excepté qu'il faut, en les liant, y mettre un morceau de beurre.

Pieds de mouton à la sauce Robert. — Préparez ces pieds comme ceux dits pieds de mouton à la poulette : leur cuisson achevée, mettez-les dans une sauce Robert (*V*. SAUCE ROBERT, à son article); faites-les mijoter, assaisonnez-les, finissez-les avec un peu de moutarde; qu'ils soient d'un bon goût, et servez.

Pieds de mouton à la ravigote. — Préparez ces pieds de mouton comme ceux énoncés ci-dessus ; faites-les cuire dans un blanc ; sautez-les dans une ravigote froide (*V*. RAVIGOTE FROIDE, à son article) ; dressez-les, et servez.

Émincé de mouton à la chicorée. — Coupez les chairs d'un gigot rôti la veille en tranches fort minces ; faites-les réchauffer sans bouillir dans un ragoût de chicorée à la crème ou au jus, et dressez la viande en buisson. Masquez par le ragoût de légumes ; garnissez le plat avec des croûtons sautés au beurre.

On peut accommoder des émincés aux ognons roux, aux concombres, aux laitues, à la purée de pommes de terre, de navets, de marrons, lentilles, etc.

Hachis de mouton à la bourgeoise. — Prenez des reliefs d'un gigot de mouton cuit à la broche et refroidi ; choisissez-en les parties non fibreuses, et faites-les hacher à tour de bras. Mêlez-y des fines herbes hachées avec une pointe d'ail et quelque peu d'épices fines. Faites chauffer sans bouillir, dans une cuillerée *à pot*, de bon consommé. Dressez le ragoût sans qu'il bouille (surtout), et garnissez-le d'œufs frais pochés à l'eau, ainsi que de croûtons bien frits.

Hachis de mouton à la mousquetaire. — La viande étant hachée comme il est dit ci-dessus, hachez des champignons et faites-les sauter dans le beurre jusqu'à ce que le beurre tourne en huile ; ajoutez alors quelques cuillerées de consommé, autant de sauce espagnole, et faites réduire le tout à moitié. Versez cette sauce sur votre viande ; mêlez le tout, et dressez-le avec des croûtons à l'entour. A défaut de sauce espagnole, jetez un peu de farine sur vos champignons, mouillez avec du bouillon ; ajoutez sel, poivre, laurier, et faites réduire.

MULET, poisson qui séjourne dans les étangs maritimes, et qui remonte les rivières (*V*. SURMULET).

MURES, fruits du mûrier : il y en a deux variétés principales, les blanches et les noires : on ne mange que ces dernières. On doit choisir les mûres lorsqu'elles ont atteint leur maturité complète, ce qu'on reconnaît lorsqu'elles sont d'un pourpre tout-à-fait noir ; lorsqu'elles sont encore rouges, en tout ou en partie, leur suc est d'une acidité très-forte mêlée d'un peu d'astringence : dans cet état, elles ne conviennent que pour faire le sirop de mûres.

Mûres confites au liquide. — Prenez-les grosses et bien nourries. Faites cuire du sucre au perlé, trois livres pour quatre de fruit, ou trois quarterons de sucre pour livre de fruit. Coulez-y les mûres, et leur faites prendre un bouillon couvert, en remuant doucement la poêle, pour qu'elles ne se *défassent* point. Tirez-les ensuite du feu ; laissez-les reposer, et les écumez bien. Au bout de deux heures, remettez-les sur le feu, et les faites recuire jusqu'à ce que le sucre soit conduit au lissé.

Mûres confites au sec. — Il faut les prendre un peu vertes, et leur faire faire un bouillon couvert dans le sucre cuit au soufflé ; il faut ensuite les ôter du feu, les écumer, et leur laisser prendre sucre pendant vingt-quatre heures. Tirez-les ensuite et faites égoutter sur le tamis. Dressez-les sur des ardoises ; saupoudrez-les de sucre fin ; et étant sèches d'un côté, finissez-les de l'autre, et serrez-les pour vous en servir au besoin. Pour cette seconde manière de confire les mûres, il faut livre de sucre pour livre de fruit.

Sirop de mûres. — Choisissez-les bien mûres ; faites-les fondre sur un feu doux ; passez-les au tamis, pour en bien exprimer le jus. Ce jus étant tiré, clarifiez-le en le passant à la chausse ; ensuite mettez-le dans du sucre cuit au cassé, deux livres par chopine de jus, et le tenez à l'étuve à une chaleur douce jusqu'à ce qu'il vienne au perlé. Laissez refroidir pour le mettre en bouteilles.

Ratafiat de mûres. — Égrenez une demi-livre de groseilles rouges ; écrasez-les, avec trois livres de mûres, une demi-livre de framboises ; mettez le jus de ces fruits avec un demi-gros de macis ; infusez dans huit pintes d'eau-de-vie pendant quinze à dix-huit jours ; alors faites fondre trois livres et demie de sucre dans une pinte d'eau de rivière ; décantez cette liqueur, et mêlez-y l'eau-de-vie ; filtrez et mettez en bouteilles.

MUSCADE, fruit ou plutôt semence d'un arbre des Indes appelé muscadier. Ce que nous appelons *noix muscade* est une substance contenue dans une coque ligneuse, laquelle est recouverte d'une enveloppe sèche et adhérente à qui l'on a donné le nom de *macis*. Quant à l'emploi de la muscade et de son *brou* (*V*. AROMATES EXOTIQUES).

MUSCAT, espèce de raisin dont la pellicule et le suc ont un arôme analogue à celui du musc ou de l'ambre gris. Les meilleures espèces de muscats sont ceux de la Provence et du Languedoc, c'est-à-dire, de Frontignan, de Rivesaltes, de Lunel et de la Ciotat. Il croît dans les jardins et dans les vignes, où on en cultive plusieurs variétés.

Le muscat blanc de *Frontignan* a la grappe grosse et pressée de grains. Il est excellent à manger et pour faire des confitures ; on en fait des vins exquis dans les pays chauds, et de plus on tire un grand parti du muscat, en le faisant sécher au four et au soleil.

Il y a une espèce de muscat *blanc de Piémont*, dont la grappe est beaucoup plus longue, et dont le parenchyme est le plus onctueux. Le muscat de l'espèce appelée de *Rivesaltes* a les grains plus fins ; son suc est doux, agréable, et des plus ambrés. Le *muscat rouge*, dit de *Lunel*, a le grain plus ferme que le précédent. Le *muscat noir* de *Provence* est d'un plus gros volume ; il est d'un goût moins relevé, mais c'est celui qu'on cultive le plus, parce qu'il charge beaucoup, et qu'il est assez précoce. Le *muscat violet* est un fruit de la meilleure nature, et l'on croit qu'il est originaire des Canaries. Le *muscat-long* ou *passe-musqué* d'Italie est excellent pour confire, ainsi que pour manger à la main ; nous avons encore le *muscat long et vert* ; il est très-rare ; et finalement, le *muscat de Jésus-Marie,* dont les grains ont le même volume qu'une aveline : celui-ci parvient rarement à maturité dans les environs de Paris.

Le nom de muscat se donne encore à plusieurs sortes de poires. Le *petit muscat* est une sorte de poire qui vient sur la fin de juin ; elle est d'une grande bonté, si on lui donne le temps de mûrir. Le *muscat fleuri*, ou autrement muscat à longue queue d'automne, est une excellente poire ronde, roussâtre, médiocre en grosseur ; sa chair est tendre, d'un goût fin et relevé. Le *muscat-Robert* fournit presque au temps du bon-chrétien ; on l'appelle autrement *poire à la reine*. Elle commence à mûrir vers la mi-juillet ; c'est une poire très-bien faite, qui a la chair assez tendre et fort sucrée. Elle est à peu près de la même grosseur que le rousselet.

Compote de raisin muscat. — Otez-en les pepins avec le bec d'une plume ; enlevez légèrement les peaux du fruit, et faites-lui prendre seulement deux bouillons dans un sirop que vous aurez fait cuire à la grande-plume.

Si c'est du muscat rouge ou violet, vous mettrez dans le sirop une demi-cuillerée de teinture de cochenille, afin de lui donner une couleur analogue à celle du fruit. Si vous avez choisi du muscat vert, vous emploierez du suc d'épinards cuit et blanchi, afin de colorer la composition d'une couleur vert tendre.

Muscat confit à l'eau-de-vie. — Prenez du raisin sec de Damas ; faites-le tremper huit jours à l'eau-de-vie ; au bout de ce temps, mettez de cette eau-de-vie trois quarts sur un quart de sirop ordinaire ; passez ce mélange à la chausse, et le mettez sur votre raisin.

Muscat confit au liquide. — Prenez du muscat bien nourri, encore un peu vert ; ôtez-en la peau et les pepins ; faites-le reverdir à l'eau, mise seulement sur la cendre chaude ; au bout d'une heure, passez-le au sucre cuit à la plume ; faites bouillir à grand feu un demi-quart d'heure, et le sirop étant fait, laissez refroidir, en le versant dans une terrine, et puis mettez-le dans les *tasses de verre*, où vous devez le conserver.

Muscat confit au sec, en grappes. — Faites cuire du sucre à la grande plume ; rangez-y votre fruit ; faites-lui prendre ensuite quelques bouillons couverts ; écumez-le bien ; et votre sucre étant venu au perlé, tirez le fruit ; faites-le égoutter ; dressez sur des feuilles d'office, et faites sécher à l'étuve.

Muscat (conserve de). — Écrasez ce raisin ; passez-en le jus au tamis ; faites-le dessécher, et le délayez avec du sucre cuit à la grande plume. Il faut une livre de sucre pour une livre de fruit.

Gelée de raisin muscat. — Exprimez-en le jus ; passez-le au tamis, et le coulez dans du sucre cuit au cassé ; faites-lui faire quelques bouillons. Quand votre gelée tombera en nappes de l'écumoire, elle sera faite. Il faut une livre de sucre pour une chopine de jus.

Glace au raisin muscat (*V.* GLACES et SORBETS).

Ratafia de muscat. — Prenez de ce raisin, qui soit bien mûr ; écrasez-le, et pressez-en le jus dans un linge fort et bien net ; passez ce jus à la chausse, et mettez-y fondre du sucre ; mettez-y autant d'eau-de-vie que de jus de fruit, un quarteron de sucre par pinte de ce jus ; et pour l'assaisonner, un peu d'esprit de macis et de muscade distillé. Laissez infuser ce mélange long-temps avant de le clarifier tout-à-fait (pour lui donner plus de parfum, on peut y mettre un grain d'ambre).

Vins muscats (*V.* VINS DE LIQUEURS).

N.

NAVET. Les trois meilleures espèces de navets qu'on puisse cultiver, sont celles de Crécy, de Belle-Isle-en-mer et de Meaux; mais c'est le navet de Fréneuse et celui de Vaugirard qui fournissent le plus à la consommation de Paris. Il y a beaucoup de variétés entre ces espèces, tant pour la forme que pour la saveur; il faut toujours les choisir cassants et tendres, ainsi que d'une chair serrée sans être pâteuse ou par filament ligneux.

Navets glacés au jus. — Choisissez douze ou quinze navets égaux, et propres à former des *poires;* faites-les blanchir; égouttez-les, et beurrez le fond d'une casserole qui puisse les contenir les uns à côté des autres; arrangez-y ces navets, et mouillez-les d'excellent bouillon; mettez-y un peu de sucre en poudre, un grain de sel et un peu de cannelle en bois; faites-les *partir,* couvrez-les d'un rond de papier beurré; posez-les sur le bord du fourneau, avec du feu dessous; mettez sur votre casserole son couvercle, avec du feu dessus; leur cuisson achevée, découvrez-les et faites-les tomber à glace; dressez-les sur votre plat, et versez un peu de bon bouillon dans votre casserole pour en détacher la glace; retirez-en la cannelle, et *saucez* vos navets de cette glace, comme si c'était une compote; vous pouvez leur donner telle forme que vous voudrez, tels que des losanges, des quadrilles, des poires, des pommes, etc.

Navets à la d'Esclignac. — Ayez des navets longs de quatre ou cinq pouces; coupez-en les deux bouts; fendez-les en deux, et tournez chaque moitié pour lui donner la forme d'une carde; faites sur la partie demi-ronde, avec le taillant du couteau, de petites rainures, telles qu'il en est à ces dernières; faites-les blanchir comme il est dit ci-dessus; mettez-les dans une casserole comme les précédents; assaisonnez-les et faites-les cuire de la même manière, excepté que vous n'y mettrez pas de cannelle; leur cuisson finie, mettez dans votre casserole un peu d'espagnole pour en détacher la glace; joignez-y un peu de beurre, et *saucez*-en vos navets.

Navets à la picarde. — Tournez des navets dans la forme que vous le voudrez; mettez-les dans une marmite avec de l'eau, des ognons, du sel et un morceau de beurre; faites-les cuire; égouttez-les; faites une bonne sauce blanche assez bien liée de farine de manioc ou de tapioca; mettez-y une pincée de muscade râpée, ainsi qu'une demi-cuillerée de fine moutarde, et faites-y prendre sauce à vos navets.

Ragoût de navets (pour litière ou garniture). — Après avoir coupé régulièrement et proprement des navets, faites-leur faire un bouillon dans de l'eau; mettez-les cuire ensuite avec du bouillon, du coulis et un bouquet de fines herbes. Quand ils sont cuits et assaisonnés de bon goût, dégraissez votre ragoût.

On sert assez souvent des navets avec des viandes cuites à la braise; mais une façon plus simple est celle-ci : quand la viande est à moitié cuite, on y met les navets pour faire cuire le tout ensemble, et quand on a bien assaisonné le ragoût, on le dégraisse avant de servir.

Navets en ragoût-vierge. — Tournez trente ou quarante navets en boule de la même grosseur; faites-les blanchir dans de l'eau bouillante et légèrement salée; après les avoir rafraîchis, vous les ferez cuire dans un consommé de volailles, avec de la moelle et du sucre, ensuite de quoi vous y joindrez un peu de beurre très-frais, et vous achèverez ce ragoût en le liant avec des jaunes d'œufs au bain-marie.

Purée de navets (pour garnir des potages). — Mettez un quarteron de beurre dans une casserole avec une douzaine de gros navets coupés en morceaux; placez votre appareil sur un feu très-vif, en ayant soin de le manipuler fréquemment; lorsque les navets commencent à se fondre, vous y mettrez du blond de veau; vous ferez réduire le tout à consistance de purée; vous passerez à l'étamine, et vous vous en servirez d'après l'indication.

Bouillon pectoral aux navets. — Faites bouillir deux livres de jarret avec trois livres de mou de veau, dans quatre setiers d'eau de pluie bien filtrée; joignez-y une demi-once d'amandes douces concassées, et laissez réduire à moitié. Pendant ce temps-là, vous aurez fait cuire vingt-quatre navets dans des cendres rouges, après les avoir enveloppés dans des triples feuilles de papier d'office, et, lorsque les navets auront formé leur sirop, vous les ôterez de leurs enveloppes, afin de les mettre dans le bouillon où vous les laisserez se consommer jusqu'à réduction d'un quart; joignez-y pour lors deux gros de sucre candi, et trois gros de gomme arabique en poudre ; mélangez le tout jusqu'à solution parfaite, et maintenez ce bouillon tiède au bain-marie, pour être administré par tasses, ou bien à cuillerées, suivant les cas et la prescription.

NÈFLE, fruit du néflier de la famille naturelle des cormes. La meilleure espèce de nèfle est celle qu'on appelle de St-Lucas, parce qu'on doit la cueillir à la St-Luc. C'est un fruit qu'on ne saurait manger que lorsqu'il a *bletti* sur la paille. On lui accorde assez généralement plusieurs qualités astringentes et dessiccatives ; on en fait quelquefois des compotes, et voici la manière de procéder à cette ancienne préparation : — On ôte la couronne et les ailes des nèfles ; on a fait fondre du beurre frais à la poêle, et, lorsqu'il est plus que roux, on y met les fruits qu'on y laisse bouillir suffisamment ; lorsqu'elles sont bien cuites, on y joint un demi-setier de vieux vin rouge, et l'on fait consommer le tout, jusqu'à ce qu'il parvienne à consistance de sirop. On retire les nèfles, et, lorsqu'on les a dressées dans un compotier, on les serre poudrées de sucre blanc, qu'on a fait passer au tamis de soie.

NÉROLI. C'est l'huile essentielle des fleurs de l'oranger ; on l'emploie dans la fabrication des dragées et dans la préparation des liqueurs fines. Le meilleur néroli est celui qui se fabrique à Rome.

NITRE. Nitre et salpêtre sont les deux noms d'une même substance ; cependant le mot nitre s'applique particulièrement au sel purifié, tandis que le salpêtre est toujours mélangé de sel marin. Le nitre a la propriété de rougir les viandes salées, et c'est la raison pour laquelle il est bon de l'employer dans la salaison des noix de bœuf, des langues fumées et des jambons (*V.* CHARCUTERIE, BŒUF, etc.).

NIVERNAISE, sorte de ragoût qu'on emploie pour faire des garnitures, et qui consiste à faire cuire dans du consommé des morceaux de carottes tournées en forme d'olives, jusqu'à ce que ce mouillement ait acquis la consistance d'un sirop.

NIVETTE, nom d'une sorte de pêche qui succède immédiatement à la pêche *admirable*. La chair en est peu consistante, et bien qu'elle ait une saveur parfaite, les officiers sont d'avis qu'elle ne réussit pas très-bien à la cuisson.

NOISETTE, fruit du coudrier que l'on cueille en automne, et dont il existe trois variétés, dont la meilleure est l'aveline rouge (*V.* pages 30, 179, 183, 191, 212, 225, 267, 302).

NOIX. Lorsque les semences du noyer sont desséchées, elles ne sauraient être employées pour la cuisine ; mais, lorsqu'on veut en servir au dessert, il est possible de remédier à leur dessiccation en les faisant tremper dans du lait tiède où l'on a soin de les laisser refroidir.

On apprête les noix vertes (à qui l'on donne le nom de cerneaux) avec du sel, du verjus et du poivre noir en poudre. C'est un aliment assez digestible autant par l'énergie de son assaisonnement que parce que l'huile de noix s'y trouve encore à l'état d'émulsion.

Les noix fraîches et confites au sucre sont un excellent stomachique : on attribue la même propriété aux noix vertes confites à l'eau-de-vie, ainsi qu'au ratafia nommé brou de noix (*V.* BROU, CERNEAUX, CONFITURES, CRÈME BAVAROISE et CROQUEMBOUCHE).

NOIX MUSCADE (*V.* AROMATES EXOTIQUES).

NOMPAREILLE. On nomme ainsi de petites dragées de la grosseur d'une tête d'épingle. On en couvre certaines pièces de pâtisserie fine. On fait des nompareilles de toutes les couleurs. Il est bon de s'informer, quand on achète des nompareilles colorées, de quelles substances on s'est servi pour les teindre. Cet avis est motivé sur ce que, dans plusieurs ouvrages où l'on traite des préparations de l'art du confiseur, on trouve quelques recettes de couleurs qui ne sont pas sans danger. Pour les emplois qu'on fait de la nompareille (*V.* DRAGÉES, PASTILLES, etc.).

NOUGAT. Le nougat blanc dit de Marseille est un composé de filets d'amandes douces et de pistaches mondées qu'on a fait cuire avec du miel de Narbonne, et à qui l'ébullition continue fait acquérir une consistance assez ferme pour approcher de la compacité. Le nougat blanc se coupe en tranches et se mange au dessert.

Le nougat brun qu'on sert à l'entremets doit s'opérer de la manière suivante. — Mondez, lavez et faites égoutter sur un linge blanc une livre d'amandes douces ; coupez chacune de ces amandes en cinq filets que vous ferez jaunir à un four très-doux ; faites fondre sur un fourneau dans un poêlon d'office trois quarterons de sucre pulvérisé ; quand il sera bien fondu, jetez-y vos amandes chaudes et mêlez bien le tout, après avoir retiré votre poêlon du feu ; mettez vos amandes dans un moule essuyé et huilé ; montez-les autour du moule à l'aide d'un citron que vous appuierez sur vos amandes ; montez-le le plus mince possible ; démoulez-le ; dressez-le et servez. On peut donner à son nougat la forme de plusieurs édifices, tels que temples, palais, maisonnettes rustiques, etc.

NOUILLES. Ces pâtes, connues en Allemagne sous le nom de nufdels, et importées en France sous celui de nouilles, sont une espèce de vermicelle extrêmement délié, dont on garnit quelquefois des vol-au-vent, et qui, plus souvent encore, se servent sous une volaille bouillie avec une sauce à la poulette et sans autre garniture.

Prenez un demi-litron de farine; ajoutez-y quatre ou cinq jaunes d'œufs, un peu de sel et très-peu d'eau; faites du tout une pâte bien mêlée et un peu ferme; étendez-la avec un rouleau jusqu'à l'épaisseur d'une ligne au plus; coupez-la en filets ou en losanges, que vous saupoudrerez de farine pour que les morceaux ne s'attachent pas les uns contre les autres; jetez cette pâte dans du bouillon bouillant; laissez cuire pendant un bon quart d'heure; on colore avec une cuillerée de jus ou un peu de caramel.

On peut employer des œufs entiers : la pâte est alors moins sujette à se dissoudre en bouillant.

Potage aux nouilles à l'allemande. —

Délayez un demi-litron de farine avec trois jaunes d'œufs et deux œufs entiers; ajoutez du sel et assez de bouillon pour que la pâte soit liquide et puisse passer à travers une écumoire qui doit être creuse comme une cuillère; assaisonnez avec un peu de muscade et de gros poivre : versez cette pâte, à travers une écumoire, dans du bouillon bouillant; que le feu soit vif, pour que l'ébullition ne se ralentisse pas, car alors la pâte ne prendrait pas, elle se dissoudrait, et l'on n'obtiendrait qu'une bouillie. Servez pour potage.

Pour apprêter des nouilles à la *maître-d'hôtel*, au *parmesan*, au *coulis de jambon*, au *jus maigre*, etc., faites-les cuire comme il est indiqué précédemment, mettez-les ensuite dans une casserole où vous les sauterez avec la sauce ou la préparation ci-dessus indiquée.

Timbale de nouilles (*V.* MACARONI, TIMBALE, etc.).

NOYAU, partie charnue, solide et aromatique de certains fruits, qui renferme leur semence, laquelle est ordinairement une amande. Relativement à l'emploi des noyaux (*V.* CONSERVES, LIQUEURS et RATAFIAS).

O.

OEUFS. Nous avons déjà conseillé de faire sa provision d'œufs entre les deux Notre-Dame, c'est-à-dire entre le 15 août et la mi-septembre : nous dirons seulement ici que la meilleure manière de les conserver est de les encaisser avec des cendres de bois neuf auquel on a mêlé du sarment de genévrier, de laurier ou d'autres bois aromatiques, et nous ajouterons qu'il est bon de mélanger avec la cendre en question du sable très-sec et très-fin.

On sait que le blanc d'œuf est de l'albumine pure. Il doit être considéré, 1° à l'état liquide et visqueux, lorsqu'il n'a éprouvé ni l'action du feu, ni celle de l'air; 2° à l'état laiteux qu'il prend par le contact d'une chaleur modérée; 3° à l'état de coagulation entière, auquel il passe lorsque l'action de la chaleur a été plus forte ou plus soutenue.

Le blanc d'œuf liquide pourrait être nuisible par sa viscosité; mais, ce qu'il y a de certain, c'est qu'il est nutritif, et que, lorsqu'il est étendu d'eau, il peut servir de boisson lénitive. Quelques

médecins l'ordonnent ainsi comme adoucissant dans les maladies aiguës inflammatoires.

Dans le second état, où le blanc d'œuf présente l'aspect du lait, il est plus soluble et plus facile à digérer que dans les deux autres. On remarque que le blanc d'œuf ne prend uniformément cet état laiteux que dans les œufs bien frais et lorsqu'on fait cuire dans leur coque.

Le blanc d'œuf durci a une qualité remarquable, en ce qu'il est susceptible de prendre aisément le goût et l'odeur hépatiques, et d'autant plus fortement qu'il est plus cuit et qu'il est moins frais. Il en résulte nécessairement une grande différence entre les qualités alimentaires ou l'effet diététique des œufs frais et celui des œufs conservés.

Le jaune d'œuf est une matière émulsive dans laquelle l'albumine est unie à une huile grasse animale et à une substance de couleur jaune. Si on l'étend dans l'eau, il blanchit et il approche, pour le goût et la couleur, des émulsions ordinaires. Il est susceptible de dissoudre le corps

22

albumineux qui l'environne, ainsi qu'il arrive toujours lorsqu'on bat ensemble le jaune et le blanc.

On pourrait distinguer dans le jaune d'œuf les trois états que nous avons indiqués pour le blanc ; et c'est principalement au jaune d'œuf qu'il faut attribuer la propriété observée par Hippocrate, de fournir beaucoup de nourriture sous un petit volume. Au reste, quand on mange le blanc avec le jaune, la coagulation qu'éprouve ce mélange est bien moins compacte, et forme un tout beaucoup moins solide et moins dur que la coagulation du blanc d'œuf pur ; c'est ce qui doit être observé dans la préparation qu'on appelle *omelette*.

Les œufs bien frais et cuits à leur point sont un aliment qui nourrit beaucoup et qui fortifie ; mais ils ne devraient pas être classés parmi les substances légères, et les médecins étrangers s'étonnent toujours de ce que nous en permettons l'usage aux convalescents.

A l'égard des œufs conservés, dont on se sert pour les usages ordinaires de la cuisine, ils sont sujets à plus d'inconvénient que les œufs frais, à raison de leur propension à donner lieu au dégagement du gaz hydrogène sulfuré ; et, quant aux œufs qui commencent à s'altérer, il n'est pas d'aliments plus détestables.

(*Afin de justifier ce que nous avons dit, dans notre avant-propos, sur l'inutilité et sur l'impertinence de certains livres de cuisine, il nous suffira de copier mot à mot la formule suivante, ainsi qu'elle est imprimée dans le* Cuisinier impérial, *page 379, et dans le* Cuisinier royal, *page 494, éditions de Paris*, 1808 *et* 1837. *Il ne s'agit que d'assaisonner un plat d'œufs au jus pour entremets.*)

« *Mettez douze canards à la broche ; quand ils seront cuits vert, c'est-à-dire presque cuits, vous les retirerez de la broche ; vous ciselez les filets jusqu'aux os ; vous prenez le jus, et vous l'assaisonnez de sel et de gros poivre ; vous ne le faites pas bouillir, et vous le versez sous quinze œufs pochés.* »

Œufs à la coque. — Faites bouillir de l'eau dans une casserole ; mettez-y les œufs frais aussitôt qu'elle bout ; retirez-la du feu et couvrez-la : au bout de quatre minutes, les œufs sont cuits : il faut qu'il y ait assez d'eau pour que les œufs soient complètement baignés dans leur mouillement.

Autrement, mettez les œufs à l'eau bouillante et continuez à faire bouillir pendant trois minutes ; les œufs seront *en lait* : si vous les voulez un peu plus cuits, laissez-les trois minutes et demie : après quatre minutes d'ébullition, ils seront mollets ; on peut alors en enlever la coque, afin de les servir sur une farce d'oseille ou avec des purées, au lieu d'œufs pochés.

Œufs pochés. — Faites bouillir de l'eau dans une casserole avec du sel et un peu de vinaigre ; quand elle bout, ralentissez un peu le feu en entretenant toujours l'eau en ébullition ; cassez les œufs sur la casserole, et versez-les doucement sans rompre le jaune ; mettez-en à la fois trois ou quatre, selon la grandeur de la casserole ; quand ils seront pris et qu'ils vous paraîtront assez consistants, enlevez-les avec une écumoire, et parez-les en enlevant la portion de blanc qui peut s'être étalée.

Il n'y a que des œufs très-frais qui puissent se pocher aisément.

On sert les œufs pochés avec du jus au fond de leur plat. On les sert aussi avec des purées, sur des hachis et des ragoûts de liqueurs.

Œufs brouillés. — Faites tiédir du beurre dans une casserole ; cassez-y des œufs, et assaisonnez-les avec sel, poivre et muscade râpée ; remuez continuellement avec quelques brins d'osier, et ne les laissez pas trop cuire. Au moment de servir, ajoutez un peu de verjus ou de jus de citron.

Les œufs brouillés aux pointes d'asperges se font de la même manière. On ajoute les pointes d'asperges cuites lorsque les œufs sont déjà mêlés avec le beurre.

Les œufs brouillés au jus ne diffèrent des autres que parce qu'on y ajoute une ou deux cuillerées de jus ou d'un fond de cuisson, ou de jus de viande rôtie, ou de bouillon réduit à moitié.

Œufs frits. — On emploie pour friture du beurre, du sain-doux ou de l'huile ; cassez les œufs dans la poêle, et versez-les doucement pour qu'ils ne se déforment pas ; n'en faites frire qu'un seul à la fois ; lorsque le blanc bouillonne, abaissez-le avec l'écumoire et ne laissez pas durcir le jaune. Les œufs frits se servent comme les œufs pochés. On les sert aussi avec du jus ou avec une sauce piquante, une sauce aux tomates, etc.

Œufs au gratin. — Prenez un plat qui puisse aller au feu ; mêlez ensemble de la mie de pain, un bon morceau de beurre, un anchois haché, persil, ciboules, une échalote, trois jaunes d'œufs, sel, gros poivre et muscade ; mettez une couche de cette farce au fond du plat ; faites attacher sur un petit feu ; cassez sur le gratin la quantité d'œufs que vous voulez servir ; faites cuire doucement ; présentez sur le plat une pelle rouge pour faire prendre les blancs. Lorsqu'ils sont cuits, saupoudrez-les d'un peu de sel fin, gros poivre et muscade râpée.

Pour les différents gratins dont les œufs sont la base (*V*. ci-dessous la nomenclature des œufs au maigre).

OEufs à la tripe. — Coupez des ognons en tranches ; passez - les au beurre, sans les faire roussir, mais jusqu'à ce qu'ils soient fondus ; mêlez alors une demi-cuillerée de farine avec les ognons, et ajoutez un grand verre de crème, sel, poivre et muscade ; quand le tout est un peu réduit, mettez-y des œufs durs coupés en tranches, et faites chauffer sans bouillir.

On peut substituer des concombres aux ognons ; on les coupe en dés et on les passe au beurre, avec persil et ciboules hachés, sel, gros poivre et muscade ; on ajoute ensuite une demi-cuillerée de farine, et on mouille avec de la crème ou avec moitié crème et moitié bouillon : on met les œufs dans l'appareil aussitôt que les concombres sont cuits.

Si l'on veut que les œufs soient au roux, on fait prendre couleur aux ognons, et l'on mouille avec du bouillon ; quand l'ognon est bien cuit et que la sauce est réduite, on ajoute les œufs.

Quant aux adjonctions qu'on peut faire à des œufs à la tripe (*V*. la nomenclature à la fin de cet article).

OEufs au beurre noir. — Cassez sur un plat douze œufs ; prenez garde d'en rompre les jaunes ; assaisonnez-les de sel ; mettez dans une poêle à courte queue, appelée communément un *diable*, un bon quarteron de beurre ; faites-le noircir, sans le laisser brûler ; écumez-le, tirez-le au clair dans un autre vase ; essuyez la poêle, remettez-y le beurre et faites-le chauffer de nouveau ; arrosez-en vos œufs et les coulez dans la poêle ; mettez-les sur de la cendre rouge, et servez-vous d'une pelle ardente pour les faire prendre par-dessus : leur cuisson achevée, coulez-les sur votre plat ; faites chauffer dans la poêle un peu de vinaigre ; lorsqu'il sera bouillant, versez-le sur vos œufs, et servez prestement.

OEufs sur le plat, dits *au miroir*. — Étendez un peu de beurre dans le plat que vous devez servir ; assaisonnez ce beurre d'un peu de sel ; cassez vos œufs et posez-les sur ce plat, de manière à n'en pas rompre les jaunes ; arrosez-les d'un peu de crème ; mettez-y quelques petits morceaux de beurre ; saupoudrez-les d'un peu de sel fin, de gros poivre, et d'un peu de muscade râpée ; posez votre plat sur une cendre chaude ; faites-les prendre en passant dessus une pelle rouge, de sorte que les jaunes se maintiennent mollets.

OEufs à l'aurore. — Faites durcir et refroidir douze œufs ; ôtez-en les coquilles ; coupez ces œufs en deux ; séparez-en les jaunes des blancs ; mettez les jaunes dans un mortier ; ajoutez-y un quarteron de beurre fin, du sel, un peu de muscade râpée, un peu de fines épices et trois jaunes d'œufs crus ; pilez le tout comme si c'était une farce ; émincez vos blancs ; mettez-les dans une béchameil réduite et chaude, soit grasse ou maigre ; sautez-les dedans sans la laisser bouillir ; faites qu'ils aient une certaine consistance ; dressez-les sur le plat que vous devez servir ; retirez vos jaunes du mortier ; mettez-les sur le fond d'un grand tamis ; posez ce tamis au-dessus de votre plat, et faites-les passer également sur l'appareil qui est dressé sur ce plat : à cet effet, servez-vous d'une cuillère de bois, et puis garnissez le bord de votre plat avec des *bouchons* de pain trempés dans une omelette battue ; mettez vos œufs au four ou sous un four de campagne, et faites-leur prendre une couleur dorée.

Relativement aux diverses combinaisons qui sont applicables à cette préparation, on peut consulter la nomenclature des œufs au maigre, à la page 344.

OEufs à la la polonaise (recette de MM. de la Reynière). — Faites durcir un quarteron d'œufs ; épluchez-les ; fendez-les en deux ; séparez les jaunes des blancs ; mettez les jaunes dans un mortier ; pilez-les ; ajoutez-y du beurre à peu près gros comme deux œufs, du sel, des fines épices, un peu de muscade râpée, et cinq à six jaunes d'œufs crus : lorsque votre farce sera bien mêlée et sans grumelots, mettez-y un peu de persil haché très-fin ; incorporez-y deux ou trois blancs d'œufs fouettés : prenez le plat que vous devez servir ; garnissez-en le fond de votre farce, à peu près de l'épaisseur de trois ou quatre lignes ; remplissez vos moitiés d'œufs de cette farce, en leur donnant la forme d'un œuf entier ; dressez-les sur votre plat de la manière *la plus agréable* ; dorez-les ; mettez-les au four ou sous un four de campagne, avec feu dessous et feu dessus ; faites qu'ils aient une belle couleur ; nettoyez le bord de votre plat, et servez.

OEufs à la provençale. — Mettez plein un verre d'huile dans une petite poêle ; vous la mettez au feu ; quand l'huile est bien chaude, cassez un œuf entier dans un petit vase ; mettez-y du sel, du poivre, et versez-le dans l'huile ; affaissez avec une cuillère votre blanc qui bouillonne : vous le retournez, et, lorsqu'il a une belle couleur des deux côtés, vous l'égouttez avec un tamis de crin ; douze suffisent pour un entremets : il faut que les œufs soient frais ; vous les dressez en couronnes ; après les avoir parés, mettez un croûton glacé entre chaque œuf ; employez une sauce espagnole réduite, dans laquelle vous mettrez le zeste de la moitié d'un citron, et vous la versez dessous.

OEufs en surtout. — Faites cuire dans la marmite du petit lard coupé en tranches minces ; passez au beurre des filets de pain ; mettez, dans le plat qui doit être servi, deux ou trois cuillerées de jus, ou de la cuisson d'une bonne braise, ou du jus de rôti : garnissez les bords du plat avec les filets de pain, les œufs dans le milieu ; couvrez-les avec les tranches de lard : faites cuire à petit feu sous le four de campagne.

OEufs en filets. — Faites cuire sur un plat huit jaunes d'œufs délayés avec une cuillerée d'eau-de-vie ; ajoutez un peu de sel que vous mêlez intimement : étant cuits et froids, coupez-les en filets pour les tremper dans une pâte à frire légère ; faites-les frire, servez-les garnis de persil frit.

OEufs farcis. — Vous faites durcir dix œufs, vous les coupez par le milieu dans leur longueur ; vous ôterez les jaunes, et vous les mettrez dans un mortier pour les piler ; vous les passez ensuite au tamis à quenelles ; laissez tremper une mie de pain dans du lait ; vous la presserez bien pour en extraire le lait ; vous la pilerez, et vous la passerez au tamis, ainsi que les œufs ; vous ferez piler dans le mortier autant de beurre que vous avez de jaunes pilés ; vous mettrez portion égale de mie de beurre et de jaunes d'œufs, vous broierez le tout ensemble : quand votre farce sera bien pilée, vous y mettrez un peu de ciboule et de persil haché bien fin et lavé, du sel, du gros poivre, un peu de muscade râpée ; vous pilez encore la farce ; ajoutez-y deux ou trois jaunes d'œufs entiers ; conservez la farce maniable, en y mettant de l'œuf à mesure : lorsqu'elle est finie, vous la mettez dans un vase ; vous en arrangerez épais d'un doigt dans le fond du plat ; vous farcirez vos moitiés d'œufs ; vous tremperez la lame d'un couteau dans du blanc d'œuf pour unir le dessus ; vous mettrez les œufs avec ordre sur la farce qui est sur le plat ; vous le poserez sur la cendre rouge, et un four de campagne par-dessus : lorsqu'ils ont une belle couleur, vous les servirez avec une sauce au jus de veau mêlé de crème double.

OEufs à la Béchameil. — Mettez dans une casserole quatre ou cinq cuillerées à dégraisser de béchameil grasse ou maigre ; coupez quinze œufs durs, comme il est dit ci-devant ; mettez-les dans votre béchameil très-chaude, sans les laisser bouillir ; finissez avec un morceau de beurre et un peu de muscade râpée ; dressez-les et entourez-les de bouchons de pain passés au beurre.

OEufs à la sauce Robert. — Épluchez six gros ognons ; supprimez-en les cœurs ; coupez-les en rouelles ; mettez-les dans une casserole avec un morceau de beurre ; posez votre casserole sur un bon feu ; faites roussir et cuire vos ognons ; mouillez-les avec du bouillon gras ou maigre ; assaisonnez-les de sel et poivre ; laissez cuire et lier votre sauce : au moment de servir, coupez en rouelles douze œufs durs ; mettez-les dans votre sauce, mêlez-les bien ; ajoutez-y, pour les finir, une cuillère à bouche pleine de moutarde, et goûtez s'ils sont d'un bon goût.

OEufs à la pauvre femme. — Vous ferez tiédir un peu de beurre sur un plat ; vous casserez dessus douze œufs, et vous les mettrez sur de la cendre chaude ; vous couperez de la mie de pain en petits dés ; vous la passez au beurre : quand elle est bien blonde, vous l'égouttez, et vous la semez sur vos œufs ; mettez un four de campagne chaud par-dessus ; lorsque les œufs sont cuits, vous versez dessus une sauce espagnole réduite.

OEufs brouillés au jambon, etc. — Ajoutez aux œufs du jambon bien tendre, ou du rognon de veau cuit et coupé en dés ; ajoutez en même temps une ou deux cuillerées de jus ou de bouillon réduit à moitié.

On peut aussi les faire au ris de veau, aux champignons, aux cardes, etc. : employez pour cela des ragoûts de desserte ; coupez les ris, les cardons ou les champignons en dés ; mettez-les avec leur sauce dans les œufs brouillés et terminez suivant la formule indiquée.

OEufs à la Bagnolet. — Pochez huit œufs frais ; mettez dans une casserole du jambon cuit et haché, avec un peu de jus, ou de bon bouillon réduit à moitié et un peu de jus de citron ; faites chauffer et versez sur les œufs, après y avoir ajouté un petit pain de beurre de Vanvres afin de lier la sauce.

OEufs au fromage. — Faites un gratin comme ci-dessus ; mais supprimez-en l'anchois, le persil, la ciboule et l'échalote ; substituez-y autant de parmesan ou de fromage de Gruyère râpé que vous avez employé de mie de pain : cassez les œufs sur le gratin ; saupoudrez-les de fromage, gros poivre et muscade ; faites cuire à feu doux, et servez-vous de la pelle rouge pour faire prendre les blancs.

OEufs pochés à l'aspic. — Faites tiédir de l'aspic ; vous en mettrez dans le fond d'un moule ou de plusieurs petits moules ; laissez-les se congeler ; vous décorerez des œufs pochés avec des truffes ; vous les mettrez sur la gelée : remplissez ensuite les moules d'aspic fondu ; mettez-les sur de la glace, ou seulement au froid : au moment de servir, détachez l'aspic, et posez-le sur un plat (*V*. ASPIC).

OEufs pochés à la chicorée. — Arrangez de la chicorée à la crème sur un plat, et tout simplement des œufs pochés par-dessus ; vous pouvez mettre sous les œufs pochés une purée d'oseille, une purée de champignons ou de cardes, des concombres à la crème, du céleri à la crème et haché, une sauce aux tomates, un ragoût aux pointes d'asperges, etc.

OEufs au bouillon. — Mettez dans une casserole quatre jaunes d'œufs et deux œufs entiers, cinq cuillerées à dégraisser d'excellent consommé ; mêlez-les bien, et passez à l'étamine ; beurrez des moules comme ci-dessus, remplissez-les de votre appareil, faites-les prendre, servez-les de même et saucez-les d'un bon consommé.

Vous pouvez servir ces œufs au bouillon dans de petits pots, ainsi que les crèmes sucrées.

OEufs au fumet de gibier. — Procédez pour ces œufs comme il est dit précédemment pour les œufs au bouillon, excepté que vous emploierez, au lieu de consommé, du fumet de gibier (*V*. FUMET).

OEufs en surprise (ancienne friandise, dont la recette est formulée dans le dispensaire du château royal de Marly). — Prenez une douzaine d'œufs ; faites à chacun deux petits trous aux extrémités ; passez par un de ces trous une paille, pour crever le jaune de l'œuf ; videz vos œufs en soufflant par un des bouts ; mettez vos coquilles dans de l'eau, pour les rincer et les approprier ; égouttez-les et faites-les sécher à l'air ; délayez de la farine avec un jaune d'œuf pour boucher un des trous de vos coquilles ; les ayant bouchés, laissez-les sécher, et remplissez-en six de crème au chocolat, dans laquelle, au lieu de gésier, vous aurez mis des jaunes d'œufs ; à cet effet, servez-vous d'un très-petit entonnoir : remplissez de même vos six autres coquilles avec une crème, soit au café blanc, soit à la fleur d'orange, et que ces crèmes soient bien liées avec des jaunes d'œufs ; bouchez les autres trous de ces coquilles, faites-les cuire à pleine eau chaude sans la faire bouillir ; supprimez la pâte des deux bouts de ces œufs, essuyez-les, et servez-les sous une serviette pliée pour entremets.

OEufs au café blanc. — Faites réduire une chopine de crème ; brûlez deux onces de café, et jetez-les dans votre crème ; laissez-les infuser environ une demi-heure : cela fait, passez votre crème au travers d'un tamis, pour en supprimer le café ; sucrez-la ; ajoutez-y trois jaunes d'œufs et deux œufs entiers ; mêlez bien le tout ensemble ; passez-le au travers d'une étamine, et tordez : beurrez six petits moules, soit à gâteaux à la Madeleine, soit à darioles ; laissez-les égoutter et refroidir ; mettez de l'eau dans une casserole ; faites-la bouillir ; retirez-la du feu ; remplissez vos petits moules, ayant soin de remuer vos œufs : faites-les prendre, et, lorsqu'ils le seront, renversez vos moules sur le plat où vous devez servir.

OEufs au thé. — Faites infuser dans une tasse d'eau une cuillerée du meilleur thé ; faites réduire une chopine de crème à la valeur d'un demi-setier ; ajoutez-y votre décoction de thé, trois jaunes d'œufs et deux œufs entiers, et du sucre en suffisante quantité ; assurez-vous si vos œufs sont suffisamment assaisonnés, agitez-les, pressez-les à travers une étamine en la tordant ; agitez-les de nouveau, remplissez-en des moules, comme ceux désignés à l'article ci-dessus ; faites cuire et retournez vos œufs comme il est énoncé précédemment ; *saucez* vos œufs avec une crème liée ; prenez pour cela deux ou trois cuillerées de crème, sucrez-la, liez-la avec un jaune d'œuf sans la laisser bouillir, et masquez-en vos œufs.

OEufs à la vestale. — On fait bouillir et réduire à moitié une chopine de crème avec une chopine de lait, en y ajoutant l'écorce d'un citron, un peu de coriandre et du sucre ; on laisse refroidir à moitié, et alors on y délaie un peu d'amandes douces pilées et deux amandes amères aussi pilées ; on y ajoute huit jaunes d'œufs ; après avoir passé le tout à l'étamine, on fait cuire au bain-marie, et on sert pour entremets.

OEufs aux épinards. — On prend des épinards cuits à l'eau, on les presse et on les hache très-fin ; on les mélange avec de bonne crème, et on y ajoute six jaunes d'œufs : le tout doit être intimement mélangé ; ensuite on y met du sucre, des macarons pilés et de l'eau de fleur d'orange. On met le tout dans le plat que l'on veut servir et l'on fait cuire sur un petit feu jusqu'à ce qu'il se fasse au fond du plat un léger gratin.

OEufs brouillés aux confitures. — Préparez-les à l'ordinaire, mais sans crème ; mettez-y, avant que les œufs soient pris, deux cuillerées de marmelade d'abricots, de framboises, de prunes de reine-claude, etc. : mélangez bien exactement cet appareil.

OEufs à la neige. — Ayez trois demi-setiers de crème (ou du lait que vous feriez réduire d'avantage) ; mettez-y un peu de sel, trois onces de sucre, un zeste de citron et un peu de fleur d'orange : faites-la réduire à la valeur d'une chopine; cassez six œufs, séparez les jaunes des blancs, mettez ces blancs dans un bassin ou une terrine d'office, fouettez-les; lorsqu'ils seront pris, mettez-y un peu de sel, un peu de sucre en poudre et quelques gouttes d'eau de fleur d'orange; mêlez bien le tout avec votre fouet; prenez de ces blancs dans une cuillère à ragoût, comme vous feriez pour pocher des quenelles (*V.* QUENELLES); pochez ces blancs dans votre crème, retournez-les pour qu'ils soient cuits également : leur cuisson achevée, retirez-les au fur et à mesure, posez-les sur le fond d'un tamis, et, lorsqu'il y en aura suffisamment pour en garnir le plat que vous voulez servir, dressez-les comme si c'étaient des œufs pochés : prenez quatre de vos jaunes d'œufs, délayez-les avec un peu de votre crème que vous aurez laissée un peu refroidir; liez-la sur le feu sans la laisser bouillir, et en la remuant toujours; tordez-la dans une étamine consacrée aux crèmes, saucez-en vos œufs à la neige, et servez-les en forme de rocher.

Bien que les *œufs à la neige* soient réputés un *entremets de cuisinière*, on peut l'*illustrer* en variant les aromates et les substances qu'on fait entrer dans leur sauce.

On peut colorer les blancs d'œufs en y ajoutant, avant de les fouetter, l'une des substances colorantes indiquées à l'article COULEURS, et l'on peut aussi les saupoudrer de nompareille lorsqu'ils sont dressés en rocher.

Omelette au naturel. — Cassez douze œufs, assaisonnez-les de sel, *mettez-y un peu d'eau* (prescription très-essentielle); battez votre omelette, soit avec un fouet, soit avec deux fourchettes; il faut qu'elle soit long-temps et parfaitement bien battue : mettez dans une poêle *bien propre* gros de beurre environ comme un œuf, faites-le fondre sans le laisser roussir, versez-y votre omelette en continuant de la battre; posez votre poêle sur un feu clair et vif; chauffez-en principalement le côté où est la queue; agitez votre omelette à force de bras; prenez garde qu'elle ne brûle : quand elle sera presque cuite, mettez entre elle et la poêle gros de beurre comme une noix : ce beurre fondu, roulez votre omelette; voyez si elle est d'une belle couleur, retournez-la sur votre plat, et servez-la brûlante. Si vous voulez qu'elle soit aux fines herbes, mettez-y, en la battant, du persil et de la ciboule hachés très-fin, et un peu de poivre.

Omelette à la Richelieu. — Vous cassez des œufs; vous les assaisonnez et les battez soigneusement; vous mettrez un morceau de beurre dans une poêle sur un feu clair; dès qu'il sera fondu, vous y joindrez les œufs; vous remuerez

l'omelette par secousses pour qu'elle ne s'attache pas; ou bien, avec une fourchette ou cuillère, vous la soulèverez jusqu'à ce que l'omelette soit prise; vous en ôterez avec une cuillère tout l'intérieur; vous prendrez des truffes sautées dans une espagnole réduite; vous les mettrez dans le vide que vous avez fait à l'omelette : vous la ploierez en double et vous la poserez sur le plat; vous hacherez ensuite deux truffes; vous les passerez dans un petit morceau de beurre; vous y mettrez plein quatre cuillères à dégraisser d'espagnole, et vous verserez votre sauce bien chaude sur l'omelette : si vous ne voulez pas employer de sauce, vous prendrez plein une cuillère à café de farine que vous mêlez avec vos truffes quand elles sont passées, et vous les mouillerez avec du bouillon, du jus, un peu de sel, de gros poivre, très-peu des quatre épices. On peut, par ce même procédé, faire des omelettes aux champignons, à la purée de volaille ou de gibier, aux tomates, à l'oseille, aux cardons, aux croûtes frites, etc.

Omelette au rognon de veau. — Prenez un rognon de veau cuit à la broche; laissez-y un peu de sa graisse et coupez-le en forme de petits dés; mettez ce rognon dans une casserole avec une pincée de persil et de ciboules hachés; joignez-y du sel et du poivre; passez le tout sur le feu; mouillez-le avec deux cuillerées à dégraisser de blond de veau; mettez bouillir votre ragoût et dégraissez-le : faites une omelette *au naturel* d'une douzaine d'œufs, comme il est indiqué à l'article *Omelette au naturel.* Avant de la retirer de la poêle, mettez votre ragoût dans le cœur de cette omelette; roulez-la, dressez-la et servez : mettez dessous, si vous le voulez, une sauce piquante au blond de veau réduit.

Omelette physiologique (formule rédigée par M. Brillat-Savarin). — Prenez, pour six personnes, deux laitances de carpes bien lavées, que vous ferez blanchir en les plongeant pendant cinq minutes dans de l'eau déjà bouillante et légèrement salée.

Ayez pareillement gros comme un œuf de poule de thon nouveau, auquel vous joindrez une petite échalote déjà coupée en atomes.

Hachez ensemble les laitances et le thon, de manière à les bien mêler, et jetez le tout dans une casserole avec un morceau suffisant de très-bon beurre, pour l'y sauter jusqu'à ce que le beurre soit fondu. C'est là ce qui constitue la spécialité de l'omelette.

Prenez encore un second morceau de beurre à discrétion; mariez-le avec du persil et de la ciboulette; mettez-le dans un plat pisciforme destiné à recevoir l'omelette; arrosez-le d'un jus de citron, et posez-le sur la cendre chaude.

Battez ensuite douze œufs (les plus frais sont les meilleurs); le sauté de laitances et de thon y sera versé et agité de manière à ce que le mélange en soit bien fait.

Confectionnez ensuite l'omelette à la manière ordinaire, et tâchez qu'elle soit allongée, épaisse et mollette; étalez-la avec adresse sur le plat que vous avez préparé pour la recevoir, et servez pour être mangé de suite.

Ce mets doit être réservé pour les déjeûners fins, pour les réunions d'amateurs où l'on sait ce qu'on fait et où l'on mange posément; qu'on l'arrose surtout de bon vin vieux, et on verra merveilles.

On peut apprêter de la même façon des omelettes aux filets de harengs fumés, et aux olives farcies. C'est la même préparation qui se trouve indiquée dans les vieux dispensaires, sous le nom d'*omelette à la Royale*.

Omelette au lard. — Prenez une demi-livre de petit lard; coupez-le en dés; faites-le dessaler dans de l'eau tiède; lorsque vous voudrez faire votre omelette, mettez un morceau de lard gras dans votre poêle; faites-y cuire et roussir votre salé; vous aurez cassé une omelette de douze œufs; battez-la bien; mettez-y très-peu de sel et un peu de poivre; versez-la dans votre poêle; agitez-la beaucoup, et prenez garde qu'elle ne brûle: sa cuisson faite, roulez et dressez-la sur une sauce piquante.

Omelettes à la Célestine. — Faites quatre omelettes, de trois œufs chacune; qu'elles soient le plus mince possible; glissez-les sur votre table; garnissez-en deux de confitures et deux de frangipane; roulez-les en forme de manchon; rognez-en les extrémités, et posez-les sur votre plat; saupoudrez-les de sucre en poudre, et glacez-les avec une pelle rouge.

Omelette soufflée. — Cassez six œufs, séparez les blancs des jaunes; ayez soin que les germes restent avec les blancs; mettez avec les jaunes deux cuillerées à bouche de sucre en poudre bien sec, un peu d'eau de fleur d'orange ou de l'esprit de citron; travaillez bien ces jaunes, comme pour du biscuit; fouettez les blancs, en sorte qu'ils soient bien fermes; alors mêlez-les avec les jaunes; mettez dans une poêle à courte queue, communément appelée *diable*, gros de beurre comme la moitié d'une noix; faites-le fondre, de façon que cette poêle soit partout également beurrée; versez-y votre omelette; faites-la prendre sur un feu doux; prenez garde de la brûler; retournez-la

sur le plat où vous voulez la servir; glacez-la de sucre en poudre; mettez-la dans un four ou sous un four de campagne, avec feu dessous, feu dessus, et lorsqu'elle sera montée et glacée, servez-la sans retard.

Omelette soufflée et moulée. — Cassez six œufs; séparez les blancs des jaunes; mettez les uns et les autres dans des terrines séparées; ajoutez dans les jaunes deux cuillerées à bouche pleines de sucre fin, quatre massepains en poudre, une cuillerée à bouche de tapioca ou de salep, une petite pointe de sel, un peu d'écorce de citron hachée bien fin, et quelques gouttes d'eau de fleur d'orange; remuez bien le tout; beurrez et panez votre casserole ou moule, ainsi qu'il est indiqué pour les gâteaux au riz; lorsque vous serez prêt à servir les entrées, fouettez vos blancs d'œufs; quand ils seront pris, mêlez-les avec les jaunes; versez-les dans votre moule ou casserole, et ne le remplissez pas tout-à-fait; mettez votre omelette dans un four doux comme pour cuire des biscuits: si le temps vous manque ou si le lieu ne vous le permet pas, videz un de vos fourneaux les plus chauds, remettez-en la grille, posez dessus votre casserole, et tenez une pelle rouge à trois pouces au-dessus de votre omelette; lorsqu'elle sera bien montée, retournez-la sur votre plat, et servez-la: elle doit être d'une belle couleur et bien tremblante. C'est un fort bon entremets (*et qui est très-joli, dit M. Beauvilliers*).

Omelette soufflée à la fécule. — Cassez six œufs, comme il est dit pour l'omelette soufflée; mettez dans une casserole une cuillère à bouche pleine de fécule avec un demi-verre d'eau, deux cuillerées et demie de sucre en poudre et une pointe de sel; faites cuire et dessécher comme pour une *pâte royale* un peu liquide; laissez refroidir; ajoutez-y vos six jaunes d'œufs et, de plus, quelques gouttes d'esprit de fleur d'orange, de rose, ou de tout autre parfum; fouettez vos blancs; lorsqu'ils seront pris et bien fermes, incorporez-les dans votre appareil; dressez votre soufflé en pyramide sur le plat que vous voulez servir; mettez-le au four ou sous un four de campagne, avec feu dessous et dessus; lorsqu'il commencera à prendre un peu de couleur, glacez-le du sucre en poudre, laissez-le s'achever de cuire et de se glacer, et servez-le. Vous pouvez faire ce soufflé à la vanille, au chocolat ou à la rose, en y ajoutant une teinte de cochenille.

Omelette au riz soufflé. — Préparez deux onces de riz de la Caroline; faites-le crever dans du lait avec un peu de zeste de citron, un peu de sel, un peu de beurre; mouillez-le petit à petit, pour qu'il se maintienne ferme, et ajoutez-y deux cuillerées de sucre en poudre; votre riz crevé et réduit, mettez-y six jaunes d'œufs, les uns après les autres; laissez-les prendre sans les laisser trop cuire; fouettez vos blancs, mêlez-les petit à petit avec votre appareil; dressez votre omelette sur votre plat, et procédez pour le reste comme il est dit au soufflé de fécule.

A l'intention des grandes maisons où l'on veut suivre exactement le régime du maigre, nous allons reproduire ici la *nomenclature des entrées composées d'œufs,* qui se trouve portée sur le tableau des MENUS ROYAUX pour l'année 1828.

Gratin d'œufs *aux nouilles et au parmesan.*

Gratin d'œufs *aux nouilles à l'allemande.*

OEufs à l'aurore *aux concombres.*

OEufs à l'aurore *au céleri.*

OEufs à l'aurore *aux morilles.*

OEufs à l'aurore *aux truffes.*

OEufs à l'aurore *à l'estragon.*

OEufs frits *à la poivrade.*

OEufs frits *à la purée de tomates.*

OEufs frits *sauce à la Soubise.*

OEufs farcis *à la Dauphine.*

OEufs farcis *à la Villeroy.*

OEufs farcis *à l'intendante.*

OEufs pochés *à la purée de navets au coulis maigre.*

OEufs pochés *à la purée de haricots rouges au vin de Bordeaux.*

OEufs pochés *à la purée de haricots blancs à la crème.*

OEufs pochés *à la purée de marrons au vin de Madère.*

OEufs pochés *à la purée de lentilles au céleri frit.*

OEufs pochés *à la purée d'oseille et aux croûtes frites.*

Omelette à la royale *garnie de laitances de carpes.*

Omelette à la royale *garnie de foies de lottes.*

Omelette à la royale *garnie de queues de crevettes.*

Omelette à la royale *à la purée et aux queues d'écrevisses.*

Omelette à la royale *aux huîtres et aux moules à la poulette.*

Timbale de nouilles *garnie d'œufs à la tripe et de laitances.*

Timbale de nouilles *garnie d'œufs émincés à la béchameil.*

Timbale de nouilles *garnie d'œufs à la Soubise et aux moules.*

Casserole au riz *garnie d'œufs à la tripe au beurre de homard.*

Casserole au riz *garnie d'œufs à la tripe et thon à la poulette.*

Casserole au riz *garnie d'œufs émincés, foies de lottes, langues de carpes, queues d'écrevisses et quenelles de poisson.*

OEUFS DE FAISAN. — Dans les pays comme la Bohême, où les faisans sont toujours en abondance, on fait de leurs œufs à peu près le même usage que nous faisons des œufs de poule; mais les seuls emplois culinaires dont nous nous permettions d'user à l'égard des œufs du faisan, c'est de les manger en omelettes, en crèmes cuites et en crèmes glacées: encore est-il bon d'ajouter que c'est uniquement lorsqu'ils sont provenus de la ponte d'automne, époque de l'année qui ne permettrait pas d'élever les faisandeaux qui sont très-douillets de leur nature, et que les premières gelées tueraient infailliblement.

OEUFS DE VANNEAU. — Il est facile de les reconnaître à leur coquille bleue régulièrement piquetée de noir; leur volume est celui d'un œuf de pigeon; l'albumine, à l'intérieur, en est bleuâtre, opalisée et tout-à-fait translucide; le jaune en est couleur d'orange à maturité. On les fait cuire *à la coque* et de manière à ce que le blanc se trouve à l'état solide, tandis que le jaune en reste à l'état qu'on appelle *mollet.* On en garnit quelquefois de petits ragoûts ou de fines salades; mais on les sert le plus souvent *sous un épais taillis* de cresson alénois, ce qui compose un hors-d'œuvre d'une élégance et d'une distinction tout-à-fait aristocratiques. Il n'est pas toujours facile de s'en procurer à Paris (*V*. pages 19, 277 et 280).

OEUFS DE PLUVIER ET DE PERDRIX. — On en garnit très-noblement des ragoûts à la Chambord, à la Régence et à la financière. On les mêle aussi dans les salades vertes. Les œufs de pluvier paraissent quelquefois en hors-d'œuvre ayant été dépouillés de leur coquille et masqués d'une sauce au vert-pré. Quand les œufs de perdrix sont destinés à garnir une assiette de hors-d'œuvre, on les mange ordinairement avec des tartines au beurre et aux fines herbes, ainsi que les œufs de vanneau.

ŒUFS DE TORTUE. — Faites-les bouillir dans une terrine avec du consommé réduit, où vous ajouterez seulement la quatrième partie d'un piment rouge. Un quart d'heure de cuisson leur suffit, et vous y mettrez, quelques minutes avant de servir, un gobelet du meilleur vin de Madère. On ne peut guère obtenir des œufs de tortue pour les manger à Paris, qu'en les faisant venir de Corse par la voie de Marseille. On doit toujours les servir en casserole couverte et pendant le service d'entremets.

ŒUFS DE HOMARD (*V.* pages 278 et suivantes).

ŒUFS D'ESTURGEON (*V.* pages 183 et 222).

ŒUFS DE SURMULET (*V.* page 161, article BOUTARGUE).

JAUNES D'ŒUFS CONFITS A LA MANIÈRE DE SARRAGOSSE (*V.* YESMAS).

OFFICE. Les travaux de l'office ne se bornent pas à la préparation des choses qui constituent le dessert, non plus qu'à la disposition des hors-d'œuvres; ils s'appliquent encore à la préparation de tous les comestibles et de toutes les autres compositions qui ont le sucre pour base et la distillation pour principe. Les principales opérations de l'officier sont les confitures et les sirops, les liqueurs et les dragées.

Le suc des fruits mucilagineux, dans lequel on fait dissoudre du sucre et qu'on fait cuire à divers degrés, prend le nom de *gelées* (*V.* pages 170 et suivantes).

Les *marmelades* sont des confitures liquides, obtenues avec la pulpe des fruits charnus mélangés avec du sucre, et devant avoir, à peu près, la consistance du miel (*V.* pages 172, 173 et 174).

On appelle *conserve*, la pulpe d'un fruit qu'on a fait réduire et confire au sucre, et dont la consistance doit être à peu près égale à celle du même fruit cru, dans son état de maturité (*V.* pages 176 et suivantes).

Lorsque les confitures n'ont pas été soumises à la coction, de manière à pouvoir se conserver, on leur donne le nom de *compote* (*V.* page 167, au même article).

Les *dragées* sont une espèce de confiture sèche à l'effet d'envelopper des noyaux, des graines ou de petits fruits, moyennant un mélange de sucre et de gomme adragant. Cette division de l'art de l'officier comprend également les *pralines*, les *pastilles*, les *tablettes au fruit* et *aux fleurs*, et généralement toutes les compositions qui sont appelées *friandises de poches et bonbons d'assiettes* (*V.* depuis la page 207, jusqu'à la page 214).

Quant à la préparation des *liqueurs distillées*, des *ratafias* et des *sirops*, qui sont également du ressort de l'office, on pourra consulter le chapitre où nous avons parlé de la fabrication des liqueurs, avec toute l'étendue qu'on peut désirer (*V.* aussi les articles SIROP et PHARMACIE DOMESTIQUE).

OGNON, plante bulbeuse et potagère, dont la racine est d'une odeur forte et d'un goût piquant. Il y a deux espèces d'ognons qui méritent principalement l'attention du cultivateur et du consommateur, savoir l'ognon blanc d'Espagne et le petit ognon rouge de Florence. La variété des gros ognons à bulbes blanches contient de la matière sucrée en quantité notable; de plus une substance végéto-animale, et puis une matière phosphorique dans un état particulier de combinaison naturelle, et finalement plusieurs autres principes qui n'ont pas encore été bien déterminés.

L'ognon nourrit et stimule; c'est cette double propriété qui paraît avoir motivé son emploi dans la plupart de nos préparations gastronomiques.

Soupe aux ognons (*V.* POTAGES).

Potage aux petits ognons blancs (*V.* le même article).

Ognons farcis. — Épluchez une vingtaine de gros ognons, en ayant la précaution de ne pas en écorcher les têtes ni la dernière peau; après les avoir fait blanchir et rafraîchir, égouttez-les sur un linge blanc, retirez-en l'intérieur avec un vide-pomme; remplissez-les de chair à quenelles; mettez-les dans une casserole plate, afin que vos ognons s'y trouvent sur un même plan; couvrez-les de tranches de lard; assaisonnez-les avec un peu de sel et de sucre; faites-les partir à grand feu, et les ognons étant cuits, faites réduire leur fond, et servez-les pour garniture d'une grosse pièce.

Ognons glacés. — Il faut choisir des ognons blancs de la même grosseur, et les éplucher sans en offenser la tête et la queue; on beurre le fond d'un sautoir, et l'on y range tous les ognons du côté de la tête avec un peu d'eau et de sel, un peu de poivre noir, un peu de sucre en poudre et un peu de beurre. On établit un rond de papier beurré par-dessus les ognons, qu'on place sur un fourneau dont le feu doit être assez ardent au commencement de l'opération. Lorsque le mouillement se trouve réduit à moitié, on le met sur un feu plus doux, pour le faire tomber à glace. On n'a pas besoin d'expliquer ni détailler ici l'usage qu'on peut faire des ognons glacés.

Ragoût d'ognons. — Faites cuire des ognons sous de la cendre chaude; après les avoir pelés, mettez-les dans une casserole avec trois cuillerées de blond de veau et une cuillerée d'essence de jambon. Lorsque ce ragoût aura mijoté pendant vingt minutes, il faudra le lier avec une pincée de fécule, à laquelle on peut ajouter une petite cuillerée de moutarde anglaise. C'est un ragoût très-bien approprié pour garnir les rôtis de porc frais, ainsi que les oies grasses et les tronçons d'anguilles frites à la cingarat.

Purée d'ognons à la bourgeoise. — Hachez et faites fondre à la poêle avec du beurre (ou de la graisse d'oie) trente ognons blancs, que vous aurez bien épluchés; lorsqu'ils commenceront à passer au roux, délayez-y une demi-cuillerée de fécule ou de fleur de farine; passez ensuite à l'étamine, et, si vous destinez cette purée pour en faire une sauce Robert, vous y mélangerez, deux minutes avant de servir, une cuillerée de moutarde au vinaigre épicé.

Purée d'ognons à la Soubise. — Procédez ainsi qu'il est dit ci-dessus, mais ne laissez pas roussir votre purée, et mélangez-y, lorsque les ognons sont bien fondus, deux ou trois cuillerées de purée de haricots blancs; joignez-y une pincée de muscade râpée; passez à l'étamine, et réservez cette composition pour foncer les plats d'entrée qui vous seront indiqués.

OIE. Toutes les variétés de la nombreuse famille des canards et des oies ont la chair plus imprégnée d'osmazôme que les autres volatiles de nos basses-cours, et c'est par cette raison qu'elle est plus nutritive et plus stimulante. Les jeunes oies sont assez faciles à digérer; mais la chair des oies adultes ne saurait convenir qu'à des estomacs énergiques; il est bon d'ajouter, pourtant, que lorsqu'on lui fait subir une coction prolongée, c'est un aliment dont on n'a pas grand'chose à redouter. Galien, qui n'aimait pas les oies, nous a déclaré, doctoralement, qu'il ne fallait en manger que le gésier, les pattes et le foie; relativement aux foies d'oies, voyez ce que nous en avons dit à l'article *Foies gras*, page 230. La graisse qui découle de l'oie rôtie doit être recueillie précieuse-ment et bien conservée. On l'emploie pour assaisonner les légumes, et spécialement les épinards auxquels cette graisse communique une saveur particulière; on en fait aussi des rôties qu'on offre en hors-d'œuvre, et qui ne sont pas à dédaigner, quand on les assaisonne avec du jus de bigarade et du soya.

Oie rôtie (de la St-Martin). — Remplissez une oie de Normandie, bien grasse et bien blanche, avec une purée d'ognons cuits à la graisse de la lèchefrite, et dans laquelle farce d'ognons vous ajouterez le foie de l'oie haché, douze chipolates, et quarante ou cinquante marrons grillés ou rôtis, mais bien épluchés et bien assaisonnés de sel et des quatre épices; servez-la sur une longue et large rôtie, bien imbibée de son rôtissage et légèrement assaisonnée de gros poivre et de jus de citron. C'est un gros plat de relevé qu'on mange en famille, ainsi qu'il est assez connu par tous les honnêtes gens qui ont conservé les traditions de la fête St-Martin.

Oisons rôtis. — Faites-les cuire à la broche pendant trois quarts d'heure, et puis servez-les pour entrée, sur une purée de pommes de reinette assaisonnée de leur jus de rôtissage, ou, si vous l'aimez autant, sur une sauce Robert.

Oison rôti à l'anglaise. — Préparez une jeune oie comme il est dit ci-dessus; hachez-en le foie; épluchez trois gros ognons; coupez-les en petits dés; passez-les dans du beurre; faites-les cuire à blond; ajoutez-y une pincée de sauge bien hachée, ainsi que le foie de l'oison, du sel et poivre fin; mêlez bien le tout ensemble; mettez cet appareil dans le corps de cette oie; cousez-la; mettez-la à la broche; faites-la cuire comme ci-dessus, et servez-la avec un jus de bœuf ou un blond de veau réduit.

Oie à la choucroûte. — Faites cuire une oie à la broche ou à la braise. Lavez la quantité de choucroûte nécessaire; mettez-la dans une casserole avec des tranches de petit lard, un cervelas et des saucisses; mouillez avec du bouillon et la graisse de l'oie; faites cuire à petit feu pendant deux heures: dressez la choucroûte égouttée autour de l'oie, avec les saucisses et le cervelas que vous aurez dépouillé de sa peau, et coupé par tronçons.

Oie à la flamande. — Lardez-la avec du lard assaisonné; épluchez des marrons rôtis; passez-les au beurre avec un peu de sucre, et remplissez-en le corps de l'oie; mettez-la dans une braisière ou une terrine juste à sa grandeur, avec des bardes de lard dessus et dessous; mouillez avec moitié bouillon et moitié vin blanc ; ajoutez un jarret de veau coupé en morceaux, quatre carottes, quatre ognons, dont un piqué de trois clous de gérofle, un panais, un bouquet garni, sel, gros poivre et épices ; faites cuire à petit feu pendant trois ou quatre heures, suivant l'âge de l'oie ; retirez-la lorsqu'elle est cuite ; dégraissez la cuisson ; passez-la au tamis, et faites-la réduire suffisamment.

Oie à la chipolata. — Ayez un bel oison d'une graisse bien blanche ; videz-le ; retroussez-lui les pattes en dedans ; flambez-le légèrement ; bardez-le et ficelez-le ; foncez une braisière de bardes de lard ; mettez dans le fond quelques débris de viande de boucherie, deux lames de jambon, les abattis de votre oison, un bouquet de persil et ciboules, trois carottes tournées, deux ou trois ognons, dont un piqué de gérofle, une gousse d'ail, du thym, du laurier, un peu de basilic et du sel ; posez votre oison sur ce fond, mouillez-le avec un verre de vin de Madère ou tout autre vin blanc, mais en plus grande quantité, et joignez-y du bouillon ce qu'il en faut pour que votre oison baigne dans son mouillement ; faites-le partir ; mettez dessus du papier beurré ; couvrez-le, et faites-le cuire environ une heure et demie : sa cuisson faite, égouttez-le, dressez-le, et masquez-le au moment de servir avec une chipolata (*V.* cet article, page 150).

Ailes et cuisses d'oies à la façon de Bayonne. (*Conserve.*) — Ayez le nombre d'oies que vous croirez nécessaire pour votre provision de conserve ; levez-en les ailes entières, ainsi que les cuisses, de manière à ne rien laisser sur la carcasse ; désossez-en les cuisses avec la main ; frottez-les, ainsi que les ailes, avec du sel fin, dans lequel vous aurez mis une demi-once de salpêtre pilé, pour les membres de cinq ou six oies ; rangez toutes ces ailes et ces cuisses dans une terrine ; mettez entre elles du laurier, du thym et du basilic ; couvrez-les d'un linge blanc, laissez-les vingt-quatre heures dans cet assaisonnement, après quoi retirez-les, et passez-les légèrement dans de l'eau, laissez-les égoutter ; vous aurez ôté toute la graisse qui est dans le corps de vos oies, même celle qui est attachée aux intestins ; vous l'aurez préparée comme le sain-doux ; mettez ces membres dans ce sain-doux ; faites-les cuire à un feu extrêmement modéré ; il faut que ce sain-doux ne fasse que frémir ; vous serez sûr que ces membres seront cuits, lorsque vous pourrez y enfoncer une paille ; alors égouttez-les, et, quand ils seront bien refroidis, vous les arrangerez le plus serré qu'il se pourra dans des pots de grès ; vous y coulerez votre sain-doux, aux trois quarts

refroidi ; laissez le tout ainsi refroidir pendant vingt-quatre heures, après quoi couvrez le pot bien hermétiquement avec du parchemin ; mettez-les dans un endroit frais, sans être humide, et servez-vous en comme il est marqué ci-dessous.

Cuisses ou quartiers d'oies à la lyonnaise. — Prenez quatre quartiers d'oies ; faites-les chauffer et un peu frire dans leur sain-doux ; coupez six gros ognons en anneaux ; prenez une partie du sain-doux dans lequel vous aurez fait chauffer ces cuisses, faites-y frire vos ognons ; quand ils seront cuits et d'une belle couleur, égouttez-les, et de même égouttez vos quartiers d'oies ; dressez-les ; mettez vos ognons frits par-dessus, et servez dessous une bonne poivrade, ou toute autre sauce à volonté.

Cuisses d'oies à la purée. — Faites chauffer les cuisses d'oies comme les précédentes ; égouttez-les ; dressez-les, et masquez-les d'une bonne purée de pois verts ou de marrons, que vous aurez finie avec un pain de beurre, et servez-les pour entrée.

Oie sauvage. — Leur passage dure environ deux mois, à moins que l'hiver ne soit très-doux. L'oie sauvage et ses oisillons s'accommodent très-bien des mêmes apprêts que les albrans, les canardeaux et les canards sauvages. On en fait aussi des boudins, des civets à l'ancienne mode, ainsi que des escalopes au sang (*V.* pages 295, 296 et 302).

Aiguillettes d'oie sauvage. — Faites cuire à la broche trois oies ; la cuisson achevée, et au moment de servir, coupez vos filets en longs morceaux égaux ; faites réduire de l'espagnole jusqu'à ce qu'elle soit très-épaisse, et versez-y le jus qu'auront jeté vos oies ; ajoutez un peu de zeste d'orange ou de citron, et un peu de gros poivre. Faites chauffer votre sauce sans la faire bouillir, et versez-la sur les aiguillettes.

Gibelotte aux abattis d'oie sauvage et aux croûtes gratinées. — Faites cuire ces abattis avec du bouillon, sel et bouquet de fines herbes. Étant cuits, coupez-les en morceaux ; passez-les au lard fondu, avec persil, cerfeuil et un peu de poivre blanc ; blanchissez le tout avec des jaunes d'œufs, un filet de verjus et un jus de citron ; faites mitonner des croûtes séchées au four avec du consommé, et dressez vos abattis sur lesdites croûtes gratinées.

Petite-oie. — On appelle ainsi les abattis de l'oie sauvage et de l'oie domestique. On les fait cuire en hochepot (*V.* page 7), ou bien on les sert au gros sel, après les avoir étuvés au bouillon ;

comme il est marqué page 279 dans la nomenclature des hors-d'œuvres.

OILLE (*Olla-podrida*).—Potage ou ragoût d'origine espagnole. Nous distinguons trois sortes d'oilles, ou plutôt trois variétés dans les préparations de ce grand mets :

1° L'ancien potage à la française, qui se trouve appelé *grand-Ouille* par les cuisiniers du temps de Louis XIII, et qui est l'*oille-en-pot* des lettres de madame de Maintenon.

2° La véritable *olla-podrida*, suivant sa formule étrangère; c'est un mets tellement compliqué, que les cuisiniers français ne mettent aucun empressement à le proposer sur leurs menus, et c'est un plat assez dispendieux pour qu'on ne le serve jamais indifféremment ni fréquemment. Il est à savoir que, chez les ambassadeurs d'Espagne, ce ragoût fait partie de la représentation diplomatique et du cérémonial officiel. Il paraît que c'est un protocole obligé pour le dîner d'un Grand d'Espagne ou d'un Titulado de Castille.

3° L'*Oille moderne, à la française.* Excellent plat de relevé, mais dont la somptuosité n'a rien d'effrayant ou d'inaccessible.

Oille en potage à l'ancienne mode. — Ayez d'abord une belle poularde et deux gros pigeons; parez-les, videz-les et remplissez-les d'une farce composée de mie de pain trempée dans du consommé, où vous aurez délayé huit jaunes d'œufs, et puis d'un ognon blanc, cuit sous la cendre, et de trois culs d'artichaut hachés; laquelle farce vous aurez assaisonnée de quelques feuilles de cerfeuil et d'une pincée de muscade en poudre. Cousez le ventre de ces trois volailles, pour qu'elles ne se vident point de leur farce, et ficelez leurs membres, afin qu'elles ne se déforment pas en cuisant; placez-les alors dans une marmite de terre, au fond de laquelle vous aurez mis d'avance six ou huit livres de grand bœuf coupé par tranches assez minces, un jarret de veau de Pontoise en quatre morceaux, trois ognons, un panais, deux carottes et autant de navets, deux poireaux blancs ficelés avec des tiges de pourpier, d'arroche et de bettepoirée; faites premièrement chauffer par-dessous et sur un grand feu de charbon; descendez ensuite votre marmite et mettez-la devant un feu plus tempéré pour l'écumer et la laisser se consommer tout doucement; au bout de cinq heures de cuisson, coupez des croûtes au-dessus d'un pain tendre; arrangez-les dans un *pot-à-oille*, ou autre grand plat d'argent; mouillez-les dudit bouillon; faites-les mitonner jusqu'à ce que le fond commence à s'attacher au plat; dressez par-dessus le pain gratiné votre poularde escortée des deux pi-

geons, mais non pas des autres viandes; déficelez ces trois pièces cuites, et retirez-en les fils de couture qui ont maintenu leur farce; enfin passez au tamis le surplus du bouillon pour le dégraisser, avant de le verser sur votre oille.

Olla-podrida. — Il faut commencer par se procurer des chorizos et des garbansos. Les *chorizos* sont de petits cervelas pimentés dont nous avons donné la recette à l'article SAUCISSONS D'ESTRAMADURE, page 163. Les *garbansos* sont une espèce de Cicerons ou gros pois-chiches qui sont infiniment savoureux et tendres; on en trouve toujours à l'hôtel des Américains et chez M. Corcellet, qui les fait venir directement des frontières d'Espagne, et surtout de la vallée d'Ossun dans les Pyrénées françaises, où ce produit farineux est toujours remarquable pour la grosseur de son volume et sa parfaite bonté.

Vous étant donc prémuni de ces deux éléments indispensables à la composition d'une olla, vous prendrez dix livres de bœuf, et vous tâcherez que ce soit la pointe de la culotte. Il est superflu d'ajouter que vous aurez soin de parer proprement et de ficeler cette grosse pièce après l'avoir coupée carrément; vous l'empoterez dans une marmite avec six pintes de bon bouillon, et vous y joindrez un carré de mouton dans son entier, trois livres de tendrons de veau, une forte rouelle de jambon, dessalé d'avance, un poulet normand, deux pigeons, un canard, deux vieilles perdrix, deux cailles, une livre de petit lard, huit chorizos et deux livres de garbansos, que vous aurez fait tremper pendant vingt-quatre heures dans de l'eau chaude, en renouvelant cette même eau à sept ou huit reprises, afin d'attendrir suffisamment l'épiderme de ces farineux : vous joindrez à l'appareil un nouet de linge fin qui devra contenir trois piments, six clous de gérofle, une pincée de brou de macis et un morceau de muscade, équivalant, pour la grosseur, au quart de la noix. Laissons *prodrir-l'olla*, pour vous occuper de la préparation des légumes.

Prenez quatre choux moyens, dits laitues pommées, vingt carottes avec autant de navets, que vous couperez et tournerez le plus également possible; faites-les blanchir; mouillez-les avec le dégraissis de votre olla; laissez-la bouillir, et, pendant ce temps, préparez douze culs d'artichauts bien nettoyés, et pelez vingt-quatre petits ognons que vous ferez cuire dans un autre vase avec une demi-chopine de votre bouillon de l'olla et un peu de sucre; vous prendrez ensuite un demi-litron de haricots verts coupés en losange, de petites fèves de marais, de filets de concombres, de pointes d'asperges et de petits pois verts, que vous ferez étuver avec du même bouillon de l'olla, et chaque légume en particulier dans une petite casserole.

Le tout se trouvant cuit à point et soigneusement préparé, vous égouttez vos viandes et vos légumes, en ayant soin de les recouvrir pour les maintenir chaudement ; passez le bouillon de votre marmite ; faites-le dégraisser et clarifier avec des blancs d'œufs ; passez-le à la serviette fine, et tenez-le bouillant sur le coin du fourneau.

Vous prenez alors vos choux et vos laitues que vous placez sur un grand plat, dans l'ordre suivant : un quartier de chou, une carotte, une laitue, un navet, et ainsi de suite, jusqu'à ce que vous en ayez formé le cercle autour de votre plat en forme de couronne, et c'est dans le *puits* du milieu que vous mettrez les garbansos. Dressez vos viandes au-dessus des pois-chiches, et faites un double cordon qui surmonte celui des premiers légumes, au moyen des culs d'artichauts et de vos petits ognons ; glacez toutes ces viandes et tous ces légumes avec le coulis provenant de votre bouillon réduit. Vous servirez le consommé de l'olla dans un vaste bol de porcelaine, à proximité du reste.

Oille à la française. — Faites cuire ensemble, ainsi qu'il est dit ci-dessus, un chapon Cauchois ou de Barbezieux, deux filets-mignons de mouton de Pressalé, deux perdrix et deux cervelas de Paris, à défaut de saucissons d'Estramadure ; ajoutez-y, en fait de légumes, un chou de Milan coupé par moitié, deux pieds de céleri, six petits ognons, deux carottes coupées et deux panais de l'espèce d'Allemagne ; au bout d'une heure de cuisson, joignez-y un litron et demi de garbansos des Pyrénées, et finissez l'olla par l'addition d'une forte pincée des quatre épices, que vous aurez délayée dans une demi-bouteille de vin de Xerès ou de Pacaret sec, avec quelque peu de piment de Cayenne et de poudre de kari ; il faut également servir le consommé de l'oille à proximité des viandes que vous aurez dressées en dômes au-dessus et au milieu des légumes ci-dessus mentionnés.

Oille gratinée à la navarraise. — Mettez dans un vase de terre une éclanche de mouton, deux pigeons, trois cervelas, deux livres de petit lard et deux quartiers d'oie confits en sa graisse ; joignez-y un chou coupé en quatre, une botte de poireau, une gousse d'ail, un piment rouge et deux litrons de garbansos ; faites cuire le tout avec six pintes d'eau, et, lorsque le bouillon se trouvera réduit d'un tiers, mouillez-en des tranches de pain que vous aurez coupées bien minces et que vous ferez gratiner sur des cendres rouges ; vous l'arroserez ensuite avec le bouillon suffisamment réduit, et voilà pour le potage.

Les Navarrais font quatre plats solides avec le surplus de l'oille en question. D'abord on sert l'éclanche de mouton sur les garbansos, avec une sauce au bouillon de l'oille et au vinaigre, en y mêlant du cerfeuil et de l'estragon hachés ; en second lieu, on dresse le lard avec les cervelas, sur les choux et les poireaux, auxquels on ajoute quelque teinture ou décoction d'épices ; troisièmement on fait griller les cuisses ou quartiers d'oie pour les manger avec de la moutarde au vin doux ; et, finalement, on compose un excellent plat d'entremets avec les pigeons qu'on a fait rissoler sur un gratin d'oronges, d'olives, de tomates et d'aubergines assaisonnées de graisse d'oie, de piment rouge et de rocambole.

On ne se figure pas chez nous combien l'échalote est délicate et la rocambole est finement savoureuse à Pampelune et à Viane, à Saint-Jean-Piédeport (*V*. page 15).

OISEAUX (PETITS), c'est-à-dire rouges-gorges, cublancs, pinsons, tarins, fauvettes et linottes, car il faut toujours rejeter les moineaux, les hirondelles et les chardonnerets qui seraient tombés dans le même coup de filet. C'est à cause de leur sécheresse et de leur goût d'amertume ; et c'est pour la même raison que le bouvreuil ne doit jamais être admis dans ces réunions de petits oiseaux.

On les enveloppe avec des lames de tétine, on les enfile avec des attelets au nombre de huit à dix par chacun de ces ustensiles, on les fait cuire à la broche, et puis on en garnit des plats de gibier rôti, soit en les défilant pour en former une ceinture autour du plat, soit en piquant ces attelets d'argent dans la grosse pièce, en forme de hérisson.

On peut aussi préparer les petits oiseaux en les faisant griller en caisse au-dessus d'un gratin de farce à quenelles, ou bien encore en les sautant dans de la moelle avec des fines herbes, du jus de bigarade et de la chapelure de pain bis.

OLIVES. Les olives, telles qu'on les prend sur l'arbre, sont d'une âcreté tout-à-fait insupportable, même à l'époque de leur maturité complète. On ne détruit cette âcreté que par des infusions répétées et en faisant confire les olives dans l'huile ou la saumure ; c'est ainsi qu'on nous les envoie, et on les cueille, pour cela, avant la maturité du fruit. Par l'effet de ces préparations, la partie extractive colorante perd de son âcreté, et ne conserve qu'une légère amertume, adoucie par le mélange naturel de son huile et par l'effet de la saumure.

Les olives, ajoutées à des ragoûts, et qui ont

éprouvé une cuisson plus ou moins avancée, sont toujours meilleures et plus digestibles que lorsqu'elles sont mangées crues.

Avant de servir les olives, on les lave et on les met avec de l'eau dans un saladier ou dans un de ces vases qui sont destinés aux hors-d'œuvres crus.

Les plus distinguées sont les olives de Vérone, les olives d'Espagne et les olives de Provence. Les véronaises ont toujours eu la réputation d'être supérieures aux autres. Les espagnoles, dont la couleur est d'un vert blanchâtre, et dont la saveur est légèrement amère, ne sont guère moins grosses qu'un œuf de pigeon. Il y a des olives de Provence de plusieurs qualités et de plusieurs grosseurs ; mais celles que l'on nomme *picholines* sont infiniment préférables à celles du Languedoc. On emploie culinairement les olives en salade, en ragoût et dans les gratins à la provençale.

On en compose, dans les environs de Marseille et de Fréjus, un excellent hors-d'œuvre, en retirant le noyau des olives après les avoir lessivées et passées à la saumure, et en remplaçant le vide du même noyau par un hachis de câpres et de filets d'anchois. Ces olives farcies nous arrivent dans de l'huile très-fine où l'on peut mélanger un peu de suc d'orange amère ou de citron, au moment de les ranger dans leurs coquilles ou bateaux de hors-d'œuvres. Quant aux olives apprêtées en ragoût, dont nous allons donner la formule, il est assez connu qu'on peut les employer également dans les étuvées de canard à la braise et les ragoûts de faisan, les salmis de bécasses, de pluviers, de sarcelles, de bécharuts, d'oisillons sauvages, etc.

Ragoût d'olives. — Passez au beurre un peu de ciboule et de persil hachés ; ajoutez-y deux cuillerées de jus ou de cuisson d'une braise, ou de bouillon réduit à moitié, un verre de vin blanc, des câpres, un anchois et des olives tournées, c'est-à-dire dont on a séparé la chair du noyau en la coupant en spirale avec un couteau à lame étroite ; ajoutez encore un peu d'huile d'olives, un bouquet de fines herbes ; faites jeter un bouillon : liez la sauce, s'il est nécessaire, avec deux ou trois marrons bien écrasés.

Ragoût d'olives à la Maillebois. — Après avoir tourné des olives d'Espagne ou de la grosse espèce de Provence, mettez à la place du noyau que vous en retranchez proprement, et sans déchirer les chairs du fruit, une petite quenelle de farce maigre. Faites cuire cette composition dans un jus de racines où vous ajouterez du coulis de poisson, avec un demi-verre de vin de Madère et deux cuillerées de fine huile verte au moment de servir. Ce ragoût est d'un très-bon emploi pour garnir certaines gibelottes aux viandes noires, et pour foncer les plats qui doivent contenir des oiseaux maigres en entrée de broche (*V.* MAIGRE, MACREUSE, etc.).

OMELETTE, préparation d'œufs battus et cuits à la poêle (*V.* ŒUFS, SOUFFLÉS, PANNEQUETS, etc.).

OMBRE-CHEVALIER, variété de la truite. C'est le Thymalus des anciens, et ce nom lui provenait de ce que sa chair a la saveur du thym. On en pêche assez fréquemment dans le lac de Genève ; mais ceux des lacs d'Annecy et du Bourget ont toujours été les plus estimés et les plus renommés. L'ombre-chevalier reçoit les mêmes préparations que la truite ; ainsi nous renvoyons à cet article.

ORANGE. Les gourmands de l'ancienne Rome avaient en exécration l'odeur et la saveur des oranges, et principalement des citrons qui leur venaient de l'Asie-Mineure : nous voyons aussi qu'ils mettaient de l'*assa - fœtida* dans presque tous leurs ragoûts.

C'est aux Portugais que nous sommes redevables de ces excellents fruits, et c'est pour cela qu'on les appelait anciennement *pommes de Portugal.* Les Portugais n'en cultivent que d'une seule espèce, et la meilleure de toutes les aurantiacées est, sans contredit, celle de la Chine. Les deux variétés qu'on y estime le plus ne sont pas plus grosses que nos boules de billard ; la peau en est d'un jaune tirant sur le rouge, odorante, unie et pourvue d'un arôme approchant de celui du cédrat. Nice, la Ciotat et Grasse, les îles d'Hyères, la côte de Gênes, l'île de Malte, les Canaries, Mayorque, le Portugal, et même la Chine, sont les lieux d'où l'on tire habituellement les oranges que nous consommons en France ; mais, parmi celles qu'on peut se procurer à Paris sans embarras, on peut affirmer que les meilleures oranges sont toujours celles de Malte et de Lisbonne.

On appelle oranges *vineuses* celles qui sont couleur de pourpre et qui ont le goût relevé, et l'on nomme oranges *mouilleuses* celles qui contiennent beaucoup de jus.

On extrait des huiles aromatiques de la fleur, des zestes et du fruit entier de l'orange. L'huile de Néroli est celle que donnent les fleurs par le moyen de la distillation. La plus parfaite se fait à Rome ; elle est assez bonne en Provence, et elle est encore meilleure à Paris. L'huile qui se tire des zestes et de la peau de l'orange par le moyen de l'eau et de l'alambic est renommée pour la bonté de son parfum. L'huile qu'on appelle *de petit grain* est celle qui se fait avec de petites oranges qu'on fait infuser pendant cinq ou six jours, et qu'on distille avec la même eau dans un alambic; cette huile est d'un jaune doré et d'une odeur forte, mais agréable. Ces huiles se font à Grasse, à Biot (à trois lieues de Grasse), aux Cannettes et à Nice; mais on les sophistique assez souvent avec de l'huile de Ben.

Relativement à l'emploi qu'on fait des oranges, ainsi que de leurs écorces, de leurs fleurs et de leur jus, tant à la cuisine que dans les compositions d'office (*V.* COMPOTES, CONFITURES, CONSERVES, GELÉE, MARMELADE, RATAFIA, SIROP et SORBETS).

ORANGE MUSQUÉE, poire qui mûrit au commencement d'août, et qui comprend dans ses variétés l'*orange tulipe* et l'*orange verte*. Elle est abondamment pourvue d'une eau très-sucrée et d'un parfum tout particulier. Elle est assez grosse de forme, plate et ronde; son œil est enfoncé, son coloris est vert et incarnat sur une peau rugueuse : elle est classée parmi les meilleurs et les plus beaux fruits à la main.

ORANGEADE, boisson qui se compose avec du jus d'orange et du jus de citron auxquels on joint du sucre (*V.* page 268).

ORCHIS, genre de plantes dont les espèces sont très-nombreuses. Ce sont des bulbes d'orchis séchées et pulvérisées qui produisent le salep et l'arrow-root.

OREILLES d'agneau, de cerf, de porc et de veau (*V.* ces divers articles).

ORGE, plante céréale assez connue. La farine qui provient de ce graminée ne contient presque pas de gluten, mais beaucoup de fécule unie à une substance mucilagineuse; d'où vient qu'elle ne produit qu'une sorte de pain fort indigeste et peu savoureux.

L'orge perlé, c'est-à-dire entièrement dépouillé de sa pellicule et réduit à la forme d'une petite perle, peut remplacer le riz dans beaucoup de préparations alimentaires. On en fait, en Allemagne, un grand usage pour garnir des potages et composer des entremets.

Potage à l'orge perlé. — Faites tremper l'orge dès la veille dans l'eau froide; égouttez-le et faites-le crever dans du bouillon; quand il est bien crevé, prolongez l'ébullition pour que le bouillon se charge de tout ce qui est soluble; passez avec expression. Ce potage, qui nourrit légèrement et qui rafraîchit, convient beaucoup aux convalescents.

Pour les personnes en bonne santé, on peut laisser l'orge dans les potages

On prépare de la même manière la crème d'orge à l'eau et au lait : on passe avec expression, et on ajoute du sucre ou du sirop de capillaire.

ORGEAT et **EAU D'ORGE** (*V.* PHARMACIE DOMESTIQUE).

ORONGE, excellente espèce de champignons qui se trouve rarement au milieu de la France, et ne croît jamais dans le nord de l'Europe. Il reçoit les mêmes apprêts que les autres fongus comestibles (*V.* CHAMPIGNONS, MORILLES, etc.).

ORTOLAN. « C'est, comme on sait, le roi des *petits pieds*, » et le meilleur apprêt qu'on puisse leur faire est de les enfoncer dans des coquilles d'œufs de poule où l'on ajoute un peu de sel blanc, et dont on lute le petit couvercle avec de la pâte, afin de les faire cuire dans l'eau sans autre préparation. Comme il y a des personnes à qui cette *exhumation* d'un ortolan pourrait donner la fausse idée d'un poussin mort-né dans un œuf couvé, on a renoncé presque partout à cette ancienne manière de servir ces petits oiseaux; et le plus sûr est toujours de les accommoder comme les bec-figues et les rouges-gorges, c'est-à-dire enfilés dans des attelets et cuits à la broche en douze ou quinze minutes, ainsi que nous l'avons déjà dit page 199.

ORVALE ou **TOUTE-SAINE**, espèce de sauge dont l'arôme a beaucoup de rapport avec celui des raisins muscats. Il est bon d'employer ses feuilles séchées dans les saumures et les brouets où l'on fait mariner les viandes noires et cuire les grosses pièces fumées.

OSEILLE, plante potagère dont il existe sept variétés. La première est l'*oseille à la paresseuse*, parce qu'une seule feuille en est si grande qu'elle peut suffire à la confection d'un potage. L'oseille dite de *Belleville* est celle que l'on emploie le plus communément dans la cuisine, et nous n'avons pas plus besoin de parler ici de l'*oseille sauvage* que de l'*oseille-alleluia*, qui ne sont cultivées que par les botanistes.

Soupes à l'oseille (*V.* POTAGES).

Purée d'oseilles au maigre. — Hachez de l'oseille, de la poirée, de la laitue et un peu de cerfeuil; mettez-les à sec dans une casserole, en remuant toujours jusqu'à ce que ces herbes soient bien fondues; ajoutez un bon morceau de beurre, et tournez jusqu'à ce que l'oseille soit bien passée ; assaisonnez de sel et gros poivre ; faites une liaison de trois jaunes d'œufs avec de la crème ; versez-la dans l'oseille, et servez très-chaud.

Purée d'oseille au gras. — Faites fondre l'oseille comme il est dit ci-dessus ; si elle rend trop d'eau, retirez-en ; quand elle sera bien fondue, ajoutez-y du beurre, et tournez jusqu'à ce que le beurre commence à frémir ; mouillez avec du jus, un fond de cuisson, du jus de rôti ou du bouillon réduit. Servez-vous de cette farce en guise de litière ou garniture.

OSMAZOME. C'est le principe qui fournit la sapidité des viandes et celui qui donne le goût au bouillon. Les viandes colorées en contiennent beaucoup plus que les viandes blanches, et la chair des jeunes animaux en est presque entièrement dépourvue. L'osmazôme excite l'appétit et stimule les organes digestifs. On est parvenu à isoler ce principe, et, dans cet état de pureté, on le prescrit à petites doses aux personnes dont l'estomac est irritable.

OS. Les os de tous les animaux sont composés de phosphate de chaux et de gélatine : cette dernière substance y est dans une si forte proportion qu'une livre d'os contient plus de gélatine que plusieurs livres de viande. Les os qu'on fait bouillir ne perdent leur gélatine que par leur surface et jusqu'à une petite profondeur ; pour en extraire davantage, il faut donc multiplier, autant qu'il est possible, les surfaces, et voilà ce qu'on peut obtenir en brisant les os.

La gélatine des os n'est pas mélangée d'osmazôme ; elle est insipide, comme l'est celle des viandes blanches ; mais elle ajoute à la propriété nutritive du bouillon, qui, lorsqu'il est fait avec de bonne viande, contient toujours une proportion suffisante d'osmazôme.

Dans les viandes rôties, il paraît que les propriétés de l'osmazôme sont exaltées par l'action du feu ; peut-être s'en forme-t-il de nouvelle aux dépens de quelques autres principes, et ce qu'il y a de certain, c'est que lorsqu'on ajoute au *pot-au-feu* quelques débris de viandes rôties, on obtient un bouillon beaucoup plus sapide qu'en employant seulement des viandes crues. On pourrait certainement tirer parti de cette propriété des viandes rôties pour faire, avec peu de viande et au moyen d'une addition de gélatine, du bouillon très-sapide et très-nutritif.

OUTARDE. On en voit quelquefois dans la Nord-Hollande et l'Oost-Frise, qui n'ont pas moins de trois pieds de hauteur et de cinq pieds d'envergure ; en sorte qu'on peut considérer cet oiseau comme le plus grand des volatiles après le condor. La chair en est excellente ; mais la consistance, la saveur et la couleur en sont variées suivant les différentes parties de l'animal ; ainsi la poitrine de l'outarde a beaucoup de rapport avec le blanc de nos volailles, tandis que la partie des cuisses et du ventre ressemble tout-à-fait à la chair du lièvre ou du pluvier doré. Il faut apprêter l'outarde ainsi que le grand coq des bois et la poule de bruyères (*V.* pages 181, 199 et 293).

OXALIS, plante qu'on emploie, dans quelques pays, aux mêmes usages que l'oseille potagère.

C'est de l'oxalis qu'on a retiré, pendant long-temps, l'acide oxalique, autrement dit *sel d'oseille ;* mais il paraît qu'on l'obtient aujourd'hui par l'action de l'acide nitrique sur le sucre.

P.

PAIN. *Choix du pain.* — On sait que le meilleur pain est celui de farine de froment.

Il faut choisir le pain, relevé dans sa forme et sans baisure ; il faut que la croûte en soit unie et d'une couleur jaune, ni trop claire, ni trop sombre.

On doit le prendre d'une pâte ni trop cuite, ni trop *matte.*

La mie d'un pain tendre doit se relever comme un ressort quand on la presse, et elle a quantité d'*œils* petits et nombreux.

Il faut que le pain n'ait aucun goût d'aigreur, ni d'amertume, ni de poussière, ni de farine échauffée.

On dit communément que le pain, pour être bon à manger, doit avoir *un jour ;* comme la farine pour faire la pâte, doit avoir *un mois,* et le grain avant de le faire moudre doit avoir *un an.*

En général, l'état où le pain est le meilleur, c'est lorsqu'il est tendre et tout-à-fait refroidi.

Il n'y a que le pain de millet qui n'est bon que lorsqu'il est mangé chaud.

Nous terminerons cet article en donnant le sens de deux mots que plusieurs de nos lecteurs pourraient ne pas comprendre : *Fraser* veut dire rendre la pâte plus sèche en y mettant de nouvelle farine, afin de la pétrir de nouveau ; *contrefraser* signifie donner le troisième tour à la pâte ferme.

Quoique la panification systématique ne soit pas du ressort de la cuisine, nous croyons devoir donner quelques notions précises et succinctes sur la théorie du boulanger. On trouve partout du blé, de la levure et de la farine de froment ; mais il y a des pays où le pain fabriqué par les nationaux n'est pas mangeable, et, de plus, il y a des localités de province où (quand on achète celui des maîtres) il est quelquefois difficile de se procurer du pain tendre, on ne dira pas seulement tous les matins, mais tous les jours.

C'est à l'attention de bien faire lever la pâte avant de la faire cuire, qu'on doit presque toujours attribuer le plus ou moins de bonté du pain. Cette opération consiste à garder un peu de pâte jusqu'à ce que, par une sorte de fermentation spiritueuse qui lui est particulière, elle se soit gonflée, raréfiée, et ait acquis une odeur et une saveur qui ont quelque chose de vif, de piquant et de spiritueux mêlé d'aigre. On pétrit exactement cette pâte fermentée avec de la pâte nouvelle, et ce mélange détermine promptement cette dernière pâte à éprouver elle-même une pareille fermentation, mais moins avancée et moins complète que celle de la première. L'effet de cette fermentation est de diviser, d'atténuer la pâte nouvelle, d'y développer beaucoup de gaz, qui, ne pouvant se dégager entièrement, à cause de la ténacité et de la consistance de la pâte, y forme de petites cavités, la soulève, la dilate et la gonfle, ce qui s'appelle la faire lever ; et c'est par cette raison qu'on a donné le nom de *levain* à la pâte ancienne qui détermine tous ces effets.

Lorsque la pâte est ainsi levée, elle est en état d'être mise au four, où, en se cuisant, elle se dilate encore davantage par la raréfaction des gaz, et puis elle forme un pain léger, complètement différent de ces masses lourdes, compactes, visqueuses et indigestes qu'on obtient en faisant cuire de la pâte qui n'est pas assez bien levée.

L'invention d'appliquer à la fermentation de la pâte la levure de bière ou le résidu des vins de grain a procuré encore une nouvelle matière très-

propre à améliorer le pain : c'est l'écume qui se forme à la surface de ces liqueurs, pendant la fermentation, dont on use en guise de levain. Cette écume, introduite et délayée dans la pâte, de farine, la fait lever encore mieux et plus promptement que le levain ordinaire ; elle se nomme levure de bière, ou simplement levure. C'est par son moyen qu'on fait le pain le plus délicat, et qui s'appelle *pain mollet.* Il arrive assez souvent que le gros pain, qui a été fait avec du levain de pâte, a une saveur tirant sur l'aigre, et qui est trèsdésagréable ; cela peut tenir à ce que l'on a mis dans ce pain une trop grande quantité de levain, ou de ce que la fermentation du même levain était trop avancée. On ne remarque jamais cet inconvénient dans le pain fait avec la levure ; ce qui vient apparemment de ce que la fermentation de cette levure est moins avancée que celle du levain, ou de ce qu'on met plus de sollicitude à la fabrication du pain mollet qu'à celui du pain de ménage.

Le pain bien levé et cuit à propos diffère donc absolument d'un pain mal fabriqué, non-seulement parce qu'il est beaucoup moins compacte et d'une saveur plus agréable, mais encore parce qu'il se trempe aisément, et qu'il ne fait pas, quand on l'imbibe, une colle visqueuse, ce qui est d'un avantage infini pour la digestion.

Les diverses espèces de farine dont on se sert pour la fabrication du pain français, sont la pure fleur de farine pour le pain mollet, la farine blanche pour celui de ménage, et la farine mêlée de griot pour le pain bis.

Le pain se fait avec de la farine de maïs dans la plus grande partie de l'Asie, de l'Afrique et de l'Amérique ; outre le maïs, les Américains y joignent encore la racine de cassave, dont le suc récent est un poison, mais dont la farine fournit un pain délicat et nourrissant.

Le pain *bis* est le nom de la moindre espèce de pain ; on le fait avec une partie de farine blanche et des griots fins et gros. On y mêle aussi des recoupes, mais ce n'est que dans les temps de disette ou de cherté des grains.

Le pain *bis-blanc* signifie le pain au-dessous du blanc, et il est composé de farine blanche et de griot.

Le pain *blanc* est le nom qu'on donne au pain fait de farine tirée au bluteau après la fleur de farine.

Le pain *chaland* est très-blanc et fait de pâte broyée.

Le pain *de chapelle* est un petit pain fait avec une pâte bien battue et fort légère, laquelle est ordinairement assaisonnée de beurre ou de lait.

Le pain de *chapitre* est une espèce de pain

23

supérieur au pain chaland, qu'on peut regarder comme le plus mollet parmi les pains mollets.

Le pain à *la Reine* est de toutes les espèces de petits pains celui qui se fait avec la pâte la plus forte et la plus ferme.

Le pain à *la Ségovie* est fait avec une pâte d'un tiers plus forte et plus dure que celle du pain à la reine.

Le pain de *rive* est un pain qui n'a point de biseau, ou qui en a très-peu. « Il ne manquera » pas, dit Molière dans son *Bourgeois gentil-* » *homme*, de vous parler d'un pain de rive, re- » levé de croûtes croquantes sous la dent. »

Méthode pour conserver la levure. — Battez une certaine quantité de levure jusqu'à ce qu'elle soit claire ; étendez-en une couche mince dans un plat de bois propre et sec ; renversez-le afin de préserver la levure de la poussière, mais non pas de l'air qui doit la sécher ; quand cette première couche est sèche, mettez-en une autre, et ainsi de suite, jusqu'à ce qu'il y en ait trois pouces d'épaisseur. On peut alors la conserver fort long-temps et en bon état dans des boîtes d'étain. Quand on en a besoin pour les détrempes, on en coupe un morceau qu'on fait fondre dans de l'eau tiède, et qu'on emploie comme la levure fraîche (*V.* l'*Art de faire le pain*, par Edlin ; traduit de l'anglais).

Moyen de faire la levure avec des pom- *mes de terre.* — Faites cuire des pommes de terre farineuses jusqu'à ce qu'elles soient bien molles ; pressez, écrasez-les, et versez-y assez d'eau chaude pour leur donner la consistance de la levure de bière ordinaire ; ajoutez pour une livre de pommes de terre deux onces de mélasse, et, quand le tout est chaud, ajoutez-y pour chaque livre de pommes de terre deux grandes cuillerées à soupe de bière ; gardez le tout chaudement, jusqu'à ce qu'il ait cessé de fermenter, et en vingt-quatre heures il sera prêt à être mis en usage. Une livre de pommes de terre produit environ une pinte de levure, et elle se conserve trois mois. Cette levure remplit si bien le but, qu'on ne peut distinguer le pain qui en contient de celui qui est fait avec la levure de bière (Edlin).

« Je crois rendre service à mon état, dit M. Ca- » rême, en donnant la méthode de faire le pain d'a- » près les procédés de M. Edlin.

» Les hommes de bouche qui voyagent avec des » maîtres amateurs de bonne chère, pourront dés- » ormais, à l'aide de cette méthode, se procurer » du pain frais tous les jours. Cependant nous » pourrons en user ainsi toutes les fois que notre » service de cuisine n'en souffrira en aucune ma-

» nière. Or, quand nous habiterons une campagne » éloignée, ou que les boulangers de province nous » donneront du pain de mauvaise manipulation, c'est » alors que nous serons heureux de pouvoir offrir » à ceux que nous sommes spécialement chargés » de bien faire vivre, du pain qui ne le céderait en » rien à celui de nos boulangers de Paris. Cela » serait fort aimable pour les maîtres, j'en con- » viens, mais peut-être fort déplaisant pour nous ; » car le même homme ne peut être à la fois cui- » sinier et boulanger ; mais il doit en charger son » aide et le surveiller dans l'opération, à moins » que ce ne soit un aide-pâtissier : alors celui-là » doit être l'homme de la chose. »

Méthode pour faire le pain.

Mettez six livres ou un demi-boisseau de farine sur le tour ; faites une fontaine au milieu, dans laquelle vous mettez un demi-quarteron de le- vure ; faites votre détrempe à l'eau tiède ; faites en sorte qu'elle soit de la consistance de la pâte à brioche, et travaillez bien votre pâte, en y joi- gnant deux onces de sel fin délayé dans un peu d'eau tiède ; couvrez et mettez-la chaudement pour qu'elle puisse fermenter et lever : la bonté du pain dépend des soins donnés à cette partie de l'opération ; après avoir laissé la pâte en cet état une heure ou deux, selon la saison, vous la pétrissez de nouveau, la couvrez et la laissez en- core deux heures dans cet état. Pendant ce temps, chauffez le four, et, lorsque vous l'avez bien net- toyé, divisez la pâte en huit parties égales, et formez-en des pains de la forme que vous croyez la plus agréable ; placez-les dans le four le plus promptement possible : lorsqu'ils sont cuits, vous frottez la croûte avec un peu de beurre, afin de leur donner une belle couleur jaune.

Pain français en rouleau. — Prenez six livres de farine tamisée ; délayez-la avec deux pintes de lait, trois quarterons de beurre tiède, une demi-livre de levure et deux onces de sel ; quand le tout est bien mêlé, pétrissez-le avec une quantité suffisante d'eau chaude ; le tout suffisam- ment travaillé, couvrez la pâte, et laissez-la deux heures pour l'épreuve ; ensuite moulez-la en rou- leau que vous placez sur des plaques ou plafonds étamés, et laissez-les sur le four ou dans une étuve à chaleur molle, afin qu'ils puissent s'apprê- ter ; une heure après, placez-les dans un four très-chaud pendant vingt minutes ; râpez-en le dessus lorsqu'ils sont cuits. On peut les mettre de préférence sur du papier beurré : ils n'en font que plus d'effet en les cuisant, et ceci les rend infi- niment plus légers.

Pain à la terrine ou à la grecque. —
Mettez dans une grande terrine un demi-boisseau
de belle farine ; faites en sorte que le vase et la
farine soient un peu chauds (mettez sur le four ou
à l'étuve une heure avant de faire le pain), et
mettez trois onces de levure et une quantité d'eau
et de lait suffisante, pour que votre pâte soit mollette, et ajoutez deux onces de sel ; étant bien travaillée, tenez-la couverte pendant trois heures sur
le four ou dans une étuve, et coupez-la en huit
pains, que vous mettez dans des terrines beurrées;
mettez tout de suite au four très-chaud ; quand le
pain est à peu près cuit, ôtez-le des terrines, et
placez-le sur des plaques ou plafonds pendant
quelques minutes, afin que la croûte puisse prendre couleur ; ensuite enveloppez-le de flanelle.
Lorsque vos pains sont froids, vous les chapelez.

Le pain préparé de la sorte est beaucoup plus
léger que celui des boulangers, et, lorsqu'il est
coupé, il a l'apparence d'une ruche. Il importe
de remarquer que la pâte doit être aussi travaillée
et aussi molle que celle du solilemne (*V.* cet article).

PAIN D'ÉPICE. Cette espèce de gâteau,
dont la base est de la farine de seigle et du miel,
est, depuis les temps les plus reculés, fabriquée à
Reims. Du temps de Louis XII, c'est-à-dire à la
fin du XVᵉ siècle, il jouissait d'une grande réputation, et celui qu'on fabriquait à Paris n'était
qu'au second rang.

Au commencement du XVIIIᵉ siècle, il était d'u-
sage de faire présent de *croquets* et de *nonettes*
de Reims ; aujourd'hui, le pain d'épice est abandonné aux enfants, mais il ne s'en fait pas moins
un commerce assez considérable. Le pain d'épice
pour les vers déguise le remède et remplit efficacement son but.

Il n'arrive guère aujourd'hui qu'on voie servir
du pain d'épice au dessert, à moins que ce ne soit
pour des repas de chasse ou des goûters de pensionnaires.

Nous avons entendu raconter que le dernier
maréchal de Mouchy venait de perdre un de ses
beaux-frères, contre lequel il avait plaidé pendant
longues années, et qu'il était solennellement assis
dans le salon de son appartement au château de
Versailles, où il écoutait des compliments de con-
doléance avec beaucoup de gravité. Comme il était
là depuis son retour de la messe du roi, et que
l'heure du dîner s'approchait, le contrôleur du
maréchal, car il avait accordé le titre de contrôleur
à son maître-d'hôtel, cet officier, disons-nous, osa
prendre sur lui d'interrompre la cérémonie des
compliments pour venir lui demander ses ordres.
— Hé ! mon Dieu ! lui dit le maréchal avec un
ton mêlé d'impatience et d'affliction, comment
pouvez-vous et comment osez-vous me faire une
question pareille? Qu'est-ce que vous pourriez me
présenter convenablement, sinon les deux plats
d'ancienne étiquette? — Apprenez donc, monsieur,
qu'un jour comme aujourd'hui vous ne pouvez
servir devant moi que des pigeons au gros sel et
du pain d'épice ! — Comment se fait-il que mon
Contrôleur ne sache pas cela?....

PALAIS de bœuf en filets marinés, au gratin,
à l'allemande, en coquilles, en crépinettes, etc.
(*V.* page 86 et suivantes).

PALOMBE, oiseau de passage un peu plus
gros que le ramier. Il est plus commun dans les
Pyrénées que partout ailleurs. Il reçoit les mêmes
apprêts que le pigeon sauvage et la tourterelle.

PANADE, sorte de potage composé de mie
de pain qu'on fait mitonner avec de l'eau, du
beurre et du sel, et dans lequel on ajoute, au moment de servir, une liaison composée de jaunes
d'œufs et de crème fraîche. (*V.* POTAGES.)

PANAIS, racine fusiforme avec laquelle on
doit assaisonner le bouillon gras qu'on nomme
vulgairement *pot-au-feu.* Il ne faut user du panais qu'avec précaution, car il est d'une sapidité
très-forte.

On cultive et l'on mange souvent, en Allemagne, une espèce de petit panais farineux et sucré,
dont on fait un hochepot avec des carrés de porc
frais et des filets de biche.

PANCALIERS, espèce de chou que l'on peut
manger à la fin du printemps, et qui tire son nom
de la ville de Pancaliers, en Piémont, d'où il a été
apporté par le célèbre La Quintinie, premier jardinier potagiste de Louis XIV.

PANER. C'est l'action de couvrir de chapelure ou de mie de pain des viandes qu'on veut faire
griller ou frire; on pane également des ragoûts
entiers lorsqu'on veut leur faire prendre couleur
au four ou sous le four de campagne.

PANNEQUETS. — Mettez dans une terrine
deux cuillerées à bouche de farine, trois jaunes
d'œufs et deux œufs entiers, un peu de sel et
quelques gouttes d'eau de fleur d'orange ; délayez
bien le tout, et achevez de le délayer avec du lait
(il faut que cet appareil soit clair) : prenez une
petite poêle ronde et creuse, chauffez-la, essuyez-
la ; mettez du beurre gros comme la moitié d'une
noix dans plusieurs épaisseurs de papier en forme

de petit sachet ; frottez-en votre poêle partout ; mettez dans cette poêle une cuillerée à dégraisser pleine de votre pâte ; tournez-la sur tous les sens, afin de bien étendre le pannequet, lequel doit être bien mince et bien égal partout : lorsqu'il sera cuit, renversez-le sur le plat que vous devez servir ; étendez dessus votre pannequet, saupoudrez-le de sucre, et continuez ainsi, pour les autres, jusqu'à ce que vous ayez employé la totalité de votre appareil.

On recouvre quelquefois les pannequets avec un enduit de confiture ; mais ceci masque leur goût, et c'est une recherche que nous ne saurions approuver.

PANNE. On appelle ainsi la graisse abdominale du porc avec laquelle on opère le sain-doux, dont nous avons indiqué la formule de préparation page 142 et suivantes.

PAON. Cet oiseau n'est d'aucun usage en cuisine ; mais les paonneaux de l'année sont un manger délicieux. On ne les sert jamais qu'en plat de rôt, cuits à la broche et finement piqués de lardons assaisonnés *secundum artem*, ainsi que nous l'avons formulé magistralement au troisième paragraphe de la page 15.

PARMESAN, fromage qui se fabrique en Italie, dans l'État de Parme et le pays de Modène. Quant à l'emploi culinaire du parmesan (*V.* MACARONI, LASAIGNES, RAMEQUINS et FONDUES).

PASSARILLES, raisins secs qui se préparent à Frontignan et qui sont fort estimés chez l'étranger.

PASSOIRE, ustensile de cuisine et vase creux percé de trous, qui sert à filtrer grossièrement des liquides épais. C'est dans une passoire qu'on écrase les légumes dont on veut faire des purées ; la pulpe passe et les pellicules restent. On a des passoires dont les trous sont plus ou moins grands : on en fait aujourd'hui dont les trous sont extrêmement petits : on s'en sert pour passer le bouillon et les sauces liées.

Les passoires de fer-blanc sont préférables à celles de cuivre ; celles-ci contiennent presque toujours du vert-de-gris au pourtour intérieur des trous : il n'y en a pas assez pour empoisonner, mais il y en a suffisamment pour donner des coliques dont on ignore la cause.

PASTÈQUE, espèce de cucurbitacée à peau lisse : les pepins sont disséminés dans la chair, qui est rouge et aussi sucrée que celle du melon. (*V.* HORS-D'ŒUVRES).

PASTILLAGE et **PASTILLES** (*V.* DRAGÉES, GRILLAGE, depuis la page 207 jusqu'à la page 214. Voyez aussi le chapitre intitulé : PHARMACIE DOMESTIQUE).

PASTOURELLE, sorte de poire analogue à celle du beau rousselet, dont la chair est tendre, beurrée et n'ayant jamais ni marc, ni pierres. Elle réussit très-bien en compote à la portugaise, et l'on s'en sert aussi pour foncer des flancs et garnir des tourtes d'entremets.

PATATE, autrement appelée *pomme de terre sucrée d'Espagne.* Ce légume est originaire de Saint-Domingue, et l'on peut en tirer un très-bon parti pour le service d'entremets.

Patates au beurre. — Faites-les cuire à la vapeur ; ôtez la peau qui les enveloppe et coupez-les en deniers ; mettez-les dans une casserole avec un morceau de beurre et du sel en suffisante quantité ; sautez-les sans autre préparation.

Patates en beignets. — Prenez des patates, lavez-les, ratissez-les ; coupez-les de la même longueur que l'on coupe les salsifis : faites-les mariner une demi-heure dans de l'eau-de-vie, avec une écorce de citron ; lorsque vous voudrez vous en servir, égouttez-les, trempez-les dans une pâte légère, et faites-les frire de manière à ce qu'elles soient d'une belle couleur ; égouttez-les, dressez-les et saupoudrez-les de sucre.

Frangipane de patates. — Faites cuire des patates à la vapeur : leur cuisson achevée, ôtez-en les peaux ; mettez vos patates dans un mortier, pilez-les, et puis retirez-les dans un vase ; ajoutez-y quelques œufs entiers, un peu de beurre, un peu de sel, un peu de citron râpé, quelques macarons amers réduits en poudre, un peu de sucre, et servez-vous-en comme d'une frangipane pour tous les entremets de pâtisserie que vous voudrez confectionner.

PATE. On appelle ainsi les différentes manières d'apprêter les farines en les détrempant avec de l'eau ou d'autres liquides.

Pâte à dresser. — Prenez un quart de fleur de farine ; mettez-le sur un tour à pâte ; formez un trou au milieu de cette farine, assez grand pour contenir l'eau ; maniez une livre de beurre, mettez-le au milieu de ce trou, *dit* fontaine ; ajoutez-y une once de sel fin ; versez de l'eau, et lorsque vous avez lavé vos mains (soit dit une fois pour toutes), prenez peu à peu la farine ; maniez bien votre beurre ; pétrissez bien votre pâte ; lorsqu'elle sera en masse et bien ferme, tournez-la deux ou trois fois, c'est-à-dire écrasez-la avec les paumes des mains; cela fait, ramassez votre pâte en un seul morceau; moulez-la; à cet effet, saupoudrez votre tour d'un peu de farine; ensuite mettez votre pâte dans un linge un peu humide; laissez-la reposer ainsi une demi-heure avant de l'employer; vous pouvez la faire à cinq ou six livres par boisseau; celle à quatre livres sert ordinairement pour les gros pâtés froids et les timbales froides; celle à cinq ou six livres par boisseau, et en ajoutant un œuf par litron, sert pour les pâtés chauds, les timbales de macaroni et autres.

Pâte brisée. — Prenez un quart de farine, plus ou moins, si le cas le requiert; passez-la au tamis; mettez-la sur votre tour à pâte; faites un trou au milieu, appelé fontaine; mettez-y une once de sel fin et une livre et demie de beurre manié; versez de l'eau ce qu'il en faut pour faire votre pâte d'une consistance ferme; maniez ce beurre et cette farine ensemble, sans trop diviser le beurre; assemblez le tout à force de bras, et, s'il est nécessaire, arrosez-la d'un peu d'eau; faites-en une masse; saupoudrez votre tour de farine, et mettez votre pâte dessus; moulez-la, laissez-la reposer, couvrez-la d'un linge humide, et servez-vous en pour des gâteaux de pâte brisée, pour le fond de divers entremets; à ce sujet, donnez-lui trois ou quatre tours, selon que le beurre se trouve divisé, et, s'il l'est peu, donnez-lui plus de tours (on appelle *tourer* étendre la pâte avec un rouleau); à cet effet, l'on saupoudre sa table ou son tour à pâte avec un peu de farine, afin que la pâte ne s'y attache pas; on saupoudre cette même pâte; on prend le rouleau des deux mains; on le fait rouler sur la pâte, depuis le bout des doigts jusqu'à la paume de la main; chaque fois qu'il est arrivé, on le reprend et on le fait rouler de nouveau : il faut que ce rouleau ne marque point sur la pâte en l'étendant; de suite, formez de cette pâte un carré long; quand elle est assez amincie, il faut prendre un des bouts, le ployer jusqu'au milieu, l'étendre de nouveau, plier l'autre bout sur celui-là, en sorte que la pâte se trouve doublée en trois; si vous donnez un second tour, aussitôt alongez votre pâte à contre-sens, repliez-en de même les deux extrémités; continuez ainsi pour les autres tours, en changeant votre pâte du côté opposé à celui que vous venez de plier; vous donnerez plus ou moins de tours; cela dépendra de la quantité de beurre que vous aurez mise dans votre farine : vous aurez soin de donner les derniers tours plus minces que les premiers, et lorsque vous plierez votre pâte, vous ne la saupoudrerez que de fort peu de farine; autrement cette pâte ou feuilletage ne serait pas claire, c'est-à-dire qu'à la cuisson elle serait bise; si, comme

cela arrive, il se trouvait trop de farine dessus, époussetez-la légèrement avec un pinceau de plumes, et passez-en un autre un peu mouillé sur votre pâte, pour qu'elle se lie bien; lui ayant donné son dernier tour, laissez-la reposer; couvrez-la d'un linge pour qu'elle ne se hâle point. Si c'est un gâteau ou un objet rond que vous voulez faire, prenez les quatre pointes de votre pâte, ramenez-les au centre du carré, de manière qu'ils se touchent sans se croiser, et ainsi des autres parties, afin d'en faire une masse ronde; cela fait, abaissez votre pâte avec le rouleau, et formez-en, soit un gâteau, comme il est dit, ou le fond d'une tourte, etc.

Pâte à nouilles. — Mettez un demi-litron de farine sur votre table; formez une fontaine au milieu; cassez-y trois ou quatre œufs; ajoutez-y un peu de sel et un peu d'eau pour le fondre, et du beurre gros comme une noix; formez du tout une pâte, la plus ferme possible; fraisez-la avec la paume de la main, assemblez-la, laissez-la reposer; donnez-lui un tour ou deux; séparez-la en quatre parties, dont vous ferez autant d'abaisses le plus mince possible; coupez-les par bandes de la largeur d'un pouce et demi; saupoudrez-les légèrement de farine; coupez-les de la grosseur d'un fort vermicelle, et le plus également possible; étendez ces nouilles sur du papier; laissez-les une heure ou deux à l'air, et pendant ce temps soulevez-les légèrement pour qu'elles sèchent; pochez-les dans de l'eau bouillante, dans laquelle vous aurez mis un peu de sel; faites-les bouillir un demi-quart d'heure; écumez-les; jetez-les sur un tamis et laissez-les égoutter; si vous voulez vous en servir pour potage, ayez un excellent consommé bien limpide; mettez-y vos nouilles; faites-leur jeter deux ou trois bouillons; dégraissez le potage, et servez-le.

Pâte à brioche. — Prenez un quart de farine, plus ou moins, si vous voulez augmenter ou diminuer, pour faire cette pâte, les doses des ingrédients qui vont vous être indiqués : pour un quart, employez douze ou treize œufs et deux livres de beurre, ce qui fait votre pâte à huit livres au boisseau (on met une demi-livre de beurre de plus pour la faire à deux livres), une once de levure de bière, une once de sel fin; bref, voici la manière de faire cette pâte : passez un quart de belle farine au tamis, séparez-en le quart; formez deux fontaines dans la petite; mettez une once de levure; faites chauffer de l'eau un peu plus que tiède; ayez attention qu'elle ne soit pas trop chaude, de crainte de brûler votre levain; délayez avec les doigts votre levure dans la fontaine avec l'eau chaude; lorsque vous ne sentirez plus de grumeaux, mêlez-y votre farine, tournez-la sur elle-même, comme il est indiqué au feuilletage; ramassez bien le tout en une seule masse; saupoudrez un peu de farine sur votre tour, et moulez dessus votre levain, qui ne doit pas être ferme, en un mot, comme un boulanger moule un pain rond: fendez légèrement ce levain en quatre; essuyez le vase où vous avez fait chauffer votre eau; saupoudrez-le de farine, et mettez-y votre levain; couvrez-le d'un linge blanc; mettez-le au chaud, pendant qu'il reviendra; mettez dans votre grande fontaine votre sel fondre avec un peu d'eau; cassez vos œufs dans un vase, en les flairant les uns après les autres, et mettez-les dans cette fontaine; ajoutez-y le beurre, comme il est indiqué à l'article précédent, une pincée de sucre en poudre, et maniez bien vos œufs avec votre beurre, en prenant un peu de farine en dedans de votre fontaine; mêlez bien le tout, assemblez-le, rapprochez-le près de vous; fraisez-le avec les paumes des mains, en l'éloignant de votre corps, et rapprochez-le près de vous; voyez si votre levain est revenu, ce qui sera facile à juger, si la croix que vous avez faite dessus avec le taillant de votre couteau s'est beaucoup élargie, et si ce levain est gonflé; si ce levain est bien revenu, il doit être fibreux comme une dentelle; alors versez-le sur votre pâte et coupez-le avec vos deux mains; remettez toujours ce que vous avez coupé sur la masse de votre pâte : cela fait, fraisez-la légèrement une seconde fois; faites que votre levain y soit bien incorporé; ramassez le tout, étendez une serviette dans un vase; saupoudrez-la de farine, et mettez-y votre pâte; pliez-la de manière à ce que cette pâte soit un peu serrée; laissez-la revenir quatre à cinq heures en été, et huit en hiver (cela dépend de la température); votre pâte revenue, corrompez-la lorsqu'elle forme des yeux et qu'elle est coriace, ce dont vous jugerez en appuyant la main dessus; si elle la repousse, c'est un signe certain que votre pâte est bien faite; laissez-la reposer, et servez-vous-en au besoin.

Pâte d'échaudés. — Prenez le quart d'un boisseau de belle farine; passez-la au tamis; faites au milieu une fontaine, mettez-y deux onces de sel en poudre et la valeur d'un verre d'eau, cassez dans un vase vingt à vingt-deux œufs; mettez-les dans cette fontaine; joignez-y une livre de bon beurre; il doit avoir beaucoup de corps, et il n'est pas nécessaire qu'il soit très-fin; maniez-le avec vos œufs, et petit à petit avec la farine; finissez de rassembler votre pâte; coupez-la en partie, et jetez-la avec force sur votre tour; cela fait, rapprochez-la près de vous; tourez-la, non avec les paumes des mains, mais avec les phalanges de vos

doigts; lorsque vous aurez donné le premier tour, ramassez votre pâte devant vous; recoupez-la et continuez de lui donner cinq à six tours de la même manière; coupez-la bien pour la finir; ramassez-la; mettez-la sur une planche que vous aurez saupoudrée de farine, et aplatissez-la; laissez-la ainsi passer la nuit; le lendemain coupez-la par bandes; saupoudrez votre table de farine; roulez dessus ces bandes; coupez vos échaudés de la grosseur que vous les voulez; saupoudrez de farine un plafond; arrangez-les dessus, et sur une de leurs coupures; faites chauffer de l'eau; lorsqu'elle frémira pour bouillir, jetez-y vos échaudés; laissez-les s'échauder sans bouillir; rafraîchissez-les de temps en temps avec de l'eau fraîche; quand ils seront fermes sous le doigt, retirez-les de l'eau; mettez-les dans un seau d'eau fraîche; changez-les d'eau; retirez-les au bout de deux heures; arrangez-les sur un plafond, un peu écartés l'un de l'autre, et mettez-les au four.

Pâte à biscuits ordinaires. — Prenez vingt œufs; séparez les blancs des jaunes; faites en sorte qu'il n'y ait nulle parcelle de jaune dans les blancs, et de blanc dans les jaunes; mettez ces derniers dans un vase, avec une livre de sucre en poudre, deux ou trois gouttes d'esprit de citron ou de jasmin; si ces deux objets vous manquent, prenez un citron; frottez-le sur un morceau de sucre pour en avoir l'huile essentielle; râpez ce sucre dans vos jaunes; battez-les bien; plus vous les battrez, plus ils deviendront fermes : il est indispensable qu'ils soient pour faire de beaux biscuits; incorporez-y dix onces de farine; vous pouvez y mettre moitié fécule de pommes de terre, si vous le jugez à propos; mettez vos blancs dans un vase de cuivre non étamé : si vous n'avez pas de bassin, prenez une poêle ou une terrine d'office; faites attention qu'elle ne soit pas grasse; ayez un fouet de branches de buis ou d'osier; fouettez vos blancs, en les commençant doucement, et augmentez au fur et à mesure de vitesse, jusqu'à ce qu'ils soient assez fermes pour porter un petit écu en le posant dessus; mêlez ces blancs avec vos jaunes; servez-vous pour cela d'une cuillère de bois; faites en sorte de ne point écraser vos blancs, et servez-vous de cette pâte pour biscuits de Savoie ou biscuits ordinaires.

Observez que cette pâte n'est que pour tous les gros biscuits, tels que ceux de Savoie; et que, pour les fins, vous devez recourir à l'article des Biscuits d'office.

Pâte royale. — Mettez dans une casserole un demi-setier d'eau, environ deux onces de beurre, une pincée de sel fin, une écorce de citron vert, de l'essence ou de la fleur d'orange; mettez le tout sur le feu; retirez-le lorsque le tout commence à bouillir; vous aurez passé de la farine; vous en mettrez dans cette eau autant qu'elle en pourra boire; délayez bien votre farine, c'est-à-dire qu'il n'y reste pas de grumeaux; mettez de nouveau sur le feu; remuez-la et faites-la dessécher, jusqu'à ce qu'elle quitte la casserole et qu'elle ne tienne pas aux doigts; changez de casserole; laissez-la un peu refroidir; mettez-y deux œufs, et de suite œuf par œuf, jusqu'à ce qu'elle s'attache aux doigts, et servez-vous-en pour des choux, des pains à la duchesse, des pains à la Mecque, et pour tous les petits entremets.

Pâte de choux à la reine. — Mettez dans une casserole un demi-setier de lait ou de crème, un quarteron de beurre, une pincée de sel fin; posez cet appareil sur le feu, et lorsqu'il sera près de bouillir, retirez-le sur le bord du fourneau; incorporez-y de la farine, comme il est indiqué à l'article précédent, et, sa cuisson achevée, retirez-le du feu; ajoutez-y un quarteron de sucre en poudre, avec des œufs, et finissez comme il est dit à l'article ci-dessus : de là couchez vos petits choux de la grosseur que vous les voulez, et faites-les cuire à un four doux.

Pâte à poupelin. — Faites une pâte royale (*V.* l'article précédent); mettez-y cependant moins de beurre que pour une pâte ordinaire de cette espèce, et au contraire plus de farine; desséchez votre pâte, mouillez-la avec des œufs, autant qu'elle en pourra boire, sans la rendre liquide; beurrez une casserole ou une poupelinière, avec du beurre clarifié; servez-vous, à ce sujet, d'un pinceau; retournez votre vase; laissez-le égoutter; mettez-y de votre appareil de poupelin, faites-le cuire à un four un peu moins chaud que pour du feuilletage; observez que votre moule ne soit rempli qu'au tiers; laissez cuire ce poupelin environ deux heures, ou plus, suivant sa grosseur : sa cuisson faite, retirez-le; levez le dessus comme vous lèveriez le couvercle d'un pâté; videz ce poupelin, c'est-à-dire, ôtez-en toute la mie; beurrez légèrement le dedans; mettez-le sécher au four; retirez-le; saupoudrez-le dehors de sucre fin; glacez-le avec une pelle rouge; dorez-le en dedans de confitures; mettez une serviette sur un grand plat; dressez-le dessus, et servez-le pour grosse pièce.

Pâte à ramequin. — Mettez dans une casserole un demi-setier d'eau, plus ou moins, suivant la quantité de pâte que vous voulez faire; ajoutez-y environ trois onces de fromage de Gruyères, et autant de beurre; posez le tout sur le feu : lorsque l'eau bouillira, retirez du feu votre casse-

role; incorporez dans cette eau de la farine, comme il est indiqué pour les petits choux; et, pour finir, procédez de même qu'il est énoncé aux articles précédents; de suite couchez vos ramequins comme les petits choux, et faites-les cuire à un four doux.

Pâte à ramequin (d'une autre manière). — Faites une pâte royale (*V.* cet article) : lorsqu'elle sera desséchée, mettez-y des œufs ce qu'il en faut pour ne pas rendre vos ramequins trop mous; ajoutez-y une bonne poignée de fromage de Parmesan et de Gruyères ensemble, et autant que les deux objets réunis, du fromage de Gruyères, coupé en petits dés; mêlez bien le tout; couchez vos ramequins sur un plafond de la grosseur que vous le jugerez à propos; dorez-les; et, un quart d'heure avant de servir, faites-les cuire à un four doux : si c'est pour un buisson, dressez-les sur une serviette.

Pâte aux amandes. — Prenez une livre d'amandes douces et quatre amandes amères; émondez-les, comme il est indiqué au potage de lait d'amandes : lorsque vous les retirerez de l'eau fraîche, laissez-les se ressuyer sur un linge blanc; quand elles le seront, pilez-les; arrosez-les de temps en temps d'une goutte d'eau, afin qu'elles ne tournent pas en huile, et alternativement d'un peu de blanc d'œuf; pour n'en pas trop mettre à la fois, faites un petit trou à la pointe de l'œuf, et faites en tomber le blanc goutte à goutte; pour blanchir ces amandes, mettez alternativement aussi un peu de jus de citron : lorsqu'elles seront bien réduites en pâte, que vous ne sentirez nul grumeau sous les doigts, mettez-y trois quarterons de sucre royal en poudre; cela fait, retirez du mortier votre pâte; mettez-la dans un poêlon d'office; posez-la sur un feu doux; desséchez-la ayant grand soin de la remuer, jusqu'à ce qu'en appuyant le doigt dessus, elle ne s'y attache plus; saupoudrez une table de sucre fin; roulez votre pâte dessus, et lorsqu'elle sera froide, enveloppez-la de papier blanc, pour vous en servir au besoin.

Pâte d'office. — Prenez un litron de farine, trois quarterons de sucre en poudre, gros de beurre comme une noix, un peu de sel, une cuillerée à café de fleur d'orange et deux œufs entiers; pétrissez bien le tout : comme il faut que cette pâte soit très-ferme, assemblez-la; battez-la avec le rouleau à pâte; si elle se trouvait trop ferme, mettez-y un peu de blanc d'œuf; tournez-la (cette pâte vous servira pour faire les plafonds des rochers, des maisonnettes ou chaumières et des croquantes découpées); vous aurez toujours le soin de beurrer légèrement les moules sur lesquels vous voudrez faire vos croquantes; faites-les cuire à l'entrée d'un four d'une chaleur douce.

Pâte pour talmouse (sans fromage). — Faites une pâte royale ordinaire (*V.* l'article PATE ROYALE ORDINAIRE); mouillez-la avec des œufs, de manière qu'elle ne soit pas trop liquide : vous aurez abaissé du feuilletage ou de ses rognures, de l'épaisseur d'une pièce de trente sous; coupez-le en rond avec un coupe-pâte, de la grandeur de trois pouces et demi; couchez de votre appareil sur ces abaisses, et formez-en une espèce de chapeau à trois cornes; dorez légèrement le dessus; mettez-les à un four un peu vif : leur cuisson achevée, dressez et servez chaud autant que faire se pourra.

Pâte pour talmouses (à la Saint-Denis). — Ayez une livre et demie de fromage à la pie; ajoutez-y un quarteron de fromage de Brie bien nettoyé et un peu de sel; maniez le tout avec la main; joignez à cela une poignée de belle farine, passée au tamis; maniez le tout de nouveau; mettez-y un quarteron de beurre que vous aurez fait fondre; remaniez cet appareil; couchez et dressez vos talmouses, comme il est indiqué à l'article ci-devant; faites cuire, et servez, soit pour buisson ou pour entremets.

Pâte à la duchesse. — Mettez dans une casserole une chopine de crème, une cuillerée à bouche d'eau de fleur d'orange, deux onces de sucre, un quarteron de beurre, un peu de sel quand la crème commencera à bouillir; vous mettrez de la farine, comme il est dit à l'article *Pâte à poupelin.* Travaillez-la de la même manière, c'est-à-dire, mettez-y des œufs petit à petit, en pétrissant toujours la pâte avec une cuillère de bois; tenez-la aussi ferme que celle à choux; donnez-lui la forme en mettant de la farine sur le tour de la pâte, et la roulant pour en faire des petits pains à la duchesse; on peut les coucher sur un plafond avec une cuillère; on les fait cuire après le feuilletage, et on les glace.

Pâte croquante. — Prenez environ deux poignées d'amandes, si vous ne voulez faire qu'une petite tourte; échaudez-les pour les peler, et en les pelant, jetez-les dans de l'eau fraîche; vous les essuierez ensuite pour les piler au mortier, en les arrosant de temps en temps d'un peu de blanc d'œuf et d'eau de fleur d'orange, battus ensemble, afin qu'elles ne viennent point en huile. Il est important de les bien piler, et l'on pourrait même les passer au tamis, afin qu'il n'y reste point de grumelots. Vos amandes étant ainsi préparées, vous mettez cette pâte dans une poêle et vous la desséchez avec du sucre en poudre, jusqu'à ce qu'elle soit bien maniable; vous en formerez alors

un rouleau pour la laisser reposer quelque temps, puis vous en retirerez une abaisse que vous mettrez sécher au four dans une tourtière.

Pâte croquante à l'italienne. — Prenez une livre d'amandes et deux onces de fleur d'orange, le zeste d'un citron et une livre et demie de sucre en poudre; les amandes pelées, vous les mêlerez avec la fleur d'orange et le zeste de citron, en les humectant de temps en temps avec des blancs d'œufs; vous clarifiez le sucre et le faites cuire au petit boulé; vous retirez la bassine de dessus le feu et y jetez la pâte, que vous mêlez; vous remettez ensuite la bassine sur un feu très-doux, ayant soin de remuer la pâte jusqu'à ce qu'elle se détache de la bassine; vous la mettez ensuite dans un plat saupoudré de sucre, et, lorsqu'elle est refroidie, vous en formez des abaisses dont vous faites une tourte ou un gâteau que vous mettez cuire au four.

Feuilletage. — Prenez un quart de fleur de farine; passez-le au tamis sur votre tour; faites au milieu une fontaine; mettez-y une once de sel fin et de l'eau en suffisante quantité, deux ou trois jaunes d'œufs, si vous le voulez (je parle ainsi, parce qu'on peut s'en dispenser) : lorsque vous croirez votre sel fondu, mêlez votre farine avec votre eau, sans pour cela crever votre farine, jusqu'à ce que vous ayez bien assemblé toute votre pâte : alors pétrissez-la en la tournant sur elle-même, de manière à ce qu'il ne reste rien d'attaché sur votre tour; observez qu'il ne faut mettre, autant que faire se peut, votre pâte qu'à consistance de votre beurre; évitez d'y ajouter de l'eau à plusieurs reprises, ce qui corderait votre feuilletage, c'est-à-dire le rendrait coriace, et dès-lors très-difficile à travailler; de plus la pâtisserie en serait moins bonne et moins belle; cela fait, laissez reposer votre pâte; maniez deux livres de beurre, si votre feuilletage est à huit livres par boisseau, ou deux livres et demie, s'il est à dix livres; étendez un peu votre pâte; mettez votre beurre dessus, étendez-le presque de la longueur de la pâte; reployez-la des quatre coins, pour envelopper le beurre; aplatissez là masse de votre pâte avec la paume de la main; laissez-la reposer encore un quart d'heure, et tournez-la comme il est indiqué à l'article *Pâte brisée;* à huit livres, vous lui donnerez cinq tours ou cinq et demi; cela dépend néanmoins de la manière dont vous l'avez tourée; à dix livres de beurre par boisseau de farine, donnez-lui six tours ou six et demi; le demi-tour est de ployer la pâte en deux de suite; servez-vous-en pour des vole-au-vent, des tourtes d'entremets, des petits pâtés au naturel, des tartelettes, et tout ce qui est de pâtisserie légère, telles que celles aux confitures, etc.

Feuilletage à l'espagnole. — Prenez une livre de graisse de rognons de bœuf, choisissez-la de la nature de celle indiquée pour le GODIVEAU; hachez-la bien menu ; mettez-la fondre dans une casserole sur un feu doux; ajoutez-y un verre d'eau ; lorsqu'elle sera bien fondue, tordez-la dans un torchon sur un vase rempli d'eau fraîche ; lorsque cette graisse sera refroidie, mettez-la égoutter sur le fond d'un tamis, et de suite dans un mortier; pilez-la ; mouillez-la peu à peu avec un peu d'excellente huile d'olive, jusqu'à ce qu'elle ait la consistance du beurre ; détrempez la valeur d'une livre de farine ; mettez-y un œuf ou deux entiers et un quart d'once de sel fin; formez-en votre feuilletage ; laissez-le reposer une demi-heure; mettez-y votre graisse, comme il est indiqué à l'article ci-dessus : observez, 1° que cette pâtisserie doit être mangée chaude; 2° que l'on ne fait guère ce feuilletage que dans les pays où il n'y a pas de beurre.

Feuilletage des Minimes. — Mettez sur votre tour un litron de farine ; formez-en une fontaine, en faisant un trou au milieu ; mettez-y un quart d'once de sel fin, un œuf entier, de l'eau, un quarteron d'huile, et finissez cette pâte comme celle de feuilletage ; laissez-la reposer deux heures : abaissez-la bien fin plusieurs fois, et chaque fois dorez votre abaisse avec vos trois quarterons d'huile, jusqu'à ce qu'ils soient employés : servez-vous de ce feuilletage pour toutes vos pâtisseries maigres.

PATES DE FRUITS (*V*. page 174 ; — DE FLEURS, pages 207 et suivantes).

PATÉS. On en fait en gras ainsi qu'en maigre. On en fait de chauds, qu'on sert pour entrée, et de froids, qui se servent à l'entremets.

Les noix de veau, les filets de mouton, les perdrix, les bécasses, les filets de lièvre, les poulardes, les chapons et les dindons désossés, garnis de veau et mêlés de jambon, font des pâtés excellents.

Lorsque les perdrix, bécasses, chapons, ou poulardes, sont vidés, on les fait revenir sur la braise après les avoir essuyés et épluchés; ensuite on les pique avec du gros lard manié dans le sel fin, fines épices mêlées, persil et ciboules hachés. On fait la même chose pour le veau et la venaison, à la réserve qu'on ne les fait point revenir sur la braise. Quand la viande est bien préparée, on coupe suffisamment de bardes de lard pour couvrir toute sa viande.

On prend moitié de la pâte nécessaire pour son pâté, que l'on arrondit avec les mains en la roulant sur la table : c'est ce qu'on appelle mouler la pâte; on l'abat ensuite avec le rouleau, jusqu'à ce qu'elle soit de l'épaisseur d'un demi-doigt; on met cette pâte sur une feuille de papier beurrée, et dessus la pâte la viande bien serrée, que l'on assaisonne de sel fin et fines épices, et que l'on couvre de bardes de lard avec beaucoup de beurre par-dessus; on couronne la viande avec une abaisse de pâte, aussi épaisse que celle de dessous ; on mouille avec un doroir les parties de la pâte qui doivent se rejoindre, afin qu'elles se collent ensemble ; on appuie partout les doigts pour les unir; on reprend ensuite le doroir, que l'on trempe dans l'eau pour mouiller tout le dessus du pâté ; on relève ensuite la pâte qui déborde et on l'unit promptement sans trop appuyer, de crainte de percer la pâte.

Quand le pâté se trouve bien façonné, on fait au milieu du dessus une ouverture de la largeur du pouce; on fait une cheminée de pâte, où l'on met une carte roulée, de peur que le trou ne se referme en cuisant; on dore ensuite partout la pâte à deux reprises avec un œuf battu, blanc et jaune ; et un moment avant de le mettre au four, on mettra par la cheminée du pâté deux cuillerées d'eau-de-vie.

Il faut laisser le pâté au four à peu près quatre heures, ce que l'on doit juger au reste d'après sa grosseur. Quand il est cuit, on le met dans un endroit frais pour le faire refroidir et on bouche sa cheminée avec un morceau de pâte crue, jusqu'à ce qu'on le serve.

Petits pâtés à la bourgeoise. — Abaissez à l'épaisseur d'une livre, soit des rognures de feuilletage, soit un morceau de pâte brisée; prenez un coupe-pâte de la grandeur que vous voudrez avoir ces petits pâtés; coupez-en les abaisses; mettez-les sur un plafond; posez au milieu de ces abaisses gros comme le pouce de chair à petits pâtés (*V*. article FARCES, celle *à la ciboulette* ou *de godiveau*) : si vous voulez les faire en maigre, servez-vous de la farce des carpes; refaites des abaisses de feuilletage de l'épaisseur de trois lignes; couvrez vos chairs de petits pâtés; que les fonds ne débordent pas les couvercles; appuyez légèrement sur vos petits pâtés, dorez-les ; un quart d'heure avant de servir, faites-les cuire, et servez-les sortant du four.

Petits pâtés au jus. — Faites une abaisse de pâte brisée; foncez-en des petits moules à darioles; remplissez-les de chair à la ciboulette ou de godiveau; si c'est en maigre, d'une farce de carpes, et saucés d'un coulis maigre; coupez-les de vos couvercles de feuilletage; pour cela servez-vous d'un coupe-pâte goudronné, de la grandeur de vos moules; dorez vos couvercles ; mettez cuire vos petits pâtés; leur cuisson faite, ôtez-en les couvercles;

ciselez la farce, retirez vos petits pâtés de leurs moules, dressez-les et saucez-les d'une bonne espagnole réduite.

Petits pâtés à la Béchameil. — Faites une abaisse de feuilletage de quatre lignes d'épaisseur, et à laquelle vous aurez donné cinq tours ; ayez un coupe-pâte d'un pouce et demi de diamètre, coupez vos petites abaisses, mettez-les sur un plafond, ayant soin de les retourner ; dorez-les, cernez-les à quelques lignes du bord pour leur former un couvercle ; faites-les cuire, et, leur cuisson faite, ôtez-en la mie ; vous aurez coupé des blancs de volaille en petits dés ou en émincés ; au moment de servir, ayez une béchameil réduite et bien corsée (*V. Béchameil*, article SAUCES) ; mettez-y vos blancs de volaille ; faites chauffer le tout sans le faire bouillir, remplissez-en vos petits pâtés, et servez-les très-chaudement.

Vous pouvez faire de même des petits pâtés, soit de foie gras, soit en salpicon, ou de laitances de carpes, etc.

Petits pâtés à la Reine. — Faites des abaisses plus minces que les précédentes ; coupez-les de la grosseur d'une bouchée ; mettez-les sur un plafond, dorez-les, cernez-les ; faites-les cuire, et, leur cuisson achevée, levez-en les couvercles, ôtez-en la mie, remplissez-les du ragoût ci-après indiqué :

Hachez des blancs de volaille très-menu, mettez-les dans une bonne béchameil bouillante ; mêlez bien le tout, et remplissez-en vos petits pâtés.

Petits pâtés à la mancelle. — Faites des croustades comme pour les pâtés au jus ; prenez un perdreau cuit à la broche ; coupez-en les chairs en petits dés, pilez en les carcasses ; mettez dans une casserole un demi-verre de vin blanc, deux échalotes, trois cuillerées d'espagnole ; faites réduire cela ; dégraissez-le, supprimez-en les échalotes, et ajoutez-y ces carcasses ; délayez-les sans les laisser bouillir ; passez cette purée à l'étamine à force de bras, faites-la chauffer au bain-marie ; au moment de servir, ajoutez-y vos chairs de perdreaux, le jus d'une orange amère, dont vous ôterez les pepins, la moitié d'un pain de beurre ; remplissez de ce ragoût vos croustades, et servez-les.

Petits pâtés au salpicon. — Procédez pour ces petits pâtés comme il est énoncé pour ceux au jus ; lorsqu'ils seront cuits, ôtez-en les chairs, coupez-les en dés ; ajoutez-y des champignons cuits, des truffes, quelques foies de volaille, des culs d'artichauts, tous coupés d'égale grosseur ;

mettez tous ces ingrédients dans de l'espagnole réduite ; faites-leur jeter un bouillon ; dégraissez, assurez-vous si c'est d'un bon goût, et remplissez-en vos pâtés.

Tourte d'entrée de godiveau. — Moulez un morceau de pâte ; abaissez-le de la grandeur d'un plat d'entrée ; mettez votre abaisse sur une tourtière de même grandeur, étendez un peu de godiveau au milieu de votre abaisse, posez dessus une bonne pincée de champignons ; passez et égouttez (*V.*, à ce sujet, l'article GARNITURES) ; mettez quelques culs d'artichauts coupés en quatre ou six ; ayez du godiveau (*V.* GODIVEAU) ; roulez-en des andouillettes de la grosseur que vous jugerez convenable ; mettez-en au-dessus de vos garnitures et tout autour, en sorte que le tout forme un dôme un peu aplati ; faites une seconde abaisse un peu plus grande que la première ; mouillez le bord de la première, posez la seconde dessus pour en former le couvercle, soudez les deux ensemble ; videz les bords, dorez votre tourte, et mettez-la cuire au four ou sous un four de campagne ; sa cuisson faite, levez-en le couvercle, dressez-la, saucez-la d'une bonne espagnole réduite, et servez-la ; autrement, vous pouvez vider votre tourte dans une casserole pour faire jeter un bouillon à sa garniture dans l'espagnole, que vous avez soin de dégraisser ; dressez votre tourte, remplissez-la de sa garniture, et servez : employez le même procédé à l'égard des tourtes de divers ragoûts.

Pâté à la ciboulette. — Prenez de la pâte à dresser ; moulez-la, formez-en un pâté de la forme indiquée au flan de nouilles ; remplissez-le de farce à la ciboulette ; faites une seconde abaisse, formez-en un couvercle, soudez-le, rognez le bord de la pâte, pincez votre pâté, recouvrez-le d'un faux couvercle de feuilletage, que vous échiqueterez et goudronnerez ; dorez-le, mettez-le au four, et, sa cuisson faite, levez-en le couvercle ; dégraissez votre pâté, coupez-en la farce en losange sans le retirer, saucez-le d'une bonne espagnole réduite ; ajoutez, si vous le voulez, un jus de citron, recouvrez-le de son couvercle, et servez tout de suite.

Pâté chaud de godiveau. — Prenez de la pâte à dresser, et formez-en un pâté, comme il est indiqué au pâté à la ciboulette ; dressez-le un peu plus haut, et faites qu'il ait de la grâce ; étendez dans le fond un peu de godiveau, garnissez-le comme il est énoncé à la tourte de godiveau, et finissez-le de même.

Pâté à la financière. — Dressez un pâté, remplissez-en la croûte de farine ou de viandes de sauces; lorsque votre caisse sera cuite et d'une belle couleur, ôtez les viandes ou la farine, ainsi que la mie de votre caisse, et remplissez-la d'une bonne financière (*V*. FINANCIÈRE).

Pâté chaud, maigre. — Dressez une caisse de pâté; garnissez-en le fond d'un peu de quenelles de carpe, de champignons, de culs d'artichauts et de tronçons d'anguille que vous aurez fait cuire dans un bon assaisonnement (*V*. ANGUILLE A-LA BROCHE ou A LA TARTARE); achevez de remplir votre pâté de quenelles de carpe, que vous aurez roulées dans de la farine, et desquelles vous aurez formé des andouillettes; couvrez votre pâté, mettez-lui un faux couvercle; faites-le cuire, et aux trois quarts de sa cuisson cernez le couvercle; lorsque votre pâté sera cuit, découvrez-le, saucez-le d'une bonne espagnole maigre et réduite, dans laquelle vous aurez mis quelques laitances de carpes.

Pâté de pigeons à l'anglaise. — Ayez trois pigeons; épluchez-les, videz-les, flambez-les, coupez-leur les pattes, les cous et les ailerons; mettez-les dans une casserole avec leurs abattis, tels que foies, gésiers, têtes, ailerons (excepté les pattes); ajoutez-y un bouquet de persil et ciboules, une feuille de laurier, du sel, du poivre, lequel doit dominer un peu, des fines épices, une petite pincée de basilic, et du petit lard coupé en lame; mouillez le tout avec un peu de bouillon et un peu du derrière de la marmite; faites cuire vos pigeons un peu plus qu'aux trois quarts, retirez-les du feu, laissez-les refroidir, et mettez-les dans un vase creux avec leur assaisonnement et six jaunes d'œufs que vous aurez fait durcir; couvrez le tout avec un couvercle de pâte que vous souderez au vase; dorez ce couvercle et piquez dessus les pattes de vos pigeons; achevez de faire cuire votre pâté, et servez-le tel qu'il est.

Vole-au-vent. — Faites un litron de feuilletage, comme il est indiqué; beurrez-le à dix livres, donnez-lui cinq tours, abaissez-le de la grandeur du plat que vous voulez servir; prenez un couvercle de la grandeur du fond de ce même plat, posez-le sur votre feuilletage; couvrez votre abaisse, enlevez votre vole-au-vent de dessus votre tour, retournez-le en le plaçant sur un plafond; dorez-le, cernez-en le couvercle à un pouce et demi du bord; faites avec votre couteau le dessin qu'il vous plaira, tant sur la bande que sur le couvercle; mettez-le cuire au four ou sous un four dit de campagne : sa cuisson faite, levez-en le couvercle; ôtez la mie qui s'y trouve, ainsi que dans le vole-au-vent, et servez-vous-en pour entrée où pour entremets; si c'est pour entrée, met-

tez-y soit un ragoût à la financière, soit des filets de turbot à la béchameil, ou tel autre ragoût qu'il vous plaira; si c'est pour entremets, mettez-y soit des légumes, soit des compotes, soit des soufflés.

Pâté froid de veau. — Ayez une ou deux noix de veau; battez-les, ôtez-en les nerfs et les peaux, lardez-les de gros lardons assaisonnés de poivre, fines épices, persil et ciboules hachés, un peu d'aromates pilés et passés au tamis; faites une farce avec une sous-noix de veau et une égale quantité de lard haché bien menu; assaisonnez cette farce de sel, poivre, de fines épices, d'aromates, et, si vous le voulez, d'une petite pointe d'ail; pilez cette farce dans le mortier; ajoutez-y quelques œufs entiers, les uns après les autres, et une goutte d'eau de temps en temps, de manière cependant qu'il y ait plus d'eau que d'œufs : cela fait, garnissez une casserole de bardes de lard; posez dedans un peu de cette farce; lorsque vous aurez assaisonné votre veau de sel, poivre et fines épices, rangez-le dans une casserole sur votre farce, et garnissez-le tant au bord de cette casserole que dans les vides qu'il peut laisser : foulez-le un peu, afin qu'il reste moins de ces vides; ensuite couvrez ces chairs avec un couvercle, et mettez-les revenir une heure dans le four; retirez-les, laissez-les refroidir; quand elles le seront, prenez de la pâte à dresser (*V*. PATE A DRESSER), mouillez-la, abaissez-la de l'épaisseur d'un travers de doigt; faites en sorte qu'elle soit ronde; posez-la sur une ou deux feuilles de fort papier beurrées et collées ensemble; garnissez-la d'un peu de farce que vous avez dû conserver à cet effet; étendez cette farce de la grandeur de la casserole où vous aurez fait revenir votre viande; faites chauffer légèrement cette casserole pour en détacher les chairs; renversez-les sur un couvercle, et glissez-les sur le milieu de votre abaisse; maniez du beurre, saupoudrez votre tour de farine; roulez dessus votre beurre; donnez-lui l'épaisseur du petit doigt; formez-en une couronne sur le haut de votre pâté, et mettez-en dessus quelques morceaux, ainsi que deux ou trois demi-feuilles de laurier; ensuite faites une seconde abaisse moins épaisse de moitié que la première; il faut qu'elle soit assez grande pour envelopper vos chairs et retomber sur l'autre abaisse; mouillez votre pâte au bord des chairs; mettez votre seconde abaisse dessus; soudez-la avec la première; ôtez la pâte qu'il pourrait y avoir de trop au pied du pâté; humectez avec un doroir le tour de vos abaisses, et montez votre pâté en relevant celle de dessous jusqu'au haut; donnez du pied à votre pâté; faites une troisième abaisse pour former un couvercle ; humectez le dessus de votre pâté ; sondez avec son bord votre troisième abaisse ; rognez-les également ; pincez votre pâté tout autour, ou faites-lui le dessin qu'il vous plaira ; faites un faux couvercle de feuilletage (*V*. FEUILLETAGE) ; couvrez votre pâté, et faites-lui au milieu un trou appelé cheminée ; dorez-le, mettez-le cuire dans un four bien atteint que vous aurez laissé un peu tomber, et faites-lui prendre une belle couleur : si durant sa cuisson il était dans le cas d'en prendre trop, couvrez-le d'un peu de papier ; laissez-le cuire trois ou quatre heures ; retirez-le ; soudez-le avec une lardoire de bois ; si elle entre facilement, c'est qu'il est cuit ; dans ce cas, mettez-y un poisson d'eau-de-vie ; remuez-le et finissez de le remplir avec un peu de consommé ; lorsqu'il sera presque froid, bouchez la cheminée ; retournez sens dessus dessous sur un linge blanc votre pâté, afin que la nourriture s'y trouve bien répandue : quand vous voudrez le servir, ôtez-en le papier, grattez le dessous du pâté ; s'il a pris trop de couleur, posez une serviette sur le plat ; dressez-le dessus, et servez-le comme grosse pièce.

Pâté en timbale. — Préparez vos chairs comme il est indiqué à l'article précédent : prenez une casserole bien étamée, de la grandeur convenable au pâté que vous voulez faire. Ayant fait un dessin dans votre casserole avec de la même pâte que celle destinée à votre pâté, faites une abaisse à peu près de l'épaisseur d'un demi-travers de doigt, et foncez-en cette casserole ; que votre pâte la déborde d'un demi-pouce au dehors : garnissez cette abaisse de bardes de lard, mettez un peu de farce dans le fond ; arrangez-y vos viandes, nourrissez-les d'un peu de beurre, et assaisonnez-les comme il est indiqué au pâté froid ; mouillez avec un doroir de plumes la pâte qui déborde votre casserole ; faites une autre abaisse pour en faire le couvercle ; couvrez-en vos chairs, soudez-le et videz-le avec la pâte qui déborde ; faites un trou au milieu comme pour y fourrer le doigt ; mettez votre timbale sur une tourtière ou un plafond pour qu'elle ne prenne pas trop d'âtre ; faites-la cuire trois ou quatre heures à un four bien atteint, que vous laisserez tomber un peu : lorsque vous croirez votre pâté cuit, il faut vous en assurer en le sondant avec une lardoire, comme au pâté froid, et le remplir de même, ayant soin de le bien remuer ; laissez-le presque refroidir dans son moule ; bouchez-le ; mettez chauffer légèrement la casserole sur un fourneau ; retournez votre timbale sens dessus dessous, et servez-la.

Pâté froid à la Déforge. — Ayez un de ces moules de fer-blanc, que le pâtissier Déforge a inventés ; posez ce moule sur un plafond ; faites une abaisse comme il est dit ci-devant ; formez-en votre moule ; incrustez-y bien la pâte dans les cannelures ou dessins ; mettez-y des bardes de lard et remplissez-le de farce ainsi que de chairs, etc., et, pour le finir, suivez en tout le même procédé qui est indiqué au pâté en timbale.

Pâté de jambon. — Ayez un bon jambon de Westphalie ou de Bayonne ; parez-le, désossez-le, supprimez-en le combien ; mettez-le dessaler huit ou dix heures ; enveloppez-le dans un linge ; mettez-le cuire dans une marmite à peu près de sa grandeur, avec trois livres de tranche de bœuf, une livre de saindoux, du lard râpé et une livre et demie de bon beurre ; assaisonnez-le de carottes, un bouquet de persil et ciboules, ognons piqués de trois clous de gérofle, du laurier, du thym, du basilic et une gousse d'ail ; faites-le cuire aux trois quarts ; retirez-le, levez-en la couenne, laissez-le refroidir, parez-le de nouveau ; prenez sa parure et le bœuf qui a cuit avec ; hachez-le bien menu avec une livre de lard ; pilez le tout ; ajoutez-y, l'un après l'autre, deux ou trois œufs entiers et des fines herbes hachées ; dressez votre pâté ; à cet effet, prenez de la pâte à dresser, moulez-la ; abaissez-la de l'épaisseur d'un bon travers de doigt ; posez-la sur deux feuilles de papier beurrées ; marquez au milieu la place de votre jambon ; diminuez-en l'épaisseur presque de moitié, en l'appuyant avec le poing ; cela fait, relevez les bords et dressez votre pâté, en rentrant la pâte sur elle-même ; faites en sorte qu'il n'y ait aucun pli ; donnez du pied à votre pâté en y passant une des mains et en appuyant de l'autre votre pâte en dehors : observez de ne faire cette pâte qu'à quatre livres de beurre par boisseau ; garnissez le fond de votre pâté d'une partie de votre farce ; posez-y votre jambon ; remplissez les vides avec le reste de la farce ; couvrez votre pâté d'une abaisse bien soudée, ajoutez-y un faux couvercle de feuilletage ou de pâte beurrée ; faites une cheminée au milieu ; mettez-le cuire à un four bien atteint, qu'il prenne une belle couleur : sa cuisson presque faite, passez au travers d'un tamis de crin l'assaisonnement sans le dégraisser, et duquel votre jambon a cuit ; remplissez-en votre pâté, ayant soin de le remuer ; remettez-le au four mijoter environ une demi-heure ; retirez-le, remplissez-le de nouveau ; laissez-le refroidir ; bouchez-le ; retournez-le sens dessus dessous ; laissez-le dans cette position jusqu'au lendemain : ôtez-en le papier ; ratissez le dessous ; dressez et servez-le.

Pâté de perdreaux. — Prenez quatre perdreaux ; videz-les, après les avoir plumés ; retroussez les pattes en poule; refaites-les un peu ferme; essuyez-les, épluchez-les et lardez-les de gros lardons assaisonnés de sel, poivre, fines épices, aromates pilés, persil et ciboules hachés; faites une farce avec leurs foies, dont vous aurez ôté l'amer, quelques-uns de volaille, si vous en avez, un morceau de veau dont vous aurez ôté les nerfs et les peaux, de la tétine blanchie, et, au défaut, un morceau de lard; hachez le tout; assaisonnez-le comme vos lardons; mettez cette farce dans un mortier; pilez-la, mouillez-la de quelques œufs entiers et d'un peu d'eau; fendez vos perdreaux par le dos; mettez dans chaque un peu de votre farce; faites une abaisse comme pour le pâté de veau, ou dressez-le comme le pâté de jambon; mettez une partie de cette farce sur le fond de votre abaisse; arrangez dessus vos perdreaux, assaisonnez-les; remplissez-en les intervalles avec votre farce; couvrez-les de bardes de lard; nourrissez-les avec du beurre manié, et procédez pour le reste comme il est indiqué à l'article PATÉ DE VEAU.

Pâté de perdreaux rouges à la façon de Périgueux. — Ayez quatre ou cinq de ces perdreaux et deux livres et demie de truffes; préparez ces perdreaux comme il est dit pour ceux du pâté précédent; lavez, brossez, épluchez vos truffes; hachez celles qui sont inférieures; faites une farce des foies de vos perdreaux, auxquels vous joindrez aussi des foies de volailles : ajoutez-y du lard râpé autant qu'il y a de foies, et vos truffes hachées, ainsi que des fines herbes, du sel, des fines épices et un peu d'aromates; pilez cette farce; mettez-y deux œufs entiers et un peu d'eau; faites-en l'essai; assurez-vous si elle est d'un bon goût; fendez le dos de vos perdreaux; remplissez-les de cette farce et de quelques truffes entières; faites une abaisse, comme il est indiqué pour le *Pâté de veau* (*V.* cet article), ou dressez-le comme un pâté de jambon; posez un lit de farce sur le fond de cette abaisse; arrangez dessus vos perdreaux avec vos truffes entières; assaisonnez votre pâté de sel, d'épices et d'aromates pilés; garnissez-en les vides du reste de votre farce et de vos truffes, en lui donnant la forme soit ronde, soit ovale, ou en bastion; enveloppez-le de bardes de lard; faites-lui une couronne de beurre manié et roulé, et finissez-le tel que les précédents.

Pâtés de poulardes ou de toute autre volaille. — Ces pâtés se font tous de la même manière : bref, épluchez, videz, flambez deux poulardes; fendez-les par le dos; désossez-les à forfait; lardez-en les chairs de lardons assaisonnés comme il est dit pour les autres pâtés : si vous ne voulez

pas entièrement désosser vos poulardes, ôtez-leur les os des reins et rompez les autres; lardez-les; faites-les revenir dans une casserole, soit dans le four, soit sur un fourneau; laissez-les refroidir; faites une farce comme celle indiquée au pâté de veau; procédez, pour faire votre pâté, comme il est énoncé à l'article précédent, soit que vous le dressiez en pâté, ou que vous le mettiez en timbale.

Pâté à la façon de Pithiviers. — Ayez huit douzaines de mauviettes; après les avoir flambées et épluchées, fendez-les par le dos; ôtez tout ce qu'elles ont dans le corps; séparez de ces intestins les gésiers; prenez les intestins; hachez-les; ajoutez-y du lard râpé et des fines herbes; pilez le tout; formez-en une farce; remplissez-en les corps de vos mauviettes; moulez et abaissez votre pâte, et sur le fond de votre abaisse, où vous aurez étendu un peu de farce, rangez vos mauviettes; assaisonnez-les à fur et à mesure, et enveloppez-les chacune, si vous voulez, d'une petite barde de lard; mettez dessus une couronne de beurre, deux ou trois demi-feuilles de laurier et un peu de fines épices : couvrez le tout de votre seconde abaisse; dressez votre pâté, soit carré ou rond; faites-le cuire environ deux heures et demie; laissez-le refroidir, et servez-le.

Ceux de bécasses, bécasseaux, pluviers et autres petits oiseaux, se font de la même manière, et l'on y ajoute plus ou moins de farce.

Tourte de frangipane. — Prenez une tourtière de la grandeur que vous jugerez à propos; foncez-la d'une pâte légèrement feuilletée; étendez dessus de la frangipane d'un pouce d'épaisseur (*V.* l'article CRÈME A LA FRANGIPANE); laissez autour ce qu'il faut pour une bande au feuilletage, de la largeur d'un pouce, plus ou moins, selon la grandeur de votre tourte; mouillez ce bord; appliquez-y votre bande; soudez-en les deux bouts, de manière que cette soudure ne s'aperçoive que le moins possible; dorez le dessus de cette bande, faites sur votre frangipane le dessin qu'il vous plaira, et mettez cuire votre tourte à un four un peu chaud : sa cuisson presque achevée, saupoudrez-la de sucre fin; glacez-la, et servez-la chaude ou froide.

Tourte à la moelle. — Ayez environ un quarteron de moelle de bœuf; épluchez-la; ôtez-en les petits os et les fibres; faites-la blanchir; pendant qu'elle est un peu chaude, concassez-la, et incorporez-la dans votre frangipane : vous procèderez en tout, pour cette tourte, comme pour celle à la frangipane, article précédent.

Cette tourte ne se sert que chaude.

Tourte aux rognons de veau. — Prenez un rognon de veau cuit à la broche, avec une partie de la graisse qui l'enveloppe ; hachez-en une portion ou le tout, selon la grandeur de la tourte que vous voulez faire ; incorporez une partie ou la totalité de ce rognon dans votre frangipane, et procédez, pour cette tourte, comme il est énoncé pour celle à la frangipane, article ci-contre.

Tourte de confitures. — Faites une abaisse de pâte brisée, de la grandeur que vous voulez faire votre tourte ; posez cette abaisse sur une tourtière ; étendez sur cette abaisse de la confiture, en laissant au bord une distance d'un pouce et demi ; mouillez cette distance ; faites des petites bandes roulées ; bandez votre tourte ; faites dessus le dessin qu'il vous plaira, ou une seconde abaisse à laquelle vous ferez un dessin à jour ; couvrez-en votre confiture, et mettez une bande de tour à votre tourte comme à celle de frangipane ; faites-la cuire, et glacez-la de même.

Tourte de pêches. — Faites une abaisse ; foncez-en une tourtière ; mouillez-en les bords ; mettez-y une bande de tourte, comme aux tourtes précédentes ; dorez le dessus de cette bande ; faites cuire et glacer : vous aurez fait une compote de pêches, comme il est indiqué à l'article de l'office (*V.* COMPOTE DE PÊCHES) ; garnissez-en votre caisse ; faites réduire le sirop, et à l'instant de servir glacez-en vos pêches dans toutes les saisons ; procédez de cette manière pour vos tourtes de fruits en général, ainsi que pour les tartelettes.

Tartelettes à la Chantilly. — Prenez de la pâte aux amandes (*V.* cet article); saupoudrez votre tour de sucre fin ; abaissez votre pâte, et servez-vous de sucre pour la saupoudrer en place de farine : lorsque votre pâte sera abattue de l'épaisseur d'une forte feuille de papier, prenez un petit coupe-pâte rond, comme pour de petits pâtés ordinaires ; coupez les fonds de vos tablettes, ainsi que des bandes de la même pâte, de la hauteur de trois quarts de pouce et de la même épaisseur ; mouillez avec du blanc d'œuf un peu battu le bord de vos fonds ; soudez-y les bandes que vous avez coupées, et donnez à vos tablettes la forme de petits gobelets ; faites en sorte qu'on ne voie pas la jonction des bandes au bord de vos tartelettes ; posez une feuille de papier sur une feuille d'office ou un plafond ; arrangez-y vos tartelettes, sans qu'elles se touchent ; laissez-les sécher à l'air libre ; lorsqu'elles le seront, mettez-les à l'entrée d'un four doux pour qu'elles achèvent de sécher, sans prendre de couleur ou très-peu ; remplissez-les de crème fouettée à la Chantilly (*V.* CRÈME A

LA CHANTILLY) ; assaisonnez-les de sucre et d'eau de fleur d'orange ; si vous êtes en été, couvrez-les de fraises, et servez-les pour petits entremets.

Mirlitons de Rouen. — Ayez une demi-livre de feuilletage ; abaissez-le de l'épaisseur d'une pièce de vingt sous ; coupez avec un coupe-pâte vos mirlitons en rond ou goudronnés ; posez-les dans des petites tourtières de la grandeur du coupe-pâte ; mettez dans une terrine un quarteron de sucre fin avec un œuf entier ; faites-les blanchir ; joignez-y une quantité suffisante de beurre fondu ; travaillez bien le tout en remettant un œuf ; versez-y un peu de fleur d'orange ; remplissez vos moules de cet appareil ; saupoudrez-les de sucre ; faites-les cuire à un four très-doux : leur cuisson achevée, dressez-les, et servez-les.

Mirlitons à la parisienne. — Mettez dans une terrine deux œufs et un quarteron de sucre en poudre ; délayez le tout ; ayez trois blancs d'œufs ; fouettez-les ; lorsqu'ils seront pris, incorporez-les dans votre appareil avec une pincée de farine passée au tamis et un peu de fleur d'orange : ayez des moules préparés comme pour les mirlitons de Rouen ; versez-y cet appareil, et finissez-les de même.

Petits gâteaux polonais. — Ayez du feuilletage suivant la quantité de petits gâteaux que vous voulez faire ; donnez-lui un tour ou un demi-tour de plus ; abaissez-le à deux ou trois lignes d'épaisseur, et coupez cette abaisse par carrés de trois pouces ; mouillez légèrement le dessus de ces carrés ; ramenez-en les quatre coins au centre ; posez-les sur une plaque ; dorez-les, et mettez-les au four : leur cuisson presque faite, saupoudrez-les de sucre fin ; glacez-les au four, en sorte qu'ils soient d'une belle couleur ; mettez au milieu de chacun d'eux une cerise ou un grain de verjus ; dressez-les, et servez-les.

Vous pouvez les servir en gros buisson ou comme petits entremets.

Puits d'amour. — Ayez du feuilletage qui ait eu tous ses tours ; abaissez-le de l'épaisseur d'un écu de six livres ; ayez deux petits coupe-pâte goudronnés, dont un plus petit que l'autre ; coupez-en autant de grands que de petits ; posez les grands sur un plafond ; mouillez le dessus avec de l'eau ; mettez les petits sur les grands ; dorez-les, et avec la pointe de votre couteau cernez le milieu, de la largeur d'un dé à coudre ; mettez-les au four, et, leur cuisson presque faite, saupoudrez-les de sucre fin ; glacez-les : videz-en l'intérieur par la partie carrée qui forme un trou ; remplissez cet intérieur ou milieu de confitures, et servez.

Petites tartelettes à la Dauphine. — Ayez des moules à tartelettes; foncez-les de pâte brisée, bien mince; mettez dans ces moules de la crème pâtissière, ou telle confiture que vous jugerez à propos; roulez des petites bandes de pâte, que vous aurez faites avec les rognures des fonds de vos tartelettes; bandez ces tartelettes, et faites-en le dessin qu'il vous plaira; coupez de petits rubans de feuilletage; mouillez les bords de vos tartelettes; appliquez autour ces rubans ou bandes de feuilletage; mettez au four vos tartelettes, et quand elles seront presque cuites, saupoudrez-les de sucre fin; glacez-les, et dressez-les en buisson.

INDICATION

des pâtés les plus renommés

ET DES LOCALITÉS QUI LES FOURNISSENT.

Pâtés de Perdreaux rouges de PÉRIGUEUX.

Pâtés en terrine de NÉRAC.

Pâtés de Venaison du BÉARN.

Pâtés d'Ortolans de GASCOGNE.

Pâtés de Palombes des PYRÉNÉES.

Pâtés de Foies de Canards de TOULOUSE.

Pâtés de Foies d'Oies de STRASBOURG.

Pâtés de Lièvre du sieur Lemoine, à CHARTRES.

Pâtés de Foies gras et d'Alouettes désossées.

Pâtés des Quatre-Gibiers du même, à CHARTRES.

Pâtés de Rouges-Gorges du même et au même lieu.

Pâtés de Guignards du sieur Nollant, à BEAUGENCY.

Pâtés de Cailles farcies d'ORLÉANS.

Pâtés de Canards du sieur Dégand, à AMIENS.

Pâtés de Cannetons en croûte de seigle.

Pâtés de Mauviettes de PITHIVIERS.

Pâtés de Bécasses de BOULOGNE-SUR-MER.

Pâtés de Bécasseaux et Bécots d'ABBEVILLE.

Pâtés de Pluviers dorés de MONTREUIL.

Pâtés de Veau de ROUEN.

Pâtés de Jambon du sieur Thomas, à PARIS.

Pâtés de Noix de Jambon du sieur Chevet.

Pâtés de Gibier, de Poularde, etc., du sieur Corcellet, à PARIS.

Pâtés de Dindonneaux désossés de LYON.

Pâtés d'Abats de Porc frais de REIMS.

Pâtés de Faisans de BOHÊME.

Pâtés de Jambon d'Ours du TYROL.

Pâtés de Filets de Biche du PALATINAT.

Pâtés de Thon aux truffes de MARSEILLE.

Pâtés d'Esturgeon du père Murat, à PORT-VENDRES.

Pâtés de Saumon frais d'ANJOU.

Pâtés de Lamproie aux truffes de SAUMUR.

Pâtés de Sarcelles piquées d'Anguille.

Pâtés d'Anguilles fumées et de Marrons du LUC.

Pâtés de Merluche de MIQUELON.

Pâtés de Sterlets du DANUBE.

PATISSERIE. On a traité spécialement et parlé nominativement de toutes les préparations qui sont du ressort de la pâtisserie et qui se trouvent formulées dans les articles ci-dessous indiqués :

BISCOTIN.

BISCUIT.

BOUCHÉES.

BRIOCHE.

CHOUX-PATISSIERS.

CONGLOF.

COUKES.

CROQUANTES.

CROQUEMBOUCHE.

CROQUIGNOLES.

DARIOLES.

DIABLOTINS.

ÉCHAUDÉS.

FANCHONNETTES.

FLAN.

FLANICHE.

FRANGIPANE.

GATEAUX.

GAUFRES.

GÉNOISES.

GIMBLETTES.

MACARONS.

MASSEPAINS.

MADELEINES.

MERINGUES.

MINCEPIES.

MIRLITONS.

MOUSSELINES.

PATÉS.

PATÉS FROIDS.

PATÉS CHAUDS.

PISKINIOFS.

PROFITEROLES.

RISSOLES.

TARTE AU FRUIT.

TARTELETTES.

TIMBALE.

TOURONS.

TOURTE.

VOLE-AU-VENT.

PAUPIETTES. Ce sont des tranches de viande qu'on recouvre chacune d'une tranche de lard; on étend par-dessus une couche de farce; ensuite on les roule et on les embroche. On les fait rôtir enveloppées de papier, et, quand elles sont presque cuites, on ôte le papier, on les pane, on leur fait prendre couleur, et on les sert avec une sauce piquante.

PAVIE, sorte de pêche de laquelle on compte sept variétés; c'est à savoir : la *petite alberge jaune,* le *pavie blanc,* l'*alberge violette,* le *pavie rouge,* le *pavie de Cadillac,* le *pavie de Rambouillet* et la *petite alberge de Saint-Martin.* Le célèbre horticulteur du Jardin du Roi, M. Thouin, nous a permis de classer parmi les pavies le brugnon jaune et le brugnon violet, qui réussissent très-bien en compote.

PÊCHE. Le nom latin de ce fruit, *Persica Mala,* indique assez qu'il fut apporté de la Perse en Italie par les Romains; mais, suivant une autre version, ce furent les Phocéens qui l'apportèrent primitivement à Marseille, d'où les pêches passèrent en Italie après la conquête des Gaules.

Le village de Montreuil auprès de Paris est justement renommé pour la beauté, la quantité prodigieuse et la bonté des pêches qu'on y cultive. Les fleurs et les feuilles du pêcher sont pourvues d'une saveur amandée fort agréable; mais spécialement celles de la pêche musquée d'Andilly. Voici la nomenclature des principales variétés de ce bon fruit. La première espèce, ou la plus hâtive, est l'*avant-pêche blanche,* ensuite la *double de Troyes.* On cueille ensuite les *alberges rouge* et *violette,* la *pêche Madeleine,* la *mignonne veloutée,* la *pêche-cerise,* la *pêche Royale,* la *belle Chevreuse,* la *pêche d'Italie,* la *d'Huxelles,* la *sanguinole,* la *pêche Bourdin,* la *Bellegarde,* la *narbonnaise,* la *rossane de Languedoc,* et finalement la *pêche de Pau.*

On pourrait réduire toutes ces différentes sortes de pêches à deux espèces principales : celles dont la chair est adhérente au noyau, et celles qui ne le quittent pas. La première qualité d'une pêche est d'avoir la chair ferme, fine et sucrée; ce qui doit se manifester aussitôt qu'on enlève sa peau, qui doit se détacher aisément; la seconde qualité de la pêche est que son parenchyme se dissolve aussitôt qu'il est mis dans la bouche. En troisième lieu, il faut que le goût du fruit soit piquant, vineux, et quelquefois un peu musqué : il faut aussi que le noyau soit fort petit et que les pêches (qui ne doivent pas être lisses ainsi que les pavies et les brugnons) ne soient que médiocrement velues. L'épaisseur du velours est toujours une marque de peu de bonté dans la pêche; mais cette sorte de poil tombe presque tout-à-fait à celles qui sont de qualité supérieure, et principalement aux pêches qui sont venues en plein air. Nous avons parlé très-amplement de ce fruit et de ses emplois gastronomiques à nos articles COMPOTE, CONFITURES, CONSERVES, GLACES, MOUSSES, FLAN, TARTE et RATAFIA.

PERCHE, excellent poisson dont la chair est aussi légère qu'elle est nutritive. Les perches de Seine sont particulièrement estimées; on les distingue aisément au vif incarnat de leurs nageoires et du cartilage qui termine leur queue. Les gourmands du XVIe siècle donnaient à ce poisson le nom de *perdrix de rivière.* Les œufs de la perche sont très-savoureux, et se mangent ordinairement grillés en caisse après avoir été sautés au beurre frais, sans aucun autre assaisonnement que du sel et quelques feuilles de persil. On peut les accommoder au vin de Champagne, à la pluche verte, en matelote, au coulis d'écrevisses, à la Sainte-Ménéhould, et même en friture; mais la meilleure manière de les apprêter est à la *Watter-Fisch*, ou court-bouillon hollandais, dont voici la recette : — Arrachez six grosses touffes de grand persil avec leurs racines ; ratissez celles-ci sans les séparer de leurs tiges vertes, et faites-les bouillir pendant trois heures dans une eau de sel, avec une tige de poireau blanc, un panais tranché par quartiers, et un moyen piment de la Jamaïque ou de Cayenne ; lorsque la watter-fisch est suffisamment réduite et bien assaisonnée par ces ingrédients, retirez-en le piment et les panais, ainsi que le poireau, pour n'y laisser que les racines de persil avec leurs branches ; faites-y cuire alors vos poissons, que vous aurez préparés convenablement ; servez-les dans un plat creux que vous remplirez de leur court-bouillon avec le persil cuit pour garniture, et faites servir, à proximité de cet excellent plat hollandais, une pile de tartines beurrées au pain de seigle.

PERDRIGON, espèce de prunes qui comporte les trois variétés du perdrigon blanc, du violet et du tardif. On en fait de bonnes compotes, et les prunes de Perdrigon, qui ont eu l'honneur d'être célébrées par Molière, ont aussi le privilége de ne jamais être attaquées par les vers.

PERDREAU (*V.* l'article suivant).

PERDRIX, gallinacée dont on connaît quatre variétés principales : la perdrix rouge, la grise, la blanche des Alpes, et la bartavelle (*V.* ce que nous avons dit de cette dernière à la page 54). Toutes ces variétés du même gibier, soit à l'état de perdrix, soit à celui de perdreau, peuvent recevoir les mêmes préparations ; mais il est bon d'observer que les bartavelles et les perdrix alpestres sont généralement réservées pour les honneurs du rôti, ou tout au moins pour la confection des pâtés d'entremets et des terrines aux truffes.

Les épicuriens du dernier siècle ont souverainement décidé que le perdreau gris est préférable au perdreau rouge, tandis que la perdrix rouge est supérieure à la grise.

La dernière espèce est toujours la plus estimée dans les pays où les perdrix rouges sont les plus communes ; et c'est précisément le contraire dans les pays où il n'y a que des grises. Les deux espèces sont également bonnes ; mais les rouges sont toujours plus grosses.

On distingue les perdreaux des perdrix par la dernière des grandes plumes de l'aile ; la pointe de cette plume est aiguë par le bout dans les per-dreaux, tandis qu'elle est arrondie dans les perdrix adultes.

La chair de la perdrix jeune est légèrement excitante, tendre, savoureuse et facilement digestible. Celle des vieilles perdrix a besoin d'une cuisson prolongée ; mais comme elle est plus imprégnée d'osmazôme, elle est plus sapide que celle des perdreaux. Une vieille perdrix bouillie avec d'autres viandes donne une excellente saveur au bouillon, et le rend plus tonique.

Perdreaux rôtis. — Flambez-les très-légèrement ; troussez les pattes sur les cuisses ; enveloppez-les par-devant avec une feuille de vigne couverte d'une barde de lard ; faites rôtir à feu modéré, et servez à sec avec une bigarade.

Perdreaux rouges à la Périgueux. — Ayez trois perdreaux ; plumez-les, videz-les par la poche, flambez-les légèrement et sans en raidir la peau ; ne leur refaites point les pattes, et coupez-leur seulement le bout des ergots ; râpez une demi-livre de lard ; lavez, brossez, épluchez une livre de truffes ; si elles sont grosses, coupez-les en deux ou en quatre ; arrondissez-les en forme de petites truffes, et hachez-en les parures ; passez-les dans votre lard râpé ; remplissez-en le corps de vos perdreaux ; cousez la poche, retroussez-leur les pattes en dehors avec une aiguille à brider ; donnez-leur une belle forme ; et faites en sorte que leur estomac soit comme aplati ; foncez une casserole, qui puisse contenir vos perdreaux sans les gêner, avec des bardes de lard, une ou deux lames de jambon, un peu de rouelle de veau, une carotte, un ognon, un bouquet assaisonné, un demi-verre de vin blanc, une cuillerée de consommé et un peu de sel ; posez sur ce fond vos perdreaux ; mettez-leur sur l'estomac quelques tranches de citron, dont vous aurez supprimé la peau et les pepins ; couvrez-les de bardes de lard, et mettez-les à cuire avec feu dessous et dessus environ trois quarts d'heure ; égouttez-les et saucez-les avec la sauce à la Périgueux.

Perdreaux rouges ou gris à la Parisienne. — Videz-les, flambez-les ; faites-les revenir dans une casserole sur un feu doux avec un morceau de beurre, et sans leur donner de couleur ; mouillez-les d'un verre de vin blanc, deux cuillerées à dégraisser de consommé et quatre d'espagnole réduite ; laissez-les cuire et mijoter au feu près trois quarts d'heure ; retirez la majeure partie de la sauce, faites-la réduire, dégraissez-la ; au moment de servir, dressez vos perdreaux sur le plat, mettez un pain de beurre dans votre sauce, passez-la et vannez-la ; saucez-en vos perdreaux, et servez.

24

Si vous n'avez point d'espagnole, mouillez vos perdreaux avec du consommé et un verre de vin blanc ; ajoutez à cela deux lames de jambon, une ou deux tranches de veau, un bouquet de persil et ciboules, un ognon piqué de gérofle, une carotte coupée en quatre, et la moitié d'une feuille de laurier ; durant la cuisson de vos perdreaux faites un petit roux ; passez la majeure partie de leur fond au travers d'un tamis de soie, délayez-en votre roux ; faites cuire cette sauce, dégraissez-la, faites-la réduire, tordez-la dans une étamine ; achevez la cuisson de vos perdreaux dans cette sauce, et finissez-la comme la précédente.

Perdreaux en entrée de broche. — Prenez quatre perdreaux ; videz-les, flambez-les sans les raidir ; bridez-les ; embrochez-les sur un attelet ; couvrez-leur l'estomac de tranches de citrons, desquels vous aurez ôté les pepins et la peau ; couvrez-les de bardes de lard, enveloppez-les de papier ; fixez les bouts de votre papier sur l'attelet avec de la ficelle attachée sur la broche ; faites-les cuire trois quarts d'heure et déballez-les ; au moment de servir, égouttez-les, dressez-les en chevrette sur votre plat ; saucez-les avec un jus clair, dans lequel vous aurez mis une pincée de gros poivre et où vous exprimerez le jus d'une ou deux bigarades.

Perdreaux à la crapaudine. — Ayez trois perdreaux ; plumez-les, videz-les, flambez-les, épluchez-les, retroussez les pattes en poule, fendez-les en deux par le dos, aplatissez-les légèrement sur la table ; mettez dans une casserole un morceau de beurre avec vos perdreaux ; assaisonnez-les de sel, de gros poivre, et faites-les revenir des deux côtés ; posez-les sur le gril, et faites-les cuire à un feu doux : leur cuisson faite, dressez-les et servez-les avec une sauce au pauvre homme, ou une poivrade.

Perdreaux à l'anglaise. — Faites une farce avec les foies de trois perdreaux, un peu de beurre, du gros poivre et du sel en suffisante quantité ; farcissez-en vos perdreaux ; mettez-les à la broche sans les barder ; enveloppez-les de papier et faites-les cuire aux trois quarts ; ensuite mettez-les dans une casserole, après leur avoir levé les membres, sans les séparer du corps, et mettez-leur entre chaque membre un peu de beurre manié avec de la mie de pain, de l'échalote, du persil, de la ciboule hachée, du sel, du gros poivre et un peu de muscade ; mouillez vos perdreaux avec un bon verre de vin de Champagne et deux cuillerées à dégraisser de consommé ; faites-les bouillir doucement jusqu'à parfaite cuisson, sans les couvrir, afin que la sauce puisse se réduire ; finissez avec le jus d'une ou deux bigarades, et joignez-y un peu de leur zeste râpé.

Salmis de perdreaux. — Préparez trois perdreaux, bardez-les et faites-les cuire à la broche (il faut qu'ils ne soient que peu cuits) : laissez-les refroidir, levez-en les membres, ôtez-en la peau, parez-les, rangez-les dans une casserole avec un peu de consommé, posez-les sur une cendre chaude, faites qu'ils ne bouillent pas tout de suite ; coupez six échalotes, ajoutez un peu de zeste de citron, mettez ceci dans une casserole avec un peu de vin de Champagne et faites-le bouillir ; concassez vos carcasses de perdreaux et mettez-les dans la même casserole ; ajoutez-y quatre cuillerées à dégraisser de blond de veau ou d'espagnole réduite ; faites réduire le tout à moitié ; passez cette sauce à l'étamine ; égouttez vos membres de perdreaux, dressez-les, mettez entre ces membres des croûtons de pain passés dans du beurre ; et versez la sauce sur les perdreaux en y ajoutant le jus d'un citron.

Salmis froid. — Préparez votre salmis comme il est indiqué à l'article précédent ; finissez-le un quart d'heure avant de servir ; mettez les membres de vos perdreaux à part ; ajoutez à leur sauce une bonne cuillerée à dégraisser de gelée ou d'aspic ; posez votre casserole sur la glace ou sur de l'eau sortant du puits ; remuez bien cette sauce jusqu'à ce qu'elle prenne en gelée : une fois à son degré, trempez-y ces membres de perdreaux les uns après les autres ; dressez-les sur votre plat de service ; couvrez-les du restant de la sauce ; garnissez votre entrée de croûtons passés dans du beurre, et décorez-la tout autour de gelée taillée en diamants.

Perdreaux à la Vaupalière. — Prenez quatre perdreaux ; levez-en les filets ; ôtez-en les mignons ; levez la peau des gros filets, et cela en les posant sur la table, et faisant couler votre couteau, comme si vous leviez une barde de lard ; prenez garde d'en endommager les chairs ; battez-les légèrement avec le manche de votre couteau, et parez-les : faites fondre du beurre dans un sautoir, trempez-y vos filets les uns après les autres, et rangez-les, de manière qu'ils ne se touchent pas ; saupoudrez-les d'un peu de sel fin, d'un peu de gros poivre, et couvrez-les d'un rond de papier ; préparez vos six petits filets ; piquez-en trois de même lard ; les trois autres, décorez-les de petites crêtes de truffes, mettez-les sur une tourtière, avec un peu de beurre fondu et un grain de sel ; donnez-leur la forme d'un demi-cercle, et couvrez-les d'un rond de papier : vous aurez levé les cuisses de ces perdreaux et les aurez fait cuire dans une casserole, avec un peu de beurre, sans mouillement : lorsqu'elles seront froides, vous en supprimerez les peaux et les nerfs ; vous en hacherez les chairs fort menu, et les mettrez dans une casserole que vous couvrirez : vous aurez fait un fumet de vos carcasses, comme il est indiqué au FUMET DE GIBIER. La cuisson faite, passez au travers d'une serviette ; faites réduire ; ajoutez-y trois cuillerées à dégraisser d'espagnole travaillée ; faites encore réduire le tout à consistance de demi-glace, et renversez-en une partie pour glacer votre entrée ; sautez vos filets, assurez-vous s'ils sont cuits et dressez-les en couronne ; mettez le hachis et les truffes dans votre sauce, avec un peu d'excellent beurre : remuez le tout ; ne le laissez point bouillir ; versez-le dans le puits de vos filets : vous aurez fait sauter au même instant les petits filets dans du beurre ; leur cuisson faite, glacez-les et faites-en une seconde couronne sur votre hachis, que vous aurez glacé avec ce que vous aviez conservé de votre sauce.

Perdreaux au chasseur, ou Salmis de table. — Faites cuire deux ou trois perdreaux à la broche, et coupez-les par membres ; vous aurez mis dans une casserole trois cuillerées à bouche d'huile, un demi-verre de vin rouge, un peu de sel fin, du gros poivre, le jus d'un citron et un peu de son zeste ; sautez vos membres de perdreaux dans cette sauce ; dressez-les, saucez-les, et servez-les chaudement.

Perdreaux à la Monglas, ou Salpicon en cuvette. — Retroussez trois perdreaux en poule ; bardez-les, faites-les cuire à la broche, laissez-les refroidir, levez-en les estomacs, de manière à en former une cuvette ; coupez-en les chairs en petits dés ; faites chauffer ces perdreaux dans un peu de consommé, et tenez-les chauds jusqu'au moment de servir ; mettez dans une casserole un morceau de beurre ; coupez six ou huit truffes crues avec autant de champignons ; passez-les dans ce beurre, en y joignant un peu de persil, de ciboules et d'échalotes hachées ; mouillez le tout d'un bon verre de vin de Champagne et de six cuillerées à dégraisser d'espagnole travaillée ; faites cuire et réduire votre sauce, en ayant soin de la bien dégraisser ; coupez deux ou trois foies gras ainsi que les chairs de perdreaux ; mettez-les dans votre sauce, avec sel et gros poivre ; faites-leur jeter deux ou trois bouillons ; dressez vos perdreaux, remplissez-les de votre salpicon, et *saucez* le tout d'un fumet de perdrix.

Perdrix aux choux à la Royale. — Ayez trois vieilles perdrix ; après les avoir appropriées, troussez-les en poule ; lardez-les de gros lardons, assaisonnés de sel, poivre, épices fines, aromates pilés et passés au tamis, persil et ciboules hachés ; fon-

cez une casserole de quelques débris de veau, deux carottes, deux ognons et une demi-gousse d'ail ; posez vos perdrix dessus, couvrez-les de bardes de lard ; mouillez-les avec quelques bons fonds, ou avec du bouillon et du consommé ; posez votre casserole sur le feu, faites-la partir ; couvrez-la d'un rond de papier beurré, ainsi que de son couvercle ; déposez-la sur le fourneau, avec feu dessous et cendre chaude dessus ; laissez cuire pendant cinq quarts d'heure ; ensuite préparez des choux, que vous ferez cuire avec un cervelas et un morceau de petit lard ; tournez trente carottes rouges, autant de navets ; donnez-leur le diamètre d'une pièce d'un franc (il faut que leur longueur soit de la hauteur du moule dont je vais parler) ; faites blanchir ces légumes ; égouttez-les, et puis faites-les cuire dans du consommé, avec une pincée de sucre ; ayant fait refroidir votre cervelas et votre petit lard, ayez un moule ; beurrez-le ; mettez dans le fond un rond de papier blanc et une bande de papier autour de votre moule, en dedans et de toute sa hauteur ; coupez votre cervelas en deniers et votre petit lard par tranches, de la même épaisseur que le cervelas ; posez au centre de ce moule un morceau de cervelas ; rangez autour des tranches de petit lard, et garnissez ainsi le fond de votre moule ; dressez autour de ce moule vos bâtons de carottes et de navets, en les entremêlant et les serrant les uns contre les autres ; pressez vos choux, garnissez-en le fond de votre moule, et continuez d'en garnir les bords comme une espèce de contre-fort ; laissez un vide au milieu pour y placer vos perdrix ; posez-leur l'estomac sur le fond ; remplissez votre moule de choux, en coupant tout ce qui pourrait le déborder, et pressez-les de manière à leur donner une consistance assez ferme, pour qu'en renversant les perdrix votre décor ne se dérange point ; mettez un couvercle sur ce moule, et tenez vos perdrix bien chaudement au bain-marie ; passez leur fond à travers un tamis de soie ; joignez-y trois cuillerées à dégraisser d'espagnole travaillée, comme il est énoncé ci-après ; laissez cuire votre sauce, dégraissez-la, faites-la réduire à consistance de demi-glace ; retournez votre chartreuse sur votre plat, enlevez-en le papier, égouttez-la avec attention, épongez-en le mouillement, le mieux possible, avec le coin d'un linge blanc, et saucez-la avec sa réduction.

Perdrix aux choux à la ménagère. — Posez deux perdrix braisées sur un plat ; pressez vos choux étuvés au gras, dans un linge ; coupez-les et dressez-les debout autour de vos perdrix ; garnissez-les de cervelas coupés en rond, de petit lard en tranches et de saucisses à la chipolata ; saucez-les avec la réduction de votre braise et servez

Bayonnaise de perdreaux. — Faites cuire trois perdreaux à la broche; laissez-les refroidir; coupez-les par membres; parez-les; mettez-les dans un vase avec quatre échalotes, un peu d'estragon et de pimprenelle hachés, quatre cuillerées d'huile, trois cuillerées à dégraisser de gelée de viande, un peu de gros poivre, une pincée de sel fin et une cuillerée de vinaigre à l'estragon; sautez bien le tout ensemble; dressez vos perdreaux sur un plat, en mettant au fond les estomacs et les reins, et rangeant vos membres autour; masquez le tout avec une sauce bayonnaise, et servez après avoir décoré le bord de votre plat avec quelques festons de gelée.

Perdreaux à la Cussy. — Ayez trois perdreaux rouges bien frais; habillez-les; désossez-les entièrement par les reins, excepté le dernier os de la cuisse; laissez-leur les pattes; étendez-les sur un linge blanc; couvrez les chairs d'une légère couche de farce cuite, faites des chairs de perdreau. Vous aurez fait et laissé refroidir un salpicon, composé de gorges de ris de veau, de truffes, de champignons et de crêtes de coq, le tout coupé en petits dés et par portions égales, c'est-à-dire ayant employé autant de l'un que de l'autre; remplissez le corps de vos perdreaux de ce salpicon, pour les rendre bien dodus; cousez-les et leur donnez leur première forme; bridez-leur les pattes en dehors; mettez-les dans une casserole, pour en faire raidir l'estomac dans un peu de beurre; laissez-le se refroidir; concassez leurs débris; mettez-les dans une autre casserole avec une lame de jambon, deux petits ognons, une carotte coupée en quatre, un bouquet de persil et ciboules, assaisonné d'une demi-feuille de laurier et un peu de macis; joignez à cela un demi-verre de vin blanc, un peu de consommé et un peu de lard râpé; posez vos perdreaux dans une casserole et couvrez-les d'un double rond de papier beurré; une demi-heure avant de servir, faites-les cuire avec feu dessous et feu dessus; ayez soin que leurs estomacs prennent couleur comme si vous les faisiez cuire à la broche; égouttez-les; glacez-les légèrement; dressez-les sur un fumet de gibier.

Si vous n'avez point de fumet, passez le fond de vos perdreaux à travers un tamis de soie, et faites-le réduire avec deux cuillerées à dégraisser d'espagnole, à consistance de demi-glace.

Sauté de filets de perdreaux. — Dépouillez quatre perdreaux; levez-en les filets; supprimez-en les peaux nerveuses; mettez un quarteron de bon beurre dans un sautoir; faites-le fondre; trempez-y vos filets, et arrangez-les l'un après l'autre dans le même ustensile; saupoudrez-les d'un peu de sel; couvrez-les d'un rond de papier (vous aurez

fait un fumet avec leurs carcasses); ajoutez à votre fumet réduit quatre cuillerées à dégraisser d'espagnole; faites-le réduire; dégraissez-le au moment de servir; sautez vos filets; retournez-les: vous jugerez qu'ils sont cuits s'ils résistent au toucher; égouttez-les; dressez-les en couronne autour de votre plat, en mettant entre chaque un croûton de pain en cœur, passé dans du beurre et glacé; finissez votre sauce avec un pain de beurre de Vanvres; arrosez-en ces croûtons, et saucez-en vos filets, que vous pouvez servir aux truffes.

Purée de perdreaux (*V.* PURÉE DE GIBIER).

Soufflé de perdreaux. — Prenez deux perdreaux cuits à la broche; levez-en les chairs; supprimez-en soigneusement les peaux et les nerfs; hachez ces chairs, et les pilez en y joignant les foies que vous aurez fait blanchir, et desquels vous aurez ôté l'amer; retirez le tout du mortier; mettez-le dans une casserole, avec environ quatre cuillerées à dégraisser de consommé réduit ou d'espagnole; chauffez le tout sans le faire bouillir; passez-le à l'étamine à force de bras; ramassez avec le dos de votre couteau ce qui peut être resté au dehors de cette étamine; déposez-le dans un vase; mettez dans une casserole quatre cuillerées à dégraisser d'espagnole et deux de consommé; concassez vos carcasses; joignez-les à votre mouillement; faites-le réduire, et mettez-y gros comme le pouce de glace ou de réduction de veau; faites-la réduire de nouveau plus qu'à demi-glace; retirez du feu votre casserole; mettez-y votre purée, et mélangez le tout; ajoutez-y gros comme un œuf d'excellent beurre, un peu de muscade râpée, et incorporez-y quatre jaunes d'œufs frais, desquels vous aurez mis les blancs à part; fouettez ces blancs comme pour faire un biscuit; incorporez-les petit à petit dans votre purée, quoique chaude; le tout étant bien mêlé, versez-le dans une casserole d'argent ou dans une caisse de papier, ronde ou carrée; mettez-le dans un four ou sous un four de campagne, avec un feu doux, par-dessous et par-dessus; lorsque votre soufflé sera bien monté, vous appuierez légèrement vos doigts dessus; s'il résiste moyennement au toucher, c'est qu'il est à son degré: servez-le aussitôt de crainte qu'il ne retombe.

Perdrix à la purée, en terrine. — Ayez trois perdrix; lardez-les de lardons moyens; assaisonnez-les comme il est dit à l'article PERDRIX AUX CHOUX, et faites-les cuire dans le même assaisonnement; servez-les avec la purée qu'il vous plaira, telle que pois, lentilles, marrons, etc.; garnissez-les de saucisses et de petit lard, ainsi que de petits croûtons passés au beurre.

Hachis de perdreaux. — Ayez deux ou trois perdreaux cuits à la broche ; levez-en les chairs ; supprimez-en les peaux et les nerfs ; hachez ces chairs très-fin ; concassez tous les débris de vos perdreaux, et mettez-les dans une casserole avec quatre cuillerées à dégraisser d'espagnole, et deux de consommé ; faites cuire ce fumet ; passez cette sauce à l'étamine ; faites-la réduire ; dégraissez-la ; réduite à demi-glace, retirez votre casserole du feu (mettez à part un peu de votre sauce, qui vous servira à glacer votre hachis à l'instant de servir) ; mettez vos chairs dans cette sauce avec une pincée de mignonnette, un peu de muscade râpée et deux petits pains de beurre ; mêlez bien votre hachis ; dressez-le sur le plat ; garnissez-le de croûtons passés dans du beurre, et mettez par-dessus des œufs pochés.

Perdreaux à la d'Artois. — Ayez trois perdreaux cuits à la broche, sans avoir été piqués ; levez-en les membres ; parez-les ; supprimez les peaux ; arrangez ces membres dans une petite casserole, et faites-les chauffer sans bouillir, avec un peu de consommé ; mettez les reins et les parures de ces perdreaux dans un mortier ; pilez-les ; versez dans une casserole un bon verre de vin de Madère ; mettez-y trois échalotes coupées, trois branches de persil, et un peu de zeste de bigarade ; faites jeter un bouillon, et joignez à cela cinq cuillerées à dégraisser d'espagnole réduite, ou de blond de veau ; laissez bouillir le tout dix minutes et sur un bon feu ; retirez la casserole du fourneau ; mêlez à votre sauce vos carcasses pilées ; délayez-les ; passez-les à l'étamine ; ramassez bien tout ce qui est au dehors de l'étamine ; mettez cette purée dans une petite casserole ; faites-la chauffer au bain-marie ; égouttez vos membres de perdreaux ; dressez-les sur votre plat, en les entremêlant de quelques croûtons passés au beurre : vous aurez fait un bord à votre plat avec de petits croûtons sautés à l'huile ; retirez votre sauce du bain-marie ; ajoutez-y le jus d'une ou deux bigarades, un peu de mignonnette et la moitié d'un pain de beurre ; passez-la bien, et versez-la sur votre ragoût.

Sauté de perdreaux aux truffes. — Levez les filets de quatre perdreaux ; parez-les ; mettez fondre du beurre dans un sautoir ; posez-y vos filets ; faites-les raidir des deux côtés ; égouttez-les ; posez-les sur votre table ; coupez-les par petits morceaux d'égale grandeur, et donnez-leur une forme ronde ; faites un fumet de carcasse, comme il est indiqué ci-dessus ; passez-le, et faites-le réduire ; ajoutez-y trois cuillerées d'espagnole travaillée ; faites réduire à consistance de demi-glace ; mettez-y vos filets, et ne les faites point bouillir ;

joignez-y une demi-livre de truffes coupées de la même forme que vos filets, et que vous aurez fait cuire dans le beurre où vous aurez sauté ces filets, et mêlez bien le tout ensemble ; que votre sauce ne soit pas trop longue ; finissez-là avec un petit pain de beurre ; dressez votre ragoût, en rocher, sur un plat, où vous aurez mis un bord de petits croûtons sautés au beurre.

Perdreaux à la Singarat. — Levez les filets de trois perdreaux ; parez-les ; faites fondre du beurre dans un sautoir ; mettez et retournez vos filets dans ce beurre ; couvrez-les d'un rond de papier ; ayez une langue de veau à l'écarlate, qui ne soit pas trop salée, et dont vous aurez coupé six morceaux ; donnez-leur la grandeur et la forme de vos filets ; mettez-les à chauffer dans une casserole, avec un peu de consommé ; prenez les parures et le tendre, excepté les peaux de cette langue ; hachez-les bien fin ; ayant fait une sauce, comme il est indiqué à l'article ci-dessus, sautez vos filets ; dressez-les en couronne, avec un morceau de langue entre chaque filet ; saucez-les avec une partie de votre mouillement ; mettez votre hachis dans le reste de cette sauce ; incorporez bien le tout, et placez ce hachis dans le puits de votre ragoût.

Perdreaux à l'italienne. — Appropriez trois ou quatre perdreaux ; flambez-les légèrement, et videz-les par la poche ; maniez du beurre avec un grain de sel fin ; remplissez-en le corps de vos perdreaux ; laissez-leur les pattes en dehors ; bridez-les ; embrochez-les avec un attelet entre l'aile et la cuisse ; enveloppez-les de bardes de lard et de deux feuilles de papier ; attachez cet attelet des deux bouts sur une broche ; faites cuire ces perdreaux pendant une demi-heure qui doit suffire à leur cuisson ; déballez-les ; laissez-les égoutter, et *saucez*-les avec une bonne italienne rousse et réduite.

Pâté de perdrix (*V.* PATÉS).

Perdreaux à la tartare (*V.* POULET).

Perdrix à la Sierra-Morena (*V.* PIGEON).

Perdreaux ou perdrix à la cendre. — Vos perdreaux étant proprement épluchés et vidés, retroussez-les en poule, c'est-à-dire, passez-leur le bout des cuisses dans le corps par le moyen d'une petite fente que vous ferez avec la pointe du couteau, de chaque côté ; passez-les sur le feu dans une casserole avec un morceau de beurre, du persil, de la ciboule et des champignons, le tout haché bien menu ; quand vos oiseaux auront pris le goût de la marinade, enveloppez-les chacun d'une barde de lard et ensuite d'une feuille de papier, que vous mouillerez un peu de peur qu'ils ne brûlent; enterrez-les dans des cendres rouges, et, quand ils seront cuits, servez-les avec un coulis et du jus de citron.

Pain de perdreaux. — Faites une purée de perdreaux comme il est indiqué ci-dessus en y ajoutant quelques jaunes d'œufs; passez cette purée à l'étamine; mettez-la dans un moule évidé que vous aurez beurré, et soumettez ce moule au bain-marie : une heure de cuisson suffit; dressez votre pain de perdreaux, et saucez-le avec une espagnole mêlée d'essence de gibier.

Salade de perdreaux. — Parez des débris de perdreaux rôtis; mettez dans une terrine avec bonne huile, vinaigre à l'estragon, ravigote hachée, sel et gros poivre; mettez-les ensuite sur un plat autour duquel vous ferez un cordon avec des cœurs de laitue coupés en deux ou en quatre, suivant leur grosseur; mettez aussi des œufs durs coupés en quartiers, des cornichons émincés, des filets d'anchois, des ognons confits, des câpres, des truffes cuites au vin de Champagne. Au moment de servir, arrosez le tout avec l'assaisonnement resté dans la terrine.

Escalopes de filets de perdreaux. — Prenez huit filets de perdreaux; coupez-les en escalopes, ainsi que les filets mignons; posez-les sur un sautoir avec du beurre fondu; au moment de servir, faites-les sauter et raidir; égouttez vos filets; retirez votre beurre; mettez dans votre sautoir trois cuillerées de fumet de gibier et deux cuillerées d'allemande; faites bouillir le tout ensemble; mettez vos escalopes dedans avec des truffes coupées en lames, ou de beaux champignons tournés; finissez avec un morceau de beurre fin et un jus de citron; dressez-les sur un plat avec des croquettes de gibier alentour.

PERSIL. On en connaît six espèces, dont celle de *Macédoine* est la plus estimée. Le persil doit entrer dans presque tous les ragoûts et toutes les sauces; mais il y a deux assaisonnements culinaires dont il est le principal ingrédient, savoir : la watter-fisch et la sauce au persil à la hollandaise (*V.* CARRELET, PERCHE et SAUCES).

PIEDS. Les pieds des quadrupèdes sont composés de ligaments et de membranes qui abondent en gélatine, ce qui les rend très-alimentaires (*V.* PIEDS D'AGNEAU, DE COCHON, MOUTON et VEAU, à ces divers articles).

PIGEON. Il y en a de différentes espèces, ainsi que chacun sait : les pigeons communs, les pigeons de volière et les pigeons ramiers. Le pigeon commun vit dans un colombier, et ces pigeons sont ou fuyards ou domestiques. Les derniers ne quittent guère les environs de leur manoir, mais les autres vont chercher leur nourriture au loin. Les uns et les autres ne perchent pas sur les arbres. On appelle pigeons cauchois de beaux pigeons du pays de Caux, en Normandie, où cette espèce est plus commune que partout ailleurs.

Parmi les pigeons de volière, les plus gros, les plus succulents et les plus savoureux sont incomparablement ceux de la Romagne. Avec deux pigeons romains, on garnit suffisamment un plat de rôt, et lorsqu'on les coupe, il en découle presque autant de jus que d'un gigot rôti. Malheureusement cette espèce ne saurait se maintenir en France au-delà de trois à quatre générations, terme au bout duquel elle s'abâtardit et se décrépite.

Les ramiers, qu'on appelle aussi bisets parce que leur plumage est souvent bigarré de deux couleurs, ne sont autre chose que des pigeons sauvages, parmi lesquels on doit également classer la tourterelle, la colombe des bois et la palombe des Pyrénées. On élève à Paris une espèce de pigeons qu'on appelle *innocents* et qu'on nomme aussi *pigeons à la Gautier*. Quand on les mange à l'état de pigeonneaux, il ne s'y trouve aucunes parties osseuses ni solides, ce qui peut tenir à ce que la cartilaginisation est fort tardive dans les individus de cette race, et ce qui provient peut-être aussi de ce que M. Gautier les nourrit avec du millet trempé dans de l'eau-de-vie pour les empêcher de grandir. Ces pigeonneaux innocents sont très-souvent employés dans ces riches garnitures qu'on appelle à la Chambord, à la Régence et à la Financière.

Par un préjugé superstitieux emprunté aux Byzantins, les Russes de toutes les classes se refusent toujours opiniâtrément à manger de la chair de pigeon, et c'est, disent-ils, en témoignage de considération pour les colombes et de vénération pour la Pentecôte. On n'ignore pas la déconvenue d'un ambassadeur qui avait rassemblé tous les grands-officiers de la couronne de Russie pour un dîner d'apparat, et dont les convives ne voulurent pas même déplier leurs serviettes, parce que des valets s'étaient dit entre eux que cette Excellence de juillet n'avait pas voulu défendre à son cuisinier d'employer des pigeons pour la confection de ce grand repas, ce qui fut considéré comme une offense à la dignité nationale; et nous en concluons que lorsqu'on dîne avec des Russes, il est toujours prudent et poli de ne pas leur offrir du pigeon.

Pigeonneaux rôtis. — Vous les flambez sur un feu vif et vous les bridez fortement, après quoi vous les bardez en n'omettant pas de placer, si la saison vous le permet, une large feuille de vigne entre leur chair et la barde. Une demi-heure suffit pour les cuire à la broche, et tout le monde sait que la bonne manière de couper les pigeons ou pigeonneaux est en travers, et non pas dans le sens de leur longueur. On commence par en proposer le morceau d'en bas qu'on nomme la *culotte*, tandis que les ailes ou le *chérubin* doivent rester pour les convives moins favorisés.

Pigeons à la Saint-Hubert. — Après avoir flambé des pigeons de volière ou des pigeons romains, si vous pouvez, vous leur troussez les pattes en dedans du corps, et vous les fendez par le dos depuis le cou jusqu'au croupion. Videz-les et battez-les sur l'estomac, afin que votre pigeon soit plat; vous l'assaisonnez de gros poivre et de sel; mettez un morceau de beurre à tiédir dans une casserole; vous les trempez dedans, puis dans de la mie de pain; quand ils seront bien panés, une demi-heure avant de servir, vous les mettez du côté de l'estomac, sur le gril, à un feu doux; vous les retournez à propos; dressez-les sur le plat; mettez dessous un jus clair ou une sauce dont voici la formule : Ajoutez à votre fond de cuisson un demi-verre de bouillon ou d'eau, du sel, du poivre fin, plein deux cuillères à bouche d'échalotes bien hachées, trois cuillerées de bon vinaigre, une cuillerée de chapelure de pain; vous ferez jeter deux ou trois bouillons, et vous verserez cette sauce sous vos pigeons.

Pigeons à la Sierra-Morena. — Procurez-vous quatre beaux pigeons de volière et coupez-les en quatre portions, de manière à ce que chaque membre reste adhérent à la partie du corps la plus voisine; sautez-les à l'huile fine et sur un feu tempéré; joignez-y, après quelques minutes de cuisson, des champignons tranchés, des lames de truffes noires, une pointe d'ail écrasée, du gros poivre, du sel en quantité suffisante, et finalement une demi-cuillerée de ciboulette verte et finement hachée. Lorsque ces quartiers de pigeons, ainsi que les tranches de champignons, vous paraîtront bien rissolés, vous retirerez du feu votre sautoir, dans lequel vous verserez un demi-verre de vin de Malaga. Remuez et vannez votre appareil, et puis vous garnirez avec des croûtons frits et glacés cet excellent plat d'entrée.

Pigeons en compote. — Prenez six pigeonneaux bien échaudés, à qui vous trousserez les pattes dans le corps; faites-les blanchir; ôtez-en le cou et les ailes; après les avoir épluchés, mettez-les dans une casserole avec deux ou trois truffes, des champignons, quelques foies de volaille, un ris de veau blanchi et coupé par morceaux, un bouquet de persil, ciboule, une gousse d'ail, du basilic et un morceau de bon beurre; passez le tout sur le feu; mettez-y une pincée de farine; mouillez moitié jus, moitié bouillon, et, de plus, un verre de vin blanc; laissez cuire et réduire à courte sauce; ayez soin de dégraisser et d'ajouter, en servant, un jus de citron ou un filet de vinaigre blanc.

Pigeons à la villageoise. — Étant préparés comme il est dit ci-dessus, assaisonnez-les de sel, poivre, aromates pilés; mettez-les dans une casserole avec un fort morceau de beurre, et placez cette casserole sur un feu très-ardent; retournez les pigeons de temps en temps. Lorsqu'ils seront cuits, c'est-à-dire au bout de trois quarts d'heure, vous les dresserez; vous jetterez un peu de farine dans le beurre où ils auront cuit; vous ajouterez un peu de bouillon et le jus d'un citron; vous ferez bouillir cette sauce et la verserez sur vos pigeonneaux.

Pigeons au soleil. — Ayez des pigeonneaux, des tourtereaux ou des ramereaux. Après les avoir vidés et bien préparés en leur laissant la tête, les ailes et les pattes, passez à chacun une brochette au travers des cuisses, pour empêcher qu'elles ne s'écartent trop en les faisant blanchir à l'eau bouillante. Lorsqu'ils sont bien épluchés, faites-les cuire dans une casserole avec un verre de vin blanc, un bouquet de persil et ciboule, une gousse d'ail, deux clous de gérofle, sel, gros poivre et un petit morceau de beurre. La cuisson achevée, vous les égouttez et vous les laissez refroidir pour les tremper ensuite dans une pâte et les faire frire de belle couleur; servez chaudement avec du persil frit pour entrée.

Cette pâte se fait en mettant dans une casserole deux poignées de farine, du sel fin, un peu d'huile, et en y versant peu à peu du vin blanc pour délayer la pâte, jusqu'à ce qu'elle soit ni trop claire, ni trop épaisse, c'est-à-dire qu'il faut qu'elle file en la versant de la cuillère.

Pigeons à la crapaudine. — Prenez de bons pigeons dont vous trousserez les pattes en dedans; s'ils sont très-gros, vous les couperez en deux, sinon vous ne ferez que les fendre par derrière, et les aplatirez sans leur briser les os; faites-les mariner avec de l'huile fine, gros poivre, persil, ciboule, champignons, le tout haché; faites-leur prendre le plus d'assaisonnement que vous pourrez, et panez-les de mie de pain; mettez-les sur le gril, et les arrosez du reste de leur marinade; faites-les griller à petit feu et d'une belle couleur dorée; quand ils sont cuits, vous les servez avec une sauce faite de cette façon; vous mettez un ognon coupé dans un mortier avec du verjus; pilez bien le tout ensemble, et faites-en sortir le jus que vous mettez avec bouillon, sel, gros poivre; faites chauffer et servez sous les pigeons qui peuvent se servir sans verjus avec une autre sauce claire et piquante.

Pigeons aux petits pois. — Prenez trois ou quatre pigeons, suivant qu'ils sont gros; échaudez-les et les faites blanchir; mettez-les dans une casserole avec un bon morceau de beurre, un litron de petits pois, un bouquet de persil, ciboule; passez-les sur le feu et mettez-y une pincée de farine; mouillez avec un verre d'eau, faites cuire à petit feu; quand il n'y a plus de sauce, vous y mettez un peu de sel fin, une liaison de deux jaunes d'œufs avec de la crème; faites lier sur le feu sans bouillir, et servez à courte sauce.

Si vous voulez les servir au roux, vous y mettrez un peu plus de farine, et mouillerez moitié jus, moitié bouillon; laissez cuire et réduire jusqu'à ce qu'il n'y ait que peu de sauce bien liée, et vous y mettrez le sel un moment avant de servir, et gros comme une noisette de sucre.

Pigeons-Gautier à l'aurore. — Vos pigeons étant préparés, faites-les revenir dans le beurre avec du sel, du poivre, de la muscade râpée, une feuille de laurier et un jus de citron. Quand les pigeons seront bien revenus, mettez un peu de farine dans votre beurre; ajoutez un ognon, un clou de gérofle et des champignons hachés; faites bouillir le tout pendant quelques minutes; ôtez alors les pigeons; laissez réduire la sauce; ôtez-en l'ognon et le laurier; versez cette sauce sur les pigeons, et laissez refroidir le tout. Les pigeons étant froids, panez-les en les trempant d'abord (enduits de leur sauce) dans de la mie de pain, puis dans des œufs battus et assaisonnés de sel et poivre, et une seconde fois dans de la mie de pain; faites-les frire alors, et servez-les de belle couleur avec du persil frit pour garniture.

Pigeons-Gautier à la financière. — Vos pigeons étant préparés et cuits comme il est dit à l'article précédent, dressez-les, et mettez au milieu du plat un ragoût de truffes mêlé de foies gras, crêtes et rognons de coqs.

Pigeons à la cuillère. — Après avoir flambé et paré des pigeons-Gautier, mettez dans une casserole un bon morceau de beurre, le jus d'un citron, un peu de sel et du gros poivre; vous faites raidir vos pigeons dans cet assaisonnement; vous les mettez dans une casserole entre des bardes de lard et le beurre dans lequel vous les avez fait raidir, vous y ajoutez une cuillerée de blond de veau; un bon quart d'heure avant de servir, vous les mettez au feu, et, au moment de servir, vous les égoutterez et les dresserez sur votre plat, où vous placerez une écrevisse entre chaque pigeon, et vous mettrez dessous une sauce italienne.

Pigeons en macédoine et en chartreuse. — Tournez des carottes et des navets de la grosseur du doigt; faites-les blanchir dans de l'eau et du sel, puis faites-les cuire dans du consommé avec un peu de sucre; faites cuire d'autre part des haricots verts, des petits pois, des laitues et des choux. Tout cela étant préparé et vos pigeons étant cuits, vous prendrez un moule à charlotte; vous le garnirez de papier beurré, et vous en décorerez le fond avec des carottes et des navets coupés en deniers, des haricots verts coupés en carrés ou losanges, des petits pois qui figureront des cordons de *perles*, etc.; vous dresserez le long des parois des carottes et des navets qui formeront des colonnes, vous donnerez de la consistance à tout cela en le garnissant de choux et de laitues bien pressés; puis vous mettrez un pigeon dans le milieu; vous les couvrirez avec le reste de vos légumes arrosés d'une sauce allemande, et vous mettrez en dernier lieu le reste des laitues et des choux que vous presserez un peu. Faites chauffer le moule au bain-marie; dressez la chartreuse en couvrant le moule avec un plat et le renversant, et saucez avec une sauce espagnole réduite.

Pigeons en terrine. — Farcissez vos pigeons sur l'estomac, entre cuir et chair; faites-les cuire à la braise avec les ingrédients ordinaires et des racines; faites blanchir un chou pommé, coupé en deux, que vous mettrez à l'eau froide; après l'avoir égoutté, vous le ficelez; mettez vos pigeons dans une marmite avec le chou, du jambon et du petit lard; faites cuire entre deux feux; lorsque le tout est cuit, dressez dans la terrine avec le petit lard et les choux coupés en filets; servez avec une essence, et sur le tout un coulis de perdrix.

Tourte de pigeonneaux, tourtereaux ou ramereaux. — Faites une abaisse de pâte fine; foncez-en une tourtière; arrangez-y vos pigeons que vous apprêterez comme les perdrix en tourte; couvrez-les de tranches de veau, de bardes de lard et de beurre frais; recouvrez d'une abaisse de même pâte ou de feuilletage; finissez à l'ordinaire; dorez et mettez au four. Votre tourte cuite, dégraissez-la; ôtez le veau, le lard, le bouquet, les ognons; versez-y un coulis clair de veau et jambon.

Pigeons à la Sainte-Ménéhould. — Mettez dans une casserole un morceau de beurre manié de farine, un bouquet de persil et ciboules, deux ognons en tranches, des carottes et des panais émincés, une gousse d'ail entière, deux clous de gérofle, une feuille de laurier, sel, poivre, muscade, et une chopine de lait ; faites bouillir quelques instants, et mettez-y les pigeons que vous faites cuire à petit feu ; lorsqu'ils sont cuits, retirez-les et faites-les égoutter ; faites réduire la cuisson, laissez-la refroidir et *saucez*-y les pigeons ; panez-les et faites-les griller en les arrosant du gras de la cuisson. Servez avec une rémoulade.

Pigeons frits à la bonne femme. — Prenez des pigeonneaux de sept à huit jours ; flambez-les légèrement ; laissez-leur les ailes, la tête et les pattes ; faites-les cuire avec un morceau de beurre, du vin blanc, un bouquet garni, deux clous de gérofle, une pointe d'ail, sel, gros poivre et muscade. Lorsqu'ils sont cuits, retirez-les pour les faire égoutter ; trempez-les dans une pâte, et faites-les frire de belle couleur, et servez-les avec du persil frit.

Ramereaux poêlés. — Videz et flambez légèrement trois ou quatre ramereaux ; retroussez-leur les pattes en dedans ; foncez une casserole de bardes de lard, mettez-y une lame de jambon, un bouquet de persil et ciboules, une branche de basilic, une demi-feuille de laurier, deux ognons, dont un piqué d'un clou de gérofle, une carotte coupée en quatre, un petit verre de vin rouge ou blanc, et un verre de consommé ; posez vos ramereaux sur ce fond, couvrez-les de bardes de lard ; faites-les partir, mettez-les sur un feu modéré dessous et dessus ; faites-les cuire environ trois quarts d'heure : leur cuisson faite, égouttez-les, dégraissez-les, et servez dessous une sauce poivrade légèrement acidulée.

Ramereaux à l'estoufade. — Videz et flambez trois ramereaux ; préparez des moyens lardons, assaisonnez-les de sel, de poivre, de persil et ciboules hachées, d'épices fines et d'aromates pilés et passés au tamis (il faut que le basilic y domine un peu) ; lardez vos ramereaux, marquez-les dans une casserole, comme il est énoncé dans l'article précédent ; faites-les bien cuire : leur cuisson achevée, dressez-les sur votre plat, passez leur fond au tamis, saucez-les et servez-les.

Tourterelles et tourtereaux. — Ils sont de la famille des pigeons : mais leur chair est plus estimée que celle de ces derniers ; les sauvages sont d'un meilleur goût que ceux des volières. On distingue le mâle par un collier noir qu'il a au cou. Les tourtereaux et les tourterelles s'emploient, comme le ramier, le plus ordinairement à la broche.

Pigeons au basilic. — Après les avoir fait cuire à la braise, il faut dégraisser leur mouillement et le passer au tamis : ensuite on le fait réduire en y faisant bouillir une forte pincée de grand basilic sec, et qu'on aura soin de renfermer dans un nouet de toile fine. Au bout de sept à huit minutes d'ébullition, on replacera les pigeons dans ladite sauce, et l'on garnira cet ancien plat d'entrée avec des bâtons royaux ou des rissoles frites et farcies de hachis de pigeon (*V.* pages 54 et 55).

Pigeons aux topinambours. — Préparez-les comme un ragoût ordinaire à la poulette, et puis faites cuire avec eux une demi-douzaine de topinambours coupés en *talon de bottes,* et que vous aurez eu soin de faire blanchir avant de les adjoindre à cet appareil. Liez la sauce, au moment de servir, avec trois jaunes d'œufs que vous aurez délayés avec une cuillerée d'eau-de-vie brûlée d'avance, et où vous mélangerez une pincée de muscade en poudre.

On pourrait indiquer un nombre infini de préparations dont les pigeons, les ramiers, les colombes et les tourtereaux sont susceptibles. Il est suffisant de faire observer ici qu'on peut les mettre en timbale, en papillotes, en croustade, en casserole chaude et en terrine froide, ainsi qu'en pâté pour entremets.

PIGNÉSIE, sorte de nougat blanc qui s'opère avec l'amande de la pomme de pin et le miel de Narbonne (*V.* page 336).

PIGNONS, semences du pin qui se trouvent comprises parmi les quatre *semences froides,* et qui doivent entrer dans la composition de l'orgeat suivant l'ancienne formule (*V.* PHARM. DOM.)

PILAU, préparation d'origine orientale et dont l'élément principal est du riz assaisonné de safran.

Pilau turc au gras. — Prenez une mesure de riz, que vous lavez à l'eau tiède, et trois mesures de bon bouillon ; mettez le tout dans un vase qui ferme hermétiquement sur un feu bien ardent. Lorsqu'il commence à bouillir, délayez dans une soucoupe ou dans une tasse un peu de safran du Gâtinais, et versez-le dans le vase. Faites ensuite bouillir à gros bouillon, tenant toujours le vase exactement clos. Le riz crève, se durcit et prend consistance. Alors dépotez-le, et servez-le sur un plat en pyramide. Cette opération bien conduite dure une heure ou tout au plus une heure et demie.

Pilau maigre. — Mesurez une partie de riz et trois parties d'eau où vous aurez fait dissoudre un peu de sel ; menez le tout à gros bouillon dans un vase bien clos et sur un feu très-ardent. Lorsque le riz est crevé et cuit, on y fait des trous avec le manche d'une cuillère de bois, et l'on introduit dans ces trous de bon beurre frais ou roussi dans la poële. Le beurre pénètre le riz et lui sert d'assaisonnement. On dégraisse et l'on dresse le pilau sur un plat.

PIMENT, espèce de solanée dont le fruit a une saveur âcre analogue à celle du poivre. Le piment se nomme vulgairement *poivre long*.

PIMENT DE LA JAMAIQUE, fruit du *myrtus pimenta*, qui a une odeur qui se rapproche beaucoup de celle du gérofle. Ses fruits séchés et pulvérisés sont employés comme épice.

PIMENT ENRAGÉ. On appelle ainsi la variété du *myrtus pimenta* qui croît sous les tropiques, et dont nous avons déjà suffisamment parlé page 285, à l'article KARI.

PIMPRENELLE, herbe légèrement aromatique, dont les jeunes feuilles sont employées comme assaisonnement dans les salades et les bayonnaises.

PISTACHE, fruit du pistachier, arbre qui croît dans toutes les contrées méridionales ; la pistache est une petite noix oblongue, assez difficile à casser, parce qu'elle est élastique ; elle renferme une semence huileuse dont la chair est d'un vert tendre ; elle a un goût plus agréable que l'aveline ; elle est aussi moins sèche. On substitue avec avantage la pistache aux amandes et aux avelines dans toutes les préparations dont ces semences émulsives font partie. Elle est souvent employée dans les préparations de la haute cuisine, ainsi que dans celles de l'office (*V.* notamment à nos articles CRÈMES CUITES et CRÈMES CRUES, FLANS, TARTELETTES, DRAGÉES, GLACES, etc.).

PISKINIOFF, excellent gâteau polonais que les cuisiniers français appellent improprement *biscuit de niauffes*. — Faites un demi-litron de feuilletage ; donnez-lui un tour ou deux de plus qu'on ne lui en donne ordinairement, formez-en deux abaisses carrées, de l'épaisseur de trois lignes ; couvrez une plaque d'office d'une de ces abaisses ; étalez dessus de la crème pâtissière, à l'épaisseur de huit à dix lignes, dans laquelle crème vous aurez mis une bonne poignée de pis-

taches pilées, deux amandes amères, jointes à une poignée d'amandes douces émondées et un peu d'épinards blanchis, passés au beurre ; pilez et passez au travers d'un tamis de crin ; ajoutez six fortes cuillerées de sucre en poudre, de l'eau de fleur d'orange, et un ou deux œufs entiers, que vous aurez bien incorporés dans cette crème ; étendez-la également sur votre première abaisse ; couvrez-la de la seconde ; dorez-la avec du lait ; piquez-la, rayez-la, en formant des carrés de trois pouces de longueur sur deux de largeur : dorez cette abaisse avec du lait une seconde fois ; saupoudrez-la de sucre passé au tamis de crin, de fleur d'orange pralinée et bien hachée : laissez fondre un peu votre sucre ; faites fondre ce piskinioff à un four un peu plus chaud que pour les biscuits, et dans lequel four vous aurez allumé un éclat pour le faire *grêler* : sa cuisson achevée, retirez-le, divisez-le par carrés que vous dresserez et servirez pour entremets.

PLIE, poisson de la famille naturelle des achantures, et dont les préparations doivent toujours être analogues à celles qu'on emploie pour la limande et pour le carrelet (*V.* pages 127 et 296).

PINTADE, ou, si l'on veut, PEINTADE, oiseau domestique originaire de Numidie, et qui n'a pu s'acclimater chez nous que vers le milieu du XVIe siècle. On l'élève assez bien en France, mais il faut qu'on le tienne à part, attendu qu'il tue les autres volailles : il a aussi le défaut de grimper sur les toits, qu'il dégrade, et son cri, plus fréquent que celui du paon, est plus désagréable encore. Lorsque la pintade est élevée en liberté dans un parc, sa chair égale en délicatesse celle du faisan. On l'apprête absolument de la même manière ; ainsi voyez pages 223 et suivantes.

PLONGEON, oiseau aquatique dont on distingue plusieurs espèces qu'on apprête de la même façon que les rouges de rivière et les albrans. Le plongeon de Seine est renommé pour la saveur et la finesse de sa viande, et il est classé parmi les aliments abstinentiels, ainsi que nous l'avons marqué à l'article MAIGRE, pages 310, 311 et 312.

PLUM-PUDDING (*recette traduite de l'anglais par feu M. de Cussy*). — Ayez deux livres de moelle de bœuf, ou, à défaut de moelle, deux livres de graisse de rognon de bœuf ; ôtez-en la peau et les nerfs ; hachez-la bien menu, et mettez-la dans un grand vase ; épépinnez une livre et demie de raisin de caisse ; épluchez une demi-livre de raisin de Corinthe, et mêlez ces raisins avec votre graisse ou moelle ; ajoutez à cela trois livres de mie de pain passée au tambour ou dans une passoire, un bon verre de vin de Malaga, deux petits verres d'eau-de-vie de Cognac, le zeste de la moitié d'un citron, haché bien fin, une poignée de cédrat confit, coupé en petits dés, une bonne poignée de farine de seigle, du sel fin en suffisante quantité, et huit œufs entiers ; mouillez le tout avec du lait ; maniez-le avec les mains de manière à ce que le tout soit bien mêlé ; formez-en une pâte un peu liquide : faites bouillir de l'eau dans une marmite capable de contenir votre plum-pudding ; votre eau bouillante, farinez une serviette et posez-la dans une passoire (laquelle sert de moule pour former votre plum-pudding, et mettez-y votre appareil : rassemblez les coins de cette serviette, liez-les fortement, sans trop serrer votre pâte ; mettez le tout dans votre marmite, qui doit bien bouillir ; retirez-la alors au fond du fourneau, et conduisez-la comme un pot-au-feu : observez qu'il ne faut la couvrir qu'à moitié, qu'il ne faut pas qu'elle cesse de bouillir, que pour l'entretenir il faut toujours avoir de l'eau bouillante, et que sans tout cela l'eau pénétrerait dans votre plum-pudding : laissez-le cuire six ou sept heures, et retournez-le d'heure en heure : durant sa cuisson, faites la sauce indiquée ci-après : mettez dans une casserole un quarteron de beurre fin, une pincée de farine, une pincée de zeste de citron, une écorce de cédrat hachée, de même une petite pincée de sel et une cuillerée à bouche de sucre fin ; mouillez le tout avec du vin de Malaga ; faites cuire comme une sauce ordinaire : au moment de servir, égouttez votre plum-pudding un instant ; déliez et ouvrez-en la serviette ; posez un plat sur votre plum-pudding, retournez-le, ôtez-en la serviette ; saucez et glacez-le avec la sauce énoncée ci-dessus, et servez-le tout de suite.

Observez que vous pouvez également faire cuire votre plum-pudding au four, en le mettant dans une casserole beurrée.

PLUNK-FINE, ragoût de bœuf à l'écossaise *V*. page 87).

PLUVIER. Il en existe deux variétés qui diffèrent principalement par leur couleur ; celui de la première est jaune, c'est le pluvier doré ; celui de la seconde est cendré, c'est le pluvier gris. La chair en est d'un goût très-délicat. Plusieurs auteurs ont confondu le vanneau et le pluvier, parce que ces deux oiseaux habitent les mêmes lieux, vivent des mêmes aliments, et ont une chair assez semblable par le goût et par les effets qu'elle produit. Le pluvier excite l'appétit, et se digère facilement ; mais, comme il procure une alimentation

peu solide, les personnes accoutumées à un grand exercice de corps ne s'accommoderaient pas de cette nourriture. «*Et disoyent-ils à Gargantua* »*que le Pleuvier est de la viande à gents* »*saoulx, et desja reputs de chair non creuse.*»

Les pluviers se mangent piqués, vidés, cuits à la broche, avec des rôties dessous, et aussi farcis pour entrée de broche ; à la braise, à la cendre ; garnis de truffes ; aux olives, à la poêle, au gratin, etc.

On emploie les œufs du pluvier de la même manière que les œufs du vanneau ; mais ils sont inférieurs à ces derniers.

Pluviers en entrée de broche. — Videz quatre pluviers dorés ; faites avec leurs intestins du lard râpé, poivre, sel, persil, échalotes, une farce, et garnissez-en l'intérieur des pluviers ; embrochez-les avec un attelet ; couvrez-les de bardes de lard, et enveloppez-les de papier ; couchez les pluviers sur broche ; lorsqu'ils seront cuits, vous ôterez le papier et le lard ; vous dresserez les pluviers et vous verserez dessus un ragoût aux truffes.

Pluviers à la braise. — Vos pluviers bien appropriés, faites-les cuire comme les pigeons et autres volailles à la braise. Mettez du coulis dans leur cuisson ; dégraissez la sauce que vous passez au tamis et que vous servirez sous vos oiseaux.

Pluviers aux truffes. — Procurez-vous trois ou quatre pluviers ; après les avoir flambés, vidés et épluchés, mettez-les dans une casserole avec une douzaine de belles truffes entières, dont la peau aura été ôtée, un bouquet assaisonné, un peu de basilic, sel et poivre ; faites revenir le tout dans le beurre, et mouillez-le avec un verre de vin de Champagne, six cuillerées d'espagnole réduite ; faites cuire ainsi vos pluviers. Leur cuisson achevée et vos oiseaux dégraissés, mettez-les ainsi que les truffes dans une autre casserole ; passez la sauce à l'étamine ; dressez vos pluviers sur un plat ; mettez dessus vos truffes en rocher ; faites réduire la sauce sur laquelle vous versez du jus de citron, et servez.

Pluviers au gratin. — Ayez trois ou quatre pluviers que vous flambez et videz ; vous faites une farce de leurs intestins comme celle indiquée pour les bécasses à l'anglaise (*V.* BÉCASSE) ; vous en remplirez leur corps, et puis vous mettez au fond d'un plat d'entrée l'épaisseur d'un travers de doigt de gratin ; arrangez dessus vos pluviers ; remplissez de ce gratin les vides qui peuvent se trouver entre eux ; relevez-en la farce autour, ayant la précaution de n'en point garnir les estomacs que vous couvrez de bardes de lard ; mettez-les cuire au feu ou sous un four de campagne, avec feu modéré dessous et un peu ardent dessus. La cuisson achevée, dégraissez vos oiseaux, et *saucez-les* avec une italienne rousse.

POÊLE, ustensile de cuisine en fer battu, ayant une longue queue, dont on se sert surtout pour faire des fritures et des omelettes.

POÊLON, instrument culinaire ordinairement en cuivre jaune et non étamé, avec une assez longue queue, pour pouvoir l'exposer au feu de cheminée.

Les poêlons d'*office* sont des espèces de casseroles beaucoup plus profondes que celles qui servent à la *cuisine*. On emploie des poêlons pour faire du sirop de sucre, pour opérer diverses sucreries, etc.

POINTE. Cette expression gastronomique exprime une petite quantité d'un assaisonnement dont la saveur doit être vive. On dit *une pointe d'ail, de verjus,* etc.

POIRE, fruit du poirier; il y en a un grand nombre de variétés qu'on peut diviser en trois classes : les poires fondantes, les poires à chair cassante, mais douce; les poires à chair ferme ou cassante, et imprégnées d'un principe astringent que la cuisson ne fait pas totalement disparaître.

Presque toutes les poires d'été appartiennent à la première classe; on doit également y comprendre un grand nombre de celles qui mûrissent en automne, telles que les beurrés, les doyennés; et, parmi les poires d'hiver, le Saint-Germain, la virgouleuse, la crassane et quelques autres.

Toutes les poires fondantes dont la pulpe est sucrée sont nutritives et facilement digestibles; elles rafraîchissent et ne fatiguent jamais l'estomac.

Parmi les poires cassantes, il y en a dont la pulpe est moins sèche et plus facilement divisible; telles sont le Messire-Jean doré, le rousselet et le bon-chrétien d'Espagne : ces poires sont moins digestibles que les précédentes; mais elles peuvent être mangées crues sans inconvénient par les personnes dont l'estomac est dans un état normal et satisfaisant.

Quant aux poires dont la chair est décidément sèche et cassante, elles ne conviennent, à l'état de crudité, qu'aux estomacs les plus robustes; mais étant cuites avec une petite quantité de sucre, elles forment un aliment très-agréable et fort sain.

Les poires de la troisième classe, telles que le tillard et la poire de livre, ont une telle acerbité qu'on ne peut les manger crues : elles ne la perdent pas entièrement par la cuisson; aussi produisent-elles un resserrement opiniâtre et fatigant lorsqu'on en fait un usage habituel (*V.* COMPOTES, CHARLOTTES, CONFITURES, etc.).

Poires au beurre et à la liqueur de cannelle (*V.* CHARLOTTES *de poires à la vanille et à la Condé,* page 143).

Poires à la moelle et à la crème de pistaches (*V.* CHARLOTTES et CHARTREUSE *à la crème aux fruits*).

Poires au lard (cuisine étrangère, ragoût allemand). — Coupez du petit lard en morceaux carrés de la grosseur d'un œuf de pigeon, et faites-les rissoler à la poêle. Pelez des poires cassantes et coupez-les en morceaux bien égaux, afin qu'ils puissent cuire également. Faites-les d'abord étuver avec un peu de bouillon de veau; ensuite égouttez-les, ainsi que vos carrés de lard, afin de retirer l'excès du liquide pour les poires et le trop de graisse pour lesdites rissoles. Vous mélangerez le tout dans une même casserole en y ajoutant une pincée de muscade râpée, du gros poivre et quelques feuilles de tanaisie (bien hachées). Vous ferez bouillir le tout ensemble pendant vingt-cinq minutes, et vous servirez ce bon plat allemand garni de croûtons frits, ainsi qu'il se pratique régulièrement tous les mercredis à la cour de Wurtemberg.

POIREAU, légume qui n'est employé que pour assaisonnement dans les potages français et dans les courts bouillons de formule étrangère : il y a pourtant des pays où l'on prépare quelques ragoûts de poireaux, et notamment en Bressac, où l'on confectionne une certaine soupe grasse avec des poireaux blancs qui mérite une considération particulière (*V.* POTAGES).

POIRÉ. C'est le produit de la fermentation qu'on fait subir au suc de poires; on ne s'en sert en cuisine que pour faire le mouillement des matelotes normandes, ainsi que nous l'avons indiqué pages 127 et 128.

POIRÉE, plante potagère et médicinale de la famille de l'arroche (*V.* PHARMACIE DOMESTIQUE).

POIS. On ne traitera dans cet article que des petits pois cueillis avant leur maturité, lorsqu'ils sont tendres et remplis d'une eau sucrée, état dans lequel leur substance est agréable, mais peu alimentaire.

Les pois secs ne servent qu'à faire des purées; on y emploie surtout les pois verts dits *quaran-*

tains, qu'on trouve aujourd'hui dans le commerce débarrassés de leur pellicule, et dont la pulpe a une saveur sucrée très-sensible (*V*. Purées). Nous avons traité des *pois-chiches* ou *garvansos* à l'article OILLE.

Petits pois à l'ancienne mode (recette de l'abbaye de Fontevrault). — Faites écosser, peu de temps avant de les mettre à cuire, deux litrons de fins pois verts, et tenez-les renfermés dans une serviette mouillée. Prenez ensuite un cœur de laitue pommée dont vous écarterez le milieu des feuilles, afin d'y placer une branche ou tige de sariette verte et fraîchement cueillie. Ficelez cette laitue et mettez-la dans une casserole avec vos pois, une pincée de sel, un demi-verre d'eau et une demi-livre de beurre tout frais. Après un quart d'heure de cuisson, vous en ôterez la laitue, et puis, au moment de servir, vous lierez vos pois avec trois cuillerées de crème double où vous aurez délayé le jaune d'un œuf du jour avec une pincée de poivre blanc et une petite cuillerée de sucre en poudre.

Petits pois à la parisienne. — Ayez un litron de pois très-fins; mettez-les dans un vase avec un peu de beurre frais; maniez-les avec la main; versez de l'eau par-dessus, et laissez-les un demi-quart d'heure dans cette eau pour les attendrir; égouttez-les dans une passoire; mettez-les dans une casserole; faites-les suer sur le feu, en les remuant souvent; lorsqu'ils seront bien verts, ajoutez-y un bouquet de persil et de ciboules; couvrez-les; mettez-les sur un feu doux; sautez-les de temps en temps : leur cuisson faite, maniez un pain de beurre avec une demi-cuillerée de fleur de farine; mettez-le dans vos pois en y joignant un peu de sucre; remettez-les sur le fourneau pour faire cuire votre farine; goûtez s'ils sont d'un bon sel; dressez-les de manière à ce qu'ils fassent bien le rocher; s'ils se trouvaient trop liés, versez-y un filet d'eau et vannez-les prestement.

Petits pois à la bourgeoise. — Faites un roux très-léger; passez-y les pois et prenez garde qu'ils ne se racornissent si vous les y laissiez trop long-temps; mouillez avec un peu d'eau bouillante; ajoutez sel et poivre, un bouquet de persil et un cœur de laitue; laissez réduire jusqu'à ce qu'il n'y ait plus de sauce; au moment de servir, ajoutez une liaison de trois jaunes d'œufs.

Petits pois à la crème. — Mettez dans une casserole un morceau de beurre manié d'un peu de farine; lorsque le beurre est tiède, mettez-y les pois avec un bouquet de persil et de ciboule, sel et poivre; laissez-les cuire dans leur jus, sans mouillement; au moment de servir, retirez la casserole du feu; versez dans un vase la cuisson de vos pois, mettez-y de la crème et du sucre en poudre; versez la sauce sur les pois et sautez-les avant de les servir.

Petits pois à l'anglaise. — Ayez un litron ou un litron et demi de pois écossés; mettez dans une casserole deux ou trois pintes d'eau et une poignée de gros sel; faites bouillir cette eau; jetez-y vos pois; ajoutez-y une branche de baume-cocq ou tanaisie, et laissez bouillir; lorsque vos pois seront cuits, égouttez-les dans une passoire; mettez un quarteron de beurre fin dans le plat que vous devez servir, vos pois par-dessus, et sur les pois une pincée de baume bien haché.

Pois au lard ou au jambon. — Faites un roux léger; passez-y du petit lard ou du jambon coupé en tranches carrées; mouillez avec du bouillon, et mettez-y vos pois avec un bouquet de persil et ciboules, sel et poivre : faites cuire à petit feu, et servez pour litière d'un plat d'entrée.

Vous pouvez en garnir un gros plat de relevé, lorsque vous ajoutez dans ce ragoût soit des tendrons ou des ris de veau braisés, soit des pigeonneaux étuvés ou des cailles rôties.

POISSON. Les Romains conservaient six mois le poisson frais, en le mettant dans de la neige, au fond d'une glacière; et ils avaient une loi qui défendait aux marchands de poisson de s'asseoir jusqu'à ce qu'ils eussent vendu toutes leurs provisions, afin que cette obligation de se tenir debout les rendît plus soumis et plus empressés de vendre à un prix raisonnable.

Montesquieu attribue la grande population de la Chine à l'usage fréquent du poisson; il semble que la nature ait indiqué cette propriété en mettant dans chaque poisson une si grande quantité de germes reproducteurs. Plusieurs naturalistes se sont amusés à compter les œufs de certains poissons. Bloch et Leuwenhœk ont publié des calculs assez curieux à cet égard. On ne les citera pas tous, mais on en pourra juger par la liste suivante :

La femelle d'un saumon, pesant vingt livres, contenait vingt-sept mille huit cent soixante œufs. — La femelle d'un brochet moyen, cent quarante-huit mille. — La femelle d'une tanche de quatre livres, deux cent quatre-vingt-dix-sept mille deux cents. — La femelle d'un maquereau, cinq cent soixante et onze mille. — La femelle d'une carpe de neuf livres, six cent vingt-huit mille deux cents. — La femelle d'une morue, neuf millions trois cent quarante-trois mille.

Ce ne fut en France qu'au XIIᵉ siècle que les

marchands réunis en compagnie entreprirent d'approvisionner de marée la capitale; alors s'établit la différence des *harengères* chargées de la vente du poisson de mer, et des *poissonnières* qui faisaient la vente du poisson d'eau douce.

Il se vend annuellement à Paris pour *quinze cent mille francs* de poisson d'eau douce, et *six millions deux cent mille francs* de marée.

La proximité de la mer fait de Paris l'entrepôt des ports de l'Océan. Diverses espèces de poissons frais fournissent abondamment aux besoins quotidiens. Cependant il en est un plus grand nombre qui, jusqu'à ce jour, n'avait pu supporter le transport, quelque accéléré qu'il fût. Les délicieux poissons de la Méditerranée semblaient ne devoir jamais paraître sur les tables de la capitale, malgré que le roi Louis XV eût accordé, à titre d'encouragement, une prime de 9,000 francs à celui qui pourrait faire arriver à Paris une dorade fraîche; aucun entrepreneur ne put gagner cette récompense, au grand désespoir des Lucullus du siècle dernier.

On dit proverbialement : *jeune chair et vieux poisson;* mais cet adage est tout-à-fait dépourvu de justesse. La substance des vieux poissons est ordinairement coriace et mollasse. On les reconnaît aisément à leur volume, et surtout à la grandeur et la dureté de leurs écailles. On préfère, en général, les poissons mâles, à cause de leurs laitances; mais, quant à la délicatesse de la chair, il est reconnu que celle des femelles est beaucoup plus courte, plus fine et plus sapide.

Comme les propriétés relatives à chaque espèce de poisson se trouvent indiquées à l'article qui le concerne et qui traite de ses préparations culinaires, on va se borner ici à donner la nomenclature de tous les poissons d'eau douce et d'eau salée.

Poissons de mer. Esturgeon, Turbot, Saumon, Cabillau, Thon, Bar, Alose, Dorade, Raie, Maquereau, Sole, Barbue, Carrelet, Limande, Plie, Vive, Éperlan, Rouget, Harengs, Sardines.

Crustacées. Homards, Langoustes, Crabes, Crevettes, Chevrettes ou Salicoques.

Coquillages. Huîtres, Moules, Pèlerines, Orniers.

Poissons de rivière. Brochet, Carpe, Anguille, Truite, Ombre-Chevalier, Lavaret, Ferrat, Perche, Lotte, Lamproie, Barbotte, Barbeau, Tanche, Goujon, Brême, Écrevisses.

POIVRE. De toutes les épiceries connues, dit M. Legrand d'Aussy, le poivre a toujours été la plus répandue dans le commerce et la plus employée dans nos cuisines. Il y a eu des temps où les épiciers n'étaient connus que sous le nom de poivriers. Une livre de poivre était alors un présent considérable : c'était quelquefois un des tributs que les seigneurs ecclésiastiques ou séculiers exigeaient de leurs vassaux ou de leurs serfs. Geoffroy, prieur du Vigeois, voulant exalter la magnificence de Guillaume, comte de Limoges, raconte qu'il avait chez lui des tas énormes de poivre amoncelé, comme si c'eût été du gland pour les porcs. Le maître-queux du comte étant venu un jour en demander pour les sauces, l'officier qui gardait ce magasin si précieux prit une pelle, dit l'historien, et il en donna une pelletée entière, tandis que *partout le pays on le comptait par grains.*

Quand Clotaire III fonda le monastère de Corbie, parmi les différentes denrées qu'il assujettit ses domaines à payer annuellement aux religieux, il y avait trente livres de poivre. Roger, comte de Béziers, ayant été assassiné dans une sédition par les bourgeois de cette ville, en 1107, une des punitions que son fils imposa aux bourgeois, lorsqu'il les eut soumis par les armes, fut un tribut de trois livres de poivre, à prendre annuellement sur chaque famille. Enfin, à Aix, les juifs étaient obligés d'en payer de même deux livres par an à l'archevêque. C'étaient, disent les *Annales de l'église d'Aix,* Bertrand et Rostang de Noves, archevêques de cette ville, l'un en 1143, l'autre en 1283, qui avaient imposé cette servitude aux *Hébreux perfides.*

Nous avons déjà dit qu'il y a trois principales sortes de poivre, qui sont : le poivre noir, le poivre blanc et le poivre long. C'est toujours un stimulant très-énergique; aussi ne l'emploie-t-on, dans la bonne cuisine, qu'avec beaucoup de modération. Les personnes dont le système nerveux est irritable doivent même s'en abstenir absolument, ainsi que du gérofle et du piment de Cayenne.

Il n'en est pas ainsi pour les gens de campagne et pour tous ceux qui se livrent à des travaux fatigants : leur estomac, dont la sensibilité est émoussée par l'habitude d'une nourriture grossière, a besoin d'être fortement excité; le poivre est très-propre à produire cette excitation; aussi en fait-on un grand usage dans toutes les préparations de la cuisine rurale.

Il existe encore un grand nombre de productions exotiques auxquelles on donne le nom de poivre, telles que le poivre d'Éthiopie, le poivre de la Jamaïque, le poivre de Madagascar, le poivre de Mascaren et le poivre de la Chine.

Le poivre d'Éthiopie ou grain de Zélim est un fruit qui croît en gousses longues de trois pouces et de la grosseur d'une plume d'oie. Les habitants s'en servent contre les douleurs de dents. Le poivre de la Jamaïque ou poivre de Thevet est un fruit dont l'écorce est brune et ridée ; son goût, aromatique, est analogue à celui du gérofle. Les Anglais en font un grand usage, et le regardent comme un des meilleurs aromates. Le poivre de Madagascar est le poivre blanc dont parle Flacour. Le poivre de Mascaren est semblable au poivre noir, à la réserve qu'il est plus gros et qu'il a une queue. On l'appelle aussi cubèbe ou poivre à queue ; il vient de l'île de Java. Le père Lecomte attribue au poivre de la Chine les mêmes propriétés qu'à celui des Indes. Le poivre de Guinée est un fruit rouge, que les Français ont nommé *corail de jardin ;* les Espagnols le nomment piment, les Américains, chile. Les vinaigriers s'en servent pour faire du vinaigre, et, de plus, on le confit au sucre. Il doit être choisi nouveau, en belles gousses sèches, entières, et bien rouges. Il y a encore le poivre d'Afrique, qu'on nomme maniquette et cardumane ; mais cette production ne saurait être pour nous d'aucun usage alimentaire ou gastronomique.

POMMES. Les meilleures pommes qu'on mange en hiver sont la calville, la reinette, le court-pendu et la pomme d'api. La calville, pour être bonne, doit avoir beaucoup d'odeur, et n'être que médiocrement mûre. Si elle est sans odeur, elle est sans goût ; et si elle est trop mûre, elle est farineuse. Il y en a de trois sortes, la calville blanche, la calville rouge et la calville claire ; la rouge est la meilleure des trois ; le court-pendu est la pomme la plus saine ; la pomme d'Apy est la plus petite et la plus dure de toutes les pommes qui se mangent : les autres pommes sont fort bonnes étant cuites. On les fait cuire à la braise ou au four, ou en compote. Les provinces de France les plus abondantes en pommes, sont la Normandie, surtout la Basse-Normandie, la Limagne d'Auvergne, et le Vexin français ; la Bretagne en fournit aussi très-abondamment. Une partie est envoyée à Paris, dans les autres provinces et jusque dans les pays étrangers, pour y être mangées crues ou en compotes, ou en confitures.

Pommes au beurre. — Ayez une vingtaine de pommes ; videz-les avec un emporte-pièce ; tournez-en neuf ou dix, pour en ôter la peau, comme pour une compote ; faites-les cuire aux trois quarts dans un sucre léger ; ensuite égouttez-les ; faites une marmelade des autres pommes, comme il est indiqué pour la CHARLOTTE, à l'article ci-dessous ; incorporez-y gros comme un œuf d'excellent beurre ; étendez sur votre plat une partie de cette marmelade, à laquelle vous aurez ajouté de celle d'abricots ; arrangez vos pommes

dessus ; emplissez de beurre le trou de vos pommes, fait avec l'emporte-pièce ; garnissez les intervalles avec le reste de votre marmelade ; glacez-la avec du sucre en poudre ; faites cuire au four ; donnez-leur une belle couleur : leur cuisson faite, bouchez, si vous voulez, avec des cerises ou confitures, le trou qu'a fait à vos pommes l'emporte-pièce, et servez très-chaud.

Pommes au riz. — Ayez neuf ou dix belles pommes ; videz-les ; tournez-les ; faites-les cuire dans un sirop, comme celles au beurre (*V.* l'article POMMES AU BEURRE) ; faites blanchir un quarteron de riz, que vous mettrez crever dans du lait, en le mouillant petit à petit, un peu de zeste de citron vert, une petite pointe de sel et de sucre en suffisante quantité : il faut que votre riz soit ferme : de là supprimez-en le citron ; garnissez de riz le fond de votre plat ; rangez vos pommes dessus ; garnissez les intervalles de riz ; faites cuire au four, et faites en sorte que vos pommes soient d'une belle couleur.

Pommes à la polonaise. — Prenez une vingtaine de petites pommes de reinette de France ; supprimez-en les cœurs, sans les casser : pour cela, n'enfoncez votre vide-pomme qu'à moitié, du côté de la queue, et de même du côté de la fleur : ces pommes vidées, tournez-les ; coupez-les en rond, de l'épaisseur d'un gros sou ; mettez dans le fond d'un plat de la marmelade d'abricots ; rangez dessus vos pommes en miroton ; couvrez de cette marmelade chaque lit que vous ferez de ces pommes, et continuez ainsi, en rétrécissant au fur et à mesure, pour que votre plat, étant garni, forme une espèce de dôme ; glacez le dessus de vos pommes avec du sucre en poudre ; mettez-les cuire au four ou sous un four de campagne, avec feu dessous et dessus : leur cuisson faite, nettoyez le bord du plat, et servez-le chaudement.

Charlotte de pommes. — Choisissez une vingtaine de belles pommes de reinette de France, et commencez par les peler ; supprimez-en les cœurs ; émincez-les le plus fin possible ; mettez-les dans un poêlon d'office, avec du sucre en poudre en suffisante quantité, un peu de cannelle, le zeste de la moitié d'un citron et une goutte d'eau : faites cuire vos pommes sur un feu assez vif, ayant soin de les remuer, sans pour cela les trop écraser ; laissez-les légèrement s'attacher, comme pour leur donner un goût de grillé ; ajoutez-y gros comme un œuf d'excellent beurre ; mêlez bien le tout ; ôtez la cannelle et le citron ; prenez une casserole ou un moule de la grandeur que vous voulez avoir votre charlotte ; coupez des tranches de mie de pain mollet, larges de deux doigts, et assez longues pour qu'en partant du centre de votre moule elles viennent jusqu'au bord ; trempez-les dans du beurre fondu, et foncez-en votre moule, de manière que ces mies se croisent comme à peu près les lattes d'une jalousie de croisée qui serait déployée ; remplissez votre moule de votre marmelade de pommes, et ajoutez-y, si vous le voulez, de la marmelade d'abricots, ou toute autre confiture : finissez votre charlotte, en la couvrant de vos lames de pain beurré ; faites-la partir sur un fourneau ; prenez garde qu'elle ne brûle ; ensuite mettez-la au four ou sur une tourtière, en l'entourant alors de braise : sa cuisson faite, et lorsqu'elle sera bien colorée, retournez-la sur votre plat et servez-la chaudement.

Miroton de pommes. — Prenez douze à quinze pommes de calville ou de reinette grise ; enlevez-en le cœur avec un vide-pomme ; puis pelez-les et tournez-en sept à huit ; émincez les autres et faites-en une marmelade, en y ajoutant les tournures ; mettez-y une demi-livre de marmelade d'abricots ; faites-en un lit au fond de votre plat. Les pommes que vous coupez en tranches minces, arrangez-les en miroton ; recouvrez-les ensuite d'une légère couche de marmelade. Faites cuire le miroton au four ou sous le four de campagne.

Beignets de pommes (*V.* p. 59 et suivante).

Tourte aux pommes à l'ancienne. — Prenez des pommes de reinette ou de calville ; coupez-les par la moitié ; pelez-les et ôtez-en le cœur ; faites-les cuire dans une poêle avec une quantité suffisante de sucre, deux verres d'eau, un morceau de cannelle en bâton, quelques zestes de citron vert ; couvrez la poêle. Vos pommes étant cuites, et le sirop réduit, retirez-les, et les laissez refroidir ; faites une abaisse de pâte feuilletée ; foncez-en une tourtière ; dressez-y vos pommes ; recouvrez d'une même abaisse ; dorez avec un œuf battu ; faites cuire au four, ou sous le couvercle de la tourtière ; étant cuite, glacez-la à l'ordinaire, et servez-la chaudement.

Friture de pommes à la bonne femme. — Ayez huit pommes de reinette ; coupez-les par quartiers ; parez-les ; ôtez-en les cœurs ; faites-les mariner dans une chopine d'eau-de-vie, avec le zeste d'un citron vert et un peu de cannelle en bâton : au moment de vous en servir, égouttez-les ; mettez-les dans une légère pâte à frire ; couchez-les l'une après l'autre dans la poêle ; lorsqu'ils seront frits et d'une belle couleur, égouttez-les sur un linge ; posez-les sur un plafond ; saupoudrez-les de sucre en poudre ; glacez-les, soit au four, soit au four de campagne, ou avec une pelle rouge : dressez-les, et servez-les très-chaudement.

Pommes meringuées (*formule de M. Carême*). — Otez les cœurs et pelez trente-six belles pommes de reinette ; choisissez les plus hautes, que vous coupez droites avec un coupe-racine ; ayez soin que le cœur des pommes se trouve parfaitement au milieu, et faites-les cuire un peu fermes dans six onces de sucre clarifié ; après cela, vous versez le sirop dans le reste des pommes que vous avez émincées, et vous les faites cuire comme de coutume, en desséchant un peu plus la marmelade, où vous mêlez le tiers d'un pot d'abricots ; et après l'avoir passée au tamis, vous en mettez une cuillerée dans le plat d'entremets, en formant une couronne, sur laquelle vous placez droites les dix pommes tournées, de manière qu'elles forment un puits au milieu ; vous garnissez le cœur des pommes avec de la marmelade d'abricots, et avec le reste de la marmelade vous masquez le dessus et le tour des pommes ; mais arrangez-vous de manière que le dessus soit bien uni et très-égal de hauteur, que le tour soit uni et droit, de même que l'intérieur du puits doit être garni de marmelade, afin que les pommes ainsi masquées forment une couronne parfaite et ayant un vide au milieu.

Cette partie de l'opération terminée, vous mettez l'entremets au four doux, et dès l'instant qu'il commence à se colorer d'un rouge clair, vous fouettez deux blancs d'œufs bien fermes, et les mêlez avec deux cuillerées de sucre fin ; vous les versez dans le milieu des pommes ; mais quand le puits est plein, vous avez soin de dresser le reste du blanc d'œuf, en formant une meringue bien bombée sur laquelle vous semez du sucre écrasé un peu fin ; le sucre étant fondu, vous remettez les pommes au four ; ayez l'attention, en semant le sucre sur la meringue, de ne pas en mettre sur les pommes.

Pommes au beurre et à la gelée de pommes (*autre formule du même praticien*). — Otez les cœurs et tournez quinze pommes d'Apy, que vous faites cuire en deux fois dans six onces de sucre clarifié ; ensuite épluchez douze pommes de reinette coupées par quartiers ; versez dessus le sirop que vous aurez fait réduire au soufflé, puis deux onces de beurre tiède et le quart d'un pot d'abricots ; le tout étant bien mêlé, vous placez la casserole, feu dessus et dessous, et cuisez les pommes comme les précédentes ; pendant leur cuisson, vous coupez chaque pomme d'Apy en deux et en travers ; vous les moulez dans un moule en dôme bien légèrement beurré ; ensuite vous achevez d'emplir le moule en y versant les pommes au beurre ; vous renversez l'entremets sur son plat, et mettez, dans le milieu de chaque moitié de pomme d'Apy, une belle cerise ou un gros grain de verjus confit. Vous masquez parfaitement l'entremets de lames de gelée de pommes de Rouen, ce qui rend les pommes d'un glacé brillant et *séducteur*.

En place de pommes d'Apy, vous pouvez cuire au sirop dix pommes de reinette coupées par quartiers.

Pour les pommes au beurre et aux macarons, vous préparez et dressez l'entremets de même que le précédent ; mais vous le masquez de marmelade d'abricots au lieu de gelée de pommes, et semez par-dessus deux onces de macarons écrasés ; vous placez ensuite une cerise dans chaque milieu des pommes d'Apy, et servez.

On dresse également ces sortes de pommes au beurre dans des casseroles d'argent, et toujours en procédant de même qu'il est décrit dans ce chapitre.

On dresse encore ces bons entremets dans des croûtes de vole-au-vent et de tourtes d'entremets glacés, ainsi que dans des croustades de pâte fine en forme de flan.

Pommes au beurre et à la crème. — Coupez par quartiers vingt pommes de reinette, et pelez-les en ôtant les cœurs ; faites-en cuire la moitié au beurre comme les précédentes, avec deux cuillerées de sucre fin, deux de marmelade d'abricots et trois de beurre tiède. Avec le reste des pommes, vous faites une marmelade dans laquelle vous mettez deux onces de sucre fin et deux cuillerées d'abricots ; ensuite vous dressez les pommes au beurre dans un moule, comme il est indiqué ci-dessus. Le moule étant garni, vous mêlez le reste des pommes à la marmelade, que vous vous passez au tamis. Alors, avec cette marmelade, vous masquez bien également les pommes que vous avez placées dans le dôme, de manière que vous remplissez le milieu d'une bonne crème-pâtissière toute bouillante. Vous posez le plat d'entremets sur le moule, que vous retournez sens dessus dessous ; et, après l'avoir enlevé, vous masquez légèrement les pommes avec un peu de crème que vous aurez conservée. Semez dessus l'entremets du macaron écrasé, et servez de suite.

On peut mettre dans le milieu de ces pommes toutes les sortes de crèmes décrites au chapitre des crèmes-pâtissières, comme, par exemple, au café, au chocolat, à la vanille, à l'orange, au cédrat et aux pistaches, ainsi qu'au raisin de Corinthe ; mais, relativement à ces deux dernières, on sèmerait sur les pommes garnies d'une crème pistache, des pistaches hachées, et sur l'autre, des raisins de Corinthe.

Pommes en croustade. — Après avoir dressé une petite croustade de flan de sept pouces de diamètre sur trois de hauteur, vous la garnissez de papier beurré, et la remplissez de farine ou de graisse de bœuf hachée ; et, après l'avoir décorée et dorée, vous la faites cuire de belle couleur ; ensuite vous la dégarnissez, et la garnissez à moitié de marmelade de pommes préparées selon la règle. Vous posez dessus huit pommes tournées (cuites très-blanches), une au milieu entourée des sept autres ; ensuite vous garnissez les vides de la croustade de marmelade de pommes, de manière que ces pommes tournées se trouvent incrustées à moitié dans la marmelade.

Vous garnissez le cœur des pommes de marmelade d'abricots, et mettez une cerise confite par-dessus ; vous les masquez entièrement de nappes de gelée de pommes de Rouen, en sorte que la surface de l'entremets soit très-brillante, après avoir glacé le bord et le tour de la croustade avec de la marmelade d'abricots.

Pommes en croustade et glacées au caramel. — La croustade préparée et cuite comme la précédente, vous la garnissez de huit pommes tournées, garnies intérieurement d'abricots et de marmelade de pommes. Puis, au moment du service, vous faites cuire quatre onces de sucre au caramel dans lequel vous glacez quatorze petites pommes d'Apy, tournées et cuites bien blanches, dont vous garnissez le dessus de l'entremets, de manière qu'elles soient tout-à-fait détachées de la croustade, que vous glacez extérieurement de marmelade d'abricots. Servez tout de suite.

On doit avoir l'attention de bien essuyer les pommes avec une serviette, avant de les tremper dans le sucre.

Pudding aux pommes (V. PUDDING*).*

Compote, conserve, gelée, marmelade et *sirop de pommes (V.* ces divers articles*).*

POMME-D'AMOUR, fruit d'un arbrisseau qui ressemble à l'aigremoine et que les Méridionaux mangent en salade avec leur assaisonnement obligé d'ail et de piment. La saveur de la pomme-d'amour est aigrelette, et du reste on ne l'estime guère à Paris, attendu qu'elle n'y parvient presque jamais à maturité.

POMME DE TERRE, solanée qui nous vient primitivement de l'Amérique septentrionale, et dont nous connaissons déjà douze espèces jardinières, parmi lesquelles on peut remarquer plusieurs variétés bien caractérisées.

Pour l'usage de la cuisine, il faut préférer celles qui ne se déforment pas par la cuisson. Les violettes ont surtout cette propriété qui tient à l'existence d'une matière albumineuse qui empêche la séparation des parties, en se coagulant par la cuisson.

25

La meilleure manière de les faire cuire est de les exposer à la vapeur de l'eau bouillante; pour cela, mettez dans un chaudron un clayon d'osier à claire voie, avec trois pieds de deux pouces de haut; mettez un pouce d'eau dans le chaudron, et posez les pommes de terre sur le clayon; couvrez-les avec un gros linge plié en double et surmonté d'un couvercle en bois. Les pommes de terre sont cuites quand la vapeur commence à sortir par le haut du vase.

Si vous préférez les faire cuire à l'eau, retirez l'eau lorsqu'elles sont cuites; couvrez le vase avec un linge plié; mettez un couvercle par-dessus, et laissez-le se *ressuyer* pendant un quart d'heure.

Pommes de terre à la maître-d'hôtel. (Il faut employer préférablement pendant tout l'été les deux espèces les plus hâtives; mais en hiver choisissez plutôt les vitelottes, parce qu'elles sont les moins sujettes à tomber en bouillie. Ceci n'est pourtant prescrit que pour les opérations où les pommes de terre doivent être employées en tranches ou par morceaux, car pour celles qu'on veut servir entières ou en purée, la meilleure espèce est toujours la petite jaune farineuse d'Irlande ou de Midlebourg). — Lavez des vitelottes ou des rouges-longues à plusieurs eaux; faites bouillir de l'eau dans un chaudron; jetez-y vos pommes de terre, et faites-les cuire : leur cuisson achevée, égouttez-les dans une passoire; pelez-les; coupez-les en deniers; mettez dans une casserole un morceau de beurre frais, avec persil et ciboules hachés, sel et gros poivre : ajoutez à cela les pommes de terre; posez votre casserole sur un fourneau; sautez-les à mesure que le beurre se fond; et pour les lier, en cas qu'elles ne le soient pas assez, ajoutez-y un peu de bouillon au moment de servir; exprimez-y un jus de citron ou mettez-y un filet de verjus muscat.

Pommes de terre à la lyonnaise. — Ayez une douzaine de pommes de terre crues; tournez-les d'égale grosseur, tel que vous tourneriez une carotte; coupez-les en deniers, de l'épaisseur d'une pièce d'un franc; farinez-les; vous aurez fait chauffer de l'huile dans une poêle; mettez-y vos pommes de terre, ayant soin qu'elles ne se *marient* point; faites-les frire d'une belle couleur, en sorte qu'elles soient croquantes; versez-les dans une passoire; égouttez-les, et saupoudrez-les d'un peu de sel fin.

Pommes de terre à l'ancienne. — Faites fondre dans une casserole un bon morceau de beurre manié de farine; ajoutez-y un peu de crème ou du lait, du persil et de la ciboule hachés, sel, gros poivre et muscade. Faites bouillir la sauce et mettez-y les pommes de terre cuites et coupées en

tranches. Au moment de servir, ajoutez une liaison de jaunes d'œufs.

Pommes de terre à la bretonne. — Faites un roux; passez-y des ognons jusqu'à ce qu'ils soient bien colorés; ajoutez un morceau de beurre manié de farine; mouillez avec du bouillon ou du jus de viande; assaisonnez de sel, gros poivre et un filet de vinaigre. Lorsque les ognons sont cuits, mettez les pommes de terre cuites et coupées en tranches, mais ne les-y laissez pas le temps nécessaire pour prendre couleur.

Pommes de terre à la provençale. — Prenez des pommes de terre crues, d'une moyenne grosseur; pelez-les, et mettez-les cuire dans un bouillon gras ou maigre, et de l'eau, avec un peu de bonne huile, un peu de sel et de poivre, des racines, quelques ognons, un bouquet de persil garni; quand elles seront cuites et qu'il n'y aura plus de sauce, laissez-les frire un moment dans l'huile, et prendre une belle couleur, vous les servirez alors avec une sauce à l'huile, vinaigre, sel et gros poivre.

Pommes de terre au lard. — Faites roussir du beurre; délayez-y de la farine, et quand votre roux sera bien foncé en couleur, assaisonnez-le de poivre et d'un bouquet garni; ajoutez-y du lard gras et maigre, coupé en gros dés, et laissez-le cuire à moitié dans le roux; vous y jetterez ensuite des tranches de vitelottes ou de rouges-longues que vous y ferez cuire avec du bouillon pour mouillement, et vous conduirez ce ragoût comme les *haricots blancs à la villageoise,* page 276.

Pommes de terre à la Margot. — Réduisez en pâte des pommes de terre cuites, comme il est dit de celles en salade, et mêlez-les bien avec une égale quantité de hachis fait avec des parures ou restes de viande, et assaisonnez de beurre, sel, poivre, persil, ciboules, échalotes hachées; liez le tout avec quelques jaunes d'œufs, et formez-en des boulettes de moyenne grosseur; trempez-les dans des blancs d'œufs fouettés; roulez-les dans la farine, et faites-les frire. Vous les servirez garnies de persil.

Pommes de terre à la poêle. — Pelez et coupez en tranches minces des pommes de terre que vous aurez fait cuire auparavant; mettez-les dans une poêle avec un peu de graisse d'oie; retournez-les jusqu'à ce qu'elles soient bien colorées; servez-les sans sauce. Vous pouvez vous en servir en guise de croûtons de pain au beurre, pour garnir des plats d'épinards, des hachis de viande et des mirotons.

Pommes de terre à la crème. — Vous mettez un bon morceau de beurre dans une casserole, avec une cuillerée de fécule, du sel, du gros poivre, un peu de muscade râpée, du persil, de la ciboule bien hachée; vous mêlerez le tout ensemble; vous y mettrez un verre de crème; vous placerez la sauce sur le feu, et vous la tournerez jusqu'à ce qu'elle bouille; coupez les pommes de terre en tranches; mettez-les dans votre sauce, et servez-les bien chaudes.

Pommes de terre à la pèlerine, ainsi qu'on les apprête au couvent de la Trappe, pour la table des étrangers. — On fait roussir des tranches d'ognon dans du beurre frais; ensuite on y met des pommes de terre coupées en rouelles et cuites à l'avance; lorsque le mélange en est bien fait, on y ajoute assez de lait pour lier cette composition sans la trop délayer; on y joint de la cassonade blanche et du sucre en poudre, et puis on fait bouillir le tout pendant cinq à six minutes.

Il résulte, d'une combinaison si facile à bien opérer, un aliment très-substantiel, et, qui plus est, un plat d'entremets d'une bonté parfaite.

Quenelles de pommes de terre. — Faites cuire des pommes de terre sous de la cendre rouge; épluchez-les et pilez-les avec un morceau de beurre, sel, poivre, ciboules hachées, et des jaunes d'œufs en proportion de la quantité de pommes de terre. Fouettez des blancs d'œufs en neige; mêlez-les avec le reste, et opérez-les du reste comme pour les quenelles de volaille.

Gâteau de pommes de terre. — Prenez des pommes de terre cuites sous la cendre; épluchez-les; réduisez-les en pâte. Vous la délayerez avec six jaunes d'œufs par livres pesant, et ajouterez quatre onces de sucre en poudre pour le même poids de pâte. Pétrissez le tout ensemble; mettez-y ensuite le zeste d'un citron râpé, son jus et des blancs d'œufs; façonnez le tout et le mettez dans une tourtière graissée légèrement avec du beurre; vous lui ferez former sa croûte et prendre couleur sous le four de campagne.

Pommes de terre en salade. — Après avoir bien lavé des pommes de terre, faites-les cuire sous la cendre, ou bien mettez-les sans eau dans un vase de terre que vous couvrirez hermétiquement. Placez ce vase sur un feu doux, et remuez-le souvent sans le découvrir. Lorsque vos pommes de terre seront cuites, vous les pèlerez toutes chaudes et les couperez par rouelles minces. Mettez-les dans un saladier, et accommodez-les, chaudes ou froides, comme une salade ordinaire, en observant néanmoins qu'il leur faut beaucoup plus d'assaisonnement. Vous pourrez y ajouter des tranches de betteraves blanches et des cornichons confits.

Purée de pommes de terre à l'anglaise (appelée par les cuisiniers de Paris *Mach-Potetesse*). — Faites cuire des pommes de terre à l'eau; épluchez-les; écrasez-les pour en faire une purée; mettez-les dans une casserole avec un petit morceau de beurre et un peu de sel fin : mouillez-les avec de bon lait; desséchez-les comme une pâte à choux; au fur et à mesure qu'elles se dessèchent, mouillez-les de nouveau; faites-les cuire ainsi une heure, et laissez-leur prendre la consistance convenable pour pouvoir les dresser en pyramide sur votre plat; unissez bien cette pyramide, et faites-lui prendre une belle couleur sous un four de campagne.

Fécule de pommes de terre. — Ayez un tamis de crin dont le tissu soit très-serré; vous lavez bien les pommes de terre; vous les râpez sur votre tamis posé sur une terrine; vous versez de l'eau en grande quantité sur ces pommes de terre râpées; laissez reposer l'eau; une heure après, vous la versez et vous trouvez la fécule au fond du vase; vous la faites sécher si vous jugez à propos; mais si vous voulez opérer en plus grand, voyez l'article où nous avons traité cette matière.

POMPELMOUSH, aurientiacée qui croît aux Indes orientales et qui produit un excellent fruit. Sa chair est d'un goût aromatique et vineux; les équipages des vaisseaux hollandais ont toujours grand soin de s'en approvisionner, et lorsqu'ils débarquent à Rotterdam ou dans les ports de l'Amstel, ils y vendent leur cargaison de pompelmoush à des prix tellement exorbitants qu'ils nous paraîtraient inaccessibles.

PONCYRE, espèce de gros citron dont l'écorce est fort épaisse. Ce fruit se confit par tranches ou en bâtons; ensuite on le coupe en dés pour en garnir les babas, les puddings et autres compositions du même genre.

POTAGE. On divise habituellement cette sorte de préparations alimentaires en potages à la bourgeoise, potages composés et potages maigres.

Potages gras à la bourgeoise.

Soupe à la ménagère ou potage au naturel. — Coupez du pain en tranches, ou brisez en deux ou trois morceaux des croûtes d'une belle couleur; versez dessus du bouillon très-chaud, en suffisante quantité pour le faire tremper; laissez le pain et les croûtes se renfler, et, au moment de servir, ajoutez du bouillon jusqu'à ce qu'elles soient complètement baignées. On ne doit jamais faire bouillir le bouillon avec le pain.

25.

Potage au riz à la bourgeoise. — Ayez environ un quarteron de riz de bonne qualité, tel que celui de la Caroline ; lavez-le à plusieurs eaux, faites-le blanchir ; égouttez-le sur un tamis ; mettez-le dans une casserole ou petite marmite ; mouillez-le peu ; faites-le partir, et mettez-le crever doucement sur le fourneau ; est-il crevé ? mouillez-le à un degré convenable avec du consommé ; faites qu'il soit d'un bon sel, et servez-le très-chaudement.

Potage au vermicelle clair. — Mettez dans une casserole la quantité de bouillon ou de consommé nécessaire pour faire un potage de six ou huit personnes ; faites-le bouillir ; prenez la valeur de six onces de vermicelle ; mettez-le petit à petit dans le bouillon, etc., en le rompant légèrement dans vos doigts, pour qu'il ne se mette pas en pelote ; laissez-le bouillir environ six minutes ; retirez-le au bord du fourneau ; dégraissez-le ; laissez-le mijoter jusqu'à ce qu'il soit cuit, en prenant garde qu'il ne se dilate trop.

Les potages à la *semouille*, aux *lazagnes*, aux *nouilles* et autres pâtes, doivent s'opérer de la même manière et avec les mêmes précautions que le potage au vermicelle.

Potage aux choux. — Prenez des choux ce qu'il vous en faut ; épluchez-les ; flairez-les ; s'ils sentent le musc, prenez-en d'autres ; coupez-les par quartiers ; faites-les blanchir à grande eau ; ensuite retirez-les ; rafraîchissez-les ; ôtez-en les trognons ; ficelez-les et marquez-les comme les laitues énoncées article précédent, en y joignant un morceau de petit lard ; nourrissez-les et assaisonnez-les davantage ; servez-vous-en comme des laitues, mais vous observerez qu'ils demandent plus de cuisson.

Potage aux choux et au fromage à la façon d'Auvergne. — Faites cuire un ou plusieurs choux, comme il est prescrit à l'article précédent ; couvrez d'une couche peu épaisse de beurre le fond d'une casserole ou d'un plat creux qui supporte le feu ; couvrez le beurre d'un lit de pain qu'on saupoudre de fromage de Parme râpé, ou de fromage de Gruyères coupé en lames minces ; faites ensuite un lit de choux, puis un lit de pain, et une couche de fromage sur chaque lit ; trempez avec de bon bouillon, en suffisante quantité pour imbiber le tout ; mettez la casserole sur un feu doux et faites mijoter une demi-heure ; renversez le potage dans la soupière, et ajoutez du bouillon pour le rendre moins épais.

Potage à la Julienne. — Prenez carottes, ognons, céleri, panais, navets, laitues, oseille en égale quantité ; vous couperez votre oseille en filets ; vous la ferez blanchir dans un peu d'eau avec un peu de sel ; vous la rafraîchirez, et, un quart d'heure avant de servir, vous la mêlerez à vos autres légumes ; coupez les racines en tranches d'égale longueur, et réduisez-les en filets plus ou moins gros ; coupez de même l'oseille, la laitue et le céleri ; lavez le tout à grande eau ; égouttez-le dans une passoire ; mettez un quarteron de beurre dans une casserole, avec vos racines et votre céleri ; passez sur un fourneau ces légumes, jusqu'à ce qu'ils aient pris une légère couleur ; mouillez-les avec une bonne cuillerée de bouillon ; ces racines à moitié cuites, joignez-y votre oseille ; laissez mijoter le tout, et dégraissez-le ; quand vous serez près de vous servir, faites le mitonnage tel qu'il est indiqué (article MITONNAGE) ; versez votre julienne dessus, et mêlez le tout légèrement.

Croûtes au pot. — Émincez des croûtes de pain peu chargées de mie ; mettez-les dans un plat creux, et versez dessus du bouillon et de la graisse du pot ; posez-les sur le feu jusqu'à ce qu'elles soient gratinées ; ayez trois entames de pain dont vous ôtez la mie ; trempez-les dans la graisse du bouillon ; après les avoir assaisonnées d'un peu de sel et de gros poivre, vous les placerez droites sur votre gratin ; au moment de servir, égouttez-en la graisse pour que le potage soit à sec ; alors mettez du bouillon dans un vase pour que chaque convive en verse à volonté sur son assiette, où il aura mis du pain et du gratin.

Mitonnage. — Ayez un pain à potage ; râpez-le légèrement ; enlevez-en les croûtes sans endommager la mie, qui peut vous servir, soit pour vos autres potages, soit pour des petits croûtons ou des gros pour des épinards ; si vous servez une charlotte ou une panade, coupez vos croûtes ; arrondissez-les ; mettez-les mitonner un quart d'heure avant de les servir ; mettez dessus tels légumes qui vous conviendront mieux après les avoir étuvés dans du bouillon gras ou maigre.

Potages composés.

Potage printanier. — Il se fait comme le potage à la julienne, excepté qu'on y ajoute des herbes potagères et des pointes d'asperges, des petits pois, de petits radis tournés et de très-petits ognons blanchis ; en faisant cuire ces légumes, mettez-y un petit morceau de sucre pour en ôter l'âcreté ; faites mitonner votre potage ; couvrez-le des légumes énoncés, et servez-le dans un pot-à-oille.

Potage à la Crécy. — Ayez toutes sortes de légumes épluchés et lavés avec soin, tels que carottes, navets, céleri, ognons (en petite quantité) ; faites-les blanchir dans un chaudron pendant un quart d'heure ; mettez-les dans une casserole avec un bon morceau de beurre et quelques lames de jambon; passez-les sur un petit feu, mais assez de temps pour que le tout soit cuit; alors égouttez-le dans une passoire; pilez-le; mouillez-le avec son propre bouillon, et passez-le à l'étamine pour en faire une purée; faites partir cette purée sur le feu: qu'elle cuise deux heures; dégraissez-la bien; mitonnez votre potage comme il est déjà énoncé, et mettez votre Crécy par-dessus.

Potage à la Brunoy. — Coupez en petits dés carottes, navets, panais et céleri; prenez du *derrière de la marmite*, ou du beurre clarifié; faites-le chauffer; jetez-y vos légumes; faites leur prendre couleur; égouttez-les sur un tamis; mouillez-les avec du blond de veau, du consommé, ou du bouillon; conduisez-les comme ceux de la julienne; dégraissez-les, et couvrez-en votre mitonnage. Si vous en servez avec du riz, ayez attention qu'il soit clair, que les dés ne soient pas plus gros que le riz lorsqu'il est crevé, et mêlez bien le tout ensemble.

Potage à la Reine. (La formule de cet excellent potage est très-ancienne, car on la trouve dans tous les dispensaires du XVᵉ et du XVIᵉ siècles, à cela près qu'on y mêlait de la purée de noisettes à celle de poularde et d'amandes. Il est de tradition que ce même potage était celui qu'on servait tous les jeudis à la cour des Valois, et qu'il a dû son nom de SOUPE A LA REINE *à la prédilection dont l'honorait Marguerite de Valois, première femme d'Henri IV).* — Prenez une chopine de consommé; mettez-y la grosseur d'un œuf de mie de pain; faites-lui faire quelques bouillons; pilez bien fin, dans un mortier, du blanc de volaille cuite à la broche, avec douze amandes douces, trois amandes amères et six jaunes d'œufs cuits durs; quand le tout sera bien pilé, ajoutez-y le bouillon à la mie de pain et un demi-setier de crème ou de bon lait; passez votre coulis au tamis; assaisonnez-le et tenez-le chaud au bain-marie, jusqu'à ce que votre potage étant préparé avec des croûtes bien chapelées et un peu de bouillon, vous puissiez y mettre votre coulis bien chaud, sans néanmoins qu'il bouille, parce qu'il tournerait.

Potage à la d'Artois, ou à la purée de pois verts. — Prenez une quantité de pois suffisante; lavez-les; mettez-les dans une marmite, avec ognons, carottes, un bouquet de poireaux et de céleri, un combien de jambon ou des tranches; sinon un morceau de petit lard. Sont-ce des pois secs? mettez-les tremper la veille; si ce sont des nouveaux, vous les ferez cuire tout de suite; sautez-les dans du beurre, avec une poignée de persil

en branche et quelques ciboules; mouillez-les avec du bon bouillon; lorsqu'ils seront cuits, égouttez-les dans une passoire; pilez-les dans un mortier, et passez-les à l'étamine : le bouillon dans lequel ils ont cuit vous servir pour les passer; mettez-en la purée dans une marmite ou une casserole; laissez mijoter cette purée quatre ou cinq heures; remuez-la souvent, de peur qu'elle ne s'attache, et, avant de la remuer, dégraissez-la; lorsqu'elle sera réduite à son degré, servez-la sur du riz, du vermicelle ou de petits croûtons passés au beurre, que vous mettrez à l'instant de servir.

Potage à la purée de lentilles à la Reine. — Procédez à cet égard comme il est énoncé pour la purée de pois, et servez-vous-en de même pour les potages; ayez soin pourtant, si ce sont des lentilles à la Reine, de les laisser long-temps sur le feu, pour que la purée soit rouge autant que possible : ce qui constitue la beauté, ou, si l'on veut, la distraction de ce potage.

Potage à l'aurore ou à la purée de carottes. — Prenez quinze ou vingt carottes; ratissez et lavez-les; selon leur grosseur, coupez-les en lames; mettez-les dans une casserole avec trois quarterons de beurre; passez-les sur un fourneau assez vif; remuez-les jusqu'à ce qu'elles soient colorées; alors mouillez-les avec du bon bouillon; faites-les cuire, et, cuites, vous servant du même procédé que pour la purée de pois et de lentilles, passez-les à l'étamine, etc.; dégraissez cette purée; laissez-la long-temps cuire, et servez-vous-en comme on se sert de la purée de pois.

Potage à la purée de navets. — Ce potage s'opère absolument comme celui de la purée de carottes, excepté qu'on ne fait pas roussir les navets, qu'on les tient blancs le plus possible, et qu'ils demandent moins de cuisson.

Potage à la purée de marrons. — Prenez des marrons de Lyon ou du Luc; ayez soin qu'ils soient bien cuits; levez-en la première peau; mettez-les dans une poêle avec un petit morceau de beurre; sautez-les jusqu'à ce que l'épiderme se lève facilement; ôtez-les, épluchez-les, faites-les bouillir dans une marmite avec du consommé; ensuite égouttez-les dans une passoire; pilez-les dans un mortier; passez-les dans une étamine, en les mouillant à fur et à mesure avec le bouillon dans lequel ils ont bouilli; votre purée passée, mettez-la dans une casserole avec deux cuillerées à pot pleines de consommé; délayez bien votre purée; faites-la réduire pendant environ trois ou quatre heures; dégraissez-la; ajoutez-y un peu de sucre; goûtez si elle est d'un bon goût, et servez-la avec des petits croûtons passés dans le beurre, ou avec un mitonnage (*V.* MITONNAGE).

Potage à la Condé. — Prenez deux litrons de petits haricots rouges; lavez-les bien; mettez-les dans une marmite avec de l'eau ou du grand bouillon; ajoutez-y un morceau de petit lard, trois carottes, trois ognons, dont un piqué de deux clous de gérofle, un bouquet de poireaux et céleri; laissez bien cuire le tout, et aussitôt retirez-en les légumes; jetez vos haricots dans une passoire; écrasez-les; passez-les à l'étamine en les mouillant avec le bouillon dans lequel ils ont cuit; mettez-en la purée sur le feu comme celle de pois. Si c'est un potage maigre qu'il vous faut, mettez dans vos haricots un morceau de beurre au lieu de lard; et pour finir votre potage, mettez de même un morceau de beurre. Votre purée cuite à son point, ayez de la mie de pain; coupez-la en dés, et passez-les au beurre : lorsqu'ils sont d'une belle couleur, égouttez-les dans une passoire, et, au moment de servir, mettez-la sur la purée.

Potage au sagou et à la purée de navets. — Le sagou est une pâte végétale et alimentaire qu'on prépare aux Indes avec la moelle d'un palmier, et particulièrement avec celle du palmier sagou ou sagoutier. Cette substance nous est apportée des îles Moluques, en petites boules de couleur roussâtre, et de la grosseur à peu près du millet; elle est stomachique et conséquemment de facile digestion; elle s'apprête comme le riz, excepté qu'on ne la fait pas blanchir; mettez le sagou dans un bon consommé corsé et bouillant, pour qu'il y fasse deux ou trois bouillons; retirez-le sur le bord du fourneau, et, lorsqu'il formera gelée, mettez-y une purée de navets.

On peut également composer le même potage avec d'autres purées, en y remplaçant le sagou par du *salep* ou du *tapioca*.

Potage aux laitues. — Ayez douze ou quinze laitues; épluchez-les; laissez-les entières et lavez-les à grande eau; faites-les blanchir et jetez-les dans un seau d'eau fraîche, retirez-les et pressez-les; ficelez-les trois ou quatre ensemble; foncez une casserole de bardes de lard; arrangez-y vos laitues; mettez-y deux ou trois lames de jambon, une carotte, un ognon, un bouquet de persil dans lequel vous aurez enveloppé un clou de gérofle et une demi-feuille de laurier; mouillez vos laitues avec la partie grasse de votre bouillon ou de votre consommé; mettez sel et mignonnette, ce qu'il en faut pour qu'elles soient d'un bon goût; lorsque vous voudrez servir votre potage, égouttez-les; pressez-les légèrement, afin d'en faire sortir ce qu'il y aurait de trop de graisse; et, selon leur grosseur, vous les laisserez entières ou les couperez en deux, et vous en garnirez votre potage.

C'est en suivant le même procédé qu'on fait les potages *aux laitues émincées.*

Potage au macaroni à l'italienne. — Ayez dans une casserole un bon consommé; qu'il soit bouillant; mettez-y du macaroni; faites-le pocher comme le vermicelle; écumez-le, et lorsqu'il aura bouilli un quart d'heure, retirez-le sur le bord du fourneau, pour qu'il mijote; prenez du bon Parmesan râpé, et autant de fromage de Gruyères; mettez-le dans votre potage avant de le servir, ou servez-le séparément. Faites qu'il soit plus épais que clair.

Potage aux nouilles à l'allemande (*V.* page 337).

Potage au blé vert (*V.* POTAGE A L'ORGE PERLÉ).

Potage aux raviolis. — Prenez l'estomac d'une poularde ou d'un fort poulet cuit à la broche; hachez-le bien; prenez autant de tétine de veau; ajoutez-y la même quantité d'épinards blanchis et bien pressés, et autant de fromage Parmesan râpé; pilez le tout dans un mortier; joignez-y de moment en moment quatre ou cinq jaunes d'œufs crus, du sel, une pincée de gros poivre et le quart d'une muscade râpée; quand le tout sera bien pilé et d'un bon goût, prenez des rognures de feuilletages ou de pâte brisée; abaissez-les aussi minces que possible; cela fait, mouillez avec un doroir cette abaisse de pâte, et couchez de distance en distance cette farce ou mélange, gros comme la moitié d'une noisette; reployez votre pâte par-dessus; sondez-la bien en formant vos raviolis, et coupez-les avec un coupe-pâte; ayez soin que votre farce soit au milieu, et que vos raviolis aient la forme d'une petite rissole; faites-les blanchir dans du grand bouillon; égouttez-les dans une passoire; jetez-les dans un excellent consommé, et servez-les très-chaudement.

Potage aux quenelles de volaille ou de gibier. — Agissez comme pour celui qui précède.

Potage aux ognons blancs. — Épluchez avec soin sept à huit douzaines de très-petits ognons blancs; faites-les blanchir et faites-les cuire ensuite dans du bouillon en y joignant un peu de sucre; lorsqu'ils seront suffisamment cuits, vous les verserez sur le potage au pain que vous aurez préparé.

Potage aux poireaux (à la Bressanne). — Coupez des poireaux en filets de la longueur d'un pouce; faites-les revenir dans le beurre jusqu'à ce qu'ils soient blonds; puis, faites-les cuire sur un feu doux, dans une petite quantité de bouillon, et versez-les sur un potage au pain.

Potage aux carottes nouvelles. — Après

avoir coupé et tourné des carottes nouvelles de manière à en former des olives ou de petits bâtons d'un pouce de longueur, et toutes de la même grosseur; faites-les blanchir; puis, égouttez-les et les faites cuire dans du bouillon. Votre potage étant préparé comme ci-dessus, vous mettrez vos carottes sur le pain.

Suivez les mêmes prescriptions pour opérer le *potage aux concombres.*

Potage aux navets. — Agissez comme pour le potage aux carottes, avec cette différence seulement que lorsque vos navets seront tournés, il faudra les sauter dans le beurre pour leur donner une belle couleur.

Soupe aux salsifis à la manière de Lyon. (M. Brillat de Savarin la cite honorablement dans sa *Physiologie du goût*). — Ratissez de gros salsifis et coupez-les en morceaux de la longueur du petit doigt; faites-les blanchir pendant quelques minutes à l'eau bouillante, et puis faites-les cuire à fond dans du bouillon gras ou maigre; vous lierez ce potage avec six jaunes d'œufs avant de le verser dans la soupière et sur les croûtes dont vous l'aurez garnie.

Potage aux œufs pochés. — Ayez des œufs pochés, rafraîchis et parés de manière à ce qu'ils soient propres à mettre dans votre soupière; dix minutes avant de servir, jetez dans votre bouillon un peu de gros poivre, et faites-y réchauffer les mêmes œufs pochés.

Potage à la Maréchale. — Vous ferez cuire dix ou douze pommes de terre rouges dans les cendres chaudes; quand elles seront cuites, vous les éplucherez; vous en ôterez tout le rissolé, et même tout ce qu'il y a de dur, pour n'en prendre que le farineux, que vous pilerez à sec; vous y joindrez quatre blancs de volaille, et gros comme deux œufs de beurre, que vous pilerez bien ensemble; quand le tout sera bien mêlé et sans grumeaux, vous y joindrez six ou huit jaunes d'œufs crus, que vous pilerez avec vos pommes de terre et vos filets à plusieurs reprises, et un peu de muscade et de gros poivre; quand le tout sera bien amalgamé, si votre pâte était trop épaisse, vous y joindriez un peu de crème double, au point que vous puissiez coucher votre pâte à la cuillère (comme des quenelles), ou la rouler comme des boulettes, puis vous les ferez pocher dans du bouillon, ou dans une eau de sel où vous joindrez un peu de beurre; après qu'elles auront été pochées, c'est-à-dire cuites une demi-heure dans de l'eau bouillante, vous les égoutterez; vous mettrez du bon bouillon dans votre soupière, et vous y mettrez vos quenelles. Ayez soin que le tout soit d'un bon sel.

Potage à la moelle. — Prenez une demi-livre de moelle de bœuf; faites-la fondre et passez-la au tamis; cassez dedans quatre ou cinq œufs bien frais; joignez-y un petit pain à café que vous aurez fait tremper dans du bouillon, du sel, de la muscade, du persil, de la farine; faites avec tout cela des boulettes, et faites-les bouillir dans le bouillon pendant cinq minutes; versez ensuite dans la soupière, et servez très-chaud.

Potage à la Clermont-Tonnerre. — Après avoir émincé six grosses carottes, autant de gros ognons, quatre gros navets, un nombre égal de poireaux, et trois pieds de céleri, mettez dans une casserole un morceau de beurre suffisant à vos légumes, que vous passerez à blanc, c'est-à-dire auxquels vous ne laissez pas prendre couleur en les faisant revenir sur le feu; si vous voyez qu'ils veuillent prendre couleur, mouillez-les de bouillon, et faites-les mijoter deux heures sur le feu; passez-les ensuite à l'étamine et puis clarifiez votre purée; il faut qu'elle ne soit pas trop épaisse; trempez votre pain d'avance avec de bon consommé.

Potage à la Xavier de Saxe. — Ayez trois quarts de litron de farine que vous délayerez avec six jaunes d'œufs et deux œufs entiers, un peu de sel et de bouillon (suffisamment pour que votre détrempe soit assez liquide, et qu'elle puisse passer à travers une cuillère percée); vous y mettrez une cuillerée de persil haché bien fin, que vous mêlerez avec votre pâte, puis un quart de muscade râpée et une pincée de gros poivre; quand le tout est bien mêlé, vous mettez aux trois quarts d'une casserole de bon bouillon; quand il bout, prenez une cuillère percée dans laquelle vous verserez votre appareil, que vous faites tomber dans votre bouillon; vous aurez soin qu'il bouille toujours, afin que votre pâte prenne; vous aurez soin aussi d'écumer votre potage, pour qu'il soit net. L'on peut faire aussi ce potage maigre en se servant du bouillon maigre (*V.* BOUILLON MAIGRE). Ce potage n'a pas besoin de bouillir plus d'un quart d'heure.

Potage aux quenelles de pommes de terre. — Épluchez et pilez une vingtaine de pommes de terre violettes que vous aurez fait cuire à la vapeur; pilez ensuite du blanc de volaille cuite à la broche; mettez ensemble les pommes de terre et le blanc de volaille; ajoutez-y un morceau de beurre, des jaunes d'œufs, un peu de poivre, de sel, et de muscade, et faites du tout, en le pilant de nouveau, une pâte qui soit assez ferme pour que vous en puissiez faire des boulettes; jetez ensuite ces boulettes ou quenelles dans une quantité suffisante de bouillon *bouillant*, et laissez-les cuire pendant un quart d'heure.

Pour faire cuire les pommes de terre à la vapeur, ce qui est la meilleure méthode, nous avons déjà dit qu'il suffit de couvrir une casserole dans laquelle on aura mis très-peu d'eau, de la couvrir, disons-nous, d'un clayon d'osier de même grandeur, et de mettre les pommes de terre sur le clayon, et de fermer hermétiquement la casserole au moyen d'un linge blanc plié en quatre et d'un couvercle, afin que la vapeur ne s'en échappe pas.

Potage à la Kusel. — Faites blanchir une bonne quantité d'ognons, poireaux, carottes et navets, quelques laitues et quelques pieds de céleri, le tout d'un pouce de long, et de la même grosseur ; faites cuire le tout dans du bouillon, à l'exception des laitues que vous ferez cuire à part, également dans du bouillon, et entre des bardes de lard ; versez ensuite le tout dans du consommé, et servez sans y mettre de pain.

Potage à la d'Esclignac. — Vous aurez quinze jaunes d'œufs que vous délayerez avec une pinte de bon bouillon, et que vous passerez plusieurs fois à travers une étamine ; vous mettrez votre appareil dans un moule ou un vase, afin que vous puissiez le faire prendre au bain-marie ; lorsque cela sera bien pris, vous verserez du bouillon chaud dans votre soupière ; puis avec une écumoire, vous prendrez de vos œufs (pris au bain-marie), de manière que cela forme des *soupes* que vous mettez dans votre soupière ; il faut que votre potage en soit bien garni.

Potage à la languedocienne. — Ce potage est une julienne, pour la préparation de laquelle on se sert d'huile au lieu de beurre ; c'est-à-dire qu'après avoir coupé et préparé les légumes, comme il est dit à l'article de la julienne, on les fait revenir dans de l'huile d'olive, et que l'on ajoute au potage, au moment de le servir, des croûtons taillés en filets et également frits dans l'huile (*V.* POTAGE A LA JULIENNE).

Potage à la Grimod de la Reynière. — Mettez dans une moyenne marmite un chapon troussé, comme pour le potage au riz ; deux pigeons, un morceau de tranche de bœuf de trois livres, le tout bien ficelé ; remplissez cette marmite de bon bouillon ; après l'avoir écumée, garnissez-la de carottes, navets, ognons, céleri et poireaux ; vos viandes cuites, au moment de servir, mettez le chapon et les deux pigeons dans un plat, avec des laitues entières, de petits ognons, des carottes et des navets coupés en gros dés ; de ces trois sortes de légumes en grande quantité et cuits comme pour la *garbure au hameau* (*V.* ce mot) ; vos légumes cuits, dressez-les sur le chapon et les pigeons, de manière qu'ils forment buisson ; passez

le bouillon de votre marmite au travers d'une serviette fine ou d'un tamis de soie ; servez à côté de votre plat un pot plein de bouillon bien chaud et d'un bon sel.

Potage à la purée de gibier. — Mettez dans six ou sept litres de bouillon, quatre livres de bœuf, un jarret de veau, trois perdrix et un faisan ; faites écumer, et ajoutez carottes, ognons et céleri ; laissez bouillir le tout pendant quatre ou cinq heures ; pilez en même temps quelques perdreaux rôtis et refroidis, et un peu de mie de pain ; passez ces perdreaux pilés à l'étamine, et mouillez cette purée avec le bouillon ci-dessus ; faites-la chauffer ensuite sur un feu doux, sans la laisser bouillir, et versez-la sur des croûtons sautés au beurre.

Potage à la d'Estaing. — Faites rôtir une vieille perdrix fraîchement tuée ; ayez une cinquantaine de marrons du Luc ou de Lyon bien rôtis et bien épluchés ; faites-les cuire dans un bon empotage ; ôtez la peau et désossez votre perdrix ; pilez-en bien la chair ; égouttez ensuite vos marrons, et mettez-les dans un mortier avec la chair déjà pilée de la perdrix ; pilez et amalgamez le tout ensemble, et passez-le ensuite à l'étamine avec expression ; faites mitonner du pain de potage, et mêlez-le avec votre résidu, en procédant comme une purée de légumes.

Potage de tortue. (*Pour la manière de se procurer et de préparer le principal élément de la soupe en question (V.* TORTUE). — Coupez par morceaux de la grosseur d'une noix une quantité suffisante de chair de tortue ; mettez-les, après les avoir fait dégorger, dans du bon consommé, avec poivre, girofle, ognons, carottes, thym et laurier, et faites cuire le tout pendant trois ou quatre heures sur un feu doux ; préparez, pendant ce temps, des quenelles de volaille que vous assaisonnerez de persil, de civette et d'anchois ; faites pocher ces quenelles dans du consommé ; égouttez-les et versez dessus votre potage de tortue dans lequel vous aurez mis, quelques instants auparavant, trois ou quatre verres de vin de Madère sec.

Potage en tortue à la française. — Ayez quatre ou cinq livres de chair de mouton, soit épaule, soit gigot, ou six à sept livres de parures des carrés ; ajoutez-y des débris de poisson, comme têtes et arêtes de merlans, débris de saumon, une carpe ou ses débris, ainsi du reste ; mettez ce mouton dans une marmite avec vos débris ; assaisonnez-le tel que le blond de veau ; faites-le suer de même ; mouillez-le avec de l'eau, écumez-le bien ; que le bouquet de persil soit forcé en aromates ; de plus, joignez-y deux brins de basilic et du macis; laissez cuire ce mouton jusqu'à ce que les chairs quittent les os; passez-en le bouillon à travers une serviette; clarifiez-le avec deux ou trois blancs d'œufs battus légèrement; faites-lui jeter un bouillon; laissez-le reposer, afin qu'il soit clair; passez-le de nouveau dans une autre serviette, et faites-le réduire jusqu'à ce qu'il soit assez corsé pour pouvoir supporter, sans être réduit, du vin de Madère; prenez ensuite la moitié d'une tête de veau échaudée de la veille; désossez-la, et, pour qu'elle soit bien blanche, mettez-la dégorger dans de l'eau que vous aurez soin de changer deux ou trois fois; faites-la blanchir et rafraîchir; essuyez-la, parez-la, faites-la cuire dans un blanc (V. cet article); lorsqu'elle est cuite, égouttez-la; coupez-la par morceaux carrés, gros comme le pouce, et que vous mettrez dans le bouillon avec les trois quarts d'une bouteille d'excellent vin de Madère, du poivre de Cayenne environ une cuillerée à café, et une semblable quantité de poudre de kari; dressez votre potage composé de vos morceaux de veau; ayez la précaution de faire durcir auparavant quinze œufs frais, après en avoir ôté les blancs; mettez-en les jaunes, aussi entiers que possible, dans ce potage, à l'instant de le servir. Observez que si vous pouviez vous procurer de *petits œufs* en grappe, que vous feriez blanchir, ils vaudraient beaucoup mieux que les jaunes en question.

Potage à la jambe de bois. (*Recette de* MM. *Grimod de la Reynière.* L'extrême délicatesse de M. Carême lui a fait rejeter cette vieille appellation; il voudrait nous faire dire *potage à la moelle*; mais on ne saurait adopter cette correction de M. Carême, par la bonne raison que le potage à la moelle est toute autre chose, et voilà ce qui nous décide à conserver à celui-ci son ancienne dénomination.) — On prend un jarret de bœuf dont on coupe les deux bouts, en laissant le gros os d'un pied de longueur; on l'empote dans une marmite avec de bon bouillon, un morceau de tranche de bœuf et une casserole d'eau froide; lorsque cette marmite est écumée, on l'assaisonne avec du sel et des clous de gérofle; on y met deux ou trois douzaines de carottes, une douzaine d'ognons, une douzaine de pieds de céleri, douze navets, une poule et deux vieilles perdrix; observez qu'il faut mettre votre marmite au feu de bon matin, et la faire aller très-doucement, afin que votre bouillon se fasse plus aisément, et qu'il soit meilleur.

Prenez ensuite un morceau de rouelle de veau d'environ deux livres; faites-le suer dans une casserole, et mouillez-le avec votre bouillon; lorsqu'il sera bien dégraissé, vous y ajouterez une douzaine de petits ognons et quelques petits pieds de céleri;

vous mettrez le tout dans votre marmite environ une heure avant de servir.

Le bouillon étant assez fait et de bon goût, vous prenez du pain à potage bien chapelé; vous en levez les croûtes et les mettez dans une casserole; vous les mouillez avec votre bouillon bien dégraissé et les faites mitonner; lorsqu'elles le sont assez, vous les dressez dans votre pot-à-oille, et vous les garnissez de toutes les sortes de légumes qui sont dans votre empotage; vous mettez ensuite l'os de votre jarret sur votre potage; vous achevez de le mouiller, et vous le servez très-chaudement.

Soupe aux anguillettes. (*Cuisine étrangère, potage hollandais.*) — Prenez du bouillon maigre (V. page 99); faites-y cuire de petites anguilles que vous aurez coupées par tronçons de la longueur de deux ou trois pouces; ensuite faites blanchir six fortes poignées de cerfeuil, mêlées d'un peu d'oseille et de beaucoup de bette-poirée, laquelle plante potagère doit être au moins pour un tiers dans cet appareil végétal; toutes ces herbes ayant été blanchies, mettez-les à bouillir avec les tronçons d'anguilles, et joignez-y, quelques instants avant de servir, un morceau de beurre frais pétri d'un ou deux jaunes d'œufs; vous verserez cette composition sur des biscottes de Bruxelles que vous aurez mises au fond de la soupière.

On peut confectionner cet excellent potage au bouillon gras, et, pour lors, il ne faut y mettre ni le beurre frais, ni les jaunes d'œufs indiqués ci-dessus.

Soupe froide à la russe, ou *Akroschka.* — La base de ce potage est le *Kvas*, bière très-légère de farine d'orge fermentée avec des baies acides et des bourgeons de chêne. On coupe en morceaux du maigre de jambon et des lambeaux de viande arrachés suivant la longueur des fibres, à la manière des anciens Tartares, à qui l'usage des couteaux n'était pas familier. On assaisonne cet étrange potage avec de l'ognon cru, du blé vert qu'on a fait macérer dans de la saumure, une grande quantité d'échalotes hachées et des tranches de concombres avortés par suite du froid. A la table des gourmets russes, il arrive souvent que le mouillement de ladite soupe est fait avec du *Pyvo*, sorte de bière qui ne s'éloigne pas autant que le Kvas de notre bière ordinaire. On y joint de petits morceaux de glace coupés carrément, ou bien de petites boules de neige foulée.

La soupe russe au poisson s'appelle en russe *Kholodnoy-soup et Batvinia.* On y remplace la viande avec du kaviar et du saumon coupé par tranches (V. p. 75).

Potages maigres.

Potage au pain. — Chapelez légèrement un pain à potage; levez-en les croûtes; arrondissez-les; mettez-les dans une casserole; versez dessus une cuillerée à pot de votre bouillon à potage; faites-le mitonner; versez-le dans votre pot-à-oille, et servez dessus tel légume ou telle purée maigre qu'il vous plaira. Il n'est pas nécessaire d'entrer dans aucun détail au sujet de ces purées, puisqu'elles se font comme les grasses, sinon qu'elles se mouillent avec du bouillon maigre.

Potage à la Reine en maigre (recette et formule de la maison de MADAME*).* — Ayez deux brochetons, qui ne sentent point la vase; échaudez-les, videz-les, levez-en les chairs; posez-les sur la table du côté de la peau; levez cette peau, comme vous leveriez une barde de lard; coupez ces chairs en gros dés; mettez-les dans une casserole, avec un morceau de beurre; faites-les cuire, sans les faire roussir; laissez-les refroidir; pilez une vingtaine d'amandes douces émondées; vous aurez fait tremper la mie d'un pain à potage dans de la crème, et vous l'aurez fait dessécher comme il est indiqué; pilez de même cette panade; retirez-la du mortier; pilez aussi vos chairs de brochets; joignez-y votre panade et vos amandes; repilez le tout; foncez une casserole de beurre; mettez dessus des ognons coupés en deux et des racines en lames, telles que carottes, navets, une demi-gousse d'ail, la moitié d'une feuille de laurier, un peu de macis, un bouquet de persil, ciboules, un clou de girofle, deux carpes coupées en tronçons, et les débris de vos brochetons; mouillez ce fond d'un peu de bouillon de pois; faites-le suer à petit feu, sans le laisser attacher; lorsque votre glace sera formée, mouillez-la avec du bouillon de pois; faites cuire ce bouillon à petit feu; sa cuisson faite, passez-le dans une serviette, et servez-vous-en pour délayer votre appareil, que vous passerez à l'étamine à force de bras, et auquel vous donnerez la consistance d'un coulis; mettez cet appareil dans une casserole, faites-le chauffer au bain-marie, jusqu'au moment de vous en servir; mettez dans votre pot-à-oille des petits croûtons coupés en dés et passés dans le beurre; versez dessus votre purée à la Reine, et servez.

Potage au congre à la bretonne. — Préparez un bouillon comme il est indiqué ci-dessous pour le potage aux herbes *à la Dauphine;* mais à l'exception qu'avant de mettre les herbes potagères dans leur mouillement, vous y aurez fait cuire, avec des tranches de carotte et quelques racines de persil, une forte rouelle de congre ou anguille de mer; lorsque ce poisson aura bouilli pendant deux heures et demie, vous en passerez le bouillon dans un tamis de crin; vous y mettrez les herbes déjà blanchies, et vous achèverez le potage avec une liaison, comme il est dit à l'article indiqué ci-dessous.

Potage au lait d'amandes. — Prenez une livre et demie d'amandes douces et douze amandes amères; mettez-les dans une casserole avec de l'eau fraîche et sur le feu; lorsqu'elles sont prêtes à bouillir, retirez-les; voyez si la peau se lève, pour les monder (on se sert d'un torchon dans lequel on les frotte); ayez de l'eau froide, où vous les mettrez au fur et à mesure; égouttez-les; lorsqu'elles seront froides, mettez-les dans un mortier et pilez-les; mettez-y de temps en temps une goutte d'eau, afin qu'elles ne tournent point en huile; vous jugerez qu'elles seront bien pilées, quand vous ne sentirez plus de grumelots sous vos doigts; mettez-les dans une casserole et dans une pinte et demie d'eau; cette eau étant bouillante, mettez-y infuser une demi-once de coriandre et le zeste d'une moitié de citron, dont vous aurez ôté le blanc; délayez vos amandes avec cette infusion, passez le tout plusieurs fois au travers d'une serviette ou d'une étamine, jusqu'à ce qu'il ressemble à du lait; salez-le et sucrez-le convenablement; ensuite mettez-le au bain-marie; ayez des tranches de mie de pain très-minces, faites-les glacer au four ou sous un four de campagne, et jetez-les dans votre lait d'amandes au moment de servir.

Potage au lait d'amandes à l'Ursuline. — Mondez une demi-livre d'amandes douces et cinq ou six amères, et pilez-les comme ci-dessus; ayez une pinte et demie de lait; faites-le bouillir, et servez-vous d'une partie pour passer votre pâte d'amandes à plusieurs reprises, comme il est dit à l'article précédent; dans la partie du lait dont vous ne vous serez point servi, mettez infuser la moitié d'un bâton de vanille, que vous retirerez quand vous aurez mélangerez le tout; assaisonnez-le de sucre et d'un peu de sel, mettez-y gros comme la moitié d'un œuf d'excellent beurre; trempez votre potage comme le précédent, et servez.

Potage au lait d'amandes à la minute. — Prenez une pinte et demie de lait; faites-le bouillir; mettez dans une casserole huit jaunes d'œufs très-frais, dont vous aurez ôté avec soin les blancs et les germes; écrasez avec le rouleau vingt-quatre massepains ou macarons, moitié amers et moitié doux; mettez du sucre suffisamment pour sucrer votre lait, un peu de sel et une cuillerée à bouche de fleur d'orange; délayez le tout avec un peu de votre lait chaud, mais non bouillant, et de manière que vos macarons se mêlent bien avec les jaunes d'œufs et votre sucre ; réservez la moitié de ce lait pour lier votre potage ; ayant coupé des tranches de pain, les ayant rangées sur un plafond et les ayant saupoudrées de sucre très-fin, faites-les glacer au four ou sous un four de campagne ; et de suite dans votre pot à oille, au moment de servir, achevez de mouiller votre appareil, en versant dessus le restant de votre lait ; et, afin d'achever de le lier, mettez-le sur le feu ; tournez-le et ne le laissez point bouillir ; goûtez s'il est d'un bon goût ; versez-le sur votre pain glacé, et servez aussitôt.

A défaut de macarons, vous pouvez employer des pralines, dont vous tirerez à peu près le même résultat.

Potage ou riz au lait. — Ayez un quarteron de riz ; épluchez-le bien ; lavez-le à trois eaux ; faites-le blanchir à deux ou trois bouillons, égouttez-le sur un tamis ; mettez-le dans une marmite avec un demi-quarteron de beurre, un peu de zeste de citron et une feuille de laurier-amande ; faites-le crever à l'eau, et lorsqu'il commencera à se gonfler, mouillez-le avec du bon lait ; faites qu'il ne soit ni trop épais ni trop clair ; mettez-y sel et sucre, et supprimez-en le laurier, ainsi que le zeste de citron.

Potage au vermicelle et au lait. — Ayez environ un quarteron de vermicelle que vous épousseterez ; faites bouillir une pinte et demie de lait, et mettez-y peu à peu votre vermicelle, afin qu'il ne se pelotonne pas ; retirez-le sur le bord du fourneau, jusqu'à ce qu'il soit cuit ; assaisonnez-le de sel et de sucre ; mettez-y, si vous voulez, quelques macarons ou un peu de vanille, ou l'un et l'autre.

Potage au potiron. — Mettez dans une casserole, avec très-peu d'eau, votre potiron coupé en forme de dés. La quantité de potiron doit être proportionnée à la force du potage que vous voulez faire ; laissez-le bouillir jusqu'à ce qu'il soit bien cuit ; puis tirez-le de l'eau ; faites-le égoutter, et passez-le à l'étamine ; mouillez cette purée avec du lait ; ajoutez-y du beurre bien frais, et salez convenablement ; faites alors bouillir ce potage, et versez-le sur des croûtons passés au beurre et coupés en losanges, ou en deniers si vous l'aimez mieux.

Potage à la Monaco. — Coupez des mies de pain en petits carrés fort minces ; jetez dessus du sucre en poudre et faites-les griller, ou bien, ce qui est mieux, mettez-les sous le four de campagne jusqu'à ce qu'elles aient pris un peu de couleur. Faites bouillir du lait ; liez-le avec des jaunes d'œufs comme il est dit ci-dessus, et versez-le sur votre pain.

Potage à la purée de coucoudecettes. — Vous prenez trente coucoudecettes, ou petites citrouilles vertes de la grosseur d'un œuf ; vous ratissez un peu le vert de dessus comme pour nettoyer une carotte ; émincez-les ; faites-les fondre de même que les tomates passées en purées, dégraissées ou travaillées. Vous les servez avec des pâtes comme ci-dessus, et vous opérez de la même façon, pour le *potage aux tomates.*

Potage au laurier d'amandes. — Faites glacer sous le four de campagne de petits morceaux de mie de pain taillés en rond ; mettez-les dans une soupière avec des jaunes d'œufs, du sucre et de la fleur d'oranger ; versez sur cette préparation du lait dans lequel vous aurez fait bouillir quelques feuilles de laurier d'amandes, et remuez en même temps avec une cuillère. Ce potage se sert ordinairement après les huîtres dont il facilite la digestion.

Potage à la julienne maigre. — Voyez le potage à la julienne gras, pour la manière de préparer vos légumes ; lorsqu'ils sont bien disposés, passez-les dans une casserole avec un morceau de beurre ; faites-les légèrement roussir ; mouillez-les avec votre bouillon maigre, comme il est indiqué pour le gras ; et, faute de bouillon maigre, servez-vous de l'eau de cuisson des haricots ou des lentilles ; faites mitonner votre potage, et qu'il soit d'un bon sel.

Potage maigre aux herbes à la bonne femme. — Ayez une bonne poignée d'oseille, deux laitues, un peu de cerfeuil et de belle-dame épluchées et lavées à grande eau ; égouttez et hachez ces herbes ; mettez-les dans une grande casserole avec un morceau de beurre ; passez-les ; faites-les cuire à petit feu ; mouillez-les ce qu'il faut pour votre potage avec votre grand bouillon maigre, sinon, avec celui de haricots ou de lentilles, et puis versez sur des tranches de pain, que vous laisserez mitonner.

Potage aux herbes à la Dauphine. — Préparez quatre poignées de feuilles d'épinards et trois cœurs de grosses laitues, le blanc d'une tige de poireau, deux ognons, deux poignées d'oseille, deux poignées d'arroche, deux poignées de bette, une forte pincée de cerfeuil, quelques feuilles de tanaisie, quelques branches de pourpier vert, et finalement des fleurs de souci, bien séparées de leur ovaire et de leur calice, attendu l'amertume de cette partie de la plante. Hachez toutes ces

herbes, et puis faites les fondre avec un morceau
de beurre, que vous ne laisserez pas arriver jusqu'au
roux; mouillez-les ensuite avec de l'eau chaude
à défaut de bouillon de racines, de purée farineuse ou de résidu de poisson. Il faut que ce potage ne discontinue pas de bouillir pendant trois
heures, et lorsqu'on est prêt à servir, on y met
une liaison de jaunes d'œufs, avec lesquels on a
pétri quelques onces de beurre bien frais. Il est bon
de n'avoir foncé la soupière qu'avec des tranches
de mie de pain, car on a remarqué que le goût
des croûtes avait l'inconvénient de masquer la fine
et simple saveur de cette combinaison végétale.

Soupe à l'ognon. — Faites frire dans du
beurre frais des ognons coupés en tranches bien
minces, jusqu'à ce qu'ils soient d'un beau jaune;
versez alors une quantité d'eau proportionnée à la
quantité de beurre et d'ognon ; ajoutez du sel et
du poivre; faites bouillir le tout pendant vingt
minutes, et versez-le ensuite sur le pain que vous
aurez préparé, après y avoir ajouté une liaison de
quelques jaunes d'œufs. Il est convenable, afin de
diminuer l'âcreté des ognons, d'en extraire soigneusement la tête et la queue.

Panade. — Après avoir fait bouillir du pain
mollet dans de l'eau, du sel et du beurre très-
frais, on ôte du feu cette préparation, on y ajoute
une liaison de jaunes d'œufs, et l'on sert ce potage
immédiatement.

On fait également des panades au cerfeuil, au
consommé, à l'orgeat, à la crème crue, ou vin
d'Alicante, à la moelle et aux confitures.

Potage à la purée d'écrevisses (*V.* BIS-
QUE).

Potage à la provençale au poisson (*V.*
BOUILLE-A-BAISSE, page 92).

Potage aux poupards (*V.* BISQUE et CRABE).

Croûtes gratinées et garbures (*V.* ces deux
articles, pages 196, 246, 247 et 248).

Soupe à la bière à l'Allemande, — *à la
Danoise,* — *à la Russe* (*V.* pages 75 et 76).

Soupe aux cerises (*V.* page 134).

POTIRON, cucurbitacée qui reçoit les mêmes apprêts que la citrouille et le giromon (*V.*
FLAN, POTAGE et PURÉE).

Gâteau de potiron à l'antiquaille. —
Coupez du potiron en gros dés; faites-le fondre
dans une casserole, et faites-le réduire à consistance de bouillie épaisse; passez-le ensuite au
beurre dans une autre casserole, et ajoutez une
cuillerée de fécule de pommes de terre délayée
dans le lait; ajoutez aussi du sucre en quantité

suffisante; faites mijoter le tout; quand le potiron
est assez réduit, retirez-le de la casserole pour le
faire refroidir dans un vase de faïence ; pétrissez-
le alors avec trois jaunes d'œufs, six macarons
écrasés, quatre pincées de fleur d'orange pralinée
et un blanc d'œuf fouetté.

Beurrez bien une casserole, et-panez-la partout
avec de la mie de pain; mettez-y la pulpe du potiron ; posez la casserole sur des cendres chaudes;
couvrez-la avec un couvercle sur lequel vous entretiendrez du feu allumé : quand le gâteau aura
pris couleur, renversez-le sur un plat, et servez
une crème liée aux jaunes d'œufs et au vin de
Lunel, à proximité de ce bon plat d'entremets.

Vous pouvez également foncer un plat creux
avec le même appareil que vous ferez cuire au
four, et, dans ce cas, vous mettrez autour du plat
des amandes pralinées pour garniture.

POULARDE, jeune poule engraissée par un
système de nutrition continuelle et d'alimentation
surabondante. Les meilleures poulardes connues
sont celles du Maine, de la Bresse, du pays de Caux
en Normandie et du Montalbanais en Quercy. La
poularde est peut-être un peu moins savoureuse
que le chapon, mais la substance en est plus
délicate. C'est à sept ou huit mois qu'elle est dans
toute sa perfection. Quand elle est âgée de plus
d'un an, elle a presque toujours pondu, et sa
chair, alors, n'est plus bonne qu'à faire des quenelles et du bouillon de volaille.

Les poulardes ainsi que les chapons ont toujours
la chair saturée d'une graisse onctueuse qui la
rend moins facile à digérer que celle des jeunes
animaux de la même espèce; mais il faut distinguer
dans leurs parties celles qui sont les plus grasses
de celles qui le sont médiocrement; celles, par
exemple, qui tiennent à l'aile et s'étendent sur la
poitrine, et qui, chez ces animaux sédentaires,
sont fort tendres et néanmoins peu pénétrées de
graisse parce que les fibres en sont très-rapprochées, sont de beaucoup préférables aux parties
qui avoisinent le croupion.

C'est par cette raison-là qu'on doit servir la
cuisse de la poularde bouillie, et non pas l'aile,
ainsi qu'il est usité pour les volailles rôties.

Poularde rôtie. — Faites-la cuire à la broche, entourée d'une double feuille de papier beurré.
Cinq quarts d'heure de cuisson lui suffisent devant un feu égal; passez et dégraissez le jus de la
lèchefrite, et le mettez au fond de votre plat de
rôt. Bordez ce même plat avec des tiges ou sommités de cresson de fontaine, arrosées de quelques
gouttes de vinaigre assaisonné d'un peu de sel
blanc, et disposez cette garniture en guirlande
touffue.

Poularde farcie de truffes (*V.* DINDE AUX TRUFFES, page 202).

Poulardes en entrée de broche. — Après les avoir fait cuire à la broche ainsi qu'il est dit ci-dessus, vous pourrez les servir à volonté sur des ragoûts à la *Financière,* à la *Périgueux,* au *Salpicon,* à la *Montglas* et à la d'*Huxelles,* aussi bien que sur les sauces aux *huîtres vertes,* à la *purée d'écrevisses,* à la *ravigotte,* à la *crème cuite,* à l'*estragon,* à la *purée de tomates* et à celle d'*ognon à la Soubise,* à la *sauce Robert,* à la *provençale,* à la *poivrade,* etc.

Deux belles poulardes accompagnées d'une garniture étoffée suffisent toujours pour former un bout de table ou un gros plat de relevé.

Poularde au gros sel. — Quand elle est flambée, vidée et troussée, vous la faites blanchir pendant une minute à l'eau bouillante, et puis vous l'entourez avec des bardes de lard bien frais, et mieux encore avec de la tétine de veau. Vous l'enveloppez ensuite dans une serviette que vous avez fait bouillir d'avance avec un nouet de cendre et de l'eau salée; ensuite vous ficelez ladite poularde et vous la faites cuire dans un chaudron rempli d'eau bouillante. Lorsqu'elle fléchit sous les doigts, en lui tâtant la cuisse, c'est qu'elle est à son point de cuisson : vous la développez alors et vous la servez en jetant sur sa belle poitrine une forte cuillerée de gros sel gris.

Vous pourrez vous servir d'une vessie de porc, afin d'empaqueter votre poularde, au lieu d'une serviette : vous prendrez seulement garde à bien fermer cet appareil en le nouant fortement avec une ficelle, afin que l'eau chaude ne pénètre pas jusqu'à la volaille étuvée. Cet ancien procédé est très-approuvé par les gourmets.

Poularde à la bourgeoise. — Vous mettez dans le fond d'une casserole un peu du bon beurre, deux ognons coupés en tranches, et votre poularde flambée, vidée et troussée par-dessus, et l'estomac en dessous; on la couvre de deux ognons en tranches, deux carottes coupées en filets, un bouquet garni de toutes sortes de fines herbes, un peu de sel; vous la faites cuire ainsi sous la cendre chaude, et à moitié de la cuisson, vous ajoutez un demi-verre de vin blanc; quand elle est cuite, vous dégraissez la sauce, la passez au tamis, y mettez un peu de coulis et la servez sur la poularde.

Poularde au riz (*V.* CHAPON, page 140).

Poularde à la Reine. — Étant cuite à la braise, vous la laissez refroidir; vous en lèverez les chairs de l'estomac, avec lesquelles vous faites une farce cuite; vous en remplirez votre poularde, et

vous lui donnerez sa forme première; enveloppez le tour de votre volaille avec des bardes de lard que vous assujettirez avec de petites chevilles de bois; vous la mettrez sur une tourtière au four, ou bien vous placerez votre tourtière sur un feu doux, et le four de campagne un peu chaud par-dessus, pendant une heure. Au moment de servir, vous ôterez les bardes qui entourent cette poularde; vous la dresserez sur votre plat, et vous mettrez pour sauce un coulis au blond de veau réduit.

Poularde à la Montmorency. — Après avoir flambé et vidé la poularde, on en pique le dessus, et on la remplit avec des foies coupés en dés, de petit lard, de petits œufs, puis on la coud; on la fait cuire comme un fricandeau, et on la glace de même.

Poularde à la Singarat (recette du château de Bellevue). — Flambez et videz votre poularde; ayez des lardons de lard gras; vous en faites aussi avec de la langue à l'écarlate; vous les assaisonnez de sel et de poivre, de quatre épices; remuez-les bien dans votre assaisonnement; vous ôtez intérieurement les os de l'estomac de votre poularde; vous lui coupez les pattes, et vous troussez les cuisses en dedans; vous la piquez correctement d'un lardon de lard, d'un lardon de langue; que votre lardoire passe de l'estomac aux reins; vos lardons doivent former un ovale; mettez-les à distances égales. Vous bridez votre poularde en faisant bomber l'estomac; donnez-lui une forme agréable; mettez ensuite dans une casserole des bardes de lard, plusieurs tranches de veau, quelques carottes coupées en tranches, quatre ognons, dont un piqué de deux clous de gérofle, un bouquet de persil et de ciboule, une feuille de laurier, un peu de thym; vous frottez de jus de citron plusieurs bardes dont vous couvrirez votre poularde, et vous la mettez sur votre assaisonnement, avec un rond de papier beurré pour la couvrir; versez aussi plein une cuillère à pot de bouillon et un peu de sel; vous la mettez au feu une heure avant de servir, et qu'elle mijote; vous prenez gros comme un œuf du plus rouge de la langue dont vous vous serez servi, et vous le pilerez avec un peu de beurre, du poivre et de la muscade râpée. Délayez cette purée dans un peu de glace de viande; faites-la chauffer; ajoutez-y quelques cuillerées de consommé, et passez cette purée à l'étamine en la foulant. La poularde étant cuite, dressez-la, et mettez cette purée dessous.

Poularde en blanc-manger. — On fait bouillir dans une casserole une chopine de bon lait, avec thym, laurier, basilic et coriandre, jusqu'à ce qu'il soit réduit à moitié; on le passe au tamis, et on y joint une poignée de mie de pain; on le met sur le feu, et on l'y laisse jusqu'à ce que le pain ait bu le lait; on l'ôte du feu, et on mêle un quarteron de panne de porc coupée en petits morceaux, une douzaine d'amandes douces pilées très-fin, sel, muscade râpée, cinq jaunes d'œufs crus; on met le tout dans le corps de la poularde flambée, vidée et bien épluchée, que l'on coud pour que rien n'en sorte, et on la fait cuire, entre des bardes de lard, mouillée avec du lait et assaisonnée de sel, un peu de coriandre; quand elle est cuite et bien essuyée de sa graisse, on la sert avec une sauce à la crème.

Poularde en demi-deuil. — Étant flambée et troussée (les pattes en dedans), vous la bridez de manière à ce que l'estomac en soit saillant; puis mettez-la dans une casserole garnie de bardes de lard, et versez du consommé par-dessus. La poularde étant cuite aux trois quarts, vous l'ôtez du feu, et vous lui faites sur tout le blanc de la poitrine de petites entailles où vous enfoncez des lardons de truffes bien noires, de manière à former un ovale de la grandeur de l'estomac. Passez alors votre fond de cuisson au tamis; remettez la poularde dedans et faites bouillir doucement pendant une heure; hachez des truffes; passez-les au beurre; ajoutez-y un peu de velouté, autant de consommé, un peu de gros poivre; faites bouillir cette sauce, et servez-la sous votre poularde.

Poularde en bigarrure (recette du fameux Vincent de la Chapelle). — Prenez deux moyennes poulardes; après les avoir épluchées et flambées, levez-en les ailes; ôtez-en les filets mignons; supprimez les ailerons et les peaux nerveuses des ailes; piquez deux de ces ailes *d'une deuxième*, et les deux autres de petits lardons de truffes, cuits à moitié; *marquez* ces quatre ailes dans une casserole foncée de bardes de lard, avec une carotte, un bouquet de persil et de ciboules, et deux moyens ognons, dans l'un desquels vous aurez mis un clou de gérofle; mouillez vos ailes avec un peu de consommé; ayez soin que ce mouillement n'atteigne point le lard piqué de vos poulardes, et couvrez-les d'un rond de papier; un quart d'heure avant de servir faites-les partir, avec feu dessous et dessus; désossez entièrement les quatre cuisses, et remplissez-les d'un salpicon, composé de truffes et de foies gras; cousez-en les peaux, et donnez aux cuisses la forme d'une figue aplatie; coupez les pattes en deux; supprimez-en le haut, et mettez le bas dans la cuisse, en sorte qu'on ne voie que la moitié de cette patte; piquez deux de ces cuisses de clous de truffes, en forme de rosettes, les deux autres devant rester blanches; frottez-les de citron;

marquez ces quatre cuisses dans une casserole, entre des bardes de lard; assaisonnez-les comme les ailes; faites-les cuire à un feu doux environ trois quarts d'heure : au moment de servir, égouttez-les; ôtez-en les fils; égouttez aussi vos ailes; ôtez le nerf des filets mignons; faites-leur des entailles de distance en distance, et mettez-y des petites crêtes de truffes de la largeur de ces filets; donnez-leur une forme cintrée; sautez-les dans du beurre fondu et un grain de sel; après égouttez-les; glacez les ailes piquées; dressez-les toutes les quatre en croix, et posez entre chacune d'elles vos cuisses de poulardes, en mettant dessus, en forme de couronne, les petits filets; saucez votre entrée avec une sauce réduite et travaillée avec le consommé que vous aurez fait des carcasses de vos poulardes.

Poularde à la Grimod de la Reynière. — On coupe une douzaine de tranches de jambon nouveau, de la longueur de sa volaille et de la largeur du doigt, avec autant de tranches de mie de pain; on aplatit, à force de la battre, une bonne poularde flambée et vidée, laquelle on farcit de son foie avec truffes, champignons, persil, ciboules, sel, gros poivre, de la moelle de bœuf et du lard râpé, le tout mêlé ensemble; on la fait refaire avec un peu de beurre; on la met en broche, et on la couvre absolument de tranches de pain, sur lesquelles on assujettit des tranches de jambon, qu'on ficelle pour les faire tenir enveloppées d'une feuille de papier de la grandeur de la poularde; on fait cuire à petit feu, avec un plat dessous pour recevoir le jus, et on le sert sous la poularde.

Poularde à la Maillot. — Votre poularde étant flambée et vidée, remplissez-la de beurre assaisonné de sel et de poivre; bridez-la de manière à lui rendre l'estomac saillant, et piquez-le de lard fin; mettez des bardes de lard dans une casserole, et votre poularde par-dessus avec des parures de viande; quelques carottes et des ognons, laurier, gérofle, bouquet garni; mouillez le tout avec du bouillon, et le mettez sur un feu très-ardent. Il ne faut pas plus de cinq quarts d'heure de cuisson. La poularde étant cuite, débridez-la; glacez-la, et dressez-la sur un ragoût de crêtes et rognons de coqs.

Poularde à la Chevry. — Étant cuite ainsi qu'il est indiqué dans les articles précédents, vous aurez coupé des ognons en anneaux de différentes grandeurs et les aurez fait blanchir; placez ces anneaux d'ognons sur un couvercle de casserole; mettez dans le milieu de ces anneaux des épinards blanchis bien verts et passés au beurre; assaisonnez de sel et muscade; égalisez les épinards avec la lame de votre couteau, au moment de servir; égouttez votre poularde; débridez-la; dressez-la sur un plat; décorez-la avec ces anneaux d'ognons ainsi préparés, et saucez-la d'une ravigote verte.

Poularde à la marseillaise. — Découpez une poularde comme il est indiqué ci-dessus; ayez une douzaine d'ognons blancs; ayez aussi quelques branches de persil; prenez une casserole dans laquelle vous ferez un lit de vos ognons, et un des membres de votre volaille, et couvrez le tout avec un autre lit d'ognons et de persil; ajoutez-y quelques cuillerées d'huile, du poivre, du sel, de la muscade, du laurier et de l'ail; faites cuire à petit feu; puis glacez la poularde; dressez-la; mettez les ognons au milieu, et saucez avec une sauce au beurre d'anchois et aux câpres.

Poularde à la tartare. — Fendez une poularde par le dos; passez-lui les pattes en dedans, et attachez-les avec une ficelle. Aplatissez la poularde; assaisonnez-la de poivre et de sel; puis trempez-la dans de l'huile et dans de la mie de pain, et faites-la griller. Il lui faut une heure de cuisson. Servez-la avec une remoulade.

Filets de poularde au Suprême (d'après la formule de M. Beauvillier, inventeur de ce ragoût friand). « Levez les filets de trois moyennes poulardes, posez ces filets sur la table, et levez-en les petites peaux le plus mince possible; trempez dans l'eau le manche de votre couteau, et battez-les légèrement; parez-les; faites fondre dans une sauteuse une suffisante quantité de beurre; arrangez-y vos filets, en les trempant des deux côtés; saupoudrez-les d'un peu de sel, couvrez-les d'un rond de papier; levez avec soin les six cuisses pour vous en faire une entrée, soit pour le jour ou le lendemain : vous leur conserverez la totalité de la peau, pour former de ces cuisses des petits canetons ou des ballons; faites un consommé de carcasses; faites-le réduire presque en glace, sans lui donner de couleur; ajoutez-y six cuillerées à dégraisser pleines de velouté réduit, et deux pains de beurre; salez et vannez votre sauce; sautez vos filets en les retournant; faites qu'ils soient bien blancs; assurez-vous qu'ils sont bien cuits, en appuyant le doigt dessus : s'ils résistent, c'est qu'ils le sont; vous aurez passé six croûtons de mie de pain à potage auxquels vous aurez donné la forme et l'épaisseur de vos filets; dressez ces filets en couronne, et mettez un croûton entre chacun d'eux; travaillez votre sauce, et saucez en marquant votre entrée : si vous voulez ces filets aux truffes, coupez des truffes en liards; faites-les cuire dans du beurre et un grain de sel; mettez-les dans une partie de votre sauce au suprême, et versez-les dans le puits de vos filets. »

Emincé de filets de poularde aux concombres. — Prenez l'estomac d'une ou deux poulardes rôties et froides; levez-en les chairs; supprimez-en les peaux et les nerfs; émincez ces chairs; faites un ragoût de concombres, soit au blanc, soit au roux. Votre ragoût réduit et prêt à servir, mêlez-y vos blancs de poularde, sans les laisser bouillir : si c'est au blanc, ajoutez-y une liaison de deux jaunes d'œufs, du beurre gros comme une noix, et un peu de muscade râpée.

Ailes de poulardes à la maréchale. — Prenez trois belles poulardes, levez-en les ailes, supprimez-en les ailerons, ne conservez que les deux moignons de ces membres; levez-en la petite peau, en posant chaque aile sur la table, et en faisant glisser votre couteau, comme si vous leviez une barde de lard : prenez garde d'endommager les chairs; piquez vos six ailes; mettez-les dans une casserole, et, lorsqu'elles seront cuites, égouttez-les sur un couvercle; glacez-les pour qu'elles soient d'un beau blond; foncez votre plat d'une bonne chicorée à la crème réduite; dressez vos six ailes sur la pointe, au centre du plat, pour en former une *rosette;* mettez, et si vous le voulez, une belle truffe au milieu.

Poularde en galantine. — Ayez une belle poularde; après l'avoir épluchée, flambée et vidée, désossez-la par le dos, étendez-la sur un linge blanc; couvrez les chairs d'une farce cuite de volaille, à peu près de l'épaisseur d'un travers de doigt; faites de gros lardons assaisonnés de sel, poivre, fines épices, aromates pilés et passés au tamis, persil et ciboules hachés; ayez du jambon cuit, faites-en des lardons aussi gros et aussi longs que ceux de lard; posez sur votre farce ces lardons de distance en distance; ajoutez-y, si c'est la saison, des truffes coupées en filets, de la grosseur de vos lardons, et entremêlez-les de pistaches vertes, de manière à ce que votre pièce soit bien marbrée; recouvrez ces lardons d'un autre lit de farce, et continuez de remettre ainsi farce et lardons, jusqu'à ce que votre volaille en soit remplie; rapprochez les peaux, cousez-les; tâchez de donner à votre poularde sa forme première; entourez-la de bardes de lard, enveloppez-la d'un morceau d'étamine neuve; cousez cette étamine, attachez-en les deux bouts avec des ficelles : foncez une braisière avec quelques carottes, ognons, deux clous de gérofle, deux feuilles de laurier, deux ou trois lames de jambon, un jarret de veau, et la carcasse de votre poularde coupée par morceaux et concassée; posez votre pièce sur ce fond du côté du dos ; appuyez un peu la main sur son estomac, afin de l'aplat r : couvrez votre galantine de bardes de lard : mouillez-la avec du bouillon (il faut qu'elle baigne dans son assaisonnement), couvrez-la de papier, faites-la *partir*, après lui avoir mis son couvercle ; posez-la sur le fourneau avec feu dessous et feu dessus ; laissez-la cuire une heure et demie ou deux heures : sa cuisson faite, retirez-la du feu, laissez-la dans son assaisonnement une demi-heure ; retirez-la, pour lors, et pressez-la légèrement ; aplatissez-lui de nouveau l'estomac, autant que possible, afin d'avoir la facilité de la garnir de gelée ; passez le fond de votre galantine au travers d'une serviette mouillée à cet effet : si ce fond n'était pas assez *ambré*, mêlez-y un peu de jus de bœuf ou de blond de veau ; faites-en l'essai. Si ce fond ou plutôt cette gelée se trouvait trop délicate, faites-la réduire ; cassez deux œufs entiers, jaunes, blancs et coquilles ; mettez-les dans votre gelée ; fouettez-la avec le fouet de buis, remettez-la sur le feu, et lorsqu'elle commencera à bouillir, retirez-la sur le bord du fourneau ; mettez sur votre casserole un couvercle, avec quelques charbons ardents par-dessus ; laissez ainsi votre gelée se clarifier environ une demi-heure ; passez-la dans une serviette, comme il est indiqué à l'article ASPIC : laissez votre gelée se refroidir ; déballez votre galantine, ratissez le gras qui est autour, dressez-la sur une serviette, et garnissez-la de gelée coupée en lames et en diamants.

Filets de poulardes à la Béchameil. —

Faites cuire deux poulardes à la broche, laissez-les refroidir, levez-en les blancs, et supprimez-en les peaux et les nerfs ; émincez ces blancs également ; mettez dans une casserole cinq cuillerées à dégraisser de béchameil, et deux de consommé, ainsi qu'un peu de muscade râpée ; faites bouillir, et délayez bien votre sauce : au moment de servir, jetez vos filets dedans, retournez-les légèrement, de peur de les rompre ; dressez-les sur votre plat garni d'une bordure ; sinon, entourez votre entrée soit de fleurons de feuilletage, soit de croûtons, ou servez ce ragoût dans un vole-au-vent.

Hachis de poularde à la Reine. —

Prenez des blancs de poulardes et hachez-les bien menu ; mettez dans une casserole de la béchameil ainsi que du consommé, en raison de la quantité de vos chairs ; faites bouillir, et délayez votre sauce : au moment de servir, mêlez-y votre hachis sans le laisser bouillir ; finissez-le avec un peu de beurre et de muscade râpée ; prenez garde qu'il ne soit ni trop épais, ni trop clair. Ce hachis se sert aussi dans de grands pâtés chauds ou de petits vole-au-vent.

Croquettes de poularde. —

Prenez une poularde froide, de desserte ou non ; levez-en les chairs, supprimez-en les peaux et les nerfs ; coupez ces chairs en petits dés, joignez-y quelques foies gras, ainsi que des champignons et des truffes, si c'est la saison (il faut que ces objets soient coupés de la même grosseur que votre hachis de poularde) ; mettez dans une casserole du velouté en raison de votre appareil, et faites-le réduire à demi-glace : sa réduction faite, ôtez-le du feu, liez-le avec trois jaunes d'œufs, jetez-y vos dés, ajoutez-y un peu d'excellent beurre ; mêlez bien le tout, et mettez-le sur un couvercle bien étamé ; laissez ainsi refroidir votre appareil, séparez-le par portions égales, de la grosseur que vous voulez faire vos croquettes ; donnez-leur la forme que vous jugerez convenable : ayez de la mie de pain, posez-la sur la table et roulez-y vos croquettes ; ayez quelques œufs cassés en omelette ; trempez-les dedans ; repassez-les et achevez de perfectionner la forme que vous leur avez donnée d'abord. Au moment de servir, jetez-les dans de la friture un peu chaude, afin qu'elles ne se crèvent pas : aussitôt qu'elles auront une belle couleur, égouttez-les sur un linge blanc, dressez-les et mettez dessus un bouquet de persil.

Blanquette de poularde. —

Ayez une poularde froide ; levez-en les chairs, supprimez-en les peaux ou les nerfs, émincez ces chairs ; mettez dans une casserole du velouté ; faites-le réduire et dégraissez-le ; au moment de servir, jetez-y votre émincé ; ne le laissez pas bouillir ; faites une liaison délayée avec un peu de crème ou de lait ; finissez votre blanquette avec un petit morceau de beurre et le jus d'un citron. Il faut qu'elle ne soit ni trop liée, ni trop claire.

Filets de poularde à la Singarat. —

Ayez trois poulardes, levez-en les filets comme il est indiqué à l'article *Filets de poularde au suprême :* faites fondre du beurre dans un sautoir ; trempez-y vos filets en les y arrangeant ; saupoudrez-les d'un peu de sel fin ; couvrez-les d'un rond de papier ; prenez une langue de bœuf à l'écarlate ; levez-en six morceaux de la grandeur et de l'épaisseur de vos filets, ainsi que de leur forme ; mettez-les dans une casserole avec un peu de bouillon ; tenez-les chaudement sans les faire bouillir ; sautez vos filets comme il est dit au SUPRÊME. Leur cuisson faite, égouttez-les ; dressez-les sur votre plat, et mettez entre chacun d'eux un morceau de langue : si vous voulez votre entrée plus forte, ajoutez-y des croûtons entremêlés de même ; saucez votre entrée avec une sauce au suprême.

Culottes de poulardes à la bayonnaise.—
Prenez trois culottes de poulardes; partagez-en
la peau en deux jusqu'au croupion; levez les
cuisses avec cette peau; désossez-les entièrement;
néanmoins en leur laissant le bout de l'os adhérent aux pattes : cela fait, marinez-les avec du jus
de citron, sel, gros poivre et une feuille de laurier brisée en morceau; laissez mariner ces cuisses deux ou trois heures : au moment de servir,
égouttez-les, farinez-les, faites-les frire dans du
lard râpé; coupez quatre ognons en anneaux;
ôtez-en le cœur; faites aussi frire ces ognons;
ayez soin qu'ils aient, ainsi que les cuisses, une
belle couleur : dressez ces cuisses sur un plat
d'entrée, mettez dessus vos anneaux frits, et servez dessous une sauce poivrade.

Culottes de poulardes à la Brunoy. —
Levez les cuisses de trois poulardes; supprimez
la moitié de l'os de la cuisse; parez-les; foncez
une casserole de quelques carottes coupées en lames, de deux ognons, d'un bouquet de persil et
ciboules, assaisonné des quatre aromates et d'une
lame de jambon; posez ces cuisses dessus; mouillez-les avec une cuillerée à pot de bouillon : couvrez-les de quelques bardes de lard et d'un rond
de papier beurré; tournez de petites carottes soit
en bâtonnets, soit en champignons; mettez-les
blanchir; égouttez-les; faites-les cuire dans du
bouillon et tomber à glace; mettez-y un petit
morceau de sucre pour en ôter l'âcreté; versez
dans une casserole quatre à cinq cuillerées à dégraisser pleines d'espagnole; ajoutez-y vos carottes
tombées à glace; faites-les bouillir et dégraissez-
les; égouttez les cuisses de poulardes, et dressez-
les : ajoutez un demi-pain de beurre à votre ragoût; sautez-le et masquez-en votre entrée.

Ailerons de poulardes piqués et glacés.
— Ayez douze ou quinze ailerons : après les avoir
épluchés et flambés, désossez-les comme il est
indiqué précédemment; faites - les légèrement
blanchir; piquez-les; foncez une casserole avec
un peu de rouelle de veau, une lame ou deux de
jambon, un ognon piqué d'un clou de gérofle,
une carotte tournée, un bouquet de persil et ciboules; rangez vos ailerons sur ce fond, de manière que le lard ne se touche point; mouillez-les
avec du bon bouillon; couvrez-les d'un rond de
papier beurré; faites-les partir et cuire avec un
feu vif dessous et dessus, afin qu'ils prennent une
belle couleur; et leur cuisson faite, passez leur
fond au travers d'un tamis de soie; faites-le réduire presque à glace dans un sautoir, lequel doit
avoir assez d'étendue pour les contenir sans être
les uns sur les autres : rangez-les sens dessus dessous, c'est-à-dire que le côté piqué doit tremper

dans la glace; posez ce sautoir sur de la cendre
chaude; laissez mijoter ainsi vos ailerons : quand
ils seront glacés, prenez-les avec une fourchette,
dressez-les sur votre plat, le côté glacé en dessus;
mettez dans le restant de votre glace une cuillerée
(à dégraisser) d'espagnole et une de consommé;
faites bouillir le tout; détachez bien votre glace,
et saucez vos ailerons avec cette sauce.

Ailerons de poulardes en haricot vierge.
— Ayez vingt ailerons de poulardes; échaudez-
les, épluchez-les; désossez-les jusqu'à la moitié
de la première jointure; flambez-les, parez-les;
essuyez-les avec un linge blanc : foncez une casserole de bardes de lard; rangez-les dedans; mouillez-les avec du bouillon sans couleur, et mettez-y
quelques tranches de citron, dont vous aurez ôté
la peau et les pepins; ajoutez-y un bouquet de
persil et ciboules, une carotte tournée, deux
ognons, dont un piqué d'un clou de gérofle et
une demi-feuille de laurier; couvrez le tout de
bardes de lard et d'un rond de papier; faites cuire
avec feu dessous et dessus : vous aurez tourné des
navets en petits bâtonnets, en gousses d'ail ou en
champignons; faites blanchir ces navets, égouttez-les; mettez-les dans une casserole avec du
bouillon qui ne soit point coloré; ajoutez-y un
petit morceau de sucre; faites cuire à petit feu;
mettez dans une autre casserole quatre cuillerées
à dégraisser pleines de velouté; faites-le réduire;
vous aurez fait bouillir une chopine de crème, et
vous la verserez petit à petit dans votre sauce, en
la tournant toujours, jusqu'à ce qu'elle ait acquis
la consistance d'une bouillie claire : sa réduction
faite, égouttez vos navets; mettez-les dans votre
sauce; ajoutez-y un peu de muscade râpée, un
demi-pain de beurre, et sautez-les : égouttez vos
ailerons; dressez-les sur un plat auquel vous aurez
fait un bord de citron, et masquez ces ailerons
avec des navets au blanc.

Ailerons de poulardes à la sauce verte.
— Ayez une quinzaine d'ailerons : après les avoir
préparés, comme il est indiqué ci-dessus, foncez
une casserole avec quelques tranches de veau et
de jambon; joignez-y une douzaine de queues de
champignons, une demi-gousse d'ail, une demi-
feuille de laurier et une pincée de basilic; rangez
vos ailerons sur ce fond; coupez deux carottes en
lames et deux ognons en tranches, couvrez-en vos
ailerons, mouillez-les avec du bouillon ou du consommé; faites - les cuire avec feu dessous et dessus : leur cuisson faite, passez votre fond dans
une casserole à travers un tamis de soie; ajoutez
à ce fond un petit pain de beurre, manié dans la
farine; faites lier votre fond en le tournant; laissez-la réduire jusqu'à consistance de sauce; ajou-

26

tez-y une pincée de feuilles de persil, que vous aurez fait blanchir ; dressez vos ailerons ; mettez le jus d'un citron dans votre sauce, avec un peu de gros poivre ; goûtez si elle est d'un bon sel, et masquez-en vos ailerons.

Ailerons de poulardes à la Villeroy. — Prenez douze ou quinze ailerons, flambez, épluchez, désossez-les jusqu'à la première jointure ; remplissez-les d'une farce cuite ; marquez-les dans une casserole, comme les ailerons piqués et glacés : leur cuisson achevée, égouttez-les, posez-les sur une tourtière, couvrez-les d'une Sainte-Ménéhould ; panez-les avec moitié mie de pain et moitié fromage de parmesan mêlés ensemble : faites prendre une belle couleur à vos ailerons, soit au four ou sous un four de campagne ; dressez-les, et servez.

Reliefs de poularde à la vénitienne. — Prenez une poularde crue ou cuite à la broche, et qui a déjà été servie sur table, qu'elle soit ou non entamée ; coupez-la par membres, et faites-la cuire dans une casserole avec du bouillon, du coulis, sel, un peu de gros poivre ; lorsqu'elle est cuite et la sauce assez réduite, mettez-y une bonne pincée de persil haché très-fin, que vous aurez fait cuire un moment dans l'eau ; avant de le hacher, il faut le bien presser. Au moment de servir, mettez un filet de verjus.

Reliefs de poularde au feu d'enfer. — Dépecez par membres une poularde rôtie, et faites-la mariner dans de l'huile, avec du sel, du poivre et du jus de citron ; faites ensuite griller ces membres sur un feu très-ardent, et servez-les avec du jus réduit.

Blanquette de poularde (*V.* AGNEAU, CO-CHON DE LAIT, etc.).

Croquettes de poularde (*V.* page 193).

Hachis de poularde à la portugaise (*V.* page 329).

POULET. Il y a quatre sortes de poulets : le commun, qui s'emploie généralement en fricassée, et dont on lève les chairs pour en faire des quenelles et des purées de volaille.

Le poulet demi-gras, dont on se sert pour les marinades à cru, les karis et différentes entrées qui n'exigent pas de très-gros poulets.

Le poulet à la reine, qui est le plus délicat, et qu'on emploie également pour entrée et pour rôt.

Le gros poulet gras, dont on fait communément usage pour la broche et pour les galantines mêlées.

C'est vers la fin d'avril que l'on commence à avoir des poulets nouveaux ; on les reconnaît à la blancheur de leur peau, et leurs pattes sont plus unies que celles des vieux, plus douces au toucher et d'un bleu tirant sur l'ardoise.

La chair du poulet, quand il est suffisamment gras, est toujours délicate et facilement digestible : sous ce rapport, elle a la supériorité sur toutes les viandes.

On doit choisir les poulets ayant la chair blanche et la peau fine, bien en chair, gras et *courts.*

Après les avoir plumés et bien épluchés, on les flambe légèrement : on les vide par le haut, en évitant de crever la vésicule du fiel, et si cet accident arrive, il faut laver sur-le-champ l'intérieur du poulet avec de l'eau chaude.

Poulets rôtis. — Videz-les ; faites-les refaire sur la braise ; piquez-les de menu lard ; mettez-les à la broche enveloppés de papier ; quand ils sont presque cuits, ôtez le papier et faites-leur prendre une belle couleur.

Au lieu de les envelopper de papier, on les couvre aussi d'une barde de lard, et beaucoup de personnes les préfèrent ainsi.

Poulets rôtis pour entrée de broche. — Farcissez-les avec du lard râpé, le foie haché, persil, ciboules aussi hachées, du jus ou un morceau de beurre, et un peu de zeste de citron ; faites rôtir, en les couvrant de papier beurré pour qu'ils ne prennent pas couleur. Servez avec telle sauce ou ragoût qui vous conviendra.

Poulet à l'estragon. — Faites bouillir une pincée de feuilles d'estragon, que vous hachez finement après les avoir rafraîchies et pressées ; hachez le foie du poulet, mêlez-le avec du lard râpé, le tiers de l'estragon, sel et gros poivre ; mettez cette farce dans le corps du poulet ; couvrez-lui l'estomac avec une barde de lard ; faites-le cuire à la broche, enveloppé d'une feuille de papier beurrée.

Faites fondre dans une casserole un morceau de beurre manié de farine ; ajoutez-y le reste de l'estragon que vous avez haché, un peu de jus ou de bon bouillon, un filet de vinaigre, deux jaunes d'œufs, sel et poivre ; faites lier la sauce sans bouillir.

Fricassée de poulets à l'ancienne. — Levez proprement les membres de deux poulets ; coupez les ailerons et les pattes, parez les cuisses en coupant le bout de l'os au-dessous de l'articulation avec la patte ; épluchez les pattes après les avoir fait griller un instant sur les charbons ; coupez la poitrine en deux et le dos en quatre ; séparez la tête du cou ; faites dégorger le tout dans l'eau tiède, et ensuite égoutter sur un tamis ou dans une passoire.

Faites fondre un bon morceau de beurre dans une casserole ; mettez-y les poulets coupés ; quand ils sont bien revenus, ajoutez un peu de farine que vous mêlez bien ; mouillez avec du bouillon ; ajoutez en même temps des champignons, quelques tranches de petit lard, un bouquet de persil et ciboule, sel, gros poivre, et une feuille de laurier ; menez la fricassée à grand feu pour faire réduire la sauce ; lorsqu'elle est cuite aux trois quarts, mettez-y de petits ognons et des culs d'artichaut ; au moment de servir, retirez le bouquet et mettez une liaison de trois jaunes d'œufs délayés avec de la crème.

Fricassée de poulet moderne. — Dépecez un poulet, parez-en les morceaux et faites-les tremper dans de l'eau fraîche pendant une heure, puis vous les ferez revenir dans du beurre, sans cependant leur faire prendre couleur ; saupoudrez-le avec un peu de farine ; remuez bien le tout, mouillez-le avec du consommé, et ajoutez un bouquet garni, des champignons et des petits ognons. La fricassée étant cuite, liez-la avec des jaunes d'œufs, ajoutez-y un jus de citron, dressez-la, et garnissez-la de quelques belles écrevisses.

Fricassée de poulet à la chevalière. — Il faut que le poulet que vous voulez mettre à la chevalière soit assez fort et bien charnu. Vous en leverez d'abord les filets, vous les piquerez avec du lard très-fin, et vous les ferez sauter au beurre. Dépecez ensuite le poulet, faites-en revenir les membres dans du beurre, puis agissez comme pour une fricassée ordinaire. Le tout étant cuit, vous dresserez les membres du poulet en couronne ; vous ferez réduire la sauce, vous la verserez au milieu avec les ognons et les champignons, et vous poserez dessus les filets, que vous aurez laissés glacés avec du jus de fricandeau réduit.

Poulet en marinade. — Coupez par morceaux un poulet rôti ; faites-le mariner pendant une heure avec bouillon, vinaigre, fines herbes hachées, sel, gros poivre ; égouttez et essuyez les morceaux, et trempez-les dans une pâte à frire dans laquelle vous mettrez des blancs d'œufs fouettés ; faites frire de belle couleur ; servez avec persil frit.

Poulets à la Sainte-Ménéhould. — Laissez refroidir une fricassée de poulets à courte sauce et bien liée ; trempez chaque morceau dans la sauce et roulez-les dans la mie de pain ; panez une seconde fois à l'œuf battu ; faites prendre couleur sous un four de campagne un peu chaud. Il faut retourner les morceaux et les servir à sec pour hors-d'œuvre.

Fritôt de poulet. — Faites mariner un poulet coupé en morceaux, avec de l'huile, du jus de citron, un peu de vinaigre aromatique, sel, gros poivre, ognon coupé en tranches et persil haché ; ensuite égouttez les morceaux, farinez-les et faites-les frire à l'huile.

Faites frire aussi de l'ognon coupé en tranches et passé auparavant à l'huile avec un peu de farine.

Dressez les morceaux dans un plat et mettez l'ognon par-dessus : on peut y joindre des œufs frits ; servez avec une sauce composée d'huile, tranches de citron sans pepins et sans blanc, persil et estragon hachés, sel et poivre et une pointe d'ail ; passez un instant la sauce sur le feu.

Poulet à la tartare. — Coupez-lui les pattes et le cou ; fendez-le par le dos et aplatissez-le ; trempez-le ensuite dans du beurre tiède ; assaisonnez de sel, gros poivre et muscade ; panez partout le plus épais que vous pourrez ; faites griller à feu doux pendant trois quarts d'heure ; servez avec une sauce piquante.

Poulet à la provençale. — Coupez-les comme pour une fricassée ; faites-les dégorger à l'eau tiède et égoutter ; mettez dans une casserole de bonne huile d'olive avec autant de bon beurre, champignons, un paquet de persil, ciboules, trois clous de gérofle, une demi-feuille de laurier, une gousse d'ail, un peu de thym et de basilic ; passez-y les poulets avec sel et poivre ; étant passés, poudrez-les de farine et mouillez-les d'eau bouillante. Laissez-les cuire, et puis liez la sauce avec trois jaunes d'œufs que vous délayez avec un peu de sauce ; ajoutez-y de la muscade et assez de persil haché très-menu pour que la sauce reste verte ; dressez le ragoût dans un plat et la sauce dessous ; ajoutez-y le jus d'un citron.

Poulets en gibelotte. — Faites un roux bien coloré ; passez-y des poulets coupés en morceaux ; passez également une douzaine de petits ognons, des champignons, deux carottes et un panais fendus en quatre ; mouillez avec moitié bouillon et moitié vin blanc ; ajoutez un bouquet garni, une demi-gousse d'ail, sel et poivre ; faites bouillir à petit feu pendant une heure ; réduisez à courte sauce ; écrasez le foie du poulet dans la sauce, et, au moment de servir, ajoutez-y un anchois haché et une demi-cuillerée de câpres.

On doit retirer l'ognon après l'avoir passé au beurre, et ne le remettre que quand le poulet est à moitié cuit.

26.

Poulet à la poêle. — Fendez en deux un poulet par le milieu de l'estomac; passez-le au beurre dans une casserole avec une pincée de farine; mouillez avec moitié vin blanc et moitié bouillon; ajoutez une pointe d'ail, deux échalotes, des champignons, persil, ciboule, le tout haché, sel et gros poivre; faites cuire vivement et réduire à courte sauce.

Poulets à la créole. — Coupez en morceaux deux poulets; mettez-les dans une casserole avec un bon morceau de beurre, une demi-livre de lard coupé en petites tranches minces, et suffisante quantité de piment vert haché fin, sel, gros poivre, gérofle en poudre et muscade râpée; faites bien revenir le tout; ajoutez ensuite une cuillerée de farine que vous mêlerez bien; mouillez avec du bouillon; ajoutez des champignons : lorsque le ragoût sera aux deux tiers, ajoutez-y encore de petits ognons, des culs d'artichaut, des haricots verts, de petits bouquets de choux-fleurs; faites cuire à grand feu pour que le mouillement réduise, sans cependant que la sauce soit courte; ne dégraissez pas, et ajoutez, au moment de servir, une forte cuillerée de purée de tomates : délayez-la complètement.

Poulet à l'italienne. — Fendez le dos d'un gros poulet, et aplatissez-le comme pour le mettre à la tartare; passez-le au beurre; mouillez avec moitié vin blanc et moitié bouillon; ajoutez un bouquet garni, une demi-gousse d'ail, deux clous de gérofle, sel et gros poivre; faites cuire à petit feu; retirez le poulet lorsqu'il est cuit : passez la cuisson; faites-la réduire; liez-la avec un morceau de beurre manié de farine; versez la sauce sur le poulet et couvrez le tout de deux cuillerées de fromage de Parme râpé; mettez le plat sur un feu doux, couvrez avec le four de campagne, jusqu'à ce que le poulet ait pris une belle couleur et que la sauce soit presque entièrement réduite.

Poulets au kari. — Dépecez deux poulets; mettez dans une casserole un quarteron de beurre, une même quantité de petit lard et les membres de vos poulets; passez le tout avec une cuillerée de farine de froment; sautez ce kari, mouillez-le peu à peu avec du bouillon; assaisonnez-le d'un bouquet de persil et ciboules, d'une poignée de champignons, de sel et d'une cuillerée à café de poudre de kari (*V.* KARI); sa cuisson faite, dressez-le dans un vase creux; servez-le avec du riz, que vous préparerez ainsi :

Faites blanchir et crever votre riz avec un peu de sel et presque sans mouillement; beurrez un vase et remplissez-le de ce riz, qui doit être bien entier, de façon à en former un pain; tenez-le chaudement sur de la cendre rouge; à l'instant de servir, retournez-le sur un plat; si la poudre de kari n'avait pas donné assez de couleur à votre ragoût, faites infuser dans un peu d'eau une pincée de safran du Gâtinais; exprimez-le sur votre kari : mêlez-le bien; goûtez s'il est assez pimenté.

Poulets en lézard. — Videz et flambez deux beaux poulets; supprimez-en les pattes ainsi que les ailerons, et conservez-en la peau jusqu'à la tête; ouvrez-les par le dos, jusqu'au croupion; désossez-les entièrement, étendez-les sur un linge blanc, garnissez-les en dedans d'une farce cuite de volaille, coulez-les, et donnez-leur la forme d'un lézard, en procédant ainsi : de la peau du cou farcie formez-en la queue du lézard, des cuisses faites-en les jambes de derrière, et des deux bouts des ailes les jambes de devant; de l'estomac le dos, et pour en faire la tête, prenez une truffe, à laquelle vous donnerez la forme de celle d'un lézard, et, si vous n'avez pas de truffes, servez-vous d'un navet; relâchez un peu de farce cuite, avec un peu de velouté; étendez-en une légère couche sur le dos de vos lézards; décorez-les de diverses couleurs avec de petites omelettes, coloriées de blanc, de vert, de rouge et de jaune; enfin, imitez en tout la variété de la peau du lézard; cela fait, foncez une casserole ovale de bardes de lard; posez-y vos lézards avec soin pour qu'ils conservent leur forme; poêlez-les comme les poulets en entrée de broche; couvrez-les d'un fort papier et d'un couvercle; faites-les cuire avec un peu de feu dessus, pour ne pas altérer leur décoration : la cuisson faite, égouttez-les, dressez-les, et servez-les dessous une ravigote.

Poulets à la crème. — Ayez deux poulets froids, cuits à la broche; levez-en les estomacs jusqu'aux cuisses, os et chairs; supprimez-en les poumons; faites une farce avec les chairs des estomacs, en procédant ainsi : levez ces chairs ou blancs de poulets; après en avoir ôté les peaux, hachez-les très-menu, et pilez-les ensuite; parez et pilez également une tétine de veau, cuite dans la grande marmite : si vous n'aviez pas de tétine, employez du lard râpé ou du beurre; prenez la mie d'un pain à potage; faites-la tremper et dessécher dans de la crème double; mettez par portions égales ces trois substances; pilez le tout ensemble; ajoutez-y cinq jaunes d'œufs, un peu de muscade râpée, et du sel ce qu'il en faut : essayez votre farce, goûtez si elle est d'un bon goût, ôtez votre pilon; incorporez légèrement, au fur et à mesure, et en la remuant avec une cuillère de bois, trois blancs d'œufs fouettés; mettez-y deux échalotes hachées très-fin, lavées et passées dans un linge blanc, et, si vous le voulez, un peu de persil haché; mêlez bien le tout ensemble et retirez-le du mortier; mettez deux bardes de lard sur une tourtière; remplissez vos poulets de cette farce: unissez-la avec un couteau trempé dans une omelette; donnez à cette farce la forme de l'estomac de vos poulets; dorez-la, et faites par-dessus le dessin qu'il vous plaira; entourez ces poulets de papier beurré, assez haut pour contenir la farce; fixez-le autour avec une ficelle; posez vos poulets sur votre tourtière trois quarts d'heure avant de servir; mettez-les dans le four, faites-leur prendre une belle couleur, et, leur cuisson faite, dressez-les et servez dessous une italienne blanche ou une sauce au suprême.

Poulets à la hussarde. — Dépecez deux poulets, comme pour en faire une fricassée; mettez-les dans un vase de terre, avec des tranches d'ognons, persil en branche, sel, gros poivre et le jus de deux ou trois citrons; laissez-les mariner une heure; égouttez-les; mettez-les dans un linge avec une poignée de farine, et posez-les sur un couvercle; vous aurez mis votre friture sur le feu; lorsqu'elle sera à son degré, mettez-y d'abord les cuisses de vos poulets, peu après les estomacs, ensuite les ailes, les reins, ainsi de suite pour le reste: votre friture cuite et d'une belle couleur, égouttez-la, et, après l'avoir dressée, servez-la, si vous le voulez, avec six œufs frais frits; arrangez dessus, et servez avec une sauce poivrade.

Marinade de poulets. — Dépecez deux poulets cuits à la broche; faites-les mariner une demi-heure avant de les servir (*V.* l'article MARINADE); égouttez-les; trempez leurs membres dans une pâte à frire légère, c'est-à-dire dans laquelle vous aurez mis des blancs d'œufs fouettés; faites frire votre marinade, en procédant comme ci-dessus; quand elle sera cuite d'une belle couleur, égouttez-la sur un linge blanc; dressez-la et servez-la avec du persil frit que vous mettrez dessous, autour et dessus.

Poulets à la hollandaise. — Apprêtez et faites cuire deux poulets comme pour entrée de broche (*V.* l'article POULETS EN ENTRÉE DE BROCHE); égouttez-les; mettez dans une casserole quatre cuillerées à dégraisser pleines de velouté réduit ou de réduction de veau; ajoutez-y du vert d'épinards; sautez et vannez votre sauce: au moment de servir, exprimez le jus d'un citron, en supprimant les pepins: mettez-la dans le fond de votre plat; dressez dessus vos poulets, et faites en sorte qu'ils soient très-blancs.

Poulet en chipolata (*V.* CHIPOLATA, page 150 et page 416).

Salade de poulets aux œufs de faisan.— Prenez deux poulets rôtis et froids; dépecez-les par membres, comme pour la bayonnaise; mettez-les dans un vase de terre; assaisonnez-les de même qu'une salade; ajoutez-y câpres entières, anchois et cornichons coupés en filets, de la fourniture hachée; sautez le tout; dressez-le sur le plat, comme une fricassée de poulets, sans y comprendre les anchois, les cornichons et les câpres; garnissez le bord du plat de laitues fraîches, coupées par quartiers, et d'œufs de faisan, cuits durs et coupés de même; décorez votre salade avec des filets d'anchois et des câpres, et saucez-la dans son assaisonnement.

Poulet à la Orly. — Flambez et dépecez un poulet comme pour le mettre en fricassée; assaisonnez ses membres de sel, poivre, persil, ciboule, laurier et jus de citron; puis saupoudrez-les de farine et mettez-les dans de la friture bien chaude; coupez des ognons en anneaux; faites-les frire de la même manière après les avoir trempés dans de la farine; dressez les membres du poulet en buisson; arrangez les ognons dessus, et mettez dessous une sauce à l'orange amère.

Poulet à la paysanne. — Dépecez un poulet comme pour le mettre en fricassée, et faites-le revenir dans un mélange de beurre et d'huile d'olive sur un feu très-ardent, afin que tous les membres du poulet prennent une belle couleur; ajoutez ensuite du poivre et du sel, ail, laurier, persil, carottes et ognons coupés par tranches, et quelques cuillerées de bouillon. Le poulet étant à moitié cuit, couvrez le feu avec de la cendre chaude, et faites bouillir doucement pendant une demi-heure.

Poulet à la Saint-Florentin. — Coupez deux poulets comme il est indiqué à l'article FRICASSÉE DE POULETS; faites-les mariner dans un vase de terre avec de l'huile, jus de deux citrons; assaisonnez de sel, gros poivre, ail, deux ognons coupés en tranches, et persil. Un quart d'heure avant de servir, égouttez-les; essuyez-les bien; farinez-les, et faites-les frire dans l'huile d'une belle couleur; égouttez-les; vous aurez préparé des ognons coupés en anneaux que vous sauterez dans de l'huile et de la farine; faites frire de même que vos poulets; votre ognon cuit, égouttez-le; dressez vos poulets sur un plat, et votre ognon sur vos poulets. Saucez avec une sauce à l'huile.

Poulet à la d'Escars. — Videz et flambez un poulet gras; troussez-lui les pattes en dehors;

faites-en ressortir l'estomac, et piquez-le de lard moyen ; mettez dans une casserole des bardes de lard ; posez votre poulet dessus, avec une carotte coupée en lames, une tranche de jambon, un ognon piqué de clou de gérofle et un bouquet assaisonné. Couvrez les pattes de votre poulet avec des bardes de lard ; mouillez-les avec un verre de vin de Madère et une cuillerée (à pot) de consommé ; faites-les cuire avec beaucoup de feu dessus pour faire prendre couleur et glacer votre lard. Sa cuisson faite, égouttez-le ; débridez-le ; dressez-le sur un plat ; quand vous aurez retiré le fond de votre poulet, passez-le et dégraissez-le ; faites-le réduire à demi-glace avec trois cuillerées d'espagnole ou de blond de veau réduit.

POULE. Une poule est vieille à quatre ans, et n'est plus bonne alors qu'à faire du bouillon de volaille. Lorsqu'on destine une poule à la marmite, il est bon de la nourrir pendant quelques jours avec de la mie de gros pain trempée dans du lait caillé où l'on aura mélangé des feuilles de poireaux hachées et du fromage mou. La chair de ce volatile en acquiert une consistance et une sapidité tout-à-fait extraordinaires.

Bouillon de poule (*V.* BOUILLON, GELÉE DE VIANDE, PHARMACIE DOMESTIQUE).

POULE DE BRUYÈRES (*V.* COQ dito, page 181).

POULE D'EAU (*V.* MAIGRE, MACREUSE et SARCELLE A LA CHARLES IX, page 193).

POUPELIN, ancienne pâtisserie d'entremets dont la formule nous est garantie par les vieux documents de la famille la Reynière. Faites chauffer une chopine d'eau avec un demi-quarteron de beurre et un peu de sel ; lorsque l'eau est très-chaude, sans bouillir, retirez la casserole du feu, et mettez-y peu à peu autant de fleur de farine que l'eau en peut boire ; remettez la casserole sur le feu, et faites cuire la pâte en remuant sans cesse jusqu'à ce qu'elle soit bien épaisse et qu'elle commence à s'attacher ; laissez refroidir la pâte jusqu'à ce qu'elle soit plus que tiède ; alors vous casserez (un à un) des œufs que vous incorporerez avec la pâte jusqu'à ce qu'elle soit molle ; beurrez une casserole ; mettez-y la pâte : il faut que la casserole ne soit remplie qu'au quart, parce que la pâte quadruplera de volume en cuisant. Faites cuire dans un four plus chaud que pour le biscuit de Savoie : lorsque le poupelin est cuit, ôtez-le de la casserole ; coupez-le en travers ; frottez l'intérieur avec du beurre bien frais, et saupoudrez sur le beurre du sucre et de la fleur d'orange pralinée : frottez aussi de beurre l'extérieur ; saupoudrez de sucre, et glacez avec la pelle rouge.

POUPETON. Ce mot est synonyme de gâteau de viande ou de poissons hachés (*V.* GATEAU DE LIÈVRE, page 295).

POURPIER, plante à feuilles charnues qu'on ajoute quelquefois dans les salades à titre de garniture, et qu'on apprête en certains pays de la même manière que l'arroche et les épinards.

Friture de pourpier à la milanaise. — Prenez des tiges de pourpier dans leur entier ; faites-les macérer pendant quelques heures avec du jus de citron, de la cannelle et du sucre en poudre. Trempez-les dans une pâte à frire où vous aurez mêlé des blancs d'œufs fouettés, et de l'eau-de-vie de Cognac (en petite quantité). Faites-les cuire à petit feu, et servez-les très-chaudement.

Ragoût de pourpier. — Prenez des côtes de pourpier de la longueur du doigt, bien épluchées. Faites-les cuire à demi dans une eau blanche ; égouttez, et les passez avec du coulis clair de veau et de jambon ; faites mitonner à petit feu ; faites réduire ; mettez-y ensuite un peu de beurre manié de farine ; donnez au ragoût une pointe de vinaigre. On le sert avec toute sorte d'entrées, sur fricandeau de veau, poulets, cuisses de dindon, pigeons, mouton, etc.

PRALINE (*V.* DRAGÉES, page 207 jusqu'à la page 214).

PRÉSURE, substance propre à faire cailler le lait. Prenez une caillette de veau nourri uniquement de lait ; videz-la, lavez-la, et remettez-y le lait caillé qui y était contenu, avec une poignée de sel ; liez-en l'ouverture avec une ficelle, et mettez-la dans un pot de grès ou de faïence avec une demi-bouteille d'eau-de-vie et six onces d'eau ; faites infuser pendant un mois dans un lieu frais, et le pot bien couvert. Après ce temps, filtrez la liqueur au papier gris, et conservez-la dans une bouteille bien bouchée. Il faut tout au plus une demi-cuillerée à café de cette présure pour faire cailler une pinte de lait (*V.* pages 71 et 286).

PROFITEROLLES. C'est un des meilleurs entremets sucrés de notre ancienne cuisine.

Profiterolles au chocolat. — Ayez douze ou quinze profiterolles (ce sont de petits gâteaux que quelques boulangers font quand on les leur commande, et on en trouve habituellement chez le sieur Heuzé, rue Coquillière, à Paris). Râpez et faites fondre dans un peu d'eau une livre de chocolat à la vanille; mettez-en dans le fond du plat que vous devez servir ; remplissez-en vos profiterolles, dont vous aurez ôté la mie ; posez-les sur le fond de votre plat, du côté qu'elles ont été remplies ; saupoudrez-les de sucre fin ; mettez-les dans un four, ou sous un four de campagne, avec feu dessous et dessus : quand elles auront mijoté une demi-heure et qu'elles seront bien glacées, retirez-les, et servez-les à l'entremets.

Profiterolles au chocolat à la Dauphine. — Vous faites un verre de lait de crème-pâtissière (*V.* cet article), dans laquelle vous mêlez quatre onces de chocolat râpé. Mettez la moitié de cette crème dans un plat d'argent ; vous l'élargissez avec soin, et la mettez au four une petite demi-heure, afin qu'elle puisse, pendant ce temps, se gratiner sur le fond du plat

Ensuite vous mêlez dans une petite terrine deux onces de chocolat râpé, deux onces de sucre et un peu de blanc d'œuf ; le tout étant bien travaillé et un peu mollet, vous masquez avec huit beaux choux-pâtissiers un peu plus gros que de coutume. Faites-les sécher au four pendant quelques minutes, ensuite vous les touchez légèrement pour en séparer le fond. Vous les garnissez avec le reste de la crème au chocolat; au fur et à mesure vous les placez sur la crème gratinée. Placez le plus gros au milieu et les sept autres à l'entour, en les serrant le plus près possible. Mettez-les encore au four pendant vingtminutes, et servez-les très-chaudement.

PROVENÇALE (*sauce à la*). — Mettez dans une petite casserole deux jaunes d'œufs crus, avec une cuillerée de jus ou de consommé réduit, un peu d'ail pilé, du piment enragé en poudre et le jus de deux citrons. Faites prendre votre sauce au bain-marie sur la cendre chaude, ayant soin de la tourner jusqu'à ce qu'elle prenne un peu de corps; retirez-la du feu en y ajoutant de l'huile d'olive et remuant doucement afin qu'elle ne tourne pas. On peut alors servir cette sauce ainsi composée et y ajouter si l'on veut, soit une ravigote, un vert de persil ou de cerfeuil, un vert d'épinards, ou du persil blanchi. On se sert ordinairement de cette sauce pour les entrées de poisson.

PRUNES. La chair des prunes est plus consistante que celle des cerises, mais moins substantielle que celle des abricots. Dans plusieurs espèces cette chair est très-douce, et dans d'autres elle a une acidité prononcée ; dans quelques-unes, la matière sucrée paraît unie à un principe légère-

mentacerbe qui disparaît par la cuisson, et comme ces espèces ont un parenchyme très-abondant, ce sont celles qui forment, par la dessiccation imparfaite qu'on leur fait éprouver, les meilleurs pruneaux.

Relativement à l'emploi culinaire des prunes (*V.* COMPOTES, CONFITURES, MARMELADES, PATES, RATAFIAS et PUDDINGS).

PRUNEAUX. Les pruneaux sont, pour l'ordinaire, des prunes de Damas qu'on fait sécher au four sur des claies, ou même au soleil, lorsqu'il est assez chaud pour cela. Les pruneaux qu'on appelle *Brignolles*, ville dont elles nous viennent, sont des prunes de perdrigon, séchées au soleil, après en avoir ôté les noyaux. Les pruneaux les plus savoureux et les plus beaux nous viennent de l'Agénois. On les fait cuire, pour l'ordinaire, avec du sucre ; mais les brignolles n'en ont pas besoin. Quand on veut donner un peu plus de relief à ces compotes, il faut y mêler un peu de vin de Bordeaux (*V.* pages 213, 214 et suivantes).

PUDDING (*Cuisine étrangère. Entremets anglais*). Mettez dans un vase un litron de farine, une demi-livre de raisin de caisse épluché et épépiné, du sel en suffisante quantité, une pincée de citron vert haché, une pincée de cannelle mise en poudre impalpable, trois quarterons de graisse de bœuf hachée bien fin, huit œufs entiers, une cuillerée à bouche de fleur d'orange, un petit verre de bonne eau-de-vie et une chopine de crème ; délayez bien le tout, et finissez en y incorporant un demi-setier de lait ; beurrez une casserole avec du beurre clarifié ; retournez-la pour la laisser égoutter ; mettez-y votre appareil, ayant soin de le remuer de suite : faites cuire votre pudding à un four passablement chaud : sa cuisson achevée, retournez-le ; saupoudrez-le de sucre, et glacez-le, soit au four, soit avec une pelle rouge.

Pudding au raisin de Corinthe. — Nettoyez bien une demi-livre de raisin de Corinthe, en le mettant dans une passoire avec une poignée de farine, et le frottant avec force pour en faire sortir les queues ; lavez votre raisin avec de l'eau tiède ; égouttez-le ; mettez mariner du vin de Madère avec un peu de sucre ; mettez ce raisin dans votre appareil ; faites-le cuire de même, et servez-le avec la même sauce.

Pudding aux fruits (à l'anglaise). — Mettez sur une table un litron de farine avec un peu de sel, un peu d'eau, quatre œufs, une demi-livre de saindoux ; détrempez votre pâte un peu ferme ; abaissez-la ; mettez-la sur une serviette beurrée ; mettez sur le milieu de votre pâte cinquante prunes de mirabelle, une demi-livre de cassonade blanche, un peu de cannelle et d'écorce de citron ; retroussez votre pâte en forme de ballon ; liez avec de la ficelle votre serviette le plus serré possible, afin que l'eau n'y pénètre pas ; mettez bouillir votre pudding dans une marmite d'eau bouillante pendant une heure et demie ; au moment de servir, égouttez votre pudding ; coupez la ficelle ; dégarnissez la serviette de la pâte ; renversez-le sur un plat creux, et faites attention de ne pas le déchirer en retirant la serviette.

Vous observerez le même procédé pour les puddings aux cerises, aux abricots, aux pêches, aux pommes, aux poires, etc.

Puddings à la française.

Pudding de pommes de rainette au raisin muscat. — Pelez et ôtez les pepins de la pomme de rainette coupée par quartiers, et chaque quartier émincé en cinq parties égales. Après cela, vous sautez ces pommes dans une grande casserole avec quatre onces de sucre fin, sur lequel vous aurez râpé le zeste d'un gros citron, quatre de beurre tiède, et une demi-livre de bon raisin muscat bien lavé ; chaque grain doit être séparé en deux parties, et les pepins ôtés. Ensuite vous placez la casserole avec du feu dessus et dessous. Aussitôt que les pommes sont bien échauffées, vous les versez sur un plafond, et vous terminez l'opération de la manière accoutumée.

Pudding de pommes à la crème. — Coupez par quartiers quinze pommes de rainette ; épluchez-les ; faites-les cuire comme les précédentes, dans une grande casserole avec trois onces de sucre en poudre et deux onces de beurre tiède ; ensuite, préparez la moitié de l'une des recettes des crèmes-pâtissières (*V.* cet article), et après avoir préparé une abaisse de pâte fine, selon la règle, placez-y les quartiers de pommes au fond et autour, de manière que vous puissiez verser la crème dans le milieu. Vous couvrez et finissez le pudding comme de coutume ; lorsque vous êtes prêt à servir, vous le masquez légèrement de marmelade d'abricots, et vous semez par-dessus des macarons écrasés.

Pudding de pommes aux pistaches. — Épluchez trente pommes de rainette coupées par quartiers, et chaque quartier en quatre ou cinq morceaux ; ensuite, sautez-les dans une grande casserole avec six onces de sucre fin, sur lequel vous aurez râpé le zeste d'un cédrat, quatre onces de beurre tiède, quatre de pistaches bien vertes

et entières ; plus la moitié d'un pot d'abricots. Vous faites cuire vos pommes selon la règle, après quoi vous terminez le pudding comme il est décrit ci-dessus. Au moment où vous allez servir, vous masquez l'entremets de marmelade d'abricots, et semez dessus des pistaches hachées.

Pudding de pommes aux cerises confites. — Préparez trente pommes, comme il est ci-dessus, et faites-les cuire de même, en y mêlant quatre onces de sucre en poudre, quatre de beurre tiède et un pot de cerises (bien transparentes). Suivez le reste du procédé comme il est indiqué.

On peut, en place de cerises, mettre de beau verjus.

Pudding aux abricots. — Ayez trente-six beaux abricots de plein-vent bien rouges en couleur, et de bonne maturité ; séparez-les en deux ; ôtez-en les noyaux, et roulez-les dans une grande terrine avec six onces de sucre en poudre. Ensuite, dressez-les dans l'abaisse qui sera disposée comme de coutume ; vous les glacez avec ordre, et terminez le pudding de la manière accoutumée.

Le pudding de pêches ou de brugnons se prépare de même que le précédent, avec cette seule différence que vous employez l'un de ces fruits.

Pudding aux prunes de mirabelle. — Ayez deux cents *vraies* mirabelles : ôtez-en les noyaux sans les séparer ; ensuite, roulez-les dans une terrine avec quatre onces de sucre en poudre, et finissez l'opération comme de coutume.

Pour le pudding aux prunes de reine-claude, vous emploierez soixante prunes de reine-claude, avec quatre onces de sucre, et de même pour les prunes de Monsieur.

Pudding aux fraises. — Épluchez deux livres et demie de belles fraises ; lavez-les promptement, et égouttez-les sur une serviette ; ensuite, roulez-les dans une terrine avec six onces de sucre fin, et versez-les dans le pudding, qui sera foncé selon la règle. Terminez ainsi que de coutume.

Le pudding aux framboises se prépare de même, avec cette différence que vous employez vingt-quatre onces de framboises et seize de fraises.

Pudding aux cerises de Montmorency. — Épluchez deux livres de belles cerises bien mûres, et roulez-les dans une grande terrine avec quatre onces de groseilles rouges égrainées, et six onces de sucre en poudre. Suivez le reste du procédé selon la règle.

Vous pouvez mettre des framboises à la place des groseilles. Pour le pudding aux groseilles rouges, vous lavez deux livres de belles groseilles rouges bien transparentes; vous les égrénez et les roulez avec quatre onces de bonnes framboises, et six onces de sucre.

Pudding aux groseilles vertes et roses. — Ayez une livre de belles groseilles vertes et bien mûres, une autre livre des mêmes groseilles, mais roses et de bonne maturité; vous en ôtez la fleur et la queue, et, avec le bec d'une plume, vous ôtez tous leurs pépins, après quoi vous roulez le tout avec six onces de sucre fin. Continuez le pudding comme il est indiqué ci-dessus.

On peut servir froids ou chauds toutes les sortes de puddings à la française; mais lorsqu'on voudra servir froids les puddings de pommes, on supprimera le beurre de leur préparation.

Grand pudding à la moelle. — Ayez douze onces de graisse de rognon de bœuf, et six de moelle bien entière; après avoir ôté les petites peaux nerveuses de la graisse, vous la hachez très-fine, en y mettant la moelle, que vous examinez, afin qu'il ne s'y trouve quelques petits éclats d'os; ajoutez-y cinq onces de farine tamisée : le tout étant très-fin, vous le mettez dans une grande terrine, et y joignez quatre onces de sucre en poudre, cinq œufs, un demi-verre de lait, et le quart d'un verre de vieille eau-de-vie de Cognac. Délayez bien ce mélange avec une spatule; mêlez-y la moitié d'une noix-muscade râpée, une bonne pincée de sel fin, deux onces de cédrat confit coupé en filets, et six onces de beau raisin de Corinthe épluché et lavé, plus six onces de vrai muscat lavé, dont chaque grain sera séparé en deux et les pépins ôtés. Ajoutez trois belles pommes de rainette hachées très-fines, et la moitié d'un pot de marmelade d'abricots. Cette addition donne du moelleux au pudding. Le tout étant parfaitement amalgamé, vous le versez sur le milieu d'une serviette presque entièrement beurrée, et vous liez la serviette de manière à ce que le pudding se trouve presque rond; au milieu de la serviette, ou, pour mieux dire, au milieu du pudding, vous attachez avec une épingle le bout d'un cordon de quinze lignes de longueur, qui sera tenu après l'anneau d'un poids de dix livres (ce poids sert à contenir le pudding fixe à l'ébullition, point essentiel de l'opération); alors vous mettez le poids et le pudding dans une grande marmite pleine d'eau bouillante, que vous aurez soin de tenir toujours en ébullition sur un feu modéré pendant quatre heures et demie. Arrangez-vous de manière à ce que ces quatre heures expirent au moment de servir le pudding. Otez-le de la serviette en le dressant sur un couvercle; puis, avec un couteau tranchant, enlevez la superficie du pudding, afin d'en séparer les parties blanchies par l'ébullition, que vous couvrez

d'un dôme, ou d'un bol que vous retournez pour parer ensuite le dessous du pudding, sur lequel vous placez le plat que vous renversez. Otez le bol; masquez l'entremets d'une sauce au vin d'Espagne, et servez de suite.

Vous opérez la sauce de cette manière : délayez dans une petite casserole quatre jaunes d'œufs avec une demi-cuillerée de fécule, deux onces de sucre fin, deux de beurre d'Isigny, un grain de sel et deux verres de vin de Malaga. Tournez cette sauce sur un feu modéré; aussitôt qu'elle est épaisse, passez-la à l'étamine fine, et servez à proximité de votre pudding.

On doit toujours servir cette sauce dans une saucière, et le pudding à découvert, ce qui le rend plus appétissant encore.

Pudding au cédrat. — Râpez sur un morceau de sucre de quatre onces le zeste d'un beau cédrat, et écrasez ce sucre en le versant dans une moyenne terrine avec un verre de vin de Madère, où vous mêlez deux onces de beau raisin de Corinthe parfaitement bien lavé; ensuite hachez douze onces de graisse et six de moelle de bœuf, avec cinq onces de farine. Vous délayez ce mélange avec cinq œufs, un demi-verre de crème, une bonne pincée de sel fin, et la moitié d'une muscade râpée. Vous y mêlez les raisins et leur sirop; après quoi vous terminez le pudding de la manière habituelle.

On procédera de même pour le pudding au raisin muscat, en ôtant les pépins de douze onces de beau raisin muscat, et en râpant le zeste de deux citrons.

Pudding à la parisienne, appelé pudding du cabinet diplomatique. — Hachez très-fin une gousse de vanille bien givrée; pilez-la avec quatre onces de sucre, et passez le tout par le tamis. Hachez très-fin douze onces de graisse de rognon de veau et six de moelle de bœuf, joignez-y six onces de farine de crème de riz; ensuite délayez ce mélange dans une casserole, avec sept jaunes et deux œufs entiers, un demi-verre de crème et un demi-verre de vrai marasquin d'Italie, une pincée de sel fin et le quart d'une muscade râpée; après cela vous y mêlez deux onces de pistaches entières, quatre de macarons doux concassés gros, le sucre à la vanille, une once d'angélique hachée, et trente belles cerises confites égouttées, chaque cerise séparée en deux, puis six pommes d'Apy hachées fines : le tout bien amalgamé, vous versez le pudding sur la serviette, et finissez le reste du procédé selon la règle.

Pendant la cuisson, vous coupez en filets deux onces de pistaches (chaque amande en six); et, lorsque le pudding est tout paré, prêt à servir, vous semez dessus du sucre en poudre; vous y *fichez* les filets de pistaches, dans le genre des pommes meringuées en hérisson. Servez promptement, et faites la sauce comme à l'ordinaire.

On peut, en place de cerises, y mettre le même nombre de beaux grains de verjus confit, et en place de pistaches entières, deux onces de cédrat confit et coupé en petits filets.

Pudding aux marrons et au rhum. — Épluchez trente-six gros marrons de Lyon cuits dans le four ou à la poêle; ôtez-en toutes les parties colorées par le feu; choisissez vingt moitiés bien entières, et pesez le reste du poids de quatre onces, que vous pilez parfaitement avec quatre onces de beurre d'Isigny. Passez le tout par le tamis de crin; ensuite vous délayez cette pâte de marrons avec trois onces de farine de riz, six jaunes et deux œufs entiers. Vous y mêlez quatre onces de graisse de rognon de veau bien hachée, quatre onces de sucre fin, quatre de macarons amers concassés, quatre de beau raisin muscat épepiné, enfin les moitiés de marrons, dont chacune doit être coupée en quatre parties; vous y joignez encore un demi-verre de crème, une pincée de sel fin, le quart d'une muscade râpée, et un demi-verre de rhum de la Jamaïque. Vous terminez l'opération comme il est indiqué pour le pudding à la moelle.

Vous préparez la sauce selon la règle indiquée, mais vous y joignez un verre de rhum.

Pudding au riz à l'orange. — Lavez à plusieurs eaux tièdes une livre de riz de la Caroline, et mettez-le à l'eau froide sur le feu. Du moment où elle bout, égouttez le riz dans un tamis; ensuite faites-le cuire parfaitement avec du lait, six onces de beurre fin, et quatre de sucre fin, sur lequel vous aurez râpé le zeste de deux moyennes oranges douces. Lorsque le riz est bien crevé, et de consistance un peu ferme, vous y mêlez six onces de moelle hachée, quatre de raisin de Corinthe, deux de macarons amers, deux d'écorce d'orange confite et coupée en dés, six jaunes et trois œufs entiers, un demi-verre d'eau-de-vie d'Andaye, une pincée de sel : le tout bien amalgamé, vous le versez sur la serviette beurrée. Vous finissez le procédé comme de coutume, mais vous ne donnez que deux heures d'ébullition. Le pudding étant dressé sur son plat, vous le masquez avec deux onces de macarons écrasés, et vous servez sans sauce.

On peut mettre du raisin muscat à la place de celui de Corinthe.

On peut également supprimer la moelle, et la remplacer par quatre onces de beurre tiède, en y ajoutant de la muscade.

Pudding aux truffes à la Montesquiou. — Épluchez deux livres de moyennes truffes sans les laver, et puis émincez-les en ronds de deux lignes d'épaisseur; sautez-les dans une casserole où vous aurez mêlé quatre onces de beurre tiède, une grande cuillerée de glace de volaille dissoute, et un verre de vin de Madère sec; joignez-y le sel nécessaire, avec une pincée de mignonnette et un peu de muscade râpée.

Vous foncez de pâte à dresser un dôme, comme nous l'avons indiqué pour le pudding aux pommes; vous placez avec ordre les truffes dans le moule foncé, en y joignant tous leurs assaisonnements. Couvrez le pudding de deux abaisses, comme il est expliqué à celui des pommes, et, après l'avoir enveloppé dans sa serviette, donnez-lui une heure et demie de cuisson à l'eau bouillante. Servez-le en sortant de la marmite, et pour entremets.

PUITS. En termes de cuisine, on appelle ainsi le vide qu'on doit former dans la pâte, afin de la délayer commodément, ainsi que pour la pétrir et pour y mélanger la levure. On nomme également *puits* le vide que l'on a ménagé dans le milieu d'un plat par suite de l'arrangement des viandes ou des poissons, gros légumes ou autres éléments solides qu'on y a dressés *en couronne.*

PUITS D'AMOUR, sorte de pâtisserie feuilletée. Formez une abaisse de l'épaisseur de deux lignes, et coupez-la au moyen d'un moule goudronné, c'est-à-dire avec un coupe-pâte à festons; vous posez votre première abaisse sur la plaque de tôle que vous devez mettre au four; ensuite vous coupez une autre abaisse du même dessin, mais d'un diamètre moins large; appliquez-la sur la première dont vous aurez mouillé la feuille de dessus, afin qu'elles puissent adhérer ensemble; dorez vos puits; mettez-les au four, et, lorsqu'ils seront à peu près cuits, saupoudrez-les de sucre fin, et faites-les glacer en les replaçant dans le four jusqu'à ce que le sucre fonde; alors, vous retirez ces puits d'amour que vous évidez à l'intérieur, et que vous remplissez avec des confitures qui ne doivent pas manquer de consistance. Les gelées ont presque toujours l'inconvénient de couler, et, par suite de cela, de déformer les gâteaux feuilletés. Les confitures qui sont toujours du meilleur usage en pareil cas sont les abricots en quartiers, les mirabelles au liquide, les marmelades de prunes et de coings, les cerises au demi-sec et les framboises.

PUNCH. Le véritable punch anglais n'était primitivement que de l'eau-de-vie de genièvre où l'on mettait des tranches de citron, du gingembre, du miel, du poivre et du biscuit de mer broyé.

On ne le fait guère aujourd'hui qu'avec des citrons, du sucre et du rhum, et les Français en ont toujours écarté les épices. Le fameux bol de punch de Sir Edward Russel était composé de quatre barriques d'eau-de-vie et de huit barriques d'eau clarifiée, de vingt-cinq mille citrons, de treize quintaux de sucre, de trois cents galettes pilées, et de cinq livres de noix muscades ; enfin, c'était dans un bassin de pierre, au milieu du jardin de M. Russel, général anglais, que ce charmant breuvage était servi confortablement.

On voit par le *Dictionnaire de Trévoux* qu'en l'année 1763, le punch était connu sous le nom de *bonne-ponche*, et qu'il se composait avec une chopine d'eau-de-vie, une pinte de limonade et une demi-livre de cassonade que l'on mélangeait ensemble, et avec lesquelles on incorporait de la muscade en poudre avec des galettes de mer *grillées et broyées*. Du reste, il paraît que cette boisson n'était connue que par les marins, et surtout par les équipages de nos vaisseaux marchands.

Aujourd'hui, pour faire du punch à la française, il est indispensable d'employer du rhum, et voici la formule de cette préparation, qui nous paraît la plus digne d'estime et la mieux justifiée par l'expérience : — Mettez dans le même bol une bouteille de vieux rhum de la Jamaïque avec deux livres de sucre royal et concassé ; faites-y prendre le feu, et agitez le sucre avec une spatule, afin qu'il se caramélise en brûlant avec le rhum ; après diminution d'un tiers du liquide, immiscez dans le même bol et mélangez avec ce rhum sucré quatre pintes de thé soutchon, qui doit être bouillant ; joignez-y le suc de huit citrons et de douze oranges bien mûres ; ajoutez-y finalement du blancrack de Batavia, la valeur d'un quart de pinte. On n'a pas besoin d'ajouter qu'il est bon de servir une corbeille de gaufres aux macarons d'amandes, à la proximité d'un bol de punch (*V.* pages 254 et 308).

Punch à la romaine (*V.* page 268).

Punch à la portugaise aux oranges grillées (*V.* pages 71 et suivantes).

Punch à la Dupouy (*suivant la formule indiquée dans le Dictionnaire de la Conversation*). — Prenez un ananas, découpez-le par fines tranches, et saupoudrez-les fortement avec du sucre candi bien exactement pulvérisé ; versez sur le tout une bouteille de vieux vin de Sillery blanc, non mousseux, un flacon de véritable kirschen-wasser de la Forêt-Noire, ou sinon de vénérable eau-de-vie de Cognac, ou de vieux rhum américain ; brûlez légèrement, et buvez

très-chaud. Le lendemain, vous n'aurez pas de démenti à craindre, en disant que vous avez bu du punch comme on n'en a jamais bu, comme on n'en boit nulle part, si ce n'est dans les salons privilégiés de nos véritables illustrations gastronomiques.

Crème, Gelée, Massepains, Biscuits au punch, Sorbet et Sirop de punch (*V.* pages 76, 185, 262, 268 et 343).

PURÉE, produit de quelques substances farineuses ou d'autre nature, duquel on fait usage en cuisine afin d'en *nourrir* les potages, et d'en former des *litières* qui servent d'accompagnement à certains mets. Les purées ne diffèrent habituellement des sauces que parce qu'elles sont moins liquides et plus consistantes que ces dernières. Les recettes des purées qui ne se trouveront pas dans l'article suivant ont déjà été formulées au mot qui se rapporte à chaque substance qui fait la base de la même purée.

Purée de pois secs. — Faites cuire des pois avec de l'eau, du sel, deux ognons, persil et ciboules ; lorsqu'ils sont cuits, écrasez-les dans une passoire à petits trous, pour séparer la pulpe de son enveloppe ; pour faciliter le passage, on verse de temps en temps sur les pois, un peu du bouillon dans lequel ils ont cuit ; faites un petit roux avec beurre et farine ; mouillez-le avec la purée ; faites réduire, et ajoutez un morceau de beurre.

Si vous employez des pois mondés de leur écorce, faites-les cuire, si c'est en maigre, avec la quantité d'eau strictement nécessaire, sel, gros poivre, un bouquet garni et un morceau de beurre ; ajoutez de l'eau à mesure qu'elle est absorbée, en tournant jusqu'à ce que la purée soit cuite ; évitez qu'elle ne soit trop claire, parce qu'elle perdrait sa couleur pendant qu'on la ferait réduire.

Si c'est au gras que vous voulez servir la purée, faites cuire les pois mondés avec du bouillon ou dégraissés de quelque cuisson réduite.

Les pois mondés ont plusieurs avantages sur ceux qui sont entiers ; ils ne perdent rien par la cuisson, puisque le peu d'eau qu'on y met reste dans la purée : ils cuisent aussi beaucoup plus promptement.

La purée de pois verts est très-bonne et très-alimentaire, tant en raison de la quantité de fécule qu'elle contient, que parce qu'elle conserve toujours une notable proportion de matière sucrée.

Purée de lentilles. — La purée de lentilles en maigre se fait absolument comme celle des pois entiers.

En gras, faites cuire les lentilles avec un morceau de lard; écrasez les lentilles dans la passoire, en les arrosant avec du bouillon dans lequel on les a fait cuire; ajoutez à la purée quelques cuillerées de jus ou de fond de cuisson, et faites-la réduire; ou bien encore, faites bourgeoisement un petit roux que vous mêlerez avec la purée, et faites-la réduire jusqu'à consistance suffisante; prenez bien garde qu'elle ne s'attache.

Comme il est assez difficile de séparer la pulpe des lentilles de leur enveloppe, on avait cru qu'on pourrait abréger beaucoup cette opération, en réduisant les lentilles en farine, dont on séparait l'enveloppe par le blutage; mais cette farine s'altérait avec une telle rapidité, qu'on ne pouvait la conserver que pendant peu de jours.

Depuis on a imaginé de faire cuire les lentilles et d'en séparer, en grand, la pulpe, qu'on fait ensuite sécher. Cette pulpe bouillie avec de l'eau ou du bouillon se dissout très-bien et forme une très-bonne purée. Nous avons expérimenté que la même pulpe cuite et séchée se conserve facilement.

Purée de haricots blancs. — Elle se fait comme la purée de pois et de lentilles.

Purée de haricots rouges. — Faites-les cuire avec de l'eau et du sel; égouttez-les; passez ensuite au beurre cinq ou six ognons coupés en dés, jusqu'à ce qu'ils aient pris une belle couleur; mouillez avec du bouillon ou quelque fond de cuisson, et laissez cuire l'ognon à petit feu jusqu'à ce qu'il soit fondu; ajoutez les haricots; mêlez-les bien avec l'ognon; ajoutez un peu de bouillon, s'il est nécessaire, et faites mijoter jusqu'à ce que les haricots soient presque en bouillie; passez-les au tamis ou dans une passoire; ajoutez un morceau de beurre et un verre de bon vin rouge au moment de servir.

Purée de pommes de terre à la française. — Ayez douze ou quinze pommes de terre crues dont vous enlevez la peau; après les avoir lavées et émincées, vous les mettez dans une casserole avec un verre d'eau, un peu de beurre, sel et muscade, et les faites bouillir et cuire sur un fourneau, avec feu dessus et dessous, pendant une demi-heure; vos pommes de terre étant cuites, vous les maniez avec une cuillère de bois; après les avoir remises au feu, vous les faites réduire; un bon morceau de beurre pour finir, et un peu de sucre.

Pour la purée de pommes de terre à l'anglaise, *V.* art. POMMES DE TERRE.

Purée d'ognons. — Coupez en tranches vingt ou trente ognons épluchés, et dont on retranche la tête et la queue, parce que ces deux parties ont plus d'âcreté que le reste; passez-les au beurre assaisonné de sel et poivre; lorsqu'ils ont pris une belle couleur, mouillez-les avec de bon bouillon, un peu de jus ou de fond de cuisson; si vous n'avez que du bouillon, ajoutez un demi-verre de vin blanc; faites réduire; passez ensuite les ognons au tamis clair en pressant avec une cuillère de bois, et mêlez-y un peu de caramel.

Pour avoir une purée blanche *à la Soubise,* on ne laisse pas prendre couleur à l'ognon; on mouille avec du jus blond ou avec un verre de bouillon, un demi-verre de vin blanc et une chopine de crème; faites réduire à grand feu et passez à l'étamine avec expression.

Purée d'oseille. — Hachez suffisante quantité d'oseille, avec quelques cœurs de laitue, de la poirée, et une poignée de cerfeuil; mettez le tout dans une casserole avec un morceau de beurre.

Mouillez avec du bouillon quand l'oseille est bien fondue; faites réduire et passez au tamis; ajoutez à la purée du jus ou du fond de cuisson, mettez-y des jaunes d'œufs pour la lier et l'adoucir, et ne la laissez plus bouillir.

En maigre, on la fait cuire comme ci-dessus, et après l'avoir réduite et passée, on la mouille avec du lait, et l'on y met une liaison de jaunes d'œufs.

Purée de marrons. — Prenez des marrons rôtis sans être noircis, enlevez la première et la seconde peau; passez-les dans une casserole avec un peu de beurre, et mouillez-les avec du bouillon et un verre de vin blanc; faites recuire à petit feu jusqu'à ce que les marrons soient bien fondus; passez-les au tamis, et, s'il est nécessaire, pilez-les auparavant; faites cuire dans une casserole et dans leur jus une demi-douzaine de saucisses, ou de chipolatas, ajoutez à la purée le jus et la graisse des saucisses; servez avec les saucisses par-dessus, comme entrée ou comme garniture.

La même purée sans l'addition des chipolatas est la base du potage aux marrons.

Purée des quatre racines. — Émincez suffisante quantité de carottes, quelques ognons et navets, et un ou deux panais; mettez le tout dans une casserole avec un bon morceau de beurre, et tournez toujours jusqu'à ce que les légumes commencent à se fondre; mouillez avec du bouillon, et laissez cuire à petit feu pendant deux ou trois heures; quand les carottes et les autres légumes s'écrasent facilement, retirez-les pour les écraser sur un tamis de crin ou dans une passoire à petits trous; mouillez-les de temps en temps avec un peu du bouillon dans lequel ils ont cuit, pour faciliter le passage; remettez la purée dans la casserole, et ajoutez-y du jus ou quelque fond de cuisson, ou, si vous n'avez ni l'un ni l'autre, le reste du mouillement que vous aurez fait réduire au moment de servir; ajoutez à la purée un peu de caramel d'une couleur claire.

Purée de pommes. — C'est une marmelade qu'on n'a pas sucrée et qu'on assaisonne avec un peu de sel et de jus de rôti non dégraissé. Le meilleur emploi qu'on puisse en faire est de la servir avec un carré de porc-frais cuit à la broche, un oison rôti, des saucisses à la poêle ou des boudins grillés.

Purée de tomates. — Ouvrez vingt-quatre tomates bien rouges; ôtez-en les pepins et leurs cloisons, et faites-les griller à petit feu; passez les chairs au tamis de crin seulement, et puis faites-les cuire et réduire avec du bouillon gras ou maigre, suivant l'usage auquel vous destinez cette purée.

Purée de mousserons. — Faites-les blanchir après les avoir épluchés et lavés; égouttez, et ensuite hachez-les finement, attendu qu'on ne peut pas les passer; mettez-les dans une casserole avec un morceau de beurre et le jus d'un citron; faites roussir légèrement; mouillez avec du jus, et faites réduire jusqu'à consistance de purée.

Purée de volaille. — Désossez une volaille rôtie; après l'avoir dépouillée, hachez-en la chair et pilez-la ensuite dans un mortier; mettez ce qui a été pilé dans une casserole avec de bon bouillon et du jus blond de veau, si vous en avez, sel et poivre; faites réduire et passez au tamis.

Purée de gibier. — On met dans une marmite de moyenne grandeur trois livres de tranche de bœuf, trois vieilles perdrix, deux livres de jarret de veau, un faisan, des carottes, des ognons, trois ou quatre pieds de céleri, trois clous de gérofle et un petit bouquet de fenouil; on fait cuire trois perdreaux à la broche, que l'on pile à froid dans un mortier, avec un peu de mie de pain trempée dans du bouillon; on mouille les perdreaux avec du bouillon; étant bien pilés, on les passe à l'étamine; votre purée étant passée, mettez-y du bouillon pour qu'elle ne soit ni trop épaisse, ni trop claire; posez-la sur un feu doux; mais il ne faut pas qu'elle bouille.

Purée provençale. — On prépare l'ognon comme celui pour la purée d'ognons; on le passe sur le feu, afin qu'il ne prenne pas couleur; quand il est bien fondu, on y met quatre cuillerées de velouté, une pinte de crème et gros comme une noix de sucre; on fait réduire la purée à grand feu en la tournant continuellement; quand elle est épaissie, il faut la passer à l'étamine.

A défaut de velouté, on y met une cuillerée de farine, de la crème, du sel et du poivre; on finit la purée comme ci-dessus; on la place sur un feu doux ou dans un bain-marie, afin d'éviter qu'elle entre en ébullition.

Purée de homard. — Procurez-vous un homard bien frais; après l'avoir cassé, retirez-en les chairs blanches de la queue et des pattes; coupez ces chairs en petits dés et mettez-les sur une assiette à part; cela fait, pilez bien les parures, les chairs et les œufs qui se trouvent dans la coquille avec un morceau de beurre fin; passez-les à travers un tamis; ce qu'il en passera, vous le mettrez dans une casserole chauffer au bain-marie, en y ajoutant les chairs et la farce du poisson, ainsi que son œuf ou sa crème de laitance. Cet appareil s'emploie pour garnir des vole-au-vent, de petits pâtés, des gratins, des casseroles au riz, des timbales de nouilles et des coquilles-pélerines.

Pour le surplus des purées de cuisine, on pourra consulter les mots NAVETS, AUBERGINE, CHAMPIGNON, POTIRON, CITROUILLE, NOISETTES, ANGUILLE DE MER, ÉCREVISSES, HUÎTRES et FOIE DE RAIE.

Q.

QUARTERON. Celui de NOMBRE est la quatrième partie d'un cent de marchandises qui se vendent à la douzaine, et celui DE POIDS est le quart de la livre de seize onces. Le quarteron de nombre est presque toujours composé de vingt-six pour les marchandises dont la centaine est de cent quatre; c'est ainsi qu'on livre les œufs, les fruits à la main, les harengs, les huîtres, etc.

Nous avons dit ce qui précède à l'intention des opérateurs étrangers qui ne sauraient connaître nos mesures de poids ou de capacité, non plus que nos locutions idiotiques et ménagères.

QUATRE ÉPICES (*V*. ÉPICES MÉLANGÉES, page 219).

QUATRE FRUITS ROUGES, c'est-à-dire fraises, cerises, groseilles et framboises. Quant aux différents emplois de ces quatre fruits mélangés (*V*. CRÈMES CUITES, CONFITURES, COMPOTES, GLACES et SORBETS).

QUATRE FRUITS JAUNES, c'est-à-dire orange, citron, bigarade et cédrat (*V*. les articles où nous avons traité nominativement des mêmes substances).

QUENELLES, composition qu'on appelait anciennement *boulettes*, mais à laquelle on donne à présent une forme ovale, et qui doit se composer de la manière suivante : — Faites dessécher sur le feu, dans une casserole, de la mie de pain trempée dans du lait ; il faut qu'elle soit assez desséchée pour ne plus s'attacher aux doigts ; ajoutez cette mie desséchée et refroidie à de la viande pilée, avec autant de beurre ou de gras de rognon de veau que vous avez de viande ; assaisonnez de sel et épices mêlées ; pilez le tout ensemble, en ajoutant successivement des œufs entiers jusqu'à ce que la pâte ait une bonne consistance ; moulez-la en quenelles à l'aide d'une cuillère : jetez-les dans du bouillon ou dans de l'eau de sel bouillante ; retirez-les ensuite pour les mettre égoutter. Les quenelles servent à garnir des ragoûts, des tourtes et des pâtés chauds.

On peut faire des quenelles, comme du godiveau, avec toutes sortes de viandes ; il s'agit toujours de mélanger une matière grasse, soit lard, graisse de rognon, tétine de veau ou moelle de bœuf, avec une viande sèche, comme chair de volaille, rouelle de veau, chair de gibier. Les pâtes de godiveau ou de quenelles peuvent s'employer également pour farcir : dans ce cas, on n'y met pas d'œufs ; car ceux qu'on y ajoute ne servent qu'à donner de la solidité à la pâte, lorsqu'on veut l'employer en garniture dans les ragoûts, par la raison qu'elle y fondrait entièrement sans cette précaution.

On peut donc à volonté varier la composition du godiveau et des quenelles d'une infinité de manières, et faire entrer dans leur composition ce qu'on a sous la main (*V*. GODIVEAU et FARCE CUITE).

On fait des quenelles en maigre avec de la chair de poisson déjà cuit. Pour cela, enlevez la chair en séparant les arêtes ; hachez-la avec des champignons, du persil, de la ciboule et de la mie

de pain trempée dans du lait ; ajoutez suffisante quantité de beurre ; pilez ensuite le tout avec des œufs entiers jusqu'à ce que la pâte ait acquis la consistance nécessaire, et terminez comme pour les quenelles au gras.

Quenelles de volaille. — Prenez deux poulets ; levez-en les chairs, ôtez-en les peaux et les nerfs ; pilez ces chairs, faites-les passer au travers d'un tamis à quenelles, à l'aide d'une cuillère de bois ; ramenez-les, repilez celles qui n'auraient pu passer, et passez de nouveau ; ensuite prenez autant de panade desséchée à la crème ou au consommé que vous avez de chair et de même autant de beurre ou de tétine, c'est-à-dire que le tout soit par tiers, ayant pilé en trois portions à part ; mêlez-les et pilez-les encore, en y ajoutant un œuf entier, jusqu'à la concurrence de trois, et trois jaunes d'œufs, l'un après l'autre : à mesure qu'ils seront incorporés avec votre farce, assaisonnez-la de sel et d'un peu de muscade râpée ; repilez-la, remettez-la bien en masse dans votre mortier ; prenez-en gros comme le pouce pour en faire un essai dans de l'eau bouillante ou du bouillon ; goûtez si elle est d'un bon goût ; et, si elle se trouvait trop délicate, mettez-y entier encore un œuf ou deux ; ôtez le pilon, fouettez le blanc des trois jaunes que vous avez employés, mettez-les par partie dans votre farce bien mêlée ; retirez-la, et, lorsque vous voudrez l'employer, prenez-vous-y de cette façon :

Si c'est pour garnir une grosse pièce, ayez une cuillère à dégraisser ; remplissez-la de votre farce à quenelles, et avec un couteau que vous tremperez dans de l'eau plus que tiède, vous lui donnerez au dehors la forme que la cuillère a au dedans ; vous aurez une autre cuillère de même forme, que vous tremperez aussi dans cette eau, et vous la coulerez entre la farce et la coquille de la cuillère où cette quenelle se trouve ; de là, enlevez-la, déposez-la dans une casserole dont vous aurez beurré le fond, et continuez ainsi jusqu'à ce que vous ayez dressé des mêmes quenelles en quantité suffisante ; lorsque vous voudrez les pocher, ayez du bouillon très-chaud, versez-le dans la casserole où seront ces quenelles ; ayez soin de l'incliner, afin que le bouillon les mette à flot sans les endommager ; faites-les bouillir doucement, retournez-les légèrement avec une cuillère pour qu'elles se pochent également : leur cuisson achevée, égouttez-les sur un linge et dressez-les : si vos quenelles sont pour un vol-au-vent, dressez-les comme les précédentes, mais avec deux cuillères à bouche ; et si vous les voulez encore plus petites, prenez pour les dresser deux cuillères à café.

Quenelles de lapin. — Ayez un lapin de garenne ; après l'avoir dépouillé, videz-le proprement ; levez-en les chairs, ôtez les nerfs et les peaux, mettez-en les chairs dans un mortier, pilez-les, et suivez en tout le même procédé que celui énoncé à l'égard de celles de volaille, article précédent.

Les quenelles à la chair de perdreau, de faisan, de cailles, etc., doivent s'opérer de la même manière que les précédentes.

Quenelles d'esturgeon. — Prenez de la chair d'esturgeon ; mettez-la dans un mortier de marbre où vous la pilerez avec un peu de sel fin ; passez ensuite au travers d'un tamis à quenelle, et faites une panade que vous passerez dans le même tamis ; mettez autant de pain que vous avez de volume de chair, et du beurre en même quantité, le tout par tiers : pilez le tout ensemble ; assaisonnez votre farce avec du sel en suffisante quantité, d'épices fines, d'une cuillerée à bouche de fines herbes passées au beurre, et d'œufs ce qu'il en faut, en procédant, à cet égard, comme il est indiqué pour les autres farces ; faites-en l'essai, et finissez-la avec des blancs d'œufs, comme il est indiqué pour les autres quenelles.

Quenelles de saumon. — Ces quenelles se font comme celles d'esturgeon, excepté qu'on y met moins de beurre, attendu que le saumon est assez gras par lui-même.

Quenelles de brochet. — Opérez comme pour les autres, mais incorporez-y deux ou trois anchois, et, si vous les servez en casserole d'entrée, ajoutez dans la sauce du même ragoût des olives tournées et quelques lames de thon mariné.

Quenelles de carpe, de lotte, de morue ou de merlan. — On les fait de la même manière que les précédentes, à cela près qu'il faut y joindre, avec les merlans, de la chair de hareng frais, avec la morue, de la crème double, et de la chair d'anguilles dans les quenelles de carpe. Lorsque la saison le permet, il est également bon d'y joindre aussi quelques débris de truffes noires et bien pilées, qu'on aura fait étuver dans un fond de cuisson réduit.

Quenelles frites. — Faites réduire une béchameil dans laquelle vous tremperez des quenelles de desserte que vous roulerez ensuite dans de la mie de pain ; vous les tremperez une seconde fois dans des œufs battus ; vous les panerez encore une fois et vous les ferez frire, en les servant garnies de persil ou de céleri frit.

QUEUES de BŒUF, de MOUTON, de PORC, de SAUMON, de MORUE (*V.* ces divers articles).

QUICHE, sorte de flan d'œufs dont la recette nous est provenue de la Lorraine ou des Vosges (*V.*, pour la préparation de ce gâteau salé, pages 229 et suivantes).

R.

RABIOLES ou RAVIOLIS, excellent potage italien dont voici la formule génoise. — Vous prenez une livre de farine, que vous placez sur une table de marbre ou une planche bien unie ; vous la détrempez avec trois œufs frais ; vous commencez par mettre vos œufs au milieu de votre farine en maniant continuellement jusqu'à ce que vous ayez obtenu une pâte ferme et liée ; alors vous l'abaissez avec un rouleau, le plus long possible ; vous en formez une abaisse mince comme du papier, en y saupoudrant le moins de farine possible ; ayez une farce disposée, que vous placez par petites parties égales. Vous mouillez votre pâte ; repliez-la en deux pour qu'elle forme une espèce d'enveloppe ; vous appuyez à l'entour, afin que les deux parties puissent se coller ensemble ; coupez-les par carrés de la grandeur d'un pouce ; placez-les au fur et à mesure sur des plats ou couvercles de casseroles. Au moment de servir votre potage, vous faites blanchir vos rabioles dans du consommé. Quand elles sont toutes montées sur le bouillon, et qu'elles ont bouilli cinq minutes, vous les égouttez ; vous mettez dans votre soupière une cuillère à pot de consommé, un lit de rabioles, un lit de fromage parmesan râpé, du beurre fin fondu, et vous en recouvrez avec du jus afin qu'elles baignent un peu. Servez le tout le plus chaudement possible.

La farce dont vous vous servez pour les rabioles se fait de quenelles de volaille auxquelles vous joignez un peu de parmesan râpé, un peu de bourrache blanchie et hachée, un peu de lait cuit ou de fromage à la crème ; mêlez le tout ensemble avec un peu de muscade et de cannelle, ainsi que deux jaunes d'œufs, et n'omettez pas d'y ajouter du gros poivre.

Les rabioles se font aussi blanchir et cuire dans le même consommé que pour le potage en tortue, et alors on les sert dans leur bouillon avec du fromage parmesan râpé, à proximité de ce potage.

RÂBLE. On appelle ainsi la portion d'un lièvre et d'un lapin qui se trouve entre le train du devant et la partie la plus inférieure. On a pris dans les grandes maisons l'usage de ne servir que cette partie des lièvres rôtis. On en retranche alors les épaules ainsi que les cuisses, en coupant carrément les reins de ce gibier, qu'on laisse en un seul morceau, et qu'on attache sur la broche après les avoir piqués de fins lardons. Il ne faut pas moins de quatre râbles de lièvre ou de cinq râbles de levraut pour garnir suffisamment un plat de rôti, ce qui fait qu'un pareil usage ne saurait être adopté dans les maisons de fortune médiocre. Le plat sur lequel on sert des reins de lièvre ou de levraut doit être garni par des tranches ou des quartiers de bigarade, et non pas foncé d'une sauce noire, comme pour les lièvres rôtis qu'on servirait dans leur entier (*V.* pages 93 et suivantes).

RACINES. On donne le nom de racines potagères à certaines plantes dont la partie comestible est cachée sous terre, telles que carottes, panais, navets, betteraves, patates, pommes de terre et topinambours. Voyez, à ces différents articles, quelle est la propriété de chacune de ces substances potagères ainsi que les meilleures manières de les apprêter.

RADIS. Il est inutile d'avertir que les radis ne se mangent que crus et pour hors-d'œuvres. On en compte un grand nombre d'espèces qui sont : 1° le petit radis rose et blanc de tous les mois ; 2° le petit radis long ; 3° le petit radis gris d'été, dont la saveur est plus relevée que dans les deux premières espèces. La quatrième est le gros radis noir dit de Strasbourg, dont la chair est dure et cassante, mais dont la forte saveur est analogue à celle du raifort ou de la moutarde ; enfin, la cinquième espèce est celle d'Italie, qu'on préfère à toutes les autres, mais dont il n'est pas toujours facile de se procurer de la graine, attendu qu'elle ne fructifie presque jamais dans les climats tempérés.

RAGOUT, dénomination qui peut s'appliquer à presque toutes les préparations composées de plusieurs substances. Il est cependant quelques ragoûts pour lesquels on ne saurait renvoyer à des articles spéciaux sur les différentes sortes de viandes ou de poissons, par la raison qu'on les emploie habituellement comme un appendice ou pour garniture.

Ragoût de ris de veau. — Lavez-les et faites-les blanchir à l'eau bouillante ; essuyez-les dans un linge ; passez-les dans une casserole avec du lard fondu, un bouquet garni, sel et poivre, champignons ou mousserons ; mouillez avec du jus ou avec du bouillon et un verre de vin blanc, et laissez cuire à petit feu. Si le ragoût n'est pas assez lié, ajoutez un morceau de beurre manié de farine.

On prépare les ris d'agneau de la même manière.

Ragoût de foies gras. — Prenez des foies gras, ôtez-en l'amer et faites-les blanchir, ensuite mettez-les dans l'eau froide ; passez-les avec un peu de lard fondu, de petits champignons ou des mousserons ; assaisonnez avec un bouquet garni, sel, poivre et un peu de muscade ; mouillez avec du jus ou de bon bouillon, et laissez cuire à petit feu. Le ragoût étant cuit, dégraissez et liez la sauce, s'il est nécessaire, avec du jus de veau et de jambon, ou, à défaut, avec un morceau de beurre manié de farine.

Ragoût mêlé. — Prenez des champignons, des foies gras, des culs d'artichauts, des crêtes et rognons de volaille ; coupez en morceaux les champignons et les culs d'artichauts ; passez le tout au lard fondu ou au beurre, faites cuire comme à l'article des foies gras.

Ragoût au salpicon. — Coupez en petits dés des ris de veau, des foies gras, du jambon, de la langue à l'écarlate, des champignons et des truffes, le tout cuit à part, afin que chaque chose soit cuite à son point ; mettez le tout dans une casserole, avec suffisante quantité de jus préalablement réduit ; faites chauffer sans bouillir.

À défaut de jus, faites réduire à part deux tiers de bon bouillon et un tiers de vin blanc, liez la réduction par un petit roux un peu chargé de farine, et servez-vous-en pour mouiller les salpicons.

On fait aussi des salpicons avec des blancs de volaille ou des chairs de gibier cuit à la broche.

Ragoût à la chipolata. — Faites cuire du petit lard coupé en tranches et une douzaine de petites saucisses chipolates (*V.* pages 136 et suivantes).

D'un autre côté, faites cuire des champignons, des marrons et des quenelles, avec un verre de vin et autant de bouillon ; faites réduire la sauce, mettez-y le petit lard et les saucisses, et ajoutez quelques cuillerées du fond de cuisson de la pièce qui doit être servie avec le ragoût.

Ragoût de laitances. — Nettoyez les laitances, faites-les dégorger à l'eau froide et blanchissez-les à l'eau bouillante en y ajoutant un peu de vinaigre; faites égoutter, et mettez cuire dans une casserole avec quelques cuillerées de jus blond de veau, un demi-verre de bouillon, autant de vin blanc; assaisonnez de sel, gros poivre, muscade râpée et un bouquet garni; un quart d'heure suffit pour la cuisson. Quand les laitances sont cuites, retirez-les et faites réduire la sauce; liez-la avec un bon morceau de beurre manié d'une pincée de farine, et ajoutez-y un jus de citron.

Si vous voulez faire un ragoût maigre, passez au beurre une carotte, deux ognons et un demi-panais émincé; assaisonnez de sel, gros poivre et muscade râpée, une pointe d'ail et un bouquet garni; ajoutez une pincée de farine et mêlez-la en tournant; mouillez avec du bouillon maigre ou de l'eau avec un demi-verre de vin blanc; faites bouillir jusqu'à réduction à moitié; passez la sauce et mettez-y les laitances pendant un quart d'heure. Au moment de servir, liez la sauce avec des jaunes d'œufs délayés dans un peu de crème.

Ragoût de laitances au blanc et en maigre. — Mettez dans une casserole un peu de beurre, de l'ognon coupé en tranches, une petite carpe coupée en tronçons; faites suer sans laisser attacher. Mouillez avec du bouillon maigre, et ajoutez un morceau de beurre, un bouquet garni et une pointe d'ail, sel, poivre, deux clous de gérofle; faites bouillir pendant une heure; passez la sauce au tamis, et mettez-y cuire les laitances pendant un quart d'heure; retirez-les ensuite; faites réduire la sauce, et liez-la avec des jaunes d'œufs délayés avec de la crème et du jus de citron.

Ragoût de moules au gras. — Nettoyez proprement des moules; mettez-les dans une casserole et faites-les ouvrir sur un fourneau; quand elles sont ouvertes, ôtez les moules de leurs coquilles et gardez-en l'eau. Passez dans une casserole de petits champignons avec un peu de lard fondu et un bouquet garni; assaisonnez de poivre seulement. Quand les champignons sont passés, mouillez avec du jus blond de veau ou du bouillon réduit à moitié, et laissez cuire à petit feu; dégraissez; ajoutez alors les moules avec un peu de leur eau; tenez le ragoût sur les cendres chaudes sans faire bouillir.

Ragoût de moules au maigre. — Après avoir tiré les moules de leurs coquilles comme ci-dessus, passez quelques champignons avec un peu de beurre, et mettez-y les moules avec un bouquet; faites-leur faire sept ou huit tours sur le fourneau; mouillez-les de leur eau et de bouillon de poisson, moitié l'un, moitié l'autre; mettez-y un peu de persil haché et un peu de poivre : liez la sauce avec des jaunes d'œufs.

Ragoût de mousserons. — Après avoir lavé et égoutté les mousserons, passez-les au beurre ou avec du lard fondu, un bouquet garni, sel et poivre; mouillez avec du jus de veau ou du bouillon réduit à moitié. Laissez mitonner à petit feu; dégraissez et liez le ragoût avec du jus blond, ou, à défaut, avec du beurre manié de farine.

Ragoût de navets. — Épluchez des navets et coupez-les proprement; faites-leur faire un bouillon dans l'eau; laissez-les égoutter; faites un roux dans une casserole avec du beurre et une demi-cuillerée de sucre en poudre; passez-y les navets jusqu'à ce qu'ils aient pris une belle couleur; mouillez avec du jus ou du bouillon; assaisonnez avec sel, gros poivre et un bouquet garni.

Ragoût de laitues. — Faites blanchir des cœurs de laitues pommées; jetez-les ensuite dans l'eau froide, et égouttez-les en les pressant; faites-les cuire dans une *braise.* Pour cela, foncez une casserole avec des bardes de lard et quelques tranches de veau; ajoutez des ognons en tranches et faites suer sur un fourneau. Quand les viandes commencent à s'attacher, on met un peu de farine dans la casserole en remuant avec une cuillère pour la mêler et la faire légèrement roussir; mouillez avec moitié jus et moitié bouillon; assaisonnez de sel, poivre, clous, laurier et un bouquet garni.

Les laitues étant cuites, on les retire pour les faire égoutter; on les coupe en morceaux et on les fait mitonner avec de l'essence de jambon, ou, à défaut, avec la cuisson de la braise que l'on fait réduire.

Ce ragoût de laitue se sert avec toute espèce de viande cuite à la braise.

Ragoût d'olives. — Passez au beurre un peu de ciboule et de persil hachés; ajoutez deux cuillerées de jus, ou de cuisson d'une braise, ou de bouillon réduit à moitié, et un verre de vin blanc, des câpres, un anchois et des olives tournées, c'est-à-dire dont on a séparé la chair du noyau en la coupant en spirale avec un couteau à lame étroite; ajoutez encore un peu d'huile d'olives, un bouquet de fines herbes; faites jeter un bouillon et liez la sauce avec quelques marrons bien écrasés.

Ragoût d'olives farcies à la Maillebois (V. page 350).

Ragoût à la financière.

— Mettez dans une casserole une demi-bouteille de vin de Madère sec, avec une vingtaine de gros champignons, autant de truffes tournées en boule; ajoutez-y deux piments enragés, un peu de suc de tomates, une once de glace de veau; faites réduire le tout à la glace; mouillez de suite avec quatre cuillerées à pot d'espagnole; après avoir travaillé deux cuillerées de blond de veau, faites bouillir votre sauce; faites-la dégraisser et réduire sur le bord du fourneau; passez-la à l'étamine; mettez ensuite vos champignons et vos truffes dans une casserole; versez votre sauce dessus.

On peut ajouter au ragoût une vingtaine de crêtes et de rognons de coqs, autant de quenelles moulées à la cuillère, douze ris de veau ou d'agneau, que l'on coupe en lames ou qu'on laisse entiers, comme on le juge à propos, et l'on sert le plus chaudement possible.

Ragoût à la Providence.

— Vous prenez vingt petits morceaux de petit lard bien dessalé, autant de saucisses à chipolata, que vous ferez cuire comme ci-dessus; vous mettez le tout dans une casserole avec vingt champignons; vous tournez autant de marrons et de quenelles, moulées de la grosseur des saucisses; vous y joignez douze truffes que vous tournez en boules, et faites cuire dans un verre de vin de Madère, avec un peu de glace, des crêtes et des rognons de coqs. Vous versez sur vos garnitures un jus d'étouffade clarifié, réduit à demi-glace, ou le fond de votre entrée ou grosse pièce, bien dégraissé et clarifié. Faites chauffer votre ragoût pour vous en servir aux choses indiquées. Vous pouvez y ajouter trente olives tournées et blanchies.

Ragoût à la champenoise.

— On met dans une casserole une bonne tranche de jambon, pour la faire suer jusqu'à près de sa cuisson; on la retire pour la couper en très-petits dés de la grosseur d'un pois, et on la remet dans la même casserole, avec une carotte cuite, quelques champignons et une couple de truffes, le tout coupé de la même manière; on les passe avec un pain de beurre sur le feu, on poudre de farine, et on mouille avec du coulis, un peu de consommé et un verre de vin de Champagne; on laisse cuire et réduire à courte sauce, et ensuite on dégraisse la sauce; on y met ensuite du blanc de volaille cuite à la broche, des cornichons blanchis, des feuilles de persil blanchies et rompues de même gran-

deur, deux anchois à moitié dessalés et coupés comme tout le reste, en petits dés; on fait chauffer sans bouillir; on y ajoute du sel, s'il en est besoin; ou y presse un jus de citron. Ce ragoût sert à accompagner d'autres viandes.

Si l'on veut le manger seul, au jambon, on y met des tranches de jambon, indépendamment de celui qu'on a coupé en petits dés.

Ragoût à la toulousaine.

— On emploie les mêmes fournitures que pour le ragoût, dont il est fait mention dans l'article précédent; on les met dans une casserole avec une demi-glace de volailles; on fait bouillir le tout ensemble, à l'exception des quenelles, que vous faites à part. Après y avoir versé une cuillère à pot de blond de veau, on met le ragoût au bain-marie, sans le faire bouillir. Si la sauce se trouvait trop épaisse, on l'éclaircirait avec un peu de consommé de volaille.

RAIE, poisson cartilagineux et coriace lorsqu'il est nouvellement pêché, mais qui devient tendre et d'assez bon goût lorsqu'il est suffisamment attendu; aussi dit-on vulgairement de la raie qu'elle a *besoin de voyager*, et c'est, du reste, le seul poisson qui puisse braver pendant les grandes chaleurs l'élévation du thermomètre. Les deux meilleures espèces de raie sont la *turbotine* et la *bouclée*. La meilleure manière de la manger est tout uniment de la faire cuire à l'eau de sel avec du vinaigre et quelques tranches d'ognon. Il ne lui faut que deux bouillons pour être assez cuite; ensuite on retire la raie pour l'égoutter et l'éplucher, et on la sert masquée d'une sauce blanche aux câpres, ou bien à la sauce au beurre noir et garnie de persil frit.

Le foie de la raie ne doit rester pour être cuit que deux ou trois minutes dans de l'eau bouillante.

Raie à la noisette.

— Ayez une aile de jeune raie; faites-la cuire comme il est dit ci-dessus, et puis masquez-la d'une sauce au beurre où vous aurez délayé deux lobes de foie de raie blanchis d'avance; assaisonnez ladite sauce avec une forte cuillerée de vinaigre à l'estragon où vous aurez joint une pincée de macis pulvérisé.

Raie frite.

— Levez la peau d'un large morceau de grosse raie; coupez-la par filets sans en ôter les arêtes; faites-la mariner avec sel, poivre, gérofle, persil, tranches d'ognon, ciboules et pointe d'ail, bon vinaigre et fines herbes en branches; ajoutez-y du beurre manié de farine; faites tiédir cette marinade afin que le beurre fonde, et laissez-y vos filets quatre heures avant de les faire frire à grand feu; vous les servirez avec une garniture de céleri frit.

Raie à la Sainte-Ménéhould. — Mettez dans une casserole un demi-setier de lait avec un morceau de beurre manié de fleur de farine ; ajoutez-y des tranches d'ognon, des racines de persil, un bouquet garni, une gousse d'ail et une forte pincée des quatre épices ; tournez le tout jusqu'à ce qu'il bouille, et faites-y cuire à petit feu une aile de raie ; retirez-la ensuite ; panez-la à deux reprises en la trempant à deux fois dans du beurre fondu ; faites-la griller sur un feu doux, et foncez le plat dont vous comptez vous servir avec une sauce Robert ou avec une rémoulade aux câpres.

Raietons frits. — Prenez plusieurs petits raietons ; arrachez-en la peau des deux côtés ; mettez-les mariner avec sel, vinaigre, ognons et quelques branches de persil ; au moment de servir, égouttez-les, farinez-les : faites-les frire d'une belle couleur ; égouttez-les, et servez-les avec une sauce au beurre noir, où vous joindrez un peu de vert de ciboule hachée, et le jus d'une orange amère.

Raietons à la bretonne. — Prenez un raieton de deux à trois livres ; apprêtez-le convenablement, et faites-le frire au beurre avec des montants de poireaux ou des rouelles de vert d'ognons crus ; joignez-y du poivre noir, et mettez-y, quelques minutes avant de servir, un demi-verre de bon vin rouge.

Foies de raies (V. page 229).

RAIFORT, plante potagère de la famille des crucifères, et dont la racine est d'une saveur tellement épicée qu'elle en paraît âcre et brûlante. On l'emploie quelquefois pour garnitures autour des aloyaux rôtis et des gros poissons que l'on a cuits au bleu. On en garnit aussi des bateaux de hors-d'œuvres, et l'on en compose un beurre assaisonné qui s'emploie dans la confection des sandwichs et de craquelins à l'écossaise. Pour se servir de la racine de raifort, il faut qu'elle ait été *râpée,* c'est-à-dire émincée avec un rabot à concombres ou une râpe à citrons.

RAIPONCE, plante sauvage de la famille naturelle des campanules. On mange en salade la racine et les feuilles radicales de cette plante, auxquelles on adjoint ordinairement des tranches de betterave confites au vinaigre et des montants de céleri cru (*V.* SALADES).

RAISINS. On n'a rien à dire ici des quatorze ou quinze espèces de raisins, qu'on appelle de vigne, et qui ne sont destinés qu'à la fabrication du vin ; on parlera seulement des raisins de treille ou de verger, qui sont les différentes espèces de chasselas et de muscats, le raisin grec ou de Corinthe, le raisin sans pepins et la malvoisie. On parlera ensuite des raisins secs.

Raisins frais.

Le meilleur plant de chasselas est celui de Bar-sur-Aube, et c'est l'espèce qu'on cultive auprès de Fontainebleau ; le gros Corinthe et le chasselas noir ne doivent être classés pour la bonté qu'après celui-ci, qu'on appelle également chasselas de Bar, raisin de Fontainebleau et musquet de Champagne.

Parmi les raisins muscats les plus recommandables, on citera d'abord le muscat blanc de l'espèce de Frontignan, et le muscat hâtif de Piémont. On peut aussi recommander le muscat de Rivesaltes, le rouge de corail, le gros muscat noir, le violet de Gascogne et le passe-musqué d'Italie. Le gros muscat long et violet, de l'espèce de Madère, est également renommé pour la beauté de son volume et pour sa bonté ; mais le meilleur de tous les muscats est celui qu'on a surnommé de l'Enfant-Jésus, d'après la belle grappe du tableau de Mignard. Depuis le rude hiver de 1789, on a dû remarquer que cet excellent fruit est devenu très-rare. On compte aussi parmi les raisins muscats le Jennetin, autrement dit muscat d'Orléans ou de Saint-Mesmin.

Le raisin frais de l'espèce de Corinthe est très-délicat et très-sucré. Il est d'un grain menu, pressé et toujours dépourvu de pepins, comme le véritable raisin grec. Le Corinthe violet est plus gros que le jaune, mais il est tout aussi doux, et il est également sans pepins ; ce qui le rend très-propre à mettre en confiture ou en conserve.

La malvoisie grise est un petit raisin hâtif et très-sucré, et la malvoisie rouge ne diffère de la première que par sa couleur et parce que la pulpe en est moins juteuse. La malvoisie blanche est plus rare et moins hâtive que les précédentes ; mais il arrive souvent qu'elle ne peut venir à maturité, dans les environs de Paris du moins. Il y a aussi la malvoisie musquée, qu'on appelle muscadelle de Chypre ou grappe de Vénus. C'est un excellent raisin pour le relief de son goût, l'abondance de son sucre et la suavité de son parfum, qui surpasse celui de tous les autres fruits de la vigne. Il est originairement provenu de l'île de Chypre ; mais on le cultive abondamment dans toute la Haute-Italie, et, comme les environs de Turin en sont couverts, il n'est pas difficile de s'en procurer du plant.

Le verjus provient d'une espèce de raisin que Pline a désigné par le nom de labrusca ; et.

27.

comme il ne mûrit presque jamais, il fournit un jus acide, assez analogue à celui des citrons verts (*V.* VERJUS).

Raisins secs.

Nous avons déjà dit qu'il y en avait de plusieurs natures et de différents pays. Les *muscats* se tirent principalement de Frontignan, de Lunel et autres lieux en Languedoc; il faut en choisir les grappes les plus grosses, et dont les grains soient les mieux nourris. Les *picardants* nous viennent du Languedoc et de la Provence; ils sont petits, mais assez succulents. Les *jubis*, ou raisins de caisse, nous sont envoyés de Provence, particulièrement de Beaucaire, d'Ollioules et des environs de ces deux chefs-lieux. On les cueille en grappes; on les trempe dans une lessive *de bataille;* et, après les avoir fait sécher au soleil, on les met dans des caisses. Ces raisins sont d'un goût très-délicat; il faut les choisir nouveaux, et prendre les plus belles grappes. Les *raisins sols* ou *sors* au soleil, ou *raisins d'arq,* nous viennent d'Espagne; ils sont de couleur violette et très-agréables au goût. Les *raisins d'Espagne,* proprement dits, sont de petits raisins un peu plus gros et moins secs que les raisins de Corinthe; on nous les apporte égrainés; on les substitue quelquefois aux raisins de Corinthe; mais il ne faut pas s'y laisser tromper. Les *raisins de Corinthe* ont le grain petit, sec, de couleur noire ou rougeâtre; ils nous viennent de plusieurs îles de l'Archipel, mais particulièrement de l'isthme de Corinthe; il faut les choisir petits, nouveaux, et en grosse masse; ils se conservent pendant plusieurs années, quand ils ont été bien emballés, et qu'on les préserve de l'air; ils entrent dans plusieurs ragoûts, et on les substitue quelquefois, en médecine, aux *raisins de Damas.* Ceux-ci nous arrivent des environs de cette capitale de la Syrie; ils ont le grain extrêmement gros, aussi bien que les grappes; et l'on en cueille dans ce pays-là qui pèsent jusqu'à vingt-cinq livres. On nous les apporte égrainés et aplatis dans des boîtes de sapin à demi-rondes. Ils sont très-souvent ordonnés dans les tisanes pectorales, où on les emploie comme les dattes, les jujubes et les autres fruits béchiques; il faut les choisir nouveaux et bien nourris. Les véritables raisins de Damas ont une saveur assez désagréable. Les *raisins de Calabre* sont un peu gras, mais d'un très-bon goût; on les apporte en grappes enfilées d'une courroie, comme des morilles sèches ou des mousserons de Navarre.

RAISINÉ, préparation rurale ou confiture champêtre, dont l'emploi peut être utile en certains lieux écartés et dans certains temps de l'année, tel que celui du carême ou de l'arrière-saison. Pour faire du raisiné d'office ou de cuisine, à la manière de Bourgogne, prenez du vin doux que vous mettrez dans une chaudière, et faites-le bouillir doucement en l'écumant et le remuant de temps à autre avec une spatule, afin qu'il ne gratine pas au fond de la chaudière et qu'il ne donne pas à la confiture un goût de brûlé; à mesure que le jus s'épaissit, ajoutez-y des morceaux de poires émincées, et tâchez que ce soit du messire Jean, de la virgouleuse ou du rousselet; lorsque tout l'appareil se trouvera réduit au tiers de la chaudière, vous passerez la confiture au tamis de crin, et vous l'empoterez dans des vases bien récurés.

RALE, oiseau de passage dont il existe deux variétés, le râle de genêt et le râle d'eau. Le premier nous arrive au mois de mai avec les cailles, et il repart avec elles en septembre. On supposait autrefois qu'il était leur conducteur, et c'est ce qui l'avait fait surnommer le *roi des cailles.* Il se nourrit principalement des semences de genêt, dont il a tiré son surnom, et l'on n'a pas besoin d'ajouter que le râle de genêt est un de nos gibiers les plus exquis. On ne le sert guère autrement que rôti, bien entouré de feuilles de vigne et enveloppé dans une grande feuille de papier beurré, sans employer ni lardons ni bardes de lard, attendu que cet oiseau se trouve pourvu d'une graisse abondante. Vingt-cinq minutes ou une demi-heure de cuisson lui suffisent toujours.

Le râle d'eau n'habite que les marais; sa chair est moins savoureuse et moins estimée que celle du râle de genêt. Il reçoit les mêmes préparations que les autres gibiers aquatiques (*V.* pages 200, 316 et 344).

RAMBOURS, espèce de pomme originaire du comté de Rambures en Picardie. Comme elle est de belle apparence et de médiocre saveur, on n'en fait aucun emploi culinaire, et son seul usage est de figurer dans les corbeilles à la Van-Huysam.

RAMEQUIN, sorte de pâtisserie dont nous avons donné plusieurs recettes à la page 359.

RAMIER, pigeon sauvage qui se mange ordinairement piqué à la tétine et cuit à la broche (*V.* PIGEON).

RATAFIA, liqueur obtenue par infusion (*V.* à l'article LIQUEURS, depuis la page 303 jusqu'à la page 306).

RATON. C'est une espèce d'entremets bourgeois assez agréable et facile à faire. Délayez trois ou quatre cuillerées de farine ou de fécule dans du lait, de manière à former une espèce de bouillie ; ajoutez-y du sucre et quelques macarons, dont un fait avec des amandes amères, le tout pilé ; ajoutez en outre deux œufs entiers ; faites fondre dans une tourtière gros comme œuf de beurre, et, quand il est un peu roux, versez-y la bouillie ; laissez cuire doucement sur un feu médiocre, sans le couvrir ; lorsqu'il aura pris couleur et qu'il sera suffisamment rissolé d'un côté, tournez-le de l'autre ; quand il est cuit partout, dressez-le dans un plat ; poudrez-le de sucre, et servez chaudement.

RATONNET DE MOUTON, hors-d'œuvre de l'ancienne cuisine. Coupez des noix de mouton par tranches ; aplatissez-les ; assaisonnez de sel, poivre, épices et fines herbes, persil, ciboule, pointe d'ail, de tout un peu ; un verre d'huile, un jus de citron ; laissez mariner le tout deux heures. Étendez vos noix ; couvrez-les d'une farce de volaille ; roulez-les une à une ; embrochez-les dans une petite broche, ayant soin d'attacher des bardes de lard des deux côtés, pour que la farce ne sorte point. En rôtissant, arrosez-les de leur marinade mêlée avec du vin blanc. Servez-les avec leur dégout, un peu de jus et de coulis ; dégraissez leur sauce, ou bien servez-les avec une italienne hachée.

On peut aussi les servir cuits à la broche et piqués de menu lard, ou bien encore en fricandeau glacé et dressé sur un ragoût de concombres.

RAVES. On distingue trois espèces de raves : la première est la *hâtive* à quatre feuilles, la seconde s'appelle *communale*, et la troisième, appelée *grosse-rave*, a l'avantage de pouvoir être récoltée pendant tout l'été (*V*. RADIS et RAIFORT).

RAVIGOTE, sauce piquante. Hachez une égale quantité de cerfeuil et d'estragon ; ajoutez-y de la pimprenelle et de la ciboulette avec du gros poivre, du sel et des quatre épices. Faites chauffer le tout dans une casserole de terre où vous mettrez du blond de veau, du vinaigre et un morceau de beurre frais que vous mélangerez bien ensemble afin que la liaison s'en opère.

Ravigote à l'huile. — Vous mettez dans du bouillon froid vos herbes hachées comme il est dit dans l'article précédent, avec sel, gros poivre, quelques cuillerées de vinaigre, et autant de bonne huile ; remuez long-temps cette sauce afin de la lier.

Vert de ravigote. — Faites blanchir à grande eau, sur un feu très-ardent, une égale quantité de cerfeuil, de pimprenelle et d'estragon, un peu de ciboulette, de persil, de cresson alénois et de cresson de santé. Faites rafraîchir ces herbes à grande eau ; pressez-les et les pilez dans un mortier en y ajoutant un peu de sauce allemande froide. Lorsque le tout formera une espèce de pâte, passez-le dans un tamis en le pressant avec une cuillère de bois.

Les herbes à ravigote sont toutes celles des fournitures de salade, comme cerfeuil, estragon, pimprenelle, cresson alénois, civette ; on en met de chacune suivant leur force. On en prend une demi-poignée ou moins, que l'on fait bouillir un demi-quart d'heure dans l'eau, on les retire à l'eau fraîche ; on les presse bien dans les mains, et on les pile très-fin avant de les mettre dans les liaisons, les sauces ou les ragoûts.

REINE-CLAUDE, excellente prune que l'on cueille au mois d'août (*V*. COMPOTES, CONFITURES, MARMELADES, FLANS, TOURTES, GLACES et FRUITS A L'EAU-DE-VIE).

REINETTE, espèce de pomme dont il existe trois variétés, la blanche ou reinette de France, la grise et la reinette d'Angleterre ou du Canada. La reinette franche ou française est la meilleure espèce de pomme à cuire. La pulpe en est très-sucrée, mais elle est imprégnée d'un acide qui en relève beaucoup la saveur. C'est seulement avec la reinette qu'on peut faire de la gelée de pomme à la manière de Rouen. Quant à l'emploi de ce bon fruit (*V*. PATISSERIE, CHARLOTTE, MERINGUE, etc.).

RÉGLISSE. Cette plante vient sans culture dans nos provinces méridionales, et principalement en Espagne. Sa racine, de couleur rougeâtre au dehors, d'un jaune citron dans l'intérieur, est mucilagineuse et d'une saveur très-douce. C'est la substance que l'on emploie pour en faire le jus, la pâte et les pastilles de réglisse ; préparations qui sont fréquemment prescrites dans les affections laryngées ou pectorales.

Jus de réglisse. — Faites bouillir trois livres de racine de réglisse ; pressez-en la décoction et faites-y fondre quatre onces de gomme arabique, afin de lui donner assez de consistance ; desséchez-la sur le feu jusqu'à ce qu'elle soit réduite à moitié de son mouillement ; vous la roulerez ensuite en petits bâtons que vous envelopperez avec des feuilles de laurier.

Pâte de réglisse. — Ayez une demi-livre de réglisse verte, ratissez-la soigneusement, et faites-la concasser au mortier de marbre, et puis faites-la bouillir dans un vaisseau de terre avec deux pommes de reinette et une poignée d'orge mondé. Lorsque votre décoction sera réduite à un demi-setier, passez-la au travers d'un linge en en pressant fortement les substances; faites-y fondre alors une once de gomme bien nette, et mettez-y une demi-livre de sirop au sucre clarifié; faites dessécher le tout sur le feu, en le remuant avec une spatule, et jusqu'à ce que cette pâte ne s'attache plus ni à la spatule, ni à la poêle. Dressez-la sur des ardoises légèrement enduites avec de l'huile de noisettes fraîche, et coupez-la en tablettes que vous ferez sécher à l'étuve.

Pastilles de réglisse. — Faites fondre du jus de réglisse, tel que celui dont on vient d'indiquer le procédé; ajoutez-y, pour l'aromatiser, un peu d'huile essentielle d'anis de la Chine, et formez-en des pastilles ainsi qu'il est indiqué page 214.

RÉMOULADE, sauce crue. Mettez, avec une certaine quantité de moutarde, un peu d'échalote ou de ravigote hachée, du sel et du poivre; délayez le tout avec de l'huile et du vinaigre que vous verserez au fur et à mesure; ajoutez ensuite quelques jaunes d'œufs crus, et remuez jusqu'à ce que le mélange soit parfait et la rémoulade bien liée.

Rémoulade verte. — Mettez ensemble une poignée de cerfeuil, la moitié de pimprenelle, d'estragon, de petite civette; vous ferez blanchir ces herbes, et, quand elles seront bien pressées, vous les pilerez; ensuite vous y mettrez du sel, du gros poivre et un plein verre de moutarde; vous pilerez encore le tout ensemble; puis vous y mettrez la moitié d'un verre d'huile que vous amalgamerez avec votre ravigote; le tout bien délayé, vous y mettrez deux ou trois jaunes d'œufs crus, quatre ou cinq cuillerées de vinaigre; vous passerez à l'étamine. Lorsque la couleur verte n'est pas assez prononcée, on peut la relever avec du vert d'épinards.

Rémoulade indienne. — Après avoir bien pilé une douzaine de jaunes d'œufs durs, mouillez-les avec de bonne huile, en mettant autant de cuillerées d'huile qu'il y a de jaunes d'œufs. Il faut mettre cette huile au fur et à mesure, afin qu'elle se mêle aux œufs, et ne pas cesser de piler; ajoutez, en pilant toujours, une cuillerée de safran des Indes ou Terra-Merita, autant de gousses de petit piment que de cuillerées d'huile, un verre de vinaigre, du gros poivre et du sel. Le tout étant bien pilé et mêlé, passez cette sauce à l'étamine. Elle doit avoir l'apparence et la consistance d'une purée.

RHUM, eau-de-vie qu'on obtient dans les colonies en distillant les mélasses et les écumes de sucre fermentées : le produit de cette distillation se nomme *tafia* dans les colonies françaises, et *rhum* dans les colonies anglaises. Le tafia diffère du rhum en ce qu'il n'a pas un arôme aussi prononcé, ce qui provient sans doute de ce qu'on n'emploie que des mélasses pour faire le tafia, tandis que les écumes du sucre entrent pour une forte proportion dans la fabrication du rhum. Le rhum a aussi quelque chose de plus moelleux et une saveur moins piquante que le tafia. Tout ce qui se vend en France sous le nom de rhum n'est que du tafia qui se fabrique avec les mélasses de nos rafineries.

RIBLETTES, tranches de porc ou d'autre viande émincée qu'on fait cuire sur le gril ou dans la poêle (*V*. GRIBLETTES, page 271).

RICARDE ou **COQUILLE-PÉLERINE**, appelée Bucarde et Ricardot dans certaines localités maritimes. C'est un coquillage bivalve et strié, dont on emploie, à Paris, la coquille du fond pour y faire gratiner des béchameils aux huîtres, aux cervelles, aux champignons, etc. On ne mange de ce poisson que son muscle ou noyau d'attache, qui se fait cuire dans la coquille concave, après qu'on en a fait un hachis mêlé de jaunes d'œufs cuits durs, et de mie de pain rassis qu'on a pétrie avec du beurre frais et des fines herbes.

Les coquilles aux ricardes sont un de nos hors-d'œuvres les plus distingués, et c'est un ragoût très-friand.

RIS DE VEAU ET D'AGNEAU (*V*. ABATTIS, AGNEAU, VEAU, VOLE-AU-VENT, etc.).

RISSOLES, sorte de pâtisserie garnie de viande hachée, enveloppée dans une abaisse de pâte feuilletée qu'on replie sur elle-même, et qu'on fait frire dans du saindoux ou du beurre. La farce dont on les remplit doit être faite de viande cuite.

On fait des rissoles en maigre avec de la chair de poissons cuits, ou avec des œufs, ou bien avec un ragoût de légumes, etc.

Enfin, on fait des rissoles avec toutes les crèmes cuites, qu'on tient plus épaisses qu'à l'ordinaire, aussi bien qu'avec des marmelades ou des quartiers de fruits déjà confits.

RISSOLER. Faire rissoler une viande, c'est lui faire prendre, par l'action du feu, une couleur dorée, et la partie rissolée des viandes acquiert par là une sapidité plus développée. — *Le rôti* *doit toujours être rissolé pour être beau, croustillant et bien cuit*, dit le formulaire de Bellevue.

RIZ. On a déjà dit que la meilleure espèce de riz est celle de la Caroline, et nous avons souvent eu l'occasion d'indiquer et de formuler certains emplois gastronomiques de la même substance; ainsi voyez POTAGES, CASSEROLES, CROQUETTES, CRÈMES et SOUFFLÉS.

Gâteau de riz à la bourgeoise. — Épluchez, lavez et faites blanchir une demi-livre de riz; faites-le crever dans un peu de lait que vous aurez fait bouillir avec le zeste d'un citron ; mouillez ce riz petit à petit, et maintenez-le ferme; lorsqu'il sera bien crevé, laissez-le refroidir; incorporez-y une douzaine de macarons, dont six amers, une pincée de sel fin, un quarteron et demi de sucre, quatre œufs entiers et quatre jaunes, dont vous conserverez les blancs; beurrez une casserole avec du beurre clarifié; mettez-la sens dessus dessous, afin qu'elle s'égoutte; saupoudrez-la de mie de pain ; fouettez vos quatre blancs d'œufs; incorporez-les légèrement dans votre riz ; versez-le dans votre casserole qui devra vous servir de moule; mettez-le au four une demi-heure ou trois quarts d'heure avant de servir : sa cuisson achevée, dressez-le, et servez-le tout de suite.

Si vous voulez faire un gâteau de semoule ou de vermicelle, vous procéderez de la même manière, excepté qu'il ne faut ni blanchir ni faire crever les pâtes, et qu'elles demandent beaucoup moins de temps pour leur cuisson.

Si vous voulez masquer le gâteau d'une sauce à la française, ou bien servir ladite sauce à la proximité de votre plat d'entremets, vous composerez la même sauce de la manière suivante : — Mettez dans une casserole la moitié d'une cuillerée à bouche de fine fleur de farine que vous délaierez avec de la crème, une cuillerée à café d'eau de fleur d'oranger, un peu de sel fin, une cuillerée à bouche de sucre fin et gros de beurre comme une noix; mettez sur le feu cet appareil, tournez-le et faites-le cuire : sa cuisson faite, masquez-en votre gâteau de riz ou de vermicelle, en le tirant du four.

Riz aux pommes à la bonne femme. — Préparez du riz comme si vous vouliez faire un gâteau de riz à l'ordinaire, mais employez des œufs entiers battus; mettez deux doigts de ce riz au fond d'une casserole beurrée et une épaisseur égale autour des bords; remplissez l'intérieur avec des quartiers de pommes en compote; couvrez avec du riz, et faites cuire comme il est dit ci-dessus.

Riz aux poires, aux mirabelles, aux raisins de Corinthe, aux amandes pralinées, etc. — Procédez suivant la même formule, et mélangez seulement une des substances indiquées dans votre appareil, avant de le mettre en moule et de le faire cuire au four. Vous pourrez l'accompagner d'une sauce aux jaunes d'œufs liés, soit avec du vin d'Espagne, soit avec du ratafia d'angélique, ou de la liqueur de cannelle.

Riz à la Dauphine (du château de Bellevue). — Lavez à plusieurs eaux tièdes six onces de beau riz Caroline; mettez-le sur le feu à l'eau froide; aussitôt qu'il commence à bouillir, égouttez-le sur un tamis : après quoi vous le mettez dans une casserole avec quatre onces de beurre d'Isigny, quatre de sucre fin, deux de macarons amers, un grain de sel et trois verres de lait. Placez-le ensuite sur un feu modéré; et, au moment que l'ébullition a lieu, mettez la casserole sur des cendres rouges, en ayant soin que le riz mijote pendant une bonne heure : remuez-le de temps en temps; ensuite mêlez-y six jaunes d'œufs, ce qui lie le riz et le rend consistant, quoiqu'un peu ferme : puis vous l'employez. Lorsque l'on veut aromatiser le riz au cédrat, alors sur les quatre onces de sucre, dose de notre recette, vous râpez légèrement la moitié d'un zeste de cédrat, la moitié de celui d'une orange pour le parfumer à l'orange, et ainsi de suite pour les zestes de citron ou de bigarade.

Riz en dôme couronné à la royale. — Vous commencez par préparer six onces de riz comme il est dit ci-dessus; et, après avoir tourné douze pommes de reinette, vous les faites cuire dans quatre onces de sucre clarifié. Pendant leur cuisson, vous coupez une grosse pomme au milieu de son diamètre. Avec une moitié, vous disposez la coupe ; vous coupez l'autre avec un coupe-racine de dix-huit lignes de diamètre, pour former le pied de la coupe. Ensuite vous coupez deux pommes en petites colonnes avec un coupe-racine de huit lignes de largeur, et les faites cuire avec la coupe et son socle dans le sirop, que vous faites réduire ensuite comme une gelée de pommes.

Le riz et les pommes étant froides, vous beurrez légèrement un moule d'entremets en dôme cannelé, dont vous masquez parfaitement l'intérieur de riz, en lui donnant un pouce d'épaisseur, de manière que vous garnissez l'intérieur du riz de pommes tournées dont vous aurez rempli le cœur de marmelade d'abricots. Vous finissez de remplir le moule avec le riz; après quoi vous renversez l'entremets sur son plat, en ôtant le moule que vous aurez fait chauffer un peu auparavant. Alors, avec le reste du riz, vous formez au milieu du dôme un petit socle de dix-huit lignes de hauteur sur trois pouces de diamètre, et, à l'entour, vous placez droites les petites colonnes de pommes, et par-dessus vous mettez la coupe sur son pied. Vous en ornez le bord avec des grains de raisins de Corinthe; vous en posez également sur chacune des petites colonnes de pommes : ensuite vous colorez le reste du riz en y mêlant un peu d'essence de vert d'épinards passée au tamis de soie. Vous étalez ce riz mince sur un couvercle de casserole à peine beurré; et, après avoir passé la lame du couteau par-dessous, vous coupez ce riz en petits losanges, que vous placez sur le dôme. Placez ensuite entre chaque côte un petit filet de riz que vous roulez le plus fin possible; ou, si le dôme est uni, vous y placez les filets à distance égale, et entre eux les petits losanges. Au moment du service, vous masquez le tout avec soin du sirop que vous avez fait réduire à cet effet, et qui donne un beau glacé.

Ce bel entremets se sert également chaud et froid.

Corbeille de riz garnie de petits fruits. — Après avoir préparé six onces de riz comme le précédent, vous le dressez sur le plat en forme de corbeille, que vous ornez d'une mosaïque de petits filets d'angélique. Vous garnissez le tour du pied de petites colonnes de pommes; ensuite vous groupez dans la corbeille des petits fruits, que vous avez disposés avec douze pommes de reinette bien saines, de manière à imiter des poires, des abricots, des figues et de petites pommes d'Apy; mais, après leur cuisson, vous colorez les figues, en les frottant avec un peu d'essence d'épinards, puis les abricots avec une petite infusion de safran, et les pommes d'Apy avec un peu de carmin. Pour imiter des grappes de raisin, vous placez dans les fruits de petites parties de riz, où vous fichez avec ordre de moyens grains de muscat. Pour former une grappe de ce fruit, vous en groupez une autre de grains de raisin de Corinthe; et, entre tous ces petits fruits, vous placez des feuilles de biscuit aux pistaches, d'angélique en losange, ou de riz teint d'un vert tendre.

On peut ajouter à ces fruits quelques fraises ananas ou autres, et quelques grappes de belles groseilles rouges placées çà et là.

Turban de pommes au riz. — Faites cuire huit onces de riz comme de coutume : garnissez avec ce riz un moule uni et légèrement beurré, de cinq pouces de diamètre sur cinq de hauteur; placez dans l'intérieur six pommes coupées par quartiers et cuites au sirop, ensuite vous renversez le moule sur le plat d'entremets; et, après l'avoir enlevé, vous placez à l'entour, et un

peu inclinés, des quartiers de pommes cuites blanches, et les ornez avec des grains de raisin de Corinthe. A l'entour du haut du riz, vous placez droites de petites bandes rondes de riz que vous aurez teintes d'un beau rose ou vert pistache très-tendre, ou bien vous placez tout simplement des filets d'angélique. Versez le sirop de pommes à l'entour de l'entremets que vous servez.

Riz en croustade et meringué. — Après avoir dressé et décoré une croustade de pâte fine, vous la cuisez de belle couleur; pendant sa cuisson vous préparez six onces de riz comme de coutume, et huit belles pommes tournées et cuites très-blanches. Après avoir dégarni la croustade de la farine que vous y avez mise pour la faire cuire, vous y versez la moitié du riz que vous élargissez, et placez par-dessus les pommes. Garnissez-les intérieurement d'abricots, couvrez-les avec le reste du riz que vous rangez très-uni; après quoi vous mettez l'entremets au four doux. Fouettez deux blancs d'œufs, mêlez-les avec deux cuillerées de sucre en poudre, et formez-en une grosse meringue de six pouces de diamètre. Vous la saupoudrez de sucre fin, et la placez sur un bout de planche : mettez-la au four, et lorsqu'elle a atteint une belle couleur, retirez l'entremets, que vous masquez de la meringue; puis avec le sirop vous glacez la croûte de la croustade, et vous servez tout de suite.

On sert également ce bon entremets dans une casserole d'argent, en procédant de point en point comme ci-dessus. On peut servir cet entremets froid.

Riz en timbale glacée. — Vous foncez très-mince de pâte fine un moule d'entremets en dôme; ensuite vous masquez la pâte avec les trois quarts du riz (six onces comme de coutume). Versez, dans le milieu, huit pommes de reinette coupées par quartiers, que vous aurez fait cuire avec deux onces de sucre, deux de beurre d'Isigny et deux cuillerées de marmelade d'abricots. Couvrez le tout avec le reste du riz et une abaisse de pâte; après quoi vous mettez la timbale au four chaleur modérée, et lui donnez une belle couleur blonde. Vous la renversez sur son plat, et enlevez le moule; vous glacez la surface de marmelade d'abricots transparente, et servez.

On peut également meringuer cet entremets, en masquant la croûte de la timbale avec deux blancs d'œufs fouettés et mêlés avec deux cuillerées de sucre, le tout saupoudré de sucre fin : donnez une belle couleur.

Riz à la vanille, aux pommes et aux macarons. — Vous préparez six onces de riz comme de coutume ; mais vous y ajoutez une gousse de vanille, afin qu'il en prenne le délicieux parfum. Vous tournez sept pommes de reinette et les faites cuire selon la règle, dans deux onces de sucre en sirop ; après quoi vous beurrez légèrement un moule en dôme, que vous garnissez partout avec les trois quarts du riz (ôtez la gousse de vanille), et placez dans l'intérieur les pommes tournées garnies d'abricots ; recouvrez-les, en achevant d'emplir le moule que vous retournez de suite sur son plat. Vous masquez la surface du riz avec le sirop réduit, et semez par-dessus des macarons doux écrasés. Servez de suite.

Cet entremets doit être dressé en un clin-d'œil, afin qu'il soit encore tout bouillant.

Riz au beurre, aux pommes et au raisin de Corinthe. — Vous faites cuire six onces de riz comme il est dit plus haut, vous y joignez trois onces de beau raisin de Corinthe parfaitement lavé ; ensuite vous tournez douze pommes d'Apy, et les coupez par quartiers. Vous les faites cuire avec deux onces de beurre fin, deux de sucre en poudre et deux cuillerées de marmelade d'abricots.

Vous beurrez légèrement un moule à cylindre (le plus large possible), puis vous le garnissez avec le riz que vous renversez aussitôt sur le plat ; et, après avoir glacé le riz de marmelade d'abricots, vous versez dans le cylindre les quartiers de pommes tout bouillant. Servez de suite. On peut mettre du muscat en place de raisin de Corinthe.

Gâteau de riz historié et glacé. — Faites cuire huit onces de riz comme il est décrit, avec une gousse de vanille. Moulez-le dans un vase en dôme ; renversez-le sur un plat ; et, quand il est froid, masquez-le également de marmelade d'abricots bien transparente, et placez une décoration dessus et autour avec des pistaches, de l'angélique, des raisins de Corinthe, du verjus et des cerises confites.

Gâteau de riz au caramel. — Vous préparez huit onces de riz de la manière accoutumée ; mais vous faites cuire le sucre au caramel, et y mêlez une cuillerée de fleur d'oranger pralinée. Lorsqu'il est froid, vous le faites dissoudre avec un demi-verre d'eau bouillante, et le versez ensuite dans le riz, que vous moulez comme le précédent ; puis, après l'avoir renversé sur son plat, vous le glacez de sucre en poudre, que vous faites fondre en posant dessus le fer à glacer, ce qui donne une couleur brillante à la surface du gâteau, que vous servez le plus promptement possible.

On peut, au lieu de glacer ce gâteau, le masquer de marmelade d'abricots, et semer par-dessus des macarons amers pulvérisés.

Riz à la turque. — Lavez et blanchissez huit onces de riz Caroline, comme de coutume. Vous le faites cuire un peu ferme, avec quatre verres de lait, quatre onces de sucre (sur lequel vous avez râpé le zeste d'une bigarade ou d'un citron bergamote), quatre de beurre d'Isigny, six onces de beau raisin de Corinthe bien lavé, et un grain de sel. Le riz étant presque assez crevé, vous l'ôtez du feu, pour y mêler huit jaunes d'œufs. Vous le versez dans une casserole d'argent ou dans une croustade, et le mettez au four doux pendant vingt minutes. Après cela, vous le saupoudrez de sucre ; que vous faites fondre avec le fer à glacer, pour donner à la surface du riz une belle couleur rougeâtre. Servez de suite.

On glace de même ce riz sans le mettre au feu, c'est-à-dire, qu'après l'avoir versé dans la casserole d'argent, vous le glacez tout de suite, et le servez bouillant.

Riz à l'indienne. — Vous préparez de même que ci-dessus huit onces de riz ; mais vous joignez dans celui-ci le tiers d'un verre de bon rhum et une petite infusion de safran, afin de colorer le riz d'un beau jaune. Servez-le de même glacé, et dans une casserole d'argent.

Riz à la française. — Lavez et blanchissez huit onces de riz ; vous le faites cuire avec quatre onces de beurre fin, quatre de sucre en poudre et quatre verres de lait. Ensuite vous y mêlez trois onces de macarons amers, une cuillerée de fleur d'oranger pralinée en feuilles, deux onces d'écorce d'oranges confites et coupées en dés, vingt-quatre cerises confites séparées en deux, et autant de gros grains de raisin muscat bien épepiné et quelques filets d'angélique confite. Achevez ce plat comme il est dit précédemment, et servez avec une sauce liée au vin d'Alicante ou à la Malvoisie.

Riz au lait d'amandes. — En cherchant cet article à celui des *Potages maigres,* on y verra qu'une demi-livre d'amandes douces et six amandes amères suffisent pour un potage où l'on doit employer deux pintes de mouillement. Après avoir bien pilé les amandes dans un mortier, vous les mettez dans une casserole sur le feu, et les mouillez avec deux pintes d'eau de pluie ; vous les placez ensuite dans une serviette fine, où vous les pressez jusqu'à ce que tout le lait en soit sorti ; faites cuire du riz avec le lait d'amandes, et n'omettez pas, en le sucrant, d'y ajouter un peu de miel de Narbonne épuré.

Riz à la turque. — Choisissez une livre de bon riz que vous laverez à plusieurs eaux ; après l'avoir fait blanchir à grande eau et égoutter, vous le mettez dans une casserole et le faites crever avec du bon consommé; il faut le mouiller très-peu; votre riz à moitié cuit, joignez-y un peu de safran en poudre, un morceau de beurre fin, de la moelle de bœuf fondue, un peu de glace de volaille; maniez le tout ensemble, et servez dans une soupière ou sur un plat avec du consommé clarifié.

Riz à la créole. — Vous prenez deux bons poulets que vous coupez comme pour les mettre en fricassée; vous les passez au beurre, assaisonnés d'un bon bouquet garni de deux clous de géroffe, dix petits piments enragés bien écrasés ou pilés, et d'une pincée de safran; vous mouillerez vos poulets avec du bouillon, en y ajoutant trente ognons que vous avez émincés le plus également possible, en observant d'en retirer les bouts et les cœurs; faites frire votre ognon bien blond; égouttez-le et mettez-le à cuire avec vos poulets, en faisant bouillir le tout à grand feu; vous lavez une livre de riz, et vous le faites blanchir; vous faites cuire votre riz dans de l'eau, de manière à ce qu'il soit à peine crevé; vous servez vos poulets dans une terrine, et votre riz dans une autre, en observant de ne pas dégraisser les poulets; il faut que leur sauce soit un peu longue sans être liée.

Riz à l'italienne. — On fait crever une livre de riz bien lavé; on râpe une demi-livre de lard; on a un chou de Milan que l'on émince et que l'on fait suer avec le lard, assaisonné de persil haché, ail, sel, poivre et quelques graines de fenouil; quand le chou a été étouffé pendant trois quarts d'heure, on met le riz dedans avec très-peu de mouillement, afin que le riz soit à peine couvert; on le laisse ainsi cuire un quart d'heure, et on le sert avec du fromage parmesan râpé.

Riz à la chancelière (recette de la présidente Fouquet). — « Mettez dans une grande huguenote de terre, qui doit être plus haute que large, une demi-livre de riz bien lavé à six eaux tièdes, une demi-livre de sucre en poudre, un quarteron de beurre tout frais, trois cuillerées de miel blanc, une petite cuillerée de fine poudre de cannelle, et puis enfin deux pintes de lait très-nouveau; enfournez la huguenote en mettant le pain au four, et laissez-y cuire le riz jusqu'à l'heure où l'on défournera le gros pain de douze livres. Notez bien qu'il faut que le haut du vase soit assez vide et longuement exhaussé, pour que le lait, en bouillant par la grande chaleur du four, ne puisse sortir de la huguenote et se trouve obligé de retomber toujours sur le riz. Madame la chancelière de Pontchartrain a vécu long-temps de cette nourriture agréable aussi bien que légère, et très-salubre aux inflammations de poitrine et d'estomac. »

ROAST-BEEF ou Rosbif (*V.* pages 21 et 83).

ROBINE, nom d'une poire connue sous le nom d'*Averat*, sous celui de *Muscat d'août*, et même sous le nom de Royale. On la regarde comme une poire parfaite; elle est de la grosseur et de la figure de la bergamote, c'est-à-dire ronde et plate; sa queue est longuette, assez droite et un peu enfoncée; l'œil aussi est un peu en dedans; sa chair est cassante sans être dure, son eau sucrée et parfumée, son coloris jaunâtre et sa peau douce; elle ne mollit presque point, qualité importante, et presque unique en fait de poire d'été; son mérite ne se réduit pas à être mangée crue, elle est encore excellente en pâte et en compote.

ROCAMBOLE, plante bulbeuse de la famille des alliacées. Le grand usage qu'en font les Navarrais lui a fait donner le nom d'échalote d'Espagne. Nous l'employons dans les aliments de la même manière que l'ail; mais il ne faut jamais omettre de faire blanchir les rocamboles à l'eau bouillante avant de s'en servir, attendu que celles de nos contrées ont presque toujours un goût de verdeur et d'âcreté qui dominerait sur tout le reste d'un assaisonnement.

ROGNONS. La chair des rognons a cela de particulier qu'elle ne s'attendrit jamais par la cuisson. Nous avons conseillé de ne jamais employer les rognons du bœuf, attendu que le parenchyme en est presque toujours pierreux, et que la substance en est pourvue d'une saveur trop forte. Voyez ce que nous en avons dit dans notre chapitre sur le bœuf, à la page 88.

Rognons de mouton à la brochette. — Procurez-vous douze rognons de mouton; après les avoir mouillés, fendez-les légèrement à l'opposé du nerf; ôtez-en les peaux qui les enveloppent, et achevez de les fendre sans les séparer; passez au travers, de quatre en quatre, une brochette de bois, en sorte qu'ils ne puissent se refermer; trempez-les dans du beurre fondu, panez-les; faites-les griller, ayant soin de les retourner à propos; quand ils sont cuits, retirez-en les brochettes, et dressez-les sur un plat; mettez dans chacun gros comme la moitié d'une noix de maître-d'hôtel froide (*V.* ce mot); faites chauffer votre plat, et exprimez dessus le jus d'un citron.

Rognons de mouton au vin de Champagne. — Supprimez les peaux de douze rognons; émincez-les; mettez dans une casserole gros de beurre comme un œuf, avec vos rognons assaisonnés de sel, poivre, muscade, persil haché et champignons; faites-les sauter à grand feu; lorsqu'ils sont raidis, vous y mettez une cuillerée à bouche de farine et un verre de vin de Champagne, que vous avez fait bouillir avec deux cuillerées d'espagnole réduite; remuez-les sur le feu sans les laisser bouillir; au moment de servir, ajoutez-y gros comme une noix de beurre fin et un jus de citron; servez alors avec des croûtons autour.

Rognons de mouton sautés. — Ayez douze rognons de mouton; retirez-en les peaux comme ci-dessus; fendez-les en deux; posez vos moitiés sur un sautoir, avec du beurre fondu, sel et poivre; faites-les aller à grand feu; quand ils seront assez raidis d'un côté, retournez-les et faites-les cuire de même; dressez vos rognons sur un plat, avec autant de croûtons de pain passés au beurre; mettez dans votre sautoir un morceau de graisse, deux cuillerées d'espagnole réduite; faites bouillir votre sauce; finissez-la avec gros comme un œuf de beurre fin et un jus de citron, saucez vos rognons. Servez.

Rognons de veau sautés. — Émincez des rognons de veau dont vous aurez ôté les peaux et la graisse, et mettez-les sur un plat à sauter avec du beurre, sel, poivre, muscade, échalotes et persil hachés, et des champignons cuits; faites sauter vos rognons sur un feu très-ardent; ajoutez-y un peu de farine, du vin blanc, quelques cuillerées de sauce espagnole réduite. Au moment de servir, mettez dans les rognons un peu de beurre bien frais et un jus de citron.

Les rognons de veau se font aussi cuire à la broche et au four; il faut alors laisser la graisse. Les rognons de veau ne s'emploient ordinairement que comme garniture dans les tourtes, omelettes et rôties.

Les rognons d'agneau et les rognons de coq reçoivent également plusieurs préparations que nous avons suffisamment indiquées dans le courant de cet ouvrage.

ROQUEFORT (*fromage de*), sorte de fromage opéré par un mélange de lait de chèvre et de lait de brebis, lequel se fabrique à Roquefort en Rouergue. Voyez, sur la prééminence et la supériorité de cet excellent produit français, l'article que nous lui avons consacré dans notre chapitre sur les fromages de *laits mélangés*, pages 239 et suivantes.

ROSE DE PROVINS, MUSCATE et DE BATAVIA. Voyez, relativement à l'emploi de cette fleur en gastronomie, nos articles sur la pharmacie domestique, sur la distillation des végétaux, la manipulation des dragées ou pastilles, et la composition des ratafias et liqueurs.

ROSSANE. Les jardiniers appellent de ce nom toutes les pêches ou les pavies qui sont de couleur jaune. La meilleure espèce de rossane est celle que l'on nomme *persère*; on l'emploie souvent pour foncer des tourtes d'entremets, ainsi que les pêches tardives et les brugnons.

ROSSOLIS, liqueur distillée dont nous avons donné la meilleure formule à la page 299 de notre chapitre des liqueurs.

ROTI. Le rôti bien conduit retient, pour ainsi dire, toutes les parties solubles de la chair, il est couvert d'un enduit de couleur brune, et dont le goût est assez analogue à celui du caramel ou du sucre brûlé : cet enduit donne au suc de la viande une teinte réduite et une saveur apétisante. Le rôti est nourrissant et tonique; beaucoup d'estomacs s'en accommodent mieux que de toute autre préparation. Les viandes brunes, rôties, donnent un jus d'autant plus foncé que leur osmazôme est d'une couleur plus forte ou plus abondante; les viandes blanches fournissent un suc plus pâle, et leurs vertus toniques sont en proportion de leurs qualités naturelles exaltées par l'action du feu; les viandes les plus visqueuses ont, plus que les autres, besoin d'être rôties, et les cochons de lait, l'agneau, le chevreau, et même le veau, lorsqu'il est très-jeune, ne peuvent guère se manger que de cette manière.

Les viandes qu'on fait rôtir ne doivent pas être saisies trop brusquement par le feu; mais aussi elles ne doivent pas languir. Les viandes noires, sans aucune exception, doivent rester rouges à l'intérieur; si on dépasse ce terme, si la chair a pris partout une teinte brune égale, elle est privée de son jus, elle est desséchée, elle est moins sapide et moins digestible. Les viandes blanches exigent une cuisson plus égale : toute teinte rosée doit avoir disparu; mais au-delà de ce terme, elles perdent bientôt de leur qualité en se desséchant. Le point où leur cuisson est parfaite est assez difficile à saisir; on ne peut assigner à cet égard aucune règle tout-à-fait certaine. Il n'y a en cela d'autre guide que l'expérience et une espèce de tact instinctif qui n'est pas commun.

ROTIES, tranches de pain qu'on fait rôtir et sur lesquelles on sert différentes substances, maigres ou grasses.

Rôties de rognons de veau pour hors-d'œuvres (*V*. page 6).

Rôties de rognons de veau pour entremets. — Hachez le rognon avec sa graisse, un peu de persil, de l'écorce de citron vert et du sucre; pilez le tout dans un mortier; faites de petites rôties; couvrez-les d'un peu de farce; posez-les sur une tourtière beurrée ; mettez la tourtière au four ou sous le four de campagne, pour faire prendre couleur aux rôties ; ensuite saupoudrez-les de sucre et glacez-les avec la pelle rouge.

On peut aussi les assaisonner de sel et de poivre, et les paner avec de la mie de pain qu'on arrose de beurre tiède.

On fait de même des rôties avec du blanc de volaille haché et pilé : en y ajoutant de la mie de pain trempée dans de la crème et des jaunes d'œufs.

Rôties à la provençale. — Coupez des tranches de pain sans croûtes ; faites-les frire à l'huile ; quand elles sont frites et égouttées, fendez en deux des anchois dessalés, et arrangez-les sur les rôties ; ajoutez de gros poivre et de bonne huile ; servez avec un jus de citron ou de bigarade.

Rôties à la hollandaise. — Hachez des anchois avec persil, ciboules, ail, échalotes, le tout mêlé de bonne huile ; étendez cette farce sur les rôties ; dressez-les dans un plat avec huile, poivre concassé et jus de bigarade ou de citron.

Rôties à la moelle. — Faites des abaisses de pâte d'amandes, comme des rôties, avec un petit rebord ; faites-les cuire au four ; couvrez-les d'un peu de crème à la moelle bien délicate ; unissez avec de l'œuf battu ; glacez-les, et servez chaud.

Rôties à l'anglaise. — Coupez en deux morceaux des ris de veau blanchis, avec champignons et jambon ; passez-les au beurre ; mouillez avec jus et bouillon, et, quand le ragoût est à demi cuit, liez-le avec du coulis ; laissez réduire presque à sec, et liez encore de trois jaunes d'œufs ; mettez sur chaque rôtie de ce ragoût ce qu'elle en pourra tenir, et par-dessus des petits œufs ; trempez les rôties dans de l'œuf battu ; faites frire et servez à sec ou avec une essence d'anchois.

Rôties au jambon. — Coupez plusieurs tranches de jambon égales ; faites-les dessaler pendant deux heures, et faites-les suer ensuite ; quand elles s'attacheront, mouillez d'un coulis de veau et de jambon ; faites bouillir un peu de cette sauce ; dégraissez-la et la passez au tamis ; mettez-y un filet de vinaigre et du gros poivre ; coupez des rôties de la grandeur de vos tranches de jambon ; passez-les au beurre de belle couleur ; dressez vos tranches, et arrosez-les de la sauce ci-dessus.

Rôties de bécasses. — Hachez la chair et le dedans des bécasses fort menu, avec sel, poivre, lard, le tout mêlé ; faites vos rôties à l'ordinaire, et faites-les cuire à petit feu sous la tourtière ; servez avec un jus de citron.

Rôties à la Richelieu. — Faites un salpicon de ris de veau, crêtes et culs d'artichauts coupés en dés ; passez des champignons en dés ; mouillez de jus ; mettez-y le salpicon ; faites cuire le tout avec du blond de veau ; assaisonnez et liez sur la fin avec des jaunes d'œufs, peu de sauce ; laissez refroidir ; garnissez ensuite vos rôties ; frottez-les d'œufs battus ; faites frire, et servez avec une sauce au blond de veau réduit.

Rôties de chapon. — Faites une farce de chair de chapon, avec sauce et citron vert ; formez vos rôties glacées, et faites frire comme les précédentes.

Rôties de foies gras. — Passez les foies gras à la poêle ; hachez-les ensuite avec du lard, quelques champignons, fines herbes, sel et poivre ; le reste à l'ordinaire.

Rôties de poisson. — Hachez de la chair de carpe avec persil, écorce de citron vert ; pilez le tout avec biscuit d'amandes amères, un peu de beurre et de sel, quelques jaunes d'œufs et mie de pain trempée dans la crème ; mettez de cette farce sur des rôties que vous mettez au four ou dans une tourtière ; faites prendre couleur ; sucrez et glacez avec la pelle rouge, et servez pour entremets ou pour garniture.

ROUELLE, tranche de viande coupée en travers dans la partie de la cuisse qui avoisine le jarret. On fait un grand usage en cuisine de la rouelle de veau (*V.* cet article).

ROUGE DE RIVIÈRE, oiseau sauvage et aquatique qui ressemble au canard, mais plus petit et d'un goût plus délicat. On le sert assez ordinairement pour plat de rôt, après avoir été flambé et vidé. On peut aussi lui faire subir toutes les préparations du canard.

Rouge de rivière au jus de bigarade (*V.* CANARD SAUVAGE, ALBRAN, etc.).

ROUGES-GORGES, petits oiseaux de passage dont la poitrine est couleur d'orange, et dont nous avons suffisamment parlé dans notre article PETITS OISEAUX, à la page 350.

ROUGET, excellent poisson dont la meilleure espèce est celle de la Méditerranée. La meilleure manière de préparer les rougets, c'est de les vider par les ouïes sans les écailler, de les faire griller sur la cendre rouge et de les servir avec une sauce blanche, où l'on ajoute des câpres et des boutons de capucines confites, ainsi que les foies des rougets bien écrasés.

On les fait souvent cuire au court-bouillon ; mais nous ne le conseillons pas, parce que la cuisson sur le gril est, de toutes les préparations essayées sur les rougets, celle qui leur réussit le mieux.

ROULADE, tranche de viande aplatie que l'on recouvre d'une farce, et qu'on roule en forme de saucisson, pour la faire cuire à la broche ou à l'étuvée.

Roulade de bœuf ou de veau à l'ancienne mode. — Laissez mortifier un cuisseau de veau de Pontoise ; levez-en toutes les noix ; ôtez toutes les peaux et coupez le maigre par tranches minces ; battez ces tranches avec un couperet ; étendez ensuite sur une table une crépine de veau trempée dans l'eau fraîche ; couvrez-la avec les tranches de veau que vous couvrez de lard râpé et de jambon pilé, avec sel, poivre, gérofle, cannelle, muscade râpée, coriandre écrasée, persil, ciboules, échalotes, un peu d'ail, thym, basilic, champignons, tétine de veau en filets, ris de veau et bon beurre ; roulez ensuite le tout comme une andouille ; ficelez les deux bouts et le milieu ; couvrez de bardes de lard ; traversez la roulade avec un attelet et attachez-la sur la broche, enveloppée de papier beurré ; faites cuire à petit feu en l'arrosant de temps en temps ; lorsqu'elle est cuite, ôtez la barde pour lui faire prendre couleur.

Servez avec une sauce piquante ou sur une purée de tomates.

ROUX, farine frite dans le beurre ou dans la graisse, dont on se sert pour colorer et lier les sauces, et pour en relever la sapidité.

On passe les viandes au roux avant de les faire cuire à l'étuvée, à la braise, etc.

L'action du beurre ou de la graisse bouillante sur les viandes opère à leur superficie à peu près le même effet que l'action du feu lorsqu'on les met à la broche. Elle en augmente la sapidité, et, en coagulant l'albumine, elle retient à l'intérieur une partie des sucs, qui sans cela se délaieraient dans les mouillements.

Roux brun et roux blanc (*V*. SAUCES).

ROYALE, dénomination qui s'applique à plusieurs fruits, et notamment à la meilleure espèce de pêche, laquelle n'est pas d'un aussi beau volume que l'*admirable* ; mais dont la saveur est préférable encore à celle de la *belle Chevreuse* et du *brugnon blanc*. On ne saurait assez recommander la culture de cet excellent fruit.

S.

SABAYON, crème aux œufs et au vin blanc sucré, dont l'origine est sabaudienne ou savoyarde, ainsi qu'il paraît à son nom. On la sert ordinairement dans des petits pots ou des tasses à sorbet, conjointement avec un biscuit de Savoie. Pour la préparation de cette crème cuite et soufflée, voyez page 188.

SAFRAN. Ce sont les pistils desséchés d'une espèce de crocus. Dans le Gâtinais et dans les environs de Paris, on récolte du safran qui est d'une qualité très-supérieure. On l'employait anciennement dans presque toutes les préparations de la cuisine française ; mais on ne s'en sert aujourd'hui que pour la composition des babas, du pilau, du riz à l'africaine et du scubac (*V*. pages 40, 51, 299 et 377).

Conserve au safran. — Faites cuire du sucre à la petite plume ; mêlez-y du safran torréfié et réduit en poudre ; ajoutez-y un peu de liqueur de scubac d'Irlande ; puis dressez vos conserves

et faites-les sécher à l'étuve, ainsi que nous l'avons formulé page 175 et suivantes.

Mousse au safran. — Faites bouillir de la crème double avec un peu de fleur d'orange sèche et pulvérisée, et mêlez-y une assez forte décoction de bon safran du Gâtinais ; cette composition étant refroidie, fouettez-la vigoureusement avec le fouet de buis ; dressez-la dans vos gobelets à mousses ; mettez-les dans la glace, où vous les maintiendrez jusqu'au moment de les servir. C'est un de ces plats de *campagne* ou de *nécessité*, qui, dans les repas nombreux, ont le double avantage de faire nombre et de mettre de la variété dans le service des entremets au sucre.

Pastilles de safran. — Faites fondre une once de gomme arabique avec une livre de sucre en poudre, où vous ferez immiscer une once de safran du Gâtinais bien grillé et bien pulvérisé ; faites avec le tout une pâte consistante, mais assez maniable pour que vous puissiez en former des tablettes en forme de pastilles ; vous les achèverez à l'ordinaire, ainsi qu'il est formulé page 215. L'effet de ces pastilles est très-satisfaisant dans tous les cas d'embarras gastrique et de calcul bilieux.

SAGOU, substance féculente qu'on trouve abondamment parmi les fibres qui composent le tronc d'une espèce de palmier. C'est un aliment nutritif et léger qu'on prescrit souvent aux personnes convalescentes ou valétudinaires. Relativement à la préparation du sagou, voyez POTAGES COMPOSÉS.

SAINDOUX. On appelle ainsi la graisse de porc fondue dont on se sert pour opérer des fritures, ainsi que pour décorer la base ou les socles massifs de certains gros entremets froids. Relativement à la manutention du saindoux, voyez à l'article CHARCUTERIE, page 142, et relativement à son emploi gastronomique, voyez FRITURE, à la page 254.

Socles en saindoux. — Ayez trois livres de belle graisse de rognon de mouton bien ferme et bien blanche ; retirez-en les peaux et filaments ; hachez cette graisse et faites-la fondre sur un feu doux ; quand elle aura bouilli vingt minutes, ajoutez-y six livres de saindoux que vous ferez fondre et chauffer avec cette graisse, et puis passez tout au travers d'un linge neuf, en en recevant le produit dans une grande terrine ; laissez refroidir cet appareil, et puis fouettez-le à tour de bras avec un fouet à blanc d'œuf ; quand il aura pris assez de consistance, ajoutez-y de la décoction de bleu de Prusse ou de l'indigo broyé ; joignez-y le suc de deux citrons, et battez le tout avec deux spatules croisées. Vous vous servirez de ce mélange pour modeler un socle, afin de supporter une galantine, un jambon froid, un filet de biche ou autre grosse pièce de la même nature. Vous pourrez colorier le même saindoux avec du carmin, du safran, de la cochenille ou du vert d'épinards, afin de l'employer par compartiments variés de couleur. Les aides-officiers décorent souvent ces sortes d'appareil avec de légères et fines découpures de betteraves rouges ou de tranches de carotte cuite, aussi bien qu'avec des feuilles de persil, de cerfeuil et d'estragon, dont ils composent des rosaces et des guirlandes qui sont quelquefois très-joliment dessinées.

SAINT-AUGUSTIN. Madame Fouquet recommande beaucoup la culture de cette espèce de poire, qui mûrit vers la fin de septembre, *et qui est un des plus beaux ornements d'un noble dessert.*

SAINT-GERMAIN, autre poire qui n'est pas moins estimée que la précédente, et que les officiers classent toujours au nombre des meilleurs et des plus beaux fruits *à la main ;* ce qui doit signifier que la cuisson ne lui réussit pas.

SAINTE-MÉNÉHOULD (*sauce à la*) (*V.* page 274).

SALADES. Les salades se composent de plantes potagères auxquelles on ajoute quelques herbacées aromatiques, et qu'on assaisonne avec du sel, du poivre blanc, de l'huile, du vinaigre, et quelquefois de la moutarde ou du soya.

Les salades varient suivant les saisons. On commence à manger les chicorées vers la fin de l'automne, et l'on ne mange habituellement à cette espèce de salade aucune herbe de *fournitures* (*V.* pages 225 et 277). On se contente de mettre au fond du saladier une petite croûte de pain rassis frottée d'ail, ce qui suffit à l'assaisonnement de cette salade.

Un peu plus tard, on emploie la scarole, sorte de chicorée qui, pour être un peu moins tendre, n'est pas moins savoureuse que la chicorée ordinaire, et qui s'apprête également sans fournitures.

Les salades qu'on sert le plus communément en hiver se composent presque toujours avec des mâches, des raiponces et du céleri coupé en bâtonnets. Le céleri s'emploie aussi quelquefois tout seul en salade, et l'on doit servir à proximité du saladier qui le contient de l'huile battue avec de la moutarde et du soya.

Le cresson de fontaine est encore une salade d'hiver. Il est bon d'y mélanger des tranches de betterave et quelques filets d'olives tournées. C'est à la fin de l'hiver qu'on voit paraître une espèce d'endive appelée vulgairement *barbe de capucin.* On l'assaisonne comme la chicorée blanche, et, quand on veut raffiner, on y mélange des fleurs de violette avec un peu d'iris de Florence en poudre. La petite chicorée sauvage ne saurait être recommandée qu'en sa qualité d'aliment sanitaire et dépuratif.

La laitue paraît habituellement au commencement du carême ; mais, comme elle est venue sous bâche, elle est tout-à-fait dépourvue de sapidité. C'est à peu près vers le temps de Pâques que les laitues hâtives commencent à pommer. C'est de toutes les salades celle qu'on aime le mieux et le plus généralement. On y met des herbes de fourniture, des œufs durs coupés par quartiers ; quelquefois des huîtres marinées, des queues de crevette, des œufs de tortue, des filets d'anchois, des olives farcies et quelquefois aussi des achards ou du soya de la Chine. Cette salade exige beaucoup d'huile, et l'huile verte d'Aramont est la meilleure que l'on puisse employer pour son assaisonnement.

Vient ensuite la laitue romaine, moins tendre et moins aqueuse que la précédente, mais qui est pourvue d'une saveur sucrée, et qui, lorsqu'elle est *panachée,* peut constituer une salade de distinction. On y mélange des fournitures, mais dans aucun cas on ne la sert avec des œufs durs.

On compose aussi des salades en macédoine avec des légumes et des racines cuites et coupées en tranches déliées, tels que haricots blancs et verts, lentilles braisées, petits ognons cuits sous la cendre, rouelles de betterave, de salsifis, de pommes de terre, de carottes et de culs d'artichauts, pointes d'asperge, cornichons confits, tiges de fines herbes, câpres, filets d'anchois, jaunes d'œufs de basse-cour ou de gibier, lames de thon mariné, olives farcies, truffes cuites, etc.

On fait aussi des salades de poissons et de viandes cuites, ainsi que nous avons eu l'occasion de l'indiquer précédemment (*V*. page 289); mais on doit employer préférablement à cet usage la chair des poulets gras ou des perdreaux cuits à la broche et refroidis. Il est bon de les faire mariner pendant quelques instants à l'huile et au vinaigre avant de les adjoindre au reste de la salade.

M. Chaptal a bien voulu nous enseigner, pour accommoder la salade, une méthode qui a toujours été vulgairement employée dans tout le nord de l'Europe, et ceci n'empêche pas qu'on n'en fasse honneur à cet illustre académicien. La chose consiste à saturer la salade avec de l'huile assaisonnée de poivre et de sel, avant d'y mettre le vinaigre, ce dont il résulte que la salade ne saurait jamais être trop vinaigrée, par la raison que si l'on a mis trop de vinaigre dans une salade, ainsi qu'il arrive souvent, comme chacun sait, on n'a jamais à s'en repentir, parce que le vinaigre se réunit toujours au fond du saladier, où M. Chaptal a calculé très-judicieusement qu'il devait retomber en vertu des lois de sa pesanteur spécifique à l'égard de l'huile.

Nous prendrons la liberté d'ajouter à ceci qu'il ne faut jamais essayer de faire fondre le sel dans le vinaigre, parce qu'il ne s'y dissout qu'imparfaitement, et qu'il ne saurait jamais se trouver réparti bien également dans la salade. Il vaut beaucoup mieux mélanger le sel avec l'huile, attendu qu'il n'a pas besoin d'être fondu pour être également réparti.

SALEP, sorte de farine qui provient des bulbes de quelques espèces d'orchis. C'est une des substances alimentaires les plus béchiques et les

mieux appropriées dans tous les cas d'irritation pectorale, gastrique ou abdominale (*V*. POTAGES, et PHARMACIE DOMESTIQUE à la fin de ce volume).

SALÉ (*petit*) (*V*. CHARCUTERIE, page 142, et *V*. aussi l'article COCHON, pages 159 et suivantes).

SALICOQUE, petite écrevisse de mer d'un excellent goût, et dont on fait les mêmes emplois que de la crevette rouge et de la chevrette grise (*V*. CREVETTES, à la page 191).

SALYBUB, sorte de breuvage anglais dont le sieur du Noyer rendait compte en ces termes-ci le 18 août 1671. On sait que M. de Chauvan du Noyer était un touriste du XVIIe siècle; mais nous pouvons certifier qu'il n'y a rien presque de changé dans la préparation du salybub.

« En nous promenant dans ce beau verger
» d'Epping, la comtesse de Castelmaine ordonna
» de lui faire du salybobe, et l'on s'empressa d'en-
» voyer au château pour en rapporter les choses
» nécessaires. Ceci consistait dans une grande bas-
» sine de porcelaine chinoise à oreilles d'argent,
» au fond de laquelle on mit sous nos yeux une
» bonne quantité de sucre blanc réduit en poudre
» à l'avance, et puis après deux grands flacons de
» vin des Canaries par-dessus ledit sucre, en les
» démêlant jusqu'à ce que le vin ne parût plus
» trouble, signe assuré que le sucre était suffisam-
» ment bien fondu. Alors, et je n'en pouvais croire
» mes yeux, tandis que MM. de Grammont et de
» Saint-Évremont ne pouvaient s'en taire et se
» défendre d'en rire, on plaça ladite bassine entre
» les jambes de derrière et sous le pis d'une grosse
» vache qui se trouvait en pâture au même endroit
» du verger où nous étions; et là, voici qu'une
» servante laitière se met à traire la vache au-des-
» sus de la bassine, où le lait tombait tout chaud
» en gargouillant et moussant de son mieux. On
» en remplissait vivement des coupoles avec une
» large cuillère d'orfévrerie dorée, et je vous puis
» affirmer que c'est une excellente boisson. M. de
» Saint-Évremont ne l'estimait pas, disait-il; mais
» il me parut que M. le chevalier de Grammont et
» mademoiselle de Jenning la goûtaient de fort
» bon accord; un coup n'attendait pas l'autre; et
» madame de Castelmaine en put avoir si peu,
» qu'elle annonça la résolution d'en recommander
» pour son après-dîner.

» Cette miladie nous apprit alors que, pour faire
» le même salybobe, on mettait parfois du lait tout
» frais et tout chaud dans une haute et large cru-
» che à bec, et puis qu'un garçon du logis grim-

»pait en haut d'un arbre avec ladite cruche, d'où
»il faisait ruisseler tout ce lait dans la bassine
»qu'on plaçait à terre et au-dessous de lui, le plus
»justement qu'on pouvait, ce qui n'empêchait
»point qu'il y eût souvent de ce lait perdu. Mais il
»m'est avis que cette dernière méthode ne saurait
»être usitée que par forme de gaîté rurale et de
»passe-temps champêtre, et l'on convient ici que
»le salybobe est d'un aloi beaucoup meilleur en
»suivant la première façon terre à terre au lieu de
»celle-ci. » (*Supplément aux lettres de madame du Noyer*, page 91.)

SALMIS, préparation qui peut s'appliquer à
tout le gibier *à plumes* dont on trouvera la nomenclature à la page 199. Quant à la manière de
faire les différents salmis (*V*. page 55 et suivantes).

SALPICON, sorte de ragoût composé de
plusieurs viandes coupées en petits cubes et mélangées avec des truffes ou des champignons, qui
doivent être également hachés en forme de dés et
d'égale grosseur (*V*. ci-dessus à l'article RA-
GOUTS).

SALSIFIS, racine potagère dont on connaît
trois variétés, et dont la meilleure est le salsifis
d'Espagne, appelé scorsonère. Il est aisé de les
reconnaître à la couleur de leur peau qui est
noire pour le scorsonère et grisâtre dans le salsifis commun.

Pour apprêter les uns et les autres, on les ratisse
à blanc et on les jette à mesure dans l'eau un peu
vinaigrée : on les fait cuire à grande eau avec du
sel et du vinaigre; quand ils sont cuits, ce qu'on
reconnaît quand ils cèdent sous le doigt, on les
retire, on les égoutte et on les sert avec une sauce
au beurre.

On les sert aussi au gras; et, pour lors, faites
un roux léger; mouillez avec du jus; faites réduire et mettez-y vos racines.

Pour les mettre en friture, on les fait cuire dans
une eau plus fortement vinaigrée; on les trempe
dans une bonne pâte, et on les fait frire dans du
beurre affiné suivant la méthode ordinaire.

Les salsifis à la béchameil, au beurre d'anchois,
à la moelle et au coulis de jambon sont des entremets fort honorables. On les emploie aussi dans
les salades cuites, et nous avons formulé plus haut
la recette d'un *potage aux salsifis* dont l'auteur de la *Physiologie du goût* avait entendu
parler favorablement, nous dit-il.

SANDWICHS ou TARTINES A L'ANGLAISE.—
Prenez un pain rassis de pâte ferme; coupez-le par
le milieu, étalez dessus du beurre frais, le moins

que vous pourrez ; coupez ces vingt-quatre tartines le plus mince possible, mettez-en douze sur
un linge blanc, émincez soit du maigre de veau
rôti, soit du filet de bœuf, rosbif, jambon cuit,
langue à l'écarlate, volaille rôtie, gibier, poissons
secs, etc.; rangez ces lames de viande sur vos
douze tartines, poudrez-les d'un peu de sel blanc ;
recouvrez vos viandes avec les douze autres tartines, coupez-les en petits carrés et servez-les
pour hors-d'œuvre.

Relativement aux diverses manières de composer les sandwichs, consultez le chapitre des HORS-
D'OEUVRES, page 278 et suivante.

SANG. Le sang des animaux est composé des
mêmes principes que leur chair, sauf la gélatine ;
car il contient, ainsi que leurs parties charnues,
de la fibrine, de l'albumine et de l'osmazôme. On
mange le sang de quelques animaux assaisonné de
diverses manières, et principalement sous la forme
de boudin : le sang, ainsi préparé, est très-nutritif, et serait plus facilement digestible, si on n'avait
pas l'habitude d'y mélanger des substances grais-
seuses. Le sang est un aliment fort tonique et dont
la saveur s'exalte par l'action du feu. Il est à remarquer que sa digestion s'opère toujours avec
un sentiment très-marqué de chaleur intestinale.

Voyez, quant à l'emploi culinaire du sang, les
mots BOUDIN, CIVET et GOGUETTE.

SANGLIER, porc à l'état sauvage. Nous
avons parlé du sanglier femelle à l'article LAIE,
page 285, et nous avons dit aussi que les marcassins ou jeunes sangliers se mangent rôtis à la broche, après avoir été écorchés de leur peau qu'on
n'échaude jamais, et après avoir été piqués de
fins lardons assaisonnés de haut goût.

Les jambons, les quartiers du devant, la hure
et les filets du sanglier sont les morceaux les plus
honorables de cette bête noire. On en fait des côtelettes, ainsi que du porc, et l'on en mange également des boudins, la queue et les pieds, ce qu'on
appelle les *menus-droits de vautrait*.

Jambon de sanglier (*V*. page 160).

Hure de sanglier (*V*. page 162).

Menus-droits de sanglier (*V*. page 163).

*Andouilles, boudins et cervelas de san-
glier* (*V*. pages 28, 90, 136 et page suivante).

Côtelettes de sanglier à la Saint-Hubert.
— Étant coupées et parées, vous les sautez au
beurre avec du sel et du poivre sur un feu très-
vif; lorsqu'elles sont cuites des deux côtés, vous
les dressez en couronne; puis vous mettez dans le
plat à sauter un verre de vin blanc, autant de

sauce espagnole; vous ferez réduire et verserez cette sauce sur vos côtelettes. La sauce espagnole peut se remplacer par un roux que l'on mouille avec du consommé.

Filet de sanglier au chasseur. — Parez un filet de sanglier et faites-le mariner pendant deux jours au moins; puis faites-le égoutter, et mettez-le dans une casserole avec des bardes de lard, des parures de viande, carottes, ognons, sel, poivre, bouquet garni; mouillez le tout avec une égale quantité de vin blanc et de consommé, et donnez deux heures de cuisson. Faites ensuite égoutter le filet; glacez-le et le dressez sur une sauce piquante.

Cuisse de laie ou quartier de sanglier à la royale. — Une cuisse de laie étant bien flambée et suffisamment échaudée, désossez-la jusqu'à la jointure du manche; piquez-la de gros lardons bien assaisonnés d'épices et d'aromates pilés; mettez-la ensuite dans une terrine avec beaucoup de sel, du poivre, genièvre, thym, laurier, basilic, ognon, persil, ciboule; vous laisserez mariner cette cuisse quatre ou cinq jours; lorsque vous voudrez la faire cuire, vous ôterez de l'intérieur de ladite cuisse les aromates qui y seront; vous l'envelopperez dans un linge blanc; vous la ficellerez comme une pièce de bœuf; vous la mettrez dans une braisière avec la saumure dans laquelle elle a mariné, six bouteilles de vin blanc, autant d'eau, six carottes, six ognons, quatre clous de gérofle, un fort bouquet de persil et ciboule, du sel, si vous croyez que la saumure ne suffise pas pour lui donner un bon sel; vous la ferez mijoter pendant six heures; vous la sondez pour vous assurer si elle est cuite, sinon vous la faites aller une heure de plus; après cela, vous la laisserez une demi-heure dans sa cuisson, et vous la retirerez; vous la laisserez dans sa couenne; si vous voulez, vous la couvrirez de chapelure, ou, si cette cuisse est trop grasse, vous ôterez la couenne, vous la laisserez à blanc; glacez-la; tâchez qu'elle ait une belle forme.

Sanglier à la daube. — Ayez un cuissot de sanglier que vous larderez partout avec du gros lard; après l'avoir assaisonné de sel, fines épices, ail, échalotes, persil, ciboules, thym, laurier, basilic, le tout haché très-fin, mettez-le dans une marmite juste à sa grandeur, avec quelques bardes de lard, tranches d'ognons, de carottes, panais, un gros bouquet de persil, ciboules, deux gousses d'ail, quatre clous de gérofle, deux feuilles de laurier, thym, basilic, sel et gros poivre; faites suer une demi-heure à petit feu, et mouillez avec un poisson d'eau-de-vie, une cho-

pine de vin blanc et du bouillon; faites suer à petit feu six ou sept heures; ensuite laissez refroidir dans la cuisson, et servez pour gros entremets froid avec un pot de gelée de groseilles rouges à proximité de votre plat.

Sanglier à la mode (*V. Bœuf à la mode,* page 81).

Marcassin farci à la sauge verte (*V. Cochon de lait à l'anglaise,* page 161.

Marcassin en civet, — *à la royale,* — *à la Saint-Denis,* — *à la Charles IX,* — *à la bourguignonne* (*V.* pages 293, 294 et 295).

SARCELLE, petite variété du canard sauvage, dont la chair est assez nutritive et de fort bon goût. On les mange habituellement en plat de rôt, et, parmi les autres manières de les servir, voici quelques préparations les mieux appropriées à leur substance.

Sarcelles à la normande. — Levez les filets de plusieurs sarcelles que vous aplatissez et battez avec le dos d'un couperet; vous les placez dans un sautoir, vous les assaisonnez de sel, de gros poivre, une petite pincée d'aromates pilés; faites tiédir ensuite un morceau de beurre, et versez-le dessus; vous ferez suer vos débris avec un verre de vin blanc; quand ils seront tombés à glace, vous y mettrez plein une cuillère à pot de consommé; vous ferez mijoter pendant une heure, et vous passerez votre suage au tamis de soie; vous mettrez dans une casserole plein quatre cuillerées à dégraisser d'espagnole; vous y joindrez votre suage, et vous la laisserez réduire à moitié; vous la passerez à l'étamine; vous y ajouterez un peu de zeste de bigarade et le jus de la bigarade, et gros comme une noix de glace; vous ferez bien chauffer votre sauce sans la faire bouillir; au moment du service, mettez votre sautoir sur un fourneau ardent; quand vos filets sont raidis de tous côtés, et que vous les jugerez cuits, vous penchez votre sautoir, et mettez vos filets sur la hauteur, pour que vous ne preniez pas de beurre avec la cuillère; vous les mettez sur le plat en forme de buisson, et vous les arrosez de votre sauce.

Si vous n'aviez ni sauce, ni le temps d'en faire, vous laisserez réduire à glace le jus de vos filets; vous ôtez les trois quarts du beurre de votre sautoir; versez plein une cuillère à bouche de farine, que vous mêlez avec votre beurre; vous mettez un verre de bouillon, un peu de sel, un peu de gros poivre; faites ensuite jeter quelques bouillons à votre sauce; vous la passez à l'étamine, vous pressez un citron; si vous n avez pas de bigarade, vous y mettez un peu de zeste et de glace, si vous en avez; vous tiendrez votre sauce chaude sans la faire bouillir, et vous la verserez sur vos aiguillettes.

Sarcelles à la rocambole. — Après avoir approprié vos sarcelles, faites-les cuire à la broche; faites suer ensuite une tranche de jambon : si elle s'attache, vous la mouillerez de bouillon et de coulis; faites bouillir et dégraissez; passez au tamis; écrasez quelques rocamboles; mettez-les dans cette essence, et servez avec les sarcelles.

Sarcelles aux choux-fleurs. — Vos sarcelles flambées et vidées, troussez-leur les pattes. Épluchez ensuite des choux-fleurs; faites-les blanchir et cuire dans un blanc de farine avec de l'eau, du sel et du beurre. Quand ils sont cuits, faites-les égoutter; mettez-les dans une bonne essence avec du beurre frais et du gros poivre. Faites lier la sauce; dressez les sarcelles sur un plat, les choux-fleurs autour, et versez la sauce sur le tout.

Sarcelles aux navets. — On les fait cuire à la broche ou à la braise, piquées de gros lard; ensuite on coupe des navets en dés, ou on les tourne en olives; après leur avoir fait prendre couleur dans du saindoux, on les égoutte et on les fait mi oter avec du bon jus, lié d'un bon coulis; après quoi, on dresse les sarcelles et le ragoût par-dessus.

Sarcelles aux olives. — Vos sarcelles appropriées, faites-les refaire dans leur graisse et cuire ensuite à la broche ou à la braise. Tournez des olives, et les mettez ensuite à l'eau fraîche; quand elles sont égouttées, vous les faites mijoter dans une bonne essence, et vous les servez sous les sarcelles.

Sarcelles à la bigarade (recette de l'hôtel de la Reynière). — Rassemblez quatre sarcelles jeunes et convenablement mortifiées; qu'elles aient été *chassées*, s'il se peut, sur les côtes de la Manche, et surtout dans la baie d'Étables. Videz-les avec soin; flambez-les légèrement, de manière à ne brûler que le duvet; épluchez-les avec attention, et qu'il n'y reste aucun tuyau qui rappelle ses plumes.

Pilez les foies des quatre défuntes avec le dos du couteau pour en faire une petite farce; mêlez-y un copieux morceau de beurre, du sel, du poivre, quelques épices, et un peu de zeste de citron haché.

Farcissez de ce composé vos quatre sarcelles, de façon que leurs ventres s'arrondissent mollement; troussez-les, et passez votre ficelle avec adresse, afin de leur donner, dans cet état, un aspect gracieux et appétissant.

Couvrez leurs estomacs d'une tranche de citron que vous recouvrirez d'une barde de lard, et ensuite un surtout de papier bien beurré. Il faut avoir soin de les ficeler dans cet état par les deux bouts, de peur que le jus ne s'échappe. Embrochez-les toutes quatre sur un attelet que l'on attache à la grande broche. Une demi-heure suffit pour leur cuisson.

Au moment de servir, développez-les et débridez-les proprement; vous en égoutterez le beurre et ôterez les tranches de citron. Servez-les avec une espagnole bien fine, dans laquelle vous ajouterez le jus de deux bigarades.

À défaut de bigarade, on peut employer du citron.

Sarcelles à la batelière. — Vous levez les cuisses, les filets et le croupion de vos sarcelles; vous coupez vos filets en trois dans leur longueur, et de la même grosseur; vous mettez un bon morceau de beurre avec vos morceaux de sarcelles, des échalotes hachées, du persil, du sel, du gros poivre, un peu de muscade râpée, dans une casserole que vous tenez sur un feu ardent; vous sautez ce qui est dans votre casserole pendant dix à douze minutes; vous tâtez si vos morceaux sont bien raidis; ensuite, prenez plein une cuillère à bouche de farine, que vous mêlez avec votre ragoût; vous y mettez un verre de vin blanc; remuez un instant votre ragoût jusqu'à ce qu'il ait jeté un bouillon; si votre sauce était trop liée, vous y ajouteriez un demi-verre de vin blanc; sitôt que votre ragoût aura jeté un bouillon, vous le retirerez du feu pour le manger tout de suite. Si vous êtes à la ville, quand vos sarcelles seront assez sautées, mettez-y la moitié d'une cuillerée de farine, le jus de deux citrons, un peu de son zeste, et plein trois ou quatre cuillères à dégraisser de bouillon. Quand votre ragoût sera lié, vous le tournerez sur le feu; vous regarderez s'il est de bon sel, et vous le servirez.

SARDINES, petit poisson de mer qui se rapproche beaucoup du hareng pour la forme et pour la saveur. On en trouve abondamment sur toutes les côtes de l'Océan; mais on a remarqué que celles que l'on pêche depuis le cap Finistère jusqu'à l'embouchure de la Garonne sont d'une qualité supérieure à celles de la Manche ou des mers du Nord. On en prépare une immense quantité de la même manière que les anchois confits à l'huile, c'est ce qu'on appelle *sardines anchoisées;* mais les gourmets en font aisément la différence.

Autant la sardine fraîche est préférable à l'an-chois, autant la sardine en conserve est inférieure à ce dernier poisson. Les meilleures sardines con-fites se préparent dans les environs de Nantes, et c'est toujours un hors-d'œuvre assez distingué.

Sardines fraîches. — Essuyez bien trois douzaines de sardines fraîches; après les avoir farinées, faites-les frire dans du beurre clarifié; égouttez-les, et servez pour plat de rot.

Sardines salées. — On prend six ou douze sardines que l'on lave bien; puis on en lève les filets; on coupe ces filets en quatre autres filets; on les décore sur une assiette avec de la ravigote hachée, des blancs et des jaunes d'œufs durs ha-chés aussi; on arrose d'huile et on sert en coquille ou bateau de hors-d'œuvres.

Sardines en caisse. — Procurez-vous des sardines fraîches, auxquelles vous couperez la tête et le bout de la queue; mettez de la farce de pois-son au fond d'une caisse et par-dessus vos sar-dines; couvrez-les de la même farce; unissez avec de l'œuf battu; saupoudrez de mie de pain; couvrez d'une feuille de papier et faites cuire au four. La cuisson terminée, égouttez la graisse de vos sardines, et versez par-dessus un coulis maigre qui soit clair.

SARRIETTE, plante aromatique dont le feuillage ressemble à celui de l'hyssope, et qui est l'assaisonnement obligé des fèves de marais. Quand on veut conserver de *petites fèves*, il est bon de conserver aussi de la sarriette : elle se dessèche facilement, et, dans cet état, il suffit de la tenir au sec pour qu'elle n'éprouve aucune altération.

SARRAZIN ou BLÉ NOIR. Dans toutes les contrées où la population vit de sarrazin, on en emploie la farine à faire une bouillie de couleur bleuâtre, parce que le son n'a pas été bien sé-paré : quand cette farine est soigneusement blu-tée, on en fait, en y ajoutant du beurre ou du lait, des galettes assez nutritives et qui sont d'une grande ressource pour l'alimentation des manou-vriers.

SASSENAGE, fromage de facture française et qui tire son nom du bourg de Sassenage, en Dauphiné. Il est maintenu, par les gourmets ou les amateurs de fromage, à la deuxième place après celui de Roquefort, avec lequel il a, du reste, assez d'analogie (*V.* le chapitre relatif à la fabri-cation des fromages, depuis la page 136 jusqu'à la page 142).

SAUCES. La plupart des sauces étant com-munes à un assez grand nombre de préparations alimentaires, il se présentait l'inconvénient de ré-péter souvent la même formule ou de renvoyer sans cesse à l'article où elle aurait été donnée pour la première fois.

C'est pour éviter des répétitions infinies qu'on réunit ici les prescriptions suivantes, où l'on trouvera toutes les recettes les plus usuelles et les mieux éprouvées.

Sauces à la ménagère.

Sauce au beurre frais, nommée vulgaire-ment *sauce blanche.* — Délayez une demi-cuillerée de fleur de farine ou de fécule de pom-mes de terre, dans une quantité d'eau suffisante pour faire une bouillie très-claire. On peut aussi délayer la fécule ou fleur de farine avec du bouil-lon. Ajoutez-y sel, poivre et un peu de muscade râpée; lorsque la farine ou fécule est cuite, reti-rez la casserole du feu, et faites fondre dans la bouillie un bon morceau de beurre frais. On ajoute, avant de servir, un filet de vinaigre ou de verjus, ou de citron.

Un ou deux jaunes d'œufs, délayés dans cette sauce, contribuent à la rendre plus savoureuse et plus onctueuse.

Dans cette sauce, le beurre, la fécule ou la farine et l'eau forment une combinaison triple qui est une véritable émulsion. Le beurre, dans cet état, est plus digestible que s'il était seul; cependant il est des personnes dont l'estomac supporte assez difficilement les sauces blanches, ce qui provient presque toujours de ce que la farine ou la fécule n'a pas été assez cuite, et l'ad-dition d'un peu de muscade rend cette sauce encore plus facile à digérer.

Sauce à la crème. — Faites fondre dans une casserole un bon morceau de beurre bien frais; ajoutez une cuillerée de fleur de farine et mêlez exactement; assaisonnez de sel et poivre; versez le lait qui doit être chauffé à part : un verre et demi est suffisant. Faites bouillir et ajoutez lente-ment, en tournant toujours, deux ou trois jaunes d'œufs délayés dans une cuillerée de lait.

Sauce blanche sans beurre. — Mettez dans une petite casserole trois ou quatre jaunes d'œufs crus, six cuillerées d'huile d'olive, sel en poudre, poivre et muscade; faites chauffer de l'eau dans une casserole plus grande et plongez-y celle qui contient les œufs et l'huile aussitôt que l'eau est assez chaude pour qu'on ne puisse y tenir la main; tournez vivement pour mélanger les œufs avec l'huile; aussitôt que la sauce est bien liée, retirez

28.

la casserole et servez tout de suite. Cette sauce ne doit être qu'un peu plus que tiède ; à un degré de chaleur plus élevé, le jaune d'œuf se coagule et l'huile se sépare.

Cette sauce est particulièrement bonne avec les asperges et les artichauts cuits au naturel.

Sauce brune. — Mettez dans une casserole des parures de diverses viandes, bœuf, veau, mouton ou volailles, avec des carottes, des ognons et un verre d'eau ; faites bouillir vivement jusqu'à ce qu'il n'y ait plus de mouillement ; mettez ensuite la casserole sur un feu doux pour que la glace qui est au fond se colore sans se brûler ; quand elle a pris une belle couleur un peu foncée, mouillez avec du bouillon ; ajoutez un fort bouquet garni, deux clous de géroflc et des champignons ; écumez et laissez cuire à petit feu pendant deux ou trois heures ; passez le fond de la cuisson et servez-vous-en pour mouiller un roux que vous ferez dans une autre casserole ; laissez bouillir doucement pendant une heure et dégraissez soigneusement.

Sauce à la Béchameil à la bourgeoise. — Prenez une demi-livre de veau et un quarteron de jambon ; coupez le tout en dés ; ajoutez deux carottes et deux ognons coupés en tranches, deux clous de géroflc, une feuille de laurier, deux échalotes, persil et ciboules hachés ; assaisonnez de poivre et muscade râpée, peu de sel ; plus, un quarteron de beurre ; passez le tout sur le feu, sans faire prendre couleur ; ajoutez ensuite une cuillerée de farine qui doit être mêlée exactement ; mouillez avec une pinte de lait ; faites bouillir doucement en tournant toujours pour que la sauce ne s'attache pas. Elle doit avoir la consistance d'une bouillie. On la passe au tamis lorsqu'elle est à son point.

On pourrait faire plus promptement la même sauce en ajoutant à une bouillie claire, faite avec du lait et de la farine, un bon verre de jus blond de veau et un morceau de beurre, faisant ensuite réduire le tout jusqu'à consistance suffisante.

Béchameil à la minute. — Mettez un morceau de beurre dans une casserole avec des champignons coupés en tranches, un bouquet garni et deux gousses d'ail ; faites légèrement roussir, ajoutez une pincée de farine que vous délayez avec une chopine de lait ; tournez jusqu'à ce que la sauce soit bien liée ; passez à l'étamine et ajoutez une pincée de persil blanchi et haché très-fin.

Si l'on ajoute à cette sauce de bon bouillon ou du jus, ou quelque fond de cuisson de veau ou de volaille, elle n'en est que meilleure ; mais, dans tous les cas, il faut la faire réduire jusqu'à consistance de crème.

Sauce aux tomates. — Mettez dans une casserole une douzaine de tomates coupées en quartier, avec un bon morceau de beurre, quelques ognons coupés en tranches, persil, ciboules, une feuille de laurier, sel, poivre, deux clous de géroflc et un peu de muscade râpée ; ajoutez un bon morceau de beurre ; faites bouillir en remuant souvent pour empêcher les tomates de s'attacher ; quand elles sont bien fondues et que la sauce commence à s'épaissir, on la passe avec expression et on la fait réduire jusqu'à *consistance convenable.*

Pendant l'hiver, on fait cette sauce avec la conserve de tomates. On en met une cuillerée dans une casserole avec un morceau de beurre et un verre de bouillon ; on délaie la conserve dans le bouillon avant de faire fondre le beurre. On fait bouillir jusqu'à réduction suffisante pour que la sauce ait une bonne consistance.

Ou bien coupez en dés un peu de jambon ; faites le suer dans une casserole avec un peu de beurre et mouillez avec du bouillon dans lequel vous aurez délayé la conserve ; faites mijoter pendant une heure, et passez au tamis.

La sauce aux tomates est agréable ; elle excite l'appétit et favorise la digestion en stimulant légèrement l'estomac. L'auteur de l'excellent *Traité des préparations* fait observer que c'est, parmi toutes les sauces, une de celles dont l'usage présente le moins d'inconvénients pour la santé.

Sauce à la ravigote. — Mettez dans une casserole un verre de jus ; ajoutez autant de vin blanc, et faites réduire ; ajoutez ensuite du baume, pimprenelle, cerfeuil, civette, estragon blanchis et hachés fin, un jus de citron, sel et gros poivre ; faites lier sur le feu sans laisser bouillir.

Sauce piquante. — Faites roussir au beurre une carotte, deux ognons et un panais émincés ; ajoutez une pincée de farine ; mouillez avec du bouillon et suffisante quantité de vinaigre ; assaisonnez avec un bouquet garni, une gousse d'ail, piment vert, ou gros poivre et muscade râpée. Faites bouillir jusqu'à consistance convenable, et passez au tamis. Si la sauce est trop claire, épaississez-la avec un morceau de beurre manié avec de la farine ou de la fécule.

Sauce au chasseur. — Faites réduire à moitié un verre de bouillon et deux verres de vin blanc ; ajoutez alors échalotes, persil, ciboules, un peu d'ail, estragon, cerfeuil ; le tout haché fin ; assaisonnez de sel et gros poivre ; faites bouillir pendant cinq minutes, et, au moment de servir, ajoutez-y le jus d'un citron et une cuillerée d'huile.

Sauce verte chaude. — Mettez dans une casserole un verre de jus et autant de vin blanc, et faites réduire ; d'un autre côté, hachez et pilez dans un mortier toutes les petites herbes qu'on emploie en fourniture de salade ; exprimez le tout pour en tirer le jus qui est vert ; délayez dans ce jus quatre jaunes d'œufs, et servez-vous-en pour lier la sauce.

Sauce verte froide. — Prenez cerfeuil, cresson alénois, pourpier, pimprenelle, estragon, un peu de baume, civette ; de chaque suivant sa force : pilez le tout dans un mortier après l'avoir haché ; ajoutez ensuite de la rocambole hachée, de l'huile, sel, gros poivre, et suffisante quantité de moutarde : mélangez bien le tout. Si elle est trop épaisse, ajoutez de l'huile.

Sauce aux échalotes. — Hachez très-fin une douzaine d'échalotes ; mettez-les dans une casserole avec un demi-verre de vinaigre, une demi-gousse d'ail, sel, gros poivre, muscade, une feuille de laurier et une cuillerée de gelée ou de jus de viande rôtie. Faites réduire des deux tiers ; mouillez avec un peu de jus ou du fond de cuisson, ou, à défaut, avec du bouillon ; au moment de servir, ajoutez une cuillerée d'huile.

Sauce à la bonne femme. — Faites roussir avec un morceau de beurre, des champignons, un ognon, une carotte, un panais, une pointe d'ail, persil et ciboules ; mouillez avec moitié bouillon et moitié vin blanc ; assaisonnez suffisamment ; faites bouillir à petit feu pendant une heure ; passez au tamis.

Faites bouillir en même temps une poignée de mie de pain avec un bon verre de lait : quand le pain a absorbé tout le lait, passez au tamis et ajoutez-le à la sauce.

Rémoulade. — Hachez très-fin persil, ciboules, câpres, anchois, une pointe d'ail ; mêlez avec une bonne cuillerée de moutarde ; assaisonnez avec du sel, et délayez le tout avec une suffisante quantité d'huile d'olives. Il faut que le tout soit bien lié, et que l'huile ne se sépare pas : on y parvient en battant le mélange pendant long-temps.

Rémoulade chaude. — Passez au beurre, persil, ciboules, champignons, une pointe d'ail, le tout haché ; ajoutez une pincée de farine, et mouillez avec du jus ou de bon bouillon, et une cuillerée d'huile ; laissez jeter quelques bouillons, et assaisonnez avec sel et muscade râpée. Au moment de servir, délayez dans la sauce une cuillerée de moutarde.

Sauce bayonnaise (*appelée* mayonnaise *par les professeurs et les opérateurs mal appris*). — Délayez un ou deux jaunes d'œufs crus avec le jus d'un citron ; ajoutez sel et épices mélangées ; versez peu à peu de l'huile sur les œufs, en tournant toujours : la sauce ne tarde pas à s'épaissir ; ajoutez-y, de temps en temps, un peu de fort vinaigre aromatique. On peut ajouter de l'huile tant que la sauce ne perd pas sa consistance. On s'en sert pour les salades de poissons, de volailles et de légumes cuits.

En ajoutant de la moutarde à la bayonnaise, on obtient une rémoulade excellente.

Sauce Robert au gras. — Faites roussir des ognons coupés en tranches avec du beurre ou du lard fondu ; mouillez, quand ils ont pris couleur, avec du jus ou de bon bouillon ; ajoutez sel et poivre et un peu de caramel : quand les ognons sont bien cuits, ajoutez un peu de moutarde.

Sauce Robert au maigre. — Faites roussir au beurre les ognons coupés en tranches ; ajoutez une pincée de farine, et mouillez avec du bouillon maigre et un verre de vin rouge ; assaisonnez avec sel, poivre, un bouquet garni et une pointe d'ail. Ajoutez un peu de moutarde au moment de servir, et retirez le bouquet.

Sauce au pauvre homme. — Prenez cinq ou six échalotes, hachez-les et ajoutez-y une pincée de persil ; mettez le tout dans une casserole, soit avec un verre de bouillon, soit avec de l'eau en moindre quantité, et une cuillerée à dégraisser de bon vinaigre, du sel, une pincée de gros poivre ; faites bouillir vos échalotes jusqu'à ce qu'elles soient cuites, et servez.

Sauce à l'huile. — Coupez par tranches des citrons dont vous aurez enlevé le blanc ; mettez-les dans un vase avec de l'huile, du vinaigre, sel et poivre, ail, persil et estragon hachés, et un peu de piment en poudre. Mêlez bien le tout. On peut *saucer* avec cette composition le poisson grillé.

Grandes sauces françaises

NOMMÉES FONDS DE SAUCES.

(*Afin d'inspirer plus de confiance à nos lecteurs, nous les prévenons que presque toutes les recettes qui vont suivre ont été formulées par M.* Laguipierre, LE PLUS GRAND SAUCIER DE NOS JOURS, *ainsi que l'appelle M.* Carême, *avec cette propriété d'élocution qui caractérise toujours un écrivain consommé. Nous n'avons pas voulu changer un seul mot à la rédaction d'un si savant homme de bouche, et nos lecteurs nous sauront sûrement bon gré de cette précaution.*)

Grand jus. — Beurrez le fond d'une bassine, mettez-y quelques lames de jambon et bardes de lard, ognons en tranches et carottes; couvrez le tout de lames de bœuf épaisses de deux doigts; mouillez-le d'une cuillerée à pot de grand bouillon; faites-le partir sur un feu vif; lorsqu'il commencera à s'attacher, piquez la viande avec la pointe d'un couteau; couvrez de cendre votre fourneau pour empêcher que votre jus n'aille trop vite; prenez bien garde qu'il ne brûle : quand il sera fort attaché, mouillez-le comme le blond de veau; écumez-le, assaisonnez-le avec un bon bouquet de persil et ciboules, en y ajoutant quelques queues de champignons; quand vous jugerez la viande cuite, dégraissez; passez votre jus dans une serviette, et servez-vous-en pour colorer vos potages et vos sauces, ou les entrées et entremets qui exigent du jus.

Grande sauce. — Beurrez une casserole; foncez-la de lames de jambon; coupez du veau par morceaux; mettez-en sur votre jambon, suffisamment pour la grandeur de votre casserole; mouillez-le avec une ou deux cuillerées de bouillon, de manière que votre veau soit presque couvert; mettez-y deux carottes tournées, un gros ognon que vous retirerez quand il sera cuit. Lorsque votre veau est tombé à glace, vous laissez très-peu de feu sous votre casserole, et vous l'entourez de cendres rouges pour faire descendre la glace; quand elle a pris sa couleur, vous la détachez avec une cuillerée à pot de bouillon froid : sitôt qu'elle est détachée, vous remplissez votre casserole de bouillon; quand votre veau est cuit, vous le retirez, et vous passez votre blond de veau dans une serviette; vous avez votre roux dans une casserole; vous le délayez assez pour que la sauce ne soit pas trop épaisse, et vous la faites partir; retirez-la sur le bord du fourneau, et remuez-la de temps en temps : que votre coulis soit d'une belle couleur; s'il en manquait, perfectionnez-le avec du jus de bœuf; il se formera, durant la cuisson, une peau dessus : ne l'ôtez pas, et ne le dégraissez qu'à parfaite cuisson et au moment de le passer, sans l'exprimer à travers l'étamine. Votre sauce passée, mettez une cuillère dedans; ayez soin de la sasser et vanner, jusqu'à ce qu'elle soit refroidie, pour qu'il ne se forme point de peau dessus, et servez-vous-en pour des petites sauces brunes.

Espagnole. — Prenez une, deux ou trois noix de veau; foncez une casserole de lard et de jambon, de ce dernier surtout en plus grande quantité, et procédez, à cet égard, comme il est expliqué pour la grande sauce; mettez vos noix dessus, avec une bonne cuillerée de consommé bien corsé, cinq ou six carottes tournées, autant d'ognons; faites partir le tout comme le coulis général, et mettez-le sur un feu doux, afin que vos noix jettent leur jus. Lorsque la glace sera bien formée, ce que vous reconnaîtrez au fond de la casserole qui doit être d'un beau jaune, retirez-la du feu; piquez alors vos noix avec votre couteau, pour que le reste du jus s'en exprime; mouillez-les avec du consommé dans lequel vous aurez fait cuire une quantité suffisante de perdrix, de lapins ou de poulets; mettez un bouquet de persil et ciboules, assaisonné de deux clous de gérofle par noix de veau, d'une demi-feuille de laurier, d'une gousse d'ail, d'un peu de basilic et de thym; faites bouillir le tout; retirez-le sur le bord du fourneau et dégraissez-le : au bout de deux heures, liez votre espagnole avec le roux comme le coulis général; lorsqu'elle sera liée de manière à être plus claire qu'épaisse, laissez-la bouillir une demi-heure ou trois quarts d'heure, pour que le roux s'incorpore; alors dégraissez et passez cette espagnole à l'étamine dans une autre casserole; remettez-la sur le feu pour la faire réduire d'un quart : elle pourra vous servir pour tous les ragoûts au brun. Vous y mettrez le vin que vous jugerez à propos, soit de Madère, de Champagne ou de Bourgogne, selon les petites sauces dont vous aurez besoin. Ma coutume n'est pas de mettre le vin dans l'espagnole générale, attendu qu'on ne met point tout au vin, et qu'avec le vin elle peut s'aigrir du jour au lendemain, si tout n'est pas employé dans la journée, ce qui ferait *une perte;* mon habitude encore est de ne point faire réduire les vins seuls, ce qui leur donne souvent un goût d'alambic, et fait évaporer toute la partie spiritueuse; conséquemment, je les fais réduire avec la sauce à une demi-glace ou gros comme le pouce de glace, ou même davantage, quand c'est pour des petites sauces, et selon le besoin que j'ai qu'elles soient plus ou moins corsées.

Espagnole travaillée. — Lorsque vous voudrez vous servir de l'espagnole pour des sautés ou comme simple sauce, prenez-en deux ou trois cuillerées à pot, ou davantage, avec environ le tiers de consommé, quelques parures de truffes bien lavées et quelques queues de champignons; faites réduire le tout sur un grand feu, et dégraissez-le avec soin. Si votre espagnole manque de couleur, donnez-lui-en avec votre blond de veau; faites-la réduire à consistance de sauce; passez-la à l'étamine ; mettez-la dans un bain-marie, pour vous en servir au besoin.

Velouté ou coulis blanc. — Ayez noix ou sous-noix, ou une partie d'un cuissot de veau ; mettez-le dans une casserole beurrée, avec quelques lames de jambon, une cuillerée de consommé bien corsé, trois ou quatre carottes, autant d'ognons ; faites partir le tout sur un feu assez vif : quand vous verrez que votre mouillement est réduit et qu'il pourrait s'attacher, mouillez-le avec du consommé, en raison de la quantité de vos viandes et de la force de votre consommé : quand le tout sera bien bouillant, retirez-le sur le bord du fourneau ; ajoutez-y quelques échalotes, quelques queues ou tournures de champignons, dans lesquels vous n'aurez point mis de citron, de crainte qu'il ne fasse aigrir votre sauce ; mettez-y un bouquet bien assaisonné comme pour l'espagnole, et ayez soin de le retirer lorsqu'il sera cuit, en l'exprimant entre deux cuillères ; retirez également les viandes lorsqu'elles seront cuites ; ayez soin, durant que votre sauce est sur le feu, de faire un roux blanc pour le lier. Voici la manière de vous y prendre : Faites fondre une livre d'excellent beurre ; tirez-le au clair dans une casserole pour en supprimer le lait de beurre et les autres effondrilles qui s'y trouvent : quand cela est fait, vous prenez de la fleur de farine de froment, et vous en mettez une suffisante quantité dans votre beurre, que vous remuez au point qu'il soit parfaitement bu par la farine ; ensuite vous mettez la casserole sur un feu doux ; vous remuez constamment, pour que votre roux ne prenne point de couleur ; vous le flairez, et lorsque vous sentez que la farine est cuite, vous délayez le tout ou une partie avec le mouillement de votre velouté : cela fait, ayez soin de tourner continuellement votre farce, pour que la farine ne tombe point au fond et qu'elle ne s'attache pas ; dégraissez votre velouté ; passez-le à l'étamine, remettez-le sur le feu ; dégraissez-le de nouveau et faites réduire ; retirez-le, mettez-le dans un vase ; passez et vannez, de crainte qu'il ne forme une peau.

Velouté travaillé. — Il se travaille comme l'espagnole, excepté que l'on n'y met rien qui puisse le colorer, afin qu'il soit très-blanc.

Grand aspic (V. ASPIC).

Glace ou consommé réduit. — Prenez un ou deux jarrets de veau ; ficelez-les ; et, soit pour augmenter ces jarrets ou remplacer des parures de carrés ou des débris de veau ; mettez le tout dans une marmite fraîchement étamée, avec quatre ou cinq carottes, deux ou trois ognons et un bouquet de persil et ciboules ; mouillez le tout avec d'excellent bouillon ou quelques bons fonds ; faites écumer votre marmite, et rafraîchissez-la plusieurs fois avec de l'eau fraîche ; mettez-la sur le bord d'un fourneau, et, lorsque vos viandes quitteront les os, passez votre consommé à travers une serviette que vous aurez mouillée et tordue ; laissez refroidir votre consommé ; clarifiez-le, comme il est indiqué à l'article de la CULOTTE DE BŒUF A LA GELÉE (*V*. cet article) ; faites-le réduire à consistance de sauce, ayant soin de le remuer toujours, vu que rien n'est plus sujet à s'attacher et à brûler : à cet effet, ne la conduisez pas à trop grand feu, ce qui pourrait la noircir. Elle doit être d'un beau jaune, et très-transparente ; n'y mettez point de sel, elle en aura toujours assez. Cette réduction sert à donner du corps aux sauces et ragoûts qui pourraient en manquer, et à glacer vos viandes ; vous ferez un petit pinceau avec des queues de vieilles poules ; ôtez-en les barbes ; ne laissez que le bout des plumes d'environ deux pouces de longueur ; mettez-les bien égales, *qu'il n'y en ait pas une plus longue que l'autre ;* liez-les fortement, ce qui formera votre pinceau ; lavez-le dans l'eau tiède ; pressez-le ; servez-vousen, et prenez garde de le laisser bouillir dans la glace, de crainte d'en faire en aller les barbes par parcelles dans votre glace.

Marinade cuite. — Mettez dans une casserole gros de beurre comme un œuf, une ou deux carottes en tranches, ainsi que des ognons, une feuille de laurier, la moitié d'une gousse d'ail, un peu de thym et de basilic, du persil en branche, deux ou trois ciboules coupées en deux ; faites passer le tout sur un bon feu : quand vos légumes commenceront à roussir, mouillez-les avec un poisson de vinaigre blanc, un demi-setier d'eau ; mettez-y sel et gros poivre ; laissez bien cuire cette marinade ; après passez-la au travers d'un tamis, et servez-vous-en au besoin.

Poêle. — Prenez quatre livres de rouelle de veau ; coupez-les en dés, ainsi qu'une livre et demie de jambon, une livre et demie de lard râpé ou coupé de même, cinq ou six carottes coupées aussi en dés, huit moyens ognons entiers, un fort bouquet de persil et de ciboules, dans lequel vous envelopperez trois clous de gérofle, deux feuilles de laurier, du thym, un peu de basilic et un peu de massif ; joignez à cela trois citrons coupés en tranches, et dont vous aurez supprimé la pelure et les pepins ; mettez le tout dans une marmite fraîchement étamée, avec une livre de beurre fin ; passez-le sur un feu doux ; mouillez-le avec du bouillon ou du consommé ; faites partir ; écumez ; laissez cuire quatre ou cinq heures; après, passez votre poêle au travers d'un tamis de crin, et servez-vous-en au besoin.

Poêle à la Mirepoix. — Cette sauce se fait comme la précédente; elle diffère en ce que dans le volume de son mouillement il entre un quart de vin, soit de Champagne, soit d'autre bon vin blanc.

Poêle au blanc (*V*. BLANC).

Roux. — Mettez dans une casserole une livre de beurre ou davantage; faites-le fondre sans le laisser roussir; passez au tamis de la farine de froment, la plus blanche et la meilleure; mettez-en autant que votre beurre en pourra boire (on le fait aussi considérable que le besoin l'exige). Il faut que ce roux ait la consistance d'une pâte un peu ferme; menez-le au commencement sur un feu assez vif, ayant soin de le remuer toujours : lorsqu'il sera bien chaud et qu'il commencera à blondir, mettez-le dessus de la cendre chaude, sous un fourneau allumé, en sorte que la cendre rouge de ce fourneau tombe sur le couvercle qui couvre votre roux; remuez-le de demi-quart d'heure en demi-quart d'heure, jusqu'à ce qu'il soit d'un beau roux : de cette manière, votre roux n'aura point l'âcreté que les roux ont ordinairement.

Roux blanc. — Faites fondre le beurre le plus fin que vous aurez; mettez-y de la farine en suffisante quantité; passez au tamis comme ci-dessus, de crainte qu'il ne se trouve dans votre farine des grumeaux ou de la malpropreté; menez-le sur un feu très-doux, afin qu'il ne prenne point de couleur : ayez soin de le remuer environ une demi-heure, et servez-vous-en pour votre velouté.

Sauces françaises dites Royales.

Sauce à la Béchameil. — Mettez de votre velouté dans une casserole, en raison de vos besoins, et un demi-setier de consommé. Si vous employez une pinte de velouté, faites aller votre sauce sur un grand feu; tournez-la avec soin, qu'elle se réduise d'un tiers de son volume; en même temps faites réduire au tiers une pinte de crème double; incorporez-la peu à peu dans votre sauce que vous tournez jusqu'à ce qu'elle soit réduite au point où elle était avant d'y avoir mis la crème. Cette sauce ayant la consistance d'une légère bouillie, tordez-la dans une étamine bien blanche, et mettez-la au bain-marie pour vous en servir au besoin.

Autre manière. — Coupez un morceau de noix de jambon en dés, deux fois autant de veau,

quelques petites carottes tournées, cinq petits ognons et quelques queues d'échalotes; joignez à cela un ou deux clous de gérofle, une feuille de laurier, environ une demi-livre de beurre; mettez le tout dans une casserole et sur le feu; remuez avec une cuillère de bois très-propre. Quand votre viande commencera à jeter son jus, singez-la avec de la farine bien blanche; retirez-la du feu; remuez-la pour que la farine soit bien incorporée; remettez-la sur le feu; remuez-la toujours, de crainte qu'elle ne s'attache. Quand elle sera suffisamment passée, délayez le tout avec du consommé ou du bon bouillon; faites aller cette sauce à grand feu, ayant toujours soin de la remuer, et finissez-la, comme la précédente, avec une pinte de crème réduite ou une pinte de bon lait. (Remarquez que la pinte de crème, chez le crémier, n'est qu'une chopine.) Enfin votre sauce ayant, comme la précédente, la consistance d'une bouillie, tordez-la dans une étamine, et mettez-la dans votre bain-marie, etc.

Sauce à la Sainte-Ménéhould. — Mettez dans une casserole un morceau de beurre coupé; singez-le de farine; délayez votre sauce avec du lait ou de la crème; assaisonnez-la d'un bouquet de persil et de ciboules, la moitié d'une feuille de laurier, une poignée de champignons et quelques échalotes; mettez-la sur le feu; tournez-la comme la béchameil, et tordez-la à l'étamine; remettez-la sur le feu; mettez-y du persil haché, un peu de mignonnette, et vous vous en servirez pour ce qui vous sera indiqué ci-après.

Sauce à la maître-d'hôtel. — Hachez fin du persil et de l'échalote, et pétrissez-les avec du beurre; ajoutez sel, gros poivre et une peu de jus de citron; mettez cet amalgame froid dans les légumes, poissons ou viandes cuites, dont la chaleur sera suffisante pour le faire fondre.

Sauce à la maître-d'hôtel liée. — Prenez du velouté, deux cuillerées à dégraisser; mettez-les dans une casserole; joignez-y gros de beurre comme un œuf, avec persil haché très-fin, deux ou trois feuilles d'estragon hachées de même; mettez cette sauce sur le feu; tournez-la pour bien incorporer votre beurre avec le velouté; à l'instant où vous voudrez la servir, passez et vannez votre sauce; ajoutez-y un jus de citron ou un filet de verjus, ce qui revient au même.

Sauce au suprême. — Prenez du velouté réduit, deux ou trois cuillerées à dégraisser; mettez-les dans une casserole; ajoutez-y deux ou trois cuillerées de consommé de volaille; faites réduire le tout à la valeur de trois cuillerées de velouté; au moment de vous en servir, mettez-y gros de beurre comme un œuf; faites aller cette sauce sur un bon feu; tournez-la et passez-la : qu'elle soit bien liée, sans être trop épaisse : arrivée à son degré, retirez-la; mettez-y un jus de citron ou un filet de verjus; vannez-la, et servez.

Sauce aux truffes à la minute. — Faites revenir légèrement dans de la bonne huile ou dans du beurre bien frais quelques truffes hachées très-menu; ajoutez ensuite un peu de consommé et quatre fois autant de velouté; faites bouillir ensuite sur un doux feu pendant vingt minutes, et dégraissez. A défaut de velouté on mettrait une plus grande quantité de consommé; on y joindrait un peu de farine, muscade et gros poivre, et l'on ferait mijoter ladite sauce.

Sauce aux truffes à la Périgueux. — Émincez des truffes en liards, ou coupez-les en petits dés; passez-les dans une casserole sur un feu doux, avec un morceau de beurre; laissez-les cuire ainsi, et mettez-y de l'espagnole réduite en raison de la quantité des truffes, et selon la pièce que vous avez à saucer; joignez à cette espagnole du consommé ou du bouillon, du vin blanc en égale proportion; laissez-la réduire; dégraissez-la; finissez-la avec un morceau de beurre, et servez-vous-en. Observez que vous ne devez mettre dans cette sauce aucun acide, tel que citron ou verjus, vu qu'autrement vous ôteriez le moelleux de la sauce, et que le vin que vous devez employer doit fournir assez d'acide.

Sauce à la purée de champignons. — Prenez deux maniveaux de champignons; épluchez-les; lavez-les à plusieurs eaux, en les frottant légèrement dans vos mains; cela fait, égouttez-les dans une passoire; ensuite émincez les têtes et les queues; mettez-les dans une casserole, avec gros de beurre comme un œuf; faites-les fondre à petit feu, et lorsqu'ils seront presque cuits, mouillez-les avec du velouté, la valeur de deux cuillerées à dégraisser; laissez-les cuire trois quarts d'heure; passez-les à l'étamine à force de bras, et finissez votre purée avec de la crème double comme celle d'ognons blancs, néanmoins avec la différence que celle-ci doit être un peu plus claire.

Sauce à la purée d'oseille. — Ayez deux poignées d'oseille ou davantage, si le cas le nécessite; ôtez-en les queues; lavez ensuite cette oseille; égouttez-la; hachez-la très menue; mettez-la dans une casserole avec un morceau de beurre que vous ferez fondre; quand votre oseille sera cuite, passez-la à force de bras à travers une étamine; remettez-la dans une casserole, après avoir ramassé avec le dos d'un couteau ce qui a pu

rester au dehors de cette étamine; versez-y une cuillerée ou deux d'espagnole; faites-la recuire environ trois quarts d'heure, ayant soin de la remuer toujours; dégraissez-la, et faites qu'elle soit d'un bon sel; arrivée à la consistance d'une bouillie épaisse, retirez-la du feu, et servez-vous-en.

Sauce à la purée d'ognons blancs. — Émincez douze ognons; mettez-les dans une casserole avec un morceau de beurre; posez votre casserole sur un feu doux, afin que votre ognon ne prenne point de couleur; faites-le cuire à petit feu, ayant soin de le remuer souvent avec une cuillère de bois; quand vous voyez qu'il s'écrase facilement sur la cuillère, joignez-y une ou deux cuillerées de velouté, et laissez cuire de nouveau; quand le tout sera bien cuit et réduit, passez-le dans une étamine comme pour la purée d'oseille; remettez-le dans une casserole et sur le feu; incorporez dans cette purée d'ognon une chopine de crème que vous aurez fait bouillir; mettez-y un peu de muscade râpée, pour que votre purée soit d'un bon goût; lorsqu'elle aura atteint le degré d'une bonne bouillie, retirez-la et servez.

Sauce rousse à la purée d'ognons, dite à la bretonne. — Prenez douze ognons comme ci-dessus; mettez-les dans une casserole sur un feu vif, et faites-les roussir : lorsqu'ils seront d'une belle couleur d'or, mouillez-les avec deux cuillerées d'espagnole; faites cuire cette purée comme la précédente; passez-la de même à l'étamine; remettez-la dans la casserole, et, au lieu de crème, employez de l'espagnole; ensuite faites-la réduire à consistance d'une bouillie; ayez soin qu'elle soit d'un bon goût, et servez.

Sauce en tortue. — Mettez dans une casserole la valeur d'une petite cuillerée à pot d'espagnole réduite, un bon verre de vin de Madère sec, une cuillerée à café de poivre kari, pleine, et la moitié de cette quantité de poivre de Cayenne; faites réduire le tout, dégraissez-le ensuite; ajoutez-y des crêtes de coqs, des rognons, des culs d'artichauts, des champignons, une gorge de ris de veau, ou des ris d'agneaux, si c'est la saison; faites bouillir le tout, afin que les ingrédients prennent le goût de la sauce et sa couleur; mettez-y, au moment de servir, six ou huit jaunes d'œufs durs bien entiers; prenez garde de les écraser en remuant avec la cuillère, et servez-vous de cette sauce pour les mets en tortue.

Sauce au kari à la française. — Mettez dans une casserole trois cuillerées de velouté réduit, et autant de consommé, une cuillère à café pleine de poivre kari; prenez une pincée de safran; faites-le bouillir dans un petit vase : quand la teinture du safran sera formée, passez-la sur le coin d'un tamis dans votre sauce; exprimez bien le safran avec une cuillère; faites-en même passer une partie; faites ensuite bouillir, et dégraissez. Si cette sauce n'était pas assez poivrée, vous y mettriez, avec la pointe d'un couteau, un peu de poivre rouge, autrement dit poivre de Cayenne. Remarquez que dans cet ouvrage je donnerai, en ses lieu et place, la manière de faire ce poivre.

Sauce au beurre d'écrevisses. — Lavez à plusieurs eaux un demi-cent de petites écrevisses; mettez-les dans une casserole; couvrez-les; faites-les cuire dans un grand bouillon avec peu de mouillement; sitôt qu'elles commencent à bouillir, sautez-les, pour que celles qui sont dessous viennent dessus; quand elles seront d'un beau rouge, retirez la casserole du feu; laissez dix minutes vos écrevisses couvertes; ensuite égouttez-les sur un tamis; laissez-les refroidir; séparez-en les chairs, comme les queues que vous conservez pour faire les garnitures; jetez le dedans du corps, après en avoir extrait les petites pattes; lavez bien toutes ces écailles; jetez-les sur le tamis; faites-les sécher dans un four tiède ou sur un couvercle posé sur une cendre chaude; quand elles le seront, pilez-les dans un mortier; lorsqu'elles seront presque entièrement pilées, joignez-y gros de beurre comme un œuf; pilez-les de nouveau, jusqu'à ce qu'on ne distingue presque plus les écailles de vos écrevisses (remarquez si ces écrevisses, en les pilant, ne donnaient point assez de rouge à votre beurre, ajoutez-y deux ou trois petites racines qu'on nomme orcanette); cela fait, mettez fondre sur un feu très-doux votre beurre d'écrevisses environ un quart d'heure; quand il sera très-chaud, mettez un tamis un peu serré sur un vase rempli d'eau fraîche; versez sur ce tamis votre beurre, lequel se figera dans l'eau; ensuite ramassez-le; mettez-le sur une assiette (afin de vous en servir pour vos sauces au beurre d'écrevisses); ensuite prenez trois cuillerées de velouté réduit et bien corsé; incorporez votre beurre d'écrevisses, et vannez bien le tout à l'instant de vous en servir.

Sauce au homard. — Prenez un homard de moyenne grosseur; ôtez-en les chairs et les œufs, s'il s'en trouve; coupez ces chairs en petits dés; épluchez-les œufs de ce homard, de manière qu'il ne reste point de fibres; mettez dans une casserole les œufs et les chairs sans mouillement; couvrez votre casserole d'un papier ou d'un couvercle, de crainte que vos chairs ne se hâlent; lavez les coquilles de votre homard; détachez-en les petites pattes du plastron, que vous supprimerez; vos coquilles étant bien lavées, mettez-les sécher dans une étuve; une fois sèches, pilez-les et faites-en un beurre, comme il est indiqué au beurre d'é-

crevisses, et finissez-le de même; le beurre de votre homard refroidi, mettez-le dans une sauce blanche; vannez-la sur le feu sans la faire bouillir; ajoutez-y, si vous le voulez, un peu de poivre de Cayenne ou de gros poivre; versez votre sauce sur les chairs de votre homard; mêlez bien le tout, et servez-le dans une saucière, à côté d'un turbot ou de tout autre poisson.

Sauce au beurre d'anchois. — Faites réduire de la sauce espagnole, et ajoutez-y, au moment de servir, gros comme la moitié d'un œuf de beurre d'anchois (*V.* BEURRE D'ANCHOIS), et du jus de citron, pour détruire le sel que pourrait produire le beurre; vous aurez soin, en mettant celui d'anchois dans votre sauce qui sera plus chaude, de la bien tourner avec une cuillère, afin que votre beurre se lie bien avec votre sauce.

Cette sauce peut se faire au maigre, et la sauce espagnole peut se remplacer par un roux ou par une sauce brune.

Sauce au beurre d'écrevisses. — Cette sauce se fait absolument comme la précédente.

Sauce au beurre de Provence. — Prenez cinq ou six gousses d'ail; pilez-les comme pour le beurre d'ail; passez-les, comme ci-dessus, à travers un tamis de crin double; ramassez avec la cuillère tout le résidu; mettez-le dans un vase de faïence; ayez de la bonne huile vierge d'Aix; versez-en un peu dessus; tournez votre huile et votre ail, comme pour faire une pommade, sans discontinuer de la remuer et de la mouiller petit à petit; mettez-y du sel convenablement. Elle doit venir comme un morceau de beurre, à force de la travailler : alors servez-vous-en.

Sauce à l'orange amère. — Prenez trois oranges amères ou bigarades; coupez-les en deux; exprimez-en le jus dans un tamis que vous poserez sur un vase de terre ou de faïence; coupez en deux vos moitiés d'oranges dont vous aurez exprimé le jus; ôtez-en toutes les chairs, c'est-à-dire, laissez le moins de blanc possible au zeste; coupez ce zeste en petits filets; faites-le blanchir; égouttez-le; mettez-le dans un jus de bœuf bien corsé, avec une pincée de gros poivre; retirez sur le bord du fourneau votre casserole; mettez-y le jus de vos oranges; saucez-y vos filets, et que le zeste soit dessus.

Sauce à l'ivoire. — Prenez un poulet commun que vous fendrez par le dos pour en extraire les poumons, ou des carcasses de poulets : après en avoir ôté les poumons, mettez-le dans une petite marmite qu'il faut avoir le soin de bien laver; ajoutez-y deux carottes, deux ognons, dont un piqué d'un clou de gérofle, et un bouquet assaisonné; mouillez le tout avec deux cuillerées à pot de consommé ou de bouillon qui n'ait point de couleur; faites écumer cette marmite; retirez-la sur le coin d'un fourneau afin qu'elle mijote. Après cinq quarts d'heure ou une heure et demie de cuisson, passez ce consommé à travers une serviette; prenez deux ou trois cuillerées de ce consommé; mettez-les dans une casserole; joignez-y deux cuillerées de velouté; faites réduire à consistance de sauce : lorsque vous serez sur le point de servir, mettez-y gros de beurre comme la moitié d'un œuf; passez et vannez bien cette sauce; versez-y une cuillère à bouche pleine de jus de citron, et servez.

Sauce au vert-pré. — Vous ferez cette sauce comme la sauce au suprême, en y ajoutant une ravigote comme celle énoncée dans l'article ci-dessus, et du vert d'épinards que vous ferez ainsi : lavez et pilez bien une poignée d'épinards; exprimez-en le jus, en les mettant dans un torchon blanc et les tordant à force de bras; cela fait, mettez ce jus dans une petite casserole sur le bord d'un fourneau; il se caillebotte comme du lait; lorsqu'il le sera, jetez-le dans un tamis de soie pour le laisser égoutter; à l'instant de servir, vous délaierez, soit le tout, soit une partie, pour faire votre sauce verte; de suite vous y mettrez le jus d'un citron ou un filet de vinaigre; passez et servez aussitôt, de peur que votre sauce ne devienne jaune.

Sauce piquante à la Prunellay. — Mettez dans une casserole deux ou trois cuillerées à dégraisser d'espagnole ou de coulis, une cuillerée de vinaigre blanc, une feuille de laurier, une gousse d'ail, un peu de thym, un clou de gérofle, une ou deux cuillerées de bouillon, une pincée de poivre fin; faites bouillir votre sauce, et dégraissez-la : quand elle aura bouilli un quart d'heure, tordez-la dans une étamine; mettez-y le sel qu'il faut pour qu'elle soit d'un bon goût.

Sauce nompareille. — Coupez des petits dés de jambon bien égaux, des truffes de même, en égale quantité; mettez le tout dans une casserole avec un morceau de beurre; posez votre casserole sur un feu doux; laissez cuire environ un quart d'heure, si vous voulez, votre sauce blanche; mettez trois cuillerées à dégraisser de votre velouté; et, si vous voulez qu'elle soit rousse, employez de votre espagnole réduite; ajoutez-y un demi-verre d'excellent vin blanc et une cuillerée de consommé; faites réduire; mettez-y des blancs d'œufs durs et des champignons, en même quantité, coupés comme le jambon et les truffes; ajou-

tez des queues d'écrevisses coupées de même, et, s'il s'en trouve, des œufs d'écrevisses; finissez votre sauce avec gros de beurre comme une noix et demie, et servez.

Sauce à la pluche. — Prenez des feuilles de persil bien vertes; faites-les blanchir; rafraîchissez-les; jetez-les sur un tamis; mettez dans une casserole trois cuillerées à dégraisser de velouté réduit, et deux de consommé; faites réduire le tout à l'instant où vous voudrez servir; jetez vos feuilles de persil dans votre sauce : si elle se trouvait trop salée, ajoutez-y un petit morceau de beurre; passez, vannez, et servez.

Sauce à la d'Orléans. — Vous mettez dans une casserole trois ou quatre petites cuillerées de vinaigre, un peu de poivre fin, un peu d'échalote, gros comme la moitié d'un œuf de beurre; vous ferez réduire le tout, et vous verserez plein quatre ou cinq cuillères à dégraisser de sauce brune travaillée. Au moment de servir, vous mettrez dans votre sauce quatre ou cinq cornichons coupés en dés, trois blancs d'œufs durs, coupés de même, quatre ou cinq anchois que vous partagerez en deux pour ôter l'arête; puis vous couperez vos moitiés en petits carrés, une carotte cuite, coupée en dés de la même grosseur que vous avez coupé vos cornichons, une cuillerée de câpres entières; au moment de servir, vous mettrez tout cela dans votre sauce, et vous la poserez sur le feu un instant; il ne faut pas qu'elle bouille.

Vous pouvez aussi faire cette sauce avec un petit roux, que vous mouillerez avec un fond de cuisson ou du bouillon; vous assaisonnerez votre sauce comme la précédente; et vous y mettrez les mêmes choses.

Sauce à l'aurore. — Ayez du velouté travaillé, dans lequel vous mettrez plein deux cuillères à bouche de jus de citron, du gros poivre et un peu de muscade râpée; votre sauce marquée, vous avez quatre jaunes d'œufs durs, que vous passez à sec à travers une passoire : cela forme une espèce de vermicelle; au moment de servir, vous mettrez vos jaunes dans votre sauce qui est bien chaude; prenez garde de ne la pas laisser bouillir quand les jaunes y seront, et qu'elle soit d'un bon sel.

Sauce au vin de Madère. — On fait cette sauce, qui ne s'emploie que pour le plum-pudding, en délayant une cuillerée de farine dans un verre de vin de Madère sec; on y ajoute quelques cuillerées de consommé, un peu de beurre, sel, muscade et du citron vert confit coupé en petits morceaux; on fait bouillir le tout sur un feu ardent, pendant vingt minutes; puis on y ajoute un fort morceau de beurre fin, en ayant soin de remuer toujours pour que ce beurre ne tourne pas en huile.

Sauce aux olives farcies. — Jetez dans l'eau bouillante une demi-livre d'olives farcies, et retirez-les de suite; après les avoir égouttées, mettez-les dans une espagnole réduite au bain-marie; au moment de servir, ajoutez-y deux cuillerées d'huile d'olives, et servez sur les mets indiqués.

Sauce aux moules. — Vos moules étant bien grattées et lavées, vous les mettez dans une casserole avec une gousse d'ail, un peu de persil; vous posez le tout sur un feu ardent, et faites sauter les moules de temps en temps, jusqu'à ce qu'elles soient ouvertes; ôtez alors les moules de leurs coquilles, et après avoir laissé déposer et avoir tiré à clair l'eau qu'elles ont rendue; faites-en une sauce au beurre; jetez ensuite vos moules dans cette sauce, et tenez-la bien chaude pour vous en servir au besoin.

Sauce aux huîtres ou aux queues de crevettes. — Procédez absolument comme il est indiqué ci-dessus.

Sauce hachée. — Mettez dans une casserole une cuillerée à bouche pleine d'échalotes hachées et blanchies, autant de champignons, un peu de persil haché: versez dessus deux ou trois cuillerées à dégraisser d'espagnole, autant de bouillon, deux cuillerées à dégraisser de bon vinaigre, et une pincée de mignonnette; faites bouillir et dégraissez; hachez plein une cuillère à bouche de câpres, et autant de cornichons; lorsque vous voudrez vous servir de cette sauce, ajoutez-y le beurre d'un ou deux anchois; passez et vannez bien le tout : ne faites bouillir ni les cornichons ni les câpres.

Sauce aux tomates à la Condé. — Ayez douze ou quinze tomates bien mûres et surtout bien rouges; ôtez-en les queues, ouvrez-les en deux avec votre couteau, et ôtez-en la graine; pressez-les dans votre main pour en faire sortir la partie aqueuse qui se trouve dans le cœur, et que vous jetterez, ainsi que la graine; mettez-les dans une casserole avec un morceau de beurre gros comme un œuf, une feuille de laurier et un peu de thym; posez votre casserole sur un feu modéré; remuez vos tomates jusqu'à ce qu'elles soient en purée. Durant leur cuisson, mettez-y une cuillerée d'espagnole ou de la partie grasse du bouillon, ce qui vaudrait mieux: lorsqu'elles seront au degré de purée, passez-les à force de bras à travers l'étamine; ratissez le dehors de cette étamine avec le dos

de votre couteau; mettez tout le résidu dans une casserole, avec deux cuillerées d'espagnole; faites-le réduire à consistance d'une légère bouillie, mettez-y du sel convenablement, et, sur la pointe d'un couteau, un peu de poivre de Cayenne.

Sauce au fenouil. — Ayez quelques branches de fenouil vert; épluchez-les comme du persil; hachez-les très-fin; faites-les blanchir; rafraîchissez-les; jetez-les sur un tamis; mettez dans une casserole deux cuillerées à dégraisser de velouté, autant de sauce au beurre; faites-les chauffer; ayez soin de les vanner à l'instant de servir; jetez votre fenouil dans votre sauce; passez-la bien pour que votre fenouil soit bien mêlé; mettez-y le sel convenable et un peu de muscade râpée.

Si vous n'aviez pas de velouté, marquez du beurre dans une casserole avec de la farine, comme il est indiqué à l'article SAUCE BLANCHE OU AU BEURRE; mouillez avec du consommé ou du bouillon, et ayez soin de faire cuire davantage votre sauce.

Sauce aux groseilles à maquereau. — Prenez vos deux pleines mains de groseilles à maquereau à moitié mûres; ouvrez-les en deux; ôtez-en les pepins; faites-les blanchir dans l'eau avec un peu de sel comme vous feriez blanchir des haricots verts; égouttez-les; jetez-les dans une sauce comme celle indiquée ci-dessus, avec fenouil ou sans fenouil. Cette sauce sert à manger, en place de celle de maître-d'hôtel, des maquereaux bouillis.

Sauce à la ravigote blanche. — Ayez cresson alénois, cerfeuil, pimprenelle, estragon, civette, quelques feuilles de céleri et deux feuilles de baume; épluchez et lavez bien le tout; mettez-le dans un vase; jetez dessus un poisson d'eau bouillante; couvrez et laissez infuser trois quarts d'heure; ensuite passez cette infusion, mettez-la dans une casserole avec trois cuillerées à dégraisser de velouté; faites-la réduire à consistance de sauce; mettez-y la valeur d'une cuillerée à bouche pleine de vinaigre blanc, gros de beurre comme la moitié d'un œuf; passez et vannez bien cette sauce, et servez-la.

Sauce à la ravigote froide et crue. — Prenez la même ravigote que celle énoncée ci-dessus, hachez-la bien fine; joignez-y une cuillerée de câpres hachées de même, un ou deux anchois que vous aurez concassés, un peu de poivre fin et du sel convenablement; mettez le tout dans un mortier de marbre ou de pierre, pilez-le jusqu'à ce qu'on ne puisse plus distinguer aucun ingrédient; ajoutez-y un jaune d'œuf cru; broyez, arrosez avec un peu d'huile et de temps en temps un peu de vinaigre blanc, pour l'empêcher de tourner, et cela jusqu'à ce que le tout soit à consistance de sauce (si vous voulez votre ravigote très-forte, ajoutez-y un peu de moutarde); alors retirez-la du mortier, et servez.

Sauce à la ravigote cuite. — Ayez la même ravigote que celle énoncée ci-dessus; lavez-la; faites-la blanchir comme vous feriez blanchir des épinards; rafraîchissez-la quand elle sera cuite; mettez-la égoutter sur un tamis; pilez-la bien; quand elle le sera, passez-la, à force de bras, au travers d'un tamis ordinaire; cela fait, délayez-la avec de l'huile et du vinaigre; mettez-y sel et poivre, ainsi que vous feriez pour une rémoulade; qu'elle soit d'un bon goût, et servez.

Sauce à la Tartare. — Hachez deux ou trois échalotes bien fines, un peu de cerfeuil et d'estragon; mettez le tout au fond d'un vase de terre avec de la moutarde, un filet de vinaigre, sel et poivre, selon la quantité qu'il vous en faut; arrosez légèrement d'huile votre sauce, et remuez-la toujours; si vous voyez qu'elle se lie trop, jetez-y un peu de vinaigre; goûtez si elle est d'un bon sel; si elle se trouvait trop salée, remettez-y un peu de moutarde et d'huile.

Sauce à la poivrade. — Coupez une lame de jambon en douze petits dés; mettez-les dans une casserole avec un petit morceau de beurre, cinq ou six branches de persil, deux ou trois ciboules coupées en deux, une gousse d'ail, une feuille de laurier, un peu de basilic, du thym et un clou de géroflé; passez le tout sur un bon feu; lorsqu'il sera bien revenu, mettez-y une pincée de poivre fin, une cuillerée à dégraisser de vinaigre, quatre cuillerées d'espagnole sans être réduite; remuez votre sauce; faites-la partir; retirez-la sur le bord du fourneau; laissez-la cuire trois quarts d'heure; dégraissez-la, et passez-la dans une étamine.

Sauces Étrangères.

Sauce italienne rousse. — Coupez douze dés de jambon; mettez-les dans une casserole avec une poignée de champignons bien hachés et un citron coupé en grosses tranches, duquel vous aurez ôté tout le blanc et les pepins; ajoutez une cuillerée à bouche d'échalotes hachées, lavées et passées dans le coin d'un torchon, comme pour vos champignons; plus une demi-feuille de laurier, deux clous de géroflé et un quarteron d'huile; passez le tout sur le feu; quand vous vous apercevrez que le citron et les ingrédients sont presque cuits,

retirez le citron, et mettez une cuillerée de persil haché, une cuillerée d'espagnole, un demi-setier de bon vin blanc, sans l'avoir fait réduire, et un peu de mignonnette; faites ensuite réduire votre sauce et dégraissez-la; ôtez le jambon, et, lorsque votre sauce aura atteint son degré de réduction, retirez-la.

Sauce italienne blanche. — Servez-vous du même procédé, pour faire cette sauce italienne, que celui dont on se sert pour la rousse énoncée ci-contre, excepté qu'il faut employer pour celle-ci du velouté, au lieu d'espagnole.

Sauce à la romaine. — Foncez une casserole avec des tranches de veau et de jambon, deux gousses d'ail, un ognon coupé en tranches, une racine et quelques champignons émincés; faites suer sur le feu; quand le veau a rendu son jus, poussez le feu jusqu'à ce que la viande commence à s'attacher; mouillez avec un verre de vin blanc et deux cuillerées d'huile d'olives; faites bouillir à petit feu pendant une heure; passez la sauce au tamis; assaisonnez de sel, épices mélangées et persil blanchi et haché; faites lier la sauce sur le feu et ajoutez un jus de citron.

On voit que la base de toutes les sauces relevées est toujours un jus de viande que l'on obtient en faisant suer, c'est-à-dire en faisant chauffer à sec du veau, du jambon, ou autres viandes, jusqu'à ce qu'elles aient rendu leur jus. Si la viande qu'on fait suer ainsi n'a pas de graisse, il est bon de mettre au fond de la casserole un petit morceau de beurre; le feu doit être très-doux dans le commencement. On obtient ainsi un jus aussi sapide et quelquefois plus encore que celui qui s'écoule des chairs rôties quand on les coupe.

Cette théorie bien entendue, il est facile de varier les sauces à l'infini en y introduisant de nouveaux ingrédients. Ainsi cette sauce, qualifiée à la romaine, n'est au fond qu'un jus de veau qu'on mouille avec du vin et de l'huile, au lieu de bouillon et de beurre.

Sauce lombarde. — Mettez dans une casserole une demi-bouteille de vin blanc, un demi-quarteron de beurre, persil, échalotes et champignons hachés; faites bouillir jusqu'à ce qu'il n'y ait presque plus de liquide; ajoutez un verre de jus, ou, à défaut de jus, faites un roux; mouillez-le avec du bouillon, et ajoutez-le à l'italienne que vous faites réduire jusqu'à consistance convenable. Cette sauce ne se passe pas. On peut y ajouter un peu de jus de citron.

Sauce génoise. — Mettez, dans un demi-setier de vinaigre, du persil, des échalotes et des cornichons hachés, des câpres, du raisin de Corinthe, poivre, piment, muscade, et un peu de glace de viande ; faites bouillir le tout jusqu'à ce qu'il soit réduit en glace ; mouillez alors avec deux cuillerées de sauce au beurre, autant de consommé, et ajoutez un peu de beurre d'anchois.

Sauce aux tomates à l'andalouse. — On coupe cinq ou six ognons en tranches dans une casserole, dans laquelle on ajoute un peu de thym et de laurier, avec douze pommes d'amour ou tomates, que l'on arrose de bouillon pris du derrière de la marmite, ou d'un bon morceau de beurre, en assaisonnant de sel, de cinq gousses de petit piment enragé, d'un peu de poudre de safran de l'Inde ; faites chauffer vos tomates, ayant soin de les remuer de temps en temps, parce que cette sauce est susceptible de s'attacher ; lorsque votre sauce sera un peu épaissie, passez-la à l'étamine comme une purée ; qu'elle ne soit pas trop claire.

Sauce à la portugaise. — On met dans une casserole un quarteron de beurre, deux jaunes d'œufs crus, une cuillerée à bouche de jus de citron, du gros poivre, du sel. On place la casserole sur un feu qui ne soit pas trop ardent, ayant soin de bien tourner la sauce et de ne pas la quitter, parce qu'elle caillerait. Quand elle est un peu chaude, on la vanne, c'est-à-dire on prend de la sauce dans une cuillère, que l'on laisse retomber dans la casserole. On la remue avec force, afin que le beurre se lie avec les jaunes. On a soin de ne faire cette sauce qu'au moment de servir. Au cas qu'elle soit trop liée, on y met un peu d'eau.

Sauce à la Grimod (La) n'est autre chose qu'une sauce à la portugaise, à laquelle on ajoute du safran, de la muscade et du piment enragé réduit en poudre.

Sauce à l'allemande. — Mettez dans une casserole des champignons hachés, et gros de beurre comme la moitié d'un œuf ; faites bien cuire vos champignons, joignez-y trois cuillerées à dégraisser de velouté travaillé, et une cuillerée de consommé ; faites réduire votre sauce ; arrivée à son point, jetez-y gros de beurre comme la moitié d'un œuf, du persil bien vert haché et blanchi ; passez et vannez le tout ; mettez le jus de la moitié d'un citron, un peu de mignonnette ; passez de nouveau votre sauce, et servez-vous-en.

Remarque. Faute de velouté, farinez un peu vos champignons ; délayez le tout avec d'excellent bouillon ; mettez-y un bouquet bien assaisonné d'un clou de gérofle, la moitié d'une gousse d'ail, thym et laurier ; votre sauce cuite, retirez le bouquet ; exprimez-le, et finissez cette sauce comme la précédente.

Sauce jaune à la hollandaise (pour le turbot et le brochet). — Mettez dans une casserole, avec un verre de bon vinaigre, douze jaunes d'œufs crus, un quarteron de beurre, gros poivre, sel, piment, muscade ; faites chauffer le tout au bain-marie en tournant toujours ; lorsque cela commencera à prendre, c'est-à-dire à épaissir, ajoutez-y une livre et demie de beurre bien frais ; tournez toujours jusqu'à ce que le beurre soit fondu et le tout bien lié ; puis passez cette sauce à l'étamine.

Sauce hollandaise (pour le saumon). — Maniez bien ensemble une demi-livre de beurre, deux cuillerées de farine et cinq ou six jaunes d'œufs ; mettez cette espèce de pâte dans une casserole avec sel, gros poivre, le jus de trois citrons et un demi-verre d'eau ; faites chauffer le tout en tournant sans cesse jusqu'à ce qu'elle ait acquis assez d'épaisseur pour masquer le poisson sur lequel vous devez la verser.

Sauce hollandaise (pour les soles bouillies). — Hachez très-fin quatre ou cinq poignées de persil blanchi ; passez-le avec du beurre frais légèrement manié d'un peu de fécule ou fleur de farine ; ajoutez-y du sel, du gros poivre, ainsi qu'une ou deux cuillerées de limon ; faites lier la sauce en avant soin de ne pas la laisser bouillir.

Sauce indienne. — Vous mettrez dans une casserole gros comme la moitié d'un œuf de beurre, trois gousses de petit piment enragé, bien écrasé, plein un dé de poudre de safran des Indes ou terra-merita ; vous ferez chauffer votre beurre jusqu'à ce qu'il soit un peu frit ; vous mettrez ensuite plein quatre cuillères à dégraisser de la sauce précédente veloutée, sans être liée, deux cuillerées de bouillon ; vous ferez réduire ; vous dégraisserez votre sauce ; vous la mettrez dans une autre casserole, et la tiendrez chaude au bain-marie ; au moment de servir, vous y jetterez gros comme un œuf de beurre, que vous remuerez bien avec votre sauce ; vous pouvez la lier aussi.

Bread-sauce, préparation britannique qui s'emploie presque toujours avec le gibier à plumes, et qui, malgré la simplicité de sa composition, n'est pas dépourvue de sapidité. — Prenez la mie d'un pain mollet ou celle de plusieurs petits pains blancs ; faites-la tremper avec du lait, et puis faites-la bouillir pendant environ trois quarts d'heure, en lui donnant la consistance de la bouillie la plus épaisse ; ajoutez-y vingt grains de poivre noir ; mettez-y du sel et de la muscade râpée en suffisante quantité, et quelques moments avant de servir ajoutez-y deux cuillerées de beurre le plus frais. On doit servir la bread-sauce dans une saucière ou dans un bol à proximité d'un plat de bécasses ou de perdreaux rôtis.

Sauce froide à la polonaise (pour manger avec les viandes froides, et spécialement avec le gros gibier noir ou les viandes salées). — Exprimez dans une saucière le suc de quatre citrons et celui d'une bigarade; joignez-y une forte pincée de mignonnette avec trois cuillerées *à café* de bonne moutarde et six pleines cuillerées *à bouche* de sucre bien pur et bien pulvérisé; mélangez et délayez suffisamment cet appareil qui ne doit avoir que la consistance et l'apparence d'un sirop d'office.

Sauce dite à la génevoise. — Vous prenez une bouteille de vin de Bordeaux ou de gros vin chargé en couleur, que vous mettez dans une casserole avec un peu d'ognon, du persil, échalote, ail, laurier, thym, et des épluchures de champignons; faites réduire le tout au quart; mettez une cuillerée à pot de consommé, et mouillez avec le fond du poisson que vous aurez disposé pour votre service; faites travailler votre sauce comme celle à la matelote réduite; passez-la à l'étamine; vous finirez votre sauce avec un beurre de deux anchois, un bon quarteron de beurre fin; ayez soin que votre sauce se trouve bien liée, pour qu'elle puisse marquer. Servez-vous de cette sauce pour le poisson d'eau douce et le saumon.

SAUCISSE, composition dont les principaux éléments sont des viandes hachées et enveloppées soit d'un morceau de crépine, soit dans un boyau de porc ou de mouton (*V.* page 163).

SAUCISSON, viande hachée et renfermée dans un intestin de bœuf (*V.* CHARCUTERIE, COCHON, HORS-D'OEUVRE, etc.).

SAUGE, herbe aromatique qui ne s'emploie presque jamais dans la bonne cuisine, excepté pour la saumure, où l'on fait mariner de grosses pièces de venaison, comme aussi pour la composition des brouets, où l'on fait cuire les jambons et les andouilles (*V.* aussi *Sauce à l'agneau,* page 12).

SAUMON. On peut l'employer tout entier ou coupé par moitié, et l'on peut aussi en composer des plats d'entrée en le coupant en darnes ou par escalopes. Le meilleur saumon est toujours celui dont la chair est d'un rouge orangé. Pour l'apprêter en son entier (*V. Carpe au bleu* et *Brochet à la régence*).

Saumon roulé (à l'irlandaise). — Vous ouvrez un saumon dans sa longueur, vous en prenez la moitié, que vous désossez et blanchissez; saupoudrez le côté de l'intérieur d'un mélange fait avec du poivre, du sel, de la muscade, quelques huîtres hachées, du persil et de la mie de pain. Vous roulez le saumon sur lui-même; vous le mettez dans un plat creux et le faites cuire au four bien chaud. Quand il est cuit, servez-le avec le produit de sa cuisson.

Saumon à la génevoise. — Prenez une hure de saumon; ficelez-la, mettez-la dans une casserole, avec ognons coupés en tranches, zestes de carottes, un bouquet de persil et ciboules, du laurier, un ou deux clous de gérofle, sel et fines épices: mouillez le tout avec du vin rouge; faites cuire votre saumon, et sa cuisson achevée, passez dans une casserole et à travers un tamis de soie une partie de son assaisonnement; mettez autant de roux mêlé de bouillon que vous avez mis d'assaisonnement; faites réduire à consistance de sauce; ajoutez-y un peu de beurre; passez et liez votre sauce, égouttez votre saumon, dressez-le, et servez-le garni de croûtons frits.

(Il est à savoir que lorsqu'on s'adresse à des Génevois pour avoir la recette qui se trouve formulée ci-dessus, et qui, comme on voit, est des plus économiques et des plus simples, ils vous rédigent et vous remettent toujours, ne varietur, une interminable et glorieuse pancarte où l'on vous prescrit notamment de ne pas manquer d'employer moitié vin de Champagne et moitié vin de Bordeaux pour faire le mouillement ou courtbouillon de tous les poissons qu'on veut accommoder à la génevoise. Nous avertissons les voyageurs de ne pas s'en rapporter à ce dernier formulaire qui n'est jamais employé à Genève qu'à l'égard des étrangers, et pour se donner, par écrit, un faux air de magnificence. Lorsque des Génevois peuvent se décider à faire les frais de deux bouteilles de vin de Champagne et de deux bouteilles de bon vin de Bordeaux, c'est pour les boire en compagnie et nullement pour les verser dans un chaudron de leur petite cuisine.)

Queue de saumon grillée. — Ayez une queue de saumon; nettoyez-la, s'il est nécessaire; mettez-la sur un plat; marinez-la avec un peu de bonne huile, sel fin, feuille de laurier, persil et ciboules coupées en deux; retournez-la, et, à cet effet, servez-vous d'un couvercle de casserole, et reglissez-la sur le gril; arrosez-la de temps en temps de sa marinade (son épaisseur déterminera le temps de sa cuisson). Pour vous assurer si elle est cuite, écartez un peu la chair de l'arête: si elle est encore rouge, laissez-la cuire; la cuisson faite, renversez-la sur le couvercle, supprimez-en la peau, saucez avec une sauce au beurre, parsemez-la de câpres confites ou de fleurs de capucines au vinaigre.

Sauté de saumon. — Prenez du saumon cru, levez-en la peau, coupez-le par escalope de la largeur d'une pièce de cinq francs et de l'épaisseur de deux ; trempez le manche de votre couteau dans de l'eau, aplatissez-les et arrondissez-les ; vous aurez fait fondre du beurre dans une sauteuse ; rangez-y vos escalopes sans les mettre les unes sur les autres ; saupoudrez-les d'un peu de sel et gros poivre ; mettez dans une casserole, si c'est en gras, trois cuillerées à dégraisser de velouté réduit ; si c'est en maigre, de l'espagnole maigre et gros de beurre comme deux œufs ; faites chauffer et liez votre sauce ; sautez vos escalopes, retournez-les, et, leur cuisson faite, égouttez-les, dressez-les en couronne sur votre plat, auquel vous aurez fait un bord (*V.* GARNITURES) ; supprimez une partie du beurre dans lequel vous avez fait sauter vos escalopes, conservez-en le jus ; mettez ce fond dans votre sauce, liez-la de nouveau ; ajoutez-y un peu de persil haché et blanchi, un peu de muscade râpée et le jus d'un citron.

Galantine de saumon. — Prenez la rouelle du milieu, qu'on appelle *manchon*, d'un des saumons les plus forts, c'est-à-dire de la longueur de deux pieds et demi à trois pieds ; fendez-le par le ventre, retirez-en la forte arête, étendez-le sur un linge blanc, piquez-le de gros lardons d'anchois, de thon mariné, cornichons et truffes ; étalez sur toute la superficie des chairs des quenelles de poisson quelconque ; reformez votre manchon de saumon dans sa forme naturelle ; serrez-le bien dans une serviette ; faites-le cuire dans un bon court-bouillon ; laissez-le refroidir ; déballez votre saumon, parez-le, dressez-le sur un plat, glacez-le, garnissez-le de croûtons et de gelée.

Pâté chaud de saumon. — Retirez la peau et l'arête d'un morceau de saumon ; piquez-le de filets d'anguilles et de filets d'anchois ; passez ces morceaux au beurre avec des fines herbes, comme il est indiqué à l'article *Esturgeon en fricandeau ;* assaisonnez de sel, gros poivre et épices ; laissez-les refroidir ; mêlez vos fines herbes avec des quenelles de poisson ; mettez le tout dans une croûte de pâte, et finissez comme il est indiqué à l'article PATISSERIE ; servez, et saucez d'une italienne.

Pâté froid ou timbale de saumon. — Procédez de même qu'il est indiqué à l'article précédent ; la différence est de n'y pas mettre de sauce.

Saumon fumé. — Prenez du saumon fumé, coupez-le par lames ; mettez de l'huile sur un plat d'argent ; sautez vos filets : leur cuisson faite, égouttez-en l'huile ; pressez dessus un jus de citron, et servez.

Saumon salé. — Faites dessaler votre saumon, mettez-le dans une casserole avec de l'eau fraîche ; faites-le cuire ; sitôt qu'il sera prêt de bouillir, écumez-le, retirez votre casserole du feu, couvrez-la d'un linge blanc : au bout de cinq minutes, égouttez-le, et servez-le en salade.

Vous pouvez servir les saumons entiers ou coupés en darnes à la béchameil, à la hollandaise, en attereau cuit au four avec une sauce aux tomates, et puis encore étant cuite à la broche après avoir été piquée de fins lards. Il est bon de le servir alors sur une purée d'oseilles ou coulis de jambon. Le beurre de Montpellier est un assaisonnement qui réussit très-bien avec les tranches de saumon grillées ou sautées.

Saumoneaux du Rhin. — Faites-les cuire au bleu pour les dresser en grillages et les servir à l'entremets avec une sauce à l'huile verte et au jus d'orange amère. Il est rare que les saumoneaux arrivent assez frais à Paris pour pouvoir y être mis en friture, et c'est pourtant la préparation qui leur convient le mieux.

Saumoneaux à la poêle. — Faites-les cuire sur un feu modéré pendant un quart d'heure avec du consommé, du vin de Champagne et quelques lames de jambon cuit d'avance, après avoir assaisonné ce mouillement avec un bouquet garni, quelques échalotes pilées et une bonne pincée des quatre épices. Lorsque la sauce est réduite, il faut la passer au tamis et la verser sur le saumoneau.

Saumoneaux en caisse (*V.* LAPEREAU).

SCAROLE, sorte d'endive ou de chicorée (*V.* SALADES).

SCORSONÈRE, racine potagère (*V.* ci-dessus l'article SALSIFIS).

SCUBAC, liqueur aromatisée par une décoction de safran (*V.* page 297).

SEIGLE. Il est toujours bon d'employer la farine de seigle ou d'épeautre au lieu de celle de froment, pour la confection des babas polonais et des congloffs à la viennoise (*V.* pages 51 et 181).

SEL. Il arrive souvent que le sel marin se trouve mélangé de sulfate de soude, appelé vulgairement sel de Glauber. Il est aisé de s'en assurer soit en l'exposant à un air très-sec, soit en le faisant dissoudre à l'eau bouillante et le soumettant à l'évaporation sur un feu très-vif. Dans le premier cas, on voit une partie du sel qui s'exfolie ou s'effleure, et, dans l'autre, il se forme des cristaux de sel marin, ainsi que des grumelots de sulfate de soude, qui sont aussi différents les uns des autres pour l'aspect que pour la saveur, car le sel de Glauber est d'une âcreté remplie d'amertume.

Il est bon de s'approvisionner de vieux sel, parce que celui qui est récemment extrait des salines est toujours amer et déliquescent. Le nouveau sel est surtout fort impropre à la salaison des viandes de conserve, auxquelles viandes il communique souvent un goût de bitume et dont il altère infailliblement la couleur. Les Hambourgeois lui reprochent aussi de ne pas donner aux viandes salées la consistance nécessaire à leur conservation.

SELTZ (EAU DE). L'eau minérale de Seltz doit à l'acide carbonique qu'elle tient en dissolution la double propriété de communiquer à toutes les boissons avec lesquelles on la mélange une saveur piquante et de favoriser l'activité de l'appareil digestif. Il est difficile, à Paris du moins, de se procurer de l'eau de Seltz naturelle, et qui n'ait rien perdu de ses propriétés; mais comme on a trouvé le moyen de l'imiter bien exactement, il n'est pas d'été si brûlant, ni lieu si désert où l'on ne puisse se procurer de l'eau de Seltz en la fabriquant soi-même. — Pour composer de l'eau minérale de Seltz artificielle, il est suffisant de mettre par chaque bouteille d'eau filtrée un demi-gros de bi-carbonate de soude avec un demi-gros d'acide tartrique. On aura soin de bien ficeler les bouchons sur ces bouteilles et de les coucher à la cave ou dans un lieu bien frais, afin que le gaz qui se dégage par la réaction des deux sels ne puisse faire sauter les bouchons ni faire éclater les bouteilles.

SEMOULE, pâte en petits grains de la même substance que le vermicelle, et qu'on emploie également pour des potages et des entremets sucrés (*V.* POTAGES, FLANS et GATEAUX). La meilleure semoule est celle de Gênes, où l'on en fabrique de deux sortes, savoir : la semoule blanche, qui se fait avec de la farine de riz, et la jaune qui se fait avec de la fleur de froment dans laquelle on ajoute de la teinture de safran, de la coriandre et des jaunes d'œufs. C'est celle qui convient le mieux pour toutes les préparations de la semoule au lait et au sucre.

SEPT-OEILS, frai de lamproie et ancien nom du même poisson (*V.* pages 280 et 287).

SERVICE. (Nous pouvons donner ici, comme un parfait modèle du service de table, la nomen-clature de tous les mets qui ont été servis au palais de France, à la table de M. le Duc de Blacas, pendant la première année de son ambassade à Rome).

Potages.

Potage à la reine.
— à la Xavier de Saxe.
— à la d'Artois.
— à la Condé.
— à la Villeroy.
— à la gendarme.
— à la provençale.
— à la tortue.
— aux ravioles.
— à la jambe de bois.
— aux quenelles blanches.
— aux œufs de faisan pochés.
— au blé vert.
— à l'orge perlé.
— à la d'Esclignac.
— à la Chantilly.
— à la purée de gibier garni de laitues.
— à la bisque d'écrevisses.
— à la bisque de petites langoustes.
— à la célestine au lait d'amande.
— de graines de melon à la purée verte.
— à la purée de haricots-riz.

Garbure aux choux.
— au fromage.
— aux navets.
— aux marrons.
— à la moelle.

Croûte gratinée à la jardinière.
— à la Brunoy.
— aux laitues farcies.
— à la chicorée verte.
— à la purée de haricots rouges.
— aux carottes nouvelles.
— aux petits navets.
— aux choux-fleurs.
— aux petits ognons blancs.
— aux concombres farcis.
— aux choux de Bruxelles à la crème.
— aux racines de céleri.
— aux montants de cardons.
— aux pointes d'asperges.
— aux zuchetti et coucoudecelles.
— aux petits pois.
— aux petits radis.

29

Croûte aux mousserons
— aux tomates farcies.
— aux salicoques.
— aux huîtres ou aux moules.

Riz au coulis d'écrevisses.
— a la Crécy.
— à la purée de lentilles naines.
— au blond de veau.
— au lait d'amandes et d'avelines.
— à la printanière.
— à l'aurore.

Vermicelle au consommé.
à la purée d'oseille.
à la julienne.
— à la purée de dorade.
— à la purée de navets au roux.
— à la purée de pois nouveaux.

Nouilles au beurre frais.
— au consommé.
— à la printanière.
— à la Faubonne.

Semoule au consommé.
— au gras et à la crème cuite.
— aux queues de salicoques.
— au gratin blanc.
— au gras et au vin rouge.

Macaroni (des trois manières).

Lasaignes à l'italienne.

Sagou à la purée de racines.

Salep au blond de veau.

Tapioca au consommé de volaille.

Bouille-à-baisse.

Minestra romaine (au maigre).

Soupe aux herbes à la dauphine.
— aux ognons liés à la villageoise.
— au lait au potiron.
— au lait à la Monaco.

Mitonnage au jus de racines.
— au coulis de poisson.
— au beurre d'anchois.

Panade au beurre frais.
— à l'orgeat.
— au lait de noisettes.
— à l'orange.
— au vin d'Alicante, ou de l'Archipel, ou de
Tokay.

Hors-d'œuvres.

HORS-D'ŒUVRES CHAUDS.

Petits pâtés au naturel.
Feuilletés à la moelle.
Bouchées farcies.
Rissoles au godiveau maigre.
Bâtons royaux.
Brésolles au cresson.
Canelons d'anguille.
Croquettes à l'italienne.
Charbonnées (sauce au pauvre homme).
Cœur de bœuf à la poivrade.
Miroton au persil.
Gras double à la lyonnaise.
Palais de bœuf grillés.
Escalope de foie de veau.
Fraise de veau à la vinaigrette.
Fraise de veau au gratin.
Pieds de veau bouillis au verjus.
Poitrine de mouton panée-grillée.
Langues de mouton braisées.
Rognons de mouton à la brochette.
Émincé de rognons au vin blanc.
Coquille de cervelles et de ris d'agneau.
Oreilles et pieds d'agneau marinés.
Issue d'agneau à la poulette.
Tranche de jambon aux épinards.
Papillotes de foie de porc.
Pieds de cochon à la Sainte-Ménéhould.
Pieds de cochon farcis.
Queue de porc à la sauce Robert.
Oreilles de cochon frites.
Andouilles tranchées.
Andouillettes.
Saucisses à la poêle.
— rondes aux truffes.
— plates aux pistaches.
Chipolates aux avelines.
Boudins blancs grillés.
— noirs de porc.
— de sanglier.
— de chevreuil.

Boudins à l'oie sauvage.

— de foie gras.

— d'écrevisses, etc.

Filets de sanglier à la poêle.

Escalopes de daim au chasseur.

Oreilles de cerf en menus-droits

Langue de biche en as de cœur.

Cervelles de chevreuil à l'estragon

Filets de lièvre au gros vin.

Sauté de mauviettes pannées.

Rouges-gorges en croustade.

Guignards en caisse.

Croûtons à la purée de gibier.

— à la béchameil de morue.

Goguette au sang.

Griblettes à la paysanne.

Crépinettes de foies d'oie.

Cuisses d'oies confites *au soleil.*

Amourettes frites au citron vert.

— à la ravigotte.

Animelles de bélier.

Petite oie au bouillon.

Abattis de dindon au gros sel.

Gibelotte poivrée.

Cuisses de dinde à la diable.

Reliefs de dinde à la sauce Robert.

Pattes d'oie bottées à l'*Intendante.*

Rognons de coq en pralines.

Rôtie au lard.

— aux cervelles de bécasses.

Rôties à la moelle et à la bigarade.

— au rognon de veau.

— à la graisse d'oie et verjus muscat.

— à l'huile verte, au cerfeuil et au cédrat.

Calapé d'anchois.

Tronçons d'anguillettes fumées.

Croquettes à la marseillaise.

Œufs à la coque.

— au miroir.

Bayonnaise aux œufs de faisan.

Œufs de tortue au kari.

Caisse de foie de lottes.

Laitances en papillotes.

Moules à la marinière.

Matelote d'huîtres d'Ancône.

Coquilles d'huîtres à la poulette.

Huîtres aux ognons frits.

HORS-D'ŒUVRES FROIDS.

Tranches de venaison à la sauce allemande.

Rouelles de bœuf rôti à la gelée.

Salade de bœuf aux fines herbes.

— au cresson de fontaine.

— aux choux rouges.

— aux groseilles vertes.

— aux betteraves et aux raiponces.

Saucisson de Bologne.

Palma de San-Secondo.

Cervelas de Milan.

Bondioles de Parme.

Cervelas maigre à la bénédictine.

Langue à l'écarlate.

Filets de soles de Fréjus.

Anchois de Catalogne.

Thon mariné de Provence.

Olives farcies à l'huile vierge.

Acetto-dolce.

Cédrats de Milan.

Achards des Indes.

Macédoine aux cornichons, guignes, ognons nains, boutons de capucines, etc.

HORS-D'ŒUVRES CRUS.

Lames de jambon du nord.

Filets de saumon fumé.

Boutargue au citron.

Harengs pecs à la reinette.

Huîtres de Trieste.

Salade de concombre émincé.

— d'olives picholines.

— d'aubergines au piment.

— de choux rouges marinés.

— de bergamottes au sel gris.

Melons brodés.

Sucrins rouges ou verts.

Pastèques de Malte.

Figues de saison.

Mûres de verger.

Raifort râpé.

Radis et raves.

Arabesque aux douze fines herbes.

Le chaperon des sept fleurs d'office.

Cordioles de fenouil.

Montants de céleri à la rémoulade.

Beurre frais en coquilles.

— de brebis en petits pots.

— filé aux amandes.

— assaisonné de toutes les sortes.

Beurrés au pain de seigle.

Tartines au beurre et aux fines herbes.

Tartines à la crème et au parmesan râpé.

Sandwichs au jambon cru.

— à la langue fumée.

— aux anchois, aux œufs durs et au parmesan.

— aux œufs de langouste.

— aux queues de salicoques.

— aux filets de sardines.

— aux œufs d'esturgeon.

Gâches ou moffins au fromage grillé.

Grosses pièces et relevés.

Culotte de bœuf aux légumes glacés.

— garnie de choucroûte.

— garnie de petits pâtés.

— cuite à la Royale.

— cuite à la mode.

— cuite à la Godard.

— cuite à la Gendarme.

— cuite à la languedocienne.

Noix de bœuf au vin de Madère.

— a la Macédoine.

— à la braise et aux racines.

— à la Maréchale.

Aloyau rôti garni de petites bouchées de feuilletage.

— braisé, garni de raifort.

— à la Royale.

— de bœuf à la mode.

Sous-noix de bœuf à l'étufade.

Selle de mouton rôtie, garnie de quiches au maïs.

— d'agneau rôtie, sauce à la maître-d'hôtel.

Agneau de Pâques à l'ancienne mode de France.

Selle de chevreuil piquée et marinée.

Filets de biche à la poêle et au vin du Rhin.

Longe de veau rôtie avec un puits pour blanquette.

— à la crème.

— à la Monglas.

— à la Godard.

— au ragoût des sept légumes.

Jambon d'ours du Tyrol.

— de sanglier des Apennins.

— de porc à la broche et aux épinards.

— cuit au vin de Madère.

— cuit à la Royale.

— garni d'une macédoine de légumes aux quenelles.

Cochon de lait à la broche.

— à l'italienne, farci de macaronis.

— à la peau de gorret.

— à la turque et au parmesan.

Dinde aux truffes à la broche.

— braisée, sauce à la Périgueux.

Dindon à la Régence.

— à l'anglaise.

— à la Matignon.

— aux marrons à l'Espagnole.

— aux foies gras.

Deux dindonneaux en entrée de broche avec sauces variées.

Deux chapons ou poulardes en entrée de broche, avec ragoûts pour garniture à volonté.

Oie grasse cuite à la cendre.

— aux racines à la flamande.

— à la grande gibelotte.

— à la purée de pommes de reinette.

Grande oille à la Royale.

Grande chartreuse garnie de perdrix, de grives, de cailles, de merles de Corse, de sarcelles, de pluviers et d'ortolans.

Grande timbale de macaronis, garnie soit à l'italienne, à la financière, à la milanaise, au chasseur ou à l'allemande.

Grand pâté chaud garni, soit de lapereaux dépecés aux fines herbes, soit de quenelles de poisson, soit d'un ragoût à la financière, soit de pigeonneaux à la poulette, etc.

Grande casserole au riz ou vole-au-vent, garnis soit d'un ragoût d'ailerons accompagné d'une financière, soit à la polonaise, à la milanaise, à la Reine, à la bonne morue, à la Béchameil, etc.

Carpe à la Chambord, à la Régence, à la grande matelote, à la marinière, à la bourguignonne, etc.

Brochet à la Chambord, à la broche, en Dauphin, à la Créquy, à la génevoise, à l'allemande, à la financière et à la tartare.

Turbot à la crème, à la hollandaise, à la sauce aux huîtres, à la sauce au homard, au four et à la purée de tomates, ou bien cuit au lait et servi sur une purée de tomates ou d'oseille.

Grande alose à la broche, sauce au vin de malaga et aux œufs de faisan.

Cabillau cuit au bleu, à la sauce aux câpres, à la hollandaise garni de pommes de terre ou de patates d'Espagne, au bien cuit au four, et servi sur une sauce au blond de veau réduit.

Saumon au bleu, à la Régence, à la vénitienne, à la hollandaise, à la génevoise, à la sauce aux huîtres, à la sauce aux crevettes, aux œufs de tortue, au beurre de Provence.

Truite en Dauphin, et cuite au court-bouillon, à la sauce hollandaise, à la sauce flamande, au beurre de Montpellier, à la purée d'oseille, etc.

Tortue de l'île de Corse en soupe américaine, en calapé, cuite au four, ou en ragoût dans son écaille.

Esturgeon piqué cuit à la broche, en tortue, à l'italienne, au vin de Calabre, au beurre d'anchois.

Hure ou queue d'esturgeon cuite au vin de Madère, au vin de Champagne, ou bien à l'étuvée avec une sauce à l'italienne au roux.

Rouelle de thon frais cuite à la broche, avec une sauce à la ravigotte verte.

Hure ou queue de thon frais cuite au court-bouillon, et servie sur une purée d'huîtres au vin blanc.

Contre-flans et bouts de table.

Terrine de ris de veau à la jardinière.
— garnie d'une matelote d'anguilles et d'écrevisses au vin de Bordeaux.
— garnie d'une gibelotte d'anguilles et de lapereaux à la poulette.
— garnie d'une matelote de foies gras aux truffes d'Italie.

Terrine garnie de ris d'agneau à la financière.
— garnie de macaronis et de raviolis à la génoise.
— garnie d'ailerons en haricot vierge.
— garnie d'ailerons à la macédoine de légumes.
— garnie d'ailerons aux pointes d'asperges.
— garnie de tendrons de veau au kari.
— garnie de quartiers d'oie à la purée de marrons.
— garnie de queues de mouton en hochepot.
— garnie de queues de mouton à la provençale.
— garnie de langues de mouton à l'écarlate.
— garnie de langues de mouton à la bretonne.
— garnie de langues de mouton à la Soubise.
— garnie de palais de bœuf en blanquette.
— garnie de palais de bœuf sautés aux fines herbes.
— garnie de lames de tête de veau en tortue.
— garnie d'oreilles de veau au vert-pré.
— garnie de cervelles de veau à la Béchameil.
— garnie de ris, d'oreilles et de côtelettes d'agneau à la macédoine.
— garnie d'une queue de bœuf en matelote.
— garnie d'une queue de bœuf en chipolata.

Entrées de viandes de boucherie.

Côte de bœuf glacée aux sept racines.
— au vin de Madère.
— à l'espagnole.
— garnie d'une macédoine.
— glacée à l'italienne (au macaroni).
— braisée à la flamande.

Filet de bœuf piqué glacé.
— au vin de Madère.
— garni de macaroni à l'italienne.

Biftecks à l'anglaise.
— à la maître-d'hôtel.
— au beurre d'anchois.
— aux fines herbes.
— sauce aux tomates.
— sautés dans leur glace.
— sauce à la poivrade.
— panés à l'allemande.

Blanquette de palais de bœuf.

— aux concombres.

Attereaux de palais de bœuf.

Orly de palais de bœuf.

Palais de bœuf au gratin.

— en papillotes et en cornets.

— en caisse à la Béchameil.

— à l'écarlate à la Pompadour.

Carré de veau piqué glacé.

— à la Béchameil.

— à la Périgueux.

— à la Monglas.

— à la Guémenée.

— à la Singarat.

— à la peau de goret glacée.

— en papillotes aux fines herbes.

— à la broche garni de laitues farcies.

Côtelettes à la Dreux-Brézé.

— panées à l'allemande.

— à la Singarat.

— glacées à la macédoine.

— glacées à la Nivernois.

— glacées à l'écarlate.

— à la Saint-Cloud.

— à l'italienne.

— sautées aux fines herbes.

— en papillotes aux mousserons.

Noix de veau piquée glacée à la chicorée ou à l'o-
seille.

— en demi-deuil.

— en surprise à la financière.

— glacée à l'aspic.

— à la Périgueux.

— en papillotes aux fines herbes.

— à la Singarat, purée de champignons.

— à la Monglas.

Blanquette de veau à la poulette.

— aux concombres.

— aux truffes de France.

— aux petits pois nouveaux.

Poitrine de veau aux fines herbes en papillotes.

— à la lyonnaise.

— à la Soubise.

Tête de veau en tortue.

— à la financière.

Marinade de tête de veau.

— à la Sainte-Ménéhould.

— à la poulette.

— sauce aux tomates.

Oreilles de veau en menus-droits.

— à la Dauphine.

— à la Villeroy.

— à la ravigote.

— sauce aux tomates.

— à l'aspic chaud.

— à la financière.

— à la tortue.

Cervelles de veau au suprême.

— en matelote.

— à la ravigote.

— à l'ivoire, sauce aux tomates.

— à la Béchameil.

— à l'allemande.

— à la remoulade.

Marinade de cervelles de veau.

Cervelles panées à l'allemande.

— à la Sainte-Ménéhould.

Noisettes de veau glacées à la chicorée ou à l'o-
seille.

— à la macédoine.

— aux pointes d'asperges.

— à la Soubise.

— à la purée de champignons.

— aux laitues.

— à la Nivernois.

— à la Toulouse.

— à la financière.

— à la purée de pommes de terre.

— en papillotes.

Ris de veau piqués à la purée d'oseille.

— à la chicorée.

— à la purée aux champignons.

— garnis de céleri à la française.

— garnis de pointes d'asperges.

— à la Saint-Cloud, sauce tomate.

— aux truffes Périgueux.

— à la macédoine.

— à la Nivernois.

Épigramme de ris de veau.

Blanquette de ris de veau.

Marinade de ris de veau.

Risde veau panés à l'allemande.
— à la d'Artois.
— en papillotes.

Escalope de ris de veau aux fines herbes et en caisse.

Filets de veau piqués glacés à la jardinière.
— aux pointes d'asperges.
— à la macédoine.
— à la chicorée.
— à l'oseille.
— aux concombres.
— à la Mongolfier.

Tendrons de veau à l'allemande.
— à la Villeroy.
— à la Sainte-Ménéhould.
— glacés à la macédoine.
— glacés aux concombres.
— glacés aux laitues.
— aux pointes d'asperges.
— glacés à la chicorée.
— glacés à l'oseille.
— à la purée de champignons.
— à la Toulouse.
— à la financière.
— à la chipolata.

Selle de mouton glacée.
— à l'allemande.
— à la purée d'oseille.
— à la macédoine.
— à la chicorée.

Carbonades de mouton à la purée de céleri.
— à la purée de champignons.
— à la purée de pommes de terre.
— à l'oseille ou à la chicorée.
— à la bretonne.
— à la Nivernois.
— à la macédoine.
— aux pointes d'asperges à la Choisy.

Filets de mouton glacés marinés, sauce au chevreuil.
— sautés à l'écarlate, sauce aux tomates.
— sautés à l'anglaise (petites pommes de terre tournées).

Escalope de filets de mouton aux fines herbes, demi-espagnole.

Turban de filets de mouton garni d'une financière.

Filets de mouton, panés à l'allemande.
— à la Sainte-Ménéhould.
— grillés et garnis d'une macédoine ou d'une nivernoise.

Émincé de mouton à la Clermont.

Côtelettes de mouton sautées glacées.
— sautées aux concombres.
— sautées à la Nivernois.
— sautées à la macédoine.
— sautées aux pointes d'asperges.
— sautées aux laitues.
— sautées à la purée de pommes de terre.
— sautées à la chicorée.
— à l'oseille.
— au céleri à la française.
— à la Singarat.
— à la Soubise.
— à l'anglaise.
— panées à l'allemande.
— panées grillées.
— sautées à la minute, sauce aux tomates.

Langues de mouton à la bretonne.
— à l'écarlate, sauce tomate.
— au gratin.
— à la languedocienne.
— à l'espagnole.
— panées à l'allemande.
— en cornets.

Papillotes de langue de mouton.

Marinade de langue de mouton.

Orly de langue de mouton.

Émincé de langue de mouton aux concombres.
— à la Clermont.
— à la bretonne.

Épigramme de langue de mouton aux pointes d'asperges.
— à la macédoine.

Langues de mouton à la gasconne.
— à la provençale.

Carré de porc-frais à la broche, sauce aux tomates.
— glacé à la sauce Robert.

Côtelettes de porc-frais sautées glacées à la lyonnaise.
— panées à l'allemande, sauce poivrade.
— grillées, sauce Robert.
— à la purée de pommes de reinette.

Ris d'agneau piqués glacés à la chicorée.
— à la Toulouse.
— à la financière.
— à la macédoine.
— aux concombres.

Épigramme de ris d'agneau.
— d'agneau aux pointes d'asperges.
— à la macédoine.

Côtelettes d'agneau piquées.
— glacées à la chicorée.
— aux petits pois.
— sautées au suprême.
— à la Toulouse.
— à la financière.
— a la macédoine.
— aux concombres.
— à la jardinière.
— garnies à l'anglaise.
— à l'allemande.
— à la Villeroy.
   à la maréchale.

Musette d'agneau à la mode champêtre.

Épaule d'agneau à la maître-d'hôtel.

Oreilles d'agneau en menus droits à la ravigote.
— à la tortue.
— à la Toulouse.
— à la Dauphine.
— à la Villeroy.
— au gratin.

Croquettes de ris garnies d'un salpicon.
— de volaille à la Béchameil ou au velouté.
— de gibier à l'espagnole.
— de foies gras au suprême.
— de palais de bœuf à l'allemande.
— de crêtes et de truffes au fumet.
— de blanc manger (hachis de blanc de poularde).
— d'agneau à la Périgueux.
— aux champignons à l'allemande.
— aux fines herbes.
— de turbot à la Béchameil.
— de soles.
— d'esturgeon.
— de perches.

Quenelles de volaille, de gibier, de veau ou de poisson
— à la Villeroy.
— à l'anglaise.

Quenelles à la Orly.
— à la Sainte-Ménéhould.
— panées à l'allemande.

Côtelettes de ris d'agneau ou de veau à la Pompadour.

Attelets de langue de mouton à l'écarlate.
— au petit lard.
— de blanc de volaille et de truffes à l'allemande.
— de gibier à la Périgueux.
— de crêtes aux truffes.
— de riz au parmesan, garnis de rognons de coq.

Entrées de volaille et de gibier.

Belle poularde à l'ivoire.
— à la Chevry et à l'essence.
— à la ravigote, sauce verte.
— à l'estragon et à l'essence.
— à la Régence.
— à la Toulouse.
— à la Montmorency.
— à la Matignon, sauce aux tomates.
— à la Périgord, sauce Périgueux.
— aux truffes, entrée de broche, sauce italienne.
— braisée à la financière.
— à l'anglaise, garniture de racines.
— en demi-deuil sur un aspic.

Chapon au consommé.
— au riz.
— au gros sel.
— à la Chevalier.
— à la Reine.
— à la Singarat.
— à la Morglas.

Poulets nouveaux, sauce aux tomates.
— à la Dantzick, sauce aux huîtres.
— à la tartare, sauce rémoulade.
— aux fines herbes et en papillotes.
— sautés à la minute, sauce tomate.

Fricassée de poulets à l'essence de racines.
— à l'essence de champignons.
— à la Périgord, sauce Périgueux.
— à la Chevalier.
— à la Dauphine.
— à la vénitienne.

Fricassée de poulets à l'italienne, sauce aux tomates.
— bigarrée aux écrevisses.
— à la Villeroy.

Kari de poulets à l'indienne.

Fritot de poulets garni d'œufs frits.
— pané à l'allemande, sauce poivrade.

Marinade de poulets nouveaux.

Capilotade de volaille, sauce italienne.

Cuisses de volaille en haricot vierge.
— à la macédoine.
— aux pointes d'asperges.

Bigarrure de cuisses de volaille, sauce allemande.

Cuisses de poulets à la Mirepoix.
— à la d'Armagnac.
— à la glace.
— à la Villeroy
— à la Pompadour.

Fritot de cuisses de volaille, sauce poivrade.

Cuisses de poulets panées à l'allemande, sauce tomate.
— en kari.
— braisées, sauce aux écrevisses ou aux crevettes.
— braisées, sauce à la Périgueux.

Cuisses de volaille à la Chevry.

Ailerons de dindon au gros sel.
— à la Mirepoix.
— aux petits pois.
— en haricot vierge.
— à la macédoine.
— à la Nivernois.
— à la chicorée.
— aux concombres.
— farcis à la Dauphine.
— à la Toulouse.
— à la financière.
— panés à l'allemande.

Fritot d'ailerons de poularde.

Ailerons en kari.

Blanquette de poularde aux truffes.
— à la Béchameil.
— aux concombres.
— au suprême, garnie de filets mignons piqués glacés.

Blanquette garnie de filets mignons à la Villeroy.
— de filets mignons aux truffes.
— de poularde, les petits filets à l'écarlate.
— de volaille garnie de filets mignons panés à l'allemande.
— garnie de quenelles à la Villeroy.

Épigramme de filets de poularde à la chicorée.
— de poulets à la macédoine.
— de volaille garnie de céleri à la française.

Sauté de poularde ou de poulets au suprême, les petits filets à la Orly.
— aux truffes, les petits filets à la Conty.
— aux concombres.
— à la Toulouse, les petits filets piqués et glacés.
— à la macédoine.
— à la Nivernois.
— aux pointes d'asperges.

Sauté de poulets gras à la Royale ou à l'écarlate.

Sauté de volaille à la Belle-vue orné de truffes.

Sauté à la provençale.

Sauté à la Conty aux truffes.

Filets de poulets à la chevalier.
— à la Sainte-Ménéhould.

Ailes de poulets panées à l'allemande, sauce tomate.

Bigarrure de filets de poulets à la Saint-Cloud.

Filets de poulets à la Berry.

Turban de filets mignons Conty aux truffes piqués glacés.

Canetons de ferme à la flamande.
— de Rouen en haricot vierge.
— glacés aux racines.
— aux olives farcies.

Filets de canetons à la minute au jus d'orange.

Aiguillettes de canetons à la bigarade.

Sauté de filets de canetons à la bourguignotte.
— au vin de Bordeaux.

Filets de canards sauvages à la Périgueux.
— à la Sainte-Ménéhould.
— panés à l'allemande, demi-espagnole.

Orly de filets de canards.

Filets de canards aux truffes.

Sauté de sarcelles à la bourguignonne.
— au vin de Bordeaux.

(On peut les servir de même que les filets de canards décrits ci-dessus):

Cuisses de canetons à la macédoine.

Bigarrure de cuisses de canards à la jardinière.

Cuisses de canetons en haricot vierge.
— aux olives.
— de canards à la Mirepoix.
— à la Villeroy.
— braisés à la provençale.
— aux pointes d'asperges.

Sauté de faisan à la Royale.
— aux truffes et au suprême.

Faisans aux truffes à la Périgueux.

Salmis de faisan au vin de Bordeaux.
— au vin de Champagne.
— à la bourguignonne.

Pigeons innocents à la cuillère, sauce allemande.
— au beurre d'écrevisses.
— Gauthier en homards, sauce aux crevettes.
— à la Singarat.
— à la Toulouse.
— à la macédoine.
— à la Nivernois.
— aux petits pois.
— aux concombres.

Sauté de pigeons au sang.
— à la Périgueux aux truffes.

Orly de filets de pigeons.

Filets de pigeons à la Sainte-Ménéhould.

Ailes de pigeons à l'anglaise.

Côtelettes de pigeons à la maréchale.

Ailes de pigeons panées à l'allemande.

Papillotes de pigeons aux fines herbes.

Cailles au gratin demi-espagnole.
— aux petits pois.
— à la Mirepoix, sauce italienne.
— à la financière.
— à la Toulouse.
— aux pointes d'asperges.
— à la macédoine.
— à la jardinière.
— aux fines herbes et en caisse.

Sauté de cailles au suprême.

Ailes de cailles sautées aux truffes.

Orly de filets de cailles.

Salmis de cailles au vin de Bordeaux.

Papillotes de jeunes perdreaux aux fines herbes et au laurier.

Perdreaux à la Périgord, entrée de broche.
— à la Monglas.

Salmis de perdreaux rouges à la bourguignonne.
— au fumet et au vin de Champagne.
Salmis de perdreaux rouges au vin de Bordeaux.
— aux truffes, sauce Périgueux.

Côtelettes de perdreaux à la maréchale.

Filets de perdreaux à la Sainte-Ménéhould.
— à la westphalienne.

Sauté de perdreaux rouges aux truffes.
— à la Toulouse.
— à la bourguignonne.
— aux truffes à la financière.

Épigramme de filets de perdreaux aux pointes d'asperges.

Orly de filets de perdreaux rouges.

Hachis de perdreaux à la polonaise.
— à la turque.

Papillotes de bécassines aux fines herbes.

Salmis de bécasses au fumet et au vin de Champagne.
— au vin de Bordeaux.
— à la bourguignonne.

Sauté de bécasses aux truffes.
— à l'allemande.
— au suprême.

(On prépare ainsi le pluvier, la grive et la sarcelle).

Caisse de lapereaux aux fines herbes.

Lapereaux de garenne sautés aux fines herbes.

Gibelotte de lapereaux à la bourguignonne.
— au vin de Bordeaux.
— au chasseur.

Escalope de lapereaux à l'allemande.
— filets de lapereaux à la vénitienne.
— aux truffes garnies d'une escalope.
— piqués glacés à la financière.

Papillotes de lapereaux aux fines herbes.

Gratin de lapereaux à la turque.

Turban de filets de lapereaux.

Grenade de filets de lapereaux.

Filets de lapereaux en turban.

Filets de levrauts en lorgnette.

Filets de lapereaux panés à l'allemande.

Filets de levrauts à la Sainte-Ménéhould.

Orly de filets de levrauts.

Émincé de gibier au fumet.

Filets de levrauts sautés au sang.

Sauté de levrauts aux truffes.

Filets de levrauts piqués glacés garnis d'une escalope.

Escalope de levrauts liée au sang.
— aux truffes de Piémont.
— à l'italienne, les petits filets à l'Orly.

Turban de levrauts aux truffes.

Papillotes de levrauts aux fines herbes.

Filets de levrauts piqués marinés, sauce poivrade.
— à l'écarlate, sauce aux tomates.

Escalope de filets de chevreuil à l'italienne.

Filets de chevreuil à la maréchale.
— à la Sainte-Ménéhould.

Sauté de chevreuil à la Périgueux.
— au vin de Champagne.

Entrées de foies gras et de quenelles.

Caisse de foies gras à l'espagnole.
— à la financière.
— à la Périgueux.

Matelote de foies gras au vin de Madère.

Orly de foies gras.

Gratin de foies gras.

Pain de foies gras à la Toulouse.
— à la Périgueux.

Pain de volaille à la turque.
— jaspé de queues d'écrevisses.
— à la Toulouse.
— à la Périgueux.

Quenelles de volaille au consommé.
— à l'essence.
— à la Béchameil.
— au beurre d'écrevisses.
— à la Périgueux.
— à la Villeroy.
— à la Sainte-Ménéhould.

Quenelles en côtelettes au suprême.
— à la Toulouse.
— à l'italienne.
— aux truffes.
— à la Sainte-Ménéhould.
— à la Villeroy.
— panées à l'allemande, sauce aux tomates.

Boudin de volaille à la Richelieu.
— à la troyenne.
— au beurre d'écrevisses.
— à la Périgueux.
— à la Pompadour.
— à la Villeroy.

Chartreuses et entrées de four.

Chartreuse printanière.
— à la Mauconseil.
— à la paysanne.
— à la minime.
— au chasseur.
— à la parisienne en surprise.
— à la parisienne en cylindre.

Petites chartreuses à la française.

Croustades en surprise à la purée de gibier.
— à la Reine.
— à la Monglas.
— à la Toulouse.

Croustade garnie d'une escalope de levrauts au sang.
— garnie d'un salmis de perdreaux aux truffes.
— garnie d'un salmis de faisan au vin de Champagne.
— garnie d'un salmis de bécasses au fumet de gibier.
— garnie d'un salmis de grives aux champignons.
— garnie d'une blanquette de poularde à la Périgueux.
— aux concombres.

Croustade de cailles au gratin.

— de grives aux fines herbes.

— de mauviettes au gratin et aux truffes.

Petites croustades de pain garnies de grives au gratin.

— garnies de mauviettes aux fines herbes.

Timbale de nouilles à la Reine

— à la purée de volaille.

— à la polonaise.

— garnie d'un hachis de gibier à l'espagnole.

— garnie d'une financière.

— garnie d'une blanquette de volaille aux truffes.

— garnie d'un kari à l'indienne.

— garnie d'une purée de gibier.

— garnie à la Monglas.

— garnie à la Toulouse.

— garnie d'une escalope de filets de mauviettes.

Casserole au riz à la Reine,

— à la Berry.

— à la polonaise.

— au chasseur.

— à la Toulouse.

— à la financière.

— à la Nesle.

— garnie d'une escalope de levrauts liée au sang.

— garnie d'une blanquette de palais de bœuf.

— garnie d'un salmis de gibier au fumet.

— à l'indienne.

— à l'ancienne mode.

— de bonne morue.

— garnie d'une blanquette de filets de soles.

— garnie d'une escalope de saumon aux fines herbes.

— d'une blanquette de turbot à la Béchameil.

Bordure de riz garnie de ris de veau à la chicorée.

— garnie de ris de veau au céleri.

— garnie d'une blanquette de volaille aux concombres.

— ' aux truffes de France.

— garnie d'un salmis de bécasses à la bourguignonne.

— garnie d'un salmis de pluviers au fumet.

— garnie d'un salmis de perdreaux rouges au vin de Bordeaux.

— garnie d'un salmis de faisan au vin de Champagne.

Bordure de riz garnie d'un ragoût à la Toulouse.

— garnie d'un ragoût à la financière.

— garnie d'un hachis de gibier à la turque.

— garnie d'une purée de gibier à la polonaise.

— garnie d'une blanquette de turbot à la Béchameil.

— garnie de filets de soles à la vénitienne.

— garnie d'une escalope de saumon aux truffes.

— garnie de filets de perches à la Béchameil au maigre.

Pâté chaud de faisans aux truffes.

— de bécassines à l'espagnole.

— de cailles aux champignons.

— de mauviettes aux fines herbes.

— de jeunes perdreaux au fumet.

— de grives à la Périgueux.

— garni à la Monglas.

— garni au chasseur.

— garni à la financière.

— garni de palais de bœuf farcis.

— garni de ris d'agneau aux fines herbes.

— garni de godiveau à la ciboulette.

— garni de quenelles de volaille aux truffes.

— garni de quenelles de gibier aux champignons.

— de faisan aux fines herbes.

— de saumon aux truffes.

— de filets de soles en attereaux.

— de filets de merlans à la bourguignonne.

— d'une escalope d'esturgeon au vin de Madère.

— à la marinière.

— de légumes à la moderne.

Petits pâtés à la Monglas.

— garnis de foies gras à la Périgueux.

— garnis d'un émincé de volaille à la Béchameil.

— garnis d'une escalope de mauviettes à l'espagnole.

— garnis d'un hachis de gibier à la turque.

— garnis d'une purée de volaille à la polonaise.

— garnis d'un ragoût à la Toulouse.

— garnis d'une blanquette de turbot à la Béchameil.

— garnis de filets de soles, de saumon ou de perches.

Timbale de macaroni à la milanaise.
— de macaroni au chasseur.
— de macaroni à la marinière.
— de macaroni à la financière.
— garnie de nouilles avec blanquette de volaille.
— de lasaignes au fumet de gibier.
— garnie d'un ragoût à la financière.
— garnie d'un ragoût à la Toulouse.
— de pigeons innocents aux truffes.
— de gibier aux fines herbes.
— à la parisienne.
— à l'indienne.
— garnie de turbot à la Béchameil.
— garnie de saumon aux fines herbes.
— garnie de filets de merlans en attereaux.
— garnie de filets de soles aux truffes.

Vole-au-vent de macaroni à la milanaise.
— garni à la Nesle.
— garni d'un ragoût à la financière.
— garni d'un ragoût à la Toulouse.
— de quenelles de volaille à l'allemande.
— de quenelles de gibier à l'espagnole.
— de quenelles de faisan à la Béchameil.
— d'une blanquette de volaille aux truffes.
— d'une escalope de gibier.
— de bonne morue à la Béchameil.
— d'une blanquette de turbot.
— d'une escalope de saumon aux fines herbes.

Petits vole-au-vent à la Béchameil.
— à la purée de volaille.
— à la purée de gibier.
— à la marinière.
— à la Monglas.

Tourte d'entrée à l'ancienne mode.
— de godiveau de volaille.
— de godiveau de gibier aux truffes de France.
— de godiveau de poisson aux fines herbes.
— garnie au chasseur.
— de ris d'agneau aux truffes.
— de jeunes perdreaux au fumet.
— de saumon aux fines herbes.
— d'esturgeon au vin de Madère.
— de filets de soles roulés et farcis.
— de filets de merlans en attereau.
— à la marinière.

Petits pâtés au verjus.
— aux rognons de coq.
— à l'écarlate.
— de filets de mauviettes.
— maigres de laitances de carpes.
— de queues d'écrevisses.
— de queues de crevettes.
— aux huîtres vertes.
— aux anchois à la provençale.
— à la Mazarine.
— à l'espagnole.

Rissoles à la parisienne.
— à la russe, au saumon fumé.

Entrées de poisson.

Darne d'esturgeon à la broche, sauce génoise.
— en tortue.
— au vin de Madère ou de Champagne.
— au court-bouillon, sauce aux huîtres.

Queue d'esturgeon grillée, sauce au beurre et aux queues d'écrevisses.

Sauté d'esturgeon à la Béchameil.

Escalope d'esturgeon aux truffes.

Côtelettes d'esturgeon à la Sainte-Ménéhould.

Filets d'esturgeon panés à l'allemande.
— à la Orly, aux ognons frits.

Papillotes d'esturgeon aux fines herbes.

Fritot d'esturgeon.

Darne de saumon grillée, sauce aux huîtres.
— au vin de Champagne, sauce au beurre d'écrevisses.
— au court-bouillon et glacé au four, sauce génevoise.
— aux fines herbes et en papillotes, sauce flamande.

Sauté de filets de saumon aux truffes, sauce à la Périgueux.

Escalope de saumon à la maître-d'hôtel.
— au beurre d'anchois.
— à la hollandaise.

Émincé de saumon à la Béchameil.
— au gratin.

Caisse d'escalope de saumon aux fines herbes.

Sauté de saumon à la Béchameil.

Filets de saumon panés à l'allemande, sauce aux crevettes.

Côtelettes de saumon à la Sainte-Ménéhould.

Papillotes de saumon aux fine herbes.

Fritot de saumon à la provençale.

Orly de filets de saumon.

Sauté de truites à la hollandaise ou au beurre d'écrevisses.

Filets de truites à la maître-d'hôtel ou au beurre d'anchois.
— sautés aux truffes, sauce Périgueux.
— panés à l'allemande, sauce aux huîtres ou aux queues d'écrevisses.

Papillotes de truites aux fines herbes.

Fritot de filets de truites à la provençale.

Orly de filets de truites.

Alose à la purée d'oseille.
— grillée, sauce hollandaise.
— grillée, sauce génevoise.

Sauté d'aloses, sauce italienne.

Côtelettes d'aloses panées à l'allemande.

Papillotes d'alose.

Fritot d'aloses à la provençale.

Caisse de filets d'aloses à la Périgueux.

Quart de turbot, sauce flamande.
— sauce hollandaise.

Émincé de turbot à la Béchameil au maigre.
— au gratin garni de petites pommes de terre.

Escalope de turbot aux truffes, sauce Périgueux.

Sauté de turbot, sauce au beurre et aux queues d'écrevisses.
— sauce aux fines herbes et aux huîtres.
— sauce à la génoise.

Filets de turbot à la Sainte-Ménéhould.
— panés à l'allemande, sauce flamande.
— à l'anglaise, sauce aux crevettes.

Papillotes de filets de turbot à la maître-d'hôtel.

Orly de turbot.

Fritot de turbot à la provençale.

Gratin de bonne morue à la Béchameil.

Morue à la brandade ou la provençale.

Caisse de morue à la hollandaise.

Morue roulée, sauce aux huîtres.

Fritot de morue.

Orly de morue.

Morue à la Béchameil.
— à la maître-d'hôtel.
— au beurre noir.

Cabillau à la hollandaise.

Émincé de cabillau à la Béchameil.
— au gratin garni de petites pommes de terre.

Queue de cabillau au court-bouillon, sauce aux huîtres.

Darne de cabillau au beurre et queues d'écrevisses.

Raie bouclée à la hollandaise.
— en filets sautés aux huîtres.
— en filets au beurre et queues d'écrevisses.
— en filets au beurre noir.
— en filets au beurre d'anchois et aux câpres.

Marinade de raie au persil.

Sauté de filets de soles à l'italienne.
— à la vénitienne.
— à l'écarlate, sauce aux crevettes.
— aux truffes, sauce Périgueux.
— au beurre d'écrevisses.
— sauce aux huîtres.

Filets de soles panés à l'allemande, sauce hollandaise.
— à la Sainte-Ménéhould, sauce aux tomates.

Orly de filets de soles.

Fritot de filets de soles à la provençale.

Attereaux de filets de soles au gratin.

Turban de filets de soles aux truffes.

Blanquette de soles à la Béchameil et en croustades.
— aux truffes à l'italienne et en caisse.

Papillotes de filets de soles à la maître-d'hôtel.

Sauté de filets de soles, sauce aux fines herbes.
— sauce au beurre d'anchois.

(Les filets de merlans se préparent absolument comme les filets de soles).

Filets de carrelet sautés aux fines herbes.
— à la Sainte-Ménéhould, sauce aux tomates.
— à la Orly.
— panés à l'allemande, sauce aux huîtres.

Blanquette de carrelets à la Béchameil et en caisse.
— au beurre et aux queues d'écrevisses.
— au gratin.

Rougets grillés, sauce au beurre d'écrevisses.
— sauce à la génoise.
— sauce à la hollandaise.
— sauce aux huîtres.
— sauce aux crevettes.

Grondins grillés, sauce aux câpres ou à la pluche verte.

Filets de grondins à la Sainte-Ménéhould, sauce aux tomates.
— panés à l'allemande, sauce aux écrevisses.

Fritot de grondins à la provençale.

Orly de filets de grondins.

Blanquette de filets de grondins aux truffes et en caisse.

Sauté de filets de grondins à l'écarlate, sauce aux crevettes.

Turban de filets de grondins aux truffes.

Attereaux de filets de grondins au gratin.

Maquereaux à la maître-d'hôtel.

Sauté de filets de maquereaux à la Béchameil garnis de laitance.
— sauce à la hollandaise.
— sauce au beurre et aux queues d'écrevisses.
— sauce aux huîtres, les laitances à la Orly.
— sauce italienne garnie de crevettes.

Filets de maquereaux panés à l'allemande.
— à la Sainte-Ménéhould.

Orly de filets de maquereaux et de laitances.

Fritot de filets, dits à la provençale.

Papillotes de filets, dits à la d'Huxelles.

Gratin de maquereaux garni de laitance à la Orly.

Turban de filets de maquereaux aux truffes.

Caisse de laitances de maquereaux aux fines herbes.

Harengs frais, sauce à la moutarde.
— sauce à la hollandaise.

Papillotes de laitances de harengs à la maître-d'hôtel.

Caisse de laitances et de harengs, sauce aux huîtres.

Croustade de laitances de harengs, sauce au beurre et aux queues d'écrevisses.

Vives à la flamande.
— à l'italienne.
— à la maître-d'hôtel.
— grillées, sauce au beurre d'écrevisses.
— grillées, sauce aux câpres.
— sauce aux huîtres.

Perches à la Waterfisch.
— à la pluche verte.
— sauce aux huîtres.
— sauce hollandaise.
— sauce au beurre et queues d'écrevisses.
— sauce aux crevettes.

Filets de perches à la Sainte-Ménéhould.
— panés à l'allemande.

Orly de filets de perches.

Fritot de perches à la provençale.

Matelote de perches au vin de Bordeaux.

Croustade garnie d'une blanquette à la Béchameil.

Perches au gratin.

Turban de filets de perches aux truffes et à l'écarlate.

Sauté de filets de brochet à l'italienne, garni de laitances de carpes.

Côtelettes de brochet panées à l'allemande, sauce aux huîtres.
— à la Sainte-Ménéhould, sauce à la génevoise.

Orly de filets de brochet.

Fritot de brochet à la provençale.

Papillotes de brochet aux fines herbes.

Attereaux de filets de brochet au gratin.

Caisse garnie d'une blanquette de brochet à la Béchameil au beurre d'écrevisses.

Lamproies grillées, sauce hollandaise ou flamande.

Matelote de lamproies à la bourguignonne.

Lamproies à la poulette.
— à la Charles IX.

Anguille à la Sainte-Ménéhould, sauce aux tomates.
— roulée et glacée au four, sauce aux huîtres.
— à la broche, sauce aux crevettes.

Tronçons d'anguille à la tartare.
— à la poulette.
— à la Béchameil au beurre d'écrevisses.

Matelote d'anguilles garnie de laitances de carpe.

Caisse d'anguilles à l'italienne.

Papillotes d'anguilles à la maître-d'hôtel.

Entrées froides.

Galantine de poularde à la gelée.
— de perdreaux rouges aux truffes.

Faisans en galantine à la parisienne.

Salade de poulets à la Reine.

Bayonnaise de volaille à la gelée.

Salade de volaille à la bayonnaise

Sauté de poulets en salade à la bayonnaise.
— de poulets à l'écarlate, sauce bayonnaise.
— de poularde aux truffes à la bayonnaise.
— de poulets aux truffes à la gelée.
— de poularde à la macédoine, sauce bayonnaise.

Salmis froid de perdreaux à la gelée.
— de perdreaux aux truffes à la gelée.

Filets de bécasses aux truffes à la gelée.

Chaufroix de poulets à la gelée.
— de poulets aux truffes.

Aspic de blanc de volaille garni d'une macédoine.
— de crêtes et rognons de coq, garni d'une blanquette de volaille.

Petits aspics à la moderne.

Attelets de crêtes et rognons à la gelée.
— d'aspics garnis de blancs de volaille et de truffes.
— garnis de blanc de volaille à l'écarlate.

Noix de veau à la gelée.
— au beurre de Montpellier.
— au beurre d'écrevisses.
— à la Périgord.

Côtelettes de veau à la gelée.
— à la Belle-vue.

Cervelles de veau à la bayonnaise.
— à la gelée.

Salade de cervelles de veau.

Balotinne d'agneau en galantine à la gelée.

Filets de mouton à la gelée.

Côtelettes de mouton à la gelée.

Langues de mouton à la bayonnaise.
— au beurre de Montpellier.
— aux écrevisses.

Côte de bœuf à la gelée.

Filet de bœuf à la gelée.

Croustade de pain garnie d'une escalope de levrauts.

Pain de foies gras.

Bayonnaise de filets de soles dans une bordure de gelée.

Salades de filets de soles aux laitues.

Darne de saumon au beurre de Montpellier.
— à la bayonnaise.

Truites à la bayonnaise.

Perches historiées à la bayonnaise.

Galantine d'anguilles en forme de volute.

Anguille en galantine à la bayonnaise.

Galantine d'anguilles en arcade, au beurre de Provence aux écrevisses.

Dinde en galantine à la gelée.

Jambon de Bayonne à la gelée.

Buisson d'asperges en croustade.

Pyramide de salsifis à l'huile.

Culs d'artichauts à la bayonnaise.

Macédoine à l'huile et en croustade.

Culs d'artichauts à la gelée.
— à l'écarlate.

Salade à la Cussy.

Croustade garnie de choux-fleurs et de haricots verts.

Choux-fleurs à la bayonnaise.

Buisson de haricots verts à l'huile et en croustade.

Plats de rôt.

Chapon gras au cresson.

Poularde à la peau de goret.
— à la Loire.
— piquée glacée.
— aux truffes.
— bardée.
— au cresson de fontaine, aux montants de fenouil.

Dindonneau piqué.
— à la peau de goret et au cresson.

Dindon gras non, bardé.

Poulets piqués.
— à la peau de oret.
— bardés au cresson.

Pigeons romains bardés.
— de volière.
— au cresson.

Faisans piqués garnis de cresson.

Pintades.

Canetons.

Canards sauvages.

Sarcelles.

Bartavelles.

Perdreaux rouges piqués.
— gris bardés.

Bécasses avec rôties de pain.

Bécassines ou bécots bardés.

Cailles de moisson.

Cailleteaux d'Ombie.

Mauviettes bardées.

Grives bardées avec feuilles de vigne.

Pluviers dorés.

Rouges-gorges.

Bec-figues bardés.

Ortolans.

Vanneaux au cresson.

Merles de Corse.

Gélinottes.

Ramiers bardés.

Oiseaux de rivière.

Guignards.

Lapereaux de garenne.
— bardés.
— piqués glacés.

Reins de levrauts.

Lièvre bardé de tétine de veau.

Quartier de sanglier mariné.

Marcassin piqué mariné.

Quartier de chevreuil piqué.
— de daim piqué glacé.
— de mouton en chevreuil.
— d'agneau.

Cochon de lait.

Rôts en poisson.

Soles frites.

Dorade au bleu.

Brochet au bleu.
— au court-bouillon.

Brochetons à la bourguignonne.
— frits marinés.

Carpe au bleu.

Truites saumonées au bleu.

Saumon au vin de Monte-Fiascone.

Petites truites au court-bouillon.

Alose à l'huile.

Merlans frits.

Éperlans en attelets.

Aiguillettes d'éperlans.

Goujons du Tibre.
— en attelets.

Aiguillettes de goujons.

Grosses pièces d'entremets.

Pâté froid de perdreaux aux truffes de France.
— de foies gras aux truffes.
— de poulardes aux truffes.
— de canetons farcis.
— de levrauts aux truffes.
— de filets de biche aux truffes.
— garni d'une noix de bœuf.
— au vin de Madère.
— de faisans garnis à l'ancienne.
— de jambon de Bayonne.

Timbale froide garnie d'une dinde en galantine aux truffes de France.

Pâté froid d'esturgeon aux truffes de Piémont.
— garni de laitances de carpes, de filets de soles ou de turbot.
— d'anguille en galantine.

Buisson de petits pâtés à la gelée.
— garnis de cailles aux truffes.
— garnis de bécassines.
— garnis de mauviettes.
— garnis de perdreaux rouges.

30

Buisson de petits pâtés garnis de filets de lapereaux.
— garnis de filets de volaille.
— garnis de foies gras aux truffes.

Dinde en galantine sur un socle à la française.

Galantine glacée ornée de gelée.
— à la gendarme ornée d'attelets,.

Jambon glacé à la gelée.
— orné de gelée sur un socle.

Pain de lièvre glacé sur un socle.
— de foies gras aux truffes orné de gelée sur un socle.

Buisson de truffes au vin de Champagne.

Buisson de truffes sur un socle.
— d'écrevisses d'Ostie.
— de crevettes (sur un socle).

Homards.

Langoustes.

Gros biscuit de fécule de pommes de terre.

Biscuit de Savoie au zeste d'orange, escorté d'un sabayon.

Gros biscuit aux amandes amères.
—, aux avelines grillées.
— glacé à la Royale.

Biscuit en sultane.

Grosse meringue à la parisienne.

Croquante de pâte d'amandes d'avelines.

Poupelin historié.

Gâteau de mille-feuilles à l'ancienne.
— à la moderne.
— à la Royale.

Croquembouche ordinaire.
— à la turque.
— à la parisienne.
— à la Royale.

Gros nougat à la française
— à la parisienne.
— à la turque.
— à la Chantilly.

Sultane en surprise.

Brioche à la crème de vanille,
— au raisin de Corinthe.
— au fromage.
— en caisse à la moderne.

Baba polonais.

Cougloff à l'allemande.

Gâteau de Compiègne.
— à la parisienne.
— à la française.
. — à la Royale.

Grande Tarte, ou Flan à la portugaise,
— à la suisse.
— à la parisienne.
— à la milanaise.
— à la turque.
— de pommes de France.
— de marrons du Luc.
— de nouilles à la vanille.
— de vermicelle au citron.
— de crème pâtissière au chocolat

Grand Soufflé à la vanille.
— au café moka.
— au cacao.
— au chocolat.
— au thé Hyswin.
— au punch.
— à la fleur d'orange nouvelle.
— à la fleur d'orange pralinée.
— au caramel anisé.
— aux macarons amers.
— aux macarons d'avelines.
— aux amandes amères.
— aux pistaches.
— aux quatre fruits.
— au cédrat.
— à la crème de menthe.
— au parfait-amour.
— au marasquin.
— aux abricots.
— aux fraises.
— aux pommes de reinette.

Entremets de Légumes.

Asperges en petits pois et au sucre.

Pointes d'asperges au jambon.

Grosses pointes d'asperges à la Pompadour.

Asperges en branches, sauce hollandaise.
— sauce au beurre.
— à l'huile et en croustade.

Grosses pointes d'asperges marinées à la Orly.

Petits pois à la française.

— au sucre.

— au petit lard fumé.

— à l'anglaise.

— à la Cussy.

Haricots verts à la bretonne.

— à l'anglaise.

— a la lyonnaise.

— à la poulette.

— en salade et en croustade.

— frits à la provençale.

Artichauts à la provençale.

— à la lyonnaise.

— à l'italienne.

— à la barigoule.

— en friture.

Culs d'artichauts à la Mirepoix.

— sauce hollandaise.

— sauce au beurre d'écrevisses.

— à l'écarlate et sauce aux tomates.

à la bayonnaise.

— en salade et à la gelée.

— marinés à la Orly.

Concombres à la Béchameil.

— en cardes à l'espagnole.

à la poulette.

— au fumet de gibier.

— farcis, sauce aux tomates.

Choux-fleurs, sauce hollandaise.

sauce au beurre d'anchois.

— à l'italienne.

— au parmesan.

— à la bernoise.

— marinés à la Orly.

— à la ravigote.

— en salade à la gelée.

Choux nains et verts au blond de veau.

— à la crème.

— à l'espagnole.

— à la sauce hollandaise.

Choux-brocolis rouges au beurre d'écrevisses.

Brocolis à l'italienne.

— à l'anglaise.

Fèves de marais à la crème.

— au velouté.

— à l'espagnole.

Purée de fèves aux croûtons frits.

Haricots blancs à la maître-d'hôtel.

— à la crème.

— à la bretonne.

Purée de haricots au sucre.

Macédoine printanière.

— au velouté dans une croustade.

— à la bayonnaise ornée de gelée.

Navets à l'essence de racines.

— à l'espagnole.

— à la Chartres.

— à la Béchameil.

Petites carottes à l'andalouse.

— au velouté.

— à la sauce hollandaise.

— à la flamande.

Cardons à la moelle.

— au velouté.

— à la Béchameil.

— à l'espagnole.

— au parmesan.

Tomates aux fines herbes.

— à la provençale.

Champignons à la provençale.

Croûte aux champignons au velouté.

Émincé de champignons à la Béchameil.

Croûte aux morilles.

— aux mousserons et aux truffes blanches d'Italie.

Petites pommes de terre tournées, sauce hollandaise.

— à la crème.

à la bretonne.

— frites au beurre.

— à l'anglaise.

— à la lyonnaise.

— à la maître-d'hôtel.

— à l'espagnole.

Purée de pommes de terre (en croustade) à la crème garnie de petits croûtons.

Laitues farcies à l'essence de jambon.

— à l'espagnole.

— frites.

— au velouté.

Laitue en chicorée à la Béchameil.

— en croustade.

Chicorée au velouté.
— à la Béchameil et en croustade.
— au jus.
— à l'anglaise.

Épinards en croustade.
— à la crème.
— au velouté.
— à l'espagnole.
— à l'anglaise.
— à l'essence de jambon.

Céleri en petits pois à la française.

Pieds de céleri en cardes à l'essence et à la moelle.
— à l'espagnole.
— au velouté et à la Béchameil.

Aubergines à la provençale.

Truffes à l'italienne.
— à l'espagnole.
— à la Périgueux.
— en croustade.
— en caisse.

Tourte de truffes à l'ancienne.

Truffes à la cendre.
— à la serviette.
— au vin de Champagne.

Entremets d'œufs.

OEufs brouillés aux pointes d'asperges.
— aux truffes.
— au jambon.
— aux rognons de coq.
— aux champignons.

OEufs au beurre noir.
— au miroir.
— à l'aurore.
— à la Dauphine.
— à la princesse.
— à la polonaise.
— à la bretonne.
— à la Béchameil.
— à la suisse.
— au parmesan.
— à la tripe.
— frits à la sauce aux tomates.
— à l'aspic.

OEufs à l'espagnole.
— pochés au jus.
— aux épinards.
— aux concombres.
— à la chicorée.
— aux petits pois.
— au céleri à la française.
— aux pointes d'asperges en petits pois.
— à la purée de cardes.
— à la purée de champignons.
— à la purée d'oseille.
— à la ravigote verte.

Omelette aux pointes d'asperges.
— aux truffes.
— au jambon.
— au rognon de veau.
— à la moelle.
— aux champignons.
— au fromage de Gruyères.
— au parmesan.
— à l'oseille.
— aux fines herbes.
— au naturel.

Entremets au sucre.

Gelée de violette printanière.
— de fleur d'orange nouvelle.
— au vin de Chypre.
— au vin de Champagne rosé.
— au sirop de vinaigre framboisé.
— de fraises.
— de groseilles rouges.
— de cerises.
— des quatre fruits.
— de verjus.
— d'épine-vinette.
— de grenades.
— d'abricots.
— d'ananas.
— d'orange de Malte.
— d'orange en écorce.
— d'orange à la Bellevue.
— d'orange en ruban.
— d'orange en petits paniers.
— de citron.
— de bigarade.

Gelée de vanille au caramel,
— au café moka.
— au thé hyswin.
— d'essence d'angélique verte.
— d'essence de menthe.
— au parfait-amour.
— au punch.
— au zeste d'orange.
— au zeste de cédrat.
— au zeste de bergamote.
— au zeste de bigarade.
— aux quatre zestes.
— au marasquin de Zara.

Macédoine de fruits rouges à la gelée de fraises.
— à la gelée de verjus.
— de prunes à la gelée d'épine-vinette.
— d'orange rouge à la gelée de cédrat.
— (d'hiver) aux fruits à l'eau-de-vie.

Gelée fouettée au marasquin.
— au punch.
— au jus d'orange.
— au jus de cédrat.
— au jus de citron.
— au jus de groseilles.
— au jus de fraises.
— au jus de framboises.
— au verjus muscat.

Blanc-manger ordinaire.
— au cédrat.
— à la vanille.
— au café moka.
— au chocolat.
— aux pistaches.
— aux avelines.
— aux fraises.
— à la crème.

Fromage bavarois aux noix vertes.
— aux avelines.
— aux amandes amères.
— aux pistaches.
— au parfait-amour.
— à l'essence de menthe.
— à l'anis étoilé.
— au cacao.
— au thé vert.
— au caramel.
— à la fleur d'orange pralinée.
— aux macarons amers.

Fromage bavarois à la vanille.
— au zeste de cédrat.
— aux violettes.
— à l'œillet.
— à la fleur d'orange.
— aux fraises.
— aux framboises.
— aux groseilles rouges.
— aux quatre fruits.
— aux abricots.
— aux prunes de mirabelle.
— à l'ananas
— au melon.
— au marasquin.
— au punch.

Crème française au café moka.
— au chocolat.
— au thé hyswin.
— à la fleur d'orange grillée.
— au caramel anisé.
— aux macarons amers.
— aux pistaches.
— aux avelines.
— à la vanille.
— à la fleur d'orange nouvelle.
— au parfait-amour.
— aux quatre zestes.
— à l'orange.
— au cédrat.
— aux fraises.
— aux abricots.
— au marasquin.
— à la crème double.

Crèmes-plombières à l'ananas.
— au marasquin.
— aux fraises.
— à la marmelade d'abricots.
— à la marmelade de pommes.

Crème fouettée au mirobolan.
— à la vanille.
— à l'orange.
— aux quatre zestes.
— aux fraises.
— à la rose.
— à la fleur d'orange pralinée.
— au caramel.
— printanière.
— aux pistaches.

Crème-pâtissière au cédrat.
— au chocolat.
— au café moka.
— aux avelines pralinées.
— à la vanille.
— aux pistaches.
— au raisin de Corinthe.
— à la moelle.

Suédoise de pommes.
— de pêches.

Pommes meringuées.
— à la parisienne.
— au raisin de Corinthe.
— au gros sucre et aux pistaches.
— au beurre et glacées au caramel.
— à la minute.
— à la gelée de pommes.
— à la crème cuite.
— transparentes en croustade.
— en croustade et glacées au caramel.
— en suédoise et en croustade.

Pudding aux pommes d'Apy.
— de pommes de reinette au raisin muscat.
— de pommes à la crème.
— de pommes aux pistaches.
— de pommes aux cerises confites.
— aux abricots.
— aux prunes de mirabelle.
— aux fraises.
— aux cerises d'Anticoli.
— aux groseilles vertes.
— à la moelle et au vin de Malvoisie.
— au raisin de Corinthe et au cédrat.
— à la parisienne.
— aux marrons et au rhum.
— au riz et à l'orange.
— au cédrat et en timbale.

Tarte de pommes au raisin muscat.
— à la frangipane.
— aux abricots.
— à la moelle.
— aux confitures.

Riz à la française.
à la créole.
— à la turque.

Croquettes de marrons.
— de pommes de terre à la vanille.

Croquettes de riz aux pistaches.
— de riz au café.
— de nouilles au cédrat.

Crème frite à la parisienne.
— au chocolat ou au café.
— à la pâtissière.

Cannelons frits à la marmelade d'abricots.
— aux fraises.
— à la pâte d'avelines.
— à la pâte de pistaches.
— au chocolat.

Beignets à la Dauphine.
— de fraises à la Dauphine.
— d'abricots à la Dauphine
— de prunes à la Dauphine.
— de cerises à la Dauphine.
— de raisins de Corinthe à la Dauphine.
— de pommes d'Apy à la Dauphine.

Beignets de pommes glacés aux pistaches.
— de pêches au gros sucre.
— d'oranges de Malte.
— de fruits à l'eau-de-vie.
— soufflés à la vanille.
— soufflés et seringués.

Petits diablotins de blanc-manger aux avelines.

Pannequets glacés en couronne.
— meringués à la parisienne.

Croquembouche de quartiers d'orange.
— de génoises glacées au gros sucre.
— de feuilletage à blanc.
— de marrons glacés au caramel.
— de noix vertes glacées au caramel.

Biscuit glacé à la Royale.
— à la parisienne.
— aux confitures et meringué.
— fourré à la pâtissière.
— à l'italienne meringuée.

Charlotte à la parisienne.
— à la française.
— à l'italienne.
— aux macarons d'avelines.
— aux gaufres de pistaches.
— aux pommes d'Apy.
— de poires à la vanille.
— de pêches à la crème.
— de brugnons au vin de Chypre.

Choux pralinés aux avelines.
— grillés aux amandes.

Gimblettes grillées aux amandes.

Choux-pâtissiers au gros sucre.
— à la Mecque.
— aux anis blancs.

Petits choux à la Saint-Cloud.
— à la Vincennes.

Choux soufflés à l'orange et au citron.
— en caisse et au cédrat.

Petits pains à la duchesse.

Choux glacés.

Pains aux avelines.

Choux aux avelines.

Petits pains au chocolat.
à la Reine.
— à la rose.
— à la paysanne.
— aux raisins de Corinthe.
— glacés au caramel.
— glacés aux pistaches.
— glacés aux anis roses.
— glacés aux raisins de Corinthe.
— glacés au gros sucre.
— Profiteroles au chocolat.

Madelaines au cédrat.
— aux raisins de Corinthe.
— aux pistaches.
— au cédrat confit.
— aux anis blancs.
— en surprise.

Génoises à l'orange.
— à la rose.
— à la vanille.
— au chocolat.
— aux raisins de Malaga.
— au cédrat confit.
— aux anis roses.
— au marasquin.
— aux pistaches.
— aux avelines.
— aux amandes amères.
— en couronnes perlées.
— à la Dauphine.

Gaufres aux pistaches.
— au raisin de Corinthe et au gros sucre.
— à la parisienne.
— à la française.
— mignonnes aux avelines.
— d'office à la vanille.
— à la flamande.

Nougat à la française.
— au sucre rose à la vanille.
— au raisin de Corinthe et au gros sucre.
— aux avelines garni de crème fouettée.

Meringue à la bigarade.
— aux pistaches et au gros sucre.

Petits pains de châtaignes
— de pommes de terre.
— aux avelines.
— aux amandes amères.
— aux anis de Verdun.

Darioles au café moka.
— soufflées au candi.

Talmouses au sucre et au fromage à la crème.
— ordinaires au fromage de Gruyères ou de Parme.

Petits soufflés de riz aux zestes de citron.
— au lait d'amandes.

Mirlitons à la fleur d'orange.
— aux avelines.
— aux pistaches.
— aux amandes.
— au zeste de citron.

Fanchonnettes à la vanille.
— au lait d'amandes.
— au café moka.
— au chocolat.
— aux raisins de Corinthe.
— aux pistaches.
— aux avelines.
— à la gelée de pommes.
— aux abricots.

Tartelettes d'abricots.
— de pêches.
— de prunes de reine-claude.
— de prunes de mirabelle.
— de cerises noires.
— de groseilles vertes et rouges

Tartelettes de groseilles blanches.
— de fraises.
— de pommes de reinette.

Timbales de riz au lait d'amandes.
— de riz au lait d'avelines.
— de riz à la moelle.
— de riz au café moka.
— de riz au cédrat confit.
— de riz aux raisins de Corinthe.
— de riz au raisin muscat.
— de riz aux pistaches.
— de riz aux marrons.
— de nouilles à l'orange.
— de vermicelle au citron.
— aux pommes de terre et au zeste de bigarade.

Gâteau de riz aux rognons.
— aux avelines.
— aux amandes amères.
— au cédrat.
— à la fleur d'orange pralinée.
— aux raisins de Corinthe.
— au raisin muscat.
— aux quatre fruits.
— aux rognons de veau.
— à la moelle et à la vanille.
— aux pistaches et aux avelines.

Gâteau fourré de crème au café moka.
— de marmelade de pêches.
— à la d'Artois.
— aux pommes et raisin.
— aux pommes et pistaches.
— aux abricots.
— aux pêches.
— aux prunes de mirabelle.
— aux prunes de reine-claude.
— aux prunes de Sainte-Catherine.
— aux cerises douces.
— aux fraises.
— aux groseilles rouges ou blanches.
— aux groseilles vertes.

Flan de pommes au beurre et au cédrat.
— de pommes à la portugaise.
— aux cerises d'Anticoli.
— de prunes de reine-claude.
— de prunes de mirabelle.
— d'abricots glacés.
— de crème-pâtissière glacée.

Tourte d'entremets aux fruits.

Vol-au-vent d'abricots et de pêches.

Tourte d'entremets de fruits confits.
— de marmelade d'abricots pralinés.
— à la moelle pralinée.
— aux rognons de veau et aux pistaches.
— de crème aux épinards pralinés.

Petits gâteaux aux pistaches glacées.
— fourrés de riz au raisin de Corinthe.
— fourrés à la crème aux épinards.
— fourrés de marmelade d'abricots.
— fourrés de groseilles rouges.
— de fraises ou de framboises.
— d'abricots glacés.
— de marmelade de pommes de reinette.
— de pommes aux pistaches.
— de pommes aux amandes pralinées.

Gimblettes d'abricots aux avelines.
— de prunes aux amandes.
— de pêches aux pistaches.

Petits vol-au-vent à la Chantilly à la violette.
— glacés au gros sucre, garni de fraises.
— printaniers.
— à la crème-plombière au café.
— au fromage bavarois aux abricots.
— garnis de gelée fouettée.

Puits-d'amour aux pistaches et au gros sucre.

Mosaïques glacées au sucre rose.
— aux pistaches.
— aux avelines et au gros sucre.

Tartelettes mosaïques à la marmelade de pêches.
— de cerises confites.
— aux pistaches glacées.
— aux avelines glacées.
— aux amandes amères glacées.
— aux raisins de Corinthe, et glacées.
— de pommes pralinées à la vanille.

Petits gâteaux renversés à la gelée de groseilles.
— glacés aux pistaches.
— aux pistaches garnis de gelée de pommes.

Petits gâteaux d'abricots.

Cannelons glacés et garnis de gelée de pommes.
— pralinés aux avelines.
— au gros sucre.
— meringués aux pistaches.
— meringués aux raisins de Corinthe.

Petites bouchées glacées à la pâtissière.

— meringuées aux pistaches.

— perlées aux raisins de Corinthe.

— perlées aux pistaches.

— aux anis roses de Verdun.

— aux anis blancs.

— glacées à la Royale au chocolat.

Quadrilles aux quatre fruits.

Petites rosaces au gros sucre.

Trèfles perlés aux pistaches et au gros sucre.

— pralinés aux avelines.

Petites couronnes aux pistaches.

Feuilles de chêne perlées.

Petits paniers au gros sucre.

— pralinés aux avelines.

— perlés aux raisins de Corinthe.

— aux pistaches et au gros sucre.

Petits gâteaux royaux à la vanille.

— à la fleur d'orange.

— au cédrat.

— aux avelines.

— aux amandes amères.

— au chocolat.

— aux abricots.

— à la gelée de pommes.

— pralinés aux avelines.

— à la marmelade de prunes de mirabelle.

Couronnes de feuilletage aux pistaches et au gros sucre.

— pralinées à la vanille.

Petites bouchées pralinées au sucre de couleur.

SIROP, préparation liquide et rendue consistante par une addition de sucre assez considérable pour donner à l'aréomètre environ trente-cinq degrés. C'est le sucre et l'eau qui doivent être la base d'un sirop; c'est la variété des aromates qui détermine leurs qualités différentes; et leur but est de conserver sans altération la sapidité de plusieurs substances.

Quand on voudra connaître si un sirop quelconque est assez cuit (sans avoir besoin de recourir à l'emploi de l'aréomètre), il est suffisant de prendre avec une écumoire du sirop en ébullition, de tenir perpendiculairement et d'agiter cet ustensile, afin de faire tomber quelques gouttes du même sirop sur une assiette. Plus le volume des gouttes est considérable, et plus le sirop est bien cuit ou concentré. Si la portion du liquide forme, en tombant, plusieurs gouttelettes, c'est une marque qu'il faut continuer son ébullition; et lorsque la goutte est unique, c'est une preuve que la coction du sirop est terminée.

Il existe deux procédés pour la préparation des sirops.

1° *A froid :* faites fondre dans de l'eau le double de son poids de sucre, environ deux livres dans dix-huit onces d'eau ou liquide, tels que les sucs de limon, d'oranges, de roses, de violettes; passez au tamis et mettez au frais dans des bouteilles bien bouchées.

On peut encore mettre dans un vase de faïence une couche de sucre, une couche de fruits succulents, tels que groseilles, oranges, cerises; remettre par-dessus une couche de sucre, et ainsi alternativement, en ayant soin que la première et la dernière couche soient de sucre, le sucre se dissout dans le suc des fruits, lequel, au bout de deux jours, est transformé en sirop. Cette sorte de sirop est très-agréable, mais ne se conserve pas long-temps. Il faut une grande attention, en général, pour cuire les sirops : pas assez cuits, ils se conservent mal; trop cuits, ils se candissent.

2° Les sirops *par coction* se font ainsi : mettez dans votre liquide du sucre, à raison d'une livre par pinte, et faites évaporer. La cuisson a pour but de concentrer les sucs. D'autres praticiens font évaporer le suc avant d'y mettre le sucre; ce moyen donne un sirop plus agréable, mais qui se garde moins aisément.

En général, le sucre doit toujours être en double proportion; à froid immédiatement, à chaud, au moyen de l'évaporation.

Sirop d'orgeat. — Prenez une livre et demie d'amandes douces, une demi-livre d'amandes amères, huit livres de sucre, cinq livres d'eau filtrée, quatre onces d'eau de fleur d'orange distillée et les zestes d'un citron.

Vous aurez fait choix d'amandes douces et amères bien fraîches; vous versez de l'eau bouillante dessus, et, lorsque leur peau s'enlève facilement, vous les jetez sur un tamis et, pour faciliter la séparation de la peau, vous y passez de l'eau froide; à mesure que vous les pelez, vous les jetez dans de l'eau fraîche, et lorsqu'elles sont toutes mondées de leur enveloppe, vous les pilez avec les zestes du citron dans un mortier de marbre ou de bois, en y ajoutant de l'eau par intervalles pour empêcher les amandes de se tourner en huile, et continuez cette opération jusqu'à ce qu'elles soient réduites en pâte très-fine, ce qu'on reconnaît lorsqu'en prenant une portion de cette pâte entre les doigts on ne sent plus de portions d'amandes. Alors vous délayez cette pâte avec la moitié de votre eau, puis la passez au travers d'un linge serré fortement par deux personnes ; vous remettez la pâte dans le mortier et la pilez de nouveau pendant sept à huit minutes; vous la délayez avec la moitié restante de votre eau, et, après l'avoir aussi passée au travers d'un linge et obtenu de cette matière un *lait d'amandes*, vous jetez le marc comme inutile.

Vous clarifiez le sucre et le faites cuire au petit cassé; vous retirez la bassine du feu pour y verser le lait d'amandes, puis l'y replacez et remuez avec l'écumoire jusqu'à ce que le mélange ait reçu un bouillon couvert; alors vous la retirez. Lorsque le sirop est refroidi, vous y ajoutez de l'eau de fleur d'orange et la passez au travers d'un linge, afin de bien mêler une pellicule épaisse et mucilagineuse qui vient nager à la surface, et qu'il est essentiel de conserver dans le sirop, étant une partie du lait d'amandes.

Les confiseurs qui font une très-grande quantité de ce sirop se contentent, après avoir pelé les amandes, de les concasser, et ensuite de les broyer sur la pierre; puis ils les soumettent à la presse; ils mesurent le lait d'amandes, et mettent le double de sucre clarifié à la nappe; ils le font cuire séparément au petit cassé, et ensuite ils font leur mélange; le sirop est à son degré, et cette manière est beaucoup plus expéditive.

On ne doit pas être étonné de voir ce sirop se séparer en deux parties peu de temps après avoir été fait; la portion inférieure est claire et transparente, et la supérieure est blanche et plus épaisse; cette partie est l'huile des amandes mêlée du parenchyme divisé et d'une portion de sirop interposée dans les interstices; ces matières étant plus légères, elles viennent nager à la surface, et celles-ci seulement ont la propriété de blanchir l'eau lorsqu'on y délaie du sirop d'orgeat, car la portion claire ne produit jamais cet effet. Cette séparation n'annonce pas que le sirop soit gâté; il faut avoir soin d'agiter les bouteilles de temps en temps pour que la matière se mêle; autrement, si elle restait séparée, elle finirait par se moisir, s'aigrir, et communiquer au sirop un goût très-désagréable.

Le sirop d'orgeat est un des plus exposés à la falsification : certains fabricants le composent avec du lait de vache et très-peu de lait d'amandes, et ils remplacent le sucre par de la cassonade très-commune; d'autres font un mélange de cassonade commune et d'amidon avec une certaine quantité d'eau. Ces produits de la friponnerie, décorés du nom de sirop d'orgeat, ont cela de particulier, qu'ils ne peuvent se garder au plus que huit à dix jours, lorsque la bouteille est en vidange.

Sirop d'orgeat suivant l'ancienne formule, c'est-à-dire à l'orge et aux quatre semences froides (*V*. PHARMACIE DOMESTIQUE, à la fin de ce volume).

Sirop de vinaigre framboisé. — Ayez la valeur de quatre paniers de belles framboises bien mûres; vous les éplucherez et les mettrez dans une terrine où vous verserez trois pintes de bon vinaigre rouge; vous y ajouterez deux livres de groseilles égrenées, et vous laisserez le tout infuser pendant huit jours, en le remuant de temps en temps avec une spatule; au bout de huit jours, vous égoutterez vos framboises sur un tamis pour en retirer le vinaigre avec le jus que le fruit a rendu; lorsque le tout sera bien égoutté, vous clarifierez neuf livres de sucre que vous ferez cuire au soufflé; vous y mettrez alors votre vinaigre que vous aurez passé à la chausse, et, au premier bouillon, vous aurez soin de le retirer du feu, de le bien écumer et de le verser tout de suite dans une terrine, afin qu'il ne séjourne pas dans une poêle de cuivre.

Sirop de vinaigre au raisin muscat. — Procédez comme il est indiqué ci-dessus en employant du jus de raisin au lieu du suc de framboises.

Sirop de groseilles. — Vous écraserez au-dessus d'un tamis six livres de groseilles rouges et deux livres de cerises; vous mettrez ce jus dans une terrine à la cave, pour qu'il y fermente pendant huit jours; au bout de ce temps, vous le passerez à la chausse; vous aurez quatre livres de sucre clarifié, que vous ferez cuire comme nous venons de le dire à l'article précédent, et vous y mettrez votre jus de groseilles; au premier bouillon, vous l'écumerez et le retirerez pour le mettre à refroidir.

On fait fermenter la groseille pour l'empêcher de prendre en gelée dans les bouteilles.

Sirop de verjus. — Vous prendrez trois livres de verjus bien vert, que vous égrenerez pour en extraire le jus; vous le passerez à la chausse jusqu'à ce qu'il soit bien clair, et puis vous clarifierez quatre livres de sucre, que vous ferez cuire au fort soufflé; vous y mettrez une chopine de verjus et lui laisserez prendre un bouillon : la cuisson est toujours la même pour tous les sirops au lissé et au petit perlé.

Sirop de cerises et de merises (V. page 133).

Sirop de grenades. — Ayez douze ou quinze grenades bien mûres et dont les grains soient d'un beau rouge; six grenades, si elles sont fortes, peuvent vous procurer une pinte de sirop; vous les égrenerez en écrasant tous les grains, et vous les mettrez dans un poêlon sur le feu, avec un demi-setier d'eau; faites-les bouillir un demi-quart d'heure; ensuite vous les passerez au travers d'un torchon blanc, en le tordant fortement pour en extraire le jus; vous ferez clarifier une livre et demie de sucre, qui doit être cuit au soufflé, et vous y mettrez votre jus pour le faire bouillir avec le sucre, jusqu'à la cuisson ordinaire des autres sirops; vous verserez votre sirop dans des bouteilles lorsqu'il sera presque froid.

Sirop de mûres. — Vous prendrez assez de mûres pour en retirer trois demi-setiers de jus que vous mettrez dans un poêlon, sur le feu, avec trois demi-setiers d'eau, jusqu'à ce que les trois demi-setiers soient réduits à une chopine; vous clarifierez trois livres de sucre que vous ferez cuire au cassé; vous y jetterez votre jus de mûres, vous lui donnerez un bouillon, et l'écumerez; s'il se trouvait trop cuit, vous y mettriez un peu d'eau pour qu'il se trouve au degré convenable; vous le viderez ensuite dans une terrine, et, lorsqu'il sera froid, vous le mettrez en bouteilles.

Sirop de fleur d'orange. — Pour trois quarterons de fleur d'orange bien fraîche et bien épluchée, vous prendrez quatre livres de sucre clarifié, cuit au perlé; vous y jetterez votre fleur d'orange et lui donnerez un fort bouillon; vous la retirerez du feu, la laisserez infuser dans votre sucre pendant deux heures, et puis vous remettrez votre poêle sur le feu, où vous lui ferez prendre quelques bouillons; vous disposerez une terrine avec un tamis dessus, vous y jetterez votre sirop pour en séparer les fleurs; vous le remettrez sur le feu pour le finir et lui donner la cuisson qu'il doit avoir, c'est-à-dire celle du petit perlé; mettez-le à refroidir dans une terrine, et mettez-le ensuite en bouteilles.

Sirop de violettes. — Pendant le mois d'avril, vous faites choix de violettes simples et *cultivées,* s'il est possible; celles-ci sont préférables, en ce qu'elles donnent une plus belle couleur au sirop; vous les mondez de leurs queues et de leurs calices. Vous les pesez, les mettez dans une cucurbite d'étain et y versez, par chaque livre, une pinte d'eau bouillante. Après avoir bien fermé la cucurbite, vous laissez macérer le mé-

lange pendant vingt-quatre heures; vous passez la décoction au travers d'un linge, vous soumettez le marc à la presse pour en retirer le suc qui a pu y rester; et, réunissant les deux produits, vous les laissez reposer environ une heure, vous décantez la liqueur par inclinaison pour en séparer une sorte de fécule qui s'est précipitée au fond du vase; vous pesez l'infusion, et vous mettez par chaque livre deux livres de sucre en poudre; vous réunissez le tout dans le bain-marie, que vous bouchez bien pour ne pas laisser évaporer l'odeur fugace de la violette; vous le placez dans la cucurbite remplie d'eau, vous l'y faites chauffer, et vous remuez de temps en temps le mélange. Quand le sucre est entièrement dissous, et que le mélange est chaud à ne pouvoir y tenir le doigt, vous retirez le bain-marie, que vous tenez toujours couvert jusqu'à ce qu'il soit entièrement refroidi; alors vous le passez au travers d'une étamine blanche et bien propre, et le mettez en bouteilles.

Si on laissait trop chauffer ce sirop, il perdrait de son parfum et même de sa couleur; le degré qu'on indique est suffisant, et, quand il est ainsi préparé, il se conserve plusieurs années. Il ne faut pas attendre pour le faire la fin de la saison des violettes, parce que celles-ci perdent de leurs qualités à mesure qu'elles vieillissent en floraison.

Sirop de limon. — Les éléments de ce sirop sont deux livres et demie de suc de limon et quatre livres de sucre. Il faut avoir soin que vos fruits soient très-sains et de la meilleure qualité possible. Vous les coupez par moitié, et en faites sortir tout le jus au moyen d'une cuillère de bois que vous tournez contre les parois intérieures de l'écorce; vous passez ensuite ce jus à travers un linge propre, et soumettez le marc à la presse pour exprimer ce qui pourrait y être contenu; vous mettez ce suc de limon dans un endroit frais, et, lorsque vous voyez qu'il se forme dessus une pellicule, vous le décantez par inclinaison, et puis vous le filtrez au travers d'un papier gris. Lorsque vous en faites provision pour le conserver, vous le mettez en bouteilles et versez par-dessus un peu d'huile d'olive.

Les zestes de ces fruits ne sont pas perdus; on en fait du citronat.

Lorsque vous avez pesé la quantité ci-dessus de suc de limon, vous clarifiez le sucre et le faites cuire au petit cassé; alors, retirant la bassine du feu, vous y versez le suc de limon, et, remettant le mélange sur le feu, vous lui donnez seulement un bouillon, et le retirez aussitôt; après l'avoir laissé reposer un instant, vous enlevez avec une écumoire l'écume blanche qui se forme dessus;

et, lorsqu'il n'est plus que tiède, vous le mettez en bouteilles.

Sirop d'oranges ou de cédrat. — Suivez les mêmes procédés qui sont indiqués ci-dessus pour le sirop de limon.

Sirop de punch au rhum. — Prenez cinq pintes de rhum, deux livres de jus de citron, et huit livres de sucre royal que vous clarifiez et que vous faites cuire au petit cassé; vous y versez le jus de citron, en remuant le mélange jusqu'à ce qu'il ait fait un bouillon couvert : vous retirez la bassine du feu, et versez le sirop dans un vase de terre vernissée : lorsqu'il est froid, vous y ajoutez le rhum et remuez bien le tout, et puis vous le mettez en bouteilles.

Ce sirop se conserve très-long-temps; on en fait du punch en y ajoutant suffisante quantité d'eau bouillante, ou bien une décoction de thé pour les personnes qui aiment le punch au thé.

Sirop de punch au rack. — Il se fait comme le précédent, si ce n'est qu'au lieu de rhum on se sert de rack blanc.

Sirop de pommes. — Vous prenez suffisante quantité de pommes de reinette pour obtenir trois livres de suc; après les avoir pelées, vous les coupez par morceaux et en ôtez les pepins; vous les mettez dans un matras avec trois livres de sucre et suffisante quantité d'eau pour les humecter; vous les placez au bain-marie d'un alambic à l'eau bouillante. Vous laissez refroidir, et ajoutez le suc d'un citron et une cuillerée d'eau de fleur d'orange.

Sirop de guimauve. — Prenez une livre de racines de guimauve, six livres de sucre concassé et deux pintes d'eau filtrée. Vous aurez choisi des racines de guimauve récentes et bien nourries; vous les lavez dans plusieurs eaux pour emporter la terre et les corps étrangers dont elles peuvent être couvertes; vous les coupez par tranches et les mettez avec l'eau dans une bassine sur le feu; vous les faites bouillir un quart d'heure, et les retirez avec l'écumoire de la décoction. Vous faites usage de cette même eau pour délayer votre sucre, et vous le mettez sur le feu. Alors vous fouettez un blanc d'œuf dans un verre d'eau, et, lorsque votre sucre bout, vous en jetez par intervalles. Quand il est parfaitement clair, vous y versez un verre d'eau fraîche pour achever de faire monter le blanc d'œuf. Lorsque le sucre est cuit à la nappe, vous le retirez du feu, et le passez à travers une chausse ou un blanchet.

Les pharmaciens ont différents moyens pour connaître la *cuite* de ce sirop; mais les confiseurs reconnaissent qu'il est à son degré de cuisson nécessaire lorsque le sucre est à la nappe.

On peut y ajouter un peu d'eau de fleur d'orange.

Ce sirop est très-adoucissant; il est excellent pour la toux et très-pectoral. On en met environ deux ou trois gros dans un verre qu'on emplit d'eau, en la versant *d'un peu haut*, suivant le *Codex.*

Sirop de gomme. — Vous faites fondre six onces de gomme arabique sur un feu très-doux dans une chopine d'eau, en l'agitant avec la spatule jusqu'à parfaite solution. Clarifiez six livres de sucre et le faites cuire à la nappe; vous y versez la décoction de gomme, et après quelques bouillons, vous passez le liquide, le laissez refroidir, et mettez en bouteilles.

Sirop de capillaire. — Vous prenez quatre onces de capillaire du Canada et six livres de sucre que vous clarifiez et que vous faites cuire à la nappe; vous le versez, à deux reprises différentes, tout bouillant, sur le capillaire qui se trouve dans la manche. De cette manière, le sucre s'empare de la partie odorante de cette plante.

Il est des personnes qui font bouillir le capillaire; mais alors le parfum de cette substance s'évapore, et le sirop, ainsi préparé, en acquiert une odeur forte et désagréable.

Le sirop de capillaire a les mêmes propriétés que celui de guimauve, et s'emploie de la même manière.

Sirop d'absinthe (V. PHARMACIE DOMESTIQUE*).*

Sirop de café. — Choisissez de beau café moka que vous grillez jusqu'à ce qu'il ait pris une couleur de cannelle un peu foncée, observant de ne pas faire un feu trop ardent pour ne pas altérer son huile essentielle. Quand il est brûlé, vous le pilez dans un mortier de marbre et le passez au travers d'un tamis. Vous en mettez la poudre dans un vase, et y versez l'eau bouillante en délayant avec une petite spatule : vous fermez le vase hermétiquement avec un double parchemin, et mettez le tout à l'étuve jusqu'au lendemain.

Vous retirez l'infusion, et la mettez dans un linge blanc au-dessus d'une terrine; vous pliez bien le linge et le soumettez à la presse; ensuite vous passez la liqueur à la manche pour l'avoir très-claire, puis la mesurez, et, mettant le double du sucre clarifié et cuit à la nappe, vous le faites cuire au cassé et y ajoutez l'infusion; vous donnez un bouillon couvert au sirop, vous le retirez aussitôt du feu, et, lorsqu'il n'est plus que très-peu tiède, vous le mettez en bouteilles.

Ce sirop est très-commode pour les voyageurs;

on en met deux cuillerées à bouche dans une tasse, on verse dessus un verre d'eau bouillante, et on a un café très-promptement fait et très-agréable à consommer.

Sirop de Noirprun (*V*. PHARMACIE DOMESTIQUE).

Sirop de fleurs de pêcher, de tussilage, de feuilles d'oranger, de carvi, de daucus, etc. (Consultez le même chapitre à la fin du volume).

SOLE. La sole est, comme on sait, un des poissons de mer les plus estimés pour la consistance de sa chair et la sapidité de son goût. On doit préférer celles qui nous arrivent des côtes de la Normandie, et particulièrement celles qui ont été pêchées depuis le Tréport jusqu'à la grande vallée de Belluette. Les soles de la côte de Flandre sont beaucoup moins délicates que les normandes. On doit préférer celles qui ont huit à dix pouces de longueur ; il est aisé de s'en procurer de beaucoup plus grandes ; mais alors on fera bien de les attendre pendant quelques jours afin de les mortifier, car leur chair est beaucoup plus dure que dans les moyennes soles.

Soles frites pour rôt. — Ayez deux soles et ratissez-les, videz-les, en faisant une petite incision au-dessous de l'ouïe ; tirez-en les boyaux et les œufs ; lavez-les, égouttez-les, faites-leur une incision au dos, et passez la lame de votre couteau le long de l'arête pour en détacher les chairs ; au moment de servir, mettez du lait dans un plat, trempez-les des deux côtés ; farinez-les et faites-les frire ; pendant leur cuisson, soutenez votre friture par un bon feu ; il faut que ce poisson, comme tous ceux qu'on fait frire, se tienne raide en sortant de la friture : sa cuisson faite et d'une belle couleur, égouttez-le sur un linge blanc ; saupoudrez-le d'un peu de sel fin ; mettez sur un plat une serviette pliée proprement, posez vos soles dessus, et servez à côté des citrons entiers ou des bigarades.

Soles à la flamande. — Préparez vos soles comme les précédentes ; mettez-les dans une poissonnière et mouillez-les d'une eau de sel ; faites-les cuire, égouttez-les, dressez-les et servez-les avec du beurre fondu dans une saucière, ou avec une sauce aux huîtres.

Soles en matelote normande (*V*. CARRELET, page 127).

Soles au four. — Fendez-les par le dos, soulevez-en les chairs des deux côtés ; remplissez le dos de fines herbes hachées, passées dans le beurre et

refroidies ; étendez un peu de beurre dans votre plat ; posez-y vos soles sur le dos ; dorez-les avec une plume trempée dans du beurre fondu ; saupoudrez-les d'un peu de sel fin et d'épices fines, panez-les de mie de pain, mouillez-les d'un peu de vin blanc et de bouillon, et faites-les cuire au four ou sous un four de campagne.

Filets de soles à la Orly (*V*. page 128).

Soles à la parisienne. — Vous coupez la tête et la queue de vos soles ; après les avoir vidées et nettoyées, vous les mettez dans votre sautoir ; vous les saupoudrez avec un peu de persil haché et lavé, un peu de ciboules hachées, du sel, du gros poivre, un peu de muscade râpée ; vous ferez tiédir un bon morceau de beurre que vous verserez dessus ; au moment du service, vous les posez sur un feu ardent ; remuez-les pour qu'elles ne s'attachent pas ; dès qu'un côté est cuit, vous les retournez de l'autre ; ensuite vous les dressez sur votre plat, et vous les arrosez avec une italienne (*V*. ITALIENNE).

Soles en turban. — Dépouillez des soles ; levez-en les filets ; coupez un morceau de mie de pain en forme de bouchon ; posez ce bouchon au milieu du plat, le petit bout en bas ; entourez-le de bardes de lard, et dressez autour, en forme de talus, une farce de poisson ; arrangez vos filets sur cette farce de manière à donner au tout la forme d'un turban ; mettez sur le haut de petites truffes tournées toutes d'égale grosseur ; versez sur les filets un peu de beurre fondu, un jus de citron ; couvrez le tout avec des bardes de lard, puis avec un papier beurré, et mettez cette préparation au four ; le tout étant cuit, ôtez le papier, le lard, le bouchon de pain, et versez dans le trou formé par ce dernier une sauce aux tomates.

Soles au gratin. — Mettez, au fond d'un plat qui supporte le feu, du beurre tiède, avec persil, ciboules, échalotes, champignons, le tout haché ; sel, poivre et muscade ; posez les soles par-dessus et couvrez-les du même assaisonnement avec du beurre ; faites, si vous voulez, un second lit, en procédant de même ; mouillez avec moitié vin et moitié bouillon, et couvrez le tout de mie ou de chapelure de pain ; posez le plat sur un feu doux ; couvrez avec le four de campagne, et bon feu par-dessus. Pour que la mie de pain prenne bien couleur, il est bon de l'arroser avec du beurre tiède, avant de mettre le plat sous le four de campagne.

Soles ou filets de soles à la provençale. — Ayez deux belles soles ou des filets de ce poisson ;

après les avoir nettoyés et fendus, assaisonnez-les de sel, gros poivre, ail, muscade et persil haché; mettez-les sur un plat avec de bonne huile d'olive et un demi-verre de vin blanc, et faites-les cuire au four; coupez en anneaux six gros ognons que vous faites frire dans de l'huile; lorsqu'ils ont acquis une belle couleur et qu'ils sont cuits, égouttez-les; faites-en un cordon autour de vos soles, et servez avec un jus de citron.

Soles à la hollandaise. —Écorchez des soles, et puis faites-les cuire à l'eau de sel avec du persil en branche. Vous les servirez sur une serviette à défaut d'un plat troué en porcelaine, et vous les accompagnerez d'une sauce au persil à la hollandaise, ainsi que nous l'avons formulé dans notre chapitre des sauces étrangères.

Salade de filets de soles. — Vous vous servez de filets comme pour ceux de la bayonnaise; vous les laissez entiers, ou bien vous les coupez par morceaux; vous les mettez dans une casserole; puis vous faites un assaisonnement composé de quatre cuillerées à bouche de bon vinaigre, deux cuillerées de gelée fondue, dix cuillerées d'huile, une ravigote hachée, du sel, du gros poivre; vous mêlerez bien le tout, et vous le verserez sur vos filets, que vous sauterez dedans; vous dresserez les morceaux correctement; versez après votre sauce dessus; vous mettrez autour du plat des cœurs de laitues coupés en quatre, et vous décorez votre salade avec des cornichons, des câpres, des anchois, des croûtons, etc.

Les soles qu'on appelle *à la Colbert* sont tout simplement des soles frites dont on a retiré l'arête, et sous lesquelles on a mis une sauce à la maître-d'hôtel. On emploie fréquemment les soles en bayonnaises, en attereaux, en coquilles, en bouille-à-baisse, et comme élément de ragoût ou farces maigres.

SOLILÈME, excellent gâteau non sucré, d'invention moderne, et qu'on sert ordinairement avec le thé. — Passez un litron de fleur de farine au tamis; séparez-en le quart que vous disposerez en fontaine; mettez au milieu trois gros de levure de bière, avec un peu de crème tiède; délayez ce mélange, en y faisant incorporer peu à peu tout le reste de la farine. Quand vous avez bien travaillé cette détrempe, vous la versez dans une terrine où vous la laissez lever deux fois de la grosseur de son volume primitif; ensuite vous préparez les trois quarts restants de votre fleur de farine; vous versez au milieu deux gros de sel fin, une once de sucre en poudre, quatre jaunes d'œufs, cinq onces de beurre tiède, et un demi-verre de crème à peu près chaude; remuez tout

cet appareil, et donnez à cette détrempe la même consistance que celle que nous avons indiqué pour la brioche royale ou gâteau de Compiègne.

Travaillez cette pâte en la battant avec le plat de la main, ensuite vous y mêlez le levain qui sera levé à point; vous la travaillez ensuite quelques minutes, afin de la rendre élastique; vous la mettez dans un moule uni que vous aurez beurré d'avance avec du beurre épongé dans une serviette, afin de séparer le peu de lait qu'il contient. Apprêtez votre solilème dans un lieu propice à la fermentation, et lorsqu'il est levé à peu près le double de son volume primitif, vous dorez légèrement le dessus et le mettez au four. Donnez-lui une heure de cuisson, puis, au moment du service, vous le coupez en travers au milieu de sa hauteur; séparez-en la partie de dessus, que vous retournez sens dessus dessous, alors ce gâteau doit avoir l'apparence d'une ruche. Vous semez ensuite légèrement dessus une pincée de sel fin, et cinq onces de beurre le plus fin possible, que vous faites tiédir; ayez soin de mettre dans les deux parties du gâteau la même quantité de ce beurre, puis vous le remettez dans le même état que vous l'avez ôté du four, et vous le servez très-chaudement.

SORBET, glace à l'état liquide (*V.* pour les préparations et la diversité des sorbets à la suite de notre chapitre des GLACES, page 267 et suivantes).

SOUFFLÉ. Indépendamment des soufflés à la crème-aux-œufs, on en fait avec du riz, du sagou, du tapioca, du salep, de la mie de pain rassis, de la fécule de pommes de terre, de la purée de patates d'Espagne, de la purée de marrons, de gibier et de blanc de poularde. On les assaisonne au fumet ou à l'essence de jambon, au coulis de poisson et au jus maigre, ou bien au caramel, à la fleur d'orange grillée, au chocolat, au moka, au suc d'ananas, au vin de Constance, et aux liqueurs des îles. On peut servir les soufflés en dôme, en grande casserole, ou bien en petites caisses et pour *extra* (*V.* pages 184 et suivantes, et *V.* aussi pages 343 et 344).

SOUPE, aliment potager dont la base est toujours du pain trempé dans un mouillement assaisonné. On ne le mangeait anciennement qu'au dernier repas de la journée, qui en a pris le nom de *souper*, que nous appliquons encore aux repas nocturnes (*V.* POTAGES et PANADE, OGNON, CHOUX, TORTUE, CERISES, etc.).

SOYA, assaisonnement qui nous vient des Indes ainsi que de la Chine. On a dit long-temps que le soya provenait d'un suc de jambon concentré, mais on croit généralement aujourd'hui que cette essence est fournie par une espèce de fève torréfiée. Nous avons indiqué certaines préparations où le soya doit entrer comme assaisonnement; mais ce n'est jamais qu'à la dose de quelques gouttes, attendu qu'administré sans précautions et sans ménagement, il ne manque jamais de communiquer aux autres comestibles une saveur empyreumatique et bistrée.

STOCK-FISH, nom qu'on donne à la morue sèche dans tous les idiômes germaniques, à commencer par le hollandais. Relativement aux préparations dont le stock-fish ou la merluche est susceptible, voyez pages 102 et 323.

SUCRE. Nous avons suffisamment parlé de l'infériorité du sucre de betteraves à l'égard du sucre de cannes (*V*. BETTERAVE, page 64 et suivantes).

Le sucre qu'il faut choisir pour les opérations de l'office doit être blanc et léger, pur et dur, sonore et solide : quand il réunit toutes ces qualités, il se clarifie très-facilement.

Comme le rudiment de l'art de confire est soumis aux degrés de cuisson qu'on fait prendre au sucre, nous allons détailler et formuler ici les différents degrés de cette cuisson, depuis la *clarification* jusqu'à la coction du *caramel*.

Clarification du sucre. — Mettez dans un poêlon d'office deux blancs d'œufs que vous fouettez avec deux verres d'eau. Lorsque ce mélange est bien blanchi, vous y versez quinze verres d'eau ; remuez parfaitement, et retirez deux verres de ce liquide que vous gardez de côté ; ensuite vous mêlez dans la poêle huit à neuf livres de beau sucre concassé menu. Placez le tout sur un feu modéré ; aussitôt que l'ébullition a lieu, mettez la bassine sur l'angle du fourneau, afin que l'écume se jette de côté ; alors vous versez le quart de l'eau conservée dans le sirop que vous écumez. A mesure que l'écume monte, vous y versez un peu d'eau conservée ; et, quand le sucre est débarrassé de toute son écume, et que celle-ci paraît légère et blanchâtre, et qu'ensuite elle a tout-à-fait disparu, vous passez le sirop dans un tamis de soie ou dans une serviette légèrement mouillée.

Première cuisson : sucre au lissé. — Le sucre étant clarifié, vous le mettez sur le feu ; et, après quelques moments d'ébullition, vous prenez un peu de sucre au bout du doigt index, en l'appuyant sur le pouce que vous séparez aussitôt ; alors le sucre doit former un petit filet à peine sensible et qui se rompt tout de suite. Cette cuisson est au *petit lissé* ; mais, si au contraire,

le sucre s'allonge un peu plus, c'est signe qu'il est cuit au *grand lissé*.

Deuxième cuisson : sucre au perlé. — Ayant reçu un peu plus d'ébullition que le précédent, vous en prenez de nouveau entre les doigts que vous séparez de suite ; alors le sucre s'étend en formant un fil qui se rompt. Cette cuisson indique le *petit perlé* ; aussitôt que le sucre s'étend d'un doigt à l'autre sans se rompre, alors il se trouve cuit au *grand perlé*. Voici encore un autre signe qui caractérise ce degré de cuisson : c'est que les bouillons forment à leur surface comme des perles rondes et serrées.

Troisième cuisson : sucre au soufflé. — Vous continuez la cuisson du sucre dans lequel vous trempez une écumoire que vous frappez aussitôt sur la bassine ; vous soufflez à travers cette écumoire, afin d'en faire sortir de petites bulles qui vous indiqueront la cuisson *au soufflé.*

Quatrième cuisson : sucre à la plume. — Donnez encore quelques bouillons au sucre ; et, après y avoir trempé l'écumoire, vous la secouez fortement pour en dégager le sucre qui s'en sépare aussitôt en formant une espèce de filasse volante ; c'est alors que le sucre a acquis la cuisson dénommée *à la grande plume.*

Cinquième cuisson : sucre au cassé. — En donnant un peu plus de cuisson que ci-dessus, vous trempez le bout du doigt dans un verre d'eau fraîche, ensuite dans le sucre, et bien vite après dans l'eau froide, de manière que lorsque vous détachez ce sucre de votre doigt, alors il se brise net en formant de petits éclats. Cette cuisson distingue le sucre *au cassé* ; mais si, en le présentant sous la dent, il s'y attache, alors le sucre n'a atteint que la cuisson du *petit cassé.*

Sixième cuisson : sucre au caramel. — Lorsque le sucre a atteint le degré indiqué ci-dessus, il passe rapidement au caramel ; car, dès qu'il perd sa blancheur et qu'il commence à se colorer d'une teinte jaunâtre, il est déjà plus ou moins à l'état de caramel, cuisson très-importante pour la pâtisserie moderne, puisque ce n'est qu'avec ce sucre que l'on peut ajuster les pièces montées, et qu'on peut glacer une infinité d'entremets distingués. On doit employer cette cuisson de préférence à celle dite au cassé, attendu que cette dernière est sujette à tourner au gras, ce qui remet bientôt le sucre en l'état de cassonade.

Sucre candi. — Il y en a plusieurs variétés qui dépendent toujours de la pureté du sucre employé à leur fabrication. Il y a du sucre candi blanc et translucide; c'est la première qualité et la meilleure; il y en a qui est d'un brun roux, et celui-là est le moins bon; entre ces deux extrêmes, il y en a de cinq à six nuances intermédiaires.

Sucre candi en terrine à la fleur d'orange. — Clarifiez quatre livres de bon sucre; vous aurez préparé avant une demi-livre de fleur d'orange, bien blanche, bien fraîche, et bien épluchée; vous ferez cuire votre sucre dans une poêle au soufflé; vous jetterez votre fleur d'orange dans le sucre, et lui ferez prendre une douzaine de bouillons; vous passerez le tout sur un tamis de crin; remettez dans la poêle le sucre qui est passé, et cuisez-le au soufflé; après l'avoir écumé et ôté du feu, ajoutez le quart d'un verre de bon esprit de vin, et versez-le dans une terrine; couvrez-le et mettez-le à l'étuve pendant huit jours, ayant soin d'y maintenir une chaleur égale; après ce temps, vous égoutterez votre terrine pour en retirer le sirop, et le candi restera fixé à ses parois. Vous chaufferez la terrine, et ferez détacher le sucre qui tient aux rebords du vase.

Vous pouvez tirer parti de la fleur d'orange qui a fait votre candi; vous aurez du sucre en poudre, la quantité qui convient : vous mettrez cette fleur d'orange, qui est égouttée, dans le sucre en poudre, en la frottant avec les mains pour la sécher; vous la tamiserez pour en retirer le sucre, et vous la mettrez sécher à l'étuve. Vous aurez ainsi de la fleur d'orange pralinée très-belle et très-bonne.

Sucre candi à la rose. — Vous suivrez le même procédé formulé ci-dessus, en ajoutant les couleurs qui seront analogues; pour le candi à la rose, l'esprit de rose est préférable à l'eau de rose distillée, et vous aurez grand soin que les odeurs soient fortes en fleurs et bien aromatisées, en observant que si l'on mettait les odeurs que l'on veut donner à son candi en même temps que le sucre, elles ne serviraient à rien, car l'odeur s'évaporerait en bouillant; il ne faut les mettre qu'après que le sucre est cuit; si c'était de l'eau de rose au lieu d'esprit, il faudrait cuire un peu plus le sucre, et y ajouter la couleur pour la rose, soit de la cochenille préparée ou du carmin détrempé avec un peu de sucre clarifié, et avoir l'attention de n'en pas trop mettre pour que votre candi soit d'un rose clair et léger.

Sucre candi aux violettes (recette des Dons de Comus). — Prenez une demi-livre de fleurs de violettes tout épluchées; vous ferez cuire une livre de sucre clarifié au fort perlé; lorsqu'il sera à demi froid, vous y mettrez votre fleur et poserez votre poêlon sur de la cendre chaude pendant deux heures, pour que la fleur jette toute son humidité; ensuite vous l'égoutterez

sur un tamis; vous retirerez le sucre; vous aurez du sucre en poudre, passé au tamis de soie, dans lequel vous mettrez votre fleur et la frotterez bien dans les mains pour la sécher; vous la poserez sur un tamis; mettez-la à l'étuve jusqu'au lendemain, pour qu'elle soit bien sèche; ensuite vous la tamiserez pour en séparer le sucre d'avec la fleur; vous prendrez trois livres de sucre clarifié que vous ferez cuire au soufflé; vous aurez votre moule préparé pour faire votre candi; lorsque le sucre sera cuit, vous le verserez dans le moule, et garnirez toute la surface du sucre de votre fleur, sans en mettre trop épais, en appuyant dessus avec une fourchette pour que la fleur prenne bien le sucre, et qu'il soit bien couvert; mettez votre moule à l'étuve pendant cinq jours, sans chauffer trop fort; vous l'égoutterez pour en retirer le sirop, et lorsqu'il sera froid, vous le retirerez du moule en mettant une feuille de papier sur la table, et vous renverserez alors fortement votre moule pour en faire tomber votre candi.

Sucre candi aux fleurs de jasmin ou de jonquilles. — Épluchez deux fortes poignées de fleurs de jonquilles ou de jasmin que vous passerez dans un sucre cuit, comme nous avons dit pour la violette; vous le ferez ensuite sécher dans le sucre en poudre pour le remettre sécher à l'étuve; vous mettrez cuire du sucre au soufflé; vous mêlerez votre fleur, et vous finirez comme il est indiqué pour la violette et la fleur d'orange au candi.

Sucre candi à l'héliotrope. — Vous mettrez deux poignées de ces fleurs effeuillées dans du sucre clarifié, en poussant la cuisson du sucre au fort soufflé; il faut ensuite les retirer du feu, les sabler et les passer au tamis, pour en retirer le sucre, en les frottant avec les mains, pour que la fleur s'élargisse; en ensuite il faudra les mettre sécher à l'étuve, et préparer votre moule; faites cuire votre sucre au soufflé, comme nous l'avons dit ci-dessus pour la jonquille et la violette, etc.; on doit ajouter au sucre, avant de le couvrir avec les fleurs, un peu de carmin délayé avec du blanc de Prusse, afin que le candi soit d'une couleur analogue à son parfum.

Candi de Versailles aux amandes-princesses. — Vous prendrez une livre de ces amandes douces et nouvelles; vous les émonderez, et les couperez très-minces dans leur longueur; vous aurez une livre de sucre clarifié, dans lequel vous mettrez vos amandes pour les praliner, en vous servant d'une spatule de bois pour les remuer sur le feu, jusqu'à ce que vous voyiez que votre sucre est assez cuit pour pouvoir les sabler, c'est-à-dire à la cuisson du fort soufflé; vous les remuez avec la spatule, jusqu'à ce que le sucre soit *en sable*; vous les tamisez pour en retirer les amandes, que vous couperez en quatre parties, afin de les mettre en couleur séparément; la couleur blanche est celle dont elles sont après avoir été pralinées, l'une pour le rose, l'autre pour le jaune, et la dernière pour le vert. Aussitôt qu'elles seront sèches, vous mêlerez le tout ensemble, en y ajoutant celles que vous avez laissées blanches; vous ferez cuire du sucre au soufflé, la quantité à peu près que votre moule peut contenir; vos amandes étant bien sèches, vous en garnissez toute la surface du sucre, sans en mettre trop épais, en les faisant tremper avec une fourchette, et vous les mettez à l'étuve un peu chaude, sans cependant qu'il y ait un très-grand feu; cinq heures suffisent pour que votre candi soit bien pris; vous l'égoutterez bien, et deux heures après vous pourrez le retirer du moule.

On peut employer les procédés indiqués ci-dessus pour toutes les fleurs qu'on veut conserver au sucre, soit pralinées, soit entières. On peut, par ce moyen, se procurer également des candis de fleurs pour toutes les saisons, ainsi que pour des fruits, amandes, pistaches, avelines, anis de la Chine, angélique, dragées, etc.

Sucre d'orge. — Il s'opère avec du sirop sur un feu modéré, dans une décoction d'orge mêlée avec des blancs d'œufs fouettés qu'on écume à plusieurs reprises. On passe ensuite ce sucre à la chausse, et on le fait bouillir jusqu'à ce qu'il forme de larges bulles. On le verse ensuite sur une table de marbre, frottée légèrement d'huile d'amandes douces. Lorsque les bulles cessent, et que les extrémités tendent à se rapprocher du centre de la masse, alors on la roule en bâtons, qu'on laisse refroidir et durcir.

SULTANE A LA CHANTILLY. C'est ainsi qu'on appelle une sorte de grillage en sucre filé dont on recouvre élégamment certains entremets de pâtisserie. Mettez une demi-livre de sucre royal dans un petit poêlon, avec un peu d'eau claire et une demi-cuillerée de miel de Narbonne; faites bouillir votre sucre, et faites-le cuire au cassé; au moment où il atteint sa cuisson, mettez-y un peu de jus de citron, et remuez bien votre sucre; vous avez préparé un moule ainsi que deux fourchettes d'argent attachées ensemble; trempez-le bout de vos fourchettes dans le sucre, et faites filer ce sucre autour de ce moule; mettez le fond de votre poêlon sur de la cendre chaude, et filez ainsi votre sultane jusqu'à ce qu'elle ait assez de consistance pour que vous puissiez la détacher du moule; quand elle en sera détachée, refilez encore du sucre pour lui donner plus de force; vous aurez préparé sur un fond de pâte d'office un socle monté à jour, avec de petits gâteaux décorés de différentes manières, ou bien vous aurez une tourte aux confitures dans le milieu, et sur laquelle vous mettez un fromage à la Chantilly, assaisonné de sucre en poudre et de fleur d'orange; posez votre sultane en la renversant de manière à ce qu'elle renferme absolument votre tarte ou votre buisson de tartelettes.

SU-NAN, nom donné par les Japonnais à ces nids d'oiseau qu'on mange à la Chine, et qu'on peut toujours se procurer en Hollande, en les payant sur le pied de quarante florins l'once, c'est-à-dire, environ quatre-vingts francs de notre monnaie. On les y emploie pour garnir certaines entrées fines, et on les fait cuire dans du consommé de volaille qu'on assaisonne avec un peu de macis. La partie comestible de ces nids d'oiseau, car il s'y trouve toujours quelques matières hétérogènes, est une substance assez mucilagineuse et d'une apparence à peu près conforme à celle du gros vermicelle de Pise. Elle est pourvue d'une saveur très-fine et qui rappelle le goût de la sept-œils de Rouen. Les naturalistes orientaux pensent que ce doit être un tissu de fucus, de varec ou d'une autre plante marine; mais toujours est-il que ce sont les nids d'une hirondelle de rocher (*Alcyo petreus*), et les missionnaires ont observé qu'on ne trouve jamais ces nids que dans les cavernes, au bord de la mer.

T.

TALMOUSES, gâteaux à la crème *bour-soufflée*, qu'on assaisonne le plus souvent avec du fromage et quelquefois avec du sucre et des aromates (*V.* à l'article PATISSERIE, page 360).

TAMIS, cylindre de boissellerie dans lequel on place horizontalement un tissu de crin ou de soie qui laisse passer la partie la plus fine des substances pulvérisées, et retient la plus grossière : on se sert aussi de tamis pour filtrer des liquides.

On substitue souvent au tissu de crin ou de soie des tamis, une toile métallique faite en fil d'acier ou de laiton étamé ; ces tamis donnent une poudre plus égale que les autres ; mais on ne peut s'en servir pour passer les liquides. Pour les destiner à cet usage, il faudrait que le tissu fût en fil d'argent, ou mieux encore en fil de platine.

On a aussi des tamis qui se ferment en dessus et en dessous, avec des couvercles dont le bord est en bois et le dessus en peau : ces tamis sont très-commodes pour passer des poudres très-fines, telles que les épices, dont la partie la plus ténue s'élève par le mouvement de l'air, et peut incommoder celui qui manie le tamis ; c'est aussi le moyen de tamiser plus vite et sans danger de rien perdre de la substance tamisée.

TANCHE. Les tanches doivent être choisies fortes et bien nourries. Le goût en est plus ou moins savoureux, suivant qu'elles sont provenues d'une eau courante et limpide ou d'une eau stagnante. On les mange grillées, frites, en gibelotte-au-blanc, farcies, etc.

Tanche à la poulette. — Vous mettez une tanche dans un chaudron plein d'eau presque bouillante, vous la retirez ; avec un couteau vous enlevez son limon et ses écailles ; coupez-la en morceaux, et faites-la dégorger ; vous mettez ensuite du beurre dans la casserole ; vous le faites tiédir avec vos morceaux de tanche ; vous les sautez dans le beurre ; joignez-y plein une cuillère à bouche de farine que vous mêlez ensemble ; vous mouillez votre ragoût avec une bouteille de vin blanc, du sel, du gros poivre, une feuille de laurier, un bouquet de persil et de ciboule, des petits ognons, des champignons ; vous ferez aller votre ragoût un peu vite ; dès qu'il sera cuit, vous y mettrez une liaison de trois jaunes d'œufs. Il est bon d'avoir

de belles écrevisses et des foies de lottes ou des langues de carpes, afin d'en garnir ce plat d'entrée.

Tanches grillées. — Limonez-les et les écaillez en commençant par le côté de la tête ; videz-les en ayant soin de ne pas offenser leur peau. Mettez dans le corps de ces poissons un morceau de beurre manié de fines herbes avec une pointe d'ail. Faites cuire sur le gril et servez sur une purée de tomates aux anchois, sur une sauce Robert à la moutarde fine ou sur une ravigote verte.

Tanches frites. — Après les avoir *habillées* comme il est prescrit ci-dessus, faites-les mariner avec sel, poivre, vinaigre, un morceau de beurre manié de farine, persil, ciboules hachés, sel et poivre ; faites tiédir la marinade, et mettez-y les tanches ; laissez-les prendre goût pendant une couple d'heures ; retirez-les, et, après les avoir essuyées, farinez-les pour les faire frire.

On fait aussi cuire les tanches dans un court-bouillon au vin bien assaisonné, et on les sert avec une sauce aux câpres et aux capucines.

TAPIOCA, substance féculente qu'on extrait de la racine de manioc en la râpant. La pulpe râpée est mise dans un sac auquel on suspend un fort poids ; le jus s'écoule ; ce qui reste dans le sac est un mélange de beaucoup de fécule avec un peu de parenchyme : ce mélange séché sert à la nourriture des nègres dans nos colonies. Le suc qui s'écoule entraîne la partie la plus fine de la fécule qui se dépose et qu'on sépare par décantation ; cette fécule séchée et brisée en morceaux est le tapioca : le suc qui entraîne cette fécule est un poison violent ; mais sa propriété vénéneuse ne réside que dans un principe très-volatil ; car lorsque le suc du manioc a bouilli, on l'emploie comme assaisonnement dans certaines préparations alimentaires.

TARTES, pâtisseries feuilletées dont on couvre les abaisses avec des crèmes, des fruits en compôte ou des confitures. Les petites tartes se nomment tartelettes (*V.* pages 366 et 368).

TENDRONS DE VEAU, DE MOUTON, D'AGNEAU (*V.* à ces trois articles).

TERRINE, entrée qui tire son nom de l'usage où l'on était autrefois de servir la viande dans la terrine même où elle avait été cuite sans aucune autre sauce que le mouillement qu'elle avait produit. Aujourd'hui la terrine est composée de plusieurs sortes de viandes cuites à la braise, qu'on sert dans un vase appelé terrine, soit d'argent ou de porcelaine, avec telle sauce, coulis, ragoût ou purée, qu'on trouve bon d'y ajouter.

Les terrines de foies de canards de Toulouse, et celles de Nérac qui sont garnies de perdreaux aux truffes ont une juste réputation ; mais tout cela doit céder à l'ancienne *terrine du Louvre*, ainsi qu'elle est formulée par Leclercq.

Terrine à l'ancienne mode. — Faites cuire avec du bouillon un poulet gras, une perdrix, le râble d'un lièvre, une noix de veau et une noix de mouton, le tout piqué de lard moyen bien assaisonné de fines herbes et d'épices. Laissez tout cela bouillir ensemble. Pelez ensuite des marrons grillés, nettoyez-les convenablement et mettez-les à cuire avec les viandes. Fermez bien la terrine et lutez-la de pâte ferme afin que tout cela cuise en son jus. Dégraissez la sauce avant de la servir, et ajoutez-y pour lors un gobelet de vin des Canaries.

TÊTE DE VEAU ET D'AGNEAU (*V.* ci-dessus l'article ABATTIS ainsi que l'article AGNEAU, page 13, et *V.* ci-dessous l'article VEAU).

TERRA MERITA, ou CURCUMA. C'est une racine orientale qui donne une teinture jaune : on en fait usage pour colorer les ragoûts et leur communiquer une saveur particulière. Le curcuma fait partie de la poudre nommée kari, dont on fait un grand usage dans l'Inde, et qui entre en Europe dans quelques préparations culinaires.

Nous avons déjà dit que le kari doit être composé de quatre onces de piment enragé, trois onces de curcuma, une demi-once de poivre, une demi-once de gérofle et un gros de muscade, le tout en poudre fine. Les Anglais y ajoutent de la rhubarbe, et nous conseillons de ne pas les imiter dans cette aberration gastronomique.

THÉ, feuilles du *thea sinensis*, arbrisseau qui croît abondamment à la Chine ainsi qu'au Japon.

Les différentes espèces de thés se divisent en deux principales classes, c'est à savoir les thés verts et les thés noirs. On peut distinguer jusqu'à sept ou huit espèces de thés verts, parmi lesquelles on nous en apporte que les Chinois dédaignent; aussi l'appellent-ils d'un nom qui signifie *thé de rebut*. Deux thés verts sont surtout employés chez nous : le *thé perlé*, dont la feuille est parfaitement roulée sur elle-même. On lui a donné ce nom à cause de sa forme presque ronde et de sa couleur, qui doit être d'un vert argentin. L'autre espèce, *thé hyswin*, plus répandue que la précédente, a ses feuilles d'un vert sombre, un peu noirâtre, et bien roulées. Son odeur est tout à la fois agréable, herbacée et aromatique. S'il est vieux, il a une odeur plus forte et moins agréable, avec une saveur astringente. Il importe de le conserver, ainsi que tous les autres thés, dans des boîtes garnies de feuilles d'étain, ou mieux encore de porcelaine, et non dans des bouteilles de verre ou de cristal. Il est essentiel, pour la consommation du thé, qu'on puisse le maintenir à l'abri de la lumière.

On distingue aussi sept à huit espèces de thés noirs, parmi lesquels le *thé boui* est le plus répandu et le plus employé, mais il n'est pas le meilleur. Ses feuilles sont peu roulées, souvent brisées, et mêlées de poussière ; on en trouve parmi elles qui sont jaunâtres. Il est une autre espèce de thé noir, nommée *thé camphou*, c'est-à-dire feuilles choisies. Il est composé des meilleures feuilles du thé boui, entières, tendres et de médiocre grandeur. Il est de beaucoup préférable à l'autre, mais il est très-rare.

Le meilleur thé est celui qu'on récolte à la fin de février ou au commencement de mars ; aussi est-il presque exclusivement réservé pour les gens les plus riches du pays ; il ne nous en parvient qu'une petite quantité, et presque toujours alors il est mélangé : on l'appelle *thé impérial*. Celui que nous consommons généralement se récolte plus tard, et lorsque les feuilles ont atteint presque tout leur développement. Enfin celui qu'on récolte vers le mois de juin est le moins estimé; il sert le plus ordinairement aux gens du peuple. Quand les feuilles sont cueillies, on les trempe dans l'eau bouillante pendant une minute pour leur enlever une partie de leur âcreté, puis on les verse dans de larges poêles, d'abord médiocrement chauffées, on les remue avec la main, et on laisse chauffer la poêle jusqu'à ce que celle-ci communique aux feuilles une chaleur telle que la main ne puisse plus la supporter; alors on verse promptement les feuilles sur des nattes, et des ouvriers les roulent en les froissant dans leurs mains, toujours dans la même direction, tandis que d'autres les éventent pour les faire refroidir plus promptement : car c'est par un prompt refroidissement que les feuilles se conservent roulées. Ces procédés sont répétés deux à trois fois, et jusqu'à ce que toute humidité se soit séparée des feuilles de thé.

Le thé vert est légèrement pourvu d'une propriété plus ou moins enivrante qu'il manifeste souvent par son action sur les nerfs, quand on le prend trop fort, et en trop grande quantité.

Le thé noir acquiert cette couleur parce que,

dans sa première préparation, on le fait rester plus long-temps dans l'eau bouillante; il est, par cette raison, moins âcre et moins aromatique que le thé vert. L'usage du thé s'est répandu en Europe en 1666. Maintenant les feuilles de cet arbrisseau sont devenues d'un usage si habituel et même si nécessaire dans certains pays humides, comme la Hollande et l'Angleterre, que dans la seule Europe il s'en consomme plus de vingt millions de livres par année.

Le thé se fait par infusion : on en met la dose convenable dans une théière, et on verse par-dessus une demi-tasse d'eau bouillante : on attend que les feuilles soient développées, et alors on achève de remplir la théière. Quelques personnes jettent l'eau qui a servi au développement des feuilles.

THON, poisson de mer qui abonde dans la Méditerranée et dont la chair est assez analogue à celle du veau. Le thon meurt presque toujours en sortant de la mer, et c'est pourquoi les pêcheurs ont soin de le vider sur-le-champ, pour l'empêcher de se corrompre. Ce poisson, surnommé le *veau des chartreux*, en a le goût et la blancheur. Sa chair se mange fraîche et marinée. Il n'arrive presque jamais frais à Paris non plus que dans une grande partie de la France; mais on l'expédie en pâtés, ou mariné à l'huile vierge. Presque tout le thon mariné qui se mange en France vient de Provence. Il y en a de deux sortes, mais toute la différence consiste en ce que les uns sont désossés, et que les autres ne le sont pas. Les meilleurs endroits du thon sont la tête et le ventre; la queue est moins estimée, et c'est cette partie qu'on fait mariner à l'huile pour hors-d'œuvre.

Procédé pour mariner le thon. — Il est suffisant de le vider aussitôt qu'il est sorti de l'eau; on le dépèce par tronçons; on les rôtit sur de grands grils; on les frit dans l'huile d'olive; on les assaisonne de sel et de poivre; enfin, on les encaque dans de petits barils avec de nouvelle huile et un peu de vinaigre.

Thon à la broche. — Prenez une tête ou une forte rouelle de thon, piquez ledit morceau avec des lardons d'anguilles et d'anchois, et faites-le rôtir; arrosez-le en cuisant, avec une marinade maigre, ognons en tranches et citron, ciboules, poivre, sel, laurier et une livre de beurre, que vous mettrez dans la lèchefrite. Dégraissez ensuite cette marinade; liez-la d'un coulis roux, en y ajoutant quelques câpres, et versez-la sur le thon rôti.

Thon en caisse. — Faites une caisse de papier; mettez-y des tranches de thon avec du beurre frais, des herbes fines, sel et poivre; panez et met-

tez cette caisse dans une tourtière; faites cuire de belle couleur entre deux feux vifs, sans l'y laisser trop long-temps, et servez.

Thon frais en salade. —Coupez un morceau de thon rôti, par tranches, et puis en filets, et servez avec une rémoulade.

Thon frit. — Coupez du thon par tranches, de l'épaisseur de trois doigts. Faites-le mariner avec sel et poivre, verjus, ognons piqués de clous de gérofle, jus de citron. Faites frire, et servez avec une bonne rémoulade.

Thon en pot à la Toulonaise. — Hachez la chair d'un morceau de thon; mettez-le dans un pot avec un morceau de beurre, du vin blanc, citron vert, sel, poivre et champignons. Faites cuire, et servez avec des tranches de pain frit.

TIMBALE, nom qu'on donne à toute espèce de ragoût enveloppé d'une pâte et cuit au four. On fait des timbales de viandes mêlées de mauviettes, de nouilles, de macaronis, d'œufs aux anchois, à la moelle, etc. En général, on peut garnir des timbales d'autant de façons qu'il y a de sortes de ragoûts qui peuvent se mettre en pâté (*V.* au mot PATE la manière de faire celle qui doit être employée pour les timbales).

THYM, plante aromatique qu'on emploie comme assaisonnement. On doit en mettre très-peu, parce que son arôme deviendrait âcre s'il était dominant. Il y a une espèce de thym qui a l'odeur du citron : il y aurait beaucoup d'avantage à le substituer à l'espèce commune.

TOMATE, fruit d'une espèce de solanée dont on mange la pulpe en purée substantielle et dont on emploie le suc comme assaisonnement. (*V.* POTAGES, PURÉES et SAUCES).

Tomates à la Grimod de la Reynière. — Après avoir ôté les pepins de vos tomates, beurrez-les d'une farce savante ou même tout uniment d'une simple chair à saucisses, dans laquelle on a mêlé une gousse d'ail, persil, ciboules, estragon hachés; mettez le tout cuire sur le gril, ou ce qui vaut mieux encore, dans une tourtière, sous un four de campagne, avec beaucoup de chapelure. L'expression d'un jus de citron (au moment de servir dans la tourtière même) couronne cet entremets qui passe pour excellent.

TOPINAMBOUR, plante de la famille du tournesol, mais dont les racines sont tuberculeuses et comestibles. Ces tubercules ont à peu près la saveur de l'artichaut; on en fait une excellente friture et l'on s'en sert aussi comme garniture pour certains ragoûts (*V.* notamment page 377).

TORTUE. Il est souvent impossible de se procurer des tortues d'Amérique, mais il est toujours facile d'en faire venir de l'île de Corse par l'intermédiaire des aubergistes de Marseille, et nous allons donner ici la manière de les apprêter préalablement avant leur cuisson :

Renversez sur le dos une grosse tortue qui se trouvant gênée dans cette position ne manquera pas d'allonger le col. Coupez-lui la tête avec un couteau bien affilé ; suspendez-la par le côté opposé à cette incision et laissez-la saigner pendant douze heures ; après ce temps, renversez-la encore une seconde fois sur le dos, introduisez la lame d'un fort couteau entre l'écaille du ventre et celle du dos, vous trouverez facilement cette ligne ; ayez soin, pendant cette opération, de ne pas crever le fiel, ce qui arriverait si vous introduisiez votre couteau trop avant ; retirez ensuite les intestins, gardez le foie seulement ; le limon transparent que vous trouverez dedans n'est bon à rien ; vous trouverez deux lobes de chair que l'on peut comparer à deux noix de veau, tant pour le goût que pour la blancheur ; détachez vos membranes ainsi que le col et les nageoires de la tortue, que vous apprêterez comme il est indiqué dans nos articles POTAGE DE TORTUE, BOUILLE-A-BAISSE et CALAPÉ D'ANCHOIS.

Les œufs de tortue servent à garnir des soupes ainsi que de fines entrées maigres, et l'on peut aussi les servir pour hors-d'œuvre, ainsi qu'il est indiqué page 280 et page 345.

TOURTE, appareil de pâte feuilletée dans laquelle on sert des ragoûts variés pour entrées (*V.* PATISSERIE, page 367 et précédentes).

TOURTEREAU, jeune tourterelle (*V.* à l'article suivant).

TOURTERELLE, variété du pigeon sauvage et dont la chair est toujours plus grasse que celle du ramier. On la sert ordinairement rôtie, enveloppée de feuilles de vigne et toute enveloppée d'une grande lame de tétine de veau. C'est un rôti de la première distinction.

TRUFFE, substance fongueuse à qui tous les généalogistes botanisants n'ont pu réussir à trouver une famille. Elle est, pour les naturalistes et les autres savants, une sorte de phénomène qui n'a point de cause ; elle est, pour ainsi dire, placée hors la loi des êtres créés ; on ne sait ni comment elle naît, ni comment elle se reproduit ; la seule chose dont on soit convaincu, c'est qu'elle existe, et qu'elle se perpétue sans culture.

Cet état de choses va-t-il cesser, et l'agriculture gastronomique va-t-elle enfin achever une conquête si souvent et si vainement entreprise ? Un horticulteur germanique, M. Alexandre de Bornholz, vient de proclamer une découverte qui pourra faire une révolution dans l'art culinaire. Il présente une théorie toute entière sur l'art de faire venir des truffes noires et blanches dans tous les terrains. Un semblable traité, comme on doit croire, a fait grand bruit parmi les gourmands. Un cri de surprise et d'admiration s'est élevé dans les quatre anciennes parties du monde (nous n'avons rien à démêler avec l'Australie), et l'œuvre de M. de Bornholz a été traduite en plusieurs langues.

Nous avons lu cet écrit important, dont nous allons donner une traduction claire et précise.

« LA VRAIE TRUFFE est le *Tuber Gulonum, Tuber Gulosorum, Licoperdon tuber,* autrement dit, *la truffe des gourmands.*

» Elle est d'une figure ronde, quelquefois ovale ou affectant la forme du rognon. La couleur extérieure en est blanchâtre dans sa jeunesse ; mais celles qui sont parvenues à leur maturité sont noirâtres ou même tout-à-fait foncées. L'intérieur en est également blanchâtre avec des tâches tirant sur le bleu, le rouge ou le brun. Elle est traversée en tous sens par des veines de la grosseur d'un crin, et qui forment une espèce de réseau. Les cellules qui restent entre ces veines sont remplies d'une matière visqueuse et de petits grains plus compactes et plus foncés en couleur. Ce sont ces glandes presque imperceptibles qu'on regardait anciennement comme les réservoirs de la semence, et de petits germes de jeunes truffes. Moins l'intérieur de la truffe est coloré par des veines foncées, plus la chair en est tendre et parfumée. La peau extérieure est rude, sillonnée de rides, remplie de petits boutons et d'éminences.

» Tant que la truffe est jeune, elle a le goût des plantes pourries ou des terreaux. Ce n'est que lorsqu'elle approche de sa maturité, après avoir pris tout son accroissement, qu'elle répand cette odeur balsamique qui lui est propre. Mais cette même odeur ne lui dure que quelques jours ; et à mesure que le tubercule approche de sa mort et de sa dissolution, l'odeur en devient plus forte et plus désagréable (tirant sur celle de l'urine), jusqu'à ce qu'enfin il pourrisse et devienne absolument insupportable au goût. C'est ainsi que son parfum s'éteint. Dans sa jeunesse, la chair de la truffe est aqueuse et fade ; elle est ferme dans sa maturité, ressemblant à la substance de la noix et de l'amande, et le goût en est extrêmement relevé ; mais aussitôt que la truffe commence à dépérir et que les vers commencent à en faire leur pâture, elle devient aigre, amère et absolument mauvaise.

» Quand un endroit produit des truffes, on en

peut tirer depuis les premiers jours du printemps jusqu'aux derniers de l'automne. Seulement, pendant les mois d'août, septembre et octobre, elles sont en plus grande quantité. Comme toutes les espèces de champignons, elles aiment un automne chaud et humide; c'est alors aussi qu'elles sont de meilleure qualité. A la suite d'un temps pluvieux un peu prolongé, on les trouve d'ordinaire à une moindre profondeur; quelquefois même elles soulèvent la terre en forme de mamelons que les rayons du soleil font ensuite gercer. Et quand le sol est léger et le temps sec, la terre repoussée ainsi au dehors, tombe, et la truffe se montre à moitié. Cette sorte de truffe est, il est vrai, de peu de valeur, étant d'ordinaire déjà sur le retour, et attaquée des vers.

» La demeure que les truffes affectionnent est un terrain léger au milieu des bois, un endroit dégagé de broussailles trop épaisses, bien aéré, ombragé par de grands chênes un peu éloignés les uns des autres, qui arrêtent l'action immédiate des rayons brûlants du soleil. Les truffes viennent par conséquent très-bien dans les places un peu dégarnies d'une forêt, sous un chêne, un hêtre, une aubépine ou même un arbre fruitier, quand le terrain ne présente que de très-petites broussailles et non pas une multitude de jeunes arbres qui empêchent la circulation de l'air. Dans ces circonstances favorables, elles acquièrent souvent le poids d'un quarteron ou d'une demi-livre; mais cette grosseur extraordinaire ne se rencontre que dans un terrain chaud et assez humide, et alors le tubercule réside aussi à une moindre profondeur; plus le sol est sec, plus la truffe semble s'enfoncer et devenir plus petite; les environs d'une source font seuls une exception à cette règle.

» Il est une variété de truffes qui se distingue par un épiderme plus sec, un goût plus fort et tirant sur l'ail, ayant des couleurs plus ou moins foncées. La variété blanche est la plus estimée de toutes, elle croît dans la haute Italie, principalement en Piémont. La surface en est d'un jaune brunâtre ou d'un gris pâle et couverte de petites verrues; elles ont les veines internes plus fines que celles de l'espèce noire, et sont d'un jaune rougeâtre. Quand le fruit est bien mûr, la chair qui remplit les cellules ou les glandes tire sur le rouge. L'odeur aussi bien que le goût en sont plus fins que dans l'espèce noire, et pour cette raison les truffes blanches méritent surtout d'être cultivées; seulement est-il plus embarrassant d'établir le premier plant, vu la difficulté de s'en procurer qui ne soient pas mortes ou dans un état de dégradation qui ne leur permette pas de se propager.

» La truffe blanche ne se changent jamais en noire, et conservant toujours sa couleur, on a été porté à croire qu'elle n'est point une variété, mais une famille particulière; ce qui paraît assez probable. On la trouve aussi dans les vignes, les prairies et jusque dans les champs labourés, tandis que la noire ne se rencontre que dans les bois. »

On a pu voir par cette description que l'auteur établit une distinction entre les truffes *mortes* et celles qui ont encore toute la force de leur végétation. Cette distinction capitale sert de base à toute sa théorie. Voici maintenant les préceptes qu'il donne pour la formation des plants artificiels, et pour la propagation du tubercule; nous n'avons pas voulu les abréger, parce que tout nous paraît très-important en pareille matière.

« Les terres renfermant une grande quantité de bois et de feuilles de chêne pourries ont une influence aussi salutaire sur la production de l'accroissement des truffes que le fumier du cheval et de l'âne en exerce sur les champignons. Celui qui voudra établir des truffières devra donc rassembler en grande quantité ces matières premières dans la terre dont il voudra se servir, et faire naître toutes les circonstances particulières qui produisent d'ordinaire et font croître les bonnes truffes.

» En établissant des plants à cet effet, il est nécessaire de bien distinguer la terre des forêts de celle des jardins, la première ne demande pas d'aussi grands préparatifs que la seconde; dans la première, le temps et les années ont déjà fait leur travail; dans la seconde, il faut que l'art supplée à la nature; ainsi quand on peut faire usage d'une terre qui a été plantée *depuis des siècles* de l'espèce d'arbres sus-mentionnés, on épargne beaucoup de temps et de dépenses.

» Soit qu'on établisse ses plants dans les bois, soit qu'on les établisse dans un jardin, la première chose à laquelle il faut faire attention, c'est de choisir un bas-fond un peu humide, tel qu'on en voit dans les environs des fleuves, des ruisseaux et des étangs; mais la terre elle-même ne devra contenir aucune acidité, ni avoir aucune disposition à la fermentation; elle devra être légère et fertile. Les bords des marais, les tourbières et les environs des sources salines sont les lieux les moins favorables; on les reconnaît facilement par les joncs, les roseaux et les différentes sortes de mousses qui en couvrent ordinairement la surface et que les moutons et le bétail dédaignent et ne mangent que pressés par la faim.

» Quand on a trouvé un lieu convenable, on commence par enlever la terre de quatre à cinq pieds de profondeur, et on établit sur les côtés et sur le fond de la fosse une couche de terre glaise ou de terre à four bien grasse de l'épaisseur d'un pied, afin que l'eau de source qu'on y amènera ne puisse pas filtrer et se perdre à mesure. Quand le terrain est gras par lui-même, on peut se dispenser de faire les couches de terre glaise aussi épaisses; mais dans les sables, il faut qu'elles passent même un pied.

» Ce bas-fond préparé de la sorte, on le remplit de la terre convenable, de la composition de laquelle nous parlerons plus bas, et on y amène le ruisseau; mais, quoique les truffes aiment un sol humide, elles ne supportent pourtant pas le marais, ni l'eau stagnante, et il est indispensable d'ouvrir au côté opposé un petit fossé pour l'écoulement de toute l'eau superflue, fossé que l'on ouvre ou que l'on ferme selon l'exigence. S'il arrivait que dans les grandes sécheresses la source elle-même vînt à se tarir, il faudrait se résoudre à arroser soi-même tout le plant, pour lui conserver le degré d'humidité requis. Cette dernière méthode devient également nécessaire dans les endroits arides où l'on manquerait entièrement de source ou de ruisseau pour l'établissement d'une truffière.

» Les plants que l'on forme pouvant être assez petits, et ne prenant pas un terrain considérable, on peut aussi apporter les plus grands soins à toutes les préparations nécessaires. Les dépenses ne peuvent en aucun cas devenir assez considérables pour gêner beaucoup un propriétaire, et celui qui n'aurait aucune terre propre aux truffes dans ses possessions pourrait encore se procurer des plants par l'art de l'horticulteur.

» Les meilleures truffes sont produites dans une terre légère, ferrugineuse et calcaire : c'est donc d'une terre semblable qu'il faut pourvoir nos plants. Le sol ferrugineux-calcaire est quelquefois trop compacte, rarement trop léger ; quelquefois aussi il ne contient point assez de fer ; dans le premier cas, on s'aide avec du sable ; dans le second, avec un peu de terre glaise ; dans le troisième, avec de la mine de fer qui se trouve presque partout, que l'on écrase soigneusement et que l'on mêle jusqu'à la concurrence d'un tiers dans la terre naturelle ; celui pourtant qui ne pourrait pas se procurer de la mine de fer, prendrait à la place de la limaille de fer, des scories ou de la crasse de forgeron que l'humidité fait bientôt rouiller et dissoudre.

» Dans toutes les truffières, la première couche du bas est formée de marne, de chaux ou de craie ; quand on peut se la procurer, on y mêle un quart de sable ferrugineux ; quand on ne peut l'avoir, on écrase de la chaux ou de la craie, et l'on y mêle presque un tiers du même sable, ayant soin qu'il soit distribué bien également. Le plant étant de la profondeur de deux à trois pieds, on y établit environ un pied d'épaisseur de cette première pré-

paration; mais avant de commencer, il serait bon de garnir le fond et les côtés du fossé de pierres à chaux bien arrangées les unes sur les autres ; elles ne serviraient pas seulement à arrêter les souris et les vers qui voudraient venir s'établir dans la truffière et préparer un tombeau à la nouvelle colonie, mais elles empêcheraient encore que les pluies et les torrents ne pussent bouleverser les terres et dégrader les couches ; à défaut de pierres à chaux, on se sert de grès ou même d'autres pierres naturelles ou artificielles. Pour le fond, il ne peut, dans aucun cas, être absolument impénétrable à l'eau, afin que celle-ci puisse toujours s'écouler, et qu'elle ne fasse point un marais de la nouvelle truffière.

» Si, en creusant, on avait rencontré une terre compacte, par exemple de la terre à four, il est clair qu'il serait inutile de garnir le fond de pierres ; elles rendraient la communication des couches souterraines avec celles nouvellement établies, par trop difficile. Enfin dans le cas, sans doute fort rare, où l'on rencontrerait malheureusement une terre glaise, impénétrable à l'eau, pour le fond d'un plant, il faudrait absolument abandonner l'endroit où l'on ne pourrait établir qu'un véritable marais.

» Tous les préparatifs dont nous venons de parler sont également nécessaires pour les plants qu'on établit dans les bois, les bosquets et les jardins anglais, mais la suite du remplissage de la fosse est différente selon les lieux ; dans les bois, le terrain contient déjà beaucoup de matières végétales, mais elles ne sont souvent pas suffisantes pour former une terre artificielle propre aux truffes. Pour avoir une excellente terre, il faut faire amasser au printemps des tas de bouse de vache, principalement de celle prise le plus fraîchement possible sur les lieux de pâturages, et les laisser reposer en terre pendant l'été ; pour que ce fumier ne perde pas sa qualité par la sécheresse et la chaleur, on a soin de l'établir à l'ombre, on le retourne de temps en temps, et on l'arrose pendant les chaleurs avec de l'urine de vache, ou, à son défaut, avec de l'eau de rivière ; mais il ne faut jamais l'arroser assez abondamment pour que les parties les plus grasses soient entraînées et se perdent dans le sol.

» En automne, vers la chute des feuilles, ce fumier se trouve déjà presque entièrement changé en terreau ; alors on le mêle, jusqu'à la concurrence d'un quart ou d'un cinquième, à de la terre de forêt, on y ajoute ensuite une moitié juste de feuilles de chêne, ou, à leur défaut, de feuilles de charme, et on fait du tout un amalgame bien confectionné ; on en remplit entièrement la fosse, et on couvre le tout d'une couche de feuilles de chêne de quatre à six pouces d'épaisseur. Un terrain pris dans les forêts de chênes, qui contient déjà beaucoup de ces feuillages en détritus, n'exige pas autant de feuilles qu'une terre différente; le plant qui en exige davantage est celui que l'on aurait formé avec un tiers ou une moitié de terre forestière quelconque et une marne de chaux ferrugineuse; dans ce cas, qui se rencontre souvent, on ajoute dans l'amalgame autant de feuilles de chêne qu'il y a de terre calcaire, et on couvre aussi le plant avec une couche plus épaisse de ces mêmes feuilles de chêne.

» Il est rarement à craindre que les vents et les ouragans d'automne et d'hiver emportent ces feuilles, vu que les truffières se placent d'ordinaire dans des bas-fonds abrités par des arbres. Dans la supposition pourtant où l'on n'aurait pas pu obvier autrement à cet inconvénient, on pourrait le faire moyennant une rangée de terre préparée que l'on accumulerait tout autour, ou moyennant une certaine quantité de branches de chêne dont on couvrirait ou entourerait le plant en les lestant avec des pierres. Ces feuilles ont un effet très-salutaire, puisqu'elles attirent et décomposent, pendant l'hiver, les secrets éléments favorables à la production des truffes; aussi faut-il en renouveler les couches tous les automnes. Par un beau jour de printemps, on enlève la superficie des feuilles absolument desséchées; les autres restées humides, on les enterre légèrement avec la pioche ou la bêche, ou même seulement avec une herse, afin de ne pas nuire à la jeune famille de truffes qui se prépare. Ce n'est pas la première année que toute la couche de feuilles peut et doit être bien enterrée.

» Le plant ainsi préparé, on peut être sûr qu'il est propre à l'usage qu'on en veut faire; il ne s'agit plus que de faire naître le germe du tubercule; comme il ne peut se semer, ni se propager par des petits ou des œufs, il ne reste qu'un moyen, celui de décider le terrain lui-même à le produire; ce que l'on obtient de la manière suivante :

» On sait que différentes formes de matière, par exemple les cristallisations s'établissent assez facilement quand on mêle à une masse préparée des formes analogues; c'est ainsi que le sucre et le sel se forment aussitôt que vous mettez des particules de la même matière dans une eau saturée de parties sucrées ou salines. Il en est de même des tubercules des différentes espèces; ils se montrent sans peine dans les endroits chargés de particules analogues à leur nature, pour peu qu'on y jette d'autres tubercules parvenus à un certain degré de maturité, ou même simplement des morceaux que l'on en aurait coupés. Les champignons viennent en foule aussitôt que l'on a mêlé leurs épluchures au fumier d'âne ou de cheval. Il en est de

même de la truffe; seulement faut-il procéder à son égard avec un peu plus de soin et d'attention.

» Le champignon porte sa tête au-dehors du sol, et se forme par les influences de l'air, de la lumière et de la chaleur; vient-il à être arraché et transporté en d'autres lieux, il ne meurt que difficilement; le soleil ni l'air atmosphérique ne le tuent pas avec promptitude; tant qu'il conserve la moindre humidité intérieure, il continue à végéter et à vivre, et on peut le transplanter à volonté, pourvu que le voyage ne soit pas trop long. Il conserve toujours assez d'éléments pour communiquer à la nouvelle terre qui le reçoit la propriété de le reproduire. Aussi une champignonière établie avec un peu de soin ne manque jamais de payer son tribut au propriétaire par une abondante récolte.

» Mais la truffe est plus délicate; elle ne peut supporter le contact de l'air, encore moins les rayons du soleil; elle meurt aussitôt que vous l'enlevez à son lieu natal, comme le poisson hors de l'eau, ou le ver parasite arraché à la chair qui lui a donné naissance. Ainsi le corps mort d'une truffe, qui, au surplus, se corrompt très-vite, n'est jamais en état de communiquer à la nouvelle terre qui le renferme la faculté de produire de jeunes truffes. La truffe vivante peut seule opérer cette merveille, et cela encore seulement dans un lieu bien disposé, car assurément la difficulté de forcer ainsi la nature aux endroits où jamais truffe n'avait paru, n'est pas une petite affaire. Mais enfin, il suffit de savoir qu'avec de la peine on y réussit, et surtout que les truffes, une fois fixées en un lieu, y sont si tenaces qu'elles y restent nombre d'années.

» Si donc on a une fois résolu de transplanter des truffes d'un endroit éloigné, pour qu'elles deviennent la souche d'une postérité nombreuse, il faut connaître toutes les précautions nécessaires à cette transplantation, afin qu'elles ne périssent pas en route. C'est là la plus grande difficulté à surmonter dans l'établissement artificiel d'un plant, et elle peut très-bien faire échouer toute l'entreprise.

» Les truffes que l'on destine à la transplantation ne doivent point être choisies parmi celles qui sont parvenues à une trop grande maturité; elles n'auraient plus assez de force vitale, commençant déjà à passer, et ne viendraient plus, dans leur nouvel emplacement, qu'un chêne ou un pin que l'on transplanterait quand il a pris tout son accroissement; encore une fois, il serait de toute impossibilité de leur faire supporter le transport. La plupart des premiers essais échouèrent, par la raison que l'on crut toujours devoir choisir les truffes les plus grosses et les plus mûres; car on ne prenait que celles qui avaient déjà perdu leur vigueur. Elles mouraient pendant le trajet, ou du moins peu de temps après leur transplantation, et leurs cadavres ne pouvaient jamais, en tombant en dissolution, forcer la terre environnante à les reproduire.

» On aurait tout aussi grand tort de vouloir se servir pour le même effet de jeunes et tendres germes, ou de petites truffes qui ne seraient pas encore formées ; elles ne supporteraient pas davantage d'être arrachées de force à leur lieu natal, pour se propager ailleurs. Il est de toute impossibilité qu'un germe tendre et dont les sucs ne sont pas encore formés, puisse agir assez puissamment sur un sol qui n'a jamais produit de truffes, pour le forcer à les produire.

» Il faut donc choisir des truffes de moyenne grandeur, pleines de vigueur et de force vitale ; il n'est pas difficile d'en amasser une certaine quantité dans les endroits qui en produisent. Comme elles vivent d'ordinaire en famille, il s'en trouve toujours, à côté de celles qui ont achevé leur accroissement, d'autres qui ne l'ont pas tout-à-fait terminé. Le chien ou le porc vous a-t-il découvert une truffe mûre (et il n'y a que celles-là qu'il puisse découvrir au moyen de son odorat), cherchez alors, et creusez avec précaution tout à l'entour, vous en trouverez d'autres moins avancées. Dans les procédés ordinaires des personnes qui ne cherchent les truffes que pour les vendre, on ne fait aucune attention aux jeunes, on ne fait que les dégrader et causer leur mort.

» Mais une difficulté se présente ici, c'est que les truffes qui ne sont que tout près de leur maturité ressemblent encore beaucoup à cette autre espèce de truffes mauvaises connues sous le nom de truffes à cochon, et que l'on trouve souvent mêlées avec les autres. Il faut un œil bien exercé pour distinguer ces deux espèces, quelquefois confondues dans le même lieu. L'odeur même et le goût ne décident rien alors, ou peu de chose, la vraie truffe ne prenant tout son parfum qu'au moment même de sa parfaite maturité. Il n'y a pas d'autre moyen de surmonter cette difficulté qu'en rejetant aussitôt toutes celles qui auraient mauvaise apparence, et que l'on soupçonnerait truffes à cochon.

» Connaît-on un endroit qui produit de bonnes truffes, on choisit un jour humide, pluvieux ou du moins frais, et par un ciel couvert, on extrait les truffes propagatrices, de manière qu'elles restent enveloppées dans la petite masse de terre qui les environne, et sans que l'air extérieur puisse les toucher beaucoup ; et si la terre ne pouvait assez se lier pour cela à cause de la précédente sécheresse, il faudrait bien arroser l'endroit quelques

heures avant l'opération ; alors il sera facile d'extraire chaque tubercule environné de sa terre, et de le placer dans une caisse préparée à cet effet. Cette caisse doit être solidement fermée après que toutes les interstices en ont été remplies avec de la terre humide que l'on prend sur les lieux, et que l'on a soin de bien serrer. De cette manière, les truffes se laissent transporter sans danger à plusieurs lieues de distance. Ce n'est que dans les voyages qui durent plusieurs jours ou plusieurs semaines, qu'il est nécessaire d'ouvrir de temps en temps les caisses, de leur donner de l'air et de les humecter avec de l'eau de rivière pour empêcher les truffes de moisir ou de se pourrir. Cette dernière précaution est, par exemple, nécessaire dans la translation des truffes blanches qui ne se voient que dans la haute Italie, mais qui réussissent tout aussi bien partout ailleurs.

» Dès que les caisses sont arrivées sur place, on les ouvre par un beau jour à l'ombre ; on humecte un peu la terre si cela est nécessaire, et on plante les truffes le plus promptement possible. Il vaut mieux les placer ensemble dans un petit espace que de les éparpiller par tout le plant. La terre n'ayant jamais produit de truffes, il est plus croyable qu'un certain nombre rassemblées et agissant simultanément exercent efficacement leur influence, que d'en voir une seule transmettre isolément à la terre environnante une vertu reproductive. Lors des premiers essais, on crut qu'une seule truffe, ou même des morceaux détachés, pouvaient suffire à cet effet, mais on fut toujours trompé dans son attente.

» Selon la nature et le degré d'humidité du terrain, on enterre les truffes à deux, quatre ou quelquefois six pouces de profondeur. On les laisse dans l'enveloppe de terre avec laquelle on les a recueillies, et on a soin que dans cette opération l'air ni le soleil ne puisse les dégrader. Pour cette raison, il serait bon de ne les planter que le soir, à moins que le ciel ne fût tout-à-fait couvert de nuages. Avant de les déposer, on fait des trous de la profondeur que nous avons dit, on en couvre la base d'un peu de terre de la caisse, puis on y dépose les truffes, que l'on couvre ensuite avec la terre restante, et quand celle-ci n'est pas suffisante, on remplit entièrement les trous avec de la terre de la couche bien humectée ; tout le plant se recouvre enfin de branches de chêne ou de hêtre blanc, jetées de loin en loin. On plante également tout le terrain consacré aux truffes de jeunes arbrisseaux de la même espèce, mais à une certaine distance les uns des autres, de manière qu'ils ombragent le terrain, sans arrêter la libre circulation de l'air.

» Le meilleur moment de l'année pour la plantation des truffes est le printemps et le commencement de l'automne, parce que c'est alors que l'on trouve les meilleures truffes propres à cet usage. Vers ce temps d'ailleurs, la terre est d'ordinaire assez humide pour qu'on n'ait pas besoin de l'arroser ; mais le cas échéant par une sécheresse trop prolongée, il ne faudrait pas omettre les arrosements extraordinaires, lesquels doivent toujours se faire avec assez de précaution pour ne pas inonder et déranger les germes qui se développent. Il est inutile de rappeler que, l'automne arrivé, on couvre les plants d'une couche de feuilles de chêne, ainsi que nous l'avons dit plus haut.

» Les truffières ainsi arrangées, on les laisse absolument tranquilles, et quant aux petites herbes, on les y laisse croître librement, n'arrachant que les végétations plus grandes qui pourraient épuiser le sol, lequel doit toujours être conservé dans un état de fraîcheur. En général, dans les premiers temps, il faut tâcher d'imiter autant qu'il est possible le sol d'une forêt, pour se préparer une abondante récolte de truffes.

» La première année, sans doute, celles-ci multiplieront peu ; les tubercules plantés ont trop peu de force pour entraîner tout le terrain à la reproduction. Quand on aura commencé au printemps on pourra trouver en automne quelques jeunes truffes peu avancées, de la grosseur d'une noisette ou d'une noix, ayant une peau jaunâtre et spongieuse, qui demanderont à rester encore quelque temps en terre pour acquérir de la maturité et pour se colorer comme nous avons dit ; mais leur apparition sera toujours un signe certain que le plant a réussi, et que l'on peut compter sur de nombreuses et abondantes récoltes.

» Celui qui voudra faire un établissement un peu considérable fera bien de partager son plant en deux parts distinctes, et de recommencer la plantation à deux différentes reprises, en en faisant une la première année, une autre la seconde, et en les établissant plutôt vers le milieu du plant que sur les bords. Si la première épreuve venait à manquer, au moins n'aurait-on pas travaillé absolument pour rien ; car la seconde épreuve n'en serait que plus facile.

» Jusqu'ici nous n'avons parlé que d'un emplacement pour les forêts ; mais les truffes peuvent tout aussi bien être cultivées dans les bosquets et les jardins anglais. On y trouve également des bas-fonds humides ; on y voit aussi des chênes et d'autres arbres convenables ; il n'y manque que ces endroits un peu dégarnis, et cette terre forestière nourrie depuis un temps immémorial de feuilles et de bois pourris. D'ordinaire, on soigne trop ces sortes d'endroits, on écarte trop la dépouille de l'automne pour que le sol puisse suffi-

samment s'engraisser ; mais il est très-facile de parer encore à cet inconvénient par des moyens artificiels. Choisissez, pour cet effet, dans vos jardins anglais et vos bosquets un emplacement qui contienne quelques arbres à larges branches, tels que le chêne, le hêtre blanc, le châtaignier, et élaguez-en le bas taillis et les broussailles ; vous pouvez même consacrer à cet usage certaines pièces de gazon quelquefois entourées de grands arbres, pourvu que ce ne soit pas de ceux dont le large feuillage intercepte tous les rayons du soleil, savoir : des érables, des platanes, des marroniers ou d'autres. En un mot, ayez un emplacement abrité du côté du midi, comme nous l'avons dit ci-dessus, de manière que les arbres se touchent à peine par les extrémités de leurs branches ; emportez à quatre ou cinq pieds de profondeur tout le terrain destiné à la truffière ; remplacez-le par de la terre choisie dans la forêt, et vous êtes en mesure. S'il vous était absolument impossible de vous procurer une terre semblable, par l'absence d'une forêt de chênes, alors vous mêleriez à la terre grasse formée de bouse de vache une autre terre, la plus riche possible en matières tombées en dissolution, telle qu'on la trouve dans les endroits où ont vécu, depuis un temps immémorial, des groupes d'arbres, soit charmes, soit peupliers ou arbres fruitiers ; des endroits même où de grandes herbes se sont long-temps pourries, pourvu qu'ils ne soient point marécageux, peuvent la fournir.

» Seulement il arrivera que ces sortes de terres seront ou trop légères ou trop compactes ; dans le premier cas, elles contiennent trop de sable, et on les corrige avec la terre glaise ou la terre à four ; dans le second, elles n'ont pas assez de sable, et une terre à four maigre et sèche peut les bonifier. La marne, surtout celle qui contiendrait de la chaux, serait aussi un excellent remède, et, à son défaut, de la pierre de chaux ou de craie écrasée ; on mêle bien toutes ces matières ensemble vers la même époque où l'on établit les tas de terre grasse, on y ajoute une moitié de matières végétales, savoir : des ramassis de la cuisine, de la sciure de bois de chêne ou d'autre, toute espèce de sapin exceptée ; tous les huit jours on retourne cet amalgame avec la bêche, on l'humecte quand cela est nécessaire, et on l'abrite moyennant une cloison de planches si on n'a pu le placer dans un endroit ombragé. Il serait bon aussi de le couvrir de feuilles de chêne pendant les intervalles, et de les mêler chaque fois avec la terre en les retournant avec la pioche ou la bêche, et quand on manquerait de feuilles de chêne, de les remplacer par la feuille des arbres dont les noms suivent, savoir : le charme, le hêtre blanc, le hêtre rouge, l'orme, le noisetier, etc. Quand on a travaillé ainsi ce terrain pendant tout l'été, il acquiert toutes les qualités végétales nécessaires pour servir en automne à l'établissement d'une truffière. Pour tout le reste, on se conduit comme si on l'établissait dans un bois, et la nouvelle terre remplace celle des forêts.

» Si vous avez bien suivi la méthode indiquée, quoique vous ne soyez propriétaire que d'un bosquet ou d'un bois anglais, vous n'êtes point privé pour cela du plaisir de manger des truffes fraîches de votre propre crû. Vous aurez seulement soin de ne commencer qu'en petit, n'établissant d'abord qu'une espèce de séminaire de truffes, au moyen duquel vous pourrez ensuite étendre vos plants à volonté, pour les faire servir ensuite à l'augmentation de vos revenus.

» Celui qui n'a que des jardins ordinaires a plus de difficultés à surmonter dans une pareille entreprise. Les bois, les chênes, les hêtres lui manquent. Il faut les remplacer ; car, pour les planter, et attendre que leurs branches s'étendent assez loin, plusieurs générations pourraient bien passer sans les voir. Heureusement qu'un poirier, un pommier d'une forte taille, quelques pruniers ou cerisiers en groupe, peuvent lui rendre le même service. Dans le midi de l'Allemagne, les châtaigniers et les amandiers eux-mêmes acquièrent souvent une grandeur suffisante pour ombrager un terrain. C'est sous de semblables arbres qu'on cultive la truffe blanche en Italie.

» Il est rare qu'on ne trouve pas des feuilles de chêne, ou au moins de charme et de hêtre blanc, dans un cercle de quelques lieues, et si on en manquait absolument, ce qui n'est guère possible, on établirait quelques années auparavant, dans quelque coin du jardin, une pépinière des arbres convenables, afin d'en recueillir les feuilles, et de pouvoir plus tard en tirer les jeunes arbres nécessaires pour garnir le plant. Mais encore une fois, ces cas ne se présenteront presque jamais, vu qu'on peut toujours se fournir dans les bois, quand même ils seraient éloignés.

» Lorsque vous avez suffisamment de feuilles de chêne à votre disposition, l'établissement d'une truffière dans un jardin ne diffère pas beaucoup de celle des bosquets, il suffit d'enrichir davantage le terrain de substances provenant du chêne. Pour le reste, on prend les mesures ordinaires, ayant seulement soin de multiplier davantage les jeunes chênes et les hêtres que l'on plante sur les truffières ; ils peuvent alors couvrir jusqu'au tiers ou aux trois quarts des plants ; et chaque automne, on couvre ces derniers d'une couche de feuilles de chêne d'un pied d'épaisseur, afin que peu à peu la terre en soit saturée. Par la même raison, il est bon, quand faire se peut, d'ajouter aux terres que l'on prépare une certaine quantité d'écorces de chêne pilées, ou même d'un tan pris, en un peu plus grande quantité, chez les tanneurs. La différence des deux matières est à peu près d'un tiers, mais un tas établi de cette manière demande un plus long espace de temps pour la décomposition complète de toutes les matières que les terres dont nous avons parlé, et au lieu de commencer l'opération au printemps, on est forcé de l'entreprendre à l'automne précédent.

» Les truffières établies dans les jardins demandent aussi plus d'attention par rapport aux grandes herbacées qui viennent incessamment enlever la fertilité du sol, et lui donner trop d'ombrage ; les petites herbes seules peuvent y être soufferteset, parce qu'elles tiennent la terre humide sans l'épuiser ; et bien qu'on ait choisi les lieux les plus bas du jardin, il faudrait encore les arroser légèrement quand on s'apercevrait que cela est nécessaire.

» Les derniers soins que les truffières demandent, c'est que le propriétaire en éloigne les différentes espèces d'animaux qui sont les ennemis naturels des truffes, et qui chercheront de toutes les manières à lui en disputer la possession , les trouvant avec d'autant plus de facilité, que l'odeur en est plus parfumée.

» Il ne faut donc jamais établir un plant dans les forêts fréquentées par le sanglier, d'autant plus que celui-ci aime également les bas-fonds à cause de leur humidité ; il l'aurait bien vite gâté et tourné sens dessus dessous. Les cerfs et les chevreuils sont un peu moins dangereux, cependant ils déterrent aussi les truffes pour s'en nourrir. Quand, dans une forêt, il y a beaucoup de bêtes fauves, on ne peut mettre les truffières à couvert que moyennant une haute et forte palissade. De cette manière, on éloigne aussi le renard et le blaireau. L'écureuil, qui déterre les truffes avec adresse et les mange avec grâce, est le plus grand ennemi des truffières ; il faut que le chasseur le surveille incessamment et le tire quelquefois sur les arbres voisins pour l'éloigner des environs.

» Les souris s'en mêlent quand les truffes sont bien mûres ; dans les clos, on peut leur donner du poison, mais dans les plants découverts où l'on risquerait d'empoisonner le gibier, il n'y a pas de meilleur moyen que de les attraper, et de détruire leur demeure. Comme d'ordinaire elles demeurent en famille et ont des quartiers déterminés, il est facile d'en purger les environs à une certaine distance.

» Il est plus difficile d'éloigner les souris des jardins anglais et des bosquets qui donnent souvent sur les champs, d'où elles font de nombreuses incursions ; on ne pourrait jamais les détruire en totalité. Alors on tâche de faire nicher les chouettes et les corneilles dans les environs ; ces premiè-res surtout sauront vous débarrasser des souris à mesure qu'elles se hasarderont dans vos propriétés, et elles ne pourront pas plus nuire à vos truffes qu'elles ne font d'ordinaire à vos autres légumes.

» La limace rouge et noire des bois attaque, surtout pendant les temps pluvieux, les truffes qui sont à la superficie du sol ou qui s'élèvent au-dessus. D'autres espèces de vers leur sont encore plus pernicieuses, et la chaleur que les couches de feuilles entretiennent sur les plants pendant l'hiver en attire et fait naître un grand nombre qui ne font que se multiplier en été, vu que l'endroit n'est point dérangé ni fréquenté. Différents scarabées, notamment ceux qui se logent dans les écorces d'arbres, les mélolonthes, surtout celles des jardins, les hannetons, les capucins rouge-bruns, les vers provenant de grosses mouches, les scolopendres, les cloportes, etc., tous insectes qu'il est presque impossible de détruire entière-ment, attaquent les truffes, les percent en tous sens, leur communiquent un goût d'amertume, et enfin leur donnent la mort.

» Il est donc à propos d'avertir que quand on échoue dans une entreprise, quoiqu'on y ait apporté tous les soins et que les localités aient été favorables, c'est à tous ces insectes qu'il faut attribuer ce malheur. Les plants nouvellement cons-truits ont encore, comme cela est fort naturel, plus à souffrir de ces sortes d'ennemis que les an-ciens ; la terre n'est pas encore assez imprégnée de l'odeur du tan de chêne pour les en éloigner, la terre grasse formée avec du fumier en contient les germes, et en fait éclore les œufs avec abon-dance. Pour les détruire, ou du moins pour en diminuer le nombre, on retourne non-seulement souvent le terrain avec une petite bêche, mais on y mêle encore une certaine quantité de chaux vive ou de bonnes cendres.

» Si, après s'être donné toutes les peines possi-bles pendant une année, on avait néanmoins la douleur de voir qu'on n'a pas réussi, il ne faudrait pas encore se décourager pour cela, le plant se trouverait d'autant mieux préparé pour l'année suivante, que les différentes matières auraient eu le temps de communiquer leur vertu au terrain, et on serait à peu près sûr de ne pas échouer une seconde fois en y transportant des truffes-mères. Il faudrait seulement bien retourner les terres, et les bien engraisser avec des feuilles de chêne dont on ferait provision, en recommençant jusqu'à deux ou trois fois la même opération.

» En général, on ne saurait trop saturer une truffière de particules provenant du chêne, l'expé-rience ayant appris que ce tubercule est d'un par-fum d'autant plus exquis, qu'il se trouve plus rap-proché du voisinage du chêne qui le protège de son ombre, et cette expérience a même été confirmée par ceux qui ont établi des truffières artificielles dans différents endroits. Le propriétaire soigneux et intelligent, qui n'épargnera rien pour faire réussir une aussi utile entreprise, s'assurera, dans tous les cas, une récolte abondante des plus excel-lentes truffes, et il éprouvera sûrement quelque sentiment de gratitude envers l'auteur et le tra-ducteur de cette dissertation. »

Truffes a la cendre. — Brossez les truffes dans l'eau pour en enlever la terre qu'elles re-tiennent toujours ; essuyez-les ; mettez-les sur une feuille de papier en double, bien enveloppées de bardes de lard, assaisonnées de sel et poivre ; repliez le papier et couvrez le tout d'une troi-sième feuille de papier mouillée ; faites cuire dans la cendre chaude avec un feu modéré par-dessus ; étant cuites, retirez-les pour les essuyer. Servez sous une serviette pliée.

On peut aussi les faire cuire à sec dans du pa-pier beurré, afin d'en user en maigre.

Truffes au vin de Champagne. — Pelez de grosses truffes ; foncez une casserole de veau et de jambon ; mettez les truffes dessus avec un bou-quet, quelques champignons entiers et du lard fondu, sel et poivre ; couvrez de bardes de lard ; mouillez avec de bon vin blanc un peu sucré ; faites cuire à petit feu ; quand elles sont cuites, retirez-les ; passez la cuisson après l'avoir dégraissée ; faites réduire, et servez sous les truffes.

Truffes à la vapeur. — Mettez dans une cas-serole deux verres de vin blanc, un petit verre d'eau-de-vie et un clayon, comme il est prescrit pour la cuisson des pommes de terre.

Mettez les truffes sur ce clayon ; couvrez la cas-serole avec un couvercle ; faites bouillir ; aussitôt que vous voyez les vapeurs sortir de la casserole, posez sur ce dernier un torchon mouillé. Les va-peurs se condenseront et retomberont bouillantes sur les truffes ; lorsqu'elles sont cuites, retirez-les ; laissez-les un instant à se ressuyer à l'air, et servez en buisson sur une serviette.

Si vous voulez que des truffes conservent par-faitement leur saveur naturelle et sans mélange, enveloppez-les une à une dans du papier beurré, et faites-les cuire à la vapeur de l'eau bouillante.

Truffes au court-bouillon. — Vos truffes bien appropriées, mettez-les dans une marmite avec sel, poivre, ognons piqués de clous de gé-rofle, laurier, ciboules et vin de Bordeaux ; leur cuisson achevée, vous les essuyez et les dressez sur une serviette en forme de buisson.

Truffes en roche. — Brossez, lavez, et faites
égoutter des truffes à la passoire; assaisonnez-les;
maniez-les avec du lard frais haché et pilé que
vous diviserez en deux parties, l'une pour enduire
la surface d'une abaisse de feuilletage sur laquelle
on pose les truffes en forme pyramidale, et la seconde pour être posée à leur sommet; cette dernière portion doit être recouverte d'une plaque de
lard, et le tout d'une deuxième abaisse qui, s'appliquant parfaitement aux truffes posées les unes
sur les autres, simule les aspérités d'un rocher; il faut ensuite dorer la pièce et pratiquer un
petit trou sur le couvert et l'exposer pendant une
heure au four chaud; ce temps écoulé, retirez-la;
tracez le couvercle avec la pointe d'un couteau
pour enlever les bardes de lard; cette opération
faite, replacez le couvert, et servez bien chaud
pour entremets.

Émincé de truffes. — Coupez des truffes en
tranches minces; passez-les au beurre; ajoutez-y
des échalotes et du persil hachés, sel et gros poivre; mouillez avec un verre de bon vin blanc et
deux cuillerées de jus ou de bouillon réduit à moitié; au moment de servir, mettez une cuillerée
d'huile ou un morceau de beurre.

Ragoût de truffes (*V.* SAUCE A LA PÉRI-
GUEUX).

Croûte et coquille aux truffes (*V.* CROUTE
AUX CHAMPIGNONS et COQUILLE).

TRUITES. Il y a plusieurs espèces de truites, qui diffèrent par leur grandeur et la couleur
de leur chair, blanche dans les unes, et dans les
autres rosée comme celle du saumon : les meilleures truites sont celles dont la substance est rougeâtre et qu'on appelle à cause de cela *truites
saumonnées;* parmi celles-ci on préfère celles
qui vivent dans les ruisseaux rapides où elles sont
toujours en mouvement. On en trouve de très-
grandes dans les lacs et dans les rivières torrentueuses
qui sont presque à sec pendant l'été, excepté dans
des bas-fonds où les truites se conservent jusqu'au
retour de la saison pluvieuse; mais ces grandes
truites sont moins délicates que celles des ruisseaux. Les plus recherchées à Paris sont les truites de la Meuse et de la Seine; celles-ci ne sont
jamais d'un très-gros volume, mais leur chair est
pourvue d'une saveur parfaite et d'une délicatesse
infinie, tandis que les grosses truites du lac de
Genève sont presque toujours sèches et coriaces.
On sait que ce poisson est d'une agilité, d'une force
et d'une résolution surprenantes; il remonte non-
seulement les torrents les plus rapides, mais il
s'élance dans les cascades les plus élevées, et remonte ainsi les chutes d'eau jusque sur les som-

mités rocailleuses du Mont-Blanc et du grand St-
Bernard. Le mouvement extraordinaire qu'il se
donne contribue sûrement à rendre ce poisson
d'une saveur agréable et d'un usage très-salubre.

Truite à la montagnarde. — Faites-lui
prendre sel pendant une heure. Faites-la cuire
avec une bouteille de vin blanc, trois ognons, bouquet, clous de gérofle, deux gousses d'ail, laurier,
thym, basilic et beurre manié de farine. Faites
bouillir à feu vif; ôtez les ognons et le bouquet;
servez la truite avec sa sauce, et jetez dessus, en
servant, un peu de persil blanchi.

Truite au court-bouillon. — Videz une
truite par les ouïes; après l'avoir bien lavée et essuyée, ficelez-lui la tête, puis faites-la cuire dans
une poissonnière avec du vin blanc, des ognons
coupés par tranches, une poignée de persil, quelques clous de gérofle, trois feuilles de laurier, une
branche de thym et du sel; quand elle aura mijoté pendant une heure, dressez-la sur une serviette et sur un lit de persil vert; mettez à côté
une sauce faite avec partie du court-bouillon que
vous liez avec du beurre manié de farine, et que
vous faites réduire à grand feu.

Truite à la Chambord. — Lorsque votre
truite sera vidée, échaudez-la en la trempant dans
l'eau bouillante : retirez bien toutes les peaux;
lavez-la bien à plusieurs eaux; laissez-la égoutter;
piquez-la avec de gros clous de truffes; faites cuire
votre truite dans une bonne marinade au vin; au
moment de servir, égouttez-la; dressez-la sur un
grand plat ovale; garnissez-la de quatre ris de
veau piqués et glacés, quatre pigeons innocents,
huit quenelles bigarrées, et huit belles écrevisses;
saucez d'un bon ragoût à la financière.

Truite à la génevoise (*V.* l'article *Saumon
à la Génevoise,* pag. 447).— Après avoir vidé,
nettoyé et préparé une truite comme il est dit à
l'article précédent, mettez-la dans une poissonnière
avec des ognons et des carottes coupées par tranches, persil, ciboule, thym, laurier, clous de gérofle, sel et poivre; mouillez avec du vin rouge;
faites bouillir, et passez votre court-bouillon au
tamis de soie, après avoir dressé votre truite sur le
plat. D'autre part, foncez une casserole avec du
beurre manié avec de la farine; mouillez avec le
court-bouillon dans lequel votre truite a cuit; remuez et faites réduire, et quand votre sauce est
bien liée, versez-la sur la truite.

*Truite à la Saint-Florentin (recette et
formule de l'ancien hôtel de la Reynière).*
— Prenez les plus belles qu'il se pourra; écaillez; videz et mettez-leur dans le corps du beurre
manié de fines herbes, avec sel et poivre. Mettez-

les dans une poissonnière avec deux ou trois bouteilles de vin blanc, pour que le vin les dépasse d'un bon doigt; ajoutez sel et poivre, ognons, clous, muscade, bouquet, et une croûte de pain. Faites cuire à feu clair, de sorte que le vin s'enflamme. Lorsque la flamme commence à diminuer, jetez-y du beurre, et vannez avant de servir.

Truites farcies. — Videz et lavez quatre truites d'une égale grosseur; mettez-les égoutter; remplissez le corps d'une farce composée de quenelles de carpe, truffes coupées en gros dés et champignons; ficelez les têtes de vos truites; faites-les cuire dans un court-bouillon; leur cuisson terminée, laissez-les refroidir; mettez-les égoutter; panez-les deux fois à l'œuf, et au moment de servir, faites-les frire d'une belle couleur; dressez-les avec une sauce aux tomates.

Truites aux anchois. — Écaillez, videz, et incisez-les sur le côté; faites-les mariner avec sel et gros poivre, ail et persil, ciboules et champignons hachés, thym, laurier et basilic en poudre, huile fine; mettez-les dans une tourtière, avec une marinade; panez, et faites cuire au four; servez-les avec une sauce aux anchois.

Sauté de filets de truites. — Vous levez les filets de cinq à six jeunes truites; vous les parez, et vous en enlevez ensuite la peau du côté de l'écaille; vous couperez vos filets en petites lames de la grandeur d'une pièce de cinq francs au moins; vous parerez vos morceaux: ils doivent être d'égale grandeur et de même épaisseur; arrangez-les dans votre sautoir; vous y sèmerez du persil haché et bien lavé, du sel, du gros poivre, de la muscade râpée; vous ferez tiédir un morceau de beurre que vous verserez sur les filets: au moment du service, vous mettez votre sautoir sur un feu ardent; lorsque votre sauté est raidi d'un côté, vous le retournez: ne le laissez qu'un instant au feu; vous le dressez en miroton autour du plat, et vous placez le reste dans le milieu; vous ajoutez une sauce italienne, ou une purée de tomates.

Truites à la hussarde. — Enlevez-en la peau, et mettez-leur dans le corps du beurre manié de fines herbes; assaisonnez de bon goût; faites mariner et griller ensuite. Servez-les avec une poivrade.

Pâté de truites. — Piquez-les avec des lardons d'anguilles et d'anchois; dressez le pâté; foncez-le de beurre frais; faites un godiveau de chair de truite, champignons, truffes, persil, ciboules, beurre frais, avec fines herbes, épices, sel et poivre; couvrez de beurre frais; faites cuire et dégraissez. Mettez-y un ragoût d'écrevisses, et servez chaud.

Il est sous-entendu que les filets de truites peuvent s'accommoder comme ceux de tous les autres poissons, c'est-à-dire en marinade frite, à la Orly, à la Béchameil, en papillotes, en croustade, en coquilles, en quenelles et en attelets panés et grillés.

TURBOT. Le nom de ce poisson rappelle toujours aux cuisiniers celui de l'empereur Domitien, qui convoqua le sénat pour délibérer sur le mode de préparation qui conviendrait le mieux à un énorme turbot qu'on venait de lui payer en tribut. Juvénal ne nous a rien appris sur la décision du sénat romain; nous allons y suppléer par celle de Vincent de la Chapelle, véritable et vénérable père-conscrit de la cuisine française.

Turbot tout entier pour le premier service. — Procurez-vous un beau et grand turbot, sans taches, bien gras, le plus épais possible, et surtout qu'il soit très-blanc et très-frais; videz-le; lavez et nettoyez bien le dedans de son corps; fendez-le jusqu'au milieu du dos, plus près de la tête que de la queue, et de la longueur de trois à quatre pouces, mais plus ou moins, selon sa grandeur; relevez-en les chairs des deux côtés; coupez-en les arêtes, de la longueur de l'ouverture; supprimez-en trois ou quatre nœuds; arrêtez la tête avec une aiguille à brider, et de la ficelle passée entre l'arête et l'os de la première nageoire; frottez votre turbot avec du jus de citron; mettez-le dans une turbotière où vous le mouillerez avec une bonne eau de sel et une ou deux pintes de lait; joignez à cela deux ou trois écorces de citrons en tranches, desquels vous aurez ôté la chair et les pepins; faites-le partir sur un feu assez vif, si vous êtes en été, car le menant alors à un feu trop doux, vous risqueriez de le voir se dissoudre en morceaux. Dès que votre assaisonnement commencera à frémir, couvrez le feu et laissez cuire votre turbot, sans le faire bouillir; couvrez-le d'un papier beurré, et laissez-le dans son assaisonnement, jusqu'au moment de le servir: un demi-quart d'heure avant, égouttez-le; arranger une serviette sur un plat; garnissez-la en dessous avec des bottes de persil, afin que votre turbot soit posé droit et que le milieu rebondisse sur le plat; faites-le glisser dessus; coupez très-également avec de gros ciseaux celles de ses barbes qui pourraient être décharnées, ainsi que le bout de la queue; mettez autour de votre turbot du persil en branche, et s'il avait quelques déchirures, masquez-les avec du persil; servez à côté une saucière garnie d'une sauce blanche, avec des câpres, et une autre saucière garnie d'une sauce piquante, ou au coulis gras, ou bien au jus de poisson.

On doit ajouter ce qui suit à cette bonne prescription de Vincent de la Chapelle: Servez, avec un relevé de turbot, une sauce jaune à la hollandaise, ou bien une sauce aux huîtres, une sauce aux tomates au gras, une sauce blanche au raifort épicé, et, de préférence à toutes les autres, une sauce au beurre de homard et au hachis de ce poisson.

Turbot cuit au four. — Établissez un turbot bien paré, sur une feuille de tôle, à rebords; masquez-le d'une épaisse couche de beurre frais manié de fleur de farine, et mélangé de fines herbes assaisonnées des quatre épices. Faites cuire à un four doux; retirez le turbot au bout d'une heure trois quarts s'il est de grandeur moyenne, et au bout de deux heures un quart s'il est très-volumineux. Vous le servirez sur une purée de tomates au blond de veau, ou bien sur une sauce au jus et à la crème.

Turbot à la Régence (ancienne formule du palais Royal). — Faites cuire dans une casserole deux ou trois livres de veau en tranches, bardées de lard, avec sel et poivre, persil en bouquet, fines herbes, ognons piqués de clous de gérofle, et deux feuilles de laurier; faites suer; le tout étant attaché, mettez du beurre frais avec un peu de farine. Le roux fait, mouillez avec du bouillon; détachez le fond avec la cuillère; bardez le turbot, et faites-le cuire avec une bouteille de vin de Champagne ou autre vin, avec le jus de veau, et le veau par-dessus; étant cuit, laissez-le mitonner sur des cendres chaudes; dressez-le; servez dessus un ragoût d'écrevisses, et liez d'un coulis d'écrevisses.

Turbot en matelote normande. — Ayez un beau turbotin bien frais et bien gras; fendez-le par le dos; séparez-les chairs de l'arête; mettez entre l'arête et la chair une bonne maître-d'hôtel crue; coupez six gros ognons en petits dés; ayez un plat d'argent de la grandeur de votre turbotin; mettez les ognons par-dessus avec un bon morceau de beurre; assaisonnez de sel, gros poivre, thym, laurier en poudre, persil haché, et un peu de muscade râpée; mettez votre turbotin dessus vos ognons; poudrez-le de sel; ajoutez-y du citron et un peu de beurre fondu; mouillez d'une bouteille de bon cidre mousseux; mettez votre plat sur un petit fourneau couvert d'un four de campagne à feu très-doux; pendant qu'il cuira, vous l'arroserez souvent.

Turbot au gratin. — Le turbot étant cuit au court-bouillon et refroidi, ôtez-en les peaux et les arêtes, et mettez-en les chairs dans une sauce béchameil maigre (*V.* BÉCHAMEIL). Faites chauffer le tout sans le faire bouillir; dressez-le sur un plat qui puisse aller au feu; saupoudrez-le de mie de pain mélangée de fromage de Parme; arrosez-le avec du beurre fondu; posez-le sur un feu doux, et faites-lui prendre couleur sous un four de campagne.

Turbotins sur le plat. — Ayez deux ou trois turbotins; videz-les; lavez-les; laissez-les égoutter; fendez-leur le dos; étendez du beurre sur le fond d'un plat; saupoudrez-le d'un peu de sel et de fines herbes hachées; posez les turbotins sur le plat; panez-les avec de la chapelure de pain et des fines herbes, un peu de sel en poudre et d'épices fines; arrosez-les légèrement de beurre fondu; mettez dessous du vin blanc en suffisante quantité; faites-les partir sur un fourneau; mettez-les sous un four de campagne, ou dans un grand four; assurez-vous de leur cuisson, en posant le doigt dessus; ils seront cuits, s'ils ne vous résistent pas; servez-les avec leur mouillement, ou avec une italienne (*V.* SAUCE A L'ITALIENNE).

Turbot à la Béchameil. — Votre poisson étant cuit, égouttez-le; après avoir levé les chairs et leur avoir donné une forme régulière, dressez-les sur un plat, et saucez-les avec une béchameil. Ce mets se fait assez ordinairement avec du turbot de desserte (*V.* BÉCHAMEIL).

Turbot à la Sainte-Ménéhoulde. — Après avoir préparé votre poisson comme il est indiqué précédemment; faites-le cuire à moitié dans du vin blanc et du lait, avec fines herbes, sel, beurre et coriandre; dressez ensuite votre turbot; panez-le; faites prendre couleur au four, et servez-le avec une sauce aux anchois.

Filets de turbot au jus de bigarade. — Levez les filets d'un turbotin; après les avoir coupés en aiguillettes, faites-les mitonner avec un jus de citron, sel, gros poivre, et un peu d'ail: au moment de servir, égouttez-les sur un linge blanc; farinez-les, et faites-les frire d'une belle couleur; vous les dressez alors sur un plat, et les servez avec une sauce au coulis de poisson et au jus d'orange amère.

Bayonnaise ou salade de turbot. — Prenez les filets d'un turbot de desserte; ôtez-en les peaux; parez-les; coupez-les en rond ou en cœur; mettez-les dans un vase; assaisonnez-les de sel, gros poivre, ravigote hachée, huile et vinaigre à l'estragon; dressez vos filets en couronne sur votre plat, avec un cordon d'œufs durs, décoré de filets d'anchois, de cornichons, de feuilles d'estragon, de truffes, de betteraves et câpres; mettez de jolis croûtons de gelée autour de votre plat, et dans le milieu de vos filets, une bayonnaise ou provençale blanche ou verte.

Croquettes et coquilles de turbot (*V.* ces deux articles).

V.

VANILLE, siliques brunes, plates, remplies à l'intérieur d'une pulpe contenant une multitude de graines noires, luisantes et d'une finesse extrême : l'arôme de la vanille est parfaitement suave, et l'on s'en sert pour aromatiser le chocolat, des crèmes et des liqueurs (*V*. AROMATES, page 45, CACAO, page 115 et suivantes, DRAGÉES et BONBONS, page 207, LIQUEURS et RATAFIAS, pages 296).

VANNEAU. C'est le *Vanellus* des gourmands de l'ancienne Rome, mais il est à supposer que le *vanellus Apicianus* était plutôt le pluvier doré que le vanneau commun. La chair de ce dernier est légère et d'un assez bon goût. Il se prépare comme le pluvier et la bécasse, c'est-à-dire qu'on ne le vide point, et qu'on l'établit sur des rôties de lèchefrite quand on veut en faire un plat de rôt.

Nous avons parlé plusieurs fois des œufs de vanneau, qui sont un des comestibles les plus recherchés et les plus rares.

VEAU. La chair du veau ne peut être salubre et véritablement alimentaire que lorsque l'animal est âgé, pour le moins, de deux mois et demi. Avant cette époque, le veau fournit toujours une chair visqueuse et qui ne saurait être bien apprêtée qu'avec un assaisonnement très-relevé. Celui qu'on appelle *de Rivière* ou de Pontoise est d'une supériorité tout-à-fait incontestable. Sa chair est ordinairement blanche et fine ; mais il ne faudrait pourtant pas s'arrêter magistralement à son plus ou moins de blancheur, car on a remarqué que la viande provenue des veaux à fourrure brune était souvent grisâtre avant d'être cuite, ce qui n'empêchait pas qu'elle ne fût parfaitement bonne et qu'elle ne devînt parfaitement blanche après la cuisson.

Tête de veau au naturel. — Prenez une tête de veau dégorgée et échaudée ; plongez-la dans l'eau bouillante et laissez-la blanchir pendant une demi-heure au moins ; retirez-la pour la faire rafraîchir dans l'eau froide ; enlevez la mâchoire supérieure jusqu'à l'œil ; désossez aussi le sommet de la tête ; rapprochez les chairs de manière que la tête conserve sa forme ; enveloppez-la avec un linge blanc que vous contiendrez avec de la ficelle : avant d'envelopper la tête, on la frotte partout de jus de citron pour la blanchir.

Pour la faire cuire, délayez dans l'eau une bonne poignée de farine ou de fécule de pommes de terre ; ajoutez-y un bon morceau de beurre ou du lard râpé, des ognons, des panais, un gros bouquet garni, sel et gros poivre, et le reste des citrons qui ont servi à frotter la tête ; mettez la tête dans cette eau lorsqu'elle est bouillante ; enlevez l'écume : quand la tête est cuite, servez avec une sauce à part, comme une sauce à la poivrade, à la ravigote, ou toute autre sauce piquante.

Tête de veau en tortue. — Prenez ce qui reste d'une tête de veau cuite la veille ; passez au beurre des champignons, des crêtes et rognons de coqs, des ris de veau, etc. ; ajoutez un peu de farine ; mouillez avec du jus ou avec du bouillon réduit et du vin blanc ; assaisonnez de sel, poivre ou piment. Sur la fin, ajoutez des quenelles (*V*. RAGOUTS et GARNITURES), des cornichons, des jaunes d'œufs durs entiers et les blancs coupés par morceaux : lorsque la sauce est suffisamment réduite et bien liée, versez sur les morceaux de tête coupés de forme régulière ; tenez le plat chaudement sans faire bouillir.

Tête de veau à la d'Escars. — Prenez une chopine de consommé que vous mêlerez avec une bouteille de vin de Madère et du piment en poudre. Faites réduire le tout à moitié, et mettez alors dans cette sauce des quenelles de veau, la langue coupée en morceaux, des crêtes et rognons de coqs, de petites noix de veau, des ris de veau en morceaux, et d'autres garnitures cuites ; vous pourrez joindre à cela huit ou dix jaunes d'œufs, douze extrémités d'œufs, c'est-à-dire le blanc dont vous couperez le bout formant une petite cuvette, des cornichons tournés en bâtons, des champignons tournés, des écrevisses, des graines de capucines confites au vinaigre ; vous aurez soin que ce ragoût soit bien chaud, mais qu'il ne bouille pas ; vous la verserez sur la tête bien dressée en pyramide. Si vous n'avez pas de sauce, vous ferez un roux un peu fort, afin que votre sauce soit un peu longue ; vous le mouillerez avec un peu de mouillement de quelque cuisson et du vin de Madère ; vous pourriez aussi prendre le mouillement dans lequel aura cuit la tête ; à défaut d'autre chose, vous mettrez dans votre ragoût des cornichons, des œufs durs, des quenelles et du piment. Si vous n'avez pas de *poéle* pour faire frire votre tête, vous mettrez un morceau de beurre dans une casserole, du lard râpé, des tranches de citron sans écorce, sans blancs ni pepins, trois carottes, quatre ognons, trois clous de gérofle, trois feuilles de laurier et du thym; vous passerez tout cela avec votre beurre ; quand le tout sera un peu frit, vous mettrez votre vin de Madère avec un peu de bouillon ; vous ferez bouillir ; vous écumerez, vous jetterez du sel, du gros poivre. Otez alors les morceaux de tête de la braisière; faites-les égoutter; dressez-les, et versez dessus votre ragoût.

Tête de veau à la manière du Puits-Certain. — Désossez une tête de veau bien échaudée, et laissez-lui les yeux et la cervelle ; faites bien dégorger le tout ; puis mettez cette tête désossée dans de l'eau froide ; faites-lui faire un bouillon seulement et mettez-la à rafraîchir ; coupez alors toute la chair en morceaux ronds de la grandeur d'une pièce de cinq francs, à l'exception des oreilles et de la langue qui doivent rester entières ; frottez tous ces morceaux avec du citron, et les faites cuire dans un blanc, ainsi que la carcasse que vous aurez enveloppée dans un linge. La carcasse et la langue étant bien égouttées, vous ouvrirez la tête, nettoierez la cervelle et farcirez l'intérieur avec des ris de veau, des champignons et des truffes coupés en petits dés et des quenelles de veau. Arrangez cette farce de manière à ce que le tout ait la forme d'une tête de veau entière ; enveloppez-la d'une crépinette de cochon pour qu'elle ne se déforme pas, et faites-la cuire au four ; dressez cette tête sur un plat ovale; placez les oreilles de chaque côté, les morceaux coupés en rond tout autour ; versez sur le tout une sauce à la financière, et placez de belles écrevisses autour du plat.

Tête de veau à la Destilière (formule de M. de la Reynière). « Prenez une tête de veau bien blanche; vous la désossez tout entière; vous la mettez dégorger comme la précédente; vous la faites blanchir de même; vous retirez la cervelle ; vous la faites dégorger; vous enlevez les fibres et la première peau qui la couvre ; vous la faites blanchir dans de l'eau bouillante et un filet de vinaigre ; après, vous avez un petit blanc dans lequel vous la faites cuire ; trois quarts d'heure de cuisson suffisent; votre tête de veau étant bien refroidie, vous la sortez de l'eau ; vous l'essuyez bien ; vous la flambez comme la précédente ; vous la coupez par morceaux ; vous laissez les yeux en-

tiers et les oreilles de même ; vous ficelez ces morceaux et les faites cuire comme précédemment; quand votre tête est cuite, au moment de la servir, vous la sortez du blanc, vous l'égouttez et la déficelez; vous dressez vos morceaux sur le plat; vous séparez la cervelle, et vous la mettez aux deux extrémités; vous détachez la langue ; vous la coupez en petits carrés gros comme des dés à jouer, et vous la mettez dans la sauce ; vous prendrez presque plein une cuillère à pot d'espagnole, dans laquelle vous mettrez une demi-bouteille de vin de Chablis, six gousses de petit piment enragé écrasé, six cuillerées à dégraisser de consommé; vous ferez réduire votre sauce à moitié; quand elle sera réduite, vous y mettrez des cornichons tournés en petits bâtons, votre langue en dés et des champignons ; vous verserez ce composé sur la tête. »

Tête de veau à la poulette. — Vous passerez des fines herbes dans du beurre ; vous y mettrez un peu de farine ; vous mouillerez avec du bouillon, un peu de sel et un peu de gros poivre; vous ferez bouillir votre sauce un quart d'heure ; vous mettrez vos morceaux de tête dedans; vous la ferez mijoter un instant, afin qu'elle soit chaude ; au moment de servir, vous mêlerez une liaison de deux ou trois jaunes d'œufs, selon que votre ragoût sera fort; vous tournerez votre ragoût jusqu'à ce qu'il soit lié; ne le laissez pas bouillir avec votre liaison, parce qu'il tournerait; au moment de servir, vous y verserez un jus de citron ou un filet de vinaigre.

Tête de veau farcie (ancienne recette du dispensaire de Versailles, par Charles Sanguin, manuscrit de la bibliothèque du roi). — Enlevez la peau de dessus une tête de veau bien blanche et bien échaudée, et prenez garde de la couper ; vous désossez ensuite la tête pour en prendre la cervelle, la langue, les yeux et les bajoues ; faites une farce avec la cervelle, de la rouelle de veau, de la graisse de bœuf, le tout haché bien fin ; assaisonnez avec du sel, gros poivre, persil, ciboule hachée, une demi-feuille de laurier, thym et basilic hachés comme en poudre ; mettez-y deux cuillerées à bouche d'eau-de-vie ; liez cette farce avec trois jaunes d'œufs et les trois blancs fouettés ; prenez la langue, les yeux, dont vous ôtez tout le noir, les bajoues ; épluchez le tout proprement après l'avoir fait blanchir à l'eau bouillante ; coupez-le en filets ou en gros dés, et le mêlez dans votre farce ; mettez la peau de la tête de veau sans être blanchie dans une casserole, les oreilles en dessus, et la remplissez avec votre farce ; ensuite vous la cousez en la plissant comme une bourse ; ficelez-la tout autour en lui

32

redonnant sa forme naturelle ; mettez-la cuire dans un vaisseau juste à sa hauteur avec un demi-setier de vin blanc, deux fois autant de bouillon, un bouquet de persil, ciboule, une gousse d'ail, trois clous de gérofle, ognons, sel, poivre ; faites-la cuire à petit feu pendant trois heures ; lorsqu'elle est cuite, mettez-la égoutter de sa graisse, et l'essuyez bien avec un linge ; après avoir ôté la ficelle, passez une partie de sa cuisson au travers d'un tamis ; ajoutez-y un peu de sauce espagnole et y mettez un filet de vinaigre ; faites-la réduire sur le feu au point d'une sauce ; servez sur la tête de veau.

Si vous vouliez vous servir de cette tête de veau pour entremets froid, il faudrait mettre dans la cuisson un peu plus de vin blanc, sel, poivre, et moins de bouillon ; laissez-la refroidir dans sa cuisson, et servez sur une serviette.

Tête de veau à la Sainte-Ménéhould. — Prenez des morceaux de tête de veau cuite ; faites une sauce avec un morceau de beurre, une demi-cuillerée de farine, sel, gros poivre, trois jaunes d'œufs et du jus de citron, ou du vinaigre ; délayez le tout ensemble et ajoutez un peu de bouillon ; faites lier la sauce ; il est nécessaire qu'elle soit épaisse.

Couvrez-en les morceaux de tête ; panez-les avec de la mie de pain ; dorez les morceaux avec du beurre et panez-les une seconde fois ; mettez-les au four ou sous le four de campagne, jusqu'à ce qu'ils aient pris une belle couleur. Servez avec une sauce piquante.

Tête de veau frite. — Faites mariner des morceaux de tête de veau cuite ; trempez-les dans une pâte et faites-les frire. La friture doit être modérément chaude. On frit également la cervelle et les yeux après en avoir enlevé la partie noire. La langue peut se préparer à la Sainte-Ménéhould ou de toute autre façon.

Longe de veau rôtie. — Vous la couperez à trois doigts plus bas que la hanche ; vous roulerez le flanchet, vous l'assujettirez avec de petits attelets, afin que votre longe soit bien carrée, et qu'elle n'ait pas l'air plus épaisse d'un côté que d'un autre : pour réussir à cela, supprimez une partie des os de l'échine qui avoisinent le rognon : cela fait, couchez sur le fer votre longe, c'est-à-dire embrochez-la et assujettissez-la avec un grand attelet que vous attacherez fortement des deux bouts sur la broche ; enveloppez cette longe de plusieurs feuilles de papier que vous beurrerez en dessus, de crainte qu'elles ne brûlent : il faut deux heures et demie ou trois heures pour la cuire, cela dépend de la quantité de feu et de l'épaisseur de la pièce.

Carré de veau à la broche. — Ayez un carré de veau de Pontoise ou de Montargis bien gras et bien blanc ; ôtez le bout qui se trouve dessous l'épaule, afin que votre carré soit entièrement couvert ; levez-en l'arête de l'échine dans toute sa longueur ; coupez-la avec le couperet dans les jointures des côtés ; coupez-le ensuite dans toute sa longueur du côté de la poitrine, afin de le mettre bien carré ; passez quelques attelets dans le filet, et faites-leur rejoindre les côtes, afin que votre carré se soutienne : couchez-le sur fer, en passant un grand attelet au-dessus du filet, pour l'assujettir sur la broche : liez l'attelet fortement des deux bouts ; enveloppez votre carré de papier beurré, faites-le cuire environ une heure et demie en l'arrosant avec soin ; ensuite ôtez-en le papier et faites-lui prendre une belle couleur : servez-le avec un bon jus de veau réduit.

Carré de veau piqué. — Prenez un beau carré de veau ; ôtez-en l'os de l'échine, comme il est dit précédemment : cela fait, coupez légèrement et dans toute sa longueur la peau qui couvre le filet sans l'endommager ; levez-en le nerf ainsi que les peaux qui le couvrent encore, en faisant glisser votre couteau entre ce nerf et la chair du filet ; parez-le bien et battez-le légèrement ; ensuite piquez-le de fins lardons et faites-le cuire à la braise pour le servir sur un ragoût de pointes d'asperge ou de chicorée à la béchameil, sur une purée de marrons, de tomates ou de champignons, etc.

Noix de veau à la bourgeoise, d'après l'excellente recette de Vincent de la Chapelle, reproduite par M. Beauvilliers. — Prenez une noix de veau, celle d'un veau femelle, s'il vous est possible ; conservez la panoufle dans tout son entier ; mettez-la entre deux linges blancs, battez-la avec le plat du couperet : cela fait, lardez-la dans l'épaisseur des chairs et de toute leur longueur, sans endommager la panoufle ; assaisonnez vos lardons comme il est indiqué ; foncez une casserole de quelques parures ou débris de veau, posez votre noix dessus ; mettez deux ou trois ognons autour, quelques carottes tournées, un bouquet de persil et ciboules ; mouillez-la avec un bon verre de consommé ou du bouillon ; couvrez-la d'un fort papier beurré, et faites-la partir : une fois en train, couvrez-la, mettez-la sur *la paillasse* avec feu dessus et dessous ; laissez-la cuire près d'une heure et demie ou deux heures ; le temps de sa cuisson dépend et de sa qualité et de sa grosseur : sa cuisson terminée, égouttez-la, passez son fond, faites-le réduire à glace ; glacez votre noix ; mettez deux cuil.

lerées à dégraisser d'espagnole dans le reste de cette glace ; détachez bien le tout, dégraissez-le, finissez-le avec la moitié d'un pain de beurre, et saucez.

Si vous n'aviez point d'espagnole, vous feriez un petit roux, vous le mettriez, votre noix étant glacée, dans le reste de sa glace ; mêlez bien le tout, mouillez-le avec un quart de verre de vin blanc, un verre de bouillon ; faites-le réduire, dégraissez et finissez-le comme ci-dessus.

Cette noix peut se servir sur de la chicorée, de l'oseille, des épinards, de la purée d'ognons, sur des petites racines tournées et des montants de cardes.

Noix de veau en bedeau. — Ayez une noix de veau, et de préférence d'un veau femelle ; conservez la panoufle ou tétine : battez-la entre deux linges et parez-la sur la partie découverte ; piquez-la de gros lard sur le dessous et le dessus ; marquez-la et assaisonnez-la comme la précédente ; couvrez la panoufle d'une barde de lard, afin qu'elle ne prenne point de couleur : faites-la cuire comme il est dit plus haut, avec feu dessous et dessus ; glacez-la, servez-la sur de la chicorée, de l'oseille ou des concombres, soit au jus, soit à la béchameil.

Noix de veau piquée. — Prenez une noix de veau ; battez-la, posez-la sur la table ; levez-en la panoufle comme si vous leviez une barde de lard ; retournez-la et parez-la en faisant glisser votre couteau pour la rendre bien unie : cela fait, piquez-la tout entière ; marquez-la dans une casserole, comme la précédente : mettez des ognons sous votre noix, pour lui donner une forme bombée ; mouillez-la avec du consommé ou du bouillon, de façon que le lard de cette noix ne trempe point dans le mouillement ; glacez-la et servez-la sur une espagnole réduite ou sur de la chicorée à la crème.

Grenadins de veau. — Ayez une noix de veau, battez-la comme il est déjà dit plus haut ; coupez-la en deux, comme si vous leviez une barde de lard ; après, rebattez légèrement les deux morceaux, afin de les aplatir un peu ; faites de chaque partie trois ou quatre morceaux, ayant soin de les couper en losanges allongés ; arrondissez parfaitement un de ces morceaux ; piquez-les tous avec soin, et que votre lard soit bien égal : cela fait, foncez une casserole avec vos rognures de veau, deux carottes et des ognons coupés en deux ; mettez-en la moitié sous chacun de vos grenadins, à la partie la plus large, pour la faire tomber, et de même au morceau que vous avez arrondi ; observez, en les posant, qu'ils ne se touchent pas ; assaisonnez-les d'un bouquet de persil et de ciboules, d'une feuille de laurier et

d'un clou de gérofle ; mouillez-les avec du consommé ou du bouillon, de manière que le lard ne trempe point ; couvrez-les d'un papier beurré ; faites-les partir sur un bon feu ; de là, posez-les sur un feu doux ; mettez sur leur couvercle un feu un peu ardent, afin qu'ils prennent une couleur dorée ; laissez-les cuire une heure ; leur cuisson faite, égouttez-les, glacez-les ; mettez-les sur une purée de champignons, d'oseille, de chicorée, ou tout autre ragoût : observez, en dressant les grenadins, que les pointes soient au centre du plat, comme pour en faire une *rosace ;* posez le grenadin qui est en rond sur les pointes des autres, et au milieu de votre appareil.

Manchons de veau à la Gérard (du nom d'un aide aux entrées de madame de Pompadour, qui ne voulut pas laisser porter son nom (à elle) par un plat d'entrée dont la substance lui paraissait trop vulgaire. Observation de MM. de la Reynière). — Prenez une belle noix de veau, parez-la dans sa longueur et tranchez-la en quatre ou cinq morceaux, de l'épaisseur d'un demi-pouce au plus ; coupez ces morceaux en carrés longs : battez-les avec le plat du couperet ; après, rebattez-les avec le dos du lame de votre couteau ; que les coups soient très-près les uns des autres, à différents sens, afin de rompre les fibres des viandes ; mettez dans trois de ces morceaux de la farce de quenelle, où vous n'aurez point mis trop de blancs d'œufs fouettés. Roulez-les, en leur donnant la forme de manchons ; recouvrez-les d'un lit de cette farce de l'épaisseur de la lame de votre couteau ; coupez par bandes de la largeur de deux doigts les deux lames de veau qui vous sont restées ; piquez-les avec soin ; appliquez-les aux deux bouts de chacun de vos manchons : bridez-les en dessous, ainsi que les morceaux piqués, pour qu'ils ne se détachent ni ne se déforment ; hachez des truffes très-fin ; sablez-en un de vos manchons jusqu'aux bordures piquées ; hachez de même des pistaches pour en sabler un second ; et si vous voulez, pour le troisième, hachez encore de même des amandes douces, bien émondées, et appliquez-les sur le troisième (ce qui fera trois couleurs), et garnissez le tout, en sorte qu'on ne voie point la farce : cela fait, marquez-les comme les noix de veau ; foncez une casserole de bardes de lard ; donnez-leur la même cuisson, à la réserve qu'il faut mettre moins de feu dessus leur couvercle ; égouttez-les ; débridez-les ; parez-les des deux bouts ; glacez les parties piquées ; dressez-les sur le plat, et mettez dessous une sauce à la Périgueux aux truffes bien noires et bien parfumées.

32.

Fricandeau à la bonne femme. — Prenez une tranche de rouelle de veau épaisse de trois doigts, que vous piquez par-dessus avec du petit lard ; faites-la blanchir un moment dans de l'eau bouillante, et la mettez ensuite cuire avec du bouillon et un bouquet garni.

Quand elle est cuite, retirez-la de la casserole pour bien dégraisser la sauce ; passez cette sauce dans une autre casserole avec un tamis ; vous la ferez ensuite réduire sur le feu jusqu'à ce qu'il n'y en ait presque plus ; vous y mettrez votre fricandeau pour le glacer ; quand il sera bien glacé du côté du lard, dressez-le sur le plat que vous devez servir ; détachez sur le feu ce qui est dans la casserole, en y mettant un peu de coulis et très-peu de bouillon ; goûtez si cette sauce est de bon goût, et servez sous le fricandeau.

Le fricandeau se sert également sur de la chicorée, de l'oseille, des épinards, etc.

Ragoût de veau à la ménagère. — Mettez un morceau de beurre dans une casserole : faites-le fondre, et mettez deux cuillerées de farine que vous faites roussir ; puis vous y mettez votre morceau de veau, que vous remuerez avec le roux jusqu'à ce qu'il soit ferme ; ayez de l'eau chaude que vous verserez sur le ragoût ; remuez-le jusqu'à ce qu'il bouille ; alors vous y mettrez du sel, du poivre, une feuille de laurier, un peu de thym ; laissez-le bouillir une heure ; puis vous y mettrez soit pois, ognons, champignons, carottes ou morilles, ce qu'il vous plaira. Si le ragoût est blanc, vous y mettrez une liaison de jaunes d'œufs.

Côtelettes de veau sautées dans leur jus. (Excellent ragoût bourgeois.) — Étant bien parées, c'est-à-dire, arrondies par le gros bout de la chair, et effilées à l'extrémité de l'os, mettez-les sur un plat à sauter, avec du sel et du poivre, persil et échalotes hachés bien menu ; vous arrosez le tout avec du beurre fondu, et mettez votre plat sur un feu très-ardent ; quand les côtelettes seront cuites d'un côté vous les retournerez de l'autre, et lorsqu'elles seront entièrement cuites, ce que vous reconnaîtrez en les pressant un peu avec le doigt, vous les dresserez. Otez alors le beurre qui a servi à les faire cuire ; remplacez-le par quelques cuillerées de consommé ou de glace de viande ; faites chauffer cette sauce et la versez sur vos côtelettes. Si l'on n'avait pas de sauce réduite, il faudrait laisser le beurre, y ajouter un peu de farine, mouiller avec du bouillon, faire bouillir le tout et le verser sur les côtelettes.

Côtelettes de veau panées grillées. — Prenez huit côtelettes bien appropriées et bien parées ; aplatissez-les et saupoudrez-les d'un peu de sel ; trempez-les dans du beurre fondu ; panez-les avec de la mie de pain bien rassis, et mettez-les sur le gril ; ayez soin de les retourner ; arrosez-les de leur beurre durant leur cuisson, pour qu'elles soient d'une belle couleur ; vous pourrez vous assurer qu'elles sont cuites, si, en appuyant le doigt dessus, elles sont fermes ; alors dressez-les ; saucez-les avec un bon jus de bœuf, une sauce au pauvre homme, ou bien encore avec une poivrade, aiguisée de jus de citron.

Côtelettes de veau en papillotes. — Faites-les revenir dans le beurre ; mettez-y persil, champignons et ciboules hachés (un tiers de chaque), un peu de lard râpé, avec sel, poivre et épices fines ; laissez mijoter le tout ; quand ces côtelettes seront cuites, retirez-les des fines herbes, et mettez dans ces fines herbes une cuillerée ou deux à dégraisser d'espagnole, ou du velouté, suivant la quantité de côtelettes que vous devez servir ; faites réduire votre sauce, en sorte que l'humidité en soit évaporée ; goûtez si vos fines herbes sont d'un bon goût ; liez-les avec des jaunes d'œufs, selon la quantité de la sauce ; laissez-la refroidir ainsi que vos côtelettes ; coupez votre papier de la forme d'un petit cerf-volant ; huilez-le dans l'endroit où votre côtelette doit poser ; mettez sur le papier de petites bardes de lard très-minces ; mettez la moitié d'une cuillerée à bouche de fines herbes sur le lard ; posez dessus votre côtelette, et couvrez-la de fines herbes et d'une petite barde ; refermez votre papillote ; nouez la pointe du côté de l'os avec une ficelle ; huilez vos papillotes en dehors, et faites-les griller, en prenant garde que le papier ne brûle ; supprimez la ficelle, et faites que vos côtelettes soient d'une belle couleur.

Côtelettes de veau à la Dreux-Brézé. — Vos côtelettes étant parées comme il est dit à l'article COTELETTES SAUTÉES, vous les piquerez avec du lard fin bien assaisonné de poivre, sel, épices, et avec du jambon ; mettez-les ensuite sur le feu dans un plat à sauter avec du beurre. Quand elles seront un peu raidies, vous les mettrez dans une casserole dont vous aurez garni le fond avec des bardes de lard, quelques tranches de veau, des racines coupées en lames, deux clous de gérofle, une feuille de laurier, un bouquet de persil et ciboule, et les couvrirez de lard et d'un rond de papier beurré, plein une cuillère à pot de consommé ; vous les faites mijoter pendant une heure et demie. Au moment de les servir, vous les égoutterez et les glacerez avec une belle glace ; vous les dresserez sur votre plat. Vous pouvez servir dessous une sauce espagnole, des concombres, une purée d'ognons blancs, une sauce aux tomates, ou à la ravigote.

Côtelettes de veau à la poêle. — Il faut commencer par couper des collets de veau par côtes en ôtant les os. Vous mettez alors vos côtelettes dans une casserole avec du lard fondu, persil, ciboule, un peu de truffes, le tout haché très-fin, sel, poivre, une tranche de citron, sans la peau ; vous les couvrirez avec une barde de lard, et vous les ferez cuire à petit feu sur de la cendre chaude : quand elles seront cuites, vous les essuyerez de leur graisse ; vous les dresserez sur le plat ; vous ôterez la tranche de citron de la sauce ; vous y mettrez un peu de coulis ; vous la remettrez un instant sur le feu, et vous la verserez sur les côtelettes.

Côtelettes de veau à la lyonnaise. — Coupez par côtelettes un carré de veau ; appropriez-les ; lardez-les d'anchois, de lard, de cornichons ; assaisonnez de sel, gros poivre, un bon morceau de beurre manié de farine, une cuillerée d'huile fine, deux cuillerées de bouillon : après cette sauce qui sera liée sur le feu, vous y mettrez le jus d'un citron.

Côtelettes de veau à la Singarat. — Vous coupez et parez des côtelettes comme les côtelettes panées ; vous avez de la langue à l'écarlate que vous coupez en moyens lardons ; vous râpez un peu de lard que vous faites tiédir, et vous sautez vos lardons dedans ; vous y mettez un peu de muscade râpée, un peu de poivre fin ; vous laissez refroidir vos lardons, et vous piquez vos côtelettes d'outre en outre ; vous mettez un morceau de beurre dans votre casserole, et vous faites raidir vos côtelettes, pour les parer plus correctement ; vous mettez dans votre casserole des bardes de lard, les parures de la langue, un peu de basilic, quelques tranches de jambon ; vous mettez vos côtelettes sur cet assaisonnement ; vous les couvrirez de lard ; vous mettrez par-dessus deux ou trois carottes coupées en lames, ou quatre ognons coupés en rondelles, plein deux verres de consommé ou de bouillon ; vous ferez aller vos côtelettes à petit feu pendant deux heures ; vous mettrez du feu sur le couvercle. Au moment de servir, vous les égouttez et les glacez ; vous passez au tamis de soie le mouillement dans lequel ont cuit vos côtelettes ; vous aurez plein trois cuillères à dégraisser de grande espagnole, que vous mettrez dans une casserole ; vous y ajouterez quatre cuillerées à dégraisser du mouillement de vos côtelettes ; vous ferez ensuite réduire votre sauce à moitié ; vous dresserez vos côtelettes sur le plat, et vous y mettrez la sauce réduite.

Côtelettes de veau à l'écarlate. — Faites sauter des côtelettes de veau comme il est dit à l'article CÔTELETTES DE VEAU SAUTÉES, et dressez-les en mettant entre chaque côtelette un morceau de langue à l'écarlate (*V*. LANGUE à l'article BŒUF), coupée en forme de côtelette ou de toute autre manière. Servez avec une sauce au kari.

Côtelettes de veau au vert-pré. — On met les côtelettes dans une casserole, avec un morceau de beurre et un bouquet garni ; on les passe sur le feu ; on y jette une pincée de farine, on mouille avec du bouillon, un verre de vin blanc ; on assaisonne de sel et gros poivre, on fait cuire à petit feu, et on dégraisse ; la cuisson faite et la sauce réduite, on ajoute gros comme une noix de bon beurre manié de farine, une bonne pincée de cerfeuil blanchi et haché ; on lie la sauce et on y met un jus de citron ou un filet de vinaigre.

Rouelle de veau à la crème. — Votre rouelle coupée en morceaux de la grosseur d'un œuf, vous lardez chaque morceau en travers avec du gros lard assaisonné de sel, fines épices, persil, ciboule et champignons hachés ; vous la mettrez dans une casserole avec un peu de beurre ; vous la passerez sur le feu ; vous mettrez alors une bonne pincée de farine mouillée avec du bouillon et un verre de vin blanc ; votre rouelle cuite et la sauce bien réduite, vous ajouterez une liaison de trois jaunes d'œufs délayés avec de la crème, que vous ferez lier sur le feu.

Rouelle de veau à l'antiquaille. — Coupez en tranches de la rouelle de veau que vous piquerez de lard ; assaisonnez de sel, poivre, persil, ciboule, échalote, pointe d'ail, le tout haché ; prenez de la couenne de lard nouveau ; coupez-la aussi par morceaux ; mettez dans une terrine un lit de tranches de veau et un lit de couenne ; continuez jusqu'au bout ; mouillez ensuite avec un verre d'eau, et autant d'eau-de-vie ; faites cuire quatre ou cinq heures sur des cendres chaudes, et servez comme un bœuf à la mode.

Petites noix de veau. — Ayez quinze petites noix d'épaule de veau ; faites-les blanchir ; rafraîchissez-les ; parez-les, sans en supprimer la graisse qui les entoure ; foncez une casserole de deux carottes, de deux ognons, quelques débris de veau, un bouquet de persil et ciboules, une demi-feuille de laurier et deux clous de géroffle ; posez ces noix sur ce fond ; mouillez-les avec un peu de bouillon ou de consommé ; couvrez-les de bardes de lard et d'un rond de papier : une heure avant de servir, faites-les partir ; faites-les cuire avec feu dessous et dessus : leur cuisson achevée, égouttez-les sur un couvercle ; glacez-les, et servez-les sur une purée de champignons, ou sur toute autre purée. Si vous n'aviez point de glace, prenez le fond de ces noix, et faites-les réduire à glace, en sorte qu'elle soit d'une belle couleur dorée.

Cuissot de veau. — Cette partie du veau, qui comprend la rouelle et le jarret, est, pour ainsi dire, le fondement de la cuisine, puisque l'on en tire le jus de veau, les restaurants, les coulis et toutes sortes de sauces, et qu'il sert à donner du corps à diverses braises, et à des farces, des pâtés gros et petits, et beaucoup d'entrées de différentes façons.

Blanquette de veau à la ménagère (*V.* BLANQUETTE D'AGNEAU, page 14).

Blanquette de veau à la Duchesse. — « Faites cuire à la broche un morceau de veau, soit du cuissot ou de la petite longe; lorsqu'elle est cuite à forfait et refroidie, on en lève adroitement le filet, lequel on met en petits morceaux comme une pièce de deux sous; on le met ensuite dans une casserole, entre deux bardes de lard, et on le fait chauffer pendant une demi-heure dans une étuve au bain-marie. On fait clarifier et réduire deux cuillerées à pot de coulis blanc ou velouté, avec un peu de consommé; on lie avec trois jaunes d'œufs, et on ajoute à cela un bon quarteron de beurre frais, le jus d'un citron et une pincée de persil blanchi; on jette la blanquette de veau dans cette sauce, et on la sert chaudement avec des croûtons autour. On peut, si on le juge à propos, la mettre dans un vole-au-vent. »

Blanquette de veau aux truffes. — Prenez du maigre de veau rôti d'avance, et, pour en faire une blanquette, levez la chair qui reste par morceaux, que vous aplatirez avec la lame de votre couteau; parez-les; ôtez-en les peaux rissolées; émincez les filets que vous aurez levés; faites réduire du velouté, et jetez-y vos filets sans les laisser bouillir; liez votre blanquette avec autant de jaunes d'œufs qu'il en faut; mettez-y un filet de verjus ou jus de citron, un petit morceau de beurre, un peu de persil et de ciboules hachés, et joignez-y finalement des truffes émincées, et cuites à l'avance au court-bouillon ou dans du consommé.

Tendrons de veau au blanc. — Prenez une poitrine de veau; posez-la sur la table, du côté de la chair; prenez votre couteau, de manière que vous ayez *les ongles en dehors;* faites remonter votre couteau entre les tendrons et les os rouges de la poitrine, en les prenant par le bout le plus mince; ensuite levez la chair qui couvre les tendrons; séparez-les des côtes; posez vos tendrons sur la table, et coupez-les en forme d'huîtres, en inclinant votre couteau de la droite à la gauche; donnez-leur l'épaisseur de trois quarts de pouce; arrondissez-les; mettez-les dégorger; faites-les blanchir, et rafraîchissez-les; foncez une casserole de bardes de lard; mettez dans le fond quelques parures de veau; posez dessus vos tendrons; joignez-y un bouquet assaisonné, quelques tranches de citron, trois ou quatre carottes tournées et autant d'ognons; mouillez-les avec du consommé ou du bouillon; faites-les *partir,* et mettez-les à cuire en les conduisant comme une fricassée de poulet, en les achevant et les faisant lier de la manière accoutumée.

Tendrons de veau en casserole au riz. — Prenez deux livres de riz, plus ou moins, selon la grandeur du plat que vous devez servir; épluchez-le, lavez-le, faites-le blanchir; mettez-le dans une casserole; mouillez-le avec du derrière de la marmite; observez qu'on doit peu le mouiller et qu'on doit le faire aller très-doucement; remuez-le souvent, et de manière à ne point le rompre; faites en sorte qu'il soit bien nourri, c'est-à-dire qu'il soit gras; salez-le convenablement; sa cuisson achevée, faites un bouchon de mie de pain de la grandeur du fond de votre plat; dressez tout autour votre riz comme vous feriez pour un pâté; soudez-le bien sur votre plat; couvrez votre mie de pain d'une barde de lard; étendez de votre riz sur un couvercle que vous aurez beurré pour en couvrir votre casserole; faites-le glisser sur votre pain et soudez le premier placé; donnez au tout une forme agréable; marquez le couvercle de votre casserole pour pouvoir l'enlever facilement; quand il sera cuit, mettez-le dans un four très-chaud; donnez-lui une belle couleur lorsque vous serez près de servir; levez votre couvercle avec grand soin; videz votre casserole au riz, et remplissez-la d'un ragoût de tendrons de veau à la poulette, ainsi qu'il est formulé dans l'article qui précède immédiatement celui-ci.

Tendrons de veau en terrine. — Les tendrons de veau étant parés, blanchis et rafraîchis, faites-les revenir dans du beurre, saupoudrez-les de farine; mouillez-les avec un peu de consommé et autant de velouté; ajoutez un bouquet garni, du gros poivre, des champignons, de petits ognons, des ris de veau, des crêtes et rognons de coq; le tout étant cuit, vous dresserez tous ces ingrédients dans une terrine; puis vous passerez la sauce; vous la lierez avec des jaunes d'œufs, et vous la verserez dessus.

Tendrons de veau en chartreuse. — Faites cuire les tendrons comme il est dit à l'article TENDRONS DE VEAU POÊLÉS; faites cuire en même temps, dans du consommé, des carottes et des navets tournés en forme de petits bâtons de la même grosseur, des laitues, des ognons; beurrez le fond d'une casserole, et arrangez sur ce beurre une partie des carottes et des navets que vous aurez coupés en deniers, des petits pois et des haricots verts blanchis : tout cela doit former un dessin agréable à l'œil; garnissez le tour de la casserole avec les carottes et les navets; mettez ensuite dans le fond quelques-unes de vos laitues que vous aurez fait égoutter; posez les tendrons dessus, et remplissez la casserole avec le reste des laitues, et pressez-les un peu afin que cette préparation ait de la consistance; passez au tamis de soie le consommé dans lequel vous aurez fait cuire les légumes; ajoutez-y un peu de sauce espagnole, et faites réduire ce mélange; posez un plat sur la casserole où est la chartreuse, et renversez-la avec précaution, afin qu'elle ne se déforme point, et mettez autour de la chartreuse la sauce dont nous venons de parler.

Tendrons de veau à la jardinière. — Faites cuire les tendrons comme il est dit à l'article ci-dessus; dressez-les en couronne; mettez autour des laitues cuites dans du consommé, et dans le milieu des navets et des carottes tournées en petits bâtons et cuits comme les laitues.

Tendrons de veau en queue de paon (d'après la recette magistrale de feu M. Beauvilliers, qui l'avait copiée dans le Formulaire de la Chapelle). — Otez les os rouges à vos tendrons; retournez votre poitrine, de manière que les côtes se trouvent sur la table; mettez un linge blanc sur cette poitrine; aplatissez-la avec le plat du couperet; cela fait, coupez-la par morceaux de trois à quatre doigts de largeur; arrondissez-en avec votre couteau le gros bout, et diminuez-en la partie opposée, de manière à en former un cœur allongé, qu'on appelle queue de paon; détachez la chair du côté des os; rognez l'os, de manière que la chair dépasse; faites-les dégorger et blanchir; marquez-les comme les tendrons ci-dessus, avec cette différence que vous n'y mettrez pas de tranches de citron; la cuisson est à peu près la même; si vous n'aviez point de sauce pour les accommoder, passez leur fond au travers d'un tamis de soie; faites-le réduire à glace, et glacez-les; mettez dans le reste de votre glace un petit roux; faites-le fondre, en le délayant avec votre glace; mouillez-le avec du consommé ou du bouillon et le quart d'un verre de vin blanc; ajoutez-y dix parures de champignons ou de truffes; faites bouillir cette sauce, dégraissez-la et tordez-la dans une étamine; faites-la réduire de nouveau à consistance de sauce; goûtez si elle est d'un bon goût; finissez-là en la passant et la vannant avec un petit morceau de beurre, et

saucez-en vos tendrons; vous pouvez la servir avec des petits ognons, des pointes d'asperges, ou un ragoût de champignons.

Tendrons de veau en matelote. — Quand ils seront cuits, comme il est énoncé dans les articles précédents, ayez trente petits ognons tous égaux et bien épluchés; mettez-les dans une casserole avec un morceau de beurre et faites-les roussir; retirez-les, et alors, dans le beurre restant, mettez une pincée de farine, dont vous ferez un roux; quand il sera d'une belle couleur, mouillez-le avec un demi-verre de vin blanc, et avec le fond dans lequel auront cuit vos tendrons; s'il ne suffisait pas, joignez-y du bouillon ce qu'il en faut pour le mettre à consistance de sauce : de là faites-la bouillir, dégraissez-la et tordez-la dans une étamine au-dessus d'une casserole; remettez ensuite cette sauce sur le feu avec un bouquet de persil et ciboules, dans lequel vous aurez mis une demi-feuille de laurier et la moitié d'une gousse d'ail; ajoutez à cela une trentaine de champignons tournés, du sel, du poivre, et un peu d'épices fines; faites réduire votre sauce; ôtez-en le bouquet en l'exprimant; finissez-la avec un peu de beurre d'anchois.

Tendrons de veau à la ravigote. — Coupez-les en forme d'huîtres; leur cuisson faite, mettez-les refroidir et parez-les; vous aurez fait un bord de plat avec du beurre que vous décorerez à votre fantaisie; dressez vos tendrons en cordon sur votre plat, et masquez-les avec une ravigote froide. Si vous les serviez à la ravigote chaude, vous feriez un bord de plat avec des croûtons frits.

Tendrons de veau en marinade. — Faites-les bien cuire, et, tout de suite après, mettez-les dans une marinade; faites-leur jeter un bouillon; laissez-les refroidir; égouttez-les, et puis trempez-les dans une légère pâte à frire; couchez-les dans la friture l'un après l'autre, ayant soin de les égoutter pour qu'ils aient une bonne forme; faites-leur prendre une belle couleur, et retirez-les alors de la friture; égouttez-les sur un linge blanc; faites frire une pincée de persil, et dressez vos tendrons par-dessus.

Poitrine de veau en attereau à la bretonne (*V.* page 49).

Poitrine de veau à la mousquetaire. — Faites cuire une poitrine de veau avec moitié bouillon, moitié vin blanc, un bouquet garni, sel et poivre; quand elle est cuite, dressez-la sur un plat et renversez la peau sur les côtés pour laisser les tendrons à découvert; dégraissez la cuisson; liez-la avec du beurre manié de farine; ajoutez une pincée de persil blanchi et haché, et versez sur la poitrine braisée.

Poitrine de veau à la poulette. — Coupez par morceaux une poitrine blanchie; passez-la au beurre avec un bouquet garni, des champignons, des morilles, une pincée de farine, sel et gros poivre; mouillez avec du bouillon; quand la poitrine est cuite, mettez-y une liaison de jaunes d'œufs délayés avec de la crème.

Poitrine de veau aux petits pois. — Coupez par morceaux; faites blanchir, et ensuite revenir au beurre; ajoutez un peu de farine; mouillez avec du bouillon; assaisonnez avec du poivre et un bouquet garni; ne mettez pas de sel à cause du bouillon qui doit être salé; lorsque la poitrine est à moitié cuite, ajoutez-y les petits pois avec une ou deux feuilles de sarriette et un très-petit morceau de sucre. Au moment de servir, mettez une liaison de quatre jaunes d'œufs.

Poitrine de veau farcie. — Il faut ôter le bout des os et l'os saillant, faire une incision pour séparer la chair d'avec les os, et puis introduire une farce en dedans, et coudre l'ouverture, pour que la farce ne puisse pas s'échapper. On la ficelle et on la fait cuire à la braise, et l'on sert dessous telle sauce qui convient.

Quant à la farce que l'on met dedans, ce sera un godiveau, ou une farce à quenelles. On prend environ une livre de rouelle de veau, et autant de lard; hachez bien le tout ensemble le plus fin possible, et même pilez-le; assaisonnez de sel et d'un peu d'épices. On peut, dans l'une ou l'autre de ces farces, ajouter du persil et des champignons hachés, ainsi que des truffes, qu'il faut avoir soin de passer dans un peu de beurre.

Poitrine de veau aux ognons glacés. — Parez et bridez une poitrine; vous mettez dans le fond d'une casserole des bardes de lard; vous coupez en tranches des ognons que vous mettez dans le fond de votre casserole, et vous y placez votre poitrine; vous la couvrez de lard; vous remettez par-dessus des ognons coupés, deux feuilles de laurier, un peu de thym, la moitié d'une cuillerée à pot de consommé, et de plus une pincée de gros poivre; vous faites cuire cette poitrine avec du feu dessous et dessus pendant deux heures et demie; quand elle est cuite, vous l'égouttez; vous la glacez avec la glace de vos ognons, et la mettez sur le plat avec des ognons glacés à l'entour; vous versez dans votre glace plein deux cuillères à dégraisser d'espagnole travaillée, et une cuillerée de consommé; vous détachez votre glace avec votre sauce, et vous servez le plus chau-

dement possible, à cause des ognons qui se détériorent en se refroidissant.

Poitrine de veau au coulis de lentilles ou de petits pois. — La poitrine étant coupée par morceaux de la longueur du doigt, vous la faites blanchir et puis cuire avec du bouillon, une demi-livre de lard coupé en tranches, un bouquet garni et un peu de sel; pendant qu'elle cuit, vous préparez votre purée de lentilles ou de pois, que vous verdissez avec une poignée d'épinards cuits à l'eau et bien pilés; vous passerez la purée dans la cuisson des tendrons pour lui donner du corps, et vous y mettez les tendrons et le lard; si la purée est trop claire, vous la faites réduire.

Poitrine de veau à la villageoise. — Vous faites blanchir un chou et un morceau de petit lard coupé en tranches tenant à la couenne; vous ficelez l'un et l'autre à part; vous y joignez votre poitrine de veau coupée par morceaux et blanchie, vous faites cuire le tout ensemble avec du bouillon; n'y mettez point de sel à cause du lard; quand tout est cuit, vous retirez le chou et la viande, que vous dressez dans un plat; vous dégraissez le bouillon, et vous faites réduire la sauce, si elle est trop longue; si en la goûtant vous la trouviez trop salée, vous pourriez en corriger l'âcreté en y mêlant un peu de lait et de cassonade blanche.

Épaule de veau aux sept racines. — Désossez une épaule de veau que vous piquez intérieurement avec des lardons assaisonnés de sel fin, gros poivre, persil haché bien fin, deux feuilles de laurier, un peu de thym bien haché et un peu des quatre épices; quand votre épaule est bien piquée, vous la roulez en long; vous la ficelez comme une galantine, et vous mettez dans le fond d'une braisière des bardes de lard, quelques tranches de veau, les os de l'épaule et puis l'épaule elle-même; après avoir couvert de lard cette épaule, vous ajoutez des ognons, des carottes et des navets, deux pieds de céleri, trois panais, six topinambours et une demi-botte de salsifis ou scorsonères; vous ajouterez un peu de gros poivre et un bouquet garni; vous couvrez le tout d'un papier beurré; puis vous le faites cuire sur un feu doux, et vous mettez du feu sur le couvercle de la braisière; laissez bouillir ainsi pendant trois heures; déficelez l'épaule ensuite; dressez-la sur un plat ovale, et glacez-la; mettez autour de l'épaule ainsi préparée toutes les racines de sa cuisson, dont vous lui ferez une garniture.

Épaule de veau en musette champêtre. (*Le fameux Voiture a fait l'éloge de ce ragoût dans une de ses lettres à son ami*

Costar.) — Désossez une épaule de veau, et piquez-la avec du petit lard et de la langue à l'écarlate; salez et poivrez l'intérieur; puis troussez l'épaule en forme de musette, et ficelez-la, de manière à la maintenir dans cette forme; étant ainsi préparée, mettez-la dans une braisière avec des bardes de lard, carottes, ognons, bouquet garni; mouillez avec du consommé; l'épaule étant cuite, faites-la égoutter; passez et dégraissez votre fond de cuisson; faites-le réduire à demiglace; puis remettez l'épaule dedans; arrosez-la, et faites bouillir doucement avec feu dessous et dessus; cette épaule se servait anciennement sur une litière de petites fèves de marais apprêtées à la crème et à la sarriette.

Ceux qui voudront essayer de ce vieux ragoût ne s'en plaindront pas.

Épaule de veau en galantine. — Désossez une épaule de veau; faites une farce avec la moitié de la chair et une égale quantité de lard; étendez les chairs que vous avez réservées; mettez dessus une couche de farce, et sur cette farce arrangez de gros lardons, de la langue à l'écarlate coupée comme les lardons, et des truffes coupées de la même manière; faites une nouvelle couche de farce; mettez les mêmes ingrédients dessus, et ainsi de suite jusqu'à ce que toute la farce soit employée; roulez ensuite l'épaule de veau; ficelez-la fortement; couvrez-la de bardes de lard; enveloppez-la dans un linge, et faites-la cuire comme le fricandeau, et faites aussi de la gelée avec le fond comme avec le fond de fricandeau; parez la galantine, et servez-la avec des tranches de gelée dessus et autour.

Gros de veau rôti (pour entrée de broche). — Lorsque vous voulez servir un *gros* (ou cul) *de veau*, piquez-le de lard et faites-le rôtir long-temps à feu doux; il doit être bien cuit sans être desséché; pour éviter la déperdition de ses sucs, lorsqu'il est embroché, on applique légèrement sur toutes les parties de la surface une pelle rouge, ce qui crispe la chair et retient les sucs en dedans.

On peut rendre ce rôti de veau beaucoup plus agréable en l'arrosant avec une marinade composée d'huile, jus de citron, chair d'anchois, sel et poivre; lorsqu'il est cuit, on le sert avec ce qui reste de la marinade dans la lèchefrite après avoir dégraissé.

Épaule de veau rôtie. — Parez une épaule de veau et faites-la cuire à la broche. Servez-la de belle couleur et sans autre sauce que son jus.

Quasi de veau. — On appelle *quasi* le morceau qui termine le cuissot; on le met à la broche,

et on le sert, ainsi que nous venons de le dire pour l'épaule rôtie, sans autre assaisonnement que son produit.

Cuisse de veau rôtie. — Faites mariner une cuisse de veau pendant deux jours dans du vin blanc avec du poivre et du sel et des herbes aromatiques; piquez-en le dessus avec du lard moyen, et mettez-la à la broche; lorsqu'elle est bien cuite, vous la servez avec une sauce à la ravigote.

Cuisse de veau à la hollandaise. — Prenez la plus grosse partie d'une cuisse de veau; ôtez-en l'os; piquez-la avec de la langue à l'écarlate; ficelez-la, et faites-la cuire dans une terrine avec des bardes de lard, des parures de viande, un bouquet garni, quelques carottes et ognons, le tout mouillé avec du bouillon non dégraissé; lorsque le morceau sera cuit, vous passerez et dégraisserez son fond de cuisson, où vous ajouterez un peu de coulis réduit à glace, et vous ferez réduire ce mélange, sur lequel vous dresserez le morceau de cuisse, après y avoir ajouté le jus d'un citron.

Carré de veau à la ménagère. — Piquez un carré de veau avec du lard moyen, et faites-le cuire dans une casserole avec quelques carottes et ognons, un bouquet garni, le tout mouillé avec du bouillon; lorsque le carré de veau sera cuit, vous le ferez égoutter; vous le glacerez, et vous le dresserez sur une sauce aux tomates.

Carré de veau en papillote. — Piquez un beau carré de veau avec moitié lard et moitié langue à l'écarlate, et faites-le cuire dans son jus avec du beurre, des fines herbes, des truffes et des champignons hachés; ôtez ensuite le carré, et versez sur les fines herbes une chopine de vin blanc et un petit verre d'eau-de-vie; faites bouillir le tout sur un feu très-ardent, jusqu'à ce que cela soit réduit à glace; mettez sur cette glace un peu de sauce allemande; mêlez bien le tout; versez-le sur le carré de veau, et laissez-le refroidir; couvrez-le de bardes de lard; enveloppez-le dans du papier huilé, et faites-le griller sur un feu très-doux. On le sert sans en ôter le papier, et c'est un plat de relevé très-honorable.

Ris de veau en fricandeau. — Faites-les dégorger et blanchir; ôtez-en le cornet; piquez-les de lard fin assaisonné; faites-les cuire dans une bonne braise (trois quarts d'heure suffisent); retirez-les quand ils sont cuits; passez la cuisson; faites-la réduire, et, quand il n'y en a presque plus, passez-y les ris pour les glacer du côté du lard; mettez auparavant dans la cuisson un peu de caramel ou du sucre en poudre; servez sur une purée de champignons, de tomates, de marrons. d'oseille, ou bien sur un ragoût de truffes, de concombres, de chicorée ou d'épinards ; vous mettrez un peu de bouillon dans la casserole pour détacher la glace, et vous vous en servirez pour assaisonner la purée dont vous aurez fait choix.

Ris de veau glacés. — Faites dégorger et blanchir des ris de veau comme il est dit à l'article précédent, et piquez-en le dessus avec du lard très-fin ; mettez-les ensuite dans une casserole avec des bardes de lard dessous et dessus, des parures de viandes, un jarret de veau, quelques carottes et ognons, un bouquet garni, des clous de gérofle et une feuille de laurier ; mouillez le tout avec du bouillon, de manière que le bouillon ne couvre pas tout-à-fait les ris de veau ; étendez à la surface un rond de papier beurré, et faites cuire avec feu dessous et feu dessus ; une heure de cuisson suffit ; on dresse ensuite les ris, qui doivent être de belle couleur, sur une sauce italienne, ou sur une purée de racines.

Ris de veau en cassolettes. — Modelez des morceaux de beurre dans un coupe-pâte, ou dans un moule quelconque ; puis passez-les, en les trempant d'abord dans des œufs battus et assaisonnés comme pour une omelette, et ensuite dans la mie de pain mêlée de fromage de Parme râpé ; répétez cette opération ; puis vous ferez à l'une des extrémités de chacun de ces morceaux de beurre ainsi garnis une petite ouverture dans laquelle vous introduirez un hachis de ris de veau, mêlé de truffes et bien assaisonné ; jetez-les tous en même temps dans de la friture chaude, et servez-les sur un jus clair où vous ajouterez celui d'un citron.

Ris de veau en papillotes. — Faites cuire des ris de veau comme il est dit ci-dessus ; puis faites-les égoutter ; mettez-les sur un plat et versez dessus une sauce à la d'Huxelles ; le tout étant refroidi, vous mettrez du jambon coupé par tranches bien minces sur chaque ris de veau, et vous l'envelopperez, ainsi garni de sauce et de tranches de jambon, dans du papier huilé que vous plisserez tout autour, afin qu'il ne puisse rien s'en échapper ; quelque temps avant de servir ces papillotes ; faites-leur prendre couleur sur le gril.

Ris de veau à l'anglaise. — Faites dégorger des ris de veau dans de l'eau tiède ; puis faites-les blanchir et ôtez-les de l'eau bouillante pour les jeter dans de l'eau froide ; faites-les cuire ensuite dans du jus de viande réduit ; passez-les ensuite à deux reprises en les trempant dans du beurre fondu et dans de la mie de pain assaisonnée de sel et de poivre ; puis dans des œufs battus assaisonnés comme pour une omelette, et encore

dans de la mie de pain ; faites-les griller, et servez-les de belle couleur avec un peu de glace de viande au fond du plat.

Ris de veau à l'allemande. — Faites dégorger et blanchir des ris de veau comme il est dit à l'article précédent ; coupez-les par petits morceaux très-minces, et faites-les cuire dans de la glace de viande mêlée de beurre fin ; faites chauffer, d'autre part, de la sauce allemande, et dès que vos ris de veau seront cuits, vous les jetterez dans cette sauce, en même temps que des truffes et des champignons cuits et coupés en morceaux de la même forme ; faites bouillir le tout ensemble pendant quelques minutes ; ajoutez-y, après l'avoir ôté du feu, un jus de citron et un peu de beurre fin.

Ris de veau en attelets. — Faites dégorger et blanchir des ris de veau ; coupez-les par morceaux carrés et faites-les cuire et refroidir dans une sauce allemande comme il est dit à l'article précédent ; mettez dans la même sauce de la tétine de veau cuite et coupée de la même manière ; ces morceaux étant froids et bien garnis de sauce, vous les embrochez avec un attelet, en plaçant alternativement un morceau de ris de veau et un morceau de tétine ; les attelets étant entièrement garnis, vous remettez de la sauce aux endroits où il y en a le moins ; puis vous panez le tout en le passant d'abord dans de la mie de pain, puis dans des jaunes d'œufs battus et assaisonnés comme pour une omelette, et une seconde fois dans de la mie de pain ; faites griller les attelets ainsi garnis sur un feu doux, et dressez-les sur une sauce aux tomates à l'indienne.

Oreilles de veau à la Sainte-Ménéhould. — Faites dégorger et épluchez des oreilles de veau préalablement bien échaudées ; foncez une casserole de bardes de lard ; mettez les oreilles par-dessus et recouvrez-les de bardes ; mouillez avec vin blanc et bouillon ; ajoutez des tranches de citron sans peau ni pepins, ou bien (si la saison vous le permet) des groseilles à maquereaux, ou du verjus frais bien épépiné ; en outre, mettez-y quelques racines, un bouquet garni, sel et poivre ; faites cuire à petit feu ; quand lesdites oreilles de veau sont cuites et égouttées, saucez-les dans du beurre tiède et panez-les ; dorez-les avec de l'œuf entier battu, et panez une seconde fois ; faites-leur prendre couleur sous un couvercle de tourtière, et servez-les avec une sauce piquante.

Oreilles de veau à l'italienne. — Prenez des oreilles de veau cuites comme pour la Sainte-Ménéhould ; faites une farce avec de la mie de pain, du lait et du fromage de Parme ou de Gruyères râpé; faites réduire sur le feu jusqu'à ce que le mélange soit devenu épais; ajoûtez ensuite un peu de beurre et quatre jaunes d'œufs: mêlez bien le tout ensemble; remplissez-en les oreilles; trempez-les ensuite dans du beurre tiède; panez-les avec de la mie de pain mélangée de fromage râpé; faites prendre couleur sous le four de campagne.

Oreilles de veau aux champignons. — Faites-les cuire à la braise, et puis faites sauter au beurre des champignons bien épluchés; versez dessus un peu de consommé et autant de velouté; faites réduire ce mélange; liez-le avec des jaunes d'œufs; dressez les oreilles de veau, et versez cette préparation dessus.

Oreilles de veau en marinade. — Les oreilles de veau étant cuites comme il est dit ci-dessus; coupez-les par morceaux, et mettez-les dans une marinade pendant quelques heures, en ayant soin de les retourner de temps en temps; puis vous les tremperez dans une pâte à frire, et vous les mettrez dans de la friture bien chaude. Servez-les de belle couleur, avec du persil frit dessus.

Oreilles de veau farcies. — Lorsque les oreilles de veau sont cuites comme il est dit ci-dessus, on les pare, et on les remplit avec une farce cuite; ensuite on les pane en les passant successivement et à deux reprises dans des jaunes d'œufs battus et assaisonnés comme pour une omelette, et dans de la mie de pain; puis on les fait frire, et on les sert avec une sauce aux tomates ou à l'italienne hachée.

Cervelle de veau. — Elle se prépare le plus souvent à la poulette ou à la béchamell, à la purée d'ognons, au vert-pré, à la purée de tomates, en matelote, en marinade, en caisse et à la ravigote.

Cervelles de veau à l'allemande. — Ayez trois cervelles de veau bien lavées, c'est-à-dire sans être endommagées; mettez-les dans une casserole avec de l'eau en suffisante quantité; ôtez-en toutes les fibres, ainsi qu'au cervelet; changez-les d'eau; laissez-les dégorger; repassez-les pour en ôter les fibres s'il en est resté, et faites-les blanchir environ un quart d'heure de la manière suivante: — Faites bouillir de l'eau avec une pincée de sel blanc et un verre de vinaigre blanc; mettez-y vos cervelles; retirez-les après qu'elles soient blanchies; égouttez-les; mettez-les dans une casserole que vous aurez foncée de lard; mouillez-les avec un verre de vin blanc et deux verres de consommé; joignez-y un bouquet de persil et

ciboules, quelques tranches de citron, desquelles vous aurez ôté les pepins et l'écorce; couvrez-les de bardes de lard et d'un rond de papier; faites-les partir sur un fourneau; mettez-les ensuite trois quarts d'heure sur un petit feu couvert de cendre; leur cuisson faite, dressez-les sur le plat, et masquez-les d'une sauce à l'allemande.

Cervelles de veau frites. — Les cervelles de veau étant cuites comme il est dit plus haut, faites-les égoutter; laissez-les refroidir, et coupez-les par morceaux gros comme des noix; faites-les ensuite mariner dans du vinaigre avec du sel, du poivre et du persil en branches; puis trempez-les dans une pâte à frire, et faites-les frire dans une friture modérément chaude; dressez les cervelles en rocher, et mettez du persil frit à leur sommet.

Cervelles de veau en coquilles. — Après avoir bien épluché des cervelles de veau, et les avoir fait dégorger, il faut les couper en morceaux et les mettre dans une casserole avec des truffes et des champignons coupés de la même forme; on mouille ensuite le tout avec du vin blanc, et on le fait bouillir jusqu'à ce que le vin soit tari; d'autre part, on fait une sauce composée de moitié velouté, moitié sauce allemande, un jus de citron, du persil haché, un peu de beurre frais, et lorsque cette sauce a bouilli pendant quelques instants, on met dedans les cervelles, les truffes et les champignons préparés comme nous venons de le dire. Il faut ensuite remplir des coquilles avec cette préparation, semer sur la superficie un peu de fromage de Parme râpé et les arroser avec du beurre tiède. Quelques instants avant de servir ces coquilles, on les pose sur un feu doux et on les couvre avec un four de campagne.

Cervelles de veau en crépinette. — Faites cuire les cervelles de veau, et coupez-les ensuite en deux; coupez en morceaux carrés quelques gros ognons, et faites-les cuire dans du beurre avec de la muscade râpée, du sel et du poivre, une feuille de laurier et un peu d'ail; lorsque ces ognons seront bien jaunis, vous les mouillerez avec du velouté, et vous ferez bien bouillir le tout pendant quelques instants; ôtez ensuite cette préparation de dessus le feu; liez-la avec des jaunes d'œufs, et mettez dedans les cervelles cuites et coupées comme nous venons de le dire, et laissez refroidir le tout; prenez l'un après l'autre les morceaux de cervelle; ayez soin qu'ils soient bien garnis de tous côtés de la préparation que nous venons d'indiquer, et enveloppez chaque morceau dans de la crépinette de cochon; faites prendre couleur sur le gril ou sur le four de campagne, et dressez ces cervelles sur une sauce aux tomates.

Cervelles de veau à la provençale. — Les cervelles de veau étant cuites comme ci-dessus, coupez-les en deux, et parez-les de manière qu'elles aient une forme régulière; dressez-les en couronne, et versez dans une bayonnaise où vous joindrez un peu d'ail; décorez la bayonnaise avec de la gelée, des cornichons et des olives tournées.

Cromesquis de cervelles de veau. — Faites cuire des cervelles de veau dans un blanc, et coupez-les par petits morceaux carrés; coupez de la même manière des truffes et des champignons que vous aurez fait blanchir, et mettez le tout dans une sauce allemande; puis faites bouillir cette sauce jusqu'à ce qu'elle soit réduite de moitié; ajoutez-y ensuite un peu de muscade râpée, un peu de beurre fin, et laissez refroidir cette préparation après avoir bien mêlé le tout ensemble; divisez-la ensuite par petites parties auxquelles vous donnerez la forme de petits bâtons; enveloppez chaque petit bâton dans une tranche de tétine de veau; trempez-les dans de la pâte à frire, et mettez-les dans de la friture modérément chaude; dressez-les en bûcher, et foncez votre plat d'entrée d'une sauce à la ravigote.

Langues de veau. — On les prépare de toutes les manières indiquées pour les langues de bœuf, de porc et de mouton; c'est pourquoi nous renvoyons à ces différents articles.

Langue de veau à l'étuvée pour hors-d'œuvre. — Après avoir fait dégorger une langue de veau, faites-la blanchir et rafraîchir; piquez-la de lard fin bien assaisonné d'épices et de fines herbes, et mettez-la dans une casserole avec un bouquet garni, deux carottes et deux ognons, dont un piqué de trois clous de gérofle; mouillez le tout avec du consommé, et faites-le bouillir à petit feu pendant quatre heures; débarrassez ensuite la langue de veau de la peau qui la couvre; dressez-la sur une sauce piquante, et glacez-la. On peut aussi remplacer la sauce piquante par une ravigote ou une sauce poivrade.

Rognons de veau. — (*V.* TOURTE, OMELETTE, ŒUFS BROUILLÉS, CROUSTADE et RÔTIES AU ROGNON DE VEAU, page 6).

Filets mignons de veau bigarrés à la Bellevue. — Piquez un filet mignon de veau avec du lard fin; piquez-en un autre avec des truffes bien noires, un troisième avec des filets de cornichons très-verts, et le quatrième avec de la langue à l'écarlate; faites revenir le filet piqué de lard dans de la glace de viande, et les autres dans du beurre; mettez ces quatre filets sur un plat avec de la glace de viande, et faites-les cuire sur un feu doux avec un four de campagne par-dessus; lorsqu'ils seront cuits, vous les dresserez sur un ragoût à la financière où vous n'épargnerez ni les truffes, ni les crêtes et les rognons de coq.

C'est une des plus fines entrées de la cuisine moderne.

Escalopes de filets mignons. — Faites sauter au beurre des filets mignons de veau coupés par petits morceaux ronds et aplatis; lorsqu'ils seront cuits, vous les glacerez avec de la glace de viande, et vous les dresserez sur un ragoût à la financière comme il est dit à l'article précédent.

Foie de veau (*V.* à l'article FOIES, page 329).

Gâteau de foie de veau. — Pilez un foie de veau; pilez une égale quantité de lard, un peu de jambon, de la tétine de veau, de la langue à l'écarlate, des truffes et des champignons; assaisonnez le tout de sel, poivre et muscade; le tout étant bien mêlé, vous le mettrez dans une casserole que vous aurez garnie de bardes de lard; vous le recouvrirez avec une feuille de papier beurré, et vous mettez la casserole au four; ôtez-la au bout de quatre heures; laissez-la refroidir; lorsque vous voudrez dresser le gâteau, vous ferez chauffer un peu la casserole et vous la renverserez sur un plat; ôtez les bardes de lard, et entourez le gâteau avec de la gelée.

Fraise de veau au naturel. — Faites-la blanchir dans l'eau bouillante pendant un quart d'heure; retirez-la à l'eau froide, et laissez égoutter; faites-la cuire avec des bardes de lard, du vin blanc, du bouillon, un ognon piqué de clous de gérofle, sel et gros poivre; faites cuire à petit feu; quand elle est cuite, faites réduire la cuisson, et ajoutez-y des cornichons et un filet de vinaigre; servez cette sauce dans une saucière à proximité de ce hors-d'œuvre, qu'on laisse toujours sur le buffet, à moins qu'on ne le serve à la campagne et pour le déjeûner.

Fraise de veau au kari. — Faites-la cuire comme ci-dessus; faites réduire la cuisson, et ajoutez-y un peu de safran coupé et une bonne pincée de poudre de kari (*V.* TERRA MERITA).

Fraise de veau frite. — Faites cuire comme ci-dessus; coupez la fraise en morceaux et laissez-les tremper pendant une heure dans une marinade tiède; roulez les morceaux en les trempant dans la marinade; laissez refroidir; faites-les frire ensuite après les avoir trempés dans une pâte légère.

Fraise de veau au gratin, au parmesan, en coquille et en marinade (*V*. ABATTIS).

Pieds de veau. — Les pieds de veau se font cuire comme la tête, et se mangent à la poivrade, à la rémoulade, en marinade, à la ravigote, etc. Ils sont *ennemis* de toutes sauces fades, observe M. Beauvilliers.

Pieds de veau à la fermière. — Après les avoir blanchis et épluchés, faites-les cuire dans la marmite; servez-les à l'huile et au vinaigre, ou avec une sauce composée de vinaigre, bouillon, gros poivre et fines herbes hachées.

Pieds de veau à la poulette. — On les prépare absolument comme les pieds de mouton (*V*. MOUTON).

Pieds de veau farcis et frits. — Étant cuits comme il est dit à l'article précédent, désossez-les et remplacez les os par une farce cuite; trempez-les dans des œufs battus et assaisonnés comme pour une omelette, puis dans de la mie de pain; faites-les frire et dressez-les sur une sauce piquante.

Pieds de veau à la Camargot. — On prend quatre pieds de veau; quand ils sont cuits à l'eau et bien égouttés, on les met dans une casserole avec deux cuillerées de verjus, un morceau de beurre manié de farine, sel, gros poivre, de l'échalote hachée et un verre de bouillon; on les fait mijoter une demi-heure à petit feu; avant de servir, on ajoute un anchois haché qu'on délaie bien dans la sauce, avec une poignée de persil haché; si la sauce n'a point assez d'acide, on y remet un peu de verjus. Il faut toujours que la sauce soit courte.

Pieds de veau à la Sainte-Ménéhould. — On fend par le milieu les pieds de veau bien échaudés; on les ficelle et on les fait cuire dans une bonne braise. Lorsqu'ils sont cuits, et qu'il n'y a plus que très-peu de sauce, on les fait refroidir à moitié; on les retire pour les paner de mie de pain qu'on arrose avec la graisse de la braise; on les fait griller de belle couleur et on les sert pour hors-d'œuvre.

Queues de veau aux choux à la bourgeoise. — On prend deux ou trois queues de veau, que l'on coupe en deux; on les fait blanchir un instant avec une demi-livre de petit-lard coupé en tranches; après on fera blanchir la moitié d'un gros chou coupé en morceaux; quand il aura blanchi un quart d'heure, on le retire à l'eau fraîche et on le presse bien; on ôte les trognons et on le ficelle. On met les queues de veau dans une marmite avec le petit lard ficelé et les choux, un bouquet de persil et de la muscade; on les mouille avec du bouillon, un peu de sel, gros poivre. On fait bouillir à petit feu jusqu'à ce que les queues soient bien cuites. On retire le tout de la marmite pour l'égoutter et l'essuyer de sa graisse. On dresse les queues, entremêlées de choux, le petit lard par-dessus; on saucera avec un peu d'espagnole réduite et d'un bon goût.

Queues de veau aux petits pois. — Coupez-les par jointures, comme il est indiqué à l'article QUEUES DE BŒUF; faites un petit roux; mettez-y vos queues de veau en ayant soin de les retourner pour les faire revenir; ayez l'attention que le feu ne soit pas trop vif, de crainte de brûler votre roux; quand vous les jugerez suffisamment revenues, mouillez le tout avec du bouillon, ou de l'eau, faute de bouillon; faites que votre sauce ne soit pas trop épaisse; assaisonnez-la de sel, d'un bouquet de persil et de ciboules, d'un ou deux ognons, d'un clou de gérofle et d'une feuille de laurier; laissez mijoter jusqu'à ce que les queues soient à moitié cuites; ôtez-en l'ognon où est le clou de gérofle; mettez-y des pois verts en suffisante quantité pour garnir votre ragoût, et laissez-le mijoter jusqu'à ce que vos pois soient cuits; ôtez le bouquet de persil et de ciboules et dégraissez-le soigneusement.

Queues de veau à la poulette. — Coupez-les comme à l'article précédent; faites-les dégorger dans de l'eau tiède; faites-les blanchir; égouttez-les; mettez dans une casserole un morceau de beurre avec vos queues de veau, un bouquet de persil et de ciboules renforcé d'une demi-gousse d'ail et d'une feuille de laurier; joignez à cela quelques ognons. Passez le tout sur un feu doux sans laisser roussir le beurre, et mettez-y un peu de farine; remuez vos viandes, mouillez-les avec autant de bouillon qu'il en faut; mettez dans ce ragoût du sel et du gros poivre; faites-le cuire et remuez-le souvent pour qu'il ne s'attache pas; retirez-en les ognons et le bouquet en liant la sauce avec des jaunes d'œufs où vous aurez ajouté du persil haché et blanchi, ainsi que le jus d'un citron.

Paupiettes de veau. — Prenez une partie de noix de veau que vous couperez en tranches bien minces et que vous battrez dans tous les sens afin de les attendrir convenablement; mettez dessus une farce cuite de volaille ou de veau; roulez et ficelez-les, pour qu'elles ne se déforment point; foncez une casserole de bardes de lard; mettez-y vos paupiettes avec une cuillerée à pot de consommé, un bon verre de vin blanc, un bouquet de persil et ciboules, assaisonné d'un clou de gérofle, d'une gousse d'ail et d'un peu de basilic; faites cuire à peu près trois quarts d'heure; passez le fond au travers d'un tamis de soie; mettez-y deux cuillerées à dégraisser d'espagnole; faites-le réduire, dégraissez, égouttez vos paupiettes et glacez-les avec du jus de fricandeau.

Escalopes de veau (à la manière anglaise). — Prenez une noix de veau bien blanche et bien tendre; coupez-la par filets carrés, d'un pouce et demi en tous sens, et de ces filets faites des escalopes de deux lignes d'épaisseur; ensuite aplatissez-les légèrement sur une table bien propre où vous aurez mis un peu d'huile; parez chaque morceau, en lui donnant le diamètre d'une pièce de cinq francs, et qu'il en ait à peu près l'épaisseur. Vous aurez fait fondre et clarifier du beurre que vous aurez tiré au clair dans un sautoir ou dans un couvercle de marmite bien étamé; rangez-y ces escalopes, de manière à ce qu'elles se touchent sans être les unes sur les autres; posez-les sur un feu ordinaire; quand elles seront raidies d'un côté, retournez-les de l'autre avec la pointe d'un couteau, pour qu'elles raidissent de même; égouttez le beurre; mettez une cuillerée à dégraisser de gelée ou de bon consommé; faites aller vos escalopes à un feu plus vif: remuez-les en totalité; lorsque vous verrez qu'elles tombent à glace, retirez-les; dressez-les en cordons autour de votre plat; mettez au milieu un ragoût de godiveau, et servez le plus chaudement possible.

Amourettes de veau. — Ce qu'on appelle amourette est la moelle allongée des quadrupèdes. Celles de veau et d'agneau sont préférées pour leur délicatesse; mais on apprête celles du bœuf et du mouton comme on pourrait employer les autres. Voici la manière de les approprier et de les accommoder:

— Ayez des amourettes; mettez-les dans de l'eau; ôtez-en la membrane qui les enveloppe, changez-les d'eau et laissez-les dégorger; coupez-les ensuite par morceaux d'égale longueur et faites-les blanchir comme les cervelles de veau; mettez-les dans une marinade, et, lorsque vous voudrez vous en servir, égouttez-les; faites-les frire dans une pâte légère et de manière à ce qu'elles soient d'une belle couleur; dressez-les en rocher et garnissez-les de persil frit ou de montants de céleri bien croustillants (*V.* pages 25 et 26).

Mou de veau à la poulette. — Faites dégorger et blanchir un mou de veau, coupez-le par morceaux, faites-le revenir dans du beurre, et faites-le cuire ensuite avec du bouillon; ajoutez un bouquet garni, des champignons, de petits ognons,

laissez réduire le tout. Dégraissez le ragoût avant de le lier avec des jaunes d'œufs et du suc de verjus muscat.

Mou de veau au roux. — Il se prépare comme il est dit à l'article précédent; la seule différence consiste à le faire revenir dans un roux.

Pâte de veau (*V.* PATÉS FROIDS, page 368).

Griblettes de veau (*V.* GRIBLETTES).

Blond de veau (*V.* page 79).

Bouillon de veau, — *de mou de veau,* — *de fraise de veau* (*V.* BOUILLONS, page 99, et *V.* aussi PHARMACIE DOMESTIQUE à la fin de l'ouvrage)

Veau mariné (pour servir en hors-d'œuvre). — Procurez-vous une noix de veau bien fraîche et de la meilleure qualité possible; faites-la mortifier pendant trois ou quatre jours, si c'est en hiver, et pendant un seulement, si c'est en été et qu'il ne fasse pas trop chaud; ôtez-en la peau, la graisse et les nerfs; coupez-la en quatre; vous aurez préalablement un quarteron de sel bien sec, que vous pilerez ou écraserez et que vous passerez au tamis; vous en frotterez bien le veau dans tous les sens, comme on l'a indiqué au bœuf salé fumé; vous le mettrez ensuite dans une terrine de grès avec quelques tranches d'ognons, du persil en branche, un peu de thym, une feuille de laurier, du gingembre, une gousse d'ail, une douzaine de baies de genièvre et de poivre noir concassées, et trois anchois lavés et pilés. Remuez le tout dans la terrine et couvrez-la d'un linge blanc de lessive que vous attacherez avec une ficelle. Au bout de quatre jours, retournez le veau; laissez-le quatre jours encore, et après ce temps faites-le égoutter en laissant un tiers seulement du jus que le veau a rendu; vous le mettrez, ainsi que la viande et l'assaisonnement, dans une casserole; ajoutez-y une bouteille de très-bon vin blanc; faites-le bouillir; couvrez le feu pour qu'il ne fasse que mijoter, et quand il sera cuit, ce que vous saurez en enfonçant une fourchette dedans, retirez-le du feu, mettez-le dans la terrine où il a mariné, laissez-le refroidir dans son assaisonnement; alors vous le mettrez, soit dans un pot, soit dans un bocal de verre, où vous verserez de la bonne huile d'olives, en suffisante quantité pour que la viande s'y baigne complétement. Recouvrez-le avec du parchemin, et vous l'emploierez comme si c'était du thon mariné.

VELOUTÉ, confection qui est fort usitée dans la haute cuisine et qui fournit un jus succulent et doux qu'on mélange et qu'on fait lier moyennant un *roux-blanc*. Relativement à la fabrication de cet assaisonnement qu'on garde en réserve (*V.* à l'article ESPAGNOLE, pages 220 et suivante).

Velouté réduit. — On travaille le velouté comme l'ESPAGNOLE, en le faisant se consommer et en y ajoutant des champignons et des parures de truffes. Il faut toujours avoir soin que cette préparation se conserve dans un état de blancheur parfaite.

Velouté maigre. (*V.* SAUCE ESPAGNOLE AU MAIGRE et COULIS DE POISSON).

VENAISON (*V.* SANGLIER, DAIM, MARCASSIN, CHEVREUIL ET CUISSON, pages 263, 99 et suivantes).

VERJUS. Jus d'un raisin vert dont la principale espèce est connue sous les noms de *farineaux* ou *bordelaise*. On appelle *verjus de grain* celui qui se tire par expression sur la grappe avant la maturité de son fruit. On appelle *verjus-topette* celui qu'on doit conserver et qu'on peut améliorer en y mêlant un peu de sel. Le *verjus muscat* est du raisin de l'espèce de *Frontignan*, dont on exprime le jus avant qu'il ait perdu sa verdeur ou qu'il ait acquis un peu de saveur sucrée. Relativement à l'emploi du verjus en grain (*V.* COMPOTES, CONFITURES, GELÉES, PATÉS, CONSERVES, GLACES, SIROPS et SORBETS).

VERMICELLE pâte à l'italienne, en filets, du même volume qu'une corde de violon; le meilleur vermicelle est celui qui nous arrive de Gênes (*V.* le chapitre des POTAGES ainsi que l'article GATEAU DE RIZ).

VESPETRO, ratafia de santé dont on trouvera la formule au chapitre de la Pharmacie domestique à la fin de ce volume.

VITELOTTES, variété de la pomme de terre rouge et longue. Il y a des cas où la vitelotte est préférable aux meilleures pommes de terre jaunes et farineuses de l'espèce d'Irlande ou de Midlebourg, attendu qu'elle ne s'affaisse et ne se déforme guère après sa cuisson, lorsqu'on la sépare en tranches (*V.* page 386).

VIN. On imagine aisément que les différentes variétés de la vigne ne sauraient fournir des produits de même saveur et de qualités pareilles : la nature du sol, l'exposition, la culture, le climat, la température de l'année et enfin la manière de traiter le moût, y apportent encore de nouveaux changements ; il en résulte que, tandis que certains vins réunissent, dans les plus justes proportions, toutes les qualités qui constituent les vins parfaits, d'autres ont une saveur tellement désagréable que les personnes les moins difficiles ne peuvent les boire sans répugnance, à moins d'en avoir acquis l'habitude.

Les défauts naturels à certains vins sont : 1o l'absence ou la faiblesse des qualités nécessaires, 2o la surabondance d'une ou de plusieurs de ces qualités ; 3o le goût désagréable qui provient, soit du terroir, soit des engrais trop abondants ou de qualité mauvaise ; 4o l'âpreté qui est due à la nature du plant, ou à la non-maturité des grains ; 5o le goût de cuve ou celui de grappe que les vins contractent lorsqu'on les laisse fermenter trop long-temps.

Les effets diététiques des vins sont toujours soumis aux proportions des principes qui les constituent, et principalement à la quantité d'alcool, de sucre non décomposé, de matière colorante extractive, et surtout à la quantité des acides qui s'y trouvent contenus.

Les vins qui sont faibles d'alcool et chargés d'acide stimulent faiblement les viscères, ils ne conviennent jamais aux personnes délicates; telle est la plupart des vins qu'on récolte aux environs de Paris, et tels sont tous les produits des vignobles qu'on fume avec excès pour qu'ils produisent avec abondance.

Les vins qui contiennent assez d'alcool, et qui ont subi une fermentation complète, stimulent davantage et accélèrent puissamment la digestion. Tels sont les vins du Rhône, du Bas-Languedoc, du Roussillon, de Porto, et la plupart des vins de la péninsule hispanique.

Les vins les plus salutaires, et dont l'abus a le moins d'inconvénients, sont ceux qui, légèrement acidules, contiennent des quantités modérées d'alcool et de mucilage sucré, et ne sont pas très-chargés de matière extractive ; ainsi, les vins de Bordeaux, vieillis et dépouillés par le temps d'une partie de leur substance colorante, les vins de Bourgogne, les vins de la Champagne et du Barrois, plus acidules cependant et plus légers que les vins de Bourgogne, sont les vins qui conviennent au plus grand nombre des consommateurs.

Les vins qui tardent le plus long-temps à se parfaire, et qui, dans leur état de perfection, conservent toujours un peu d'âpreté, comme les vins de Bordeaux rouges, sont toniques, peu stimulants, et ne peuvent enivrer qu'à une forte dose. Dans une alimentation modérée, ils soutiennent les forces digestives; mais ils n'excitent ou ne fortifient pas autant que les vins généreux dans lesquels le principe alcoolique est très-développé.

Les vins blancs, plus légers en général que les vins rouges quand ils ne contiennent pas une grande quantité de sucre indécomposé, ni une très-forte proportion d'alcool, tels que les vins blancs de Bourgogne et de Champagne, étanchent parfaitement la soif et s'écoulent facilement. Tout le monde sait qu'on peut extraire à volonté du vin rouge ou du vin blanc des raisins noirs. Le vin blanc qui fermente en vaisseaux bien fermés perd beaucoup moins de sa force, et par conséquent garde toujours beaucoup plus de principe alcoolique que le vin rouge; mais, comme il enivre moins facilement que ce dernier, on doit en conclure que la matière extractive et colorante peut contribuer à l'état d'ivresse, et pourrait dans certains cas la déterminer. On a fait la même observation sur la bière; la plus colorée produit toujours l'ivresse la plus forte, et cependant la bière colorée contient toujours beaucoup moins d'alcool que la bière blanche.

Les vins légers, tels que ceux de Champagne et de Saint-Péray, qu'on met en bouteilles avant la décomposition totale ou la fusion de la matière sucrée qu'ils contiennent, achèvent leur fermentation dans des vaisseaux fermés, et s'imprègnent ainsi d'une grande quantité d'acide carbonique qui les rend mousseux. Ces vins stimulent vivement et avec promptitude; ils désaltèrent bien, ils échauffent peu, et donnent lieu, même étant pris en quantité minime, à une sorte de surexcitation momentanée qui commence par égayer et qui finirait par étourdir, mais qui se termine habituellement sans troubler la digestion et sans aucune autre suite fâcheuse.

Les vins très-chargés de mucoso-sucré et très-alcooliques, et qui contiennent en outre une substance aromatique amère, ainsi que les vins de Malaga, de Xérès et de Pacaret, sont toujours, lorsqu'on les consomme en petite quantité, des stimulants d'autant plus utiles qu'ils sont plus vieux et mieux dépouillés de leur principe édulcorant. Ils sont admirablement bien appropriés pour les estomacs débiles et pour toutes les personnes dont les forces digestives ne sont pas proportionnées à la quantité d'aliments solides qui serait nécessaire à la restauration de leur système.

Les vins sucrés aromatiques sans amertume et peu alcooliques, tels que nos vins muscats, ceux de Hongrie, les vins grecs, etc., contenant encore beaucoup de parties fermentescibles, ne conviennent guère aux estomacs paresseux, et conviennent encore moins quand l'alimentation a excédé la mesure convenable.

Les vins généreux consommés purs ou étendus d'eau, et rendus ainsi plus légers, sont meilleurs pour ceux qui prennent habituellement beaucoup de boisson, et dont la digestion n'a pas besoin d'être excitée. Les vins trempés sont plus utiles pendant le cours de l'alimentation. Les vins purs valent mieux comme stimulants et excitants, soit avant, soit à la fin des repas.

L'usage de consommer ou goûter de plusieurs sortes de vins pendant le même repas est souvent nuisible à la santé, mais surtout lorsqu'on fait succéder des vins sucrés à des vins acidules, ou des vins qui ont beaucoup de corps à des vins légers, et spécialement après une alimentation surabondante; mais les vins légers et mousseux, les vins vieux, généreux et secs, c'est-à-dire qui ont peu de sucre et de matière colorante, n'ont pas les mêmes inconvénients, parce qu'ils ne font qu'accélérer la digestion des aliments ingestés. Voici la liste des vins les plus estimés et les plus renommés d'après leur ordre alphabétique; nous aurons soin d'indiquer plus bas à quel service ils sont les mieux appropriés, et quel est le moment du repas où il est convenable de les servir.

Aï, Champagne.

Alicante, Espagne.

Anjou et Saumur.

Arbois, Franche-Comté.

Avallon, Bourgogne.

Barsac, Bordeaux.

Beaugency, Orléanais.

Beaune, Bourgogne.

Béni-Carlos, Espagne.

Bordeaux.

Bougy, Champagne.

Bucella, Portugal.

Carcavello, Portugal.

Cahors, Languedoc.

Calabre, Italie.

Calon-Ségur, Bordeaux.

Canaries, Afrique.

Cap de Bonne-Espérance.

Carbonnieux, Bordeaux.

Chablis, Bourgogne.

Chambertin, Bourgogne.

Champagne rouge.

— Blanc-Tisane.

Chassagne, Bourgogne.

Château-Grillé.

Château-Margaux, Bordeaux.

Château-Neuf du Pape, Avignon.

Chio, Grèce.

Chypre, Méditerranée.

Clos-Vougeot, Bourgogne.

Constance, Afrique.

Coteaux de Saumur.

Côte-Rôtie, Dauphiné.
Côte Saint-Jacques.
Coulange, Auxerre.
Falerne, Italie.
Fley, Bourgogne.
Florence, Italie.
Frontignan, Languedoc.
Grave du Lomon, Bordeaux.
Grenache, Roussillon.
Guigne, Bourgogne.
Hautbrion, Bordeaux.
Hautvilliers, Champagne.
Hermitage (l'), Dauphiné.
Iranci, Bourgogne.
Joannisberg, Rhin.
Joigny, Auxerre.
Jurançon, Béarn.
Lachaînette, Auxerre.
Lacryma-Christi, Italie.
La Ciotat, Provence.
Laffite-Mouton, Bordeaux.
Laffite Ségur, *idem*.
Lamalgue, Provence.
La Nerthe, côte du Rhône.
Langon, Bordeaux.
Lunel, Languedoc.
Mâcon, Bourgogne.
Madère, Afrique.
Malaga, Espagne.
Malvoisie de Madère, Afrique.
— de Ténériffe, *idem*.
Médoc, Bordeaux.
Mercurey, Bourgogne.
Meursault, *idem*.
Miès, Provence.
Monte-Fiascone, Italie.
Monte-Pulciano, *idem*.
Montilla, Espagne.
Morachet, Bourgogne.
Nuits, Bourgogne.
Œil de perdrix, Champagne.
Œras, Portugal.
Pacaret, Espagne.
Paille, Colmar.
Paphos, Grèce.
Pedro Ximénès, Espagne.
Picoli, Italie.
Pierry, Champagne.

Pomard, Bourgogne.
Porto, Portugal.
Pouilly-Fuissé, Bourgogne.
— Sancerre, *idem*.
Rancio, Espagne.
Ratterstoff, Hongrie.
Reuilly, Champagne.
Richebourg, Bourgogne.
Rivesaltes, Roussillon.
Romanée-Conty, Bourgogne.
Rota, Espagne.
Roussillon.
Saint-Amour, Provence.
Saint-Émilion, Bordeaux.
Saint-Estèphe, *idem*.
Saint-Georges, Bourgogne.
Saint-Georges, Hongrie.
Saint-Julien, Bordeaux.
Saint-Julien-du-Sault, Champagne.
Saint-Perray, Côte du Rhône.
Samos, Grèce.
Sauterne, Bordeaux.
Schiras, Perse.
Setuval, Portugal.
Sillery, côteaux de Reims.
Syracuse, Sicile.
Stancho, Grèce.
Tavel, Languedoc.
Torreins, Bourgogne.
Tokai, Hongrie.
Tonnerre, Bourgogne.
Tormilla, Espagne.
Vanvert, Languedoc.
Vezenay, Champagne.
Volnay, Bourgogne.
Vosne, *idem*.
Vougeot, *idem*
Vouvray blanc, Touraine.
Vérès, Espagne.

Vin de France.

Parmi les produits œnologiques du sol français, le vin de Bourgogne est celui qui mérite la préférence, et parmi les vins de Bourgogne nous commencerons par nous occuper du vin de Beaune, qui rivalise avec les premiers crus bourguignons, lorsqu'il est produit en bonne année. Il est pourtant convenable de ne pas lui laisser passer sa quatrième ou cinquième feuille, afin qu'il ne perde rien de sa vigueur et de son bouquet.

Arrivent ensuite les vins de Pomard, de Volnay, de Nuits, de Chassagne, de Saint-Georges, de Vosne, de Chambertin, du clos Vougeot et de la Romanée. La Romanée-Conty est le meilleur vin rouge de Bourgogne. Comme vins blancs, ceux de Chablis sont agréables, et ceux de Meursault les surpassent; mais ceux-ci sont encore surpassés par le Chevalier-Morachet. Il est reconnu que le vin de Morachet, proprement dit, est le meilleur de tous les vins français.

Après les vins de Bourgogne viennent ceux de Champagne, blanc et rouge, et les meilleurs de ceux-ci sont les vins de Bouzy, de Verzay et de Vergonay.

Parmi les vins blancs de Champagne, les crus les plus estimés sont ceux qui avoisinent Reims, Aï, Sillery et Espernay. On a remarqué que ces vins blancs se conservent bien depuis qu'ils sont fabriqués avec des raisins noirs. Avant cette nouvelle méthode, ils parvenaient rarement à leur troisième feuille, mais l'expérience a prouvé qu'il est toujours prudent de n'en jamais faire une forte provision.

A côté des vins de Champagne on doit placer équitablement les vins de Roussillon, de la côte du Rhône et de certaines localités méridionales. Nous citerons parmi ces délicieux produits les vins de l'Hermitage, blanc et rouge; de la Côte-Rôtie, de Saint-Péray, et principalement ceux du Roussillon, de Jurançon, de Tavel et de Condrieux.

Les vins du Languedoc sont délicatement agréables, et, parmi ceux-ci, le muscat rouge de Frontignan, et le muscat blanc de Lunel, doivent être cités les premiers. Les vins blancs de Provence ne sont pas moins dignes d'estime, et les plus recherchés des vins provençaux sont les muscats de Gemenos, de la Marque et de Barbautan.

Avant de parler des vins de Bordeaux, qui ne devraient être placés qu'au quatrième rang de la première classe de nos vins, nous croyons devoir reproduire une anecdote qui n'a rien d'apocryphe et qui vient d'être publiée dans un ouvrage accrédité.

« Monsieur le gouverneur de Septimanie, d'A-» quitaine et de Novempopulanie, disait un jour le » roi Louis XV au maréchal de Richelieu, parlez-» moi d'une chose, est-ce qu'on récolte du vin po-» table en Bordelais? — Sire, il y a des crus de ce » pays-là dont le vin n'est pas mauvais. — Mais » qu'est-ce à dire? — Il y a ce qu'ils appellent du » blanc de Sauterne, qui ne vaut pas celui de Mora-» chet, ni ceux des petits coteaux bourguignons, à » .... coup près, mais qui n'est pourtant pas de la

» petite bière. Il y a aussi un certain vin de Grave » qui sent la pierre à fusil comme une vieille cara-» bine, et qui ressemble au vin de la Moselle, mais » il se garde mieux. Ils ont, en outre, dans le Mé-» doc et du côté du Bazadois, deux ou trois espèces » de vins rouges dont les gens de Bordeaux font » des gasconades à mourir de rire. Ce serait la » meilleure boisson de la terre, et du nectar pour » la table des dieux, à les entendre, et ce n'est » pourtant pas là du vin de Haute-Bourgogne, ou » du vin du Rhône, assurément! ça n'est pas bien » généreux ni bien vigoureux, mais il y a du bou-» quet pas mal; et puis, je ne sais quelle sorte de » mordant sombre et sournois qui n'est pas désa-» gréable. Du reste, on en pourrait boire autant » qu'on voudrait, il endort son monde, et puis voilà » tout. C'est là ce que j'y trouve de mieux.

» Pour satisfaire à la juste curiosité du Roi, » M. de Richelieu fit venir du vin de Château-Laf-» fite à Versailles, où S. M. le trouva *passable*. » On n'aurait jamais imaginé jusque-là qu'on pût » faire donner du vin de Bordeaux à ses convives, » à moins que ce ne fussent des Bourdelais-Soulois, » des Armagnacots, Astaracquois et autres Gascons. » Voyez comme les goûts changent, et dites-moi » comment vous trouvez celui des Romains qui » mettaient de l'assa-fœtida dans tous leurs ragoûts, » tandis qu'ils avaient l'odeur et la saveur des ci-» trons dans une abomination sans égale? » ,

Les premiers crus de Bordeaux en vins rouges portent les noms de Laffite-du-Château, la Tour, Château-Margau, Aubrion-du-Château, Premier-Grave et Ségur-Médoc, et ceux qui sont considérés comme de la seconde classe sont les vins de Mouton-Canon, Médoc-Canon, Saint-Émilion, Rosans, Margau, la Rose-Médoc, Pichon-Longueville, Médoc-Potelet, Saint-Julien-lès-Ville et Saint-Julien; vin du Pape (Grave rouge), vin de la mission (Grave rouge), et tout le Haut-Pesac: ces vins sont également estimés, et tous ceux nommés de Pouillac ont cela de particulier, qu'il faut s'attendre à les voir tomber malades à peu près deux mois après leur mise en bouteilles. Dans cet état, ils sont beaucoup moins bons que lorsqu'on les avait goûtés par échantillon et lorsqu'ils se trouvaient en futailles. Il est suffisant de les laisser cinq ou six mois en flacon, pour qu'ils s'améliorent et qu'ils puissent acquérir la bonne qualité qui leur est propre.

Parmi les vins blancs de Bordeaux, le Haut-Barsac et le Haut-Preignac, que l'on nomme de M. *Duroy*, sont de qualité première. Le Sauterne vient ensuite; mais le Barsac, le Langon, le Carbonieux et le Podecilac sont considérés comme inférieurs aux deux premiers.

On ne saurait indiquer ici toutes les localités

qui font partie du royaume de France, et qui produisent de très-bons vins; cet ouvrage n'y suffirait pas ; mais on croit avoir indiqué tous ceux de nos vins dont la supériorité ne saurait être contestée.

On aurait un reproche à nous adresser si nous n'avions pas mentionné favorablement la blanquette de Limoux, les vins rouges de Bar, et les vins blancs de la Moselle, pour qui tous les gourmets ont une bienveillance parfaite.

Vins étrangers.

Le vin de Saint-Georges, en Hongrie, est celui qu'on nous vend à Paris sous le nom de Tokai. Il est vrai qu'il en approche beaucoup, mais les gourmets ne sauraient s'y laisser tromper. A Saint-Georges, ainsi qu'à Ratterstoff, on en récolte de deux qualités : celui qu'on destine à composer du Wermouth (V. page 11), et celui qu'on débite dans son état naturel, et qu'on expédie dans tout le nord de l'Europe. Le véritable vin de Tokai est fort connu de nom; mais voilà tout ce qu'on en connaît généralement, car le roi de Hongrie, qui est aujourd'hui l'empereur d'Autriche, a toujours été le seul possesseur des coteaux qui fournissent le vin de Tokai. Sa majesté impériale et royale-apostolique a fait présent d'une partie de ce territoire à l'empereur de Russie, ce qui fait que ces deux potentats sont aujourd'hui les propriétaires du même vignoble. Il est vrai qu'ils ne consomment pas tout leur vin de Tokai, et qu'ils en font quelquefois des cadeaux, soit à d'autres souverains, soit à des ambassadeurs accrédités auprès de leurs cours. C'est aussi par cette raison-là qu'on en trouve quelquefois dans le commerce ; mais, comme il n'y parvient que par suite des ventes qui se font après décès chez ces grands personnages, les faiseurs de tableaux synoptiques et de statistique allemande ont calculé que depuis l'année du couronnement de Marie-Thérèse d'Autriche (impératrice et reine de Hongrie), le moyen terme de ces encans diplomatiques n'avait jamais produit plus de quatorze demi-flacons tous les vingt-huit ans, c'est-à-dire, un peu moins d'une chopine de vin pour chaque année solaire. Ce vin, tout respectable qu'il est, a le défaut de ne pas résister à la vidange; il ne manque jamais à se décomposer au bout de quelques jours, pour peu qu'on ait entamé sa bouteille. On dit que celui qu'on récolte sur la crête de la montagne n'est pas sujet au même inconvénient. Voilà tout ce qu'il y a de particulier sur le vin de Tokai, dont la réputation surpasse encore le mérite.

Les vins d'Orient les plus solides et les plus justement estimés sont ceux du royaume de Chypre; ils se conservent un demi-siècle et plus long-temps encore. Le clos ou coteau qu'on appelle de *la Commanderie* est le meilleur cru de l'île; il est exquis, mais très-cher, et très-souvent falsifié; quand il est naturel, il est éminemment bienfaisant et balsamique; il sent un peu l'outre (poche ou vase de peau qui le contient); ceci peut déplaire à certaines personnes, mais c'est un défaut qui garantit son origine et sa conservation.

Après ce vin vient celui de Stançon ; il est plus liquoreux que celui de Chypre, et porte un bouquet non moins agréable. Il existe un autre vin de la Méditerranée qui passe pour du nectar, et qu'on recueille sur la montagne de Chio. Les anciens l'estimaient à l'égal de l'ambroisie, car ils l'offraient en sacrifice à leurs divinités du premier ordre, et non pas à des *Olympiens sur le second rang*, comme dit Lucien. Il en vient rarement en France; ce sont tout au plus quelques demi-bouteilles que des amiraux et des capitaines expérimentés apportent de cette île lorsqu'ils y prennent relâche. On peut en dire autant des excellents muscats de Samos, de Céphalonie, de Paphos, de Zante, et surtout de la Malvoisie de Santorin.

Le vin de l'île de Madère est très-estimé dans toute l'Europe, et c'est à juste titre. Il faut que ce vin soit sec, avec un peu d'amertume, et d'une saveur aromatique, avec un petit goût de poix qu'il prend des outres goudronnées dans lesquelles on le met pour le transporter. La Malvoisie du même cru est très-recherchée des gastronomes. C'est un vin doux, parfumé, béchique, assez bien pourvu de qualités fortifiantes; mais, par-dessus toutes choses, il est exhilarant et céphalique, privilège qui n'appartient qu'à lui parmi tous les vins sucrés.

Les meilleurs vins d'Espagne sont ceux d'Andalousie. Il y a plusieurs qualités parmi les vins de Malaga, qu'il faut toujours choisir onctueux sans être pâteux, fins de bouquet, limpides, et d'une couleur analogue à celle de l'orange de Malte, ou de notre souci potager. Il y a du vin de Malaga rouge, qui peut se conserver à peu près indéfiniment, et qui est pourvu d'un arôme incomparable. Avant la révolution de 1830, on en buvait au palais d'Albe à Madrid, qui datait du XVIe siècle, et qui provenait de la cave du fameux duc d'Albe, vice-roi des Pays-Bas en 1560.

Parmi les autres vins d'Andalousie, on distingue particulièrement celui d'Alicante. Il est épais, muqueux, et d'un rouge foncé tirant sur le noir, lorsqu'il est nouveau. Il faut le garder en fût pendant long-temps pour qu'il se dépouille, et de plus, on doit lui donner souvent des soutirages (*V.* cet article). Lorsqu'on veut conserver du vin d'Alicante en bouteilles, et quoiqu'il ait été déjà tiré au clair, on trouvera toujours qu'il dépose encore, ce qui met dans l'obligation de le décanter et le transvaser à peu près tous les deux ou trois ans. Lorsqu'il est assez vieux pour que sa couleur soit devenue pareille à celle de la pelure d'ognon, il est supérieurement tonique, et l'on va jusqu'à soutenir que son usage est suffisant pour réparer toutes les débilités *accidentelles.* Il est pourtant convenable et prudent de n'user de ce bon vin qu'avec modération, pour ne pas tomber de l'atonie dans un état de stimulation trop énergique.

Le vin de Rota est pourvu des mêmes qualités, mais il est d'un goût plus fin que les vins d'Alicante, de Carcavel et d'Origuella.

Le vin de Xérès est toujours sec, et doit être un peu amer. C'est un des vins d'Europe et d'Afrique les plus ardents, les plus robustes et les plus généreux.

Le vin de Pacaret, proprement dit, est un vin très-aromatique et très-sec; mais celui de Benicarlos est aussi doux que la plus douce Malvoisie des Canaries ou des Açores.

Tous les vins sucrés des Canaries se conservent long-temps. Ils sont fabriqués avec des raisins muscats, et ce sont, du reste, de ces vins cuits analogues à celui de Calabre, et à notre vin de Grenache, en Roussillon. Le vin de Sétuval est un des meilleurs de la péninsule ibérique, et, parmi les vins de Portugal, il est regardé comme le plus délicat et le plus parfumé. (On appelle *vins cuits* tous ceux qu'on opère avec des raisins muscats qu'on a fait confire au soleil, ou dessécher un peu sur leur tige de vigne.)

On donne le nom de *Rancio* à des vins cuits d'origines et de qualités différentes; il est suffisant que le vin soit très-vieux pour qu'on lui décerne honorablement, au-delà des Pyrénées, le même nom de Rancio, qui signifie *suranné.*

Le vin de Porto, qui est assez analogue et très-inférieur à notre bon vin de Roussillon, doit être gardé très-long-temps, parce qu'il a besoin d'être extrêmement vieux.

Les Iles-Britanniques en font une consommation qui paraît exorbitante, eu égard à l'étendue du vignoble de Porto. Il y en a du rouge et du blanc; mais ce dernier n'est pas aussi commun que le rouge.

Les meilleurs vins de l'Archipel et de l'Italie sont toujours ceux de Chio, de Ténédos, de Céphalonie, de Santorin, de Samos, de Syracuse, de Falerne et de Monte-Pulciano, de l'Etna, de Calabre, de Gaëte et de Lacryma-Christi.

Ceux du cap de Bonne-Espérance ont beaucoup d'affinité gustuelle avec la première qualité des vins de Hongrie. Celui qu'on appelle vin de Constance est très-supérieur à toutes les autres productions vignicoles de la même contrée.

« Il est suave et doux comme le nom qu'il »porte, » a dit un poète gastronome, et du reste on le fait présenter au dessert ainsi que tous les autres vins sucrés, à l'exception de nos légers muscats de Lunel et de Frontignan, dont nous conseillons de faire usage à la hollandaise, c'est-à-dire, en mangeant des huîtres crues, ainsi que du poisson bouilli. Coutume excellente, et qui commence à s'établir dans les maisons de Paris les plus élégantes et les plus confortables.

Le vin persan qu'on récolte aux environs de Schiras, et qui porte le nom de cette ville, est peut-être le plus excellent vin de la terre; mais c'est un des plus rares, et c'est assurément le plus cher. Après la mort de M. le bailly de Ferette, ambassadeur de l'ordre de Malte à Paris, on a vendu chez lui sept à huit flacons de vin de Schiras, sur le pied de *deux cent quatre-vingt-cinq francs* la demi-bouteille.

Il nous reste à parler des vins du Rhin, qui sont toujours frigides et plus ou moins acidules. Ils portent les noms de plusieurs collines qui bordent ce fleuve, et le meilleur de ces vignobles est celui de Joannisberg, ou Montagne-Saint-Jean, qui appartient à M. le prince de Metternich.

Les vins du Rhin ne sont en grande réputation qu'en Allemagne, où la haute considération qu'on a pour eux paraît toujours aux étrangers comme un acte d'engouement patriotique ou d'aveuglement national. Les Lucullus teutoniques et les Apicius hollandais ne boivent jamais ces excellents vins du Rhin, sans y ajouter du sucre en poudre, et c'est toujours dans de certains gobelets en verre de fougère, ornés de cannelures, de rosaces, et autres reliefs du XVe siècle. Ces précieux gobelets de fabrique allemande valent toujours, pour le moins, 48 florins la pièce, autrement dit 96 francs.

Il est généralement convenu, parce qu'il est solidement établi, que les meilleurs vins d'*ordinaire* sont les vins de Bourgogne, et que les mieux appropriés pour être coupés avec de l'eau sont le rouge de Beaune et le blanc de Mulseaux. Dans les maisons de fortune médiocre, on peut remplacer le premier par un bon vin d'Auxerre ou du Mâconnais, et l'on peut suppléer au grand vin de Mulseaux par les vins de Chablis et de Pouilly de troisième cuvée. Nous allons désigner les moments du repas où l'on doit offrir les différentes sortes de vins dont on fait le plus d'usage à Paris.

Avant et après les potages.

Wermouth.
Madère sec.
Loka.
Sicile blanc.
Pacaret sec.
Agrigente.
Rota-Rancio.

Avec les huîtres et les autres hors-d'œuvres,
et pendant qu'on est à manger
des poissons cuits à l'eau de sel.

Frontignan blanc.
Muscat de Lunel.
Vin de la Ciotat.
Muscat de Gemenos.

Au milieu du premier Service.

(Vins blancs.)

Aï, de M. Moete.
Sillery blanc.
Tisane à la glace.
Bourgogne mousseux.
Coteaux de Saumur.
Sauterne.
Grave.
Langon.
Barsac.

Vers la fin du premier Service.

(Vins rouges.)

Laffite.
Château-Margaux.
Saint-Émilion.
Saint-Julien.
Haut-Brion.
Haut-Barsac.
Médoc.
Saint-Estèphe.

Avec les rôtis.

(Vins rouges.)

Clos-Vougeot.
Romanée-Conty.

Chambertin.
Pomard.
Clos Saint-Georges.
Nuits.
Volnay.
Vosne.
Côte-Rôtie.
Hermitage rouge.
Jurançon.
Roussillon.
Vieux Porto.

A l'entremets.

Morachet.
Hermitage blanc.
Saint-Péray.
Condrieux.
Blanquette de Limoux.
Vin d'Arbois.
Champagne rosé.
Coulée de Serrant.
Val-de-Pennas.
Vins d'Italie.

Avec les entremets en viandes froides,
et puis avec le fromage et les salades,
entre le second Service et le dessert.

Vin de Paille.
Vin cuit de Provence.
Vin du Rhin.
— de Pêches de Strasbourg.
Muscat rouge de Toulon.
— de Calvisson.
— de Rivesaltes.

Pour le dessert.

Schiras.
Chypre, de la Commanderie.
Santorin.
Ténédos.
Chio.
Paphos.
Malvoisie.
Rancios.
Syracuse.
Malaga blanc.

Lacryma de Malaga.

Pacaret doux.

Xérès du Roi.

Alicante-Tinto.

Sétuval.

Sercial.

Carcavel.

Canaries.

Calabre.

Tokai.

Constance.

Grenache, mère-goutte.

Nous avons indiqué sommairement certaines prescriptions nécessaires à la bonne disposition des caves (*V.* page 133); mais pour tout ce qui se rapporte à la conservation et à l'amélioration des vins, nous ne pouvons rien faire de mieux que de répéter ce qu'en a dit M. Lorein dans son excellent traité des préparations, page 426 et suivantes.

Placement des tonneaux. — Les futailles doivent être rangées sur des chantiers ou madriers élevés d'un demi-pied au-dessus du sol, et posés sur des dés en pierre. Le bois de chantier doit être sain; s'il était atteint de pourriture, il la communiquerait promptement aux tonneaux, et surtout aux cercles.

Il faut aussujettir chaque tonneau avec des cales; sans cette précaution, lorsqu'on retire l'un d'eux, les autres sont exposés à éprouver quelque mouvement, ce qui occasionne l'ascension d'une partie de la lie; accident qu'on doit prévenir autant qu'il est possible.

Les tonneaux doivent être éloignés du mur d'un pied au moins, pour qu'on puisse toujours visiter leur fond postérieur.

De la visite des tonneaux. — Avant de descendre le vin à la cave, il faut examiner avec soin les tonneaux et faire remplacer tout de suite les cercles défectueux. Les tonneaux descendus et placés sur les chantiers, on doit les visiter avec soin pendant les premiers jours, et ensuite de temps en temps : si les tonneaux sont remplis de vin de l'année, il faut les percer près de la bonde et fermer le trou avec un fausset qu'on lève de temps en temps, pour s'assurer si le vin n'est pas encore dans un état de fermentation. On s'en aperçoit lorsqu'en levant le fausset, l'air sort avec sifflement; dans ce cas, il faut lever le fausset tous les jours, et ensuite à des intervalles plus éloignés, lorsque l'air commence à sortir avec moins de violence.

Si le vin s'échappe par quelque endroit, on cherche à reconnaître la source du mal; si c'est

un trou de ver, on le reconnaît facilement dans la partie découverte du tonneau. Si le trou se trouve sous les cercles, on peut le découvrir en les écartant ou en faisant sauter l'un d'eux.

Si le vin s'échappe par un nœud ou par un éclat de douve, on enfonce dans la fente, avec la lame d'un couteau, du papier trempé dans du suif, et on pose dessus un mélange de suif et de mastic de vitrier. Pour plus de sûreté, on cloue par-dessus une petite lame de plomb.

Si la fuite du vin a lieu entre les douves par suite de la rupture de plusieurs cercles, on enveloppe le tonneau avec une corde, et on garrotte fortement. Garrotter c'est passer un bâton sous la corde et faire passer les deux bouts par-dessus en tordant. On garrotte ainsi dans une ou plusieurs parties, selon l'éminence du danger. Par là on se donne le temps de préparer tout ce qui est nécessaire pour transvaser le vin.

On doit goûter le vin de temps en temps pour connaître comment il se comporte.

Lorsqu'on veut conserver pendant plusieurs années du vin en tonneau, ce qui est nécessaire pour rendre potables certains vins très-spiritueux et très-chargés en couleur, c'est une très-bonne pratique de faire enduire les tonneaux de manière à les rendre inaccessibles à l'action de l'humidité qui règne toujours plus ou moins dans les caves. On peut employer pour cela une peinture grossière, des ocres, par exemple; mais la substance qui convient le mieux dans ce cas est le mastic dont voici la composition.

— Faites broyer des tuileaux; passez le résultat du broyage au tamis de crin, et repassez au tamis de soie, ou à travers une toile métallique très-fine, ce qui a passé à travers le tamis de crin.

À treize livres de la poudre ainsi obtenue, ajoutez une livre de litharge pulvérisée, et repassez le tout au tamis fin pour opérer un mélange intime.

Faites broyer ce mélange avec deux ou trois onces d'huile de lin par livre, et délayez ensuite avec suffisante quantité de la même huile, pour former une peinture applicable au pinceau.

On en donne deux ou trois couches aux tonneaux à quelques jours d'intervalle, en ayant soin que tout soit couvert.

On évite par là les frais de reliage et de remplissage, ainsi que le danger de perdre le vin par la rupture du cercle.

De l'ouillage. — Ouiller, c'est remplir. Plus les vins sont nouveaux, plus les douves sont minces, plus la cave est sèche et aérée, plus les tonneaux doivent être remplis souvent. Toute négligence sous ce rapport nuit. Les vins tendres et légers s'altèrent rapidement dans les tonneaux qui ne sont pas constamment tenus pleins : un autre motif de remplir fréquemment, c'est que la perte éprouvée par le tonneau croît en plus forte proportion que le temps ; ainsi, lorsque le tonneau a perdu deux bouteilles en un mois, il en faudra six pour le remplir à l'expiration du second mois.

Le vin avec lequel on remplit un tonneau doit, autant que possible, être d'une qualité analogue à celui qu'il contient : cela n'est cependant pas de rigueur pour les vins communs, qui peuvent gagner quelque chose quand on les remplit avec du vin meilleur ; mais il faut le faire pour les vins fins qu'on ne veut pas dénaturer.

Dans tous les cas, il vaut mieux remplir avec un vin quelconque que de ne pas remplir du tout.

Ce qui vient d'être dit sur la nécessité de remplir est un motif de plus en faveur de la peinture des tonneaux qui contiennent des vins précieux : quand on n'en a qu'une ou deux pièces, on est souvent fort embarrassé pour les remplir d'une manière convenable.

Collage. — L'effet du collage des vins est, non-seulement de les éclaircir, mais aussi de les dépouiller de matières en dissolution qui se précipiteraient plus tard. On prévient par là des dépôts dans les bouteilles. Si on conserve des vins en tonneaux depuis plusieurs années, on fait bien de les coller une fois l'an, au mois de mars ou en octobre. Il est de rigueur de choisir pour cette opération un jour où le vent souffle du nord à l'est. Quatre à cinq jours après le collage, on soutire le vin, on nettoie le tonneau et on le remplit, soit du vin qui en a été tiré, soit du contenu d'un autre tonneau collé aussi.

Si on veut mettre en bouteilles du vin récemment arrivé, on le laisse reposer quelques jours, et on le colle ensuite avec du blanc d'œuf et de la colle de poisson.

Quatre blancs d'œufs bien frais, fouettés avec une demi-bouteille de vin, suffisent pour coller une pièce de deux cent cinquante à deux cent soixante-quinze bouteilles. On retire d'abord cinq à six litres de vin ; on ôte la bonde ; on verse la colle ; on introduit dans le tonneau un bâton fendu en quatre par en bas, et on l'agite en tournant tantôt dans un sens et tantôt dans un autre, pour bien mélanger la colle. On continue ainsi pendant une ou deux minutes. On remplit ensuite le tonneau avec le vin qu'on avait tiré, et on en ajoute s'il est nécessaire. On frappe le tonneau pour en faire sortir les bulles d'air qui pourraient être restées dans la partie supérieure, et on remet la bonde. Au bout de quatre ou cinq jours, le vin est clair et on peut le tirer.

Si le vin a déjà séjourné pendant quelques mois dans la cave, comme il s'est formé au fond un dépôt de lie qu'il ne faut pas faire remonter, on n'enfonce le bâton fendu que jusqu'à moitié du tonneau.

Les vins blancs se collent avec la colle de poisson dissoute dans du vin, à raison d'un litre par pièce ; cette colle se prépare de la manière suivante :

— On bat, avec un marteau, un gros de belle colle de poisson ; on la déchire en morceaux qu'on divise avec des ciseaux ; on la met tremper pendant sept ou huit heures, avec ce qu'il faut de vin pour la baigner : quand elle s'est gonflée et qu'elle a absorbé le vin, on en ajoute autant qu'on en a mis la première fois : après vingt-quatre heures, la colle forme une gelée à laquelle on ajoute un demi-verre d'eau un peu chaude, et on la malaxe avec la main pour écraser ce qui n'est pas entièrement dissous. On passe la colle avec expression à travers un linge, et on la bat avec une poignée d'osiers, en versant peu à peu du vin blanc, jusqu'à ce que la totalité de la dissolution forme à peu près un litre de liquide. Avant de verser la colle dans le tonneau, on la bat de nouveau avec un litre de vin blanc ; du reste, on procède comme pour le vin rouge.

Les poudres de M. Julien, qui demeure à Paris, boulevard Poissonnière, et qui a des dépôts dans la plupart des vignobles, remplacent avec avantage les blancs d'œufs et la colle de poisson.

Tirage de vin en bouteilles. — Il faut s'assurer avant tout si le vin est bien limpide ; pour cela on en tire dans un verre qu'on interpose entre l'œil et la lumière. Si le vin n'est pas d'une limpidité parfaite, on attend deux ou trois jours, et si après ce temps il n'est pas bien clair, on le soutire et on le colle de nouveau.

Le tirage en bouteilles doit se faire, autant que possible, par un temps froid, et surtout lorsque le vent souffle du nord à l'est. Cette précaution influe plus qu'on ne le pense sur la conservation des vins. On doit éviter surtout de tirer le vin quand le temps est disposé à l'orage, et lorsqu'un vent chaud souffle du sud ou de l'ouest.

Les bouteilles doivent être rincées avec soin et flairées une à une : on doit rejeter celles qui ont un mauvais goût. Le gravier de rivière, bien lavé, ou la grenaille d'étain pur, sont les substances les plus convenables pour rincer les bouteilles.

Lorsqu'on met en bouteilles du vin qu'on se propose de garder long-temps, le choix des bouchons est d'une grande importance. Il faut les choisir d'un liège fin, moelleux, cédant sous le doigt. Ils coûtent plus cher que les autres, mais l'économie qu'on croirait faire sous ce rapport, en en achetant de plus communs, serait fort mal entendue.

Les bouchons qui ont déjà servi ne doivent être employés que pour des vins communs, destinés à être bus de suite.

On bouche les bouteilles à mesure qu'on les remplit : on règle l'ouverture de la cannelle en conséquence. Les bouchons doivent entrer de force, en frappant avec la batte, jusqu'à ce qu'ils ne débordent que d'une ou deux lignes.

Lorsqu'on veut conserver long-temps le vin en bouteilles, on enduit l'extrémité du bouchon et du goulot avec une cire préparée à cet effet. Cet enduit préserve les bouchons de la moisissure, qui les atteint à la longue, et les empêche d'être rongés par les insectes qui pullulent dans beaucoup de caves.

La cire ou le mastic dont on enduit les bouchons, se compose de la manière suivante :

On fait fondre deux ou trois livres de résine commune avec un quarteron de cire jaune et deux onces de suif ; on colore avec le minium, les ocres, le noir animal, etc. Si la cire paraît trop cassante, on augmente la dose de suif ; dans le cas contraire, on ajoute de la résine.

Des moyens de prévenir l'altération des vins ou d'y remédier. — Des vins qui tournent à la graisse. — Lorsqu'en versant du vin il file comme de l'huile, on dit qu'il a tourné à la graisse. Cette maladie, qui attaque plus fréquemment les vins blancs que les vins rouges, se dissipe presque toujours avec le temps. Si cependant on ne veut pas attendre, il faut coller le vin et le bien agiter ; si cela ne suffit pas, on le soutire, on le colle une seconde fois, et on ajoute à la colle un demi-litre d'esprit de vin.

On remédie à la graisse en mettant dans le tonneau une once de charbon en poudre, qu'on mêle bien au liquide, en agitant avec le bâton fendu.

Si le vin qui tourne à la graisse est en bouteilles, et qu'on ne veuille pas attendre son rétablissement naturel, on le dépote deux fois de suite à un mois d'intervalle. La lie bien fraîche, ajoutée aux vins gras dans la proportion d'un vingt-cinquième, les rétablit très-promptement. On ne doit employer ce moyen que pour des vins ordinaires, qui pourront s'améliorer, si la lie qu'on y mêle provient d'un vin généreux.

Des vins qui tournent à l'aigre. — Cette maladie provient presque toujours du peu de soin qu'on a mis à remplir les tonneaux, des transports effectués dans les temps chauds, ou de la mauvaise qualité des caves. Comme il est reconnu que les vins peu spiritueux y sont plus sujets que les autres, on pourrait en prévenir le développement sur les vins de cette nature, en y ajoutant cinq à six litres d'eau-de-vie par pièce.

Lorsqu'on s'aperçoit que le vin commence à contracter un goût d'aigre, il faut le soutirer dans un tonneau où on brûle un pouce de mèche soufrée ; on le colle en même temps avec six blancs d'œufs par barrique. S'il n'a pas tout-à-fait perdu le goût qu'il avait contracté, on répète cette opération six jours après ; on laisse reposer le vin ; on le met en bouteilles, et on le boit de suite.

On peut encore rétablir les vins qui ont tourné à l'aigre, en jetant dans une barrique un quarteron de froment grillé comme du café, mais un peu moins noir : on soutire au bout de vingt-quatre heures, on colle et on met en bouteilles pour boire de suite.

Des vins qui deviennent amers. — Le moyen le plus simple de rétablir ces vins, c'est de les couper avec des vins plus jeunes, ou au moins avec des lies récentes.

Quand le vin qui a contracté de l'amertume est en bouteilles, il se rétablit souvent de lui-même avec le temps, pourvu que les bouteilles soient bien bouchées, qu'on ne les déplace pas, et que la cave soit bonne.

On peut encore corriger l'amertume des vins en les transvasant dans un tonneau fraîchement vide d'un bon vin, et dans lequel on a brûlé, à plusieurs reprises, un demi-litre d'esprit de vin. On ne doit verser une nouvelle portion d'esprit de vin dans le tonneau que lorsque la première est brûlée et qu'il n'y a plus de flamme ; sans cela, le filet d'esprit de vin s'allumerait en tombant et la flamme se communiquerait jusqu'au vase qui contient le reste, ce qui occasionnerait des accidents.

Des vins qui ont contracté le goût d'évent. — Les vins ne contractent ce goût que lorsque les tonneaux ont été mal bouchés. Si le goût est peu prononcé, on peut le faire disparaître en collant le vin, et le soutirant après quinze jours de repos.

Si le goût d'évent est très-fort, il faut mêler au vin 10 à 12 pour 0[0 de lies fraîches, rouler le tonneau une fois par jour pendant un mois, et soutirer ; on ajoute ensuite dans le tonneau quatre ou cinq bouteilles d'eau-de-vie.

Des vins qui ont contracté le goût du fût, de moisi, etc. — Lorsque le goût contracté est fort, il n'y a aucun moyen de le faire disparaître : on peut seulement essayer de le masquer. Pour cela, après avoir transvasé le vin, on fait rôtir une livre de froment dans une brûloire à café. On l'enferme tout chaud dans un sac long et étroit, qu'on descend dans le tonneau par sa bonde, et qu'on retient avec une ficelle. On ferme le tonneau, et vingt-quatre heures après on transvase encore le vin dans un tonneau où on a mis de la lie fraîch

dans la proportion d'un huitième de vin défectueux.

*Des moyens de prévenir la dégénérescence
des vins.* — Les vins les plus faibles se soutiennent ordinairement fort bien dans les bonnes caves, quand d'ailleurs ils y arrivent sains; il faut
donc, pour prévenir leur dégénérescence, employer
les moyens indiqués pour l'amélioration des caves
(*V.* ce mot). Il faut surtout les tenir très-propres,
et en éloigner les substances fermentescibles. Si,
par la nature de leur sol ou le voisinage des fosses
d'aisance, les caves sont infectées de miasmes pu-
trides, on fera bien d'y brûler de temps en temps
une once ou deux de soufre : on le place sur un
têt, on l'allume et on se retire.

Comme les vins spiritueux supportent assez bien
beaucoup d'inconvénients qui dénaturent promptement les vins faibles, comme le sont souvent les
vins ordinaires, si on a une certaine provision de
ceux-ci qu'on soit obligé de garder en tonneaux, il
est bon d'y ajouter depuis trois jusqu'à sept à huit
bouteilles d'eau-de-vie par barrique; en goûtant
de suite les vins auxquels on a fait cette addition,
on y reconnaît très-bien la saveur de l'eau-de-vie;
mais, après un mois ou deux de mélange, on ne la
retrouve plus, et le vin est sensiblement amélioré.

Des vins trop sombres en couleur. — Ces
vins sont ordinairement pâteux, lourds et fades,
quoique souvent très-spiritueux. On les améliore en
les coupant avec des vins blancs, qu'on y ajoute
dans des proportions diverses, selon que les vins
sont plus ou moins chargés en couleur.

De l'âpreté des vins. — Il y a des vins qui
acquièrent en vieillissant une excellente qualité,
mais qui sont si âpres, lorsqu'ils sont jeunes, qu'ils
sont peu agréables à boire. Ce qu'on peut faire de
mieux pour ces vins, c'est de les attendre ou d'accélérer leur maturité en les plaçant dans un cellier
un peu chaud, pourvu qu'ils n'y soient pas frap-
pés directement par le soleil

Quant aux vins qui, étant âpres et verts, sont
peu spiritueux, c'est en vain qu'on espèrerait les
améliorer en les coupant avec les vins spiritueux
et fades du Midi : leur saveur perce toujours. Le
seul moyen d'adoucir ces vins, c'est d'y ajouter
de l'eau-de-vie, dont on proportionne la quantité
à l'âpreté des vins. On peut, sans inconvénient, en
mettre jusqu'à huit ou dix pintes par barrique de
trente veltes : on peut même dépasser cette proportion, si l'on veut garder ces vins pendant long-
temps.

Vin de pêches à la façon de Strasbourg.
— Prenez cent pêches de vigne et douze pêches
d'espaliers bien mûres; ôtez-en la peau et les
noyaux, écrasez la pulpe du fruit dans une terrine,

et ajoutez-y un demi-litre d'eau avec une once de
beau miel ; passez au tamis et soumettez le marc à
l'action d'une presse. Versez tout le liquide dans
une cruche de grès; ajoutez-y sucre quatre livres,
feuilles de pêchers cinq onces, cannelle un gros,
vanille deux gros, et autant de bon vin blanc que
vous aviez de suc de pêches ; laissez fermenter, en
couvrant bien le vase. Lorsque le liquide sera
éclairci et les feuilles séparées, filtrez et mettez en
bouteilles. Quelques personnes ajoutent une bouteille d'eau-de-vie au mélange, mais cela n'est pas
nécessaire.

Ce vin, qui est très-agréable au goût, est un
excellent stomachique, et l'on dit qu'il facilite les
digestions laborieuses.

On peut également faire des vins de prunes,
d'abricots; seulement, comme ces fruits sont plus
sucrés que la pêche, on mettrait moitié moins de
sucre; on suivrait du reste le même procédé.

*Vin de groseilles ou de cerises (à la ma-
nière d'Angleterre).* — Prenez six parties
de groseilles rouges bien mûres ou six parties de
cerises de la grosse espèce, une partie de cerises,
noires si vous projetez de faire du vin de cerises
ou bien une partie de framboises si vous voulez
faire du vin de groseilles.

Écrasez les fruits pour en avoir le suc, que vous
verserez dans un baril; ajoutez une livre de cassonade par dix bouteilles de ce suc; ayez soin que
le baril soit plein, et conservez en outre une bouteille de ce suc pour remplir le baril et remplacer
ce que la fermentation fera sortir par la bonde;
lorsque la mousse s'arrêtera, fixez la bonde et laissez reposer pendant un mois; tirez alors et mettez
en bouteilles.

Vin chaud à l'orange (V. page 71).

Vin chaud à la mode anglaise, ou Négus.
— Breuvage originaire des Indes, et qui s'opère
avec du vin blanc, du sucre et du jus de limon,
auxquels on ajoute du gingembre et de la râpure de
muscade. Quand on peut joindre à tout ceci de
l'eau-de-vie de France et le jus d'un tamarin, c'est
un breuvage anglais qui ne laisse rien à désirer.

VINAIGRE, vin qui a subi la fermentation
acétique. Le vinaigre est susceptible de plusieurs
falsifications, qui ont toutes pour objet d'augmenter sa force : on y ajoute, dans ce but, ou de l'a-
cide acétique concentré, qu'on obtient par la car-
bonisation du bois en vases clos, ou de l'acide
sulfurique. Ces falsifications sont assez difficiles à
reconnaître : le meilleur moyen de s'y soustraire,
c'est de faire soi-même son vinaigre. Le procédé
suivant est très-simple et très-économique.

— Prenez un baril de vingt-cinq à trente litres
bien cerclé en fer; il n'est pas nécessaire qu'il ait un

trou de bonde en dessus; s'il en a un, fermez-le hermétiquement; faites ouvrir sur un des fonds, à un pouce environ du jable, un trou de dix-huit lignes de diamètre : lorsque le tonneau est en place, ce trou doit se trouver en haut; faites placer sur le même fond, à quatre pouces du jable inférieur, un petit robinet en étain; placez le baril à demeure dans un endroit habituellement chauffé, au moins dans les temps froids; assujettissez-le de manière qu'on ne puisse facilement l'ébranler.

Ces dispositions étant faites, faites bouillir quatre litres de bon vinaigre avec demi-livre de tartre; versez-le tout bouillant dans le baril : servez-vous pour cela d'un entonnoir dont la douille soit recourbée un peu moins qu'à angle droit : bouchez le trou et roulez le baril en tout sens, pour que son bois s'imprègne partout de vinaigre : vous ne l'assujettirez qu'après cette opération : versez immédiatement dans le tonneau quatre litres de vin. On emploie pour cela les baissières des tonneaux : à cet effet on les tire avec la lie et on les filtre au papier gris. Cette filtration est fort simple : on attache, par les quatre coins, entre deux tréteaux, deux chaises, ou, de toute autre manière, un linge blanc; on le couvre d'une feuille de papier à filtrer, et on verse le vin sur le papier; il passe clair et on le reçoit dans une terrine, pour le mettre ensuite dans des bouteilles de verre ou de grès, qu'on tient couchées jusqu'au moment du besoin.

Le premier vin qu'on ajoute au vinaigre est très-long-temps à s'acidifier complétement; mais ensuite l'opération s'accélère de plus en plus, jusqu'à ce qu'enfin huit jours suffisent pour convertir de un litre à un litre et demi de vin en vinaigre.

On accélère la première acidification en jetant dans le tonneau environ un quarteron de rognures de vignes hachées grossièrement, ou pareille quantité de fleurs de sureau ou de pétales de roses.

Quand la première acidification est opérée, on ajoute tous les huit jours un litre ou un litre et demi de vin, et on continue ainsi jusqu'à ce que le baril soit à peu près à moitié plein; alors chaque fois qu'on doit ajouter du vin, on tire auparavant une quantité égale de vinaigre.

Le trou latéral doit toujours rester ouvert; mais, pour empêcher que la poussière ou des insectes ne s'y introduisent, on place, au devant, une plaque d'étain percée de petits trous, laquelle, étant attachée avec un seul clou, peut être détournée à droite ou à gauche, lorsqu'il est nécessaire que l'ouverture soit libre.

Le baril peut fonctionner pendant plusieurs années.

Si on veut du vinaigre très-fort, on ajoute de l'eau-de-vie au vin, dans la proportion d'un huitième : il n'y a en effet que l'eau-de-vie contenue dans le vin qui se convertit en vinaigre; si le vin n'en contient pas assez, on remédie à ce défaut en en ajoutant.

Les vins qu'on appelle *piqués*, c'est-à-dire qui commencent à tourner à l'aigre, se convertissent facilement en vinaigre, et en donnent de bon : on n'en obtient que de mauvais avec les vins qui tournent à l'amer.

Vinaigre rosat, suiv. l'ancienne et bonne méthode indiquée par madame Fouquet. — Prenez un quarteron de feuilles de roses d'églantier ou de roses communes, et autant de mûres sauvages qui ne seront pas à leur parfaite maturité; ajoutez une once d'épine-vinette bien mûre; faites sécher le tout à l'ombre; quand cela sera bien sec, vous le pilerez et réduirez en poudre très-fine; vous mettrez ensuite une demi-once de cette poudre dans un demi-setier de bon vin rouge ou blanc; vous délaierez ce mélange et le laisserez ensuite reposer; vous le passerez au travers d'un linge, et vous aurez du vinaigre rosat.

Un ancien auteur a dit qu'on obtenait le même résultat avec de la moelle de lièvre; il indique son procédé de cette manière : un gros de moelle de lièvre que vous mettez dans une chopine de vin.

Vinaigre à l'estragon. — Mettez dans une cruche six pintes de bon vinaigre blanc d'Orléans et une livre et demie de feuilles d'estragon, que vous aurez laissées se flétrir à l'ombre, ayant bien soin de les étendre afin qu'elles ne s'échauffent pas; quand l'estragon sera fané, mettez-le dans la cruche avec le vinaigre, en y ajoutant un petit nouet de clous de gérofle et les zestes de deux citrons; puis vous boucherez bien le vase, que vous exposerez à l'ardeur du soleil pendant quinze jours, ou bien vous le mettrez deux ou trois fois dans le four, après que le pain en aura été retiré. Vous pourrez après cela vous en servir. Il est inutile d'y mettre du sel, ainsi qu'on a coutume de le faire. Vous décanterez votre vinaigre, c'est-à-dire que vous le tirerez à clair; vous exprimerez les feuilles d'estragon, et vous passerez le vinaigre au papier gris ou à la chausse de futaine, comme il est indiqué pour le verjus (*V.* VERJUS) ou bien prenez un grand tamis de crin sur lequel vous mettrez un rond de papier gris, formé de deux feuilles étendues l'une sur l'autre, de manière à couvrir tout le fond du tamis et à dépasser ses rebords de deux à trois pouces; vous verserez le vinaigre dessus, et quand vous l'aurez obtenu bien clair, versez-le dans des bouteilles que vous boucherez soigneusement.

Vinaigre à la Ravigote. — Prenez feuilles d'estragon flétries à l'ombre, feuilles de pimprenelle, civette et échalotes épluchées, de chaque deux onces; de fleurs fraîches de sureau, une once et demie; les zestes de deux citrons, le zeste d'une bergamote ou d'un cédrat, et finalement une douzaine de clous de gérofle concassés. Mettez le tout dans une cruche de grès ou de terre qui ne soit pas vernie, avec six pintes de bon vinaigre blanc d'Orléans, le plus fort possible. Faites macérer cet appareil et laissez infuser le tout ensemble environ dix-huit ou vingt jours, au bout duquel temps vous achèverez ce vinaigre aromatique ainsi qu'il est indiqué ci-dessus pour le vinaigre à l'estragon.

Vinaigre à la framboise (V. SIROP DE).

Gelée de vinaigre framboisé (V. GELÉES D'ENTREMETS).

Vinaigre du connétable. —Dans un pot de terre verni, de la capacité de trois pintes, mettez deux pintes d'excellent vinaigre rosat; une livre de raisin d'Alexandrie nouveau, que vous épépinerez avant de le mettre dans le vinaigre; vous exposerez ce mélange sur de la cendre chaude, l'espace de dix heures; après ce temps, vous lui ferez jeter quelques bouillons; quand il sera à moitié refroidi, vous le passerez au travers d'un linge; versez-le ensuite dans des bouteilles propres que vous boucherez bien.

Vinaigre à la rose pour la toilette. — Le procédé est le même que pour celui à l'estragon flétri à l'ombre; seulement, au lieu d'estragon, vous mettrez la même quantité de fleurs de roses épluchées et séchées. En place d'un nouet de gérofle vous mettrez un chapelet de racines d'iris de Florence, bien sèches; quand votre vinaigre sera fait, vous pourrez faire reservir plusieurs fois le chapelet en le faisant sécher après que vous vous en serez servi.

Vinaigre de lavande pour la toilette. — Procurez-vous un pot comme on vient de l'indiquer, et selon la quantité que vous voudrez avoir de vinaigre. Vous mettrez deux onces de fleurs de lavande nouvelle, et quelques zestes de citron par pinte de vinaigre; vous laisserez infuser le tout pendant vingt-quatre heures. Exposez votre vase bien luté sur de la cendre chaude; laissez-le pendant huit ou dix heures, mais sans le faire bouillir; passez ensuite à la chausse ou au filtre de papier gris, et conservez ce vinaigre dans des bouteilles hermétiquement bouchées.

Vinaigre des quatre voleurs (V. PHARMACIE DOMESTIQUE)

Vinaigre céphalique et pénétrant (V. au même chapitre).

VIOLETTE, fleur printanière de la famille des papillonacées. L'usage des violettes est fréquemment indiqué dans les formules applicables aux sucreries, aux liqueurs, aux sorbets, aux conserves et autres compositions de l'office.

Glace aux violettes. — Épluchez des fleurs de violettes que vous pilerez au mortier de verre avec du sucre, en y joignant un peu d'iris de Florence en poussière impalpable; travaillez cet appareil à la sabotière, et servez en tasses, en plaçant quelques violettes pralinées sur votre sorbet.

Marmelade de violettes. — Faites cuire du sucre à la grande plume; étant à moitié chaud, délayez-y de la violette pilée et passée au tamis. Il faut une livre et demie de sucre pour une demi-livre de violette.

Sirop de violettes. — Épluchez une demi-livre de fleurs de violettes (celles des bois est la meilleure); mettez-la dans une terrine, ou autre vase susceptible d'être bouché; vous ferez bouillir trois demi-setiers d'eau, et ne mettrez l'eau sur vos violettes que dix minutes après que vous l'aurez retirée du feu, parce que votre infusion, qui doit être d'un beau violet, serait verte, si l'eau était versée dessus trop bouillante; vous mettrez votre infusion à l'étuve, pour qu'elle se tienne chaude jusqu'au lendemain, que vous en retirerez la fleur, en exprimant bien le tout dans une serviette pour en retirer la teinture; vous la mettrez dans une terrine avec trois livres de sucre en poudre, que vous y ferez fondre; vous remettrez encore la terrine à l'étuve pendant vingt-quatre heures, en remuant de temps en temps; tenez l'étuve chaude pendant tout ce temps, comme pour le candi; cela vous produira deux bouteilles de sirop; vous aurez attention, avant de le mettre en bouteilles, d'en opérer la cuisson, qui doit être au fort lissé, pour qu'il se conserve et qu'il ne fermente point; de tous les sirops, c'est le seul qui se fait sans aller au feu.

VIRGOULEUSE, excellente poire qui se mange à l'automne et qui tient un rang distingué parmi les plus beaux fruits à la main. Les officiers ont observé que la cuisson ne réussit jamais très-bien à la virgouleuse.

VIVE. La vive de la Manche est armée sur le dos ainsi qu'aux ouïes de plusieurs arêtes infiniment aiguës, et dont on ne saurait assez se garantir en la préparant. S'il arrivait qu'on s'en fût piqué, il faudrait commencer par faire saigner la plaie, et finir par la frotter avec une espèce d'onguent composé d'un ognon qu'on pilerait avec le foie de la vive, et où l'on ajouterait du sel et de l'esprit de vin. C'est le spécifique employé dans toutes les familles riveraines de la côte de Cherbourg et de Barfleur.

Vives à la maître-d'hôtel. — Videz et lavez des vives, après avoir coupé les arêtes du dos et des ouïes ; ciselez-les légèrement des deux côtés ; faites-les mariner dans de l'huile avec du persil et du sel. Placez-les ensuite sur le gril ; après leur cuisson, dressez-les sur le plat, et masquez-les d'une sauce à la maître-d'hôtel, ou avec une sauce au beurre semée de câpres.

Vives à la normande. — Préparez des vives ainsi qu'il est dit à l'article ci-dessus ; coupez-leur la tête et la queue, et piquez-les avec des filets d'anguilles et d'anchois. Faites-les cuire ensuite dans une casserole avec du beurre, du persil, des carottes, des ognons, un clou de gérofle, laurier et basilic ; mouillez avec du vin blanc ; après cuisson, passez la sauce au tamis dans une casserole ; à cette sauce, ainsi tamisée, joignez du beurre manié avec de la farine ; faites cuire et lier le tout ensemble ; dressez les vives sur le plat, et masquez-les avec cette sauce, sur laquelle vous exprimez un jus de citron, et servez.

Vives à la bordelaise. — Vos vives préparées comme ci-dessus, faites-les cuire dans une casserole avec du vin blanc, des ognons coupés en tranches, carottes, persil en feuilles, laurier et sel ; après la cuisson, dressez-les sur le plat, masquez-les d'une sauce italienne, et servez.

VOLAILLE, dénomination générique applicable à tous les oiseaux de basse-cour (*V.* CHAPON, DINDON, CANARD, PIGEON, PINTADE, POULARDE et POULET ; *V.* aussi les mots BOUILLON, CONSOMMÉ, CAPILOTADE, QUENELLE, COQUILLE, PURÉE, etc.).

Il est bon de recommander aux gens de basse-cour de ne jamais tuer la volaille pendant que son estomac est rempli, et l'on aura soin de ne jamais la renfermer, lorsqu'elle est morte, avant qu'elle ne soit devenue froide.

Pour engraisser la volaille, soit chapons, poulardes, etc., on les enferme dans un réduit où l'orge ou le froment ne leur manque point, et où l'on a soin de leur donner de l'eau et du son bouilli de temps en temps. En Normandie et dans le Maine, pays réputés pour fournir à Paris les plus fines poulardes et les meilleurs chapons, on les met dans des cuves couvertes d'un drap où on les nourrit avec de la pâte de millet, d'orge ou d'avoine ; on trempe ces morceaux de pâte dans du lait pour leur faire une chair délicate et blanche ; dans les commencements on ne leur en donne pas abondamment, afin de les accoutumer à cette nourriture, et de jour en jour on l'augmente, en les obligeant à en avaler autant qu'ils peuvent en contenir ; trois fois par jour on les empâte, le matin, à midi, et le soir. On engraisse les canards et les dindons de la même manière avec les aliments qui leur conviennent le mieux, et qui sont ordinairement de la farine de maïs et des pommes de terre que l'on a fait bouillir avec de la farine d'avoine et du babeurre.

VOLE-AU-VENT, pâté chaud dont l'abaisse et les parois doivent être en pâte feuilletée (*V.* à l'article PATISSERIE, page 363).

WATTER-FISH, sorte de court-bouillon hollandais, qui doit s'appliquer particulièrement à la préparation des perches (*V.* page 127 à l'article CARRELET).

WELCH-RABBIT (*lapin-gallois*), espèces de rôties à l'anglaise. Faites, avec de la mie de pain, des tartines que vous ferez griller de belle couleur ; ayez du fromage anglais de Glocester ou d'une espèce analogue ; coupez-en de petits morceaux que vous ferez fondre avec un peu d'eau dans une timbale. Ajoutez-y du poivre de Cayenne ; étendez sur ces rôties le fromage fondu ; glacez-les avec une pelle rouge (mais en la tenant à distance), et mettez délicatement sur chacune de ces rôties un peu de beurre frais avec un scrupule de moutarde anglaise.

WERMOUTH, vin de Tokai, de Saint-Georges, de Ratterstoff, ou autres vins de Hongrie qu'on mélange avec de l'extrait d'absinthe et dont on use au commencement du repas (*V.* page 11).

X. Y. Z.

XÉRÈS, excellent vin liquoreux qu'on récolte en Espagne, et dont nous avons suffisamment parlé dans notre article sur les vins étrangers.

YEMAS, jaunes d'œufs confits à la manière de Sarragosse et de Valence. C'est tout à la fois un comestible très-friand et très-fortifiant. Nous ignorons quelle est sa préparation, mais on peut s'en procurer à Paris, chez le sieur Mata, confiseur espagnol (rue Rameau, n° 9), auquel il est suffisant de faire commander des yemas ou des mazapans, à 4 francs la livre, un jour à l'avance.

ZESTE. On nomme ainsi la partie jaune de l'écorce des citrons, des oranges et des cédrats, qu'on lève en tranches minces : l'huile essentielle, à laquelle les fruits de ce genre doivent leur arôme, réside essentiellement dans le zeste ; le blanc qui est au-dessous en est complètement dépourvu, d'ailleurs il est d'une amertume assez désagréable ; et c'est pourquoi on recommande toujours de l'en séparer soigneusement.

ZUCHETTI, ragoût italien dont les principaux éléments sont des oranges et de petites courges (*V*. COUCOUDECELLE).

FIN DU DICTIONNAIRE DE CUISINE FRANÇAISE.

RECUEIL DES MENUS,

OU

TABLEAUX DE L'ORDONNANCE DES REPAS FRANÇAIS

Anciens et Modernes.

RECUEIL DES MENUS,

ou

TABLEAUX DE L'ORDONNANCE DES REPAS FRANÇAIS

Anciens et Modernes.

> « Au sujet des fleurs, et de ces mousses variées et
> » de ces beaux feuillages que nous savons si bien em-
> » ployer dans l'ajustement de nos plateaux et de nos
> » corbeilles pour les desserts, ou de nos buissons pour
> » les buffets ; c'est bien le cas, à mon avis, de pou-
> » voir appliquer ces belles paroles que Madame de
> » Staël a mises dans la bouche de sa Corinne : — *Ce*
> » *n'est pas seulement de pampres et d'épis que notre*
> » *nature est parée ; elle produit encore sous les pas de*
> » *l'homme, comme pour la fête d'un souverain, une*
> » *abondance de fleurs et de plantes inutiles qui ne sont*
> » *destinées qu'à plaire et ne s'abaissent point à servir.* »
>
> Monsieur CARÊME.

On ne sait presque rien sur les préparations culinaires au temps des rois chevelus ; mais on voit pourtant que la civilisation romaine n'avait pas péri dans la cuisine gauloise. On mangeait à peu près tout ce que nous mangeons, et même avec des raffinements que nous ignorons aujourd'hui. Parmi les comestibles les plus recherchés, on trouve nommés le *Maupigyrnum*, le *Dettegrout* et la *Karampie* ; mais on ne connaît plus que les noms de ces trois aliments. Le moine Esthuin nous dit qu'on servit un jour au dîner du roi Dagobert II un jeune ânon cuit à la broche et farci de petits oiseaux, de jeunes anguilles et d'herbes aromatiques ; mais il ajoute que le Roi ne voulut pas manger d'un si bon ragoût, parce que c'était le jour où il devait délivrer des prisonniers pour dette, et qu'afin de se préparer à cette œuvre de charité par la mortification des sens, il ne pouvait dîner ce jour-là qu'avec une soupe aux herbes. L'abbé Le Gendre nous apprend que la même coutume existait encore à la cour de Childéric III.

Au temps de Charlemagne on faisait cinq repas par jour : 1° le *déjeûner*, repas qui n'avait pas lieu les jours de jeûne, ainsi que le démontre le nom qu'il porte ; 2° le repas de dix heures, ou *décimheure*, appelé successivement et par abréviation *décimer*, *déismer*, *disner*, et finalement *dîner* ; 3° le deuxième décimer, qu'on appelait *redécimer*, et par contraction *récimer*, lequel était un léger repas analogue à nos *goûters ;* 4° le repas du soir, appelé vulgairement *souper*, parce qu'on y mangeait principalement des soupes ou du potage ; 5° la réfection nocturne, appelée repas de *collation* dans les monastères de l'ordre de Saint-Benoît, parce que c'était pendant sa durée que les lecteurs de la communauté collationnaient le travail du jour, en vérifiant à haute voix si les dissertations théologiques étaient d'accord avec la lettre des saintes écritures et les décisions des conciles. C'est lorsqu'il est question d'un repas frugal et tardif que les gens du monde emploient encore aujourd'hui cette appellation conventuelle.

D'après un extrait du registre des comptes de l'abbaye de Saint-Corneille (*manuscrit de la bibliothèque de l'Arsenal*), il est alloué au Frère Thibault, cellerier dudit couvent, la somme de septante sols et huit deniers pour avoir fait opérer le décimer ou dîner du roi Louis-le-Jeune, à son passage

34

et durant son *albergement o mounstiez Sanct-Johan.* On y voit que le dîner du Roi consista en quatorze plats de soupe, parmi lesquels il y en avait deux au vin, une aux choux et aux œufs, une aux ognons et à la cervoise, une à la citrouille au lait, une au beurre fort, une à l'huile fine et au poisson, et les sept autres à la viande bouillie.

Le *rost du Roÿ,* c'est-à-dire le second service, fut composé de quatorze pièces rôties, dressées en pyramide et sur un même plat que trois frères-lais pouvaient à peine soulever. Ce fut le châtelain de Crespy, tranchant royal et premier baron de Valois, qui trancha devant le Roi, et qui fit *dextrement* l'office de sa charge, en commençant par les bêtes à poil fauve, et finissant par le gibier à *plumes dorées,* c'est-à-dire le paon et le faisan. Cet énorme plat *rostifère* était accosté de douze salades et d'une *plate escuelle* qui contenait quatorze citrons *espicés,* ce qui produisit le même nombre officiel de quatorze plats, ainsi qu'au premier service.

Ce que nous appellerions aujourd'hui l'entremets et le dessert fut également composé de quatorze plats, savoir : aux deux bouts de la table, un monceau de fines *gastelles* avinées et miellées, et une large cuvette de *laict espouais* et *calboitiez ;* le surplus étant douze *patanes* garnies de fruits crus, d'amandes sèches et de fines épices miellées et *fromenteez* ou farinées, sorte de compositions auxquelles on a donné le nom de *dragées* trois cents ans plus tard.

Dans ce document sur le menu d'un festin qu'on donne au Roi Louis VII en l'année 1129, il n'est fait mention d'aucun autre vin précieux que de *Muscouatelle* d'Arles et de *Mellogreejoyz* ou vin grec.

A défaut d'un menu du temps de saint Louis, arrière-successeur de Louis-le-Jeune, nous trouvons qu'on servait devant lui des faisans, des paons et des cygnes *aournez de lor plumaige* et de fleurs naturelles, où l'on ajoutait quelquefois des ornements d'orfèvrerie enrichis de perles et de pierreries d'Orient. Le *pectoiral* et le collier d'or qu'on suspendait au col des cygnes *empastiez* était conservé avec les hanaps et les autres ustensiles d'or et d'argent dans la tour des Queux au château de Vincennes ; et l'on voit par l'*inventaire et roole des comptes,* en 1223, que cette œuvre lapidaire était évaluée onze cents pièces d'or *à l'agnel ;* ce qui fournirait d'après les données monétaires applicables aux agnels-à-grand'-laine, ou *mutones aurei,* du temps de la régence de Blanche de Castille, ce qui fournirait, disons-nous, pour ce seul joyau de cuisine, une valeur à peu près égale à 26,000 francs de nos jours. La magnifique coupe de sardoine, qu'on voit encore au Musée du Louvre, faisait partie du même trésor de Vincennes, ainsi que la coupe de cristal de roche irisé, sertie d'or et garnie d'hyacinthes, dont se servait habituellement *le sainct Roy quy becvoyt touts jours en ung vesre,* ainsi que nous dit le bon Joinville, à dessin de manifester la tempérance et la sobriété de son *bény seigneur et tant chéry !* On voit aussi dans le *Mémorial de Loc-Dieu,* chronique du temps de Philippe-Auguste et de Louis VIII, qu'on ajustait aux hures de sanglier des yeux d'émail avec des défenses d'argent, et qu'on mettait aussi des yeux *tendres et bleus* aux agneaux rôtis qu'on mangeait à Pâques, ainsi que des *contouronnes* de pâquerettes ou primevères et autres *blanches flours novelles.* Nous avons trouvé dans un manuscrit de Paulmy, qu'en exécution d'une ordonnance de la reine Blanche, tous les couvercles des marmites royales devaient être fermés par des cadenas dont le maître-queux de service avait les clés et la charge ; enfin M. Monteil a découvert que le maître-gril du château de Vincennes était monté sur quatre roues, pour faciliter son déplacement quand il était chargé de grillades et *aultres rissoilleries.*

Il appert d'un registre cité par Symphorien de Champier que le maître-cuisinier de la Reine Marguerite de Provence, femme de saint Louis, était à cent sous de gages ; mais qu'il avait le *profit de toutes les graisses de l'hostel,* ainsi qu'il est encore usité de nos jours dans les grandes maisons de Paris.

Il paraît que la cuisine française avait fait un pas de géant sous le règne de Charles V ; il est vrai qu'on diminua le nombre des repas quotidiens, mais on renchérit sur leur délicatesse, et c'est de la même époque que date le proverbe ou dicton suivant :

« Lever à cinq, dîner à neuf,
» Souper à cinq, coucher à neuf,
» Font vivre d'ans nonante et neuf. »

Chez les nobles, on annonçait le dîner au son du cor, et cela s'appelait *corner l'eau*, parce qu'on n'omettait jamais de se laver les mains avant de se mettre à table. On dînait à neuf heures du matin, et l'on soupait à cinq heures du soir ; on était assis sur des *banques* ou bancs, d'où nous est venu le mot *banquet*. Il y avait des tables d'or et d'argent ciselées ; les tables de bois étaient couvertes de nappes doubles appelées *doubtier*. On les empesait et les plissait comme *rivière ondoyante qu'un petit vent frais fait doucement soulever*. L'usage des serviettes est plus moderne. Les fourchettes, que ne connaissaient pas les Romains, furent à peu près inusitées chez les Français jusque vers la fin du XIVᵉ siècle. On ne les trouve mentionnées que sous Charles V ; mais, à la vérité, c'étaient des four-chettes d'or et garnies de pierreries, *tout aussi bien que la grand'nef d'argent, quy fu du roy Jehan, à deux chasteaux aux deux bouts et à tournelles tout en tour, pesant soixante et dix marcs. — Item, deux très grants flascons d'or à imaiges enlevées des neuf preulx, pesant quatre-vingt-dix-sept marcs, et de plus des coulpes et pots à grant numbre, pintes, aiguyères et gobbelets de vray christal, et des joyaulx d'argent, chasteaux, forteresses, chevaulx, et coulpes de jaspe à couronnes d'or endiadesmées de perles et rubits.*

On usait abondamment de cervoise et de vins de toutes les sortes. Le clairet était du vin clarifié mêlé à des épiceries ; l'hypocras, du vin adouci avec du miel. Un festin donné par l'abbé de Saint-Denis, en 1434, réunit 3,000 convives devant 2,000 plats.

Les repas royaux étaient mêlés d'intermèdes. Au banquet que Charles V offrit à l'empereur Charles IV, s'avança un vaisseau mu par des ressorts cachés : Godefroi de Bouillon se tenait sur le pont entouré de ses chevaliers. Au vaisseau succéda la cité de Jérusalem avec ses tours chargées de Sarra-sins ; les chrétiens débarquèrent, plantèrent des échelles aux murailles, et la ville sainte fut emportée d'assaut.

On voit dans la relation d'un autre festin donné par le Roi de France à l'empereur Vencéslas dans la grande salle du palais, qu'il y fut servi, sur la *grand'table de marbre noir*, trois assiettes de quatre-vingts mets chacune, et l'Empereur, tout *gros mangeoir* qu'il était, pria le roi de le dispenser de la quatrième assiette ou service. Ce fut à la même occasion qu'on entendit pour la dernière fois cette ancienne et généreuse proclamation faite par le héraut Montjoye : « Que tous ceux ici présents, qui ne sont que princes ou que ducs, se gardent bien de venir s'asseoir à la table royale de France, où ne sont admis que les ROIS et les CHEVALIERS ! »

Ce fut sous le règne de Charles V que la corporation des *Oyers* fut légalement établie (on appelle-rait aujourd'hui les oyers des rôtisseurs). Il leur était défendu de rôtir de vieilles oies, de vieux cha-pons et des poulets maigres ;

De cuire des viandes malsaines ou mal saignées ;
De faire réchauffer les potages ou les plats de légumes qu'ils devaient porter en ville ;
De faire réchauffer aucunes espèces de viandes refroidies ;
De garder la viande plus de trois jours ;
De garder le poisson plus de trente-six heures.

En cas de contravention, ces industriels étaient condamnés à payer l'amende, et leurs mets de-vaient être jetés dans l'égout le plus voisin de leur habitation.

Quelques années plus tard, on vit s'élever l'art des *Charcutiers* au détriment de celui des oyers, et voici quelques articles des statuts qui furent imposés aux charcutiers par ordonnance du Roi :

Que nul ne puisse employer ni cuire chair de porc, si elle n'a été vérifiée saine et de bonne moelle par nos commissaires ès-marchés des villes, appelés *languëyeux de porcqs ;*

Que nul ne puisse faire saucisses que de chair de porc, et non d'aucune autre bête qui se pourrait soustraire à l'expertise ;

Que nul ne puisse vendre boudins d'autre sang que de porc, car ce serait périlleuse viande.

Nous ajouterons à cette occasion-ci que tous les pâtissiers du royaume étaient tenus de jurer devant les maîtres-bouchers de n'employer jamais que de la chair saine et bien fraîche, et qu'une ordonnance du Roi leur interdisait de vendre *aulcuns pastez aagez de plus d'ung jour.* Voilà comme on entendait la salubrité publique, la police municipale et la surveillance administrative au temps de Charles V et même de Charles VI.

Dès l'année 1470, on faisait venir à grands frais du sucre d'Espagne et même d'Égypte ; mais on voit, dans un mémorial du temps, que les épiciers ou confituriers réservaient l'emploi du sucre pour les nobles, et qu'ils ne vendaient aux bourgeois que des confections au miel *suivant les us d'autrefois.*

Ce n'est pas d'aujourd'hui qu'on fait des observations gastronomiques ; et voici plusieurs indications culinaires qui ne datent certainement pas d'hier, car on les a trouvées dans le *Fidelle conductor en France,* le *Thrésor de sancté parfaicte* et la *Cosmographie de Belleforest.*

> « Blé d'un an, farine d'un mois, pain d'un jour,
>   Ayez toujours.

» Il y a quarante animaux terrestres et quatre cents animaux aquatiques bons à manger, mais non plus ; *ergo,* faites-en votre compte.

» C'est dans tous les mois où il y a un R que les *ouistres* sont bonnes.

» En febvrier, les bonnes poules !

» Bon mouton qui a été mordu par le loup, pour ce que le loup s'y connaît.

» Bœuf du Limosin très-bon, mais bœuf de Normandie vaut mieux.

» Le mouton du Rouergue est encore meilleur que celui d'Ardennes.

» Le chevreau d'Auvergne est bien bon, mais celui du Poitou le surmonte.

» Les volailles du Mans belles et bonnes ; celles de Caussade et Barbézieux plus que parfaites.

» Les oisons de Beaulne sont très-bons, et ceux de Gascogne les meilleurs.

» Les tripes de Paris n'équivalent point les andouilles de Troyes.

» Les jambons de Lyon ne parangonnent point à ceux de Bayonne.

» Les langues fumées d'Auvergne sont bonnes, et celles de Troyes valent bien mieux.

» Les *ouistres* du Hâvre-de-Grâce très-bonnes, et celles de Saintonge par excellence.

» Carpes de la Saône et carpeaux du Rhône.

» Esperlans de Quillebeuf, sardines de la Rochelle et sardinelles d'Antibes, appelées *anchoics* en langue de Oc.

> » Barbots du Lot, Tanches de Meulan,
> » Goujons de Seine, Artichauts de Laon,
> » Fèves de Senlis, Pois de Longchamps,
> » Figues d'Argenteuil, Cierges du Mans,
> » Couteaux de Chartres et Chapelets de Nogent,
>   » Pour ma Toynette,
>   » La bachelette
>   » Que j'aime tant !

» Cuisses de bécasse, ailes de perdrix, morceaux choisis.

» Ventre de carpe et dos de brochet.

» Thon de Marseille, excellent manger.

» Le beurre de Normandie qui sent la violette est bien bon ; le beurre de Bretagne qui sent l'orange est exquis.

» Le fromage de la Brie, du Dauphiné, du Languedoc est très-bon, comme aussi le fromage vert de Provence ; mais le fromage bleu de Roquefort est le meilleur de tous.

» Moutarde de Dijon, cottignac d'Orléans, biscuits de Reims et dragées de Verdun sont choses parfaites.

» Il faut engraisser les chapons avec de la farine d'ivraie, de froment et de châtaignes, en les mettant dans des caisses où ils ne peuvent nullement se tourner ni se remuer. On fera bien de les y laisser *à tastons.*

» Nourrissez vos pigeons de volière avec de la mie de pain trempée dans du vin ; vos paonneaux avec du marc de cidre, et vos jeunes pourceaux avec des panais.

» N'omettez point d'argenter le bec et les pattes des perdrix grises, comme aussi de dorer le bec et les pattes des perdrix rouges et des faisans royaux. »

Le *Vivandier Royal,* par maistre Jehan le Clercq et le *Grand Cuysinier de toute Cuysine,* ainsi qu'un autre ouvrage intitulé *Manières d'approprier toutes viandes,* par Taillevent, contiennent environ trois cents formules pour opérer des ragoûts, entrées, potages, brouets, pâtés, gâteaux, confitures, oublies, épices de chambres, sucreries, sauceries et confections vineuses, appelées hypocras ou vins sucrés.

On voit, dans l'ouvrage intitulé de l'*Honneste Volupté du Goust,* par Denys Bazin, que le prince Humbert, dernier Dauphin de Viennois, se faisait servir à Paris, pour son dîner de chaque lundi :

> Une soupe au riz d'Italie,
> Une soupe aux poireaux grillés,
> Une soupe aux choux rissolés au beurre,
> Une pièce de bœuf bouilli,
> Une pièce de porc rôti,
> Un entremets de six volailles,
> Un autre de six gibiers rôtis,
> Trois salades crues,
> Trois sortes de fromage,
> Douze *escuelles creuses* de fruits,
> Et de plus quatre *escuelles plates* ou drageoirs garnis de sucre blanc à la cannelle,
> Sucre rosat,
> Sucre orangeat,
> Sucre anisé,
> Sucre de citron,
> Pâte de Roy,
> Pignonnat,
> Gérofline,
> Amandiolle,
> *Manu-Christi.*

Le souper du même prince, qui, comme on sait, était devenu profès dans l'ordre de Saint-Dominique, et qui vivait au couvent des Jacobins à Paris, consistait, pour le même jour du lundi, dans quatre plats de différentes soupes :

Un quartier de cerf rôti,
Un entremets de cervelles,
Ou de langues, ou de pieds de veau, assaisonnés au vinaigre rosat.
Deux tartes aux amandes et fruits sucrés,
Et finalement des épices et confitures à profusion.

Les barons de la cour delphinale avaient toujours la moitié de la portion de leur maître, les simples chevaliers et les aumôniers en recevaient le quart, les écuyers et les chapelains, le demi-quart seulement. Les distributions de pain, de vin, de moutarde, et d'épices sucrées appelées confitures, étaient faites dans la même proportion ; tel rang, tel poids, telle mesure ; ainsi la jeune filleule du Dauphin, la Damoiselle de Virieu, avait une livre de moutarde et quatre pots de vin pour son dîner, tandis que le grand-chantre du prince et son écuyer porte-glaive ne recevaient que le quart de cette *livrée.* (Le nom des habits de livrée avait la même origine et provenait d'une livraison qui s'en faisait tous les quinze mois, soit dit en passant.)

Nous nous permettrons d'observer, à l'occasion du même ouvrage de Denys Bazin, que, jusqu'à lui, tous les auteurs avaient tutoyé le public dans leurs préfaces. Or il se trouva que François Ier ne voulait être tutoyé publiquement ni en vers ni en prose, et Brantôme est allé jusqu'à dire que si un auteur avait pris la licence de tutoyer ce grand roi dans quelque dédicace, il en aurait été rudement châtié par *force coups de fouet.*

On ne sait si l'auteur de l'*Honneste Volupté du Goust* avait eu la pensée de s'adresser à François Ier ; mais toujours est-il que, malgré l'usage du temps, il ne tutoie aucunement son *Ami Lecteur.* — *Vous prendrez deux lièvres à la fin d'en faire un civet :* voilà comme il commence son livre, sans aucune autre introduction ni avant-propos que la gravure du frontispice, qui représente un homme écorchant un lièvre.

RELATION D'UN DINER DU TEMPS DE HENRI II.

(Extrait du vieux Paris, par le C. Turpin.)

Remontons les siècles jusqu'à l'an de l'Incarnation 1558, et le cinquième de mars, un peu avant la onzième heure du jour, pénétrons dans la salle basse d'un manoir édifié tout de neuf et enrichi de meubles fort exquis et précieux. Approchez de cette haute cheminée dont le manteau est supporté par de sveltes cariatides ; remarquez au milieu de cette couronne de lauriers et de fleurs le buste en bronze du feu roi François Ier. Saluez l'auguste modèle de la chevalerie, le père des lettres, des sciences et des arts ! Sur les parois à droite, devant ces belles tentures d'Arras, où sont pourtraits au vif les déduits de la chasse à l'oiseau, voyez ce dressoir élégant, fait en bois de noyer rubanné ; ses panneaux et son dosseret ont été sculptés d'après les dessins de défunt maître Roux. Là, sur des tablettes tapissées de velours, brillent à la clarté des verrières de couleur les hanaps, les salières émaillées, les vases d'argile, dits *rustiques figalines,* et les bassins et les aiguières d'argent ciselé, ouvrages de Courtois, de Palissy et de Duvet. A gauche, au-dessous de la croisée du centre, vous apercevez une table parée d'un tissu de fin lin d'Artois, mignonnement damassé ; on a étalé sur cette nappe un tranchoir de vermeil, surchargé d'une pile de tranches de pain et d'une trousse de cuir doré, contenant *forches et cousteaux* pour servir les viandes ; car un festin s'apprête ; ce grand couvert vous le dit. Un jeune page faisant brûler des parfums, et ces serviteurs qui vont et viennent hâtivement font deviner que l'hôte et ses convives sont près de faire ici leur entrée.

Arrêtez-vous, en attendant, devant cette belle porte; voyez dans le tympan ce blason d'argent aux six feuilles de houx de synople; c'est celui du maître de céans, de Messire Pierre de la Vieuville, Baron de Rugles et d'Arseilliers, Fauconnier et Gentilhomme servant du Roi Henri II. Il célèbre en ce jour, avec l'élite de ses amis, la prise de possession de cette belle demeure.

Pages et varlets s'empressent de donner à laver. Le maître et la maîtresse assignent les places à table; chacun est encore debout devant celle qu'il doit occuper; le plus âgé fait le signe de la croix et récite à voix haute la prière d'usage au commencement des repas. On s'assied. Un siége demeure vide.... il est réservé au Vitruve lyonnais, à Messire Philibert de Lorme, Abbé de Saint-Éloy-les-Noyon et Saint-Serge-les-Angiers. Au moment où il allait se rendre à cette fête, Madame Diane de Poitiers, Duchesse de Valentinois et de Diois, l'a envoyé quérir pour s'entretenir avec lui des embellissements en œuvre à son château d'Anet; le Seigneur de la Vieuville, averti de ce contre-temps, en a ressenti déplaisir.....

Les premiers moments du festin se passent en silence; l'appétit s'oppose à toute conversation; cliquetis de couteaux et de cuillères est tout ce qu'il est donné de pouvoir entendre. Aussi vous devez observer que déjà l'on vient desservir les restes d'un *potage* copieux, composé d'*huîtres, de moules et de riz safrané*, ainsi que les reliefs de deux grands plats garnis de *pièces de bœuf, de veau, de mouton et de lard, entremêlées des meilleurs légumes de la saison*. Mais le *vin de Dijon* est offert à la ronde dans un large hanap de cristal. Cette liqueur généreuse anime les esprits et délie les langues; vives saillies se succèdent; plaisants devis se font ouïr : on n'en arrête le cours un instant que pour considérer les airs d'importance et la marche grave de cinq gros varlets, bravement accoutrés, ayant la charge de dresser le second service. Le premier apporte des *oisons à la Malvoisie* et des *murènes en tronçons revêtus;* le deuxième un *ventre d'esturgeon à la lombarde* et *un quartier de chevreuil au fromage de Milan;* celui-ci des *perdrix à la tonnelette* et du *soleil de blanc-chapon;* celui-là de l'*oriflan de gelée* et de la *dariole aux pointes de diamant;* et le dernier, le plus robuste de tous, rehausse cet ensemble d'un énorme *pâté de sarcelles* qui est flanqué aussitôt de deux *salades de raiponces de Meaux et de cresson de Macédoine, décorées de rouelles de concombres et d'ognons confits*.

Propos récréatifs ont repris l'essor. Bien manger, bien boire et bien dire vont à l'unisson. Ici l'on raconte maints beaux faits d'armes; là il s'agit de grands monuments; plus loin on cause de poésie, on exalte Clément, on critique Ronsard; et au milieu de ces entretiens variés, les ragoûts diminuent, les gelées fondent, le pâté s'écroule et le second service prend fin.

Place, place! voici venir Saupiquet, le maître-queux de l'hôtel! Fier de ses droits aux honneurs d'un triomphe, ce zélé serviteur élève pompeusement les bras pour mieux montrer le *jeune et beau cygne rôti* auquel il a su rajuster un cou gracieux et des ailes éployées, éclatantes de blancheur. Il laisse ignorer que les flancs de la victime recèlent bon nombre de *vanneaux, de pluviers* et de *guignards*. Admirez avec quelle adresse ses mains nerveuses déposent cette pièce d'apparat au centre de la table. Tous les regards sont fixés sur le bel oiseau. Pendant ce temps on groupe à ses côtés, avec art et symétrie, une foule d'entremets délicieux, et on lui donne pour supports, en tête et en queue, de fines bêtes à plumes, sauvagines et poulailles, un *puits de crème fouettée* et une *pyramide de gâteaux bafueulx*.

L'hôte impose silence; il a la tête découverte; il parle d'un ton digne; écoutez. Il propose de boire à la prospérité du très-chrétien et très-redouté Roi de France, Henri deuxième du nom, dont la bannière fleurdelisée vient d'être plantée vaillamment et à toujours sur les bastilles et remparts de Calais. Qu'il fait beau voir, à ces mots, les coupes remplies de *vin de Reims* élevées presque toutes à la fois! c'est à qui fera raison avec le plus d'enthousiasme et d'amour!

A cette heure examinez la manœuvre de cette grande nef d'argent, richement pavoisée, et qu'on fait rouler sur la table. Elle porte à son bord hypocras et rossolis; chacun y puise bellement au passage. Le drageoir circule de mains en mains; on fait largesse de confitures et d'épices; grâces sont dites, et l'on va quitter la table. Un page annonce Messire Philibert de Lorme! Aussitôt la compagnie se lève, s'avance et l'entoure. — Hé! quelles nouvelles de la cour?

— On ne s'entretient au Louvre, répond Philibert, que de la joyeuse et fraternelle réception faite ce matin au souverain des Pyrénées. Le Roi de Navarre, Antoine de Bourbon, est advenu soudainement à l'huis du gros pavillon, menant à son ordinaire état modeste et petit bruit. Conduit sans délai jusqu'à la chambre royale, il y a présenté l'espoir de son lignage, un enfant qui n'a pas cinq ans. Oncques ne s'est vu petit garçon tant dispos, ni tant éveillé et assuré! Notre maître l'a pris dans ses bras, l'a caressé et lui a demandé s'il voulait être son fils? — *Quet es lo peigne pay* : celui-ci est Monsieur mon père, a reparti le petit prince, en montrant le Roi de Navarre. — En ce cas, a ajouté le Roi de France qui prenait plaisir à l'ouïr jargonner, puisque vous ne voulez être mon fils, vous plairait-il devenir mon gendre? — *O bé!* à la bonne heure, a-t-il dit avec résolution et vivacité. — Cet enfant-là fut Henri IV!

Nous avons déjà dit, Brantôme à la main, que notre excellent potage à la purée de blanc de volaille et d'amandes était *grandement favorisé* par Marguerite de Valois, première femme d'Henri IV, et que c'est à la prédilection de cette aimable princesse qu'il a dû son nom de *soupe à la Reine* (*V.* page 389).

Nous avons dit aussi, dans notre avant-propos, que les *Ollas-podridas*, ainsi que les deux meilleures entrées de l'ancienne cuisine, c'est-à-dire les *Accolades d'anguilles à la Royale* et les *Perdrix à la Medina-Cœli*, nous étaient arrivées en France à la suite de la reine Anne d'Autriche, à qui nous devons également l'importation de l'*Hypocras au vin d'Alicante* et des *Carottes à l'Andalouse* (*V.* page 127).

On voit, dans le *Grand Dispensaire à la Royale*, que l'ancien usage de recouvrir certains mets (tels que des crèmes cuites) avec des feuilles d'or ou d'argent avait été conservé dans les cuisines de Versailles, et c'est pour cela qu'il est question de *crème au riz dorée* et d'*épinards argentés* dans plusieurs ouvrages du temps. On croyait maintenir en cela l'*étiquette du Louvre*, ainsi que nous l'avons fait observer, d'après Gohier du Lompier, pages 29 et 89.

Si l'on en croyait le duc de Saint-Simon, zoïle de Louis XIV, ce grand monarque aurait *vidé* tous les matins cinq assiettes de différents potages et plusieurs jattes de fruits crus; mais si l'on s'en rapporte au marquis de Dangeau qui ne sortait jamais de la cour, on pensera qu'*à restriction de ses grands couverts, le Roy ne vivgist que de choses très-simples, mangeant toujours modérément quoique de bon apestit, et buvant plus sobrement encor.*

Il est vrai que MONSIEUR, duc d'Orléans et frère du Roi, mangeait quelquefois à son souper tout un jambon rôti, douze bécassines avec leurs tartines de lèchefrite, une pleine casserole de bouillie d'amandes, et puis des salades avec du fromage et des concombres, et puis des gâteaux feuilletés et fourrés de confitures, et finalement des fruits de la saison *tant qu'il en voyait à son couvert*. Madame de Choisy lui reprochait continuellement de ne pas aimer les potages, et madame de Caylus observait à cette occasion-là qu'il y avait dans toutes les habitudes de MONSIEUR *quelque chose qui n'était pas français.*

MADAME (Charlotte de Bavière), épouse de MONSIEUR, était certainement d'un caractère opiniâtre; car, pendant les 49 ans qu'elle a passés dans le palais de Versailles, *elle y vivait toujours de soupe à la bière et de bœuf salé.* Un auteur contemporain nous dit qu'elle usait notamment d'un certain ragoût de choux fermentés qu'elle se faisait envoyer de son palatinat, et qui, chaque fois qu'elle en faisait servir devant elle, exhalait la plus mauvaise odeur dans tout le quartier du château qu'elle habitait. « Elle appelait ceci du *schaucraout*, et comme elle en voulait faire goûter à tous » ceux qui l'allaient saluer pendant son dîner, c'était à qui s'enfuirait! Elle en faisait une sorte de per-

» sécution patriotique, en y mettant la vanité la plus inconcevable. Elle achevait ses repas avec des » *poires tapées* et des *pruneaux fricassés pêle-mêle avec du lard et des ognons*, et puis » des *salades de harengs crus, de poireaux crus et de pommes crues, assaisonnés à* » *l'huile et à la moutarde.* Enfin c'était des galimafrées de *colimaçons* qu'elle faisait venir de » Bavière, et je vous puis affirmer qu'elle avait la coutume de saupoudrer les tranches de melon qu'elle » mangeait avec du *tabac d'Espagne.* On lui faisait aussi des *confitures de panais* avec du *vin* » *rouge et du miel;* et, si vous étiez malade après un tel souper, elle avait de la *conserve de* » *momie* toute prête. Rien n'était plus admirablement salutaire que l'usage de la momie; elle ne ta- » rissait pas sur les bons effets de la momie. »

MENU DU REPAST

OFFERT AU ROY (LOUIS-LE-GRAND) EN 1666;

PAR MADAME LA CHANCELLIÈRE,

En son Chasteau de Pontchartrain.

Premier Service.

Huict pots à oille
et
Seize hors-d'œuvres chauds.

Deuxiesme Service.

Huict grands relevés desdicts potages
et
Seize entrées de fines viandes.

Troixiesme Service.

Huict plats de rost
et
Seize plats de légumes apprestés au coulis de viandes.

Quatriesme Service.

Huict pastés ou viandes et poissons froids,
et
Seize sallades creües
à l'huile, à la cresme ou au beurre.

Cinquiesme et dernier Service.

Vingt et quattre pastisseries diverses.
Vingt et quattre jattes de fruicts creüds.
Vingt et quattre assiettes de sucreries.
Conserves et confiteures seiches ou liquides.

MENEU DU DISNER

QUI FUST DONNÉ PAR MESSIRE MATHIEU MOLÉ,

GARDE DES SCEAUX DE FRANCE

A MONSIEUR LE PRINCE (LOUIS DE BOURBON-CONDÉ),

Le Samedi, 9 Août 1652,

(Voyez les lettres de Mademoiselle de Scudéry, à la suite des Mémoires de Tallemant des Réaulx.)

XIV Potages malgres,

dont

I aux écrevisses du Rhyn et vin d'Espaigne,

et l'aultre

aux huistres d'Angoulesme et œufs de perdrix rouges,

lesquels servis aux deux costés de son Altesse.

XIV plats de poissons,

I. Un saulmon de vingt escus.

I. Brochet de XIX liures.

I. Carpe aux œufs, de Champlastreux.

I. Truite de Suysse, XXIV liures.

I. Turbot du Hasvre de Grasce.

I. Matelotte de lamperoyes d'Angers.

I. Hochepot de gibiers de riuiesre.

I. Gibelotte de poissons meslés,

I. Anguille à la broche, IX liures 16 sols.

I. Pasté de barbottes du Rhosne.

I. Fricassée de lottes aux asperges.

I. De morue fraische au groseilles uerdes.

I. D'aloses de Rouen grillées,

I. D'esperlants farinnés au cédrat.

XIV plats de rost.

VI. De poissons cuits au bleu.
IV. De poissons cuits à la poisle.
IV. De gibiers de riuiesre, à la broche.

XIV sallades.

III. De légumes cuits.
III. D'herbes uerdes.
VI. D'œufs accommodés diuersement.
II. De citrons musqués, x escus.

XIV assiettes gauffrées.

VII. De pastisseries à fonds de cresme.
VII. De pastisseries à fonds de fruict.

XXVIII jattes de fruicts et aultres,

desquels

VI agnanats touts entiers

et XII pacquets de fleurs de joncquilles à confire.

Dont CXII escus pour le coust d'yceulx fruicts et fleurs, et pour le tout de la despense géneralle, mil neuf cens soixante et cinq liures, et unze sols,

Que certifie iuste et uallable :

MAUGIS.

Apprevvay cette partie de Mavgis.

Bon povr 1965 livres 11 sols, que playra payer.
à Ivy maistre Lordier de Lestanville.

MOLÉ.

(Ce curieux document fait partie des autographes de M. de Châteaugiron.)

MENU D'UN DINER DE SAINT-CYR.

(Bibliothèque de Versailles.)

Premier Service,

Un potage aux croustons guarnis des légumes de
la marmitte.

Un relevé de potage.

La pièce de bœuf bouillie et guarnie de petits
pastés.

Quattre hors-d'œuvres.

Un d'un jarret de veau au gros sel,
Un de côtelettes de mouton grillées,
Un d'ailerons de dindon au bouillon,
Un de griblettes dans leur jus.

Deuxiesme Service.

Quattre entrées.

Une poularde à l'oignon dans sa saulce,
Une de deux testes d'agneau au gros sel,
Une de pigeons à la crapaudine,
Une langue de bœuf en ragoust blanc.

Troisiesme Service.

Troix plats de rost.

Un de troix poulets,
Un de deux perdreaux,
Un de deux brochettons frits.
Deux sallades cuites.

Quatriesme Service.

Cinq entremets.

Un d'asperges,
Un de cardes au bouillon,
Un de crestes et de queues d'écrevisses à l'huile,
Un d'œufs au laict au jasmin,
Un de petits gasteaux sucrés.

Cinquiesme Service.

Trois corbillons et quattre assiettes de dessert, suivant l'ordinayre de Madame.

Madame (de Mainte-
non) prye de retrancher
trois demoiselles en les
réservant pour la prochai-
ne foix, veu qu'elle vou-
droyt convier pour celliey
Mesdames de Caylus et de
Noailles, ainsy que Mon-
sieur l'Évesque de Char-
tres, et qu'elle n'entend
poinct qu'on augmente ja-
mays ses disners. Va donc
pour aujourd'huy Mesda-
mes de Saint-Cyr, assa-
voyr de Glapion et de la
Maisonfort, et six demoi-
selles au lieu de neuf.

Madame approuve le
présent menu, sinon les
écrevisses quy sont chose
mal saine, et aussi les
crestes de cocq, par motif
de bon exemple et bon mé-
nagement pour la may-
son.

Tout le monde sait que le duc Philippe d'Orléans, pendant la minorité de Louis XV, a eu l'honneur
d'appliquer son patronage aux *Philippines de moelle,* aux *saumons à la Régence* et aux *andouillettes à la d'Orléans.* M. de Berchoux nous a fait remarquer que c'était le plus beau résultat
de l'administration de ce duc d'Orléans, et que c'était la seule illlustration de sa postérité masculine.

PLUSIEURS MENUS

Exécutés aux Châteaux de Vincennes et des Tuileries,

PENDANT LA MINORITÉ DU ROI LOUIS XV.

ET POUR LA TABLE DE M. LE MARÉCHAL DUC DE VILLEROY,

GOUVERNEUR DE SA MAJESTÉ.

Extrait du Grand Dispensaire intitulé LES SOUPERS DE LA COUR.

MENU DE PRINTEMPS.

TABLE DE VINGT-CINQ COUVERTS EN MAIGRE.

Premier Service.

1. Plateau Dormant,
2. Potages,
1. De santé,
1. Au lait,
2. Ouilles,
1. A la Crécy,
1. A la purée verte.

Deux grandes entrées.

1. De turbot au blanc,
1. De carpe au bleu.

Vingt entrées et hors-d'œuvres.

1. De petits pâtés de poisson,
1. D'anguilles en fricassée de poulet,
1. De matelote d'éperlans,
1. De filets de perches à l'italienne,
1. D'esturgeon à la bonne femme,
1. De lottes à la chartreuse,
1. De quenelles de merlan,
1. De raie au beurre noir,
1. De carrelets au citron,
1. De harengs de Boulogne à la purée verte,
1. De morue à la maître-d'hôtel,
1. De turbot à la Béchameil,
1. De filets de saumon à la poulette,
1. De surmulet sauce aux câpres,
1. De filets de sole aux légumes,
1. D'omelette aux œufs d'esturgeon,
1. D'œufs aux petits pois,
1. D'œufs à la farce,
1. D'omelette au joli cœur,
1. De filets de saumon en attelets.

Second service.

Quatre relevés à la place des potages.

1. D'une alose sauce aux câpres,
1. D'une queue de saumon aux écrevisses,
1. D'une barbue grillée,
1. De perches au vin de Champagne.

Troisième Service.

Deux grands entremets.

1. D'un gâteau de Compiègne,
1. D'un bonnet de Turquie aux pistaches.

Deux moyens entremets.

1. D'écrevisses,
1. De homards.

Douze plats de rôts.

3. De soles,
3. D'éperlans,
2. De merlans,
1. D'une hure de saumon,
1. D'une alose,
2. De carrelets.

Six salades.

2. D'herbes,
2. De choses cuites,
2. D'oranges et citrons,
4. Sauces.

Quatrième Service.

Dix-huit entremets chauds pour relever les rôts et salades.

2. De flans,
2. De petites rosettes,
1. De tartelettes de pommes,
1. De génoises,
1. D'asperges en petits pois,
1. D'artichauts frits,

1. De crème à la strasbourgeoise,
1. De haricots verts,
1. De salsifis au jus,
1. D'huîtres à la Béchameil,
1. D'asperges en bâtons,
1. De chervis frits,
1. De cardes au parmesan,
1. D'artichauts au beurre,
1. De crème au chocolat,
1. De petits choux.

Cinquième Service.

Dessert.

Cinq dormants, deux à chaque bout, qui forment le filet du milieu pour les compotes et assiettes ; on peut en mettre trente-six, savoir : dix-huit compotes et dix-huit assiettes.

MENU D'AUTOMNE.

TABLE DE TRENTE-CINQ COUVERTS EN GRAS.

Premier Service.

Un dormant.

Quatre potages.

1. A la Dauphine,
1. A la semoule,
1. De navets,
1. A la madelonette.

Deux grandes entrées.

1. D'une salamalec,
1. D'une financière,

Dix-huit entrées et hors-d'œuvres.

1. De cailles au père Douillet,
1. De petits pâtés de filets émincés,
1. De crépines de gibier,
1. De côtelettes de faisan à la Périgord,
1. De carré de veau à la crème,
1. De campines en bigarrure,
1. D'attelets de lapereau,
1. De grenadins de veau, sauce à la nompareille,
1. De mauviettes en cerises,
1. De cuisses de poulardes au sultan,

1. De tourtereaux au vin de Champagne,
1. De poulets à la favorite,
1. De membres de poularde glacés,
1. De filets de mouton à la coquette,
1. De pigeons à la brunette,
1. De palais de bœuf à la Mariette,
1. D'écrevisses en matelote,
1. De tendrons de veau à la gelée.

Second service.

Quatre relevés de potage.

1. D'une matelote à la Royale,
1. D'un corbillon,
1. D'une chartreuse,
1. D'un faon de daim.

Troisième Service.

Huit entremets froids.

1. De gâteau de lièvre,
1. De poudin à l'anglaise,
1. De langues et de cervelas,
1. De brioches,
1. D'écrevisses,

1. De truffes en croustade,
1. De pâté de pannequets,
1. De soufflés.

Dix plats de rôts.

1. De bécasses,
1. De perdreaux rouges,
1. De mauviettes,
1. D'oiseaux de rivière,
1. De poule de Caux,
1. De petits pigeons en caisse,
1. De poulets à la Reine,
1. De levrauts,
1. De pluviers,
1. De pigeons romains,
   Six salades,
   Deux sauces

Quatrième Service.

Dix-huit entremets chauds.

1. De cardons à la bonne femme,
1. De cardes au parmesan,

1. D'épinards à l'essence,
1. De foies gras à la Duchesse,
1. De crème à la mariée,
1. D'artichauts à la poulette,
1. De haricots verts frits,
1. D'aubergines,
1. De rôties soufflées,
1. De génoises aux pistaches,
1. D'épinards à la crème,
1. De rognons de coq à la praline,
1. D'artichauts aux truffes,
1. De ragoût mêlé,
1. De choux-fleurs au beurre de Vamvres,
1. De pattes d'oie bottées,
1. De beignets mignons,
1. De crème au quadrille.

Cinquième Service.

Dessert.

On peut le servir comme le précédent, ou l'augmenter de quatre assiettes ou compotes; s'il est servi en jatte, il ne faut que douze compotes et douze assiettes.

MENU D'HIVER.

TABLE DE VINGT-CINQ COUVERTS EN GRAS.

Premier Service.

Un dormant.

Deux terrines pour les deux bouts.

1. Terrine à l'anglaise,
1. Terrine de bécasses.

Deux ouilles pour les flancs.

1. Au riz,
1. A la Crécy.

Deux potages pour les deux contre-bouts.

1. Au coulis de marrons,
1. De santé.

Seize entrées et hors-d'œuvres.

1. De cervelles de veau,
1. De pluviers, saucés de leurs foies,
1. De poitrine d'agneau au naturel,

2. De compotes de pigeons,
1. De filets de mouton à la purée de navets,
1. De langues de bœuf en papillotes, sauce à l'espagnole,
1. De semelles de faisans aux truffes,
1. De crépinettes de gibier,
1. De noix de veau dans leur jus,
1. De salmis de bécassines,
1. De poulets historiés,
1. De filets de poularde soufflés à la Béchameil.
1. De petits pâtés à la Nesle,
1. De filets de perdreaux à la jardinière,
1. D'émincés d'aloyau à la sauce italienne,
1. D'estomacs de perdreaux à la polonaise.

Second Service.

Quatre relevés de potage.

1. D'un quartier de chevreuil,
1. D'un gigot de veau dans son jus,
1. D'une selle de mouton au blanc,
1. D'un oison aux racines.

Troisième Service.

Quatre moyens entremets.

1. De crème au caramel dans des pigeons,
1. De crème à la Strasbourg dans des cailles,
1. De deux cervelas aux truffes,
1. De petites langues.

Huit plats de rôts.

1. De bécassines,
1. De pluviers,
1. De faisans,
1. De gélinotes des bois,
1. D'un dindonneau,
1. De poulets,
1. De pigeons romains,
1. D'un coq vierge.

Six salades.

2. D'herbes,
2. D'olives,
2. D'oranges amères.
    Quatre sauces.

Quatrième Service.

Dix-huit entremets chauds pour relève les rôts et salades.

1. De petites feuillantines,
1. De tartelettes de cerises,
1. De petits gâteaux à la Madeleine,
1. De vases de massepains et de crème grillée à la glace,
1. De crètes au restaurant,
1. D'œufs à la Bagnolet,
1. D'animelles de bélier,
1. De rognons de coq en pralines,
1. De foies gras à la Duchesse,
1. De truffes à la Maréchale,
1. D'asperges au beurre,
1. De choux-fleurs au jus,
1. D'escalopes de jambon,
1. De haricots verts,
1. De pattes d'oie bottées,
1. De cardons à l'essence,
1. D'œufs à la bonne-année,
1. De crème soufflée.

Cinquième Service.

Dessert.

16. Compotes,
16. Assiettes.

MENUS

Extraits des Anciens Dispensaires

INTITULÉS

LES DONS DE COMUS ET LE CUISINIER MODERNE,

PAR LE SIEUR VINCENT DE LA CHAPELLE.

(Menus du temps de la Régence, où les praticiens ne manqueront pas de remarquer l'énormité des grosses pièces, et l'inconcevable profusion qui présidait à toutes les festivités du Palais-Royal, en ce temps-là.)

MENU D'UN SOUPER DE SEIZE COUVERTS,

COMPOSÉ D'UN GRAND PLAT, DEUX MOYENS, QUATRE PETITS, HUIT HORS-D'OEUVRES, ETC.,

Servi le 3 Septembre 1719,

A SON ALTESSE ROYALE.

Pour le milieu.

1. Quartier de veau crépiné.

Deux pots à oilles pour les deux bouts.

1. A la jambe de bois,
1. Au riz, coulis d'écrevisses.

Quatre entrées.

1. De poulets à la Montmorenci,
1. De perdreaux à l'espagnole,
1. De canetons au jus d'orange,
1. De pigeons à la d'Huxelles.

Huit hors-d'œuvres, savoir :

1. De filets de poularde au blanc,
1. De côtelettes de mouton glacées à la chicorée,
1. De noix de veau glacées au céleri,
1. De petits pâtés à l'espagnole, deux perdrix,
1. De paupiettes à l'italienne,
1. De hachis de poularde à l'anglaise,
1. De filets de sole au vin de Champagne,
1. D'anguilles glacées, sauce à l'italienne dessous.

Relevez les deux pots à oilles :

1. D'un turbot glacé,
1. D'une hure de saumon bouilli à la hollandaise, sauce blanche avec des grenades.

Entremets.

1. Jambon à la broche, pour le milieu.

Pour les deux bouts de la table.

1. D'un gâteau de Savoie,
1. De gâteaux de mille feuilles.

Quatre plats de rôts, savoir :

1. D'un dindon,
1. De poulardes,
1. De perdreaux,
1. De petits pigeons en ortolans.

Quatre salades et deux sauces.

Dix petits entremets chauds pour relever les sauces.

Salades et le rôt.

1. D'écrevisses à l'italienne,
1. De ris de veau à la Dauphine,
1. D'artichauts à l'italienne,
1. De petits pois,
1. D'animelles,
1. De calapés,
1. De crêtes de coqs,
1. De langues de canards,
1. De pots d'Espagne,
1. D'œufs au jus.

35

MENU D'UNE TABLE DE DOUZE COUVERTS

Pour un Souper du Régent,

SERVI MOITIÉ GRAS, MOITIÉ MAIGRE.

POUR LE MILIEU UNE GROSSE PIÈCE,

DEUX POTAGES POUR LES BOUTS DE TABLE :

DIX ENTRÉES, SAVOIR, QUATRE JATTES ET SIX PLATS A FESTONS, etc.

Premier Service.

1. Pièce de bœuf salé, garnie de carottes et de patates.

Deux potages, savoir :

1. Maigre, coulis de brochet (un brochet),
1. De navets (un canard dessus).

Dix entrées, savoir : quatre dans quatre jattes, et six dans six plats à festons.

Les quatre jattes, savoir :

1. De filets de mouton glacés et piqués, et des cornichons par-dessus,
1. De poulets piqués de persil, avec une sauce à l'espagnole dessous (2 poulets),
1. De brochets à la polonaise (un brochet),
1. De perches à la génevoise (6 perches, une bouteille de vin blanc).

Les six plats à festons, savoir :

1. De saurcroûte au maigre (un brochet),
1. Quarteron d'huîtres, cuites avec une pinte de crème,
1. D'une noix de veau à la napolitaine,
1. De perdreaux en levraut (3 perdreaux),
1. D'anguilles à la bavaroise (2 belles anguilles),
1. Demi-cent de belles écrevisses.

Deux plats de poissons pour relever les potages, savoir :

1. D'une carpe à l'anglaise,
1. De Water Fisch (2 douzaines de petites perches, quatre petits brochetons).

Second Service.

1. Reins de sanglier marinés.

Deux plats de pâtisserie, savoir :

1. D'un gâteau fourré de marmelade d'abricots,
1. D'une tourte à la glace (6 pêches à l'eau-de-vie, une pinte de crème).

Quatre plats de rôt, savoir :

1. D'éperlans frits, trempés dans des œufs et panés,
1. De 2 poulardes,
1. De soles frites (2 belles soles),
1. De 2 canards sauvages.

Quatre salades différentes avec quatre différentes sauces.

Quatre petits entremets chauds, savoir :

1. De ris de veau piqués et glacés (6 ris de veau),
1. De pieds de cochon à la Sainte-Ménéhould,
1. De petits pois secs à la crème, d'œufs pochés dessus,
1. De pommes de reinette à la chinoise (6 oranges confites).

MENU D'UNE TABLE DE CENT COUVERTS,

SERVIE A DEUX SERVICES :

LE PREMIER A 175 PLATS, Y COMPRIS 25 DORMANTS ET 88 RELEVÉS ;
LE SECOND A 166, Y COMPRIS LES SALADES ET LES SAUCES, ET 66 PETITS ENTREMETS
CHAUDS, POUR RELEVER LES SALADES ;

Lequel Menu contrôlé par M. le Vicomte de Béchameil, Maistre d'hostel de M. le Régent.

Premier Service.

A vingt-quatre potages, savoir :

2. Potages de ris aux écrevisses, servis dans des pots à oilles, pour les 2 bouts de la table),
2. Potages aux petits ognons (3 pigeons aux œufs sur chacun,
2. Potages à la Saint-Cloud, garnis de belles crêtes (6 pigeons à la cuillère sur chacun),
2. Potages de vermicelle liquide (une poularde sur chacun),
2. Potages de navets (un caneton sur chacun),
2. Potages à la jambe de bois,
2. Potages de 3 petits poulets gras au céleri,
2. Potages d'asperges (6 pigeons aux ailes sur chacun),
2. Potages de perdrix à la Reine (3 perdreaux sur chacun),
2. Potages de cardes (2 petits poulets sur chacun),
2. Potages de santé (une poularde sur chacun),
3. Potages glacés.

Cinquante grandes entrées, savoir :

2. De quartier de veau pour les deux bouts de la table,
2. De rosbif de mouton aux fines herbes,
2. De noix de veau glacées au jus,
2. De cochon de lait en porc-épic,
2. D'aloyau en ballon,
2. De selle de mouton à l'anglaise,
2. De rosbif d'agneau glacé,
2. De deux dindes grasses chacune, aux marrons, aux saucisses et aux zestes d'orange,
2. D'éclanches à l'eau,
2. De pâtés chauds de 3 levrauts chacun,
2. De jambons en crépine (2 jambons),
2. De 3 poulardes accompagnées (24 pigeons à la cuillère, 18 foies gras, 2 livres de crêtes dessus),
2. De cochon de lait en matelote (6 grosses anguilles et 50 écrevisses),

2. De 3 canetons à la ciboulette,
2. D'éclanches roulées,
2. De gigoteau de veau en esturgeon, sauce piquante dessus,
2. De filets d'aloyau à l'italienne,
2. De filets de veau en ballon,
2. De 4 poulardes, chacune en grenadins,
2. De ballon d'aloyau,
2. De filets de mouton glacés à la chicorée,
2. De 4 canetons chacune, roulés aux pistaches,
2. De 4 poulets gras en hachis,
2. De poulardes à la Marly (4 poulardes, 4 ris de veau, une livre de crêtes, 2 livres de truffes).

Huit moyennes entrées, savoir :

2. De poulardes, chacune à l'anguille (4 poulardes et 4 grosses anguilles),
2. De trois poulets gras aux cornichons,
2. De tendons de veau marinés,
2. De queues de mouton au parmesan.

Soixante-six hors-d'œuvres d'huîtres vertes d'Angleterre.

Deuxième Service.

Vingt-quatre grandes entrées pour relever les vingt-quatre potages.

2. D'un saumon chacune, en gras, pour les deux bouts de la table,
2. De brochets garnis d'attelets, sauce piquante dessus,
2. De carpes à la Chambord,
2. De turbots grillés à l'huile,
2. De turbots à la Sainte-Ménéhould, au jus d'orange,
2. De 18 grosses lottes au vin de Champagne,
2. De 6 grosses perches aux anchoix,
2. De pains d'éperlans,
2. De grenadins d'anguille,
2. De 3 belles grosses truites aux truffes entières,
2. De pains de soles,
2. De pains de carpes.

35.

Soixante-six petites entrées pour relever
les huîtres, savoir :

2. D'ailes de poularde aux épinards (6 poulardes),
2. De cuisses de poularde en bottines (6 poulardes),
2. De 6 sarcelles aux olives (12 sarcelles),
2. De 3 poulets aux montants de carde (6 poulets),
2. De 3 perdrix aux huîtres (6 perdrix),
2. De 3 poulets gras aux maingots (6 poulets),
2. De 3 poulardes en ballon (6 poulardes),
2. De faisans, sauce à la carpe (2 faisans),
2. De bécassines à la sauce de brochets (12 bécassines),
2. De pigeons à l'italienne (12 pigeons),
2. De pigeons à la cuillère aux écrevisses, au blanc (12 pigeons),
2. De lapereaux roulés, sauce au vin de Champagne (12 lapereaux),
2. De poulets aux œufs, truffes coupées (6 poulets),
2. De pigeons à la cuillère, aux tortues (12 pigeons),
2. De bécasses entières en salmi,
2. De poulets en attelets (12 poulets),
2. D'ailerons de dindon glacés, sauce de leur jus (24 ailerons),
2. De ramereaux au fenouil (12 ramereaux),
2. De pigeons à la cuillère, à la poêle (24 pigeons),
2. De filets de poulardes, et de queues d'écrevisses et truffes coupées, au blanc (8 poulardes),
2. De pigeons au soleil, panés (24 pigeons),
2. De rouges à l'échalote (6 rouges),
2. De poulets aux œufs, en fricassée de poulets, à l'huile et au vin de Champagne,
2. De mauviettes au gratin, colorées de parmesan (60 mauviettes),
2. De perdreaux, sauce à l'espagnole (6 perdreaux),
2. De poulardes en caneton (6 poulardes),
2. De cailles au laurier (24 cailles),
2. De cuisseaux d'agneau au salpicon (4 cuisseaux),
2. De barbues à l'italienne (4 barbues),
2. De truites en fricandeau (6 truites),
2. De maquereaux (8 maquereaux),
2. De lapereaux à l'italienne (8 lapereaux),
2. De filets d'oiseaux de rivière au parmesan (12 oiseaux).

Entremets froids pour relever les entrées
de poisson, savoir :

2. De hure de sanglier (2 hures),
2. De pâtés de perdrix aux truffes (20 perdrix),
2. De jambon garni de petites langues de mouton (2 jambons),
2. De roulades de bœuf,
2. De marbrées en gras,
2. De marbrées en maigre, savoir : saumon, truites, perches, brochetons, anguilles, écrevisses,
2. De croquantes,
2. De gâteaux de Savoie,
2. De bonnets de Turquie,
2. De gâteaux de mille feuilles,
1. De gâteaux de lièvre (4 lièvres, un gigot de mouton et tranches de bœuf),
2. De gâteau Royal,
2. De gâteau de veau,
2. D'oisons à la daube,
2. De gâteaux de Compiègne,
2. De gâteaux d'amandes dans des bonnets de Turquie,
2. De puits d'amour.

Quarante-huit plats de rôts, savoir :

2. D'agneau entier pour les deux bouts de la table, (2 agneaux),
2. De marcassins (2 marcassins),
2. De chevreautins (2 chevreautins),
2. De 3 levrauts de 2 tiers (6 levrauts),
2. De lapereaux (8 lapereaux),
2. De 3 canetons (6 canetons),
4. De campines, moitié piquées, moitié bardées (8 campines),
4. De belles poules de Caux, moitié piquées, moitié bardées (8 poules de Caux),
4. De poulets gras, moitié piqués, moitié bardés (24 poulets gras),
2. De 6 bécasses, moitié piquées, moitié bardées avec les rôties dessous (12 bécasses),
2. De 6 perdreaux, moitié piqués, moitié bardés (12 perdreaux),
2. De 6 perdreaux rouges (12 perdreaux rouges),
2. De 4 faisandeaux (8 faisandeaux),
2. De 12 bécassines chacune (24 bécassines),
2. De 15 pigeons ortolans (30 pigeons ortolans),
2. De 3 gélinotes (6 gélinotes),
2. De 8 tourtereaux (16 tourtereaux),

4. De 6 bartavelles,
2. De pluviers (24 pluviers);
2. D'oiseaux de rivière.

Soixante-six salades, oranges et citrons. — Trente sauces. — Soixante-six petits entremets pour relever les salades, savoir :

4. De truffes à la cendre,
4. De truffes au court-bouillon,
4. De foies gras au gratin,
4. De grosses écrevisses au court-bouillon,
2. De crêtes et petits-œufs au blanc,
4. De ris de veau glacés, jus lié,

2. De cardes,
4. D'asperges en bâton,
4. D'animelles,
4. D'huîtres grillées,
2. De menus droits,
2. De petits pains de pistaches et chocolat,
2. De grenadins en peaux d'Espagne,
4. De truffes à l'italienne,
2. De ris de veau aux fines herbes,
2. D'huîtres au blanc,
2. De rôties au jambon,
4. D'oreilles de veau à l'italienne,
4. De champignons à l'italienne,
2. De beignets de pêches à l'eau-de-vie,
4. De tortues à l'italienne.

MENU DU BANQUET

SERVI DEVANT LE ROI LOUIS XV

PAR J. HÉLIOT, ÉCUYER ORDINAIRE DE LA BOUCHE DE **MADAME**,

DAUPHINE DE FRANCE.

(Souper du Roi à l'Hôtel-de-Ville de Paris, le mercredi, 8 Septembre 1745.)

Deux grosses entrées.

Un aloyau,
Un quartier de veau de Rouen.

Quatre oilles.

1. Riz au coulis d'écrevisses,
1. A l'espagnole,
1. De coulis de lentilles,
1. A la jambe de bois.

Huit moyens potages.

1. A la gendarme,
1. De ramereaux,
1. De perdrix aux choux,
1. De poulardes aux ognons blancs,
1. De canetons de Rouen aux navets,
1. De combien de jambon à la Brunoy,
1. De filets de mouton à la purée verte,
1. De ris de veau glacés au blanc.

Douze grosses entrées de poissons pour relever les potages.

2. De carpes à la Chambord,
2. De perches au vin de Champagne,
2. De truites aux truffes entières,
2. De turbots à la maître-d'hôtel,
2. De brochets et d'anguilles,
2. De saumons au bleu.

Trente-deux entrées.

2. De faisans à la rocambole,
2. De poulardes à l'étoile,
2. De poulets gras en bigarrure,
2. De cuisses de poulardes en ballote,
2. De canetons de Rouen, sauce à l'orange,
2. De ramereaux à la polonaise,
2. De petits pigeons aux truffes entières,
2. De dindons gras à la Villeroy,
2. De petits poussins au beurre de Vamvres,
2. De perdreaux rouges sautés,
2. De tourtereaux au fenouil,
2. De cailles au laurier,
2. De noix de veau, sauce au persil,
2. De filets de mouton à la bonne femme,
2. De filets de bœuf à la royale,
2. De gigotots d'agneaux à la paysanne.

Quarante-quatre entrées moyennes.

2. De pâtés de perdreaux,
2. De pâtés de poularde,
2. De pâtés à l'espagnole,
2. De pâtés à la balaquine,
1. D'ailerons de dindons au parmesan,
1. De ris de veau à la Sainte-Ménéhould,
1. De crépinettes de lapereaux,
1. De crépinettes aux truffes,
2. De filets de poulardes aux truffes,
2. De semelles de faisans à l'espagnole,
2. D'escalopes de lapereaux,
2. De bouchées de poulardes,
2. De pains à la royale,
2. D'attereaux de palais de bœufs,
2. De pieds d'agneaux en croquette,
1. De cervelles au soleil,
1. D'orillons au basilic,
2. D'ailerons de poulardes en chipolata,
2. De filets d'aloyau émincés à l'ognon,
2. De filets de mouton émincés aux concombres,
2. De filets de levrauts piqués, sauce chevreuil,
2. De salmis de perdreaux à la manselle,
2. De filets mignons de porc frais à l'aspic,
2. De filets de veau à la Conty,
2. De petites matelotes à la Dauphine.

Douze entrées de relevé, dans des terrines.

1. De hochepot à la flamande,
1. De queues de cochon à la provençale,
1. De mêlée à l'espagnole,
1. D'une chérubine au blanc,

1. Dindon gras à la bohémienne,
1. Selle de mouton à la Sainte-Ménéhould,
1. Pâté de perdreaux,
1. Pâté de côtelettes de mouton,
1. Noix de bœuf glacées,
1. Poularde à la polonaise,
1. Jambon à l'anglaise,
1. Jambon à la portugaise.

Quatre hors-d'œuvres devant le Roi.

1. De filets de poulardes à la crème,
1. De côtelettes d'agneau grillées,
1. De bécasses à la minute.
1. De filets de perdreaux à la Périgueux.

Deux grands entremets.

Un pâté de jambon,
Un pâté de poulardes à la gelée.

Trente-deux plats de rôts.

4. De faisandeaux,
2. De cailles bardées,
2. De poussinets,
2. De dindonneaux piqués,
2. De campines,
2. D'ortolans,
2. De petits lapereaux,
4. De perdreaux rouges,
2. De poulets à la Reine,
2. De coqs-vierges,
2. De pigeons romains,
2. De tourtereaux,
2. De pintadeaux,
2. De ramereaux.

Deux moyens plats de rôts dans les bouts.

Un faon de daim piqué,
Un marcassin rôti.

Deux petits plats devant le Roi.

Un de perdreaux blancs des Alpes,
Un de bèque-figues.

Quarante entremets froids, dont douze remplissaient les relevés de terrines.

4. De buissons d'écrevisses,
2. Gâteaux de Savoie,
1. Gâteau de mille-feuilles,
2. De perdreaux à la gelée,

2. De poulardes à la daube,
1. De crème à la Strasbourg,
1. De crème au chocolat,
1. De crème à la Genets,
1. De crème glacée,
2. De pêches à la glace,
2. De tartelettes à la Chantilly,
2. De buissons d'écrevisses,
1. Gâteau au fromage,
1. De ramequins,
1. D'espagnolettes,
2. De petites langues de veau à la Saint-Germain,
2. De gâteaux de levrauts,
2. De galantines de cochon de lait,
2. De ballons de dindons gras,
4. De truffes à la cendre,
1. De poires de rousselet à la moelle,
1. De pommes en surprise,
1. De pêches au vin rouge,
1. De canelons à la liqueur.

Pour relever les deux moyens plats de rôts.

1. Gâteau d'oreillons de sanglier,
1. De saucissons aux pistaches.

Quarante-huit entremets chauds.

2. De rognons mêlés à la hollandaise,
2. De pattes de dindons à la Sainte-Ménéhould,
2. De crêtes au fenouil,
2. De rognons de coq au consommé,
2. De ris d'agneaux à la Dauphine,
2. De pattes d'oies à l'espagnole,
2. D'amourettes,
2. D'animelles,
2. De cardons en montants,
2. D'artichauts au feuillage,
2. D'épinards à la crème,
2. De petits pois,
2. De haricots verts,
2. De choux-fleurs,
2. D'écrevisses à l'anglaise,
2. De truffes à l'italienne,
2. D'œufs brouillés dans des petits pots,
2. De petits œufs en porcelaine,
2. De ragoûts en tortue,
2. De culs d'artichauts à la provençale,
2. De profiteroles au chocolat,
2. De rôties au jambon,
2. De beignets de blanc manger,
2. De champignons à l'espagnole.

Cent trente assiettes de dessert, y compris les 8 corbeilles et les 12 sorbetières.

SUITE DES MENUS ROYAUX

SERVIS PAR LE SIEUR HÉLIOT,

Et contrôlés par Monsieur le Marquis de la Chesnaye, Premier Écuyer tranchant de S. M.

SOUPER DU ROI A LA MUETTE,

LE SAMEDI, 18 FÉVRIER 1749.

Deux grandes entrées.

Un râble de mouton de montagne,
Un quartier de veau; une blanquette dans le cuisseau.

Deux oitles.

1. Au riz,
1. A la jambe de bois.

Deux potages.

1. A la faubonne,
1. Aux choux verts.

Seize entrées.

1. De côtelettes mêlées,
1. De petits pâtés à la Béchameil,
1. De langues de moutons à la duchesse,
1. De petits pigeons aux truffes entières,
1. De haricot de mouton aux navets,
1. De boudins d'écrevisses,
1. De filets de poularde à la d'Armagnac,
1. De matelote à la Dauphine,
1. De noix de veau aux épinards,
1. De membres de faisan à la Conty,
1. De filets de perdreau à la Périgueux,
1. De petits poulets à l'Urlubie,
1. De ris de veau à la Sainte-Ménéhould,
1. Sarcelles à l'orange,
1. Lapereaux en crépines,
1. Poules de Caux en escalopes.

Quatre relevés.

1. Dindonneau à la peau de goret, sauce Robert,
1. Pâté de bécassines,
1. Quartier de sanglier,
1. Noix de bœuf aux choux-fleurs.

Deux grands entremets.

1. Pâté de jambon,
1. Gâteau de Savoie.

Quatre moyens.

2. De buissons d'écrevisses,
2. Gâteaux au fromage.

Huit plats de rôts non mentionnés. — Seize entremets.

1. De cardes au jus,
1. De crêtes au bouillon,
1. D'amourettes,
1. De foies gras grillés,
1. De ragoûts mêlés à la crème,
1. De crème au chocolat,
1. D'abaisse de massepain,
1. D'œufs à l'infante,
1. D'huîtres au gratin,
1. De pattes de dindon à l'espagnole,
1. D'asperges,
1. De truffes à la cendre,
1. De crème glacée,
1. De canelons meringués,
1. De choux-fleurs.

SOUPER DU ROI A LA MUETTE,

LE SAMEDI, 17 JANVIER 1750.

(En gras, et en raison du temps des couches de la Sainte-Vierge.)

Deux grandes entrées.

Un quartier de veau de Rouen,
Un aloyau.

Deux oilles.

1. A la Croissy,
1. A la Brunoy.

Deux potages.

1. De santé,
1. Aux petits ognons.

Seize entrées et hors-d'œuvres.

1. De petits pâtés à l'allemande,
1. De bécasses à la minute,
1. De perdreaux à la polonaise,
1. Noix de veau glacé à la chicorée,
1. De cervelles d'agneau en matelote,
1. Un émincé de mouton à la lyonnaise,
1. De sarcelles à la timbale,
1. De filets de poularde sauce à l'extrême-bonté,
1. De semelles de faisan à l'espagnole,
1. D'escalopes de lapereaux à l'italienne,
1. De petits pigeons aux truffes entières,
1. D'attereaux de palais de bœuf à la moelle,
1. De petits poulets dépecés,
1. De crépinettes aux truffes,
1. De cailles à l'estoufade et au laurier,
1. Non mentionnée.

Quatre relevés.

Un jambon à l'anglaise,
Une casserole au riz,
Un pâté chaud de viandes mêlées,
Un quartier de chevreuil.

Deux grands entremets.

Un pâté de perdreaux,
Une brioche.

Quatre entremets.

Un buisson d'écrevisses,
Un gâteau à la Madeleine,
Une langue en cervelas,
Une croquante.

Douze plats de rôts non mentionnés. — Seize entremets.

Choux-fleurs,
Des asperges,
Truffes à l'italienne,
Crêtes au restaurant,
Ris d'agneau à la hollandaise,
Une crème vierge,
Tartelettes à la glace,
Foies gras en escalopes,
Des cardes,
Haricots verts,
Pattes de dindon au basilic,
Rognons de coq au fenouil,
Huîtres en attelets,
Petites génoises,
OEufs pochés au café à l'eau.

SOUPER DU DIMANCHE,

18 JANVIER 1750.

Deux grandes entrées.

Une pièce de bœuf,
Un râble de mouton.

Deux oilles.

Une au riz,
D'une chiffonade.

Deux potages.

Un aux navets de Fréneuse,
Un aux marrons.

Seize entrées et hors-d'œuvres.

1. De petits pâtés au jus,
1. De faisans à la Chambord.

1. De petits pigeons au fenouil,
1. De filets de perdreaux aux truffes,
1. De bécasses au gratin,
1. De ballotine d'agneau,
1. De petits poulets paumés au beurre de Vamvres,
1. De filets de lapereaux à l'allemande,
1. De mauviettes en cerises au gratin,
1. De filets de poulardes veloutés,
1. De pieds de mouton au basilic,
1. De filets de mouton glacés à l'eau,
1. De tendrons de veau en hochepot,
1. D'ailerons à la d'Armagnac,
1. D'ailerons de dindons à la Sainte-Ménéhould,
1. D'un jambon de la Mecque, sauce piquante.

Quatre relevés.

Un quartier de daim,
Une terrine de cuisses d'oies,
Un haricot à la bourgeoise,
Un pâté en croustade.

Deux grands entremets.

Un gâteau de Compiègne,
Un pâté de faisans.

Quatre moyens entremets.

Des gâteaux au fromage,
Un jambon pané,
Un bonnet de Turquie,
Une bandiole.

Dix plats de rôts non mentionnés. — Seize entremets.

Truffes en croustades,
Des timbales,
Des gimblettes,
Une crème au caramel,
Des feuillantines à l'anglaise,
Un ragoût mêlé,
Des œufs en croûtons,
Des épinards au jus,
Des asperges au beurre,
Des choux-fleurs au beurre,
Des animelles,
Une crème vierge,
Des crêtes au fenouil,
Des pattes de dindons à la Sainte-Ménéhould,
Des foies aux fines herbes,
Des cardes à l'essence.

LE 18 FÉVRIER 1751.

Deux grandes entrées.

Un aloyau,
Un faon de chevreuil.

Deux oilles.

1. Au coulis de lentilles,
1. Aux navets de Bellisle-en-Mer.

Deux potages.

1. Julienne,
1. Chiffonade.

Vingt entrées.

1. De petites bouchées aux perdrix,
1. De carré de mouton aux ognons,
1. De poulets à la Saint-Cloud,
1. D'une poule de Caux en escalope,
1. De blanquette de dindon aux truffes,
1. De crépinette de viande mêlée,
1. De filets de faisans à la bohémienne,
1. D'ailerons de poulardes à la Villeroy,
1. De côtelettes et tendrons d'agneau au naturel,
1. De pluviers sautés,
1. De grenadins de veau à l'oseille,
1. D'un émincé à la chicorée,

1. De petits pigeons en matelote,
1. De membres de perdreaux à la milanaise,
1. D'escalopes de lapereaux,
1. De filets d'oiseaux de rivière à la rocambole,
1. De petits pâtés de mauviettes,
1. De langues de mouton à la d'Huxelles,
1. De marinades de poulets gras,
1. De filets de poulardes sautés, sauce à l'estragon.

Quatre relevés.

1. De quartier de daim,
2. De faisans farcis aux truffes,
1. De timbale de levrauts,
1. De dindon fourré.

Deux grands entremets.

1. Pâté froid,
1. Cuisseau de veau à la gelée.

Quatre moyens.

1. De langues et cervelas,
1. Gâteau au fromage,
Une marbrée,
Une croquante.

Vingt entremets.

Des haricots verts,
Un singarat,
Des crêtes au soleil,
Des asperges,
Des pattes à la Sainte-Ménéhould,
Des cardes,
Des ris de veau glacés,
Des foies gras à la d'Armagnac,
Des fèves de marais,

Des truffes à la cendre,
Des épinards,
Des œufs à la huguenotte,
Un ragoût à la hollandaise,
Une crème à l'anglaise,
Une crème au chocolat,
Des diablotins,
Des tartelettes,
De petites jalousies,
Des tartelettes encadrées,
Des animelles.

LE 13 AVRIL 1751.

Deux grandes entrées.

1. Quartier de veau de Pontoise,
1. Hanche de biche.

Deux oilles.

1. A la Brunoy,
1. Au riz.

Deux potages.

1. A la julienne.
1. Aux petits ognons.

Vingt entrées.

1. De petits pâtés à la Conty,
1. De pieds d'agneaux à la Sainte-Ménéhould,
1. De laitues à la dame Simone,
1. De petits pigeons à l'estragon,
1. D'un salpicon dans de petits pots,
1. De filets de bœuf mignons, sauce piquante,
1. D'une blanquette d'agneau,
1. De cervelles d'agneaux en matelote,
1. De lapereaux aux fines herbes,
1. De petits canetons aux pointes d'asperges,
1. De filets de poularde au soleil,
1. De filets de poule de Caux à la duchesse,
1. De côtelettes de veau à la singarat,
1. De petites bouchées de perdrix,
1. Dindonneau à l'anglaise,
1. D'une blanquette de poularde aux mousserons,
1. D'une noix de veau à l'oseille,
1. De langues de mouton à la d'Huxelles,
1. De poulets gras en pain,
1. De poussins aux morilles.

Quatre relevées.

Un jambon à la broche,
Un quartier de sanglier,
Un pâté de viandes mêlées,
Deux chapons à l'ognon cru.

Deux grands entremets.

Un pâté de gibier,
Un gâteau au fromage.

Quatre moyens.

Une croquante,
Un dindon à la gelée,
Un buisson d'écrevisses,
Un poupelin.

Dix plats de rôts. — Vingt entremets.

1. De foie gras à la d'Armagnac,
1. De beignets de pommes,
1. De crème blanche,
1. De crème au chocolat,
1. De gâteau de Boulogne,
1. De morilles au lard,
1. D'asperges au beurre,
1. D'œufs au jus de veau,
1. De crêtes au fenouil,
1. De ragoût mêlé,
1. De petits haricots verts,
1. De petites génoises,
2. D'épinards à la moelle,
2. D'artichauts frits,
2. D'un pain aux mousserons,
2. D'asperges à l'huile.

Parmi les courtisans du temps de Louis XV, il est assez connu que le maréchal de Richelieu, le duc de Nivernais et le comte d'Escars étaient les plus expérimentés en gastronomie. Nous allons copier dans le recueil des *Nouvelles à la main*, un menu composé par le maréchal de Richelieu : c'est dans les manuscrits de la présidente Doublet, que Madame de Créquy doit avoir trouvé ce curieux document culinaire, et nous allons reproduire ce joli tableau de mœurs, avec tout son encadrement.

« .... Pourquoi, disais-je à M. de Richelieu, n'épouseriez-vous point la veuve de M. de Brunoy?
» — Elle est par trop riche, me répondit le maréchal, et puis d'ailleurs, je ne répondrais pas de ne la
» point battre. Nous nous disputerions continuellement sur les salades à la crème et les sultanes en sucre
» filé qui s'attache aux dents; elle est entichée de cette nouvelle cuisine qui est d'une bêtise amère, et
» toute chose à manger est historiée chez elle au point qu'on n'y saurait démêler ce qu'on mange?
» C'est la femme aux *macédoines*, et que le diable l'emporte! — Parlez-moi d'une maîtresse de maison
» comme vous, pour le bon goût de la véritablement bonne chère, ajoutait le maréchal. On ne se doute
» pas combien il faut avoir de finesse dans le tact et de solidité dans le jugement pour organiser et con-
» server une excellente cuisine avec une office parfaite; et je veux mourir de faim si j'ai vu jamais
» qu'une personne sans esprit puisse avoir une bonne table pendant six mois. Les friands et les gour-
» mands ne sont pas les fins gourmets, et rien n'est si funeste au talent d'un grand cuisinier que la sotte
» recherche ou la goinfrerie de son maître. Pour faire bonne chère, il ne faut, après l'argent et la bonne
» intention, que de la sobriété, de la mémoire et du bon sens. Si l'imagination doit être appelée la *folle*
» *du logis,* c'est, par ma foi, dans la cuisine et la salle à manger; voyez plutôt les belles inventions
» de ce temps-ci! Vous me dites souvent que la monarchie périra par les finances, et moi je vous as-
» sure que les financiers perdront la cuisine française. Qui vivra verra?

» Il est assez connu que nous étions, le maréchal et moi, les deux personnes de notre temps qui
» mangeaient le moins et chez lesquelles on mangeait le plus. J'avais hérité d'un trésor de traditions
» admirables, et j'ai toujours tenu fortement à mes traditions. On est généralement persuadé que tous
» les ragoûts fins sont d'invention nouvelle, et rien n'est moins vrai pourtant. On voit dans les *dispen-*
» *saires* du XVIᵉ siècle qu'on servait à la table de François Iᵉʳ des langues de carpe et des foies de lotte
» étuvés au vin d'Espagne. Notre excellent potage *à la Reine* (à la purée de blanc de poularde et d'a-
» velines) était la soupe de tous les jeudis à la cour des Valois, et son nom lui vient de la prédilection de
» la Reine Marguerite. Je n'ai jamais repoussé les innovations *heureuses;* mais, à l'exception des bisques
» à la purée de *petits crabes,* des timbales aux *œufs de caille,* et des glaces au *pain bis,* tran-
» chées de glace au *beurre frais,* je vous puis assurer qu'on n'a rien inventé qui fût satisfaisant ni
» distingué depuis soixante-quinze ans que je mange, et que je fais manger les autres. C'est
» principalement à dater de la mort de Louis XV que le véritable savoir gastronomique, et par consé-
» quent la science du cuisinier, s'en sont allés en dégringolant.

» Quand le duc de Nivernais était obligé de changer ses chefs de cuisine ou qu'ils avaient appris quel-
» que nouveauté qui nous paraissait admissible, il avait la patience et la conscience de s'en faire servir
» et d'en goûter huit jours de suite, afin de conduire et faire aboutir la chose au point de sa perfection.
» Il avait le palais tellement bien exercé qu'il pouvait distinguer si le blanc d'une aile de volaille était
» provenu du côté du fiel, et j'en ai vu l'expérience; il se moquait de votre grand-père, qui ne s'enten-

»dait à rien de ce qui se laisse manger, et qui lui disait à souper chez moi, en lui proposant de l'estur-
»geon : — Voulez-vous de cet émincé de veau? il est bon, mais je trouve qu'il a goût de poisson. Le
»duc de Richelieu se mit à me dire : — Que je serais honteux et malheureux si j'étais la femme d'un
»homme comme ça !

  »Le président Hénault rapportait sur M. de Richelieu une historiette qui lui semblait très-intéres-
»sante, et qui vous prouvera du moins quelle était son aptitude et son expérience *culinaire*, comme
»disait le président. C'était à la guerre d'Hanovre, où le pays se trouvait dévasté tout autour de l'armée
»française à plus de vingt lieues à la ronde. On avait fait prisonniers tous les princes et toutes les prin-
»cesses d'Ostfrise au nombre de vingt-cinq personnes, auxquelles il est bon d'ajouter encore une assez
»raisonnable quantité de filles d'honneur et de chambellans. Le maréchal de Richelieu avait résolu de
»leur donner la clé des champs, mais avant de lâcher prise il imagina de leur donner à souper, ce qui
»mit ses officiers de bouche au désespoir. — Qu'est-ce que vous avez à la cantine? — Monseigneur, il
»n'y a rien : il n'y a rien du tout, si ce n'est un bœuf et quelques racines. — Eh bien! c'est plus qu'il
»ne faut pour donner le plus joli souper du monde! — Mais, Monseigneur, on ne pourra jamais.... —
»Allons donc, vous ne pourriez jamais?.... Rullières, écrivez le menu que je vas vous dicter pour mâ-
»cher la besogne à ces ahuris de Chaillot. Savez-vous comment on écrit le tableau d'un menu, Rulliè-
»res?.... Allons, donnez-moi votre place et votre plume, et voilà notre généralissime qui s'assied à la
»table de son secrétaire, où il improvise au bout de la plume un souper classique, un menu qui fut
»recueilli dans la collection de M. de la Poupelinière, et voici comment il est inscrit dans les *nouvelles*
»*à la main.* »

(Voyez le Tableau dont il s'agit à la page suivante.)

MENU D'UN EXCELLENT SOUPER

TOUT EN BOEUF.

Dormant.

Le grand plateau de vermeil avec la figure équestre du ROI.
Les statues de du Guesclin, de Dunois, de Bayard et de Turenne.
Ma vaisselle de vermeil avec les armes en relief émaillé.

Premier Service.

Une oille à la garbure gratinée au consommé de *boeuf.*

Quatre hors-d'œuvres.

Palais de notre *boeuf* à la Sainte-Ménéhould. | Les rognons de ce *boeuf* à l'ognon frit.
Petits pâtés de hachis de filet de *boeuf* à la ciboulette. | Gras-double à la poulette au jus de limon.

Relevé de potage.

La culotte de *boeuf* garnie de racines au jus.

(Tournez grotesquement vos racines à cause des Allemands.)

Six entrées.

La queue du *bœuf* à la purée de marrons. | La noix de notre *bœuf* braisée au céleri.
Sa langue en civet *(à la bourguignonne.)* | Rissoles de *bœuf* à la purée de neisettes.
Les paupiettes du *bœuf* à l'estoufade aux capuci- | Croûtes rôties à la moelle de notre *bœuf. (Le pain
nes confites. | de munition vaudra l'autre.)*

Second Service.

L'aloyau rôti *(vous l'arroserez de moelle fondue).*
Salade de chicorée à la langue de *boeuf.*
Boeuf à la mode à la gelée blonde mêlée de pistaches.
Gâteau froid de *boeuf* au sang et au vin de Juranson. *(Ne vous y trompez pas.)*

Six entremets.

Navets glacés au suc de *boeuf* rôti. | Purée de culs d'artichauts au jus et au lait d'amandes
Tourte de moelle de *bœuf* à la mie de pain et au | Beignets de cervelle de *boeuf* marinée au jus de
sucre candi. | bigarades.
Aspic au jus de *bœuf* et aux zestes de citron pra- | Gelée de *boeuf* au vin d'Alicante et aux mirabelles
linés. | de Verdun.

Et puis tout ce qui me reste de confitures ou conserves.

Si, par un malheureux hasard, ce repas n'était pas très-bon, je ferais retenir sur les gages de Maret et de Ronquetère une amende de cent pistoles. Allez, et ne doutez plus.

RICHELIEU.

» La famille de finance la plus renommée pour ses prétentions et ses petites recherches gastronomiques
» était celle de la Reynière, poursuit la marquise de Créquy. Je vous en rapporterai seulement une his-
» toriette, et c'est parce que je ne l'ai vue citée nulle part.

» Le père la Reynière, qui revenait d'une inspection financière, entre dans une auberge de village, et
» s'en va bien vite à la cuisine afin d'y faire quelque bonne remarque, et pour y procéder à l'organisa-
» tion de son souper. Il y voit devant le feu sept dindes à la même broche, et pourtant l'aubergiste n'a-
» vait à lui donner, disait-il, que des fèves au lard. — Mais toutes ces dindes? — Elles sont retenues
» par un monsieur de Paris. — Un monsieur tout seul? — Il est tout seul comme l'as de pique. —
» Mais c'est un Gargantua comme on n'en vit jamais, enseignez-moi donc sa chambre...

» Il y trouva son fils qui s'en allait en Suisse. — Comment donc, c'est vous qui faites embrocher sept
» dindes pour votre souper! — Monsieur, lui répond son aimable enfant, je comprends que vous soyez
» péniblement affecté de me voir manifester des sentiments si vulgaires et si peu conformes à la distinc-
» tion de ma naissance, mais je n'avais pas le choix des aliments : il n'y avait que cela dans la maison.
» — Parbleu! je ne vous reproche pas de manger de la dinde à défaut de poularde : en voyage on est
» bien obligé de manger ce qu'on trouve; c'est une épreuve à supporter, et je viens d'en avoir de rudes!
» Mais la chose qui m'étonne est ce nombre de sept, et pourquoi donc faire? — Monsieur, je vous avais
» ouï dire assez souvent qu'il n'y a presque rien de bon dans une grosse dinde, et je n'en voulais manger
» que les *sot-l'y-laisse.*

» — Ceci, répliqua son père, est un peu dispendieux (pour un jeune homme), mais je ne saurais dire
» que cela soit déraisonnable!

» A présent que je vous ai parlé gourmandise avec un air de suffisance et de résolution si déterminée,
» je suis bien aise de vous déclarer que j'ai toujours été sobre comme un chameau. Vous savez bien
» que je ne bois ni vin ni liqueurs, mais ce que vous ne savez peut-être pas, c'est que je n'ai jamais
» bu que de l'eau, sinon pendant mes grossesses, où les médecins m'obligeaient à faire usage de vin
» sucré. Il y aura tantôt cinquante ans que je ne mange autre chose que des légumes étuvés au bouillon
» de poule, et puis des compotes grillées : ce qui ne veut pas dire qu'on ne s'observe attentivement
» dans cette partie de ma cuisine, et ce qui ne fait pas que je n'y voie juste et loin dans un horizon si
» borné. Enfin, depuis quarante ans, on fait bouillir l'eau que je bois et l'on y fait dissoudre un peu de
» sucre candi au capillaire; voilà toute la recherche qui me soit personnelle. Vous en conclurez, si vous
» voulez bien, que ma sensualité n'était pour rien dans la perfection de mes soupers. C'était une affaire
» de bon procédé, de politesse élégante et soigneuse, et peut-être aussi d'amour-propre, attendu que les
» personnes avec qui je me trouvais naturellement en relation familière étaient dans les habitudes de la
» délicatesse la plus exquise. Au reste, il en était alors de la gastronomie comme de la dévotion; les
» personnes qui s'en occupaient le mieux n'en parlaient jamais.

» Je serais bien fâchée que vous devinssiez ce qu'on appelle un gourmand, mais je ne vous exhorte
» pas à pratiquer la mortification dans le régime alimentaire. Vous n'êtes pas dans un cloître; vous
» vivez dans le monde et le plus grand monde. Je ne vous dirai pas comme les Vaudois et les Albigeois,
» que le *lait et le miel de la terre sont pour les saints;* mais je vous dirai sérieusement avec
» l'Apôtre : — *Usez de toute chose de la terre avec prudence, avec innocence, à la seule
» condition d'en pouvoir rendre grâce à Dieu qui les a créées et qui vous les a données
» pour en user.* C'est la maxime de la compagnie de Jésus relativement aux gens du monde, et rien
» n'est plus sage. La régularité n'est pas la rigidité, mon enfant; l'Église ne vous demande que d'être
» exact et soumis. La religion de l'Homme-Dieu n'a rien de farouche et d'insociable. L'exigence et
» l'austérité jansénistes ne sont point et ne sauraient être le catholicisme bien entendu. »

SOUPER DE 80 COUVERTS

SERVI CHEZ MESDAMES DE FRANCE, EN LEUR CHATEAU ROYAL DE BELLEVUE,

LE 17 JUIN 1788.

Un Dormant ou Plateau de neuf pièces de glaces avec statues, vases, gerbes de fleurs et corbeilles de fruits.

Huit potages.

Potage de tortue à l'américaine,
Potage à l'orge perlé à la d'Artois,
Potage à la Clermont,
Macaroni lié à l'italienne,
Potage à la royale,
Potage de santé au blond de veau,
Rossolis à la polonaise,
Croûte gratinée aux huîtres vertes.

Huit relevés de poissons.

Saumon à la Régence,
Carpe à la marinière,
Cabillau à la hollandaise,
Grosses perches au vin de champagne,
Brochets glacés, sauce aux crevettes,
Filets de turbot à l'anglaise,
Turban d'anguilles garni d'écrevisses.
Hure d'esturgeon, sauce poivrade.

Huit grosses pièces pour les extrêmes flancs.

Pièce de bœuf à la cuillère,
Dinde aux truffes à la Périgueux,
Jambon cuit au vin de Madère et garni,
Trois faisans au chasseur,
Cochon de lait à la turque,
Selle de mouton des Ardennes,
Deux poulardes à la Toulouse,
Quartier de chevreuil mariné.

Quarante-huit entrées.

Filets de volaille à la Bellevue,
Filets de chevreuil piqués, glacés à la poivrade,
Sauté de sarcelles à la bourguignonne.

LA PIÈCE DE BŒUF A LA CUILLÈRE.

Ailes de pigeons panées à l'anglaise,
Petits pâtés dressés à la Monglas,
Blanquette de poulardes aux concombres.

LA CARPE A LA MARINIÈRE.

Poulets dépecés à la vénitienne,
Galantine de perdreaux à la gelée,
Côtelettes de pressaid à la Soubise.

LA DINDE AUX TRUFFES A LA PÉRIGUEUX.

Boudins de gibier à la moderne,
Émincé de volaille à la chicorée,
Bécasses à la financière (entrée de broche).

LE CABILLAU A LA HOLLANDAISE.

Poularde à l'ivoire, aspic chaud,
Tendrons de veau glacés à la Nivernais,
Salmis de cailles au vin de Bordeaux.

LE JAMBON AU VIN DE MADÈRE.

Escalopes de levraut liées au sang,
Chaufroix de poulets à la gelée,
Papillotes de noisette de veau.

LES GROSSES PERCHES AU VIN DE CHAMPAGNE.

Petits canetons aux champignons,
Petits vole-au-vent à la Béchameil,
Sauté de volaille à la lyonnaise.

LES FAISANS AU CHASSEUR.

Filets de soles à la Royale,
Ailerons de dindes à la purée de navets,
Filets de lapereaux en lorgnette,
Sauté de faisans aux truffes,
Ris de veau piqués, glacés, au céleri,
Épigramme de poulardes à la purée de tomates.

LE COCHON DE LAIT A LA TURQUE.

Balotines de volaille à la Conty,
Petites timbales de nouilles à la Reine,
Turban de lapereaux à la Royale.

LES FILETS DE TURBOT A L'ANGLAISE.

Attereaux de palais de bœuf au gratin,
Bayonnaise de volaille à la ravigote,
Filets de merlans à la provençale.

LE ROSBIF DE MOUTON DES ARDENNES.

Filets de volaille à la d'Artois,
Pigeons innocents en homard,
Poulets à la Reine à la Chevry.

LES BROCHETS GLACÉS, SAUCE AUX CREVETTES.

Perdreaux à la Matignon, demi-glacé,
Ailes de volaille à la Pompadour,
Émincé de pressaid à la Clermont.

LES POULARDES A LA TOULOUSE.

Côtelettes d'agneau glacées aux concombres,
Pain de gibier à la gelée,
Chevalière de poulets garnie à la Conty.

TURBAN D'ANGUILLES GARNI DE GROSSES ÉCREVISSES.

Quenelles de volaille à l'italienne,
Petites croustades de mauviettes aux fines herbes,
Foies gras à la Périgord.

LE QUARTIER DE CHEVREUIL, SAUCE POIVRADE.

Sauté de gélinottes au suprême,
Hachis de volaille à la polonaise,
Filets de canards sauvages à la bigarade.

Pour extra, douze assiettes volantes.

Petits soufflés de gibier,
Filets mignons de poulardes à la Orly,
Soufflés de volaille,
Filets de merlans à la Orly.

Huit grosses pièces d'entremets.

Nougat à la française,
Pavillon irlandais,
Baba à la polonaise,
Ruine d'Athènes dans une île,
Gâteau à la Royale,
Ruine de Palmyre,
Biscuit de Savoie,
Pavillon vénitien.

Huit plats de rôts pour les extrêmes flancs.

Pluviers bardés,
Poulets à la Reine,
Perdreaux rouges piqués,
Chapon,
Poularde au cresson,
Faisans garnis d'ortolans,
Poulets gras,
Bécassines bardées.

Quarante-huit entremets

Pommes méringuées aux pistaches,
Champignons à la provençale,
Petites bouchées d'abricots.

LES PLUVIERS BARDÉS.

Madelaines au cédrat,
Choux-fleurs au parmesan,
Gelée de framboises.

LE NOUGAT A LA FRANÇAISE.

Pudding de cabinet.
Pommes de terre à la hollandaise,
Beignets à la Dauphine.

LES POULETS A LA REINE.

Petits pains à la paysanne,
Concombres au velouté,
Gelée de rhum.

LE PAVILLON IRLANDAIS.

Fromage bavarois à la vanille,
Épinards à l'anglaise,
Gaufres à la française.

LES PERDREAUX ROUGES.

Petits gâteaux de Pithiviers,
Pointes d'asperges au beurre de la Prévalais.
Gelée d'orange de Malte.

LE BABA POLONAIS.

Blanc-manger au café,
Pieds de céleri à l'espagnole,
Choux à la mecque au gros sucre.

LES CHAPONS AU CRESSON,

Gâteaux d'amandes glacés,
Truffes à l'italienne,
Flan de nouilles aux mirabelles,
Flan suisse au fromage de Brie.
Cardes à l'essence et à la moelle,
Gâteaux royaux fourrés de crème de Viry.

LES POULARDES AU CRESSON.

Génoises en diadème à la rose,
Truffes au vin de Champagne,
Fromage bavarois aux avelines.

LES GATEAUX DE MILLE-FEUILLES A LA ROYALE.

Gelée de marasquin moulée,
Haricots verts à l'anglaise,
Petits soufflés de crème de riz.

LES FAISANS BARDÉS.

Nougats de pommes au gros sucre,
Navets glacés à la Chartres,
Crème plombière glacée.

LE PAVILLON VÉNITIEN.

Gelée d'épine-vinette,
Fonds d'artichauds à la provençale,
Mignonnettes au citron.

LES POULETS GRAS.

Beignets de marmelade d'abricots,
Croûte aux champignons et aux truffes,
Charlotte à la parisienne.

LE BISCUIT DE SAVOIE.

Gelée d'ananas garnie,
Petites carottes à la flamande,
Gâteaux fourrés à la d'Artois,

LES BÉCASSINES BARDÉES.

Darioles à l'orange,
Laitues à l'essence,
Pommes au riz décorées.

Extra, douze assiettes volantes de petits soufflés en caisse.

Soufflés d'ananas,
Soufflés à la fleur d'orange pralinée,
Soufflés au chocolat,
Soufflés au mirobolan des îles.

Quatre fondues au parmesan.

QUATRE-VINGT-SEIZE ASSIETTES DE DESSERT, y compris les corbeilles à la Van-Huysum et les sorbetières

CARTE DINATOIRE

POUR LA TABLE DU CITOYEN BARRAS,

Directeur de la République Française,

POUR TRENTE-SIX PERSONNES,

POUR LE QUINTIDI, 25 FLORÉAL AN VI, AU PALAIS DU DIRECTOIRE EXÉCUTIF

(*ci-devant Luxembourg*).

———————◎———————

4 potages et 4 relevés.
16 entrées.
4 gros entremets froids.
8 plats de rôt.
16 entremets.
4 salades.
60 plats de dessert.

Les quatre potages.

1. Printanier,
1. Aux choux nouveaux,
1. Au blé vert,
1. Aux lasaignes.

Les quatre relevés.

1. Une tête de veau en tortue,
1. Une pièce de bœuf à l'écarlate,
1. Selle d'agneau piquée,
1. Un turbot.

Les seize entrées.

1. D'une poularde à la ravigote,
1. D'un pâté chaud de légumes,
1. De deux carrés de mouton à la *ci-devant* servante,
1. De filets de maquereaux à la *ci-devant* maître-d'hôtel,
1. De quenelles de volaille au velouté,
1. De pieds d'agneau farcis à la citoyen Villeroi,
1. D'un ragoût mêlé,
1. D'attereaux à la Côtes-du-Nord, *ci-devant* bretonne,
1. D'une fricassée de poulets aux petits pois,
1. D'une noix de veau à la directrice,
1. De pigeons à l'hérisson,
1. D'une cuisse d'oie à la purée de pois verts,
1. De soufflé de gibier,
1. De petits pâtés au salpicon,
1. De filets de caneton à la provençale,
1. De palais de bœuf au gratin.

Les quatre gros entremets.

1. D'un pâté de perdreaux rouges,
1. D'un jambon glacé,
1. D'un biscuit de Savoie affranchie,
1. D'un buisson d'écrevisses.

Les huit plats de rôt.

1. De poulets à la Jemmapes,
1. D'une accolade de lapereaux,
1. D'une langue de bœuf fumée,
1. De soles frites,
1. De levrauts,
1. De pigeons ramiers,
1. De cailles,
1. De brochettes d'éperlans.

Les seize entremets.

1. De concombres farcis,
1. De petits pois à la française,
1. De laitues à l'espagnole,
1. De haricots verts à l'insulaire, *ci-devant* à l'anglaise.
1. De choux-fleurs au beurre,
1. De tartelettes bandées,
1. D'épinards en croustade,
1. De beignets de cerises,
1. De fèves de marais à la sarriette,
1. D'œufs pochés au jus,
1. De gelée d'oranges dans l'écorce,
1. De blanc-manger en petits pots,
1. De jalousies,
1. D'asperges au beurre,
1. De fondus en caisse,
1. De beignets de riz.

Les quatre salades.

2. D'herbes,
1. D'olives,
1. De citrons.

CARTE DINATOIRE

POUR LA TABLE DU CITOYEN DIRECTEUR ET GÉNÉRAL BARRAS,

LE DÉCADI, 30 FLORÉAL.

DOUZE PERSONNES.

(Autographes de M. Théodore Vivien.)

---

1 potage.
1 relevé.
6 entrées.
2 plats de rôt.
6 entremets.
1 salade.
24 plats de dessert.

Le potage aux petits oguons à la *ci-devant* minime.
Le relevé; un tronçon d'esturgeon à la broche.

Les six entrées.

1. D'un sauté de filets de turbot à l'homme de confiance *ci-devant* maître-d'hôtel,
1. D'anguilles à la tartare,
1. Concombres farcis à la moelle,

1. Vol-au-vent de blanc de volaille à la Béchameil,
1. D'un *ci-devant* Saint-Pierre, sauce aux câpres,
1. De filets de perdrix en anneaux.

Les deux plats de rôt.

1. De goujons du département,
1. D'une carpe au court-bouillon.

Les six entremets.

1. D'œufs à la neige,
1. De betteraves blanches, sautées au jambon,
1. D'une gelée au vin de Madère,
1. De beignets de crème à la fleur d'orange,
1. De lentilles à la *ci-devant* Reine, à la crème au blond de veau,
1. De culs d'artichauts à la ravigote,
1. Salade. Céleri en remoulade.

Trop de poisson. Otez les goujons. Le reste est bien. Qu'on n'oublie pas encore de mettre des coussins sur les sièges pour les citoyennes Tallien, Talma, Beauharnais, Hinguerlot et Mirande.

Et pour cinq heures très-précises.

Signé BARRAS.

Faites venir des glaces de Veloni. Je n'en veux pas d'autres.

MENU D'UN DINER OFFICIEL

AU TEMPS DU CONSULAT.

(V. *Cuisinier Général*, chap. XXVII.)

TRENTE COUVERTS.

(*Service en ambigu.*)

━━━━━━◉━━━━━━

Douze hors-d'œuvres d'office.

4. De beurre à l'Enfant-Jésus,
2. De salades d'anchois,
2. De petits radis,
2. De cornichons,
1. De calapés d'anchois,
1. De thon mariné.

Quatre potages.

1. A la Conti,
1. Au lait d'amande,
1. Au vermicelle, au blond de veau,
1. A la Brunoy.

Quatre grosses pièces.

1. D'un oison à la chipolata,
1. D'un cabillau à la hollandaise,
1. D'une carpe à la Chambord,
1. D'une culotte de bœuf braisée aux ognons glacés.

Huit hors-d'œuvres d'entrée.

1. De petits pâtés en croustade, avec un salpicon,
1. De suprême de volaille aux truffes,
1. De filets de perdreaux à la portugaise,
1. De filets mignons de mouton en escalopes,
1. De filets de levrauts en serpent,
1. D'ailerons de poulardes à la Bellevue,
1. D'attelets de filets de merlans, sauce à l'italienne,
1. De quenelles de saumon à l'espagnole.

Huit entrées.

1. D'un vole-au-vent de mauviettes,
1. D'une timbale de macaronis,
1. D'une poule de Caux à la Périgueux,
1. De deux canetons à la garloquine,

1. De côtelettes à la Soubise,
1. De tendons de veau en queue de paon, à la Jardinière,
1. De perdreaux, sauce à la bigarade,
1. De ris de veau à la Dauphine.

Quatre gros entremets.

1. De buisson d'écrevisses,
1. De hure de Troyes,
1. De buisson de ramequins,
1. D'un gâteau de mille-feuilles.

Six plats de rôt dont deux gros.

1. De trois poulets (1 piqué),
1. D'accolades de lapereaux,
1. D'un quartier de chevreuil piqué,
1. De deux faisans (1 piqué),
1. De cailles de vigne,
1. D'un brochet à l'allemande.

Seize entremets.

1. De biscuits de niauffes,
1. De gimblettes glacées,
1. D'une crème de chocolat,
1. De beignets de blanc-manger,
1. De céleri frit et glacé,
1. D'une charlotte de pommes aux confitures,
1. D'amourettes frites,
1. De choux-fleurs à l'espagnole,
1. D'une crème aux pistaches renversées,
1. De haricots verts à l'anglaise,
1. De truffes aux croustades,
1. D'œufs brouillés en cardes,
1. De navets en poires,
1. D'une macédoine,
1. De truffes à la piémontaise,
1. D'artichauts à l'italienne.

Quatre salades.
Quarante assiettes montées et autres.
Quatre sorbetières de glaces panachées.

MENU DU GRAND DINER

DONNÉ LE JOUR DES ROIS

CHEZ SON ALTESSE SÉRÉNISSIME MONSEIGNEUR LE PRINCE DUC DE PARME, ARCHI-CHANCELIER DE L'EMPIRE,

LE DIMANCHE, 6 JANVIER 1810,

POUR QUARANTE COUVERTS.

(Quoique ce menu ne contienne assurément rien de magnifique, ni d'élégant, ni même d'abondant ou de copieux, il n'en avait pas moins été recueilli par M. Grimod de la Reynière, qui le tenait de M. d'Aigrefeuille, ainsi que nous le trouvons marqué sur le manuscrit original qui faisait partie des Archives de l'hôtel de la Reynière. C'est le cas d'ajouter ici que le service de la salle à manger s'opérait toujours chez l'archi-chancelier M. Cambacérès avec beaucoup plus d'ostentation que de savoir vivre et de libéralité gastronomique.)

(Un Plateau d'ornement.)

Deux potages.

Potage de santé.
Riz à la Crécy.

Deux relevés de potages.

Un gros brochet à la Régence,
Deux poulardes à la Montmorency.

Deux grosses pièces pour les bouts.

Rosbif d'aloyau à l'anglaise,
Quartier de chevreuil mariné.

Seize entrées.

Sauté de volaille aux truffes,
Casserole au riz à la Toulouse,
Darne de saumon au beurre de Montpellier,
Épigramme d'agneau garnie d'une escalope,
Blanquette de poulardes aux concombres,
Perdreaux à la Périgueux,
Fricassée de poulets à la Villeroy,
Côtelettes de veau à la Dreux-Brézé,
Carbonades de mouton glacées, purée d'oseille,
Filets de merlans panés à l'anglaise,
Poulets dépécés, sauce aux tomates,
Cailles au gratin, garnies de croûtons farcis,
Escalopes de levrauts liés au sang,
Salade de volaille à la ravigote,
Timbale de lasaignes à la napolitaine,
Boudins de poissons au beurre d'écrevisses.

Quatre grosses pièces d'entremets pour les contre-flancs.

Pâté de jambon à la gelée,
Meringue à la parisienne,
Congloffe à la viennoise,
Croquembouche glacé aux pistaches.

Quatre plats de rôts.

Poulets à la Reine,
Grives bardées,
Faisans piqués,
Dindonneau au cresson.

Seize entremets.

Gelée de marasquin fouettée,
Haricots verts à l'anglaise,
Concombres en cardes,
Gâteaux d'abricots,
Dauphines à l'orange,
Fonds d'artichauts à la Béchameil,
Truffes à l'italienne,
Charlotte à la française,
Pommes glacées au riz,
Choux-fleurs au beurre,
Pommes de terre frites à la lyonnaise,
Petits pains à la paysanne,
Madelaines glacées au gros sucre,
OEufs pochés à la purée de céleri,
Cardes à l'espagnole,
Gelée de citrons moulée.

Pour *extrà*, quarante gâteaux de mille-feuilles à la Royale, et dont il y en a un qui contient la fève des Rois.

JURY DÉGUSTATEUR.

CCCC. LVIIe SÉANCE, DU MARDI, XXXI MARS M. DCCC. XII.

(Extrait des Archives de l'Hôtel de la Reynière.)

MENU.

Premier Service.

Un potage au riz de la Caroline.

Huit hors-d'œuvres d'office.

Beurre de la Prévalais,	Raves et radis de mars,
Anchoix de Catalogne,	Sardines confites de Nantes,
Huîtres marinées de Granville,	Thon mariné à l'huile vierge,
Pot-pourri au vinaigre de Maille,	Variantes de fruits de Bordin.

Une pointe de culotte de BOEUF du Cotentin, flanquée d'un chapelet de petits pâtés de **Le Blanc.**

Relevé.

Une TÊTE DE VEAU du Puits certain de VACHETTE, successeur de *Cauchois,* successeur de *Varin,* lequel avait remplacé *Fromont.*

QUATRE ENTRÉES.

Une noix de veau de Pontoise, en fricandeau et glacée,	Un pâté de palais de bœuf à la manière du docte Rouget,
Côtelettes de merlan à la Noël,	Une fricassée de poulets (d'Hélène).

Second Service.

ROT.

Un brochet de rivière au bleu,	Un quartier d'agneau de ferme,
Salade de printemps, aiguisée,	Olives picholines au naturel.

Un huilier du Singe-Vert garni d'huile vierge et de vinaigre Bordin.

RELEVÉ DE ROT.

Un superbe jambon de Pouillan (Bayonne).

QUATRE ENTREMETS.

Chauds.	*Froids.*
Épinards à l'essence,	Un fromage bavarois,
Macaronis de Gênes au parmesan.	Un buisson de gâteaux anonymes.

Troisième Service.

DESSERT.

Ligne du milieu.

Oranges indigènes. — Glacière d'Appert. — Raisin très-bien conservé.

Lignes latérales.

Fromage de Brie,	Fromage de Roquefort marbré,
Compote de pruneaux d'Agen,	Compote de poires tapées,
Petit four mêlé,	Meringues-Rouget,
Cerises en bouquets fleuris,	Pruneaux de Tours, première sorte,
Brignoles-fortia,	Brignoles en garenne,
Raisins-Jubis,	Panses de Roquevaire,
Figues gendresses,	Figues fines d'Olioules,
Avelines à la Cadière,	Amandes princesses,
Fromage vrai Gruyère,	Fromages de Neufchâtel,
Gâteaux à la Minette,	Augustine,
Triumvirat de confitures,	Fanchonnettes,
Cerises alcolisées de Guélaud,	Muscats à l'eau-de-vie,
Compote d'oranges rouges,	Compote aiguisée d'oranges jaunes.

Boissons.

Coup d'avant.   *Coup du milieu.*   *Coup de trois quarts.*

Vin de Madère sec. — Extrait d'absinthe de Suisse. — Rhum de la Jamaïque,

A L'ORDINAIRE.

Vieux vin du Cher. — Vin de Beaune. — Vin de Mercurey

A L'ENTREMETS.

Vin de Chablis (de six ans). — Vin de Bordeaux. — Vieux vin de la Côte-d'Or.

AU DESSERT.

Vin d'Aï mousseux. — Vin de Malaga. — Vin muscat de Lunel.

Café.

Café Bourbon. — Café Martinique. — Café Moka, *édulcorés avec du sucre de cannes.*

UN FROMAGE GLACÉ A LA CRÈME, de *la Vache noire.*

Dix-sept sortes de LIQUEURS FINES, *tant exotiques qu'indigènes.*

PUNCH *exotique et indigène.* — THÉ *aiguisé.*

(*Le tout sans préjudice des légitimations, tant solides que liquides, et autres qui pourraient survenir pendant l'impression du présent* MENU.)

Contrôlé, vérifié et signé par nous ALEXANDRE-BALTAZARD-LAURENT GRIMOD DE LA REYNIÈRE, Secrétaire perpétuel et Fondateur dudit Jury dégustateur, étant assisté de nos collègues (en fonctions trimestrielles), savoir : Messieurs de CUSSY, de FORTIA DE PILES, EMMANUEL DUPATY, OSMONT DU TILLET, DU VAL D'ESPREMESNIL, GRANGIER DE SANCERRE ET DUPUY DES ILETS.

Signé : GRIMOD.

Et plus bas :

EMMANUEL de HALLER,
Secrétaire suppléant du *Jury Dégustateur,*
et collaborateur de l'ALMANACH DES GOURMANDS.

JURY DÉGUSTATEUR.

CCCC. LIXe SÉANCE. DU MARDI, XIV AVRIL M. DCCC. XII.

(Extrait des Archives de l'Hôtel de la Reynière.)

MENU.

Premier Service.

Un potage au riz d'Amérique, bien corsé.

Huit hors-d'œuvres d'office.

Variantes acétiques de Bordin,
Huîtres marinées de Granville,
Anchois de Maille,
Raves et radis d'avril,

Pot-pourri de fruits au vin de Maille,
Thon de la Madrague à l'huile d'Aix,
Sardines de Nantes rissolées,
Beurre de l'Enfant-Jésus.

Une culotte de BOEUF NORMAND, *sans entourage.*

Relevé.

Un JAMBON de BAYONNE à la broche, sur une réduction de vin de Malaga.

QUATRE ENTRÉES.

Côtelettes de mouton à la Soubise,
Deux poulardes à la financière,

Un vole-au-vent à la Neptune,
Une anguille de Melun à la Grimod.

Second Service.

ROT.

Un turbot du nom de Jésus.

Une salade aphrodisiaque, | Un saladier d'olives de Villeneuve.

L'huilier du Singe-Vert du jury, garni.

RELEVÉ DE ROT.

Un pâté de Pithiviers.

QUATRE ENTREMETS.

Chauds.

Petits pois de la truie qui file,
Salsifis frits et glacés.

Froids.

Une charlotte à la Russe,
Des hervinettes perfectionnées.

Troisième Service.

DESSERT.

Ligne du milieu.

Glacière d'Appert. — Oranges indigènes. — Raisin de Fontainebleau.

Lignes latérales.

Petit four mêlé,	Meringues garnies,
Fanchonnettes,	Augustines,
Fromage de Gruyère,	Fromage de Brie,
Brignoles-fortia,	Panses de Roquevaire,
Compotes de prunes d'Antes,	Compote macédoine,
Triumvirat de confitures,	Fruits mêlés à l'eau-de-vie,
Figues gendresses,	Figues fines d'Olioules,
Biscuit des ivrognes,	Fromages de Marolles,
Compote de hespérides,	Compote des grâces,
Gâteaux à la Minette,	Anonymes.

Boissons.

Coup d'avant.   *Coup du milieu.*   *Coup de trois quarts.*

Vin de Madère sec. — Extrait d'absinthe de Suisse. — Rhum de la Jamaïque.

A L'ORDINAIRE.

Vieux vin du Cher. — Vin de Beaune de 6 ans. — Vin de Mercurey.

A L'ENTREMETS.

Vin de Bordeaux. — Vins fins de Bourgogne. — Vin de Chablis, de 6 feuilles.

AU DESSERT.

Vin de Champagne. — Vin de Malaga. — Vin de pêche d'Alsace.

Café.

Café joli Martinique. — Café indigène, seulement pour la montre, *édulcorés avec du vrai sucre d'Amérique.*

FROMAGE GLACÉ *du café de Foy.*

Dix-sept sortes de LIQUEURS FINES, *tant exotiques qu'indigènes, non compris le* kirchwasser de la forêt noire.

Crème d'Hémérocalis.

PUNCH EXOTIQUE. — THÉ AIGUISÉ.

(*Le tout sans préjudice de légitimations qui pourraient survenir dans les 24 heures de la publication du présent.*)

N. B. — Chaque Convive, tant Membres du Jury, que Sœurs et Candidats, a le droit de réclamer, dans toute son étendue, l'exécution rigoureuse de ce MENU, et peut par conséquent exiger, au fur et à mesure du service, la représentation de tous les Articles dont il se compose.

Imprimé par ordre du Grand Conseil d'Administration du JURY DÉGUSTATEUR, *et envoyé à domicile, à chacun des Membres convoqués, dans la nuit qui précède la Séance ; et ce, sous la responsabilité de la Petite Poste, et particulièrement sous celle de M. La Cour, Chef de Distribution et Directeur du Bureau E., cinquième Arrondissement.*

Ne varietur,

Signé : GRIMOD.

MENU

POUR LE GRAND DÉJEUNER DE MONSIEUR,

LE LUNDI, 16 NOVEMBRE.

(Pour se moquer du jury dégustateur et de son vocabulaire emphatique, on avait fait placer ce faux menu sous l'assiette de M. Grimod de la Reynière, et l'on a su qu'il avait paru consterné lorsqu'il voulut en donner lecture à ses convives avant de leur faire les honneurs de son déjeûner.)

Deux potages.

Mitonnage à l'eau de rivière,   Consommé à la chandelle.

Deux hors-d'œuvres.

Têtes d'épingles au verjus,   Rognures d'ongles au naturel.

Quatre entrées.

Cervelles de cosaques à la poulette,   Semelles de bottes en partie de plaisir,
Des yeux de lapin en demi-deuil,   Un timballon garni d'entrailles de tigre.

Deux relevés.

Tête de chameau à la financière,   Croupion de servante sur un socle.

Quatre entremets.

Pommes de pin à la ménagère,   Salade de sensitive à l'huile vierge,
Chaussons de laine en beignets,   Croquettes de fil à coudre.

Dessert.

Huit assiettes montées pour fruits et sucreries fines, telles que noix de galle, os de sèche de Marennes et raisiné de Bourgogne, colifichet du Jardin des Plantes et noyaux de cerises de Montmorency.

Pour ornement du plateau de Monsieur, deux balais de bouleau dans les deux beaux vases de *moiré métallique*, et le joli petit buste de M. d'Aigrefeuille avec sa couronne de gimblettes toutes fraîches.

MENU

D'UN DINER DE LA FAMILLE BONAPARTE, AUX TUILERIES.

(Extrait des Mémoires de M. le Comte de Bausset, Chambellan, Préfet du Palais de l'Empereur Napoléon, etc.)

Deux potages.

Au macaroni et purée de marrons.

Deux relevés.

Une pièce de bœuf bouillie, garnie de légumes,
Un brochet à la Chambord.

Quatre entrées.

Côtelettes de mouton à la Soubise,
Perdreaux à la Montglas,
Fricassée de poulet à la chevalière,
Filets de canard au fumet.

Deux rôtis.

Un chapon au cresson,
Un gigot d'agneau.

Deux plats de légumes.

Des choux-fleurs au gratin,
Du céleri-navet au jus.

Quatre entremets au sucre.

Crème au café,
Gelée d'orange,
Génoise *décorée*,
Gauffres à l'allemande.

M. de Bausset avait précieusement conservé ce beau menu, qu'il a publié curieusement, afin de nous montrer combien la cour impériale était MAGNIFIQUE EN TOUTES CHOSES, *et c'est apparemment à cause du* BROCHET A LA CHAMBORD *et des* PERDREAUX A LA MONTGLAS, *qu'il aura choisi le présent menu de préférence à tous ceux qu'il avait sous la main. Il est à savoir aussi que la desserte du même dîner devait servir et suffire à celui des maîtres-d'hôtel, ainsi qu'à la table des valets de chambre de l'empereur, des femmes de chambre de l'impératrice,* ET CÆTERA, *dit toujours M. le chambellan, ce qui prouve assurément que ces familiers du palais ne devaient pas nager dans la profusion. En regardant sur le calendrier de l'almanach impérial, on voit aussi que ce dîner gras devait avoir été servi le samedi saint de l'année 1811. M. de Bausset n'a pas daigné prendre garde à cela; mais on se permettra de lui faire une observation plus mortifiante pour un officier de bouche impériale. — Le quartier d'agneau de devant est beaucoup plus estimé que celui de derrière. Tous les deux ne se servent que rôtis, mais c'est toujours au premier service, au moins dans les maisons où l'on tient à l'élégance, et où les bonnes traditions sont observées. Tout le monde a vu avec surprise, dans la première édition des Mémoires de M. le comte de Bausset, le tableau d'un menu dont il résulte que ce fonctionnaire impérial faisait servir, au château des Tuileries, pour le dîner de son maître, un gigot d'agneau au second service, et comme plat de rôt. Voilà ce qu'un maître-d'hôtel du troisième ordre n'aurait eu garde de souffrir de l'autre côté de la rivière de Seine, ou dans le faubourg Saint-Honoré, qui n'est pas moins bien habité que le quartier Saint-Germain. Il est à noter que le reste et l'ensemble de ce dîner bourgeois, publié par M. de Bausset, est tellement vulgaire et si dépourvu d'aucun usage du beau monde, que la réputation de cette famille impériale et celle de ses principaux officiers en ont beaucoup souffert dans l'estime et la considération publiques. La divulgation très-indiscrète et tout-à-fait inutile d'un pareil menu avait produit un étonnement si général et un effet tellement fâcheux, que M. le préfet du palais impérial a cru devoir retrancher ce document dans la dernière édition de ses mémoires; et c'est en vérité ce qu'il avait à faire de mieux pour la bonne renommée de la famille Bonaparte, ainsi que pour l'honneur de ses employés du palais.*

DINER MAIGRE

CHEZ M. LE PRINCE DE TALLEYRAND, POUR S. M. L'EMPEREUR ALEXANDRE.

(Service en ambigu.)

Quatre potages.

Le riz à la Crécy, essence de racines,
Le potage aux laitues nouvelles,
Le potage de filets de soles,
Le potage de quenelles de carpes aux champignons.

Quatre relevés de potages.

Les filets de carrelets à la Orly,
Les rissoles de poisson à l'allemande,
Les attelets de goujons panés,
Les croquettes de saumon aux truffes.

Quatre grosses pièces.

La carpe à la polonaise,
Le turbot à la hollandaise,
La hure d'esturgeon au vin de Champagne,
Le brochet à la Régence, au maigre.

Seize entrées.

Les plies à la bourguignonne,
Le vole-au-vent de laitances de carpes,
Les boudins de poisson au beurre d'écrevisses,
La darne de saumon à la vénitienne.

Les filets de carrelets à la Orly.

La salade de homards à la provençale,
Les escalopes de cabillau à la hollandaise,
Les petits pâtés de filets de soles à la Béchameil,
Les rougets grillés, sauce à l'italienne,
Les papillotes d'aloses à la d'Huxelles,
Les petites timbales de nouilles aux crevettes,
Les filets de soles à la bayonnaise,
Les vives grillées, sauce aux tomates.

Les perches à la bayonnaise.

Le turban de merlans à la Conty,
La caisse d'huîtres et laitances à l'italienne,
Le pâté chaud d'anguilles à l'ancienne,
La bonne morue au gratin.

Quatre grosses pièces d'entremets.

Le buisson d'écrevisses normandes,
Le poupelin glacé au four,
Le gâteau au riz soufflé,
Un buisson de truffes.

Quatre plats de rôts.

La truite au bleu,
Les plongeons de Seine,
Les sarcelles au citron,
Les merlans frits panés à l'anglaise.

Seize entremets.

La gelée de marasquin,
Les œufs à la dauphine.

Le buisson d'écrevisses.

Les cardes à la poulette,
Les génoises pralinées.

Les plongeons bardés d'anguilles.

Les tartelettes de pommes glacées,
Les épinards au jus de racines.

Le poupelin glacé au four.

Le céleri à la Béchameil,
La crème française au cédrat,
Le fromage bavarois aux framboises,
Les patates d'Espagne à la maître-d'hôtel.

Les gâteaux au riz soufflés.

Les champignons à l'espagnole,
Les gâteaux à la d'Artois.

Les sarcelles au citron.

Les choux glacés au caramel,
Les laitues farcies à l'essence d'esturgeon.

Le buisson de truffes.

Les œufs brouillés au verjus muscat,
La gelée d'orange moulée.

Pour extra, six assiettes volantes de soufflés à la vanille.

48 assiettes de dessert, dont 12 compotiers.

PREMIER DINER

DU ROI LOUIS XVIII, A COMPIÈGNE.

(En maigre.)

Quatre potages.

Potage de poisson à la provençale,
Nouilles à l'essence de racines,
Potage à la d'Artois à l'essence de racines,
Filets de lottes aux écrevisses.

Quatre relevés de poissons.

Croquettes de brochet à la Béchameil,
Vol-au-vent garni de brandade de morue aux
    truffes,
Filets de soles à la Dauphine,
Orly de filets de carrelets.

Quatre grosses pièces.

Turbot au beurre d'anchois,
Grosse anguille à la Régence,
Bar à la vénitienne,
Saumon, sauce aux huîtres.

Trente-deux entrées.

Escalopes de truites aux fines herbes,
Sauté de filets de plongeons au suprême,
Vol-au-vent de poissons à la Nesle,
Petites caisses de foies de lottes.

LES CROQUETTES DE BROCHETS.

Raie bouclée à la hollandaise,
Bayonnaise de filets de soles,
Quenelles de poisson à l'italienne,
Grondins grillés, sauce au beurre.

LA GROSSE ANGUILLE A LA RÉGENCE.

Blanquette de turbot à la Béchameil,
Pain de carpes au beurre d'écrevisses,
Salade de filets de brochet aux laitues,
Filets d'alose à l'oseille.

LA MARINADE DE BONNE MORUE.

Plies à la poulette,
Pâté chaud de lamproies,
Pluviers de mer en entrée de broche,
Brême à la maître-d'hôtel,
Rougets à la hollandaise,
Filets de sarcelles à la bigarade,
Timbale de macaroni garnie de laitances,
Émincé de turbotin gratiné.

LES FILETS DE SOLES A LA DAUPHINE.

Perches au vin de Champagne,
Darne d'esturgeon au beurre de Montpellier,
Turban de filets de merlans à la Conty,
Escalopes de morue à la provençale.

LE BAR A LA VÉNITIENNE.

Papillotes de surmulet à la d'Huxelles,
Boudins de poisson à la Richelieu,
Vives froides à la provençale,
Sauté de lottes aux truffes.

LA ORLY DE FILETS DE CARRELETS.

Caisse d'huîtres aux fines herbes,
Escalopes de barbue en croustade,
Filets de poules d'eau à la bourguignonne,
Éperlans à l'anglaise.

Quatre grosses pièces d'entremets.

L'hermitage indien,
Le pavillon rustique,
Le pavillon hollandais,
L'hermitage russe.

Quatre plats de rôts pour les contre-flancs.

Aiguillettes de goujons,
Poules de mer,
Sarcelles au citron,
Petites truites au bleu.

Trente-deux entremets.

Céleri à l'essence maigre,
Gelée de punch,
OEufs brouillés aux truffes,
Petits nougats de pommes.

LES AIGUILLETTES DE GOUJONS.

Gâteau renversé au gros sucre,
Truffes à l'italienne.
Pudding au vin de Malvoisie,
Choux-fleurs au parmesan.

L'HERMITAGE INDIEN.

Laitues au jus de racines,
Blanc-manger à la crème,
Buisson de homards,
Gâteaux glacés à la Condé.

LES POULES DE MER.

Petits soufflés de fécule,
OEufs pochés à la ravigote,
Gelée de citrons moulée,
Champignons à l'espagnole,
Concombres au velouté,
Gelée de café Moka,
OEufs pochés aux épinards,
Génoises en croissant perlées.

LES SARCELLES AU CITRON.

Gâteaux glacés aux pistaches,
Crevettes en hérisson,
Fromage bavarois aux abricots,
Les pommes de terre à la hollandaise.

L'HERMITAGE RUSSE.

Cardes au jus d'esturgeon,
Pommes au riz glacées,
Truffes à la serviette,
Petits gâteaux de Pithiviers.

LES PETITES TRUITES AU BLEU.

Panachées en diadème au gros sucre,
Petites omelettes à la purée de champignons,
Gelée des quatre fruits,
Salsifis à la ravigote.

*Pour extra, dix assiettes de petits soufflés
en croustades.*

Soufflés aux macarons amers,
Soufflés à l'orange.

Dessert.

8. Corbeilles et 10 corbillons,
12. Assiettes montées,
10. Compotiers,
24. Assiettes et 6 jattes.

DINER

DE L'EMPEREUR ALEXANDRE, A VERTUS,

PRÈS CHALONS-SUR-MARNE,

LE 11 SEPTEMBRE 1815,

Jour anniversaire de la naissance de Sa Majesté.

———————

(Table de 300 couverts, servie à la Russe.)

600 *assiettes d'huîtres*, 300 *citrons*.

Premier Service.

Les huîtres, les citrons.

Trois potages.

Potage à la jardinière pour 150 personnes,
Soupe froide à la russe pour 150 personnes,
Crécy aux petits croûtons pour 150 personnes.

Vingt-huit hors-d'œuvres.

De petits vole-au-vent à la purée de gibier.

Vingt-huit entrées froides.

De galantines de poulardes à la gelée.

Vingt-huit grosses pièces.

De filets de bœuf au vin de Madère, demi-espagnole.

Cent douze entrées.

50. De filets de soles à la Orly, garnis d'une escalope de saumon,
12. De cailles aux fines herbes dans des bordures de racines,

25. De sautés de poulets au suprème, ragoût à la Toulouse,
25. De timbales de macaronis au chasseur.

Vingt-huit plats de rôts.

10. De poulets gras, 10 de dindonneaux, 8 longes de veau.
60. *Salades pour 300 personnes.*

Cinquante entremets de légumes.

25. D'épinards au velouté,
25. De haricots verts à l'anglaise.

Cinquante-six entremets au sucre.

De crèmes françaises à la vanille et de génoises aux amandes pralinées,
Huit soufflés d'extra pour être placés à portée de S. M. Impériale.
60. Assiettes de pâtisseries de petit four,
60. Assiettes de fruits crus,
60. Assiettes de fruits confits,
60. Assiettes de fruits à l'eau-de-vie,
20. Assiettes de fromages de France, etc.

———————

PREMIER DINER DIPLOMATIQUE
DE L'AMBASSADEUR D'ANGLETERRE A PARIS.

Menu d'un service à l'Anglaise pour 20 couverts.

Premier Service.

Potage.

2. Potage de tête de veau en fausse tartine.

Deux bouts de table.

2. D'un dindon bouilli, sauce au céleri,
1. Rosbif aux pommes de terre.

Six entrées.

1. D'une tranche de saumon bouillie, sauce aux câpres. *Purée de navets,*
1. De deux lapereaux, sauce aux ognons. *Choux-fleurs sans sauce,*
1. De quatre escalopes de veau,
2. De maquereaux bouillis, sauce au fenouil. *Épinards bouillis à l'anglaise,*
2. De deux poulets, sauce au persil. *Purée de pommes de terre,*
1. De perdreaux étuvés. *Bread-sauce.*

Second Service.

MILIEU.

1. Quartier de chevreuil à la broche, *sauce à la gelée de groseilles,*
2. D'une poularde rôtie,
2. D'un levraut farci.

Deux salades.

1. D'herbes vertes,
1. De citrons entiers.

Six entremets.

1. D'une gelée de vin de Madère,
1. D'un plum-pudding,
1. D'une tourte aux confitures,
1. De welches rabbits,
1. D'un pudding de riz,
1. D'une gelée de citrons.

Treize assiettes de dessert.

2. Compotes,
4. Assiettes de fruits crus
2. De biscuits,
2. De mendiants,
2. De fromages,
1. Assiette montée.

MENU DU GRAND-COUVERT,

OU BANQUET ROYAL AUX TUILERIES,

POUR LE JOUR DES ROIS, 6 JANVIER 1820.

LE ROI.

MONSIEUR. . . . . MADAME, fille de France.

MONSEIGNEUR. . . . . MONSEIGNEUR LE DUC DE BERRY.

MADAME LA DUCHESSE DE BERRY. . . . . Madame la Duchesse d'Orléans.

Monseigneur le Duc d'Orléans. . . . . Mademoiselle d'Orléans.

Monseigneur le Duc de Bourbon. . . . . Madame la Duchesse de Bourbon.

Deux potages.

Printanier de santé,
Bisque d'écrevisses.

Quatre grosses pièces.

Faon de daim à la broche,
Turbot, sauce aux huîtres et aux moules
Carpe à la Régence,
Casserole au riz à la Saint-Hubert.

Seize entrées.

Filets glacés aux laitues,
Sauté de filets de perdreaux aux truffes,
Grenadins de filets de lapereaux à la Toulouse,
Côtelettes de chevreuil à la Soubise,
Filets de lottes à la Villeroy, sauce vénitienne,
Quenelles de volailles au consommé réduit,
Attelets à la Bellevue à la gelée,
Escalopes de levrauts au sang,
Poularde à l'estragon,
Cremeskis au velouté,
Blanquette de filets de poulardes à la Conty,
Perches à la waterfisch,
Poulets à la reine à la Chevry,
Petits pâtés à la Béchameil,
Filets d'agneaux aux pointes d'asperges,
Purée de gibier à la polonaise.

Quatre grosses pièces.

Buisson d'écrevisses,
Sultane à la Chantilly,
Soufflé au fromage,
Jambon de sanglier glacé.

Quatre plats de rôts.

Faisans de Bohême,
Perdreaux rouges,
Éperlans frits,
Bécasses du Morvan.

Seize entremets.

Asperges en branches,
Choux-fleurs au parmesan,
Champignons à la provençale,
Truffes au vin de Champagne,
Laitues à l'essence,
Épinards au consommé,
Salade à la piémontaise,
Concombres au consommé,
Gelée d'oranges,
Crème à l'anglaise,
Pannequets aux citrons confits,
OEufs pochés au jus,
Gâteaux soufflés,
Macaroni à l'italienne,
Pommes au beurre de Vanvres,
Gaufres à la flamande.

Deux plombières, extra.

Dessert.

8 corbeilles, 4 corbillons, et le reste en proportion de cette donnée.

RÉVEILLON DE NOEL

CHEZ MADAME LA DUCHESSE DE BERRY;

(1823).

Deux potages.

Potage printanier de santé,
Purée à la Crécy.

Deux relevés.

Tête de veau en tortue,
Poularde aux truffes.

Deux flans.

Turbot, sauce aux homards,
Deux filets de bœuf à la financière.

Douze entrées.

Ailes de poulardes glacées aux laitues,
Filets de perdreaux au suprême,
Filets de lapereaux bigarrés, purée de champignons,
Timbale de nouilles à la milanaise,
Attelets à la Bellevue à la gelée,
Poulets à la reine à l'estragon,
Petits vole-au-vent à la reine,
Quenelles de volaille au consommé,
Côtelettes d'agneau à la Toulouse,
Filets de carrelets à la provençale,

Noix de veau de Pontoise glacée aux truffes,
Purée de bécasses à la polonaise.

Deux grosses pièces.

Buisson d'écrevisses du Rhin,
Sultane à la Chantilly.

Quatre plats de rôt.

Pluviers dorés et ortolans,
Outarde bardée,
Faisan garni de grives,
Deux gélinottes des bois.

Douze entremets.

Champignons grillés,
Asperges en petits pois,
Choux-fleurs au beurre de Bretagne,
Bayonnaise de scorsonères,
Œufs pochés au consommé de volaille,
Macaroni au blond de veau,
Gelée d'oranges de Malte,
Fromage à l'anglaise,
Charlotte de poires à la vanille,
Pannequets au cédrat,
Gâteau soufflé au gros sucre,
Gâteaux royaux aux raisins de Corinthe.

36 assiettes de dessert, 8 corbeilles de fruits, 8 de sucreries montées,

8 compotiers garnis et 4 fromages de glaces panachées.

MENUS DES BUFFETS

POUR UN BAL DONNÉ PAR MADAME, DUCHESSE DE BERRY.

Service de Cuisine.

Potage de riz au lait d'amandes,
Consommé, potage de riz au gras.
Jambons de Bayonne glacés,
Biscuits de Savoie,
Turbots à l'huile.
Hures de sanglier à la gelée,
Longes de veau rôties,
Pâtés de foie gras de Strasbourg,
Pâtés de perdreaux aux truffes,
Pâtés de venaison mêlée,
Truites de la Moselle à l'huile,
Brioches et babas,
Salmis de perdreaux chauds et froids.
Poulardes en galantine,
Filets de biche à la rémoulade,
Fricassées de poulets à la Conty,
Salades de filets d'esturgeon,
Pain de foies gras aux truffes,
Blanquettes de poulardes à la Béchameil,
Tronçons d'anguilles de Seine au miroir,
Côtelettes de chevreuil aux truffes,
Saumons au beurre de Montpellier,
Attelets bigarrés à la gelée de poulets,
Aspics de filets de volailles aux truffes,
Gâteaux de lièvre à la gelée,
Bondioles de Parme,
Spallas de Saint-Secondo.

ENTRÉES CHAUDES.

Poulets de Caux à la ravigote.
Poulardes au riz et au consommé.

ROTS.

Brochets à l'huile.
Perdreaux et bartavelles,
Poulets de bruyères,
Mauviettes de Chartres,
Gélinottes des Vosges,
Bécassines,
Poulardes au cresson,
Soles de Dieppe.

ENTREMETS.

Crème à la vanille,
Crème au café Moka,
Crème grillée à la fleur d'orange,
Blanc-manger aux avelines,
Gelée d'oranges de Malte,
Pâtisseries diverses,
Pommes à la portugaise,
Truffes au vin de Bordeaux,
Écrevisses du Rhin,
Haricots verts en salade,
Asperges à l'huile.

VINS DE TABLE DE TOUTES QUALITÉS.

Service d'Office.

GLACES.

A l'ananas,
Au citron de Calabre,
Aux truffes d'Italie,
Au chocolat d'Espagne,
Au café de Moka,
A la vanille,
A la crème royale,

A la crème aux œufs candis,
Sorbet au cédrat,
Sorbet à l'orange,
Sorbet à la crème,
Sorbet au thé,
Punch de quatre sortes.

LIQUEURS FRAICHES.

Limonade,
Orangeade,
Eau de mérises,
Eau d'ananas,
Sirop d'orgeat,

Sirop de groseilles,
Sirop de vinaigre framboisé,
Sirop de raisin muscat,
Sirop de grenades.

LIQUEURS CHAUDES.

Café,
Thé,
Punch,

Bavaroises,
Bischoff,
Négus.

VINS DE LIQUEURS.

De Madère,
De Xérès,
De Malaga,
De Calabre,
De Paille,
De Constance,

De Tokai,
De Chypre,
De Schyraz,
De Céphalonie,
De Ténédos.

LIQUEURS.

Crème de menthe de Milan,
Crème de cédrat des Antilles,

Rossolis de Turin,
Marasquin de Zara,
Alkermès de Florence,
Eau royale de Naples.

37.

MENU POUR LE SERVICE D'UN THÉ.

SOIRÉE D'AUTOMNE AU CHATEAU DE ROSNY,

(1827).

UN PLATEAU DE MILIEU.

Quatre grosses pièces montées.

Trophée militaire au palmier,   Casque grec,
Casque français,   Lyre enlacée d'une couronne,

Quatre grosses pièces de fond.

Brioche à la crème,   Biscuit de Savoie à la fécule,
Solilème à la moelle,   Congloff à l'allemande.

*Huit assiettes de petites salades de volaille à la bayonnaise, servies dans de peti-
pains en profiterole chapelée.*

*Huit assiettes de petits pains à la française, garnies de jambon râpé et de galantine
de gibier.*

Seize assiettes de gelées et crèmes.

2. De gelée d'orange en petits paniers,	2. De crème plombière servie dans des soucoupes,
2. De gelée de citron en écorce à la Bellevue,	2. De fromage bavarois aux abricots,
2. De gelée de marasquin servie dans des cristaux,	2. De crème française à la vanille,
2. De gelée de café à l'eau servie dans des cristaux,	2. De fromage bavarois au chocolat.

Trente-deux assiettes de pâtisserie.

De kouques à la flamande,	2. De gâteaux glacés aux pistaches,
2. De gaufres au gros sucre,	2. De petits pains de châtaignes,
2. De biscottes à la parisienne,	2. De panachés au gros sucre,
2. De diadèmes perlés,	2. De meringues à la crème de vanille,
2. De choux à la Mecque,	2. De petits pains glacés à la duchesse,
2. De petits nougats à la française,	2. De génoises perlées en croissant,
2. De petits pains à la paysanne,	2. De gâteaux à la royale,
2. De madelaines au cédrat,	2. De gâteaux d'amandes à la Condé,

200 Glaces variées et rafraîchissements assortis.

MENU D'UNE COLLATION MAIGRE

POUR LE DÉJEUNER DE LA FAMILLE ROYALE AUX TUILERIES,

LE VENDREDI SAINT DE L'ANNÉE 1829.

Autour du plateau dormant.

Quatre potages.

Riz au lait d'amandes,　　　　Gruau de Bretagne à la noisette,
Mitonnage à la provençale,　　Panade à l'orgeat.

Deux buissons de pâtisseries à l'huile
en formes et couleurs d'écrevisses et d'éperlans frits.

Quatre salades cuites.

De choux-fleurs à l'huile,　　　　D'une macédoine des sept racines,
De lentilles à la reine et de haricots-riz.　　De patates d'Espagne et de truffes de Piémont.

Deux salades crues.

Macédoine verte au soya,　　　　Chicorée blanche au piment.

Rôties au vin d'Alicante.

Croûtes gratinées au chocolat.

Quatre corbeilles de fruits crus.

Vingt-quatre assiettes
garnies de fromages secs et de fruits secs, de massepains sans beurre et sans œufs, de confitures,
compotes, conserves et autres sucreries nommées de *jeûne* ou d'*abstinence*.

DÉJEUNER POUR LE JOUR DE PAQUES

CHEZ MADAME, DUCHESSE DE BERRY.

(Service en ambigu.)

VINGT-QUATRE COUVERTS.

Quatre grosses pièces.

Jambon d'ours du Tyrol au vin d'Espagne et glacé,
Pâté de Périgueux aux truffes,
Dinde en galantine aux pistaches,
Brioche à la crème et au fromage de Brie.

Quatre entrées chaudes.

Sauté de volaille aux truffes,
Côtelettes de mouton à la bourgeoise,
Filet de bœuf glacé au vin de Madère,
Boudins de lapereaux à la Royale.

Quatre entrées froides.

Fricassée de poulets à la gelée,
Noix de veau au beurre de Montpellier,
Salade de perdreaux à l'ancienne,
Aspic garni de blanc de volaille.

Quatre plats de rôts.

Un agneau rôti en pascaline,
Faisans piqués,
Dindonneau au cresson,
Poule de bruyères.

Quatre entremets chauds.

Timbale de macaroni au jus,
Cardes à l'espagnole,
Truffes à l'italienne,
Champignons à la provençale.

Quatre entremets au sucre.

Gelée d'oranges moulée,
Flan de pommes glacées,
Fromage bavarois aux pistaches,
Pudding à la moelle, sauce au vin de Xérès.

Quatre assiettes volantes.

Deux de soufflés au rhum,
Deux de biscuits à la crème.

Sandwichs variés, kouques, moffins et solilèmes à la moelle pour être servis avec le thé, le chocolat et le café à la crème.

SEIZE MENUS

d'un ordinaire honorablement élégant et délicatement comfortable,

ÉTABLIS POUR UN COUVERT DE SIX A HUIT PERSONNES,

ET POUR LES QUATRE SAISONS DE L'ANNÉE;

PAR FEU M. LE DUC DE GUINES.

QUATRE MENUS DE PRINTEMPS POUR SIX COUVERTS.

Premier menu de printemps en gras.

Un potage.

A l'orge perlée à la Royale.

Une grosse pièce.

Un brochet à la polonaise.

Deux entrées.

Une côte de bœuf aux ognons glacés.
Un vole-au-vent à la Nesle.

Un plat de rôt.

Deux poulets à la reine.

Deux entremets.

Champignons à l'italienne,
Gelée de vin de Malaga.

Pour extra, un buisson de meringues à la
crème.

Second menu de printemps en gras.

Un potage.

De riz au consommé.

Une grosse pièce.

Filet de bœuf rôti au vin de Madère.

Deux entrées.

Chapon à la Matignon,
Escalopes de cabillau à la Béchameil.

Un plat de rôt.

Ramiers, tourterelles et mauviettes bardées.

Deux entremets.

OEufs de pluvier pochés à la chicorée à la crème.
Gelée des quatre fruits.

Pour extra, des tartelettes meringuées.

Troisième menu de printemps en gras.

Un potage.

Potage au céleri.

Une grosse pièce.

Culotte de bœuf garnie à la flamande.

Deux entrées.

Papillotes de filets de carpes à la d'Huxelles,
Perdreaux à la Périgueux.

Un plat de rôt.

Un levraut piqué et glacé.

Deux entremets.

Choux de Bruxelles au beurre de Vanvres,
Gelée d'oranges dans un bol.

Pour extra, un flan suisse.

Quatrième menu de printemps en maigre.

Un potage.

Potage de sagou à la purée de marrons.

Un relevé de potage.

Filets de limandes à la Orly.

Une grosse pièce.

Cabillau à la norwégienne.

Deux entrées.

Darne de saumon grillée au beurre d'anchois,
Quenelles de merlans à la crème.

Un plat de rôt.

Quatre plongeons de Seine.

Un relevé de plat de rôt.

Brioche au fromage.

Deux entremets.

Asperges en petits pois,
Gelée de vin de Champagne rosé.

QUATRE MENUS D'ÉTÉ POUR SIX COUVERTS.

Premier menu d'été en gras.

Un potage.

Garbure à la béarnaise.

Une grosse pièce.

Cochon de lait rôti et farci d'olives.

Deux entrées.

Faisan à la choucroûte,
Sole à la Colbert.

Un plat de rôt.

Un râle de genêt et six cailles bardées.

Deux entremets.

Haricots verts à la française,
Gelée de fraises moulée.

Pour extra, gâteaux d'amandes.

Second menu d'été en gras.

Un potage.

Potage à l'oseille à la hollandaise.

Une grosse pièce.

Quartier de chevreuil, sauce poivrade.

Deux entrées.

Petits pâtés de blanc de volaille à la Béchameil,
Filets de maquereaux à la maître-d'hôtel.

Un plat de rôt.

Trois canetons de Rouen.

Deux entremets.

Petits pois à la parisienne,
Tourte à la crème, à la moelle, au rognon de veau,
  à la cannelle et au sucre candi.

Pour extra, petits soufflés au punch.

Troisième menu d'été en gras.

Un potage.

Potage aux laitues farcies et au consommé.

Une grosse pièce.

Noix de veau à la provençale.

Deux entrées.

Pâté chaud de godiveau à l'espagnole,
Poularde à la maréchale.

Un plat de rôt.

Cinq pigeons de volière.

Deux entremets.

Fonds d'artichauts à la lyonnaise,
Flan de pêches hâtives et de cerises nouvelles.

Pour extra, pannequets au jus de bigarade.

Quatrième menu d'été en maigre.

Un potage.

Lasaignes à la purée de pois verts.

Un relevé de potage.

Bonne morue frite à la Royale.

Une grosse pièce.

Anguille de Seine à la tartare.

Deux entrées.

Escalopes de saumon aux champignons,
Filets de brochet en papillotes.

Un plat de rôt.

Éperlans frits à l'allemande.

Deux entremets.

Laitues à l'espagnole maigre,
Gelée de citrons moulée.

Pour extra, nougat de pommes d'Apy.

QUATRE MENUS D'AUTOMNE POUR SIX COUVERTS.

Premier menu d'automne en gras.

Un potage.

Potage à la jambe de bois.

Une grosse pièce.

Noix de bœuf à la duchesse de Mailly.

Deux entrées.

Chapon au riz,
Darne de saumon au beurre de Provence.

Un plat de rôt.

Cinq perdreaux piqués.

Deux entremets.

Choux-fleurs au coulis d'écrevisses,
Gelée de vin muscat renversée.

Pour extra, beignets de brugnons.

Second menu d'automne en gras.

Un potage.

Semoule à la Régence au blond de veau.

Une grosse pièce.

Marcassin farci à la d'Escars.

Deux entrées.

Quenelles de lapins au suprême,
Poulets dépecés à la vénitienne.

Un plat de rôt.

Lottes frites et garnies de leurs foies.

Deux entremets.

Haricots blancs nouveaux à la maître-d'hôtel,
Gelée de groseilles blanches moulée.

Pour extra, biscuits de fécule aux amandes
nouvelles.

Troisième menu d'automne en gras.

Un potage.

Croûte gratinée aux morilles.

Une grosse pièce.

Selle d'agneau de ferme à la maître-d'hôtel.

Deux entrées.

Poitrine de veau à la lyonnaise,
Perdreaux à la Sierra-Moréna.

Un plat de rôt.

Truite de la Moselle au bleu.

Deux entremets.

Épinards à l'anglaise,
Gelée de pêches moulée et fouettée.

Pour extra, petites fondues au fromage de
Parme, en caisses rondes.

Quatrième menu d'automne en maigre.

Un potage.
Croûte gratinée à la Condé.

Un relevé de potage.
Rissoles de laitances à l'allemande.

Une grosse pièce.
Bar grillé, sauce aux huîtres.

Deux entrées.
Escalopes d'esturgeon aux truffes et aux queues
de crevettes,

Aile de raie bouclée au beurre noir et à l'orange
amère.

Un plat de rôt.
Sarcelles piquées d'anguille.

Deux entremets.
Pommes de terre frites à l'huile verte,
Gelée de liqueur moulée.

Pour extra, gâteaux aux pistaches.

QUATRE MENUS D'HIVER POUR SIX COUVERTS.

Premier menu d'hiver en gras.

Un potage.
Vermicelle au coulis de volaille.

Une grosse pièce.
Un oison rôti à la purée de pommes de reinette.

Deux entrées.
Gratin de bonne morue à la Béchameil,
Poulet à la Montmorency.

Un plat de rôt.
Deux lapereaux piqués en accolade.

Deux entremets.
Tomates à la provençale,
Fromage bavarois aux macarons amers.

Pour extra, gâteaux à la Royale.

Second menu d'hiver en gras.

Un potage.
Mitonnage au blond de veau et au coulis d'écrevisses.

Une grosse pièce.
Une dinde aux truffes.

Deux entrées.
Pâté chaud de lapereaux aux fines herbes,
Poule faisane aux olives tournées.

Un plat de rôt.
Une terrine de Nérac.

Deux entremets.
Aubergines farcies à la moelle,
Crème à l'anisette de Bordeaux.

Pour extra, darioles à l'orange.

Troisième menu d'hiver en gras.

Un potage.
Soupe aux graines de melon et aux amourettes
d'agneau.

Une grosse pièce.
Hure de saumon à la génoise.

Deux entrées.
Ris de veau glacés aux pointes d'asperges,
Salmis de perdreaux au vin de Juranson.

Un plat de rôt.
Une gélinotte piquée, garnie d'ortolans et de becfigues.

Deux entremets.
Œufs de pintades à l'aurore,
Gâteau de Pithiviers glacé.

Pour extra, profiteroles au chocolat.

Quatrième menu d'hiver en maigre.

Un potage.

Julienne à l'essence de racines et aux quenelles de poisson.

Un relevé de potage.

Croquettes de filets de soles à la purée de tomates.

Une grosse pièce.

Un turbot au gratin et aux champignons.

Deux entrées.

Civet de lamproies à la Charles IX,
Quenelles de brochet au beurre de Montpellier.

Un plat de rôt.

Buisson de petits homards entourant un gros crabe.

Deux entremets.

Grosses truffes à la serviette,
Gelée de rhum aux pistaches et aux zestes confits.

Pour extra, petits soufflés à la fleur d'orange pralinée.

MENU D'UN AMBIGU TRÈS-DISTINGUÉ

qui fut servi chez Madame la Marquise de T......

POUR LE GRAND-DUC CONSTANTIN DE RUSSIE

PENDANT SON DERNIER VOYAGE A PARIS.

(18 COUVERTS.)

Un plateau dormant.

Deux potages.

A la Reine aux avelines,

Bisque-rossolis aux Poupards.

Quatre grosses pièces.

Turbot à la purée d'huîtres vertes,   Brochet à la Chambord,

Dinde aux truffes de Barbezieux,   Reins de sanglier à la Saint-Hubert.

Quatre entrées.

Pâté chaud de pluviers dorés,   Quatre ailes de poulardes glacées aux concombres,

Six ailes de canetons au jus de bigarade,   Matelote de lottes à la bourguignonne.

Quatre plats de rôt.

Deux poules faisanes, l'une piquée et l'autre bardée,   Buisson composé d'un Engoulvent, deux Râles, quatre Ramereaux, deux Tourtereaux et six Cailles rôties,

Rocher formé d'un crapelu, de six petits homards et de quarante crevettes au vin de Sillery,   Terrine de foies de canards de Toulouse.

Huit entremets.

Grosses pointes d'asperges à la Pompadour au beurre de Rennes,   Fonds d'artichauts rouges à la lyonnaise et au coulis de jambon,

Croûte aux champignons émincés et aux lames de truffes noires à la Béchameil,   Macédoine de patates d'Espagne, de petits pois de serre chaude et de truffes blanches de Piémont à la crème et au blond de veau réduit,

Charlotte de poires à la vanille,   Mousse fouettée au jus d'ananas,

Profiteroles au chocolat (de Marquis),   Fanchonnettes à la gelée de pommes de Rouen.

Dessert.

Quatre corbeilles de fruits à la main, huit corbillons de fines sucreries coloriées, six sorbetières garnies de douze sortes de glace, huit compotiers, huit assiettes de confitures et quatre espèces de fromages servis *en extra*.

MENU D'UN EXCELLENT DINER DE GARÇONS

COPIÉ DANS LE *Vert-Vert* ET LA *Chronique de Paris.*

(31 JUILLET 1833.)

.... « Ce spirituel et charmant festin littéraire, ce repas friand, ce petit dîner
» modèle a été donné dans le grand cabinet sur le jardin du Palais-Royal, aux Frères-
» Provençaux : c'est par l'obligeance de M. R. de B. que nous en avons obtenu la
» carte, etc. »

Convives.

MM.

LE COMTE DE COURCHAMPS,
Amphytrion rétrospectif et progressif.

ROGER DE BEAUVOIR,
Autheur de l'*Escollier de Clugny*, c'est tout dire!

LE MARQUIS ALFRED DE MONTEBELLO,
Qui passe, avec raison, pour un des gourmets les plus
intelligents et les plus spirituels de Paris.

MM.

ALPHONSE ROYER,
Auteur de *Manoël*, et dégustateur attentif.

LE PRINCE H. DE GALITZIN,
Poète lauréat d'Archangel et gastronome académique.

LOUIS DE MAYNARD DE QUŒILLE,
Autre gentilhomme de lettres et gourmet postulant.

Comestibles.

Un potage.

Une copieuse et forte bouille-à-baisse
Au turbot, au surmulet, aux rougets de roche, aux éperlans de Quillebœuf, aux huîtres d'Ostende
et aux moules de Dieppe.

Quatre hors-d'œuvres.

Beurre de Vanvres
au vert-pré de cerfeuil.

Cantaloup de Bagneux.

Filets de soles marinés
aux câpres d'Antibes.

Figues d'Argenteuil.

Un relevé.

Hochepot de queues de bœuf aux sept racines à la bonne femme.

Deux entrées.

Concombres farcis
au blanc de volaille et à la moelle.

Cailles à la Pompadour
au laurier.

Un rôti.

Trois canetons de Rouen farcis à l'anglaise.
(Bread-sauce au catchup et à la sauge verte.)

Un relevé de rôt.

Pâté froid d'un filet de biche,
de M. Corcelet.

Une salade

De chicorée blanche et de concombres verts émincés,
avec *chapon* de Gascogne à la pointe d'ail et queues d'écrevisses au jus de bigarade et au soya de la Chine.

Quatre entremets.

Tomates gratinées à l'huile verte et aux anchois,   Flan à la crème de Viry et à la purée d'amandes
fraîches,
Beignets de mirabelles glacés au candi,   Gelée de vinaigre framboisé dans un bol.

Dessert.

Macédoine aux quatre fruits rouges à la glace et au jus d'orange,
Fromage du Mont-d'Or et d'Entremonts-les-Gruyères,
Biscuits de fécule d'iris,
Nougat marbré de la Ciottat aux pignons et aux pistaches,

Vins et liqueurs.

Vin de *Lunet-Paille* avec le potage au poisson (suivant l'excellente coutume hollandaise).
— de *Mercurey* (de la comète) au relevé comme avec les hors-d'œuvres.
— d'*Aï* (de Moite) non mousseux et bien frappé, vers la fin des entrées.
— de la *Romanée-Conty*, avec le rôti.
— de *Château-Lafitte* (1825) à l'entremets,
Vieux *porter de Londres*, avec la salade ainsi qu'avec les fromages.
Vin de *Pacaret sec* et *Malvoisie de la Commanderie de Chypre* pour le dessert.
Glaces *à la crème au pain bis* et au *beurre frais* panachées.
Après le café : — Liqueur d'*absinthe au candi* et *mirobolan* de madame Amphoux (que
Dieu bénisse) !

MENU D'UN BEL ET BON DÉJEUNER PARISIEN

Pour une Table de huit à dix couverts.

(AUTOGRAPHE DU COMTE DE CUSSY.)

Vin de Frontignan pour les habiles. — *Vieux vin de Pouilly pour les routiniers.*

Vingt douzaines d'huîtres d'Ostende ou d'huîtres vertes de Marennes.
Quatre piles de tartines au beurre frais assaisonné de mignonnette et jus de limon.

Vins de Sauterne et de Madère sec.

Potage au gruau de Bretagne au lait d'amandes.
Croûtes gratinées au consommé.

Vins de Morrachet et de l'Hermitage blanc.

Rognons de mouton émincés au vin de Champagne mousseux.
Boudins de chevreuil grillés sur une sauce Robert à la moutarde.
Bayonnaise de homard garnie de queues de crevettes, œufs de gibier et cœurs de laitue.
Aspic de blancs de volaille aux truffes, aux pistaches et à la gelée de couleur.

Vins de Saint-Péray, de Sillery et de Nuits blanc et mousseux.

Jambon de sanglier (sauce froide à l'allemande).
Gros pâté de bécasses et bécassines de Montreuil-sur-Mer.
Truffes de Périgord au vin de Bordeaux (dressez-les en forme de rocher sur une corbeille).

Vin du Rhin, vin de Rattertoff, vin de Sétuval, et puis malvoisie de l'Archipel.

Tourte de marrons glacés à la croûte d'amandes.
Solilème au beurre d'Isigny (pour le chocolat).
Kouques-biscottes à la flamande (pour le café à la crème).
Brioche à l'ancienne, c'est-à-dire au fromage de Brie (pour le thé).
Gaufres de macarons d'amandes amères roulées en cornets *.

* C'est pour en user avec les glaces panachées, ainsi qu'en prenant du bischoff ou du négus à la fin du repas.

On fera bien de terminer le présent déjeûner par un bon verre de vieux kirch ou de cinnamomum de Trieste.

CARTE

DES DÉJEUNERS PARTICULIERS AU CHATEAU DE C.....

à l'usage des réfugiés politiques qui seraient devenus paresseux ou frileux.

Bouillon consommé.
Croûte au pot.
Soupe au lait.
Riz et vermicelle au lait.
Soupe aux ognons.
— aux fines herbes
— au potiron.
Semoule aux navets.
Panade au beurre.
Bouillie de fécule.
— de sarrasin.
Crème de riz.
Sagou au vin.
Tapioca des îles.
Gruau d'avoine.
— au lait.
— aux jaunes d'œufs.
— au bouillon de poule.
Orge perlé au gras.
— au lait de chèvre.

OEufs frais du jour.
— de pintade
— sur le plat.
Omelette aux fines herbes.
— aux tomates.
Beefteck aux pommes de terre.
Côtelettes de mouton
— de veau.
— de porc frais.
Jambon fumé.
Daube à la gelée.
Saucissons indigènes.
Filets de soles marinés.
Sardines et anchois.
Pommes de terre arrangées de dix-sept manières différentes.
Artichauts à la poivrade.
Raves et radis roses.
Radis gris épicé.
Raifort et kran.

Beurre frais du jour.
Thé.
Café.
Chocolat.
Toasts et sandwichs.
Pain blanc.
— bis.
— grillé.
Lait et crème double.
Fruits de la saison.
— confits.
— secs.
— en conserve.
— à l'eau-de-vie.

Bavaroises.
Lait de poule.
Tisane de réglisse.
— de bouillon blanc.
— des quatre fleurs.
— de camomille.
— de tilleul.
— de petite centaurée.
— de feuilles d'oranger.
— de menthe poivrée.
— de violette.
— de mauve.
— de coquelicot.
— de chicorée.
— de bourrache.
Eau de veau.
— de poulet.
— de riz.
Bouillons pointus.
— à la graine de lin
— à la guimauve.
— au miel rosat.

Vin d'Anjou de quatre feuilles.
Vieux vin de Bourgogne.
— de Bordeaux rouge et blanc.
Vin de Saint-Georges.
— de Tavel.
— de Roussillon.
— de Champagne.
— de Malaga.
— de Madère.
— de Frontignan (de 1817).
— de Grenache.
— de Rancio (de 1770).

Limonade gazeuse.
Sirops d'office.
Bière anglaise.
Cidre doux.
— amer.
Poiré mousseux.
Eau de pluie bien filtrée.
— de bonne source.
— de Seltz.
— de Barèges.
Soda-watter.

Ratafias de santé des six espèces, fines liqueurs assorties, parmi lesquelles on ne manquera pas de distinguer le *petit-lait de Henry V*.

PHARMACIE DOMESTIQUE,

ou

RECUEIL DES RECETTES MÉDICALES

LES PLUS USUELLES ET LES PLUS FACILES A BIEN COMPOSER,

Suivi

DE QUELQUES PRESCRIPTIONS RELATIVES A L'ALIMENTATION DES CONVALESCENTS,

ainsi qu'à certaines préparations

QUI CONCERNENT LA TOILETTE DE SANTÉ.

PHARMACIE DOMESTIQUE,

OU

RECUEIL DES RECETTES MÉDICALES

LES PLUS USUELLES ET LES PLUS FACILES A BIEN COMPOSER,

Suivi

DE QUELQUES PRESCRIPTIONS RELATIVES A L'ALIMENTATION DES CONVALESCENTS,

ainsi qu'à certaines préparations

QUI CONCERNENT LA TOILETTE DE SANTÉ.

———————

Nous allons commencer par déterminer exactement les différentes mesures de poids et de capacité qui sont usitées dans la pharmacie, et qui doivent être observées dans les manipulations domestiques avec une régularité scrupuleuse.

MESURES DE POIDS.

La livre équivaut à. 16 onces.
L'once, à. . . . . 8 gros ou drachmes.
Le gros, à. . . . . 3 scrupules.
Le scrupule, à. . . . . 24 grains.

MESURES DE CAPACITÉ.

La pinte pèse environ. . . . . 2 livres.
La chopine. . . . . 1 livre.
Le demi-setier. . . . . 8 onces.

POUR LES SUBSTANCES SOLIDES.

Poignée (*manipulus*). . . . . Ce que la main peut contenir.
Pincée (*pugilus*). . . . . La quantité que l'on peut saisir entre le pouce
et le doigt indicateur.

POUR LES LIQUIDES.

Un *verre* équivaut à. . . . . environ 4 onces.
Une *cuillerée* à bouche, à. . . . . une demi-once.
Une *cuillerée* à café, à. . . . . un gros.
Une *goutte*, à. . . . . un grain.

Des Apozèmes.

On appelle ainsi les tisanes *concentrées*, c'est-à-dire, abondamment saturées ou chargées d'une ou de plusieurs substances médicinales et pharmaceutiques; opération qui doit s'exécuter par la décoction ou moyennant l'infusion, la macération, ou la trituration, suivant les cas.

Nous avons déjà fait observer qu'il est du devoir d'un chef de cuisine, et surtout d'un aide-officier, de savoir confectionner *secundum artem*, non-seulement toutes les tisanes simples et les juleps sucrés, mais encore les apozèmes, les potions, les émulsions et les bains médicaux, ainsi que les *remèdes* d'une autre nature. L'apozème *dépuratif* et *tonique* est souvent basé sur une décoction de salsepareille, de bardane et d'une autre plante analogue. Le *styptique*, le *diurétique*, le *purgatif* et le *fébrifuge* ne sauraient être exécutés que d'après les ordonnances et les prescriptions doctorales, et l'on doit toujours en agir ainsi pour les médicaments internes et composés. Cependant on peut, sans inconvénient, fabriquer et administrer certains remèdes connus, tels que des *lotions*, des *gargarismes* et des *injections*, par exemple; mais encore est-il indispensable d'en bien connaître les véritables éléments, de savoir par quelles autres substances ces éléments peuvent être remplacés à défaut des premiers, enfin d'en évaluer exactement les doses, et de pouvoir appliquer avec précision les procédés nécessaires à leur préparation méthodique.

APOZÈME ALLEMAND, OU DÉCOCTION BLANCHE
(*excellente prescription contre la diarrhée*).

— Pilez dans un mortier de marbre 2 onces de mie de pain et 2 gros de corne de cerf calcinée-porphyrisée; faites bouillir ensuite avec 1 once de sucre blanc dans 1 bouteille d'eau filtrée, pendant vingt-cinq minutes; joignez-y alors 1 once d'eau de fleur d'orange, et puis passez le tout à travers une étamine très-claire avec expression.

Cette boisson doit être prise d'heure en heure et par demi-verres. Il faut avoir soin de la remuer, car il est essentiel de la boire *trouble*.

APOZÈME AMER ET STOMACHIQUE.

— Faites bouillir dans une pinte d'eau 1 once de racine de gentiane coupée par tranches; ensuite ajoutez-y 2 onces de sommités de petit chêne, de petite centaurée, de fumeterre, de feuilles de trèfle-d'eau et de fruits de houblon, par parties égales; laissez infuser pendant deux heures, et passez sans expression. On prendra cet apozème tonique d'heure en heure et par demi-verres.

APOZÈME PURGATIF, appelé *Tisane Royale*.

— Prenez: feuilles de séné-mondé, 2 onces; sel de glauber, 1 once; semence d'anis et de coriandre, de chacune 1 gros; feuilles de cerfeuil et de pimprenelle, 2 onces; ajoutez à ceci un citron coupé par tranches, et faites macérer le tout dans 2 livres d'eau froide pendant 24 heures en ayant soin de l'agiter souvent. Passez avec une légère expression, et filtrez cet apozème qui n'a rien de désagréable au goût, et qui réussit très-bien en purgation.

APOZÈME DIURÉTIQUE OU APÉRITIF.

— Prenez: racines de raifort sauvage, 4 gros; baies de genièvre concassées, 2 gros; et faites-les infuser à vaisseau fermé, dans 12 onces d'eau bouillante; passez à la chausse de laine, ou dans une serviette mise en double; laissez refroidir, et ajoutez-y une pinte de vin blanc où vous aurez délayé 2 onces d'oximel scillitique. On use de cet apozème (en cas d'embarras dans les voies urinaires) en en buvant dans la matinée trois verres, *à jeun*.

APOZÈMES VERMIFUGES.

— Faites infuser dans 8 onces d'eau bouillante 1 gros de mousse de Corse, et puis joignez-y 1 once de sirop d'armoise. Cet ancien apozème est particulièrement approprié pour les enfants qui souffrent des vers; mais pour les adultes en qui l'on aurait reconnu la présence du ver solitaire, on emploiera la décoction de racine de grenadier, qui est un remède efficace contre le tænia.

APOZÈME ANTI-SCORBUTIQUE.

— Mettez dans 4 livres d'eau : une poignée de feuilles de menyanthes, une poignée de feuilles d'oseille, et une poignée de racines de raifort; faites réduire de moitié par l'ébullition. Cet apozème est souverainement bon contre le scorbut, ainsi qu'il est expérimenté par les principaux médecins de notre marine.

APOZÈME ASTRINGENT.

— Prenez 2 gros de cachou, et 2 gros de racine de grande consoude; faites bouillir dans 1 livre d'eau, jusqu'à réduction d'un quart; passez l'apozème où vous ajouterez 2 onces de sirop de coing, et que vous ferez prendre par demi-tasses.

APOZÈME FÉBRIFUGE.

— Faites bouillir 1 once d'écorce de quinquina concassée dans 2 livres d'eau pendant quelques minutes seulement, mais en ayant soin de bien fermer le vase; ajoutez-y 20 grains de muriate d'ammoniaque, avec 1 once de sirop de quinquina; passez l'apozème avec expression, et ne l'administrez que suivant la prescription doctorale, entre deux accès de fièvre.

Tisanes.

On appelle ainsi les breuvages médicamenteux qui doivent servir de boisson habituelle pour un malade pendant la journée, et qui, [par cette raison, doivent être combinées de manière à n'avoir aucun goût qui puisse répugner.

TISANE ÉMOLLIENTE.

— Faites infuser dans 1 pinte d'eau bouillante 1 poignée de fleurs de mauve, et 3 gros de capillaire du Canada ; passez à la chausse, et ajoutez-y 1 once de gomme arabique en poudre, avec 2 onces de miel que vous aurez clarifié.

TISANE PECTORALE (des Ursulines).

— Faites bouillir pendant une demi-heure, dans 1 pinte d'eau, 6 onces de dattes, de jujubes et de raisins de Corinthe, par portions égales; passez et ajoutez-y 1 once de sirop de guimauve ou de sirop de gomme.

TISANE DES QUATRE FLEURS PECTORALES.

— Faites infuser dans une décoction de pommes de reinette des fleurs de violettes, de tussilage, de mauve et de bouillon-blanc, par parties égales; édulcorez cette infusion avec du miel de Narbonne, et passez-la au tamis de crin.

TISANE DE MOUSSE D'ISLANDE OU DE LICHEN.

— Faites macérer 1 once de lichen d'Islande mondé dans 1 livre d'eau, et pendant 12 heures; ensuite jetez cette première eau, et faites bouillir ladite mousse dans 3 livres d'eau, jusqu'à réduction d'un tiers; passez-la ensuite dans 1 serviette double, et ajoutez-y 1 once de sirop de guimauve. Cette tisane, très-adoucissante, est fréquemment usitée dans les maladies de poitrine, ou les affections du larynx. On fera bien de la couper, si l'estomac le permet, avec un tiers de lait de vache.

TISANE RAFRAICHISSANTE (ancienne formule de Fagon).

— Faites bouillir dans 1 pinte d'eau (de pluie, si vous pouvez, ou tout au moins de rivière) 1 forte poignée d'orge mondé, 1 paquet de chiendent, 4 figues grasses de Provence, et 2 pommes de franche reinette, dont vous aurez soin de retrancher les peaux et les cœurs; ajoutez-y 6 amandes douces pelées et concassées. Après 20 minutes de cuisson continue, mettez-y 2 onces de racine de réglisse bien ratissée et coupée en petits morceaux. Ne laissez plus bouillir votre tisane, et mettez-y, pour lors, 3 onces de miel de Narbonne épuré; passez au blanchet, autrement appelé chausse de laine.

TISANE SUDORIFIQUE.

— Prenez : bois de gaillac râpé, 3 onces; racine de salsepareille hachée, 3 onces; squine coupée par tranches, également 3 onces; faites macérer pendant 12 heures, et puis faites bouillir dans un vaisseau bien clos, et dans 6 pintes d'eau jusqu'à réduction d'un tiers; retirez du feu pour y joindre 3 gros de bois de sassafras râpé; laissez infuser pendant 1 heure, et servez-vous de cette composition contre le rhumatisme, les inflammations chroniques de la peau et autres maladies analogues.

TISANE ANTI-CATARRHALE (ancienne recette de la présidente Fouquet).

— Prenez : feuilles d'hysope, 2 onces; racine d'autrée, 1 once; feuilles de lierre-terrestre, 2 onces; sirop de miel, 2 onces.

Faites bouillir le tout dans 2 pintes d'eau; passez dans un linge de lessive, et servez-vous-en dans les catarrhes ou rhumes opiniâtres, ainsi que dans les révolutions d'asthme.

TISANE ANTI-BILIEUSE.

— Faites bouillir dans une pinte d'eau une demi-poignée d'orge en paille bien lavé et bien mondé de ses barbes; joignez-y, quelque temps après, 2 pommes de reinette pelées et coupées en quartiers; passez à la chausse, et mêlez à la tisane 4 onces de sirop de vinaigre, ainsi que le jus de 2 limons ou citrons.

TISANE DE TUSSILAGE (ou pas-d'âne).

— Il faut, dans une pinte d'eau, faire bouillir pendant quelques minutes une demi-once de racine de tussilage; ajoutez-y, en la retirant du feu, 2 pincées des fleurs de cette plante.

On devra s'en servir pour l'usage habituel, plus ou moins long-temps continué, suivant les circonstances qui en ont déterminé la prescription, et même pendant le repas avec le vin au lieu d'eau ordinaire.

PETIT-LAIT.

— On met dans un vaisseau de terre vernissé 2 livres de lait de vache sur des cendres chaudes, en y ajoutant 15 à 18 grains de présure que l'on a délayée auparavant dans 3 ou 4 cuillerées d'eau; à mesure qu'elle se chauffe et se caille, la sérosité qui est le petit-lait se sépare des autres substances qui forment la partie blanche; lorsque le lait est bien chaud, et que la partie caséeuse est séparée, on passe à travers un linge ou un tamis et on laisse égoutter le caillé.

Pour clarifier le petit-lait, on met 1 blanc d'œuf dans une bassine, on le fouette en y ajoutant 1 verre de petit-lait et 12 à 15 grains de crème de tartre; on met ensuite le petit-lait, et on fait jeter au tout quelques bouillons; lorsque le petit-lait est parfaitement clair, on le filtre en le faisant passer à travers un papier gris; il passe limpide et doit avoir une couleur verdâtre. On le prépare aussi avec des substances qui lui donnent des propriétés particulières; ainsi l'on fait du petit lait-acéteux en faisant bouillir sur un feu doux 2 livres de lait de vache mêlé avec partie égale d'eau, en y ajoutant 1 once et demie de bon vinaigre, et si au lieu de vinaigre on met dans le lait bouillant 8 onces de vin blanc acidule, on forme le petit-lait vineux.

SUC DE PLANTES (appelé vulgairement *jus d'herbes*).

— On peut faire entrer dans sa composition un plus ou moins grand nombre de plantes; mais le plus ordinairement, le suc de plantes ou jus d'herbes se fait avec la fumeterre ou la chicorée, le cresson de fontaine, la laitue, le cerfeuil, l'oseille et la poirée, dont on prend parties égales pour les piler, les broyer, les réduire en une pâte homogène, et en extraire le suc, dont on donne 4 et même 5 onces tous les matins à jeun, après les avoir mêlées dans une tasse de bouillon de veau ou de poulet, quelquefois même avec addition d'une cuillerée à bouche de sirop de limon.

L'effet de ce médicament est souverainement détersif et dépuratif.

EAU D'ORGE MIELLÉE.

— Quand l'eau d'orge est ordonnée comme tempérante et adoucissante, il faut employer de l'orge perlé; ou, si l'on fait usage d'orge entier, il faut jeter la première eau, parce que l'écorce de l'orge contient un principe astringent. Quand on doit employer l'eau d'orge comme gargarisme, avec des feuilles de ronce et du miel, on se sert d'orge entier, et l'on ne jette pas la première eau : on fait d'abord bouillir l'orge jusqu'à ce qu'il soit crevé, alors on verse le tout sur les feuilles de ronce, et l'on y ajoute une cuillerée de miel et autant de vinaigre.

LIMONADE ET ORANGEADE (*simples et cuites*).

— On prépare l'orangeade ainsi que la limonade, de deux manières, c'est-à-dire, crues et cuites.

Pour bien faire la limonade crue, on prend un citron que l'on frotte avec un morceau de sucre, en en râpant l'écorce, afin de lui enlever la plus grande quantité possible de son huile essentielle et aromatique, qui n'existe que dans le zeste du fruit et la partie qui le colore en jaune; on enlève ensuite avec un couteau propre (une lame d'argent est très-convenable) la pellicule jusqu'à la pulpe; on le coupe ensuite par tranches minces. Lorsqu'on a beaucoup de citrons, on les écrase en exprimant dans le vase qui contient la quantité d'eau nécessaire pour être acidulée; au morceau de sucre imprégné de l'huile essentielle, on en ajoute d'autres en suffisante quantité pour l'édulcorer suffisamment. On la conserve pour l'usage dans des vases de verre, de faïence ou de porcelaine.

La limonade cuite ne diffère de celle-ci que parce que l'on fait bouillir l'eau d'avance pour y ajouter, en retirant le vase du feu, la même quantité de sucre et de jus de citron, destinée à la rendre acide et à l'édulcorer.

LIMONADE GAZEUSE.

— Il ne s'agit que de vous approvisionner de soda-water, ou eau minérale de soude, que vous mélangerez avec du sirop de limon, dans la proportion d'une once de sirop pour 8 onces d'eau.

EAU RAFRAICHISSANTE DE FRUITS,

Tels que, *Mûres, Fraises, Groseilles, Cerises, Ananas, Grenades.*

— Vous mettrez 1 livre de fruit et 5 onces de sucre pour 1 pinte d'eau ; c'est la seule prescription qu'il importe de suivre, et toutefois il est bon de se régler sur le plus ou moins de maturité des fruits.

avant de procéder à l'édulcoration. Vous passerez à la chausse, et vous tiendrez ce breuvage au frais, afin d'éviter qu'il contracte une pointe de fermentation qui le rendrait nuisible.

EAU D'ABRICOTS A LA TURQUE.

Voyez page 11.

CLAREQUET DE GROSEILLES.

— On prend du jus de groseilles tiré au clair, et on le fait bouillir avec du sucre cuit au cassé; réduit en gelée, on le met dans des moules à clarequets : il faut une demi-livre de sucre pour une chopine de jus.

CLAREQUET DE VERJUS.

— On prend du jus de verjus presque mur, avec autant de jus de pommes, que l'on met dans du sucre au cassé; on fait chauffer sans bouillir. On met cette gelée dans les moules : il faut 2 livres de sucre pour une chopine de jus. Le clarequet de grenades se fait de la même façon.

DÉCOCTION DE MALT.

— Le malt est de l'orge germée et séchée, dont la farine sert à faire la bière. La décoction du malt entier fait une tisane adoucissante, un peu sucrée, d'un goût agréable et légèrement nutritive.

EAU DE VEAU SIMPLE.

— Coupez en dés une demi-livre de rouelle de veau, que vous mettrez bouillir avec 3 pintes d'eau, 2 ou 3 laitues et une poignée de cerfeuil; faites bouillir le tout, et, si vous le jugez convenable, ajoutez-y un peu de chicorée sauvage, et passez ce bouillon au tamis de soie.

EAU PECTORALE DE MOU DE VEAU.

— Prenez la moitié d'un lobe de mou de veau; coupez-le en petits dés, après l'avoir fait dégorger; mettez-le dans une marmite de terre avec 3 pintes d'eau, 6 ou 8 navets émincés, 2 ou 3 tiges de cerfeuil, 8 amandes douces, et une douzaine de jujubes; faites partir ce bouillon; écumez-le; laissez-le réduire à 2 pintes, et passez-le au tamis de soie. Ce breuvage est excellent contre les inflammations ou l'irritation du poumon, du larynx et de la plèvre.

BOUILLONS-CLAIRETS DE LIMAÇONS, DE GRENOUILLES OU DE TORTUE.

— Le premier s'opère en faisant bouillir 6 escargots de vigne dans 1 pinte d'eau. Il faut avoir en soin de les laisser dégorger 7 à 8 heures avant de les soumettre à la coction. Le bouillon de grenouilles se fait avec les cuisses de 6 à 8 grenouilles qu'on fait bouillir pendant 2 heures dans 1 livre d'eau, et c'est de la même façon qu'on prépare le bouillon de chair de tortue.

Sirops de Santé.

ORGEAT PRIMITIF (*suivant l'excellente recette de la présidente Fouquet*).

— Faites bouillir dans 3 pintes d'eau de pluie 8 onces d'orge mondée, jusqu'à ce que les grains en soient comme en purée; passez ladite eau d'orge à la chausse claire, ensuite pilez dans un mortier 8 onces des quatre semences froides, savoir : 3 onces d'amandes douces, y compris 1 gros d'amandes amères; 2 onces de graines de citrouille; 2 onces de graines de melon, et 1 once de pignons blancs, qui soient fructifiés sur un jeune pin. Lesdites semences étant bien mises en pâte molle, et suffisamment humectées d'eau tandis qu'on les broie, ajoutez-y 5 onces de miel de Narbonne clarifié, et démêlez bien le tout avec la décoction d'orge que vous passerez par le blanchet, et où vous mettrez 4 gros d'eau distillée de fleur d'orange.

MANIÈRE DE CLARIFIER LE MIEL POUR OPÉRER LES SIROPS DE SANTÉ.

— Mettez-le dans une poêle sur un fourneau : quand il bout, il faut bien écumer; c'est un des principaux points pour sa beauté. Vous connaîtrez sa cuisson en mettant dessus un œuf de poule : s'il enfonce, la cuisson est imparfaite; s'il flotte, c'est signe qu'il est cuit, et vous pouvez vous en servir pour confire toutes sortes de fruits de la même façon que vous faites pour le sucre. Faites attention que le miel est sujet à brûler, qu'il faut le faire cuire à petit feu, et avoir soin de le remuer souvent.

SIROP D'ORGEAT *(suivant l'ancienne formule du Codex Parisien).*

— Prenez : amandes douces récentes et mondées, 3 onces; amandes amères, 1 once; décoction d'orge mondée et passée, 16 onces; sucre blanc, 26 onces; eau de fleurs d'oranger, 6 gros; eau spiritueuse de citron, 2 gros.

La manipulation pour la préparation n'est pas la même; le plus ordinairement on se contente de faire une émulsion avec les amandes et de l'eau simple, puis on la met dans une bassine avec du sucre, et on lui fait prendre un bouillon; mais, pour le bien faire, on doit y procéder de la manière suivante :

Après avoir préparé la décoction d'orge et mondé les amandes en les laissant tremper pendant 6 ou 7 heures dans l'eau fraîche et non pas chaude ou bouillante, comme on le fait ordinairement, on pile les amandes douces dans un mortier de marbre avec une partie de sucre, ce qui est avantageux pour empêcher ou au moins retarder la séparation de la partie émulsive du sirop, et lorsque les amandes sont réduites en une pâte molle, fluide et homogène, on y ajoute peu à peu la décoction d'orge, puis on passe avec expression à travers un blanchet; alors on ajoute à la colature le restant du sucre, que l'on fait fondre à la chaleur du bain-marie; enfin on aromatise avec l'eau de fleurs d'oranger ou l'eau spiritueuse de citron.

SIROP DE GOMME.

— Prenez : gomme arabique bien blanche, 4 onces; sucre, 16 onces; eau, 1 pinte.

Faites dissoudre la gomme en la tenant pendant 24 heures dans l'eau. Lorsque la gomme est dissoute, versez la solution dans la bassine; ajoutez le sucre et un blanc d'œuf battu avec un verre d'eau; chauffez doucement jusqu'à ce que le sucre soit entièrement fondu; poussez ensuite à l'ébullition : enlevez les écumes à mesure qu'elles se forment, et lorsqu'il n'y a plus à la surface que des bulles produites par le bouillonnement, versez le sirop dans une terrine à travers une étamine.

On aromatise avec 1 once d'eau double de fleur d'orange qu'on ajoute et qu'on mélange bien avec le sirop lorsqu'il est un peu refroidi.

SIROP DE RAISIN GOMMEUX.

— Faites dissoudre sur le feu 2 onces de gomme arabique et 1 livre de sucre dans 1 pinte de moût de raisin récemment exprimé. Lorsque la dissolution est complète, laissez refroidir le sirop jusqu'à ce qu'on puisse y tenir le doigt sans se brûler.

Ajoutez au sirop 1 blanc d'œuf battu dans 1 verre d'eau; poussez à l'ébullition pour enlever les écumes; faites cuire à consistance convenable, et versez sur une étamine.

Ce sirop est très-bon pour la poitrine.

Il faut nécessairement faire dissoudre la gomme et le sucre sur le feu, car si on voulait opérer cette dissolution à froid, le sirop fermenterait.

On peut remplacer le moût de raisin par une quantité égale de décoction de raisins de Corinthe et de Malaga.

SIROP DE GUIMAUVE.

— Faites cuire 1 livre de cassonade; ensuite vous y mettrez une décoction de guimauve obtenue de cette façon : faites cuire dans 1 chopine d'eau 3 quarterons de racines de guimauve hachée. Après les avoir ratissées et lavées, laissez-les bouillir jusqu'à ce que l'eau se colle entre les doigts; ensuite vous les mettrez dans une serviette neuve pour les tordre à force de bras. Laissez reposer l'eau et prenez-en le plus clair pour le mettre dans la cassonade, et faites-les bouillir ensemble jusqu'à ce qu'ils aient acquis la consistance d'un sirop bien formé.

SIROP DE POMMES.

— Prenez 1 quarteron de pommes de reinette bien saines; coupez-les par tranches, et faites-les cuire avec 1 demi-setier d'eau. Quand elles sont en marmelade, vous les mettez dans un torchon pour les tordre, afin d'en exprimer tout le jus; laissez reposer ce jus et le tirez au clair. Sur 1 demi-setier vous ferez cuire 1 livre de sucre au cassé, et quand il sera à ce point de cuisson, mettez-y votre jus de pommes et faites-les bouillir ensemble jusqu'à ce que, prenant du sirop avec un doigt en l'appuyant sur un autre, et les ouvrant tous les deux, il se forme un fil qui ne se rompe pas aisément.

SIROP DE CAPILLAIRE.

— Vous prenez 1 once de feuilles de capillaire et la mettez dans 1 chopine d'eau bouillante; retirez-la dans le moment pour la laisser infuser au moins 12 heures sur la cendre chaude, et puis passez-la au tamis : ensuite mettez 1 livre de sucre dans une poêle avec un bon verre d'eau; faites-le bouillir et écumer. Continuez de le faire bouillir jusqu'à ce que, trempant deux doigts dans de l'eau fraîche, ensuite dans le sucre, et les retrempant promptement à l'eau fraîche, le sucre qui reste à vos doigts se casse net. Mettez-y votre eau de capillaire sans la faire bouillir; vous les ôterez aussitôt qu'ils seront mêlés ensemble pour les mettre dans une terrine que vous couvrez et mettez sur de la cendre chaude où vous entretiendrez une chaleur égale sans être brûlante pendant 3 jours. Vous connaîtrez que le sirop sera fait lorsqu'en prenant de ce sirop avec un doigt, vous en obtiendrez le même résultat que pour le sirop de pommes. Vous le mettrez dans des bouteilles, et ne le boucherez que lorsqu'elles seront tout-à-fait froides.

SIROP DE VINAIGRE.

— Prenez 1 pinte de bon vinaigre d'Orléans, et 3 livres et demie de beau sucre.

Faites fondre le sucre dans le vinaigre en mettant le bocal qui le contient au bain-marie, dont l'eau peut être chauffée successivement jusqu'à l'ébullition.

Si on veut avoir du sirop de vinaigre framboisé, le moyen le plus simple est d'y ajouter un tiers de sirop de framboises.

SIROP DE MURES.

— Il ne faut pas que les mûres soient trop avancées; on les prend lorsque, approchant du terme de leur maturité, elles ont encore beaucoup d'acide. Il faut les laisser bouillir assez long-temps dans le sirop, et éviter cependant qu'elles ne s'y fondent; on enlève les mûres avec une écumoire; on laisse refroidir le sirop jusqu'à ce qu'on puisse y tenir le doigt, et on le clarifie.

SIROP DE VIOLETTES.

Voyez ci-dessus page 523.

SIROP D'ABSINTHE.

— Sommités de petite absinthe, 2 onces; eau bouillante, 1 livre; sucre, 2 livres.

Vous mettez l'absinthe dans un vase et versez l'eau bouillante par-dessus; vous laissez macérer le mélange sur des cendres chaudes pendant deux heures; vous passez la décoction au travers d'un linge, vous y battez un blanc d'œuf, vous y faites fondre le suc, et faites cuire ce sirop au même degré que le précédent.

Le sirop d'absinthe est digestif; il fortifie l'estomac, et il est vermifuge.

HIPPOCRAS.

— Dans 3 litres de bon vin rouge ou blanc faites infuser pendant vingt-quatre heures 1 once et demie de cannelle pulvérisée, une demi-once d'iris de Florence concassée, 2 gros de cardamome et quelques amandes amères écrasées; ajoutez deux livres de sucre; filtrez à la chausse, ou mieux encore au papier gris, et renfermez la liqueur dans des bouteilles bien bouchées.

L'hippocras est un puissant stomachique dont il ne faut pas faire abus.

On peut encore faire l'hippocras avec du vin cuit, désacidifié et non fermenté. On y ajoute un volume égal d'eau-de-vie à 20 degrés, et l'on aromatise avec des teintures essentielles.

Potions et Juleps. — Loochs et Mixtures.

POTION ADOUCISSANTE.

— Il faut prendre infusion de fleurs de violettes, 4 onces; gomme arabique, 1 once; sirop de pommes, 1 once; mélanger exactement et administrer cette potion par cuillerées. Elle agit très-heureusement dans les cas d'irritation des premières voies respiratoires.

POTION RAFRAICHISSANTE (*de Chirac*).

— Prenez : eau de fontaine, 8 onces; nitrate de potasse, 1 gros; sirop de groseilles framboisé, 2 onces; mélangez et faites prendre par petites tasses, d'heure en heure. Ce remède est employé très-utilement dans les maladies inflammatoires.

POTION ABSORBANTE (*recette anglaise*).

— Prenez 1 once de magnésie calcinée que vous délaierez dans 4 onces d'eau commune, ajoutez-y 1 once de sirop de capillaire. A boire toutes les demi-heures, et par cuillerées.

Cette potion réussit très-bien contre les aigreurs de l'estomac et le *fer-chaud*.

POTION EXPECTORANTE (*d'Astruc*).

— Mêlez dans 4 onces d'eau de lierre-terrestre 3 gros de teinture scillitique, avec 24 grains de poligala de Virginie et 1 once de sirop de baume de Tolu. On donnera cette potion par cuillerées, pour favoriser l'expectoration dans les catarrhes pulmonaires et autres affections pectorales.

POTION STIMULANTE.

— Mélangez dans un mortier 2 gros de confection de safran, 4 gros de teinture de cannelle et 1 once de sirop d'œillets. Ajoutez-y ensuite 3 onces d'eau distillée de menthe, et 3 onces d'eau distillée de fleur d'oranger, à faire prendre par cuillerées toutes les demi-heures, afin de combattre la torpeur ou l'accablement.

POTION STIMULANTE (*du docteur Tissot*).

— Mêlez 1 gros de carbonate d'ammoniaque avec 2 onces de sirop diacode et 8 onces d'eau de rhue. Vous donnerez tous les demi-quarts-d'heure, et par cuillerées à bouche, ladite potion, qui produit toujours un heureux effet dans les paroxismes d'asthme convulsif.

POTION EMMÉNAGOGUE.

— Mélangez exactement 20 gouttes de teinture d'iode et 2 onces de sirop de Tolu avec 4 onces d'eau distillée de laitue, 1 once d'eau distillée de menthe et 3 gros d'eau distillée de valériane.

C'est toutes les demi-heures et par cuillerées qu'il faut donner cette potion à la jeune femme indisposée.

POTION CONTRE LA COQUELUCHE (*recette allemande*).

— Prenez et mêlez ensemble : 4 onces d'eau distillée de laitue, 4 gros d'eau distillée de laurier-cerise, 6 gouttes de teinture de belladone, 24 grains d'assa-fœtida, 2 onces de sirop diacode et 1 once de sirop de fleur d'oranger. Administrez cette excellente mixtion par cuillerées, lorsque la fièvre est passée et lorsque les quintes de toux commencent à fatiguer l'enfant.

JULEP ANODIN.

— Prenez : 3 onces d'eau distillée de laitue, 2 gros de sirop diacode et 2 onces d'eau de fleur d'oranger, que vous aurez mêlés ensemble et que vous ferez prendre le soir afin de provoquer un sommeil paisible et léger

JULEP A LA SAINTE-CLAIRE.

— Délayez 24 grains de gomme arabique et 1 once de sirop de guimauve dans 4 onces d'infusion des quatre fleurs pectorales; à raison de la gomme, il faut administrer ce julep en deux ou trois fois, et non pas dans une seule prise, ainsi que le précédent.

JULEP TEMPÉRANT DE SYDENHAM.

— Mêlez : 2 onces d'eau de laitue, 2 onces d'eau de pourpier, 1 once de sirop de limon, 1 once de sirop de violettes, 12 grains de nitrate de potasse et 1 once d'eau de fleur d'oranger. On fera prendre ce julep en deux ou trois doses, pendant la nuit.

LOOCH BLANC.

— Prenez : 12 amandes douces et 2 amères que vous dépouillerez de leur peau; prenez ensuite 3 onces de sucre blanc; écrasez les amandes avec le sucre dans un mortier de marbre. Ajoutez-y petit à petit et de manière à former une sorte de lait ou d'émulsion, ajoutez-y, disons-nous, 4 onces d'eau filtrée, passez le tout et tenez-le en réserve jusqu'à la fin de la préparation. Prenez alors 16 grains de gomme adragant pulvérisée, 1 once d'huile d'amandes douces, 2 gros de sucre blanc et 2 gros d'eau de fleurs d'oranger. Remettez le tout dans le mortier de marbre afin de l'amalgamer suffisamment et parfaitement.

LOOCH VERT.

—Prenez : 1 once de sirop de violettes, 20 grains de teinture de safran, 6 gros de noyaux de pistache, 16 grains de gomme adragant en poudre, 1 once d'huile d'amandes douces, 1 gros d'eau de fleur d'orange; pilez et triturez lesdites substances en les délayant avec 4 onces d'eau filtrée.

LOOCH PECTORAL (appelé vulgairement *Crème de Tronchin*).

— Prenez : beurre de cacao, 2 onces; sucre blanc, 4 gros; sirop de baume de Tolu, 1 once; et sirop de capillaire, 1 once. On prend cette mixtion par cuillerées à café dans les toux sèches et opiniâtres.

LOOCH PECTORAL (ou *Marmelade de Zanetti*).

—Prenez : 2 onces de manne en larmes, 2 onces de sirop de guimauve, 1 once de casse cuite, 1 once d'huile d'amandes douces, 6 gros de beurre de cacao, 2 onces d'eau de fleur d'orange et

4 grains de kermès minéral. Triturez et mélangez cette préparation qui doit s'administrer à la dose de quelques cuillerées à café, dans les catarrhes pulmonaires et autres affections analogues.

LOOCH EXPECTORANT (des Sœurs ae l'Hôtel-Dieu).

— Mélangez 2 onces d'huile d'amandes douces avec 3 onces d'infusion de polygala et 1 once d'oximel scillitique. Administrez cette mixtion par cuillerées.

LOOCH FONDANT.

— Mélangez 1 once d'huile d'amandes douces avec 2 onces de sirop de limon et 1 gros de savon médicinal. On prend ce remède par cuillerées dans tous les cas d'engorgement dans les viscères abdominaux.

MIXTURE ANALEPTIQUE DE LEWIS.

— Prenez et mélangez 6 onces de double crème de lait avec 2 jaunes d'œufs frais, 1 gros d'eau distillée de cannelle et 1 once de sucre candi bien pulvérisé.

Cette préparation d'un goût fort agréable convient surtout pour réparer les forces des enfants *énervés*, ainsi que des adultes qui seraient tombés dans l'*épuisement*.

ANCIENNE MIXTURE CORDIALE (*recette de la présidente Fouquet*).

— Faites fondre 2 gros de sucre candi bien pulvérisé dans un demi-verre de vieux vin d'Alicante; délayez-y le jaune d'un œuf tout fraîchement pondu, et faites prendre ce cordial à petites cuillerées, pour *donner moyen de se pouvoir confesser ou faire un testament, quand la force du malade a défailli*, dit la bonne Madame Fouquet.

Eaux distillées.

Ces préparations sont fort usitées, et principalement dans la composition des juleps, des potions et des mixtures; leur dose est toujours de 2 à 4 onces. Voici quelles sont les eaux distillées dont on fait le plus fréquent usage, et nous avons suffisamment indiqué ci-dessus tous les procédés nécessaires à leur fabrication. (*V.* Pages 16 et suivantes.)

Eau distillée de Laitue,
— de Bourrache,
— de Buglosse,
— de Pourpier,
— de Pariétaire,
— de Plantain,
— de Bluet,
— d'Euphraise,
— de Chardon-bénit,
— de Raifort,
— d'Aunée,
— de Valériane,
— de Laurier-cerise,
— d'Amandes amères,

Eau distillée de Fleurs d'oranger,
— de Tilleul,
— de Mélisse,
— d'Hysope,
— de Lavande,
— de Sauge,
— de Menthe,
— de Menthe poivrée,
— d'Écorces d'oranges,
— de Tanaisie,
— de Fenouil,
— de Cannelle,
— d'Anis.

Eaux aromatiques.

On appelle ainsi les eaux distillées sur des substances dont les mêmes eaux retiennent l'odeur en se chargeant plus ou moins de l'huile essentielle qu'elles contiennent. Parmi les eaux simples qu'on peut faire en grand nombre, nous n'indiquerons que les plus usuelles. Toutes se font par le même procédé.

EAU DE FLEUR D'ORANGE.

— Prenez 2 livres de fleurs d'oranger au moment où on vient de les cueillir ; séparez-en les pétales et rejetez-en les calices ainsi que les étamines. Ces parties ne contiennent presque aucun principe odorant, et quand on les distille avec les pétales, l'eau aromatique qu'on obtient est moins suave et est plus prompte à s'altérer.

Mettez les pétales provenant des 2 livres de fleurs dans l'alambic avec 4 litres d'eau distillée pour en retirer 2 litres. Changez alors de récipient et recevez encore un demi-litre qui ne sera bon qu'à mettre dans une autre distillation en remplacement d'autant d'eau.

L'eau de fleurs d'oranger obtenue d'après les proportions ci-dessus est très-chargée de principe aromatique. Elle l'est assez pour qu'en l'additionnant d'autant d'eau, elle soit encore plus forte que l'eau dite *double* qu'on trouve dans le commerce : dans cet état de concentration, elle flatte moins l'odorat que celle qui est plus faible ; mais lorsqu'on l'étend d'un volume égal d'eau, elle acquiert beaucoup de suavité, tout en conservant beaucoup de force.

On ne saurait distiller la fleur d'oranger trop fraîchement cueillie, et on doit la cueillir avant que le soleil ne l'ait frappée : elle doit être d'un blanc pur ; lorsqu'elle est jaunâtre et flétrie, elle est déjà altérée.

On doit conserver l'eau de fleurs d'oranger dans des bouteilles bien bouchées et cachetées : on assure sa conservation en ajoutant dans chaque bouteille environ une once d'esprit 3/6, ce qui n'empêche pas de l'employer à tous les usages ordinaires.

Lorsqu'on distille de l'eau de fleurs d'oranger, on doit toujours la recevoir dans le récipient florentin, sous le bec duquel on place un second récipient. Ce récipient ne doit se vider que lorsque la saison de la fleur étant passée, on ne fait plus de nouvelle distillation : tant que celle-ci dure, l'huile essentielle, qui est en excès dans l'eau distillée, se sépare et s'amasse dans le col du récipient. Cette huile est brune lorsqu'on a opéré sur de la fleur flétrie ou que la distillation a été mal conduite ; elle est d'un beau jaune quand la fleur employée était bien fraîche.

Quand la distillation est finie, on sépare l'huile essentielle de l'eau qu'elle surmonte.

Il y a pour cela deux moyens :

On trempe dans l'huile essentielle une mèche de coton filé. On en retire un bout qui doit dépasser assez le col du récipient pour prendre un peu au-dessous de la couche d'huile, et on introduit ce bout dans une fiole. La mèche agit comme un siphon ; l'huile s'élève entre ses fibres et tombe goutte à goutte dans la fiole.

Cette huile est connue dans le commerce sous le nom d'huile de *neroli ;* comme elle est rare, elle se vend fort cher. On s'en sert pour aromatiser des liqueurs, des eaux de senteur, des pommades, des huiles, etc.

Le second moyen, qui est plus prompt et qui expose à moins de pertes, consiste à extraire l'huile au moyen d'une *pipette* de verre. Cet instrument est un tube de verre renflé en boule près de son extrémité inférieure, et ouvert par les deux bouts.

On introduit l'extrémité inférieure de la pipette dans la couche d'huile, et on aspire avec la bouche par l'autre extrémité. L'huile s'élève et s'introduit dans la boule ; lorsque celle-ci est presque pleine, on enlève la pipette en tenant l'extrémité du tube bouchée avec la langue, et on la transporte sur un flacon ; on débouche alors le tube, l'huile s'écoule et l'on recommence

Pour avoir de l'eau au même degré de force, il faut mêler ce qu'on retire dans chaque distillation ; car la première eau qui coule est beaucoup plus forte que la dernière.

Au lieu de mettre la fleur d'oranger dans l'eau, on a imaginé de la tenir suspendue au-dessus de l'eau au moyen d'un diaphragme percé d'un grand nombre de trous, qu'on introduit dans l'alambic. Il doit rester quelques pouces de vide entre l'eau et le même diaphragme. Dans ce cas, au lieu de mettre dans l'alambic le double de la quantité d'eau qu'on se propose de retirer, il suffit d'en mettre un quart ou un tiers en sus.

Par cette disposition, la fleur n'est touchée que par de la vapeur d'eau qui n'en élève que la partie aromatique, sans aucun mélange d'autre substance. L'eau obtenue est plus suave et se conserve mieux.

On fait à Malte de l'eau de fleurs d'oranger qui peut, à bon droit, être qualifiée *double* : on distille la fleur sans addition d'eau : pour cela on prend de la fleur cueillie avant la disparition de la rosée du matin ; on en remplit le bain-marie de l'alambic, et on le place dans la cucurbite, remplie au tiers d'eau tenant en dissolution un quart de son poids de sel marin. On chauffe assez vivement en ayant soin, si la distillation dure quelque temps, de remplacer l'eau qui s'évapore par la douille de la cucurbite, qu'on doit nécessairement laisser ouverte lorsqu'on distille au bain-marie. Cette eau est très-chargée de principe aromatique.

Dans la distillation ordinaire, il y a de l'avantage à verser sur la fleur d'oranger, dans la cucurbite, de l'eau bouillante au lieu d'eau froide. La distillation a lieu presque instantanément ; la fleur est moins macérée, et l'eau qu'on obtient est beaucoup plus limpide.

Il est utile aussi de mettre dans la cucurbite un gros de magnésie caustique par livre de fleurs, afin de neutraliser l'acide qui se développe lorsque les fleurs ont éprouvé la plus légère altération.

ÉAU DE ROSES.

— On doit choisir des roses de Provins, ou du moins les variétés qui sont provenues de cette espèce primitive : ce sont celles qui, dans notre climat, abondent le plus en huile essentielle.

Il y a encore la rose musquée, qui a un arôme particulier fort agréable, mais elle est rare ; et la rose dite de tous les mois, qui est aussi très-odorante.

On sépare les pétales des calices et des étamines que l'on rejette.

Prenez 4 livres de pétales, et mettez-les dans l'alambic avec 4 litres d'eau ; distillez pour retirer 2 litres.

Recevez le produit de la distillation par l'intermédiaire du récipient florentin.

Si vous voulez avoir de l'eau très-chargée du principe aromatique de la rose, il faut mettre de nouveau 4 livres de pétales dans l'alambic, y verser le produit de la première distillation, ajouter 2 litres d'eau, et distiller, pour ne retirer encore que 2 litres. Vous aurez alors de l'eau de roses double. On peut répéter une troisième fois cette opération.

Lorsqu'on distille successivement une grande quantité de pétales de roses, il finit par s'amasser, dans le col du récipient, une substance d'un jaune clair et de la consistance du beurre ; c'est de l'essence de roses : il faut la recueillir avec soin, au moyen d'une petite cuillère, et l'enfermer dans un flacon bien bouché ; car cette huile, quoique épaisse, est extrêmement volatile.

Dans l'Inde, où l'on fait la meilleure essence de roses, on ne la tire pas par la distillation. On remplit de grands vases de terre vernissée, de pétales de roses mondés ; on verse de l'eau par-dessus, jusqu'à ce qu'elle surnage de deux ou trois pouces. On expose ces vases au soleil pendant cinq à six jours et plus. Au commencement du troisième et du quatrième, on voit nager à la surface beaucoup de particules huileuses qui, un jour ou deux après, forment une espèce d'écume qu'on recueille avec un petit bâton garni de coton à son extrémité ; on l'exprime au-dessus de l'ouverture d'un flacon qu'on bouche exactement. Dans ce procédé, l'huile est dégagée par la fermentation qui s'établit dans la masse de roses; l'essence ainsi obtenue, n'ayant pas éprouvé l'action du feu, est beaucoup plus suave que celle qui est le produit de la distillation.

EAU DE MENTHE.

— Prenez des tiges entières de menthe poivrée au moment où elle commence à fleurir; faites-les sécher à l'ombre avec les précautions indiquées précédemment; hachez-les grossièrement, et mettez-en 1 livre dans l'alambic avec 2 litres d'eau.

Distillez pour en retirer un litre ou un litre et demi au plus. Si l'eau ne vous paraît pas assez chargée du principe aromatique, mettez une autre livre de menthe dans l'alambic; versez-y le produit de la première distillation avec deux litres d'eau, et distillez pour retirer un litre et demi de ce produit.

Employez le récipient florentin, pour recueillir l'huile essentielle de menthe. Cette huile est employée pour aromatiser des liqueurs, des pastilles, etc.

Observation.

Les eaux simples de fleurs d'oranger, de roses et de menthe poivrée sont celles dont l'usage est le plus général. On peut faire ainsi les eaux de toutes les fleurs et de toutes les plantes aromatiques. Celles-ci doivent toujours être séchées avant d'être soumises à la distillation; quand on les distille fraîches, elles sont moins chargées d'arôme, et cet arôme est moins pur.

Quant aux fleurs, il faut les distiller dans leur plus grand état de fraîcheur.

Pour obtenir des eaux très-chargées du principe odorant, on se sert de l'eau obtenue dans une première distillation pour en faire une seconde, et c'est ce qu'on appelle *cohober*.

On doit toujours employer le récipient florentin, lorsque les plantes ou les fleurs sont très-chargées de principe aromatique; c'est le moyen le plus commode pour recueillir cette substance, qui est toujours utile et quelquefois très-précieuse.

Pilules.

Ce sont des médicaments presque solides (mais obéissant encore à la pression), de forme ronde, d'un petit volume, et préparés le plus ordinairement avec des poudres qui sont amenées à cette consistance au moyen d'un mucilage, ou d'un sirop, ou bien avec des extraits végétaux plus ou moins gommeux.

On emploie cette forme de médicament lorsqu'on veut administrer des substances qui doivent agir sous un très-petit volume, ou dont le goût et l'odeur pourraient causer une répugnance invincible.

PILULES TONIQUES ET STOMACHIQUES DE STOLL.

— Mélangez 3 gros de limaille de fer non oxidée avec 3 gros de gomme ammoniaque et 3 gros d'extrait de petite centaurée. Vous en ferez des pilules du poids de 6 grains, dont on prendra trois fois par jour à la dose d'une pilule pour chaque prise.

PILULES STOMACHIQUES DU DOCTEUR RONCHIN.

— Mélangez 4 gros de myrrhe choisie avec 2 gros d'extrait de petite centaurée et 2 scrupules ou 48 grains de baume du Pérou. Faites-en des pilules de 3 grains, dont la dose est de douze pilules par jour.

PILULES PURGATIVES D'ALTHOF.

— Prenez : 1 gros de racine de jalap, 1 gros de savon médicinal, 2 gros d'alcool à vingt-deux degrés. Faites dissoudre la résine et puis le savon dans l'alcool ; évaporez lentement jusqu'à consistance d'extrait, et puis faites-en des pilules de 4 grains, dont on prendra deux le soir en se couchant et deux à son réveil du matin.

PILULES PURGATIVES DU PROFESSEUR ALIBERT.

— Prenez : Résine de jalap, mercure doux et savon d'Espagne, de chacun 3 gros ; ajoutez-y 7 à 8 gouttes d'huile essentielle d'écorce d'orange, et faites-en des pilules de 4 grains, que vous ferez prendre de demi-heure en demi-heure jusqu'à effet purgatif.

PILULES VERMIFUGES DE PESCHYER.

— Prenez : Teinture éthérée de bourgeons de fougère mâle, 30 gouttes ; extrait de pissenlit, 1 gros. Faites trente pilules. On en donne deux matin et soir. Huit ont quelquefois suffi pour expulser le tænia ; mais on est, dans quelques cas, forcé de porter la dose à trente. Ces pilules ne fatiguent nullement l'estomac.

PILULES DU DOCTEUR PARISET (*contre les catarrhes pulmonaires*).

— Prenez : 3 grains d'émétique et 3 grains d'opium gommeux, 10 grains de gomme adragant et suffisamment de conserves de rose, pour mettre toutes lesdites substances en consistance de masse pilulaire. Faites-en cinquante pilules, dont on prendra deux le soir et deux le matin.

PILULES POLONAISES (*pour les affections hémorrhoïdales*).

— Mélangez : 2 gros de savon médicinal avec 1 gros de jalap ; 1 gros d'aloès et 1 once de sucre blanc, dont vous ferez soixante-douze pilules que l'on prendra à la dose de quatre à six par jour.

Tablettes, Gommes, Pâtes et Pastilles.

Les tablettes sont des médicaments formés de poudres ou d'infusions très-rapprochées, auxquelles on ajoute une assez grande quantité de sucre et de mucilage pour leur donner une consistance solide. Les pastilles se font directement avec du sucre cuit très-concentré, auquel on ajoute une huile volatile pour les aromatiser. Les pâtes et les gommes sont formées de substances mucilagineuses qui doivent être conservées dans un état plus mou que celui des tablettes ou des pastilles (*V*. ce que nous avons dit à l'égard de ces dernières dans les articles où nous avons traité des sucreries proprement dites.)

GOMME DE JUJUBE.

— Prenez : 1 livre de jujubes, 2 livres de gomme arabique choisie, et 2 onces de sucre royal en poudre.

Pilez les jujubes dans un mortier de marbre ; mettez-les dans une bassine avec deux pintes et demie d'eau, que vous ferez réduire à moitié ; pressez le tout dans un linge ; battez un blanc d'œuf dans un verre d'eau ; remettez votre décoction sur le feu ; lorsqu'elle bout, jetez-y par intervalles un peu de cette eau ; vous enlevez l'écume, et retirez la liqueur du feu ; pilez ensuite votre gomme, que vous passez à travers un tamis de crin ; vous la mettez dans une bassine, et y versez doucement la décoction de jujubes, ayant soin de bien remuer le mélange avec une spatule. Vous le mettez sur le .eu et remuez toujours, pour en faire évaporer l'eau, jusqu'à ce qu'il ait acquis la consistance du miel; vous ajoutez ensuite le sucre royal, et mettez le tout au bain-marie, sans remuer, afin que votre gomme ne devienne pas nébuleuse. Quand elle a acquis assez de corps pour ne pas s'attacher au dos de la main en frappant dessus, vous la retirez et la coulez dans de petits moules ronds ou carrés comme ceux des biscuits, que vous graissez avec un petit morceau de coton trempé dans de bonne huile d'olives; vous mettez alors la gomme à l'étuve avec un feu très-doux; le lendemain retirez-la des moules; retournez vos tablettes, et les posez sur un tamis; quand elles sont suffisamment sèches, vous les retirez de l'étuve, vous les coupez par menus morceaux, et en remplissez de petites boîtes.

Ces tablettes sont très-efficaces dans l'irritation de la poitrine et des poumons; elles calment les toux fâcheuses, adoucissent l'âcreté de la pituite : elles sont utiles dans les ardeurs des urines et de la vessie, et conviennent beaucoup aux personnes d'un tempérament sec. On peut en manger à toute heure, sans détermination de quantité.

PATE DE GUIMAUVE (*excellente recette des Carmélites*).

— Prenez : Gomme arabique choisie et pilée, 3 livres; racine de guimauve récente, 8 onces; douze pommes de reinette; sucre raffiné, 3 livres.

Pelez les pommes et les coupez par tranches, ainsi que la guimauve bien lavée et bien nettoyée; mettez-les dans une bassine avec trois pintes d'eau que vous faites bouillir un quart d'heure; passez votre décoction à travers un linge propre au-dessus d'une seconde bassine où vous avez mis la gomme arabique; vous remuez bien, avec une spatule, sur un feu doux; et, quand la gomme est fondue entièrement, vous passez le mélange à travers un linge serré fortement.

Vous emboîtez une bassine sur un petit tonneau à jour, où il y a du feu dans une trape; vous y mettez la liqueur et le sucre en remuant, de crainte qu'ils ne s'attachent à la bassine.

Quand la pâte est bien épaisse, vous cassez une douzaine et demie d'œufs, ayant soin d'en extraire les jaunes; vous en mettez les blancs dans une bassine, et vous les battez au degré exigé pour les biscuits; vous les ajoutez à la pâte, en remuant jusqu'à ce qu'elle soit presque cuite; vous y joignez alors un grand verre d'eau de fleur d'orange double, et continuez de remuer pour faire évaporer l'humidité causée par l'eau de fleur d'orange. La pâte est à sa *véritable cuite* quand, en frappant sur le dos de sa main, elle ne s'y attache pas; vous la retirez de la bassine, et la coulez sur une table ou une pierre creuse couverte d'amidon en poudre. Le lendemain vous la coupez en morceaux, en carrés longs, que vous renfermez dans une boîte garnie au fond d'amidon en poudre, et entre chaque couche de la pâte, pour empêcher les morceaux de s'attacher ensemble. (*Voyez* aussi le mot CONSERVE, à la page 180.)

PATE DE RÉGLISSE BLANCHE.

— Prenez : Racines de réglisse mondées, 2 onces; gomme arabique blanche, 20 onces; sucre blanc, 2 onces; eau de rivière, 18 onces.

Vous faites bouillir la racine de réglisse pendant cinq minutes dans l'eau; vous passez la décoction et y ajoutez la gomme arabique concassée; vous remettez le mélange sur le feu en l'agitant avec la spatule, jusqu'à l'entière solution de la gomme; vous passez dans un linge; nettoyez la bassine et remettez-y le liquide avec le sucre concassé; faites évaporer à une chaleur douce en remuant jusqu'à ce que le mélange ait une certaine consistance; jetez-y alors six blancs d'œufs fouettés en neige, auxquels vous aurez mêlé quatre gros d'eau de fleur d'orange; pendant ce temps, agitez vivement avec la spatule jusqu'à ce que le mélange ait acquis une grande blancheur et qu'il se détache facilement de la spatule; retirez du feu et coulez sur un marbre saupoudré d'amidon comme il est indiqué ci-dessus.

JUS DE RÉGLISSE NOIR ET BLANC.

Voyez page 214.

TABLETTES PECTORALES DE TISSOT.

— Prenez : Fleurs d'oranger épluchées, 4 onces ; de tussilage, 2 onces ; de violette, 2 onces ; de coquelicot, 1 once ; sucre, 6 livres.

Vous versez un demi-setier d'eau bouillante sur les fleurs ; vous fermez hermétiquement le vase, et le déposez dans un endroit chaud pendant l'espace de vingt-quatre heures, ensuite vous passez au travers d'un linge serré fortement pour extraire tout le suc.

Après avoir clarifié le sucre suivant l'usage, vous le faites cuire au petit cassé ; vous le retirez alors, et y versez la liqueur ; vous replacez le mélange sur le feu, et remuez avec l'écumoire pour bien incorporer le tout. Quand le sucre est au petit boulé, vous formez vos tablettes.

—Me trouvant fréquemment atteint de rhumes de poitrine très-violents, j'ai pensé que la réunion des végétaux ci-dessus ne pourrait que m'être salutaire : j'ai donc composé ces tablettes, qui ont parfaitement rempli mon attente et satisfait toutes les personnes qui en ont fait usage. (*Note de M. Tissot.*)

Ces tablettes sont diurétiques et pectorales ; elles divisent et atténuent les humeurs visqueuses, en adoucissant l'irritation des poumons.

On les prend de deux manières : on met fondre dans sa bouche moitié d'une tablette, ou on la dissout dans un verre d'eau chaude. Elles se prennent matin et soir, et deux heures après chaque repas.

TABLETTES PECTORALES DE GUIMAUVE, DE RÉGLISSE ET D'IRIS.

— Prenez : Racine de guimauve, 4 onces ; de réglisse, 4 onces ; iris de Florence, 1 gros ; sucre blanc, 6 livres.

Vous réduisez en poudre fine les racines, vous clarifiez le sucre, et le faites cuire au petit cassé ; vous retirez du feu, et y mêlez la poudre des racines, en les tamisant au-dessus de la bassine ; vous y ajoutez dix gouttes de laudanum, et remettez sur le feu jusqu'à ce que le mélange ait acquis une consistance convenable ; vous le coulez sur un marbre pour le diviser en tablettes.

TABLETTES ÉMOLLIENTES.

— Prenez : Racines de guimauve, 3 onces ; fleurs de violettes, 2 onces ; de bouillon blanc, 3 onces ; de mauve, 3 onces ; sucre, 3 livres.

Vous mettez les fleurs et les racines de guimauve, coupées menues, dans une bassine sur le feu avec une pinte d'eau que vous faites réduire aux trois quarts ; vous enveloppez le tout dans un linge blanc, et le soumettez à la presse pour extraire tout le jus qui y est contenu ; vous en retirez un mucilage épais. Vous clarifiez le sucre, et opérez comme il a été dit.

Vous mettez deux onces de ces tablettes dans une cafetière avec une pinte d'eau ; après un bouillon, vous la retirez du feu ; votre tisane se trouve faite, et vous en buvez le matin, le soir, et deux heures après chaque repas. Comme ces tablettes sont émollientes, elles relâchent les parties trop tendues : elles sont principalement salutaires dans les convulsions et dans les douleurs rhumatismales.

TABLETTES RAFRAÎCHISSANTES.

— Prenez : Laitue, 5 onces ; pourpier, 5 onces ; fleurs de violettes, 4 onces ; sucre, 3 livres.

Pilez toutes vos plantes, y ajoutant par intervalles environ la quantité d'un verre d'eau ; mettez le tout au bain-marie pendant deux heures, puis le passez à la presse ; clarifiez votre sucre et formez vos tablettes.

Celles-ci relâchent les fibres trop tendues et leur rendent leur souplesse. On peut en faire usage dans les chaleurs d'entrailles, les sécheresses de gorge ou de poitrine, les fièvres ardentes et inflammations. La dose est d'une once par jour, à une heure d'intervalle. Vous en laissez fondre dans la bouche environ un gros chaque fois ; vous pouvez aussi en faire dissoudre une once et demie dans une pinte d'eau ; vous en prenez plusieurs verres par jour, à jeun, et deux heures après le repas.

TABLETTES HUMECTANTES OU BÉCHIQUES.

— Prenez : Kermès minéral en poudre, 1 gros; iris de Florence en poudre, 1 once; tussilage, 2 onces; véronique, 2 onces; sucre, 4 livres.

Vous réduisez les plantes en pulpe dans le mortier de marbre; vous en faites une forte décoction dans une pinte d'eau que vous réduisez aux trois quarts; vous la passez au travers d'un linge très-serré, et la recevez dans un vase; puis, y ajoutant vos poudres, vous mettez le tout au bain-marie pendant deux jours, et filtrez la liqueur au travers d'un papier gris.

Vous clarifiez le sucre et le faites cuire au cassé; vous y versez la décoction, puis le faites revenir au boulé, et formez vos tablettes.

Elles apaisent la toux, dissolvent les glaires et facilitent les sécrétions. On en prend une once par jour, à diverses reprises.

TABLETTES APÉRITIVES.

— Prenez : Racines d'arrête-bœuf, d'asperges, de fenouil, d'ache, de persil, de petit houx, de chaque 4 onces, et chardon-roland, 3 onces.

Vous coupez ces ingrédients en morceaux, et les mettez dans une bassine sur le feu, avec une pinte et demie d'eau, que vous réduisez à moitié, et vous mettez le marc à la presse pour en exprimer le jus.

Vous clarifiez quatre livres de sucre et les faites cuire au cassé; vous y versez la liqueur, et, lorsque le sucre est au petit boulé, vous formez vos tablettes.

Elles facilitent le cours des humeurs, et débouchent l'orifice des vaisseaux; elles donnent au sang la facilité de circuler avec plus de vitesse. Elles sont utiles aux personnes qui se sentent quelques dispositions à l'hydropisie, ou menacées d'apoplexie séreuse. On en délaie dans un verre d'eau environ une demi-once, que l'on prend à jeun, et deux heures après le repas.

TABLETTES STOMACHIQUES.

— Prenez : Racine d'angélique, 3 onces; sommités d'absinthe, 2 onces; extrait de quinquina, 2 gros; safran de mars apéritif, 4 gros; sucre, 3 livres.

Coupez les racines et l'absinthe par morceaux, et les faites bouillir dans trois demi-setiers d'eau, que vous réduisez aux trois quarts; puis passez la décoction au travers d'un linge très-serré. Vous pulvérisez l'extrait de quinquina et le safran de mars, et les mêlez exactement avec la décoction, en remuant avec la spatule.

Vous clarifiez le sucre et le faites cuire au cassé; vous y versez le mélange, et, lorsqu'il est au petit boulé, vous en formez vos tablettes.

Elles excitent la douce chaleur nécessaire pour la digestion et réveillent l'oscillation des fibres de l'estomac. Vous en prenez un demi-gros chaque fois, que vous laissez fondre dans la bouche, et réitérez à la même dose de demi-heure en demi-heure, laissant cependant écouler l'intervalle de deux heures après chaque repas.

TABLETTES FÉBRIFUGES.

— Prenez : Extrait de gentiane, 2 gros; de quinquina, 4 gros; enula campana, 1 once; sucre, 3 livres.

Vous coupez l'enula campana par morceaux, et la faites bouillir dans une pinte d'eau que vous réduisez aux trois quarts; vous passez la décoction au travers d'un linge très-serré, et y ajoutez les extraits réduits en poudre. Vous mettez le mélange au bain-marie pendant six heures, puis le laissez refroidir; pendant ce temps vous clarifiez le sucre et le faites cuire au cassé, vous y incorporez la décoction en remuant bien avec la spatule; puis vous opérez comme pour les précédentes.

Ces tablettes corrigent les humeurs qui entretiennent les fièvres d'accès ou intermittentes; elles réchauffent l'estomac, lui donnent du ton, réveillent l'appétit, et hâtent la circulation des liqueurs; elles diminuent la viscosité des fluides, et précipitent les oscillations des solides.

TABLETTES CARMINATIVES.

— Prenez : Absinthe, 2 onces; camomille romaine, 1 once; anis vert, 2 onces; semence d'aneth, 1 once; fenouil, 1 once; sucre, 3 livres.

Pilez les plantes ensemble, et les mettez dans une chopine d'eau passer six heures au bain-marie; ensuite vous les soumettez à la presse pour en extraire le jus. Vous clarifiez le sucre et le faites cuire au cassé, vous y versez la décoction, et remuez avec l'écumoire jusqu'à ce qu'il soit au petit boulé; alors vous formez vos tablettes.

Elles dissipent les vents contenus dans l'estomac et les intestins, rétablissent les digestions, dissipent et divisent les matières visqueuses : on en prend le matin à jeun, et deux heures avant et après les repas; on en fait dissoudre une demi-once dans un verre d'eau. Les personnes à qui leur amertume ne répugne pas peuvent laisser fondre la même dose dans leur bouche; elles produisent le même effet.

TABLETTES FONDANTES AU COCHLÉARIA.

— Prenez : Feuilles de cochléaria, 1 livre et demie; sucre, 4 livres.

Vous pilez et réduisez le cochléaria en pulpe; puis, le mettant dans un vase, vous y versez un grand verre d'eau bouillante; et, après douze heures d'infusion, vous le passez dans un linge, et procédez comme ci-dessus.

Ces tablettes sont un spécifique contre le scorbut; elles sont apéritives, détersives, excitent l'urine, enlèvent les obstructions : on en met le soir, le matin, et dans le courant de la journée, environ la grosseur d'une noisette dans la bouche, et on l'y laisse fondre.

Vous pouvez aussi en prendre en tisane, en en mettant une once et demie dans une pinte d'eau tiède, que vous remuez jusqu'à ce que la tablette soit fondue. Vous en buvez soir et matin.

TABLETTES VERMIFUGES PURGATIVES.

— Prenez : Mercure doux ou *aquila alba*, 12 grains; rhubarbe en poudre, 10 grains; semen-contra en poudre, 18 grains.

Vous incorporez le tout dans une once de pâte de chocolat, et en formez six tablettes d'un poids égal.

On peut les donner depuis une pour les enfants du premier âge, jusqu'à six pour les adultes.

C'est un puissant vermifuge.

TABLETTES DE RHUBARBE.

— Ayez : Rhubarbe en poudre, 6 onces; sucre, 4 livres.

Clarifiez le sucre et le faites cuire au petit boulé; vous passez la rhubarbe au tamis de soie, et l'incorporez exactement avec le sucre en remuant avec la spatule; puis vous formez vos tablettes.

Elles fortifient les fibres de l'estomac et des intestins; elles font évacuer doucement les humeurs bilieuses. La dose est de quatre gros matin et s

TABLETTES AU SAFRAN.

— Prenez : Safran en poudre, 1 once; sucre, 4 livres.

Versez sur le safran un verre d'eau bouillante, et, après l'avoir bien bouché, mettez-le infuser pendant vingt-quatre heures dans un lieu chaud; vous le passez ensuite, comme il a été dit pour la violette, et formez vos tablettes.

Elles sont vermifuges, hystériques, cordiales et stomachiques.

TABLETTES DE SOUFRE.

Vous réduisez en poudre une livre de sucre blanc que vous passez au tamis, vous y ajoutez quatre onces de fleurs de soufre et quantité suffisante de mucilage de gomme adragant, pour en former une pâte que vous divisez en tablettes, et que vous laissez sécher.

PASTILLES STOMACHIQUES DE DARCET (autrement appelées *de Vichy*).

— Prenez 1 livre de sucre que vous mélangerez avec 6 gros de bi-carbonate de soude, et dont vous ferez des pastilles de 15 à 20 grains. Elles peuvent être aromatisées avec la menthe ou le citron, suivant la volonté de l'opérateur, et à la dose de 4 à 5 gouttes d'huile essentielle.

PASTILLES FERRUGINEUSES DU DOCTEUR BALLY.

— Mélangez avec une suffisante quantité de gomme adragant : 3 onces de limaille de fer porphyrisée ; 3 onces de pâte de chocolat, et 1 gros de safran du Gâtinais en poudre très-fine. Faites-en des pastilles de douze grains, que vous ferez prendre à la dose de trois à quatre par jour.

PASTILLES DE MENTHE-POIVRÉE.

Voyez à la page 215.

PASTILLES DE CACHOU.

Voyez au mot CACHOU, page 116.

Liniments.

On appelle de ce nom certains médicaments destinés à l'usage externe, lesquels doivent avoir pour excipient une substance grasse, et dont on enduit ou frictionne certaines parties du corps, ainsi qu'on agit pour administrer les *embrocations* et les *lotions*.

LINIMENT RÉSOLUTIF (*formulé par le professeur Dubois*).

— Mélangez : 2 onces de baume de Fioraventi, 2 onces d'eau spiritueuse de mélisse et 2 onces d'esprit de vin camphré, avec 3 onces d'huile d'amandes douces et 3 gros d'ammoniaque liquide.

Ce liniment s'emploie très-secourablement dans les foulures, les douleurs rhumatismales et les autres souffrances articulaires.

LINIMENT SÉDATIF, OU CALMANT.

— Prenez 2 onces d'huile d'amandes douces et 1 gros de camphre que vous pilerez au mortier de métal, et avec lesquels vous mélangerez un demi-gros de teinture thébaïque.

LINIMENT SÉDATIF (*contre les tumeurs hémorrhoïdales*).

— Mêlez 2 onces d'onguent *populéum* et 4 gros de laudanum liquide avec les jaunes de deux œufs frais. Battez ensemble lesdites substances, afin d'en former un liniment dont vous imbiberez des *bourdonnets* de charpie pour appliquer sur les boutons hémorrhoïdaux qui sont extérieurs, et qui sont devenus douloureux par engorgement.

LINIMENT ANGLAIS, vulgairement nommé baume *Opodeldock.*

(Formule de l'Offic. Britannique.)

Prenez : Savon à la moelle	1 once.
Esprit de vin de 26 à 36 degrés.	6 onces.
Eau distillée de thym.	1 once.
Camphre.	3 gros.

Faites liquéfier ou fondre, à vaisseau bien clos et au bain-marie, le savon et le camphre dans l'esprit de vin ; ajoutez-y l'eau de thym ; passez la liqueur encore chaude, et lorsqu'elle sera presque refroidie, mêlez-y en agitant suffisamment la totalité de la composition :

Huile volatile de romarin. . . . .   3 scrupules.
Huile volatile de thym. . . . .   1 scrupule.
Ammoniaque liquide. . . . .   1 gros.

Il faudra conserver ce liniment dans de petits flacons à large ouverture. On l'emploie avantageusement pour opérer des frictions, dans les cas d'entorses et de foulures, ainsi que dans les douleurs rhumatismales.

LINIMENT CONTRE LES ENGELURES.

— Mélangez 2 onces d'esprit de vin camphré et 2 onces de baume de Fioraventi avec 3 gros d'acide hydrochlorique.

Il ne faut employer ce liniment que lorsque les engelures ne sont pas ulcérées ; car, aussitôt qu'elles sont ouvertes, on ne doit y mettre que du cérat de Goulard, dont nous allons indiquer la composition à l'article CÉRAT.

Injections acoustiques et autres.

INJECTION POUR LE MAL D'OREILLE.

— Il faut prendre une demi-once d'huile de camomille, y ajouter 1 gros de baume tranquille, 12 gouttes d'huile de térébenthine sulfurée, autant d'huile de succin rectifiée, de teinture d'assafœtida et de celle de castoréum.

On injectera quelques gouttes de cette mixtion dans l'intérieur de l'oreille, soit par le moyen d'une seringue, soit en l'y maintenant par une mèche de coton que l'on renouvelle de temps en temps dans les cas de surdité par suite de faiblesse de l'organe.

INJECTION D'AMMONIAQUE AVEC LE LAIT.

— Dans une demi-once de lait chaud, mélangez douze gouttes d'alcali-volatil (ammoniaque liquide).

(C'est pour une injection que l'on répète deux ou trois fois le jour dans les cas où l'on soit obligé de recourir aux *emménagogues*).

INJECTION TONIQUE.

— Faites bouillir pendant 15 ou 20 minutes une demi-once de quinquina dans une livre d'eau ; passez et y ajoutez 4 onces de vieux vin rouge.

Pour servir à injecter dans tous les cas où il faut surexciter l'action des parties malades.

Gargarismes.

Médicaments liquides qu'on emploie dans les maladies de la gorge ou de l'intérieur de la bouche. On doit les conserver dans cette cavité le plus long-temps possible, en les agitant dans tous les sens, mais sans en avaler aucune portion, parce qu'ils ne doivent agir que localement.

GARGARISMES SIMPLES.

— Faites bouillir des figues grasses, fendues, dans quelques onces de lait ; ou bien faites une décoction de racines de guimauve dans laquelle vous ajouterez du miel rosat; ou bien encore opérez une décoction d'orge mondée où vous mélangerez du sirod de mûres.

GARGARISME ASTRINGENT.

— Faites infuser, dans une demi-pinte d'eau bouillante, 1 once et demie de feuilles de ronces, ou bien deux poignées de roses rouges, ou bien encore 2 onces d'écorce de grenade. Édulcorez cette infusion avec du miel rosat ou de l'oximel simple.

GARGARISME TONIQUE.

Mélangez 6 onces de décoction de quinquina avec 1 once de sirop d'écorce d'oranges et 1 scrupule de muriate d'ammoniaque.

Les gargarismes qui sont plus compliqués doivent être formulés par les médecins.

Collyres.

On donne le nom de collyres à des préparations médicamenteuses qui sont destinées spécialement aux maladies des yeux. On les distingue en *collyres secs, mous* ou *liquides*. La composition des premiers doit être soumise à l'ensemble d'un traitement thérapeutique; ainsi l'on se contentera d'indiquer ici les formules des collyres liquides les mieux éprouvés.

COLLYRE ÉMOLLIENT (*recette des Sœurs de Saint-Vincent-de-Paul*).

— Faites infuser une pincée de graine de lin dans quatre onces d'eau distillée de plantain, et passez ce mélange afin d'en humecter l'œil ou les yeux malades.

COLLYRE ANODIN (*recette du comte de Buffon*).

— Prenez : Eau distillée de roses, 2 onces; gomme arabique, 3 scrupules; laudanum de Rousseau, 6 gouttes; et triturez jusqu'à parfait mélange.

COLLYRE DÉTERSIF (*recette de madame de Genlis*).

— Mêlez trente grains de sulfate de zinc avec deux onces d'eau de roses, une once d'eau de bluet, une once d'eau de plantain et une once d'eau distillée d'euphraise sauvage.

Cataplasmes.

Médicaments qui doivent être appliqués à l'extérieur, et qu'on prépare avec des farines, des pulpes, ou des poudres mélangées auxquelles on donne la consistance d'une épaisse bouillie.

CATALPASME ÉMOLLIENT.

— Délayez et faites bouillir, dans de l'eau de guimauve en quantité suffisante, de la farine de graine de lin et de la farine d'orge, parties égales entre ces dernières substances.

Pour en faire un CATAPLASME ANODIN, il suffira d'y mélanger une forte décoction de tête de pavot blanc, ou de jusquiane, ou bien encore on pourrait verser sur le cataplasme, à l'instant de l'appliquer, une forte solution d'extrait gommeux d'opium.

CATAPLASME DU DOCTEUR TROUSSEAU.

— Prenez 2 livres de mie de pain de seigle que vous délaierez dans de l'esprit de vain camphré en quantité suffisante. Faites chauffer sur un feu doux, et quand le cataplasme est préparé, versez à sa surface 1 once de laudanum de Sydenham et 4 gros de datura stramonium.

Appliquez sur la partie douloureuse et recouvrez d'une bande de taffetas ciré. Ce cataplasme convient particulièrement dans les attaques de goutte ou de rhumatisme, ainsi que dans les tumeurs inflammatoires des articulations. Il est bon de ne le retirer qu'au bout de trois ou quatre jours.

CATAPLASME TONIQUE.

— Mélangez : 8 onces de farine d'orge, 2 onces de fleurs aromatiques, et 1 once de muriate d'ammoniaque avec une quantité suffisante de gros vin rouge. Cette composition convient particulièrement dans les cas d'engorgement atonique.

CATAPLASME RUBÉFIANT (appelé vulgairement *sinapisme*).

— Formez un cataplasme en mélangeant 1 once de graine de moutarde avec 2 onces de farine de lin et suffisante quantité de vinaigre très-fort.

On pourra, s'il est besoin, le rendre plus actif en n'employant pour sa confection que la moutarde et le vinaigre.

Cérats, Onguents et Pommades.

On désigne sous ces différents noms plusieurs médicaments qu'on emploie à l'extérieur, et dont la consistance doit être plus ou moins solide.

CÉRAT DE GALLIEN.

— Prenez 3 onces d'huile d'amandes douces avec 1 once de cire vierge, faites fondre au bain-marie : retirez du feu et laissez refroidir à moitié; ensuite agitez vivement ce mélange afin qu'il ne s'y trouve plus de grumelots. Vous y joindrez pendant cette opération 2 ou 3 cuillerées d'eau distillée de roses.

CÉRAT DE GOULARD.

— Prenez 4 onces de cérat de Gallien, ajoutez-y 1 scrupule d'extrait de saturne à qui l'on donne aujourd'hui le nom d'*acétate de plomb liquéfiée*. Mêlez bien exactement, et ne manquez pas d'appliquer cette composition sur les brûlures qui sont récentes et qui ne sont pas trop profondes.

CÉRAT CONTRE LES ENGELURES OUVERTES.

— Mêlez 1 once de cérat de Goulard avec 1 gros de teinture de benjoin. C'est le meilleur médicament connu pour opérer la guérison des engelures qui sont ulcérées.

POMMADE SOUFRÉE.

— Mêlez bien exactement 4 onces de cérat simple ou de Gallien avec 2 gros de soufre sublimé, et servez-vous de cette pommade contre les gerçures dartreuses.

POMMADE OPIACÉE, dite de LAGNEAU.

— Délayez 3 onces de cérat de Gallien dans un jaune d'œuf avec un gros d'opium brut, et servez-vous-en dans certains cas dont la désignation ne saurait appartenir qu'au médecin.

POMMADE ÉPISPASTIQUE,

Faites liquéfier 4 onces d'axonge et mêlez-y 2 gros de cantharides en poudre. Vous ferez bouillir pendant quelques instants ce mélange au bain-marie.

POMMADE ADOUCISSANTE DU PROFESSEUR CHEVALIER.

— Mélangez exactement : 1 once de beurre de cacao, 3 gros d'huile d'amandes douces et 3 gros de mucilage de pepins de coings. La bonne madame Fouquet nous avertit que c'est *un remède souverain* contre les crevasses et les gerçures qui surviennent au sein des nourrices.

Les pommades médicamenteuses et les onguents se fabriquent partout ; et, comme on peut s'en procurer dans toutes les pharmacies de province, nous nous bornerons à nommer celles de ces préparations dont l'usage est le plus commun :

Pommade de Garou,
 — sulfuro-savonneuse,
 — au goudron, de Giroux, de Buzaringues,
 — nitrique oxigénée,
 — citrine,
 — rosat,
Onguent simple,
 — basilicum et maturatif
 — d'althéa ou de guimauve,
 — adoucissant et résolutif,
 — populéum et calmant,
 — de tuthie, astringent,
 — de la mère, suppuratif,
Diachylon-gommé, agglutinatif,
Onguent de Nuremberg, dessiccatif.

Vésicatoires.

Médicaments qui s'appliquent à la surface du corps à l'effet d'y déterminer une inflammation du tissu cutané, à laquelle doit succéder une plaie suppurante. On emploie le plus fréquemment les vésicatoires à dessein d'opérer ce qu'on appelle une révulsion, c'est-à-dire pour appeler sur un autre point une inflammation ou une fluxion, qui pourrait avoir plus d'inconvénients dans la place où elle se trouvait primitivement établie. On emploie différents moyens pour obtenir le même résultat :

1° Le plus habituel est l'application d'un emplâtre de cantharides ;
2° L'emploi de l'eau bouillante appliquée sur la peau ;
3° L'alcali volatil, appelé *vésicatoire de Gondret* ;
4° L'emploi du *vinaigre radical* de Bonvoisin.

C'est au médecin qu'il appartiendra de déterminer l'emploi d'un de ces trois derniers procédés, en supposant qu'il ne soit pas bon d'employer les cantharides à raison de leur action trop irritante sur certains organes.

Suppositoires.

Médicaments solides, d'une forme conique, de la grosseur d'une plume ou tout au plus du petit doigt, qui sont destinés à être introduits et à séjourner quelque temps à l'orifice du grand viscère intestinal. On les prépare soit avec des mèches de charpie qu'on enduit de cérat, d'onguent ou d'autres préparations médicinales, soit avec des bâtonnets de savon préparés, ou simplement avec des racines émollientes.

SUPPOSITOIRE DU DOCTEUR TROUSSEAU (*pour rappeler les fluxions hémorrhoïdales*).

— Mélangez 2 gros de beurre de cacao avec 4 grains d'aloès et 1 grain d'émétique ou tartre stibié. On s'en servira tous les jours jusqu'à ce qu'il survienne une impression douloureuse, et comme un sentiment de cuisson à la marge de l'intestin.

SUPPOSITOIRE EMMÉNAGOGUE.

— Mélangez très-exactement : 2 gros de beurre de cacao avec 2 grains d'aloès, 10 grains de castoréum et 10 grains d'assa-fœtida. L'emploi de ce médicament n'a pas besoin d'une indication plus explicite que le titre qu'il porte, et sur lequel on pourra consulter le dictionnaire de médecine.

Clystères.

Médicaments fluides et destinés à l'injection. Ils agissent, soit localement sur les intestins, soit secondairement sur le reste du corps. On les emploie, dans ce dernier cas, tantôt comme moyen dérivatif, et souvent pour introduire dans l'économie générale certaines substances dont l'estomac ne pourrait supporter l'effet immédiat.

CLYSTÈRE OU LAVEMENT SIMPLE.

— Faites bouillir pendant quelques minutes, dans suffisante quantité d'eau pour un lavement, une poignée de poirée : quelquefois, au moment de le donner, on y ajoute un jaune d'œuf délayé, ou une cuillerée d'huile d'olives.

LAVEMENT RAFRAÎCHISSANT.

— Il faut écraser et faire bouillir, dans 8 onces de petit lait ordinaire, 1 once de chair de melon ou de potiron; lorsque le tout est réduit d'un tiers on passe à travers un linge, pour un lavement à prendre dans tous les cas d'irritation et de chaleur intestinale.

LAVEMENT CALMANT.

— Il faut faire bouillir pendant quelques minutes, dans suffisante quantité d'eau pour un lavement, 4 pincées de fleurs de mauves, 2 têtes de pavots blancs cassées; ajoutez 1 poignée de poirée, et passez ledit remède au travers d'un linge.

LAVEMENT CALMANT DU DOCTEUR CHIRAC.

Dans 5 onces de lait tiède faites dissoudre 2 grains d'extrait d'opium, et ajoutez-y ensuite 1 once d'eau chargée de gomme arabique.

LAVEMENT ADOUCISSANT (*recette des sœurs de la Charité*).

— Faites bouillir pendant quelques minutes, dans suffisante quantité d'eau ordinaire, une forte poignée de son; passez à travers un linge, et, au moment de s'en servir, délayez-y un ou deux jaunes d'œufs. Ce remède est d'un très-bon effet dans la diarrhée avec coliques, ainsi que dans les dyssenteries opiniâtres.

LAVEMENT D'AMIDON OPIACÉ.

Dans 8 onces d'eau très-chaude, délayez depuis 2 jusqu'à 4 gros d'amidon ordinaire; au moment de l'administrer, ajoutez depuis 30 jusqu'à 50 gouttes de teinture préparée avec l'opium. Il est très-bon de l'employer dans les douleurs d'entrailles, avec évacuations successives et continuelles.

AUTRE FORMULE DU DOCTEUR CHAUSSIER.

Dans 2 onces d'eau froide, délayez en l'écrasant 1 gros d'amidon; ensuite on fait dissoudre, dans 6 onces d'autre eau bouillante, 2 et jusqu'à 4 grains d'opium réduit en poudre, pour les mélanger au moment d'administrer. Ce lavement s'emploie particulièrement dans les hémorrhoïdes douloureuses et les fistules.

LAVEMENT ANTI-SPASMODIQUE.

Dans suffisante quantité d'eau, pour en conserver 8 onces, faites bouillir pendant quelques minutes une poignée d'avoine, passez et y ajoutez, au moment d'administrer, teinture d'opium 30 à 40 gouttes, et demi-gros de celle préparée avec l'assa-fœtida.

LAVEMENT SALIN.

— Faites bouillir pendant quelques minutes, dans l'eau nécessaire pour un lavement, feuilles de mauves, poirée ou toute autre plante analogue, une ou deux poignées; après avoir tiré du feu, passé et laissé refroidir un peu, on y ajoute 1 once de sel commun, et quelquefois on y fait fondre 1 gros de savon.

Bains médicinaux ou composés.

BAIN ANTIPSORIQUE.

Dans suffisante quantité d'eau chaude et préparée pour un bain, mélangez 8 onces de sulfure de potasse liquide.

Que la maladie soit récente ou bien invétérée, huit ou dix de ces bains sont plus que suffisants pour la guérir parfaitement.

BAIN AROMATIQUE.

— Faites bouillir, dans suffisante quantité d'eau, 2 livres de plantes les plus aromatiques; passez et ajoutez à cette décoction 8 onces d'essence de savon et 3 onces de sel ammoniac, pour mélanger le tout dans l'eau préparée pour un bain, dont l'action doit être marquée sur la peau.

BAIN GÉLATINEUX ET SULFUREUX.

— Faites dissoudre 4 onces de sulfure de potasse dans suffisante quantité d'eau ordinaire, pour y verser 2 livres de colle de Flandre, étendue dans à peu près 10 livres d'autre eau bouillante, que l'on ajoute à celle qui est préparée pour le bain.

BAIN dit A LA DAUPHINE,
Et prescrit pour les ENFANTS DE FRANCE *par le docteur Fagon, premier médecin de Louis XIV.*

— « Il faut commencer par faire bouillir un large morceau de maigre de veau dans 8 à 10 pintes » d'eau de rivière ; ensuite on fait bouillir, dans un chaudron rempli d'eau semblable, une demi-livre de » serpolet, 1 quarteron de lavande avec moitié de feuilles de laurier, 1 quarteron de thym sauvage et » 1 quarteron de marjolaine qui doit avoir été séchée à l'ombre, ainsi que les autres plantes ci-dessus » dénommées. On composera avec les deux décoctions prédites un bain auquel on ajoutera l'eau né- » cessaire, et dans lequel on adjoindra deux ou trois poignées de sel marin. »

Il est de tradition, dans plusieurs anciennes familles, que le docteur Fagon prescrivait de faire prendre ces bains froids en hiver, et tièdes en été, afin d'établir *autant d'accord que possible* entre la sensibilité de l'épiderme et la température.

Contre-Poisons.

Il est peu de maladies qui réclament d'aussi prompts secours que l'empoisonnement, et dont le traitement exige des connaissances aussi précises. On ne doit considérer comme étant véritablement des contre-poisons que les ingrédients qui jouissent de la propriété de neutraliser l'effet des substances vénéneuses en se combinant avec elles afin de les dénaturer en les décomposant. Les principaux *contre-poisons* sont le blanc d'œuf, le lait, la décoction de quinquina, les acides végétaux suffisamment étendus, les dissolutions de sel commun, l'emploi de la magnésie, celui du savon, et finalement l'administration de plusieurs substances gommeuses ou résineuses.

Dans tous les accidents qui peuvent résulter du poison, il faut distinguer deux périodes : dans la première, le poison vient d'être avalé et n'a encore agi que localement ; dans la seconde, il a été absorbé de manière à déterminer par ses effets une maladie générale. L'emploi des alexipharmaques ou contre-poisons n'a réellement d'utilité que dans la première période ; car, dans la seconde, c'est une maladie générale que la faculté doit avoir à traiter.

Le premier soin dont il faut s'acquitter aussitôt qu'on a remarqué les symptômes d'un empoisonnement, c'est de faire vomir le malade, afin d'expulser de l'estomac la portion de poison qui peut s'y trouver encore. Il est bon de n'employer que les vomitifs les plus doux, tels que l'ipécacuanha, l'eau tiède, ou même la simple titillation de la luette au moyen d'une plume flexible et trempée dans l'huile, afin de ne pas augmenter l'irritation que la substance vénéneuse aura déterminée dans les voies respiratoires et dans l'estomac.

Les substances qui le plus souvent déterminent les accidents de l'empoisonnement sont le cuivre, l'étain, le plomb, et les champignons vénéneux.

Dans l'empoisonnement produit par le vert de gris (acétate de cuivre), qui résulte ordinairement de l'ingestion d'aliments cuits dans des vases de cuivre mal étamés, surtout lorsque des acides seront trouvés en contact avec eux, on commencera par donner au malade de quinze à dix-huit grains de poudre d'ipécacuanha dans un demi-verre d'eau tiède. Si la totalité des aliments empoisonnés ne pouvait pas être rejeté, ce qui arrive le plus souvent, on administrerait successivement une certaine quantité d'eau dans laquelle on délaierait un ou plusieurs blancs d'œufs.

Si les accidents provenaient de l'étain, après avoir suivi la même marche, il faudrait faire boire au malade plusieurs tasses de lait pur, attendu que ce liquide agit de deux manières, en décomposant le sel d'étain qui produit l'empoisonnement, et en calmant l'inflammation locale qui en résulte.

Dans l'empoisonnement par les préparations de plomb, qui se trouvent souvent dans les vins frelatés, ainsi que dans les accidents qui peuvent résulter des manipulations sur les mêmes substances dans certaines professions, on fera boire de l'eau acidulée avec l'acide sulfurique (eau forte), à la dose d'une cuillerée à café pour une pinte d'eau, ou mieux une demi-once de sel de glauber dans un verre d'eau, et plus tard un purgatif doux, suivant les indications qui résulteront des accidents et du tempérament du malade. D'où il résulte que nous conseillons de se précautionner et de s'approvisionner de sel de glauber, lorsqu'on doit habiter la campagne.

Il n'existe pas, à proprement parler, de *contre-poison* pour les champignons vénéneux; on commencera, bien entendu, par administrer un vomitif. Puis on donnera des purgatifs doux, l'huile de ricin (1 once), la manne (2 onces), des lavements avec la casse (2 onces), sulfate de soude ou de magnésie (1/2 once), et même la décoction de tabac (1 once par deux livres d'eau). On pourra donner quelques cuillerées d'une potion éthérée, avec l'eau de fleurs d'oranger. Il faudra soigneusement observer les accidents qui pourront survenir, afin d'en rendre compte avec une exactitude parfaite; dans ce dernier cas du reste, ainsi que dans la plupart des empoisonnements, on devra insister sur la diète et l'usage des boissons adoucissantes, telles que les décoctions d'orge, de gruau et de fleurs de mauve, jusqu'à l'arrivée du médecin.

Recettes applicables à l'alimentation des convalescents.

LAIT DE POULE.

— Vous ferez bouillir un demi-setier d'eau; vous préparerez deux jaunes d'œufs bien frais, avec une once de sucre en poudre, un peu d'eau de fleur d'orange, et trois grains de sel; vous mêlerez le tout ensemble jusqu'à ce que les jaunes d'œufs blanchissent; alors vous verserez votre eau bouillante sur les jaunes d'œufs, en la remuant avec promptitude, afin que le breuvage en paraisse couvert d'une espèce de mousse laiteuse.

BAVAROISES.

— Pour une bavaroise à l'eau, sucrez une infusion de thé avec du sirop de capillaire, et ajoutez-y un peu d'eau de fleur d'orange.

— Pour la bavaroise au lait, mettez moitié thé et moitié lait; sucrez avec le sirop de capillaire et aromatisez avec l'eau de fleur d'orange.

La bavaroise au lait à laquelle on ajoute une cuillerée de bonne eau-de-vie est une boisson sudorifique et tonique, qui convient beaucoup à la fin des rhumes, et surtout quand on la prend le soir en se couchant.

BOUILLON DE POULET.

— Ayez un poulet commun; videz-le; ôtez-en la peau et flambez-lui les pattes; liez-le avec une ficelle; mettez-le dans une marmite avec 2 pintes et demie d'eau; ajoutez-y 1 once des quatre semences froides; après les avoir concassées à moitié, vous les mettrez dans un linge blanc pour en faire un paquet bien assujetti; faites cuire le tout à petit feu jusqu'à ce qu'il soit réduit à deux pintes.

BOUILLON DE POULET PECTORAL.

— Prenez un poulet comme ci-dessus; mettez-le dans une quantité d'eau avec 2 onces d'orge mondé et autant de riz; mettez le tout ensemble dans une marmite; joignez-y 2 onces de miel de Narbonne; écumez et faites cuire pendant trois heures, jusqu'à ce que le bouillon soit réduit aux deux tiers.

AUTRES BOUILLONS DE SANTÉ,

tels que de *bœuf,* de *veau, mou de veau, limaçons, grenouilles* et *vipères.*

Voyez pages 99 et 600.

POTAGE AU LAIT D'AMANDES.

Enlevez la peau d'un quarteron d'amandes douces et de cinq ou six amandes amères : pour cela on les trempe quelques instants dans l'eau bouillante; pilez ensuite ces amandes dans un mortier, en y versant de temps en temps un peu d'eau pour empêcher qu'elles ne tournent en huile; mouillez-les avec un verre de lait; passez ensuite, avec expression, à travers une serviette.

Faites un potage à l'ordinaire avec du riz ou de la semoule, ou du vermicelle, ou du pain; versez-y le lait d'amandes au moment de le servir.

PATE D'AMANDES.
Pour faire des juleps et des potages à la minute.

— Prenez 1 livre d'amandes douces que vous monderez en les faisant tremper dans l'eau chaude; vous en ôterez la peau, et vous les ferez piler en y mettant de temps en temps un peu d'eau pour qu'elles ne tournent pas en huile; quand elles seront bien pilées, vous y mettrez une demi-livre de sucre aussi pilé; vous ferez une pâte du tout. Quand vous voudrez vous en servir, vous en prendrez un morceau gros comme un œuf, que vous délaierez dans trois demi-setiers d'eau, et que vous passerez dans une serviette.

POTAGE AUX GRENOUILLES.

— Après leur avoir coupé la tête, dépouillez-les; enlevez-en les intestins, et ne conservez que le râble et les cuisses que vous ferez dégorger; sautez les grenouilles au beurre et laissez-les finir de cuire sur un feu doux; pilez-les ensuite dans un mortier, en y ajoutant un peu de mie de pain trempée dans du lait; délayez la pâte qui en résultera avec le jus que les grenouilles auront rendu en cuisant; passez cette purée à l'étamine; faites-la chauffer sans cependant la laisser bouillir, et versez-la sur des croûtes de pain que vous aurez fait tremper quelques instants auparavant dans une petite quantité de bouillon maigre.

POTAGE IMPROVISÉ POUR LES MALADES.

Lorsqu'on éprouve un pressant besoin d'avoir du bouillon, et qu'on ne peut s'en procurer, ce qui arrive souvent, on peut en faire de très-bon en une demi-heure.

— Hachez une demi-livre de bœuf, un abattis de volaille ou la moitié d'un poulet, os et viande; mettez le tout dans une casserole avec une pinte d'eau; faites bouillir, écumez, et ajoutez une carotte, un navet et un ognon coupés en tranches minces; assaisonnez avec un peu de sel; couvrez la casserole et posez sur le couvercle une serviette mouillée qui suffira pour empêcher l'évaporation; après une demi-heure d'ébullition, passez le bouillon au tamis.

La viande est totalement épuisée et ne conserve aucune saveur; mais le bouillon est très-bon.

Si l'on veut avoir du consommé, on fait réduire à moitié le bouillon passé au tamis.

CONSOMMÉ DE POULE A LA DAUPHINE.

Brisez avec le dos d'un couperet l'estomac d'une vieille poule, et faites-la cuire à petit feu avec deux pintes d'eau, six navets, deux ognons blancs et un peu de sel. Ce bouillon rafraîchit et nourrit parfaitement.

On la rend encore plus alimentaire et on lui donne une propriété plus adoucissante, en faisant cuire avec la ponle six ou huit figues grasses et deux onces de raisin de Malaga. Il est bon d'y joindre aussi trois cœurs de laitues blanchés ainsi qu'une demi-douzaine d'amandes douces et concassées.

GELÉE DE COQ (*suivant l'ancienne formule*).

Voyez page 254.

POTAGE A L'ORGE PERLÉ.

— Faites tremper l'orge dans l'eau dès la veille ; égouttez-la et mettez-la avec du bouillon dans une casserole. Ne mettez de bouillon que ce qu'il faut pour couvrir l'orge ; faites bouillir, en ajoutant de temps en temps du bouillon, jusqu'à ce que l'orge soit crevée. On prolonge ensuite l'ébullition pour que le bouillon puisse se charger de toutes les parties solubles de l'orge. On passe avec expression, et on obtient une espèce de crème nourrissante et rafraîchissante, très-convenable pour les convalescents.

POTAGE DE GRUAU D'AVOINE.

On le fait de deux manières, avec le gruau entier et avec la farine ; mais la farine de gruau se conserve difficilement, et il faut surtout la tenir à l'abri de la chaleur et de l'humidité.

— Délayez une cuillerée de farine de gruau dans une tasse de bouillon, et faites bouillir pendant dix minutes.

Si l'on emploie le gruau entier, on le fait tremper la veille. On l'égoutte, et on le fait bouillir long-temps à petit feu avec du bouillon. On passe avec expression.

POTAGE AU BLÉ.

— Lavez une demi-livre de blé mondé ; mettez-le à tremper la veille ; le lendemain faites-le blanchir ; et puis faites-le bouillir dans du consommé pendant une heure.

POTAGE AU SAGOU.

Le sagou est une substance gommeuse et analogue aux fécules, qui se trouve entre les fibres qui remplissent le tronc d'une espèce de palmier, très-commun dans l'archipel d'Asie. On le lave à l'eau bouillante et on le fait cuire avec du bouillon qu'on ajoute peu à peu, jusqu'à ce que le sagou soit entièrement dissous et forme une espèce de gelée. On peut le rendre encore plus nutritif en y ajoutant, au moment de servir, une liaison de jaunes d'œufs.

POTAGE AU SALEP.

Le salep est le produit de la racine tuberculeuse d'une espèce d'orchis qu'on pulvérise après l'avoir fait dessécher. Pour dissoudre le salep, on le jette dans le bouillon au moment où il est en parfaite ébullition. On remue vivement avec une cuillère pour que le salep ne se grumèle pas. On en emploie seulement une cuillerée à café.

POTAGE AUX HERBES.

— Prenez deux laitues, une pincée de cerfeuil, une demi-poignée de poirée, et une poignée d'oseille ; ôtez les côtes de la laitue et de la poirée ; épluchez l'oseille, et hachez le tout grossièrement ; faites fondre les herbes dans une casserole sans eau : lorsqu'elles sont bien fondues, mouillez avec du bouillon, et ajoutez un morceau de beurre. Lorsqu'elles sont suffisamment cuites, versez-les sur le potage déjà trempé.

POTAGE DE CHICORÉE.

Hachez finement une demi-douzaine de chicorées frisées ou de scaroles ; ôtez-en les plus grosses côtes ; passez au beurre sans faire roussir ; mouillez avec du bouillon ; laissez bouillir trois quarts d'heure. Au moment de servir, ajoutez une liaison de jaunes d'œufs, et versez sur le pain.

POTAGE AUX ŒUFS.

— Prenez six jaunes d'œufs et deux œufs entiers délayés avec une chopine de bouillon froid; faites prendre ce mélange au bain-marie. Lorsque tout est bien pris, enlevez-en, avec une cuillère ou une écumoire, des émincés que vous mettrez dans une soupière remplie de bon bouillon sortant de la marmite.

SOUPE AU POTIRON.

— Coupez en morceaux une tranche de potiron, et mettez-la sans eau, dans une casserole; faites cuire en remuant avec une cuillère jusqu'à ce que le potiron soit fondu. Passez à travers une passoire à petits trous; mettez la purée dans une autre casserole, avec un demi quarteron de beurre et la quantité de lait suffisante; assaisonnez avec du sucre et quelques grains de sel, ainsi qu'avec un bon morceau de sucre et versez sur le pain que vous aurez préparé.

POTAGE A LA CITROUILLE ET A LA SEMOULE.

— Faites bouillir du lait et jetez-y quantité suffisante de semoule; lorsqu'elle est cuite, ce qui a lieu en un quart d'heure, ajoutez-y une purée de citrouille faite comme il est dit ci-dessus; assaisonnez avec quelques grains de sel et du sucre : ajoutez, si vous voulez, un peu d'eau de fleur d'orange.

[AILERONS A L'ORGE MONDÉ.

Voyez page 15 et suivantes.

ISSUE D'AGNEAU A LA POULETTE.

Voyez page 13.

GATEAU DE POTIRON.

— Après avoir coupé un potiron en gros dés, faites-le fondre dans une casserole, et puis exprimez une partie de l'eau en le tordant dans une serviette; mettez ensuite la substance de votre potiron dans une casserole, où vous la passerez avec un morceau de beurre; ajoutez une cuillerée de fécule de pommes de terre délayée dans du lait et un peu de sucre; faites mijoter tout ensemble; quand le potiron est réduit et consistant, retirez-le de la casserole et faites-le refroidir; ensuite pétrissez-le avec des jaunes d'œufs, un peu de fleur d'orange et un blanc d'œuf fouetté : d'autre part, beurrez une casserole sur le fond et sur les bords; panez partout avec de la mie de pain et mettez-y le potiron; placez la casserole sur des cendres chaudes; couvrez-la avec un couvercle et du feu par-dessus; quand votre gâteau sera d'une belle couleur, renversez-le sur le plat sans l'endommager.

BISCUITS LÉGERS.

— Prenez dix œufs, mettez les jaunes de cinq dans une terrine avec un peu de fleur d'oranger pralinée et de l'écorce de citron vert, le tout haché très-fin. Mettez-y aussi 3 quarterons de sucre bien finement pulvérisé : battez le tout ensemble jusqu'à ce que le sucre soit bien mêlé avec les jaunes et un peu liquide; ensuite vous fouettez les blancs de dix œufs. Quand ils sont bien montés en neige, vous les mêlez avec le sucre; mettez-y ensuite 6 onces de farine que vous jetez légèrement et peu à peu, et remuez à mesure avec le fouet : dressez-les dans des moules beurrés; saupoudrez-les de sucre fin, et faites-les cuire dans un four doux.

BISCUITS A LA CUILLERE.

— Fouettez et mêlez ensemble une douzaine d'œufs, une livre et demie de sucre en poudre, une demi-livre de farine ou de fécule de pommes de terre, de la fleur d'oranger pralinée hachée et du zeste de citron râpé; quand le tout est bien battu, remplissez-en des caisses de papier, ou répandez de cette pâte en long sur du papier avec la cuillère ; glacez le dessus avec du sucre en poudre passé au tamis. Faites cuire au four modérément chaud.

ÉCHAUDÉS.

— Mettez sur la table 1 livre de farine ; faites un creux au milieu pour y mettre 1 quarteron de beurre, 6 œufs entiers et du sel fondu dans un peu d'eau ; rassemblez et pétrissez votre pâte, retroussez, pétrissez de nouveau et à quatre ou cinq reprises ; laissez reposer cette pâte pendant 12 heures sur une planche saupoudrée de farine. Formez ensuite les échaudés et mettez-les dans l'eau presque bouillante ; remuez pour les exciter à monter, et enfoncez-les avec une écumoire. Dès qu'ils sont fermes, ôtez-les pour les plonger dans l'eau froide. Deux heures après, égouttez-les, pour les poser sur un plafond et les faire cuire au four.

MARMELADE DE POMMES.

— Après avoir pelé, évidé et coupé des pommes par petites tranches, mettez-les dans une casserole avec du sucre en suffisante quantité, de la cannelle et du zeste de citron ; faites cuire sur un feu vif, et recouvrez la casserole ; une fois les pommes fondues, faites réduire la marmelade, en la remuant continuellement.

ÉLIXIR DE GARUS (*recette et formule du château de Bellevue*).

Quoique l'élixir de Garus se fasse ordinairement par distillation, on peut le faire aussi par infusion, et, lorsqu'il est fait de cette manière, il a plus de vertu stomachique.

— Prenez : Aloès succotrin en poudre, 1 gros ; myrrhe en poudre, 1 gros ; cannelle, gérofle, muscade, macis, de chaque, 18 grains.

Mettez infuser pendant huit jours dans deux pintes d'eau-de-vie à 22 degrés ; remuez de temps en temps ; vers la fin de la macération, ajoutez une livre et demie de sirop de capillaire, et filtrez au papier-joseph.

EAU CORDIALE DE LOUIS COLADON.

— Prenez : 6 citrons ; esprit à 24 degrés, 4 pintes ; eau, 1 pinte.

Levez les zestes des citrons sans y laisser de blanc, et mettez-les dans l'alambic avec l'esprit et l'eau ; distillez pour retirer trois pintes et demie.

Sucrez avec un sirop composé de 4 livres de sucre ; ajoutez peu à peu de la teinture d'ambre et de musc, plus de la première que de la seconde, jusqu'à ce que l'arôme de cette teinture se fasse très-légèrement sentir, quoique celui du citron domine toujours.

EAU CORDIALE BÉNÉDICTINE.

— Prenez : Les zestes d'une bergamote, ou essence de bergamote, 25 gouttes ; macis, 2 gros ; clous de gérofle, un demi-gros ; esprit à 24 degrés, 4 pintes ; eau, 1 pinte.

Distillez pour retirer trois pintes et demie.

Sucrez avec un sirop composé de 3 livres et demie de sucre, et une pinte et demie d'eau ; filtrez au papier gris.

VESPÉTRO (*formule de l'abbaye de Montmartre*).

— Prenez : Graine d'angélique, 4 gros ; carvi, 4 gros ; coriandre, 4 gros ; fenouil, 4 gros ; zestes de 2 citrons, de 2 oranges ; eau-de-vie, 5 pintes ; eau de rivière, 2 pintes ; sucre concassé, 3 livres 8 onces.

Faites infuser les sept premières substances avec l'eau-de-vie, pendant quatre ou cinq jours, dans un grand vase que vous fermez bien ; après ce temps, vous mettez le mélange dans le bain-marie, pour retirer par la distillation deux pintes et demie de liqueur.

Vous faites fondre le sucre dans l'eau ; vous faites le mélange, et filtrez la liqueur.

BROU DE NOIX.

Voyez ci-dessus, pages 109 et 110.

RATAFIA DIGESTIF DE NOIX VERTES.

— Lorsque les noix sont formées, vous en prenez une douzaine : fendez-les par moitié, et mettez-les dans une cruche avec 3 chopines d'eau-de-vie : bouchez bien la cruche, et la tenez dans un endroit frais pendant six semaines. Il faut avoir attention de remuer de temps en temps cette cruche ; ensuite vous mettez 1 livre de sucre dans une poêle avec 1 demi-setier d'eau : faites bouillir et écumer. Après que vous aurez passé l'eau-de-vie dans une serviette, vous y mettrez le sucre avec un petit morceau de cannelle et une pincée de coriandre : laissez encore infuser environ un mois, et vous le retirerez au clair pour le mettre en bouteilles.

RATAFIA CARMINATIF D'ANIS, ET RATAFIA STOMACHIQUE DE FLEURS D'ORANGER.

Voyez LIQUEURS et RATAFIAS, page 303 et suivantes.

RATAFIA TONIQUE DE GENIÈVRE.

— Pour faire 3 pintes de ratafia de genièvre, mettez dans une cruche 2 pintes d'eau-de-vie avec une bonne poignée de genièvre ; vous y joignez ensuite 1 livre et demie de sucre, que vous aurez fait bouillir auparavant avec 1 chopine d'eau, jusqu'à ce qu'il soit bien écumé et clair. Bouchez la cruche et tenez-la dans un endroit chaud pendant environ cinq semaines avant que de passer votre liqueur à la chausse ou dans une serviette. Quand elle est bien claire, vous la mettez dans des bouteilles que vous avez soin de bien boucher. Ce ratafia est puissamment tonique, et il devient très-bon quand il est gardé long-temps.

RATAFIA DU COMMANDEUR (DE CAUMARTIN) CONTRE LA GRAVELLE.

—Prenez : Racine d'arrête-bœuf (bugrane), racine de cynorhodon (églantier), racine de guimauve, racine de sceau de Salomon, racine de chardon-roland, de chaque, 2 onces; racine de grande consoude, 1 once ; muscades, 6 gros; semences d'anis, 1 gros; baies de genièvre, 1 once ; eau-de-vie à 20 degrés, 5 litres et demie ; sucre, 2 livres et demie.

Faites macérer les racines et les autres substances, à l'exception du sucre, dans l'eau-de-vie, pendant 15 jours ; passez avec expression; faites fondre le sucre dans la liqueur, et filtrez.

Il faut en prendre un petit verre le matin et un autre le soir.

Recettes hygiéniques

APPLICABLES A CERTAINES PRÉPARATIONS DE TOILETTE.

POMMADE DE JULLIEN, POUR LA CONSERVATION DES CHEVEUX.

— Prenez : Moelle de bœuf, 2 livres ; pommade à la fleur d'orange, 12 onces; cire jaune, 1 once. essence de bergamote, 1 once.

Vous faites fondre la moelle, et la passez à travers un linge bien net; lorsqu'elle est un peu refroidie, vous y ajoutez la pommade de fleur d'orange en remuant bien avec la spatule, jusqu'à ce que le tout soit bien fondu et bien exactement mélangé; ensuite vous y mettez l'essence de bergamote et la cire jaune que vous avez fait fondre à part. Si vous ne trouviez pas la pommade assez jaune, vous y ajouteriez un peu de roucou, et puis vous la mettez dans des pots.

POMADE COSMÉTIQUE DE CONCOMBRES.

— Prenez : Fine graisse de porc, 2 livres; concombres, 3 livres; chair de melon bien mûr, 3 livres; pommes de reinettes, 1 livre; lait de vache, 1 livre.

Vous coupez par morceaux la chair du melon, des concombres et des pommes dont vous avez séparé la peau; vous les mettez au bain-marie avec la graisse et le lait, et vous faites chauffer le mélange pendant dix heures, après quoi vous le soumettez à la presse; vous laissez figer la pommade dans un endroit frais, vous la versez sur un tamis pour égoutter l'eau qui en sort, et vous la lavez ensuite dans plusieurs eaux fraîches, jusqu'à ce que la dernière en sorte sans couleur. Vous faites fondre encore deux fois cette pommade au bain-marie, afin de faire sortir toute humidité de la graisse et l'empêcher de moisir, et vous la conservez ensuite dans des pots.

Cette pommade nourrit et adoucit la peau en l'entretenant dans un état de souplesse et de fraîcheur parfaite.

POMMADE DE LIMAÇONS.

(Recette de l'hôtel de Rambouillet, dont Molière a trouvé moyen de parler dans sa comédie des Précieuses.)

Prenez : Panne de porc, 2 livres ; graisse de mouton, 4 onces; racine de guimauve récente, 4 gros; blanc de baleine, 1 once ; limaçons, 8 onces.

Vous faites fondre la graisse au bain-marie; vous coupez la guimauve par petits morceaux, et vous pilez les limaçons; ensuite vous formez du tout un mélange en remuant bien avec la spatule, et vous le laissez quatre heures au bain-marie; vous le passez à travers un linge avec expression. Quand la pommade est presque froide, vous la battez bien pour la faire blanchir, en ajoutant 4 gros d'essence de bergamote.

LAIT VIRGINAL ET COSMÉTIQUE.

— Prenez : Benjoin en larmes, 5 onces; storax calamite, 7 onces; clous de gérofle, 1 once; cannelle, 1 once. Quatre muscades; musc, 15 grains; ambre, 8 grains; esprit de vin, 4 pintes.

Vous concassez les aromates et les mettez infuser avec l'esprit de vin dans un vase bien bouché que vous exposez au soleil, mais que vous n'avez pas empli entièrement, de crainte d'en occasionner la rupture; vous le laissez ainsi pendant quatorze jours, en remuant le vase au moins une fois chaque jour; le quinzième, sans agiter le mélange, vous décantez la liqueur par inclinaison, jusqu'à ce qu'il ne reste plus que le marc. Vous filtrez la liqueur au papier-joseph et à l'entonnoir fermé, puis vous la mettez dans de petites bouteilles.

Pour en faire usage, on en verse quelques gouttes dans de l'eau; celle-ci deviendra entièrement blanche en l'agitant un peu; on s'en lave le visage, pour adoucir et blanchir la peau, ainsi que pour faire disparaître les boutons ou les gerçures.

LAIT DE ROSES.

— Prenez : Amandes douces, 1 livre; blanc de baleine, 1 once; savon blanc, 1 once; cire vierge, 1 once; eau double de rose, 2 pintes et demie; esprit de rose, 1 chopine.

Vous pelez les amandes, et, après les avoir jetées à mesure dans de l'eau fraîche, vous les lavez bien et les égouttez; vous les pilez dans le mortier de marbre en y ajoutant par intervalles quelques gouttes d'eau de rose, jusqu'à ce qu'elles soient réduites en pâte très-fine. Pendant ce temps vous faites fondre au bain-marie le savon et la cire, que vous incorporez avec les amandes par portions, et en tournant le pilon circulairement pendant cinq ou six minutes; vous y ajoutez ensuite l'eau et l'esprit de rose, vous passez la liqueur à travers un linge et la mettez en petites bouteilles.

Le lait de roses est un des meilleurs cosmétiques connus : on en met quelques gouttes dans de l'eau qu'il blanchit comme le précédent; et l'on s'en sert avec beaucoup d'efficacité pour se laver le visage, dont il enlève le hâle.

POUDRE DENTIFRICE.

— Prenez : Corail, 6 onces; biscuit de mer, 4 onces; pierre-ponce préparée, 3 onces; gérofle, 1 once; cannelle fine, 4 gros

Vous pilez le tout ensemble dans un mortier de fonte, et en formez une poudre que vous passez au amis de soie.

POUDRE DE VAUVERT.

— Prenez : Pierre-ponce préparée, 6 onces; corail rouge préparé, 6 onces; sang-dragon, 3 onces; yeux d'écrevisses, 2 onces; myrrhe, 1 once; gérofle, 1 once; cannelle, 1 once.

Vous en formez une poudre comme la première.

OPIAT POUR LES DENTS.

— Prenez : Laque rose, 4 onces; rose alumine, 2 onces; sang-dragon, 2 onces; myrrhe, 1 once; yeux d'écrevisses, 4 onces; iris, 2 onces; corail rouge, 2 onces; gérofle, 2 gros; cannelle, 1 gros; miel de Narbonne, 6 onces; eau double de fleur d'orange, 4 onces; sirop de mûres, 8 onces; huile essentielle de gérofle, 15 gouttes.

Pilez toutes les substances sèches ensemble, et formez-en une poudre que vous passez au tamis de soie. Faites bouillir doucement, pendant un quart-d'heure, le miel avec l'eau de fleur d'orange et l'écumez bien; vous le retirez du feu, vous le laissez refroidir, et, pour lors, vous y ajoutez le sirop de mûres et l'huile essentielle de gérofle; vous y incorporez la poudre ci-dessus, et dont vous formez un opiat.

OPIAT ROYAL.

— Prenez : Yeux d'écrevisses, 1 livre; porcelaine fine, 2 livres; laque fine, 4 onces; gérofle, 1 once; coriandre, 1 once; sang-dragon, 1 once; cannelle, 4 gros; ambre, 15 grains; musc, 12 grains.

Vous formez du tout une poudre passée au tamis de soie, dont vous composez un opiat en la délayant avec suffisante quantité de sirop de capillaire.

On peut rendre liquides, par ce moyen, toutes les poudres dentifrices.

ÉLIXIR ODONTALGIQUE DE LAVOISIER.

— Prenez : Cresson d'eau, 8 onces; cochléaria, 2 livres; zestes de citron, 1 once; gérofle, 2 onces; racine de pyrèthre, 1 gros; eau-de-vie, 8 pintes.

Vous coupez grossièrement les plantes et les zestes, vous concassez les aromates et les racines, et vous mettez le tout dans un matras, avec l'eau-de-vie, pour infuser pendant sept ou huit jours, et en agitant souvent le mélange; enfin, vous le distillez au bain-marie pour en retirer une pinte et demie de liqueur spiritueuse.

Cet élixir est très-bon pour les gencives et contre le scorbut; on s'en gargarise la bouche; mais, quand on s'en sert avec de l'eau pour se nettoyer les dents à la brosse, il faut le mélanger avec les sept huitièmes d'eau tiède.

EAU-DE-VIE DE GAYAC, POUR LE MÊME USAGE.

— Prenez : Eau-de-vie, 1 pinte; gayac, 2 onces 4 gros; zestes d'un citron.

Vous mettez infuser pendant quinze jours dans l'eau-de-vie le gayac avec les zestes; vous remuez le vaisseau de temps en temps, et puis vous filtrez la liqueur.

EXCELLENTE COMPOSITION POUR REMPLIR ET MASTIQUER LES DENTS CREUSES.

— Prenez : 30 grains de mastic en larmes et 30 grains de sandaraque, avec lesquels vous mélangerez 14 grains de sang-dragon, 2 grains d'opium purifié et 3 gouttes d'essence de gérofle.

Délayez le tout dans de l'eau-de-vie de cochléaria, de manière à pouvoir en former une pâte épaisse que l'on introduira dans les dents cariées, après les avoir nettoyées et détergées soigneusement.

EAU DE COLOGNE (*suivant la recette des frères Farina*).

— Faites dissoudre dans une velte d'alcool de 26 à 30 degrés, 4 gros et demi de néroli romain, 4 gros d'essence de citron, 4 gros d'essence de cédrat, 3 gros d'essence de romarin sauvage, 1 once et demie d'essence de bergamote et 1 once et demie de teinture de benjoin. Remuez le vaisseau jusqu'à dissolution du benjoin dans l'alcool et jusqu'à parfaite mixtion desdites substances.

VINAIGRE DES QUATRE-VOLEURS.

— Vous prendrez sommités d'absinthe, 1 once; romarin, sauge, menthe et rhue, de chaque une demi-once; fleurs de lavande, 2 onces; calamus ou roseau aromatique, cannelle, gérofle, noix muscade, gousses d'ail fraîches, de chaque 2 gros; camphre, une demi-once, et vinaigre rouge 8 livres. On pile tous ces ingrédients, on coupe les gousses d'ail, et on met le tout dans un vase de terre vernissé. On verse dessus le vinaigre, et on fait digérer le tout à une douce chaleur, soit au soleil, soit au bain de sable, pendant trois semaines ou un mois; on exprime les plantes et on filtre le vinaigre au travers d'un papier gris, ensuite on ajoute le camphre dissous dans un peu d'esprit de vin.

Ce vinaigre a toujours passé pour un préservatif assuré contre les maladies contagieuses et les influences épidémiques.

VINAIGRE A LA ROSE, AU MYRTE, A LA LAVANDE ET A LA CASSIE, POUR LA TOILETTE.

(*V*. Ci-dessus à la page 523.)

PASTILLES A BRULER.

— Broyez et mélangez : Civette, 36 grains; benjoin, 2 gros; storax calamite, 1 gros; bois d'aloès, 4 gros; écorce d'orange sèche, 1 gros. Deux muscades; gérofle, 1 gros; labdanum, 2 gros; charbon, 1 once; sel de nitre, 4 onces; esprit d'ambre, 2 onces; sucre fin, 1 once. Quantité suffisante de mucilage de gomme adragant à l'eau de rose.

Vous réduisez en poudre les dix premières substances dans un mortier de fer; vous y ajoutez le sel de nitre et l'esprit d'ambre; et, avec le mucilage de gomme adragant, vous donnez au tout la consistance d'une pâte que vous réduisez, sur la table de marbre, en petits rouleaux de la grosseur d'un tuyau de plume, et que vous contournez ensuite en forme de coquillages, ou vous leur donnez une forme triangulaire, pyramidale, etc. On les fait sécher à l'ombre, et on les renferme dans des bocaux bien bouchés.

Il y a beaucoup de parfumeurs qui ne font point entrer de nitre dans la composition de ces pastilles; il est cependant d'autant plus nécessaire qu'il facilite leur combustion.

PASTILLES DU SÉRAIL.

— Prenez : Zestes de cédrats, de limons, d'oranges; roses muscades; romarin; santal rouge; calamus aromaticus, 2 gros de chaque; storax, 1 once; labdanum, 1 once; clous de gérofle, 36 grains; iris de Florence, 36 grains; oliban, 5 onces; nitre, 4 gros; charbon, 1 once.

Toutes ces substances doivent être sèches.

Vous les réduisez en poudre très-fine, et les incorporez avec suffisante quantité de mucilage de gomme adragant fait à l'eau de fleur d'orange; vous en formez une pâte dont vous composez vos pastilles, que vous faites sécher à l'ombre, ainsi qu'il est indiqué précédemment.

FIN.

TABLE.

RECUEIL DES MENUS, OU TABLEAUX DE L'ORDONNANCE DES REPAS FRANÇAIS ANCIENS ET MODERNES.

PHARMACIE DOMESTIQUE, OU RECUEIL DES RECETTES MÉDICALES LES PLUS USUELLES ET LES PLUS FACILES A BIEN COMPOSER.

FIN DE LA TABLE.

www.ingramcontent.com/pod-product-compliance
Lightning Source LLC
Chambersburg PA
CBHW060826220326
41599CB00017B/2280